国家科学技术学术著作出版基金资助出版

动物源细菌耐药性

王红宁　主编

科学出版社
北　京

内 容 简 介

本书系统介绍动物源细菌中主要病原菌及其对抗菌药物的耐药性。本书强调了抗菌药物使用导致动物源细菌耐药性产生和传播的公共卫生意义；阐述了动物源细菌对抗菌药物的耐药机制，细菌的可移动遗传元件及其他载体在耐药性传播中的作用，突出了基因组测序、多组学等用于细菌耐药性表型和基因研究的新技术；对常见动物源细菌病从病原学、流行病学、公共卫生意义、对抗菌药物的耐药性、防治措施等方面进行了系统阐述；在细菌耐药性防控原则、监测平台、新型靶向药物、细菌疫苗和抗生素替代品研发等方面，阐述了政策、技术方法和未来发展趋势。

本书邀请了国内长期从事动物源细菌耐药性研究的专家学者参与编写，将国内外研究进展与作者的最新研究相结合，兼容并蓄，荟萃精华。本书将拓展读者对细菌及其耐药性产生与防控的新认识，可作为从事动物源细菌耐药性研究人员的参考工具书，也可为生产一线技术人员防控细菌病和动物源细菌耐药性提供指导。

图书在版编目（CIP）数据

动物源细菌耐药性/王红宁主编. —北京：科学出版社，2023.7
ISBN 978-7-03-072335-2

Ⅰ.①动… Ⅱ.①王… Ⅲ. ①动物细菌病–抗药性 Ⅳ. ①S855.1

中国版本图书馆 CIP 数据核字(2022)第 086438 号

责任编辑：李秀伟 陈 倩 尚 册 / 责任校对：郑金红
责任印制：赵 博 / 封面设计：无极书装

科 学 出 版 社 出版
北京东黄城根北街 16 号
邮政编码：100717
http://www.sciencep.com
北京厚诚则铭印刷科技有限公司印刷
科学出版社发行 各地新华书店经销
*
2023 年 7 月第 一 版 开本：787 × 1092 1/16
2024 年 1 月第二次印刷 印张：29 1/2
字数：699 000

定价：298.00 元

(如有印装质量问题，我社负责调换)

编写人员

主　　编　王红宁

副 主 编　唐艺芝　雷昌伟　张安云　杨　鑫　邹立扣

编写人员（按姓氏笔画排序）

马素贞　王　利　王红宁　王建华　王勇祥　孔令汉
邓雯文　田国宝　田益明　匡秀华　师红萍　向　荣
刘　晗　刘必慧　杜向党　李　超　李　翠　李　毅
李云霞　李亚菲　李德喜　杨　鑫　杨永强　杨艳鲜
杨晓彤　杨盛智　吴辰斌　吴顺康　何雪萍　邹立扣
汪　洋　宋　立　宋　舟　宋雪婷　张　宇　张　鹏
张安云　张纯萍　张茂俊　张建民　陈艳朋　陈颖钰
周　康　周英顺　周雪雁　胡功政　顾敬敏　徐士新
徐昌文　高玉凤　郭莉娟　郭爱珍　唐艺芝　唐俊妮
韩先干　韩新锋　韩潇潇　曾振灵　游奕菲　雷昌伟
樊　润

作 者 简 介

王红宁，博士，教授，博士生导师，四川大学生命科学学院院长，动物疫病防控与食品安全四川省重点实验室主任。

研究方向：病原微生物学、动物疫病防控与动物产品安全。

个人荣誉：获教育部霍英东青年教师奖、何梁何利基金科学与技术创新奖和全国创新争先奖等，百千万人才工程国家级人选、国家有突出贡献中青年专家，全国优秀科技工作者，全国三八红旗手，享受国务院政府特殊津贴。

学术贡献：聚焦细菌病防控研究，主持国家 863 计划项目、国家自然科学基金重点项目、国家重点研发计划项目等国家重要科研任务，致力于解决依赖抗菌药物防控细菌病导致“用药-残留-耐药”恶性循环的行业共性难题，推动了细菌病防控中抗菌药物“动物专用-精准减用-阶段不用”的科技进步、绿色发展和保障了产品安全。主编《禽呼吸系统疾病》等专著 6 部，以第一作者或通讯作者在本领域重要期刊 *Biosens Bioelectron*、*J Antimicrob Chemother*、*Antimicrob Agents Chemother*、*Vaccine*、*Vet Microbiol*、*Poultry Sci* 等发表 SCI 论文 152 篇。获国家科学技术进步奖二等奖 2 项（1 项第 1），省部级科学技术进步奖一等奖 6 项（3 项第 1），研究成果在我国猪、鸡主产区规模化养殖企业广泛应用，为健康中国战略做出突出贡献。

序

动物源细菌种类复杂，细菌病严重危害养殖业发展、产品安全和人类健康。依赖抗菌药物防控细菌病导致“用药-残留-耐药”恶性循环成为行业共性难题。世界卫生组织（WHO）预测，到2050年，全球每年因耐药菌导致的死亡人数将达到1000万，细菌耐药性成为全球重要的公共卫生安全问题。因此，动物源细菌耐药性的产生、传播机制和控制已成为全球广泛关注的热点。

为遏制细菌耐药性的发展与蔓延，维护公共卫生安全，2016年国家卫生和计划生育委员会等14部门联合制定了《遏制细菌耐药国家行动计划（2016—2020年）》，2017年农业部颁布了《全国遏制动物源细菌耐药行动计划（2017—2020年）》，2019年农业农村部颁布了第194号公告，决定自2020年1月1日起，退出除中药外的所有促生长类药物饲料添加剂品种。在此背景下，编写和出版《动物源细菌耐药性》一书，恰逢其时，很有意义。

该书系统介绍动物源细菌中主要病原菌及其对抗菌药物的耐药性。该书强调了抗菌药物使用导致动物源细菌耐药性产生和传播的公共卫生意义；阐述了动物源细菌对抗菌药物的耐药机制，细菌的可移动遗传元件及其他载体在耐药性传播中的作用，突出了基因组测序、多组学等用于细菌耐药性表型和基因研究的新技术；对常见动物源细菌病从病原学、流行病学、公共卫生意义、对抗菌药物的耐药性、防治措施等方面进行了系统阐述；在细菌耐药性防控原则、监测平台、新型靶向药物、细菌疫苗和抗生素替代品研发等方面，阐述了政策、技术方法和未来发展趋势。

该书主编四川大学王红宁教授长期从事动物源细菌病防控研究，在动物源细菌溯源和耐药性监测、新型耐药基因和遗传元件发现、耐药性传播机理阐明、细菌耐药性控制技术研发等方面取得了系列创新成果。其主持完成的“猪鸡病原细菌耐药性研究及其在安全高效新兽药研制中的应用”项目获2012年国家科学技术进步奖二等奖，主持完成的“蛋鸡细菌病防控系统创新与安全蛋品生产关键技术”项目获2018年四川省科学技术进步奖一等奖。

该书邀请了国内长期从事动物源细菌耐药性研究优势单位的专家学者参与编写，作者将多年来对动物源细菌耐药性的研究成果与国内外最新研究进展相结合，把动物源细菌耐药性基础研究与动物源细菌病防控的实际应用相贯通，兼容并蓄，荟萃精华，具有较高的学术价值和实用价值。

沈建忠

2022年4月于北京

目　　录

第一章　动物源细菌中主要病原菌及其对抗菌药物的耐药性

第一节　动物源细菌中主要病原菌及抗菌药物的使用

动物源细菌中的主要病原菌

动物源细菌，是指来源于动物和动物产品的细菌的总称。动物源细菌中的病原菌是指来源于动物、动物产品，对动物有致病性的细菌。病原菌感染一直以来是动物疾病防控和食品安全关注的重点。动物源细菌中有的病原菌属于人畜共患病原菌，不仅可以导致动物发病或死亡，危害养殖健康，引起严重经济损失，而且可以感染人类，导致人类发病。据世界卫生组织（World Health Organization，WHO）统计，全球每年有 6 亿人因食物感染细菌，Antimicrobial Resistance Collaborators（2022）报道，耐药菌每年直接导致 127 万人死亡；传统依赖抗生素防控细菌病，导致药物残留的产品不安全，细菌产生严重耐药性，英国卫生部、WHO 在对细菌对抗生素耐药性的评估中预计：如不加以控制，到 2050 年耐药细菌将导致每年约 1000 万人死亡，超过每年死于癌症的人数。

本书涉及的动物源细菌中主要病原菌包括：埃希菌属（*Escherichia*）、沙门菌属（*Salmonella*）、肠杆菌属（*Enterobacter*）、巴氏杆菌属（*Pasteurella*）、克雷伯菌属（*Klebsiella*）、嗜血杆菌属（*Haemophilus*）、变形杆菌属（*Proteus*）、耶尔森菌属（*Yersinia*）、弯曲菌属（*Campylobacter*）、布鲁菌属（*Brucella*）、葡萄球菌属（*Staphylococcus*）、链球菌属（*Streptococcus*）、李斯特菌属（*Listeria*）、丹毒丝菌属（*Erysipelothrix*）、分枝杆菌属（*Mycobacterium*）、肠球菌属（*Enterococcus*）等 16 种。这些细菌不仅对动物致病，而且可以引起人感染、发病，有重要的公共卫生意义。由于抗生素的使用，这些细菌均产生了不同程度的耐药性。

国内外动物中抗菌药物的使用情况

抗菌药物包括抗生素和人工合成药物两大类。抗生素（antibiotic）是由微生物或高等动植物产生的具有抗病原体或其他活性的代谢产物或人工半合成类似物。抗菌药物（antimicrobial agent）一般是指具有杀菌或抑菌活性的药物，包括各种抗生素以及磺胺类、喹诺酮类等化学合成药物。

抗生素的出现和使用堪称人类医学史上的奇迹，为人类健康作出了不可磨灭的贡献。抗生素对动物疫病的预防与控制功不可没，尤其是对人畜共患病的控制，在一定程度上降低了人类感染细菌性疾病的概率。许多致病性细菌，如沙门菌、弯曲菌、链球菌、金黄色葡萄球菌等，不仅会感染动物，而且会通过食物链传播给人。如果不用抗生素治疗，不但动物会死亡，更重要的是越来越多的病原菌会在环境中大量释放，严重威胁人类的健康。因此，养殖业使用抗生素，从传染源上控制人畜共患病原菌，可以极大地减少人类感染这些人畜共患病原菌的概率，从而保证食品安全和人类健康。人类对抗菌药物的利用可大致分为几个阶段：抗菌药物应用的最初阶段多为人畜共用，并以治疗为目的；1950 年，美国首先在配方饲料中加入抗菌药物，随后抗菌药物作为畜禽促生长添加剂在欧洲各国广泛投入使用，其中应用较多的是四环素、青霉素和大环内酯类药物；20 世纪 60 年代出现了专门用于畜禽饲料的抗菌药物，抗菌药物作为饲料添加剂使用。

世界各国抗生素使用情况：2000～2010 年，全球畜禽抗菌药物使用量增长 30%，预测至 2030 年使用量将翻倍。WHO 报告，全世界约有 50%抗生素用于食品动物，并且囊括了人类使用抗生素的全部种类。据统计，欧洲抗生素总产量的 52%用于人类治疗，48%用于动物治疗；美国抗生素总产量中只有 9%用于人类治疗，6%用于动物治疗，85%用于非治疗目的，其中大多数添加在动物饲料中以达到预防疾病或促生长的目的。据世界动物卫生组织（OIE）2016 年发布的《兽用抗菌药物使用情况年报》，在 146 个提供信息的国家和地区中，86 个国家和地区禁止将抗菌药物作为促生长剂，37 个国家允许抗菌药物作促生长剂用，23 个国家未作相关要求。养殖中最常用的抗菌药是四环素（45.2%），其次是青霉素类（13.9%）。亚太地区、美洲、欧洲和非洲活畜禽抗菌药物用量分别为 257.85mg/kg、160.69mg/kg、89.78mg/kg 和 70.04mg/kg，亚太地区用药量几乎为欧洲的 3 倍。自 2006 年起，欧洲地区抗菌药物用作促生长剂的很少；美洲和亚太地区抗菌药物用作促生长剂的比例较高，常用的有杆菌肽、黄霉素、阿维拉霉素、泰乐菌素、维吉尼霉素和多黏菌素等。

我国抗菌药物使用情况：我国是兽用化学制剂使用量最大的国家之一，2013 年兽用抗菌药物用量排名前 6 位的是：氟苯尼考、多西环素、黏菌素 E、恩诺沙星、杆菌肽锌、阿莫西林。2013～2020 年，中国在减少抗菌药物的使用上取得了很大进步，2020 年，兽用药物使用量排名前 6 位的药物类别依次为四环素类、磺胺类及增效剂、β-内酰胺类及抑制剂、酰胺醇类、大环内酯类、氨基糖苷类，占比分别为 30.52%、13.08%、12.55%、9.9%、9.9%和 6.6%。2020 年，中国每生产 1t 动物产品实际使用的兽用抗菌药物约为 165g，与 2018 年的欧盟相比，好于欧盟部分国家。

我国农业农村部允许使用的化合物清单：我国批准动物养殖业使用的兽用抗菌药物分为抗生素和合成抗菌药物，用于治疗动物疾病（会适时更新）。抗生素主要有：β-内酰胺类，青霉素、氨苄西林、氯唑西林、阿莫西林、阿莫西林克拉维酸钾、苯唑西林、普鲁卡因青霉素、苄星青霉素；氨基糖苷类，双氢链霉素、庆大霉素、安普霉素、新霉素、壮观霉素；四环素类，土霉素、四环素、多西环素；头孢菌素类，头孢氨苄、头孢噻肟、头孢喹肟；大环内酯类，红霉素、泰乐菌素、替米考星、泰拉霉素、吉他霉素；酰胺醇类，氟苯尼考、甲砜霉素；林可酰胺类，林可霉素、吡利霉素；截短侧耳素类，泰妙菌素、沃尼妙林等共 8 类 56 个品种。合成抗菌药物主要有：磺胺增效药，甲氧苄啶（甲氧苄氨嘧啶）、二甲氧苄啶；喹诺酮类，恩诺沙星、环丙沙星、沙拉沙星、达氟沙星、诺氟沙星（氟哌酸）、氟甲喹、洛美沙星、氧氟沙星等。

常见抗菌药物滥用的情况：在对动物疾病进行防治时，存在抗生素不合理使用的情况，主要表现为以下几个方面：未经诊断，将抗生素用于无相应用药指征的动物疾病中；将抗生素作为预防药；抗生素使用时间及剂量不合理；把抗生素理解为万能药，随意加大抗生素使用量。

滥用兽用抗生素造成的危害：导致病原菌变成具有高度耐药性和适应性的“超级细菌”，超级耐药细菌的耐药性可在不同菌属之间传播；造成动物机体内药物残留，动物体内残留的兽药不仅会严重影响动物的生长繁殖与生产性能的发挥，而且会降低畜禽和水产品的品质，影响动物性食品质量，危害公共卫生安全和人类的健康；对生态环境造成污染，兽用抗生素进入动物体内后，大部分会以原药及其代谢物的形式通过动物的粪尿向外排出，残留的兽用抗生素在自然环境中会不断地蓄积，污染生态环境，破坏生态环境的平衡；人类一旦食用了带有兽用抗生素残留的食品，会发生过敏反应等副作用，严重时会发生食物中毒，对人类健康造成威胁。

抗生素的使用在各国越来越受到限制：为了保障动物产品质量安全、维护公共卫生安全，瑞典在 1986 年率先禁止在食品动物饲料中添加各种抗生素，1997 年联合国粮食及农业组织（Food and Agriculture Organization of the United Nations，FAO）要求停止使用抗生素促生长剂，1998 年欧盟禁止螺旋霉素、泰乐菌素、维吉尼霉素等一系列抗生素用作饲料添加剂，1999 年 WHO 制定了对食品动物减少抗生素使用的全球原则，2000 年丹麦禁止对食品动物使用抗菌促长剂，2003 年日本限制对畜禽滥用抗生素，2006 年欧盟全面禁止对食品动物使用抗生素促生长剂（antibiotic growth promoter，AGP），2011 年韩国全面禁止对食品动物饲料添加抗生素，2012 年美国食品药品监督管理局（Food and Drug Administration，FDA）禁止对畜禽使用头孢类抗生素，2013 年德国宣布大量减少抗生素在畜牧业中的使用，2014 年美国 FDA 劝退 16 种抗菌药物在食品动物中的使用，2017 年美国将进一步限制抗生素在养殖业中的使用。

减抗已成为我国的国家战略。我国农业农村部不断加大兽药风险评估和安全再评价工作力度，禁止了多种兽药在食品动物中的使用。2015 年禁止洛美沙星、培氟沙星、氧氟沙星、诺氟沙星 4 种人兽共用抗菌药物用于食品动物，2017 年禁止非泼罗尼用于食品动物。此外，2017 年农业部公告（第 2428 号）决定停止硫酸黏菌素用于动物促生长。2018 年农业部公告（第 2638 号）决定停止在食品动物中使用喹乙醇、氨苯胂酸、洛克沙胂。2019 年 7 月 9 日，农业农村部公告（第 194 号）决定，自 2020 年 1 月 1 日起，退出除中药外的所有促生长类药物饲料添加剂品种；自 2020 年 7 月 1 日起，饲料生产企业停止生产含有促生长类药物饲料添加剂（中药类除外）的商品饲料。自 2020 年起，我国全面禁止抗菌药物用作抗病促生长添加剂。

第二节　动物源细菌耐药性的产生、发展及其公共卫生意义

动物源细菌耐药性的产生与发展趋势

细菌耐药性又称为抗药性，是指细菌对抗菌药物不敏感的现象，是细菌自身生存过程中的一种特殊表现形式。1945 年，金黄色葡萄球菌临床菌株产生青霉素酶，这就是最初发现的细菌耐药性。而在此后不到 80 年的时间里，细菌耐药性已严重地威胁了感染性疾病的治疗，并成为全球医学、公共卫生、食品安全及环境领域共同关注的重要问题。细菌耐药性的产生是一个涉及诸多因素、错综复杂的过程，有的耐药基因早已存在于自然界中，也有的耐药基因是在自然条件下细菌随机自发性基因突变产生的，更多的则是随着抗菌药物的广泛使用，细菌在强大的抗菌药物选择性压力下，不断获取外源性耐药基因，从而后天逐渐形成了能够稳定遗传的耐药特征。细菌耐药性的出现和迅速传播与新型抗生素研发的缓慢已引发了社会对"后抗生素时代"来临的担忧。

研究表明，很多产抗菌药物的细菌和真菌具有的耐药基因与那些在临床细菌中发现的耐药基因相似，因此，细菌的耐药基因很有可能早已存在于自然界中，甚至早于抗菌药物的出现。细菌通过合成和分泌抗生素以对抗或杀死其他细菌，也可能会杀死生产菌自己，因此生产菌本身需具有抗药性，在制造矛的同时制造盾来保护自己。例如，产生链霉素的灰链丝菌在合成链霉素的过程中可接上一个磷酸，使其无法附着于核糖体，即不能伤害生产菌，而当其分泌到菌外时，再将磷酸去除以便杀灭其他细菌。近年来，科学家运用高通量测序技术对人体和环境细菌菌群的基因组学（尤其是宏基因组或功能基因组）进行深入研究发现，土壤、人体肠道及永久冻土等不同自然生态系统中存在大量多样化的耐药基因。土壤中细菌长期暴露于一些有毒的小分子中，包括大量不同种类的抗菌活性物质，这些细菌要存活必须能够防御和抵抗土壤中存在的抗菌物质。因此，土壤微生物也天然地具有多重耐药性，是抗生素耐药基因库。多样化耐药基因的出现导致了一个新概念——耐药基因组的问世，耐药基因组包括所有能直接或间接在细菌中提供耐药性的基因。一些耐药基因为隐匿性耐药基因或耐药前体基因，通常通过变异或过表达导致耐药性，耐药基因的复杂性和耐药基因的起源备受关注。Hall 和 Barlow（2004）证实 β-内酰胺酶是一种古老的酶，来源于 20 多亿年前，位于质粒上也有数百万年。D'Costa 等（2011）在从加拿大育空（Yukon）地区永久冻土中分离的 3 万年前的土壤细菌中发现了多种抗生素耐药基因，如核糖体保护蛋白 Tet(M)、氨基糖苷类修饰酶 AAC、β-内酰胺酶 TEM、核糖体甲基化酶 Erm 及耐糖肽类抗生素编码基因。其中 β-内酰胺酶氨基酸序列与已知氨基酸序列呈现 53%～84%的同源性。由三个基因 *vanH-vanE-vanX* 组成的操纵子介导的耐万古霉素基因编码的蛋白质的功能与如今从临床菌株中鉴定的万古霉素耐药蛋白的功能相同，结构也非常相似，能降低糖肽类对作用靶位的亲和力。Bhullar 等（2012）从美国新墨西哥州卡尔斯巴德（Carlsbad）国家公园列楚基耶（Lechuguilla）洞穴中分离了 93 株细菌，这些细菌分离于 700 万～400 万年前的断层表面，虽然从未与抗生素接触，但多数呈现了多重耐药性，某些细菌耐多达 14 种抗生素，

表明抗生素耐药性可普遍地存在于非人类活动自然环境中。这些耐药基因依然可在现代病原菌中发挥同样的耐药功能，证实了耐药基因的古老起源。

耐药性根据其发生原因可分为固有耐药性和获得性耐药性。固有耐药性又称为天然耐药性，天然耐药性由染色体基因决定，代代相传，不会改变，并具有菌种和菌属的特异性。例如，厌氧菌天然对氨基糖苷类药物不敏感，肠球菌天然对头孢菌素不敏感，铜绿假单胞菌天然对甲氧西林和万古霉素不敏感，这些菌株耐药的原因是外膜的通透性相比正常菌株要低，使药物进入不了细菌细胞。

获得性耐药性是由敏感的细菌发生基因突变或获得外源性耐药基因所产生的，使其能避免被药物抑制或杀灭，多由质粒介导，也可由染色体介导。在抗生素选择压力存在的情况下，细菌为了生存和繁殖，通过基因突变和自身代谢调节而产生适应环境的群体，即产生突变导致的耐药菌群。基因突变一般是染色体上的结构基因发生点突变、插入或缺失突变，导致所编码的结构蛋白发生改变，使抗菌药物与细菌相互作用的靶位结构发生改变，从而导致抗菌药物进入细菌菌体后不能识别这些靶位，药物与细菌的亲和力降低甚至消失，进而影响抗菌药物对细菌的杀伤作用而使细菌产生耐药性。这些编码作用靶位的基因突变多为点突变，即基因的某个核苷酸发生变化，使得蛋白质多肽链中的氨基酸发生改变，从而影响蛋白质功能。有些耐药性甚至只需要一个碱基突变即可从敏感菌株转变成耐药菌株，细菌一旦获得这样的耐药性就很难自发性消除。例如，细菌中DNA 促旋酶的氟喹诺酮类耐药决定区的单个基因突变即可导致氟喹诺酮耐药。获得性耐药性还包括细菌通过水平转移从其他细菌获得外源性耐药基因，进而整合到自身基因组上，获得对某种抗菌药物的耐药性。这些耐药基因往往因编码抗菌药物水解酶、修饰酶或抗菌药物作用靶位蛋白等，从而使受体菌表现出对相应抗菌药物的抗性。目前认为产生耐药性的主要途径是耐药基因通过可移动遗传元件（mobile genetic element，MGE）在细菌间的转移。可移动遗传元件包括：整合子、插入序列、质粒、转座子、整合性接合元件、基因岛等。其他载体包括：细菌胞外囊泡、噬菌体等。这种方式获得耐药性的概率高，耐药性形成后较稳定，是耐药性扩散和传播的主要原因。通过这种方式可以使耐药基因在同种细菌甚至不同种细菌菌株间传播。耐药性质粒广泛存在于革兰氏阳性菌和阴性菌中，可通过接合转移、转化及转导等基因转移方式在不同菌种的属间转移。

在人类使用抗生素仅 80 年左右的时间里，抗生素耐药性已经成为全球高度重视的问题，明显提示了人类对抗生素的应用加速了耐药性的出现和蔓延。我国是畜禽养殖大国，也是兽用抗菌药物生产和使用大国。兽用抗菌药物在防治动物疾病、提高养殖效益、保障畜禽产品有效供给中发挥了重要作用，但由此导致了大量耐药菌株的产生，使得药物疗效大大降低或者没有效果，如恩诺沙星于 1994 年刚在我国上市时，用 0.0025%～0.005%浓度的饮用水治疗鸡的消化系统和呼吸系统疾病的效果一般较好，后来即使浓度增加到 0.01%～0.02%其效果也不明显，进而使药物防治动物疾病的难度日趋加大，动物发病率和病死率明显提高，进而也导致部分养殖者盲目增加药物使用品种和剂量，特别是在饲料中大量加入抗生素，一方面使得养殖成本加大，另一方面导致动物源细菌耐药性问题更为突出和严重。甚至一些养殖场在饲养肉鸡时间不到 40 天的情况下，使用的抗生素种类超过 10 种。为了研究抗生素的广泛使用对耐药性的影响，研究人员在 1950～2002 年从人和食品动物中收集了1729株大肠杆菌，分析了这些菌株的耐药性，结果表明，随着抗生素的使用，其对氨苄青霉素、磺胺类药物、四环素的耐药性呈明显上升的趋势，多重耐药性从1950年的7.2%上升到2000年的63.6%，表明细菌耐药性的产生与药物的使用直接相关，使用抗菌药物是耐药性及耐药基因产生并蔓延的重要推手。

抗菌药物与细菌耐药性是一对与生俱来的矛盾。抗菌药物通过杀灭细菌治疗感染，细菌通过耐药性的获得寻求生存的机会，在自然环境中两者处于微妙的平衡状态，在特定的环境条件下，如医疗机构、动物养殖场等，抗菌药物的广泛应用打破了这种平衡关系，细菌必须产生更强的耐药性来保持这种平衡。不合理使用甚至滥用抗菌药物，将加速细菌耐药性的产生，促进细菌耐药性的流行。随着规模化、集约化养殖的发展，畜禽养殖业对抗生素过度依赖，致使细菌耐药性问题日趋严重，出现“耐药性出现—过量使用或滥用抗生素—耐药谱或耐药水平加重”这一恶性循环，致使动物源细菌耐药性问题不断恶化。目前，就全球范围而言，细菌耐药性总体上表现出几大特征：①细菌耐药性产生迅速；②多重耐药率上升；③耐药强度不断增强；④耐药性传播速度加快。

抗生素的使用与细菌耐药性的产生一直相伴而行。1942年青霉素酶被用于人医临床，1945年金黄色葡萄球菌临床菌株产生青霉素酶，这是最初发现的细菌耐药性。1947年美国FDA批准使用链霉素，当年就发现了链霉素耐药菌。1952年美国FDA批准使用四环素，1956年发现四环素耐药菌。1958年美国FDA批准使用万古霉素，1987年发现耐万古霉素肠球菌属（vancomycin resistant *Enterococcus*，VRE）。1959年美国FDA批准使用甲氧西林，1961年发现耐甲氧西林金黄色葡萄球菌（methicillin-resistant *Staphylococcus aureus*，MRSA）。1964年美国FDA批准第一个头孢类抗生素——头孢噻吩，1966年发现头孢噻吩耐药菌。1967年美国FDA批准使用庆大霉素，1970年发现庆大霉素耐药菌。1976年首次在淋病奈瑟菌中发现可转移的青霉素酶。1981年美国FDA批准使用头孢噻肟，1983年发现头孢噻肟耐药菌。1983年首次发现青霉素耐药肠球菌。1987年首次暴发对第三代头孢菌素耐药的肺炎克雷伯菌，1996年发现万古霉素中度耐药金黄色葡萄球菌（vancomycin intermediate-resistant *Staphylococcus aureus*，VISA），1999年发现社区获得性耐甲氧西林金黄色葡萄球菌，2000年利奈唑酮上市，2001年发现耐利奈唑酮金黄色葡萄球菌，2002年发现对万古霉素完全耐药的金黄色葡萄球菌（vancomycin resistant *Staphylococcus aureus*，VRSA）。新抗生素的研发期平均为10年，而细菌产生耐药性的速度非常快，有的药的使用期甚至不到1年细菌就产生了耐药性。

随着时间的推移，细菌耐药程度日趋严重。20世纪60～80年代分离菌株对链霉素、四环素的体外最低抑菌浓度（minimum inhibitory concentration，MIC）为128μg/mL，90年代则上升至256μg/mL以上；90年代分离的大肠杆菌对氟喹诺酮类敏感，MIC值在0.05～1.6μg/mL，而2001年以后其MIC值在64μg/mL以上。β-内酰胺酶已经从普通酶演变到广谱酶、超广谱β-内酰胺酶（extended-spectrum β-lactamase，ESBL）、碳青霉烯酶、β-内酰胺酶抑制剂等。已经发现对所有β-内酰胺抗菌药物耐药的大肠杆菌、铜绿假单胞菌等。

随着抗菌药物使用种类的增加，细菌耐药谱变宽。20世纪60～80年代从畜禽体内分离的大肠杆菌菌株仅对链霉素、四环素类耐药；90年代的分离株对青霉素类、氨基糖苷类和磺胺类也出现耐药性；而 2000 年后分离菌株耐药谱继续加大，对氟喹诺酮类、氟苯尼考等药物也产生了明显耐药性。历史菌株耐药谱简单，多重耐药现象少见。目前分离的菌株耐药谱很广，多重耐药、交叉耐药现象严重。我国各地报道的家畜源大肠杆菌的耐药情况表明，我国家畜所携带的大肠杆菌具有很强的耐药性，尤其对于一些临床常用的抗生素普遍出现耐药性，如阿莫西林、氨苄青霉素、复方新诺明、链霉素等，对某些抗生素的耐药率可达 90%以上。大肠杆菌出现大量多重耐药株，部分多重耐药株可耐十多种抗菌药物。贺丹丹等（2013）对 935 株大肠杆菌进行的多重耐药性分析表明，耐 3 种及以上药物的菌株占菌株总数的 97.3%，其中患病猪源菌株全部为 5 耐及以上，患病禽源 5 耐及以上的菌株占 99.1%，水禽源菌株多重耐药情况比患病鸡源和猪源菌株更严重。王红宁等（2016）的研究表明，沙门菌、大肠杆菌、肺炎克雷伯菌同时耐 3 种及以上抗生素的多重耐药率高达 65%。20 世纪 90 年代以后的大肠杆菌分离株均出现了不同程度的多重耐药性，耐药谱从 8 重耐药到 11 重耐药，其中 8 重耐药菌株数最少。这些结果都证实了细菌多重耐药现象日趋严重。

人们把对多种抗菌药物产生耐药性的细菌，称为“超级细菌”，超级细菌的出现让人们对细菌耐药性产生了高度关注。人医临床上遭遇的超级细菌主要是“ESKAPE”：E，屎肠球菌，革兰氏阳性菌，2004 年 VRE 分离率达 31.3%；S，金黄色葡萄球菌，革兰氏阳性菌，2002 年发现第一例 VRSA；K，肺炎克雷伯菌，革兰氏阴性菌；A，鲍曼不动杆菌，革兰氏阴性菌；P，铜绿假单胞菌，革兰氏阴性菌；E，肠杆菌，革兰氏阴性菌。2010 年在法国、比利时、美国、加拿大、澳大利亚、日本等国家发现一种存在于多种细菌中的酶，命名为 New Delhi-Metallo-1（NDM-1），中文译名“新德里•梅塔洛一号”，这是以《超人》漫画中的反派角色梅塔洛（Metallo）来命名的一种酶。NDM-1 存在于不同细菌 DNA 结构的线粒体上，它可以在细菌中自由复制和移动，从而使这种细菌拥有传播和变异的惊人潜能，拥有这种酶的细菌，几乎对人类所有现存的抗生素类药物都有抵抗力。大多数 NDM-1 出现在大肠杆菌和肺炎克雷伯菌中。

动物用药与人医临床用药的交叉耐药也备受关注。荷兰在 1982～1989 年从人体分离到的喹诺酮耐药细菌数量从 0%上升到 11%，从家禽产品分离到的喹诺酮耐药细菌从 0%上升到 14%，喹诺酮类耐药细菌的增加明显与氟喹诺酮类药物在兽医和人医临床中的使用增加有关。1991 年，英国对人弯曲菌耐环丙沙星的状况进行调查，结果显示，在医院分离的 2209 株弯曲菌中，只有 91 株（4.1%）对环丙沙星耐药，但这些患者从未服用过喹诺酮类药物；而 75 株从家禽中分离的弯曲菌同时对环丙沙星、诺氟沙星、司帕沙星耐药，表现极强的交叉耐药性。到 1996 年，从人体分离的弯曲菌对氟喹诺酮类药物的耐药已经达到惊人比率，高达 50%。1997 年后，欧美国家加紧了对耐药性细菌的监测，主要集中在氟喹诺酮类药物上。数据显示，细菌氟喹诺酮耐药性的大量增加与氟喹诺酮类药物在兽医临床中的使用密切相关。另外，多种酰胺醇-噁唑烷酮交叉耐药基因相继出现。多重耐药基因氯霉素-氟苯尼考耐药基因（chloramphenicol-florfenicol resistance，*cfr*）编码一个 349 个氨基酸的 23S rRNA 甲基化酶，能够介导酰胺醇类、林可酰胺类、噁唑烷酮类、截短侧耳素类、链阳菌素 A 类等五类抗生素（$PhLOPS_A$）耐药。*optrA* 是 2015 年从我国临床分离的粪肠球菌中发现的，该基因编码的氨基酸序列与 ABC

转运蛋白有较高的同源性，不仅可以介导噁唑烷酮类（包括利奈唑胺、泰地唑利）耐药，还可以介导酰胺醇类（包括氯霉素、氟苯尼考）耐药。*poxtA* 是 2018 年从意大利临床分离的金黄色葡萄球菌中发现的能同时介导酰胺醇-噁唑烷酮-四环素耐药的基因，该基因编码的蛋白与 OptrA 的同源性为 32%，呈现出 ATP 结合盒（ATP-binding cassette，ABC）蛋白超家族 F 谱系的典型特征，通过核糖体的保护作用提供耐药性。这些交叉耐药基因均在多种病原菌中被发现。除噁唑烷酮类外，替加环素、多黏菌素类及碳青霉烯类抗生素也可作为人医临床的“救命药”，是应对多重耐药菌的“最后一道防线”，畜禽源人畜共患病原菌对“救命药”的耐药性，给食品安全和人体健康带来了威胁。一些有重要公共卫生意义的耐药菌/耐药基因受到广泛关注，包括能介导替加环素耐药的 *tet*(X)基因，其编码一种修饰或钝化四环素的酶，目前已发现多种 *tet*(X)基因变体，包括 *tet*(X3)、*tet*(X4)、*tet*(X5)，其可介导包括替加环素以及 FDA 新批准的伊拉瓦环素和奥马达环素在内的四环素类耐药。Liu 等（2016）在大肠杆菌中发现质粒携带多黏菌素耐药基因 *mcr-1*，*mcr-1* 编码磷酸乙醇胺转移酶，其能催化磷酸乙醇胺附着到类脂 A，以减弱多黏菌素的黏附。随后 *mcr-1* 在全球至少 25 个国家的其他肠杆菌科细菌中被发现，包括产气肠杆菌、肺炎克雷伯菌、索氏志贺菌及多种沙门菌亚种，其宿主或来源包括人类（占大多数）、畜禽及其肉制品、蔬菜、野生鸟类和环境。2008 年报道的产 NDM-1 的肺炎克雷伯菌，是从一位印度裔瑞典籍的尿道感染患者中发现的，到目前已从多个国家分离的大肠杆菌和肺炎克雷伯菌中发现。2011 年我国首次发现动物源（禽）的 NDM 阳性不动杆菌，目前，从鸡源、猪源肠道菌中检出了 NDM-1、NDM-5、NDM-9，在鸡源大肠杆菌中发现了 NDM-17，其可导致菌株产生更高水平的耐药性。另外，研究者从我国猪源、鸡源弯曲菌中发现了可介导高水平耐药性的 *erm*(B)基因，该基因已整合到耐药基因岛中，有使携带菌发展成为“超级细菌”的可能性。当今越来越多的细菌对抗生素产生的耐药性，严重威胁了人类的生存和健康，全球将面临药品无效的困境，遭遇“后抗生素时代”的危险。

动物源细菌耐药性的公共卫生意义

日益加剧的动物源细菌耐药性导致的公共卫生问题受到全球关注。国际上对动物源细菌耐药性危害的调查研究可追溯到 20 世纪 60 年代。1969 年英国联合委员会发布了《斯旺报告》（*Swann Report*），警告将亚治疗剂量抗菌药物用作食品动物促生长剂形成的耐药菌可能危及人类健康。近年来，抗菌药物在畜禽养殖业上的大量使用，对预防和控制细菌性疾病的发生，促进畜禽生长、发育，提高饲养效益确实起到了积极的作用，但同时也引发了诸多公共卫生问题。

抗生素可以用于治疗动物疾病，但耐药性的出现有可能导致疗效不佳甚至治疗失败。耐药菌的传播会严重削弱细菌病的治疗效果，动物健康和福利均会受到影响，经济损失严重。研究者从奶牛中分离到了 MRSA，其能引起奶牛乳房炎，但该菌不仅耐青霉素和头孢菌素类药物，同时也耐四环素和其他类药物，这就意味着如果 MRSA 是引起牛乳房炎的一个普遍病原菌，那么只有很少药物甚至无药可以控制该疾病。自 20 世纪

50 年代以来，青霉素被用于治疗由金黄色葡萄球菌引起的牛乳房炎，而如今该菌耐药性非常普遍，以至于青霉素不再用于治疗乳房炎。另外，对于多杀性巴氏杆菌和溶血性曼氏杆菌引起的肺炎，青霉素或四环素耐药性的出现使得这些药物不再用于此类肺炎的治疗。四环素是美国唯一被指定用于预防由弯曲菌引起的绵羊流产的抗生素，但由于目前从羊分离的大多数弯曲菌菌株耐受四环素，因此四环素对预防流产不再有效。病原菌耐药性带来的一个后果就是某些疾病缺乏可替代药物进行有效治疗。例如，猪痢疾（由猪痢疾短螺旋体引起的肠道感染）一旦发生，猪群中大部分猪都会被感染，疾病通常会持续存在，同时也会因为死亡率增高、饲料转化率降低及生长迟缓引起经济损失，用于治疗猪痢疾的泰乐菌素和林可霉素的耐药性已广泛传播，目前截短侧耳素成为其替代品。不过，耐截短侧耳素的菌株也已经被报道，使得猪痢疾的治疗变得愈发困难，并严重限制了猪场的生产力。

动物源耐药菌可以传递给人。人畜共患病原菌可以直接导致人类疾病治疗的失败，非病原性耐药菌则可能在人体肠道中将耐药基因转移给其他病原菌而引起其他细菌产生耐药性。动物源耐药菌通过以下几种方式从动物传递给人：①直接与携带耐药菌的动物和产品接触（如饲养员、加工工人等）；②摄食被耐药菌污染的肉、蛋、奶；③摄食因施肥而被耐药菌污染的水果和蔬菜；④饮用被耐药菌污染的水等。多种耐药人兽共患病原菌能在动物和人之间传播。据报道，欧洲每年大约 2.5 万人死于抗菌药物耐药性细菌；美国每年至少有 200 万人的疾病和 2.3 万人的死亡是由抗菌药物耐药性所致。1999 年，丹麦曾报道有两例患者因感染猪源多重耐药鼠伤寒沙门菌 DT104 而死亡。2005 年，中国四川省累计报告人感染猪链球菌病例 204 例，其中死亡 38 例，根据实验室对猪链球菌抗生素药物的敏感性试验检测可知，菌株对万古霉素、氨苄西林、亚胺培南敏感，对链霉素、复方新诺明、萘啶酸均耐药，死亡病例与链球菌产生耐药性有关。肠球菌的耐药性在 20 世纪 70 年代表现为对氨基糖苷类耐药，如庆大霉素和链霉素；80 年代表现为耐 β-内酰胺类及糖肽类，1986 年首次发现耐万古霉素肠球菌。90 年代以后，抗生素的广泛使用，以及过度使用氟喹诺酮类和口服头孢菌素类药物等因素，导致耐药肠球菌所致感染及病例不断增加，已成为医院内感染的主要病因。由于这类细菌所引起的耐药菌感染治疗难度大，加之肠球菌对抗生素的耐药现象比较复杂，因此，目前在临床上分离的肠球菌中有许多是多重耐药菌株。在 1990 年前，耐万古霉素肠球菌在美国医院几乎不存在，但 1993 年为 7.9%，在重症监护室（intensive care unit，ICU）内则增加至 13%。1997 年，超过 15%的医院内感染的肠球菌为 VRE，如今，87%的医院内感染的屎肠球菌为 VRE。

抗菌药物经粪便排出会对生态环境造成潜在威胁。动物和人在使用药物以后，药物将以原形化合物或代谢产物的方式通过粪、尿等排泄物进入外界环境，造成环境土壤、表层水体、植物和动物等的兽药蓄积或残留。据报道，75%～90%用于食品动物的抗生素被排泄至环境中，并且排泄的药物能长期存在于环境中，为细菌产生耐药性创造了机会。近年来，世界范围内的土壤、地表水及地下水中都有低浓度的兽药检出，抗生素及驱虫药物对生态环境的潜在危害尤为突出。大部分抗生素在动物体内不能被完全代谢而作为废料被释放到周围环境中，这些废料继续影响环境中的细菌群，促进耐药性的产生，从而对生态环境造成影响。科学家指出，环境中低浓度的抗生素能带来随机的、自发的基因突变。因此，环境被认为是抗生素以及耐药细菌和耐药基因的储存库。细菌能将耐药基因在同种细菌和不同种细菌间进行转移。水产养殖业中直接投放到环境中的抗菌药以及养殖场排放的污水中含有大量抗菌药及其代谢产物，可破坏水和土壤微生态的平衡，并导致环境微生物的耐药性增加。抗生素作为饲料添加剂、养殖环境和垫料中耐药菌的存在、养殖粪尿作为农作物肥料等都可以导致耐药菌在环境中广泛传播，对人和动物的健康产生危害。

细菌耐药性的扩散是一个十分令人担忧的公共健康问题，其潜在危害程度与全球变暖和其他社会及环境威胁类似。2013 年 6 月，在八国集团（G8）峰会上也讨论了耐药性的问题，科学部长认为这是“21 世纪主要的卫生安全挑战”，需要加强国际合作。如今，人们担心所谓的极为重要的抗生素（critically important antimicrobial，CIA），如氟喹诺酮类药物、第三代和第四代头孢菌素用于治疗沙门菌以及大环内酯类药物治疗弯曲菌感染的有效性。产碳青霉烯酶的革兰氏阴性菌（如泛耐药的不动杆菌、产新德里金属蛋白酶的克雷伯菌）的出现和快速传播均成为严重的公共卫生威胁，因为这些多重耐药菌的感染使患者无药可治。因此，细菌耐药性的产生不仅影响动物健康，还会影响生态环境及人类健康，加强对细菌耐药性的防控已经刻不容缓。

动物源细菌种类复杂，严重危害养殖健康。食源性病原菌已成为全球范围内的重大公共卫生问题（每年全世界有 6 亿、我国有 9000 万人次患病）。传统防控人和动物细菌病依赖抗生素，病原菌耐药性问题已成为全球重大公共卫生新威胁。如果细菌耐药性不能得到有效遏制，到 2050 年耐药细菌将导致每年约 1000 万人死亡，超过每年死于癌症的人数。遏制细菌耐药性的产生和传播成为全球的共同目标。

第三节　动物源细菌耐药性的科学问题与研究方向

动物源细菌耐药性的科学问题

【动物源细菌耐药性的流行分布特征需要阐明】

病原菌耐药性的流行分布十分复杂，受用药种类与用药方案、饲养动物种类与管理模式等的影响。随着时间的变化，不同国家、地区动物源细菌的耐药表型和耐药基因不同。

国内外学者在耐药菌分子流行病学方面做了大量工作，揭示了不同地区、不同动物群、不同感染类型中的耐药菌流行克隆变迁和分子机制。但在动物源细菌耐药性流行病学研究方面仍存在一些问题，包括：缺乏系统的前瞻性和回顾性研究，很多流行病学调查因为各种原因，没有对同一养殖场或产业链进行连续性采样调查，只是对采集的样品进行零星报道；现况研究不全面；定性描述多，定量分析较少；采样及分离菌株数量有限，代表性不够；菌株来源动物的用药记录不全；耐药数据多源于从发病动物分离的病原菌，健康动物共栖菌的耐药数据较少；检测的细菌种类、抗菌药物种类随意性大等。

【动物源细菌耐药性的产生及其机制需要研究】

阐明耐药性的产生机制对于减缓耐药性的出现，以及耐药性出现后防止耐药性的增加有重要科学意义。

细菌耐药性总是随着抗菌药物的使用而产生。1942 年青霉素被用于人医临床以来，细菌耐药性就一直存在并不断产生和发展。细菌耐药性分为固有耐药性和获得性耐药性，固有耐药性是细菌天生对抗菌药物就不敏感，这种耐药性的产生并不依赖于抗菌药物的存在，而是细菌细胞所固有的，与细菌的遗传和进化密切相关。获得性耐药性是细菌在抗菌药物选择性压力存在下经过基因突变，潜伏基因的表达，或细菌在生长过程中通过转化、转导获得抗性基因，或通过移动因子包括质粒、转座子、整合子转移和传播耐药基因而获得的耐药表型。获得性耐药机制更容易将耐药基因通过水平或垂直传播方式在不同菌株或不同菌种间传播，加速细菌耐药性的蔓延，导致耐药菌株越来越多，细菌耐药性迅速上升，不断出现多重耐药株、泛耐药株甚至超级细菌。细菌耐药性一旦建立，就会保持下来，抗菌药物的继续使用不仅能为高耐药菌株继续提供选择压力，还能促进其复制。当长期使用抗生素时，占多数的敏感菌株不断被杀灭，耐药菌株则大量繁殖，代替敏感菌株，而使细菌对该种药物的耐药率不断升高。抗生素耐药性产生于抗生素压力所带来的自然选择。对抗生素使用的严格控制可以有效地降低抗生素耐药性发生的概率，但无法完全避免抗生素耐药性的产生。

经过数十年的研究，已认识的细菌对抗菌药的耐药机制主要包括：产生分解抗生素的酶、改变抗生素作用的靶位、过度表达主动外排泵、改变细菌细胞膜通透性等。随着人类研发出新的抗菌药，新类别的抗菌药耐药机制不断被发现，如对利奈唑胺耐药的核糖体保护机制，引起替加环素耐药的酶修饰机制，对新型β-内酰胺酶抑制剂阿维巴坦耐药的机制等。细菌耐药机制复杂，一种细菌可以有多种耐药机制。对于细菌耐药性的产生与耐药机制尚有很多值得研究的问题，如外排泵系统如何与耐药基因协同作用，为什么一些菌株拥有耐药基因却没有耐药表型，产酶基因的结构和功能如何，针对新抗菌药的耐药机制是什么？持续、深入开展细菌耐药性产生及耐药机制研究，可为制定各种遏制耐药性的措施提供科学依据，也可为新型治疗性药物的研发奠定理论基础。

【动物源细菌耐药性的传播机制需要回答】

有些抗生素的耐药机制，如抗生素作用靶点的点突变，难以发生细胞间转移，因此控制耐药菌的繁殖可以有效地防止抗生素耐药性的扩散。部分抗生素耐药机制，如抗生素耐药基因，可以通过多种基因水平转移机制实现物种间的传播。可移动遗传元件介导的耐药基因水平转移是导致耐药性快速发展的主要原因，介导耐药基因水平转移的可移动遗传元件包括质粒、转座子、插入序列、整合子/基因盒系统和插入序列共同区元件等，这些可移动遗传元件与特定耐药基因之间的关系以及它们的调控驱动机制仍未被阐明。细菌耐药性可以通过细菌染色体及携带的耐药质粒传播，许多耐药基因如多数β-内酰胺酶基因由质粒携带，从而加快了耐药性的传播。抗生素耐药性的传播并不依赖于供体菌的存活，在供体菌死亡后仍然可以实现抗生素耐药性向受体菌中的传播。耐药菌和耐药基因广泛存在于自然环境、动物与人体等不同微生态系统中，形成不同来源的耐药基因组。环境、动物中微生物耐药基因的传播是导致耐药性传播的主要原因之一。耐药菌通过质粒或噬菌体介导的水平基因转移、基因突变方式获得耐药性。耐药基因还可通过整合到转座子上而提高其移动性。为了遏制耐药性的发展，需要开展基于基因水平的耐药基因在质粒、菌株、种属间的传播、扩散及进化的研究，明确耐药基因在不同生态系统中的传播机制。

在大范围抗菌药物选择性压力下，细菌群体中的敏感菌株被杀灭，保留了最耐药的菌株，这种耐药性可以在细菌间传播，耐药细菌又能随着贸易、旅行等在全世界范围内散播，因而耐药性的迅速扩散是当前面临的一个重要问题。抗生素耐药性问题的解决，依赖于对抗生素耐药性传播的控制。对抗生素耐药性传播的控制，一方面需要从根源上抑制耐药性的产生或者将已产生的抗生素耐药性（耐药基因）去除，另一方面需要切断耐药性的传播途径或抑制抗生素耐药性传播基因的表达。抗生素的广泛使用如何导致耐药性基因转移，相关分子机制如何；耐药基因是如何进行水平转移的，尤其是不同种属之间；对于耐药性基因表达及耐药性发生的分子调控、耐药基因在不同菌株间如何转移和传播，以及抗生素在耐药性传播过程中发挥了怎样的选择作用仍需要研究。针对耐药性传播机制，围绕携带耐药性基因的可移动遗传元件的剪切与缺失等关键科学问题开展深入研究，可能为控制耐药性基因的传播提供新策略。

【动物源细菌耐药性的监测与控制需要完善】

现代养殖业的发展离不开兽药的应用，而兽药使用带来的耐药性和生态毒理风险已经成为与畜牧业发展和食品安全息息相关的重大科学问题。抗菌药物的大量使用导致我国成为世界上畜禽病原菌耐药性最严重的国家之一，严重影响着我国畜禽养殖业的可持续发展，可能成为公共卫生安全的重大隐患。

我国在耐药性监测和控制技术方面起步较晚，建立我国自有的耐药性检测技术和标准体系，探索有效的耐药性控制技术迫在眉睫。快速、准确、便捷地检测动物源病原菌耐药性对临床使用抗生素具有指导性意义。传统的检测方法包括药敏纸片法、肉汤稀释法、琼脂稀释法等，需要将病原菌从样品中分离培养，操作烦琐、耗时长。与传统的方法相比，基因检测法快速便捷，无需体外培养病原菌，尤其适合一些生长缓慢或体外无法培养的病原菌。但基因检测法不能检测新的耐药机制，而且不能判断含有耐药基因的病原菌是否处于耐药状态以及其所处的耐药水平。自动化药敏鉴定系统是体外鉴定微生物耐药性的发展方向，该方法可靠性高、简单、快速、不受人的主观影响，但不能克服细菌需要体外培养、检测范围小等缺点。目前所有的检测方法均有一些不足之处，因此，更加快速、适用、经济、准确的细菌耐药性检测方法需要不断被研发。

欧美等发达国家在动物源病原菌耐药性监测与控制技术上处于领先水平。在 20 世纪 90 年代，欧美国家陆续建立了各国的耐药性监测系统，如丹麦 1995 年成立了丹麦抗菌药耐药性整合监测和研究项目（Danish Integrated Antimicrobial Resistance Monitoring and Research Programme，DANMAP）。1996 年，由美国疾病控制与预防中心（Centers for

Disease Control and Prevention，CDC）、美国食品药品监督管理局（FDA）、美国农业部（United States Department of Agriculture，USDA）以及各州和地方卫生部门之间合作成立了国家抗菌药耐药性监测系统（National Antimicrobial Resistance Monitoring System，NARMS），主要职责为监测抗生素对人畜肠道细菌的敏感性，并提供NARMS年度总结报告，定期向公众报告监测结果，在鉴定病原菌、发现新耐药基因以及高通量筛选等耐药性检测技术方面建立了相对完善的技术体系，同时也开展了抗菌药物如氟喹诺酮类药物在特定食品动物中的耐药性风险评估，建立了耐药性预警体系。针对耐药性带来的危害，欧美其他发达国家亦采取了应对措施，包括禁止或限制饲料中促生长用途的抗菌药物添加剂的使用；研发针对耐药性的新型药物，寻找新的抗菌药物替代品，如天然植物提取物、生物制剂等；加大药物新剂型和给药新技术的研发，如研发纳米颗粒/脂质体传递药物系统、双重药物传递方法等新技术，寻求各种新的给药技术和联合给药方案来应对耐药菌；寻找具有新的作用靶点的药物如群体感应抑制剂，以及新的药物传递系统。

我国在畜禽病原菌耐药性监测与控制的研究上起步较晚，直到2008年才着手建立“全国动物源细菌耐药性监测系统”，但检测的菌种和区域有限，未形成真正覆盖全国的耐药性监测网，且检测标准和技术也不完善。目前，我国养殖业高发的病原菌检测标准和技术都需要完善，且缺乏针对耐药性产生和传递的关键环节——畜禽养殖环境中耐药基因的监测。开发快速、高通量、简便的检测技术，建立完善的病原菌耐药性风险评估以及预警技术体系，开发新型抗菌药替代品和给药新技术，已成为耐药性监测和防控技术体系的关键环节，也是我国畜禽养殖业健康可持续发展的内在需求。

动物源细菌耐药性的研究方向

【动物源细菌耐药性的流行和分布趋势研究】

畜禽养殖业抗生素的大量使用，导致全球细菌耐药性问题日益严重。波兰在2009～2013年从鸡源分离的1151株弯曲菌中发现，环丙沙星的耐药率从2009年的59.6%上升至2013年的85.9%。2013年，美国CDC对人弯曲菌耐环丙沙星的状况进行了调查，发现其耐药率从1997年的13%上升到了2011年的25%。近年来，我国学者从国内鸡、猪中分离的弯曲菌环丙沙星耐药率甚至高达100%。数据显示，环丙沙星耐药率与氟喹诺酮类药物在兽医临床的使用密切相关。我国畜禽源大肠杆菌氨苄西林耐药率在1970～2011年从1970年的23.1%增长到2003年的74.6%再到2011年的99.5%；1917～1954年分离到的433株大肠杆菌仅2%对四环素耐药，而至2011年，耐药率已经高达93.4%，个别地区甚至达到了100%；头孢噻呋（第三代头孢）耐药株出现于2000年后，但2007年的耐药率已经达到了22.5%。

碳青霉烯、替加环素、噁唑烷酮类及多黏菌素等“一线”抗生素耐药性是目前的研究重点。2009年首次发现携带*bla*$_{NDM-1}$基因的“超级细菌”。我国于2011年首次从山东发现动物源（禽）的*bla*$_{NDM-1}$阳性不动杆菌，其目前已在至少42个国家被报道且有进一步流行的趋势。目前已发现多种*tet*(X)基因变体，包括*tet*(X3)、*tet*(X4)、*tet*(X5)等。1961年，首株耐甲氧西林金黄色葡萄球菌（MRSA）在英国被发现，随后该菌在世界各地的医院、社区、养殖场广泛流行，成为世界范围内广泛关注的“超级细菌”。黏菌素作为添加剂在兽医领域被广泛使用，2015 年中国学者在世界首次证实质粒介导了黏菌素耐药基因 *mcr-1*，随后该基因快速在五大洲 29 个国家被发现，这也成为耐药性公共热点事件。这一发现让中国在 2016 年禁止黏菌素作为添加剂使用，减少了超过 8000t 的黏菌素使用量。

有重要公共卫生意义的耐药菌/耐药基因在全球范围内出现并流行，给食品安全和人类健康带来了威胁。为了实时了解其流行情况，应进行不间断的跟踪，真实记录动物用药情况，采集及分离足够数量、具有代表性的菌株，进行全面、系统的分析。开展动物源细菌耐药性流行病学研究，可掌握耐药菌株和耐药基因的分布与变化趋势，探明耐药菌和耐药基因的传播模式，评价药物及其他因素对细菌耐药性发生发展的作用，为合理用药、新药开发、药政管理、公共卫生管理提供科学依据。

【动物源细菌耐药性的产生及其机制研究】

国内外对于动物源细菌耐药性问题的研究已有很多报道，关于耐药基因的来源，主要有三种途径，一是自然存在，微生物在自身进化过程中由于某些原因产生碱基错配，出现一些耐药个体；二是环境胁迫，抗生素压力的存在，使细菌为了生存和繁殖通过自身代谢调节和基因突变而产生适应环境的群体；三是耐药基因通过可移动基因元件（如质粒、整合子、转座子等）在细菌间的转移而获得。固有的耐药性具有种属特异性，主要与细菌表面化学成分的结构及其功能有关。关于基因突变导致细菌耐药性有两种学说，第一种学说认为是自然存在，与抗菌药物存在没有关系。微生物在自身进化过程中由于某些原因而产生碱基错配，出现一些耐药个体，抗菌药物的存在，使敏感细菌的繁殖受到抑制甚至被杀死，而携带耐药基因的突变菌株却具有生存优势，最终继续生长和繁衍，即由于基因突变而产生的耐药菌株并非是细菌为适应逆境环境而逐渐形成的，而是细菌在未接触药物之前就已经存在，只是耐药菌株能在药物环境中被选择出来。第二种学说认为耐药性的产生是一种环境胁迫诱导的变异。抗生素压力的存在，使细菌通过自身代谢调节和基因突变以适应环境。耐药菌的产生与抗生素的应用密切相关，随着抗生素的广泛应用，其耐药性逐渐增强，当不再接触抗生素时此种耐药性可逐渐消失，抗生素影响的时间维持越久，耐药性就越不易消失。基因突变引起细菌耐药的研究主要集中在染色体上，细菌对多种抗生素，特别是对氟喹诺酮的耐药最初就是通过点突变而获得的。基因突变也可存在于质粒、转座子上，如超广谱 β-内酰胺酶（ESBL）的产生就是由位于质粒上的 bla_{TEM} 和 bla_{SHV} 基因点突变而引起的，这种存在于可转移遗传因子上的耐药性，传播速度更快，传播范围也更广。

在基因水平转移过程中涉及的耐药基因可能起源于环境细菌而不是人类病原菌。因为在人类服用抗生素前，没有耐药基因出现在人类病原菌中。大量抗生素均由环境微生物合成，所以人们推测能产生抗生素的微生物必定具有相应的耐药基因，否则产生的抗生素会把自己杀死。但到目前为止，人类病原菌获得的耐药基因中，只有两种基因已追溯到其起源，一种是源自海藻希瓦氏菌的喹诺酮耐药基因 *qnrA*，另一种是源自克吕沃尔氏菌属的 CTX-M-β-内酰胺酶家族，然而这两种微生物均不产生抗生素。因此，采用生物信息学的方法分析耐药基因的起源是研究耐药性产生的基础。

抗生素的压力选择也会导致细菌耐药性的产生，细菌为了生存和繁殖，通过基因突变产生适应环境的群体。例如，敏感空肠弯曲菌在氟喹诺酮药物的选择压力下，能迅速发生碱基突变产生耐氟喹诺酮的菌株。在抗生素选择压力去除后，耐药性能否自发性消除与耐药基因带来的适应性代价相关。多数菌株获得耐药性后，适应性和生命力下降，在各方面不敌敏感菌，则会在竞争中逐渐被清除。部分产生适应性代价的细菌通过自身的代偿突变恢复其适应性，可能会成为优势菌群，从而加大治疗难度。例如，*gyrA* 点突变引起的氟喹诺酮耐药性能增强弯曲菌在动物体内的适应性，菌株在动物体内一旦获得耐药性就很难自发性消除。故耐药菌与敏感菌的竞争力决定了其在宿主体内或环境中的存在和繁殖能力，也决定了宿主疾病的发展与转归。因此，各种耐药性所带来的适应性代价也可能会影响细菌耐药性的产生。

动物源细菌耐药机制研究主要有三种途径：产生抗生素灭活酶或钝化酶；改变或修饰抗生素作用靶位；减少摄入或主动外排抗生素。近年来，畜禽临床病原菌对常见抗生素的耐药水平越来越高，耐药谱越来越广，甚至出现了无药可治的“超级细菌”。这种现象可能是多种耐药机制的协作效应，也有可能是由演化形成的新机制，需要进一步研究和阐明。

综上所述，对于各类耐药基因的起源与进化方式，耐药基因给病原菌带来的适应性代价，以及抗生素选择压力对耐药性产生的影响等一系列问题均有待研究。另外，在广泛使用抗生素的压力下，病原菌耐药性不断发展，新耐药机制也将不断出现。针对畜禽治疗用抗生素尤其是兽用抗生素与人用抗生素交叉耐药性的产生机制需要进一步研究，全面认识细菌耐药性产生机制对于合理用药有重要指导意义。

【动物源细菌耐药性传播机制研究】

动物源细菌耐药性的垂直传播机制。耐药基因或者染色体上的点突变通过细胞分裂，转移至下一代的细胞。菌株的克隆性传播是垂直传播的一种，开展畜禽重要耐药病原菌克隆株的传播与流行研究可为畜禽耐药病原菌的风险评估提供重要依据。近年来，耐药食源性病原菌（如空肠弯曲菌、沙门菌）感染暴发频率越来越高，大多数在不同宿主、不同地区呈克隆性传播，对公共卫生安全构成极大的威胁。病原菌的分子分型不仅可以有效甄别不同来源菌株间的遗传差异，同时还可进行菌株间变异规律和遗传相关性分析。利用模型分析方法，结合病原菌的遗传进化特征进行病原菌的菌型传播动力分析是获得病原菌的宿主来源、传播规律的有效手段。例如，利用分子分型方法，在美国发现能导致牛羊流产的强致病性空肠弯曲菌菌株 clone SA（ST8）广泛分布于动物、人体和牛奶中，携带 *cfr* 基因变体 *cfr*(C)的结肠弯曲菌在美国不同州的不同农场间呈现克隆性传播；我国猪源耐甲氧西林金黄色葡萄球菌 ST398 克隆株在动物和社区人群中传播与流行；多重耐药大肠杆菌在动物、环境和饲养员之间存在克隆性传播现象。耐药病原菌克隆株在宿主更替过程中不断发生变异以适应新宿主，其致病性也有可能增强。最新研究发现，人源甲氧西林敏感金黄色葡萄球菌可在猪体内定植，并在饲用抗生素压力下逐步演变为 MRSA 克隆群 CC398，威胁公众健康。

动物源细菌重要耐药基因的水平传播机制。尽管耐药克隆株的流行在耐药性传播过程中发挥了重要作用，但越来越多的证据表明，可移动遗传元件介导的耐药基因水平转移是导致耐药性快速传播的主要原因。耐药基因水平转移方式包括转化、接合和转导三种。细菌可移动遗传元件有质粒、转座子、插入序列、整合子/基因盒系统和插入序列共同区（insertion sequence common region，ISCR）等，这些元件通常可以携带相关耐药基因，通过转化、接合和转导三种方式，在细菌内或细菌间发生水平转移，导致耐药基因的快速进化和广泛扩散。目前国内外研究多集中于从耐药基因携带载体的分子结构、进化关系等方面探寻耐药基因的传播方式和机制。不同耐药基因或毒力基因与耐药基因的协同传播需要进一步研究。

影响动物源细菌耐药性传播的因素。研究发现，耐药基因常与编码细菌毒力、消毒剂或重金属抗性的基因位于同一可移动遗传元件上，导致耐药基因可被其他药物或消毒剂等共选择。细菌间耐药基因的水平转移还受环境条件改变的刺激，如细菌在应激情况下将启动 SOS 应答并促进水平基因转移。畜禽集约化养殖密度大、动物个体接触频繁，给耐药菌/耐药基因的传播扩散提供了有利条件。此外，养殖密度、养殖方式等因素均可能影响耐药菌和耐药基因的流行传播。我国畜禽养殖产区不同，气候环境各异，饲养模式多样，用药背景复杂，这些因素对畜禽病原菌耐药性的流行传播有何影响，目前尚不得而知。因此，有必要探明养殖模式、用药方式等影响因素对耐药菌、耐药基因传播流行的影响，为畜禽病原菌耐药性控制措施的制定提供科学依据。

【耐药性监测与防控研究】

开展动物源细菌耐药性监测。对动物滥用药物导致的细菌耐药性已引起了世界卫生组织、世界动物卫生组织和联合国粮食及农业组织等国际组织的高度关注，这些组织均建议各国特别是发展中国家，尽快建立切实可行的检测监测方法，开展细菌耐药性调查，建立国家监测网，控制以至消除细菌耐药性的问题，从而保证食品安全和人类健康。目前，一些国家已陆续建立了耐药性监测系统，其监测数据的运用对合理使用抗生素、改善细菌耐药性状况产生了积极的影响。

世界各国均重视并开展了耐药性监测。1996 年，美国食品药品监督管理局、农业部和疾病控制与预防中心以及各州和地方卫生部门联合成立的国家抗菌药耐药性监测系统（NARMS），主要监控人类、动物和零售肉类中的肠道细菌，监测其对重要抗菌药物敏感性的变化。加拿大于 2003 年，由卫生部（Health Canada，HC）主导，公共卫生署（Public Health Agency of Canada，PHAC）食源性人畜共患疾病实验室（Laboratory for Foodborne Zoonoses，LFZ）以及食源性、水源性和动物传染病署（Foodborne, Waterborne and Zoonotic Infections Division，FWZID）与国家微生物实验室（the National Microbiology Laboratory，NML）组成的国家肠道菌抗菌药耐药性监测指导委员会（National Steering Committee on Antimicrobial Resistance Surveillance in Enterics，NSCARE）共同制定了加拿大抗菌药耐药性整合监测计划（Canadian Integrated Program for Antimicrobial Resistance Surveillance，CIPARS）。其主要监测人类和动物抗菌药的使用，以及从农业食品领域分离的肠道病原体及共生体、从人类分离的肠道菌的耐药趋势。日本于 1999

年建立了兽用抗菌药耐药性监控系统（The Japanese Veterinary Antimicrobial Resistance Monitoring System，JVARM），对食品动物（牛、猪、鸡）中大肠杆菌、沙门菌的耐药性进行监测。JVARM 由 3 个部分组成，即动物使用抗生素的数量监测；从健康动物中分离的人兽共患病原菌和指示菌的耐药性监控；从患病动物中分离的动物源致病菌的耐药性监测。欧盟承担公众健康（耐药性）事务的 3 个机构分别为欧洲药品管理局（European Medicines Agency，EMA）、欧洲疾病预防控制中心（European Centre for Disease Prevention and Control，ECDC）和欧洲食品安全协会（European Food Safety Association，EFSA）。瑞典于 2000 年由乌普萨拉兽药研究院组织建立瑞典兽用抗菌药耐药性监测系统（Swedish Veterinary Antimicrobial Resistance Monitoring Programme，SVARM）。挪威于 2000 年由卫生与社会事务部成立兽用抗菌药和食品生产领域耐药性监测系统。还有西班牙的兽用抗生素耐药性监测网络（Veterinary Antimicrobial Resistance Surveillance Network，VARS-Net）（1996 年）、意大利的意大利兽医抗生素耐药性监测计划（Italian Veterinary Antimicrobial Resistance Monitoring Programs，ITAVARM）（2003 年）、法国的法国抗生素耐药性监测计划（The French Antibiotic Resistance Monitoring Programs，FARM）（2004 年）、芬兰的芬兰抗生素研究小组抗生素治疗策略（The Finnish Study Group for Antimicrobial Resistance，FiReMIKSTRA）和芬兰兽医抗生素耐药性和抗菌剂消耗监测计划（Finnish Veterinary Antimicrobial Resistance Monitoring and Consumption of Antimicrobial Agents，FINRES-VET）。还有一些国家细菌耐药性监测协作工作也在进行中，包括德国重症监护病房抗菌药物使用和耐药性监测计划（Surveillance of Antimicrobial Use and Antimicrobial Resistance in Intensive Care Unit，SARI）、医院感染监测系统（Krankenhaus Infektions Surveillance System，KISS）、德国抗生素耐药性监测网络（German network for Antimicrobial Resistance Surveillance，GENARS），保加利亚抗菌药物耐药性跟踪监测系统（Bulgarian Surveillance Tracking Antimicrobial Resistence，BulSTAR）和奥地利耐药性报告（Austrian Resistance Reports，AURES）等。丹麦、美国、加拿大等发达国家和欧盟所实施的检测系统在细菌采样方法设计、细菌分离、药敏试验中使用的药物种类与标准及结果报道等方面相同或相近，有利于国际的比较，同时还应注意整合检测人医、食品、抗菌药使用情况，以确定耐药细菌的传播方式与途径。

我国从 2000 年开始设置专项经费开展了动物源细菌耐药性评估、检测、控制等，对有效应对动物源细菌耐药挑战，提高兽用抗菌药物科学管理水平，保障养殖业生产安全、食品安全、公共卫生安全和生态安全，维护人民群众身体健康，促进经济社会持续健康发展起到积极作用。从 2008 年开始实施动物源细菌耐药性监控计划，细菌种类包括大肠杆菌、沙门菌、金黄色葡萄球菌、空肠弯曲菌等。2017 年，农业部印发了《全国遏制动物源细菌耐药行动计划（2017—2020 年）》，要求各地兽医行政管理部门加强组织领导、协调政策支持、落实考核考评，全面推进动物源细菌耐药性控制工作。面对日益严峻的细菌耐药性问题，遏制动物源细菌耐药性已势在必行。我国借鉴发达国家的经验和做法，进一步健全动物源细菌耐药性检测体系，充分利用现有网络资源，加强与国内人医和国际相关检测机构的交流合作，不断完善监控措施，防控动物源细菌耐药性的发生和蔓延。

开展动物源细菌耐药性的预测。细菌是否耐药绝大多数情况下是由耐药基因决定的，而耐药基因可通过水平和垂直等多种方式在不同种类的细菌间传播。更重要的是，在长期药物选择压力等因素影响下，携带耐药基因的细菌在宿主体内容易产生新的突变。而耐药基因新突变体的产生、传播和流行，会造成新的危害。目前，病原菌耐药性的发展速度远大于新药的研发速度，仅通过开发新药不能完全解决当前面临的耐药性问题。减缓病原菌耐药性的产生和传播，延长现有抗生素的使用寿命成为迫切需要。从传播的角度开展病原菌耐药性预测，是制定及时有效的耐药性干预措施的前提和基础。因此，研究耐药基因的进化、预测耐药基因突变方向，具有重要意义。当前国际上对病原菌耐药性的预测主要集中表现为：对耐药性产生过程进行动态变化趋势预测，探索在一定条件下细菌对抗生素产生耐药性的可能性，确定最容易导致细菌产生耐药性的关键因子和突变位点，通过移动平均法、指数平滑法等预测模式，整合现有细菌耐药性产生机理、调控网络的主要因子，确定关键参数，建立细菌耐药性产生的预测模型。有研究者对大肠杆菌二氢叶酸还原酶（dihydrofolate reductase，DHFR）已报道的 6 个突变位点进行了分析，首先构建了 96 个突变体，并检测了每个突变体的最低抑菌浓度（MIC），其次根据其 MIC 和突变位点数量进行比较，最后通过建立数学模型分析得到 *dhfr* 可能进化的 483 条途径，验证了该数学模型在耐药基因进化中应用的可能性。目前针对细菌耐药基因进化分析的研究较少，且均局限于针对现有突变体的回顾性研究，并未对耐药基因将来可能的进化和突变方向展开预测，存在较大的局限性。据此，建立耐药基因突变谱适应度景观分析，并能对耐药基因进化途径进行前瞻性预测的平台，对未来临床耐药性的预测具有重要意义。

提高动物饲养和管理水平，减少抗生素使用。我国畜牧业发展迅速，已成为亿万农民致富的主要产业。然而，我国畜牧业产区分散，饲养规模不一，有小型和大型养殖场等不同类型。在大规模化饲养场，为了提高饲养数量，多为高密度饲养。饲养规模的扩大，以及养殖数量的迅速增加，导致动物疫病种类增多，疫病暴发与非典型化感染并存，多种感染、混合感染普遍存在。养殖技术水平参差不齐，动物疫病成为危害养殖业发展的一个最为主要的问题。为了预防、控制这些动物疾病，养殖人员简单依靠使用药物，尤其是抗生素，通常是通过拌料和饮水给药的方式长期低剂量群体给药，治疗动物疾病所用药物的种类和数量也随着疾病种类的多样性与复杂性大大增加，导致动物源细菌的耐药性明显增强，使原来的抗生素失去作用，动物源细菌病难以得到有效控制。

动物源细菌耐药性产生的一个重要原因是缺乏对动物用药的严格管理和科学指导。从业人员科学用药意识不强，养殖业中常见抗菌药物滥用的情况包括饲料加抗菌药物、中药产品加抗菌药物、疫苗中加抗菌药物、抗菌药物和抗病毒药物组合使用、多种抗菌药物联合使用、将抗菌药用来预防所有感染、把抗生素饲料添加剂视为“万能的”、一种抗菌药物即可达到药效时却用 2 种或 3 种抗菌药物等。这些盲目用药的现象一方面加重了细菌的耐药性，另一方面降低了药物的治疗效果。另外，动物长期低剂量摄入抗生素会削弱胃肠内有害微生物活性，抑制、杀死致病菌，增强抗病能力，提高动物生长速度，从而达到吃得少、长得快、降低饲养成本的功效。因此，受利益驱使，大部分畜禽饲养者都不同程度地添加抗生素，以达到抗病促生长的目的。大量证据表明，由于在养殖业中不规范使用抗生素是耐药性产生的重要原因，因此，提高动物饲养和管理水平，减少抗生素使用，是遏制动物源细菌耐药性的首选之策。

兽用抗生素 PK-PD 研究与给药方案优化。优化现有抗生素给药方案以提高疗效，是当前减缓病原菌耐药性产生的一条切实可行的途径。针对特定的“宿主-药物-病原菌”组合开展药代动力学-药效动力学（pharmacokinetics-pharmacodynamics，PK-PD）同步关系研究，是当前优化给药方案的主要技术手段。国内外医学临床已针对不少抗生素开展了 PK-PD 研究以指导临床合理用药。在兽医学领域，抗菌药 PK-PD 结合模型研究集中在氟喹诺酮类和 β-内酰胺类药物上，许多其他兽用抗生素的给药方案亟待优化。近年来研究发现，细菌对抗生素存在一个最易筛选出耐药突变菌的危险浓度区域，此区域称耐药突变选择窗（mutant selection window，MSW）。MSW 与 PK-PD 密切相关，因此基于 PK-PD 参数制定的给药方案可有效缩小或关闭 MSW，从而缩短菌株的耐药选择期，降低细菌耐药性产生的风险。MSW 的缩小或关闭，在治疗上有重要意义。研究证实，氟喹诺酮类的耐药突变预防浓度（mutation preventive concentration，MPC）一般保持在 MIC 的 7 倍以上，就可避免选择出耐药菌。MSW 宽，或者药物浓度仅仅大于 MIC，易筛选出耐药菌株。MSW 窄，不易产生耐药菌株。因此，选择药物浓度既高于 MIC，又高于 MPC 的药物，就可关闭 MSW，既能杀菌，又能防止耐药性产生。选择药物时，一般以 MPC 低、MSW 窄的抗菌药比较理想，药物在 MSW 以上的时间越长越好。以“防耐药突变”理论为指导，进行抗生素 PK-PD 研究并设计给药方案，可以有效减缓病原菌耐药性的产生。研究 PK-PD 结合模型的方法主要有体外模型、动物感染模型和间接体内法等。其中动物感染模型是先制作动物疾病模型，然后使用不同的给药剂量和给药间隔进行治疗，在不同时间剖杀动物，对感染部位进行细菌计数，将 PK、PD 参数同时进行考虑，得到合理的 PK-PD 参数。尽管使用这些模型研究药效比体外模型更接近临床实际，但是这些研究的大部分都不能准确获得抗菌药物在感染部位的浓度和细菌的生长曲线。并且多数采用大鼠、小鼠动物感染模型，这种方法对药物疗效评价仍有局限性。微透析法、蒙特卡罗模拟等新方法的出现，为兽医临床开展 PK-PD 研究提供了更为有利的方法。可直接应用靶动物开展 PK-PD 研究，从而获取更加准确的相关参数，制定最优给药方案。

加快抗生素替代技术和产品的研发。近 50 年来，国际大型制药公司因为利润低，基本放弃了抗耐药菌药物研发，许多科研机构裁减甚至撤销抗生素研发部门，新结构类型抗生素的研究进展有限，全球上市的新结构类型的抗菌药物仅仅只有抗革兰氏阳性耐药菌的噁唑烷酮类，以及抗耐多药结核病（multidrug-resistant tuberculosis，MDR-TB）的二芳基喹啉类（贝达喹啉，2012 年上市）、硝基咪唑类（德拉马尼，2014 年上市）等，没有一种专门针对革兰氏阴性耐药菌的全新抗菌药物上市，而且目前处于临床研究、临床前研究的新结构类型化合物也很少。因此，保护目前有限的抗生素资源已越来越重要，迫切需要加强抗耐药菌药物研发，特别是抗革兰氏阴性耐药菌的药物研发。当前，抗耐药病原菌感染的新药研发主要集中在三个方面，即保护与增强现有抗生素活性的药物、针对病原菌感染环节的干预药物和其他新型抗感染药物。

研发抗生素复方制剂或增效剂，保护和增强现有抗生素活性。针对细菌β-内酰胺酶、氨基糖苷类修饰酶等耐药酶，研发能抑制各种β-内酰胺酶（包括ESBL、NDM-1）、氨基糖苷类修饰酶（包括AAC、APH、ANT），并具有良好药代特性的广谱β-内酰胺酶抑制剂、氨基糖苷类修饰酶抑制剂，与β-内酰胺类、氨基糖苷类组成抗生素复方制剂；针对临床重要耐药菌及其耐药机制，研发能增加甚至恢复耐药菌对抗生素敏感性的抗生素敏感剂，如β-内酰胺类抗生素增敏剂。在现有抗菌药物的基础上，针对临床重要耐药菌，通过结构修饰改造，研发高效、低毒的新一代抗菌药物。例如，对各种β-内酰胺酶（包括ESBL、NDM-1）稳定的新β-内酰胺类抗生素（重点头孢菌素类、碳青霉烯类）；对各种氨基糖苷类修饰酶稳定的新氨基糖苷类抗生素；对耐碳青霉烯类革兰氏阴性耐药菌有效的新喹诺酮类和新四环素类；对耐碳青霉烯类革兰氏阴性耐药菌有效、毒性小的新多黏菌素类等。

基于新靶点、新机制、新结构骨架化合物的挖掘，研发不同于现有抗菌药物的全新抗菌药物。值得关注的靶点和机制包括：革兰氏阴性菌特有的细菌外膜脂多糖（lipopolysaccharide，LPS）合成及转运相关的关键蛋白（如类脂A的合成关键酶LpxC、LPS的转运蛋白Lpts）、细菌细胞壁合成关键酶（如肽聚糖合成、磷壁酸合成相关酶）、细菌摄取营养通道（如铁载体单酰胺类）、细菌脂肪酸合成酶、肽脱甲酰基酶（peptide deformylase，PDF）、酰胺-tRNA合成酶、外排泵、群体感应系统、细菌分泌系统、细胞骨架蛋白、生物被膜、核糖体新靶位等。

关于细菌性疫苗，目前，猪大肠杆菌、链球菌、副猪嗜血杆菌的全菌和亚单位疫苗、猪传染性胸膜肺炎放线杆菌疫苗、猪肺炎支原体疫苗和胞内劳森氏菌疫苗已有上市；禽用副鸡嗜血杆菌疫苗、肠炎沙门菌疫苗已有上市；针对牛羊布鲁氏杆菌病的布鲁氏菌病活疫苗（Ⅰ）和布鲁氏菌病活疫苗（Ⅱ）已上市，其中由中国农业科学院哈尔滨兽医研究所联合中国农业科学院兰州兽医研究所等单位共同研制的布鲁氏菌基因缺失标记活疫苗产品于2022年在国内首发上市；山东绿都生物科技有限公司已完成猪链球菌、副鸡嗜血杆菌、猪支原体活疫苗RM48株、仔猪副伤寒疫苗菌株、禽多杀性巴氏杆菌、兔多杀性巴氏杆菌、牛多杀性巴氏杆菌、鸡毒支原体、鸭疫里默氏杆菌、羊三联四防灭活疫苗等10种疫苗的工业高效制备。而以减毒细菌为载体的疫苗也是新的发展方向。近几年，研究学者所制备的细菌活载体疫苗对猪链球菌2型（SS2）疾病有较好的预防效果。而用于载体疫苗研究的细菌有多种，主要包括沙门菌、大肠杆菌、乳酸杆菌等，利用这些细菌构建的多种载体疫苗已进入临床试验阶段。多糖结合疫苗，对减少抗生素使用有重要作用。

噬菌体（裂解酶）等抗生素替代品新型抗菌活性分子的研究是抗菌药物研究的重要发展方向。植物提取物、酸化剂、微生态制剂、酶制剂、寡聚糖、抗菌肽等替抗产品也受到重视。植物提取物的有效部位或单体能部分抗菌或调节免疫力；酸化剂可调节胃肠道菌群平衡，降低消化道pH，促进胃蛋白酶等消化酶的激活；微生态制剂可以调节消化道菌群平衡；酶制剂可以补充内源酶活性不足、调节肠道菌群等；寡聚糖可以作为动物微生态调节剂或免疫增强剂等。这些抗生素替代产品逐渐成为保障“减抗替抗”政策实施的主力产品。有些替抗产品作用机制不清，还有待进一步研究开发。

主要参考文献

曹兴元. 2017. 兽药残留和动物源细菌耐药性现状及应对措施. 兽医导刊, (23): 14-15.
陈杖榴, 刘健华. 2007. 食品动物源细菌耐药性与公共卫生. 兽医导刊, (9): 45-47.
狄婷婷, 高原. 2012. 粪肠球菌研究进展. 中国公共卫生, 28(11): 1530-1532.
顾惠香. 2017. 禽源大肠杆菌耐药现状及对遏制耐药性的深思. 家禽科学, (7): 53-55.
贺丹丹, 黄良宗, 陈孝杰, 等. 2013. 不同动物源大肠杆菌的耐药性调查. 中国畜牧兽医, 40(10): 211-215.
侯海燕, 刘靓, 李兵兵, 等. 2018. 淮安市2010～2016年肉及肉制品中沙门氏菌污染状况及耐药性分析. 食品安全质量检测学报, 9(3): 659-663.
孔宪刚. 2013. 兽医微生物学. 2版. 北京: 中国农业出版社.
雷连成, 江文正, 韩文瑜, 等. 2001. 致病性大肠杆菌的耐药性监测. 中国兽医杂志, 37(1): 12-13.
李波, 汤德元, 杨泽平, 等. 2009. 猪沙门氏菌病与常见疾病的鉴别诊断. 猪业科学, 26(12): 46-51.
李富祥, 李华春, 赵德宏, 等. 2015. 肺炎克雷伯氏菌强毒株的分离鉴定及16-23S rRNA ITS序列分析. 中国畜牧兽医, 42(2): 352-357.
李杰, 谷亚星, 张星星. 2016. 动物源细菌耐药性的产生及控制对策. 兽医导刊, (14): 183.
李伟杰, 蒋桃珍, 魏财文, 等. 2015. 我国兽用细菌疫苗生产用微生物的惠益分享现状与对策建议. 中国兽药杂志, 49(11): 1-4.
李玮, 胡成平. 2009. 细菌耐药性的产生及预防对策. 医学与哲学, 30(2): 21-23.
李显志. 2013. 抗生素耐药基因古老起源与现代进化及其警示. 中国抗生素杂志, 38(2): 5-13.
李欣. 2015. 肺炎克雷伯氏菌引起的食物中毒流行病学调查报告. 饮食保健, 2(19): 47.
林业杰, 程法稷, 曹广达, 等. 1991. 空肠弯曲菌群对幼龄禽畜的致病性实验. 福建农业科技, 3(2): 19-20.
刘果, 孙洋, 纪雪. 2015. 超级细菌NDM-1质粒的水平转移研究. 中国兽药杂志, 49(10): 15-21.
刘金华, 甘孟侯. 2016. 中国禽病学. 2版. 北京: 中国农业出版社.
刘军锋, 贾克刚, 刘运德. 2006. 细菌耐药机制的研究进展. 国际检验医学杂志, 27(11): 1015-1017.
马苏, 沈建忠. 2016. 动物源细菌耐药性监测国内外比较. 中国兽医杂志, 52(9): 121-123.
孟凡奇. 2012. 禽沙门氏菌病. 畜牧兽医科技信息, (2): 106.
倪巍. 2015. 药动/药效同步模型在抗感染药物应用中的临床意义. 中国家禽, 37(16): 66-68.
倪志远, 蒋桃珍. 2019. 细菌活载体疫苗的研究进展. 中国兽药杂志, 53(4): 72-76.
宁宜宝, 宋立, 张纯萍, 等. 2013. 一个值得高度关注的问题——动物源细菌耐药性. 中国动物检疫, 30(12): 19-23.
邱梅, 郝智慧, 张万江, 等. 2011. 动物源金黄色葡萄球菌的分离鉴定及其耐药性分析. 中国农学通报, 27(7): 356-359.
任锦玉, 汪炜, 程苏云, 等. 2001. 不同食品中肠球菌检测结果分析. 中国公共卫生, 17(1): 23.
孙鹏. 2015. 细菌耐药性对畜禽养殖的影响及应对措施. 山东畜牧兽医, 36(4): 24-26.
唐慧玲, 尹鸿萍. 2016. 食品中抗生素耐药基因研究进展. 江苏农业科学, 44(10): 34-37.
田克恭. 2013. 人与动物共患病. 北京: 中国农业出版社.
童光志. 2008. 动物传染病学. 北京: 中国农业出版社.
汪永禄, 王艳, 陶勇, 等. 2017. 2009-2014年马鞍山市食品中李斯特菌污染状况调查. 中国食品卫生杂志, 29(6): 740-744.
王博. 2018. 2050年千万人将死于抗生素滥用 死亡人数超过癌症! http://m.people.cn/n4/2018/0822/c204447-11487756.html[2018-08-22].
王红宁. 2002. 禽呼吸系统疾病. 北京: 中国农业出版社.

王红宁. 2003. 猪、禽安全生产中主要病原菌耐药性检测及控制技术研究进展. 四川畜牧兽医, 30(154): 59-62.
王红宁, 雷昌伟, 杨鑫, 等. 2016. 蛋鸡和种鸡沙门菌的净化研究. 中国家禽, 38(21): 1-5.
王建华. 2017. 牛沙门氏菌病的防治. 农业技术与装备, (3): 86-87.
王少辉, 刘萍萍, 魏建超, 等. 2015. 上海市动物源性食品中单增李斯特菌的流行病学及生物被膜形成能力研究. 中国动物传染病学报, 23(4): 31-36.
王秀娜, 张会敏, 孙坚, 等. 2017. 多黏菌素耐药 MCR-1: 公共卫生领域的新挑战. 科学通报, 62(10): 1018-1029.
王媛媛, 孙淑芳, 庞素芬, 等. 2018. 全球兽用抗菌药物使用情况. 中国动物检疫, 35(4): 62-65.
吴聪明, 汪洋. 2010. 动物源细菌耐药性监测与流行病学研究. 中国兽药杂志, 44(1): 23-25.
肖永红. 2010. 全面应对细菌耐药的公共卫生危机. 临床药物治疗杂志, 8(3): 1-4.
徐桂云, 张伟. 2010. 鸡蛋沙门菌控制及其公共卫生意义. 中国家禽, 32(22): 1-3.
徐海花, 牛钟相, 秦爱建, 等. 2010. 细菌耐药性研究进展. 山东农业大学学报(自然科学版), 41(1): 156-160.
许小红, 胡萍, 魏仲梅, 等. 2016. 婴幼儿配方粉中肺炎克雷伯菌分离菌株毒力. 中国公共卫生, 32(3): 318-320.
杨华为, 蒋迪, 王璨, 等. 2006. 细菌鉴定和耐药性检测方法的发展. 临床药物治疗杂志, 4(4): 39-44.
杨露绮. 2003. 粪肠球菌: HIV 感染患者中一种罕见的脑膜炎致病菌. 传染病网络动态, (3): 24-26.
杨微. 2011. 大肠杆菌耐药性的研究进展. 畜牧与饲料科学, 32(6): 116-118.
杨修军, 赵薇, 刘桂华, 等. 2017. 2011～2015 年吉林省食品中单增李斯特菌的监测数据分析. 食品安全质量检测学报, 8(1): 105-110.
杨亚军, 李剑勇, 李冰. 2011. 药动学-药效学结合模型及其在兽用抗菌药物中的应用. 湖北农业科学, 50(1): 114-117.
尹德凤, 张莉, 张大文, 等. 2015. 食品中沙门氏菌污染研究现状. 江西农业学报, 27(11): 55-60: 72.
俞林锋. 2016. 上海某猪场大肠杆菌中 *mcr-1* 基因的传播机制研究. 广州: 华南农业大学硕士学位论文.
袁宗辉. 2018. 国内外兽药研发与应用情况. 中国动物保健, 20(2): 11-15.
张群智, 周惠平. 2000. 311 株肠球菌所致医院感染与耐药性分析. 中华医院感染学杂志, 10(4): 257-259.
张婷婷, 陈健, 周岩民. 2010. 沙门氏菌在肉鸡生产中的危害及其饲料控制技术. 家畜生态学报, 31(6): 113-116.
赵明秋, 沈海燕, 潘文, 等. 2011. 细菌耐药性产生的原因、机制及防治措施. 中国畜牧兽医, 38(5): 177-181.
钟世勋, 朱瑞良, 崔国林, 等. 2013. 山东部分地区毛皮动物肺炎克雷伯氏菌的分离鉴定及系统发育分析. 中国预防兽医学报, 35(4): 285-289.
周炜, 陈慧华, 周芷锦, 等. 2012. 浅析动物源细菌抗生素耐药性的现状与对策. 中国兽药杂志, 46(4): 58-61.
朱阵, 曹明泽, 张吉丽, 等. 2015. 细菌耐药性研究进展. 中国畜牧兽医, 42(12): 3371-3376.
Adak G K, Long S M, O'Brien S J. 2002. Trends in indigenous foodborne disease and deaths, England and Wales: 1992 to 2000. Gut, 51(6): 832-841.
Allen H K, Looft T, Bayles D O, et al. 2011. Antibiotics in feed induce prophages in swine fecal microbiomes. mBio, 2(6): e00260-11.
Alt K, Fetsch A, Schroeter A, et al. 2011. Factors associated with the occurrence of MRSA CC398 in herds of fattening pigs in Germany. BMC Vet Res, 7: 69.
Antimicrobial Resistance Collaborators. 2022. Global burden of bacterial antimicrobial resistance in 2019: a systematic analysis. Lancet, 399(10325): 629-655.
Beaber J W, Hochhut B, Waldor M K. 2004. SOS response promotes horizontal dissemination of antibiotic resistance genes. Nature, 427(6969): 72-74.

Bender J K, Fleuge C, Klare I, et al. 2016. Detection of a *cfr*(B) variant in german *Enterococcus faecium* clinical isolates and the impact on linezolid resistance in *Enterococcus* spp. PLoS One, 11(11): e0167042.

Bhullar K, Waglechner N, Pawlowski A, et al. 2012. Antibiotic resistance is prevalent in an isolated cave microbiome. PLoS One, 7(4): e34953.

Bumann D, Berhre C, Behre K, et al. 2010. Systemic, nasal and oral live vaccines against *Pseudomonas aeruginosa*: a clinical trial of immunogenicity in lower airways of human volunteers. Vaccine, 28(3): 707-713.

Cantón R, Ruiz-Garbajosa P. 2011. Co-resistance: an opportunity for the bacteria and resistance genes. Curr Opin Pharmacol, 11(5): 477-485.

Coque T M, Patterson J E, Steckelberg J M, et al. 1995. Incidence of hemolysin, gelatinase, and aggregation substance among enterococci isolated from patients with endocarditis and other infections and from feces of hospitalized and community-based persons. J Infect Dis, 171(5): 1223-1229.

D'Costa V M, King C E, Kalan L, et al. 2011. Antibiotic resistance is ancient. Nature, 477(7365): 457-461.

D'Costa V M, McGrann K M, Hughes D W, et al. 2006. Sampling the antibiotic resistome. Science, 311(5759): 374-377.

Dai L, Lu L M, Wu C M, et al. 2008. Characterization of antimicrobial resistance among *Escherichia coli* isolates from chickens in China between 2001 and 2006. FEMS Microbiol Lett, 286(2): 178-183.

Deshpande L M, Ashcraft D S, Kahn H P, et al. 2015. Detection of a new *cfr*-like gene, *cfr*(B), in *Enterococcus faecium* isolates recovered from human specimens in the United States as part of the SENTRY Antimicrobial Surveillance Program. Antimicrob Agents Chemother, 59(10): 6256-6261.

Ferri M, Ranucci E, Romagnoli P, et al. 2017. Antimicrobial resistance: a global emerging threat to public health systems. Crit Rev Food Sci Nutr, 57(13): 2857-2876.

Forsberg K J, Patel S, Gibson M K, et al. 2014. Bacterial phylogeny structures soil resistomes across habitats. Nature, 509(7502): 612-616.

Galli D, Lottspeich F, Wirth R. 1990. Sequence analysis of *Enterococcus faecalis* aggregation substance encoded by the sex pheromone plasmid pAD1. Mol Microbiol, 4(6): 895-904.

Hall B G, Barlow M. 2004. Evolution of the serine β-lactamases: past, present and future. Drug Resist Updat, 7(2): 111-123.

Hansen L H, Sørensen S J, Jørgensen H S, et al. 2005. The prevalence of the OqxAB multidrug efflux pump amongst olaquindox-resistant *Escherichia coli* in pigs. Microb Drug Resist, 11(4): 378-382.

Hansen L H, Vester B. 2015. A *cfr*-like gene from *Clostridium difficile* confers multiple antibiotic resistance by the same mechanism as the *cfr* gene. Antimicrob Agents Chemother, 59(9): 5841-5843.

Huseby D L, Pietsch F, Brandis G, et al. 2017. Mutation supply and relative fitness shape the genotypes of ciprofloxacin-resistant *Escherichia coli*. Mol Biol Evol, 34(5): 1029-1039.

Jeffrey J Z, Locke A K, Alejandro R, et al. 2014. 猪病学. 10 版. 赵德明, 张仲秋, 周向梅, 等译. 北京: 中国农业大学出版社.

Ji Z, Shang J, Li Y, et al. 2015. Live attenuated *Salmonella* enterica serovar Choleraesuis vaccine vector displaying regulated delayed attenuation and regulated delayed antigen synthesis to confer protection against *Streptococcus suis* in mice. Vaccine, 33(38): 4858-4867.

Jiang H X, Lv D H, Chen Z L, et al. 2011. High prevalence and widespread distribution of multi-resistant *Escherichia coli* isolates in pigs and poultry in China. Vet J, 187(1): 99-103.

Jiang H X, Tang D, Liu Y H, et al. 2012. Prevalence and characteristics of β-lactamase and plasmid-mediated quinolone resistance genes in *Escherichia coli* isolated from farmed fish in China. J Antimicrob Chemother, 67(10): 2350-2353.

Kehrenberg C, Schwarz S. 2006. Distribution of florfenicol resistance genes *fexA* and *cfr* among chloramphenicol-resistant *Staphylococcus* isolates. Antimicrob Agents Chemother, 50(4): 1156-1163.

Lin J, Yan M G, Sahin O, et al. 2007. Effect of macrolide usage on emergence of erythromycin-resistant *Campylobacter* isolates in chickens. Antimicrob Agents Chemother, 51(5): 1678-1686.

Liu H B, Wang Y, Wu C M, et al. 2012a. A novel phenicol exporter gene, *fexB*, found in enterococci of animal origin. J Antimicrob Chemother, 67(2): 322-325.

Liu Y Y, Wang Y, Walsh T R, et al. 2016. Emergence of plasmid-mediated colistin resistance mechanism MCR-1 in animals and human beings in China: a microbiological study and molecular biology study. Lancet Infect Dis, 16(2): 161-168.

Liu Y, Wang Y, Wu C M, et al. 2012b. First report of the multidrug resistance gene *cfr* in *Enterococcus faecalis* of animal origin. Antimicrob Agents Chemother, 56(3): 1650-1654.

Matamoros S, van Hattem J M, Arcilla M S, et al. 2017. Global phylogenetic analysis of *Escherichia coli* andplasmids carrying the *mcr-1* gene indicates bacterial diversity but plasmid restriction. Sci Rep, 7(1): 15364.

Mckellar Q A, Sanchez Bruni S F, Jones D G. 2004. Pharmacokinetic/ pharmacodynamic relationships of antimicrobial drugs used in veterinary medicine. J Vet Pharmacol Ther, 27(6): 503-514.

Michon A, Allou N, Chau F, et al. 2011. Plasmidic qnrA3 enhances *Escherichia coli* fitness in absence of antibiotic exposure. PLoS One, 6(9): e24552.

Naseer U, Sundsfjord A. 2011. The CTX-M conundrum: dissemination of plasmids and *Escherichia coli* clones. Microb Drug Resist, 17(1): 83-97.

Novais A, Comas I, Baquero F, et al. 2010. Evolutionary trajectories of beta-lactamase CTX-M-1 cluster enzymes: predicting antibiotic resistance. PLoS Pathog, 6(1): e1000735.

Osterblad M, Norrdahl K, Korpimäki E, et al. 2001. Antibiotic resistance. How wild are wild mammals? Nature, 409(6816): 37-38.

Pachon J, Mc Connell M J. 2014. Considerations for the development of a prophylactic vaccine for *Acinetobacter baumannii*. Vaccine, 32(22): 2534-2536.

Patel G, Bahama R A. 2013. "Stormy waters ahead": global emergence of carbapenemases. Front Microbial, 4: 48.

Patrick M E, Adcock P M, Gomez T M, et al. 2004. *Salmonella enteritidis* infections, United States, 1985-1999. Emerg Infect Dis, 10(1): 1-7.

Payot S, Bolla J M, Corcoran D, et al. 2006. Mechanisms of fluoroquinolone and macrolide resistance in *Campylobacter* spp. Microbes Infect, 8(7): 1967-1971.

Poirel L, Nordmann P. 2006. Carbapenem resistance in *Acinetobacter baumannii*: mechanisms and epidemiology. Clin Microbiol Infect, 12(9): 826-836.

Price L B, Stegger M, Hasman H, et al. 2012. *Staphylococcus aureus* CC398: host adaptation and emergence of methicillin resistance in livestock. mBio, 3(1): e00305-11.

Pyörälä S, Baptiste K E, Catry B, et al. 2014. Macrolides and lincosamides in cattle and pigs: use and development of antimicrobial resistance. Vet J, 200(2): 230-239.

Restrepo M I, Mortensen E M, Rello J, et al. 2010. Late admission to the ICU in patients with community-acquired pneumonia is associated with higher mortality. Chest, 137(3): 552-557.

Saif Y M. 2012. 禽病学. 12 版. 苏敬良, 高福, 索勋, 译. 北京: 中国农业出版社.

Schroefer C M, Naugle A L, Schlosser W D, et al. 2005. Estimate of illnesses from *Salmonella enteritidis* in eggs, United States, 2000. Emerg Infect Dis, 11(1): 113-115.

Schwarz S, Kehrenberg C, Doublet B, et al. 2004. Molecular basis of bacterial resistance to chloramphenicol and florfenicol. FEMS Microbiol Rev, 28(5): 519-542.

Sun Y, Zeng Z, Chen S, et al. 2010. High prevalence of $bla_{\text{CTX-M}}$ extended-spectrum β-lactamase genes in *Escherichia coli* isolates from pets and emergence of CTX-M-64 in China. Clin Microbiol Infect, 16(9): 1475-1481.

Thaller M C, Migliore L, Marquez C, et al. 2010. Tracking acquired antibiotic resistance in commensal bacteria of Galápagos land iguanas: no man, no resistance. PLoS One, 5(2): e8989.

Thomrongsuwannakij T, Blackall P J, Chansiripornchai N. 2017. A study on *Campylobacter jejuni* and *Campylobacter coli* through commercial broiler production chains in Thailand: antimicrobial resistance, the characterization of DNA gyrase subunit a mutation, and genetic diversity by flagellin a gene restriction fragment length polymorphism. Avian Dis, 61(2): 186-197.

Van Boeckel T P, Brower C, Gilbert M, et al. 2015. Global trends in antimicrobial use in food animals. Proc Natl Acad Sci U S A, 112(18): 5649-5654.

Wang Q J, Li Z C, Lin J X, et al. 2016. Complex dissemination of the diversified *mcr-1*-harbouring plasmids in *Escherichia coli* of different sequence types. Oncotarget, 7(50): 82112-82122.

Wang R B, van Dorp L, Shaw L P, et al. 2018. The global distribution and spread of the mobilized colistin resistance gene *mcr-1*. Nat Commun, 9(1): 1179.

Wang X, Chen G X, Wu X Y, et al. 2015. Increased prevalence of carbapenem resistant Enterobacteriaceae in hospital setting due to cross-species transmission of the $bla_{\text{NDM-11}}$ element and clonal spread of progenitor resistant strains. Front Mierobiol, 6: 595.

Wang Y, Dong Y N, Deng F R, et al. 2016. Species shift and multidrug resistance of *Campylobacter* from chicken and swine, China, 2008-14. J Antimicrob Chemother, 71(3): 666-669.

Wang Y, He T, Schwarz S, et al. 2012. Detection of the staphylococcal multiresistance gene *cfr* in *Escherichia coli* of domestic-animal origin. J Antimicrob Chemother, 67(5): 1094-1098.

Wang Y, Wang Y, Wu C M, et al. 2011. Detection of the staphylococcal multiresistance gene *cfr* in *Proteus vulgaris* of food animal origin. J Antimicrob Chemother, 66(11): 2521-2526.

Wang Y, Zhang R M, Li J Y, et al. 2017. Comprehensive resistome analysis reveals the prevalence of NDM and MCR-1 in Chinese poultry production. Nat Microbiol, 2: 16260.

White D G, Zhao S, Sudler R, et al. 2001. The isolation of antibiotic-resistant salmonella from retail ground meats. N Engl J Med, 345(16): 1147-1154.

Wieczorek K, Osek J. 2015. A five-year study on prevalence and antimicrobial resistance of *Campylobacter* from poultry carcasses in Poland. Food Microbiol, 49: 161-165.

Wilson D J, Gabriel E, Leatherbarrow A J H, et al. 2008. Tracing the source of Campylobacteriosis. PLoS Genet, 4(9): e1000203.

Zhang P, Shen Z Q, Zhang C P, et al. 2017. Surveillance of antimicrobial resistance among *Escherichia coli* from chicken and swine, China, 2008-2015. Vet Microbiol, 203: 49-55.

Zhao J J, Chen Z L, Chen S, et al. 2010. Prevalence and dissemination of *oqxAB* in *Escherichia coli* isolates from animals, farmworkers, and the environment. Antimicrob Agents Chemother, 54(10): 4219-4224.

Zheng H Q, Zeng Z L, Chen S, et al. 2012. Prevalence and characterisation of CTX-M β-lactamases amongst *Escherichia coli* isolates from healthy food animals in China. Int J Antimicrob Agents, 39(4): 305-310.

Zhou J Y, Zhang M J, Yang W, et al. 2016. A seventeen-year observation of the antimicrobial susceptibility of clinical *Campylobacter jejuni* and the molecular mechanisms of erythromycin-resistant isolates in Beijing, China. Int J Infect Dis, 42: 28-33.

第二章 动物源细菌对抗菌药物的耐药机制

第一节 β-内酰胺类药物的耐药机制

β-内酰胺类抗生素（β-lactam antibiotic，BLA）是指化学结构中含有β-内酰胺环的一类抗生素，自20世纪40年代起用于临床。人们对青霉素进行大量研究后又发现了一系列含β-内酰胺环的化合物，包括青霉素类、头孢菌素类、非典型β-内酰胺类和β-内酰胺酶抑制剂等。该类药物在临床使用时，抗菌活性强、毒性低、抗菌范围广、构效关系明确、品种多、适应证广、临床疗效好。但随着临床使用，细菌对β-内酰胺类抗生素的耐药性问题日益突出。尤其是产新德里β-内酰胺酶NDM-1细菌（超级细菌）的出现，给公共卫生健康带来了严峻挑战。

β-内酰胺类药物的种类与结构及作用机制

【β-内酰胺类药物的种类与结构】

根据β-内酰胺环是否连接有其他杂环以及所连接杂环的化学结构差异，β-内酰胺类抗生素又可以分为青霉素类、头孢菌素类及非典型的β-内酰胺类等。本类药物化学结构特别是侧链的改变形成了许多具有不同抗菌谱和抗菌作用以及各种临床药理学特性的抗生素。

青霉素类。青霉素G是最早应用于临床的抗生素，它具有杀菌力强、毒性低、价格低廉、使用方便等优点，迄今仍是处理敏感菌所致各种感染的首选药物。但是青霉素有不耐酸、不耐青霉素酶、抗菌谱窄和容易引起过敏反应等缺点，在临床应用中受到一定的限制。1959年以来，人们利用青霉素的母核6-氨基青霉烷酸（6-aminopenicillanic acid，6-APA）进行化学改造，接上不同侧链，合成了几百种“半合成青霉素”，有许多已用于临床。青霉素部分改造后具有广谱抗菌活性，对革兰氏阳性菌及阴性菌都有杀菌作用。例如，氨苄西林对金黄色葡萄球菌的杀菌效力不及青霉素，但对肠球菌的杀菌作用优于青霉素，同时对革兰氏阴性菌有较强的杀菌作用；阿莫西林为对位羟基氨苄西林，抗菌谱和抗菌活性与氨苄西林相似，但对肺炎双球菌与变形杆菌的杀菌作用比氨苄西林强。

头孢菌素类。其是从头孢菌素的母核7-氨基头孢烷酸（7-aminocephalosporanic acid，7-ACA）接上不同侧链而制成的半合成抗生素。本类抗生素具有抗菌谱广、杀菌力强、对胃酸及β-内酰胺酶稳定、过敏反应少等优点。根据抗菌作用特点及临床应用不同，其可分为四代头孢菌素：第一代头孢菌素如头孢氨苄、头孢拉定、头孢唑啉等，对革兰氏阳性菌（包括对青霉素敏感或耐药的金黄色葡萄球菌）的抗菌作用较第二、三代强，对革兰氏阴性菌的作用较差；第二代头孢菌素如头孢呋辛、头孢孟多、头孢克洛等，对革兰氏阳性菌的作用与第一代头孢菌素相仿或略差，对多数革兰氏阴性菌的作用明显增强，部分对厌氧菌高效，但对绿脓杆菌无效；第三代头孢菌素如头孢噻肟、头孢他啶、头孢三嗪、头孢哌酮、头孢唑肟等，对革兰氏阳性菌有相当的抗菌活性，但不及第一、二代头孢菌素，对革兰氏阴性菌包括肠杆菌属和绿脓杆菌及厌氧菌如脆弱类杆菌均有较强的作用；第四代头孢菌素如头孢吡肟、头孢匹罗等，与前三代头孢菌素相比，与β-内酰胺酶的亲和力降低，对头孢菌素酶的稳定性更高，对细菌的细胞膜更有穿透力，抗菌谱更广，对甲氧西林敏感的葡萄球菌及某些Ⅰ类酶的阴性杆菌如肠杆菌属杆菌、弗劳地枸橼酸杆菌、沙雷菌属、摩根菌属等均有较强的抗菌作用。

非典型的β-内酰胺类包括头霉素、拉氧头孢、β-内酰胺酶抑制剂、单环β-内酰胺类及碳青霉烯类等。

头霉素：是从链霉菌获得的β-内酰胺抗生素，有A、B、C三型，C型最强。抗菌谱广，对革兰氏阴性菌的作用较强，对多种β-内酰胺酶稳定。头霉素的化学结构与头孢菌素相仿，但其头孢烯母核的7位碳上有甲氧基。目前广泛应用者为头孢西丁，抗菌谱和抗菌活性与第二代头孢菌素相同，最近发现它对不能被克拉维酸抑制的厌氧菌包括脆弱拟杆菌具有良好抗菌作用，适用于需氧菌与厌氧菌混合感染。

拉氧头孢：又名羟羧氧酰胺菌素，化学结构属氧头孢烯，1位硫被氧取代，7位碳上也有甲氧基，抗菌谱广，抗菌活性与头孢噻肟相仿，对革兰氏阳性菌和阴性菌及厌氧菌，尤其是脆弱拟杆菌的作用强，对β-内酰胺酶极稳定。

单环β-内酰胺类：氨曲南是第一个成功用于临床的单环β-内酰胺类抗生素，对需氧革兰氏阴性菌具有强大的杀菌作用，并具有耐酶、低毒、对青霉素等无交叉过敏等优点。

碳青霉烯类：是抗菌谱最广、抗菌活性最强的非典型β-内酰胺抗生素，其因具有对β-内酰胺酶稳定以及毒性低等特点，已经成为治疗严重细菌感染最主要的抗菌药物之一。其结构与青霉素类的青霉环相似，不同之处在于其噻唑环上的硫原子被碳所替代，且C2与C3之间存在不饱和双键；另外，其6位羟乙基侧链为反式构象。研究证明，正是这个构型特殊的基团，使该类化合物的构象与通常青霉烯的顺式构象显著不同，具有超广谱的、极强的抗菌活性，以及对β-内酰胺酶高度的稳定性。目前常用的有泰能（亚胺培南西司他丁钠）、美罗培南等。

【β-内酰胺类药物的作用机制】

β-内酰胺类抗生素主要通过抑制细菌细胞壁的合成来发挥抗菌作用。细胞壁是微生物细胞外的保护层，它决定微生物细胞的形状，保护其不因内部高渗透压而破裂，细菌细胞壁的主要成分是黏肽，由乙酰胞壁酸、乙酰葡糖胺和多肽线型高聚物经交联而成。β-内酰胺类抗生素的作用机制相似，都能抑制胞壁黏肽合成酶，即青霉素结合蛋白，从而阻碍细胞壁黏肽合成，使细菌细胞壁缺损，菌体膨胀裂解。除此之外，其对细菌的致死效应还应包括触发细菌的自溶酶活性，缺乏自溶酶的突变株则表现出耐药性。动物细胞无细胞壁，不受β-内酰胺类药物的影响，因而本类药具有对细菌的选择性杀菌作用，对宿主毒性小。近十多年来，已证实细菌细胞膜上青霉素结合蛋白（PBP）是β-内酰胺类药物的作用靶位。各种细菌细胞膜上的 PBP 数目、分子量、对 β-内酰胺类抗生素的敏感性不同，但分类学上相近的细菌，其 PBP 类型及生理功能则相似。例如，大肠杆菌有 7 种 PBP，PBP1A、PBP1B 与细菌延长有关，青霉素、氨苄西林、头孢噻吩等与 PBP1A、PBP1B 有高度亲和力，可使细菌生长繁殖和延伸受到抑制，并溶解死亡。PBP2 与细菌形状有关，美西林、克拉维酸与亚胺硫霉素（亚胺培南）能选择性地与其结合，使细菌形成大圆形细胞，对渗透压稳定，可继续生长几代后才溶解死亡。PBP3 功能与 PBP1A 相同，但量少，与中隔形成、细菌分裂有关，多数青霉素类或头孢菌素类抗生素主要与 PBP1 和（或）PBP3 结合，形成丝状体和球形体，使细菌发生变形萎缩，逐渐溶解死亡。PBP1、PBP2、PBP3 是细菌存活、生长繁殖所必需的，PBP4、PBP5、PBP6 与羧肽酶活性有关，对细菌生存繁殖无重要性，抗生素与之结合后，对细菌无影响。

细菌对 β-内酰胺类药物产生耐药性的机制

自 20 世纪 40 年代 β-内酰胺类抗生素投入使用以来，病原菌迅速产生了耐药性。1942 年，青霉素被用于人医临床，1945 年，20%以上的金黄色葡萄球菌临床菌株产生了青霉素酶，导致其对青霉素耐药。细菌对 β-内酰胺类抗生素的耐药机制主要有：产生 β-内酰胺酶；青霉素结合蛋白位点的改变；细胞外膜通透性的下降；通过主动外排将抗生素泵出胞外、生物被膜形成等。其中，β-内酰胺酶在革兰氏阴性菌中更为常见，而在革兰氏阳性菌中则主要依靠青霉素结合蛋白作用位点的改变产生对 β-内酰胺类抗生素的耐药性。

【β-内酰胺酶介导的 β-内酰胺类药物耐药机制】

β-内酰胺酶是能水解 β-内酰胺环使其开环，并使 β-内酰胺类抗生素失去抗菌活性的一类酶。细菌细胞壁含有与 β-内酰胺类抗生素具有高度亲和力的青霉素结合蛋白（PBP），PBP 在最终形成细胞壁糖肽网状结构的过程中起转肽酶的作用。在革兰氏阳性菌中，β-内酰胺类抗生素可稳定地扩散至细胞壁层，并与不同亚基的一种或多种 PBP 结合，干扰细菌细胞壁肽聚糖的合成，从而导致细菌的死亡。在革兰氏阴性菌中，其作用则比较复杂，但主要解释为：β-内酰胺类抗生素通过菌体的特异性外膜蛋白（outer membrane protein，OMP）通道进入周质间隙，继而与 PBP 结合。

在耐药的革兰氏阳性菌如葡萄球菌中的 β-内酰胺酶是以胞外酶的形式来破坏 β-内酰胺类抗生素，或是细菌含有的转肽酶不能与这类药物结合而产生耐药性。而在革兰氏阴性菌中，这类抗菌药物透过细菌细胞外膜的孔蛋白进入细菌的周质，而在细菌周质中的 β-内酰胺酶能够破坏已经进入胞内的这类药物，致使药物不能与 PBP 结合而产生耐药性。β-内酰胺类药物进入细菌胞外发挥作用，革兰氏阳性菌对 β-内酰胺类药物的耐药性主要由 β-内酰胺酶和 PBP 的亲和力降低或产生新的 PBP 所致；而革兰氏阴性菌对 β-内酰胺类药物的耐药性主要由 β-内酰胺酶和细胞膜渗透性屏障（药物难以透过或极慢透过孔蛋白）所致。

β-内酰胺酶对 β-内酰胺类抗生素的耐药性主要有水解和非水解两种方式。通常认为，β-内酰胺酶通过水解 β-内酰胺类分子中的 β-内酰胺键，导致药物生物灭活。β-内酰胺酶作用于青霉素类形成较稳定的青霉噻唑酸，水解头孢菌素类形成头孢噻嗪酸及进一步的裂解产物。β-内酰胺酶也可通过非水解方式介导耐药性，许多新型的、对β-内酰胺酶高度稳定的抗生素如碳青霉烯类、7-α-甲氧基头孢菌素等，虽然不是β-内酰胺酶的最适底物，但与β-内酰胺酶具有高度的亲和力，当抗生素分子穿越通透屏障进入周质间隙后，β-内酰胺酶很快与之形成无活性的、长期稳定的共价复合物，使其无法达到PBP作用靶位而生物灭活。

β-内酰胺酶水解β-内酰胺环有两种机制，一种是金属β-内酰胺酶（metallo-beta-lactamase，MBL），它的特点是利用二价金属离子来破坏β-内酰胺环，绝大多数为Zn^{2+}，金属离子分别与组氨酸或半胱氨酸结合，或同时与二者结合，并与β-内酰胺类的羰基碳的酰胺键相互作用，使其不能发挥作用；第二种机制见于绝大多数的丝氨酸β-内酰胺酶，其特点是通过丝氨酸酯的机制起作用。β-内酰胺酶首先与抗生素非共价结合，产生非共价的Michaelis复合物，然后β-内酰胺酶活性位点上的丝氨酸残基一侧的自由羟基攻击β-内酰胺环，产生一个共价酰酯，这个酰酯的水解最终释放酶的活性，使其失去抑菌活性。

重要的β-内酰胺酶包括超广谱β-内酰胺酶、AmpC β-内酰胺酶和碳青霉烯酶。

超广谱β-内酰胺酶是指由质粒介导的，能赋予细菌对多种β-内酰胺类抗生素耐药性的一类酶，它主要由革兰氏阴性菌产生，是当前最受关注的一类β-内酰胺酶。这类酶能够水解青霉素类，第一、第二、第三代和部分第四代头孢菌素及氨曲南。部分产ESBL的菌株同时对氨基糖苷类和氟喹诺酮类抗生素耐药。ESBL通常不水解7-α-甲氧基头孢菌素和碳青霉烯类，其活性可被β-内酰胺酶抑制剂克拉维酸等抑制。

产超广谱β-内酰胺酶（ESBL）细菌的耐药性与其携带多个耐药基因的质粒、ESBL基因型及细菌本身固有的耐药机制密切相关。产ESBL菌株往往表现出对多种抗菌药物同时耐药，如同时对前三代头孢菌素、喹诺酮类及氨基糖苷类药物耐药。喹诺酮类药物的耐药基因常位于染色体上，最近研究发现，该类药物的耐药基因和ESBL编码基因可位于同一个转移性质粒上。产ESBL细菌的质粒上还往往同时携带针对氯霉素、磺胺类、四环素、氨基糖苷类等药物的耐药基因。现在临床分离的肠杆菌科细菌可产生多种ESBL，或同时产生AmpC β-内酰胺酶，或同时伴有外孔蛋白的缺失等现象，导致细菌对头霉素类、β-内酰胺酶抑制剂复合抗生素，甚至亚胺培南耐药。不同基因型ESBL因其突变位点的不同，水解底物谱也有明显差异。研究表明，238位点的氨基酸由甘氨酸替换为丝氨酸（Gly238Ser），突变后的ESBL基因对头孢噻肟的水解程度明显高于氨曲南和头孢他啶；而240位点氨基酸由谷氨酸替换为赖氨酸（Glu240Lys），则对头孢他啶和氨曲南的水解程度明显高于头孢噻肟。由此认为，Gly238Ser和Glu240Lys的突变，分别是赋予细菌对头孢噻肟和头孢他啶耐药性的关键。在TEM型和SHV型ESBL中，大多存在238和240位点的改变及其他位点（如104、164等位点）的氨基酸替换，这是引起酶底物谱扩大的重要原因。但由于不同基因型TEM型和SHV型酶突变位点的不同，它们的水解底物谱也不尽相同。CTX-M型ESBL对头孢噻肟的水解活性明显高于头孢他啶，这与CTX-M型固有的237位点丝氨酸（237Ser）残基密切相关，CTX-M-19因为167位点丝氨酸（167Ser）的存在表现出对头孢他啶的高度耐药。OXA型酶对苯唑西林和氯唑西林的水解活性较高，但对头孢菌素的水解活性较低，因此产 OXA 型 ESBL 菌株对前三代头孢菌素和氨曲南轻度耐药，且不被克拉维酸所抑制（OXA-18 例外）。其他的一些 ESBL，如 PER 型、VEB 型、LTA-1 型、GES/IBC 型酶大多为头孢他啶酶，而 SFO-1 型、BES-1 型、CTX-M 型酶则为头孢噻肟酶。

TEM 型超广谱 β-内酰胺酶是 1965 年在大肠杆菌中发现，并以患者的名字（Temoneira）命名的。它是由广谱青霉素酶 TEM-1 或 TEM-2 的编码基因发生 1～4 个氨基酸突变而形成的一系列酶蛋白，是目前种类、数量最多的 β-内酰胺酶。目前已发现的 TEM 型 β-内酰胺酶达 160 种，TEM 酶的 pI 在 5.2～6.5，呈酸性。由于许多酶的等电点相同，因此不能用十二烷基磺酸钠-聚丙烯酰胺凝胶电泳（sodium dodecyl sulfonate-polyacrylamide gel electrophoresis，SDS-PAGE）完全区分它们。1969 年，英国报道了 TEM-1 的第一个衍生酶 TEM-2，与 TEM-1 相比，TEM-2 仅发生了 1 个氨基酸替换，即在 39 位点发生了丝氨酸突变为赖氨酸（Ser39Lys），其 pI 由 5.4 变为 5.6，但底物形状没有变化。1987 年，法国首次从肺炎克雷伯菌中发现了对头孢噻肟耐药的 CTX-1（TEM-3），它是第 1 个被报道的 TEM 型 ESBL，与 TEM-2 相比，仅在 102 位点上由赖氨酸替换谷氨酸（Glu102Lys）和 236 位点由丝氨酸替换甘氨酸（Gly236Ser）。TEM-13 与 TEM-2 仅在 265 位点上由甲硫氨酸替换酪氨酸（Tyr265Met），但该位点的突变未影响酶的活性和底物轮廓。因此，TEM-1 型、TEM-2 型和 TEM-13 型是广谱的 β-内酰胺酶，而非 ESBL。另外，TEM-30 型、TEM-31 型、TEM-32 型、TEM-33 型、TEM-34 型、TEM-35 型、TEM-36 型、TEM-37 型、TEM-38 型、TEM-39 型、TEM-40 型、TEM-41 型、TEM-44 型、TEM-45 型、TEM-50 型、TEM-51 型、TEM-59 型、TEM-65 型、TEM-68 型、TEM-73 型、TEM-74 型、TEM-76 型、TEM-77 型、TEM-78 型、TEM-79 型、TEM-81 型、TEM-82 型、TEM-83 型、TEM-84 型和 TEM-103 型 β-内酰胺酶也不是 ESBL，这些 TEM 型的 β-内酰胺酶对 β-内酰胺酶抑制剂的亲和力降低，称为耐酶抑制剂 TEM 型 β-内酰胺酶（inhibitor resistant TEM，IRT），也称为耐酶抑制剂青霉素酶，它们不具备 ESBL 的耐药特征。TEM 型 β-内酰胺酶呈全球分布，是流行最广泛的一类 β-内酰胺酶，由大肠杆菌、肺炎克雷伯菌产生，但也见于枸橼酸杆菌、沙雷菌、变形杆菌、沙门菌、阴沟肠杆菌等肠杆菌科细菌以及铜绿假单胞菌等。在 TEM 型酶中，大多数具有 ESBL 的特征，少数属于广谱 β-内酰胺酶，也有一些 TEM 型酶抵抗 β-内酰胺酶抑制剂，称为 IRT。复杂的 TEM 变异体的出现，不仅对实验室检测 ESBL 提出挑战，也给临床治疗带来了困难。因此，了解它们各自的特性，准确区分它们的类型，对于指导临床治疗以及流行病学研究大有益处。

TEM-1 是革兰氏阴性菌中最常见的 β-内酰胺酶，超过 90%的氨苄西林耐药大肠杆菌是因产生 TEM-1 所致。TEM-3 是第一个具有超广谱特征的 TEM 型 β-内酰胺酶，它与 TEM-1 相比，有 3 个位点的氨基酸替换，即 Glu39Lys、Glu104Lys 和 Gly238Ser，后两个位点氨基酸的突变赋予其有效水解超广谱头孢菌素的特征；与 TEM-2 相比，仅有 2 个氨基酸的不同。TEM-3 对头孢他啶、头孢曲松、头孢噻肟和氨曲南耐药，这种活性可被克拉维酸和舒巴坦所抑制。TEM-4 与 TEM-3 相似，只是 pI 有所不同。Quinn 等（1989）报道的 TEM-10 发现于肺炎克雷伯菌，分子质量为 29kDa，pI 为 5.7；该酶具有选择性耐药特征，可有效水解头孢他啶、氨曲南、哌拉西林和羧苄西林，但不水解其他头孢菌素，这种耐药特征可以通过一个 50kb 质粒以接合的方式转移给大肠杆菌，且克拉维酸和舒巴坦可以恢复该耐药菌株对 β-内酰胺类抗生素的敏感性；与 TEM-1 相比，TEM-10 发生了 Arg164Ser 和 Glu240Ser 的氨基酸替换。TEM-131 是 TEM-63 的变异体，它们与 TEM-1 相比，均有 4 个氨基酸的替换（Leu21Phe、Glu104Lys、Arg164Ser 和 Met182Thr），且 TEM-131 还存在 Ala237Thr 的氨基酸替换。

TEM 型 β-内酰胺酶的氨基酸替换发生的位点有限，氨基酸的替换导致 β-内酰胺酶水解底物谱和 pI 的改变，其中部分位点氨基酸的替换对于产生超广谱的表型起到了非常重要的作用，如 Glu140Lys、Arg164His、Gly238Ser、Glu240Lys 等。然而，并不是所有的突变都能改变 ESBL 的表型特征，某些单一位点的替换可以是中性或者近中性的，其中有一些可能在其他突变的特定背景下发挥潜在功能。Blazquez 等（1998）的研究表明，在 TEM 型 β-内酰胺酶中，如果单独发生 Ala237Thr 替换，不能使菌株的耐药表型发生变化，而当 Ala237Thr 与 TEM-10 的 2 个突变（Arg146Ser 和 Glu240Lys）同时发生时，则使 TEM-10 的耐药表型发生很大改变，可分别使头孢他啶和氨曲南的最低抑菌浓度从 128mg/L 和 16mg/L 下降至 16mg/L 和 2mg/L，而头孢噻肟的最低抑菌浓度从 0.5mg/L 上升至 4mg/L。因此可以得出，第 237 位点的突变为调节性突变，它能影响 β-内酰胺酶的优先水解底物，并且为细菌可能出现的环境变化提供了潜能。

SHV 型超广谱 β-内酰胺酶能够水解头孢噻吩的巯基，SHV 是巯基变量（sulphydryl variable）的缩写。SHV 型 ESBL 是由广谱酶 SHV-1 的基因发生突变，导致 1～4 个氨基酸改变而形成的一系列酶蛋白。Matthew 等（1979）发现革兰氏阴性菌存在一种由质粒介导的与 TEM 相似（与 TEM-1 的氨基酸序列 63.7%同源），但存在明显差别的 β-内酰胺酶，根据其生物化学特性而命名为 SHV-1。目前已经发现 100 余种 SHV 型 β-内酰胺酶，SHV 型 ESBL 主要分布于肺炎克雷伯菌，同时也见于差异枸橼酸杆菌、铜绿假单胞菌和大肠杆菌。至今发现的 SHV 型 β-内酰胺酶的 pI 范围为 7.0～8.3。1983 年，德国从 1 株臭鼻克雷伯菌中发现了能够水解头孢噻肟、低水平水解头孢他啶的 β-内酰胺酶，序列分析显示，该酶与 SHV-1 仅在 238 位点发生了甘氨酸被丝氨酸替换（Gly238Ser），这种变异赋予了该 β-内酰胺酶的超广谱表型，被命名为 SHV-2。SHV-2 由于水解谱广泛，特别是可水解氧亚氨基头孢菌素，因此被称为 ESBL。之后，产生 SHV-2 型 ESBL 的细菌遍及世界各地，表明前三代头孢菌素的广泛应用所产生的选择性压力，对新的 β-内酰胺酶的产生起到了促进作用。

SHV 型 ESBL 比其他型 ESBL 更常见于临床分离菌，在许多肠杆菌科细菌中被检测出，且由产生 SHV 型 ESBL 的铜绿假单胞菌和不动杆菌引起的医院暴发感染已有诸多报道。底物轮廓分析表明，SHV-2 型和 SHV-3 型 ESBL 均能有效水解青霉素类（如阿莫西林、替卡西林、哌拉西林等）、头孢噻肟、头孢曲松、头孢噻吩、头孢他啶和氨曲南，但对头霉素和 β-内酰胺酶抑制剂敏感。除 SHV-10 型和 SHV-49 型 β-内酰胺酶具有耐酶抑制剂特征外，大多数 SHV 型衍生酶具有 ESBL 表型。在这些酶中，最常见的氨基酸替换是 Gly238Ser 和 Glu240Lys，这种突变赋予了 SHV 型衍生酶超广谱水解特征。有 50 多项流行病学研究发现，75%产 ESBL 菌株是肺炎克雷伯菌，其原因是 SHV 型 ESBL 的原酶 SHV-1 型在肺炎克雷伯菌中的存在率显著高于其他菌种，几乎所有不产 ESBL、对氨苄西林耐药的肺炎克雷伯菌均含有染色体介导的 SHV-1 型，与此相比，只有不到 10% 的氨苄西林耐药大肠杆菌含有 SHV-1。另外，美国医院相关感染研究显示，在医院分离的肺炎克雷伯菌中，SHV-4 型和 SHV-5 型是主要流行的 ESBL 类型。在德国，SHV-2 型和 SHV-5 型似乎最常见；在法国，SHV-3 型、SHV-4 型和 TEM-3 型较常见。SHV-2 型则在全球范围内广泛传播。

SHV 型 β-内酰胺酶属于安布勒（Ambler）分子分类中的 A 类，Bush-J-M 功能分类中的 2be 亚群。其特征是有一个丝氨酸活性位点、优先水解青霉素、分子质量约 29kDa，故也称为 SHV 型青霉素酶。大多数的 SHV 型酶具有 ESBL 特征，特点是对青霉素类、氧亚氨基头孢菌素类和单酰胺类耐药，而对 7-α-甲氧基头孢菌素和碳青霉烯类敏感，可被 β-内酰胺酶抑制剂抑制。

SHV 型酶是从革兰氏阴性菌中发现的最主要的 β-内酰胺酶之一。和 TEM 型 β-内酰胺酶一样，虽然绝大多数的 SHV 属于 ESBL，但并不是所有的 SHV 型酶都有 ESBL 典型的耐药特征。例如，SHV-1 型、SHV-11 型、SHV-14 型、SHV-25 型及 SHV-26 型属于广谱 β-内酰胺酶，仅水解青霉素和窄谱头孢菌素；SHV-10 型及 SHV-49 型对 β-内酰胺酶抑制剂抵抗，称为耐酶抑制剂 SHV 型 β-内酰胺酶（inhibitor resistant SHV，IRS）。

SHV-1 型 β-内酰胺酶最常见于肺炎克雷伯菌中，20%以上质粒介导的氨苄西林耐药是由 SHV-1 型所致。在肺炎克雷伯菌中，其 SHV-1 型或相关基因被整合于染色体上。SHV 型 ESBL 发生氨基酸替换的位点较 TEM 型少，这些突变仅表现在结构基因上有限的几个位点，大多集中在 8、35、43、238 和 240 位点，其中 Gly238Ser 及 Glu240Lys 是 SHV 型 ESBL 最常见的两个突变位点。有趣的是，这两个位点的突变也见于 TEM 型 ESBL，Ser238 及 Lys240 残基分别是有效水解头孢噻肟和头孢他啶的关键突变位点。

SHV-3 型与 SHV-2 型相比，发生了 Arg205Leu 的氨基酸替换，使 pI 由 SHV-1 型、SHV-2 型的 7.6 变为 7.0，由此认为，SHV-3 型是 SHV-2 型的衍生酶。后来，法国学者 Poirel 等（2003）报道了第一个可以水解亚胺培南的 SHV-38 型 ESBL，与 SHV-l 型相比，SHV-38 型在 146 位点发生了缬氨酸替换丙氨酸（Ala146Val）的突变，从而改写了 SHV 型 ESBL 对碳青霉烯类敏感的历史，目前该型酶仅发现于欧洲，但仍应引起注意。

最早发现的 OXA-1 型超广谱 β-内酰胺酶由 Datta 和 Kontomichalou（1965）发现于英国分离的鼠伤寒沙门菌中，当时命名为 R1818β-内酰胺酶。Meynell 和 Datta（1966）将这种酶命名为 R46 酶。携带 R46 酶的细菌不同于那些产生 TEM 型酶的细菌，它具有非常低水平的 β-内酰胺酶活性，在对甲氧西林的水解速率方面也不同于 TEM 型酶。后来研究发现，R46 酶显示出对苯唑西林的水解速率快于苄基青霉素。Hedges 等（1974）将这些酶分为 5 个不同的型，并命名为苯唑西林水解 β-内酰胺酶（oxacillin hydrolysis β-Lactamase，OXA）。Matthew 等（1979）将这些酶分别命名为 OXA-1 型、OXA-2 型和 OXA-3 型。Katsu 等（1981）将质粒介导氨苄西林耐药的青霉素酶分为 4 型，Ⅰ型为 TEM 型，Ⅱ型为 OXA-1 型，Ⅲ型为 OXA-2 型和 OXA-3 型，Ⅳ型为羧苄西林水解酶。OXA-1 型酶相对于 TEM 型酶来说，在革兰氏阴性菌中较少见，该酶由质粒编码，多通过转座子在不同的质粒之间转移。美国学者 Medeiros 等（1985）报道了 OXA-4 型、OXA-5 型、

OXA-6型和OXA-7型酶，这些酶可有效水解苯唑西林、甲氧西林和氯唑西林。它们之间以及与OXA-2型之间可以通过对各种底物的水解速率加以区别，与OXA-2型相比，这4种酶对头孢噻肟的活性更强；OXA-4型和OXA-5型对拉氧头孢、OXA-6型对头孢西丁有很高的水解活性。OXA-7型对青霉素的水解速率是非线性的，最初速率增加，之后变得平坦，然后速率减慢。Sanschagrin等（1995）对当时现有的8种OXA酶依据氨基酸序列进行了分群，并建立了系统树图。1群包括假单胞菌的OXA-10型（PSE-2）和OXA-5型酶，OXA-2型和OXA-3型酶为2群，OXA-1型和OXA-4型酶为3群，OXA-9型酶为4群，5群为单独的LCR-1酶。这些OXA酶的同源性很低，如与OXA-3型相比，OXA-1型的同源性为27%，OXA-5型为36%，LCR-1型为39%，OXA-1型为36%，OXA-2型为91%。目前，依据氨基酸序列同源性，可将OXA型苯唑西林酶分为6个亚群：1亚群由OXA-23型、OXA-27型和OXA-49型组成，它们之间的氨基酸同源性为99%，但与2亚群的OXA-24型、OXA-25型、OX-26型和OXA-40型酶的氨基酸同源性<60%，这两群酶与被认为是鲍曼不动杆菌天然产生的3亚群OXA-51酶的氨基酸同源性也<60%，4亚群仅有OXA-58型酶，它与其他所有OXA酶的氨基酸序列均有显著差异，5亚群OXA-55和OXA-SHE酶与其他任何OXA酶的氨基酸序列同源性<55%，6亚群由OXA-48、OXA-54酶组成。OXA型β-内酰胺酶又称为苯唑西林酶，属于Ambler分类的D类和Bush-J-M分类的2d亚群。其特征为能够高度水解苯唑西林、甲氧西林和氯唑西林，可被克拉维酸和氯化钠抑制活性，主要由铜绿假单胞菌和不动杆菌产生，也见于肠杆菌科细菌。近年来，这些细菌中具有碳青霉烯水解活性的OXA型苯唑西林酶的产生与发展，给临床抗感染治疗带来了极大的困难。碳青霉烯类抗生素具有非常广泛的抗菌谱，经常被用于产ESBL或AmpC β-内酰胺酶（AmpCs）菌株引起的严重感染。然而，某些细菌产MBLs或OXA型碳青霉烯酶，在临床分离菌中，特别是铜绿假单胞菌和不动杆菌对碳青霉烯类耐药的情形时常发生，而且全药物耐药菌株已经开始出现，使得临床上治疗这类菌感染时，步入了无抗生素可以选用的境地。OXA型酶的氨基酸序列与A、C类酶的同源性很低。大多数OXA型酶的水解底物谱很窄，只有小部分具有超广谱特征（如OXA-1型、OXA-2型、OXA-10型、OXA-11型、OXA-13型、OXA-14型、OXA-15型、OXA-16型、OXA-17型、OXA-18型、OXA-19型、OXA-28型、OXA-31型、OXA-32型、OXA-35型、OXA-45型等），超广谱OXA型酶主要衍生于OXA-2型和OXA-10型。OXA型酶对β-内酰胺类抗生素的耐药谱有所不同，如OXA-1仅介导氨基青霉素或酰脲类青霉素的低水平耐药；OXA-10型（以前称PSE-2）的底物谱较宽，高产OXA-10型酶的菌株可弱水解头孢噻肟、头孢曲松和氨曲南，但对头孢他啶、碳青霉烯类和头霉素类敏感。起源于OXA-2型的衍生酶OXA-15，可增强对头孢他啶、头孢吡肟、头孢曲松、拉氧头孢和氨曲南的耐药性，但对碳青霉烯类仍敏感。另外，当OXA型ESBL复制到大肠杆菌时，可表现为对氧亚氨基头孢菌素的低水平耐药，但铜绿假单胞菌转化接合子却高度耐药。通常情况下，多数OXA型ESBL对头孢他啶耐药，而OXA-17型酶则表现出对头孢噻肟、头孢曲松耐药，却对头孢他啶敏感。从β-内酰胺酶抑制剂来说，其活性轻微被克拉维酸抑制是OXA型酶的特征，但OXA-18型酶却对克拉维酸高度敏感。OXA-21型酶发现于鲍曼不动杆菌，由于该分离菌还具有另外2种

β-内酰胺酶，因此不清楚它是 ESBL 还是一个原谱酶。某些起源于 OXA-10 型的 OXA 型 ESBL（如 OXA-11 型、OXA-14 型、OXA-16 型、OXA-17 型等），它们与 OXA-10 型相比仅有个别氨基酸的替换，如 OXA-14 型与 OXA-10 型仅有 1 个氨基酸的不同，OXA-11 型、OXA-16 型与 OXA-10 型相比有 2 个氨基酸的不同，OXA-13 型、OXA-19 型与 OXA-10 型相比有 9 个氨基酸的不同。在这些与 OXA-10 型相关的酶中，均存在 73 位点天冬氨酸替换丝氨酸（Ser73Asp）或 157 位点天冬氨酸替换甘氨酸（Gly157Asp），尤其是 Gly157Asp 替换可能是对头孢他啶高水平耐药所必需的，也可能是赋予 OXA 型酶以 ESBL 表型所需要的位点突变。除 OXA-10 型以外，OXA-15 型起源于 OXA-2 型，但 OXA-18 型并非起源于 OXA 型（与其关系最近的是 OXA-9 型，同源性仅为 42%）。

日本学者 Matsumoto 等（1988）在耐头孢噻肟的大肠杆菌中发现了第一个非 TEM 型、非 SHV 型的 ESBL，命名为 FEC-1 型。德国学者 Bauernfeind 等（1990）报道了临床上耐头孢噻肟的大肠杆菌产生的非 TEM 型、非 SHV 型的 ESBL，由于其优先水解头孢噻肟，故将其命名为 CTX-M-1 型。与此同时，耐头孢噻肟的沙门菌开始在南美暴发流行。1992 年，同型 ESBL 被法国报道分离于 1 例意大利患者的大肠杆菌 MEN 株，Thakker 等（2012）对该酶进行测序，命名为 MEN-1，其与 TEM 型和 SHV 型的同源性仅为 39%。Ishii 等（1995）报道了与 MEN-1 型相关的 Toho-1 酶（现命名为 CTX-M-44，同源性为 83%），其发现于 1993 年日本分离的耐头孢噻肟的大肠杆菌。Bauernfeind 等（1996）对 CTX-M-1 型和 MEN-1 型进行的序列分析证明，二者为同型酶，并将 Toho-1 的变异体命名为 CTX-M-2 型。在波兰，Gniadkowski 等（1998）发现了一个 CTX-M-1 型的变异酶（命名为 CTX-M-3 型），其来源于 1996 年分离的肠杆菌科的不同菌种。

CTX-M 型酶主要由大肠杆菌、变形杆菌、鼠伤寒沙门菌、产气肠杆菌等细菌产生，其特点是对头孢噻肟的水解活性明显高于头孢他啶。与 TEM 型和 SHV 型酶相比，该类酶对头孢噻肟的 MIC 值明显升高。在克雷瓦菌属菌株中由于 CTX-M 型酶编码基因低表达，MIC 值普遍较低。CTX-M 型酶具有 ESBL 的一般特性，能有效水解青霉素类、头孢菌素类、单酰胺类抗生素，对 β-内酰胺酶抑制剂敏感。CTX-M 型 ESBL 对窄谱头孢菌素的水解活性最高，而水解青霉素类的活性不及 TEM 型和 SHV 型。大部分 CTX-M 型 ESBL（CTX-M-6 型、CTX-M-15 型和 CTX-M-19 型除外）对头孢噻肟的水解速率明显高于头孢他啶。研究表明，CTX-M 对头孢噻肟的水解速率至少是头孢他啶的 150 倍，头孢他啶的 MIC 值为 0.5～2mg/L，而头孢噻肟的 MIC 值却可高达 8～256mg/L。虽然 $bla_{\text{CTX-M}}$ 各亚型间的核苷酸序列存在较大的差异，但都具有上述这种特点，主要是因为大部分氨基酸的替换位点位于远离酶活性中心的位置，所以不影响它们的共有活性。对头孢他啶的水解活性较弱是多数 CTX-M 型 ESBL 区别于 TEM 型、SHV 型的标志之一。

除上述介绍的几类比较有代表性的 ESBL 以外，还有一些其他型超光谱 β-内酰胺酶。这部分 ESBL 同广谱 β-内酰胺酶家族无密切关系，在土耳其铜绿假单胞菌中分离出来的 PER-1 是第一个被报道的 β-内酰胺酶。PER-2 与 PER-1 有 86%的氨基酸同源性。PER-1 主要在土耳其流行，而 PER-2 主要在南美流行。另一个与 PER-1 有些相关的酶是 VEB-1 型 β-内酰胺酶，首先在从越南患者分离的大肠杆菌中发现，随后也在从泰国患者分离的铜绿假单胞菌中出现。此外，还有 CEM-1 和 TLA-1。PER-1、PER-2、VEB-1、CEM-1

和 TLA-1 之间是相关的，但仅有 40%～50%的同源性，可能来源于同一个属。它们都对头孢他啶和氨曲南耐药。此外，ESBL 家族也包含 SFO-1 和 GES-1。

AmpC β-内酰胺酶（AmpCs）是指由革兰氏阴性菌产生的，不被克拉维酸所抑制的“丝氨酸”头孢菌素酶，它可由染色体介导，也可由质粒介导，此类酶优先选择的水解底物是头孢菌素，属于 Bush-J-M 分类的 1 群和 Ambler 分类的 C 类，它们在分子结构上具有同源性。AmpCs 的特点是对青霉素类、第一至第三代头孢菌素类、头霉素类和单酰胺类抗生素均耐药，但是通常对碳青霉烯类、四代头孢菌素和氟喹诺酮类敏感；其活性不被临床常用的 β-内酰胺酶抑制剂所抑制，但对氯唑西林敏感。对头霉素类抗生素（如头孢西丁、头孢替坦）高水平耐药，不能被克拉维酸所抑制是 AmpCs 与 ESBL 的主要区别。

质粒介导的 AmpC β-内酰胺酶（pAmpCs）主要是由肠杆菌科细菌产生的，其特点为：对青霉素类、氧亚氨基头孢菌素、7-α-甲氧基头孢菌素和单酰胺类耐药，不被 β-内酰胺酶抑制剂所抑制，但对氯唑西林敏感；其编码基因常与其他类抗生素的耐药基因位于同一质粒上，因此表现出对多类抗生素的耐药（多重耐药）；并通过质粒复制、接合、转化及转座子移位等方式在革兰氏阴性菌种内或种间传播，引起大范围的暴发流行。pAmpCs 与 ESBL 的主要区别在于其除水解超广谱头孢菌素外，还水解头霉素类，且不被 β-内酰胺酶抑制剂所抑制，但对氯唑西林敏感；与 MBLs 的区别在于它不能水解碳青霉烯类，不被金属离子螯合剂乙二胺四乙酸（EDTA）所抑制。pAmpCs 可见于肺炎克雷伯菌、大肠杆菌、奇异变形杆菌、沙门菌和弗劳地枸橼酸杆菌等临床常见的肠杆菌科细菌中。依据其遗传学关系及氨基酸序列的同源性，将 pAmpCs 分为 6 群：①弗劳地枸橼酸杆菌起源的 LAT 家族，包括 LAT（LAT-1 型、LAT-2 型、LAT-3 型、LAT-4 型）、部分 CMY（CMY-2 型、CMY-3 型、CMY-4 型、CMY-5 型、CMY-6 型、CMY-7 型、CMY-12 型、CMY-13 型、CMY-14 型、CMY-15 型、CMY-17 型、CMY-18 型）、BIL-1 型和 CFE-1 型，主要发现于大肠杆菌、肺炎克雷伯菌、奇异变形杆菌；各亚型的同源性在 94%以上。②阴沟肠杆菌起源的 Entb 家族：MIR-1 型、ACT-1 型，两者的氨基酸同源性为 94%。③摩氏摩根菌起源的 Morg 家族：DHA-1 型、DHA-2 型。④蜂房哈夫尼菌起源的 Haf 家族：ACC-1 酶。⑤气单胞菌属起源的 FOX 家族：FOX-1 型、FOX-2 型、FOX-3 型、FOX-4 型、FOX-5 型、FOX-6 型，各亚型的同源性＞96%。⑥未知起源的其他家族：包括 MOX（MOX-1 型、MOX-2 型）和部分 CMY（CMY-1 型、CMY-8 型、CMY-9 型、CMY-10 型、CMY-11 型）。通过对产 pAmpCs 大肠杆菌转化接合子或者结合株对一些抗生素的体外 MIC 实验的比较可发现，pAmpCs 具有典型 Bush 1 群头孢菌素酶的特征，对氨基青霉素（如氨苄西林、阿莫西林）、羧基青霉素（如羧苄西林、替卡西林）、酰脲青霉素（如哌拉西林）均耐药，在青霉素类抗生素中仅对甲亚胺西林、替美西林敏感；对氧亚氨基头孢菌素类（如头孢他啶、头孢噻肟、头孢曲松、头孢唑肟和头孢呋辛）、7-α-甲氧基头孢菌素类（如头孢西丁、头孢替坦、头孢美唑和拉氧头孢）耐药；通常对头孢他啶的 MIC 值比头孢噻肟高，对头孢西丁的 MIC 值比头孢替坦更高；尽管有些菌株对单酰胺类（如氨曲南）的 MIC 在敏感范围，但也应该视为耐药；对四代头孢菌素（如头孢吡肟、头孢匹罗）和碳青霉烯类（如亚胺培南、美罗培南）敏感。研究发现，表达 pAmpCs 的菌株若同时伴有 *omp* 基因缺失，可产生对碳青霉烯类的耐药性。Cao 等（2000）报道了 CMY-4 型以及 40kDa 的 OMP 缺失所致的亚胺培南耐药，他们发现，若产生 pAmpCs 或 OMP 缺失单独存在时，均不能表现出对碳青霉烯类的耐药，只有二者同时存在时才能导致这种耐药表型。Bradford（2001）比较了 2 株产生 ACT-1 型 pAmpCs 的肺炎克雷伯菌菌株，它们分离于接受亚胺培南治疗前后的同一患者。治疗后的亚胺培南耐药株与治疗前敏感株的唯一不同点在于其外膜蛋白的改变。研究表明，产生 pAmpCs 的耐碳青霉烯类肺炎克雷伯菌若重新获得 OmpK36 后，其耐药水平可明显降低。Armand-Lefèvre 等（2003）则报道了从突尼斯分离的 2 株多重耐药肠炎沙门菌（SW468 和 SW1107），2 株菌均产生 TEM-1 型、SHV-2a 型和 CMY-4 型，且 SW1107 株还产生 CTX-M-3 型，但仅 SW468 株对亚胺培南耐药（此菌株 OmpF 的表达减低），表明这种耐药性与 CMY-4 型和 OmpF 的缺失有关。

染色体介导的 AmpC β-内酰胺酶通常情况下低水平表达，但在 β-内酰胺类抗生素诱导剂存在的情况下，AmpCs 的产量会大大增加。近年发现，一些 pAmpCs 如 DHA-1、DHA-2 等的表达，也受 *ampR* 复合操纵子调节。*ampR* 复合操纵子，由 4 个不连续基因 *ampC*、*ampD*、*ampG* 和 *ampR* 组成。*ampC* 是结构基因，编码 AmpC β-内酰胺酶。*ampR* 与 *ampC* 相邻排列，呈逆向转录，编码一个反式作用的转录激活子 AmpR 蛋白，属于 lysR 调节子家族。AmpR 结合在 *ampR-ampC* 间区的 DNA 上，与 *ampC* 启动基因及 *ampR* 操纵基因直接相互作用，在无诱导剂时起抑制子作用，而当诱导剂存在时，则起激活子作用。*ampD* 编码 *N*-乙酰葡糖胺-L-丙氨酸酰胺酶（AmpD），参与糖肽代谢，其突变时常导致高产 AmpCs。*ampG* 编码膜结合转运蛋白 AmpG，其在 AmpCs 表达调控中起着向细胞质传递诱导信号的作用。染色体介导 AmpCs 的表达多数属于诱导性基因调控，而质粒中的 *ampC* 缺乏调控基因 *ampR*，或在 *ampR-ampC* 间区缺失 AmpR 结合位点，不能产生转录调节因子 AmpR，故呈现持续高表达特点。然而，随着对 pAmpCs 研究的深入，已经证实这种诱导机制同样存在于质粒介导的 AmpCs 中，如 CMY-13 型、DHA-1 型、DHA-2 型等的表达，同样受 *ampR* 复合操纵子的调节。Reisbig 和 Hanson（2002）在肺炎克雷伯菌中发现，ACT-1 酶也是通过 *ampR* 复合操纵子诱导而产生的，源自弗劳地枸橼酸杆菌染色体的 *ampR* 基因。可见，在 *ampR* 基因的调控下，质粒也可编码产生诱导型的 AmpCs，这就更新了诱导型 AmpCs 仅由染色体介导产生的观点。

碳青霉烯酶。碳青霉烯酶（carbapenemase）是指能够明显水解亚胺培南或美罗培南的一类 β-内酰胺酶，它包括按照 Ambler 分子分类为 A、B、D 的三类酶。其中 A 类、D 类为丝氨酸 β-内酰胺酶，属于 Bush-J-M 分类中的第 2f 和 2d 亚群。A 类碳青霉烯酶少见，都是青霉素酶，可分为由质粒编码的 KPC 和 GES，以及由染色体编码的 PER、SME 和 IMI 等两大类，它们对亚胺培南的水解活性强于美罗培南，可以引起青霉素类、碳青霉烯类和氨曲南的耐药，而对前三代头孢菌素通常敏感；他唑巴坦、克拉维酸可以抑制此类酶活性。D 类碳青霉烯酶即 OXA 型酶，由 bla_{OXA} 等位基因编码，仅见于铜绿假单胞菌、不动杆菌，它对苯唑西林的水解活性很强。OXA 型碳青霉烯酶对亚胺培南的水解速率是青霉素的 1%～3%，它对苯唑西林的水解速率是青霉素的 2 倍，对前三代头孢菌素的水解活性较弱。这类酶能被他唑巴坦、克拉维酸抑制。B 类碳青霉烯酶为金属 β-

内酰胺酶（MBLs），属于 Bush-J-M 分类中的 3 群，见于铜绿假单胞菌、不动杆菌、肠杆菌科细菌。另外，在炭疽芽孢杆菌中也发现编码 MBLs 的沉默基因。该类酶呈全球性分布，但主要集中于欧洲和东南亚，金属 β-内酰胺酶的编码基因多位于质粒和整合子，可水解除氨曲南以外的所有 β-内酰胺类抗生素。MBLs 是最大的一群能够水解碳青霉烯类抗生素的 β-内酰胺酶，其有四个主要特点：对碳青霉烯类抗生素耐药，不水解单酰胺类抗生素（如氨曲南），可被金属螯合剂 EDTA 或巯基化合物所抑制但是不被克拉维酸和他唑巴坦抑制，需要金属离子 Zn^{2+}。Bush 等（1995）将 MBLs 全部归入 3 群，主要分类依据为：能被金属螯合剂抑制，不被 β-内酰胺酶抑制剂克拉维酸、舒巴坦和他唑巴坦抑制。当时未做进一步分类。随着 MBLs 报道的增多，Rasmussen 和 Bush（1997）将 MBLs 按底物特异性分成三个亚群：3a、3b 和 3c。①3a 亚群：绝大多数 MBLs 属于 3a 亚群。其特点是水解底物谱宽，水解青霉素的速率与水解亚胺培南的速率相近或更快，并能有效水解头孢菌素。因此，3a 亚群的 MBLs 是临床上危险性较大的 β-内酰胺酶。许多 3a 亚群 MBLs 需添加 Zn^{2+}才能达到最大活性或被激活，提示该亚群 MBLs 与 Zn^{2+}的亲和力低。②3b 亚群：主要分布于气单胞菌中，包括嗜水气单胞菌、杀鲑气单胞菌、温和气单胞菌和简达气单胞菌。其特点是对水解底物具有较高的特异性，优先水解碳青霉烯类，对青霉素和头孢菌素的水解活性较弱，不水解头孢硝噻吩。其能被 EDTA 抑制，加 EDTA 后，再加 Zn^{2+}又可恢复 MBLs 的活性。高浓度 Zn^{2+}可增加 MBLs 活性，而在低浓度时酶活性受抑制。③3c 亚群：只有 1 种，来源于高尔曼军团菌，至今尚未命名。该酶能高效水解头孢菌素和碳青霉烯类。有学者根据 MBLs 的分子结构对其进行分型，除此之外，也有人提出根据修饰方式对 MBLs 进行分型。根据基因序列和与 Zn^{2+}离子结合方式的不同，MBLs 被划分为 B1、B2 和 B3 三个不同的亚组。不同 MBLs 基因序列的相似度比较低，通过对比 NDM-1、CcrA、IMP-1、ImiS、CphA 及 L1 的基因序列，可以发现，MBLs 的基因序列仅仅包含以下共同的序列片段：HXHXD(X)*a*H(X)*b*C(X)*c*H（X 代表任意氨基酸，*a*=55～74，*b*=1～24，*c*=37～41）。一般在划分的过程中，通常还需要借助 MBLs 的晶体结构等信息。B1 亚组 MBLs，其基因序列片段与 NDM-1，源于蜡样芽孢杆菌的 BcII（最早发现的 MBLs），源于脆弱拟杆菌的 CcrA，源于脑膜脓毒性金黄杆菌的 BlaB 及其 IMP1-IMP26 家族，VIM1-VIM27 及 SPM 和 GIM 等的基因序列仅有 23%的相似性。IMP 酶对碳青霉烯类抗生素的水解能力较弱，往往在合并了 OMP 缺失时，才会对碳青霉烯类抗生素产生高度耐药性。与 B1 亚组 MBLs 相比，B2 亚组 MBLs 仅有 11%的基因序列相似度。此组酶包括源于温和气单胞菌的 ImiS、源于嗜水气单胞菌的 CphA 和源于居泉沙雷菌的 Sfh-I 等。和其他 MBLs 相比，B3 亚组 MBLs 仅有 9 个氨基酸残基相同。此组酶有源于嗜麦芽窄食单胞菌的 L1、源于戈氏荧光杆菌的 FEZ-1 及源于脑膜脓毒性金黄杆菌的 GOB 等。随着研究的进一步深入，金属 β-内酰胺酶的分类也在发生变化。

获得性金属 β-内酰胺酶。获得性金属 β-内酰胺酶（acquired metallo-β-lactamase，aMBL）是一类活性位点含有金属离子的 β-内酰胺酶，对除单酰胺类以外几乎所有的 β-内酰胺类抗生素具有广泛水解活性，其特点是耐药谱广、不被 β-内酰胺酶抑制剂所抑制，且编码 aMBL 的基因常与氨基糖苷类耐药基因联合在一起，可同时表达对氨基糖苷类的耐药性。aMBL 不仅分布于铜绿假单胞菌、不动杆菌和肠杆菌科细菌中，且可通过整合子或质粒介导进行水平传播。20 世纪 90 年代后发现的 MBLs 基因大多为 aMBL。与天然的染色体编码 MBLs 相比，其检出数量多，菌属和地域分布广泛。迄今为止，已发现的 IMP-1-26 型、VIM-1-27 型、SMP-1 型、GIM-1 型和 SIM-1 型等 aMBL 达 40 种，尤以 IMP 型和 VIM 型 aMBL 最为常见，并且根据基因和翻译的氨基酸序列不同可分为多种亚型。大多数 aMBL 的基因位于可移动的整合子中，少数通过可移动的染色质调控因子（chromatin regulator，CR）发生基因的转移。NDM 酶多见于 ST14 型的肺炎克雷伯菌，2008 年从一名在印度接受治疗的瑞典患者的样本中检出，此后 NDM 酶在全球范围内迅速传播，目前发现的 NDM 亚型共 16 种，以 NDM-1 型流行最为广泛。2010 年报道的“新德里”超级细菌，体内携带了 $bla_{\mathrm{NDM-1}}$ 型金属 β-内酰胺酶基因，在 $bla_{\mathrm{NDM-1}}$ 及其他耐药基因的作用下，该类细菌对几乎所有类型的抗生素都有耐药性，其患者将面临无药可救的境地。NDM 超级细菌的出现，在为我们滥用抗生素敲响警钟的同时，也对耐药性及相关新抗研究提出了挑战。因此，研究金属 β-内酰胺酶，开发新型耐酶抗生素或酶抑制剂，对于应对日趋严重的细菌耐药性问题具有重要意义。产 MBLs 菌株主要见于铜绿假单胞菌和不动杆菌，也见于肠杆菌科细菌。它们对几乎所有的（除氨曲南外）β-内酰胺类抗生素耐药，包括碳青霉烯类；而且 MBLs 的编码基因通常位于伴有编码其他类抗生素耐药基因（如氨基糖苷类耐药基因）的质粒上。因此，产 MBLs 菌株常表现出对 β-内酰胺类、氨基糖苷类和氟喹诺酮类的多重耐药性，但仍对多黏菌素敏感。随着临床大量抗生素的使用，MBLs 的基因也发生了较大的变异。早期发现的获得性金属酶很少（仅 IMP-1 型），且仅限于日本。1999 年以后，情况发生了变化，至今已报道了 IMP-1 型、IMP-2 型、IMP-3 型、IMP-4 型、IMP-5 型、IMP-6 型、IMP-7 型、IMP-8 型、IMP-9 型、IMP-10 型、IMP-11 型、IMP-12 型和 VIM-1 型、VIM-2 型、VIM-3 型、VIM-4 型、VIM-5 型、VIM-6 型、VIM-7 型，地域上遍布亚洲和欧美。目前已有很多国家分离出大量的产 MBLs 的菌株：韩国发现耐亚胺培南的铜绿假单胞菌中，产 MBLs 的菌株占 11.4%，在鲍曼不动杆菌中占 14.2%，一些国家甚至达到了 20%。我国新疆地区 MBLs 菌株的检出率为 8.4%，基因型主要为 IMP-6 型和 VIM-2 型。

【青霉素结合蛋白位点改变介导的 β-内酰胺类药物耐药机制】

青霉素结合蛋白（PBP）是位于细菌细胞膜上的一类膜蛋白，该蛋白在细菌细胞壁肽聚糖合成后期起转肽酶、肽链内切酶、转糖苷酶及羧基肽酶等的作用，它们也是 β-内酰胺类抗生素的作用靶位，因能与青霉素共价结合而得名。一种细菌通常含有 4～8 种 PBP，分子质量 35～120kDa，习惯上按分子质量降序命名，有时在已经命名的一种 PBP 中又细分出多个亚名，如 PBP1a 和 PBP1b 等。几乎所有的细菌都含有 PBP，不同种属的细菌含有 PBP 的数量、含量、分子质量大小以及对 β-内酰胺类药物的亲和力也不尽相同，它们的命名也有差异。

PBP 在革兰氏阳性菌中的作用及耐药机制。由于革兰氏阳性细菌没有细胞外膜，β-内酰胺酶（胞外酶）和通透性屏障等在其耐药机理中发挥的作用有限，因此与 PBP 相关的耐药问题在本类细菌中显得尤为重要。

PBP在金黄色葡萄球菌中的作用及耐药机制。正常情况下，金黄色葡萄球菌含有4种PBP，即PBP1（87kDa）、PBP2（80kDa）、PBP3（75kDa）、PBP4（41kDa）。PBP1、PBP2、PBP3为细菌生存所必需，对β-内酰胺类抗生素具有很高的亲和力。PBP1是合成细菌细胞壁初始黏肽（又称肽聚糖）的转肽酶；PBP2是在细菌处于非生长状态时发生作用的转肽酶；PBP3为与细菌分裂有关的转肽酶：而PBP4在黏肽二级交联过程中具有转肽酶和羧肽酶的双重活性。与大肠杆菌不同的是，在金黄色葡萄球菌中PBP不具有糖基转移酶活性，提示金黄色葡萄球菌与大肠杆菌细胞壁黏肽合成的方式不完全一样。目前与金黄色葡萄球菌PBP密切相关的耐药问题之一是MRSA。MRSA最早出现在1961年，到20世纪80年代后期，在全球范围内已成为发生率最高的医院内感染病原菌，目前MRSA已成为全球关注的热点。对于MRSA耐药机理的研究从分子水平逐步揭示了其发生的原因，目前认为PBP2a或PBP2′的产生是造成MRSA的主要原因。PBP2a是MRSA产生的对β-内酰胺类抗生素具有很低亲和力的蛋白质，分子质量为78kDa。β-内酰胺类抗生素与MRSA接触后，穿过细菌表面并以共价结合的方式使正常的4种主要PBP失活。在此种情况下，可能是依赖于细胞信号的产生，PBP2a替代其他几种PBP完成细胞壁合成的功能。在不含药物的培养基中，金黄色葡萄球菌细胞壁由超过35种胞壁肽成分组成，其中大部分（超过60%）由三聚体或更高的多聚体胞壁肽组成；而在含有甲氧西林的培养基中，代之以单一的甘氨酰单体和二聚体，只有少量的三聚体和痕迹量的寡聚体。这种现象在5～750mg/L的抗生素浓度范围内均存在，提示PBP2a可以取代其他正常PBP的功能，但其合成细胞壁的方式并不完全一样。编码PBP2a的基因为*mecA*，但细菌具有*mecA*并不一定表现出对β-内酰胺类抗生素的耐药性，*femA*和*mecR*影响着*mecA*的表达。同时在体外研究中还发现，培养基的pH、培养温度和NaCl的浓度都可影响MRSA耐药性的表达。MRSA表现为对多种类型的抗菌药物多重耐药，其*mecA*基因与其他几种耐药性决定基因紧密相邻，共同传播。目前虽然在金黄色葡萄球菌中已出现了万古霉素耐药菌，但糖肽类抗生素万古霉素、去甲万古霉素及替考拉宁仍是临床上治疗MRSA的有效药物。

PBP在肺炎链球菌中的作用及耐药机制。肺炎链球菌是引起肺炎最常见的致病菌，由于本类细菌天然不产生β-内酰胺酶，PBP在其耐药机理方面具有非常重要的作用。肺炎链球菌有6种PBP，5种为高分子质量PBP，即PBP1a、PBP1b（100kDa）、PBP2a、PBP2x、PBP2b（78～95kDa），为β-内酰胺类抗生素的致命作用靶位；另一种低分子质量PBP3（43kDa）具有羧肽酶活性。青霉素耐药是本类细菌近20年来最令人关注的问题，PBP1a、PBP2x、PBP2a和PBP2b在青霉素耐药性肺炎链球菌中对β-内酰胺类抗生素的亲和力下降。通过传统的十二烷基磺酸钠-聚丙烯酰胺凝胶电泳（SDS-PAGE）方法可以检测到青霉素耐药菌株PBP的这些改变，但此方法不容易完全分辨6种PBP，因而在许多研究的结果中不能肯定肺炎链球菌耐药菌株PBP对青霉素亲和力的改变。最直接的检测方法是先将耐药菌株编码PBP的基因*pbp*克隆，再分别转化到一株青霉素敏感菌R6中，观察其对各种抗生素耐药性的影响。但*pbp1b*和*pbp2b*目前难以克隆，限制了此方法的应用。*pbp1a*、*pbp2b*和*pbp2x*及对应PBP的变化已经通过此方法得到验证。

PBP 在表皮葡萄球菌中的作用及耐药机制。表皮葡萄球菌是最常见的凝固酶阴性葡萄球菌，与金黄色葡萄球菌具有相似的 PBP 类型。PBP2a 也是导致本类细菌最主要耐药问题的根源，但本类细菌 PBP2a 引起的耐药性由于其异型的表现而比金黄色葡萄球菌更难检测，一般认为采用 PCR 或 DNA 杂交的方法检测 *mecA* 基因最敏感。

PBP 在粪肠球菌和屎肠球菌中的作用及耐药机制。粪肠球菌和屎肠球菌对多数 β-内酰胺类抗生素天然耐药，并具有相似的 5 种 PBP。其中 PBP1、PBP2、PBP3 与耐药性密切相关，对多数 β-内酰胺类抗生素的亲和力较低；粪肠球菌 PBP3 产生过量。

PBP 在革兰氏阴性菌中的作用及耐药机制。由于革兰氏阴性细菌的产酶机制和通透性等因素在其耐药作用中表现较为明显，因此 PBP 在其耐药机制中的作用并不十分显著，但 PBP 本身的作用机理及 β-内酰胺类抗生素对 PBP 的作用研究得比较清楚。

PBP 在大肠杆菌中的作用及耐药机制。迄今为止没有发现由 PBP 介导的大肠杆菌耐药性，但对大肠杆菌 PBP 的研究最为清楚，对理解 β-内酰胺类抗生素的耐药机理很有帮助。典型的大肠杆菌具有 7 种 PBP：PBP1a（90kDa）、PBP1b（90kDa）、PBP2（66kDa）、PBP3（60kDa）、PBP4（49kDa）、PBP5（42kDa）、PBP6（40kDa）。其中 PBP1、PBP2、PBP3 为大肠杆菌必需的 PBP，参与菌体的延长、成形和分裂等活动。这 3 种 PBP 具有转肽酶和糖基转移酶的双重活性。头孢拉定与 PBP1 结合，可引起菌体溶解；美西林与 PBP2 结合可形成巨大球状细胞；氨曲南和卡芦莫南与 PBP3 结合可导致菌体变成丝状。从基因分析角度，PBP1 又可被分为 PBP1a 和 PBP1b，二者的生化和生理特点相似，但与抗生素的亲和力存在差异。PBP1b 相对耐药。PBP1b 按分子大小可再细分为 α、β、γ 3 种成分，它们的酶活性相似，并由一个基因编码。PBP2 对美西林和部分青霉素类抗生素高度敏感，对甲砜霉素和克拉维酸也具有相当的亲和力。PBP3 对多数 β-内酰胺类抗生素均敏感，是头孢他啶和单环类抗生素等 β-内酰胺酶稳定性抗生素的作用靶位。尽管像头孢他啶、氨曲南等对 PBP3 特异性作用的 β-内酰胺类抗生素在临床上已广泛使用多年，但目前还未在大肠杆菌中发现由 PBP 介导的耐药性。低分子量 PBP4、PBP5 和 PBP6 对大肠杆菌的生存并非必需，抗生素与之结合并不影响细菌的生长。同时发现，PBP5 和 PBP6 缺失的变异菌株显示出对 β-内酰胺类抗生素超敏的特点，可能反映出这两种 PBP 具有弱的 β-内酰胺酶活性，与细菌的细胞外膜协同作用。另两种青霉素结合蛋白 PBP7（32kDa）和 PBP8（29kDa）在一些研究中有发现，可能是 PBP5 和 PBP6 的降解产物。

PBP 在铜绿假单胞菌中的作用及耐药机制。铜绿假单胞菌 PBP 类型与大肠杆菌高度相似，而且与 β-内酰胺类结合导致的形态改变也非常一致。在 SDS-PAGE 中，该菌表现出 6 个主要 PBP 区带和数个小的带型。其中 PBP1a 和 PBP1b 与大肠杆菌的 PBP1b 和 PBP1a 呈对应关系。大肠杆菌中的 PBP6 在铜绿假单胞菌中有缺失或微弱表达。在实验室菌株和临床分离菌中，均发现耐药铜绿假单胞菌中有 PBP 改变的现象。PBP3 对 β-内酰胺类的亲和力下降或缺失。在染色体介导 β-内酰胺酶缺失的铜绿假单胞菌中，通过分子生物学方法使 PBP3 过度表达后，其对氨曲南、头孢吡肟、头孢磺啶和头孢他啶的 MIC 上升 2～8 倍。研究发现，在一株亚胺培南耐药铜绿假单胞菌的临床分离菌中，其耐药性和 PBP4 的改变密切相关，并与膜通透性改变有协同作用。铜绿假单胞菌的 PBP5 具有 β-内酰胺酶活性，能够降低青霉素的浓度；在该菌对 β-内酰胺类的敏感性和耐药性方面，PBP5 的 β-内酰胺酶活性具有重要作用，PBP5 缺失时，该菌显示出高敏特性。

【β-内酰胺类药物的其他耐药机制】

外膜通透性下降。细菌外膜是由孔蛋白和高度疏水的脂质双层组成的。β-内酰胺类抗生素主要通过外膜上的孔蛋白进入细胞，孔蛋白结构改变或数量缺失则细菌内抗生素浓度降低，当低于抗生素有效浓度时，细菌就会表现出耐药。大肠杆菌主要是通过 OmpF 和 OmpC 使 β-内酰胺类抗生素进入细菌胞内发挥作用。肺炎克雷伯菌的 OmpK35 和 OmpK36 在抗生素进入细胞的过程中起着重要的作用，这两种基因缺失可导致细菌对头孢菌素及碳青霉烯类抗生素的敏感性降低。多数情况下，外膜孔蛋白的缺失需同其他耐药机制共同作用才能显示出耐药特征。沙门菌属和志贺菌属外膜通透性降低的机制同大肠杆菌一样。革兰氏阳性菌的细胞壁对于 β-内酰胺类抗生素具有通透性。而革兰氏阴性菌的外膜结构与革兰氏阳性菌的细胞壁的结构有很大差别，前者是以脂多糖和磷脂为主组成的双层结构，在外膜中还有许多膜蛋白、脂蛋白和起通道作用的孔蛋白。细菌外膜屏障作用产生耐药性的最典型例子是铜绿假单胞菌。很多广谱抗生素和抗菌药由于不能透过该菌外膜进入菌体内，因此都对该菌无作用或作用很弱，故铜绿假单胞菌对许多抗生素天然耐药。细菌接触抗生素后，产生的与此相关的获得性耐药机制之一是提高外膜屏障作用，使外膜通透性下降，阻止或减少抗菌药物进入菌体。这种降低膜通透性的耐药机制主要是通过改变跨膜通道孔蛋白的结构，使其与药物的结合力降低，以及减少跨膜孔蛋白的数量来实现的。一般情况下，细菌以外膜的孔蛋白 OmpF 和 OmpC 为主组成非特异性跨膜通道，能让亲水物质包括 β-内酰胺类抗生素通过而进入菌体内。当细菌接触抗生素后，菌株发生突变，表达 OmpF 和 OmpC 蛋白的结构基因失活而不能表达，使相应的蛋白减少或消失，使进入菌体内的 β-内酰胺类抗生素大量减少而产生耐药性，如大肠杆菌、鼠伤寒沙门菌等革兰氏阴性菌即是如此。

此外，还有特异的专门让某种抗生素通过的膜通道孔蛋白。例如，铜绿假单胞菌有一种特异的膜通道 OprD 孔蛋白，其构成的特异性通道只允许亚胺培南进入菌体内，发挥强大的抗菌作用。该菌对亚胺培南产生耐药突变时，OprD 孔蛋白的基因表达缺损，导致 OprD 孔蛋白膜通道丢失，使亚胺培南进入菌体受阻，产生对亚胺培南的特异耐药性。

主动外排。主动外排系统是指细菌通过能量依赖性蛋白外排泵，将药物排出菌体外，以致抗生素不能发挥杀菌或抑菌作用。大肠杆菌和肺炎克雷伯菌均以 AcrAB-TolC 外排泵为主，二者作用的底物范围包括多种 β-内酰胺类抗生素。其作用机制为：AcrA 的基因与转运蛋白 AcrB 的基因位于同一操纵子内，AcrA 的 C/N 端可同时插入内膜与外膜，中部含 2 个长度相当的卷曲螺旋结构，可以自身折叠拉近内外膜，外膜蛋白就可以直接接受内膜转运而来的底物，将底物直接外排。志贺菌与沙门菌也存在 AcrAB-TolC 主动外排系统。

生物被膜形成。细菌生物被膜（biofilm，BF）是指细菌分泌出细胞外的多糖基质、纤维蛋白质、脂蛋白等包裹着细菌自身的结构群体。有关细菌生物被膜的研究也是目前的研究热点。常见的形成生物被膜的肠杆菌科致病菌有大肠杆菌、克雷伯菌等。细菌生物被膜形成是肺炎克雷伯菌产生耐药性的重要机制之一，它在生物被膜环境中可通过细菌表面改变、抗生素作用位点消失或抗生素无法结合作用位点等导致耐药，生物被膜中细菌分泌的碳氢化合物被膜和抗生素降解酶或营养限制使得抗生素难以发挥作用。

主要参考文献

蔡琰. 2002. AmpC β-内酰胺酶的分子生物学研究进展. 国外医药(抗生素分册), 23(4): 165-167.
陈大斌. 2010. SHV 型超广谱 β-内酰胺酶的研究进展. 国外医药(抗生素分册), 31(1): 38-41.
陈照强, 刘一方, 朱宁, 等. 2011. 金属 β-内酰胺酶的研究进展. 国外医药(抗生素分册), 32(3): 111-115.
程君. 2011. 安徽省临床分离的肺炎克雷伯菌耐药性及新型质粒介导 AmpC 型 β-内酰胺酶分子生物学特征. 合肥: 安徽医科大学博士学位论文.
高会洲, 杨科武. 2012. 超级细菌耐药靶酶金属 β-内酰胺酶的研究进展. 中国药学杂志, 47(5): 325-330.
郭丽双, 胡静. 2011. β 内酰胺酶分子流行病学研究进展. 医学综述, 17(9): 1309-1311.
侯盼飞, 应春妹. 2010. 鲍曼不动杆菌对 β-内酰胺类抗生素耐药机制的研究进展. 上海交通大学学报(医学版), 30(1): 98-103.
黄晶. 2007. 2004-2006 年长春市医院内细菌耐药监测及产超广谱 β-内酰胺酶基因型特征的研究. 长春: 吉林大学博士学位论文.
李俐, 蒋燕群. 2010. 大肠埃希菌和肺炎克雷伯菌外膜蛋白与耐药机制的研究进展. 上海交通大学学报(医学版), 30(11): 1433-1436.
刘保光. 2011. β-内酰胺酶 CTX-M-14 基因的基因环境及 TEM-57 型酶特性研究. 郑州: 河南农业大学硕士学位论文.
刘萍. 2016. 产碳青霉烯酶肠杆菌科细菌的研究进展及治疗策略. 检验医学, 31(7): 618-622.
刘淑敏. 2014. 肠杆菌科细菌对 β-内酰胺类抗生素耐药机制的研究现状. 微生物学免疫学进展, 42(5): 69-72.
罗羽, 王仙园. 2003. 超广谱 β-内酰胺酶的研究进展. 南方护理学报, 10(2): 68-70.
王强, 刁晓东, 李新芳. 2002. β-内酰胺酶研究进展. 解放军药学学报, 18(3): 166-169.
向倩, 游学甫, 蒋建东. 2006. 超广谱 β-内酰胺酶的分子生物学研究进展. 中国医学科学院学报, 28(2): 298-303.
杨佰侠. 2004. 大肠埃希氏菌产超广谱 β-内酰胺酶研究进展. 国外医药(抗生素分册), 25(2): 64-70.
杨宝峰, 陈建国. 2018. 药理学. 9 版. 北京: 人民卫生出版社.
杨永清. 2015. 兰州地区临床分离大肠埃希菌与肺炎克雷伯菌产 ESBLs 的基因型及耐药性研究. 银川: 宁夏医科大学硕士学位论文.
张凤凯, 金少鸿. 2000. β-内酰胺类抗生素的作用靶位——青霉素结合蛋白. 国外医药(抗生素分册), 21(3): 107-110.
张丽娟, 于泉. 1987. 青霉素结合蛋白与细菌对 β-内酰胺抗生素的抗药性机理. 国外医药抗生素分册, 8(5): 374-377.
张盛斌, 刘朝晖. 2006. CTX-M 型 ESBLs 的研究进展. 中国感染与化疗杂志, 6(3): 212-215.
张珍珍, 吴俊伟, 杨卫军. 2008. 大肠埃希氏菌对 β-内酰胺类抗生素耐药机制的研究进展. 中国兽药杂志, 42(7): 36-40.
赵倩. 2013. 肺炎克雷伯菌碳青霉烯酶的研究进展及其治疗策略. 西部医学, 25(7): 1115-1117.
朱卫民. 2002. 肺炎克雷伯菌 β-内酰胺酶耐药机制研究. 重庆: 重庆医科大学博士学位论文.
Akinci E, Vahaboglu H. 2010. Minor extended-spectrum β-lactamases. Expert Rev Anti Infect Ther, 8(11): 1251-1258.
Ambler R P. 1980. The structure of beta-lactamases. Philos Trans R Soc Lond B Biol Sci, 289(1036):

321-331.

Armand-Lefèvre L, Leflon-Guibout V, Bredin J, et al. 2003. Imipenem resistance in *Salmonella enterica* serovar Wien related to porin loss and CMY-4 beta-lactamase production. Antimicrob Agents Chemother, 47(3): 1165-1168.

Baucheron S, Tyler S, Boyd D, et al. 2004. AcrAB-TolC directs efflux-mediated multidrug resistance in *Salmonella enterica* serovar Typhimurium DT104. Antimicrob Agents Chemother, 48(10): 3729-3735.

Bauernfeind A, Grimm H, Schweighart S. 1990. A new plasmidic cefotaximase in a clinical isolate of *Escherichia coli*. Infection, 18(5): 294-298.

Bauernfeind A, Stemplinger I, Jungwirth R, et al. 1996. Sequences of beta-lactamase genes encoding CTX-M-1 (MEN-1) and CTX-M-2 and relationship of their amino acid sequences with those of other beta-lactamases. Antimicrob Agents Chemother, 40(2): 509-513.

Blazquez J, Negri M C, Morosini M I, et al. 1998. A237T as a modulating mutation in naturally occurring extended-spectrum TEM-type beta-lactamases. Antimicrob Agents Chemother, 42(5): 1042-1044.

Bonomo R A. 2017. β-lactamases: a focus on current challenges. Cold Spring Harb Perspect Med, 7(1): a025239.

Bradford P A. 2001. Extended-spectrum β-lactamases in the 21st century: characterization, epidemiology, and detection of this important resistance threat. Clin Microbiol Rev, 14(4): 933-951.

Bush K, Bradford P A. 2020. Epidemiology of β-lactamase-producing pathogens. Clin Microbiol Rev, 33(2): e00047-19.

Bush K, Jacoby G A, Medeiros A A. 1995. A functional classification scheme for β-lactamases and its correlation with molecular structure. Antimicrob Agents Chemother, 39(6): 1211-1233.

Bush K, Jacoby G A. 2010. Updated functional classification of β-lactamases. Antimicrob Agents Chemother, 54(3): 969-976.

Bush K. 1989. Classification of β-lactamases: groups 1, 2a, 2b, and 2b′. Antimicrob Agents Chemother, 33(3): 264-270.

Cao V T, Arlet G, Ericsson B M, et al. 2000. Emergence of imipenem resistance in *Klebsiella pneumoniae* owing to combination of plasmid-mediated CMY-4 and permeability alteration. J Antimicrob Chemother, 46(6): 895-900.

Datta N, Kontomichalou P. 1965. Penicillinase synthesis controlled by infectious R factors in Enterobacteriaceae. Nature, 208(5007): 239-241.

Giraud E, Baucheron S, Virlogeux-Payant I, et al. 2013. Effects of natural mutations in the *ramRA* locus on invasiveness of epidemic fluoroquinolone-resistant *Salmonella enterica* serovar Typhimurium isolates. J Infect Dis, 207(5): 794-802.

Gniadkowski M, Schneider I, Pałucha A, et al. 1998. Cefotaxime-resistant Enterobacteriaceae isolates from a hospital in Warsaw, Poland: identification of a new CTX-M-3 cefotaxime-hydrolyzing β-lactamase that is closely related to the CTX-M-1/MEN-1 enzyme. Antimicrob Agents Chemother, 42(4): 827-832.

Hedges R W, Datta N, Kontomichalou P, et al. 1974. Molecular specificities of R factor-determined beta-lactamases: correlation with plasmid compatibility. J Bacteriol, 117(1): 56-62.

Huletsky A, Knox J R, Levesque R C. 1993. Role of Ser-238 and Lys-240 in the hydrolysis of third-generation cephalosporins by SHV-type β-lactamases probed by site-directed mutagenesis and three-dimensional modeling. J Biol Chem, 268(5): 3690-3697.

Ishii Y, Ohno A, Taguchi H, et al. 1995. Cloning and sequence of the gene encoding a cefotaxime-hydrolyzing class A β-lactamase isolated from *Escherichia coli*. Antimicrob Agents Chemother, 39(10): 2269-2275.

Jacoby G A. 2009. AmpC β-lactamases. Clin Microbiol Rev, 22(1): 161-182.

Juan C, Torrens G, González-Nicolau M, et al. 2017. Diversity and regulation of intrinsic β-lactamases from non-fermenting and other Gram-negative opportunistic pathogens. FEMS Microbiol Rev, 41(6): 781-815.

Katsu K, Inoue M, Mitsuhashi S. 1981. Plasmid-mediated carbencillin hydrolyzing beta-lactamases of *Proteus mirabilis*. J Antibiot (Tokyo), 34(11): 1504-1505.

Knox J R. 1995. Extended-spectrum and inhibitor-resistant TEM-type β-lactamases: mutations, specificity, and three-dimensional structure. Antimicrob Agents Chemother, 39(12): 2593-2601.

Liu L, Feng Y, McNally A, et al. 2018. *bla*$_{NDM-21}$, a new variant of *bla*$_{NDM}$ in an *Escherichia coli* clinical isolate carrying *bla*$_{CTX-M-55}$ and *rmtB*. J Antimicrob Chemother, 73(9): 2336-2339.

Liu Z, Wang Y, Walsh T R, et al. 2017. Plasmid-mediated novel *bla*$_{NDM-17}$ gene encoding a carbapenemase with enhanced activity in a sequence type 48 *Escherichia coli* strain. Antimicrob Agents Chemother, 61(5): e02233-16.

Livermore D M. 1995. β-lactamases in laboratory and clinical resistance. Clin Microbiol Rev, 8(4): 557-584.

Madec J Y, Haenni M, Nordmann P, et al. 2017. Extended-spectrum β-lactamase/AmpC- and carbapenemase-producing Enterobacteriaceae in animals: a threat for humans? Clin Microbiol Infect, 23(11): 826-833.

Matsumoto Y, Ikeda F, Kamimura T, et al. 1988. Novel plasmid-mediated β-lactamase from *Escherichia coli* that inactivates oxyimino-cephalosporins. Antimicrob Agents Chemother, 32(8): 1243-1246.

Matthew M, Hedges R W, Smith J T. 1979. Types of β-lactamase determined by plasmids in gram-negative bacteria. J Bacteriol, 138(3): 657-662.

Medeiros A A, Cohenford M, Jacoby G A. 1985. Five novel plasmid-determined β-lactamases. Antimicrob Agents Chemother, 27(5): 715-719.

Meynell E, Datta N. 1966. The nature and incidence of conjugation factors in *Escherichia coli*. Genet Res, 7(1): 141-148.

Mitsuhashi S, Inoue M. 1981. Mechanism of bacterial drug resistance. Nihon Rinsho, 39(1): 18-25.

Poirel L, Héritier C, Podglajen I, et al. 2003. Emergence in *Klebsiella pneumoniae* of a chromosome-encoded SHV β-lactamase that compromises the efficacy of imipenem. Antimicrob Agents Chemother, 47(2): 755-758.

Queenan A M, Bush K. 2007. Carbapenemases: the versatile β-lactamases. Clin Microbiol Rev, 20(3): 440-458.

Quinn J P, Miyashiro D, Sahm D, et al. 1989. Novel plasmid-mediated β-lactamase (TEM-10) conferring selective resistance to ceftazidime and aztreonam in clinical isolates of *Klebsiella pneumoniae*. Antimicrob Agents Chemother, 33(9): 1451-1456.

Rasmussen B A, Bush K. 1997. Carbapenem-hydrolyzing β-lactamases. Antimicrob Agents Chemother, 41(2): 223-232.

Reisbig M D, Hanson N D. 2002. The ACT-1 plasmid-encoded AmpC β-lactamase is inducible: detection in a complex β-lactamase background. J Antimicrob Chemother, 49(3): 557-560.

Richmond M H, Sykes R B. 1973. The β-lactamases of gram-negative bacteria and their possible physiological role. Adv Microb Physiol, 9: 31-88.

Sanschagrin F, Couture F, Levesque R C. 1995. Primary structure of OXA-3 and phylogeny of oxacillin-hydrolyzing class D β-lactamases. Antimicrob Agents Chemother, 39(4): 887-893.

Sykes R B, Matthew M. 1976. The β-lactamases of gram-negative bacteria and their role in resistance to β-lactam antibiotics. J Antimicrob Chemother, 2(2): 115-157.

Thakker R V, Newey P J, Walls G V, et al. 2012. Clinical practice guidelines for multiple endocrine neoplasia type 1 (MEN1). J Clin Endocrinol Metab, 97(9): 2990-3011.

Thomson K S. 2010. Extended-spectrum-β-lactamase, AmpC, and Carbapenemase issues. J Clin Microbiol, 48(4): 1019-1025.

Trott D. 2013. β-lactam resistance in gram-negative pathogens isolated from animals. Curr Pharm Des, 19(2): 239-249.

Wu W J, Feng Y, Tang G M, et al. 2019. NDM metallo-β-lactamases and their bacterial producers in health care settings. Clin Microbiol Rev, 32(2): e00115-18.

第二节　氨基糖苷类药物的耐药机制

氨基糖苷（aminoglycoside）类抗生素是一类由氨基环醇与氨基糖分子以苷键相结

合的碱性抗生素。其包括天然和半合成产品两大类：天然来源的由链霉菌和小单孢菌产生，如链霉素、卡那霉素、妥布霉素等；半合成的包括阿米卡星、奈替米星、异帕米星、依替米星等。氨基糖苷类抗生素的特点在于其分子结构稳定，且药物分子易溶于水；该类药物抗菌谱较广，对大多数革兰氏阴性好氧和兼性厌氧杆菌具有浓度依赖的杀菌活性，但对革兰氏阴性厌氧菌和大多数革兰氏阳性菌无显著杀灭作用。其对以结核分枝杆菌为代表的分枝杆菌属中的个别细菌也具有良好的杀灭效果。氨基糖苷类药物只需要很短的作用时间，并且对于迅速繁殖的易感细菌群体有较好的效果。但是该类型药物的经消化道吸收情况差。而且，氨基糖苷类药物有一定程度的肾毒性及损害第八对脑神经的可能性，可以在一定程度上阻滞运动神经元轴突末梢向骨骼肌肌纤维上的传导作用。在链霉素被发现之后，卡那霉素、庆大霉素、妥布霉素相继问世，其在临床应用过程中的确切疗效进一步巩固了氨基糖苷类抗生素在治疗革兰氏阴性菌感染中的重要地位。20世纪 70～90 年代是此类抗生素发展最为迅速的时期，半合成的氨基糖苷类抗生素如地贝卡星、阿米卡星、奈替米星、异帕米星、依替米星相继出现，它们在当时不仅对庆大霉素和卡那霉素的耐药菌株有很强的杀伤作用，而且在很大程度上减轻了对肾脏和第八对脑神经的毒性。

氨基糖苷类药物的结构与作用机制

【氨基糖苷类药物的结构】

氨基糖苷类抗生素是氨基糖与氨基环醇以苷键相结合的碱性抗生素。目前开发出来的抗生素大部分在结构上可以归为两种结构类型，一种是脱氧链霉胺（deoxystreptamine，2-DOS 环Ⅱ）4,5 或 4,6 双取代骨架，如新霉素、巴龙霉素、妥布霉素、遗传霉素、庆大霉素等；另一种为脱氧链霉胺（2-DOS 环Ⅰ）单取代骨架，如潮霉素 B 和安普霉素。尽管两类氨基糖苷类抗生素在结构上有一定的区别，但它们都具有多氨基和多羟基的结构特点，氨基在体内生理条件下生成的阳离子能与多聚阴离子的 RNA 发生静电结合，羟基与 RNA 能以氢键结合而发挥作用。这种结合作用是构成氨基糖苷类抗生素与其靶分子（主要为 16S rRNA）亲和力的关键。构效关系的研究证明化合物的抗菌活性与氨基的数量和位置密切相关。结构相似的化合物，其氨基的数目越多抗菌活性越强，毒性也随之增强。卡那霉素与其氨基被羟基取代的产物，二者活性差别很大，对金黄色葡萄球菌、大肠杆菌的抑杀能力，前者只是后者的 30%～60%。庆大霉素 C2 比 1-去氨基庆大霉素 C2 的抗菌活性强几十倍或上百倍。新霉素 B 和 C 的毒性比巴龙霉素Ⅰ强 4～8 倍。通过对敏感氨基和羟基的修饰，使化合物减弱甚至丧失与靶分子结合的能力，从而无法发挥其后续的杀菌作用。

近十年通过核磁共振（nuclear magnetic resonance，NMR）或 X 射线晶体衍射等结构生物学方法确定了与核糖体 A 位点或整个亚基的寡核苷酸结合的许多氨基糖苷类药物的结构。这些研究表明，并非所有类型的氨基糖苷类抗生素都与 16S rRNA 的相同位点结合，但它们结合的共同点是 A 位点的构象改变，即模拟同源 tRNA 和 mRNA 之间的相互作用诱导核糖体 A 位点的闭合状态的构象。这消除了核糖体的校对能力，从而导致误译。除此之外，氨基糖苷类药物如新霉素和巴龙霉素也显示出抑制 30S 核糖体亚基组装的作用，这也可能是其除了导致蛋白质错译外对细菌的次要影响之一。氨基糖苷类抗生素的其他作用包括其诱导 RNA 裂解或干扰核糖核酸酶 P（RNase P）作用等基本功能。可以利用这些性质来开发针对核糖体以外靶标的新氨基糖苷类抗生素。

【氨基糖苷类药物的作用机制】

1944 年发现的链霉素是最早研究的氨基糖苷类抗生素，并且是最早用于抗结核病的药物。它的作用机制主要是抑制细菌蛋白质的合成以及破坏细菌细胞膜的完整性。氨基糖苷类在细胞质中的存在通常会扰乱 30S 核糖体亚基上的肽延伸，从而导致 mRNA 翻译不准确，合成被截断的或在特定位点有突变氨基酸的蛋白质。具体而言，这类分子的氨基糖部分（如卡那霉素、庆大霉素和妥布霉素中的 2-脱氧链霉胺）阻止小分子与核糖体结构的结合，导致翻译出错。氨基糖苷类药物还会抑制核糖体易位，即携带氨基酸的 tRNA 从 A 位点向 P 位点的运动，这样的结合会影响翻译的校对，最终导致 RNA 序列携带信息的误读，让蛋白质合成提前终止以及翻译的蛋白质产物出错。现在已经确定 A 位点是核糖体的解码中心，位于 16S rRNA 上（其与约 21 种蛋白质一起构成核糖体的 30S 亚基）。16S rRNA 的区域与同源密码子/反密码子对建立接触并改变它们的结构，导致所谓 30S RNA 亚基的闭合构象，而不是空 A 位点的开放结构。随着不同氨基糖苷与 A 位点间配合物晶体结构的解析以及这些相互作用所引起的效应的研究，氨基糖苷干扰翻译保真度的机制会越来越清晰。

氨基糖苷类抗生素抑制细菌体内 30S 核蛋白合成的整个过程主要分为 3 个阶段：①抑制 70S 核糖体复合物的形成；②与 30S 核糖体亚基上的靶蛋白（P10）选择性结合，导致 mRNA 内容被错误翻译，最终将合成没有生物学活性的蛋白质；③阻碍翻译终止因子与蛋白体结合，使翻译完成的肽链不能从核糖体复合物上释放，并阻止 70S 核糖体复合物的解离，最终导致细菌体内核糖体被消耗殆尽，除此之外，氨基糖苷类抗生素还可以通过离子吸附作用附着于细菌表面导致细胞膜被破坏，这使得细菌的膜通透性增加，细胞内容物 K^+、ATP、重要的酶等细菌生存必要的物质泄漏，最终导致细菌死亡。

细菌对氨基糖苷类抗菌药物的耐药机制

伴随着氨基糖苷类抗生素的长期使用、不合理用药等因素，细菌对氨基糖苷类抗菌药物的耐药性逐年增强。氨基糖苷类抗菌药物的耐药机制十分复杂，主要包括：产生氨基糖苷类钝化酶；细胞膜通透性改变和外排泵系统；核糖体结合位点的改变；产 16S rRNA 甲基化酶等。细菌产生的氨基糖苷类钝化酶数量多、类型复杂，介导的耐药水平差异较大。近年来在肠杆菌科细菌中发现了多种 16S rRNA 甲基化酶基因，其能够介导细菌对氨基糖苷类抗生素的高水平耐药，引起了国内外的广泛关注。

【氨基糖苷类钝化酶介导的耐药机制】

临床上氨基糖苷类耐药的主要机制是钝化酶的产生，即抗生素的氨基或羟基被酶修饰后，与核糖体结合不紧密而不能进入下一阶段发挥抗菌作用，使细菌在抗生素存在的情况下仍能存活。在细菌细胞质内对抗生素进行修饰的钝化酶主要有三类：氨基糖苷磷酸转移酶（aminoglycoside phosphotransferase，APH）、氨基糖苷乙酰转移酶（aminoglycoside acetyltransferase，AAC）、氨基糖苷核苷转移酶（aminoglycoside nucleotidyltransferase，ANT）。不同细菌和不同菌株的耐药性相差很大，影响因素包括酶量、催化效率及用药量。依据修饰位点的不同，每种酶又分为多种同工酶及其亚型，各亚型有不同的耐药表型，相同的表型还可由不同的基因编码。

氨基糖苷磷酸转移酶。氨基糖苷磷酸转移酶（APH）是一种利用 ATP 作为底物，且能磷酸化所有氨基糖苷类抗生素的羟基酶。目前分离到 7 种 APH，即 APH(2″)、APH(3′)、APH(3″)、APH(4)、APH(6)、APH(7″)和 APH(9)。

APH(2″)：目前在革兰氏阳性菌中发现了 4 个编码 APH(2″)的基因。在肠球菌、链球菌、葡萄球菌中发现的乙酰转移酶和磷酸转移酶使它们对临床上除链霉素外的所有氨基糖苷类抗生素耐药。APH(2″)在介导革兰氏阳性菌对庆大霉素的抗性中起重要作用。

现今已经发现了 5 种 APH(2″)-Ⅰ酶。然而，近来对这些酶的抗性谱、催化位点的特异性和供体底物偏好性进行了详细分析之后，研究人员得出结论：APH(2″)-Ⅰb、APH(2″)-Ⅰc 和 APH(2″)-Ⅰd 应该被重新分类为子类Ⅱ。Toth 等（2009）的研究却恰恰相反，他们认为 4 种酶中只有 APH(2″)-Ⅰb 应该被归为Ⅱ类。他们的研究显示，APH(2″)-Ⅰb 中 ATP 是最有效的磷酸基团供体，但 APH(2″)-Ⅰa 和 APH(2″)-Ⅰc 将 GTP 作为最有效的磷酸基团供体底物，而 APH(2″)-Ⅰd 对 ATP 或 GTP 有着相似的催化效率。APH(2″)-Ⅰa 与 AAC(6′)-Ⅰe 可以形成融合蛋白，APH(2″)-Ⅰa 位于 AAC(6′)-Ⅰe 的 N 端部分，两个基因都可以表达活性蛋白质。

另三个酶 APH(2″)-Ⅰb、APH(2″)-Ⅰc、APH(2″)-Ⅰd 陆续在肠球菌中被发现。APH(2″)-Ⅰc 介导细菌对庆大霉素、妥布霉素和卡那霉素产生中度耐药性，而 APH(2″)-Ⅰb 和 APH(2″)-Ⅰd 会让细菌产生对这些抗生素的重度耐药性，且对奈替米星和地贝卡星耐药。尽管 APH(2″)-Ⅰb、APH(2″)-Ⅰc、APH(2″)-Ⅰd 不如双功能酶那样常见，但它们可消除庆大霉素与作用于细胞壁的药物如氨苄西林、万古霉素的协同作用。

APH(3′)：多数 APH(3′)在 3′位修饰羟基，现已经发现了 7 种不同的 APH(3′)，即 APH(3′)-Ⅰ～APH(3′)-Ⅶ。APH(3′)-Ⅰ产生对卡那霉素、新霉素、核糖霉素等的抗药性。首先在大肠杆菌的 Tn*903* 转座子上发现其编码基因 *aph(3′)-Ⅰ*，后来又在肺炎克雷伯菌、肠炎沙门菌、霍乱弧菌和空肠弯曲菌等革兰氏阴性菌中发现，近来又在革兰氏阳性条件致病菌棒状杆菌中发现。APH(3′)-Ⅰ亚类酶介导了对包括卡那霉素、新霉素、帕罗莫霉素、核糖霉素、利维霉素在内的多种氨基糖苷类抗生素的耐药性。APH(3′)-Ⅰ包括三种同工酶，这些酶的编码基因广泛分布在革兰氏阴性菌的质粒和转座子内。*aph(3′)-Ⅰa* 基因，也称为 *aphA-1*，是众所周知的 Tn*903* 转座子的一部分，且该基因在克隆载体中常用作遗传标记基因。*aph(3′)-Ⅰb* 基因是广泛分布的结合型 RP4 质粒的一部分。这个基因最

初被命名为 *aphA*。*aph(3′)- Ⅰc* 基因，也被称为 *aphA7* 或 *aphA1- Ⅰab* 基因，其广泛分布于棒状杆菌属质粒和转座子中，这种基因也常在克隆载体中使用。

APH(3′)-Ⅱ与 APH(3′)-Ⅰ具有相似的耐药谱，临床上却少见，只是在铜绿假单胞菌的染色体上发现 APH(3′)-Ⅱb 的编码基因。APH(3′)-Ⅱb 与 APH(3′)-Ⅱa 有 52%的氨基酸相同，同源性达 67%。研究发现，*aph(3′)- Ⅱb* 的表达受到 HpaA 的调控，认为其表达产物是一种与氨基糖苷类有交叉反应性的代谢酶。APH(3′)-Ⅱ亚类包括三种同工酶，其介导对卡那霉素、新霉素、布替罗星、巴龙霉素和核糖霉素的抗性。APH(3′)-Ⅱa 是基因 *aphA-2* 编码的，也是由 Tn*5* 编码的三种抗性基因之一，并且在原核生物和真核生物中该基因也常用作抗性标记。现今研究人员已经详细研究了由该基因编码的酶，并且其与卡那霉素结合的复合体的晶体结构已得到解析。研究人员还在铜绿假单胞菌的染色体中鉴定出 *aph(3′)- Ⅱb* 基因。Ⅱ型基因中的第三种基因 *aph(3′)- Ⅱc* 近来在嗜麦芽窄食单胞菌中被鉴定出来。

APH(3′)-Ⅲ磷酸转移酶最初在金黄色葡萄球菌和粪链球菌中找到，接着又在结肠弯曲菌中检出，其编码基因为 *aph(3′)-Ⅲ*，该基因可在革兰氏阳性菌和革兰氏阴性菌间转移。APH(3′)-Ⅲ介导细菌对卡那霉素、新霉素、核糖霉素和阿米卡星等的耐药性。这个酶不仅会介导细菌对阿米卡星的中度耐药性，而且会介导细菌对阿米卡星+氨苄西林联合用药的耐药性。

APH(3′)-Ⅲa 在革兰氏阳性菌中非常常见，介导革兰氏阳性菌对卡那霉素、新霉素、青紫霉素、巴龙霉素、左旋霉素、布替罗星、阿米卡星和异帕米星的耐药性。其与 ADP 复合体的晶体结构已被解析，其结构与真核生物的激酶非常相似。该酶的一个有趣特性是会被妥布霉素竞争性抑制。然而，其他缺乏游离的 3′-羟基的氨基糖苷类抗生素，如利时霉素可在 5″位磷酸化。该酶还具有使氨基糖苷类如布替罗星和新霉素 B 二磷酸化的能力，因为其具有游离的 3′-羟基和 5″-羟基。一项研究表明，APH(3′)-Ⅲa 仅使用 ATP 作为供体底物。

APH(3′)-Ⅶ介导细菌对阿米卡星、卡那霉素、新霉素、核糖霉素等的耐药性，其编码基因主要在不动杆菌中发现。早期对氨基糖苷类耐药基因的研究结果表明，对阿米卡星耐药的不动杆菌中 83%～95%有 *aph(3′)-3h*，后来的研究发现这一比例仅有 46%。*aph(3′)- Ⅵa*，也称为 *aphA-6*，其存在于鲍曼不动杆菌中，*aph(3′)- Ⅵb* 存在于肺炎克雷伯菌和黏质沙雷菌中。该亚类介导细菌对卡那霉素、新霉素、巴龙霉素、核糖霉素、布替罗星、阿米卡星和异丙霉素的抗性。

APH(3′)-Ⅶ介导细菌对卡那霉素和新霉素的耐药性，其编码基因在空肠弯曲菌中发现。该亚类的抗生素耐药谱包括新霉素、巴龙霉素和核糖霉素。空肠弯曲菌中的 *aph(3′)-Ⅶa*，也称为 *aphA-7*，赋予该菌对卡那霉素和新霉素的抗性。

APH(3″)：APH(3″)修饰链霉素的 3″-羟基。编码 APH(3″)-3 的有两个基因，*aph(3″)- Ⅰa* 见于产生链霉素的链霉菌，*aph(3″)- Ⅰb* 在革兰氏阴性菌的质粒 rsf1010 中找到。尽管这两种酶在不同的细菌中发现，但它们有 50%的氨基酸相同，同源性为 68%。已发现 4 个在 6 位磷酸化链霉素的酶，编码 APH(6)-Ⅰa 和 APH(6)-Ⅰb 的基因在产生链霉素的链霉菌中发现，APH(6)-Ⅰc 常在革兰氏阴性菌中见到。编码 APH(6)-Ⅰd 的基因也从质粒 rsf1010 中被找到，且此质粒也包含编码 APH(3″)-Ⅰb 的基因。联合基因 *aph(3″)- Ⅰ b-aph(6)- Ⅰd* 在植物和动物的病原菌中都可见到。人和动物的病原上的 *aph(3″)- Ⅰb-aph(6)- Ⅰd* 联合基因与革兰氏阴性菌的非接合质粒有着密切的关系。

APH(6)：APH(6)修饰链霉素的 6-羟基。在目前发现的 APH(6)的唯一亚类中，有 4 种酶对链霉素有催化修饰作用。*aph(6)- Ⅰa*，也被称为 *aphD* 或者 *strA*，最初发现于灰色链霉菌的染色体中。*aph(6)- Ⅰb* 也被称为 *sph*。APH(6)- Ⅰc 的编码基因是 Tn*5* 中存在的三个抗性基因之一，Tn*5* 是一种在革兰氏阴性菌中发现的复合转座基因，这种转座子分布并不广泛，但作为分子遗传学的重要载体之一已被人们广泛研究和编辑。*aph(6)- Ⅰd* 基因，也被称为 *strB* 和 *orfI*。这一基因在质粒 rsf1010 中第一次被发现，rsf1010 是全长 8684bp 的广谱多拷贝质粒，它也被称为 r300b 和 r1162，它可在大多数革兰氏阴性细菌和革兰氏阳性放线菌中拷贝。另一种 APH 酶的编码基因 *aph(3)- Ⅰb* 也首先在此质粒中被发现，它与 *aph(6)- Ⅰd* 相邻。这些基因均是该质粒可移动遗传元件的一部分，其包括了在质粒、整合接合元件和染色体基因岛中发现的基因 *repA*、*repC*、*sul2*、*aph(3″)- Ⅰb* 和 *aph(6)- Ⅰd*。由于这个 DNA 片段不断地传播，后来研究人员陆续在革兰氏阳性菌和阴性菌中都发现了 *aph(6)- Ⅰd* 和 *aph(3″)- Ⅰb* 基因。

APH(4)和 APH(7″)：APH(4)和 APH(7″)使细菌产生对潮霉素的耐药性，APH(4)在这个组中唯一定义的亚类中包含两种酶：APH(4)- Ⅰa 和 APH(4)- Ⅰb，它们的基因也分别被命名为 *hph* 和 *hyg*。由于这些酶能介导细菌对潮霉素的抗性，这些基因已被用于构建原核生物和真核生物的克隆载体。

APH(9)：APH(9)介导细菌对壮观霉素的耐药性，*aph(9)- Ⅰa* 基因首先于嗜肺军团菌中发现。对该核苷酸序列的 BLAST 分析显示，在嗜肺军团菌菌株 Lens 的基因组内存在与其具有 87%同源性的基因。APH(9)- Ⅰa 酶是结构生物学研究的热点之一。研究人员通过一系列手段将该酶过量表达并将其蛋白进行纯化，明确它不与除壮观霉素之外的任何其他氨基糖苷类抗生素结合。然后进一步纯化反应产物并通过质谱和核磁共振的方法研究 APH(9)- Ⅰa 的晶体结构。这些结构显示 APH(9)- Ⅰa 呈现与 APH(3′)、APH(2″)酶类似的折叠方式，但在底物结合区域和在与配体结合时经历的构象变化方面却有着显著不同。从纺锤链霉菌分离的磷酸转移酶 APH(9)- Ⅰb 也被称为 SpcN，且它与嗜肺军团菌中的酶没有显著的同源性。该 *aph(9)- Ⅰb* 基因核苷酸序列的 BLAST 分析显示，其与 3 种壮观链霉菌（*Stretomyces spectabilis*）菌株的基因具有 78%～79%的同源性。尽管基因序列上存在些许差异，但是这些基因在 GenBank 中也都统一称为 *spcN*。

氨基糖苷乙酰转移酶。氨基糖苷乙酰转移酶（AAC）有 4 种同工酶：AAC(1)、AAC(3)、AAC(2′)和 AAC(6′)。它们主要以乙酰辅酶 A 作为乙酰基的供体，分别作用于氨基糖苷类抗生素的 2-脱氧链霉胺环的 1 位和 3 位及 6-氨基己糖环的 2′位和 6′位。

AAC(6′)：AAC(6′)为宽谱酶，它能修饰临床上多数氨基糖苷类抗生素。AAC(6′)酶是迄今为止最常见的氨基糖苷乙酰转移酶，它们广泛存在于革兰氏阴性菌和革兰氏阳性菌中，编码的基因在质粒和染色体中均有发现，并且该基因通常是可移动遗传元件的一部分，其中一些具有不寻常的结构。AAC(6′)酶有两个主要的亚类，它们对几种氨基糖苷类抗生素具有特异性，并且对阿米卡星和庆大霉素 C1 的活性不同。虽然 AAC(6′)- Ⅰ酶对阿米卡星和庆大霉素 C1a、庆大霉素 C2 的活性很高，但对庆大霉素 C1 的活性很低。

AAC(6′)-Ⅱ酶广泛介导所有庆大霉素的乙酰化，而不对阿米卡星进行乙酰化。还有一种以氟喹诺酮类为底物的新型酶，由于底物的改变，因此该种酶被认为是第三类酶。但是它被命名为 AAC(6′)-Ⅰb-cr，最可能的原因是它是 AAC(6′)-Ⅰb 通过两种氨基酸（Trp102Arg 和 Asp179Tyr）的修饰而进化的产物。然而，由于属于这一类的酶的数量较多，且很多酶在序列和表型上具有不同程度的相似性，因此许多该家族的成员在分类上有不同程度的混淆，在命名上也缺乏一致性。有时会发现两种酶具有相同的名字。例如，由质粒 pBWH301 编码的乙酰转移酶被命名为 AAC(6′)-Ⅱ（登录号 U13880），然而相同的名称也用于命名来自 *Citrobacter freundii* Cf155 的乙酰转移酶（登录号 Z54241）。后一种酶随后改名为 AAC(6′)-Ⅰm。在 PubMed 中搜索该酶，其标题显示为"AAC(6′)-Ⅰm (corrected)"。然而，这种酶也被称为 AAC(6′)-Ⅰp。后来在大肠杆菌和屎肠球菌中鉴定的另一种酶被命名为 AAC(6′)-Ⅰm。

AAC(6′)-Ⅰ介导细菌对阿米卡星、妥布霉素、奈替米星、卡那霉素、异帕米星、地贝卡星和西索米星的耐药性，已在细菌中发现该酶的 24 种亚型。已知的 AAC(6′)中 AAC(6′)-Ⅰb 是革兰氏阴性菌中最常见的，临床上约 70%的革兰氏阴性菌有此活性。编码 AAC(6′)-Ⅰb 的基因已在细菌染色体的转座子和整合子中被发现，据推测许多微生物的选择性抗生素抵抗是由编码该酶的基因位点变化所致。用 DNA 杂交已在革兰氏阴性菌染色体中发现了一些编码基因，如 *aac(6′)-Ⅰk*、*aac(6′)-Ⅰf*、*aac(6′)-Ⅰc*、*aac(6′)-Ⅰz*。AAC(6′)-Ⅰe 是双功能酶 AAC(6′)-Ⅰe-APH(2″)-Ⅰa 的 N 端部分。此双功能酶的基因广泛存在于革兰氏阳性菌的转座子 Tn*4001* 上。两个功能区结构相连，却不相互加强抵抗活性。然而，研究发现，破坏其结构的完整性，可以明显抑制其各自的蛋白酶活性。另外，还发现渥曼青霉素可以通过与 ATP 结合槽中的赖氨酸结合而不可逆地灭活 AAC(6′)-APH(2″)，但不能灭活 APH(3′)-Ⅲa。对耐甲氧西林金黄色葡萄球菌（MRSA）的研究发现，5′端临近区的 12bp 缺失导致该双功能酶的过度表达。AAC(6′)-Ⅰi 是 GCN5 相关乙酰转移酶家族（GCN5-related Nacetyltransferase family）的成员之一，广泛分布于粪链球菌，从而使其对妥布霉素、西索米星、奈替米星、卡那霉素耐药。AAC(6′)-Ⅰm 在粪链球菌和大肠杆菌中存在，其基因的 DNA 序列与 *aac(6′)-Ⅰe* 有 65%同源性，位于 *aph(2″)-Ⅰb* 附近。Asp-99 作为活性位点在 AAC(6′)-Ⅰe 的功能中发挥重要作用。实验证明，*aac(6′)-Ⅰm* 见于肠球菌和大肠杆菌中，还见于假单胞菌、克雷伯菌、柠檬酸杆菌、沙雷菌和气单胞菌等革兰氏阴性菌中，其耐药基因可以在革兰氏阳性菌和革兰氏阴性菌中转移。AAC(6′)-Ⅱ只发现了两种，它们对庆大霉素、妥布霉素、奈替米星、西索米星耐药，但对阿米卡星不耐药。AAC(6′)-Ⅱa 和 AAC(6′)-Ⅱb 分别首先在铜绿假单胞菌和荧光假单胞菌中被发现，它们对庆大霉素、妥布霉素、奈替米星、地贝卡星和西索米星耐药。

AAC(3)：AAC(3)-Ⅰ为窄谱酶，其修饰底物包括庆大霉素、西索米星和阿司米星。迄今为止，在革兰氏阴性菌中已发现 9 种 AAC(3)酶亚种。近几年确认 AAC(3)-Ⅴ与 AAC(3)-Ⅱ相同后，AAC(3)-Ⅴ被从该亚类中去除。AAC(3)-Ⅰ亚类包括 5 种对庆大霉素和西索米星产生耐药性的基因，存在于大量肠杆菌科和其他革兰氏阴性临床分离株中。该亚类中最新报道的基因是 *aac(3)-Ⅰe*，被发现于普通变形杆菌、铜绿假单胞菌和沙门菌基因岛中。

AAC(3)-Ⅱ对庆大霉素、妥布霉素、奈替米星、地贝卡星和西索米星耐药，该亚类包括几种酶：AAC(3)-Ⅱa、AAC(3)-Ⅱb[之前被称为 AAC(3)-Ⅴa]、AAC(3)-Ⅴb 和 AAC(3)-Ⅱc。

虽然 AAC(3)-Ⅱa 在多种属中被发现，但 AAC(3)-Ⅱb 和 AAC(3)-Ⅱc 还是主要存在于大肠杆菌、粪产碱菌、黏质链球菌和铜绿假单胞菌中。

从铜绿假单胞菌分离出三种属于 AAC(3)-Ⅲ亚类的酶。克隆结果表明 *aac(3)-IIIa* 基因在铜绿假单胞菌中表达，而在大肠杆菌中不表达。这似乎不是因为大肠杆菌中启动子不够强。作者认为最有可能的原因是该基因的 mRNA 在大肠杆菌中没有被完全合成，或基因的翻译受阻最终导致该基因不表达。早期其他属的菌（如肺炎克雷伯菌）中也有其他关于 AAC(3)-Ⅲ酶的报道，但它们常常被错误命名。

AAC(3)-Ⅳ酶目前只在大肠杆菌（研究人员最初认为是沙门菌）、空肠弯曲菌和环境假单胞菌的临床菌株中被鉴定出来。虽然 AAC(3)-Ⅵ亚类中只发现了 AAC(3)-Ⅵa，但是阴沟肠杆菌的该 *aac* 基因的原始序列与最近从大肠杆菌和肠杆菌分离的基因的比较显示，它们之间存在一个氨基酸的差异。AAC(3)-Ⅶ、AAC(3)-Ⅷ、AAC(3)-Ⅸ和 AAC(3)-Ⅹ被发现存在于放线菌亚纲中。最后一种酶比较有意思，因为除了在 3-氨基上催化卡那霉素和二贝卡星的乙酰化，它还介导阿贝卡星和阿米卡星中 3″-氨基的乙酰化。有趣的是，虽然 3″-*N*-乙酰氨基沙星失去了大部分或全部抗生素活性，但 3″-*N*-乙酰基阿贝卡星仍然有一定程度的灭菌活性。AAC(3)-Ⅰa 和 AAC(3)-Ⅰb 的编码基因见于临床上 30%的革兰氏阴性菌。*aac(3)-Ⅰa* 见于结合质粒、转座子和肠球菌、铜绿假单胞菌整合子的基因盒。近来又发现 *aac(3)-Ⅰb* 与另一个位于铜绿假单胞菌整合子的耐药基因 *aac(6′)-Ⅰb* 融合。编码 AAC(3)-Ⅱa、AAC(3)-Ⅱb 和 AAC(3)-Ⅱc 的三个 *aac(3)-Ⅱ*基因也已被发现，它们的同源性较高。AAC(3)-Ⅱ介导细菌对庆大霉素、妥布霉素、奈替米星、地贝卡星和西索米星的耐药性。研究发现，85%的细菌有 AAC(3)-Ⅱa 表型，6%有 AAC(3)-Ⅱb 表型。AAC(3)-Ⅲ、AAC(3)-Ⅳ和 AAC(3)-Ⅵ不常见。AAC(3)-Ⅲa、AAC(3)-Ⅲb 和 AAC(3)-Ⅲc 使细菌对庆大霉素、妥布霉素、西索米星、卡那霉素、新霉素、利维霉素、巴龙霉素、地贝卡星耐药。AAC(3)-Ⅳ介导细菌对庆大霉素、妥布霉素、奈替米星、安普霉素、地贝卡星和西索米星的耐药性。AAC(3)-Ⅵ介导细菌对庆大霉素的耐药性较少见，其编码基因被发现存在于阴沟肠杆菌的结合质粒中。

AAC(1)：迄今为止，在大肠杆菌、弯曲菌属和放线菌中都发现了 AAC(1)酶。从大肠杆菌中分离的 AAC(1)在 1 位催化阿泊拉霉素、布地罗辛、利维霉素和庆大霉素的乙酰化，并催化阿霉素和新霉素使之二乙酰化。从放线菌分离的 AAC(1)在它的催化底物上不同于来自大肠杆菌的 AAC(1)，因为该酶不能使阿泊拉霉素乙酰化。此外，巴罗霉素在 1 位会优先被乙酰化，且发现 1,2′-二-*N*-乙酰巴龙霉素和 1,6″-二-*N*-乙酰巴龙霉素也同样可以作为该酶促反应的产物。在大肠杆菌中 AAC(1)介导对安普霉素、利维霉素、巴龙霉素和核糖霉素的耐药性。由于这些抗生素未在临床上广泛应用，因此对该酶的研究不多，其基因也尚未被克隆。研究还发现，这些修饰并不伴随着抗生素灭菌效果的显著降低。从弯曲菌属分离得到的 AAC(1)的底物与大肠杆菌的 AAC(1)的底物相似。这是少数几个在临床分离的菌株中发现 AAC(1)的例子。作者认为该基因位于染色体上，但这些结果有待证实。

AAC(2′)：AAC(2′)-Ⅰa 的基因分离自斯氏普鲁威登菌，此酶或与其他酶一道为斯氏普鲁威登菌对庆大霉素、妥布霉素、奈替米星、地贝卡星和新霉素耐药的主要机制。这类酶存在于革兰氏阴性菌和分枝杆菌中，它们介导对庆大霉素、妥布霉素、二贝卡星、卡那霉素和奈替米星等氨基糖苷类抗生素的修饰。AAC(2′)下有一个子类，包括 AAC(2′)-Ⅰa、AAC(2′)-Ⅰb（分枝杆菌和鲍曼不动杆菌）、AAC(2′)-Ⅰc（分枝杆菌）、AAC(2′)-Ⅰd（分枝杆菌）和麻风分枝杆菌基因组中发现的尚未确定的 AAC(2′)-Ⅰe。另有一种假定存在的 AAC(2′)酶被认为是导致嗜麦芽窄食单胞菌产生多重耐药性的原因之一，但该酶尚未被进一步确定及命名。这种蛋白质的氨基酸序列与 GenBank 中氨基酸序列的 BLAST 分析没有显示与任何已知的 AAC(2′)酶有 100%的同源性。突变株 *aac(2″)-Ⅰa* 的 mRNA 水平升高，并且最终产生高度耐药性。研究发现 AAC(2′)-Ⅰa 的调节过程相当复杂，包括至少 7 个调节基因，通过两种途径进行。AAC(2′)-Ⅰb、AAC(2′)-Ⅰc、AAC(2′)-Ⅰd、AAC(2′)-Ⅰe 在分枝杆菌中被发现，对来自结核分枝杆菌的 AAC(2′)-Ⅰc 的研究发现，它既可对抗生素进行 *N*-乙酰化，也可进行 *O*-乙酰化。与来自斯氏普鲁威登菌的 AAC(2′)-Ⅰa 不同，来自分枝杆菌的 AAC(2′)-Ⅰ不产生明显的氨基糖苷类耐药性，其有关功能尚不清楚。

氨基糖苷核苷转移酶。氨基糖苷核苷转移酶（ANT）已发现 5 种同工酶：ANT(2″)、ANT(3″)、ANT(4′)、ANT(6)、ANT(9)。其作用机制是利用 ATP 作为第二底物，通过将 AMP 分别转移到 2″、3″、4′、6、9 位的羟基上而修饰氨基糖苷类抗生素。ANT(2″)-Ⅰa 引起细菌对庆大霉素、妥布霉素、西索米星、卡那霉素、达佐霉素的耐药性。*ant(2″)-Ⅰa* 基因主要分布在小非结合质粒、结合质粒、转座子、整合子等上。

ANT(3″)：ANT(3″)是最常见的 ANT 酶，它们赋予细菌对壮观霉素和链霉素的抗性，其编码基因最初被命名为 *aadA*。在 GenBank 中发现至少 24 个高度相似的基因，并依次分别命名为 *aadA1*～*aadA24*，但中间有些数字并未对应具体的酶。由 *aadA1* 编码的蛋白质的替代命名法是 ANT(3″)-Ⅰa，用于识别 ANT(3″)-Ⅰa 的另一个名称是 ANT(3″)。*aadA* 基因通常作为基因盒存在，并且该基因是很多整合子、质粒和转座子的一部分。在 Tn*1331* 转座子中，*aadA1*[*ant(3″)-Ⅰa*]基因存在于两个不寻常的基因盒结构中。在基因的 3′端，有一个 *attI1**的拷贝，而不是通常的 *attC* 位点，可能是由位于整合子 *aadA1* 的 3′位的 *attC* 位点和位于另一整合子的 $bla_{\text{OXA-9}}$ 的 5′位的 *attI1* 基因座之间的不正常重组形成的，其中 $bla_{\text{OXA-9}}$ 基因盒与 5′保守序列相邻，得到由 *aadA1-attI1**组成的基因盒。但这个基因盒中缺少通常的 *attC* 位点。研究发现 *aadA1-attI1**基因盒被 IntI1 整合酶以非常低的频率消化之后，这两种基因还是完全有功能的。研究还发现 *aadA* 基因与其他耐药酶有共传播的情况，这也是造成多重耐药的原因之一。例如，在铜绿假单胞菌Ⅰ型整合子中，*aadA15* 与 $bla_{\text{OXA-10}}$ 的 3′处融合，*aadA6* 与另一铜绿假单胞菌Ⅰ型整合子中的 *aadA10* 融合。近几年还发现 *aadA1* 和 *aadA4* 基因被 IS*26* 插入其中而被破坏。ANT(3″)-Ⅰa 的基因是许多转座子的组分之一，其中一些被研究得比较透彻，如 Tn*21* 和 Tn*21* 亚家族的其他相关转座子。ANT(3″)-Ⅰ主要修饰链霉素的 3″位羟基、壮观霉素的 9 位羟基而产生耐药性，已发现了至少 8 个相应的编码基因，广泛见于革兰氏阴性菌及革兰氏阳性菌中的金黄色葡萄球菌和棒状杆菌。

ANT(4′)：ANT(4′)-Ⅰa 存在于革兰氏阳性菌如葡萄球菌、肠球菌和芽孢杆菌属的质粒中，该基因也被命名为 *aadD*、*aadD2* 和 *ant(4′,4″)-Ⅰ*。*ant(4′,4″)-Ⅰ*因可以修饰 4′和 4″位的基团获得抗生素耐药性而得名。二贝卡星是一种无 4′靶标的氨基糖苷类抗生素。亚类Ⅰ和Ⅱ都赋予细菌对妥布霉素、阿米卡星、异帕米星的耐药性，但亚类Ⅰ也编码对二贝卡星的抗性。ANT(4′)-Ⅰa 是已经通过 X 射线晶体衍射解析了三维结构的 ANT 酶。ANT(4′)也是核磁共振解析结构研究的方向之一，可以阐明底物识别过程等各个步骤。在革兰氏阴性杆菌中已经研究了两种 ANT(4′)-Ⅱ酶。这些酶不会催化二贝卡星，因此它们必然无法将 4″位作为催化靶点。在假单胞菌和肠杆菌科的质粒中鉴定出 ANT(4′)-Ⅱa，在铜绿假单胞菌转座子中鉴定出 ANT(4′)-Ⅱb。

ANT(4′)主要有两个亚型。ANT(4′)-Ⅰa 引起细菌对阿米卡星、妥布霉素、达佐霉素、卡那霉素、异帕米星的耐药性。已在金黄色葡萄球菌、嗜热杆菌和肠球菌中发现其相应的编码基因。与 ANT(4′)-Ⅰ不同，ANT(4′)-Ⅱa 仅在包括肠杆菌和假单胞菌的革兰氏阴性菌中见到，使细菌对阿米卡星、妥布霉素、卡那霉素、异帕米星耐药。在欧洲，用 DNA 杂交法在 80%肠杆菌和葡萄球菌中发现了其编码基因，同时它们大都还产生其他氨基糖苷类钝化酶，而使细菌对临床上可用的氨基糖苷类抗生素几乎都耐药。ANT(9)-Ⅰ见于金黄色葡萄球菌，仅产生对壮观霉素的耐药性。

ANT(6)：编码具有 ANT(6)-Ⅰ相关氨基酸序列的酶的基因被命名为 *ant(6)-Ⅰa*、*ant6*、*ant(6)*和 *aadE*。它们都具有相同的催化底物特征（对链霉素的抗性），因此属于同一亚类，但它们并不完全相同。这些基因在革兰氏阳性细菌中非常普遍。在粪肠球菌质粒 pRE25 和空肠弯曲菌中发现了两个在氨基酸水平上具有 87%相似性的 *aadE* 基因。编码 ANT 酶的基因广泛存在于质粒、转座子和染色体中。*ant(6)*基因通常存在于基因簇 *ant(6)-sat4-aph(3′)-III*中，其赋予细菌对氨基糖苷类抗生素如链霉菌素的抗性。该基因簇是 Tn*5405* 和其他相关转座子的组分之一，它们分布在葡萄球菌和肠球菌的质粒与染色体中。最初在枯草芽孢杆菌中发现了另一种基因 *aadK*，随后在其他种类的芽孢杆菌中也被发现。由该基因编码的蛋白质与 *aadE* 基因编码的蛋白质显示出 74%的氨基酸序列相似性。最近在弯曲菌亚种中鉴定了一种名为 *ant(6)-Ⅰb* 的新型 *ant(6)*基因，该基因存在于可转移的致病基因岛内。该基因与未拼接完成的梭菌基因组（登录号 NZ ABDU01000081）的拼接片段中标为 *aad(6)*的基因相同。

ANT(9)：现已发现两种具有 ANT(9)特征的酶，即 ANT(9)-Ⅰa 和 ANT(9)-Ⅰb，它们均介导细菌对壮观霉素的抗性。编码这些酶的基因被称为 *ant(9)-Ⅰa* 和 *ant(9)-Ⅰb*，它们也被称为 *spc* 或 *aad(9)*，这样的命名让人有点混淆。ANT(9)-Ⅰa 和 ANT(9)-Ⅰb 的氨基酸序列具有 39%的一致性。ANT(9)-Ⅰa 首先在金黄色葡萄球菌中被发现，然后在肠球菌、屎肠球菌和粪肠球菌中被相继发现。在所有 4 种细菌中，该基因是转座子 Tn*554* 的一部分。BLAST 分析显示，与 ANT(9)-Ⅰa 具有 100%一致性的蛋白质也在新转座子 Tn*6072* 上。然而，尽管该基因被正确命名为 *spc*，但它还是被称为链霉素 3-腺苷酰基转移酶。ANT(9)-Ⅰb 在粪肠球菌的质粒中也有发现。

ANT(2″)酶仅由 ANT(2″)-Ⅰa 组成，该酶在Ⅰ型和Ⅱ型整合子中作为基因盒广泛分布，并介导对庆大霉素、妥布霉素、二贝卡星、西索米星和卡那霉素的耐药性，且它通常由质粒和转座子编码。这种酶由一种更常被称为 *aadB* 的基因编码，该基因存在于肠杆菌和非发酵革兰氏阴性杆菌中。

【细胞膜通透性改变和外排泵介导的耐药机制】

细胞膜通透性改变。药物摄取的减少主要是由细胞膜通透性改变所引起的，这在假单胞菌属及其他一些非发酵革兰氏阴性杆菌中较为常见。基因突变导致膜的不可渗透性，使能量代谢如电子转运受到影响，从而减少对氨基糖苷类抗生素的吸收，结果导致细菌对其产生耐药性。氨基糖苷类抗生素转运进入细胞内是依赖 ATP 的主动运输过程，若细胞壁通透性改变，细胞膜上电子转运蛋白突变或缺乏相关的转运蛋白（如厌氧菌），就难以将抗生素转运进入细胞内，这会降低细菌对氨基糖苷类药物的敏感性，最终导致细菌耐药。由于细胞壁通透性较差，氨基糖苷类药物进入细菌体内的较少，这一情况在铜绿假单胞菌的临床分离株中特别常见，在其他一些非发酵革兰氏阴性杆菌如铜绿假单胞球菌中也较为常见。在假单胞菌中，膜结构和功能上的一系列改变的累积最终导致所谓的细菌对氨基糖苷类抗生素的适应性耐药，研究人员已经在革兰氏阴性菌中鉴定出活性外转运蛋白，其可以排出氨基糖苷类药物，并且可以赋予细菌多种氨基糖苷类抗生素的耐药性。药物的缺损转运也可导致耐药。氨基糖苷类抗生素通过寡肽系统转运至细胞内，转运是导致自发耐药出现的重要因素。寡肽结合蛋白（oligopeptide binding protein，OppA）是寡肽转运系统的重要组分，而大肠杆菌耐卡那霉素突变株的 OppA 数目明显减少，有的突变株甚至不含 OppA。前者是因为在翻译水平上 OppA 合成减少，后者则是由于编码 OppA 的基因 *oppA* 发生了无义突变。这些突变株同时对其他氨基糖苷类抗生素包括链霉素、新霉素及依帕米星也具有耐药性。

外排泵系统。病原性细菌体内分布着很多多重耐药（multidrug resistance，MDR）外排系统，蛋白质介导的药物外排在革兰氏阴性菌固有耐药方面起着主要作用。能够运输多种抗菌药物的外排系统分为 5 类：主要易化子超家族（the major facilitator superfamily，MFS）；ATP 结合盒超家族（the ATP-binding cassette superfamily，ABC）；耐药结节分化超家族（the resistance-nodulation-division superfamily，RND）；小多重药耐药家族（the small multidrug resistance family，SMR），其本身是药物/代谢物转运体（drug/metabolite transporter，DMT）成员；多药及毒性化合物外排家族（the multidrug and toxic compound extrusion family，MATE）。

在革兰氏阴性菌中，RND 转运蛋白与周质膜融合蛋白（periplasmic membrane fusion protein，MFP）和外膜蛋白一起发挥作用，外膜蛋白现在被称为外膜因子（outer membrane factor，OMF）。这一系列组合让抗生素跨越了革兰氏阴性菌典型的双层膜。

RND/MFP/OMF 型多药外排系统已在许多细菌中被发现，包括大肠杆菌、鼠伤寒沙门菌、流感嗜血杆菌、奈瑟菌、铜绿假单胞菌、恶臭假单胞菌、伯克霍尔德菌属和嗜麦芽窄食单胞菌。这些系统通常都由染色体编码，最近在活性污泥中的细菌群体中鉴定了由质粒编码的 RND/MFP/OMF 同系物，并且其基因组成与铜绿假单胞菌的多药外排基因组成部分相似。

研究表明，大部分已知的 RND/MFP/OMF 底物都是亲脂性的，通常双亲性的分子很可能被细胞质膜脂质双层中的外排系统所排出。尽管如此，已经证明该家族的几种外排系统可以排出亲水的氨基糖苷类抗生素，并使得伯克霍尔德菌、铜绿假单胞菌和大肠杆菌最终产生耐药性。一个引人注目的现象是，类鼻疽假单胞菌（AmrAB-OprA）和铜绿假单胞菌（MexXY-OprM）排出泵是具有 RND、MFP 和 OMF 组分的三联泵，而大肠杆菌的外排泵似乎为单 RND 组分的 AcrD。

尽管有人认为这些聚阳离子的抗生素经由外膜被排出对于细菌的耐药性是无关紧要的，但是比起典型的亲脂/双亲性的抗生素底物（其能快速重新进入细胞质膜），它们重新进入细胞质膜的速度相对较慢，它们被泵排出并穿过相对不可自由渗透的外膜对于细菌获得对这种抗生素的抗性还是有必要的。值得注意的是，类鼻疽假单胞菌和铜绿假单胞菌氨基糖苷类外排泵为三组分泵。尽管如此，这可能反映的是泵的底物谱的差异，因为 MexXY-OprM 和 AmrAB-OprA 都适用于疏水性（即亲脂性）抗生素，而 AcrD 则不适用于这一类型的抗生素，并且对于这些疏水性抗生素耐药性的建立需要一个可以通过外膜排出抗生素的泵（即需要 RND、MFP 和 OMF 组分的三联泵）。氨基糖苷类外排和耐药性是否需要所有三种外排组分尚不确定，但是现有实验表明 *oprM* 基因缺失菌株对氨基糖苷类抗生素非常敏感，这表明要产生对氨基糖苷类抗生素的耐药性，它们就必须需要一个通过外膜排出抗生素的方式，或有其他外排抗生素的蛋白质。亲水性多重抗生素排出泵的发现引出了一个有趣的问题，即亲水性试剂如氨基糖苷类是否与双亲性/亲脂性底物不同，因此是否存在多个用于容纳两种类型底物的外排系统的底物结合位点呢？事实上，外排多重抗生素蛋白复合物具有多个结合位点的实例已找到，即革兰氏阳性细菌乳酸乳球菌的 MFS 家族的多药物排出蛋白复合物 LmrP。

研究发现，从大肠杆菌中克隆到一个 MDR 基因 *mdfA*，它可以编码含 410 个氨基酸残基的膜蛋白 MdfA。这种新的多药转运蛋白属于 MFS 型转运蛋白，由质子电化学梯度驱动，具有排出新霉素、卡那霉素的活性。研究者从偶发分枝杆菌和结核分枝杆菌中克隆到了 *tap* 基因，它所编码的 Tap 蛋白序列与 MFS 型膜外排泵具有 20%～30%的氨基酸同一性。这种质子依赖性外排泵可输出庆大霉素和 2,1-*N*-奈替米星。而潮霉素 A 抗革兰氏阴性菌活性的丧失主要是由于 AcrA/B 泵的作用，外膜不透屏障所起的作用则很小。类鼻疽伯克霍尔德菌对氨基糖苷类药物通常具有高水平的内在耐药性，转座突变实验表明这主要是因 AmrAB-OprA 使得药物外排。

此外，过去人们通常认为铜绿假单胞菌中 RND 型外排泵只能转运亲脂或两亲化合物，而亲水性化合物氨基糖苷类抗生素并不是此外排系统的底物。但研究发现，从铜绿假单胞菌中寻找到了 MexXY 活性外排系统，正是这一 RND 型外排泵的作用，使得铜绿假单胞菌对氨基糖苷类药物通常具有显著的固有耐药性。

【核糖体结合位点改变介导的耐药机制】

氨基糖苷类抗生素的结合位点在核糖体 RNA（rRNA）上，而核糖体是编码蛋白质的中枢，是经过周密保护的，所以因核糖体结合位点的改变而产生耐药性的情况较少见。

细菌对链霉素及壮观霉素现在广泛存在着高水平的耐药性，这种耐药性是由核糖体蛋白的改变引起的，核糖体蛋白间接参与这些药物与核糖体 30S 亚基的相互作用。蛋白质 S12 的改变赋予细菌对链霉素的抗性，蛋白质 S5 的改变赋予细菌对壮观霉素的抗性。蛋白质结构发生改变导致细菌对一些含 2-DOS 的氨基糖苷类产生低水平抗性，而 rRNA 特定的突变却是造成细菌对链霉素耐药的一个更为常见的原因。例如，在某些肠球菌属的突变株中由于作用靶位的改变而产生对链霉素的高度耐药，但通常与庆大霉素、妥布霉素、卡那霉素等之间无交叉耐药性。由这种机制引起的耐药亦可发生于结核分枝杆菌，但很少发生于其他细菌。也有研究发现，大肠杆菌中编码 16S rRNA 的基因发生突变，可导致细菌对氨基糖苷类中的一些抗生素产生耐药性。该类抗生素通常具有 4,5-或 4,6-双取代基团，主要包括新霉素、核糖霉素、巴龙霉素以及庆大霉素、卡那霉素等，而且这种突变可在革兰氏阴性菌中通过质粒传播，造成广泛耐药。

【16S rRNA 甲基化酶介导的耐药机制】

除以上几种耐药机制外，还有一种由于细菌生存竞争而产生的固有耐药也应该引起重视。由于放线菌如链霉菌等可以天然产生氨基糖苷类抗生素，因此它们固有的 16S rRNA 甲基转移酶（16S-RMTase）可以修饰氨基糖苷类抗生素与 16S rRNA 结合位点的核苷酸残基，从而保护自身免受伤害，这种耐药机制属于细菌的固有耐药，通常认为其不会在致病菌间传播。但在 2003 年，法国和日本分别报道在肺炎克雷伯菌与铜绿假单胞菌中发现 16S rRNA 甲基转移酶位于可转移质粒上，并引起细菌对氨基糖苷类抗生素的高度耐药性，而且由 16S rRNA 甲基转移酶介导的高度耐药性不仅包括常用氨基糖苷类，也包括目前处于早期临床研究阶段的新一代氨基糖苷类药物 ACIIN-490 的耐药性。该基因位于转座子或质粒上，易于在细菌之间传播。

可获得性的固有 16S rRNA 甲基转移酶基于对 16S rRNA 的碱基 A 位点修饰的位置不同分为两类，包括 N7-G1405 和 N1-A1408，这两种甲基转移酶都将 *S*-腺苷-L-甲硫氨酸（*S*-adenosyl-L-methioninate）的甲基基团添加到 16S rRNA 的 A 位点的特定核苷酸上，这会干扰氨基糖苷与靶点的结合。编码修饰 N7-G1405 的代表性耐药基因主要有 *rmtA-H* 及 *armA*，这些基因可以嵌入质粒中并通过接合转移到受体菌，这类耐药基因主要介导对 4,6-二取代脱氧链霉胺（deoxystreptomycin，DOS）类氨基糖苷类抗生素的耐药性，如阿米卡星、妥布霉素和庆大霉素。这类 16S rRNA 甲基转移酶在成熟的 30S 核糖体亚基 16S rRNA 内，但是需要与核糖体蛋白形成三级结构以供酶识别，并且在 G1405 的 N-7 位置修饰 SAM；与 N7-G1405 类型的 16S rRNA 甲基转移酶相比，获得性 N1-A1408 型 16S rRNA 甲基转移酶在临床分离的致病菌中很少被发现。Wachino 等（2007）首次在大肠杆菌临床菌株（ARS3）中鉴定出编码该酶的基因 *npmA*，NpmA 是目前唯一获得的 N1-A1408 16S rRNA 甲基转移酶。NpmA 比 N7-G1405 型 16S rRNA 甲基转移酶具有更广泛的氨基糖苷类耐药性，它能催化 SAM 的甲基转移到 16S rRNA 中 A1408 残基的 N-1 位置，对结构多样的氨基糖苷类包括 4,6-和 4,5-二取代 DOS 及安普霉素有抗药性。

目前在病原菌中发现的 16S rRNA 甲基转移酶基因大多位于可转移质粒内或与细菌特异性 DNA 重组系统（如转座子）相连，其可在不同种属细菌间通过接合等方式进行水平传播，也能在同种菌种间克隆性传播。

在铜绿假单胞菌中发现的 *rmtA* 基因位于转座子 Tn*5041* 中，在该基因两侧存在两拷贝的 κλ 元件，这样的转移元件可以在假单胞菌属之间传播。几乎所有的 *rmtB* 基因都位于 Tn*3* 转座子，并且存在与 β-内酰胺酶基因 bla_{TEM-1} 共传播的情况，*rmtB* 的下游区域遗传易变，常与喹诺酮类外排转运体基因 *qepA* 关联在一起。在奇异变形杆菌中发现的 *rmtC* 基因位于 IS*Ecp1* 元件附近，IS*Ecp1* 元件主要参与相邻 *rmtC* 基因的易位，并为 *rmtC* 的表达提供启动子活性。在巴西的一株铜绿假单胞菌中发现的 *rmtD* 基因位于 *orf494*（一个假定的转座子基因）之后，和一个由 *qacEΔ1* 和 *sul1* 组成的 3′保守末端相连，位于一个 Ⅰ 型整合子上。在阿根廷发现的 *rmtD2* 的遗传背景与巴西的 *rmtD* 相似，然而与 *rmtD* 相比，*rmtD2* 上游的 *ΔgroEL* 的 5′端出现大片段缺失。Tijet 等（2010）认为 *rmtD* 的周边区域和 *rmtD2* 的周边区域是由 *orf494* 组成的遗传重组机制组装而来，而不是来自一个共同的串联结构。关于 *rmtE* 基因的报道一直较少，Lee 等（2014）首次在临床大肠杆菌中检测到 *rmtE* 基因，进一步研究发现 *rmtE* 与 bla_{CMY-2} 同时存在于质粒 IncA/C 上，但 *rmtE* 的遗传环境尚未阐明。*rmtF* 基因位于 40kb 的非接合性质粒 pIP849 上，与上游的 *aac(6′)-Ⅰb* 基因共转录，携带 *rmtF* 基因的菌株中往往能同时检测到 bla_{NDM} 基因。*rmtG* 基因位于接合性质粒上，同时携带 bla_{CTX-M}、bla_{KPC-2} 基因，目前报道的 *rmtG* 基因仅在肺炎克雷伯菌中被检测到，常与 bla_{CTX-M} 型耐药基因共同转移。对 *rmtH* 基因环境的进一步研究发现：*rmtH* 基因被 2 个串联的 IS*CR2* 隔断。IS*CR2* 是一种 IS*91-like* 转位基因，此转位基因被发现与多种耐药基因有密切联系，推测 IS*CR2* 促进了 *rmtH* 的传播。这是目前报道的第一个与 IS*CR2* 有关的 16S rRNA 甲基转移酶基因。

armA 基因和 *tnpAcp1*（一种转座酶样基因）通常位于与 Ⅰ 型整合子相关的 IS*CR1* 元件的下游。而 *armA* 的下游通常存在 *trpA*（一种转座酶样基因）、大环内酯类外排基因（*mel*）和大环内酯磷酸转移酶基因（*mph*）。Galimand 等（2005）报道称 *armA* 存在于复合转座子 Tn*1548* 中，其两侧分别为 IS*6* 并且很容易被转座到另一个 DNA 靶位点，随 IncL/M 型质粒在细菌间播散，该质粒具有广泛宿主性，大小为 90kb，能与 bla_{TEM-1}、$bla_{CTX-M-3}$ 和 *aac3* 等耐药基因连锁转移。另外，对分离自猪的大肠杆菌 MUR050 的研究发现，*armA* 基因位于其上，猪源性的 *armA* 基因被发现位于 IncN 质粒上。大多研究中的 *armA* 基因位于以上质粒中。但最近，Kang 等（2008）发现位于其他接合性质粒如 IncL/M、IncFIIAs、IncF、IncA/C 和 IncHI2 等的 *armA* 基因。位于 IncFIIAs 型质粒上的 *armA* 基因很可能与介导喹诺酮类药物耐药性的 *qnr* 基因共存。

2011 年，有相关报道称肠杆菌科中 16S rRNA 甲基转移酶通常与超广谱 β-内酰胺酶共同传播，多数 ESBL 的菌株同时表现出对氨基糖苷类耐药，其耐药基因多与产 ESBL 基因通过同一可广谱接合转移的质粒传播，对公共健康产生严重的威胁。携带 16S rRNA 甲基转移酶基因的各种可移动遗传元件被发现已嵌入到不同的可转移质粒中，如 IncL/M、IncFII 和 IncA/C，通过广泛宿主范围的质粒，如 IncN 和 IncA/C 群介导的多个耐药基因的快速传播，明显加速了致病微生物的多药耐药性的扩散。目前发现的编码 β-内酰胺酶与 16S rRNA 甲基转移酶共存的基因有 bla_{NDM-1}、bla_{SPM-1}、bla_{IMP} 家族及 bla_{VIM} 家族的金属 β-内酰胺酶，bla_{OXA} 家族和 bla_{KPC} 家族的碳青霉烯酶，以及 bla_{CTX-M} 家族和

bla$_{CMY}$家族的β-内酰胺酶。一些高致病性微生物包括沙门菌中被报道发现了16S rRNA甲基转移酶插入质粒中进行转移的情况，到目前为止，至少有30个国家或地区报道过发现了16S rRNA甲基转移酶。16S rRNA甲基转移酶在世界范围内的传播已成为一个严重的全球性问题，非常有必要继续调查16S rRNA甲基转移酶的发展趋势，以限制其在世界范围内的进一步传播。

主要参考文献

鲍群丽, 柯俊, 胡芳, 等. 2018. 泛耐药鲍氏不动杆菌氨基糖苷类耐药相关基因研究. 医学信息, 31(5): 78-80.

车洋, 杨天池, 平国华, 等. 2018. 结核分枝杆菌对氨基糖苷类药物耐药相关基因突变特征分析. 中国人兽共患病学报, 34(2): 144-149.

陈金云, 李珺, 傅鹰, 等. 2018. 碳青霉烯类耐药肺炎克雷伯菌对氨基糖苷类抗生素耐药基因研究. 中华临床感染病杂志, 11(3): 197-204.

陈一兵. 2006. 华东部分地区仔猪腹泻大肠杆菌流行病学调查及氨基糖苷类乙酰转移酶基因的PCR检测. 扬州: 扬州大学硕士学位论文.

段建春, 吕晓菊. 2004. 革兰氏阴性菌对氨基糖苷类抗生素耐药机制的研究进展. 中国抗生素杂志, 29(6): 329-331, 365.

蒯守刚, 黄利华, 裴豪, 等. 2012. 鲍曼不动杆菌对氨基糖苷类药物耐药机制研究. 检验医学, 27(8): 619-623.

李会会. 2018. 大肠杆菌对氨基糖苷类药物耐药表型调查报告. 当代畜牧, 424(20): 24-25.

李玉红. 2005. 氨基糖苷类钝化酶耐药机制的研究进展. 国外医学(药学分册), 32(3): 199-203.

沈依群, 赵敏. 2002. 氨基糖苷类抗生素的耐药机制及控制耐药性的策略. 国外医药(抗生素分册), 23(3): 118-120, 131.

邢映红. 2010. 氨基糖苷类修饰酶和16S rRNA甲基化酶的研究进展. 职业与健康, 26(22): 2694-2697.

徐艳, 郭丽双, 付英梅, 等. 2008. 细菌对氨基糖苷类抗生素的耐药机制. 中国微生态学杂志, 20(2): 191-192.

杨宝峰, 陈建国. 2018. 药理学. 9版. 北京: 人民卫生出版社.

杨守深, 罗智玲, 谢隐华, 等. 2018. 猪源大肠杆菌氨基糖苷类药物敏感性测定及*rmtB*耐药基因流行性分析. 黑龙江畜牧兽医, (17): 120-121, 125.

袁敏. 2011. 氨基糖苷类抗生素对重组钝化酶的稳定性及耐药分子机理研究. 北京: 北京协和医学院博士学位论文.

张晶. 2006. 动物源性大肠杆菌对氨基糖苷类药物耐药及其相关机制的研究. 长春: 吉林农业大学硕士学位论文.

钟艾玲, 田敏, 刘艳全, 等. 2019. 氨基糖苷类抗生素的耐药机制研究进展. 中国抗生素杂志, 44(4): 401-405.

Abdalhamid B, Albunayan S, Shaikh A, et al. 2017. Prevalence study of plasmid-mediated AmpC β-lactamases in Enterobacteriaceae lacking inducible *ampC* from Saudi hospitals. J Med Microbiol, 66(9): 1286-1290.

Abril C, Brodard I, Perreten V. 2010. Two novel antibiotic resistance genes, *tet*(44) and *ant(6)-Ib*, are located within a transferable pathogenicity island in *Campylobacter fetus* subsp. *fetus*. Antimicrob Agents Chemother, 54(7): 3052-3055.

Acosta M B, Ferreira R C, Ferreira L C, et al. 2005. Intracellular polyamine pools, oligopeptide-binding protein A expression, and resistance to aminoglycosides in *Escherichia coli*. Mem Inst Oswaldo Cruz, 100(7): 789-793.

Adrian P V, Thomson C J, Klugman K P, et al. 2000. New gene cassettes for trimethoprim resistance, *dfr13*, and Streptomycin-spectinomycin resistance, *aadA4*, inserted on a class 1 integron. Antimicrob Agents Chemother, 44(2): 355-361.

Ainsa J A, Pérez E, Pelicic V, et al. 1997. Aminoglycoside 2′-*N*-acetyltransferase genes are universally present in mycobacteria: characterization of the *aac(2')-Ic* gene from *Mycobacterium tuberculosis* and the *aac(2')-Id* gene from *Mycobacterium smegmatis*. Mol Microbiol, 24(2): 431-441.

Aires J R, Köhler T, Nikaido H, et al. 1999. Involvement of an active efflux system in the natural resistance of *Pseudomonas aeruginosa* to aminoglycosides. Antimicrob Agents Chemother, 43(11): 2624-2628.

Alam M M, Kobayashi N, Ishino M, et al. 2005. Detection of a novel *aph(2")* allele (*aph[2"]-Ie*) conferring high-level gentamicin resistance and a spectinomycin resistance gene *ant(9)- Ⅰa (aad 9)* in clinical isolates of enterococci. Microb Drug Resist, 11(3): 239-247.

Ashenafi M, Ammosova T, Nekhai S, et al. 2014. Purification and characterization of aminoglycoside phosphotransferase APH(6)-Id, a streptomycin-inactivating enzyme. Mol Cell Biochem, 387(1-2): 207-216.

Belousoff M J, Graham B, Spiccia L, et al. 2009. Cleavage of RNA oligonucleotides by aminoglycosides. Org Biomol Chem, 7(1): 30-33.

Berthold P, Schmitt R, Mages W. 2002. An engineered *Streptomyces hygroscopicusaph 7″* gene mediates dominant resistance against hygromycin B in *Chlamydomonas reinhardtii*. Protist, 153(4): 401-412.

Boehr D D, Daigle D M, Wright G D. 2004. Domain-domain interactions in the aminoglycoside antibiotic resistance enzyme AAC(6′)-APH(2″). Biochemistry, 43(30): 9846-9855.

Bozdogan B, Galopin S, Gerbaud G, et al. 2003. Chromosomal *aadD2* encodes an aminoglycoside nucleotidyltransferase in *Bacillus clausii*. Antimicrob Agents Chemother, 47(4): 1343-1346.

Brooun A, Tomashek J J, Lewis K. 1999. Purification and ligand binding of EmrR, a regulator of a multidrug transporter. J Bacteriol, 181(16): 5131-5133.

Caldwell S J, Huang Y, Berghuis A M. 2016. Antibiotic binding drives catalytic activation of aminoglycoside kinase APH(2″)- Ⅰa. Structure, 24(6): 935-945.

Call D R, Singer R S, Meng D, et al. 2010. *bla*$_{\text{CMY-2}}$-positive IncA/C plasmids from *Escherichia coli* and *Salmonella enterica* are a distinct component of a larger lineage of plasmids. Antimicrob Agents Chemother, 54(2): 590-596.

Casin I, Hanau-Berçot B, Podglajen I, et al. 2003. *Salmonella enterica* serovar Typhimurium *bla*$_{\text{PER-1}}$-carrying plasmid pSTI1 encodes an extended-spectrum aminoglycoside 6′-*N*-acetyltransferase of type Ib. Antimicrob Agents Chemother, 47(2): 697-703.

Cazalet C, Rusniok C, Brüggemann H, et al. 2004. Evidence in the *Legionella pneumophila* genome for exploitation of host cell functions and high genome plasticity. Nat Genet, 36(11): 1165-1173.

Cerdá P, Goñi P, Millán L, et al. 2007. Detection of the aminoglycosidestreptothricin resistance gene cluster *ant(6)-sat4-aph(3')-Ⅲ* in commensal viridans group streptococci. Int Microbiol, 10(1): 57-60.

Chen L, Mediavilla J R, Smyth D S, et al. 2010. Identification of a novel transposon (Tn*6072*) and a truncated staphylococcal cassette chromosome *mec* element in methicillin-resistant *Staphylococcus aureus* ST239. Antimicrob Agents Chemother, 54(8): 3347-3354.

Chen Y G, Qu T T, Yu Y S, et al. 2006. Insertion sequence ISEcp1-like element connected with a novel *aph(2")* allele *[aph(2")-Ie]* conferring high-level gentamicin resistance and a novel streptomycin adenylyltransferase gene in *Enterococcus*. J Med Microbiol, 55(11): 1521-1525.

Coyne S, Courvalin P, Galimand M. 2010. Acquisition of multidrug resistance transposon Tn*6061* and *IS6100*-mediated large chromosomal inversions in *Pseudomonas aeruginosa* clinical isolates. Microbiology, 156(Pt 5): 1448-1458.

Crossman L C, Gould V C, Dow J M, et al. 2008. The complete genome, comparative and functional analysis of *Stenotrophomonas maltophilia* reveals an organism heavily shielded by drug resistance determinants. Genome Biol, 9(4): R74.

Dahmen S, Bettaieb D, Mansour W, et al. 2010. Characterization and molecular epidemiology of extended-spectrum β-lactamases in clinical isolates of Enterobacteriaceae in a Tunisian University Hospital. Microb Drug Resist, 16(2): 163-170.

Daly M, Villa L, Pezzella C, et al. 2005. Comparison of multidrug resistance gene regions between two geographically unrelated *Salmonella* serotypes. J Antimicrob Chemother, 55(4): 558-561.

Distler J, Ebert A, Mansouri K, et al. 1987. Gene cluster for streptomycin biosynthesis in *Streptomyces griseus*: nucleotide sequence of three genes and analysis of transcriptional activity. Nucleic Acids Res, 15(19): 8041-8056.

Dubois V, Arpin C, Dupart V, et al. 2008. β-lactam and aminoglycoside resistance rates and mechanisms among *Pseudomonas aeruginosa* in French general practice (community and private healthcare centres). J Antimicrob Chemother, 62(2): 316-323.

Fernández-Martínez M, Miró E, Ortega A, et al. 2015. Molecular identification of aminoglycoside-modifying enzymes in clinical isolates of *Escherichia coli* resistant to amoxicillin/clavulanic acid isolated in Spain. Int J Antimicrob Agents, 46(2): 157-163.

Fong D H, Lemke C T, Hwang J, et al. 2010. Structure of the antibiotic resistance factor spectinomycin phosphotransferase from *Legionella pneumophila*. J Biol Chem, 285(13): 9545-9555.

Galimand M, Fishovitz J, Lambert T, et al. 2015. AAC(3)-XI, a new aminoglycoside 3-*N*-acetyltransferase from *Corynebacterium striatum*. Antimicrob Agents Chemother, 59(9): 5647-5653.

Galimand M, Sabtcheva S, Courvalin P, et al. 2005. Worldwide disseminated *armA* aminoglycoside resistance methylase gene is borne by composite transposon Tn*1548*. Antimicrob Agents Chemother, 49(7): 2949-2953.

Gionechetti F, Zucca P, Gombac F, et al. 2008. Characterization of antimicrobial resistance and class 1 integrons in Enterobacteriaceae isolated from Mediterranean herring gulls (*Larus cachinnans*). Microb Drug Resist, 14(2): 93-99.

Gordon L, Cloeckaert A, Doublet B, et al. 2008. Complete sequence of the floR-carrying multiresistance plasmid pAB5S9 from freshwater *Aeromonas bestiarum*. J Antimicrob Chemother, 62(1): 65-71.

Haldorsen B C, Simonsen G S, Sundsfjord A, et al. 2014. Increased prevalence of aminoglycoside resistance in clinical isolates of *Escherichia coli* and *Klebsiella* spp. in Norway is associated with the acquisition of AAC(3)-Ⅱ and AAC(6′)-Ⅰb. Diagn Microbiol Infect Dis, 78(1): 66-69.

Han H L, Jang S J, Park G, et al. 2008. Identification of an atypical integron carrying an IS*26*-disrupted aadA1 gene cassette in *Acinetobacter baumannii*. Int J Antimicrob Agents, 32(2): 165-169.

Holbrook S Y L, Garneau-Tsodikova S. 2018. Evaluation of aminoglycoside and carbapenem resistance in a collection of drug-resistant *Pseudomonas aeruginosa* clinical isolates. Microb Drug Resist, 24(7): 1020-1030.

Jana S, Deb J K. 2006. Molecular understanding of aminoglycoside action and resistance. Appl Microbiol Biotechnol, 70(2): 140-150.

Jing X M, Wright E, Bible A N, et al. 2012. Thermodynamic characterization of a thermostable antibiotic resistance enzyme, the aminoglycoside nucleotidyltransferase (4′). Biochemistry, 51(45): 9147-9155.

Kang H Y, Kim K Y, Kim J, et al. 2008. Distribution of conjugative-plasmid-mediated 16S rRNA methylase genes among amikacin-resistant Enterobacteriaceae isolates collected in 1995 to 1998 and 2001 to 2006 at a university hospital in South Korea and identification of conjugative plasmids mediating dissemination of 16S rRNA methylase. J Clin Microbiol, 46(2): 700-706.

Kaplan E, Guichou J F, Chaloin L, et al. 2016. Aminoglycoside binding and catalysis specificity of aminoglycoside 2″-phosphotransferase IVa: a thermodynamic, structural and kinetic study. Biochim Biophys Acta, 1860(4): 802-813.

Kramer J R, Matsumura I. 2013. Directed evolution of aminoglycoside phosphotransferase (3′) type Ⅲa variants that inactivate amikacin but impose significant fitness costs. PLoS One, 8(10): e76687.

LeBlanc D J, Lee L N, Inamine J M. 1991. Cloning and nucleotide base sequence analysis of a spectinomycin adenyltransferase AAD(9) determinant from *Enterococcus faecalis*. Antimicrob Agents Chemother, 35(9): 1804-1810.

Lee C S, Hu F P, Rivera J I, et al. 2014. *Escherichia coli* sequence type 354 coproducing CMY-2 cephalosporinase and RmtE 16S rRNA methyltransferase. Antimicrob Agents Chemother, 58(7): 4246-4247.

Lin T, Tang C G, Li Q H, et al. 2015. Identification of *aac(2')-I* type b aminoglycoside-modifying enzyme genes in resistant *Acinetobacter baumannii*. Genet Mol Res, 14(1): 1828-1835.

Magnet S, Blanchard J S. 2005. Molecular insights into aminoglycoside action and resistance. Chem Rev, 105(2): 477-498.

Masuda N, Sakagawa E, Ohya S, et al. 2000. Contribution of the MexX-MexY-OprM efflux system to intrinsic resistance in *Pseudomonas aeruginosa*. Antimicrob Agents Chemother, 44(9): 2242-2246.

Mehta R, Champney W S. 2003. Neomycin and paromomycin inhibit 30S ribosomal subunit assembly in *Staphylococcus aureus*. Curr Microbiol, 47(3): 237-243.

Meyer R. 2009. Replication and conjugative mobilization of broad host-range IncQ plasmids. Plasmid, 62(2): 57-70.

Miyazaki K, Kitahara K. 2018. Functional metagenomic approach to identify overlooked antibiotic resistance mutations in bacterial rRNA. Sci Rep, 8(1): 5179.

Nikaido H, Zgurskaya H I. 2001. AcrAB and related multidrug efflux pumps of *Escherichia coli*. J Mol Microbiol Biotechnol, 3(2): 215-218.

Nurizzo D, Shewry S C, Perlin M H, et al. 2003. The crystal structure of aminoglycoside-3′-phosphotransferase-Ⅱa, an enzyme responsible for antibiotic resistance. J Mol Biol, 327(2): 491-506.

Ogle J M, Brodersen D E, Clemons Jr W M, et al. 2001. Recognition of cognate transfer RNA by the 30S ribosomal subunit. Science, 292(5518): 897-902.

Ogle J M, Ramakrishnan V. 2005. Structural insights into translational fidelity. Annu Rev Biochem, 74: 129-177.

Okazaki A, Avison M B. 2007. Aph(3′)-Ⅱc, an aminoglycoside resistance determinant from *Stenotrophomonas maltophilia*. Antimicrob Agents Chemother, 51(1): 359-360.

Oteo J, Navarro C, Cercenado E, et al. 2006. Spread of *Escherichia coli* strains with high-level cefotaxime and ceftazidime resistance between the community, long-term care facilities, and hospital institutions. J Clin Microbiol, 44(7): 2359-2366.

Pérez-Vázquez M, Vindel A, Marcos C, et al. 2009. Spread of invasive Spanish *Staphylococcus aureus* spa-type t067 associated with a high prevalence of the aminoglycosidemodifying enzyme gene *ant(4')-Ⅰa* and the efflux pump genes *msr*(A)/*msr*(B). J Antimicrob Chemother, 63(1): 21-31.

Perumal N, Murugesan S, Krishnan P. 2016. Distribution of genes encoding aminoglycoside-modifying enzymes among clinical isolates of methicillin-resistant staphylococci. Indian J Med Microbiol, 34(3): 350-352.

Poole K. 2001a. Multidrug efflux pumps and antimicrobial resistance in *Pseudomonas aeruginosa* and related organisms. J Mol Microbiol Biotechnol, 3(2): 255-264.

Poole K. 2001b. Outer membranes and efflux: the path to multidrug resistance in Gram-negative bacteria. Curr Pharm Biotechnol, 3(2): 77-98.

Poole K. 2005. Aminoglycoside resistance in *Pseudomonas aeruginosa*. Antimicrob Agents Chemother, 49(2): 479-487.

Possoz C, Newmark J, Sorto N, et al. 2007. Sublethal concentrations of the aminoglycoside amikacin interfere with cell division without affecting chromosome dynamics. Antimicrob Agents Chemother, 51(1): 252-256.

Prokhorova I, Altman R B, Djumagulov M, et al. 2017. Aminoglycoside interactions and impacts on the eukaryotic ribosome. Proc Natl Acad Sci U S A, 114(51): E10899-E10908.

Quiroga M P, Andres P, Petroni A, et al. 2007. Complex class 1 integrons with diverse variable regions, including *aac(6')-Ib-cr*, and a novel allele, *qnrB10*, associated with IS*CR1* in clinical enterobacterial isolates from Argentina. Antimicrob Agents Chemother, 51(12): 4466-4470.

Raherison S, Jove T, Gaschet M, et al. 2017. Expression of the *aac(6')-Ib-cr* gene in class 1 integrons.

Antimicrob Agents Chemother, 61(5): e02704-16.
Ramirez M S, Parenteau T R, Centron D, et al. 2008. Functional characterization of Tn*1331* gene cassettes. J Antimicrob Chemother, 62(4): 669-673.
Ramirez M S, Tolmasky M E. 2017. Amikacin: uses, resistance, and prospects for inhibition. Molecules, 22(12): 2267.
Rather P N, Mann P A, Mierzwa R, et al. 1993. Analysis of the *aac(3)-VIa* gene encoding a novel 3-*N*-acetyltransferase. Antimicrob Agents Chemother, 37(10): 2074-2079.
Recht M I, Puglisi J D. 2001. Aminoglycoside resistance with homogeneous and heterogeneous populations of antibiotic-resistant ribosomes. Antimicrob Agents Chemother, 45(9): 2414-2419.
Reeves A Z, Campbell P J, Sultana R, et al. 2013. Aminoglycoside cross-resistance in *Mycobacterium tuberculosis* due to mutations in the 5′ untranslated region of *whiB7*. Antimicrob Agents Chemother, 57(4): 1857-1865.
Revuelta J, Vacas T, Torrado M, et al. 2008. NMR-based analysis of aminoglycoside recognition by the resistance enzyme ANT(4′): the pattern of OH/NH_3^+ substitution determines the preferred antibiotic binding mode and is critical for drug inactivation. J Am Chem Soc, 130(15): 5086-5103.
Rosvoll T C S, Lindstad B L, Lunde T M, et al. 2012. Increased high-level gentamicin resistance in invasive *Enterococcus faecium* is associated with *aac(6′)Ie-aph(2″)Ia*-encoding transferable megaplasmids hosted by major hospital-adapted lineages. FEMS Immunol Med Microbiol, 66(2): 166-176.
Sarno R, McGillivary G, Sherratt D J, et al. 2002. Complete nucleotide sequence of *Klebsiella pneumoniae* multiresistance plasmid pJHCMW1. Antimicrob Agents Chemother, 46(11): 3422-3427.
Shafer W M, Veal W L, Lee E H, et al. 2001. Genetic organization and regulation of antimicrobial efflux systems possessed by *Neisseria gonorrhoeae* and *Neisseria meningitidis*. J Mol Microbiol Biotechnol, 3(2): 219-224.
Shakya T, Wright G D. 2010. Nucleotide selectivity of antibiotic kinases. Antimicrob Agents Chemother, 54(5): 1909-1913.
Singh M, Yau Y C W, Wang S, et al. 2017. MexXY efflux pump overexpression and aminoglycoside resistance in cystic fibrosis isolates of *Pseudomonas aeruginosa* from chronic infections. Can J Microbiol, 63(12): 929-938.
Soler Bistué A J C, Birshan D, Tomaras A P, et al. 2008. *Klebsiella pneumoniae* multiresistance plasmid pMET1: similarity with the *Yersinia pestis* plasmid pCRY and integrative conjugative elements. PLoS One, 3(3): e1800.
Steiniger-White M, Rayment I, Reznikoff W S. 2004. Structure/function insights into Tn*5* transposition. Curr Opin Struct Biol, 14(1): 50-57.
Tang Y F, Gu C M, Wang C, et al. 2018. Evanescent wave aptasensor for continuous and online aminoglycoside antibiotics detection based on target binding facilitated fluorescence quenching. Biosens Bioelectron, 102: 646-651.
Tijet N, Andres P, Chung C, et al. 2010. *rmtD2*, a new allele of a 16S rRNA methylase gene, has been present in Enterobacteriaceae isolates from Argentina for more than a decade. Antimicrob Agents Chemother, 55(2): 904-909.
Toth M, Chow J W, Mobashery S, et al. 2009. Source of phosphate in the enzymic reaction as a point of distinction among aminoglycoside 2″-phosphotransferases. J Biol Chem, 284(11): 6690-6696.
Vakulenko S B, Mobashery S. 2003. Versatility of aminoglycosides and prospects for their future. Clin Microbiol Rev, 16(3): 430-450.
Van Goethem M W, Pierneef R, Bezuidt O K I, et al. 2018. A reservoir of 'historical' antibiotic resistance genes in remote pristine Antarctic soils. Microbiome, 6(1): 40.
Vaziri F, Peerayeh S N, Nejad Q B, et al. 2011. The prevalence of aminoglycoside-modifying enzyme genes (*aac (6′)- I*, *aac (6′)- II*, *ant (2″)- I*, *aph (3′)- VI*) in *Pseudomonas aeruginosa*. Clinics (Sao Paulo), 66(9): 1519-1522.
Vetting M W, de Carvalho L P S, Yu M, et al. 2005. Structure and functions of the GNAT superfamily of acetyltransferases. Arch Biochem Biophys, 433(1): 212-226.

Vliegenthart J S, Ketelaar-van Gaalen P A, van de Klundert J A. 1991. Nucleotide sequence of the *aacC3* gene, a gentamicin resistance determinant encoding aminoglycoside-(3)-*N*-acetyltransferase Ⅲ expressed in *Pseudomonas aeruginosa* but not in *Escherichia coli*. Antimicrob Agents Chemother, 35(5): 892-897.

Wachino J, Shibayama K, Kurokawa H, et al. 2007. Novel plasmid-mediated 16S rRNA m1A1408 methyltransferase, NpmA, found in a clinically isolated *Escherichia coli* strain resistant to structurally diverse aminoglycosides. Antimicrob Agents Chemother, 51(12): 4401-4409.

Watanabe S, Ozawa H, Kato H, et al. 2018. Carbon-free production of 2-deoxy-scyllo-inosose (DOI) in cyanobacterium *Synechococcus elongatus* PCC 7942. Biosci Biotechnol Biochem, 82(1): 161-165.

Wilson N L, Hall R M. 2010. Unusual class 1 integron configuration found in *Salmonella* genomic island 2 from *Salmonella enterica* serovar Emek. Antimicrob Agents Chemother, 54(1): 513-516.

Winsor G L, Lo R, Sui S J, et al. 2005. *Pseudomonas aeruginosa* Genome Database and PseudoCAP: facilitating community-based, continually updated, genome annotation. Nucleic Acids Res, 33: D338-D343.

Woegerbauer M, Zeinzinger J, Springer B, et al. 2014. Prevalence of the aminoglycoside phosphotransferase genes *aph(3')-IIIa* and *aph(3')-IIa* in *Escherichia coli*, *Enterococcus faecalis*, *Enterococcus faecium*, *Pseudomonas aeruginosa*, *Salmonella enterica* subsp. *enterica* and *Staphylococcus aureus* isolates in Austria. J Med Microbiol, 63(Pt 2): 210-217.

Xu Z Y, Stogios P J, Quaile A T, et al. 2017. Structural and functional survey of environmental aminoglycoside acetyltransferases reveals functionality of resistance enzymes. ACS Infect Dis, 3(9): 653-665.

Yan J J, Hsueh P R, Lu J J, et al. 2006. Characterization of acquired β-lactamases and their genetic support in multidrug-resistant *Pseudomonas aeruginosa* isolates in Taiwan: the prevalence of unusual integrons. J Antimicrob Chemother, 58(3): 530-536.

Yoon E J, Goussard S, Nemec A, et al. 2016. Origin in *Acinetobacter gyllenbergii* and dissemination of aminoglycoside-modifying enzyme AAC(6′)-Ih. J Antimicrob Chemother, 71(3): 601-606.

Yoon E J, Goussard S, Touchon M, et al. 2014. Origin in *Acinetobacter guillouiae* and dissemination of the aminoglycoside-modifying enzyme Aph(3′)-VI. mBio, 5(5): e01972-14.

Yoon E J, Grillot-Courvalin C, Courvalin P. 2017. New aminoglycoside-modifying enzymes APH(3′)-Ⅷ and APH(3′)-Ⅸ in *Acinetobacter rudis* and *Acinetobacter gerneri*. J Antibiot (Tokyo), 70(4): 400-403.

Zaher H S, Green R. 2009. Fidelity at the molecular level: lessons from protein synthesis. Cell, 136(4): 746-762.

Zgurskaya H I, Nikaido H. 2000. Multidrug resistance mechanisms: drug efflux across two membranes. Mol Microbiol, 37(2): 219-225.

Zhang G, Leclercq S O, Tian J J, et al. 2017. A new subclass of intrinsic aminoglycoside nucleotidyltransferases, ANT(3″)-Ⅱ, is horizontally transferred among *Acinetobacter* spp. by homologous recombination. PLoS Genet, 13(2): e1006602.

第三节　喹诺酮类药物的耐药机制

喹诺酮（quinolone）类药物是一类以 4-喹诺酮为基本结构的合成类抗菌药，抗菌谱广，对革兰氏阴性菌的作用强于革兰氏阳性菌，是治疗各种感染性疾病高效且安全的一类药物。其最初于 20 世纪 60 年代被合成，70 年代发展缓慢，开发的品种少，副作用大，首先应用于临床的是萘啶酸。80 年代以来，喹诺酮类药物的研究发展异常迅猛，在其 1、3、6、7、8 位点引入不同基因，即可形成各种喹诺酮类药物，目前已发展到第四代产品，成为治疗细菌感染性疾病的常用药物。

喹诺酮类药物的结构和作用机制

【喹诺酮类药物的结构】

喹诺酮类具有双环结构，由于氮原子在基础双环结构中的位置和数目不同，分为从A到D 4个亚类。在这4个亚类中，原子计数通常使用喹诺酮类作为一般模型，位置1被认为是N原子，随后的位置被逆时针编号。氟喹诺酮类在6位上以氟啶作为取代基。位于1和7位的自由基对喹诺酮-靶酶相互作用至关重要。因此，有人提出，自由基1通过范德瓦耳斯力与GyrA或其在ParC中的等价氨基酸83相互作用，而自由基7则通过电荷吸引与氨基酸87相互作用。

第一代（20世纪60年代初）喹诺酮类药物包括萘啶酸、噁喹酸、吡咯酸（pipemidic acid，PPA）。第二代（20世纪60年代末至70年代末）喹诺酮类药物包括奥索利酸、西诺沙星、吡哌酸、吡咯米酸。第三代（20世纪80年代以后）喹诺酮类药物按照药物中所含氟基团的数量可分为三类：单氟化物，诺氟沙星、环丙沙星、依诺沙星、氧氟沙星、氨氟沙星、恩诺沙星、培氟沙星、芦氟沙星、左氧氟沙星；双氟化物，洛美沙星、MF-961、PD117-5962-2；三氟化物，氟罗沙星、托氟沙星。第三代喹诺酮类药物在结构上的共同特征是：萘啶环的6位处引入了氟原子；7位上都连有哌嗪环，因而又统称氟喹诺酮类。此结构提高了该类药物的抗菌活性，增宽了抗菌谱。第四代喹诺酮类与前三代药物相比在结构上修饰，结构中引入8-甲氧基，有助于加强抗厌氧菌活性，而C-7位上的氮双氧环结构则加强抗革兰阳性菌活性并保持原有的抗革兰阴性菌的活性。该类药物使用方便、成本低廉、疗效显著、不良反应小，几乎适用于临床常见的各种细菌感染性疾病。

【喹诺酮类药物的作用机制】

喹诺酮类药物是一种有效的核酸合成抑制剂，作用的靶酶是敏感细菌的DNA回旋酶（DNA gyrase，又称DNA促旋酶）。喹诺酮类药物能与DNA回旋酶亚基A结合，通过形成药物-DNA-酶复合物而抑制酶反应，从而抑制回旋酶对DNA的断裂和再连接的功能，干扰DNA超螺旋结构的解旋，阻止DNA的复制和mRNA的转录而导致细菌死亡，呈现杀菌作用，故在分类上属慢效杀菌剂。哺乳动物的细胞内也含有生物活性与细菌DNA回旋酶相似的酶，称为拓扑异构酶Ⅱ（topoisomeraseⅡ），治疗浓度的喹诺酮类对这类酶影响小，不影响人体细胞的生长。

氟喹诺酮类药物大多口服吸收良好，基本不受食物的影响，给药后1～2h达到血药峰浓度，生物利用度高。半衰期较长，多为3.5～7.0h，与血浆蛋白结合率低，一般为10%～37%，体内分布广泛，在肝、肾、胰、淋巴结、支气管黏膜、胆道及尿液中的浓度均高于血液浓度。本类药物少数通过肝脏代谢，大多数主要以原形由肾脏排泄，患者对其无耐受性。

喹诺酮类药物的共同特点：抗菌谱广、抗菌作用强大，具有较长的抗生素后效应（post antibiotic effect，PAE），即使血药浓度已降低到检测下限，仍在2～6h对某些细菌具有明显的抑制作用，口服吸收好，组织浓度高，不良反应少，对大多数需氧革兰氏阴性菌具有良好的抗菌活性，对需氧革兰氏阳性菌的作用较强，对厌氧菌、分枝杆菌、军团菌、衣原体也有良好的作用，某些品种对铜绿假单胞菌的抗菌活性较强，对具有多重耐药性的菌株也有较强的抗菌活性。更为可喜的是，喹诺酮类与其他多种抗菌药物之间没有交叉耐药性，有利于与其他抗生素联合用药。

喹诺酮类药物按发明先后及抗菌性能的不同分为 4 代：第一代喹诺酮类产品抗菌谱窄，仅对大肠杆菌、变形杆菌属、沙门菌属、志贺菌属的部分菌株有中等抗菌活性。代表药物有：萘啶酸和吡咯酸，因其口服难吸收、疗效不佳、不良反应多，现已完全淘汰。第二代喹诺酮类药物为吡哌酸、新噁酸、甲氧噁喹酸等，属非氟喹诺酮类药物，较第一代抗菌谱有所扩大，对革兰氏阴性菌的作用较第一代强，对革兰氏阳性菌和部分铜绿假单胞菌有一定的作用，其口服血浆蛋白结合率高，在体内不被代谢，尿液中浓度高，不能有效治疗全身感染，因而主要用于治疗尿道感染和肠道感染。由于不良反应仍较多，因此目前除吡哌酸偶用外，其他已被淘汰。第三代喹诺酮类药物为 6-氟-7-哌嗪-4-喹酮类，分子中均含氟原子，故称氟喹诺酮类。氟喹诺酮类药物于 20 世纪 80 年代问世，不仅抗菌活性大为提高，而且抗菌谱扩大到金黄色葡萄球菌、肺炎链球菌、溶血性链球菌、肠球菌、结核分枝杆菌等革兰氏阳性菌，以及衣原体、支原体和军团菌，对革兰氏阴性菌疗效更佳，综合临床疗效甚至优于第三代头孢菌素，广泛地应用于临床。主要品种有：氟哌酸、环丙沙星、依诺沙星、恩诺沙星、氟罗沙星、托氟沙星、加替沙星、司帕沙星等。第四代喹诺酮类药物如克林沙星、莫西沙星、吉米沙星等，其特征与前三代相比，在抗菌活性、抗菌范围、药动学性质和血浆半衰期上都有明显改变，C7 位上的氮双环结构，既保留了前三代抗革兰氏阴性菌的活性，又明显增加了抗革兰氏阳性菌的活性，对军团菌、支原体、衣原体及铜绿假单胞菌均显示出较强的作用。8-甲氧基的引入提高了对厌氧菌的抗菌活性，在对抗厌氧菌感染上显示出良好的疗效。与前三代相比，其药动学性质更趋良好，临床适用范围广，临床疗效甚至超过 β-内酰胺类抗生素。

细菌对喹诺酮类药物的耐药机制

喹诺酮类药物的耐药性目前已非常普遍，并严重威胁其使用。其耐药机制可分为 2 类：DNA 促旋酶或/和拓扑异构酶Ⅳ的突变和质粒介导的喹诺酮类药物的耐药机制；2 种耐药机制并不互相排斥，反而通过累积可产生对喹诺酮类药物高度耐药的菌株。

【DNA 促旋酶或/和拓扑异构酶Ⅳ的突变导致的喹诺酮类药物的耐药机制】

细菌染色体上，喹诺酮类耐药决定区（quinolone resistant determining region，QRDR）的基因突变，是产生耐药性的主要原因。细菌对喹诺酮类耐药的靶点改变是由细菌染色体编码的 DNA 促旋酶和拓扑异构酶Ⅳ的基因突变引起的。目前，喹诺酮类药物耐药株 DNA 促旋酶和拓扑异构酶Ⅳ中的 A 亚基突变与 B 亚基突变已被破解，其最常见的突变氨基酸是为水-金属离子桥提供锚点的丝氨酸和酸性残基。据推测，水-金属离子桥断裂可引起细菌对喹诺酮类药物的显著耐药。有关实验室对临床典型耐药菌株的研究发现，丝氨酸突变的占比＞90%，其余突变则发生在酸性残基上。如无药物存在，突变的DNA促旋酶和突变的拓扑异构酶Ⅳ通常仍保持对野生型DNA的裂解活性，但喹诺酮类药物（临床药物浓度下）的存在极少能降低酶介导的DNA裂解水平，其与酶的结合显著减弱，并在很大程度上丧失对DNA连接的抑制作用，降低了形成稳定的酶-DNA-药物三元复合物的能力。对无药物存在情况下的研究发现，DNA促旋酶或拓扑异构酶Ⅳ中的丝氨酸残基的耐药突变似乎不会对催化活性产生负面影响。而酸性残基的突变可致整体催化活性降低。这也许解释了部分丝氨酸的突变频次显著大于酸性残基的事实。一项有趣的研究发现，各种细菌中的丝氨酸残基高度保守，尼博霉素（链霉菌产生的一种抗生素）对表达野生型DNA促旋酶的金黄色葡萄球菌几乎无活性，而对表达喹诺酮类药物耐药性（GyrA的Ser突变为Leu）的金黄色葡萄球菌显示活性。因此，这种保守的丝氨酸残基可能是一种能保护细菌不被天然抗生素抑制的"耐药突变"。

DNA促旋酶的2个A亚基和2个B亚基分别由*gyrA*（gyrase subunit A）和*gyrB*（gyrase subunit B）基因编码。拓扑异构酶Ⅳ（topoisomerase Ⅳ）的2个C亚基和2个E亚基则分别由*parC*和*parE*基因编码。这4种基因中的任意一种突变，都会使得喹诺酮类药物与酶结合的能力降低，从而产生耐药性。例如，在肺炎克雷伯菌中，*gyrA*和*parC*均发生突变：*gyrA*的Ser83→Ile/Leu/Phe、Asp87→Ala/Glu，*parC*的Ser80→Ile等突变，均造成耐药。在结核分枝杆菌中，耐药性主要由*gyrA*基因发生突变而引起，GCG90→GTC或GAG，TCG91→TTG，GAC94→GCC、AAC、TAC或GGC，而且91位点和94位点可能联合突变。喹诺酮类耐药的基因突变多发生在QRDR中*gyrA*的55、80、83、84、87、88、90、91、94位点，*parC*的48、80、84、89、94位点。空肠弯曲菌、沙门菌等都是通过该机制产生耐药性。

【质粒介导的喹诺酮类药物的耐药机制】

携带喹诺酮类药物耐药基因的质粒是近年被确认的，这些质粒通常可引起低水平（≤10倍）耐药，已成为一个新的临床问题。也有报道称，这种机制还可引起高水平（达250倍）耐药。与靶酶介导的耐药性（纵向传播，即由母代向子代相传）不同，质粒介导的喹诺酮类药物耐药性既可纵向传播，也可横向传播（通过接合转移方式传给其他细菌）。介导喹诺酮类药物耐药性的质粒通常携带可引起其他类药物耐药的附加基因。本小节仅描述影响喹诺酮类药物敏感性的质粒介导机制。

质粒介导的喹诺酮类药物耐药性与三个基因家族相关。第一类是编码蛋白质（长度约为200个氨基酸）的*qnr*基因，为五肽复合蛋白家族的组成部分。目前已确认的*qnr*变体约100个，可被归属为至少5种不同的亚科。这些Qnr蛋白与McbG和MfpA具有同源性，它们能够减弱DNA促旋酶和拓扑异构酶Ⅳ与DNA的结合，并通过减少染色体上靶酶的数量来保护细菌细胞不被喹诺酮类药物抑制。同时，Qnr蛋白也可通过与DNA促旋酶和拓扑异构酶Ⅳ的结合来抑制喹诺酮类药物进入由这些酶形成的裂解复合物。*qnr*基因家族可编码的蛋白质包括QnrA、QnrB、QnrC、QnrD、QnrE、QnrS、QnrVC等。

QnrA：编码218个氨基酸的蛋白质的*qnrA*基因是第一个公认的喹诺酮类耐药决定区（QRDR）。进一步的研究确定该*qnr*基因位于整合子中。在2007年对含*qnrA1*的整合子进行了完整测序，*qnrA1* 位于 2 个 IS*CR1* 元件间第一个 *qacEΔ1-sul1* 的下游。这项研究还强调了 *qnrA1* 在其他复杂整合子中的存在。尽管在大多数情况下，仅存在第一个 IS*CR1*，但 IS*CR1* 和 *qnrA1* 之间的关联已有大量报道。此外，还报道了其他缺少 IS*CR1* 的遗传结构。两个 IS*CR1* 元件之间存在 *qnrA*（或在喹诺酮压力下诱导）可能会促进 *qnrA* 基因自我复制，从而对喹诺酮类药物的最终 MIC 产生影响。最近对 pMG252A 的重新分析和测序表明，这些发现是由于在原始 IS*CR1*-*qnrA*-*qacEΔ1*-*sul1*-IS*CR1* 之后还存在另外 4 个 *qnrA1* 拷贝，遵循 *qnrA*-*qacEΔ1*-*sul1*-IS*CR1* 的模式。目前，已经按照命名规则描述了 8 个 *qnrA* 基因亚型，主要是在复杂的整合子样遗传环境中。值得注意的是，以前在 Lahey 数据库的存储库中记录的 QnrA8 未出现在 RefSeq 列表中，可能是因为没有在质粒或其他可转移的遗传结构中进行描述。

QnrB：第一个 *qnrB* 基因是在南印度肺炎克雷伯菌分离株的 pMG298 质粒中发现的，是被发现的第三个可转移的 *qnr* 家族成员。在同一项研究中，设计引物以确定 *qnrB* 在不同微生物中的患病率时，从来自美国的分离株中检测到了第二个 *qnrB* 基因亚型（QnrB2）。从那时起，新的 *qnrB* 等位基因的数量一直在不断增加，截至 2018 年 12 月 31 日，Lahey 数据库中共有 87 个基因亚型序列。类似于已经描述的 *qnrA* 基因，*qnrB* 可以位于与 IS*CR1* 或其他插入序列如 IS*26* 相关的复杂整合子中。此外，*qnrB* 还存在于其他水平转移载体中，如 Tn*2012* 转座子（由 IS*Ecp1C* 和 *qnrB19* 形成）或所谓的 Kq 元件（针对 KPC 和 *qnr*），其中 *qnrB19* 的获得被认为与一个类似 IS*Ecp1* 的插入元件有关。虽然在 2005 年发现了两个不同大小的 QnrB1（226 个氨基酸长）和 QnrB2（214 个氨基酸长），但在 2008 年，人们就达成了共识，使用 QnrB2 中的初始密码子作为初始 QnrB 家族初始密码子，因为它与所发现的所有 QnrB 蛋白都是相同的。因此，在分析 QnrB 时需要谨慎，以确保使用正确的蛋白质大小和氨基酸数目。

2004 年，在海洋源基因组研究中检测到 *qnrB* 基因的存在，产生了一种假设，这种未知的海洋微生物可能是 *qnrB* 的原始来源。尽管如此，考虑到 QnrB 的高流行率和多样性，以及柠檬酸杆菌中 *qnrB* 的直接遗传环境缺乏可移动遗传元件，弗氏柠檬酸杆菌复合体的成员被认为是 QnrB 的原始来源。虽然没有得到证实，但很明显，这种在肠杆菌科成员之间的传播将有力地促进 *qnr* 家族在肠杆菌科内的广泛传播，肠杆菌可能是最经常分离和研究的微生物，导致 *qnr* 家族成为世界上发现最频繁（和数量最多）的耐药基因家族。

QnrC：到目前为止，只有一个 *qnrC* 基因被发现，其首次在奇异疟原虫的质粒（pHS10）中被检测到。该 Qnr 蛋白比其余可转移的 Qnr 蛋白稍大，有 221 个氨基酸长，与不同弧菌的某些染色体 Qnr 蛋白的长度相近。因此，QnrC 的起源被认为是弧菌科。事实上，不同的 VpQnr 和 VrQnr 蛋白（分别是副溶血性弧菌和鲁氏弧菌的染色体 Qnr）的氨基酸同源性水平在 94%～97%（GenBank 登录号分别为 ODZ33109.1 和 OEF25096）。此外，在最近测序的 *Vibrio gangliei* 分离株（GenBank 登录号为 NZ_PPSN01000001）中发现了一个染色体 Qnr（GenBank 登录号为 WP_105901077.1），其与 QnrC 相比有 9bp 的差异，并导致 1 个氨基酸的改变，从而显示出 98.6%的 DNA 同源性和 99.5%的氨基酸同源性。弧菌科的这种起源使 *qnrC* 与 *qnrVC* 家族的一些成员的同源性超过 70%。在定义新的可转移的 *qnr* 家族时应考虑祖先微生物。到目前为止，QnrC 似乎很少见，尽管它已在不同的属中被描述，包括上述变形杆菌属以及大肠杆菌、克雷伯菌和志贺菌。

QnrD：QnrD 首次在一个 4.3kb 的小质粒（p2007057）中被发现，该质粒是从 2006 年或 2007 年我国分离的 4 株肠球菌中分离到的。QnrD 全长 214 个氨基酸。与其他 Qnr 蛋白不同的是，首次将其克隆到大肠杆菌 DH10B 中时，对萘啶酸的 MIC 值影响非常有限（仅增加 1 倍，从 2μg/mL 增加到 4μg/mL），而对最终环丙沙星的 MIC 值影响较大，从 0.002μg/mL 增加到 0.06μg/mL（增加了 29 倍）。然而，对大肠杆菌 TOP10 中 QnrD 克隆的进一步研究表明，萘啶酸的 MIC 值从 2μg/mL 增加到 8～16μg/mL。

目前，已有 3 个 QnrD 的基因亚型被正式描述，其他 QnrD 家族成员也在基因库中（如登录号为 WP_084978381 和 WP_108479726）。在各种微生物中都检测到了 QnrD，包括布鲁氏菌（GenBank 登录号为 CCV01662.1 和 CCU60984.1 等）。然而，QnrD 蛋白在变形杆菌属和普罗威登斯菌属的成员中尤其普遍，它们属于变形菌族，编码在一个未知不亲和基团的小非接合质粒（2.6～5.2kb）中，通常连接到功能未知的可读框（open reading frame，ORF）。Guillard 等（2016）只在 2 株奇异变形杆菌中检测到 *qnrD*，最近的研究中，在 203 个摩根菌科菌株中有 40 个（19.7%）检测到 *qnrD*，在 24 个变形菌种中的 19 个检测到了 *qnrD*。考虑到这些发现，有人提出 QnrD 的起源可能是变形杆菌属、普罗威登斯菌属和摩根菌属。然而到目前为止，这一点还有待证明。

QnrD 是在革兰氏阳性微生物中已被描述的少数可转移的喹诺酮耐药机制（transferable mechanism of quinolone resistance，TMQR）之一。在一项旨在确定经处理和未经处理的河水中是否存在耐药微生物的研究中，在芽孢杆菌属和库特氏菌属中检测到了 QnrD。不幸的是，没有人试图通过 DNA 测序来确认这些数据，并且没有人试图确定 QnrD 的确切遗传环境或确切的等位基因变异，也没有进一步的研究数据。

QnrE：2017 年在阿根廷分离出的一株肺炎克雷伯菌具有低水平的喹诺酮类耐药性，具有野生型 GyrA，TMQR 结果为阴性。进一步分析显示，其一个 645bp 的可读框携带一个 IncM1 可转移质粒（pKp1130，GenBank 登录号 KY073238），该 ORF 与 QnrB 家族成员的识别率平均为 75%，与 *qnrB88* 的识别率为 100%，*qnrB88* 是从巴西的肺炎克雷伯菌质粒（pKp145-11b，GenBank 登录号 KX118608）中分离出来的。此后，在巴西，另一株在 IncM1 质粒（pKp41M）中携带该基因的肺炎克雷伯菌分离株被发现，另 3 株分别来自肠内、婴儿和纽约港的肠道沙门菌分离株，也携带含有 *qnrE1* 的 IncM1 质粒。对 GenBank 的进一步研究发现，*qnrE1* 存在于伤寒沙门菌（如 GenBank 登录号 KYE08263）、枸橼酸杆菌（GenBank 登录号 PUU65120）和其他肺炎克雷伯菌分离株中。此外，在一个大肠杆菌质粒（pEC422_1）以及肺炎克雷伯菌的全基因组序列（GenBank 登录号 UJVU01000046）中发现有一个和 QnrE1 只有两个氨基酸差异的变种，目前在 GenBank 被记录为 QnrE2。

虽然根据 *qnr* 基因命名规则，*qnrE* 应被认为是 *qnrB* 家族的一员，但 QnrE 已被归类为一个新家族（QnrE）的第一个成员。深入分析显示，其与肠杆菌的染色体 *qnr* 基因高度一致，同时也提示 IS*Ecp1* 负责其基因动员，因此与其他 *qnrB* 基因有不同的祖先起源。

QnrS：QnrS 在 2006 年首次被发现于一个 47kb 的接合质粒（pAH0376），该质粒来自 2003 年在日本分离的福氏志贺菌（*Shigella flexneri*）2b 菌株。随后几年的研究表明，

QnrS 的流行率虽然有所上升，且出现了多个基因亚型，但仍较低，且地理分布广泛。QnrS 等位基因的调动和传播是由 IS*2*、IS*26* 及 IS*Ec12*（IS*21* 家族成员）等插入序列介导的。此外，QnrS 也在携带 bla_{TEM-1} 的 Tn*3* 中被发现。QnrS 的起源被认为是水生微生物。2007 年，在灿烂弧菌中发现了染色体 Qnr 的存在，其与 QnrS1 和 QnrS2（当时描述的 2 个 QnrS 蛋白）的同源性分别为 83.1%～83.9%和 87.1%～87.6%。此后，检测到具有较高一致水平的弧菌物种序列。例如，贻贝弧菌（GenBank 登录号 KIN11186.1）和副溶血弧菌（GenBank 登录号 WP_029802054.1 和 WP_029823919.1）的染色体 Qnr 分别有 97%和 95.5%～96%的氨基酸序列同源性。在马来西亚的一株副溶血弧菌分离株中，检测到一个 Qnr 蛋白（GenBank 登录号 KKF68274.1）。尽管 *qnrS* 基因被认为存在于基因组中，但其 DNA 序列大小（2178bp）使 *qnrS* 基因也可能存在于质粒环境中。

QnrVC：尽管早在 2005 年就从弧菌的基因组中发现了 *qnr* 基因，但直到 2008 年才在霍乱弧菌的整合子中发现了一个新的可转移 *qnr* 家族成员。这种可转移的 Qnr 变异随后在其他弧菌属和其他细菌属如气单胞菌属和莫拉菌属中被检测到，甚至在质粒或整合子中也被检测到。尽管有这些证据，这种可转移 *qnr* 家族的存在并没有被提出，直到 2013 年才被纳入 Lahey 数据库。Lahey 网站对 9 个不同的 *QnrVC* 等位基因（*QnrVC1* 和 *QnrVC3* 到 *QnrVC10*）进行了分类，这些基因亚型的长度为 218 个氨基酸。其中，*QnrVC8* 和 *QnrVC9* 目前在 RefSeq 中不属于 QnrVC 家族。

qnrVC 基因已经在世界各地的质粒和整合子环境中被发现，要么在典型的 I 型整合子的第一个可变区域，要么在复杂的 I 型整合子的 IS*CR1* 的下游。值得一提的是，*qnrVC* 可能包含在一个 *attC* 位点的基因盒中。与典型的整合子基因盒相比，*qnrVC* 基因盒可能拥有自己的启动子，这使得它们的表达水平能够超过与整体整合子中延迟位置或强启动子 P_2 缺失相关的表达水平。目前，已在肠杆菌科（大肠杆菌、肠杆菌属、柠檬酸杆菌属、克雷伯菌属和沙门菌属）和假单胞菌（铜绿假单胞菌和恶臭假单胞菌）的其他属中检测到 QnrVC。

【质粒携带的乙酰转移酶基因】

2003 年，在一项专注于分析携带 *qnrA* 的质粒的研究中，检测到一些赋予环丙沙星异常高耐药性的质粒（比平常高约 4 倍）。作者认为，*qnrA* 表达水平的差异可能是主要原因，但他强调，未注意的质粒因子或未知的可转移的 TMQR 的存在对最终 *qnr* 表达的调节作用也可能造成这些差异。进一步的分析发现了能够选择性修饰几种氟喹诺酮类（如环丙沙星和左氧氟沙星），增加细菌耐药性水平的一种耐药基因 *aac(6′) Ⅰb-cr*。目前，这种基因已在不同环境的不同微生物中被发现。除了在人类样品中的微生物中存在，最近的报道还表明，动物和环境样品中 *aac(6′) Ⅰb-cr* 的流行率也很高。其中，在肺炎克雷伯菌中主要检测到约 3.6kb 的 In37 样整合子，并已传播到其他细菌，包括肠杆菌科和气单胞菌科。在这个整合子中，*aac(6′)- Ⅰb-cr* 位于第一个位置，然后是其他三个基因盒：bla_{OXA-1}、*catB3* 和 *arr3*。在第一个可变区之后，不同的 In37 变体可能还具有其他抗药性基因，成为复杂的整合子。

【质粒携带的外排泵耐药基因】

OqxAB：Sørensen 等（2003）首次报道了猪源大肠杆菌中的 pOLA52 质粒介导喹乙醇耐药的机制。进一步的研究确定了 pOLA52 质粒中介导喹诺酮耐药性的 2 个基因序列，分别编码 391 个和 1050 个氨基酸长的蛋白质，并命名为 OqxA 和 OqxB。OqxA 和 OqxB 属于先前描述的 RND 外排泵的内膜（OqxA）和周质（OqxB）组件。RND 外排泵激活需要第三种成分，即外膜蛋白（OMP）。Hansen 等（2004）的研究表明在大肠杆菌的遗传背景中，TolC 发挥了 OMP 的作用，类似 TolC 的蛋白质可能在其他肠杆菌科中也起着这种作用。但是，直到 2007 年 OqxAB 才在确定其排出各种喹诺酮类药物（如萘啶酸、环丙沙星和诺氟沙星）以及一系列无关的抗菌剂和毒素的能力后得以确定其为喹诺酮类耐药机制。Norman 等（2008）还发现，OqxAB 蛋白与一个可能的调节基因（后来提出了 OqxR）一起，在两侧的 IS*26* 内组成一个复合转座子，表明其与肺炎克雷伯菌外排泵成分具有 100%（*oqxA*）和 99%（*oqxB*）的同源性，该泵后来被认为是 OqxAB 的原始细菌来源。

尽管肺炎克雷伯菌染色体编码的 *oqxAB* 的序列存在差异（GenBank 中记录了数十个不同的染色体 *oqxA* 和 *oqxB* 等位基因），但大多数关于可转移的 OqxAB 的研究只涉及 OqxAB 的存在/不存在。有趣的是，肺炎克雷伯菌并不是肠道细菌科中唯一携带 OqxAB 类外排泵的成员。在 GenBank 中存在一个携带 *oqxA*（GenBank 登录号 WP_087857967）和 *oqxB*（GenBank 登录号 WP_113374178）的大肠杆菌基因组（菌株 TUM18641，GenBank 登录号 NZ_BGTY01000006），它们分别与 OqxA1 和 OqxB1 有 30 个和 29 个氨基酸差异，但与产气克雷伯菌 OqxAB 密切相关。

QepA：到目前为止，文献中已经描述了 4 种 QepA 变体。2007 年，法国和日本的两个独立研究小组几乎同时描述了第一个 *qepA* 基因。一种新的 QepA 变异体 QepA2 在 2008 年被描述，它与第一个 *qepA* 基因有两个氨基酸的不同。最后，分别在 2015 年和 2017 年描述了 QepA3 和 QepA4。尽管如此，GenBank 记录的分析显示，至少还有 6 个新的完整 *qepA* 基因已经被完全测序，并且存在其他 QepA 序列，它们自己具有特定的氨基酸变化。所有 6 个未鉴定的 QepA 蛋白都在肠杆菌科的成员中被检测到。与其他 TMQR 类似，*qepA* 的动员与 IS*26* 和 IS*CR3C* 等不同插入序列的存在有关。在一个非典型的 I 型整合子中已经检测到 *qepA4* 基因，该整合子的前面是一个有缺陷的 *dfrB4* 基因，后面是一个 IS*CR3* 元件。系统发育分析表明，QepA 起源于放线菌。尽管如此，GenBank 中新的基因组数据表明，QepA 与目前描述的或推测的放线菌外排泵的同源性仅为 40%。

QacA 和 QacB：Nakaminami 等在 2010 年才证实了外排泵 QacA 和 QacBIII从细菌中外排喹诺酮的能力。季铵化合物（QAC）的机制是对杀菌消毒剂单价和二价阳离子产生抗性，在金黄色葡萄球菌中广泛分布。在一项分析 QAC 变异性的研究中，研究者观察到了 QacB 的一个等位变异，命名为 QacBIII，与最初描述的 QacB（I26V、I167L、A184V 和 A320E）具有 4 个氨基酸差异。日本最近的一项研究显示，2010～2011 年再到 2014～2015 年，耐甲氧西林金黄色葡萄球菌（MRSA）分离株中 QacBIII的携带率略有下降（由 13.3%降至 5.5%）。此外，80.7%的 QacBIII阳性菌株属于 II 型葡萄球菌盒式染色体（SCCmec），其中 8 例建立了多位点序列分型（multi-locus sequence typing，MLST）模式，均属于 764 序列类型（ST764）。西班牙的另一项研究中，在 159 株金黄色葡萄球菌临床分离株中均未能检测到 QacBIII变异（事实上，研究者只检测到 1 株携带 QacB 的菌株）。QacB 流行的多样性可能反映了地区的差异，并表明有必要将关于 QacBIII存在的研究扩大到新的地理区域。还没有找到其他与 QacBIII的存在或 QacBIII（或其他 QacA/B 变体）的作用相关的文章。

喹诺酮类药物的使用与所有抗菌药物一样，具有过度使用和滥用的现象；有的时候喹诺酮类药物的使用已经超出了治疗细菌感染性疾病的范围，扩展到一系列不必要的应用，如促进牲畜生长。对喹诺酮类药物耐药性的产生机理和传播机制的深入研究很有必要。

主要参考文献

邓琼, 徐群飞, 刘洋, 等. 2016. 肺炎克雷伯菌喹诺酮类药物耐药表型与 *PMQR* 基因携带相关性研究. 中华医院感染学杂志, 26(18): 4081-4083.

孔宪刚. 2013. 兽医微生物学. 2 版. 北京: 中国农业出版社.

刘金华, 甘孟侯. 2016. 中国禽病学. 2 版. 北京: 中国农业出版社.

刘云宁, 李小凤, 韩旭颖, 等. 2015. 大肠埃希菌对氟喹诺酮类药物耐药机制的研究进展. 河北医药, 37(2): 265-269.

田克恭. 2013. 人与动物共患病. 北京: 中国农业出版社.

童光志. 2008. 动物传染病学. 北京: 中国农业出版社.

王红宁. 2002. 禽呼吸系统疾病. 北京: 中国农业出版社.

王婧, 刁小龙, 陈晓兰, 等. 2020. 猪源大肠埃希菌喹诺酮类耐药基因的检测及分析. 甘肃农业大学学报, 55(2): 9-15.

王垚. 2015. 质粒介导喹诺酮类药物耐药机制的研究现状及进展. 西部医学, 27(7): 1108-1112.

许超, 张春秋, 蒋邦栋, 等. 2019. 肺炎克雷伯杆菌对氟喹诺酮类抗生素耐药机制探究. 健康必读, (36): 93.

杨宝峰, 陈建国. 2018. 药理学. 9 版. 北京: 人民卫生出版社.

杨艳丽, 张星星, 黄新, 等. 2019. 牛源大肠杆菌质粒介导喹诺酮类耐药基因的检测分析. 中国畜牧兽医, 46(8): 2462-2469.

于虹, 陈一强, 孔晋亮, 等. 2016. 革兰阴性菌对喹诺酮类药物耐药性变迁分析. 中华医院感染学杂志, 26(24): 5521-5523.

袁瑾懿, 徐晓刚, 胡付品, 等. 2018. 肺炎克雷伯菌临床株喹诺酮类耐药性及 ST494 型菌株耐药机制分析. 中国感染与化疗杂志, 18(3): 286-291.

张盼, 沈振华, 张燕华, 等. 2018. 8 株产 NDM-1 肠杆菌科细菌的耐药特点和流行性分析. 检验医学, 33(7): 616-621.

张治国, 杜春英, 张倩, 等. 2016. 我国结核分枝杆菌 gyrA 不同突变类型对氟喹诺酮类药物耐药水平的相关性研究. 中国防痨杂志, 38(9): 706-711.

郑世军, 宋清明. 2013. 现代动物传染病学. 北京: 中国农业出版社.

Aigle A, Michotey V, Bonin P. 2015. Draft-genome sequence of *Shewanella algae* strain C6G3. Stand Genomic Sci, 10: 43.

Aldred K J, Kerns R J, Osheroff N. 2014. Mechanism of quinolone action and resistance. Biochemistry, 53(10): 1565-1574.

Arsène S, Leclercq R. 2007. Role of a *qnr*-like gene in the intrinsic resistance of *Enterococcus faecalis* to fluoroquinolones. Antimicrob Agents Chemother, 51(9): 3254-3258.

Cambau E, Lascols C, Sougakoff W, et al. 2006. Occurrence of *qnrA*-positive clinical isolates in French teaching hospitals during 2002-2005. Clin Microbiol Infect, 12(10): 1013-1020.

Card R, Zhang J C, Das P, et al. 2013. Evaluation of an expanded microarray for detecting antibiotic resistance genes in a broad range of Gram-negative bacterial pathogens. Antimicrob Agents Chemother, 57(1): 458-465.

Cattoir V, Poirel L, Rotimi V, et al. 2007. Multiplex PCR for detection of plasmid-mediated quinolone resistance *qnr* genes in ESBL-producing enterobacterial isolates. J Antimicrob Chemother, 60(2): 394-397.

Cesaro A, Bettoni R R D, Lascols C, et al. 2008. Low selection of topoisomerase mutants from strains of *Escherichia coli* harbouring plasmid-borne *qnr* genes. J Antimicrob Chemother, 61(5): 1007-1015.

Chen Y T, Shu H Y, Li L H, et al. 2006. Complete nucleotide sequence of pK245, a 98-kilobase plasmid conferring quinolone resistance and extended-spectrum-β-lactamase activity in a clinical *Klebsiella pneumoniae* isolate. Antimicrob Agents Chemother, 50(11): 3861-3866.

Ciesielczuk H, Hornsey M, Choi V, et al. 2013. Development and evaluation of a multiplex PCR for eight plasmid-mediated quinolone-resistance determinants. J Med Microbiol, 62(12): 1823-1827.

Cimmino T, Olaitan A O, Rolain J M. 2016. Whole genome sequence to decipher the resistome of *Shewanella algae*, a multidrug-resistant bacterium responsible for pneumonia, Marseille, France. Expert Rev Anti Infect Ther, 14(2): 269-275.

Cunha M P V, Davies Y M, Cerdeira L, et al. 2017. Complete DNA sequence of an IncM1 plasmid bearing the novel *qnrE1* plasmid-mediated quinolone resistance variant and $bla_{CTX-M-8}$ from *Klebsiella pneumoniae* sequence type 147. Antimicrob Agents Chemother, 61(9): e00592-17.

Drlica K, Hiasa H, Kerns R, et al. 2009. Quinolones: action and resistance updated. Curr Top Med Chem, 9(11): 981-998.

Drlica K, Zhao X L. 1997. DNA gyrase, topoisomerase IV, and the 4-quinolones. Microbiol Mol Biol Rev, 61(3): 377-392.

Ebbensgaard A, Mordhorst H, Aarestrup F M, et al. 2018. The role of outer membrane proteins and lipopolysaccharides for the sensitivity of *Escherichia coli* to antimicrobial peptides. Front Microbiol, 9: 2153.

Fluit A C, Schmitz F J. 2004. Resistance integrons and super-integrons. Clin Microbiol Infect, 10(4): 272-288.

Goto K, Kawamura K, Arakawa Y. 2015. Contribution of QnrA, a plasmid-mediated quinolone resistance peptide, to survival of *Escherichia coli* exposed to a lethal ciprofloxacin concentration. Jpn J Infect Dis, 68(3): 196-202.

Guillard T, Jong A de, Limelette A, et al. 2016. Characterization of quinolone resistance mechanisms in Enterobacteriaceae recovered from diseased companion animals in Europe. Vet Microbiol, 194:23-29.

Hansen L H, Johannesen E, Burmølle M, et al. 2004. Plasmid-encoded multidrug efflux pump conferring resistance to olaquindox in *Escherichia coli*. Antimicrob Agents Chemother, 48(9): 3332-3337.

Hiasa H, Yousef D O, Marians K J. 1996. DNA strand cleavage is required for replication fork arrest by a frozen topoisomerase-quinolone-DNA ternary complex. J Biol Chem, 271(42): 26424-26429.

Hirai K, Aoyama H, Irikura T, et al. 1986. Difference in susceptibility to quinolones of outer membrane mutants of *Salmonella typhimurium* and *Escherichia coli*. Antimicrob Agents Chemother, 29(3): 535-538.

Hooper D C. 1997. Bacterial topoisomerases, anti-topoisomerases, and anti- topoisomerase resistance. Clin Infect Dis, 27(Suppl 1): S54-S63.

Jacoby G, Cattoir V, Hooper D, et al. 2008. *qnr* gene nomenclature. Antimicrob Agents Chemother, 52(7): 2297-2299.

Jacoby G A, Walsh K E, Mills D M, et al. 2006. *qnrB*, another plasmid-mediated gene for quinolone resistance. Antimicrob Agents Chemother, 50(4): 1178-1182.

Jeong H S, Bae I K, Shin J H, et al. 2011. Prevalence of plasmid-mediated quinolone resistance and its association with extended-spectrum beta-lactamase and AmpC beta-lactamase in Enterobacteriaceae. Korean J Lab Med, 31(4): 257-264.

Kim E S, Hooper D C. 2014. Clinical importance and epidemiology of quinolone resistance. Infect Chemother, 46(4): 226-238.

Kim H B, Park C H, Gavin M, et al. 2011. Cold shock induces *qnrA* expression in *Shewanella algae*. Antimicrob Agents Chemother, 55(1): 414-416.

Laponogov I, Sohi M K, Veselkov D A, et al. 2009. Structural insight into the quinolone-DNA cleavage complex of type IIA topoisomerases. Nat Struct Mol Biol, 16(6): 667-669.

Laponogov I, Veselkov D A, Crevel I M, et al. 2013. Structure of an 'open' clamp type Ⅱ topoisomerase-DNA complex provides a mechanism for DNA capture and transport. Nucleic Acids Res, 41(21): 9911-9923.

Lesher G Y, Forelich E D, Gruet M D, et al. 1962. 1,8-Naphthyridine derivatives. A new class of chemotherapeutic agents. J Medicinal Pharm Chem, 91: 1063-1065.

Li X J, Zhang Y J, Zhou X T, et al. 2019. The plasmid-borne quinolone resistance protein QnrB, a novel DnaA-binding protein, increases the bacterial mutation rate by triggering DNA replication stress. Mol Microbiol, 111(6): 1529-1543.

Liao C H, Hsueh P R, Jacoby G A, et al. 2013. Risk factors and clinical characteristics of patients with qnr-positive *Klebsiella pneumoniae* bacteraemia. J Antimicrob Chemother, 68(12): 2907-2914.

Linkevicius M, Sandegren L, Andersson D I. 2013. Mechanisms and fitness costs of tigecycline resistance in *Escherichia coli*. J Antimicrob Chemother, 68(12): 2809-2819.

Mahrouki S, Perilli M, Bourouis A, et al. 2013. Prevalence of quinolone resistance determinant *qnrA6* among broad- and extended-spectrum beta-lactam-resistant *Proteus mirabilis* and *Morganella morganii* clinical isolates with sul1-type class 1 integron association in a Tunisian hospital. Scand J Infect Dis, 45(8): 600-605.

Mammeri H, Van De Loo M, Poirel L, et al. 2005. Emergence of plasmid-mediated quinolone resistance in *Escherichia coli* in Europe. Antimicrob Agents Chemother, 49(1): 71-76.

Manageiro V, Romão R, Moura I B, et al. 2018. Molecular epidemiology and risk factors of carbapenemase-producing Enterobacteriaceae isolates in Portuguese hospitals: results from European survey on carbapenemase-producing Enterobacteriaceae (EuSCAPE). Front Microbiol, 9: 2834.

Melvold J A, Wyrsch E R, McKinnon J, et al. 2017. Identification of a novel qnrA allele, qnrA8, in environmental *Shewanella algae*. J Antimicrob Chemother, 72(10): 2949-2952.

Morais Cabral J H, Jackson A P, Smith C V, et al. 1997. Crystal structure of the breakage-reunion domain of DNA gyrase. Nature, 388(6645): 903-906.

Nakaminami H, Noguchi N, Sasatsu M. 2010. Fluoroquinolone efflux by the plasmid-mediated multidrug efflux pump QacB variant QacBIII in *Staphylococcus aureus*. Antimicrob Agents Chemother, 54(10): 4107-4111.

Norman A, Hansen L H, She Q X, et al. 2008. Nucleotide sequence of pOLA52: a conjugative IncX1 plasmid from *Escherichia coli* which enables biofilm formation and multidrug efflux. Plasmid, 60(1): 59-74.

Owens Jr R C, Ambrose P G. 2000. Clinical use of the fluoroquinolones. Med Clin North Am, 84(6): 1447-1469.

Park Y J, Yu J K, Lee S, et al. 2007. Prevalence and diversity of *qnr* alleles in AmpC-producing *Enterobacter cloacae*, *Enterobacter aerogenes*, *Citrobacter freundii* and *Serratia marcescens*: a multicentre study from Korea. J Antimicrob Chemother, 60(4): 868-871.

Périchon B, Bogaerts P, Lambert T, et al. 2008. Sequence of conjugative plasmid pIP1206 mediating resistance to aminoglycosides by 16S rRNA methylation and to hydrophilic fluoroquinolones by efflux. Antimicrob Agents Chemother, 52(7): 2581-2592.

Poirel L, Leviandier C, Nordmann P. 2006. Prevalence and genetic analysis of plasmid-mediated quinolone resistance determinants QnrA and QnrS in Enterobacteriaceae isolates from a French university hospital. Antimicrob Agents Chemother, 50(12): 3992-3997.

Potter R F, D'Souza A W, Wallace M A, et al. 2017. Draft genome sequence of the *bla*$_{OXA-436}$- and *bla*$_{NDM-1}$-harboring Shewanella putrefaciens SA70 isolate. Genome Announc, 5(29): e00644-17.
Richter S N, Frasson I, Bergo C, et al. 2010. Characterisation of *qnr* plasmid-mediated quinolone resistance in Enterobacteriaceae from Italy: association of the *qnrB19* allele with the integron element IS*CR1* in *Escherichia coli*. Int J Antimicrob Agents, 35(6): 578-583.
Rodríguez-Martínez J M, Pascual A, García I, et al. 2003. Detection of the plasmid-mediated quinolone resistance determinant *qnr* among clinical isolates of *Klebsiella pneumoniae* producing AmpC-type β-lactamase. J Antimicrob Chemother, 52(4): 703-706.
Rodríguez-Martínez J M, Velasco C, García I, et al. 2007. Characterisation of integrons containing the plasmid-mediated quinolone resistance gene *qnrA1* in *Klebsiella pneumoniae*. Int J Antimicrob Agents, 29(6): 705-709.
Rossen J W A, Friedrich A W, Moran-Gilad J. 2018. Practical issues in implementing whole-genome-sequencing in routine diagnostic microbiology. Clin Microbiol Infect, 24(4): 355-360.
Schubert S, Kostrzewa M. 2017. MALDI-TOF MS in the microbiology laboratory: current trends. Curr Issues Mol Biol, 23: 17-20.
Sørensen A H, Hansen L H, Johannesen E, et al. 2003. Conjugative plasmid conferring resistance to olaquindox. Antimicrob Agents Chemother, 47(2): 798-799.
Toleman M A, Bennett P M, Walsh T R. 2006. ISCR elements: novel gene-capturing systems of the 21st century? Microbiol Mol Biol Rev, 70(2): 296-316.
Tran J H, Jacoby G A. 2002. Mechanism of plasmid-mediated quinolone resistance. Proc Natl Acad Sci U S A, 99(8): 5638-5642.
Vinué L, Corcoran M A, Hooper D C, et al. 2016. Mutations that enhance the ciprofloxacin resistance of *Escherichia coli* with *qnrA1*. Antimicrob Agents Chemother, 60(3): 1537-1545.
Wang J C. 1996. DNA topoisomerases. Annu Rev Biochem, 65: 635-692.
Wang M G, Tran J H, Jacoby G A, et al. 2003. Plasmid-mediated quinolone resistance in clinical isolates of *Escherichia coli* from Shanghai, China. Antimicrob Agents Chemother, 47(7): 2242-2248.
Wareham D W, Gordon N C, Shimizu K. 2011. Two new variants of and creation of a repository for *Stenotrophomonas maltophilia* quinolone protection protein (*Smqnr*) genes. Int J Antimicrob Agents, 37(1): 89-90.
Wohlkonig A, Chan P F, Fosberry A P, et al. 2010. Structural basis of quinolone inhibition of type IIA topoisomerases and target-mediated resistance. Nat Struct Mol Biol, 17(9): 1152-1153.
Wong M H Y, Chan E W C, Xie L Q, et al. 2016. IncHI2 plasmids are the key vectors responsible for *oqxAB* transmission among *Salmonella* species. Antimicrob Agents Chemother, 60(11): 6911-6915.
Ye L W, Li R C, Lin D C, et al. 2016. Characterization of an IncA/C multidrug resistance plasmid in *Vibrio alginolyticus*. Antimicrob Agents Chemother, 60(5): 3232-3235.
Yoshida H, Bogaki M, Nakamura M, et al. 1990. Quinolone resistance-determining region in the DNA gyrase *gyrA* gene of *Escherichia coli*. Antimicrob Agents Chemother, 34(6): 1271-1272.
Zhou M M, Tu H X, Zhou T L, et al. 2010. Detection of a new *qnrA7* genotypes in *Shewanella algae*. Chin J Microbiol Immunol, 30(7): 593-596.

第四节 大环内酯类药物的耐药机制

大环内酯（macrolide）类药物是一类含有 14 元、15 元和 16 元大环内酯环的具有抗菌作用的抗生素。其疗效显著、无严重不良反应，常用作需氧革兰氏阳性菌、革兰氏阴性菌和厌氧菌等感染的首选药，以及对 β-内酰胺类抗生素过敏患者的替代药品。1952 年发现了第一代大环内酯类抗生素红霉素，因其抗菌谱窄、不良反应大、耐药性等问题，20 世纪 80 年代又陆续开发了第二代大环内酯类药物，如阿奇霉素、克拉霉素、罗红霉素等，广泛用于治疗呼吸道感染疾病。细菌对大环内酯类药物的耐药日趋严重，促使人们开发第三代大环内酯类，代表药物有泰利霉素和喹红霉素。新型大环内酯类抗生素主要是通过对其化学结构进行改变来研发的，以补充这一类抗生素，目前已研发出第四代大环内酯类抗生素，如索利霉素。

大环内酯类药物不仅同时对革兰氏阳性球菌（如肺炎链球菌、双球菌和金黄色葡萄球菌）、革兰氏阴性球菌（如淋病奈瑟菌、流感嗜血杆菌、百日咳博尔代菌及脑膜炎奈瑟菌）、某些厌氧菌、军团菌及衣原体具有广谱的抗菌活性，某些 14 元环及 16 元环大环内酯类抗生素对支原体也有抗菌活性。大环内酯类抗生素对真核微生物的抗菌活性较低，因为该类药物与真核微生物的核糖体亲和力较低。某些大环内酯类抗生素在促进胃肠功能、抗肿瘤及心脑血管慢性疾病的预防等方面效果显著。在人医临床上大环内酯类药物作为一线用药或联合用药制剂。在人医临床上的应用主要有第一代大环内酯类抗生素，主要是红霉素及其酯类衍生物。根据动物的生理机能、代谢特点以及特有疾病的不同，还专门研发了动物专用的大环内酯类抗生素，如泰乐菌素、替米考星、乙酰异戊酰泰乐菌素、泰拉霉素及泰地罗新等。

人类在使用大环内酯类药物开展治疗期间，发现了耐大环内酯类的细菌。此外，大环内酯类抗菌药物在兽药中的广泛应用更是加速了细菌的耐药趋势。耐药性的出现是当今抗菌药物应用的主要问题，研究耐药机制有助于指导临床用药、控制耐药菌产生和发现新型抗菌药物。因此，研究细菌对大环内酯类抗菌药物的耐药机制显得尤为重要。

大环内酯类药物的结构及作用机制

【大环内酯类药物的结构】

大环内酯类抗生素是一类以 12～22 个碳内酯环化学结构为基本骨架的较为庞大的抗生素类群。此外，不同种类的大环内酯类抗菌药物除了内酯环大小不同，还因内酯环上连接的单糖或二糖的不同而不同。大环内酯类最早于 20 世纪 50 年代应用于临床上，主要用于治疗上呼吸道、皮肤及软组织感染，尤其适用于那些对 β-内酰胺类药物敏感的患者。尽管大环内酯类抗生素应用时间已经较长，但其依然广泛应用于临床多重感染性疾病的治疗，其销售额在美国抗生素大类中排名第四。

几乎所有的大环内酯类药物都可以通过链霉菌产生，也有研究发现一些小单胞菌可以产生 14 环或 16 环的大环内酯类药物。由于从土壤中分离的放线菌的抗生素产率很低，因此可以通过优化细菌的生长条件和生产菌株的突变来提高抗生素的产率。大环内酯工业产量可以达到 10mg/mL。发酵产量较高，所以大环内酯类药物首选发酵生产。

红霉素是最早被发现的大环内酯类抗生素，其结构为 14 元环大环内酯类，由于红霉素的结构中存在多个羟基，在其 C9 位有一个羟基，因此红霉素在酸性条件下不稳定，极易发生分子内的脱水环合，从而失去抗菌活性。科学家合成了一系列红霉素衍生物，以改善药代动力学性质，并筛选出了第二代大环内酯类药物——半合成红霉素药物，如克拉霉素、阿奇霉素、地红霉素、罗红霉素、氟红霉素等。美欧卡霉素和罗他霉素是第二代大环内酯类中仅有的供人类使用的 16 元环大环内酯类药物。替米考星是泰乐菌素的半合成衍生物，只能用作兽药；阿奇霉素和克拉霉素的市场占有率都较高；地红霉素、氟红霉素及罗红霉素在世界的应用范围较窄。

第二代红霉素衍生物包含内酯环 C6 或 C9 位置的所有修饰，从而阻止 9、12 或 6、9-半酮形式的形成，阻断降解反应，因此对酸催化失活具有免疫力。克拉霉素在酸性条件下仍可降解，但降解速率低于红霉素 A，提高了口腔生物利用度，增加了血浆半衰期，使口服剂量减少到每天 1 或 2 次。这些化合物还表现出更强的组织穿透性，由于它们比母体化合物红霉素 A 具有更高的亲脂性，因此可以更有效地治疗细胞内病原体，如流感嗜血杆菌感染。虽然研发第二代大环内酯类的目的是发现具有更广抗菌谱以及更强抗菌活性的化合物，但寻找到的化合物对革兰氏阳性菌的活性并没有提高。有些化合物，如阿奇霉素，与母体化合物红霉素相比，效力有所降低。然而，选择它们进行开发主要是因为它们增强了药代动力学特性，特别是在肺部积累到高水平的能力，克拉霉素还可以和其他抗生素联合使用，用于治疗由幽门螺杆菌引起的胃溃疡和由鸟分枝杆菌复合群（*Mycobacterium* avium complex，MAC）引起的艾滋病相关呼吸道感染。

研究人员对红霉素进行了一系列优化改进，科学家合成了一系列红霉素衍生物，以改善药代动力学性质，并筛选出了第三代大环内酯类药物，主要包括酮内酯类、氨基甲酸酯类与红霉素环 11,12-碳酸酯。酮内酯类药物主要以红霉素为原料，在不改变母核结构的情况下，利用新增加药物的耐药性机制、结构性质等，使其与大环内酯的位点实现定向的修饰，继而形成高活性实体，即酮基取代了原料的 3 位克拉定糖，C11、C12 组合成环状碳酸酯，可与其他杂环连接，继而形成多种酮内酯类药物。泰利霉素也是酮内酯类化合物最具代表性的药物。

氨基甲酸酯类大环内酯类抗生素主要原料为红霉素类，其 3 位克拉定糖脱水，形成的 2,3 位双键与其他位置的化学修饰结合，继而形成脱水内酯类抗生素药物，可有效作用于 MLS（macrolide-lincosamide-streptogramin）型耐药菌。红霉素环 11,12-碳酸酯类大环内酯类抗生素的主要原料为红霉素 A，通过与环状碳酸酯反应形成次化合物，分子内存在氢键等，使该种化学物的抗菌活性得到较大提升。

【大环内酯类药物的作用机制】

大环内酯类药物的结构相近，与细菌核糖体上的靶结合位点也基本相同。各种大环内酯类抗生素与核糖体相互作用的具体分子机制是通过与细菌核糖体上 50S 大亚基的结合，抑制蛋白质的合成与延伸。核糖体是细胞合成蛋白质的场所。细菌的核糖体是 70S 核糖体，由 30S 小亚基和 50S 大亚基组成，其中 30S 亚基的主要功能是介导 mRNA 的密码子与 tRNA 的反密码子间的相互作用，以确保翻译过程的高保真度；而 50S 亚基的功能包括参与蛋白质合成的起始、肽链的延长与终止。50S 亚基的 23S rRNA 上含有肽酰转移酶中心（peptidyl transferase center，PTC），可催化肽键的形成，以此方式不断地将氨基酸连接到肽链上，从而合成蛋白质。在核糖体大亚基肽酰转移酶中心的下方有一个新生肽释放通道，主要由 RNA 组成，且含有 L4 和 L22 蛋白，这 2 个蛋白相互靠近形成一个关卡，构成了整个通道最狭窄的部分。当肽链在 PTC 中合成出来后，即被运输至新生肽释放通道。

细菌核糖体的新生肽释放通道具有一定的保守性，在不同种属细菌的核糖体 50S 亚基中，新生肽释放通道的大小和形状相差不大。由于该通道位于核糖体大分子的内部，只有当整个大分子的三级结构发生较大改变时，才有可能影响到通道的构象。大环内酯类抗生素均可结合于新生肽释放通道的入口处，促使肽酰-tRNA 从核糖体上解离，阻断肽链的延长，从而抑制细菌蛋白质的合成，发挥抗菌活性。

长期以来，大环内酯类仅仅通过阻断核糖体出口隧道，从而阻碍新生多肽链的合成，被认为是翻译的抑制剂，与此相反，Mankin（2008）和他的同事证明了这些药物的作用方式更加复杂。对于大多数蛋白质来说，当新生肽链达到 5～11 个氨基酸长度时，药物在通道处的结合确实会导致合成中止，从而阻止延长，导致肽酰-tRNA 从核糖体中分离。少量的短的特异性新生肽链可以通过与新生肽链出口隧道（nascent polypeptide exit tunnel，NPET）的相互作用导致核糖体的停滞。在这种情况下，剩余肽基-tRNA 继续结合在 A 位点，肽键的形成随着 A 位点无法与氨酰-tRNA 结合而被阻止。

核糖体图谱（ribosome profiling）简称 RNA-seq，是近年来发展起来的一种高通量测序技术，它可以通过翻译核糖体来识别对核糖核酸酶（RNase）消化具有抗性的 RNA 片段。因此，它提供了模板 mRNA 上核糖体运动的快照，大量受核糖体保护的片段映射到转录组，表明在给定的位置核糖体占用时间延长，这种现象也称为核糖体停滞/暂停。这些研究揭示了几个有利于大环内酯类诱导阻滞的氨基酸基序。最主要的基序为三肽序列基序 R/K-X-R/K，其中 R 和 K 分别表示精氨酸和赖氨酸，X 表示任意氨基酸。

对大环内酯类抗菌药物的动力学分析表明，大多数大环内酯类抗菌药物都可作为慢结合抑制剂。此外，虽然它们的结合速率常数（k_{on} 值）几乎相同，但它们的解离速率常数（k_{off} 值）却有很大差异。一些大环内酯类抗菌药物的 k_{off} 值为 10^{-5}/s，表明这些大环内酯类几乎不可逆地与核糖体结合。核糖体中如此低的大环内酯类解离常数也可能有助于增强它们的杀菌效果。

细菌对大环内酯类药物的耐药机制

大环内酯类药物是链霉菌产生的一类化学结构和抗菌作用相近的抗生素。兽医临床最常用的是红霉素和泰乐菌素，大环内酯类药物的临床应用和在饲料中按亚治疗剂量添加，导致其耐药性大量产生并广泛传播，多种细菌对大环内酯类的耐药率高达 80%以上。耐药性的产生往往引起治疗失败，细菌对大环内酯类药物产生耐药性的机制主要包括 4 种：第一种是结合靶点改变引起大环内酯类耐药，包括 *erm* 基因介导靶位点修饰以及核糖体 RNA 突变；第二种是细菌细胞膜上的外排泵将药物外排，使菌体内药物浓度降低而产生耐药性，其主要是由 *mef* 基因编码的；第三种是灭活酶引起大环内酯类耐药；第四种是细菌细胞壁增厚引起大环内酯类耐药。

【靶位点改变引起大环内酯类耐药】

erm 基因介导靶位点修饰。大环内酯类抗生素作用于细菌核糖体的位点主要是 50S 大亚基，其通过阻断转肽作用和核糖体 RNA 位移而抑制细菌蛋白质合成。通过合成甲基化酶，使位于核糖体 50S 亚基的 23S rRNA 的腺嘌呤甲基化，导致抗生素不能与结合部位结合。

erm 基因编码核糖体甲基化酶，可使细菌 23S rRNA 的 A2058 位点甲基化。A2058 是红霉素结合于细菌核糖体的关键位点，此位点的修饰可显著抑制红霉素与细菌的结合。由于林可霉素、链阳性菌素复合物、大环内酯类三类抗生素与细菌 rRNA 的结合位点存在较大的重叠区域且关键位点均为 A2058，因此 *erm* 基因不仅能影响大环内酯类抗生素如红霉素的耐药性，还可同时导致细菌对林可霉素、链阳性菌素复合物等抗生素的交叉耐药，这种现象称为大环内酯、林可霉素、链阳性菌素 B（MLSB）耐药表型。

erm 基因位于 Tn*1545*、Tn*917* 或类似的接合型、非接合型转座子内，或由质粒携带，能在细菌间广泛传播。至今为止已检出 *erm* 基因 20 余种，其中葡萄球菌中与 MLSB 类抗生素耐药相关的基因主要有 *erm*(A)、*erm*(C)，*erm*(B)则罕见。在法国，88% MLSB 耐药表型的葡萄球菌含有 *erm*(A)或 *erm*(C)基因。链球菌属则以 *erm*(B)基因为主，该基因能介导高水平的大环内酯类耐药。

erm 基因介导的 MLSB 耐药表型可分为诱导型（iMLSB）和结构型（cMLSB）两种，结构型主要是翻译弱化系统的碱基发生改变，包括缺失、重复和点突变，使 *erm* 基因 mRNA 有活性，能被核糖体翻译，导致核糖体在合成时甲基化。这些菌株在诱导剂存在或不存在的情况下对 MLSB 类抗生素都有同等程度的耐药性。诱导型 *erm* 基因 mRNA 被合成，但构象无活性，只能被大环内酯类诱导激活。大环内酯类药物与上游的转录衰减基因结合，导致 mRNA 二级结构发生改变，暴露核糖体结合位点，翻译 *erm* 甲基化酶。

诱导型耐药菌体外表现为对 14 元环（红霉素、罗红霉素）、15 元环（阿奇霉素）大环内酯类药物耐药，对 16 元环（麦迪霉素、泰乐菌素、乙酰螺旋霉素、吉他霉素）大环内酯类药物、林可酰胺类、链阳性菌素 B 敏感。结构型耐药菌对 14 元环、15 元环、16 元环大环内酯类，以及林可霉素类抗生素及奎奴普丁均耐药。葡萄球菌的 iMLSB 耐药菌对 14 元环、15 元环大环内酯类抗生素耐药，而对 16 元环大环内酯类、林可霉素类抗生素及奎奴普丁仍敏感；链球菌的 iMLSB 耐药菌部分菌株对 16 元环大环内酯类及林可霉素类抗生素也耐药。对于葡萄球菌而言，只有 14 元环、15 元环大环内酯类抗生素可诱导耐药性，而对于链球菌属则 14 元环、15 元环、16 元环大环内酯类及林可霉素类抗生素均可诱导耐药性。

核糖体 RNA 突变。核糖体基因变异最早在幽门螺杆菌、禽分枝杆菌中有报道，变异主要发生在与大环内酯类药物结合密切相关的 23S rRNA Ⅴ区、Ⅱ区及蛋白质 L22 和 L4 的高度保守序列中。23S rRNA Ⅴ区主要的突变位点为 A2058、A2059 及 C2611。A2058G 及 A2058U 突变能导致高水平 MLSB 耐药，与由 *erm* 基因编码导致的 A2058 腺嘌呤双甲基化引起的耐药类似。A2059G 突变也能导致细菌对红霉素、泰利霉素、16 元环大环内酯类药物的高水平耐药，以及对克拉霉素、克林霉素的中等水平耐药，但对链阳性菌素敏感。C2611 突变使中心环单链的碱基互补结构 G2057～C2611 失稳，但 C2611U 突变对大环内酯类药物 MIC 值的影响较弱，C2611A 及 C2611G 突变能导致细菌对链阳性菌素 B 产生高水平耐药性。此外，2610 位点 C→U 突变能导致大环内酯类药物及克林霉素 MIC 值轻微增加。

核糖体蛋白 L22 和 L4 结合于 23S rRNA 的 Ⅰ 区，参与维持 23S rRNA 的立体构象。L4 及 L22 突变使细菌多肽链通道发生重大变化，L4 突变使入口通道变窄，不能与红霉素结合，可能降低红霉素与靶位点的结合能力。与之相反，L22 变异能扩大入口通道，通过无效途径结合红霉素。L22 核蛋白体的突变发生在 β 发夹结构延伸的 C2 末端，介导链阳性菌素 B 耐药和低水平的大环内酯类耐药，但对克林霉素无影响。细菌 L4 蛋白的突变发生在一段长度为 32 个氨基酸的高度保守序列中，一般引起 MSB（林可酰胺类和大环内酯类、链阳菌素 B）表型耐药。东欧国家及芬兰发现 MSB 耐药表型的肺炎链球菌中 L4 蛋白含有 3 个氨基酸的取代（69GTG71→69TPS71）。

由 23S rRNA 靶基因突变导致的耐药表型还与变异的 23S rRNA 操纵子基因（*rrl*）的拷贝数相关。变异 *rrl* 接合试验证实，*rrl* 基因变异拷贝数增多时，细菌对红霉素的敏感性降低。肺炎链球菌 23S rRNA 存在 4 个拷贝的 *rrl* 基因，至少 2 个拷贝突变才能导致肺炎链球菌对红霉素高水平耐药。由于幽门螺杆菌及禽分枝杆菌只含有 1 个或者 2 个 *rrl* 基因，因此，肺炎链球菌 RNA 变异比幽门螺杆菌及禽分枝杆菌罕见。

【外排泵转运引起大环内酯类耐药】

细菌通过过量表达外排泵来产生对大环内酯类药物的抗性作用。外排泵是一种膜蛋白（运输蛋白），将药物排出细胞外。该外排系统由 3 个蛋白组成，即运输子、附加蛋白和外膜蛋白，三者缺一不可，故该系统也称为三联外排系统。运输子位于胞浆膜，在系统中起泵的作用；外膜蛋白类似于孔蛋白，位于外膜（阴性菌）或细胞壁（阳性菌），是药物被泵出细胞的外膜通道；附加蛋白位于运输子和外膜蛋白之间，起桥梁作用。当细胞膜或细胞壁上的外排泵将药物泵出细胞外的速度远远快于其流进细胞内的速度时，胞内的药物浓度就会降低，于是大部分核糖体没有与大环内酯类抗菌药物的结合而继续合成蛋白，细胞也就能在含药物的环境中存活下来。

细菌的外排泵转运系统参与细菌和外界的营养物质及离子的交换、代谢产物的排泄等过程，按结构通常分为 5 类：ABC 超家族外排泵通常包括一个位于膜内侧的六次跨膜片段，以及一个位于膜胞质一侧的 ATP 结合区；MFS 超家族以电化学梯度为能量，转运包括糖类、药物等在内的多种物质，其结构通常是由两个跨膜域围绕构成一个底物通道，在革兰氏阳性菌及部分革兰氏阴性菌中均发现存在 *mef* 基因，主要是 *mef*(A)和 *mef*(E)两种基因，*mef* 基因受转录衰减的调控；MATE 家族利用电化学梯度释放的能量介导氨基糖苷类、喹诺酮类抗生素的外排，目前已经确定的细菌 MATE 转运体有 20 多种；SMR 家族的结构通常是由两个四次跨膜蛋白形成的二聚体；RND 超家族在革兰氏阴性菌的耐药中起主导作用。

Msr 家族蛋白在核糖体中取代了大环内酯类药物的位置，通过结合及替换结合药物来保护核糖体。这个家族对 14 元环、15 元环大环内酯类药物具有抗性，对酮内酯类耐药水平较低。长期以来，Msr 家族被认为是通过外排泵对大环内酯类产生抗性的。最新研究发现，其作用方式与 Tet(M)/Tet(O)蛋白类似，在核糖体中结合、替换大环内酯类从而获得抗性。目前已在表皮葡萄球菌、木糖葡萄球菌、肠球菌、链球菌、假单胞菌以及棒状杆菌等细菌中发现了 *msr* 基因。在红霉素耐药的表皮葡萄球菌及金黄色葡萄球菌中，发现了 *msr*(A)基因。*msr*(A)基因位于质粒中，能通过接合、转导、转化等方式在葡萄球菌属中水平传播，因而广泛存在。除 *msr*(A)基因外，在木糖葡萄球菌中检出了类似的 *msr*(B)基因，在肠球菌中分离出了 *msr*(C)基因，三者有较高的同源性。

【灭活酶引起大环内酯类耐药】

虽然外排机制能通过阻止大环内酯类药物在胞内积累达到有效浓度而抵抗其抗菌作用，但是这种机制并未破坏药物本身的结构，被排出细胞外的药物还可能再次进入细胞内起作用。抗生素的失活是因为细菌存在一些大环内酯酶、磷酸转移酶和糖基转移酶，这些酶分别对大环内酯进行酯化，使之失去活性。使大环内酯失活的酶主要有：大环内酯 2′-磷酸转移酶（Mph）、红霉素酯酶和大环内酯糖基转移酶。这些酶使大环内酯失活的机制分别为：红霉素酯酶将红霉素的内酯环水解，大环内酯糖基转移酶将大环内酯的 6-脱氧己糖 2′-OH 糖基化，而大环内酯 2′-磷酸转移酶则将 ATP 上的 2-磷酸转移到大环内酯的 2′-OH 上。大肠杆菌的临床分离株 bm2506 因有大环内酯 2′-磷酸转移酶 II，而对大环内酯具有耐药性。有证据表明，编码 2′-磷酸转移酶 II 的基因 *mphB* 位于该菌株的质粒中，且能通过接合等方式传播给其他的大肠杆菌。

生二素链霉菌存在一个编码大环内酯糖基转移酶的基因 *gimA*，其编码的蛋白质与青紫链霉菌产生的能灭活大环内酯的糖基转移酶 Mgt 有 82.5%的同源性，与抗生素链霉菌产生的能灭活竹桃霉素等大环内酯的糖基转移酶 OleD 有 80.9%的同源性。竹桃霉素的耐药性与细菌中糖基转移酶（OleD、OleI）和糖苷酶（OleR）对竹桃霉素的灭活有关。

肠杆菌科细菌中由 *ereA*、*ereB* 基因编码的红霉素酯酶或由 *mph* 基因编码的大环内酯 2′-磷酸转移酶，能破坏 14 元环大环内酯类抗生素的内酯环（但不能破坏 16 元环大环内酯类抗生素的结构），导致细菌对该类抗生素耐药。葡萄球菌的 *linA*/*linA*′基因可编码灭活林可霉素的酶，导致林可霉素及克林霉素失活。研究还发现 *msr*(A)与 *linA* 基因的联合作用可能导致细菌产生类似 MLSB 的耐药表型。此外，葡萄球菌属细菌还能通过 *vatA*、*vatB* 基因编码乙酰转移酶灭活链阳性菌素 A，通过 *vgb* 基因编码内酯酶灭活链阳性菌素 B，通过 *inuA* 基因介导的化学修饰使林可霉素失活。

【细胞壁增厚引起大环内酯类耐药】

细菌对大环内酯类药物的耐药机制到目前为止较为清楚的就以上 3 种。有日本学者对金黄色葡萄球菌耐药菌株与耐大环内酯类敏感菌株进行比较，并对其耐药基因进行检测，对其细胞壁进行电镜扫描观察。透射电镜结果显示，大环内酯类抗生素的耐药菌株的细胞壁比敏感菌株的细胞壁厚。尽管这个超微结构特征都是大环内酯类抗生素的耐药菌株共有的，但并不与已知的大环内酯类抗生素耐药基因存在相关性。因此，耐大环内酯类抗生素金黄色葡萄球菌菌株具有加厚的细胞壁，细胞壁增厚可能与一个未知的基因有关，这一研究还有待进一步进行。

细菌对抗生素的耐药性已成为当今的一个严重的问题，而有效、安全的新型抗生素的快速发展是解决这一问题的主要途径。大环内酯类药物在临床治疗中发挥了非常重要的作用，因此要尽快研发安全有效的新一代大环内酯药物。2004 年，美国食品药品监督管理局（FDA）批准泰利霉素后，掀起了一场开发新的大环内酯药物的革命。然而，伴随着泰利霉素使用导致的严重副作用，许多研究人员停止了大环内酯的衍生化工作，认为这一过程已经结束。与此同时，模块化大环内酯聚酮合酶的发现也启发人们去努力改变酶域的特异性和活性，以改变相应的苷元或连接糖的结构。这一方法将重组基因引入大环内酯的产生者（大多为细菌）中，以使大环内酯的结构产生预期改变。但许多经过此方法设计的聚酮合酶要么不能产生预期的化合物，要么水平太低而无法发挥作用，这表明在充分利用其化学潜力之前，需要对聚酮类生物合成的生化细节有更深入的了解。近期，化学合成大环内酯的方法克服了遗传操作无法根据大量可用的晶体结构数据快速生成新化合物的缺点，这为合成新的大环内酯化合物开辟了新领域。

主要参考文献

蔡敏. 2005. 大环内酯类抗生素的临床应用与耐药性研究进展. 内蒙古医学院学报, 27(5): 157-159.

陈云鹏, 林雯. 2014. 空肠弯曲杆菌对大环内酯类抗菌药物耐药机制的研究进展. 国际检验医学杂志, 35(3): 309-311.

董毅. 2001. 大环内酯类抗生素的研究进展. 国外医药, 22(3): 134-136.

高延龄, 刘宏伟, 班付国, 等. 2008. 治疗猪牛呼吸道疾病的新型兽用抗菌药物——泰拉霉素. 中国兽药杂志, 42(12): 51-54.

黄允省. 2018. 大环内酯类抗生素的研究新进展. 临床合理用药, 11(1C): 164-165.

李喆宇, 崔玉彬, 张静霞, 等. 2013. 大环内酯类抗生素研究新进展. 国外医药(抗生素分册), 34(1): 6-15.

王明贵. 2000. 细菌对大环内酯类抗生素耐药机制的研究进展. 国外医药(抗生素分册), 21(1): 13-15.

杨宝峰, 陈建国. 2018. 药理学. 9 版. 北京: 人民卫生出版社.

杨慧君, 李晓娜, 王艺晖, 等. 2015. 金黄色葡萄球菌对大环内酯类药物的耐药性及耐药机制的研究进展. 畜牧与兽医, 42(12): 141-144.

杨奕, 张峰, 毕小玲. 2012. 大环内酯类抗生素抗菌机制及构效关系研究现状. 药学进展, 36(2): 49-56.

张桂君, 吴志玲, 梁劲康, 等. 2017. 动物专用大环内酯类新药——泰地罗新. 广东畜牧兽医科技, 42(2): 22-25.

郑敏, 牛志强. 2009. 兽用大环内酯类抗生素的应有概述. 中国动物保健, 11(12): 56-60.

郑忠辉, 石和鹏, 金洁, 等. 2005. 大环内酯类抗生素的发展与展望. 药学进展, 29(1): 1-7.

Alekshun M N, Levy S B. 2007. Molecular mechanisms of antibacterial multidrug resistance. Cell, 128(6): 1037-1050.

Cao B, Zhao C J, Yin Y D, et al. 2010. High prevalence of macrolide resistance in *Mycoplasma pneumoniae* isolates from adult and adolescent patients with respiratory tract infection in China. Clin Infect Dis,

51(2): 189-194.

Chancey S T, Bai X H, Kumar N, et al. 2015. Transcriptional attenuation controls macrolide inducible efflux and resistance in *Streptococcus pneumoniae* and in other Gram-positive bacteria containing *mef/mel(msr(D))* elements. PLoS One, 10(2): e0116254.

Christianson S, Grierson W, Kein D, et al. 2016. Time-to-detection of inducible macrolide resistance in *Mycobacterium abscessus* subspecies and its association with the Erm(41) sequevar. PLoS One, 11(8): e0158723.

Dinos G, Connell S, Nierhaus K, et al. 2003. Erythromycin, roxithromycin, and clarithromycin: use of slow-binding kinetics to compare their *in vitro* interaction with a bacterial ribosomal complex active in peptide bond formation. Mol Pharmacol, 63(3): 617-623.

Dinos G P. 2017. The macrolide antibiotic renaissance. Br J Pharmacol, 174(18): 2967-2983.

Dowsett S A, Kowolik M J. 2003. Oral *Helicobacter pylori*: can we stomach it? Crit Rev Oral Biol Med, 14(3): 226-233.

Fong D H, Burk D L, Blanchet J, et al. 2017. Structural basis for kinase-mediated macrolide antibiotic resistance. Structure, 25(5): 750-761.

Fyfe C, Grossman T H, Kerstein K. 2016. Resistance to macrolide antibiotics in public health pathogens. Cold Spring Harb Perspect Med, 6(10): a025395.

Guérin F, Isnard C, Bucquet F, et al. 2016. Novel chromosome-encoded *erm*(47) determinant responsible for constitutive MLSB resistance in *Helcococcus kunzii*. J Antimicrob Chemother, 71(11): 3046-3049.

Hamad B. 2010. The antibiotics market. Nat Rev Drug Discov, 9(9): 675-676.

Hyo Y, Yamada S, Fukutsuji K, et al. 2013. Thickening of the cell wall in macrolide-resistant *Staphylococcus aureus*. Med Mol Morphol, 46(4): 217-224.

Jay-Russell M T, Mandrell R E, Yuan J, et al. 2013. Using major outer membrane protein typing as an epidemiological tool to investigate outbreaks caused by milk-borne *Campylobacter jejuni* isolates in California. J Clin Microbiol, 51(1): 195-201.

Jensen J S, Fernandes P, Unemo M. 2014. *In vitro* activity of the new fluoroketolide solithromycin (CEM-101) against macrolide-resistant and -susceptible *Mycoplasma genitalium* strains. Antimicrob Agents Chemother, 58(6): 3151-3156.

Katz L, McDaniel R. 1999. Novel macrolides through genetic engineering. Med Res Rev, 19(6): 543-558.

Krokidis M, Bougas A, Stavropoulou M, et al. 2016. The slow dissociation rate of K-1602 contributes to the enhanced inhibitory activity of this novel alkyl-aryl-bearing fluoroketolide. J Enzyme Inhib Med Chem, 31(2): 276-282.

Ma Z, Clark R F, Brazzale A, et al. 2001. Novel erythromycin derivatives with aryl groups tethered to the C-6 position are potent protein synthesis inhibitors and active against multidrug-resistant respiratory pathogens. J Med Chem, 44(24): 4137-4156.

Mankin A S. 2008. Macrolide myths. Curr Opin Microbiol, 11(5): 414-421.

Matsuoka M, Jánosi L, Endou K, et al. 1999. Cloning and sequences of inducible and constitutive macrolide resistance genes in *Staphylococcus aureus* that correspond to an ABC transporter. FEMS Microbiol Lett, 181(1): 91-100.

Morici E, Simoni S, Brenciani A, et al. 2017. A new mosaic integrative and conjugative element from *Streptococcus agalactiae* carrying resistance genes for chloramphenicol (*catQ*) and macrolides [*mef*(I) and *erm*(TR)]. J Antimicrob Chemother, 72(1): 64-67.

Nonaka L, Maruyama F, Suzuki S, et al. 2015. Novel macrolide-resistance genes, *mef*(C) and *mph*(G), carried by plasmids from *Vibrio* and *Photobacterium* isolated from sediment and seawater of a coastal aquaculture site. Lett Appl Microbiol, 61(1): 1-6.

Oh E, Zhang Q J, Jeon B. 2014. Target optimization for peptide nucleic acid (PNA)-mediated antisense inhibition of the CmeABC multidrug efflux pump in *Campylobacter jejuni*. J Antimicrob Chemother, 69(2): 375-380.

Park S R, Han A R, Ban Y H, et al. 2010. Genetic engineering of macrolide biosynthesis: past advances, current state, and future prospects. Appl Microbiol Biotechnol, 85(5): 1227-1239.

Pavlova A, Gumbart J C. 2015. Parametrization of macrolide antibiotics using the force field toolkit. J Comput Chem, 36(27): 2052-2063.

Pfister P, Corti N, Hobbie S, et al. 2005. 23S rRNA base pair 2057-2611 determines ketolide susceptibility and fitness cost of the macrolide resistance mutation 2058A→G. Proc Natl Acad Sci U S A, 102(14): 5180-5185.

Piscitelli S C, Danziger L H, Rodvold K A. 1992. Clarithromycin and azithromycin: new macrolide antibiotics. Clin Pharm, 11(2): 137-152.

Ramu H, Vázquez-Laslop N, Klepacki D, et al. 2011. Nascent peptide in the ribosome exit tunnel affects functional properties of the A-site of the peptidyl transferase center. Mol Cell, 41(3): 321-330.

Schlünzen F, Zarivach R, Harms J, et al. 2001. Structural basis for the interaction of antibiotics with the peptidyl transferase centre in eubacteria. Nature, 413(6858): 814-821.

Seiple I B, Zhang Z Y, Jakubec P, et al. 2016. A platform for the discovery of new macrolide antibiotics. Nature, 533(7603): 338-345.

Vimberg V, Lenart J, Janata J, et al. 2015. ClpP-independent function of ClpX interferes with telithromycin resistance conferred by Msr(A) in *Staphylococcus aureus*. Antimicrob Agents Chemother, 59(6): 3611-3614.

Zhang B, Wang M M, Wang B, et al. 2018. The effects of bio-available copper on macrolide antibiotic resistance genes and mobile elements during tylosin fermentation dregs co-composting. Bioresour Technol, 251: 230-237.

第五节　酰胺醇类药物的耐药机制

酰胺醇（amphenicol）类/氯霉素（chloramphenicol）类药物是一类广谱抗生素，对革兰氏阴性菌的抑菌作用强于革兰氏阳性菌，属抑菌药；对流感嗜血杆菌、脑膜炎奈瑟菌、肺炎链球菌也具有杀灭作用。该类药物主要包括氯霉素、甲砜霉素、叠氮氯霉素、氟苯尼考等。其中，氯霉素曾经在人医及兽医临床广泛使用，特别是在兽医临床抗感染治疗中发挥了举足轻重的作用，但随后的研究证实其具有严重的毒副作用、药物残留以及产生耐药性等问题，因而被包括中国在内的许多国家禁用于兽医临床。氟苯尼考作为动物专用抗菌药物，在无潜在致再生障碍性贫血的副作用的同时具有使用安全的特点，于 20 世纪 90 年代后期被作为兽药和饲料添加剂在欧洲、美洲、亚洲等 20 多个国家的养殖业中广泛应用。然而，人们对抗菌药物的长期使用、不合理用药等因素，导致了细菌相关耐药菌株的产生数量逐年上升，并且有越来越多的耐药基因被发现和报道，这些使得酰胺醇类药物耐药性问题日益加重。细菌耐药性的快速产生、传播和高耐药率，都对抗菌药物的临床应用与新抗菌药物的开发提出了严峻的挑战，引起了人们的高度重视。

酰胺醇类药物的结构及作用机制

【酰胺醇类药物的结构】

最早被发现的酰胺醇类抗菌药物是氯霉素。早在 1947 年，从委内瑞拉链霉菌中提取的氯胺苯醇便是最先提及的氯霉素类药物。氯霉素类药物由不同的 3 个基团（R1、R2、R3）构成，但它的 4 种构象中只有 D-苏阿糖型具有抗菌活性。其中 C-3 端羟基基团能与核糖体 50S 亚基的肽基转移酶结合，并可被氟取代，被认为是抑制蛋白质合成的关键基团。除了氟替代（氟苯尼考），C-3 端几乎没有其他有效的替代物。在这些基团之间，硝基（$—NO_2$）被认为是造成机体再生障碍性贫血的原因，而通过磺酸甲基（甲砜霉素和氟苯尼考的一部分）替代硝基后，即可有效地杀菌且不再产生再生障碍性贫血的毒副作用。

氯霉素十分稳定，可在室温下存放很长的时间，它在生理 pH 条件下是两性分子并且不电离。氯霉素可以通过生物膜杀灭细胞内的细菌并可迅速通过血脑屏障。氟苯尼考是 20 世纪 80 年代后期研制的一种兽医专用广谱抗菌药物，也只有 D-苏阿糖型具有抗菌活性，在 pH 为 3～9 条件下无法电离并且在水中基本不溶，但其亲油性可以使其良好地渗透到组织。

氯霉素和一些衍生物，如甲砜霉素和叠氮氯霉素，已经在人类医学中使用多年。氯霉素的某些酯，如氯霉素棕榈酸酯或氯霉素琥珀酸酯，已用于治疗过程。它们一般不表现活性，直到酯酶水解后，它们才表现出抗菌活性。氯霉素琥珀酸酯在水中具有良好的溶解性，因此可于肠外应用。水溶性叠氮氯霉素只用于滴眼液。在临床应用初期，氯霉素被认为是一种很有前途的广谱抗菌药物。然而，自 20 世纪 60 年代中期以来，随着氯霉素的广泛应用，人们已经观察到许多不良影响。这些副作用包括与使用剂量无关的不可逆再生障碍性贫血，一种与剂量相关的可逆性骨髓抑制，或新生儿和婴儿的灰婴综合征，偶尔也会出现对氯霉素的超敏反应，包括皮疹等。

【酰胺醇类药物的作用机制】

基于与 70S 核糖体的 50S 亚基中的肽酰转移酶中心的可逆结合，氯霉素对原核生物具有高效特异的抑制蛋白质合成、阻碍肽链延伸的作用。相较于 80S 核糖体，线粒体核糖体与 70S 核糖体更为相似，氯霉素及其衍生物不作用于真核细胞的 80S 核糖体，而被认为可以和线粒体的核糖体相互作用。因此，骨髓干细胞中的线粒体可能被损伤，导致骨髓再生功能被抑制。

氯霉素的抗菌谱包括革兰氏阴性菌、革兰氏阳性菌，以及衣原体、支原体和立克次体，其衍生物氟苯尼考也有相似的抗菌谱。虽然氯霉素和氟苯尼考对不同种属细菌的最低抑菌浓度的基础水平不同，但是目前尚未发现对这两种药有天然耐药性的细菌。

细菌对酰胺醇类药物的耐药机制

从 1990 年以来，氟苯尼考为畜牧业的健康发展作出了巨大的贡献。然而，随着大量的使用，细菌对氟苯尼考的耐药性越来越强，也不断有新的耐药机制被发现，已发现的耐药机制也变得越发复杂。氟苯尼考的耐药基因大多位于易于传播扩散的可移动遗传元件上；由动物源细菌产生的氟苯尼考耐药基因也能介导噁唑烷酮类、链阳霉素 A 类等药物的耐药，而这些药物是治疗革兰氏阳性菌感染的重要药物，氟苯尼考的耐药性增加，以及交叉耐药性的出现对公共卫生与人类健康的威胁需要研究和评价。

近些年来，已经发现了多种可以使细菌对氯霉素产生耐药性的机制。最早发现的氯霉素乙酰转移酶（chloramphenicol acetyltransferase，CAT），也是到目前为止最普遍的氯霉素耐药机制，这类酶具有的不同作用方式均能使氯霉素发生乙酰化失活而失效。此外，氯霉素还被发现了一些其他的耐药机制，如外排泵系统、磷酸转移酶的失活、药物作用位点的突变以及通透性屏障等。目前，酰胺醇类药物耐药基因还缺乏相应的广泛认同的命名方式，随着新的耐药基因被不断地发现，其命名较混乱（不同基因有相同的名字或相同基因出现不同的名字）。因此，与四环素类、大环内酯类、林可酰胺类耐药基因命名规则一样，酰胺醇类药物耐药基因也急需一个统一的命名方式来对其进行规范。

【乙酰化酶引起的酰胺醇类耐药机制】

氯霉素乙酰转移酶（CAT）能使氯霉素和甲砜霉素转化为无抗菌活性的代谢产物；而氟苯尼考 C-3 端的羟基被氟原子取代，从而不受乙酰转移酶的影响。因此，只含有 *cat* 基因编码的乙酰转移酶的菌株仅对氯霉素耐药，仍然对氟苯尼考敏感。目前，根据氯霉素乙酰转移酶结构的不同，可以将其划分为两大类：A 类 CAT 和 B 类 CAT。

A 类氯霉素乙酰转移酶。A 类 CAT 目前已经在多种细菌之中被检测到，尽管它们在氨基酸序列上有些不同，但却存在着某些共性。原生的 CAT 通常是由三个大小为 207～238 个氨基酸的多肽组成的结构。目前发现的所有 A 类 CAT 在结合底物、催化功能、单体折叠或和单体组装成三聚体等的功能上是相对保守的。某些 A 类的 CAT 具有特殊功能，如介导梭链孢酸的耐药性或能被巯基反应试剂抑制；弗氏志贺菌中的 CATⅢ，其晶体衍射结果可作为 CAT 单体催化功能和单体装配研究的基础。*catA* 基因至少可分为 16 个不同的组，即 A-1～A-16，其对应同组的 A 类 CAT 蛋白在氨基酸序列上至少表现 80%的同源性。

B 类氯霉素乙酰转移酶。B 类 CAT 有时也称为外源化合物乙酰转移酶，在革兰氏阴性菌中比革兰氏阳性菌中多见。与 A 类 CAT 的大小类似，也是由 209～212 个氨基酸的单体装配成的多聚体；但是在结构上与 A 类 CAT 有很大区别，只与葡萄球菌和肠球菌中的某些乙酰化酶较为相似。B 类 CAT 主要与 A 类的链阳菌素耐药有关[如 Vat(D)、Vat(E)、Vat(A)或 Vat(B)]。B 类 CAT 至少可以划为 5 个不同的组。*catB1* 基因被发现位于根瘤农杆菌的基因组上；*catB2* 基因被发现位于大肠杆菌的多重耐药转座子 Tn*2424* 上；B-3 组的基因（包括 *catB3*、*catB4*、*catB5*、*catB6* 和 *catB8* 基因）一般位于肠杆菌科细菌和铜绿假单胞菌的多重耐药转座子或质粒的多重耐药整合子上；*catB7* 基因位于铜绿假单胞菌的染色体 DNA 上；*catB9* 基因位于霍乱弧菌的染色体 DNA 的一个超级整合子上。

【外排泵引起的酰胺醇类耐药机制】

细菌可以通过特异性外排泵或多药外排泵排出氯霉素或氟苯尼考。氯霉素和氟苯尼考特异性外排泵没有细胞代谢功能，其底物范围较窄，只能排出化学结构相似的少数药物；而多药外排泵通常可以排出大量化学结构上不相关联的物质，在排出毒性化合物方面能发挥很大的作用。通常特异性外排泵比多药外排泵产生更高的耐药性。

特异性外排泵。临床上很多常见细菌或环境细菌中都曾检出过编码酰胺醇类药物特异性外排泵的基因，Butaye 等（2003）曾报道过编码特异性外排蛋白的可移动基因，其中就包括酰胺醇类药物的特异性外排泵。目前发现有 8 组不同的酰胺醇类药物特异性外排泵（E-1～E-8），但只有 E-3（*cmlA-like*、*floR*、*flo*、*pp-flo*）和 E-4 组（*fexA*、*fexB*）的外排泵能够同时泵出细菌内的氯霉素与氟苯尼考。

Rubens 等（1979）首次在铜绿假单胞菌中检测到由非酶灭活机制介导的氯霉素耐药性，并发现该机制与转座子 Tn*1696* 有关。对 Tn*1696* 的测序发现了氯霉素耐药基因 *cmlA*，其编码一个由 419 个氨基酸组成的蛋白质，并含有 12 个跨膜区域，与其他主动易化超家族的跨膜转运体蛋白有很高的相似性。后来发现 *cmlA* 基因是一个基因盒的一部分，但具有自身启动子，并且其表达是由翻译弱化信号调控的；在 *cmlA* 基因的上游存在一个与调节 *catA* 基因表达的衰减子相似的结构。近年来，在不同种类的革兰氏阴性菌（包括大肠杆菌、鼠伤寒沙门菌、肺炎克雷伯菌和铜绿假单胞菌）中发现了许多与 *cmlA* 基因相似的基因，均将其归入 E-1 族群中。

Lang 等（2010）报道了一个新的氟苯尼考外排泵 *pexA* 基因，其与其他外排泵的同源性仅有 68%，但它却可以介导酰胺醇类抗菌药物的高水平耐药。目前对这个基因的研究极少，并没有报道显示有细菌菌株携带这个氟苯尼考外排泵 *pexA* 基因。这个新的外排泵是从阿拉斯加的土壤中通过宏基因组的方法筛选到的，这说明自然界中还有许多未被发现的耐药现象与机制，同时也为研究者提供了一种新的研究方法。因而，目前尚未将其归类。

多药外排泵系统。除了特异性外排泵，研究者还发现了不少底物范围很广（包括氯霉素和氟苯尼考）的多药外排系统。总的来说，由多药外排泵编码的氯霉素和氟苯尼考的耐药性比特异性外排泵介导的耐药性低。AcrAB-TolC 多药外排系统可以低水平排出氯霉素和氟苯尼考（MIC=4μg/mL）。如果这个系统出现过表达的情况，则可能介导氯霉素和氟苯尼考出现低水平的耐药。在大肠杆菌中还发现了一个多药外排泵蛋白 MdfA，其可以排出氯霉素。MdfA 蛋白由 441 个氨基酸组成，并包括 12 个跨膜区域，与大肠杆菌的另一个蛋白 Cmr 具有 96%的氨基酸同源性，只能排出氯霉素。在铜绿假单胞菌中也发现了可以排出氯霉素的多药外排泵。这个多药外排泵与 AcrAB-TolC 多药外排系统类似，由三个部分组成：一个耐药结节分化超家族的蛋白（MexB、MexD 或 MexF）、一个膜融合蛋白（MexA、MexC 或 MexE）和一个外膜蛋白（OmpM、OmpJ 或 OprN）。这三个蛋白协同作用完成药物的排出。与此类似的多药外排泵还有洋葱伯克霍尔德菌中发现的 CeoAB-OpcM 系统和恶臭假单胞菌中发现的 ArpAB-ArpC 与 TtgAB-TtgC 系统。这些多药外排系统的过表达导致氯霉素的 MIC 值显著升高，但若对这些系统进行功能消除，会导致菌株对氯霉素更加敏感。Lee 等（2000）调查了在大肠杆菌和铜绿假单胞菌中多个外排泵基因同时表达的效应，包括特异性外排泵 CmlA，多药外排泵 MdfA、AcrAB-TolC 或 MexAB-OprM，观察到叠加或加成效应。由此可见，若干个多药外排泵可以同时在一株菌中存在，可能会和特异性外排泵共同起作用。

在革兰氏阳性菌中，也发现了一些多药外排泵可介导氯霉素耐药，如金黄色葡萄球菌的 NorA 或枯草芽孢杆菌的 Blt。但是，研究发现 *norA* 基因过量表达的菌株和不含该基因的菌株一样，对氯霉素和氟苯尼考的 MIC 值依然较低。该研究证明 *norA* 基因可能并不介导葡萄球菌氯霉素和氟苯尼考耐药。

【基因突变引起的酰胺醇类耐药机制】

在鼠伤寒沙门菌中，OmpF 蛋白是氯霉素进入细胞所必需的蛋白，它的缺失导致了氯霉素的高水平耐药。在许多肠杆菌科细菌中发现的 *mar* 位点也有可能造成大肠杆菌对氯霉素的耐药。转录激活因子 MarA 可以激活 *micF* 基因产生一个反义 RNA，从而有效抑制 *ompF* 基因的翻译。

大肠杆菌和枯草芽孢杆菌主要通过核糖体蛋白基因簇的突变对氯霉素产生抗性，而大肠杆菌的 23S rRNA 基因突变也有可能导致氯霉素耐药。但是，与其他蛋白合成抑制剂（如大环内酯类、林可酰胺类、链阳菌素类）不同，由点突变或修饰导致氯霉素耐药的情况很少见。对这种现象的可能的解释是肽酰转移酶核心结构改变影响氯霉素的结合，同时也导致了核糖体功能失常。

另一个在革兰氏阳性菌中可同时介导氯霉素和氟苯尼考耐药的基因，被命名为 *cfr*，广泛存在于世界各地的多种革兰氏阳性菌及阴性菌中。*cfr* 基因最早由 Schwarz 等（2000）从牛源松鼠葡萄球菌中的一个大小约 17kb 的质粒（pSCF1）上发现。该基因编码 23S rRNA 甲基转移酶，与任何其他已报道的酰胺醇类药物耐药基因没有同源性，并且不能使氯霉素和氟苯尼考失活，也不表现跨膜活性。由于林可酰胺类、截短侧耳素类、噁唑烷酮类（利奈唑胺）和链阳霉素 A 类这 4 种药物的结合位点与该基因产物的结合位点部分重叠，因此 *cfr* 可同时对这 4 类药物产生耐药性。其由于介导 5 种化学结构完全不同药物的耐药性，目前在科学界广受关注。

2015 年，科学家于艰难梭菌中发现了一段与 *cfr* 样基因编码的蛋白序列相似度达到 99.7%的蛋白序列，进一步研究发现该蛋白的基因编码序列与 *cfr* 的同源性为 74.9%，命名为 *cfr*(B)基因。2017 年，科学家又于牛源弯曲菌中发现了 *cfr*(C)基因，该基因与 *cfr* 和 *cfr*(B)编码的氨基酸序列同源性分别为 55.1%和 54.9%。这两种基因与 *cfr* 基因相同，可介导酰胺醇类、林可酰胺类、截短侧耳素类、噁唑烷酮类和链阳霉素 A 类 5 类药物耐药。

现有的研究发现，某些耐药性是由于抗菌药的作用靶位被细菌产生的酶修饰或者直接发生突变，从而使得抗菌药亲和力下降甚至无作用。这种靶位修饰是氟苯尼考耐药的另一个主要机制。

【其他耐药机制】

除去以上耐药机制外，细菌对氯霉素产生耐药性还可以由通透性屏障机制、酶的水解、*optrA* 及 *poxtA* 基因引起。

通透性屏障改变产生的耐药性。Burns 等（1985）筛选出了 4 株高氯霉素抗性（MIC＞20μg/mL）的菌株，而通过薄层色谱法和生物测定法均没有在这些菌株中检测到氯霉素乙酰转移酶的活性。对外膜蛋白进行十二烷基磺酸钠-聚丙烯酰胺凝胶电泳分析，发现这些菌株的 40kDa 蛋白大大减少。由此人们首次发现因外膜蛋白的缺失而形成的相对渗透性屏障对氯霉素耐药起到关键作用。随后，在 1989 年，研究人员在一个囊性纤维化患者的荧光假单胞菌分离株中检测到氯霉素耐药性。通过研究其潜在的阻力机制，包括氯霉素乙酰转移酶的产生、核糖体保护和渗透性的降低，发现该菌株（MIC=200μg/mL）无氯霉素乙酰转移酶活性。在一次体外翻译实验中通过将荧光假单胞菌耐药菌株与敏感菌株进行比较，发现即使在亚剂量氯霉素环境中，氯霉素对氨基酸结合的抑制作用也是一样的。通过克隆介导氯霉素抗性的 DNA 片段，研究者发现该片段在荧光假单胞菌中表达，在大肠杆菌中不表达。而对同基因型的易感菌和耐药菌进行氯霉素摄入的定量分析，结果显示进入耐药菌株的药物量是进入敏感菌株的约 1/10。比较了两种菌的外膜蛋白和脂多糖，结果发现并没有显著差异。由此得出结论，该菌株对氯霉素的耐药性是由细胞膜通透性的降低而导致的。

多重耐药基因产生的耐药性。Wang 等（2015）在对噁唑烷酮耐药的人粪肠球菌 E349 中未发现 *cfr* 基因和 23S rRNA。通过进一步研究，发现了一种新耐药基因 *optrA*，该基因能够介导噁唑烷酮类药物和酰胺醇类药物的耐药性。*optrA* 位于质粒上，编码 ATP 结合盒转运体，但 optrA 类转运蛋白缺乏跨膜结构，目前对该基因具体的耐药机制尚未完全明了。值得注意的是，*optrA* 不仅对利奈唑胺表现出抗性，同时也会介导同属于噁唑烷酮类的泰地唑利的耐药性。通过回溯性研究，研究者发现在中国批准使用利奈唑胺前就已存在 *optrA* 基因，猜测很可能是酰胺醇类药物的选择压力导致了该基因的出现。

poxtA 基因是 Antonelli 等（2018）在对利奈唑胺耐药的金黄色葡萄球菌中发现的可以介导利奈唑胺耐药的基因。该基因大小为 1629bp，其编码的 542 个氨基酸属于 ABC 转运蛋白家族。*poxtA* 基因除了可以介导利奈唑胺等噁唑烷酮类抗菌药物的耐药性，还可介导苯丙醇类、四环素类的耐药性。该基因主要位于质粒，可以水平传播。

主要参考文献

冯世文, 曾芸, 李军, 等. 2014. 细菌对氟苯尼考的耐药机制研究. 黑龙江畜牧兽医, (3): 52-54.

黄凯, 陈素娟, 黄骏, 等. 2015. 动物源性沙门氏菌的耐药性分析及氟苯尼考类耐药基因的鉴定. 中国畜牧兽医, 42(2): 459-466.

李军, 冯世文, 曾芸, 等. 2019. 大肠杆菌 O157:H7 氟苯尼考耐药菌株与敏感菌株的蛋白组学差异. 南方农业学报, 50(4): 875-882.

刘蔚雯, 汪洋. 2018. 细菌对氟苯尼考的耐药机制研究进展. 中国动物传染病学报, 26(1): 1-6.

萧志梅. 2000. 氟苯尼考的临床应用及市场状况. 中国兽药杂志, 34(5): 53-54.

杨宝峰, 陈建国. 2018. 药理学. 9 版. 北京: 人民卫生出版社.

姚晓慧, 蔡建星, 苏战强, 等. 2018. 猪源葡萄球菌中氟苯尼考耐药基因及其移动元件检测分析. 中国农业科技导报, 20(11): 54-61.

张平, 彭琳瑶, 徐昌文, 等. 2018. 猪源肠球菌中氟苯尼考耐药性调查及 *fexA* 基因环境研究. 中国畜牧兽医, 45(6): 1700-1707.

郑朝朝. 2010. 大肠杆菌氟苯尼考耐药性在不同动物间的传播研究. 保定: 河北农业大学硕士学位论文.

Ahmed M, Lyass L, Markham P N, et al. 1995. Two highly similar multidrug transporters of *Bacillus subtilis* whose expression is differentially regulated. J Bacteriol, 177(14): 3904-3910.

Allignet J, Loncle V, Simenel C, et al. 1993. Sequence of a staphylococcal gene, *vat*, encoding an acetyltransferase inactivating the A-type compounds of virginiamycin-like antibiotics. Gene, 130(1): 91-98.

Alton N K, Vapnek D. 1979. Nucleotide sequence analysis of the chloramphenicol resistance transposon Tn*9*. Nature, 282(5741): 864-869.

Anderson L M, Henkin T M, Chambliss G H, et al. 1984. New chloramphenicol resistance locus in *Bacillus subtilis*. J Bacteriol, 158(1): 386-388.

Antonelli A, D'Andrea M M, Brenciani A, et al. 2018. Characterization of *poxtA*, a novel phenicol-oxazolidinone-tetracycline resistance gene from an MRSA of clinical origin. J Antimicrob Chemother, 73(7): 1763-1769.

Arcangioli M A, Leroy-Sétrin S, Martel J L, et al. 1999. A new chloramphenicol and florfenicol resistance gene flanked by two integron structures in *Salmonella typhimurium* DT104. FEMS Microbiol Lett, 174(2): 327-332.

Aubert D, Poirel L, Chevalier J, et al. 2001. Oxacillinase-mediated resistance to cefepime and susceptibility to ceftazidime in *Pseudomonas aeruginosa*. Antimicrob Agents Chemother, 45(6): 1615-1620.

Baucheron S, Imberechts H, Chaslus-Dancla E, et al. 2002. The AcrB multidrug transporter plays a major role in high-level fluoroquinolone resistance in *Salmonella enterica* serovar typhimurium phage type DT204. Microb Drug Resist, 8(4): 281-289.

Baughman G A, Fahnestock S R. 1979. Chloramphenicol resistance mutation in *Escherichia coli* which maps in the major ribosomal protein gene cluster. J Bacteriol, 137(3): 1315-1323.

Beaber J W, Hochhut B, Waldor M K. 2002. Genomic and functional analyses of SXT, an integrating antibiotic resistance gene transfer element derived from *Vibrio cholerae*. J Bacteriol, 184(15): 4259-4269.

Bischoff K M, White D G, McDermott P F, et al. 2002. Characterization of chloramphenicol resistance in beta-hemolytic *Escherichia coli* associated with diarrhea in neonatal swine. J Clin Microbiol, 40(2): 389-394.

Bissonnette L, Champetier S, Buisson J P, et al. 1991. Characterization of the nonenzymatic chloramphenicol resistance (*cmlA*) gene of the In4 integron of Tn*1696*: similarity of the product to transmembrane transport proteins. J Bacteriol, 173(14): 4493-4502.

Boyd D, Cloeckaert A, Chaslus-Dancla E, et al. 2002. Characterization of variant *Salmonella* genomic island 1 multidrug resistance regions from serovars Typhimurium DT104 and Agona. Antimicrob Agents Chemother, 46(6): 1714-1722.

Boyd D, Peters G A, Cloeckaert A, et al. 2001. Complete nucleotide sequence of a 43-kilobase genomic island associated with the multidrug resistance region of *Salmonella enterica* serovar Typhimurium DT104 and its identification in phage type DT120 and serovar Agona. J Bacteriol, 183(19): 5725-5732.

Bozdogan B, Galopin S, Gerbaud D, et al. 2003. Chromosomal *aadD2* encodes an aminoglycoside nucleotidyltransferase in *Bacillus clausii*. Antimicrob Agents Chemother, 47(4): 1343-1346.

Brenner D G, Shaw W V. 1985. The use of synthetic oligonucleotides with universal templates for rapid DNA sequencing: results with staphylococcal replicon pC221. EMBO J, 4(2): 561-568.

Bunny K L, Hall R M, Stokes H W. 1995. New mobile gene cassettes containing an aminoglycoside resistance gene, *aacA7*, and a chloramphenicol resistance gene, *catB3*, in an integron in pBWH301. Antimicrob Agents Chemother, 39(3): 686-693.

Burns J L, Hedin L A, Lien D M. 1989. Chloramphenicol resistance in *Pseudomonas cepacia* because of decreased permeability. Antimicrob Agents Chemother, 33(2): 136-141.

Burns J L, Mendelman P M, Levy J, et al. 1985. A permeability barrier as a mechanism of chloramphenicol resistance in *Haemophilus influenzae*. Antimicrob Agents Chemother, 27(1): 46-54.

Butaye P, Cloeckaert A, Schwarz S. 2003. Mobile genes coding for efflux-mediated antimicrobial resistance in Gram-positive and Gram-negative bacteria. Int J Antimicrob Agents, 22(3): 205-210.

Cannon M, Hartford S, Davies J. 1990. A comparative study on the inhibitory actions of chloramphenicol, thiamphenicol, and some fluorinated derivatives. J Antimicrob Chemother, 26(3): 307-317.

Carattoli A, Tosini F, Giles W P, et al. 2002. Characterization of plasmids carrying CMY-2 from expanded-spectrum cephalosporin-resistant *Salmonella* strains isolated in the United States between 1996 and 1998. Antimicrob Agents Chemother, 46(5): 1269-1272.

Charles I G, Keyte J W, Shaw W V. 1985. Nucleotide sequence analysis of the *cat* gene of *Proteus mirabilis*: comparison with the type I (Tn*9*) *cat* gene. J Bacteriol, 164(1): 123-129.

Cloeckaert A, Baucheron S, Chaslus-Dancla E. 2001. Nonenzymatic chloramphenicol resistance mediated by IncC plasmid R55 is encoded by a *floR* gene variant. Antimicrob Agents Chemother, 45(8): 2381-2382.

Cloeckaert A, Baucheron S, Flaujac G, et al. 2000. Plasmid-mediated florfenicol resistance encoded by the *floR* gene in *Escherichia coli* isolated from cattle. Antimicrob Agents Chemother, 44(10): 2858-2860.

Cloeckaert A, Boumedine K S, Flaujac G, et al. 2000. Occurrence of a *Salmonella enterica* serovar typhimurium DT104-like antibiotic resistance gene cluster including the *floR* gene in *S. enterica* serovar agona. Antimicrob Agents Chemother, 44(5): 1359-1361.

Dang H Y, Ren J, Song L S, et al. 2008. Dominant chloramphenicol-resistant bacteria and resistance genes in coastal marine waters of Jiaozhou Bay, China. World J Microb Biot, 24(2): 209-217.

Desomer J, Vereecke D, Crespi M, et al. 1992. The plasmid-encoded chloramphenicol-resistance protein of *Rhodococcus fascians* is homologous to the transmembrane tetracycline efflux proteins. Mol Microbiol, 6(16): 2377-2385.

Dorman C J, Foster T J. 1982. Nonenzymatic chloramphenicol resistance determinants specified by plasmids R26 and R55-1 in *Escherichia coli* K-12 do not confer high-level resistance to fluorinated analogs. Antimicrob Agents Chemother, 22(5): 912-914.

Dorman C J, Foster T J, Shaw W V. 1986. Nucleotide sequence of the R26 chloramphenicol resistance determinant and identification of its gene product. Gene, 41(2-3): 349-353.

Doublet B, Lailler R, Meunier D, et al. 2003. Variant *Salmonella* genomic island 1 antibiotic resistance gene cluster in *Salmonella enterica* serovar Albany. Emerg Infect Dis, 9(5): 585-591.

Doublet B, Schwarz S, Nussbeck E, et al. 2002. Molecular analysis of chromosomally florfenicol-resistant *Escherichia coli* isolates from France and Germany. J Antimicrob Chemother, 49(1): 49-54.

Edgar R, Bibi E. 1997. MdfA, an *Escherichia coli* multidrug resistance protein with an extraordinarily broad spectrum of drug recognition. J Bacteriol, 179(7): 2274-2280.

Ehrlich J, Bartz Q R, Smith R M, et al. 1947. Chloromycetin, a new antibiotic from a soil actinomycete. Science, 106(2757): 417.

Ettayebi M, Prasad S M, Morgan E A. 1985. Chloramphenicol-erythromycin resistance mutations in a 23S rRNA gene of *Escherichia coli*. J Bacteriol, 162(2): 551-557.

Franklin T J, Snow G A. 1998. Biochemistry and Molecular Biology of Antimicrobial Action. 5th ed. London: Kluwer Academic Publishers.

George A M, Hall R M. 2002. Efflux of chloramphenicol by the CmlA1 protein. FEMS Microbiol Lett, 209(2): 209-213.

Harwood C R, Williams D M, Lovett P S. 1983. Nucleotide sequence of a *Bacillus pumilus* gene specifying chloramphenicol acetyltransferase. Gene, 24(2-3): 163-169.

He T, Shen J Z, Schwarz S, et al. 2015. Characterization of a genomic island in *Stenotrophomonas maltophilia* that carries a novel *floR* gene variant. J Antimicrob Chemother, 70(4): 1031-1036.

He T, Shen Y B, Schwarz S, et al. 2016. Genetic environment of the transferable oxazolidinone/phenicol resistance gene *optrA* in *Enterococcus faecalis* isolates of human and animal origin. J Antimicrob Chemother, 71(6): 1466-1473.

Hochhut B, Lotfi Y, Mazel D, et al. 2001. Molecular analysis of antibiotic resistance gene clusters in *Vibrio cholerae* O139 and O1 SXT constins. Antimicrob Agents Chemother, 45(11): 2991-3000.

Horinouchi S, Weisblum B. 1982. Nucleotide sequence and functional map of pC194, a plasmid that specifies inducible chloramphenicol resistance. J Bacteriol, 150(2): 815-825.

Kehrenberg C, Schwarz S. 2001. Occurrence and linkage of genes coding for resistance to sulfonamides, streptomycin and chloramphenicol in bacteria of the genera *Pasteurella* and *Mannheimia*. FEMS Microbiol Lett, 205(2): 283-290.

Kehrenberg C, Schwarz S. 2002. Nucleotide sequence and organization of plasmid pMVSCS1 from *Mannheimia varigena*: identification of a multiresistance gene cluster. J Antimicrob Chemother, 49(2): 383-386.

Kehrenberg C, Schwarz S. 2004. fexA, a novel *Staphylococcus lentus* gene encoding resistance to florfenicol and chloramphenicol. Antimicrob Agents Chemother, 48(2): 615-618.

Kehrenberg C, Schwarz S. 2005. Florfenicol-chloramphenicol exporter gene *fexA* is part of the novel transposon Tn*558*. Antimicrob Agents Chemother, 49(2): 813-815.

Keyes K, Hudson C, Maurer J J, et al. 2000. Detection of florfenicol resistance genes in *Escherichia coli* isolated from sick chickens. Antimicrob Agents Chemother, 44(2): 421-424.

Kim E, Aoki T. 1996. Sequence analysis of the florfenicol resistance gene encoded in the transferable R-plasmid of a fish pathogen, *Pasteurella piscicida*. Microbiol Immunol, 40(9): 665-669.

Lang K S, Anderson J M, Schwarz S, et al. 2010. Novel florfenicol and chloramphenicol resistance gene discovered in Alaskan soil by using functional metagenomics. Appl Environ Microbiol, 76(15): 5321-5326.

Laraki N, Galleni M, Thamm I, et al. 1999. Structure of In31, a bla_{IMP}-containing *Pseudomonas aeruginosa* integron phyletically related to In5, which carries an unusual array of gene cassettes. Antimicrob Agents Chemother, 43(4): 890-901.

Lee A, Mao W, Warren M S, et al. 2000. Interplay between efflux pumps may provide either additive or multiplicative effects on drug resistance. J Bacteriol, 182(11): 3142-3150.

Leslie A G W. 1990. Refined crystal structure of type Ⅲ chloramphenicol acetyltransferase at 1.75 Å resolution. J Mol Biol, 213(1): 167-186.

Leslie A G W, Moody P C E, Shaw W V. 1988. Structure of chloramphenicol acetyltransferase at 1.75-Å resolution. Proc Natl Acad Sci U S A, 85(12): 4133-4137.

Levy S B, McMurray L M, Barbosa T M, et al. 1999. Nomenclature for new tetracycline resistance determinants. Antimicrob Agents Chemother, 43(6): 1523-1524.

Li B B, Zhang Y, Wei J C, et al. 2015. Characterization of a novel small plasmid carrying the florfenicol resistance gene *floR* in *Haemophilus parasuis*. J Antimicrob Chemother, 70(11): 3159-3167.

Li D, Wang Y, Schwarz S, et al. 2016. Co-location of the oxazolidinone resistance genes *optrA* and *cfr* on a multiresistance plasmid from *Staphylococcus sciuri*. J Antimicrob Chemother,71(6): 1474-1478.

Li X Z, Livermore D M, Nikaido H. 1994. Role of efflux pump(s) in intrinsic resistance of *Pseudomonas aeruginosa*: resistance to tetracycline, chloramphenicol, and norfloxacin. Antimicrob Agents Chemother, 38(8): 1732-1741.

Liu H B, Wang Y, Wu C M, et al. 2012. A novel phenicol exporter gene, *fexB*, found in enterococci of animal origin. J Antimicrob Chemother, 67(2): 322-325.

Long K S, Poehlsgaard J, Kehrenberg C, et al. 2006. The Cfr rRNA methyltransferase confers resistance to phenicols, lincosamides, oxazolidinones, pleuromutilins, and streptogramin A antibiotics. Antimicrob Agents Chemother, 50(7): 2500-2505.

Martelo O J, Manyan D R, Smith U S, et al. 1969. Chloramphenicol and bone marrow mitochondria. J Lab Clin Med, 74(6): 927-940.

McMurry L M, George A M, Levy S B. 1994. Active efflux of chloramphenicol in susceptible *Escherichia coli* strains and in multiple-antibiotic-resistant (Mar) mutants. Antimicrob Agents Chemother, 38(3): 542-546.

Meunier D, Boyd D, Mulvey M R, et al. 2002. *Salmonella enterica* serotype Typhimurium DT 104 antibiotic resistance genomic island I in serotype paratyphi B. Emerg Infect Dis, 8(4): 430-433.

Morii H, Hayashi N, Uramoto K. 2003. Cloning and nucleotide sequence analysis of the chloramphenicol resistance gene on conjugative R plasmids from the fish pathogen *Photobacterium damselae* subsp. *piscicida*. Dis Aquat Organ, 53(2): 107-113.

Mosher R H, Camp D J, Yang K, et al. 1995. Inactivation of chloramphenicol by *O*-phosphorylation: a novel resistance mechanism in *Streptomyces venezuelae* ISP5230, a chloramphenicol producer. J Biol Chem, 270(45): 27000-27006.

Murray I A, Gil J A, Hopwood D A, et al. 1989. Nucleotide sequence of the chloramphenicol acetyltransferase gene of *Streptomyces acrimycini*. Gene, 85(2): 283-291.

Murray I A, Hawkins A R, Keyte J W, et al. 1988. Nucleotide sequence analysis and overexpression of the gene encoding a type Ⅲ chloramphenicol acetyltransferase. Biochem J, 252(1): 173-179.

Murray I A, Martinez-Suarez J V, Close T J, et al. 1990. Nucleotide sequences of genes encoding the type Ⅱ chloramphenicol acetyltransferases of *Escherichia coli* and *Haemophilus influenzae*, which are sensitive to inhibition by thiol-reactive reagents. Biochem J, 272(2): 505-510.

Murray I A, Shaw W V. 1997. *O*-acetyltransferases for chloramphenicol and other natural products. Antimicrob Agents Chemother, 41(1): 1-6.

Nagy I, Schoofs G, Vanderleyden J, et al. 1997. Transposition of the IS*21*-related element IS*1415* in *Rhodococcus erythropolis*. J Bacteriol, 179(14): 4635-4638.

Nilsen I W, Bakke I, Vader A, et al. 1996. Isolation of cmr, a novel *Escherichia coli* chloramphenicol resistance gene encoding a putative efflux pump. J Bacteriol, 178(11): 3188-3193.

Okusu H, Ma D, Nikaido H. 1996. AcrAB efflux pump plays a major role in the antibiotic resistance phenotype of *Escherichia coli* multiple-antibiotic-resistance (Mar) mutants. J Bacteriol, 178(1): 306-308.

Parent R, Roy P H. 1992. The chloramphenicol acetyltransferase gene of Tn*2424*: a new breed of cat. J Bacteriol, 174(9): 2891-2897.

Parkhill J, Dougan G, James K D, et al. 2001. Complete genome sequence of a multiple drug resistant *Salmonella enterica* serovar Typhi CT18. Nature, 413(6858): 848-852.

Partridge S R, Recchia G D, Stokes H W, et al. 2001. Family of class 1 integrons related to In4 from Tn*1696*. Antimicrob Agents Chemother, 45(11): 3014-3020.

Paulsen I T, Brown M H, Skurray R A. 1996. Proton-dependent multidrug efflux systems. Microbiol Rev, 60(4): 575-608.

Pepper K, de Cespedes G, Horaud T. 1988. Heterogeneity of chromosomal genes encoding chloramphenicol resistance in streptococci. Plasmid, 19(1): 71-74.

Poirel L, Decousser J W, Nordmann P. 2003. Insertion sequence IS*Ecp1B* is involved in expression and mobilization of a $bla_{\text{CTX-M}}$ β-lactamase gene. Antimicrob Agents Chemother, 47(9): 2938-2945.

Poirel L, Le Thomas I, Naas T, et al. 2000. Biochemical sequence analyses of GES-1, a novel class A extended-spectrum β-lactamase, and the class 1 integron In52 from *Klebsiella pneumoniae*. Antimicrob Agents Chemother, 44(3): 622-632.

Poirel L, Naas T, Guibert M, et al. 1999. Molecular and biochemical characterization of VEB-1, a novel class A extended-spectrum β-lactamase encoded by an *Escherichia coli* integron gene. Antimicrob Agents Chemother, 43(3): 573-581.

Poole K. 2001. Multidrug efflux pumps and antimicrobial resistance in *Pseudomonas aeruginosa* and related organisms. J Mol Microbiol Biotechnol, 3(2): 255-264.

Rende-Fournier R, Leclercq R, Galimand M, et al. 1993. Identification of the satA gene encoding a streptogramin A acetyltransferase in *Enterococcus faecium* BM4145. Antimicrob Agents Chemother, 37(10): 2119-2125.

Riccio M L, Docquier J D, Dell'Amico E, et al. 2003. Novel 3-*N*-aminoglycoside acetyltransferase gene, *aac(3)-Ic*, from a *Pseudomonas aeruginosa* integron. Antimicrob Agents Chemother, 47(5): 1746-1748.

Roberts M, Corney A, Shaw W V. 1982. Molecular characterization of three chloramphenicol acetyltransferases isolated from *Haemophilus influenzae*. J Bacteriol, 151(2): 737-741.

Roberts M C, Sutcliffe J, Courvalin P, et al. 1999. Nomenclature for macrolide and macrolide-lincosamide-streptogramin B resistance determinants. Antimicrob Agents Chemother, 43: 2823-2830.

Rowe-Magnus D A, Guerout A M, Mazel D. 2002. Bacterial resistance evolution by recruitment of super-integron gene cassettes. Mol Microbiol, 43(6): 1657-1669.

Rubens C E, McNeill W F, Farrar Jr W E. 1979. Transposable plasmid deoxyribonucleic acid sequence in *Pseudomonas aeruginosa* which mediates resistance to gentamicin and four other antimicrobial agents. J Bacteriol, 139(3): 877-882.

Sams R A. 1995. Florfenicol: chemistry and metabolism of a novel broad-spectrum antibiotic. Tieraarzt Umschau, 50(10): 703-707.

Schlünzen F, Zarivach R, Harms J, et al. 2001. Structural basis for the interaction of antibiotics with the peptidyl transferase centre in eubacteria. Nature, 413(6858): 814-821.

Schwarz F V, Perreten V, Teuber M. 2001. Sequence of the 50-kb conjugative multiresistance plasmid pRE25 from *Enterococcus faecalis* RE25. Plasmid, 46(3): 170-187.

Schwarz S, Cardoso M. 1991. Nucleotide sequence and phylogeny of a chloramphenicol acetyltransferase encoded by the plasmid pSCS7 from *Staphylococcus aureus*. Antimicrob Agents Chemother, 35(8): 1551-1556.

Schwarz S, Kehrenberg C, Doublet B, et al. 2004. Molecular basis of bacterial resistance to chloramphenicol and florfenicol. FEMS Microbiol Rev, 28(5): 519-542.

Schwarz S, Werckenthin C, Kehrenberg C. 2000. Identification of a plasmid-borne chloramphenicol-florfenicol resistance gene in *Staphylococcus sciuri*. Antimicrob Agents Chemother, 44(9): 2530-2533.

Shaw W V. 1983. Chloramphenicol acetyltransferase: enzymol-ogy and molecular biology. CRC Crit Rev Biochem, 14(1): 1-46.

Stokes H W, Hall R M. 1991. Sequence analysis of the inducible chloramphenicol resistance determinant in the Tn*1696* integron suggests regulation by translational attenuation. Plasmid, 26(1): 10-19.

Sulavik M C, Houseweart C, Cramer C, et al. 2001. Antibiotic susceptibility profiles of *Escherichia coli* strains lacking multidrug efflux pump genes. Antimicrob Agents Chemother, 45(4): 1126-1136.

Tao W X, Lee M H, Wu J, et al. 2012. Inactivation of chloramphenicol and florfenicol by a novel chloramphenicol hydrolase. Appl Environ Microbiol, 78(17): 6295-6301.

Tauch A, Zheng Z X, Pühler A, et al. 1998. *Corynebacterium striatum* chloramphenicol resistance transposon Tn*5564*: genetic organization and transposition in *Corynebacterium glutamicum*. Plasmid, 40(2): 126-139.

Tennigkeit J, Matzura H. 1991. Nucleotide sequence analysis of a chloramphenicol-resistance determinant from *Agrobacterium tumefaciens* and identification of its gene product. Gene, 98(1): 113-116.

Toro C S, Lobos S R, Calderón I, et al. 1990. Clinical isolate of a porinless *Salmonella typhi* resistant to high levels of chloramphenicol. Antimicrob Agents Chemother, 34(9): 1715-1719.

Trieu-Cuot P, de Cespédès G, Bentorcha F, et al. 1993. Study of heterogeneity of chloramphenicol acetyltransferase (CAT) genes in streptococci and enterococci by polymerase chain reaction: characterization of a new CAT determinant. Antimicrob Agents Chemother, 37(12): 2593-2598.

Vassort-Bruneau C, Lesage-Descauses M C, Martel J L, et al. 1996. CAT Ⅲ chloramphenicol resistance in *Pasteurella haemolytica* and *Pasteurella multocida* isolated from calves. J Antimicrob Chemother, 38(2): 205-213.

Vester B, Douthwaite S. 2001. Macrolide resistance conferred by base substitutions in 23S rRNA. Antimicrob Agents Chemother, 45(1): 1-12.

Völker T A, Iida S, Bickle T A. 1982. A single gene coding for resistance to both fusidic acid and chloramphenicol. J Mol Biol, 154(3): 417-425.

Wang Y, Lv Y, Cai J C, et al. 2015. A novel gene, *optrA*, that confers transferable resistance to oxazolidinones and phenicols and its presence in *Enterococcus faecalis* and *Enterococcus faecium* of human and animal origin. J Antimicrob Chemother, 70(8): 2182-2190.

Wang Y, Taylor D E. 1990. Chloramphenicol resistance in *Campylobacter coli*: nucleotide sequence, expression, and cloning vector construction. Gene, 94(1): 23-28.

Werner G, Witte W. 1999. Characterization of a new enterococcal gene, *satG*, encoding a putative acetyltransferase conferring resistance to streptogramin A compounds. Antimicrob Agents Chemother, 43(7): 1813-1814.

White D G, Hudson C, Maurer J J, et al. 2000. Characterization of chloramphenicol and florfenicol resistance in *Escherichia coli* associated with bovine diarrhea. J Clin Microbiol, 38(12): 4593-4598.

White P A, Stokes H W, Bunny K L, et al. 1999. Characterisation of a chloramphenicol acetyltransferase determinant found in the chromosome of *Pseudomonas aeruginosa*. FEMS Microbiol Lett, 175(1): 27-35.

Yao J D C, Moellering Jr R C. 1999. Manual of Clinical Microbiology. Washington D.C.: ASM Press:

1474-1505.
Yoshida H, Bogaki M, Nakamura S, et al. 1990. Nucleotide sequence and characterization of the *Staphylococcus aureus norA* gene, which confers resistance to quinolones. J Bacteriol, 172(12): 6942-6949.
Zhao J, Aoki T. 1992. Cloning and nucleotide sequence analysis of a chloramphenicol acetyltransferase gene from *Vibrio anguillarum*. Microbiol Immunol, 36(7): 695-705.

第六节　四环素类药物的耐药机制

四环素（tetracycline）类抗生素是由链霉菌产生或经半合成制取的一类碱性广谱抗生素，化学结构中具有并四苯基本骨架，是酸、碱两性物质，在酸性溶液中较稳定，在碱性溶液中易被破坏，临床一般用其盐酸盐。其发现于 20 世纪 40 年代，并于 50 年代开始应用于幼儿和孕妇以外的临床，用于治疗细菌性感染。该类药物有良好的抗微生物活性，对大多数革兰氏阳性细菌和阴性细菌、螺旋体、支原体、衣原体等有抑制作用，不良反应轻微，因此得到了广泛使用。同时在动物养殖中，四环素作为动物饲料添加剂也在各国得到了广泛的使用，它不仅能够防治疾病，还能提高饲料吸收效率、促进动物生长。但有 30%～90%的抗生素会随着动物尿液和粪便排出，可能随施肥进入土壤及食物链中，不仅可造成土壤中抗生素的富集，还可刺激土壤中耐抗生素细菌和抗生素耐药基因的富集，造成严重的环境污染。我国是世界上四环素类抗生素的生产、使用和销售大国，但近年出现的四环素类抗生素残留、细菌耐药性等问题，暴露出四环素类抗生素不规范使用会带来食品安全和环境卫生安全隐患。我国研究人员在对畜禽排泄物的检测中发现，四环素类抗生素的残留普遍存在，不同畜禽粪便中抗生素的种类和含量有所差异，其中集约化和规模化畜禽养殖场中畜禽粪便抗生素的残留量高于家庭散养畜禽粪便中抗生素的残留量。此外，Xie 等（2016）和 Zhang 等（2015）对中国不同地区的动物粪便中抗生素的含量进行调查发现，磺胺类和四环素类是粪便中主要残留的抗生素，研究还发现四环素类抗生素含量高于磺胺类含量。四环素类抗生素的广泛使用，导致环境中的细菌在其选择压力下产生了耐药性，使得细菌对四环素类药物的耐药性问题日益加重。邹立扣等（2012）从四川省 126 份猪肉样品中检测出 18 株沙门菌，它们对各种抗生素的耐药率在 0%～55.5%，其中对四环素的耐药率最高，为 55.5%。相似地，杨盛智等（2017）从蛋鸡场中分离出 44 株大肠杆菌，它们对各种抗生素的耐药率为 6.82%～90.91%，其中对土霉素的耐药率最高。四环素类抗生素在畜禽养殖中的滥用对环境造成了直接污染，更为重要的是，在其长期选择性压力下，四环素类抗生素耐药基因的丰度不断增加，加速了四环素类抗生素耐药基因在环境中的累积与传播。Deng 等（2018）通过对从四川省鸡肉、猪肉和牛肉样品中分离的 152 株沙门菌进行耐药性检测，对五大类抗生素耐药基因进行 PCR 检测发现，四环素类耐药基因 *tet*(A)、*tet*(C)和 *tet*(G)在各肉类中的含量均最高。Zhu 等（2017）在 2012～2014 年从四川省鸡肉生产链中分离出 98 株四环素类耐药菌，发现 85.7%的耐药菌含有 *tet* 类耐药基因。由上述研究可得，目前四环素类抗生素使用广泛，使大量动物源细菌对其产生了耐药性。本节综述了四环素类抗生素结构与种类、作用模式和活性范围、耐药机制研究、细菌对四环素类耐药的基因型及耐药基因水平转移机制。

四环素类药物的结构及作用机制

【四环素类药物的结构】

四环素类药物因其为并四苯或萘并萘的衍生物而得名，含两个酮基和烯醇烃基的共轭体系，包含酚烃基、烯醇烃基、二甲氨基、酰胺基等取代基。从结构来看，四个环为生物活性的必需结构，A 环中 1～4 位的取代基是抗菌活性的基本药效团。C_{11}～C_{12a} 位双酮系统结构对抗菌活性很重要。C_5～C_9 位的改造可以保留及增加其活性。进一步的研究表明，R_1、R_3、R_4、R_5 和 R_6 是化学合成法与生物转化法都可改造的部位，C_7、C_8、C_9、C_{10} 和 R_7 易于由全合成法改造，而 R_2 和—NH_2 等基团易于由生物转化法改造。

四环素类药物目前分为天然四环素类抗生素和半合成四环素类抗生素。天然四环素类抗生素是由放线菌产生的一类广谱抗生素，包括以金霉素、四环素和土霉素为代表的第一代四环素类抗生素。但第一代四环素类抗生素的化学结构不稳定，易产生耐药性，此外，一些常见病原菌的耐药率很高，目前已发现 40 多个四环素类耐药基因。严重的细菌耐药性导致迫切需要研发新的四环素类衍生物。四环素类抗生素通常由生物合成和半合成方法制备，生物合成法是在酶的催化下，经过发酵、提炼工艺制成，对简单四环素类药物的大规模发酵生产仍然具有成本优势，但对复杂四环素类衍生物进行结构修饰的难度很大。20 世纪七八十年代是半合成四环素类药物发展的黄金时期，以应用化学修饰技术改进药性为特征的半合成四环素代表了第二代四环素。半合成四环素是在天然四环素类药物基础上进行结构改造（主要是在 C_5、C_6、C_7 位进行）而得的。这些衍生物的亲脂性更强，有利于细胞吸收。第二代四环素种类繁多，国内常用的品种有多西环素（doxyclcline，6-脱氧-5-羟基四环素）、地美环素（demeclocycline，6-去甲基-7 氯四环素）、美他环素（metacycline，6-甲烯-5-羟基四环素）和米诺环素（minocycline，7-二甲胺-6-去甲基-6-脱氧土霉素）等，它们在抗菌谱、临床应用等方面相似，多用于轻症感染，一般不宜用于重症感染性疾病。2005 年，美国食品药品监督管理局（FDA）批准替加环素（tigecycline，9-叔丁基甘氨酰胺基米诺环素）上市，该药物可用于治疗复杂的成人腹内感染和皮肤结构感染，较四环素的抗菌谱更广，抗菌活性更强，与核糖体的结合能力是其他四环素类药物的 5 倍，抗细菌耐药性的能力优于其他四环素类药物。替加环素向医生提供了一种新的、可在治疗初期病因尚未明了时供选择的广谱抗生素，且不需根据肾功能受损情况调整剂量。以此为代表的甘氨酰环素类抗生素的上市标志着第三代四环素的诞生。由于第三代四环素的抗耐药菌活性的必需药效团是在 D 环上要有多种取代基，如甘氨酰基、甲氨基、氟代等，因此该类结构用以往的半合成方法构建非常困难，需要开发新型、高效的全合成方法构建 D 环多取代的四环素骨架，这也标志着对四环素的研究从半合成迈入了全合成的新时代。

【四环素类药物的作用机制】

四环素类抗生素是一类广谱抑菌剂，具有相同的并四苯基本母核，能够抑制细菌蛋白质的合成，高浓度时具有杀菌作用。四环素类抗生素的抗菌活性相似，每种药物的分子中都包括一个四环素核。结构最简单的具有抗菌活性的四环素分子是 6-脱氧-6-去甲基四环素，此结构被认为是最小的药效基团。而米诺环素和多西环素对耐四环素菌株有强大的抗菌活性。四环素类通过干扰氨酰-tRNA 与核糖体的结合而抑制细菌蛋白质的合成。在革兰氏阴性菌中，四环素类是依靠被动转运阳离子从孔蛋白通道和聚集在细胞周质的间隙通过细胞膜。在革兰氏阳性菌中，四环素类通过形成电中性亲脂分子，并由细胞内外的 H^+浓度差所驱动。进入细菌细胞后，药物分子与原核生物核糖体 30S 亚基形成可逆结合体，从而阻止蛋白质的合成。四环素类还可以与线粒体 70S 亚基结合，抑制线粒体蛋白质的合成。总之，四环素类抗菌的作用机制是通过结合到核糖体亚基的 A 位点，与氨酰-tRNA 进行竞争性抑制，从而抑制肽链的增长和影响细菌蛋白质的合成。

各种四环素类药物口服吸收的程度不同。土霉素、去甲金霉素和四环素的吸收率为 60%～80%，金霉素为 25%～30%，多西环素和米诺环素的吸收率达 90%或更高。由于四环素类能与多价阳离子如 Mg^{2+}、Ca^{2+}、Fe^{2+}、Al^{3+}等形成难以吸收的络合物，因此含铝、钙和镁的抗酸剂或含铁制剂都会减少四环素类的吸收。食物会影响四环素类的吸收，但多西环素和米诺环素除外。胃环境 pH 增加也会使药物吸收减少。土霉素和四环素的血浆半衰期约为 8h，去甲金霉素为 13h，多西环素、米诺环素和美他环素为 16～20h。替加环素半衰期最长，为 27h。四环素类口服经胃和小肠吸收，可进入大多数组织和体液。米诺环素因有高度脂溶性，是唯一能进入眼泪和唾液中的四环素。除了多西环素和替加环素主要经粪便排出，其他所有四环素类主要经肾小球滤过从尿中排出。所有的四环素类均有一部分从胆汁排泄。四环素吸收后广泛分布于各组织中，并能沉积于骨及牙组织内。其易与血浆蛋白结合，因此容易渗入胸腔、腹腔、胎儿循环及乳汁中，但不易透过血脑屏障。本类药物经肝浓缩排入胆汁，形成肝肠循环。胆汁中药物浓度较血药浓度高。

细菌对四环素类抗菌药物的耐药机制

从 1980 年 McMurry 等在大肠杆菌中发现四环素耐药基因至今，已经发现超过 30 个不同的 *tet* 基因和多个 *otr* 基因，这些基因主要通过三种机制来介导四环素类药物耐药，第一种是编码四环类药物外排泵，将进入细胞内的药物排出细胞外，降低细胞内药物浓度；第二种是编码核糖体保护蛋白，阻止药物与核糖体靶位点结合，从而引起耐药；第三种是编码修饰或钝化四环素的酶，从而介导耐药。

【外排泵引起的四环素类耐药机制】

细菌对四环素的外排作用是人们研究最早且最广泛的一种耐药机制，由外排泵蛋白介导。细菌的外排系统是一种非特异性耐药机制，是通过细菌主动外排泵将扩散入细菌体内的药物或其他底物排出细胞膜外，从而加强细菌在药物选择压力下的生存能力，外排系统的特点包括能量依赖性、底物广泛性、系统多样性及功能多样性，对四环素的外排作用明显。通过外排泵蛋白，将四环素药物泵出细胞外，降低细胞内的药物浓度，可以保护核糖体，避免四环素类药物作用的影响，从而产生耐药性。在革兰氏阳性菌和革兰氏阴性菌中都有外排泵基因，而且大部分外排泵基因都介导四环素抗性。一般认为，革兰氏阴性细菌的四环素耐药机制是以外排泵蛋白为主，而大约 60%的四环素类抗性基因属于该种机制，包括 *tet*(A)、*tet*(B)、*tet*(C)、*tet*(L)、*tet*(D)、*tet*(E)、*tet*(V)、*tet*(G)、*tet*(Y)、*tet*(K)、*tet*(Z)等。在革兰氏阳性菌中，编码外排泵蛋白的基因主要是 *tet*(K)和 *tet*(L)，它们都存在于小的传递性质粒中，可在不同种属细菌间交换。该类基因首次在大肠杆菌中被观察到，主要基于质子主动转运作用降低细胞内四环素类抗生素的浓度。根据氨基酸序列的同源性，可以将外排泵分为 5 个家族：主要易化子超家族（MFS）、耐药结节分化超家族（RND）、ATP 结合盒家族（ABC）、小多重耐药家族（SMR）和多药及毒性化合物外排家族（MATE）。四环素外排泵蛋白属于主要易化子超家族（MFS），是目前 *tet* 编码蛋白中研究最清楚的，包括四环素[*tet*(A)、*tet*(B)]和米诺环素[*tet*(B)]。因此，其外排泵为窄谱泵，仅能对几种特殊药物产生外排效果。研究表明，*tet*(A)定位于转座子，通过质粒传播，只影响四环素耐药，而 *tet*(B)对四环素和米诺环素的耐药性都有影响，两个外排泵对新型四环素（如甘氨酰环素）的作用没有影响。此外，耐药结节分化超家族（RND）中 AdeABC 外排泵和 AdeIJK 外排泵也参与四环素外排。研究发现，大部分鲍曼不动杆菌含有 *adeABC* 操纵子，而 *adeRS* 基因编码的膜融合蛋白 *ade*A 调控 *adeABC* 操纵子的过度表达，从而控制 *adeABC* 的过度表达，可降低四环素的敏感性。AdeIJK 外排泵由结构基因 *adeI*、*adeJ*、*adeK* 编码的膜融合蛋白 AdeI、外排蛋白 AdeJ 和外膜蛋白 AdeK 三联体组成，虽然外排系统 AdeIJK 仅出现在某些特殊菌中，但具有内源性耐药的 AdeIJK 一旦过度表达，可以影响鲍曼不动杆菌对四环素的敏感性。在肠杆菌科中，四环素外排系统与染色体上的多重耐药位点（mar 位点）有关。

【核糖体保护引起的四环素类耐药机制】

所有核糖体保护基因都编码细胞质膜蛋白，这些存在于细胞质中的蛋白具有保护核糖体免受四环素影响的作用，其原理主要是四环素通过与 30S 亚基结合，阻止了肽链的延伸，抑制了细菌的生长。但是耐药细菌可以产生核糖体保护蛋白，其可与核糖体结合引起构型改变，使得四环素分子不能与其结合，或使已结合的四环素移位，缩短游离四环素的半衰期，从而弱化四环素的抑制作用，保证细菌蛋白质顺利合成，导致耐药性。研究表明，核糖体保护机制主要介导对多西环素和米诺环素的耐药性，比除 *tet*(B)外的外排基因传递更广泛的四环素耐药性。核糖体保护蛋白结合核糖体会导致核糖体构型的改变，由 GTP 水解提供能量，所有核糖体保护蛋白与延伸因子 EF-Tu 和 EF-G 具有同源性，尤其是在 N 端 GTP 结合区同源率最高，它们与核糖体的结合是竞争性的。研究表明，编码核糖体保护蛋白的基因位于质粒或染色体上，主要包括 *tet*(M)、*tet*(O)、*tet*(S)、*tet*(T)、*tet*(Q)、*tet*(BP)、*tet*(W)、*otrA* 及还未命名的 *tet* 基因。高琼和黄海辉（2015）的研究表明，艰难梭菌主要通过产生核糖体保护蛋白 Tet(M)而对四环素耐药。其中，核糖型 012 和 046 四环素耐药菌株中的 *tet*(M)基因多由 Tn*5397* 转座子携带，而在核糖型 017 和 078 中 *tet*(M)基因多位于 Tn*916* 转座子。此外，含有 *tet*(O)基因的共轭质粒可能在抗性传播中发挥重要作用。根据氨基酸同源性可将核糖体保护蛋白分为三类：第一类包括 Tet(M)、Tet(O)、Tet(S)和 Tet(W)蛋白；第二类包括 OtrA 和 Tet(BP)蛋白；第三类包括 Tet(Q)和 Tet(T)蛋白。Tet(M)、Tet(O)和 Tet(A)蛋白可降低四环素对核糖体作用的敏感性。Tet(M)和 EF-G 可竞争性地与核糖体结合，Tet(M)的亲和力比 EF-G 高，说明 Tet(M)和 EF-G 在核糖体上可能有重叠的结合位点，只有 Tet(M)从核糖体释放出来才允许 EF-G 与核糖体结合，在体外蛋白合成试验中，Tet(M)既不能取代 EF-G 也不能取代 EF-Tu。此外，Tet(M)蛋白的结合不受四环素影响，但能被硫链丝菌肽所抑制。Tet(M)和 Tet(O)是研究最多的核糖体保护蛋白，具有依赖 GTP 的核糖体酶活性。Tet(O)蛋白可结合 GDP 和 GTP，结合位点突变将减少 GTP 结合，降低其对四环素的敏感性。若存在 Tet(M)或 Tet(O)，有 GTP 而没有 GDP 时，四环素结合核糖体的能力降低，GTP 水解所释放的能量可使四环素从核糖体上脱落下来。Tet(S)、Tet(T)、Tet(Q)、Tet(P)、Tet(W)、OtrA 等其他核糖体保护蛋白被认为与 Tet(M)和 Tet(O)具有相似性，因此其也可能具有 GTP 酶活性，以同样的方式作用于四环素和核糖体。

【酶降解引起的四环素类耐药机制】

水解酶和钝化酶可催化某些基团结合到—OH 或—NH_2 上，从而使得四环素分子失活。灭活或钝化四环素的是一种 NADPH 依赖酶，被称为 Tet(X)，在有氧条件下，它作为一种蛋白质合成抑制剂使四环素失活。因 *tet*(X)基因常与编码 rRNA 甲基化酶的 *erm*(F)基因（介导红霉素耐药）连在一起，研究者在克隆 *erm*(F)时发现了该基因。*tet*(X)编码约 44kDa 的胞浆蛋白，将四环素作为 NADPH 和分子氧氧化羟基化的底物，使得含 *tet*(X)的需氧细菌对四环素具有高度的抗性。*tet*(X)基因首先在厌氧菌拟杆菌的转座子 Tn*4351* 和 Tn*4400* 中被发现，在肠杆菌转座子中也发现了 *tet*(X)基因。He 等（2019）发现猪源鲍曼不动杆菌和大肠杆菌分别携带与四环素耐药基因 *tet*(X)编码蛋白高度同源的变异体 *tet*(X3)和 *tet*(X4)，其能够介导野生菌株对替加环素产生高水平耐药性（最低抑菌浓度为 32～64mg/L）。这些耐药基因能介导所有四环素类药物（如金霉素、土霉素、多西环素、米诺环素、替加环素）的高水平耐药性，包括美国食品药品监督管理局 2018 年批准而国内尚未上市的 eravacycline（埃拉瓦西林）和 omadacycline（奥马西林）等新型四环素。目前 *tet*(X5)和 *tet*(X6)陆续从不同病原体中被鉴定出，其耐药谱与 *tet*(X3)和 *tet*(X4)一致。

【其他机制】

tet(U)基因序列与外排基因和核糖体保护基因都不相似，具有低水平的耐四环素能力，编码 105 个氨基酸、约 11.8kDa 的蛋白质，比外排泵蛋白(45kDa)和核糖体保护蛋白(72kDa)都小。*otrC* 基因最初发现于产抗生素的链霉菌，在临床分枝杆菌中也有分布，但其基因序列尚未见报道，据推测，*otrC* 基因既不编码外排泵蛋白，也不编码核糖体保护蛋白，但是否与 *tet*(X)类似编码钝化酶或与 *tet*(U)类似具有一种新的耐药机制尚不明确。

主要参考文献

代敏, 王雄清, 殷桂兰. 2006. 四环素耐药基因的生化和遗传机制研究进展. 绵阳师范学院学报, 25(5): 72-78.

冯新, 韩文瑜, 雷连成. 2004. 细菌对四环素类抗生素的耐药机制研究进展. 中国兽药杂志, 38(2): 38-42.

高琼, 黄海辉. 2015. 艰难梭菌耐药性及耐药机制研究进展. 遗传, 37(5): 458-464.

刘青松, 孙静娜, 代丽丽, 等. 2015. 鲍曼不动杆菌的耐药机制研究进展. 中国微生态学杂志, 27(1): 108-111.

罗毓婷, 陈定强, 杨羚, 等. 2013. 香港海鸥型菌四环素耐药性及其耐药分子机制研究. 实用医学杂志, 29(4): 630-632.

潘兰佳, 唐晓达, 汪印. 2015. 畜禽粪便堆肥降解残留抗生素的研究进展. 环境科学与技术, 38(12Q): 191-198.

邵美丽, 刘思国, 尹录, 等. 2010. 单增李斯特菌四环素耐药基因 tetM 膜接合转移的研究. 中国兽医科学, 40(6): 589-592.

孙广龙, 胡立宏. 2017. 四环素类抗生素的研究进展. 药学研究, 36(1): 1-5.

田甜甜, 王瑞飞, 杨清香. 2016. 抗生素耐药基因在畜禽粪便-土壤系统中的分布、扩散及检测方法. 微生物学通报, 43(8): 1844-1853.

肖瑶. 2011. 细菌耐药机制研究进展. 北京医学, 33(3): 228-231.

许晓燕, 王楷宬, 邹君, 等. 2011. 2 型猪链球菌对四环素的耐药机制. 中国兽医学报, 31(10): 1471-1475.

杨宝峰, 陈建国. 2018. 药理学. 9 版. 北京: 人民卫生出版社.

杨盛智, 吴国艳, 龙梅, 等. 2017. 蛋鸡场中大肠杆菌对抗生素及消毒剂的耐药性. 应用与环境生物学报, 23(2): 312-317.

杨晓洪, 王娜, 叶波平. 2014. 畜禽养殖中的抗生素残留以及耐药菌和抗性基因研究进展. 药物生物技术, 21(6): 583-588.

张雪峥, 白雪原, 李书至, 等. 2016. 结构修饰性四环素类抗生素研究进展. 中国抗生素杂志, 41(6): 411-416.

郑林冲, 谢丽萍, 胡又佳. 2012. 四环素类药物生物合成研究进展. 中国医药工业杂志, 43(4): 306-310.

周云, 凌保东. 2012. 鲍曼不动杆菌抗生素主动外排泵转运系统与外排泵抑制剂. 中国抗生素杂志, 37(5): 321-328.

邹立扣, 蒲妍君, 杨莉, 等. 2012. 四川省猪肉源大肠杆菌和沙门氏菌的分离与耐药性分析. 食品科学, 33(13): 202-206.

Billington S J, Songer J G, Jost B H. 2002. Widespread distribution of a Tet W determinant among tetracycline-resistant isolates of the animal pathogen *Arcanobacterium pyogenes*. Antimicrob Agents Chemother, 46(5): 1281-1287.

Coyne S, Guigon G, Courvalin P. 2010. Screening and quantification of the expression of antibiotic resistance genes in *Acinetobacter baumannii* with a microarray. Antimicrob Agents Chemother, 54(1): 333-340.

Deng W W, Quan Y, Yang S Z, et al. 2018. Antibiotic resistance in *Salmonella* from retail foods of animal origin and its association with disinfectant and heavy metal resistance. Microb Drug Resist, 24(6): 782-791.

Dong D F, Chen X, Jiang C. 2014. Genetic analysis of Tn*916*-like elements conferring tetracycline resistance in clinical isolates of *Clostridium difficile*. Int J Antimicrob Agents, 43(1): 73-77.

Guardabassi L, Dijkshoorn L, Collard J M, et al. 2000. Distribution and *in-vitro* transfer of tetracycline resistance determinants in clinical and aquatic *Acinetobacter* strains. J Med Microbiol, 49(10): 929-936.

He D D, Wang L L, Zhao S Y, et al. 2020. A novel tigecycline resistance gene, *tet*(X6), on an SXT/R391 integrative and conjugative element in a *Proteus* genomospecies 6 isolate of retail meat origin. J

Antimicrob Chemother, 75(5): 1159-1164.
He T, Wang R, Liu D J, et al. 2019. Emergence of plasmid-mediated high-level tigecycline resistance genes in animals and humans. Nat Microbiol, 4(9): 1450-1456.
Liu D J, Zhai W S, Song H W, et al. 2020. Identification of the novel tigecycline resistance gene *tet*(X6) and its variants in *Myroides*, *Acinetobacter* and *Proteus* of food animal origin. J Antimicrob Chemother, 75(6): 1428-1431.
McMurry L, Petrucci Jr R E, Levy S B. 1980. Active efflux of tetracycline encoded by four genetically different tetracycline resistance determinants in *Escherichia coli*. Proc Natl Acad Sci U S A, 77(7): 3974-3977.
Ribera A, Ruiz J, Vila J. 2003. Presence of the Tet M determinant in a clinical isolate of *Acinetobacter baumannii*. Antimicrob Agents Chemother, 47(7): 2310-2312.
Vila J, Marti S, Sánchez-Céspedes J, et al. 2007. Porins, efflux pumps and multidrug resistance in *Acinetobacter baumannii*. J Antimicrob Chemother, 59(6): 1210-1215.
Wang J L, Wang S Z. 2018. Microbial degradation of sulfamethoxazole in the environment. Appl Microbiol Biotechnol, 102(8): 3573-3582.
Wang L Y, Liu D J, Lv Y, et al. 2019. Novel plasmid-mediated *tet*(X5) gene conferring resistance to tigecycline, eravacycline, and omadacycline in a clinical *Acinetobacter baumannii* isolate. Antimicrob Agents Chemother, 64(1): e01326-19.
Xie W Y, Yang X P, Li Q, et al. 2016. Changes in antibiotic concentrations and antibiotic resistome during commercial composting of animal manures. Environ Pollut, 219: 182-190.
Zhang H B, Luo Y M, Wu L H, et al. 2015. Residues and potential ecological risks of veterinary antibiotics in manures and composts associated with protected vegetable farming. Environ Sci Pollut Res Int, 22(8): 5908-5918.
Zhu Y T, Lai H M, Zou L K, et al. 2017. Antimicrobial resistance and resistance genes in *Salmonella* strains isolated from broiler chickens along the slaughtering process in China. Int J Food Microbiol, 259: 43-51.

第七节　磺胺类药物的耐药机制

磺胺（sulfonamide）类药物是一类人工化学合成的广谱抑菌药，也是第一个应用于临床的治疗感染的化学治疗药物，对流行性脑脊髓膜炎、鼠疫等感染性疾病疗效显著。其因生产成本较低、价格便宜、抗菌效果较好和使用方便等特点而在动物养殖中被广泛使用。常见的磺胺类药物主要包括磺胺噻唑（sulfathiazole，ST）、磺胺嘧啶（sulfadiazine，SD）、磺乙酰胺（sulfacetamide，SA）、磺胺甲基异噁唑（sulfamethoxazole，SFMx）等。这几种磺胺类药物常作为兽用药物被添加到饲料之中，用以防护、医治、确认动物疾病或者有目的地调理动物机体的各项机能。但是根据临床研究发现，此类药物极易在动物组织中引起蓄积，导致严重不良反应，并且使机体的许多细菌产生对磺胺类药物的抗药性，对动物机体健康产生极大的危害，对畜牧养殖的临床用药和经济价值也有潜在的巨大威胁。另外，动物排出到体外的磺胺类药物不容易降解，会继续污染饲料、饮水器具，没有被喂食磺胺类药物的动物接触了这些污染物后也会造成兽药残留，但此种情况的发生较少，主要残留原因还是在使用药物时忽视休药期的规定，随意使用药物等。磺胺类药物在动物制品中残留所造成的危害，主要是能够引起人体过敏、中毒和产生耐药性细菌。磺胺类药物导致过敏反应的症状与摄入量、用药种类等有关，主要表现出造血系统障碍、急性溶血性贫血、粒细胞缺乏症、再生障碍性贫血等病症。因此，磺胺类药物的滥用和耐药性问题已经引起国际上的高度重视。研究人员已经对磺胺类药物的耐药机制进行了相关阐明。

磺胺类药物的结构及作用机制

【磺胺类药物的结构】

磺胺类药物最早于1908年被发现，在1937年后得到了广泛的应用。先后合成的这类药物有成千上万种，而临床上常用的不过40多种。其对许多革兰氏阳性菌和一些革兰氏阴性菌、诺卡氏菌属、衣原体和某些原虫（如疟原虫和阿米巴原虫）均有抑制作用。甲氧苄啶和二甲氧苄啶等抗菌增效剂与磺胺类药物联合使用后，可使磺胺类药物的抗菌谱扩大、抗菌活性大大增强，使其从抑菌作用变为杀菌作用。磺胺类药物的基本母核是对氨基苯磺酰胺，目前市场上经常使用的磺胺类药物都是以对氨基苯磺酰胺（简称磺胺）为基本母核衍生而成的化合物；磺酰胺基上的一个氢可被不同杂环（R基团）取代，以形成不同种类的磺胺药物，它们与母体磺胺相比，具有效价高、毒性小、抗菌谱广、口服易吸收等优点。R基团对位上的游离氨基是抗菌活性部分，若被取代，则该药物会失去抗菌作用，必须在体内分解后重新释出氨基，才能恢复活性。目前主要使用的磺胺类药物包括：磺胺二甲嘧啶（sulfamethazine，SM2）、磺胺异噁唑（sulfisoxazole，SIZ）、磺胺嘧啶（SD）、磺胺甲基异噁唑（SFMx）、磺胺对甲氧嘧啶（sulfamethoxydiazine，SMD）、磺胺二甲氧嘧啶（sulfadimethoxine，SDM）、酞磺胺噻唑（phthalylsulfathiazole，PST）、磺乙酰胺（sulfacetamide，SA）、磺胺嘧啶银盐（silver sulfadiazine，SD-Ag）、甲磺灭脓（maphenide，SML）等。此外，甲氧苄啶（trimethoprim，TMP）是细菌二氢叶酸还原酶抑制剂，属磺胺增效药。

【磺胺类药物的作用机制】

细菌不能直接利用其生长环境中的叶酸，而是利用环境中的对氨基苯甲酸（para-amino benzoic acid，PABA）和二氢喋啶、谷氨酸，在菌体内的二氢叶酸合成酶催化下合成二氢叶酸。二氢叶酸在二氢叶酸还原酶的作用下形成四氢叶酸，四氢叶酸作为一碳单位转移酶的辅酶，参与核酸前体物质（嘌呤、嘧啶）的合成。而核酸是细菌生长繁殖所必需的成分。磺胺类药物是通过干扰敏感菌的叶酸代谢来抑制细菌的生长繁殖，从而起到抑菌作用的。磺胺类药物因其结构中独特的对氨基苯磺酰胺结构与PABA类似，而能够与对PABA竞争二氢叶酸合成酶，使敏感菌叶酸的合成受阻。磺胺类药物也可以用对氨基苯磺酰胺代替对氨基苯甲酸，产生伪叶酸，最终阻碍核酸的合成，干扰细菌的生长繁殖。

细菌对磺胺类药物的耐药机制

在1935年报道的人工合成的磺胺类药物具有保护老鼠免受酿脓链球菌感染的作用，之后被研制成重要的人兽共用药之一，它具有广谱抗革兰氏阳性菌和阴性菌的活性。磺胺类抗生素的使用可诱导细菌产生抗生素抗性基因（antibiotic resistance gene，ARG），目前发现的磺胺类耐药基因有*sul1*、*sul2*、*sul3*、*sulA*。细菌对磺胺类抗生素的抗性与二氢蝶酸合成酶（dihydropteroate synthase，DHPS）基因（*folP*）的突变或 DHPS 的替代基因有关，即二氢蝶酸合成酶的突变导致与抑制性磺酰胺的亲和力降低。另外，水平基因转移（horizontal gene transfer，HGT）是磺胺类 ARG 传播的主要途径，HGT 可通过细菌的可移动遗传元件如接合性质粒、转座子、整合子及基因岛等在同种甚至不同种菌株间发生，这加速了磺胺类 ARG 的传播扩散，从而具有更严重的危害。细菌对磺胺类药物产生耐药性的机制主要包括二氢叶酸合成酶与还原酶改变引起的耐药；降低细胞通透性引起的耐药；药物作用靶位的改变引起的耐药；产生药物代谢旁路引起的耐药等。

【二氢叶酸合成酶与还原酶改变引起的耐药】

绝大多数细菌不能利用已有的叶酸及其衍生物，必须自行合成四氢叶酸。合成时先将 2-氨基-4-羟基-6-羟甲基蝶啶和 PABA 通过 DHPS 聚合，其产物二氢蝶酸再和谷氨酸结合成二氢叶酸，最后由二氢叶酸还原酶（dihydrofolate reductase，DHFR）还原二氢叶酸为四氢叶酸。阻碍二氢叶酸还原酶和二氢蝶酸合成酶的物质都能抑制细菌四氢叶酸的生物合成。磺胺和对氨基苯甲酸结构相似，能竞争性抑制二氢蝶酸合成酶，甲氧嘧啶竞争性抑制细菌二氢叶酸还原酶。因此，二氢叶酸合成酶与二氢叶酸还原酶的改变，是细菌对磺胺类抗生素产生耐药性的主要原因。

二氢叶酸合成酶基因突变。细菌额外获得编码二氢叶酸合成酶的基因（*sul*），从而导致其对磺胺类抗菌药物耐药，具体作用机制为：细菌额外获得 *sul* 基因，表达二氢叶酸合成酶，抵消了磺胺与对氨基苯甲酸的竞争性抑制作用，导致细菌对磺胺类抗生素耐药。例如，大肠杆菌、肺炎链球菌、脑膜炎奈瑟菌的耐药与 *dhps* 基因突变有关，突变的 *dhps* 基因编码产生对磺胺亲和力低的 DHPS。研究者在临床分离的大肠杆菌、肺炎链球菌、流感嗜血杆菌和空肠弯曲菌中发现，在细菌二氢蝶酸合成酶基因特定位置的突变，可以降低磺胺与二氢蝶酸合成酶的亲和力，从而使细菌产生对磺胺类药物的高抗性。

目前的研究共发现三种对磺胺类药物具有抗性的二氢叶酸合成酶，其基因分别被命名为 *sul1*、*sul2*、*sul3*。*sul1* 和 *sul2* 是临床上对磺胺类耐药的主要基因，而 *sul3* 被认为普遍存在于农场动物中。同时，耐药基因 *sul* 可通过质粒、整合子等可移动遗传元件在细菌间进行水平传播。在革兰氏阴性菌中已分离出了分别由 *sul1* 和 *sul2* 基因编码的耐药性 DHPS-Ⅰ型和Ⅱ型，这两个基因显示出具有 57%的氨基酸同源性。进一步的研究发现这两个基因的分布情况，*sul1* 基因被发现通常与其他抗性基因相连，位于由质粒携带的整合子上，如位于 Tn*21* 类的转座子。*sul2* 基因常存在于一个属于 IncQ 类的小质粒上，也存在于以 PBP1 为代表的其他类型质粒上。有研究发现在麻风分枝杆菌中有一个叫 *sul2* 的变种，其实这个基因实质上是 *sul1* 基因，但删除了启动密码子，而且把这个启动密码子插入到上游更远的一个启动位置。*sul2* 基因常和链霉素耐药基因相连，存在于宿主范围广的质粒和小的非结合性质粒上，在临床分离的耐药株中，*sul1* 和 *sul2* 基因检出率大致相同。*sul3* 的发现相对晚一些，在 2002 年研究大肠杆菌时，研究者发现了位于质粒上的一种功能与二氢叶酸合成酶相似的蛋白质，大小为 263 个氨基酸。它的编码基因 *sul3* 能使大肠杆菌产生对磺胺类药物的抗性。*sul3* 基因同 *sul1* 基因和 *sul2* 基因相比，分别只有 40%和 43.3%的同源率。

其中，*sul1* 基因也可由Ⅰ型整合子介导，在不同菌株间传递；而 *sul2* 在质粒中，其中少部分也可以由染色体介导，*sul2* 可与 ISCR 插入元件共同区连锁；*sul1*、*sul2* 基因的存在与磺胺类药物的耐药有直接关系，并且整合子 ISCR 结构可以更容易地把几个耐药基因一起从一个质粒整合到另一个质粒或染色体上，促进耐药性的传播。*sul4* 是自 2003 年以来发现的第一个流动性磺胺抗性基因，筛选的 6489 个宏基因组数据集显示，*sul4* 已经普遍存在于亚洲和欧洲的 7 个国家。

二氢叶酸还原酶基因突变。细菌获得编码二氢叶酸还原酶的相关基因（*dfrA*），从而导致其对磺胺类抗菌药物耐药。具体作用机制为：细菌通过获得 *dfrA* 基因，表达二氢叶酸还原酶，导致细菌对 TMP 耐药。例如，研究者在对大肠杆菌和流感嗜血杆菌的研究中发现，二氢叶酸还原酶的染色体基因的特定位置发生突变，降低了二氢叶酸还原酶与甲氧苄啶的亲和力，使该菌产生对甲氧苄啶的非常高的抗性。

肠杆菌科的一些细菌对甲氧嘧啶高度耐药的最常见原因是获得外源性 DNA，产生过量二氢叶酸还原酶。产生的二氢叶酸还原酶被甲氧嘧啶抑制，其敏感性低于由染色体介导产生的酶。在革兰氏阴性菌尤其是大肠杆菌中，通过药代动力学、一级结构分析、DNA-DNA 杂交可至少分出 6 种不同的 DHFR。DHFR 中分布最广的是 DHFR-Ⅰ型，其可导致细菌对甲氧嘧啶高度耐药，其相应基因 *dhfr-I* 位于转座子 Tn7，并且 *dhfr-I* 基因是移动基因，能在 Tn7 转座子外检出，说明该耐药基因能够随转座子 Tn7 进行水平传播；*dhfr-II* 型对甲氧嘧啶敏感性最低；*dhfr-III* 型在伤寒沙门菌和志贺菌属某些种中可检测出，可导致细菌对甲氧嘧啶耐药；*dhfr-IV* 型能被甲氧嘧啶诱导。

与此不同的是，在革兰氏阳性菌中，DHFR-S1 型酶普遍存在，在金黄色葡萄球菌、溶血葡萄球菌、表皮葡萄球菌、人型葡萄球菌等中都已检出由 *dhfrA* 基因编码的 DHFR-S1 型酶。近年来在单核细胞增生李斯特菌、溶血葡萄球菌中还发现了 DHFR-S2 型酶。存在于葡萄球菌和李斯特菌中的 S1 型酶还表现出可移动性和突变性的特征，和表皮葡萄球菌中染色体介导的酶一样，因为二者氨基酸序列极为相似。

在耐药基因传播方面，有研究表明Ⅰ型整合子携带的与抗菌药物耐药有关的基因主要在 3′端可变区，其携带的耐药基因盒主要为磺胺类的耐药基因盒 *dfrA17*。

【降低细胞通透性引起的耐药】

细胞通透性降低的原因可能有：合成一种通透障碍物。对某一种抗生素，革兰氏阴性菌比革兰氏阳性菌不敏感，这可能与革兰氏阴性菌的细胞壁外层是由脂蛋白和脂多糖组成的通透障碍物有关，这种通透障碍物可能是非特异性的。耐药菌基因突变影响通透系统的某一部分，使转运某抗生素的部分或全部功能丧失；使外膜蛋白数量降低，产生转运抗生素的拮抗系统。

外膜蛋白数量的减少，可以降低磺胺类抗生素透过细胞的量。在肺炎克雷伯菌、产气肠杆菌、阴沟肠杆菌中发现染色体突变导致的外膜渗透性下降，对萘啶酸、甲氧嘧啶、氯霉素交叉耐药。这些菌株的多重耐药与外膜蛋白数量减少有关，产生转运抗生素的拮抗系统，从而使细菌对磺胺类药物产生抗性。

【药物作用靶位的改变引起的耐药】

细菌基因组上的药物靶位（靶基因）一般是一些毒力相关基因、微生物生存的必需基因、种特异性基因、某些酶的编码基因和膜转运蛋白基因等。抗菌药物能够特异性地与菌体内的作用靶位结合，从而阻止细菌正常的生命活动，而发挥抗菌作用。药物作用靶位结构的改变能够影响抗菌药物的抗菌活性。细菌感染是一个大量病原菌参与的过程，药物的作用靶位往往是由多个等位基因编码产生的，但是如果其中一个编码作用靶位的基因发生突变而产生耐药性，该突变可以很快转移至其他等位基因。菌体内有许多抗菌药的结合靶位，细菌可通过靶位的改变，从而使抗菌药物不易结合或者不结合而产生耐药性。有关研究表明，核糖体靶位酶亲和力的改变可导致细菌对甲氧嘧啶、磺胺类抗菌药物耐药。此外，核酸合成途径中靶位酶的改变可导致细菌对磺胺甲氧嘧啶耐药；二氢叶酸还原酶的改变可导致细菌对甲氧嘧啶耐药。

【产生药物代谢旁路引起的耐药】

有关研究表明，有些细菌之所以能够产生获得性耐药，是因为形成旁路代谢，从而能够替代原有代谢的途径，使相应的抗生素失去效用。磺胺及甲氧苄啶（TMP）产生耐药性，是有新的代谢途径产生的二氢蝶酸合成酶或二氢叶酸还原酶，而这些酶不为磺胺或 TMP 所抑制。该种酶的产生有些被 R 质粒上的基因所控制，同时 TMP 不能抑制其作用，因而仍能合成叶酸。生长中需加入胸腺嘧啶的营养缺陷型突变株，可通过得到的底物及改变代谢途径对甲氧苄啶和磺胺耐药。例如，在肠球菌培养基中加入亚叶酸，肠球菌利用亚叶酸后可对磺胺甲氧嘧啶由敏感转为耐药。

【其他机制】

除此之外，还有研究表明，在耐磺胺类抗生素的菌株中，染色体突变灭活胸苷酸合成酶，导致对磺胺甲氧嘧啶高度耐药，这些突变株需要外源性胸苷或胸腺嘧啶合成DNA，对叶酸合成途径拮抗剂不敏感。此外，在奈瑟菌属细菌和金黄色葡萄球菌中，染色体特定基因的突变可导致 PABA 增多，产生对磺胺的耐药性。

主要参考文献

董洪燕，缪晓斌，李鑫，等. 2010. 鸡白痢沙门菌分离株的耐药性及磺胺类耐药机制研究. 中国家禽, 32(9): 29-33.

杜江东，牟肖东，闫志勇，等. 2011. 嗜麦芽窄食单胞菌磺胺类耐药与整合子的相关性研究. 山东医药, 51(41): 85-86.

靳红果，张瑞，王颖，等. 2017. 我国猪肉中磺胺类药物的残留特征分析. 肉类研究, 31(10): 31-35.

寇宏，吕世明，谭艾娟，等. 2018. 贵州省猪源大肠杆菌对磺胺类抗菌药物耐药性及耐药基因检测. 中国兽医杂志, 54(9): 75-78.

刘灿. 2014. 嗜麦芽窄食单胞菌对磺胺类抗菌药物耐药机制的研究进展. 安徽医药, 18(5): 961-963.

宋玉波，李雪平. 2012. 磺胺类药物的作用机理及在畜牧生产中的应用. 山东畜牧兽医, 33(7): 29.

薛原，王晓菲，牛鑫鑫，等. 2016. 鸡源沙门氏菌中磺胺类药物耐药基因的检测. 家禽科学, (3): 10-12.

杨宝峰, 陈建国. 2018. 药理学. 9 版. 北京: 人民卫生出版社.
张瑞泉, 姜兰, 邓玉婷, 等. 2018. 磺胺类抗生素及耐药基因的研究进展. 珠江水产科学, (4): 94-100.
张泽辉, 宋雪娇, 黄程程, 等. 2017. 细菌的获得性耐药机制研究进展. 动物医学进展, 38(1): 74-77.
Abdel-Hafez S H. 2010. Synthesis of novel selenium-containing sulfa drugs and their antibacterial activities. Bioorg Khim, 36(3): 403-409.
Alekshun M N, Levy S B. 2000. Bacterial drug resistance: response to survival threats. *In*: Storz G, Hengge-Aronis R. Bacterial Stress Responses. Washington D.C.: ASM Press: 323-366.
Alekshun M N, Levy S B. 2007. Molecular mechanisms of antibacterial multidrug resistance. Cell, 128(6): 1037-1050.
Al-Rashida M, Hussain S, Hamayoun M, et al. 2014. Sulfa drugs as inhibitors of carbonic anhydrase: new targets for the old drugs. Biomed Res Int, 2014: 162928.
Bentley R. 2009. Different roads to discovery; Prontosil (hence sulfa drugs) and penicillin (hence beta-lactams). J Ind Microbiol Biotechnol, 36(6): 775-786.
Bustamante P, Iredell J R. 2017. Carriage of type Ⅱ toxin-antitoxin systems by the growing group of IncX plasmids. Plasmid, 91: 19-27.
Capasso C, Supuran C T. 2014. Sulfa and trimethoprim-like drugs—antimetabolites acting as carbonic anhydrase, dihydropteroate synthase and dihydrofolate reductase inhibitors. J Enzyme Inhib Med Chem, 29(3): 379-387.
Hammoudeh D I, Zhao Y, White S W, et al. 2013. Replacing sulfa drugs with novel DHPS inhibitors. Future Med Chem, 5(11): 1331-1340.
Hanafy A, Uno J, Mitani H, et al. 2007. *In-vitro* antifungal activities of sulfa drugs against clinical isolates of *Aspergillus* and *Cryptococcus* species. Nihon Ishinkin Gakkai Zasshi, 48(1): 47-50.
Harmer C J, Hall R M. 2016. IS*26*-mediated formation of transposons carrying antibiotic resistance genes. mSphere, 1(2): e00038-16.
Harmer C J, Moran R A, Hall R M. 2014. Movement of IS*26*-associated antibiotic resistance genes occurs via a translocatable unit that includes a single IS*26* and preferentially inserts adjacent to another IS*26*. mBio, 5(5): e01801-14.
Haruki H, Pedersen M G, Gorska K I, et al. 2013. Tetrahydrobiopterin biosynthesis as an off-target of sulfa drugs. Science, 340(6135): 987-991.
Hsu J T, Chen C Y, Young C W, et al. 2014. Prevalence of sulfonamide-resistant bacteria, resistance genes and integron-associated horizontal gene transfer in natural water bodies and soils adjacent to a swine feedlot in northern Taiwan. J Hazard Mater, 277: 34-43.
Ibrahim H S, Eldehna W M, Abdel-Aziz H A, et al. 2014. Improvement of antibacterial activity of some sulfa drugs through linkage to certain phthalazin-1(2H)-one scaffolds. Eur J Med Chem, 85: 480-486.
Johnson T J, Bielak E M, Fortini D, et al. 2012. Expansion of the IncX plasmid family forimproved identification and typing of novel plasmids in drug-resistant Enterobacteriaceae. Plasmid, 68(1): 43-50.
Lumb V, Sharma Y D. 2011. Novel K540N mutation in *Plasmodium falciparum* dihydropteroate synthetase confers a lower level of sulfa drug resistance than does a K540E mutation. Antimicrob Agents Chemother, 55(5): 2481-2482.
Mazel D. 2006. Integrons: agents of bacterial evolution. Nat Rev Microbiol, 4(8): 608-620.
Mustafa S, Alsughayer A, Elgazzar A, et al. 2014. Effect of sulfa drugs on kidney function and renal scintigraphy. Nephrology, 19(4): 210-216.
Partridge S R, Kwong S M, Firth N, et al. 2018. Mobile genetic elements associated with antimicrobial resistance. Clin Microbiol Rev, 31(4): e00088-17.
Pérez-Roth E, Kwong S M, Alcoba-Florez J, et al. 2010. Complete nucleotide sequence and comparative analysis of pPR9, a 41.7-kilobase conjugative staphylococcal multiresistance plasmid conferring high-level mupirocin resistance. Antimicrob Agents Chemother, 54(5): 2252-2257.
Perreten V, Boerlin P. 2003. A new sulfonamide resistance gene (*sul3*) in *Escherichia coli* is widespread in the pig population of Switzerland. Antimicrob Agents Chemother, 47(3): 1169-1172.

Razavi M, Marathe N P, Gillings M R, et al. 2017. Discovery of the fourth mobile sulfonamide resistance gene. Microbiome, 5(1): 160.
Shimada T, Yamamoto K, Ishihama A. 2009. Involvement of the leucine response transcription factor LeuO in regulation of the genes for sulfa drug efflux. J Bacteriol, 191(14): 4562-4571.
Siguier P, Gourbeyre E, Chandler M. 2017. Known knowns, known unknowns and unknown unknowns in prokaryotic transposition. Curr Opin Microbiol, 38: 171-180.
Sköld O. 2001. Resistance to trimethoprim and sulfonamides. Vet Res, 32(3-4): 261-273.
Subirats J, Timoner X, Sànchez-Melsió A, et al. 2018. Emerging contaminants and nutrients synergistically affect the spread of class 1 integron-integrase (*intI1*) and *sul1* genes within stable streambed bacterial communities. Water Res, 138: 77-85.
Tyagi A K, Mirdha B R, Luthra K, et al. 2010. Dihydropteroate synthase (DHPS) gene mutation study in HIV-infected Indian patients with *Pneumocystis jirovecii* pneumonia. J Infect Dev Ctries, 4(11): 761-766.
Vandecraen J, Chandler M, Aertsen A, et al. 2017. The impact of insertion sequences on bacterial genome plasticity and adaptability. Crit Rev Microbiol, 43(6): 709-730.
Yang S J, Jan Y H, Mishin V, et al. 2014. Sulfa drugs inhibit sepiapterin reduction and chemical redox cycling by sepiapterin reductase. J Pharmacol Exp Ther, 352(3): 529-540.
Yun M K, Wu Y N, Li Z M, et al. 2013. Catalysis and sulfa drug resistance in dihydropteroate synthase: crystal structures reveal the catalytic mechanism of DHPS and the structural basis of sulfa drug action and resistance. Science, 335(6072): 1110-1114.

第八节 截短侧耳素类药物的耐药机制

截短侧耳素（pleuromutilin）是由担子菌产生的一种三环二萜类兽用抗生素。截短侧耳素类药物是在天然化合物截短侧耳素的基础上进行化学修饰而改造获得的一类抗菌药物，包括泰妙菌素、沃尼妙林和瑞他帕林。其中泰妙菌素和沃尼妙林是畜禽专用药，用于兽医临床上多种细菌感染的治疗。瑞他帕林是近年开发的新的截短侧耳素类衍生物，用于治疗人类细菌感染。截短侧耳素抗菌活性强、作用范围广，对许多革兰氏阳性菌和支原体感染有独特效果。随着截短侧耳素类药物的频繁使用，其耐药性问题日益突出，相关报道不断增多。动物源细菌对截短侧耳素类的耐药机制研究有助于掌握该类药物耐药性的发生、发展以及传播扩散的规律，可以为截短侧耳素类新药物的开发及防止耐药性产生提供重要的科学基础。

截短侧耳素类药物的结构及作用机制

【截短侧耳素类药物的结构】

截短侧耳素是20世纪50年代发现的一种具有抗菌活性的天然产物，是由高等真菌担子菌纲侧耳属*Pleurots mutilus*和*Pleurots passeckerianus*菌种经深层培养产生的一类具有三环骨架的二萜化合物。研究表明，截短侧耳素结合在细菌核糖体50S亚基的23S rRNA上，通过其三环母核定位在核糖50S亚基的肽酰转移酶中心，在A位点形成一个紧密的口袋，同时，其侧链部分覆盖了tRNA结合的P位点，由此直接抑制肽键的形成，从而阻止细菌蛋白质的合成。正是由于这种巧妙的作用方式，该化合物及其某些衍生物对耐药的革兰氏阳性菌和支原体具有明显的抗菌活性及优良的药动学性质，并与其他抗生素无交叉耐药的特性。

构效关系研究表明，其母核三环结构、C14 位的酯基、C2 位的羰基和 C11 位的羟基都是抗菌活性所必需的官能团。三环母核水溶性差、吸收率低，导致截短侧耳素水溶性较差，抗菌活性较弱，因而自其被发现以来，研究人员一直引入各种极性基团，以提高其水溶性和杀菌效果。针对其结构特点，科研人员进行了大量的修饰工作，主要集中在 C14 侧链上。目前通过分子结构的改造已获得几种具有良好的抗阳性耐药菌活性的与截短侧耳素相关的药物，现已投入使用的有 3 个：泰妙菌素、沃尼妙林和瑞他帕林。泰妙菌素和沃尼妙林作为两种兽用专用抗生素，主要用于治疗猪胃肠道和呼吸道疾病，对一些支原体感染的疾病也有很好的疗效。其中泰妙菌素是第一个应用的兽用截短侧耳素类药物，对于革兰氏阳性菌、支原体、毛肠短状螺旋体和密螺旋体等引起的疾病有广泛的防治效果。随后研制出的沃尼妙林作为兽药相比于泰妙菌素，抗菌活性更优，主要用于预防和治疗由支原体属与猪痢疾短螺旋体引起的疾病。沃尼妙林的药物代谢动力学参数优良，在鸡体内测试具有吸收快、分布容积大、代谢慢、口服给药利用度高等多个优点。瑞他帕林由葛兰素史克公司研发，2007 年被 FDA 批准上市，用于治疗由金黄色葡萄球菌和酿脓链球菌引起的人局部急性皮肤感染或伤口感染等，它是由截短侧耳素开发成的第一个人用药物，对耐甲氧西林葡萄球菌和甲氧西林敏感葡萄球菌都有较强的抑制作用。并且瑞他帕林一般能够在肝脏中被代谢，因而毒副作用较低，是良好的人用药物。此外，还有多个截短侧耳素类药物正在进行开发或已进入临床试验阶段。由于这类药物有极佳的抗支原体活性，沃尼妙林还曾被用于人医上治疗被耐药支原体感染的免疫功能不全患者。

【截短侧耳素类药物的作用机制】

截短侧耳素及其衍生物通过阻断转肽作用和 mRNA 位移，在核糖体水平上抑制细菌蛋白质的合成，对许多革兰氏阳性菌及支原体感染有独特疗效。20 世纪 70 年代，研究发现截短侧耳素及其衍生物如泰妙菌素以 1∶1 的分子比键合在核糖体大小亚基交界处的肽酰转移酶中心附近位点，主要通过抑制肽基转移酶的活性而使蛋白质合成受阻，从而达到抑菌效果。实验证明，在泰妙菌素的存在下，30S 亚基与 50S 亚基形成不完善的核糖体复合物，装配好后又很快解离，其结果是使肽链的延长阶段终止，即核糖体的 P 位点被泰妙菌素占据后，通过阻止另一个氨酰-tRNA 同 A 位点结合，发挥蛋白质合成抑制作用。

细菌对截短侧耳素类药物的耐药机制

细菌对截短侧耳素耐药的作用机制主要包括三种，第一种是主动外排机制，目前研究发现的介导截短侧耳素类抗生素耐药的外排基因均属于 ATP 结合盒转运超家族；第二种是药物作用靶位的改变，主要包括 Cfr/Cfr-like 甲基化酶介导的 23S rRNA 2503 位点的甲基化导致的耐药等；第三种是细菌核蛋白 L3 与 23S rRNA 突变导致的耐药。

【细菌核蛋白L3与23S rRNA突变导致的耐药】

位于肽酰转移酶中心附近的核蛋白L3与23S rRNA突变可使细菌产生截短侧耳素耐药性。核蛋白L3氨基酸突变导致的截短侧耳素耐药机制最先被报道。Bøsling等(2003)通过诱导筛选的方法得到了泰妙菌素耐药的大肠杆菌突变子，并进一步应用化学足迹法证实L3核蛋白149位点天冬酰胺（Asn）突变成天冬氨酸（Asp），导致截短侧耳素类化合物与细菌核糖体的亲和力下降，从而引起细菌耐药。此后，在截短侧耳素类耐药的猪肠道螺旋体、酿脓链球菌以及金黄色葡萄球菌中同样发现，核蛋白L3突变可导致截短侧耳素类药物敏感性降低。通过对不同细菌核蛋白L3序列的比对以及截短侧耳素类药物与核糖体共结晶结构的分析发现，这些耐药突变位点大多数位于核蛋白L3的一个高可变区域，并且这一区域在三级结构上延伸至药物的结合位点附近。因此能够推测：通过干扰截短侧耳素类药物结合口袋（drug binding pocket）的构象，L3核蛋白突变影响了药物结合，从而导致了耐药的发生。虽然L3核蛋白突变在其他细菌中频繁出现，但是在鸡毒支原体诱导耐药株中未发现L3核蛋白突变。同时，还有研究表明，酿脓链球菌和金黄色葡萄球菌通过L3核蛋白突变这一机制产生耐药需要多个突变积累才能实现。也就是说，截短侧耳素类药物诱导性耐药的产生并不容易。

此外，通过rRNA点突变模型构建发现，23S rRNA的2055、2447、2504、2572、2032、2499位点突变均能影响截短侧耳素类抗菌药物与核糖体的结合能力，能够导致猪源细菌对截短侧耳素类药物的敏感性降低。而在鸡毒支原体中需要有23S rRNA的多个位点累积突变才能够实现耐药。其中2447和2504位点突变还可引起与利奈唑胺的交叉耐药。值得注意的是，在鸡毒支原体中发现A2503U突变，该位点与另一种截短侧耳素耐药机制Cfr甲基化酶的作用位点一致，因此可推断A2503U的突变也许与Cfr甲基化酶介导的甲基化耐药机制相似，能够影响截短侧耳素类药物结合作用位点。这些23S rRNA位点的突变还可以和核蛋白L3共同作用，导致猪肠道螺旋体对截短侧耳素耐药。不过不管是核蛋白L3突变还是23S rRNA的碱基点突变导致的耐药性，绝大多数都是人工诱导产生的，临床报道并不多见。

【Cfr甲基化酶介导的耐药】

2000年，首次自金黄色葡萄球菌中分离鉴定了*cfr*基因，因为其同时介导氯霉素和氟苯尼考耐药，所以将其命名为*cfr*。研究发现*cfr*基因编码Cfr甲基化酶，将*S*-腺苷甲硫氨酸（SAM）的甲基转移到23S rRNA的2503位点，阻止抗菌药物与核糖体PTC区域结合。进一步的研究表明Cfr甲基转移酶有两个作用位点，促进A2503位点甲基化，同时对C2498位点的甲基化起抑制作用。

随后研究表明，*cfr*基因不仅介导截短侧耳素类药物耐药，同时还介导酰胺醇类、林可酰胺类、噁唑烷酮类、截短侧耳素类、链阳菌素A类抗生素共同耐药，这5种耐药表型被称为$PhLOPS_A$耐药表型。*cfr*基因介导五大类抗生素耐药的原因是林可酰胺类、氯霉素类、截短侧耳素类、链阳菌素A类、噁唑烷酮类药物都结合在细菌核糖体的肽酰转移酶中心，并且这五大类药物的靶位都在23S rRNA的2503位点附近，因此*cfr*基因介导的

A2503位点甲基化会导致这五大类药物结合部位的构象全部发生改变，引起这五大类药物与细菌核糖体的亲和力降低，导致细菌耐药性产生。当16元环大环内酯类药物的16元环侧链延伸到A2503位点附近时，*cfr*基因介导的A2503位点的甲基化干扰了核糖体与相应侧链的结合，因此这类药物的耐药性也是由*cfr*基因介导的。

在对该基因的流行扩散情况跟踪研究的过程中，研究者发现的*cfr*基因均存在于多重耐药质粒上。直到Kehrenberg等（2005）从1株致病猪葡萄球菌的染色体DNA中检测到*cfr*基因，才第一次报道了染色体DNA中也存在*cfr*基因。随后Toh等（2007）在哥伦比亚麦德林某医院的患者的唾液中首次从人体内临床分离出携带*cfr*基因的金黄色葡萄球菌。之后的研究逐渐发现*cfr*不仅流行于葡萄球菌，而且在动物源芽孢杆菌、肠球菌等革兰氏阳性菌以及普通变形杆菌、大肠杆菌等革兰氏阴性菌中也被检测到，这说明该基因具有很强的转移传播能力并且已经在世界各国逐渐流行开来。

【ABC-F蛋白家族介导的耐药】

ABC蛋白家族在细胞生命活动中担任各种角色，其中ABC-F蛋白除了参与DNA修复、mRNA翻译外，还具有介导细菌产生耐药性的能力，被称为ARE（antibiotic resistance）ABC-F蛋白。其中与截短侧耳素类耐药性相关的ARE ABC-F家族基因主要包括*vga*(A)、*vga*(A)*v*、*vga*(A)*LC*、*vga*(E)、*lsa*(C)及*lsa*(E)。2008年首次发现编码ARE蛋白介导截短侧耳素类抗菌药物耐药的基因*vga*(A)和*vga*(A)*v*，通过构建*vga*(A)和*vga*(A)*v*表达载体证实其能明显提高泰妙菌素和瑞他帕林的耐药水平，这也是第一次报道细菌利用外排泵机制产生对截短侧耳素类药物的耐药性。*lsa*基因编码的ABC-F蛋白也会使细菌对截短侧耳素类产生耐药性。例如，Malbruny等（2011）将无乳链球菌中的*lsa*(C)基因克隆，转移至无耐药基因的标准无乳链球菌BM132中，发现*lsa*(C)基因对介导截短侧耳素类化合物的耐药性作用显著。并且他们鉴定出人源无乳链球菌中的*lsa*(C)能够同时介导林可酰胺类、截短侧耳素类和链阳菌素A类药物的交叉耐药，还发现这个基因位于与转座子类似的插入结构上，暗示了这个基因能够通过水平转移进行扩散传播。

在动物源中，耐甲氧西林金黄色葡萄球菌对截短侧耳素类药物的耐药情况十分严重。例如，瑞士2009～2010年分离的MRSA菌株中有90%对泰妙菌素耐药，其中又有约1/3的菌株检测到了*vga*(A)*v*基因，而从剩余的菌株中发现了一个新型的*vga*基因——*vga*(E)，这个基因介导了菌株的耐药表型。该基因位于一个叫作Tn*6133*的新型转座子上，这个转座子由Tn*544*和4789bp的插入序列构成。该基因在瑞士的ST398型耐甲氧西林葡萄球菌中检出率较高。与此同时，在2009年，德国也分离出一株动物源的ST398型MRSA菌株，并从中获得一个14 365bp的多重耐药质粒，被命名为pKKS825。该质粒同时携带4个耐药基因，其中就有一个新型的*vga*基因，与已知的*vga*基因同源性较低，被命名为*vga*(C)。此基因可以介导沃尼妙林和泰妙菌素的高水平耐药，同时还能够引起克林霉素和林可霉素及维吉霉素M1的耐药，即可介导截短侧耳素类、林可酰胺类和链阳菌素A类三种药物的共同耐药。与此同时，Wendlandt等（2013）将*lsa*(E)的质粒通过电击导入金黄色葡萄球菌RN4220菌株中，同样会使之前不对截短侧耳素耐药的RN4220菌株显著耐受泰妙菌素，并且 *lsa*(E)不仅存在于 MRSA 中，在肠球菌与猪源丹毒丝菌中也有报道。值得关注的一点是，携带 *vga*(A)的这类质粒在人与动物之间的相互传播已经出现：2010 年发现的一个来自葡萄牙的猪源 MRSA 中携带 *vga*(A)的 5718bp 大小的质粒 pCPS32，与人源葡萄球菌中的携带 *vga*(A)的质粒 pVGA 的序列相似度高达 99.9%。

目前关于 ARE 蛋白介导的截短侧耳素类抗菌药物耐药机制最公认的是相互竞争的假说，即抗生素外排和核糖体 PTC 靶向保护。这种假说是指 ARE 蛋白通过定向结合到抗生素和核糖体 PTC 区域的结合部位，促进抗生素的释放，保护蛋白质翻译过程不被抑制。

主要参考文献

初胜波, 王秀梅, 张万江, 等. 2014. 猪源肠球菌林克酰胺、截短侧耳素及链阳菌素 A 类耐药基因 *lsa*(E)的检测及传播方式. 中国预防兽医学报, 36(10): 766-770.

谷立慧, 周文渊, 王丽, 等. 2018. 猪源金黄色葡萄球菌 *lsa*(E)基因的流行性研究. 现代食品科技, 34(7): 50-55.

林大川. 2012. 动物源及密切接触者葡萄球菌耐药性分析及截短侧耳素耐药基因流行状况. 广州: 华南农业大学硕士学位论文.

刘保光, 裴亚玲, 孙华润, 等. 2016. 动物专用新兽药沃尼妙林的研究进展. 农家科技旬刊, 2(4): 10-11.

刘东良, 贾海燕, 魏建超, 等. 2017. 截短侧耳类药物耐药机制研究进展. 畜牧与兽医, 49(2): 107-111.

吕惠序. 2013. 泰妙菌素与沃尼妙林在兽医临床上的应用. 养猪, 2: 95-96.

王新杨, 陈敏, 王铎, 等. 2015. 新型截短侧耳素衍生物的合成及抗菌活性研究. 药学学报, 50(10): 1297-1304.

曾淑仪, 邓辉, 孙坚, 等. 2016. 广东不同地区葡萄球菌 *cfr* 基因的流行性调查. 中国兽医学报, 36(8): 1376-1382.

Bøsling J, Poulsen S M, Vester B, et al. 2003. Resistance to the peptidyl transferase inhibitor tiamulin caused by mutation of ribosomal protein L3. Antimicrob Agents Chemother, 47(9): 2892-2896.

Davidovich C, Bashan A, Auerbach-Nevo T, et al. 2007. Induced-fit tightens pleuromutilins binding to ribosomes and remote interactions enable their selectivity. Proc Natl Acad Sci U S A, 104(11): 4291-4296.

Egger H, Reinshagen H. 1976. New pleuromutilin derivatives with enhanced antimicrobial activity. I. Synthesis. J Antibiot, 29(9): 915-922.

Gao M L, Zeng J, Fang X, et al. 2017. Design, synthesis and antibacterial evaluation of novel pleuromutilin derivatives possessing piperazine linker. Eur J Med Chem, 127: 286-295.

Gentry D R, McCloskey L, Gwynn M N, et al. 2008. Genetic characterization of Vga ABC proteins conferring reduced susceptibility to pleuromutilins in *Staphylococcus aureus*. Antimicrob Agents Chemother, 52(12): 4507-4509.

Heilmann C, Jensen L, Jensen J S, et al. 2001. Treatment of resistant mycoplasma infection in immunocompromised patients with a new pleuromutilin antibiotic. J Infect, 43(4): 234-238.

Jacquet E, Girard J M, Ramaen O, et al. 2008. ATP hydrolysis and pristinamycin IIA inhibition of the *Staphylococcus aureus* Vga(A), a dual ABC protein involved in streptogramin A resistance. J Biol Chem, 283(37): 25332-25339.

Kadlec K, Pomba C F, Couto N, et al. 2010. Small plasmids carrying *vga*(A) or *vga*(C) genes mediate resistance to lincosamides, pleuromutilins and streptogramin A antibiotics in methicillin-resistant *Staphylococcus aureus* ST398 from swine. J Antimicrob chemother, 65(12): 2692-2693.

Kadlec K, Schwarz S. 2009. Novel ABC transporter gene, *vga*(C), located on a multiresistance plasmid from a porcine methicillin-resistant *Staphylococcus aureus* ST398 strain. Antimicrob Agents Chemother, 53(8): 3589-3591.

Kavanagh F, Hervey A, Robbins W J. 1951. Antibiotic substances from Basidiomycetes. Ⅷ. *Pleurotus multilus* (Fr.) Sacc. and *Pleurotus passeckerianus* Pilat. Proc Natl Acad Sci U S A, 37(9): 570-574.

Kehrenberg C, Cuny C, Strommenger B, et al. 2009. Methicillin-resistant and-susceptible *Staphylococcus aureus* strains of clonal lineages ST398 and ST9 from swine carry the multidrug resistance gene cfr. Antimicrob Agents Chemother, 53(2): 779-781.

Kehrenberg C, Schwarz S, Jacobsen L, et al. 2005. A new mechanism for chloramphenicol, florfenicol and clindamycin resistance: methylation of 23S ribosomal RNA at A2503. Mol Microbiol, 57(4): 1064-1073.

Lambert T. 2012. Antibiotics that affect the ribosome. Rev Sci Tech, 31(1): 57-64.

Li X S, Dong W C, Wang X M, et al. 2014. Presence and genetic environment of pleuromutilin-lincosamide-streptogramin A resistance gene *lsa*(E) in enterococci of human and swine origin. J Antimicrob Chemother, 69(5): 1424-1426.

Long K S, Poehlsgaard J, Kehrenberg C, et al. 2006. The Cfr rRNA methyltransferase confers resistance to phenicols, lincosamides, oxazolidinones, pleuromutilins, and streptogramin A antibiotics. Antimicrob Agents Chemother, 50(7): 2500-2505.

Lozano C, Aspiroz C, Rezusta A, et al. 2012. Identification of novel *vga*(A)-carrying plasmids and a Tn*5406*-like transposon in meticillin-resistant *Staphylococcus aureus* and *Staphylococcusepidermidis* of human and animal origin. Int J Antimicrob Agents, 40(4): 306-312.

Malbruny B, Werno A M, Murdoch D R, et al. 2011. Cross-resistance to lincosamides, streptogramins A, and pleuromutilins due to the *lsa*(C) gene in *Streptococcus agalactiae* UCN70. Antimicrob Agents Chemother, 55(4): 1470-1474.

Murina V, Kasari M, Hauryliuk V, et al. 2018. Antibiotic resistance ABCF proteins reset the peptidyl transferase centre of the ribosome to counter translational arrest. Nucleic Acids Res, 46(7): 3753-3763.

Pringle M, Poehlsgaard J, Vester B, et al. 2004. Mutations in ribosomal protein L3 and 23S ribosomal RNA at the peptidyl transferase centre are associated with reduced susceptibility to tiamulin in *Brachyspira* spp. isolates. Mol Microbiol, 54(5): 1295-1306.

Schlünzen F, Pyetan E, Fucini P, et al. 2004. Inhibition of peptide bond formation by pleuromutilins: the structure of the 50S ribosomal subunit from *Deinococcus radiodurans* in complex with tiamulin. Mol Microbiol, 54(5): 1287-1294.

Schwendener S, Perreten V. 2011. New transposon Tn*6133* in methicillin-resistant *Staphylococcus aureus* ST398 contains *vga*(E), a novel streptogramin A, pleuromutilin, and lincosamide resistance gene. Antimicrob Agents Chemother, 55(10): 4900-4904.

Shang R F, Wang J T, Guo W Z, et al. 2013. Efficient antibacterial agents: a review of the synthesis, biological evaluation and mechanism of pleuromutilin derivatives. Curr Top Med Chem, 13(24): 3013-3025.

Sharkey L K R, O'Neill A J. 2018. Antibiotic resistance ABC-F proteins: bringing target protection into the limelight. Acs Infect Dis, 4(3): 239-246.

Shen J Z, Wang Y, Schwarz S. 2013. Presence and dissemination of the multiresistance gene *cfr* in Gram-positive and Gram-negative bacteria. J Antimicrob Chemother, 68(8): 1697-1706.

Smith L K, Mankin A S. 2008. Transcriptional and translational control of the mlr operon, which confers resistance to seven classes of protein synthesis inhibitors. Antimicrob Agents Chemother, 52(5): 1703-1712.

Toh S M, Xiong L Q, Arias C A, et al. 2007. Acquisition of a natural resistance gene renders a clinical strain of methicillin-resistant *Staphylococcus aureus* resistant to the synthetic antibiotic linezolid. Mol Microbiol, 64(6): 1506-1514.

Vester B. 2018. The *cfr*, and *cfr*-like multiple resistance genes. Res Microbiol, 169(2): 61-66.

Wendlandt S, Lozano C, Kadlec K, et al. 2013. The enterococcal ABC transporter gene *lsa*(E) confers combined resistance to lincosamides, pleuromutilins and streptogramin A antibiotics in methicillin-susceptible and methicillin-resistant *Staphylococcus aureus*. J Antimicrob Chemother, 68(2): 473-475.

Yang L P, Keam S J. 2008. Retapamulin: a review of its use in the management of impetigo and other uncomplicated superficial skin infections. Drugs, 68(6): 855-873.

Yeh P J, Hegreness M J, Aiden A P, et al. 2009. Drug interactions and the evolution of antibiotic resistance. Nat Rev Microbiol, 7(6): 460-466.

Yi Y P, Fu Y X, Dong P C, et al. 2017. Synthesis and biological activity evaluation of novel heterocyclic pleuromutilin derivatives. Molecules, 22(6): 996.

Zhang A Y, Xu C W, Wang H N, et al. 2015. Presence and new genetic environment of pleuromutilin-lincosamide-streptogramin a resistance gene *lsa*(E) in *Erysipelothrix rhusiopathiae* of swine origin. Vet Microbiol, 177(1-2): 162-167.

第九节　多肽类药物的耐药机制

多肽（polypeptide）类药物是结构中包含多肽链的一类抗菌药物，包括多黏菌素、放线菌素、杆菌肽等。该类抗菌药物通过破坏细菌细胞膜发挥杀菌效应。多肽类药物在兽医领域属于老药新用，被用来预防或治疗革兰氏阴性菌感染导致的细菌性疾病，也被用作添加剂，对革兰氏阳性菌感染导致的细菌性疾病无预防、治疗效果。

多黏菌素是最重要的多肽类药物。在动物中，多黏菌素被用来治疗肠杆菌科细菌，特别是大肠杆菌感染引发的细菌性疾病，如腹泻、大肠杆菌病、败血症。在猪养殖领域，多黏菌素与食物一起添加用于饲喂断奶后动物。多黏菌素主要被动物口服，用于减缓或预防革兰氏阴性菌感染引起的发病，这类使用方式被广泛应用于猪、家禽、牛、羊和兔子。另外，多黏菌素也被用于蛋鸡。

对于多黏菌素药物的使用，不同国家具有显著差异。2015 年全球多黏菌素消耗量达到 11 942t，亚洲多黏菌素消耗量占全世界的 73.1%。中国是世界最大的多黏菌素消费国，也是主要的生产国和出口国，2015 年中国向欧洲和北美洲分别输出 480t 和 700t 多黏菌素。在中国，2014 年多黏菌素产量约 90%用在农业领域。美国在 1998 年批准了多黏菌素以可注射用多黏菌素甲磺酸钠的形式在鸡上使用。在加拿大，多黏菌素被禁止应用于兽医领域，然而部分养殖户仍可以通过进口使用未被许可的非处方制剂。

在欧洲，多黏菌素在 20 世纪 50 年代被批准用于动物领域。2012 年，22 个欧洲国家多黏菌素在食源性动物（主要为家禽和猪）中的使用量为 545.2t。在 2013 年，多黏菌素是欧洲用于食源性动物的第五大抗菌药物。针对法国动物中使用多黏菌素的研究表明，在猪的养殖过程中抗生素存在过量使用，其中有 1/3 为多黏菌素，而这一比率在家禽中更高。2008 年，针对 83 个规模化养殖场的流行病学调查揭示，93%～95%的养殖场都通过动物口服的形式使用过多黏菌素。此外，90%的养殖场在断奶后使用多黏菌素，48%的在妊娠和生产期使用。在比利时，多黏菌素是治疗大肠杆菌感染引发的猪腹泻和水肿性疾病最常用的抗生素，对欧洲其他国家的流行病学调查同样揭示了多黏菌素使用的高频率。在西班牙，2001～2003 年的调查结果表明，多黏菌素被大量用于治疗消化道疾病。在丹麦，2003～2011 年多黏菌素使用量持续增长，其被用来治疗小猪和母猪细菌性疾病。根据 2010 年欧洲兽用抗菌药消耗监测（European Surveillance of Veterinary Antimicrobial Consumption，ESVAC）报告，综合 19 个国家兽用抗生素的销售情况，多黏菌素占到抗生素总销售量的 7%。其用于治疗时，通常的推荐剂量是 100 000IU/kg 体重，但在一些欧洲以外的国家，多黏菌素也被用作食物添加剂来促进生长，剂量会有所减少。

多黏菌素作为最重要的多肽类药物，其耐药机制长期以来被认为由染色体上双组分信号系统调控基因突变介导。而 *mcr-1* 基因的发现和广泛分布，证实质粒介导的多黏菌素耐药也是重要机制，其发现引发了对于控制多肽类药物使用的广泛讨论。

多肽类药物的结构及作用机制

【多肽类药物的结构】

目前临床使用的多肽类药物主要是多黏菌素，多黏菌素在 1940 年被发现，到 1980 年被广泛应用，之后又因为具有一定肾毒性而被减少使用。在出现多重耐药菌后，其被用来治疗革兰氏阴性菌感染，现在被认为是治疗多重耐药阴性菌感染的最后选择。多黏菌素包括多黏菌素 B 和多黏菌素 E，两者都属于多黏芽孢杆菌的衍生物，是天然阳离子抗菌肽。这两种药物在作用机制、抗菌谱、临床用途和毒性方面有许多相似之处。它们的结构都是包含由 D-氨基酸和 L-氨基酸的混合物排列成带的一个三肽侧链的七肽环，侧链通过酰基结合一条脂肪酸尾链。多黏菌素 B 和多黏菌素 E 在化学结构、配方、效价、剂量和药动学性质等方面也有所不同。多黏菌素 B 和多黏菌素 E 的七肽环仅有一个氨基酸差异，多黏菌素 B 的 6 位点上是苯丙氨酸，多黏菌素 E 是亮氨酸。临床上常用的多黏菌素 B 和多黏菌素 E 均为混合物，多黏菌素 B 的主要部分为 B1[脂酰基：(*S*)-6-甲基辛酰]和 B2[脂酰基：6-甲基庚酰]，而黏菌素 A[脂酰基：(*S*)-6-甲基辛酰]和 B[脂酰基：6-甲基庚酰]是多黏菌素 E 的主要成分。多黏菌素可以治疗大肠杆菌、克雷伯菌、沙门菌和其他肠杆菌科细菌感染性疾病。但一些细菌具有固有耐药性，如变形杆菌和沙雷菌。多黏菌素对革兰氏阳性菌和厌氧菌没有活性。

【多肽类药物的作用机制】

多黏菌素 B 和多黏菌素 E 的作用机制相同，主要包括三种："自发摄取"原理，多黏菌素是两性化合物，通过与细菌细胞膜的接触，多黏菌素分子中聚阳离子环与革兰氏阴性菌细胞膜上的脂多糖结合，导致外膜的通透性增加，细胞内小分子成分尤其是嘌呤、嘧啶等重要物质外漏，导致渗透不平衡，使细菌膨胀、溶解、死亡；羟基自由基的"累积损害"原理，是最新提出的多黏菌素破坏细菌的机制，氧化应激反应导致羟基自由基的累积，从而破坏细菌 DNA；"中和内毒素"作用，多黏菌素阳离子环形肽与内毒素活性中心的硫酸根离子结合，使内毒素失去活性，从而达到消除内毒素、抑制内毒素的释放、减轻炎性反应的效果。多黏菌素可用于脓毒血症的治疗，其机制和释放细胞因子有关，至今还没有确切的说法。最新研究发现，对于脓毒血症，多黏菌素 B 和多黏菌素 E 的治疗效果是有差异的，多黏菌素 B 硫酸盐的效果最好，多黏菌素 E 硫酸盐次之，多黏菌素 E 甲磺酸盐最差。

目前普遍接受的说法是多黏菌素作用于细菌的细胞膜，使细胞内的重要物质外渗而起到杀菌作用。当药物与细菌细胞膜接触时，其分子中聚阳离子环可与脂多糖的类脂 A 发生作用，插入细胞膜的磷脂中，破坏细胞的完整性，导致细菌细胞膜的通透性增加，使细胞内成分外漏而造成细菌死亡。脂多糖（LPS）是细菌外膜的结构组分，由核心多糖、*O*-多糖侧链和类脂 A 组成。LPS 的主要功能有：类脂 A 是革兰氏阴性菌致病性内毒素的物质基础，脂多糖要维持其结构的稳定性需要足量 Ca^{2+}的存在。如果用螯合剂除去 Ca^{2+}，LPS 就会解体。这时，革兰氏阴性菌的内壁层肽聚糖就暴露出来，因而就可被溶菌酶所水解。脂多糖可以耐受负电荷并赋予细菌外膜完整性和稳定性。多黏菌素带正电，可以取代 Mg^{2+}和 Ca^{2+}，结合到类脂 A 上，导致外膜和内膜失稳，对细菌造成破坏。

细菌对多肽类药物的耐药机制

多黏菌素耐药现象的出现使其耐药机制的研究成为热点，虽然多黏菌素耐药的完整机制尚未完全阐明，但细菌出现多黏菌素耐药性很可能与用药时间的延长及用药量的加大有关。据报道，已明确的耐多黏菌素的机制主要有以下几种：①细菌外膜脂多糖的修饰；②染色体双组分信号系统突变；③质粒介导的多黏菌素耐药；④特异性外排蛋白编码基因突变；⑤存在药物的降解蛋白等。细菌异质性对鲍曼不动杆菌的多黏菌素 E 敏感度也有影响，长期应用某一种药物的生物体内容易出现异质性耐药，细菌的基因或染色体在长期的药物选择压力作用下可能会发生变异，从而改变表型，出现一部分耐药亚群。

【细菌外膜脂多糖修饰引起的耐药】

大肠杆菌、肺炎克雷伯菌、沙门菌染色体基因突变介导的多黏菌素耐药机制类似。最重要的机制是对细菌外膜的修饰，主要通过改变 LPS 来实现，LPS 整体带负电，是多黏菌素的最初靶点。在生理条件下，多黏菌素 Dab 残基上游离的氨基发生质子化作用，并与类脂 A 磷酸基阴离子发生静电吸引。质子化的多黏菌素通过取代二价阳离子（Mg^{2+}和 Ca^{2+}）来稳定脂多糖层，同时多黏菌素分子的 6、7 位疏水部分和 *N*-脂肪酰基链插入到外膜层，弱化了相邻类脂 A 的脂肪酰基链，使外膜膨胀。由多黏菌素介导的外膜和细胞膜融合被认为是借助诱导磷脂交换完成的，最后造成渗透失衡和细胞死亡。

细菌通过生物合成磷酸乙醇胺（phosphoethanolamine，PEtN）和 4-氨基-4-脱氧-L-阿拉伯糖（4-amino-4-deoxy-L-arabinose，L-Ara4N），改变类脂 A 的电荷，进而导致多黏菌素失效。L-Ara4N 可加到类脂 A 的一个磷酸基团，进行阳离子替代，使类脂 A 从带负电变为不带电，PEtN 修饰可将带负电情况从−1.5 降为−1。类脂 A 带电情况的改变降低了其与带阳性电荷的多黏菌素的亲和力，从而导致耐药，两种修饰途径中 L-Ara4N 修饰更为有效。

L-Ara4N 的生物合成取决于多黏菌素耐药操纵子的基因，以前叫作 *pmr*，后来重新命名为 *arn*，操纵子包括 *pmrHFIJKLM* 基因。UDP-Ara4FN 合成后从内膜转移到外膜，ArnE(PmrM)和 ArnF(PmrL)可能在 UDP-Ara4FN 跨越细菌内膜过程中发挥作用。最后

ArnT(PmrK)转移 LAra4N 至类脂 A。这些基因首次在沙门菌和大肠杆菌中发现。

【染色体双组分信号系统突变引起的耐药】

双组分信号系统（two-component signal system，TCS）是细菌最重要的信息传递系统，它能将细菌外部的不利环境条件，如宿主吞噬泡中的溶菌酶、氧自由基和阳离子抗菌肽等翻译成化学信号并传递至胞内，使细菌能及时调整自身状态以适应恶劣的生存环境。典型的 TCS 通常由锚定于细胞内膜的感应蛋白（sensor）和细胞质中对应的反应调控蛋白（response regulator）共同组成。典型的双组分信号系统有 PhoP/PhoQ 和 PmrA/PmrB。多黏菌素耐药受到双组分信号系统中的 PhoP/PhoQ 和 PmrA/PmrB 系统调控，二者受到环境的刺激和发生特异性的基因突变后会被激活，随后导致 LPS 修饰相关基因的过表达。

PhoP/PhoQ 双组分系统由两部分共同组成，即跨膜的组氨酸蛋白激酶 PhoQ 和胞内反应调控蛋白 PhoP。PhoQ 从 N 端到 C 端可分为 3 个区：感应功能区、二聚体功能区和 ATP 结合功能区。感应功能区感受外部信号后，ATP 结合功能区上转移的磷酸会使得 PhoQ 将磷酸转移给 PhoP，从而激活 PhoP 的功能。PhoP 的 N 端被称为“接受”功能区，接受来自 PhoQ 的磷酸，导致 PhoP 活化，形成具有功能活性的磷酸化 PhoP（PhoP-P）。PhoP 的 C 端通常含有 1 个 DNA 结合区，能识别并结合特定的序列，调节相应 PhoP-活化基因和 PhoP-抑制基因的转录与表达。PhoQ 除具有磷酸激酶活性外，还具有磷酸酶活性，因此，PhoQ 可根据环境信号的不同自发调节 PhoP 的磷酸化和去磷酸化。

PhoP-PhoQ 可通过调节多种基因的转录修饰类脂 A，增强细菌的存活力和毒力。PhoP-PhoQ 在调控细菌毒力及其他生物学活性时，还可与其他双组分信号转导系统相互作用。PhoP-PhoQ 和 PmrA-PmrB 共同调控沙门菌的毒力，并共同参与沙门菌对酸性环境的适应和对抗菌肽的抵抗。如在低 Mg^{2+}环境中，PhoP-PhoQ 可上调 PhoP 活化基因的转录，或通过 PmrD 激活 PmrA-PmrB 系统，共同上调细菌在低 Mg^{2+}环境中生长所必需蛋白的表达。*mgrB* 基因是 PhoQ-PhoQ 信号通路的负反馈调控子，它的失活由突变导致，研究表明 *mgrB* 突变可以发生在不同的克雷伯菌中，并且它的失活和生物学代偿值没有显著关联。*mgrB* 基因是肺炎克雷伯菌对多黏菌素获得性耐药的关键靶点，其失活是肺炎克雷伯菌对多黏菌素耐药的常见机制。Giani 等（2015）报道了意大利医院多黏菌素耐药的产 KPC 的肺炎克雷伯菌流行，这是一个 *mgrB* 基因突变导致的克隆性传播。此前也曾报道产 KPC 的肺炎克雷伯菌对多黏菌素的耐药是因为 *mgrB* 基因的插入突变。此外，PmrB 激酶调控基因的突变导致多黏菌素耐药，还与肺炎克雷伯菌对多黏菌素耐药的进化有关。全基因组测序和转录组测序是揭示多黏菌素耐药的有效手段。

在体外选择性的突变株中已经发现 *pmrA* 等基因存在几种点突变。一项广泛的遗传多样性分析对 *pmrA/pmrB* 进一步鉴定得到多个单碱基突变，在 *pmrA* 和 *pmrB* 基因中有 27 种错义突变，均导致 *arnB*（*pmrH*）表达量升高。多黏菌素的 MIC 测定表明，这些突变株的 MIC 范围为 0.25～4.4mg/L，显示出 20～30 倍的差异。对于 PmrA，所有的突变都发生在蛋白质结合区域，而 *pmrB* 基因则只有 4/6 的突变发生在预测区域。组氨酸激酶基因 *pmrB* 似乎是细菌突变最常见的位点。然而，不是所有的突变位点都会导致其组成性激活和多黏菌素耐药。一些引起非多黏菌素耐药的突变也在一些沙门菌中被发现。

PmrB 是胞质膜结合激酶，在其胞质结构域中有一个组氨酸残基，它可在高浓度 Fe^{3+} 和低 pH 条件下被激活。PmrB 活化后进一步磷酸化 PmrA 天冬氨酸残基，后者可作为 *arn* 操纵子基因的调控子。磷酸化的 PmrA 会结合到 *arnBCADTEF-pmrE*（也叫作 *pmrHFIJKLM-ugd*）操纵子，促进 RNA 聚合酶在操纵子上游的识别和结合，导致 *pmrCAB* 和 *arnBCADTEF-pmrE* 操纵子基因表达上调，从而介导 PetN 和 L-Ara4N 的合成及向类脂 A 的转移，导致多黏菌素耐药。

一般来说，L-Ara4N 修饰 4′-磷酸，而 PetN 修饰 1-磷酸，但有时也会同时修饰类脂 A，这三种修饰都由 *arnBCADTEF-pmrE* 操纵子和 *pmrC*（也叫作 *eptA*）介导。此外，磷酸化后的庚糖残基可进一步通过 *cptA* 基因来修饰。*arnBCADTEF-pmrE*、*pmrC* 和 *cptA* 在沙门菌中都被 *pmrA* 调控。在 LPS 中，这些磷酸基团的阳离子修饰导致它们对多黏菌素亲和力的降低。对于多黏菌素耐药，LPS 被 L-Ara4N 的修饰赋予的耐药水平比 PetN 更高。所以，从在鼠伤寒沙门菌中 LPS 修饰介导的多黏菌素耐药来看，*arnT* 操纵子是最重要的，其次是 *pmrC* 和 *cptA*。

此外，*lpxT* 和 *pmrR* 等对多黏菌素 B 耐药的作用仍需进一步阐明，在沙门菌中，*R*-3-羟基肉豆蔻酸在类脂 A 的 3′端可以被 PagL 移除或去酰基化，PagL 自身被 PhoP 激活。PagL 无法修饰 L-Ara4N 和 PetN 修饰后的类脂 A。但在不能通过 L-Ara4N 或 PetN 修饰类脂 A 的菌株中，存在 PagL 介导的类脂 A 去乙酰化。随后，这些 PagL 依赖的去乙酰化会增强多黏菌素耐药性。这些发现说明了某些细菌对类脂 A 修饰的不同类型，特别是 L-Ara4N 和 PetN 修饰以及去乙酰化，可能是补偿性的。这一关系进一步说明介导多黏菌素耐药间相互作用的复杂性。

【磷酸转移酶介导的多黏菌素耐药】

2015 年 11 月，华南农业大学刘健华教授团队和中国农业大学沈建忠教授团队首次证实质粒上编码基因可介导多黏菌素耐药，该基因被命名为 *mcr-1*，其编码一种磷酸转移酶。该基因首次在大肠杆菌和肺炎克雷伯菌中的 IncI2 质粒上被鉴定。*mcr-1* 由独立于细菌染色体的质粒所携带，并可以在肠道菌群间进行水平转移，从而使得受体菌获得多黏菌素耐药性。在过去，仅发现耐抗生素的细菌可以通过染色体突变进行增殖、富集，且这种耐药性不具备细菌间传播的能力，也不具备基因水平感染和传播的能力。当细菌局限于染色体突变时，其耐抗生素性细菌数量不稳定，且不会大规模扩散至其他菌株。*mcr-1* 基因在世界不同国家的大肠杆菌、肺炎克雷伯菌、沙门菌中相继被报道，已呈世界流行趋势。目前其已在四大洲 28 个国家有报道，包括亚洲的中国、柬埔寨、日本、老挝、马来西亚、泰国、越南；欧洲的比利时、丹麦、法国、德国、英国、意大利、立陶宛、波兰、葡萄牙、西班牙、瑞士、荷兰；非洲的阿尔及利亚、埃及、尼日利亚、南非、突尼斯；南美洲的阿根廷、巴西；北美洲的加拿大、美国。此外，报道证实 *mcr-1* 基因与 bla_{ESBL}、bla_{NDM} 等基因共存于同一质粒，加剧了 *mcr-1* 基因和其他耐药基因的共传播，给多黏菌素耐药性的控制提出了更大挑战。

研究表明，不同国家携带 *mcr-1* 基因菌株的发现时间和流行情况不同。携带 *mcr-1* 基因的菌株最早是在中国发现的，分离自 1980 年的 3 株鸡源大肠杆菌，在接下来的 20 年中 *mcr-1* 没有被发现。然而，*mcr-1* 在中国的流行率从 2009 年开始增长。一项针对中国鸡源大肠杆菌的流行病学调查显示，*mcr-1* 携带率从 2009 年的 5.2%增长至 2014 年的 30%。在人类中，已发现的携带 *mcr-1* 最早的菌株是宋内志贺菌（*Shigella sonnei*），其是在 2008 年从越南一名因患腹泻而住院的小孩身上分离的。之后人源（感染的患者和无症状的携带者）分离菌携带 *mcr-1* 出现在加拿大、中国、丹麦、厄瓜多尔、埃及、法国、德国、印度、意大利、老挝、马来西亚、荷兰、挪威、波兰、葡萄牙、俄罗斯、沙特阿拉伯、新加坡、南非、西班牙、瑞典、瑞士、泰国、英国、美国和委内瑞拉。

此外，欧洲最早发现的携带 *mcr-1* 的菌株是在 2005 年从法国一头腹泻仔牛中分离的大肠杆菌。目前主要食源性动物来源的 *mcr-1* 基因分离情况为：猪（比利时、巴西、中国、法国、德国、日本、老挝、马来西亚、西班牙、委内瑞拉、越南、英国、美国）；家禽（阿尔及利亚、巴西、中国、丹麦、埃及、法国、德国、意大利、马来西亚、荷兰、南非、西班牙、突尼斯、越南）；牛（比利时、丹麦、埃及、法国、德国、日本、荷兰）。

mcr-1 基因在不同细菌菌株之间的侧向基因转移方式包括两种：由携带耐药基因质粒所介导的转移或是仅 *mcr-1* 及其上游序列的单独转移。Liu 等（2016）首次在大肠杆菌携带的质粒中检测到 *mcr-1*，其上游有一个插入序列 IS*Apll*，下游有一个 hp 假设蛋白。随后，对多黏菌素抗性菌株的大规模筛查及对检测到的含 *mcr-1* 菌株的质粒测序结果表明，在不同质粒中，*mcr-1* 的侧翼区基因并不一致，而是各有差异，因此，*mcr-1* 侧翼区基因可能不参与 *mcr-1* 的转移。IS*Apll* 基因通常存在于 *mcr-1* 基因的上游，基因数目以单拷贝为主，有部分质粒中也存在双拷贝基因。完整的 IS*Apll* 基因通常包括左侧反向重复序列（left inverted repeat，IRL）、右侧反向重复序列（right inverted repeat，IRR）和一个转座酶基因 *tnpA*，大部分菌株携带完整的 IS*Apll*，但是有部分菌株只含有部分 IS*Apll* 基因片段，提示其经历了二次重组。*mcr-1* 下游的假设蛋白也并非普遍存在，仅存在于部分 *mcr-1* 阳性菌株中。

在食物链传播模式、环境和人群的流行现状以及携带 *mcr-1* 的肺炎克雷伯菌感染暴发等研究中，MCR-1 蛋白通过 5 个跨膜螺旋（TMHS）锚定到质膜周质。细菌 LPS 在细胞质中合成，然后通过 ABC 转运蛋白 MSBA 转化为周质。脂多糖中的类脂 A 在周质中被磷酸乙醇胺共价修饰。被修饰的脂多糖对多黏菌素亲和力降低，产生抗性。研究表明，耐多黏菌素 *mcr-1* 以质粒为载体存在于自然界微生物中，通过水平基因转移方式在不同菌株间进行质粒的转移和基因的交换。这种转移模式不同于传统遗传物质由亲代传到子代的转移，传播速度更快。

除 *mcr-1* 基因外，目前已经鉴定到几个新的 *mcr* 基因（*mcr-2*～*mcr-10*）。*mcr-2* 首先在比利时食物中的大肠杆菌中被发现，与 *mcr-1* 有 77%的同源性，它编码的磷酸转移酶与 MCR-1 有显著性差异（氨基酸同源性为 81%，相似性为 89%），具有耐大肠杆菌素的能力，由 IncX4 型质粒携带，与 *mcr-1* 有不同的遗传背景。在 *mcr-1* 存在的情况下，可由 IS*s*、IS*Apll* 动员，而在 *mcr-2* 存在的情况下，由 IS*Ec69* 动员，从而转移到与人类或兽类有关的其他细菌种类中。*mcr-3* 基因于 2015 年在中国猪大肠杆菌的 HI2 型质粒中被发现，与 *mcr-1* 有 45%的同源性，与 *mcr-2* 有 47%的同源性，编码的蛋白与 MCR-1、MCR-2 有 32%的相似性。编码相同蛋白或与 MCR-3 只有一个氨基酸差异的基因在肺炎克雷伯菌、肠伤寒沙门菌中也有发现，在不同的气单胞菌中，相应基因编码的蛋白质与 MCR-3 有高达 94%的同源性，它们同属 *mcr-3* 家族。*mcr-3* 家族的变异基因和相应的 MCR-3 家族蛋白均显示出 93%的核苷酸和 94%的氨基酸同源性，但这个家族成员间的亲缘关系很复杂。*mcr-4* 基因编码的蛋白与 MCR-1、MCR-2、MCR-3 的同源性分别为 34%、35%、49%。*mcr-5* 从德国鸡伤寒沙门菌 B 株中分离而来，*mcr-5* 基因是 Tn*21* 家族转座子 Tn*6452* 的一部分，位于非共轭质粒上。MCR-5 蛋白与 MCR-1、MCR-2、MCR-3、MCR-4 的同源性很低（33%～36%）。

【外排泵引起的耐药】

外排泵作用也是重要的多黏菌素耐药机制，特异性外排蛋白编码基因突变会影响多黏菌素耐药水平。Fehlner-Gardiner 和 Valvano（2002）的实验证明，越南伯克氏菌的多药外排泵 NorM 有利于多黏菌素耐药的发生。蒋颜（2010）通过体外诱导耐多黏菌素 B 鲍曼不动杆菌的研究发现，诱导菌株和原始菌株之间在 PmrCBA 基因水平上没有差异，其耐药机制与双组分系统 PmrA-PmrB 无关；同时采用羰基氰氯苯腙（carbonyl cyanochlorophenylhydrazone，CCCP）抑制实验证明了外排泵系统的存在，推测 AdeM 外排泵活化可能与其耐药机制有一定关联。Padilla 等（2010）研究发现，AcrAB-TolC 能源驱动的外排泵与肺炎克雷伯菌和大肠杆菌对多黏菌素的抵抗有关。王丽娟（2013）的研究表明，外排泵 AdeABC 为主要外排系统，它在革兰氏阴性菌中能泵出大量底物，与多重耐药密切相关；鲍曼不动杆菌中广泛分布着 AdeABC，外排泵可能与鲍曼不动杆菌对多黏菌素的耐药机制有关。

外排泵介导的耐药在许多细菌中都有发现，外排系统的过表达会使得细胞内抗生素浓度降低，是一种有效的抗生素抵抗机制。这些外排泵编码基因或位于某些遗传元件上，或位于细菌的染色体上。与细菌耐药性相关的外排系统主要有 ATP 结合盒蛋白家族（ABC）、耐药结节分化超家族（RND）、小多耐药家族（SMR）、多药与毒性化合物外排家族（MATE）和主要易化子超家族（MFS）。

AdeABC 是鲍曼不动杆菌第一个被阐明的 RND 系统，AdeABC 的操纵子由 3 个基因组成：MFP 蛋白质 AdeA 分子、IMP 蛋白质 AdeB 分子和 OMP 蛋白质 AdeC 分子。这一操纵子在天然状况下不会表达，但在该菌的多耐药表型中却高表达。该操纵子受到其上游的二元调控系统 AdeR-AdeS 编码蛋白 AdeRS 的严密调控。

失活实验证实，AdeABC 分子可排出氨基糖苷类、β-内酰胺类、喹诺酮类、四环素类、多黏菌素、氯霉素和甲氧苄啶等类药物，新近研究还发现 AdeABC 对灭菌剂和染料也有外排功能。

AdeRS 蛋白质是一个典型的二元调控系统，AdeS 为信号识别蛋白质，AdeR 为 DNA

结合蛋白质，二者共同调控 AdeABC 分子的表达。目前认为 AdeABC 的组成型表达是由突变 AdeRS 系统维持的，而失活 AdeR 或 AdeS 则破坏了 AdeABC 分子的表达。AdeR 蛋白 116 位点的亮氨酸突变为脯氨酸可导致 AdeABC 分子的过表达，这一突变可改变调控蛋白质的空间结构以增强其转录活性，其他的二元调控系统也有同样的现象。另一突变是 AdeS 蛋白质的保守性组氨酸盒子结构下游 4 个氨基酸残基的替换突变，这可导致 AdeS 对 AdeR 蛋白质的去磷酸化功能的缺失，从而形成一个持续性的激活系统，造成 AdeABC 的持续高表达。

【药物降解蛋白引起的药物耐药】

Gunn 等（2000）研究发现，Ara4N 对类脂 A 的修饰与 PmrE 和操纵子 *PmrHFIJKLM* 的转录激活有关，除了 PmrM，其他基因的蛋白产物对 Ara4N 与类脂 A 复合物的生物合成和多黏菌素的耐药性都是必不可少的。Breazeale 等（2003）报道，硫酸黏杆菌素的自适应耐药还受 PmrA-PmrB 双组分系统的调节，并且 PhoPQ 和 PmrAB 相互独立；*PmrHFUKLM*（polymyxin resistance HFUKLM）操纵子和 *pmrE* 基因上有 LPS 修饰酶，且该酶受 PmrA-PmrB 双组分调节系统控制。同时双组分系统 PmrA-PmrB 还参与 LPS 的修饰，包括在类脂 A 上增加磷酸乙醇胺或 Ara4N 对类脂 A 的修饰，使其负电荷减少而敏感度降低。Kwon 和 Lu（2006）的研究表明，PhoPQ 系统是一个整体调节系统，在二价阳离子的限制条件下自动调节 *oprH-phoP-phoQ* 操纵子。

此外，一些外膜蛋白如 OprH 的过表达在分子水平也具有调控作用。其他机制还有 PagP 修饰，包括去乙酰化、羟基化和棕榈酰化。

主要参考文献

白艳, 孙艳, 王瑾, 等. 2015. 多黏菌素 E 联合其他抗菌药物对多重耐药鲍曼不动杆菌的体外抗菌活性研究. 中国药学杂志, 50(5): 427-430.

曹阳, 遇晓杰, 韩营营, 等. 2017. 我国非伤寒沙门菌对多粘菌素的耐药现况及 *mcr-1* 基因携带概况. 疾病监测, 32(5): 365-371.

杜佳, 侯渊博. 2020. 革兰阴性菌多粘菌素耐药机制研究进展. 世界最新医学信息文摘(电子版), 20(1): 88-90.

郭成林, 孙东昌, 裘娟萍. 2016. 抗耐药菌药物多粘菌素生物合成及其应用研究进展. 科技通报, 32(3): 58-62.

蒋颜. 2010. 碳青霉烯耐药鲍曼不动杆菌对多粘菌素 B 耐药机制研究. 杭州: 浙江大学硕士学位论文.

李辉. 2019. 碳青霉烯耐药鲍曼不动杆菌多粘菌素体外药敏方法评价及异质性耐药研究. 杭州: 浙江大学硕士学位论文.

李天萌, 夏雨頔. 2019. 多黏菌素联合其他抗菌药物治疗耐药鲍曼不动杆菌感染的研究进展. 中国感染与化疗杂志, 19(4): 444-448.

吕惠序. 2013. 多肽类抗生素在养猪业中的正确使用. 北方牧业, (18): 29.

申晓冬. 2012. 外排泵介导鲍曼不动杆菌耐药性的研究进展. 微生物学免疫学进展, 40(3): 73-78.

宋艳华, 高孟秋. 2012. 结核分枝杆菌耐氨基糖苷类和多肽类抗结核药物分子机制的研究进展. 中华结核和呼吸杂志, 35(7): 531-533.

王丽娟. 2013. 多重耐药鲍曼不动杆菌关键耐药基因的研究. 蚌埠: 蚌埠医学院硕士学位论文.

王新兴, 翟真真, 常维山, 等. 2020. 多粘菌素耐药基因 *mcr-1* 的研究进展. 中国动物传染病学报, 28(2): 110-114.

王影, 李艳然, 韩镌竹, 等. 2017. 多粘菌素耐药性的研究进展. 微生物学通报, 44(1): 200-206.

王宇航, 蔡芸. 2019. 鲍曼不动杆菌对多黏菌素类抗菌药物耐药现状及机制研究进展. 中国抗生素杂志, 44(9): 1015-1019.

杨宝峰, 陈建国. 2018. 药理学. 9 版. 北京: 人民卫生出版社.

Abraham N, Kwon D H. 2009. A single amino acid substitution in PmrB is associated with polymyxin B resistance in clinical isolate of *Pseudomonas aeruginosa*. FEMS Microbiol Lett, 298(2): 249-254.

Agersø Y, Torpdahl M, Zachariasen C, et al. 2012. Tentative colistin epidemiological cut-off value for *Salmonella* spp. Foodborne Pathog Dis, 9(4): 367-369.

Anjum M F, Duggett N A, AbuOun M, et al. 2016. Colistin resistance in *Salmonella* and *Escherichia coli* isolates from a pig farm in Great Britain. J Antimicrob Chemother, 71(8): 2306-2313.

Bai L, Hurley D, Li J, et al. 2016. Characterisation of multidrug-resistant Shiga toxin-producing *Escherichia coli* cultured from pigs in China: co-occurrence of extended-spectrum β-lactamase- and *mcr-1*-encoding genes on plasmids. Int J Antimicrob Agents, 48(4): 445-448.

Barrow K, Kwon D H. 2009. Alterations in two-component regulatory systems of phoPQ and pmrAB are associated with polymyxin B resistance in clinical isolates of *Pseudomonas aeruginosa*. Antimicrob Agents Chemother, 53(12): 5150-5154.

Bernasconi O J, Kuenzli E, Pires J, et al. 2016. Travelers can import colistin-resistant Enterobacteriaceae, including those possessing the plasmid-mediated *mcr-1* gene. Antimicrob Agents Chemother, 60(8): 5080-5084.

Bi Z W, Berglund B, Sun Q, et al. 2017. Prevalence of the *mcr-1* colistin resistance gene in extended-spectrum β-lactamase-producing *Escherichia coli* from human faecal samples collected in 2012 in rural villages in Shandong Province, China. Int J Antimicrob Agents, 49(4): 493-497.

Biswas S, Brunel J M, Dubus J C, et al. 2012. Colistin: an update on the antibiotic of the 21st century. Expert Rev Anti Infect Ther, 10(8): 917-934.

Borowiak M, Fischer J, Hammerl J A, et al. 2017. Identification of a novel transposon-associated phosphoethanolamine transferase gene, *mcr-5*, conferring colistin resistance in d-tartrate fermenting *Salmonella enterica* subsp. *enterica* serovar Paratyphi B. J Antimicrob Chemother, 72(12): 3317-3324.

Boyen F, Vangroenweghe F, Butaye P, et al. 2010. Disk prediffusion is a reliable method for testing colistin susceptibility in porcine *E. coli* strains. Vet Microbiol, 144(3-4): 359-362.

Breazeale S D, Ribeiro A A, Raetz C R H. 2003. Origin of lipid A species modified with 4-amino-4-deoxy-l-arabinose in polymyxin-resistant mutants of *Escherichia coli*:an aminotransferase (ArnB) that generates UDP-4-amino-4-deoxy-L-arabinose. J Biol Chem, 278(27): 24731-24739.

Callens B, Persoons D, Maes D, et al. 2012. Prophylactic and metaphylactic antimicrobial use in Belgian fattening pig herds. Prev Vet Med, 106(1): 53-62.

Campos J, Cristino L, Peixe L, et al. 2016. MCR-1 in multidrug-resistant and copper-tolerant clinically relevant *Salmonella* 1,4,[5],12:i:- and *S.* Rissen clones in Portugal, 2011 to 2015. Euro Surveill, 21(26): 30270.

Cannatelli A, D'Andrea M M, Giani T, et al. 2013. *In vivo* emergence of colistin resistance in *Klebsiella pneumoniae* producing KPC-type carbapenemases mediated by insertional inactivation of the PhoQ/PhoP *mgrB* regulator. Antimicrob Agents Chemother, 57(11): 5521-5526.

Cannatelli A, Di Pilato V, Giani T, et al. 2014a. *In vivo* evolution to colistin resistance by PmrB sensor kinase mutation in KPC-producing *Klebsiella pneumoniae* is associated with low-dosage colistin treatment. Antimicrob Agents Chemother, 58(8): 4399-4403.

Cannatelli A, Giani T T, D'Andrea M M, et al. 2014b. MgrB inactivation is a common mechanism of colistin resistance in KPC-producing *Klebsiella pneumoniae* of clinical origin. Antimicrob Agents Chemother, 58(10): 5696-5703.

Cannatelli A, Giani T, Antonelli A, et al. 2016. First detection of the *mcr-1* colistin resistance gene in

Escherichia coli in Italy. Antimicrob Agents Chemother, 60(5): 3257-3258.

Cannatelli A, Santos-Lopez A, Giani T, et al. 2015. Polymyxin resistance caused by *mgrB* inactivation is not associated with significant biological cost in *Klebsiella pneumoniae*. Antimicrob Agents Chemother, 59(5): 2898-2900.

Carattoli A, Villa L, Feudi C, et al. 2017. Novel plasmid-mediated colistin resistance *mcr-4* gene in *Salmonella* and *Escherichia coli*, Italy 2013, Spain and Belgium, 2015 to 2016. Euro Surveill, 22(31): 30589.

Casal J, Mateu E, Mejia W, et al. 2007. Factors associated with routine mass antimicrobial usage in fattening pig units in a high pig-density area. Vet Res, 38(3): 481-492.

Caspar Y, Maillet M, Pavese P, et al. 2017. *mcr-1* colistin resistance in ESBL-producing *Klebsiella pneumoniae*, France. Emerg Infect Dis, 23(5): 874-876.

Castanheira M, Griffin M A, Deshpande L M, et al. 2016. Detection of *mcr-1* among *Escherichia coli* clinical isolates collected worldwide as part of the SENTRY Antimicrobial Surveillance Program in 2014 and 2015. Antimicrob Agents Chemother, 60(9): 5623-5624.

Catry B, Cavaleri M, Baptiste K, et al. 2015. Use of colistin-containing products within the European Union and European Economic Area (EU/EEA): development of resistance in animals and possible impact on human and animal health. Int J Antimicrob Agents, 46(3): 297-306.

Chabou S, Leangapichart T, Okdah L, et al. 2016. Real-time quantitative PCR assay with Taqman® probe for rapid detection of MCR-1 plasmid-mediated colistin resistance. New Microbes New Infect, 13: 71-74.

Cheng Y H, Lin T L, Pan Y J, et al. 2015. Colistin resistance mechanisms in *Klebsiella pneumoniae* strains from Taiwan. Antimicrob Agents Chemother, 59(5): 2909-2913.

Clausell A, Garcia-Subirats M, Pujol M, et al. 2007. Gram-negative outer and inner membrane models: insertion of cyclic cationic lipopeptides. J Phys Chem B, 111(3): 551-563.

Coetzee J, Corcoran C, Prentice E, et al. 2016. Emergence of plasmid-mediated colistin resistance (MCR-1) among *Escherichia coli* isolated from South African patients. S Afr Med J, 106(5): 35-36.

Corbella M, Mariani B, Ferrari C, et al. 2017. Three cases of *mcr-1*-positive colistin-resistant *Escherichia coli* bloodstream infections in Italy, August 2016 to January 2017. Euro Surveill, 22(16): 30517.

de Jong A, Thomas V, Simjee S, et al. 2012. Pan-European monitoring of susceptibility to human-use antimicrobial agents in enteric bacteria isolated from healthy food-producing animals. J Antimicrob Chemother, 67(3): 638-651.

Delgado-Blas J F, Ovejero C M, Abadia-Patiño L, et al. 2016. Coexistence of *mcr-1* and $bla_{\text{NDM-1}}$ in *Escherichia coli* from Venezuela. Antimicrob Agents Chemother, 60(10): 6356-6358.

Doumith M, Godbole G, Ashton P, et al. 2016. Detection of the plasmid-mediated *mcr-1* gene conferring colistin resistance in human and food isolates of *Salmonella enterica* and *Escherichia coli* in England and Wales. J Antimicrob Chemother, 71(8): 2300-2305.

Du H, Chen L, Tang Y W, et al. 2016. Emergence of the *mcr-1* colistin resistance gene in carbapenem-resistant Enterobacteriaceae. Lancet Infect Dis, 16(3): 287-288.

Elnahriry S S, Khalifa H O, Soliman A M, et al. 2016. Emergence of plasmid-mediated colistin resistance gene *mcr-1* in a clinical *Escherichia coli* isolate from Egypt. Antimicrob Agents Chemother, 60(5): 3249-3250.

European Centers for Disease Prevention and Control (ECDC), European Food Safety Authority (EFSA), European Medicines Agency (EMA). 2015. ECDC/EFSA/EMA first joint report on the integrated analysis of the consumption of antimicrobial agents and occurrence of antimicrobial resistance in bacteria from humans and foodproducing animals. EFSA J, 13(1): 4006.

Falagas M E, Kasiakou S K. 2005. Colistin: the revival of polymyxins for the management of multidrug-resistant gram-negative bacterial infections. Clin Infect Dis, 40(9): 1333-1341.

Falagas M E, Rafailidis P I, Matthaiou D K. 2010. Resistance to polymyxins: mechanisms, frequency and treatment options. Drug Resist Updat, 13(4-5): 132-138.

Falgenhauer L, Waezsada S E, Yao Y C, et al. 2016. Colistin resistance gene *mcr-1* in extended-spectrum β-lactamase-producing and carbapenemase-producing Gram-negative bacteria in Germany. Lancet Infect

Dis, 16(3): 282-283.

Fehlner-Gardiner C C, Valvano M A. 2002. Cloning and characterization of the *Burkholderia vietnamiensis norM* gene encoding a multi-drug efflux protein. FEMS Microbiol Lett, 215(2): 279-283.

Fernandes M R, Moura Q, Sartori L, et al. 2016. Silent dissemination of colistin-resistant *Escherichia coli* in South America could contribute to the global spread of the *mcr-1* gene. Euro Surveill, 21(17): 30214.

Fritzenwanker M, Imirzalioglu C, Gentil K, et al. 2016. Incidental detection of a urinary *Escherichia coli* isolate harbouring *mcr-1* of a patient with no history of colistin treatment. Clin Microbiol Infect, 22(11): 954-955.

Gales A C, Jones R N, Sader H S. 2011. Contemporary activity of colistin and polymyxin B against a worldwide collection of Gram-negative pathogens: results from the SENTRY Antimicrobial Surveillance Program (2006-09). J Antimicrob Chemother, 66(9): 2070-2074.

Gatzeva-Topalova P Z, May A P, Sousa M C. 2005. Structure and mechanism of ArnA: conformational change implies ordered dehydrogenase mechanism in key enzyme for polymyxin resistance. Structure, 13(6): 929-942.

Giani T, Arena F, Vaggelli G, et al. 2015. Large nosocomial outbreak of colistin-resistant, carbapenemase-producing *Klebsiella pneumoniae* traced to clonal expansion of an *mgrB* deletion mutant. J Clin Microbiol, 53(10): 3341-3344.

Giufrè M, Monaco M, Accogli M, et al. 2016. Emergence of the colistin resistance *mcr-1* determinant in commensal *Escherichia coli* from residents of long-term-care facilities in Italy. J Antimicrob Chemother, 71(8): 2329-2331.

Grami R, Mansour W, Mehri W, et al. 2016. Impact of food animal trade on the spread of *mcr-1*-mediated colistin resistance, Tunisia, July 2015. Euro Surveill, 21(8): 30144.

Gunn J S, Ernst R K, McCoy A J, et al. 2000. Constitutive mutations of the *Salmonella enterica* serovar Typhimurium transcriptional virulence regulator phoP. Infect Immun, 68(6): 3758-3762.

Gunn J S, Miller S I. 1996. PhoP-PhoQ activates transcription of *pmrAB*, encoding a two-component regulatory system involved in *Salmonella typhimurium* antimicrobial peptide resistance. J Bacteriol, 178(23): 6857-6864.

Guo L, Lim K B, Gunn J S, et al. 1997. Regulation of lipid A modifications by *Salmonella typhimurium* virulence genes *phoP-phoQ*. Science, 276(5310): 250-253.

Habrun B, Dragica S, Kompes G, et al. 2011. Antimicrobial susceptibility of enterotoxigenic strains of *Escherichia coli* isolated from weaned pigs in Croatia. Acta Vet, 61: 585-590.

Haenni M, Poirel L, Kieffer N, et al. 2016. Co-occurrence of extended spectrum β lactamase and MCR-1 encoding genes on plasmids. Lancet Infect Dis, 16(3): 281-282.

Han D U, Choi C, Kim J, et al. 2002. Anti-microbial susceptibility for *east1* + *Escherichia coli* isolated from diarrheic pigs in Korea. J Vet Med B Infect Dis Vet Public Health, 49(7): 346-348.

Harada K, Asai T, Kojima A, et al. 2005. Antimicrobial susceptibility of pathogenic *Escherichia coli* isolated from sick cattle and pigs in Japan. J Vet Med Sci, 67(10): 999-1003.

Hasman H, Hammerum A M, Hansen F, et al. 2015. Detection of *mcr-1* encoding plasmid-mediated colistin-resistant *Escherichia coli* isolates from human bloodstream infection and imported chicken meat, Denmark 2015. Euro Surveill, 20(49): 30085.

He Q W, Xu X H, Lan F J, et al. 2017. Molecular characteristic of *mcr-1* producing *Escherichia coli* in a Chinese university hospital. Ann Clin Microbiol Antimicrob, 16(1): 32.

Hu Y F, Liu F, Lin I Y, et al. 2016. Dissemination of the *mcr-1* colistin resistance gene. Lancet Infect Dis, 16(2): 146-147.

Irrgang A, Roschanski N, Tenhagen B A, et al. 2016. Prevalence of *mcr-1* in *E. coli* from livestock and food in Germany, 2010-2015. PLoS One, 11(7): e0159863.

Izdebski R, Baraniak A, Bojarska K, et al. 2016. Mobile MCR-1-associated resistance to colistin in Poland. J Antimicrob Chemother, 71(8): 2331-2333.

Jayol A, Poirel L, Brink A, et al. 2014. Resistance to colistin associated with a single amino acid change in protein PmrB among *Klebsiella pneumoniae* isolates of worldwide origin. Antimicrob Agents

Chemother, 58(8): 4762-4766.

Kato A, Latifi T, Groisman E A. 2003. Closing the loop: the PmrA/PmrB two-component system negatively controls expression of its posttranscriptional activator PmrD. Proc Natl Acad Sci U S A, 100(8): 4706-4711.

Kawasaki K, China K, Nishijima M. 2007. Release of the lipopolysaccharide deacylase PagL from latency compensates for a lack of lipopolysaccharide aminoarabinose modification-dependent resistance to the antimicrobial peptide polymyxin B in *Salmonella enterica*. J Bacteriol, 189(13): 4911-4919.

Khalifa H O, Ahmed A M, Oreiby A F, et al. 2016. Characterisation of the plasmid-mediated colistin resistance gene mcr-1 in *Escherichia coli* isolated from animals in Egypt. Int J Antimicrob Agents, 47(5): 413-414.

Kline T, Trent M S, Stead C M, et al. 2008. Synthesis of and evaluation of lipid A modification by 4-substituted 4-deoxy arabinose analogs as potential inhibitors of bacterial polymyxin resistance. Bioorg Med Chem Lett, 18(4): 1507-1510.

Kumar M, Saha S, Subudhi E. 2016. More furious than ever: *Escherichia coli*-acquired co-resistance toward colistin and carbapenems. Clin Infect Dis, 63(9): 1267-1268.

Kuo S C, Huang W C, Wang H Y, et al. 2016. Colistin resistance gene *mcr-1* in *Escherichia coli* isolates from humans and retail meats, Taiwan. J Antimicrob Chemother, 71(8): 2327-2329.

Kusumoto M, Ogura Y, Gotoh Y, et al. 2016. Colistin-resistant *mcr-1*-positive pathogenic *Escherichia coli* in Swine, Japan, 2007-2014. Emerg Infect Dis, 22(7): 1315-1317.

Kwa A, Kasiakou S K, Tam V H, et al. 2007. Polymyxin B: similarities to and differences from colistin (polymyxin E). Expert Rev Anti Infect Ther, 5(5): 811-821.

Kwon D H, Lu C D. 2006. Polyamines induce resistance to cationic peptide, aminoglycoside, and quinolone antibiotics in *Pseudomonas aeruginosa* PAO1. Antimicrob Agents Chemother, 50(5): 1615-1622.

Lee H, Hsu F F, Turk J, et al. 2004. The PmrA-regulated *pmrC* gene mediates phosphoethanolamine modification of lipid A and polymyxin resistance in *Salmonella enterica*. J Bacteriol, 186(13): 4124-4133.

Lei C W, Zhang Y, Wang Y T, et al. 2020. Detection of mobile colistin resistance gene *mcr-10.1* in a conjugative plasmid from *Enterobacter roggenkampii* of chicken origin in China. Antimicrob Agents Chemother, 64(10): e01191-20.

Lentz S A, de Lima-Morales D, Cuppertino V M, et al. 2016. Letter to the editor: *Escherichia coli* harbouring *mcr-1* gene isolated from poultry not exposed to polymyxins in Brazil. Euro Surveill, 21(26): 30267.

Li Z C, Tan C, Lin J X, et al. 2016. Diversified variants of the *mcr-1*-carrying plasmid reservoir in the swine lung microbiota. Sci ChinaLife Sci, 59(9): 971-973.

Liassine N, Assouvie L, Descombes M C, et al. 2016. Very low prevalence of MCR-1/MCR-2 plasmid-mediated colistin resistance in urinary tract Enterobacteriaceae in Switzerland. Int J Infect Dis, 51: 4-5.

Lima Barbieri N, Nielsen D W, Wannemuehler Y, et al. 2017. *mcr-1* identified in avian pathogenic *Escherichia coli* (APEC). PLoS One, 12(3): e0172997.

Ling Z R, Yin W J, Shen Z Q, et al. 2020. Epidemiology of mobile colistin resistance genes *mcr-1* to *mcr-9*. J Antimicrob Chemother. 75(11): 3087-3095.

Liu Y Y, Wang Y, Walsh T R, et al. 2016. Emergence of plasmid-mediated colistin resistance mechanism MCR-1 in animals and human beings in China: a microbiological and molecular biological study. Lancet Infect Dis, 16(2): 161-168.

Lu L M, Dai L, Wang Y, et al. 2010. Characterization of antimicrobial resistance and integrons among *Escherichia coli* isolated from animal farms in Eastern China. Acta Trop, 113(1): 20-25.

Malhotra-Kumar S, Xavier B B, Das A J, et al. 2016. Colistin resistance gene *mcr-1* harboured on a multidrug resistant plasmid. Lancet Infect Dis, 16(3): 283-284.

McGann P, Snesrud E, Maybank R, et al. 2016. *Escherichia coli* harboring *mcr-1* and $bla_{CTX\text{-}M}$ on a novel IncF plasmid: first report of *mcr-1* in the United States. Antimicrob Agents Chemother, 60(7): 4420-4421.

McPhee J B, Lewenza S, Hancock R E W. 2003. Cationic antimicrobial peptides activate a two-component regulatory system, PmrA-PmrB, that regulates resistance to polymyxin B and cationic antimicrobial peptides in *Pseudomonas aeruginosa*. Mol Microbiol, 50(1): 205-217.

Mediavilla J R, Patrawalla A, Chen L, et al. 2016. Colistin- and carbapenem-resistant *Escherichia coli* harboring *mcr-1* and $bla_{\text{NDM-5}}$, causing a complicated urinary tract infection in a patient from the United States. mBio, 7(4): e01191-16.

Miller A K, Brannon M K, Stevens L, et al. 2011. PhoQ mutations promote lipid A modification and polymyxin resistance of *Pseudomonas aeruginosa* found in colistin-treated cystic fibrosis patients. Antimicrob Agents Chemother, 55(12): 5761-5769.

Moffatt J H, Harper M, Harrison P, et al. 2010. Colistin resistance in *Acinetobacter baumannii* is mediated by complete loss of lipopolysaccharide production. Antimicrob Agents Chemother, 54(12): 4971-4977.

Morales A S, Fragoso de Araujo J, de Moura Gomes V T, et al. 2012. Colistin resistance in *Escherichia coli* and *Salmonella enterica* strains isolated from swine in Brazil. Scientific World Journal, 2012: 109795.

Moskowitz S M, Ernst R K, Miller S I. 2004. PmrAB, a two-component regulatory system of *Pseudomonas aeruginosa* that modulates resistance to cationic antimicrobial peptides and addition of aminoarabinose to lipid A. J Bacteriol, 186(2): 575-579.

Mulvey M R, Mataseje L F, Robertson J, et al. 2016. Dissemination of the *mcr-1* colistin resistance gene. Lancet Infect Dis, 16(3): 289-290.

Nguyen N T, Nguyen H M, Nguyen C V, et al. 2016. Use of colistin and other critical antimicrobials on pig and chicken farms in Southern Vietnam and its association with resistance in commensal *Escherichia coli* bacteria. Appl Environ Microbiol, 82(13): 3727-3735.

Nijhuis R H T, Veldman K T, Schelfaut J, et al. 2016. Detection of the plasmid-mediated colistin-resistance gene *mcr-1* in clinical isolates and stool specimens obtained from hospitalized patients using a newly developed real-time PCR assay. J Antimicrob Chemother, 71(8): 2344-2346.

Nikaido H. 2003. Molecular basis of bacterial outer membrane permeability revisited. Microbiol Mol Biol Rev, 67(4): 593-656.

Nordmann P, Lienhard R, Kieffer N, et al. 2016. Plasmid-mediated colistin-resistant *Escherichia coli* in bacteremia in Switzerland. Clin Infect Dis, 62(10): 1322-1323.

Olaitan A O, Chabou S, Okdah L, et al. 2016. Dissemination of the *mcr-1* colistin resistance gene. Lancet Infect Dis, 16(2): 147.

Olaitan A O, Morand S, Rolain J M. 2014. Mechanisms of polymyxin resistance: acquired and intrinsic resistance in bacteria. Front Microbiol, 5: 643.

Olaitan A O, Thongmalayvong B, Akkhavong K, et al. 2015. Clonal transmission of a colistin-resistant *Escherichia coli* from a domesticated pig to a human in Laos. J Antimicrob Chemother, 70(12): 3402-3404.

Ortega-Paredes D, Barba P, Zurita J. 2016. Colistin-resistant *Escherichia coli* clinical isolate harbouring the *mcr-1* gene in Ecuador. Epidemiol Infect, 144(14): 2967-2970.

Padilla E, Llobet E, Doménech-Sánchez A, et al. 2010. *Klebsiella pneumoniae* AcrAB efflux pump contributes to antimicrobial resistance and virulence. Antimicrob Agents Chemother, 54(1): 177-183.

Partridge S R, Di Pilato V, Doi Y, et al. 2018. Proposal for assignment of allele numbers for mobile colistin resistance (*mcr*) genes. J Antimicrob Chemother, 73(10): 2625-2630.

Payne M, Croxen M A, Lee T D, et al. 2016. *mcr-1*-positive colistin-resistant *Escherichia coli* in traveler returning to Canada from China. Emerg Infect Dis, 22(9): 1673-1675.

Perreten V, Strauss C, Collaud A, et al. 2016. Colistin resistance gene *mcr-1* in avian-pathogenic *Escherichia coli* in South Africa. Antimicrob Agents Chemother, 60(7): 4414-4415.

Perrin-Guyomard A, Bruneau M, Houée P, et al. 2016. Prevalence of *mcr-1* in commensal *Escherichia coli* from French livestock, 2007 to 2014. Euro Surveill, 21(6): 30315.

Petrillo M, Angers-Loustau A, Kreysa J. 2016. Possible genetic events producing colistin resistance gene *mcr-1*. Lancet Infect Dis, 16(3): 280.

Poirel L, Jayol A, Bontron S, et al. 2015. The mgrB gene as a key target for acquired resistance to colistin in

Klebsiella pneumoniae. J Antimicrob Chemother, 70: 75-80.
Poirel L, Kieffer N, Brink A, et al. 2016. Genetic features of MCR-1-producing colistin-resistant *Escherichia coli* isolates in South Africa. Antimicrob Agents Chemother, 60(7): 4394-4397.
Poirel L, Kieffer N, Liassine N, et al. 2016. Plasmid-mediated carbapenem and colistin resistance in a clinical isolate of *Escherichia coli*. Lancet Infect Dis, 16(3): 281.
Prim N, Rivera A, Rodriguez-Navarro J, et al. 2016. Detection of mcr-1 colistin resistance gene in polyclonal *Escherichia coli* isolates in Barcelona, Spain, 2012 to 2015. Euro Surveill, 21(13): 30138.
Quesada A, Porrero M C, Téllez S, et al. 2014. Polymorphism of genes encoding PmrAB in colistin-resistant strains of *Escherichia coli* and *Salmonella enterica* isolated from poultry and swine. J Antimicrob Chemother, 70(1): 71-74.
Quesada A, Ugarte-Ruiz M, Iglesias M R, et al. 2016. Detection of plasmid mediated colistin resistance (MCR-1) in *Escherichia coli* and *Salmonella enterica* isolated from poultry and swine in Spain. Res Vet Sci, 105: 134-135.
Raetz C R H, Reynolds C M, Trent M S, et al. 2007. Lipid A modification systems in gram-negative bacteria. Annu Rev Biochem, 76: 295-329.
Reeves P R, Hobbs M, Valvano M A, et al. 1996. Bacterial polysaccharide synthesis and gene nomenclature. Trends Microbiol, 4(12): 495-503.
Roschanski N, Falgenhauer L, Grobbel M, et al. 2017. Retrospective survey of *mcr-1* and *mcr-2* in German pig-fattening farms, 2011-2012. Int J Antimicrob Agents, 50(2): 266-271.
Ruppé E, Le Chatelier E, Pons N, et al. 2016. Dissemination of the *mcr-1* colistin resistance gene. Lancet Infect Dis, 16(3): 290-291.
Shen Z Q, Wang Y, Shen Y B, et al. 2016. Early emergence of *mcr-1* in *Escherichia coli* from food-producing animals. Lancet Infect Dis, 16(3): 293.
Solheim M, Bohlin J, Ulstad C R, et al. 2016. Plasmid-mediated colistin-resistant *Escherichia coli* detected from 2014 in Norway. Int J Antimicrob Agents, 48(2): 227-228.
Sonnevend A, Ghazawi A, Alqahtani M, et al. 2016. Plasmid-mediated colistin resistance in *Escherichia coli* from the Arabian Peninsula. Int J Infect Dis, 50: 85-90.
Sun J, Li X P, Yang R S, et al. 2016. Complete nucleotide sequence of an IncI2 plasmid coharboring $bla_{\text{CTX-M-55}}$ and *mcr-1*. Antimicrob Agents Chemother, 60(8): 5014-5017.
Sun J, Yang R S, Zhang Q J, et al. 2016. Co-transfer of $bla_{\text{NDM-5}}$ and *mcr-1*by an IncX3-X4 hybrid plasmid in *Escherichia coli*. Nat Microbiol, 1: 16176.
Suzuki S, Ohnishi M, Kawanishi M, et al. 2016. Investigation of a plasmid genome database for colistin-resistance gene *mcr-1*. Lancet Infect Dis, 16(3): 284-285.
Tamayo R, Choudhury B, Septer A, et al. 2005. Identification of *cptA*, a PmrA-regulated locus required for phosphoethanolamine modification of the *Salmonella enterica* serovar typhimurium lipopolysaccharide core. J Bacteriol, 187(10): 3391-3399.
Tamayo R, Prouty A M, Gunn J S. 2005. Identification and functional analysis of *Salmonella enterica* serovar Typhimurium PmrA-regulated genes. FEMS Immunol Med Microbiol, 43(2): 249-258.
Tan T Y, Ng S Y. 2007. Comparison of Etest, Vitek and agar dilution for susceptibility testing of colistin. Clin Microbiol Infect, 13(5): 541-544.
Teo J Q, Ong R T, Xia E, et al. 2016. *mcr-1* in multidrug-resistant $bla_{\text{KPC-2}}$-producing clinical Enterobacteriaceae isolates in Singapore. Antimicrob Agents Chemother, 60(10): 6435-6437.
Teo J W P, Chew K L, Lin R T P. 2016. Transmissible colistin resistance encoded by *mcr-1* detected in clinical Enterobacteriaceae isolates in Singapore. Emerg Microbes Infect, 5(8): e87.
Terveer E M, Nijhuis R H T, Crobach M J T, et al. 2017. Prevalence of colistin resistance gene (*mcr-1*) containing Enterobacteriaceae in feces of patients attending a tertiary care hospital and detection of a *mcr-1* containing, colistin susceptible *E. coli*. PLoS One, 12(6): e0178598.
Thanh D P, Tuyen H T, Nguyen T N T, et al. 2016. Inducible colistin resistance via a disrupted plasmid-borne *mcr-1* gene in a 2008 Vietnamese *Shigella sonnei* isolate. J Antimicrob Chemother, 71(8): 2314-2317.
Trent M S, Pabich W, Raetz C R H, et al. 2001. A PhoP/PhoQ-induced lipase (PagL) that catalyzes

3-*O*-deacylation of lipid A precursors in membranes of *Salmonella typhimurium*. J Biol Chem, 276(12): 9083-9092.

Vasquez A M, Montero N, Laughlin M, et al. 2016. Investigation of *Escherichia coli* harboring the *mcr-1* resistance gene—Connecticut, 2016. MMWR Morb Mortal Wkly Rep, 65(36): 979-980.

Veldman K, van Essen-Zandbergen A, Rapallini M, et al. 2016. Location of colistin resistance gene *mcr-1* in Enterobacteriaceae from livestock and meat. J Antimicrob Chemother, 71(8): 2340-2342.

von Wintersdorff C J H, Wolffs P F G, van Niekerk J M, et al. 2016. Detection of the plasmid-mediated colistin-resistance gene *mcr-1* in faecal metagenomes of Dutch travellers. J Antimicrob Chemother, 71(12): 3416-3419.

Wang C C, Feng Y, Liu L N, et al. 2010. Identification of novel mobile colistin resistance gene *mcr-10*. Emerg Microbes Infect, 9(1): 508-516.

Winfield M D, Groisman E A. 2004. Phenotypic differences between *Salmonella* and *Escherichia coli* resulting from the disparate regulation of homologous genes. Proc Natl Acad Sci U S A, 101(49): 17162-17167.

Wong S C Y, Tse H, Chen J H K, et al. 2016. Colistin-resistant enterobacteriaceae carrying the *mcr-1* gene among patients in Hong Kong. Emerg Infect Dis, 22(9): 1667-1669.

Wösten M M S M, Groisman E A. 1999. Molecular characterization of the PmrA regulon. J Biol Chem, 274(38): 27185-27190.

Wright M S, Suzuki Y, Jones M B, et al. 2015. Genomic and transcriptomic analyses of colistin-resistant clinical isolates of *Klebsiella pneumoniae* reveal multiple pathways of resistance. Antimicrob Agents Chemother, 59(1): 536-543.

Xavier B B, Lammens C, Butaye P, et al. 2016. Complete sequence of an IncFII plasmid harbouring the colistin resistance gene *mcr-1* isolated from Belgian pig farms. J Antimicrob Chemother, 71(8): 2342-2344.

Xavier B B, Lammens C, Ruhal R, et al. 2016. Identification of a novel plasmid-mediated colistin-resistance gene, *mcr-2*, in *Escherichia coli*, Belgium, June 2016. Euro Surveill, 21(27): 30280.

Yan A X, Guan Z Q, Raetz C R H. 2007. An undecaprenyl phosphate-aminoarabinose flippase required for polymyxin resistance in *Escherichia coli*. J Biol Chem, 282(49): 36077-36089.

Yang Y Q, Li Y X, Song T, et al. 2017. Colistin resistance gene *mcr-1* and its variant in *Escherichia coli* isolates from chickens in China. Antimicrob Agents Chemother, 61(5): e01204-16.

Yang Y Q, Zhang A Y, Ma S Z, et al. 2016. Co-occurrence of *mcr-1* and ESBL on a single plasmid in *Salmonella enterica*. J Antimicrob Chemother, 71(8): 2336-2338.

Ye H Y, Li Y H, Li Z C, et al. 2016. Diversified *mcr-1*-harbouring plasmid reservoirs confer resistance to colistin in human gut microbiota. mBio, 7(2): e00177.

Yin W J, Li H, Shen Y B, et al. 2017. Novel plasmid-mediated colistin resistance gene *mcr-3* in *Escherichia coli*. mBio, 8(3): e00543-17.

Yu C Y, Ang G Y, Chin P S, et al. 2016. Emergence of *mcr-1*-mediated colistin resistance in *Escherichia coli* in Malaysia. Int J Antimicrob Agents, 47(6): 504-505.

Zeng K J, Doi Y, Patil S, et al. 2016. Emergence of the plasmid-mediated *mcr-1* gene in colistin-resistant *Enterobacter aerogenes* and *Enterobacter cloacae*. Antimicrob Agents Chemother, 60(6): 3862-3863.

Zhang R, Huang Y, Chan E W, et al. 2016. Dissemination of the *mcr-1* colistin resistance gene. Lancet Infect Dis, 16(3): 291-292.

Zheng B W, Dong H H, Xu H, et al. 2016. Coexistence of MCR-1 and NDM-1 in clinical *Escherichia coli* Isolates. Clin Infect Dis, 63(10): 1393-1395.

第十节　糖肽类药物的耐药机制

糖肽（glycopeptide）类抗生素是可与 D-丙氨酰-D-丙酸结合并具有高度修饰的七肽

结构的一类抗生素，对主要病原菌如凝固酶阳性或阴性葡萄球菌、各种链球菌、肠球菌（包括粪肠球菌和屎肠球菌）、棒状杆菌、厌氧球菌和单核细胞增生李斯特菌等几乎所有的革兰氏阳性菌都具有抗性，在临床上常用于治疗由革兰氏阳性菌尤其是葡萄球菌、肠球菌和肺炎链球菌所致的严重感染性疾病，代表着治疗这些严重感染性疾病的最后防线。糖肽耐药基因可由转座子、质粒携带，通过细菌间的接合作用来传递，使肠球菌中糖肽耐药率不断增加，而且许多万古霉素耐药性肠球菌还对其他抗生素（如β-内酰胺类和氨基糖苷类抗生素）耐药，给万古霉素耐药性肠球菌感染的临床治疗带来很大的困难。另外，已发现一些耐甲氧西林金黄色葡萄球菌临床分离株对万古霉素和替考拉宁的敏感性减弱，在牛链球菌临床分离株中发现了可转移的 *vanB* 耐药决定子，在环状芽孢杆菌临床分离株中发现存在 *vanA* 基因簇，说明糖肽耐药基因不仅可在肠球菌间传播，而且可传递至肠球菌外的其他细菌，给未来的抗感染治疗带来极大的威胁，对研制和开发新的抗菌活性更强的药物提出了迫切的要求。

糖肽类药物的结构及作用机制

【糖肽类药物的结构】

糖肽类抗生素的共同结构特征是具有一个高度修饰的线性七肽，其中的 5 个氨基酸是共同的，即第 2 位点的β-羟基酪氨酸、第 4 位点的对羟基苯基甘氨酸、第 5 位点的对羟基苯基甘氨酸、第 6 位点的β-羟基酪氨酸和第 7 位点的间二羟基苯基甘氨酸。其余的 2 个（第 1、3 位点）氨基酸有区别，根据这 2 个氨基酸的不同可将糖肽类抗生素分成 4 种类型：①万古霉素型；②利托菌素型；③阿伏帕星型；④synmonicin 型。糖肽类抗生素的结构和分类情况见表 2-1。常用糖肽类药物品种包括：万古霉素、去甲万古霉素、替考拉宁、博来霉素等。

表 2-1　糖肽类抗生素的分类

类型	氨基酸						
	HOOC-X7	X6	X5	X4	X3	X2	X1
万古霉素型	*m,m*-OH-Phg	β-OH-Tyr	*p*-OH-Phg	*p*-OH-Phg	Asn	β-OH-Tyr	Leu
利托菌素型	*m,m*-OH-Phg	β-OH-Tyr	*p*-OH-Phg	*p*-OH-Phg	*m,m*-OH-Phg	β-OH-Tyr	*p*-OH-Phg
阿伏帕星型	*m,m*-OH-Phg	β-OH-Tyr	*p*-OH-Phg	*p*-OH-Phg	*p*-OH-Phg	β-OH-Tyr	*p*-OH-Phg
synmonicin 型	*m,m*-OH-Phg	β-OH-Tyr	*p*-OH-Phg	*p*-OH-Phg	Met	β-OH-Tyr	*p*-OH-Phg

糖肽类抗生素的空间构象基本相似，在七肽骨架的氨基酸残基间形成特异的氧桥和 C—C 键，在第 2 和第 4、第 4 和第 6 位点芳香族氨基酸之间，通过 2 个二苯基酯键形成 2 个相连接的环，另外第 5 和第 7 位点氨基酸通过苯基部分以 C—C 键相连形成另一个环。各类糖肽类抗生素的差异在于肽链上的取代基数量、类型和取代位置的不同。通常天然形成的糖肽类抗生素以一系列类似物（多组分）的形式存在，各组分结构相近，仅在取代基的类别或取代位置上存在小的差异。

【糖肽类药物的作用机制】

糖肽类抗生素对几乎所有的革兰氏阳性菌具有活性。天然耐受糖肽类抗生素的革兰氏阳性菌有乳杆菌、明串珠菌、片球菌和诺卡菌属。革兰氏阴性菌一般对糖肽类抗生素不敏感。以D-丙氨酰-D-丙氨酸（D-Ala-D-Ala）为末端的细菌细胞壁小肽是糖肽类抗生素的特异性作用靶点，糖肽类抗生素通过抑制细菌细胞壁生物合成中的2步酶促反应或其中之一，即转糖基作用（肽聚糖的延伸）和转肽作用（交联），阻遏细胞壁的合成，最终导致细菌细胞死亡。D-丙氨酰-D-丙氨酸是在体内由D-Ala:D-Ala连接酶作用形成的二肽，通过一种加成酶加到UDP-*N*-乙酰胞壁酰-L-丙氨酰-γ-D-谷氨酰-L-赖氨酸（UDP-乙酰胞壁酰-三肽）上。糖肽类抗生素的作用靶点需具备以下条件：①末端氨基酸的游离羧基对结合是必需的；②末端氨基酸为D型；③第3个氨基酸残基为乙酰-L-氨基酸时与糖肽类抗生素的亲和力较乙酰-D-氨基酸更强。糖肽类抗生素的七肽骨架的立体结构形成了一个羰基化的"受体袋"，主要由疏水性的结构组成，与作用靶点的D-丙氨酰-D-丙氨酸末端相匹配。七肽第7位点氨基酸的亚氨基—NH—与*N*-乙酰-D-丙氨酰-D-丙氨酸的乙酰C═O、七肽的第4位点氨基酸的酰胺C═O与末端丙氨酸的氨基—NH_2之间形成氢键。由于*N*-乙酰-D-丙氨-D-丙氨酸的末端羰基表现出可与七肽的第2、3和4位点氨基酸的酰胺—NH—形成氢键，因此其作用更为复杂。糖肽类抗生素的末端酰胺质子化对其与模型肽之间的最初反应很重要。在某些情况下，糖肽类抗生素的活性与抗生素和靶分子肽聚糖前体的亲和力直接相关，但也与糖肽类抗生素-肽聚糖二聚体的稳定性有关，如伊瑞霉素虽然对细菌细胞壁类似物二乙酰-L-赖氨酰-D-丙氨酰-D-丙氨酸的亲和力仅有万古霉素的1/23，但由于伊瑞霉素可与其作用靶点形成稳定的二聚体（平衡常数Kdim）为3×10^6，而万古霉素的Kdim为700），因此伊瑞霉素对一些金黄色葡萄球菌和枯草芽孢杆菌的抗性强于万古霉素。

糖肽类抗生素的抗菌作用与β-内酰胺类抗生素相同，都是通过干扰细菌细胞壁肽聚糖的交联，从而使细菌细胞发生溶解。革兰氏阳性菌的细胞壁由一厚厚的肽聚糖层构成，其位于细胞质膜（内膜的外侧）；而革兰氏阴性菌在薄薄的肽聚糖层外面还有一层完整的细菌外膜，其可阻止万古霉素和替考拉宁等糖肽类抗生素渗透到肽聚糖。因此，这类抗生素仅对革兰氏阳性菌有效。就细胞水平而言，万古霉素通过干扰细菌细胞壁的合成最终使细菌细胞发生溶解。从分子水平上讲，万古霉素抑制细胞壁合成第二阶段（类脂结合）中一个关键的转化反应，即具有刚性交叉连接的七肽骨架识别未交叉连接肽聚糖链中*N*-酰基-D-Ala4-D-Ala5的末端D,D-二肽，并在脂Ⅱ分子中通过5个氢键形成具有高度亲和力的复合物，这些氢键从糖肽类抗生素分子的下表面与肽聚糖末端的酰胺基和羧基结合。

Kahne等（2005）在研究万古霉素类的作用机制时，首先破坏万古霉素结构类似物分子中的肽结合袋（即去除苷元分子中的*N*-甲基亮氨酸部分，其既能通过氢键与D-Ala-D-Ala结合，也能通过静电与之接触），让其不能与*N*-乙酰D-Ala-D-Ala结合，然后测定这种化合物对敏感菌和万古霉素耐药菌的抗菌活性。结果发现，结构被破坏的氯二苯基万古霉素正如预期的那样，对敏感菌的活性大幅下降（下降至原本的1/330），但对耐药菌的抗菌活性几乎没有影响。

细菌对糖肽类药物的耐药机制

肠球菌属细胞壁厚，对多种抗菌药物固有耐药。固有耐药由染色体介导，耐药范围包括β-内酰胺类、克林霉素、磷霉素等抗生素；而获得性耐药及毒力特性常由转座子或质粒编码，即可由突变产生，或通过转座子上编码的耐药基因、信息素应答质粒和其他广泛分布于宿主的质粒交换而获得，耐药范围包括氨基糖苷类、糖肽类抗生素。耐万古霉素肠球菌属（VRE）表型和基因型可分为 *vanA*、*vanB*、*vanC*、*vanD*、*vanE*、*vanG*、*vanL*、*vanM* 和 *vanN* 九型，其中 *vanA*、*vanB*、*vanD*、*vanG*、*vanL*、*vanM* 和 *vanN* 属于获得性耐药，而 *vanC* 和 *vanE* 型则属先天性耐药。

金黄色葡萄球菌细胞壁的基本结构是由肽聚糖组成的。肽聚糖单体组成肽聚糖链，相邻的肽聚糖链通过五肽支链相互交联形成致密的网状肽聚糖层，完整的细胞壁约需要 20 层肽聚糖层来构成。万古霉素是糖肽类抗生素，其作用靶位是细胞壁中的肽聚糖前体 D-丙氨酰-D-丙氨酸，其主要作用是抑制细胞壁的合成。万古霉素与五肽交联前体 C 端的 D-丙氨酰-D-丙氨酸结合形成复合物，阻断肽聚糖合成中相关酶的作用，抑制细胞壁合成，从而导致细胞死亡。

【*van* 基因介导的对糖肽类药物的耐药】

VanA 型耐药（*vanA* 基因簇）。该耐药基因主要存在于粪肠球菌、屎肠球菌、鸟肠球菌等菌株中。耐药基因 *van* 基因簇能编码 9 种多肽。质粒所携带的转座子 Tn*1546* 上的 *vanA* 基因编码产生膜蛋白 VanA，具有连接酶活性，使 D-丙氨酸（D-Ala）:D-乳酸（D-Lac）以酯键连接。VanA 缩化合成 D-Ala-D-Ala 的活性为大肠杆菌的 D-Ala:D-Ala 连接酶活性的约 1/100，但能更有效地缩化合成 D-丙氨酰-D-乳酸（D-Ala-D-Lac）。*vanH* 基因位于 *vanA* 上游，与 *vanA* 有 5bp 的重叠。*vanH* 的产物为 α-酮酸脱氢酶，可将丙酮酸还原为 D-Lac，为 VanA 提供作用底物。在染色体编码的酶作用下，D-Ala-D-Lac 与 UDP-NAM-三肽连接形成新的 UDP-NAM-五肽前体。D-Ala-D-Lac 酯键中的氧取代了 D-Ala-D-Ala 酰胺键中的—NH—，破坏了万古霉素与靶位之间的氢键，使其对药物的亲和力大幅度下降，从而导致菌株对万古霉素的高水平耐药。耐药基因 *vanX* 在 *vanA* 下游，距 *vanA* 约 8bp。VanX 是存在于细胞质中的一种 D,D-二肽酶，只水解 D-Ala-D-Ala，不水解 D-Ala-D-Lac 或含 D-Ala-D-Lac 的五肽前体。因此 VanX 的功能主要是通过水解 D-Ala-D-Ala，阻止含 D-Ala-D-Ala 正常肽聚糖前体的合成。*vanY* 和 *vanZ* 作为对糖肽类药物耐药的补漏性基因存在。*vanY* 和 *vanZ* 使辅助蛋白 VanY 和 VanZ 产生。*vanY* 基因可诱导产生 D,D-羧肽酶，即使 Ala-D-Ala 逃过了 VanX 蛋白的水解作用而合成了正常肽聚糖前体五肽，辅助蛋白 VanY 仍可解离正常肽聚糖前体五肽的末端残基，使其生成一种万古霉素不能结合的四肽，弥补缺漏，从而维持其耐药性。位于 *vanH* 基因上游的 *vanB* 和 *vanS* 基因编码二元调节系统 VanB 和 VanS 蛋白，在有糖肽类抗生素的条件下，激活 *vanH*、*vanA*、*vanX*、*vanY* 的转录，从而使得该菌株耐药。

VanB 型耐药（*vanB* 基因簇）。该耐药表型株多见于粪肠球菌、屎肠球菌，耐药基因位于质粒或染色体上，耐药性可转移。VanB 型耐药株中由 *vanB* 基因簇编码的蛋白质 VanB，与 VanA 蛋白有 76%的氨基酸同源性，也是一种连接酶。VanB 型细胞产生的五肽前体末端的 D-Ala-D-Lac 二肽代替正常五肽前体末端的 D-Ala-D-Ala 二肽，从而耐药。VanA 型和 VanB 型耐药机制的生化基础相同。但与 *vanA* 基因簇相比，*vanB* 基因簇有较大的序列差异，因而 VanB 型肠球菌对万古霉素的 MIC 值存在差异，对万古霉素多水平耐药，VanA 型和 VanB 型对替考拉宁也有着不同的敏感性。

VanC 型耐药（*vanC1*、*vanC2*、*vanC3* 基因簇）。耐药基因 *vanC1* 仅在鸡肠球菌中发现，*vanC2* 仅在铅黄肠球菌中发现，*vanC3* 仅在黄色肠球菌中发现。VanC 型大多数是染色体编码的组成型耐药，也有一部分是可诱导的耐药。VanC 多肽与 VanA 和 VanB 连接酶有 38%的氨基酸同源性，但 *vanC* 产生 D-Ala-D-Ser 合成酶，催化合成 D-丙氨酰-D-丝氨酸（D-Ala-D-Ser），而不是 D-Ala-D-Ala 或 D-Ala-D-Lac。在 VanA、VanB 和 VanD 型耐药中，VanX 和 VanY 分别由 *vanx*、*vany* 两个基因编码产生，而 *vanC* 型耐药基因中由 *vanXY* 编码得到的 VanXY 蛋白，同时具有 D,D-二肽酶活性和 D,D-羧肽酶活性，既能够水解 D-Ala-D-Ala，又能够解离正常肽聚糖前体五肽末端的 D-Ala。正常肽聚糖前体五肽末端 D-Ala 的解离以及 D-Ala-D-Ser 替代 D-Ala-D-Ala 导致了肽聚糖前体与万古霉素的亲和力下降，两者遏制了万古霉素对细胞壁合成的抑制作用，从而产生耐药性。*vanC* 型耐药基因也存在 VanS-VanR 二元调节系统，其调节相关基因的转录，但其调控系统不同于 VanA 型的 VanS-VanR 调节系统。

VanD 型耐药。VanD 型耐药株仅在屎肠球菌中发现。VanD 操纵子的结构与 VanA 和 VanB 相似，对糖肽类药物耐药的生化基础也相同。*vanD* 是一种获得性的持续表达的耐药基因，但不能通过与其他肠球菌的接合作用而转移。目前仅报道 4 株 VanD 型耐药株，但各自的 *vanD* 等位基因却不相同。

VanE 型耐药。VanE 型耐药仅在粪肠球菌中发现，对万古霉素低水平耐药。VanE 型耐药在结构组成和耐药机制上与 VanC 型耐药相似，都是先天性耐药，以 D-丙氨酰-D-丝氨酸（D-Ala-D-Ser）二肽前体代替 D-丙氨酰-D-丙氨酸（D-Ala-D-Ala）二肽前体。

VanG 型耐药。VanG 型耐药仅在粪肠球菌中发现。VanG 型耐药对万古霉素中度耐药，对替考拉宁敏感。其结构与前几种类型均不相同，*vanG* 基因产物与其他型基因产物只有低于 50%的氨基酸序列相同。

【细胞壁成分改变介导的对糖肽类药物的耐药】

肽聚糖链间交联减少。肽聚糖单体五肽支链上谷氨酸残基未被酰胺化而形成异常肽聚糖单体，导致肽聚糖链不能在转肽酶催化下形成交联。交联减少直接导致金黄色葡萄球菌细胞壁上游离的 D-丙氨酰-D-丙氨酸残基增多，因此，过多糖肽类抗生素分子被结合而不能到达作用靶点，从而阻止糖肽类抗生素分子渗透至细胞内，导致敏感性降低；与酰胺化肽聚糖上 D-丙氨酰-D-丙氨酸残基相比，非酰胺化肽聚糖与糖肽类抗生素分子更易结合，也导致金黄色葡萄球菌耐药性的产生。但并不是所有耐药菌株都存在肽聚糖链间交联减少的现象，交联减少可能只是导致耐药的一个方面；此外，转肽酶活性改变是肽聚糖链间交联减少的另一个原因，但这一机制尚未完全阐明，有待于进一步研究。

青霉素结合蛋白变化。青霉素结合蛋白是存在于细胞膜上的能与青霉素和其他 β-内酰胺类抗生素结合的蛋白质，是抗生素的作用靶位；又是细胞壁相邻肽聚糖链上五肽支链相互交联的相关转肽酶。金黄色葡萄球菌有 5 种 PBP，其中与耐药性密切相关的有 PBP2、PBP4。PBP2 与万古霉素竞争性结合肽聚糖前体上的靶位，可以降低金黄色葡萄球菌对万古霉素的敏感性，导致耐药。PBP4 作为 D,D-羧肽酶，通过从交联状五肽上切除 D-丙氨酸残基来阻止过多的 D-丙氨酰-D-丙氨酸五肽形成，从而确保万古霉素能够有效地作用于金黄色葡萄球菌。PBP4 编码基因突变失活后，该菌株对万古霉素敏感性降低，且细胞壁上肽聚糖链的交联减少。但 PBP 改变导致金黄色葡萄球菌对万古霉素耐药的机制尚未阐明，有待于进一步研究。

【抗生素选择性压力介导的对糖肽类药物的耐药】

科学家将 5 株来自不同地区的万古霉素中度耐药金黄色葡萄球菌（VISA）菌株接在不含糖肽类药物的培养基上连续传代，测定在不同时间万古霉素对这些菌株的 MIC 值是否发生变化，结果发现随着传代数的增加，万古霉素和替考拉宁对这 5 株 VISA 菌株的子代株的 MIC 值均下降，并且最终降到了敏感范围；将 VISA 菌株接在含低浓度万古霉素的培养基上传代，万古霉素对其子代株的 MIC 值无明显变化。由此认为，金黄色葡萄球菌对万古霉素的耐药是在抗生素选择性压力的不断作用下发生基因突变所导致的。该突变是一个涉及染色体上多个位点的逐步的过程，这种突变不稳定且必须在抗生素持续存在的条件下才能得以维持。Boyle-Vavra 等（2000）认为金黄色葡萄球菌表面的夹膜多糖 CP5 也与耐药相关。在他的研究中，原先 5 株糖肽类中度耐药金黄色葡萄球菌（glycopeptide-intermediate *Staphylococcus aureus*，GISA）表面均有 CP5 表达，在含万古霉素的培养基上产生的子代细菌仍然表达 CP5，而由 GISA 转化而成的糖肽类敏感金黄色葡萄球菌（glucopeptide-sensitive *Staphylococcus aureus*，GSSA）仅一株表面存在 CP5。但也有病例未接受过万古霉素的治疗，并不存在抗生素选择性压力的问题。因而这一机制还有待商榷并进行进一步研究。

【糖肽类药物的其他耐药机制】

除上述几种机制外，还有许多因素参与金黄色葡萄球菌对糖肽类抗生素耐药性的发生。Boyle-Vavra 等（2000）发现 VISA 的生长速度明显慢于万古霉素敏感金黄色葡萄球菌（vancomycin-sensitive *Staphylococcus aureus*，VSSA）的生长速度。美国疾病控制与预防中心的研究人员用细胞感受器微物理仪系统测量细菌生长时细胞数倍增时间的变化，以此作为衡量细菌生长快慢的一个指标。通过将 VISA 菌株 Mu50 株、Michigan 株和 New Jersey 株与 VSSA 菌株 ATCC 25923 及来自该中心的 2 株 MRSA 对照菌株相比较，发现 VISA 菌株生长速度明显减慢，其细胞数倍增时间是对照菌株的 2 倍。

主要参考文献

艾华, 蒋燕群, 汤谨, 等. 2005. 医院葡萄球菌属临床分离株的耐药性. 中华医院感染学杂志, 15(7): 1307-1309.

董通雨, 毕文姿, 朱海燕, 等. 2017. 某医院金黄色葡萄球菌感染临床分布及耐药性分析. 中国农村卫生事业管理, 37(8): 1004-1006.

樊剑锋, 杨永弘, 马琳, 等. 2005. 耐甲氧西林金黄色葡萄球菌抗生素耐药和耐药基因的检测. 首都医科大学学报, 26(5): 540-544.

冯家范, 刘洋, 毕重秀, 等. 2005. 临床常见革兰阳性球菌的耐药性分析. 中国实验诊断学, 9(5): 794-796.

何礼贤, 潘珏, 陈世耀, 等. 2005. 替考拉宁治疗革兰阳性球菌感染的临床研究. 中华内科杂志, 44(5): 337-341.

胡兴戎. 2001. 糖肽类抗生素的作用机制及肠球菌的糖肽耐药机制. 国外医药(抗生素分册), 22(3): 116-121.

黄华振, 柯水源, 杨展. 2005. 葡萄球菌耐药性分析. 齐齐哈尔医学院学报, 26(10): 1163.

鞠永静, 马淑涛. 2008. 糖肽类抗生素的研究进展. 中国药科大学学报, 39(2): 188-192.

李金钟. 2006. 金黄色葡萄球菌对万古霉素的耐药机制. 国际检验医学杂志, 27(7): 648-650, 652.

李爽, 张正. 2005. 粪肠球菌与屎肠球菌药敏表型和耐药基因的比较. 临床检验杂志, 23(3): 174-176.

刘金华, 甘孟侯. 2016. 中国禽病学. 2 版. 北京: 中国农业出版社.

欧阳娟, 阳军, 黄骥. 2017. 粪肠球菌与屎肠球菌的耐药性分析. 中华临床医师杂志(电子版), 11(3): 530-531.

任冰, 程玉林, 陈民钧. 1998. 肠球菌中糖肽类耐药基因及其调控. 国外医药(抗生素分册), 19(3): 214-217.

唐先兵, 司书毅, 张月琴. 2003. 耐万古霉素肠球菌耐药机制的研究进展. 国外医学(药学分册), 30(3): 166-171.

韦志英. 2009. 糖肽类抗生素的耐药现状和对策. 当代医学, 15(15): 22-23.

吴爱武, 李红玉, 蔡燕娜. 2005. hlgr 肠球菌的检测及肠球菌耐药性变迁的分析. 热带医学杂志, 5(4): 468-470.

谢新宇, 王晶珂, 邓佩佩, 等. 2016. 抗肿瘤抗生素博来霉素的研究进展. 煤炭与化工, 39(3): 76-78.

杨宝峰, 陈建国. 2018. 药理学. 9 版. 北京: 人民卫生出版社.

杨会军, 张丽霞. 2004. 耐万古霉素肠球菌基因分型及耐药机制的研究进展. 国外医学(微生物学分册), 27(1): 29-31.

杨炜华. 2005. 真菌产生的低分子活性物质研究. 济南: 山东大学博士学位论文.

姚杰. 2010. 耐万古霉素肠球菌的耐药机制及耐药基因调控的研究进展. 国外医药(抗生素分册), 31(1): 24-28.

于海燕. 2011. 危重症患者院内感染病原菌耐药性及危险因素分析. 天津: 天津医科大学硕士学位论文.

章锐锋, 王选锭. 2003. 金黄色葡萄球菌对糖肽类抗生素耐药机制研究进展. 国外医药(抗生素分册), 24(3): 131-133, 144.

周永安, 张景萍, 金柳, 等. 2010. 金黄色葡萄球菌耐消毒剂基因及 5 类抗生素耐药相关基因检测. 中华临床医师杂志(电子版), 4(11): 2183-2188.

朱应红. 2005. 2004 年院内细菌耐药监测及临床意义. 四川医学, 26(11): 1242-1243.

Boyle-Vavra S, Berke S K, Lee J C, et al. 2000. Reversion of the glycopeptide resistance phenotype in *Staphylococcus aureus* clinical isolates. Antimicrob Agents Chemother, 44(2): 272-277.

Clemett D, Markham A. 2000. Linezolid. Drugs, 59(4): 815-827.

Cui L Z, Murakami H, Kuwahara-Arai K, et al. 2000. Contribution of a thickened cell wall and its glutamine

nonamidated component to the vancomycin resistance expressed by *Staphylococcus aureus* Mu50. Antimicrob Agents Chemother, 44(9): 2276-2285.
Hirnatsu K, Hanaki H, Iro T, et al. 1997. Methicillin-resistant *Staphylococcus aureus* clinical strain with reduced vancomycin susceptibility. J Antimicrob Chemother, 40(1): 135-136.
Kahne D, Leimkuhler C, Lu W, et al. 2005. Glycopeptide and lipoglycopeptide antibiotics. Chem Rev, 105(2): 425-448.
Lellek H, Franke G C, Ruckert C, et al. 2015. Emergence of daptomycin non-susceptibility in colonizing vancomycin-resistant *Enterococcus faecium* isolates during daptomycin therapy. Int J Med Microbiol, 305(8): 902-909.
Ligozzi M, Cascio G L, Fontana R. 1998. *vanA* gene cluster in a vancomycin-resistant clinical isolate of *Bacillus circulans*. Antimicrob Agents Chemother, 42(8): 2055-2059.
Poyart C, Pierre C, Quesne G, et al. 1997. Emergence of vancomycin resistance in the genus *Streptococcus*: characterization of a *vanB* transferable determinant in *Streptococcus bovis*. Antimicrob Agents Chemother, 41(1): 24-29.
Rahman M. 1998. Alternatives to vancomycin in treating methicillin-resistant *Staphylococcus aureus* infections. J Antimicob Chemother, 41(3): 325-328.
Sieradzko K, Villari P, Tomasz A. 1998. Decreased susceptibilities to teicoplanin and vancomycin among coagulase-negative methicillin-resistant clinical isolates of *Staphylococci*. Antimicrob Agents Chemother, 42(1): 100-107.
Teo J W P, Krishnan P, Jureen R, et al. 2011. Detection of an unusual *van* genotype in a vancomycin-resistant *Enterococcus faecium* hospital isolate. J Clin Microbiol, 49(12): 4297-4298.
Weigel L M, Clewell D B, Gill S R, et al. 2003. Genetic analysis of a high-level vancomycin-resistant isolate of *Staphylococcus aureus*. Science, 302(5650): 1569-1571.

第十一节　林可酰胺类药物的耐药机制

林可酰胺（lincosamide）类药物是指由链霉菌产生或经半合成制取的化学结构中含有氨基酸和糖苷的一类碱性抗生素。常见的林可酰胺类抗菌药物包括林可霉素、克林霉素（clindamycin）和吡利霉素，该类药物化学结构中的氨基酸和糖苷部分通过肽键相连。林可霉素是首个被报道的林可酰胺类抗生素，由土壤中的林肯链霉菌产生，对多种革兰氏阳性菌有活性。天然林可酰胺类药物是由几种链霉菌产生的，主要有林肯链霉菌、玫瑰链霉菌和小单孢盐生菌。林可霉素中含有的氨基酸为反式-*N*-甲基-4-*N*-L-脯氨酸（丙基脯氨酸），糖苷为 6-氨基-6,8-二脱氧-1-硫代-D-赤型-α-D-吡喃半乳糖苷（甲硫基林可酰胺）。在 1967 年，林可霉素在美国被批准用于治疗革兰氏阳性菌引起的感染，但其抗菌谱较窄，人医临床使用较少。在动物养殖领域，林可霉素常和链霉素一起用于治疗猪、犬、猫等细菌感染。由于天然的林可霉素抗菌谱较窄，化学修饰类林可酰胺类抗生素诞生。天然和半合成林可酰胺类包括林可霉素 A、B、C、D、S、K，天青菌素 A、B、C、D，去水杨天青菌素和 *N*-去甲基天青菌素，最重要的半合成衍生物是具有高生物活性的氯代衍生物克林霉素。1970 年，半合成抗菌药克林霉素被 FDA 批准临床应用，该抗菌药是林可霉素辛糖的 C7 位上的羟基被氯取代后的半合成衍生物，对链球菌 A 类、链球菌 B 类、肺炎链球菌、大多数厌氧菌和沙眼衣原体有很高的活性，还可以抑制数种原生动物，如疟原虫、弓形虫等。人医临床中，克林霉素被用来治疗由厌氧菌引起的疾病，如艰难梭菌引起的结肠炎和腹泻，但克林霉素对大多数好氧革兰氏阴性球菌、粪肠球菌和屎肠球菌的活性低甚至无活性。1994 年，克林霉素在美国多个州被禁止在畜禽生产中使用，但可以用于治疗犬、猫等家养宠物的感染。林可霉素和克林霉素对敏感微生物有共同的作用机制，并且显示出了类似的抗菌谱。然而，它们的抗菌活性存在细微差异，克林霉素也影响了一些原生动物，如弓形虫、恶性疟原虫和卡氏肺囊虫。2000 年，一种针对动物生产的林可酰胺类抗菌药物吡利霉素在美国被批准，作为一种乳房注射液，被用于治疗由葡萄球菌和链球菌引起的牛乳房炎。2001 年，欧洲也批准了吡利霉素在养殖生产中的使用。天青菌素在体内表现出林可霉素 5%的生物活性。两者结构的明显不同之处在于两种不同的硫修饰基团：在林可霉素中是硫甲基，而在天青菌素中是巯基乙醇单元。虽然天青菌素的耐药谱较广，但它在体内和体外对许多微生物的作用效果都不如林可霉素。林可酰胺类用于预防手术后的腹腔感染、口腔感染、厌氧性败血症，特别是骨和关节感染。

林可酰胺类药物的结构及作用机制

【林可酰胺类药物的结构】

林可酰胺类药物的化学结构中含有氨基酸和糖苷部分，并通过肽键相连，这种结构特性给林可霉素的化学和微生物改造带来了非常好的机会，并因此得到了一系列有药理活性的化合物。克林霉素是将林可霉素 A 的 C7 位羟基进行氯取代并发生构型翻转形成的 7-表林可霉素，该化合物显现出比林可霉素 A 更好的抗菌活性。作为林可酰胺家族中的一员，天青菌素在结构上与林可霉素类似，同样含有 C1 位硫取代的八碳糖结构，比较两者的生物合成基因簇，可以发现在 *ccb* 和 *lmb* 中共有 18 个基因具有高度的同源性，由此推测上述基因可能负责八碳糖结构的生物合成以及后续与氨基酸单元的缩合过程。在 *ccb* 中，除 *ccr1*（抗性基因）之外，推测另外 5 个基因（*ccb1*、*ccb2*、*ccb3*、*ccb4*、*ccb5*）可能催化水杨酸的生物合成以及 C7 位羟基的甲基化。

【林可酰胺类药物的作用机制】

林可酰胺类和大环内酯类、链阳菌素 B 合称为 MLSB，它们是临床常用的抗菌药物，具有相同的抑菌机制。MLSB 作用于敏感菌株的核糖体，通过靶向结合核糖体 50S 亚基 23S rRNA 的中心环，引起肽酰-tRNA 提前从核糖体脱离，从而干扰细菌蛋白质的合成，阻止细菌繁殖。林可霉素主要用于治疗革兰氏阳性菌引起的感染性疾病。林可酰胺类属于阻断微生物蛋白合成抗生素，蛋白质合成包括氨基酸单体的活化，氨酰基-tRNA 合成，核糖体上多肽链的起始、延伸、终止等许多步骤。抗生素可以特异性地中断这些步骤，这样的中断导致的生长速度降低对微生物是致命的。体外研究表明，这些抗生素即使在低浓度下也会减少菌株毒素的释放。克林霉素抑制核糖体蛋白合成的分子机制似乎与克林霉素的三维结构非常类似于 L-Pro-Met 和腺苷的 D-核糖基环（在 L-Pro-Met-tRNA 和脱酰基-tRNA 的 3′端彼此接近）有关，其作用是在 L-Pro-tRNA 和 L-Met-tRNA 之间形成肽键后短暂间隔。因此，克林霉素和其他林可酰胺类可以在肽链延伸循环中的预转移的初始阶段充当 L-Pro-Met-tRNA 和脱酰基-tRNA 的 3′端的结构类似物。克林霉素通过影响肽链起始过程，抑制蛋白质合成，特异性作用于细菌核糖体的 50S 亚基，也能使肽酰-tRNA 从核糖体游离。与林可霉素相比，克林霉素的抗菌活性增强 4～8 倍，胃肠道吸收更完全，而且不受食物的影响，其不良反应相对较少。吡利霉素为乳房注射液，主要用于治疗葡萄球菌和链球菌引起的乳房炎。尽管大环内酯类（如红霉素）、林可酰胺类（如林可霉素、克林霉素和天青菌素）与链阳性菌素的化学结构非常不同，但它们的作用机制是相似的。与 23S rRNA 结合的红霉素阻断多肽翻译，通过阻断延伸肽出口隧道的方法导致肽酰-tRNA 中间体的过早释放。尽管大环内酯类通常不直接阻断 50S 亚基的肽酰转移酶中心的肽键形成步骤，但它们与作为直接肽基转移酶抑制剂的林可酰胺类抗生素具有竞争作用。

药物的活性基团作用于 PTC 并且干扰 A 位点 tRNA 3′端的调节，而其 α-MTL 部分指向出口隧道。α-MTL 具有三个与 23S rRNA 形成氢键的羟基。具体而言，O2 基团与 C2611 的 N4 和 A2058 的 N1 形成氢键，O3 基团与 A2058 的 N6 相互作用，并与磷酸的 G2505 的氧相互作用，O4 基团与 A2059 的 N6 和 G2503 的糖的 O2 形成氢键。除了 α-MTL 介导的相互作用，酰胺 NH 与 G2505 的 O4′也形成氢键。所有其他林可霉素与 rRNA 核苷酸 G2061、A2451、C2452、U2504 和 U2506 的相互作用是范德瓦耳斯力。

有趣的是，在 SA50S-linc 电子密度图中，研究者在林可霉素和核苷酸 A2062 之间观察到了一个附加的密度，它可以容纳一个分子的亚精胺（结晶溶液的添加剂）。该亚精胺与林可霉素的 7-羟基和 A2062 相互作用，从而稳定 A2062，使其与 apo SA50S 结构略有不同。化学足迹和光谱学实验表明，克林霉素以双相方式与核糖体相互作用；在第一阶段，克林霉素与核糖体结合并阻断 A 位点。在第二阶段，克林霉素缓慢向 P 位点移动。在两个阶段中对核苷酸 A2058 和 A2059 的实质性保护表明，α-MTL 部分的取向保持不变，并且活性基团从 A 位点旋转到 P 位点。同样的研究还表明，多胺如精胺和亚精胺，可能在克林霉素结合口袋附近结合，这会对药物与 P 位点的结合产生负面影响，从而有利于第一阶段的定向。

细菌对林可酰胺类药物的耐药机制

细菌对林可酰胺类药物的耐药主要由三种机制介导：靶位点改变、药物失活、外排机制。

【靶位点改变引起的对林可酰胺类药物的耐药】

细菌对林可酰胺类抗菌药物的耐药性通常是由核糖体 50S 亚基 23S rRNA 的中心环上的碱基甲基化，导致抗生素无法与靶位点结合，活性下降。23S rRNA 修饰酶主要分为甲基化酶和甲基转移酶。它是通过特异性核糖体甲基化修饰酶对 A2058 的 N6 环外氨基进行单甲基化或二甲基化修饰。这种类型的抗性与编码甲基转移酶的基因相关，所述甲基转移酶修饰大环内酯和林可酰胺的共同靶位点，即 23S 核糖体 RNA[如基因 *erm*(A) 和 *erm*(C)]。

耐林可酰胺类药物的肺炎链球菌在 23S rDNA 中携带突变，在 A2058、A2059 或 C2611 以及 L4 或 L22 核糖体蛋白基因中碱基发生突变。但 50S 核糖体亚基突变是肺炎链球菌最不常见的耐药机制。Kehrenberg 等（2005）和 Long 等（2010）报道了一种新的氯霉素（氟苯尼考）和克林霉素耐药机制，即金黄色葡萄球菌和大肠杆菌的 *cfr* 基因产物在 A2503 的 C8 处甲基化 23S 核糖体 RNA。结果显示 *cfr* 是 RNA 甲基转移酶，其靶向核苷酸 A2503 并通过抑制核苷酸 C2498 处的核糖甲基化而对氯霉素、甲芬诺尔和克林霉素产生抗性。Rich 等（2005）发现，耐甲氧西林金黄色葡萄球菌对克林霉素的耐药性可能是核糖体靶位点的修饰导致的。这种机制引起的抗性由 *errs* 基因编码，其可以是组成型也可以是诱导型表达。常规实验室药敏试验通常不会显示诱导抗性，但其可通过相对简单的双盘琼脂扩散试验检测。Champney 等（2003）研究了 16 元大环内酯、林可酰胺和链阳性菌素 B 抗生素对金黄色葡萄球菌中 50S 核糖体亚基的特异性抑制作用。林可酰胺类与大环内酯类似，林可霉素和克林霉素含有连接的 5 元环和 6 元环以及必需的硫基团，并与 50S 核糖体亚基相互作用。

【药物失活引起的对林可酰胺类药物的耐药】

林可酰胺类药物的 3-OH 的磷酸化和核苷酸化导致抗菌药物失活。细菌合成的磷酸化酶和核苷酸转移酶使药物分子结构发生改变而失活。有一特殊基因（*linA*），其蛋白质产物可以改变药物结构并因此使林可酰胺类抗生素失活。灭活酶 LinB/A 催化药物的腺苷酰化。LinB 在体外容易使克林霉素失活，NMR 分析显示克林霉素的 3-OH 是腺苷酰化位点。

一些研究表明，人葡萄球菌对 MLS 的耐药性主要基于 *erm* 基因介导的核糖体靶向修饰机制，主要是 *erm*(C)和 *lnu*(A)介导的酶促药物失活。MLS 抗性基因包括 34 个 rRNA 甲基化酶抗性基因、17 个外排抗性基因，以及 19 个控制失活酶、2 个酯酶、2 个裂解酶、11 个转移酶和 4 个磷酸化酶的基因。

【外排引起的对林可酰胺类药物的耐药】

细菌的一些耐药基因可以编码转运（外排）蛋白，把抗生素泵出细胞，使细胞内抗生素浓度降低而导致耐药。近来有学者先后分离到两种外排林可酰胺类的基因，二者均属于 ATP 结合盒式蛋白超家族，以 ATP 为动力。*lsa*(B)基因编码的 ABC 转运蛋白介导对克林霉素的低水平耐药。基于结构和底物系列的相似性，有研究证实从松鼠葡萄球菌耐药质粒 pSCFS1 中发现的新基因所编码的蛋白为 ABC 超家族系统转运蛋白，被命名为 Lsa(B)。有报道表明，溶血葡萄球菌携带一种新的 *vga*(A)突变基因 *vga*(A)*LC*，通过对比突变基因与原基因决定底物特异性的核苷酸序列（1569bp）发现，*vga*(A)*LC* 有 10 个突变点，其中 7 个发生了氨基酸替代，有 4 个关键位点氨基酸替代（Leu212Ser、Gly219Val、Ala220Thr 和 Gly226Ser，都位于 ABC 转运蛋白两个 ATP 结合区域）扩大了 *vga*(A)*LC* 基因的底物谱，除主动外排链阳菌素 A 类外，也主动外排林可霉素和克林霉素。

主要参考文献

陈莲子, 熊自忠. 2008. 葡萄球菌对林可酰胺类抗生素的耐药机制研究新进展. 安徽医药, 12(2): 100-101.

陈宇辉, 郭红荔, 符秋南. 2010. 葡萄球菌对红霉素诱导型克林霉素耐药的检测分析. 中国热带医学, 10(6): 706, 782.

崔彦超, 李东. 2019. A 族链球菌抗生素耐药情况及对克林霉素耐药机制. 实用医技杂志, 26(9): 1145-1146.

邓义卫, 黄良, 钟邱, 等. 2019. 某院 2016 年—2018 年 7514 株重症监护病房感染病原菌的分布及其对抗菌药物的耐药性分析. 抗感染药学, 16(3): 408-411.

董玉飞, 安和兵, 庞卫华, 等. 2015. 溶血葡萄球菌对 8 种抗菌药物及诱导克林霉素耐药分析. 医学动物防制, 31(2): 168-170.

何其励, 杨维青, 张丽华, 等. 2015. B 群链球菌对红霉素及克林霉素耐药机制研究. 中国抗生素杂志, 40(2): 124-127.

孙峥. 2018. 金黄色葡萄球菌的毒力基因检测及耐药性分析. 大连: 大连医科大学硕士学位论文.

杨宝峰, 陈建国. 2018. 药理学. 9 版. 北京: 人民卫生出版社.

赵自云, 李莉, 牟晓峰. 2012. MRSA/MSSA 对红霉素及克林霉素的诱导耐药性比较研究. 中国病原生物学杂志, 7(11): 838-840.

周珊, 张蓓, 徐修礼, 等. 2015. 血流感染金黄色葡萄球菌克林霉素耐药与分子流行病学研究. 国际检验医学杂志, 36(24): 3517-3519.

朱晓清. 2017. 林可霉素耐药基因新亚型 *lnu*(G)的功能及遗传环境分析. 郑州: 河南农业大学硕士学位论文.

邹明祥, 武文君, 曾娇辉, 等. 2011. 检测金黄色葡萄球菌诱导型克林霉素耐药的两种方法比较. 中国感染与化疗杂志, 11(2): 147-150.

Bozdogan B, Berrezouga L, Kuo M S, et al. 1999. A new resistance gene, *linB*, conferring resistance to lincosamides by nucleotidylation in *Enterococcus faecium* HM1025. Antimicrob Agents Chemother, 43(4): 925-929.

Champney W S, Chittum H S, Tober C L. 2003. A 50S ribosomal subunit precursor particle is a substrate for the ErmC methyltransferase in *Staphylococcus aureus* cells. Curr Microbiol, 46(6): 453-460.

Cleary R K. 1998. *Clostridium difficile*-associated diarrhea and colitis: clinical manifestations, diagnosis, and treatment. Dis Colon Rectum, 41(11): 1435-1449.

Horvart R. 2006. Antimicrobial agents: antibacterials and antifungals. Shock, 25(12): 1816.

Kehrenberg C, Schwarz S, Jacobsen L, et al. 2005. A new mechanism for chloramphenicol, florfenicol and clindamycin resistance: methylation of 23S ribosomal RNA at A2503. Mol Microbiol, 57(4): 1064-1073.

Long K S, Munck C, Andersen T M B, et al. 2010. Mutations in 23S rRNA at the peptidyl transferase center and their relationship to linezolid binding and cross-resistance. Antimicrob Agents Chemother, 54(11): 4705-4713.

Macleod A J, Ross H B, Ozera R L, et al. 1964. Lincomycin: a new antibiotic active against staphylococci and other Gram-positive cocci: clinical and laboratory studies. Can Med Assoc J, 91(20): 1056-1060.

Matzov D, Eyal Z, Benhamou R I, et al. 2017. Structural insights of lincosamides targeting the ribosome of *Staphylococcus aureus*. Nucleic Acids Res, 45(17): 10284-10292.

Rich M, Deighton L, Roberts L. 2005. Clindamycin-resistance in methicillin-resistant *Staphylococcus aureus* isolated from animals. Vet Microbiol, 111(3-4): 237-240.

Roberts M C. 2011. Environmental macrolide-lincosamide-streptogramin and tetracycline resistant bacteria. Front Microbiol, 2: 40.

Schwarz S, ShenJ Z, Kadlec K, et al. 2016. Lincosamides, streptogramins, phenicols, and pleuromutilins:

mode of action and mechanisms of resistance. Cold Spring Harb Perspect Med, 6(11): a027037.
Smieja M. 1998. Current indications for the use of clindamycin: a critical review. Can J Infect Dis, 9(1): 22-28.
Spížek J, Řezanka T. 2017. Lincosamides: chemical structure, biosynthesis, mechanism of action, resistance, and applications. Biochem Pharmacol, 133: 20-28.

第十二节　磷霉素的耐药机制

磷霉素（fosfomycin）是一种由链霉菌产生的具有广谱杀菌活性的抗生素，不仅能够抑制革兰氏阴性菌，对某些革兰氏阳性菌也具有杀菌活性。其作为一种重新启用的旧抗生素，主要是作为替代药物治疗人类临床革兰氏阴性菌感染，许多国家明令禁止其用于兽医领域。其应用初期产生的耐药性主要是由染色体基因突变介导的，之后研究者发现位于染色体或质粒上的磷霉素修饰酶基因，种类少并且局限于某些特殊的属中。随着位于质粒上的新型磷霉素耐药基因 *fosA3* 在革兰氏阴性菌中被发现，磷霉素耐药基因开始流行于各类动物源细菌中，引起了广泛的关注与担忧。

磷霉素的结构及作用机制

【磷霉素的结构】

磷霉素于 1969 年在西班牙从链霉菌的培养物中被发现，最早于 1980 年在日本被纳入临床应用。其与现有其他种类抗生素没有结构上的相关性，属于磷酸类抗生素，这类抗生素已知的有 3 种，还有膦胺霉素、阿拉磷，这两种未被正式广泛应用。磷霉素为游离酸分子，其化学名称为顺式-(1*R*,2*S*)-1,2-环氧丙基磷酸，化学结构中主要包含 1 个环氧环及 1 个天然产物中不常见的 C—P 键。在研究其结构时，可以找到两个关键特征：环氧基团（对于其生物活性是必需的）和磷酸部分。磷霉素在现有抗生素中具有最小的分子质量（138Da），有广泛的扩散能力。磷霉素是一个不同于其他任何一种抗生素结构的全新抗生素，1970 年经人工合成，它的医学用途开始于 1971 年。在 1997 年，磷霉素被美国批准使用并且通常用于治疗无并发症尿道感染（urinary tract infection，UTI）。

【磷霉素的作用机制】

磷霉素通过与 MurA 活性位点 Cys115 中的关键残基形成共价硫醚键来抑制该酶。磷霉素可通过甘油-3-磷酸转运蛋白（glycerol-3-phosphate transporter，GlpT）和磷酸己糖转运蛋白（hexose phosphate transporter，UhpT）进入细胞，其与细菌细胞壁肽聚糖合成起始步骤所需的磷酸烯醇丙酮酸（phosphoenolpyruvate，PEP）的空间结构相似，可在细胞壁合成的早期阶段与 UDP-*N*-乙酰葡糖胺烯醇式丙酮酸转移酶（UDP-GlcNAc enolpyruvyl transferase）MurA 结合，使其不可逆失活，阻止 UDP-*N*-乙酰葡糖胺（UDP-GlcNAc）和 PEP 结合形成肽聚糖的前体物质（UDP-*N*-乙酰葡糖胺-3-*O*-烯醇丙酮酸，UDP-GlcNac-3-*O*-enolpyruvate），从而抑制细菌细胞壁的生物合成，呈现杀菌作用。

除了直接的抗菌活性，磷霉素还通过改变 TNF-α、白细胞介素和白三烯的水平，调节中性粒细胞以及 T 淋巴细胞和 B 淋巴细胞的功能来发挥免疫调节作用。磷霉素还可减少细菌对呼吸道和泌尿道上皮细胞的黏附。

细菌对磷霉素的耐药机制

细菌对磷霉素的耐药机制可以分为 3 大类：由靶酶 MurA 突变引起的耐药、磷霉素转运系统基因（*glpT/uhpT*）突变引起的耐药，以及磷霉素修饰酶对磷霉素进行化学修饰引起的耐药。具体机制包括：①*murA* 基因的突变赋予细菌对磷霉素的抗性，这是由于在 MurA 的活性位点中用天冬氨酸取代半胱氨酸，其可以阻止磷霉素与 MurA 结合；②磷霉素转运系统进入靶位细胞，转运系统的缺失或突变将导致细菌对磷霉素耐药；③磷霉素的活性位点主要是其分子结构中的环氧环，当其分子结构中的环氧环被打开时，磷霉素则丧失抗菌活性，不同的磷霉素修饰酶的作用底物和协同因子存在差异。

【靶酶 MurA 突变引起的对磷霉素的耐药】

磷霉素的关键作用靶酶是催化细菌细胞壁合成第 1 步反应的 UDP-*N*-乙酰葡糖胺烯醇式丙酮酸转移酶，即 MurA。该酶在细菌细胞壁的合成过程中将磷酸烯醇丙酮酸（PEP）加到 UDP-*N*-乙酰葡糖胺的 3′-OH 端。磷霉素与 PEP 结构相似，因此能代替 PEP 与 MurA 酶活性中心进行不可逆的共价结合，使 MurA 失活，进而抑制 UDP-*N*-乙酰葡糖胺丙酮酸盐的生物合成，使细菌细胞壁的合成停滞，从而呈现杀菌作用。靶酶 MurA 活性位点突变，尤其是磷霉素结合位点及周边氨基酸突变，将导致磷霉素与 MurA 的亲和力降低，使得细菌对磷霉素耐药。

【磷霉素转运系统基因（*glpT/uhpT*）突变引起的对磷霉素的耐药】

磷霉素要发挥其抗菌作用，首先必须利用磷霉素转运系统进入靶位细胞，转运系统的缺失或突变将导致细菌对磷霉素耐药。大肠杆菌中存在着甘油-3-磷酸转运蛋白（GlpT）和磷酸己糖转运蛋白（UhpT）2 种磷霉素转运摄取系统。GlpT 是一种甘油-3-磷酸穿透酶，该蛋白的表达是一种组成型表达，需要 cAMP 与受体蛋白形成 cAMP-受体蛋白复合物（cAMP-receptor protein complex，cAMP-CRP），然后结合到 GlpT 的特异性启动位点，促使其表达。细胞内 cAMP 含量下降能下调 *glpT* 的表达，而磷酸烯醇丙酮酸-糖磷酸转移酶系统（phosphoenolpyruvate-sugar phosphotransferase system，PTS）和腺苷酸环化酶（adenylate cyclase，CyaA）与菌体内 cAMP 的合成有关，因此，PtsI 和 CyaA 的编码基因 *ptsI* 和 *cyaA* 中任何一个发生突变，均可导致 *glpT* 表达下降。UhpT 是一种诱导表达型蛋白，除了需要 6-磷酸葡萄糖参与诱导表达，UhpA 还可激活 UhpT 的表达，而 *uhpA* 基因的变异可引起 UhpT 表达下降。因此，无论是 GlpT 还是 UhpT，当其表达途径中的任何结构基因及调控编码基因发生突变时，都将可能使磷霉素转运摄取发生障碍，从而导致细菌对磷霉素产生不同程度的耐药性。*ptsI* 和 *cyaA* 基因的突变也可以减少细菌菌毛的生物合成，从而导致细菌黏附于尿道上皮细胞的能力受限。就泌尿系统感染而言，这与磷霉素抗性细菌的低毒力相关。

根据已有的研究来看，转运蛋白的突变是体外最常见的耐药机制，它仍然是当代研究中最常见的抗性机制。和 *ptsI* 和 *cyaA* 基因的突变一样，*murA* 基因突变在临床分离株中相对不常见。对于磷霉素修饰酶来说，尽管目前磷霉素修饰酶在磷霉素抗性的出现和传播中的贡献似乎不大，但它们在可转移质粒中的存在可能成为未来磷霉素抗性传播的最佳途径。一些研究表明这样的细菌已经出现，并且这些克隆的传播可能使磷霉素修饰酶成为磷霉素抗性的主要机制。此外，它们与其他耐药基因共存可赋予细菌对其他类抗生素的抗性，包括 β-内酰胺类、氟喹诺酮类、四环素类、大环内酯类、磺胺类和氨基糖苷类，这将导致多重耐药菌株的出现，使细菌耐药情况恶化。

【磷霉素修饰酶引起的对磷霉素的耐药】

目前 GenBank 中登录的磷霉素耐药修饰蛋白共有 FosA、FosB、FosC、FosD、FosE、FosI/FosJ、FosK、FosX 8 种。磷霉素的活性位点主要是其分子结构中的环氧环。当其分子结构中的环氧环被打开，磷霉素则丧失其抗菌活性。不同的磷霉素修饰酶，其作用底物和协同因子存在差异。FosA 是一种 Mn^{2+}和 K^{+}依赖的谷胱甘肽（glutathione，GSH）转移酶，在细菌细胞质内可破坏磷霉素的环氧基团并催化谷胱甘肽与磷霉素的 1 位碳原子形成化合物，引起磷霉素耐药。FosB 是一种 Mg^{2+}依赖的巯基转移酶，通过催化 L-半胱氨酸（L-Cys）与磷霉素 1 位碳原子形成复合物使磷霉素失去抗菌活性，引起磷霉素耐药。FosC 的作用机制可能类似于抗生素产生菌中的 Fom 蛋白，主要以 ATP 为底物给磷霉素分子添加磷酸基团，使磷霉素失去抗菌活性。FosX 是一种 Mn^{2+}依赖的环氧化物酶，通过催化水分子加到磷霉素的 C1 而打开磷霉素的环氧环，引起磷霉素耐药。不过，研究者在研究单核细胞增生李斯特菌和百脉根根瘤菌中的 FosX（分别为 FosXLM 和 FosXML）时发现，FosXML 具有强大的磷霉素水解酶活性，而 FosXLM 具有较弱的磷霉素水解酶活性及更弱的谷胱甘肽氧化酶活性，主要参与细菌自身的磷酸盐代谢，是一种与磷酸酯代谢相关的进化蛋白，并不介导磷霉素的耐药性，推测其可能是磷霉素修饰酶的祖先。

研究者在磷霉素产生菌如弗氏链霉菌中发现了一些激酶，其在面对磷霉素的杀菌活性时可产生对自身的保护作用。这些酶由 *fomA* 和 *fomB* 基因编码，并通过磷酸化使磷霉素失活。*fomA* 和 *fomB* 可以将磷霉素转化为单磷酸磷霉素和二磷酸磷霉素。类似于真核激酶的 Mg^{2+}-ATP 结合位点，两种反应均在 ATP 和 Mg^{2+}存在下催化。另外，FomC 通过将磷霉素转化为磷霉素单磷酸盐而表现出类似的活性。

当前，已发现多种位于质粒上的磷霉素修饰酶基因，包括大肠杆菌中的 *fosA*、*fosA3*、*fosC*，阴沟肠杆菌中的 *fosA2*，肺炎克雷伯菌中的 *fosA* 和 *fosA3*，金黄色葡萄球菌中的 *fosB*，粪肠球菌中的 *fosB3*。*fosA3* 是目前最为流行的质粒介导的磷霉素修饰酶基因。

fosA 同源物广泛分布于革兰氏阴性细菌中，并编码使磷霉素失活的功能性 FosA 酶。不同细菌病原体中的 FosA 蛋白高度不同，但活性位点中的关键氨基酸残基是保守的，其负责 Mn^{2+}、K^{+}和磷霉素的结合。鉴于革兰氏阴性菌中谷胱甘肽的普遍存在和 *fosA* 的

广泛分布，FosA 是否参与磷霉素抗性尚未确定。尽管如此，*fosA* 同源物代表了一个巨大的磷霉素抗性决定簇库，随着临床中磷霉素的使用增加，可以将其转移到非产 FosA 的菌种如大肠杆菌中。

fosA 首次被报道是在黏质沙雷菌临床菌株中，位于质粒 pSU912 的一个转座子 Tn*2921* 上，被命名为 *fosA1*。据报道 *fosA2* 是阴沟肠杆菌的染色体 *fosA*。*fosA3* 是最常报道的质粒介导的 *fosA*，其起源尚不清楚，广泛分布于东亚的大肠杆菌和其他肠杆菌科细菌。FosA4 与 FosA3 具有 93%的氨基酸同源性，因此可能具有相同的起源。*fosA5* 和 *fosA6* 分别与肺炎克雷伯菌的染色体 *fosA* 有 100%和 99%相同，因此最有可能起源于肺炎克雷伯菌。

相对于染色体基因突变引起的耐药，质粒介导的磷霉素耐药性危害更大，也更为人所关注。目前报道过质粒介导的磷霉素耐药性的国家主要为东亚区域的中国、日本、韩国 3 国，日本和韩国发现的耐药菌株来源于临床，中国是动物源磷霉素耐药性最为严重的区域。Hou 等（2013）发现来源于食源动物的 892 株大肠杆菌中磷霉素的耐药率为 1.3%，*fosA3* 阳性率为 1.1%。他们在 2012 年对 323 株来源于宠物的大肠杆菌开展研究，发现磷霉素的耐药率为 10.2%，*fosA3* 阳性率为 9.0%；研究人员对 661 株鸡源大肠杆菌的研究发现，8.8%的菌株呈现磷霉素耐药性并且全为 *fosA3* 阳性。由此可见，动物源细菌磷霉素的耐药性已经到了相当严重的程度。

研究表明，在人类和动物宿主中，中国的总体磷霉素抗性高于世界其他地区，这可归因于抗性机制。有初步证据表明，FosA3 是中国大肠杆菌分离株对磷霉素耐药的主要机制。来自中国香港的研究表明，人源和动物源中大肠杆菌分离株携带 *fosA3* 基因的水平分别为 44%和 96%。尽管磷霉素的总体耐药率低于其他抗菌剂，但耐药性的增加速度是需要考虑和关注的主要问题。2009～2010 年，在对从 20 家中国医院获得的大肠杆菌分离株进行的研究中，磷霉素耐药率为 7.8%；2010～2014 年，据报道尿源大肠杆菌分离株的磷霉素耐药率为 10%。这一比率的增加可能是因 *fosA3* 基因的普遍流行与含有 *fosA3* 的质粒的高度可转移性，从而导致耐药性的进一步传播。

一方面，中国动物中磷霉素耐药性普遍存在，耐药率远远高于其他国家。除大肠杆菌外，在奇异变形杆菌、弗格森埃希菌和弗氏柠檬酸杆菌分离株中也发现了 *fosA3* 基因，这意味着该基因在中国动物中的宿主范围很广。一项研究调查了从中国雏鸡获得的大肠杆菌分离株中 *fosA3* 介导的耐药性，研究结果显示其耐药率较高（27.4%），这表明 *fosA3* 在中国农场的鸡中广泛分布。另一方面，质粒介导的抗性基因是影响我国磷霉素有效性的一个重大挑战（*fosA3* 除外）。例如，FosB 及 FosX 所介导的耐药性均显示出质粒介导的耐药性的多样性。

主要参考文献

陈琳，区炳明，宋玉洁，等. 2015. 磷霉素分子耐药机制研究进展. 中国兽医学报, 35(10): 1713-1726.

黄林，顾丹霞，周宏伟，等. 2016. 磷霉素与 8 种抗菌药物联合对碳青霉烯耐药肠杆菌科细菌的抗菌作用研究. 中华检验医学杂志, 39(8): 629-632.

贾宇驰，吴晓妹，张利娟，等. 2019. 磷霉素联合不同抗菌药物对多重耐药鲍曼不动杆菌的体外药物敏感试验研究. 中华传染病杂志, 37(6): 356-359.
李君杰. 2015. 产 KPC 酶肺炎克雷伯菌对磷霉素耐药及传播机制研究. 杭州: 浙江大学博士学位论文.
陶书婷, 王代荣, 张庭娟, 等. 2019. 尿路感染产 KPC-2 酶肺炎克雷伯菌对磷霉素耐药机制研究. 中国卫生检验杂志, 29(11): 1312-1314.
王志浩, 颜硕, 王昱璎, 等. 2019. 山东地区鸡源大肠杆菌中超广谱 β-内酰胺酶和磷霉素耐药基因的流行性研究. 中国兽医杂志, 55(7): 91-94.
徐溯, 杨帆. 2018. 耐药形势下磷霉素的临床应用. 中国感染与化疗杂志, 18(4): 434-439.
尹雄章, 杜光, 孙明辉. 2011. 磷霉素的作用机制及临床应用. 医药导报, 30(12): 1608-1613.
郑世军, 宋清明. 2013. 现代动物传染病学. 北京: 中国农业出版社.
周迎, 徐晓刚. 2017. 磷霉素的抗菌作用、耐药机制及临床应用. 中国感染与化疗杂志, 17(6): 709-712.
Aghamali M, Sedighi M, Zahedi Bialvaei A, et al. 2019. Fosfomycin: mechanisms and the increasing prevalence of resistance. J Med Microbiol, 68(1): 11-25.
Castañeda-García A, Blázquez J, Rodríguez-Rojas A. 2013. Molecular mechanisms and clinical impact of acquired and intrinsic fosfomycin resistance. Antibiotics (Basel), 2(2): 217-236.
Falagas M E, Athanasaki F, Voulgaris G L, et al. 2019. Resistance to fosfomycin: mechanisms, frequency and clinical consequences. Int J Antimicrob Agents, 53(1): 22-28.
Falagas M E, Kastoris A C, Kapaskelis A M, et al. 2010. Fosfomycin for the treatment of multidrug- resistant, including extended-spectrum β-lactamase producing, Enterobacteriaceae infections: a systematic review. Lancet Infect Dis, 10(1): 43-50.
Falagas M E, Vouloumanou E K, Samonis G, et al. 2016. Fosfomycin. Clin Microbiol Rev, 29(2): 321-347.
Ho P L, Chan J, Lo W U, et al. 2013. Dissemination of plasmid-mediated fosfomycin resistance *fosA3* among multidrug-resistant *Escherichia coli* from livestock and other animals. J Appl Microbiol, 114(3): 695-702.
Hou J X, Huang X H, Deng Y T, et al. 2012. Dissemination of the fosfomycin resistance gene *fosA3* with CTX-M β-lactamase genes and *rmtB* carried on IncFII plasmids among *Escherichia coli* isolates from pets in China. Antimicrob Agents Chemother, 56(4): 2135-2138.
Hou J X, Yang X Y, Zeng Z L, et al. 2013. Detection of the plasmid-encoded fosfomycin resistance gene *fosA3* in *Escherichia coli* of food-animal origin. J Antimicrob Chemother, 68(4): 766-770.
Ito R, Mustapha M M, Tomich A D, et al. 2017. Widespread fosfomycin resistance in Gram-negative bacteria attributable to the chromosomal *fosA* gene. mBio, 8(4): e00749-17.
Kitanaka H, Wachino J I, Jin W C, et al. 2014. Novel integron-mediated fosfomycin resistance gene *fosK*. Antimicrob Agents Chemother, 58(8): 4978-4979.
Lee S Y, Park Y J, Yu J K, et al. 2012. Prevalence of acquired fosfomycin resistance among extended-spectrum β-lactamase-producing *Escherichia coli* and *Klebsiella pneumoniae* clinical isolates in Korea and IS*26*-composite transposon surrounding *fosA3*. J Antimicrob Chemother, 67(12): 2843-2847.
Raz R. 2012. Fosfomycin: an old—new antibiotic. Clin Microbiol Infect, 18(1): 4-7.
Sastry S, Doi Y. 2016. Fosfomycin: resurgence of an old companion. J Infect Chemother, 22(5): 273-280.
Sharma A, Sharma R, Bhattacharyya T, et al. 2017. Fosfomycin resistance in *Acinetobacter baumannii* is mediated by efflux through a major facilitator superfamily (MFS) transporter—AbaF. J Antimicrob Chemother, 72(1): 68-74.
Yang X Y, Liu W L, Liu Y Y, et al. 2014. F33: A-: B-, IncHI2/ST3, and IncI1/ST71 plasmids drive the dissemination of *fosA3* and $bla_{\text{CTX-M-55/-14/-65}}$ in *Escherichia coli* from chickens in China. Front Microbiol, 5: 688.

第十三节　噁唑烷酮类药物的耐药机制

噁唑烷酮（oxazolidinone）类药物是一类以一噁唑烷二酮为母核的全合成抗生素，

对革兰氏阳性球菌，特别是多重耐药的革兰氏阳性球菌，具有较强的抗菌活性，作用机制独特，与其他药物不存在交叉耐药现象。随着抗生素的广泛使用，细菌的耐药性问题也越来越严重，人们对新型抗菌药物的需求也越来越迫切。但新的抗菌药物的开发却是进展缓慢，在过去的30年中，仅有3类新型抗菌药物被美国食品药品监督管理局（FDA）批准上市，即非达霉素，2011年被FDA批准用于治疗由艰难梭菌引起的腹泻等疾病的一种大环内酯类抗菌药物；达托霉素，2003年被FDA批准用于治疗由葡萄球菌引起的菌血症及皮肤感染的一种环脂肽类（糖肽类）抗菌药物；噁唑烷酮类药物利奈唑胺和泰地唑利，分别于2000年和2014年被FDA批准用于治疗由耐甲氧西林金黄色葡萄球菌（MRSA）和耐万古霉素肠球菌属（VRE）引起的感染。噁唑烷酮类抗菌药物是人工合成的结构全新的药物，有着独特的作用机制，一般不会与其他药物产生交叉耐药或者共同耐药。第一代噁唑烷酮类药物利奈唑胺主要用来治疗复杂的革兰氏阳性菌感染，如葡萄球菌、肠球菌和链球菌。第二代噁唑烷酮类药物特地唑胺在体外试验中对耐甲氧西林金黄色葡萄球菌（MRSA）、耐万古霉素肠球菌属（VRE）和耐青霉素肺炎链球菌（penicillin resistant *Streptococcus pneumoniae*，PRSP）都表现出较强的抗菌性。在临床试验中，利奈唑胺和特地唑胺用于治疗急性细菌性皮肤及皮肤组织感染（acute bacterial skin and skin structure infection，ABSSSI），显示了良好的药效。但其的一些缺点，如血小板减少与骨髓抑制等不良反应限制了其的长期使用；利奈唑胺可能与5-羟色胺选择性重摄取抑制剂（selective serotonin reuptake inhibitor，SSRI）以及其他具有血清素活性的化合物发生相互作用，并且是一种弱的单胺氧化酶（monoamine oxidase，MAO）抑制药。这些限制促使人们研发新的噁唑烷酮类药物。

噁唑烷酮类药物的结构及作用机制

【噁唑烷酮类药物的结构】

噁唑烷酮类药物利奈唑胺和泰地唑利的主体结构包括C5侧链、噁唑烷酮环（A环）、氟化B环以及C环。其中A环的噁唑烷酮和C5位的S构象为抗菌活性所必需，在C5位引入酰胺、硫代酰胺、硫代氨基甲酸酯或硫脲，通常可提高其体外抗菌活性。B环大多为苯环，也可替换为吡啶环或吡咯环，但替换后的衍生物仅对分枝杆菌有明显抑菌作用。苯环上的F原子取代能提高化合物的抗菌活性。C环为吗啉环，但并非是对细菌核糖体起作用的必需基团，提示C环改造空间较大，可用不同的官能团替代而不会大幅降低药物的抗菌活性，是结构优化的一个重要位点。

【噁唑烷酮类药物的作用机制】

最新的研究表明，利奈唑胺的作用位点是核糖体大亚基肽酰转移酶中心（PTC）的A位点，通过晶体结构的分析，推测利奈唑胺不影响氨酰基tRNA-Tu-GTP复合物与A位点结合，但是当GTP水解驱动EF-Tu-GDP释放后，留在A位点的氨酰基-tRNA会因为利奈唑胺的作用而从A位点上脱离下来，从而干扰蛋白质的合成。

蛋白质的合成分为起始、延长（包括进位、转肽、移位）、终止三个阶段。到目前为止，作用于蛋白质合成阶段的抗菌药物有氨基糖苷类、四环素类、酰胺醇类和大环内酯类。氨基糖苷类可作用于蛋白质合成的延伸阶段，引起遗传密码子错配，使合成的蛋白质不能发挥正常的功能；酰胺醇类可作用于转肽阶段，抑制肽酰转移酶，使蛋白质合成受阻；大环内酯类可抑制肽酰-tRNA 由 A 位点移到 P 位点；四环素类可抑制氨酰-tRNA 与 A 位点的结合。与这些作用于蛋白质合成阶段的抗菌药物相比，噁唑烷酮类药物通过使已经进入 A 位点的氨酰-tRNA 再脱离 A 位点从而抑制蛋白质的合成，该作用机制与现有的抗菌药物都不同，这也预示着细菌对该类药物的耐药性发展会比较缓慢。

细菌对噁唑烷酮类药物的耐药机制

随着噁唑烷酮类药物在临床投入使用，部分细菌对其产生了耐药性，噁唑烷酮类药物耐药性的产生通常与其长时间使用相关，但也有一些案例显示在未采用噁唑烷酮类药物治疗的患者中也发现了耐药菌。Jones 等（2002）从一位未接触过利奈唑胺的患者身上分离出一株耐利奈唑胺的屎肠球菌，近年来也不断有研究报道利奈唑胺耐药菌在多城市暴发。目前，噁唑烷酮类药物被认为是临床上治疗多重耐药阳性菌感染的最后一道防线，其耐药性的产生与发展引起了人们的广泛关注。噁唑烷酮类药物的耐药机制主要为两种：一是 23S rRNA 和核糖体蛋白的编码基因发生突变；二是 *cfr*、*optrA* 和 *poxtA* 等多重耐药基因介导其耐药性。

【突变引起的对利奈唑胺的耐药】

细菌的耐药突变包括两部分，即 23S 核糖体 RNA 的 V 区域发生的突变和编码核糖体蛋白 L3、L4、L22 的核酸序列 *rplC*、*rplD*、*rplV* 发生的突变。这些突变之所以能够影响利奈唑胺的抗菌作用，是因为这些位点都位于或靠近核糖体肽酰转移酶中心（PTC），而利奈唑胺是通过结合 PTC 的 A 位点而发挥作用的。A 位点位于核糖体催化功能核心 23S rRNA 的 V 区。利奈唑胺与 50S 核糖体亚基的结合，使 3′末端氨基酰-tRNA（fMet-tRNA）受到干扰而无法进行肽酰转移，抑制蛋白质合成的初始阶段，PTC 与蛋白质的合成密切相关，在肽酰转移酶的催化作用下，核糖体大亚基上 A 位点的 tRNA 上末端氨基酸的氨基与 P 位肽酰-tRNA 上氨基酸的羧基间形成肽键，P 位点上丢失了肽酰基的 tRNA 随之也从核糖体上脱落。经研究证实肽酰转移酶的化学本质为 RNA，在肽酰转移酶形成的腔隙中，缠绕着大量的 23S 核糖体 RNA V 区域的核酸环，这些核酸环可能起到修饰肽酰转移酶的作用。

编码 23S rRNA 基因的突变可以引起利奈唑胺耐药。耻垢分枝杆菌只有一个编码 23S 核糖体 RNA 的基因，这为人们研究突变与利奈唑胺耐药性之间的关系提供了很好的模型。研究表明，在突变组和对照组之间，A2503G 和 T2504G 导致细菌对利奈唑胺的 MIC 提高，G2505A、G2576T 使细菌对利奈唑胺的 MIC 分别提高了 8 倍和 32 倍。如果有两个或三个突变同时出现，细菌的 MIC 升高的倍数更多。

目前，在葡萄球菌中发现的位于 23S 核糖体 RNA 上的突变有 G2576T、G2447T、

T2500A、G2503、G2504，在肠球菌中发现的位于 23S 核糖体 RNA 上的突变有 G2576T、T2500A、G2505A。还没有充分的证据表明一些离 PTC 较远的突变，如 C2534T、G2631T 和组合突变 G2766T/A2503G 与利奈唑胺抗性有关。总的来看，葡萄球菌和肠球菌中 23S 核糖体 RNA 的 G2576T 是利奈唑胺最主要的耐药机制。

由突变引起的耐药还与突变的基因数目有关。一般来说，细菌都有多个编码 23S 核糖体 RNA 的基因，如金黄色葡萄球菌有 5 个或 6 个，表皮葡萄球菌有 5 个或 6 个。有研究表明，这些突变的基因个数越多，细菌的耐药性就越强。如一株野生型的屎肠球菌对利奈唑胺的 MIC 为 2mg/L，有一个基因发生 G2576T 突变时，其 MIC 值变为 8～16mg/L；有两个或三个基因发生 G2576T 突变时，其 MIC 值就变为 32mg/L；当有 4 个或 5 个基因发生 G2576T 突变时，其 MIC 值就变为 64mg/L 了。细菌突变基因数目的变化与药物的长期治疗密切相关。研究显示，一株从刚住院的患者样品中分离得到的无突变金黄色葡萄球菌，利奈唑胺 MIC 值为 2mg/L；患者住院 20 天后，其对利奈唑胺的 MIC 值变为 8mg/L，经突变检测发现其有两个等位基因发生了 G2576T 突变；在患者住院 71 天后，其 MIC 值变为 32mg/L，检测后发现 6 个等位基因中有 5 个发生了 G2576T 突变。

细菌发生耐药突变后，也会有一定的适应性代价。研究显示，一株有 5 个等位基因发生了 G2576T 突变的金黄色葡萄球菌经过 60 个传代步骤后，变为了只含有一个等位基因发生 G2576T 突变的菌株；但后续的传代始终无法得到不含有突变的菌株，这表明单个突变的适应性代价很小。但当一株菌含有一个耐药突变，并且处于低浓度（2×MIC）条件下时，其耐药突变率要比自发突变高 100 倍。

另外，编码核糖体蛋白基因的突变也可引起利奈唑胺耐药。核糖体蛋白突变发现的时间较晚，一方面可能是早期的研究没有关注到核糖体蛋白基因编码序列的变化，另一方面也可能是核糖体蛋白突变发生得较迟。从目前来看，核糖体蛋白的突变多在凝固酶阴性葡萄球菌中发现，在金黄色葡萄球菌和肠球菌中发现得较少。研究还发现发生在 L3 上的突变要比 L4 较多，这可能与这些蛋白和 PTC 的距离远近有一定的关系（L3 比 L4 离 PTC 较近）。另一种可能是，L3 突变可能会降低细菌由于发生 23S 核糖体 RNA 突变带来的适应性代价。

Locke 等（2009a）的研究显示，无论是实验室菌株还是临床菌株，都发现了含有 L3 突变的菌株，对利奈唑胺的抗性提高到了原来的 2 倍或 4 倍。Wolter 等（2005）的研究显示，含有 L4 突变的菌株，对利奈唑胺的抗性提高了 4 倍。自从发现 L3、L4 核糖体蛋白的突变能够降低细菌对利奈唑胺的敏感性以来，陆续又有许多篇与之相关的报道，它们主要发生在 L3 核糖体蛋白的 127、174 位点，以及 L4 核糖体蛋白的 65 和 72 位点。Billal 等（2011）的研究显示，一株肺炎链球菌的 L3 核糖体蛋白在 137 位点发生了突变（相当于表皮葡萄球菌的 147 位点），该突变修复了菌株由于 Gly2576Thr 突变引起的适应性代价。目前，关于核蛋白 L22 突变报道的很少，但是最近 Shore 等（2016）发现了两株 MRSA 菌株的 L22 上发生了 Ala29Val 突变。

虽然突变引起的耐药给临床治疗带来了一定的困难，但临床上细菌对利奈唑胺的耐药率一直维持在一个较低的水平。一方面，是因为编码 23S 核糖体 RNA 的基因有 4～6

对，只有当多个等位基因都发生突变时，细菌才会表现出明显的耐药表型；另一方面，因为利奈唑胺是一种结构全新的药物，所以利奈唑胺一般不与其他药物产生共同耐药。此外，自然界缺少天然的抗性基因也是重要的原因。

【多重耐药基因引起的对噁唑烷酮类药物的耐药】

除突变外，耐药基因也可以介导细菌对噁唑烷酮类药物耐药，目前已经发现的利奈唑胺耐药基因有编码甲基化酶的基因 *cfr*、*cfr*(B)、*cfr-like* 和编码特异性外排泵的基因 *optrA*。由耐药基因引起的耐药与突变引起的耐药不同，耐药基因可以在同种细菌之间甚至是不同种属细菌之间发生水平传播，从而使耐药性得以广泛传播。

多重耐药基因 *cfr* 和 *cfr-like* 介导的对噁唑烷酮类抗菌药物的耐药。Schwarz 等（2000）从呼吸道感染的小牛鼻腔拭子中分离得到一株松鼠葡萄球菌，药敏试验结果显示其对四环素、红霉素、卡那霉素、氯霉素以及氟苯尼考均表现为耐药。进一步研究发现，其携带有新型的耐药基因 *cfr*，它编码 23S 核糖体 RNA 甲基化酶（Cfr）。Cfr 蛋白属于 *S*-腺苷甲硫氨酸（SAM）自由基超家族，可以甲基化 23S 核糖体 RNA 上 A2503 的 C8 位点，是第一个被发现与抗生素耐药性有关的 SAM 自由基蛋白。利奈唑胺的 C5 侧链与 A2503 的 C8 位点紧密相邻，C8 位点的甲基化会影响利奈唑胺与核糖体大亚基 A 位点的结合，进而抑制利奈唑胺的抗菌活性。23S 核糖体 RNA 上 A2503 的 C8 位点是核糖体大亚基上肽酰转移酶中心的关键位点之一，并且与酰胺醇类、林可酰胺类、噁唑烷酮类、截短侧耳素类、链阳菌素 A 类这五类抗菌药物的作用位点很近，再加上形成的空间效应，从而引起了细菌对这五类抗菌药物的耐药，通常简称为 $PhLOPS_A$ 表型。

除了葡萄球菌，*cfr* 基因在其他多种属的细菌中也陆续被发现，如芽孢杆菌属、肠球菌属、巨球菌属和咸鱼球菌属，以及肠杆菌科的变形杆菌和大肠杆菌等。2011 年，世界上已经有多个国家或地区的人医临床和动物源细菌中报道了 *cfr* 基因的流行传播情况，对人与动物的公共卫生安全造成了极大的威胁。

cfr 基因可以由质粒和染色体介导其传播。在人医临床上发现的第一株 *cfr* 阳性葡萄球菌 CM05 中，*cfr* 和 *erm*(B)共同表达，定位于染色体上，它们共用启动子 P_{erm}，在 *cfr* 的下游有终止子 *ter*，*cfr* 与 *erm*(B)及其启动子一起组成了操纵子 *mlr*（modification of large ribosomal subunit，核糖体大亚基修饰），该操纵子可介导细菌对所有作用于核糖体大亚基上药物的耐药。

目前已经发现有 20 多种不同类型的质粒都可以携带 *cfr* 基因。其中，葡萄球菌中主要有 pSCFS1、pSCFS3、pSCFS6、pSCF7、pBS-01、pSS-01、pSS-02、pSS-03、pSS-04 和 pJP2 等；肠球菌中有 pEF-01、pW9-2、pW3 和 p3-38 等；芽孢杆菌中有 pBS-01、pBS-02 和 pBS-03 以及分布在其他细菌中的 pJP1、pEC-01 等多种质粒。He 等（2014）通过在四川等地的养猪场、养禽场及屠宰场采样，对 *cfr* 在养殖场动物中的流行情况进行调查，从 784 份样品中共分离得到 21 株携带 *cfr* 基因的凝固酶阴性葡萄球菌。这些菌株携带的 *cfr* 基因有 8 株位于染色体上，有 13 株位于质粒上。这 13 个携带 *cfr* 基因的质粒可以分为 6 种，分别是 pJP1-like、pSS-03-like、pSS-02、pSS-02-like、pSS-04、pJP2。通常 *cfr* 基因两端都插入一个移动元件并带着其进行传播。上述研究证实。该研究中位于染色体

上的 *cfr* 基因与三类移动元件相关，分别是 IS256-*cfr*-IS256、Tn*4001*-*cfr*-IS256、ISEnfa5-*cfr*-ISEnfa5，这三类携带 *cfr* 的元件都可以通过重组形成含有 *cfr* 和一个插入序列的圆环结构，从而可以进一步介导 *cfr* 的传播。在这些质粒上，*cfr* 基因都和插入序列相邻，如在 pSS-04 上，*cfr* 上游和下游是两个同方向的插入序列 IS256，经检测，该结构也可以形成圆环结构。在这 6 种质粒中，其他的插入序列如 IS1216E、IS21-558 等也被发现。

Shen 等（2013）发现，在葡萄球菌中，虽然 *cfr* 既可以定位于各种类型的质粒上，也可以定位于染色体上，但其传播扩散都具有一些共同的特征。首先，*cfr* 基因多与插入序列邻近，最常见的插入序列是 IS21-558、ISEnfa4，*cfr* 的传播与这些可移动遗传元件密切相关。其次，*cfr* 基因多与其他耐药基因（如 *fexA* 等）共存，这可能是环境中存在多种抗生素选择压力和 *cfr* 的适应性代价较低共同造成的。此外，研究还发现携带 *cfr* 基因的质粒的大小差别较大（如 pSS-01 大小为 40kb，而 pSS-03 大小仅为 7.1kb），这说明了 *cfr* 基因具有良好的适应性，提示了该基因可能还存在着另外的传播整合方式（如小质粒整合到大质粒中等）。

通过接合转移实验，我们知道 *cfr* 在大肠杆菌中可以表现出耐药表型。但一直以来，*cfr* 基因只在革兰氏阳性菌中被发现。直到 Wang 等（2011）分离到了一株含有 *cfr* 基因的普通变形杆菌，*cfr* 基因才在阴性菌中被首次确认。随后，Wang 等（2012b）又分离到了一株 *cfr* 阳性大肠杆菌。虽然 *cfr* 基因在阴性菌中的分离率很低（小于 0.1%），但 *cfr* 基因在阴性菌中的出现，说明该基因能够很好地在多种细菌之间传播扩散。值得注意的是，在 *cfr* 基因阳性普通变形杆菌和大肠杆菌中，*cfr* 都被插入序列 IS26 包围，并可以形成小环，这表明 IS26 对 *cfr* 基因在阴性菌中的传播有很重要的作用。

总的来说，*cfr* 基因的水平传播主要依赖两种方式，一种是随质粒发生接合转移或转化而在细菌间传播，另一种是依靠转座子来传播。若是 *cfr* 基因存在于质粒上，则这两种方式都可以促进 *cfr* 基因的传播。目前来看，*cfr* 基因已经在各种种属的细菌、各种环境中都广泛存在。人医临床上，*cfr* 也有广泛流行报道，这使得监测和控制 *cfr* 基因的传播扩散具有很重要的公共卫生安全意义。*cfr* 基因可介导多种药物耐药，而且常与其他的耐药基因共存，其中任一种药物的使用都可以促进 *cfr* 基因的传播，更令人担心的是，据研究报道，*cfr* 基因对细菌来说虽然是外来基因，但其适应性代价却很小，这或许与细菌胞内固有的一种酶 RlmN 有关，该酶可以催化 A2503 的 C2 位甲基化，而 *cfr* 基因可以催化 A2503 的 C8 位甲基化。这两种酶在进化关系上有很近的亲缘关系，而自然界的许多细菌如大肠杆菌、葡萄球菌等都固有表达 RlmN，*cfr* 基因有可能被细菌默认为是自身固有的基因，从而拥有了很好的适应性。此外，在某些携带 *cfr* 基因的细菌之中发现了其不发挥功能的情况，这种现象可能会为控制 *cfr* 的流行传播带来一个解决办法，也会增加流行病学调查的难度，还需要进一步的研究。

Hansen 等（2012）通过比对基因库中的 *cfr* 序列，选出了 3 株菌：解淀粉芽孢杆菌、克劳氏芽孢杆菌和短芽孢杆菌，这三株菌含有 *cfr-like* 基因[分别被命名为 *cfr*(A)、*cfr*(B)、*cfr*(C)]，其编码的蛋白与第一次在松鼠葡萄球菌中发现的 *cfr* 基因编码的蛋白大约有 70% 的相似性。通过功能性克隆实验证实，该基因可介导相同的耐药表型，这是第一次在基

因库中寻找 *cfr-like* 基因并鉴定其功能。Marín 等（2015）分离得到了 7 株艰难梭菌，其含有与 *cfr* 基因编码蛋白有 75%同源性的蛋白。他们认为这是第一次在艰难梭菌中发现了 *cfr* 基因。但 Schwarz 和 Wang（2015）讨论了关于 *cfr* 基因的命名规则，并提出一段基因如果被称为 *cfr*，那么必须要满足两点，一是其核酸序列和蛋白序列要和已报道的基因序列有相当高的相似性，二是要证明其能够介导细菌对相应的药物耐药。而 Marín 等（2015）分离得到的艰难梭菌中含有的基因，其蛋白序列与 *cfr* 编码的蛋白序列的相似性只有 75%，所以不能称作 *cfr*，而应该以另外的名字来命名。Deshpande 等（2015）从医院中分离得到两株耐利奈唑胺的肠球菌，发现其含有 *cfr-like* 基因，该基因与先前报道的序列有 99.7%的相似性，经过功能性克隆实验，发现其具有和 *cfr* 基因相似的耐药表型，故给这段基因序列命名为 *cfr*(B)。

综上所述，*cfr-like* 基因在多种细菌中都存在，它们的序列和 *cfr* 基因有一定的相似度，但一般只有 60%～80%，其功能还需进一步确定。现在确定命名的基因包括 *cfr*(B)、*cfr*(C)和 *cfr*(D)基因，相信随着研究的开展深入，会有更多 *cfr-like* 基因被命名，它们介导细菌对噁唑烷酮类药物耐药，应该引起人们的重视。

多重耐药基因 *optrA* 可以介导对噁唑烷酮类抗菌药物耐药。Liu 等（2012）从氟苯尼考耐药的粪肠球菌和海氏肠球菌中发现了新的氟苯尼考耐药基因 *fexB*。仅仅 3 年后，Wang 等（2015）又报道了一种新发现的介导肠球菌对氟苯尼考耐药的基因——*optrA*。与 *fexB* 基因不同的是，*optrA* 基因不仅仅介导细菌对酰胺醇类抗菌药物耐药，还介导细菌对噁唑烷酮类抗菌药物耐药，引起了研究者的高度重视。2009 年，从临床患者粪便中分离得到 3 株对利奈唑胺耐药的肠球菌，且这些肠球菌并不存在 23S rRNA 突变、核糖体突变和 *cfr*（或 *cfr-like*）基因介导的利奈唑胺耐药机制。进一步研究发现，在这三株菌中都存在一个约 36kb 大小的利奈唑胺耐药质粒 pE349，通过对该质粒进行全质粒测序，研究者发现质粒上的两段可读框可能与耐药有关。通过酶切将该基因片段与穿梭质粒 pAM401 连接，然后将该重组质粒转化至 JH2-2，经药敏试验发现，该重组质粒对氟苯尼考、利奈唑胺、泰地唑利的 MIC 值比对照组分别提高了 16 倍、8 倍、4 倍。研究证实了该区域基因的功能性，于是将该耐药基因命名为 *optrA*（oxazolidinone phenicol transferable resistance A）。*optrA* 基因编码的蛋白属于 ATP 结合盒式蛋白超家族（ABC），是一种特异性的外排泵蛋白，它是继 *cfr* 之后第二类可以介导细菌对利奈唑胺耐药的基因。

从目前的研究报道来看，*optrA* 基因的传播方式主要是水平传播，它也依赖质粒和转座子来传播扩散，这与 *cfr* 基因的传播方式基本相同。不同的是，*cfr* 基因的插入序列主要是 IS*21-558*、IS*256* 和 IS*Enfa5* 等，而 *optrA* 基因的插入序列主要是 IS*1216*，鲜有其他类型的与 *optrA* 有关的转座子报道。此外，*optrA* 基因的上游多与 *fexA* 基因相连。这可能是由于仅有 He 等（2016）报道了部分 *optrA* 基因与肠球菌的转座子有关。

Wang 等（2015）通过对过去几年在养殖场和人医临床上分离鉴定得到的肠球菌进行调查后发现，*optrA* 阳性肠球菌的分离率在动物源和人源分别为 15.9%（46/290）和 2.0%（12/595），动物源菌株的分离率明显高于人源菌株。Cai 等（2015）通过对 2010～2014 年在浙江、广州和河南三个地区人医临床上分离到的 1159 株肠球菌进行 *optrA* 基因筛选，发现 *optrA* 基因的平均阳性率为 2.9%（34/1159），且有逐年递增的趋势。值得注意的是，从 34 位分离出 *optrA* 阳性菌的患者的临床用药记录看，仅有 2 位患者曾有过利奈唑胺的用药史。

optrA 基因不只是在肠球菌中被发现，在葡萄球菌中也有发现其流行传播的报道。Li 等（2015）发现一株猪源松鼠葡萄球菌携带了 *optrA* 基因，这是第一次在葡萄球菌中发现 *optrA* 基因。进一步研究显示，该菌株还携带有 *cfr* 基因，且这两个基因都位于同一个质粒 pWo28-3 上。此外，国外也有关于 *optrA* 基因的报道，意大利学者 Brenciani 等（2016）发现了两株 *optrA* 阳性的屎肠球菌，且这两株屎肠球菌都含有沉默的 *cfr* 基因（*cfr* 基因的沉默可能与上游调控序列缺少了 52 个碱基有关）。

目前，对 *optrA* 基因流行传播研究的报道还比较少，可能随着对其研究的深入，将会揭开其流行传播机制的神秘面纱。但目前可以确定的是，*optrA* 基因在动物源和人源细菌中都有流行，且传播扩散机制不止一种，这给控制细菌耐药性的发展带来了诸多困难。细菌基因突变和获得耐药基因是细菌对噁唑烷酮类抗菌药物耐药的两大重要机制，且在实际中，细菌很可能在发生突变的同时还获得多种耐药基因，导致细菌对噁唑烷酮类的耐药性很高，将给临床治疗带来更大的困难。

多重耐药基因 *poxtA* 介导的对噁唑烷酮类抗菌药物的耐药。2018 年，意大利学者在临床分离得到的一株 MRSA 中发现了噁唑烷酮类-氯霉素类-四环素类交叉耐药的新基因 *poxtA*。*poxtA* 基因编码的蛋白质与 *optrA* 蛋白存在 32%的同源性，同时还表现出 ATP 结合盒蛋白家族 F 谱系的典型结构特征。*poxtA* 基因位于一个由插入序列 IS*1216E* 介导形成的复合转座子中，暗示 IS*1216E* 对 *poxtA* 基因的传播有重要的作用。

新耐药基因 *poxtA* 为发现的第三个可转移的噁唑烷酮类耐药基因，不仅能介导对革兰氏阳性菌最后一道防线的抗菌药物噁唑烷酮类耐药，而且能导致氯霉素类（氯霉素和氟苯尼考）、四环素类（四环素和多西环素）耐药，引起了全世界学者的广泛关注。意大利学者 Brenciani 等（2019）在猪源屎肠球菌中发现了 *poxtA* 基因。Hao 等（2019）发现 57.9%（66/114）猪源氟苯尼考耐药肠球菌携带有 *poxtA* 基因。Papagiannitsis 等（2019）从希腊医院的一株屎肠球菌中发现了 *poxtA* 基因。Elghaieb 等（2019）从突尼斯零售肉类与食品源动物分离的肠球菌中检出了 *poxtA* 和 *optrA*。此外，Bender 等（2019）建立了肠球菌中三个可转移的噁唑烷酮类耐药基因 *cfr*、*optrA*、*poxtA* 的多重 PCR 快速检测方法；Hasman 等（2019）建立了 LRE-Finder 数据库，能够快速查找肠球菌基因组中与噁唑烷酮类耐药相关的 23S rRNA 突变以及 *optrA*、*cfr*、*cfr*(B)、*poxtA* 耐药基因，并将其整合到了 Center for Genomic Epidemiology 在线数据库（https://cge.cbs.dtu.dk/services/LRE-finder/）中，使研究者能通过基因组快速查找到噁唑烷酮类耐药相关基因。目前该基因已在意大利、中国、希腊、美国、突尼斯、巴基斯坦等国家的人和动物源金黄色葡萄球菌、粪肠球菌、屎肠球菌、海氏肠球菌等革兰氏阳性细菌中被发现。我国猪鸡源肠球菌中 *poxtA* 基因检出率为 5.78%，分布于我国多个省份，表明该基因已在我国动物源肠球菌中广泛存在。

虽然噁唑烷酮类抗菌药物是人医专用的抗菌药物，但动物源耐药细菌常是作为一个细菌耐药基因的重要储库，尤其是动物源细菌携带的 *cfr/cfr-like*、*optrA*、*poxtA* 等可水平扩散的耐噁唑烷酮类抗菌药物基因在某些条件下广泛传播扩散，将会造成极其严重的食品安全、人身安全和公共卫生安全风险。目前，细菌对噁唑烷酮类药物的耐药性正在飞速发展，而新型的替代药物研发缓慢。因此，我们应该合理规范抗菌药物的使用，加强兽用与人用药物的监控，严禁乱用、滥用抗菌药物，以期延缓和减轻细菌耐药性高速发展带给我们的危害。同时，我们还急需加强对噁唑烷酮类抗菌药物耐药性发展的监测与风险评估。

主要参考文献

崔兰卿, 吕媛. 2019. 介导利奈唑胺耐药的新基因 *poxtA* 研究进展. 中国临床药理学杂志, 35(22): 2915-2917.

冀希炜, 孟祥睿, 吕媛, 等. 2018. 恶唑烷酮类抗菌药物与革兰氏阳性菌治疗的研究现状. 中国临床药理学杂志, 34(7): 898-902.

林艳玲. 2015. 利奈唑胺、万古霉素体外诱导耐甲氧西林金黄色葡萄球菌耐药株转录组学及适应性的研究. 汕头: 汕头大学硕士学位论文.

刘畅, 孙宏莉. 2018. 利奈唑胺耐药肠球菌流行病学及耐药机制研究进展. 临床检验杂志, 36(1): 40-42.

刘畅. 2018. 利奈唑胺非敏感肠球菌临床危险因素分析及耐药机制研究. 北京: 北京协和医学院硕士学位论文.

楼亚玲, 喻玮, 武喆, 等. 2018. 肠球菌对利奈唑胺耐药机制的研究进展. 中华临床感染病杂志, 11(1): 66-70.

聂文娟, 初乃惠. 2013. 利奈唑胺治疗耐药结核病的研究进展. 中华结核和呼吸杂志, 36(8): 601-603.

汪定成, 张惠中, 杨丽华, 等. 2010. 利奈唑胺等抗菌药物对肠球菌属体外抗菌活性评价. 中国感染控制杂志, 9(1): 37-39.

杨月, 毕小玲. 2014. 利奈唑胺 C 环结构改造研究进展. 药学进展, 38(4): 274-278.

姚丹, 余方友, 黄晓颖, 等. 2015. 利奈唑胺耐药的粪肠球菌临床分离株的耐药性分析. 中国临床药理学杂志, 31(22): 2260-2262.

于淑颖, 肖盟, 杨文航, 等. 2019. 评估国产利奈唑胺对葡萄球菌和肠球菌体外抗菌活性. 中国感染与化疗杂志, 19(4): 400-404.

郑世军, 宋清明. 2013. 现代动物传染病学. 北京: 中国农业出版社.

周万青, 宋熙晶, 生媛, 等. 2020. 多中心耐利奈唑胺凝固酶阴性葡萄球菌耐药机制及同源性分析. 临床检验杂志, 38(1): 29-33.

Antonelli A, D'Andrea M M, Brenciani A, et al. 2018. Characterization of *poxtA*, a novel phenicol-oxazolidinone-tetracycline resistance gene from an MRSA of clinical origin. J Antimicrob Chemother, 73(7): 1763-1769.

Atkinson G C, Hansen L H, Tenson T, et al. 2013. Distinction between the Cfr methyltransferase conferring antibiotic resistance and the housekeeping RlmN methyltransferase. Antimicrob Agents Chemother, 57(8): 4019-4026.

Bender J K, Fleige C, Klare I, et al. 2019. Development of a multiplex-PCR to simultaneously detect acquired linezolid resistance genes *cfr*, *optrA* and *poxtA* in enterococci of clinical origin. J Microbiol Methods, 160: 101-103.

Billal D S, Feng J, Leprohon P, et al. 2011. Whole genome analysis of linezolid resistance in *Streptococcus pneumoniae* reveals resistance and compensatory mutations. BMC Genomics, 12: 512.

Bonilla H, Huband M D, Seidel J, et al. 2010. Multicity outbreak of linezolid-resistant *Staphylococcus* epidermidis associated with clonal spread of a cfr-containing strain. Clin Infect Dis, 51(7): 796-800.

Brenciani A, Fioriti S, Morroni G et al. 2019. Detection in Italy of a porcine *Enterococcus faecium* isolate carrying the novel phenicol-oxazolidinone-tetracycline resistance gene *poxtA*. J Antimicrob Chemother, 74(3): 817-818.

Brenciani A, Morroni G, Vincenzi C, et al. 2016. Detection in Italy of two clinical *Enterococcus faecium* isolates carrying both the oxazolidinone and phenicol resistance gene *optrA* and a silent multiresistance gene *cfr*. J Antimicrob Chemother, 71(4): 1118-1119.

Cai J C, Hu Y Y, Zhang R, et al. 2012. Linezolid-resistant clinical isolates of meticillin-resistant coagulase-negative staphylococci and *Enterococcus faecium* from China. J Med Microbiol, 61(Pt11): 1568-1573.

Cai J, Wang Y, Schwarz S, et al. 2015. Enterococcal isolates carrying the novel oxazolidinone resistance gene *optrA* from hospitals in Zhejiang, Guangdong, and Henan, China, 2010-2014. Clin Microbiol Infect, 21(12): 1095.e1-1095.e4.

D'Andrea M M, Antonelli A, Brenciani A, et al. 2019. Characterization of Tn*6349*, a novel mosaic transposon carrying *poxtA*, cfr and other resistance determinants, inserted in the chromosome of an ST5-MRSA-Ⅱ strain of clinical origin. J Antimicrob Chemother, 74: 2870-2875.

Dai L, Wu C M, Wang M G, et al. 2010. First report of the multidrug resistance gene *cfr* and the phenicol resistance gene *fexA* in a *Bacillus* strain from swine feces. Antimicrob Agents Chemother, 54(9): 3953-3955.

Deshpande L M, Ashcraft D S, Kahn H P, et al. 2015. Detection of a new *cfr*-like gene, *cfr*(B), in *Enterococcus faecium* isolates recovered from human specimens in the United States as part of the SENTRY Antimicrobial Surveillance Program. Antimicrob Agents Chemother, 59(10): 6256-6261.

Diaz L, Kiratisin P, Mendes R E, et al. 2012. Transferable plasmid-mediated resistance to linezolid due to *cfr* in a human clinical isolate of *Enterococcus faecalis*. Antimicrob Agents Chemother, 56(7): 3917-3922.

Elghaieb H, Freitas A R, Abbassi M S, et al. 2019. Dispersal of linezolid-resistant enterococci carrying *poxtA* or *optrA* in retail meat and food-producing animals from Tunisia. J Antimicrob Chemother, 74: 2865-2869.

Hansen L H, Planellas M H, Long K S, et al. 2012. The order Bacillales hosts functional homologs of the worrisome *cfr* antibiotic resistance gene. Antimicrob Agents Chemother, 56(7): 3563-3567.

Hao W B, Shan X X, Li D X, et al. 2019. Analysis of a *poxtA*- and *optrA*-co-carrying conjugative multiresistance plasmid from *Enterococcus faecalis*. J Antimicrob Chemother, 74(7): 1771-1775.

Hasman H, Clausen P T L C, Kaya H, et al. 2019. LRE-Finder, a Web tool for detection of the 23S rRNA mutations and the *optrA*, *cfr*, *cfr*(B) and *poxtA* genes encoding linezolid resistance in enterococci from whole-genome sequences. J Antimicrob Chemother, 74(6): 1473-1476.

He T, Shen Y B, Schwarz S, et al. 2016. Genetic environment of the transferable oxazolidinone/phenicol resistance gene *optrA* in *Enterococcus faecalis* isolates of human and animal origin. J Antimicrob Chemother, 71(6): 1466-1473.

He T, Wang Y, Schwarz S, et al. 2014. Genetic environment of the multi-resistance gene *cfr* in methicillin-resistant coagulase-negative staphylococci from chickens, ducks, and pigs in China. Int J Med Microbiol, 304(3-4): 257-261.

Huang J H, Wang M L, Gao Y, et al. 2019. Emergence of plasmid-mediated oxazolidinone resistance gene *poxtA* from CC17 *Enterococcus faecium* of pig origin. J Antimicrob Chemother, 74(9): 2524-2530.

Jones R N, Della-Latta P, Lee L V, et al. 2002. Linezolid-resistant *Enterococcus faecium* isolated from a patient without prior exposure to an oxazolidinone: report from the SENTRY Antimicrobial Surveillance Program. Diagn Microbiol Infect Dis, 42(2): 137-139.

Kang Z Z, Lei C W, Yao T G, et al. 2019. Whole-genome sequencing of *Enterococcus hirae* CQP3-9, a strain carrying the phenicol-oxazolidinone-tetracycline resistance gene *poxtA* of swine origin in China. J Glob Antimicrob Resist, 18: 71-73.

Kehrenberg C, Schwarz S, Jacobsen L, et al. 2005. A new mechanism for chloramphenicol, florfenicol and clindamycin resistance: methylation of 23S ribosomal RNA at A2503. Mol Microbiol, 57(4): 1064-1073.

Kehrenberg C, Schwarz S. 2006. Distribution of florfenicol resistance genes *fexA* and *cfr* among chloramphenicol-resistant *Staphylococcus* isolates. Antimicrob Agents Chemother, 50(4): 1156-1163.

LaMarre J M, Locke J B, Shaw K J, et al. 2011. Low fitness cost of the multidrug resistance gene *cfr*. Antimicrob Agents Chemother, 55(8): 3714-3719.

Lei C W, Kang Z Z, Wu S K, et al. 2019. Detection of the phenicol-oxazolidinone-tetracycline resistance gene *poxtA* in *Enterococcus faecium* and *Enterococcus faecalis* of food-producing animal origin in China. J Antimicrob Chemother, 74(8): 2459-2461.

Li D X, Cheng Y M, Schwarz S, et al. 2019. Identification of a *poxtA*- and *cfr*-carrying multiresistant *Enterococcus hirae* strain. J Antimicrob Chemother, 75(2): 482-484.

Li D X, Wang Y, Schwarz S, et al. 2016. Co-location of the oxazolidinone resistance genes *optrA* and *cfr* on a multiresistance plasmid from *Staphylococcus sciuri*. J Antimicrob Chemother, 71(6): 1474-1478.

Li D X, Wu C M, Wang Y, et al. 2015. Identification of multiresistance gene *cfr* in methicillin-resistant *Staphylococcus aureus* from pigs: plasmid location and integration into a staphylococcal cassette chromosome mec complex. Antimicrob Agents Chemother, 59(6): 3641-3644.

Liu H B, Wang Y, Wu C M, et al. 2012. A novel phenicol exporter gene, *fexB*, found in enterococci of animal origin. J Antimicrob Chemother, 67(2): 322-325.

Liu Y, Wang Y, Schwarz S, et al. 2013. Transferable multiresistance plasmids carrying *cfr* in *Enterococcus* spp. from swine and farm environment. Antimicrob Agents Chemother, 57(1): 42-48.

Liu Y, Wang Y, Schwarz S, et al. 2014. Investigation of a multiresistance gene *cfr* that fails to mediate resistance to phenicols and oxazolidinones in *Enterococcus faecalis*. J Antimicrob Chemother, 69(4): 892-898.

Liu Y, Wang Y, Wu C M, et al. 2012. First report of the multidrug resistance gene *cfr* in *Enterococcus faecalis* of animal origin. Antimicrob Agents Chemother, 56(3): 1650-1654.

Livermore D M, Warner M, Mushtaq S, et al. 2007. *In vitro* activity of the oxazolidinone RWJ-416457 against linezolid-resistant and -susceptible staphylococci and enterococci. Antimicrob Agents Chemother, 51(3): 1112-1114.

Locke J B, Hilgers M, Shaw K J. 2009a. Mutations in ribosomal protein L3 are associated with oxazolidinone resistance in staphylococci of clinical origin. Antimicrob Agents Chemother, 53(12): 5275-5278.

Locke J B, Hilgers M, Shaw K J. 2009b. Novel ribosomal mutations in *Staphylococcus aureus* strains identified through selection with the oxazolidinones linezolid and torezolid (TR-700). Antimicrob Agents Chemother, 53(12): 5265-5274.

Long K S, Munck C, Andersen T M B, et al. 2010. Mutations in 23S rRNA at the peptidyl transferase center and their relationship to linezolid binding and cross-resistance. Antimicrob Agents Chemother, 54(11): 4705-4713.

Marín M, Martín A, Alcalá L, et al. 2015. *Clostridium difficile* isolates with high linezolid MICs harbor the multiresistance gene *cfr*. Antimicrob Agents Chemother, 59(1): 586-589.

Marshall S H, Donskey C J, Hutton-Thomas R, et al. 2002. Gene dosage and linezolid resistance in *Enterococcus faecium* and *Enterococcus faecalis*. Antimicrob Agents Chemother, 46(10): 3334-3336.

Meka V G, Pillai S K, Sakoulas G, et al. 2004. Linezolid resistance in sequential *Staphylococcus aureus* isolates associated with a T2500A mutation in the 23S rRNA gene and loss of a single copy of rRNA. J Infect Dis, 190(2): 311-317.

Mendes R E, Deshpande L M, Jones R N. 2014. Linezolid update: stable *in vitro* activity following more than a decade of clinical use and summary of associated resistance mechanisms. Drug Resist Updat, 17(1-2): 1-12.

Morales G, Picazo J J, Baos E, et al. 2010. Resistance to linezolid is mediated by the *cfr* gene in the first report of an outbreak of linezolid-resistant *Staphylococcus aureus*. Clin Infect Dis, 50(6): 821-825.

O'Connor C, Powell J, Finneqan C, et al. 2015. Incidence, management and outcomes of the first *cfr*-mediated linezolid-resistant *Staphylococcus* epidermidis outbreak in a tertiary referral centre in the Republic of Ireland. J Hosp Infect, 90(4): 316-321.

Papagiannitsis C C, Tsilipounidaki K, Malli E, et al. 2019. Detection in Greece of a clinical *Enterococcus faecium* isolate carrying the novel oxazolidinone resistance gene *poxtA*. J Antimicrob Chemother, 74(8): 2461-2462.

Polacek N, Mankin A S. 2005. The ribosomal peptidyl transferase center: structure, function, evolution, inhibition. Crit Rev Biochem Mol Biol, 40(5): 285-311.

Prystowsky J, Siddiqui F, Chosay J, et al. 2001. Resistance to linezolid: characterization of mutations in rRNA and comparison of their occurrences in vancomycin-resistant enterococci. Antimicrob Agents Chemother, 45(7): 2154-2156.

Schwarz S, Wang Y. 2015. Nomenclature and functionality of the so-called *cfr* gene from *Clostridium difficile*. Antimicrob Agents Chemother, 59(4): 2476-2477.

Schwarz S, Werckenthin C, Kehrenberg C. 2000. Identification of a plasmid-borne chloramphenicol-florfenicol resistance gene in *Staphylococcus sciuri*. Antimicrob Agents Chemother, 44(9): 2530-2533.

Shaw K J, Barbachyn M R. 2011. The oxazolidinones: past, present, and future. Ann N Y Acad Sci, 1241: 48-70.

Shen J Z, Wang Y, Schwarz S. 2013. Presence and dissemination of the multiresistance gene *cfr* in Gram-positive and Gram-negative bacteria. J Antimicrob Chemother, 68(8): 1697-1706.

Shore A C, Lazaris A, Kinnevey P M, et al. 2016. First report of *cfr*-carrying plasmids in the pandemic sequence type 22 Methicillin-resistant *Staphylococcus aureus* staphylococcal cassette chromosome mec type Ⅳ clone. Antimicrob Agents Chemother, 60(5): 3007-3015.

Toh S M, Xiong L Q, Arias C A, et al. 2007. Acquisition of a natural resistance gene renders a clinical strain of methicillin-resistant *Staphylococcus aureus* resistant to the synthetic antibiotic linezolid. Mol Microbiol, 64(6): 1506-1514.

Tsakris A, Pillai S K, Gold H S, et al. 2007. Persistence of rRNA operon mutated copies and rapid re-emergence of linezolid resistance in *Staphylococcus aureus*. J Antimicrob Chemother, 60(3): 649-651.

Wang X M, Zhang W J, Schwarz S, et al. 2012a. Methicillin-resistant *Staphylococcus aureus* ST9 from a case of bovine mastitis carries the genes *cfr* and *erm*(A) on a small plasmid. J Antimicrob Chemother, 67(5): 1287-1289.

Wang Y, He T, Schwarz S, et al. 2012b. Detection of the staphylococcal multiresistance gene *cfr* in *Escherichia coli* of domestic-animal origin. J Antimicrob Chemother, 67(5): 1094-1098.

Wang Y, He T, Schwarz S, et al. 2013. Multidrug resistance gene *cfr* in methicillin-resistant coagulase-negative staphylococci from chickens, ducks, and pigs in China. Int J Med Microbiol, 303(2): 84-87.

Wang Y, Lv Y, Cai J C, et al. 2015. A novel gene, *optrA*, that confers transferable resistance to oxazolidinones and phenicols and its presence in *Enterococcus faecalis* and *Enterococcus faecium* of human and animal origin. J Antimicrob Chemother, 70(8): 2182-2190.

Wang Y, Schwarz S, Shen Z Q, et al. 2012c. Co-location of the multiresistance gene *cfr* and the novel streptomycin resistance gene *aadY* on a small plasmid in a porcine *Bacillus* strain. J Antimicrob Chemother, 67(6): 1547-1549.

Wang Y, Wang Y, Schwarz S, et al. 2012d. Detection of the staphylococcal multiresistance gene *cfr* in *Macrococcus caseolyticus* and *Jeotgalicoccus pinnipedialis*. J Antimicrob Chemother, 67(8): 1824-1827.

Wang Y, Wang Y, Wu C M, et al. 2011. Detection of the staphylococcal multiresistance gene *cfr* in *Proteus vulgaris* of food animal origin. J Antimicrob Chemother, 66(11): 2521-2526.

Wang Y, Zhang W J, Wang J, et al. 2012e. Distribution of the multidrug resistance gene *cfr* in *Staphylococcus* species isolates from swine farms in China. Antimicrob Agents Chemother, 56(3): 1485-1490.

Wilson D N, Schluenzen F, Harms J M, et al. 2008. The oxazolidinone antibiotics perturb the ribosomal peptidyl-transferase center and effect tRNA positioning. Proc Natl Acad Sci U S A, 105(36): 13339-13344.

Wilson P, Andrews J A, Charlesworth R, et al. 2003. Linezolid resistance in clinical isolates of *Staphylococcus aureus*. J Antimicrob Chemother, 51(1): 186-188.

Wolter N, Smith A M, Farrell D J, et al. 2005. Novel mechanism of resistance to oxazolidinones, macrolides, and chloramphenicol in ribosomal protein L4 of the pneumococcus. Antimicrob Agents Chemother, 49(8): 3554-3557.

Wong A, Reddy S P, Smyth D S, et al. 2010. Polyphyletic emergence of linezolid-resistant staphylococci in the United States. Antimicrob Agents Chemother, 54(2): 742-748.

Zhang R M, Sun B, Wang Y, et al. 2016. Characterization of a *cfr*-carrying plasmid from porcine *Escherichia coli* that closely resembles plasmid pEA3 from the plant pathogen *Erwinia amylovora*. Antimicrob Agents Chemother, 60(1): 658-661.

Zhang W J, Wu C M, Wang Y, et al. 2011. The new genetic environment of *cfr* on plasmid pBS-02 in a *Bacillus* strain. J Antimicrob Chemother, 66(5): 1174-1175.

Zhang W J, Xu X R, Schwarz S, et al. 2014. Characterization of the IncA/C plasmid pSCEC2 from *Escherichia coli* of swine origin that harbours the multiresistance gene *cfr*. J Antimicrob Chemother, 69(2): 385-389.

第十四节　消毒剂的耐药机制

消毒剂是指用于杀灭传播媒介上病原微生物，使其达到无害化要求的制剂。它不同于抗生素，它在防病中的主要作用是将病原微生物消灭于人体之外，切断传染病的传播途径，达到控制传染病的目的。消毒剂是食品生产清洗、动物养殖等过程中使用的主要化合物，可保证食品产品的微生物安全。为了降低在食品和普通消费者中微生物污染及感染的风险，消毒剂在公共卫生中的使用呈现增长趋势，消毒剂中有众多的化学活性物质，主要用于消毒与保存。常用的消毒剂有季铵化合物、酚类化合物、双胍类、碘及其复合物、醛类、过氧化物和银化合物等，这些消毒剂有些已经使用了近百年，相对于抗生素，消毒剂可表现出更高的广谱活性，且具有多个靶位点，而抗生素可能只有一个特异的胞内位点。

季铵盐类消毒剂的结构与作用机制

【季铵盐消毒剂的结构】

在动物养殖中，通过常规清洁和圈舍消毒来控制环境中可产生严重疾病的病原微生物水平十分重要，清洁步骤中消毒剂的使用，可以减少表面微生物的生存。季铵化合物（quaternary ammonium compound，QAC）消毒剂由于具有无腐蚀、无刺激性、较稳定且毒性低等优点而被广泛地用于动物养殖环境的消毒。QAC 消毒剂亦被作为兽药控制动物疾病，使用 QAC 消毒剂可减少禽类养殖中的细菌污染。QAC 包含一个 4 价氮，基本化学结构为 N+R1R2R3R4+X，其中 R 代表一个氢原子、一个烷基或烷基被替代的其他功能基团，X 代表一个阴离子，如 Cl^-或 Br^-等。美国环境保护局（U.S. Environmental Protection Agency，USEPA）把 QAC 分为 4 大类，而根据功能基团的不同，可分为 3 大类。目前，用于卫生消毒、动物养殖圈舍消毒的 QAC 种类主要有 *N*-烷基二甲基苄基氯化铵（*N*-alkyl dimethyl benzyl ammonium chloride，ADBAC）、苯扎氯铵（benzalkoniumchloride，BC）、溴化十六烷基三甲铵（cetyltrimethylammonium bromide，CTAB）、溴棕三甲铵（hexadecyl trimethyl ammonium bromide，HTAB）、氯化十六烷基吡啶（cetylpyridinium chloride，CPC）、双十烷基二甲基氯化铵（*N*,*N*-didecyl-*N*,*N*-dimethylammonium chloride，DDAC）、司拉氯铵（stearalkonium chloride）及苄索氯铵

（benzethonium chloride）等，其中苯扎氯铵（BC）、溴化十六烷基三甲铵（CTAB）及 *N*-烷基二甲基苄基氯化铵（ADBAC）等已被广泛应用于食品工业，BC、CB 等已使用 40 余年。

【季铵盐消毒剂的作用机制】

细菌细胞表面携带负电荷，常通过阳性离子维持细胞膜的稳定性。QAC 是阳离子型表面活性剂和抗菌剂，可通过正电荷与细胞膜相互作用，其抗菌活性是 *N*-烷基的功能。*N*-烷基赋予 QAC 亲脂性特征，通过阳性氮基团与细菌细胞膜上酸性磷脂的结合，疏水端整合入细菌疏水膜的核心。在高浓度时，QAC 通过形成混合胶束来溶解疏水细胞膜成分。总体来说，QAC 发挥抗菌活性主要依靠破坏和变性蛋白及酶、破坏细胞膜整体性和使细胞内含物泄漏等。对不同微生物的抗菌活性取决于烷基链的长度：链长 12～14 烷基的 QAC 对革兰氏阳性菌和酵母表现最适活性；链长 14～16 烷基的 QAC 对革兰氏阴性菌表现最适活性；链长小于 4 或大于 18 烷基的 QAC 几乎无活性。除对细菌具有抗菌活性，QAC 消毒剂对一些病毒、真菌、酵母和原生动物也具有活性。

季铵盐类消毒剂的耐药机制

【细菌对季铵盐类消毒剂的耐药基因】

QAC 的使用是消毒剂抗性增加的潜在重要动力，食品工业中 QAC 的广泛使用会导致细菌的适应和耐药菌的生长。QAC 可以有效减少食品中的病原微生物，为了能快速杀死病原菌，在对环境进行消毒处理时，特别是那些小且难接触到的区域，消毒剂的使用浓度要远高于它们对微生物的最低抑菌浓度，这种浓度可以达到上千倍的 MIC 值，而细菌要战胜快速、猛烈的消毒剂攻击并产生耐药性几乎是不可能的。由于大部分 QAC 在应用后不需要用水冲洗或冲洗不及时等，因此细菌与 QAC 的接触时间可以延长，长时间暴露于低浓度的 QAC，可以使微生物处于亚抑制浓度中，如此，会使那些只对 QAC 高浓度 MIC 敏感的细菌生存下来，细菌对消毒剂的耐药性逐渐增大，最终导致消毒剂在食品行业中使用失败，并出现影响人类健康等严重的问题。

细菌对消毒剂存在固有耐药性，主要表现为细胞膜的渗透性屏障作用以及染色体表达的外排泵活动。许多细菌对 QAC 的耐药性是通过对细胞壁或细胞膜的脂肪酸、磷脂、外膜脂多糖的修饰，从而降低细胞壁或者细胞膜的渗透性，使细胞表面表现为阴性或者疏水性，限制 QAC 通过细胞表面。此外，通过细胞外膜蛋白成分的改变、孔蛋白的密度减小以及成分改变能够阻止 QAC 进入细胞，细菌也能够降低对 QAC 的敏感性。由于外膜的作用，革兰氏阴性菌对消毒剂的敏感性一般低于革兰氏阳性菌。细菌对 QAC 产生耐药性的机制主要是细胞外排泵的作用。细菌染色体编码的非特异性的外排泵通常赋予细菌对多种抑菌物质的耐药性。细菌的外排系统通常分为 5 类，包括主要易化子超家族（MFS）、耐药结节分化超家族（RND）、ATP 结合盒家族（ABC）、小多重耐药家族（SMR）和多药及毒性化合物外排家族（MATE），能够赋予细菌对消毒剂、抗生素、染料、洗涤剂以及其他有毒物质的耐药性。研究表明，4 种染色体编码基因 *sugE(c)*（染色体型 *sugE*）、*emr(E)*、*ydgE/ydgF* 及 *mdfA* 等特异地赋予细菌对 QAC 的抗性，但不具传播性。除以上基因之外，某些非特异性外排基因如 *TehA* 基因及 RND 家族外排泵 AcrAB-TolC 也表现出对 QAC 的非特异性耐药，但其表达与调控基因 *marOR*、*soxS* 的表达密切相关。

细菌在亚致死浓度情况下接触 QAC，能够通过细胞膜组成修饰、孔蛋白的密度与结构改变、外排泵的超表达等方式降低对 QAC 的敏感性，而这些耐药机制通过可移动遗传元件传播，如质粒、整合子。迄今为止，有 7 种不同质粒介导的 QAC 特异的抗性基因 *qac*（包括 *qacE*、*qacEΔ1*、*qacF*、*qacG*、*qacH*、*qacI*）及 *sugE(p)*（质粒型 *sugE*）等，在革兰氏阴性菌中被发现。这些基因编码外排泵蛋白，赋予细菌对 QAC 的抗性，属于小多重耐药家族（SMR），SMR 家族基因可由质粒或整合子介导，菌株经常通过获得可移动基因元件，如质粒、Ⅰ型整合子等，获得这些消毒剂耐药基因，而Ⅰ型整合子大多存在于可接合的质粒上，因此，*qac*、*sugE(p)*基因可在革兰氏阴性菌中水平及垂直传播。由于质粒型消毒剂抗性基因的可传播性及其与抗生素耐药基因的共传播特性，相对于染色体编码 QAC 特异性耐药基因，*qac*、*sugE(p)*基因在消毒剂耐药中扮演着重要的角色。*qacE*、*qacEΔ1* 基因被发现存在于革兰氏阴性菌质粒上Ⅰ型整合子 3′端，*qacEΔ1* 基因是 *qacE* 基因的突变缺陷体。与 *qac* 基因类似，*sugE* 基因被发现存在于质粒，首先发现于肺炎克雷伯菌，之后，从大肠杆菌、沙门菌分离的质粒上也检测出 *sugE(p)*基因，*sugE* 基因的超量表达、氨基酸突变即可表现出对 QAC 的抗性。最新研究表明，*qac*、*sugE(p)*基因共存于多重耐药（MDR）质粒 InA/C、pSN254 上，可介导高水平消毒剂耐药。

综上，QAC 消毒剂耐药基因不仅在革兰氏阳性菌中已经流行，在革兰氏阴性菌中也已经存在，质粒介导的消毒剂耐药基因传播危害性较大，应引起人们的重视。

【细菌对季铵盐类消毒剂的耐药表型】

如今，对消毒剂耐药性研究的对象主要为革兰氏阳性菌中的葡萄球菌，消毒剂的过量使用，导致葡萄球菌特别是耐甲氧西林金黄色葡萄球菌对消毒剂耐药。相比于革兰氏阳性菌，革兰氏阴性菌对消毒剂表现出更强的抗性。大肠杆菌对 QAC 消毒剂的 MIC 远高于葡萄球菌，如假单胞菌对苯扎氯铵的 MIC 达到了 200mg/L，远高于葡萄球菌的 4～11mg/L。革兰氏阴性菌对 QAC 的高抗性源自所携带的特异性耐药基因。

国内外关于大肠杆菌对消毒剂耐药性的研究报道不多。Russell 和 Gould（1998）研究发现大肠杆菌对苯扎氯胺的 MIC 值为 50mg/L。然而，消毒剂广泛使用是抗性增加的潜在重要动力，会导致细菌的适应和耐药菌的生长。之后，Ishikawa 等（2002）、Chung 和 Saier（2002）陆续发现大肠杆菌可表现出对消毒剂的抗性。Langsrud 等（2004）报道大肠杆菌对苯扎氯胺的 MIC 值达到 150mg/L。李军等（2012）研究了猪源大肠杆菌 O157:H7 对消毒剂的抗性，药敏试验表明菌株对消毒剂具有抗性。马保瑞（2013）对 104 株兽医临床分离的大肠杆菌进行的消毒剂耐药性分析表明，临床分离株已对消毒剂表现出一定的抗性。

【细菌对季铵盐类消毒剂的耐药表型与基因的关系】

不同的消毒剂基因介导对 QAC 的不同程度的耐药，目前，已知部分消毒剂基因与其表型之间的关系，但尚有一些基因与表型之间的关系未建立。鉴于相关流行病学调查不够系统、全面，关于 *qac* 基因型与表型之间的关系，有两种观点。一种观点主要基于对 *qacEΔ1* 基因的研究，此观点认为，*qac* 基因介导低水平 QAC 抗性，不同 *qac* 基因携带株对 QAC 的 MIC 无明显差异。在铜绿假单胞菌中，*qacEΔ1* 基因并没有对 QAC 成员之一的苯扎氯铵表现高抗性。*qac* 基因介导对 QAC 的抗性，同时可对 30 多种亲脂性阳离子化合物表现抗性。这些化合物至少隶属于 12 个不同的化学家族，包括单价阳离子化合物，如吖啶黄、结晶紫及绝大部分 QAC 等；双价阳离子化合物，包括双胍类、联脒及部分 QAC 等。*qacEΔ1*、*qacE* 启动子的类型与表达水平也可能导致对 QAC 的低水平耐药。然而另一观点认为，*qac* 基因和细菌对不同阳离子化合物的抗性之间存在紧密的联系，由于 *qac* 基因的表达，细菌对消毒剂的抗性逐渐增加。*qac* 基因阴性与阳性菌株间 QAC 的 MIC 有显著差异，携带 *qac* 基因菌株的 MIC 值可为不携带该基因菌株的 2 倍。质粒介导的 *qacG* 基因可使菌株对消毒剂的 MIC 值高于敏感菌株 5 倍，且暴露在 20mg/L QAC 中的菌株存活时间长于敏感株 1 万倍。pNVH01 质粒上携带的 *qacJ* 基因阳性菌株对苯扎氯铵（BC）和溴化十六烷基三甲铵（CTAB）消毒剂的 MIC 值比阴性菌株高 4.5～5.5 倍。

除此之外，目前尚缺乏对 *qacF*、*qacH*、*qacI* 及 *sugE(p)*等基因与消毒剂耐药表型关系的研究。因此，需系统调查消毒剂基因的耐药表型，在此基础上，确立消毒剂基因与 QAC 的 MIC 之间的对应关系。

【细菌对季铵盐类消毒剂与抗生素的共同耐药】

QAC 被广泛使用，然而 QAC 对抗生素抗性的潜在筛选压力却很少引起关注。Soumet 等（2012）评估了大肠杆菌菌株反复暴露于不同 QAC 后，对 QAC 和抗生素敏感性的变化。研究发现，菌株同时表现对 QAC、抗生素的耐药，QAC 在亚抑制浓度下的过度使用可导致对抗生素耐药菌株的筛选，并带来公共安全风险。QAC 类消毒剂的使用，发挥着筛选压力的作用，并可以促进细菌产生共耐药的基因，编码对消毒剂和抗生素的共同抗性。从临床样品分离的具有高水平 QAC MIC 值的大肠杆菌菌株同时与抗生素抗性密切相关，苯扎氯铵耐药菌株对大环内酯类、苯唑西林的耐药率明显高于非耐药菌。细菌对消毒剂和抗生素的抗性之间存在关联，消毒剂和抗生素可以共筛选（co-selection）同时对消毒剂和抗生素具有抗性的细菌。为了生存，共筛选的微生物必须获得对 2 种及以上不同抗菌物质的抗性。共筛选可以通过两种机制发生，一种机制为交叉耐药（cross-resistance），指不同的药物对同一靶位作用或使用同一作用途径；另一种机制为共同耐药（co-resistance），指赋予抗性表型的基因存在于同一个移动基因元件上，如质粒或整合子。这些基因元件包括两个或更多的抗性基因或基因单位。QAC 和抗生素的共耐药被认为与医疗保健、食品设备中使用 QAC 有关。不管是交叉耐药还是共同耐药，最终结果都是一致的，即对一种药物抗性的发展同时伴随对另一种药物抗性的出现。在革兰氏阴性菌中，*qac* 基因经常存在于质粒介导的 I 型整合子上，这些整合子同时携带不同的抗生素抗性基因，因此，*qac* 基因和抗生素耐药基因可同时表达，从而表现出共同耐药。*qacEΔ1* 基因常被发现于 I 型整合子上，同时该整合子包括 *sul1* 磺胺类药物抗性基因，*qacEΔ1* 亦被发现与新型金属 β-内酰胺酶基因 bla_{NDM-1} 同时存在于 I 型整合子上。*qacG* 基因与其他抗性基因 bla_{IMP-4}、*aacA*4、*qnrB*4 等共存于沙门菌质粒 I 型整合子上。*sugE(p)*基因与抗生素抗性基因 bla_{CMY-2}、*sulI*、*aadA* 及 *tet*（RA）等共存于大肠杆菌或沙门菌多重耐药（MDR）质粒 IncA/C、pSN254 上。在可移动的基因元件上携带 QAC 耐药基因可保证抗性通过水平转移传播于菌群中。消毒剂抗性和抗生素抗性可以“共定植”，因此对其中一个进行筛选可导致对另一个抗性的筛选。

胍类消毒剂的结构、种类与作用机制

【胍类消毒剂的结构】

胍从结构上看是亚胺脲，又称作氨基甲酸脒。胍类消毒剂具有相当强的广谱抑菌、杀菌作用，对细菌繁殖体、革兰氏阳性菌和阴性菌有很好的杀灭作用，但对抗力较强的真菌和分枝杆菌以及某些亲水性病毒等杀灭效果存在变化，对细菌芽孢基本没有杀灭作用，只能抑制其萌发。

胍类消毒剂因其化学结构式中具有生物活性的烷基胍而得名，主要分为双胍类消毒剂和单胍类消毒剂两大类，其中双胍类消毒剂有氯己定、聚六亚甲基双胍盐、聚亚己基双胍、聚胺丙基双胍等；单胍类消毒剂有聚六亚甲基胍盐酸盐、聚六亚甲基胍硬脂酸盐、聚六亚甲基胍丙酸盐、聚六亚甲基胍磷酸盐等。胍类消毒剂因具有低毒、无刺激的特点，现已被广泛应用于医药消毒、食品和其他日常生活用品的消毒。烷基胍类消毒剂由于被制成盐的形式，易溶于水，使用方便，同时由于抗菌广谱、低毒等特点，杀菌范围越来越广泛，除用于医院的消毒外，还用于纤维纸张等杀菌，日常生活用品如毛巾、毛衣、口罩等的消毒。胍类化合物中含有一个胍基和一个或两个六亚甲基二氨基，含两个胍基的低聚胍类是良好的消毒剂，若增大两个胍基之间的距离，其抗菌性能会下降。所以氯己定、聚六亚甲基双胍和聚六亚甲基胍是现在被广泛应用的消毒剂。

【胍类消毒剂的种类】

双胍类消毒剂。胍类作为消毒剂已经有 60 多年的应用历史了，从 20 世纪 50 年代开始使用的双胍类消毒剂因其易于制备、化学稳定性好等优点，一直在消毒剂中占有一定地位。主要包括：1,6-双氯苯双胍己烷（又名氯己定）及其衍生物、聚六亚甲基双胍盐及其衍生物。

氯己定。又称洗必泰，化学名 1,6-双氯苯双胍己烷，分子式 $C_{22}H_{30}N_{10}Cl_2$，分子量 578.4，碱性物质，难溶于水，衍生物包括醋酸氯己定和葡萄糖酸氯己定。其盐酸盐和乙酸盐为白色结晶，无臭、味苦，非吸湿性，在 20℃的水中溶解度分别为 0.06%和 1.9%，能溶于乙醇；其葡萄糖酸盐在 20℃的水中溶解度为 20%，能与水、甘油、醇等互溶。氯己定水溶液用于手、皮肤和黏膜的消毒，已有几十年的应用历史，其使用方便、杀菌效果可靠，已被人们认可。近年来，人们不再单纯使用氯己定水溶液，而是将氯己定与醇、碘、三氯生、氯化苄铵、中草药、纳米银、微波等进行复配或协同作用，有效地降低了氯己定的使用浓度，缩短了作用时间，提高了杀菌效果，使用范围也从传统的手、皮肤、黏膜消毒，扩展到空气、织物、一般物体表面消毒。醋酸氯己定，又称醋酸洗必泰，化学成分为 1,6-双氯苯双胍己烷二乙酸盐。白色晶体，无气味，分解温度为 260℃，20℃时在水中溶解度为 1.9g/100mL，溶于乙醇。其对人体刺激小、杀菌范围广、性能稳定，可用于皮肤、黏膜消毒，被广泛用作杀菌剂，并用作典型的防腐剂长达 30 多年。氯己定不仅能杀灭金黄色葡萄球菌等革兰氏阳性菌和大肠杆菌等革兰氏阴性菌及霉菌，同时对某些真菌及细菌芽孢也有抑制作用，适用于医院、家庭、旅馆、办公场所及皮肤等的消毒，同时还对塑料橡胶制品和食品等有抗菌防霉作用；若将其与有协同杀菌作用的消毒剂复配还可增强消毒液杀菌能力。葡萄糖酸氯己定，又称葡萄糖酸洗必泰，化学名称是 1,6-双(对氯苯双胍)正己烷二葡萄糖酸盐（结构与醋酸洗必泰类似）。白色或浅黄色结晶，能以任意比例溶于水或冰醋酸中，光照下可能分解，所以需避光保存，长期被用作安全消毒剂、衣原体的杀灭剂。葡萄糖酸氯己定具有溶菌酶的作用，微生物周围吸附洗必泰葡萄糖酸盐后可形成物理封闭，引起细胞质膜的变性和破坏，从而抑制和杀灭微生物细胞，因而对细菌的抑制具有广谱性，且安全性能高、使用方便。对大肠杆菌、铜绿假单胞菌、金黄色葡萄球菌、枯草芽孢杆菌有很强的杀灭作用，可应用于食品、医疗器械、塑料、橡胶、涂料等领域中。氯己定的杀菌机理：细菌的细胞膜通常带负电荷，作为阳离子的氯己定分子，很容易吸附于菌体细胞膜上，造成细胞膜的破裂损伤，使低分子质量的细胞质成分流出，如钾离子等；在溶液体系内，氯己定可抑制细菌酶系统，特别是脱氢酶和氧化酶，使其发生代谢障碍，在高浓度下可使细胞质聚集成块、浓缩变性，导致细菌死亡。

聚六亚甲基双胍盐酸盐。分子式为$(C_8H_{17}N_5)_n{\cdot}x$HCl，平均分子量为 1100～1800，为无色透明液体，没有不愉快的气味，pH 4.0～6.0，相对密度 1.05（25℃），沸点 102℃。常用作游泳池和工业水的杀菌灭藻剂，在采油注水中作杀菌剂，并可除去玻璃器皿和其他物质硬表面上的有害物质。

聚六亚甲基双胍盐酸盐中的甲基胍本身具有很高的活性，聚合物呈正电性，容易被细菌、病毒所吸附，从而抑制了细菌、病毒的分裂功能，使细菌、病毒丧失繁殖能力，而且聚合物的形成堵塞了微生物的呼吸通道，可使微生物窒息而死。

单胍类消毒剂。近年来，俄罗斯、东欧等一些国家和地区研究发现聚六亚甲基单胍较双胍的杀菌活性更强，性能更加优异，属新一代杀菌消毒剂。聚六亚甲基胍类消毒剂比葡萄糖酸氯己定有更显著的杀菌能力，对细菌、病毒等有更长的作用时效。聚六亚甲基单胍类主要有：盐酸聚六亚甲基胍、聚六亚甲基胍硬脂酸盐、丙酸聚六亚甲基胍、磷酸聚六亚甲基胍等。

盐酸聚六亚甲基胍（polyhexamethylene guanidine hydrochloride，PHGC）。PHGC 是 20 世纪 90 年代国际上开发的具有更高杀菌效力的一类消毒剂。PHGC 是白色无定形粉末，无特殊气味，易溶于水，水溶液无色至淡黄色、无味，不燃不爆，对金属材料基本无腐蚀性，分解温度大于 400℃，对葡萄球菌、沙门菌、大肠杆菌等有很好的抑制作用；对不锈钢、铜、碳钢等金属腐蚀性弱，低毒性，对皮肤无刺激过敏现象，具有广谱杀菌效果、稳定性高等特点。

其他聚胍盐作消毒剂。目前，其他聚六亚甲基胍盐已经有很多：聚六亚甲基胍硬脂酸盐，是单胍类消毒剂中的一种衍生物，其抗菌活性较好，而且经过 280℃高温加热 15min 后，其抗菌活性仍然很好；丙酸聚六亚甲基胍，有优异的杀菌效果，毒性低，无腐蚀性，一般做成粉末，在纺织、塑料、日化、水处理等领域广泛应用；硫酸聚六亚甲基胍，是一种白色无定形粉末，无特殊气味，易溶于水，水溶液为无色或淡黄色、无味，不燃不爆，对于各种金属材料基本无腐蚀性，分解温度大于 400℃，分子式为 $(C_7H_{16}N_3HSO_4)_n$、对所处理表面无漂白现象，两年不会变质，0.1%浓度的水溶液具有微苦的味道；磷酸聚六亚甲基胍，因其带有磷酸根，用作消毒剂时对眼及皮肤黏膜有刺激性，且毒性较大。含磷的化合物是藻类的助长剂，进入环境后水中的磷含量升高，水质趋向富营养化，会导致各种藻类、水草大量滋生，水体缺氧，出现鱼类死亡等现象，严重时将导致红色浮游生物暴发性繁殖而引发近海海水出现的“赤潮”和城市水系中出现的水生植物“疯长”的“浮华”现象，严重破坏环境。所以磷酸聚六亚甲基胍的应用并不广泛，国际上对其的使用也是非常谨慎且有条件的。Akacidplus，是胍类消毒剂中的新成员，只需浓度为 0.1%的溶液即可在 5min 内破坏大量病毒和细菌，具有好的抗菌性能。

【胍类消毒剂的作用机制】

消毒剂主要是通过和生物细胞膜表面的阴离子结合逐渐进入细胞，或与细胞表面的巯基等基团反应，破坏蛋白质和细胞膜的合成系统，抑制微生物的繁殖，使微生物个体生长受阻，不能维持正常生理活动而死亡。

胍类消毒剂中的胍基团溶于水后带正电荷，能够渗透到微生物体内，并且容易吸附在带负电荷的微生物表面，造成细胞膜的破裂损伤，破坏微生物体的细胞结构和物质能量代谢，使细菌丧失活性，同时聚合物形成的薄膜会堵塞微生物的呼吸通道，使微生物迅速窒息而死亡。

胍类消毒剂的耐药机制

【细菌对胍类消毒剂的固有耐药】

对于不同种属的微生物来说，消毒剂活性是不同的，甚至在同一病原菌的不同菌株间，消毒剂活性也存在差异。病原菌对消毒剂的固有抗性是由其染色体所介导的一种天然特性。而渗透性改变则可能是革兰氏阴性菌获得消毒剂抗性的主要原因，这些改变包括减少摄入，表面疏水性的变化，外膜超微结构、外膜蛋白组成和外膜脂肪酸组成的变化等。革兰氏阴性菌的外膜层可以作为渗透和导电屏障，介导对许多抗菌化合物的固有抗性。这种渗透性介导的抗性在很大程度上取决于抗菌化合物的化学性质，如低分子质量亲水性分子易通过水孔蛋白进入革兰氏阴性菌内，而疏水性分子则需通过扩散穿过外膜。分枝杆菌对消毒剂的固有抗性取决于其细胞壁的组成，尤其是蜡质的含量，其细胞壁的复杂性质使其对许多消毒剂的敏感性降低。分枝杆菌还具有参与细菌营养运输的孔蛋白，当孔蛋白不存在时其消毒剂敏感性降低，表明孔蛋白在各类消毒剂向胞内的运输过程中发挥着重要作用。葡萄球菌的细胞壁基本由肽聚糖和磷壁酸组成，高分子质量物质可以轻易穿过细胞壁，这为葡萄球菌和芽孢杆菌对胍类消毒剂的敏感性提供了合理的解释。芽孢杆菌属和梭菌属的细菌内生孢子对消毒剂的抗性极强，若要达到杀灭细菌孢子的效果，则需很高的消毒剂浓度。此外，细菌自身分泌的生物膜可以起到隔离消毒剂的作用，从而导致细菌对消毒剂的敏感性降低。

【细菌对胍类消毒剂的获得性耐药】

细菌对消毒剂的耐受性可以通过基因突变或染色体外元件如质粒、转座子上的遗传决定簇来获得。而细菌通过获得质粒、转座子、整合子等遗传元件，可使敏感菌株迅速获得耐药性，是目前消毒剂抗性产生以及传播的主要方式。质粒最常携带的消毒剂抗性基因是 *qac* 基因家族，它们表达多种化合物外排泵，可将双胍类消毒剂排出体外，目前发现的 *qac* 基因亚型有 *qacA*、*qacB*、*qacC*、*qacD*、*qacE*、*qacE1*、*qacF*、*qacG*、*qacH*、*qacJ* 等，这些基因编码的蛋白称为 Qac，绝大多数属于 5 种耐药泵，其中 *qacA/B* 属于主要易化子超家族（MFS），其编码的蛋白由 12～14 个跨膜区组成，作用底物包括氨基糖苷类、四环素类和氯霉素类等。*qacC*、*qacE*、*qacG*、*qacH*、*qacJ* 属于小多重耐药家族（SMR），SMR 仅由 4 个跨膜区域构成，其作用底物包括氨基糖苷类和大环内酯类等。作为三种主要的消毒剂抗性决定因素，从金黄色葡萄球菌临床分离株中鉴定的 *qacA*、*qacB* 和 *qacC* 基因通过质子动力依赖性多药外排泵，介导对有机阳离子化合物的耐受性。*qacA* 基因产物对一系列结构不同的有机阳离子产生抗性，包括一价阳离子消毒剂如溴化乙锭、苯扎氯铵和西曲肽，以及二价阳离子消毒剂如氯己定和喷他脒，它可位于质粒 pSK1 和染色体上。*qacB* 基因位于重金属抗性质粒如 pSK23 上，与 *qacA* 基因密切相关，序列分析显示 *qacA* 和 *qacB* 之间只相差 7 个碱基对，这些差异仅导致基因 *qacA* 中的天冬氨酸和基因 *qacB* 中的丙氨酸的不同。然而，这种突变对外排蛋白的底物特异性具有强烈影响，因为蛋白 QacB 仅对单价阳离子化合物耐药。*qacC* 与 *ebr* 基因是同时从不同的金黄色葡萄球菌质粒中分离出的相同的基因，被命名为 *smr*。而 *qacD* 是与 *qacC* 基因相同但启动子序列不同的基因，现在均被称为 *qacC*，因此，*qacC*、*qacD*、*ebr* 和 *smr* 基因是同一基因，它们均可耐受 QAC 和溴化乙锭。*qacC* 通常位于金黄色葡萄球菌或其他葡萄球菌的共轭和非共轭质粒（Ⅲ类）上。在革兰氏阴性菌中，质粒编码的 *qacE*、*qacEΔ1*、*qacF* 和 *qacG* 基因均与 QAC 抗性有关。其中，*qacE* 首次从大肠杆菌中分离，编码含有 115 个氨基酸的蛋白质，也是由质子泵介导的消毒剂耐药基因。而 *qacEΔ1* 是 *qacE* 的缺失型，与二氢叶酸合成酶的 *sul1* 是重叠基因，*sul1* 基因常会引起细菌对磺胺类药物的耐药。*qacEΔ1-sul1* 常位于Ⅰ类整合子的 3′端，在革兰氏阴性菌中广泛传播，具有较高的携带率。

【细菌外排泵对消毒剂的外排】

目前已知有大量的膜相关蛋白参与了细菌对抗生素、消毒剂或其他物质的排出。这些外排泵具有各种结构，甚至单一的外排蛋白也可以单独发挥作用，其中主要有五大类外排泵系统，可以证明它们大部分均参与消毒剂的外排：①主要易化子超家族（MFS）；②ATP 结合盒家族（ABC）；③耐药结节分化超家族（RND）；④小多重耐药家族（SMR）；⑤多药及毒性化合物外排家族（MATE）。其中，一些外排泵由以 ATP 为能量源的单一蛋白质组成，如乳酸乳球菌中的 LmrA 外排泵，而其他的单一多肽则使用质子动力来激发药物运输，外排季铵类化合物的 QAC 蛋白即是依赖质子动力的外排泵的原型实例。一些涉及抗生素耐药的 MATE 家族多药转运蛋白已经显示其在细菌对 QAC 敏感性降低中的作用，如金黄色葡萄球菌的 MepA 转运蛋白、奈瑟球菌的 NorM 转运蛋白和铜绿假单胞菌的 PmpM 转运蛋白等。

【细菌对胍类消毒剂与抗生素的耐药】

有研究证明，胍类消毒剂在临床护理中的广泛使用会引起细菌对消毒剂和抗生素之间的交叉耐药。对 1991 年的 701 株代表 16 种细菌属的革兰氏阴性菌株进行分析，结果表明黏质沙雷菌和产碱杆菌对胍类消毒剂和抗生素的抗性呈正相关关系。在对氯己定具有较高 MIC 的肺炎克雷伯菌中检测到多种药物外排泵，可以将细菌细胞中多种抗生素和消毒剂排出。kpnEF 是肺炎克雷伯菌中的一种 SMR 型外排泵，其直接参与荚膜形成，此外，它可能对一些抗生素如头孢吡肟、头孢曲松、黏菌素、红霉素、利福平、四环素和链霉素，以及一些消毒剂如苯扎氯铵、氯己定和三氯生有抗药性。对来自临床病变的 148 个大肠杆菌临床分离株的分析显示，12.8%的菌株对氯己定具有抗性，同时还对多种抗生素与重金属有抗性。有研究证明将伯克霍尔德菌属暴露于 0.005%氯己定溶液中持续 5min，会导致菌株对头孢他啶、环丙沙星和亚胺培南的敏感性显著降低。

主要参考文献

崔树玉, 陈璐. 2011. 胍类消毒剂及其研究进展. 中国消毒学杂志, 28(6): 749-751.
李军, 谢宇舟, 冯世文, 等. 2012. 猪源大肠杆菌 O157:H7 耐药表型和消毒剂抗性调查. 中国畜牧兽医, 39(2): 203-206.
李丽丽. 2019. 碳青霉烯类耐药肠杆菌科细菌对消毒剂抗性研究及同源性分析. 福州: 福建医科大学硕士学位论文.
林伟, 刘雪玉, 陈凌晖. 2020. 医院多重耐药菌对常用消毒剂抗性的研究. 中国卫生标准管理, 11(1): 136-138.
马保瑞. 2013. 大肠杆菌对消毒剂及抗菌药物交叉耐药机制的初步研究. 重庆: 西南大学硕士学位论文.
邱泳波, 李丽莎, 周芙先, 等. 2020. 季铵盐载体消毒剂对多重耐药菌的消毒效果. 中国卫生标准管理, 11(9): 116-118.
王邃, 陶艳玲, 陈丹峰, 等. 2009. 胍类消毒剂的制备、性能与应用. 广东化工, 36(9): 58-61.
吴舜, 周燕. 2018. 细菌对消毒剂的检测方法与耐药机制研究进展. 海南医学, 29(8): 1142-1145.

杨文, 陈红伟, 曾杨梅, 等. 2019. 内江市猪源大肠埃希菌抗菌药与消毒剂交叉耐药性研究. 中国畜牧兽医, 46(5): 1499-1507.

叶青, 成于珈, 林丽开. 2020. 国内外微生物对消毒剂抗性研究热点和发展趋势的可视化分析. 中华传染病杂志, 38(9): 556-563.

袁丽美, 吴坚敏, 周黎. 2018. 临床分离金黄色葡萄球菌的耐药性及其对消毒剂抗性研究. 中国消毒学杂志, 35(11): 850-852.

张艳娇, 刘海锋, 廖小微, 等. 2019. 临床金黄色葡萄球菌对消毒剂耐药性研究. 生物化工，5(5): 110-112.

周倩, 唐梦君, 张小燕, 等. 2018. 禽源弯曲杆菌对消毒剂的耐药性. 中国兽医学报, 38(9): 1735-1739.

邹立扣, 吴国艳, 程琳, 等. 2014. 季铵盐类消毒剂及大肠杆菌对其耐药性研究进展. 食品科学, 35(17): 338-345.

Bay D C, Turner R J. 2009. Diversity and evolution of the small multidrug resistance protein family. BMC Evol Biol, 9(1): 140.

Biswas D, Tiwari M, Tiwari V. 2018. Comparative mechanism based study on disinfectants against multidrug-resistant *Acinetobacter baumannii*. J Cell Biochem, 119(12): 10314-10326.

Buffet-Bataillon S, Branger B, Cormier M, et al. 2011. Effect of higher minimum inhibitory concentrations of quaternary ammonium compounds in clinical *E. coli* isolates on antibiotic susceptibilities and clinical outcomes. J Hosp Infect, 79(2): 141-146.

Chung, Y J, Saier Jr M H. 2002. Overexpression of the *Escherichia coli sugE* gene confers resistance to a narrow range of quaternary ammonium compounds. J Bacteriol, 184(9): 2543-2545.

DeMarco C E, Cushing L A, Frempong-Manso E. 2007. Efflux-related resistance to norfloxacin, dyes, and biocides in bloodstream isolates of *Staphylococcusaureus*. Antimicrob Agents Chemother, 51(9): 3235-3239.

Ishikawa S, Matsumura Y, Yoshizako F, et al. 2002. Characterization of a cationic surfactant-resistant mutant isolated spontaneously from *Escherichia coli*. J Appl Microbiol, 92(2): 261-268.

Kampf G. 2016. Acquired resistance to chlorhexidine-is it time to establish an ‘antiseptic stewardship’ initiative? J Hosp Infect, 94(3): 213-227.

Kampf G. 2019. Antibiotic resistance can be enhanced in Gram-positive species by some biocidal agents used for disinfection. Antibiotics(Basel), 8(1): 13.

Langsrud S, Sundheim G, Borgmann-Strahsen R. 2003. Intrinsic and acquired resistance to quaternary ammonium compounds in food-related *Pseudomonas* spp. J Appl Microbiol, 95(4): 874-882.

Langsrud S, Sundheim G, Holck A L. 2004. Cross-resistance to antibiotics of *Escherichia coli* adapted to benzalkonium chloride or exposed to stress-inducers. J Appl Microbiol, 96(1): 201-208.

Levy S B. 2002. Active efflux, a common mechanism for biocide and antibiotic resistance. J Appl Microbiol, 92(Suppl): 65S-71S.

Nicoletti G, Boghossian V, Gurevitch F. 1993. The antimicrobial activity *in vitro* of chlorhexidine, a mixture of isothiazolinones (‘Kathon’ CG) and cetyl trimethyl ammonium bromide (CTAB). J Hosp Infect, 23: 87-111.

Russell A D, Gould G W. 1998. Resistance of Enterobacteriaceae to preservatives and disinfectants. Soc Appl Bacteriol Symp Ser, 65(S17): 167S-195S.

Soumet C, Fourreau E, Legrandois P, et al. 2012. Resistance to phenicol compounds following adaptation to quaternary ammonium compounds in *Escherichia coli*. Vet Microbiol, 158(1-2): 147-152.

Tattawasart U, Maillard J Y, Furr J R. 2000. Outer membrane changes in *Pseudomonas stutzeri* resistant to chlorhexidine diacetate and cetylpyridinium chloride. Int J Antimicrob Agents, 16(3): 233-238.

第三章　可移动遗传元件及其他载体介导耐药性传播

第一节　整　合　子

整合子（integrator 或 integron）是一种可移动遗传元件，包含一个能捕获外源基因的位点特异重组系统，这些被捕获的外源基因通常是耐药基因，这些耐药基因被包含在叫作基因盒的单一移动单元中。20 世纪 80 年代研究者发现，在不同的质粒或转座子上不同耐药基因两侧的序列具有相似的限制性酶切图谱，推测其可能是一个可移动遗传元件。Stokes 和 Hall（1989）通过比对序列并结合限制性酶切图谱，初步确定了其保守末端的范围以及结构特点，认为这是一类新的移动性基因元件，并将其命名为“DNA 整合元件”（DNA integration element）或者简称为“整合子”。

整合子是近年来发现的一类天然克隆系统，与细菌耐药基因的水平转移密切相关。自 1989 年整合子第一次被报道以来，整合子传播的分子机制，包括对基因盒的整合和切除都得到了研究与阐明。同时，它在微生物对抗菌药物产生耐药性中的作用在过去的几十年也得到了广泛研究。整合子能够通过特异性位点重组捕获外源基因盒并将其整合进入整合子中进行转录、表达，而整合子本身可位于质粒上或者转座子中从而参与转移。由于基因盒的移动性，整合子在耐药基因的分布和传播中起关键作用，其将各种不同的抗性基因扩散到多种细菌中。除临床研究外，还有大量关于环境微生物整合子的报道，充分表明整合子在基因组中作为一种古老的遗传元件，长久以来在进化和适应方面发挥了关键作用。

在广泛的报道中，整合子的移动性被认为是临床抗菌药物耐药性传播的主要原因，整合子在 *attC* 位点序列中包含多种抗菌药物抗性基因，并且整合子的移动性与可移动 DNA 元件（转座子或质粒）是相关联的。尽管目前存在的整合子（主要是 I 型整合子）不能自我转移，其仍被认为是一种具有潜在移动性的元件。其普遍被发现位于质粒上并可促进接合介导的转移，因为它含有可移动的基因盒，能够转移到其他细菌基因组的整合子或二级位点上。整合子是一个天然的捕获和组装平台，它允许微生物进一步整合基因盒并通过正确的表达将它们转化为功能性蛋白。因此，利用自然巨大的基因盒库，整合子可能具有无限地交换和储存功能基因盒的能力，从而允许宿主快速适应选择性压力，并可能最终增强宿主的适应性。另外，可移动遗传元件包括质粒、转座子、插入序列和基因岛都可能成为整合子的巨大遗传库，将进一步在细菌中传播。

整合子结构

整合子一般由三个部分组成，包括 5′保守末端（5′ conserved segment，5′ CS）、3′保守末端（3′ conserved segment，3′ CS）和二者中间的可变区（variable region）。在基本结构 5′ CS 中含有一个编码整合酶（integrase，IntI）的基因 *intI*，IntI 属于酪氨酸整合酶家族，负责催化基因盒在整合子重组位点 *attI* 和基因盒重组位点 *attC* 之间的剪切和整合。另外，5′ CS 包括整合酶基因启动子 P_{int} 以及可变区启动子 P_{ant}。启动子 P_{ant} 指导下游可变区中自身不带有启动子的基因盒中基因的表达，与 P_{int} 方向相反。可变区不是整合子的必需结构，往往不同整合子可变区带有数量不等、功能不同的基因盒，但有的整合子并没有基因盒插入。各种整合子的保守区段序列基本相似，但 3′ CS 的序列根据整合子种类不同而异，有的复杂整合子可含有两个 3′ CS 如Ⅰ型整合子，还有的杂合整合子如Ⅱ型整合子的 3′ CS 可以是Ⅰ型整合子的 3′ CS 结构。Chen 等（2018）从奇异变形杆菌中筛选出一种新的多重耐药转座子 Tn*6450*，发现 Tn*6450* 中一个由 *intI2* 和Ⅰ型整合子的 3′ CS 组成的Ⅰ/Ⅱ型杂合整合子携带有 *lunF*、*dfrA1* 和 *aadA*1 基因盒。这种杂交结构可能是由 IntI 1 整合酶催化Ⅱ型整合子和Ⅰ型整合子之间的协同整合形成的，*aadA1* 基因盒位于 3′ CS 的左端。

整合酶基因 *intI* 的 DNA 序列被作为整合子分类的标准，即携带 *intI1* 基因的整合子称为“Ⅰ型”，*intI2* 为“Ⅱ型”，*intI3* 为“Ⅲ型”（分别对应同源的 *attI1*、*attI2* 和 *attI3* 位点），等等，其中Ⅰ型整合子被首先报道且最常见于抗菌药物耐药临床分离株。迄今，整合子和基因盒已经数次被报道研究。*intI1*、*intI2* 和 *intI3* 主要与可移动遗传元件相关，而 *intI4* 和其他类型与染色体整合子相关。作为最为普遍的检测整合子的标志，*intI* 基因编码酪氨酸重组酶家族的整合酶（IntI）具有固定的 RHRY（Y 为酪氨酸激酶）氨基酸保守序列，区别于其他与 XerC 相关的整合酶中的 *intI*。IntI 催化 *attI* 和 *attC* 位点之间的重组，完成基因盒的插入或切除。Ⅰ型整合酶（IntI1）识别三种类型的重组位点：*attI1*、*attC* 和二级位点。*attI1* 位点是一个利用两个反向序列结合整合酶的简单位点，另外两个整合酶结合位点称为 DR1（强）和 DR2（弱）。

基因盒是单一的可移动的 DNA 分子（0.5～1kb），由单一基因（结构基因）和一个特异性整合位点 *attC* 组成。基因盒有时位于整合子的可变区域，有时不存在于整合子的结构中，通常以环形独立的游离状态存在，只有当它被整合子捕获并整合到整合子中才能转录。游离的环状基因盒可在整合酶的催化下通过特异位点性重组成为整合子的一部分，同时位于整合子上的基因盒也可在整合酶的催化下形成环状结构而被剪切下来。现已知的基因盒通常不含启动子，但是一旦基因盒插入整合子，这个基因就能在 5′端的共同启动子 P_{ant} 作用下转录。而基因盒的表达强弱不仅与该启动子的强弱相关，也与基因盒与启动子的距离远近相关。

整合酶 IntI 将基因盒以与编码区相同的方向插入整合子中，使得盒载基因从启动子开始表达，基因盒插入只存在一种方向（5′→3′）。多个基因盒可以插入同一个整合子形成基因盒阵列，从而形成多重耐药，这种位向特异性有助于启动子带动下游基因盒的表达。在基因盒整合过程中，游离的环状基因盒首先线性化，然后与整合子内部的重组位点发生位点特异性重组。基因重组可在任何一对 att 位点（attachment site，接触位点）上发生，但各个 att 位点上的发生频率存在非常大的差异，常见的有：*attI* 与 *attC* 间、两个 *attI* 位点间、两个 *attC* 之间，其中第 1 种的整合率最高。通过这种位点特异性重组，耐药基因从一个整合子向另一个整合子传递，完成整合子中耐药基因盒的积累、重排和流动。但也存在非特异性位点重组，有的游离基因盒也可不依赖整合酶催化，它并不结合于 *attI* 和 *attC* 交换位点，而结合于整合子的非特异性交换位点，通常在非特异性位点整合的基因盒不能被切除下来，使此类整合发生的频率很低，但其在质粒和细菌基因组的进化中却起着十分重要的作用，因为一旦细菌在非特异性位点整合上基因，细菌将永久获得该新基因。

多重耐药整合子可含多达 7 种基因盒，大多数基因盒编码广谱的抗菌药物耐药性，最新报道显示，通过独特的 *attC* 位点能够识别超过 130 种抗菌药物耐药基因。基因盒能够介导大多数抗菌药物的耐药性，其中包括 β-内酰胺类、氨基糖苷类、氯霉素、链霉菌素、甲氧苄啶、利福平、红霉素、喹诺酮、磷霉素、林可霉素和季铵化合物家族的杀菌剂。

整合子广泛存在于革兰氏阴性菌中，也有少量报道的一些含基因盒或整合子的革兰氏阳性菌种类，包括谷氨酸棒状杆菌、大肠杆菌、葡萄球菌和肠球菌（在可转移的质粒上）。然而许多研究报告显示，在某些情况下，通过 PCR 仅检测到 *intI1* 的序列片段。通过Ⅰ型整合子的 5′ CS 或 3′ CS 对金黄色葡萄球菌和肠球菌属的 GenBank 数据库进行搜索，只有很少的数据，其中大多数是片段而没有一个提供了整合子与染色体或质粒连锁的证据。因此，目前没有确凿的证据表明这些菌种中存在整合子。

【*attC* 位点】

attC 位点的长度为 57～141bp，是一个不完全的反向重复序列（inverted repeat，IR），呈二倍轴对称，并含有可被整合酶识别的特异性整合位点。*attC* 区域包含两个简单的位点，每个均由一对保守的“核心位点”（7bp 或 8bp）组成，称为 R″和 R′、L′和 L″。R′和 R″位点是 *attC* 右臂（right-hand，RH）共有序列的一部分。L′和 L″位点是 *attC* 左臂（left-hand，LH）共有序列的一部分，相当于 LH 的简单位点。*attC* 的 LH 和 RH 位点可能会被整合酶分开，从而确定基因盒整合的方向。L″对于定向似乎也具有很重要的作用。LH 单一位点不仅仅是取向所需，也增强了 RH 活性。*attC* 位点在基因盒的结构中通常与单个 ORF 相关联，但在重组体中不一定能够找到，而一经重组，它们就会成为整合子的一部分。

【基因盒】

已经有很多种含有不同抗性基因的基因盒以其所携带基因被命名，最为相关的是携带编码 β-内酰胺酶或氨基糖苷类修饰酶的基因盒。前者包括金属内酰胺酶（MBL；B 类），其中 VIM 和 IMP 类型是最为常见的。盒载基因也编码 A 类 GES 酶，它们是 ESBL、碳青霉烯酶（在第 170 个氨基酸处有突变）、D 类 OXA-10-like（包括 ESBL 变体）和 OXA-1-like 酶。常见的 *aacA4/aac(6')- Ⅰb* 基因盒的变体不同的点突变可导致妥布霉素、庆大霉素和阿米卡星耐药或氟喹诺酮的低水平耐药。某些盒式序列在Ⅰ型整合子中非常普遍，如 *dfrA17-aadA5*，分别对甲氧苄啶（*dfr*）和壮观霉素（*aadA*）产生抗性；GCU 表示功能未知的基因盒。

基因盒的表达：不同基因盒相关的 *attC* 位点的序列不同，但都包括两个成对保守的 7bp 或 8bp 的核心位点。它们由可变区域隔开，通常形成反向重复。因此不同 *attC* 位点之间的序列相似性低，为单链形式，各自形成一个保守的二级结构，有两个或三个不成对的突出的外部基部。这些部位被 IntI 整合酶识别，并且在将重组引导至底链方面非常重要，确保基因盒的插入仅在一个方向上发生。

IntI 介导的最有效的反应是双链 *attI* 位点和单链折叠 *attC* 位点之间的重组，从而将基因盒特异性插入。IntI 介导的基因盒切除通常发生在两个单链折叠的 *attC* 位点之间。IntI1 反应受 LexA 调控（SOS 反应调控），LexA 结合覆盖 *intI1* 启动子的−10 位点，抑制其表达以尽量减少非必需的基因盒位移。当需要时整合酶的合成增加，使抑制被解除，则触发 SOS 反应。在组合过程中单链 DNA 的形成也有利于 *attC* 位点的折叠和重组，以及触发 SOS 反应，从而使基因盒更容易被整合。而 *intI2* 的表达则不受 SOS 反应的监管。

在Ⅰ型整合子中，P_{ant} 启动子位于 *int1* 基因中，短序列的变化使 P_{ant} 强度和 IntI1 活性之间成反比。在一些Ⅰ型整合子中，在潜在的−35 位点和−10 位点之间插入三个“G”形呈最为理想的 17bp 间距，从而激活另外的启动子（*P2*）。Ⅱ型整合子的 *attI2* 位点含有两个活性 P_{ant} 启动子。随着 P_{ant} 与 *P2* 距离的增加，盒载基因的表达减少。相较于首次报道的 *attC* 二级结构对转录的影响，这似乎更倾向于是对翻译的影响。这意味着基因盒可以在序列的后端处以较低的代价被携带，但仍具有潜力被拖曳到序列的前端。一些盒载基因缺乏核糖体结合位点（ribosome binding site，RBS）和 ORF 11。最近报道的 *attI1* 如果处于序列的首位，则有助于 ORF 17 的表达。

整合子分类

按照 IntⅠ在序列上的差异和捕获基因盒能力的不同，目前已将整合子归类分为六大类。迄今为止，有 4 种通用类的整合子已被细致研究，称为Ⅰ～Ⅳ型整合子，在细菌耐药性的传播方面产生了重要影响。目前大多数关于整合子的研究均在Ⅰ型整合子中进行，主要针对革兰氏阴性细菌。作为一种独特类型的整合子，Ⅳ型整合子首先被确定为霍乱弧菌的小染色体，最初于 20 世纪 90 年代末在霍乱弧菌中发现，主要包含一些编码适应性功能的基因。其整合酶 IntI4 有 320 个氨基酸，与前三类整合子的整合酶有 45%～50%的同源性。此类整合子的可变区可带有上百个基因盒，故又称为超级整合子（super-integron，SI）。SI 基因盒中的基因除了与细菌耐药有关，还与细菌的代谢和毒力有关。除霍乱弧菌外，在梅氏弧菌、费氏弧菌、拟态弧菌等细菌的染色体基因组中也发现了超级整合子。除此之外，其他的整合子类别也可含有抗菌药物抗性基因盒，但它们的流行性并不高。

【Ⅰ型整合子】

Ⅰ型整合子在抗菌药物耐药性的分布和传播方面具有一定的作用，也已经在革兰氏阴性菌株中被深入研究。Ⅰ型整合子在转座子、质粒以及细菌染色体上均有被发现，最常见于医院感染分离得到的革兰氏阴性杆菌，如肺炎克雷伯菌、铜绿假单胞菌和大肠杆菌等，尤其是大肠杆菌。Ⅰ型整合酶基因与转座子 21（Tn*21*）的较为相似，编码含有 337 个氨基酸的整合酶（IntⅠ1），能够识别两个重组位点 *attI* 和 *attC*。5′ CS 区域包含编码 IntⅠ1 的基因 *int I1*、重组位点 *attI1* 和启动子 P_{ant}，有的整合子还含有启动子 *P2*。大多数Ⅰ型整合子的 3′ CS 包括 3 个可读框（ORF）：磺胺类耐药基因（*sul1*）、季铵盐化合物及溴化乙锭耐药基因（*qacEΔ1*）以及功能不明的 ORF5。Ⅰ型整合子的可变区大小可在 1000～3000bp，可插入功能、数量等都不同的基因盒，从而产生各种耐药性。

Ⅰ型整合子与各种抗性基因盒相关，大多数整合子含有 *aadA* 抗性决定簇，编码链霉素、壮观霉素抗性。另外，还经常检测到甲氧苄啶抗性决定簇，因为甲氧苄啶+磺胺甲基异噁唑一直是常用的治疗组合。从与细菌感染有关的细菌中分离的Ⅰ型整合子经常还携带编码 β-内酰胺类抗性的基因盒，此外在过去几年中还有新的编码氨基糖苷类抗性的基因盒被发现。然而，这些研究局限于革兰氏阴性菌，只有少数例子在革兰氏阳性菌中被发现。最新报道的含Ⅰ型整合子的革兰氏阳性菌包括棒状杆菌、链球菌、肠球菌、葡萄球菌和短杆菌，其中基因盒 *aadA* 和 *dfrA* 最常检测到。1998 年，第一次在对革兰氏阳性菌的研究中报道了在 29kb 的质粒 pCG4 上检测到了完整的Ⅰ型整合子，其携带来自谷氨酸棒状杆菌的介导链霉素、壮观霉素抗性的抗性决定簇。1999 年，在粪肠球菌菌株 W4470 中观察到Ⅰ型整合子的水平转移。2002 年，在谷氨酸棒状杆菌 LP-6 中的 27.8kb R 质粒 pTET3 上发现一个被 IS*6100* 截断后类似 *intI1* 基因的序列，其介导对链霉素、壮观霉素和四环素的抗性。在 2001～2004 年，在中国广州共分离出 15 种Ⅰ型整合子和 3′ CS 区域的 *qacEΔ1-sul1* 阳性的肠球菌菌株，也发现了两种携带Ⅱ型整合子的粪肠球菌菌株。在 2001～2002 年，中国广州暨南大学附属第一医院在 4 株链球菌菌株中检测到Ⅰ型整合子，该整合子有 *dfrA12-orfF-aadA2* 序列结构。2004 年，从来自家禽废料的几种棒状杆菌（空气球菌、葡萄球菌和生硫短杆菌）中发现了Ⅰ型整合子。2001～2006 年，广州市第一人民医院在临床分离的葡萄球菌中检测到Ⅰ型整合子。在此进行的整合子调查中，样本来自 262 个 MRS 分离株、209 个耐甲氧西林金黄色葡萄球菌（MRSA）和 53 个耐甲氧西林凝固酶阴性葡菌球菌（methicillin-resistant coagulase-negative *Staphylococci*，MRCNS），共在 122 株耐甲氧西林葡萄球菌（methicillin resistant *Staphylococcus*，MRS）中检测到了Ⅰ型整合子，没有检测到Ⅱ型或Ⅲ型整合子。2009 年，从哥伦比亚波哥大分离的一种表皮葡萄球菌菌株中鉴定出了Ⅰ型整合子，其携带 *aac6* 和 *aac6′-aph2′*基因盒，具有氨基糖苷类和 β-内酰胺类抗性。2013 年，从来自伊朗萨南达季（Sanandaj）医院的 81 株葡萄球菌分离株中发现了Ⅰ型整合子（40.5%，81/200），其中包括 37 株金黄色葡萄球菌（45.7%）、35 株表皮葡萄球菌（43.2%）和 9 株腐生葡萄球菌（11.1%）。

Tn*402* 似乎是由捕获的 *intI1*/*attI1*/P_{ant} 组合产生的，存在于 β-变形杆菌的染色体上，

与 *qacE* 基因盒相关（对抗菌剂的抗性），由 Tn*5053* 家族转座子携带。在更多常见的“临床”或“*sul1* 型”Ⅰ型整合子中，部分转座起始位点（tni）区已经被 3′保守末端（3′ CS）所代替。最长的 3′ CS 包含源自 *qacE* 盒的 *qacEΔ1* 基因和 *sul1* 基因（编码对早期磺胺类抗菌药物的耐药性），但可能只有部分区域保持现有活性。“Ⅰ型 In/Tn”这一术语通常指包含了 *intI1*/*attI1*/P_{ant} 和完整或截断的 tni 片段的结构。Ⅰ型 In/Tn 的 25bp IR 被称为 IRi（在整合酶末端）和 IRt（在 tni 末端），IRi 到 *attI1* 位点末端的部分称为 5′保守末端（5′ CS）。某些Ⅰ型 In/Tn 丢失了 tni 换位功能，但有证据表明它们也可以被转移，可能是由于同一细胞中可相容性 Tni 蛋白帮助其移动。Ⅰ型 In/Tn 也可以与上游 IS*Pa17* 元件一起移动，该元件具有与 IRi 和 IRt 相关的 IR。

前几个Ⅰ型 In/Tn 用数字依次指定为 In0（无基因盒）至 In6，旨在阐明所有组件，包括基因盒、3′ CS 的长度和 tni 区域以及所有其他元件，如 IS 元件。“类 In2”（带有 IS*1326* 和 IS*1353* 插入）和“类 In4”（较短的 3′ CS 和插入了 IS*6100* 并具有反向 IRt 末端的 tni）整合子似乎是最为常见的。所谓的“杂合”Ⅰ型整合子，通常部分 3′ CS 的复制是由于含 IS*CR1* 的环状序列的插入、相关耐药基因的重组或者自身含有 IS*CR1* 元件。3′ CS 边缘常用于定义 IS*CR1* 的末端，尽管其可能不是原始终止点。

在经测序的细菌基因组序列中大约 9%能够发现整合子，其中Ⅰ型整合子最为普遍，并且是临床细菌中最常报道的，因此其仍然是众多研究的焦点。Ⅰ型整合子被认为与 Tn*402* 转座子直接连锁并与 Tn*3* 转座子家族（Tn*21* 或 Tn*1696*）相关联。Ⅰ型整合子是非自主转移的，而由其他任一可移动遗传元件如接合质粒或转座子转移，当 Tn*21* 整合酶或整合子整合酶 IntI1 的整合位点为 GWTMW 或 GNT 时，能够通过位点特异性重组作为种内或种间的载体进行遗传物质的传播。IntI1 能够识别三种类型的重组位点（*attI1*、*attC* 和二级结构），但具有不同的重组效率：*attI1* 和 *attC* 之间比两个 *attC* 之间的重组更有效率，而在两个 *attI1* 位点之间不那么有效，二级结构位点和 *attI1* 的重组比 *attI1* 和 *attC* 之间更有效。因此，这类整合子能够通过该位点特异性重组平台来捕获基因盒，基因盒也能够利用位于 5′ CS 区域两个潜在的启动子位点 P_{ant}（也称为 *Pc*）和 *P2*（位于整合位点上游约 200bp 处）进一步表达。在位点特异性重组平台中，P_{ant} 能够确保基因盒的正确表达，在整合子的功能中发挥关键作用。

在已有的研究报道中，作为一种常见的对抗菌药物耐药性广泛分布和传播产生贡献的元件，Ⅰ型整合子在各种微生物中的发生率和流行率为 22%～59%。并且在许多人医和兽医临床革兰氏阴性菌中鉴定到Ⅰ型整合子，包括不动杆菌、气单胞菌、产碱菌、伯克霍尔德菌、弯曲菌、柠檬酸杆菌、肠杆菌、埃希菌、克雷伯菌、分枝杆菌、假单胞菌、沙门菌、沙雷菌、志贺菌、嗜麦芽窄食单胞菌和弧菌。2001～2006 年，在我国区域研究中，Ⅰ型整合子常分离于革兰氏阴性菌中，在华南区域发生率为 73.6%（243/330），其中大肠杆菌、肺炎克雷伯菌、不动杆菌属的流行率很高。

【Ⅱ型整合子】

Ⅱ型整合子通常存在于 Tn*7* 及其衍生物（如 Tn*1825*、Tn*1826* 和 Tn*4132*）上，它携带的重组位点 *attI2* 和启动子 P_{ant} 曾被发现存在于这些转座子中。*intI2* 编码的整合酶 IntI2

大约有 318 个氨基酸，与整合酶 IntI1 有 40%的同源性。IntI2 不能催化基因盒的剪切与整合。Ⅱ型整合子的基本结构类似于Ⅰ型整合子，其 3′ CS 包含 5 个 *tns* 基因（*tnsA*、*tnsB*、*tnsC*、*tnsD* 和 *tnsE*），在转座子的转移中起作用，在这个过程中通过优先插入细菌染色体内的独特位点来介导Ⅱ型整合子的移动。Ⅱ型整合子的整合酶基因被一个终止密码子打断，由于谷氨酸（氨基酸 179）被终止密码子取代而不具有功能性，从而产生一种较短且无活性的多肽，成为一类有缺陷无功能的整合酶基因。这个终止密码子的起源仍然不清楚，目前对这种潜在假基因的两种解释是：①监管职能；②由于其他类型整合酶的存在而发挥作用（主要是 IntI1）。第二种假设得到了同时可携带Ⅰ型和Ⅱ型整合子、不同基因盒阵列数量有限以及获得的盒载基因多样性低等现象的支持。IntI2 虽然具有定点切除和整合基因盒的能力，但仍不能从Ⅰ型整合子中识别基因盒的 *attC* 位点，并介导进一步整合。然而，Ⅱ型整合子与Ⅰ型整合子具有相同的基因盒，如 *dfrA1*、*sat1* 和 *aadA1*。

Ⅱ型整合子的一般结构包含一系列基因盒，包括二氢叶酸还原酶基因（*dfrA1*）、链霉毒素乙酰转移酶基因（*sat1*）和氨基糖苷腺苷转移酶基因（*aadA1*），它们分别介导细菌对甲氧苄啶、链霉素和链霉素/壮观霉素产生耐药性。但是，在过去十年中，新的基因盒阵列和抗性基因已经重组与重新被鉴定。例如，在自身含有启动子的Ⅱ型整合子中检测到一个红霉素酯酶基因（*ereA*），其能够通过 *intI2* 基因上游的插入序列元件（IS*1*）进行传播。另外，从 3 个鲍曼不动杆菌分离株中发现了一个新的Ⅱ型整合子（Tn*7*::In*2-8*）与可变区新的盒式重排，其结构在可变区包含 6 个抗菌药物耐药基因。此外，在洋葱伯克霍尔德菌中发现了Ⅱ型整合子（Tn*7*::In*2-1*）的新型盒式阵列，在肠球菌中还发现了一个特殊的阵列（*sat-sat1-aadA1*）。这种新型盒式阵列的机理和演变需要进一步的研究与检测。Ⅱ型整合子被认为是抗菌药物耐药性在微生物中广泛传播和分布的主要原因之一，在不动杆菌、肠杆菌科和沙门菌等革兰氏阴性菌中被普遍报道。与Ⅰ型整合子相比，Ⅱ型整合子的发生率和流行率较低。2001～2005 年，在中国广州进行的一次回顾性的整合子检测显示，在所有被检测的分离物中，偶尔也检测到Ⅱ型整合子（5.7%，33/583），包括铜绿假单胞菌、大肠杆菌、粪肠球菌、变形杆菌，所有菌株都是 *dfrA1-sat1-aadA1* 基因盒阵列。

【Ⅲ型整合子】

Ⅲ型整合子与Ⅰ型整合子更为类似，同样表现出与 Tn*402-like* 转座子有关。只有几个研究报道了Ⅲ型整合子，其主要携带编码 β-内酰胺酶的基因盒。其整合酶 IntI3 有 346 个氨基酸，与 IntI1 有 60.9%的同源性，目前仅在黏质沙雷菌和肺炎克雷伯菌等细菌中分离出Ⅲ型整合子。IntI1 和 IntI3 都是在土壤/淡水变形菌中被发现，而 IntI2 在海洋 γ-变形菌群中被发现，与 IntI1 的功能类似，IntI3 已经被证明能够催化整合盒的切除和将环化基因盒整合到 *attI3* 位点中，并且整合包含不同 *attC* 位点的各种基因盒。与 IntI1 相比，其在 *attC* 和二级位点之间发生的重组频率明显更低。*attC* 位于 *attI3* 位点，一个与 *intI3* 相邻的短区域。

Ⅲ型整合子首次由 Arakawa 等（1995）从日本在耐碳青霉烯类抗菌药物的沙雷菌分离株中被鉴定，然后他们发现其与肺炎克雷伯菌菌株 FFUL 22K 的 $bla_{\text{GES-1}}$ 有关。它的鉴定仅限于少数微生物，包括不动杆菌、嗜碱菌、弗劳地枸橼酸杆菌、大肠杆菌、肺炎克雷伯菌、铜绿假单胞菌、沙门菌和黏质沙雷菌。研究主要报道其发生率较低，与 IMP-1 金属-β-内酰胺酶有关。然而，最近鉴定出的Ⅲ型整合子含有来自大肠杆菌的 IncQ 质粒的 $bla_{\text{GES-1}}$。Ⅲ型整合子的发生和鉴定率为 0%～10%，报告显示在 587 株对头孢他啶和舒巴坦头孢哌酮高度耐药的革兰氏阴性菌中，0.7%（4/587）携带Ⅲ型整合子，通过 DNA-DNA 杂交发现 7%的兽医分离株为Ⅲ型整合酶阳性。

【Ⅳ型整合子】

Ⅳ型整合子是由 Mazel（2006）首次在霍乱弧菌染色体中发现的整合子，其整合酶有 320 个氨基酸，与前三类整合子的整合酶有 45%～50%的同源性。Ⅳ型整合子除抗菌药物抗性和致病性基因外，具有大量编码适应性的基因盒，其存在于抗菌药物时代之前。这类整合子的类别与其他 RI 相比，具有两个特征，包括可携带数百个基因盒，故又称为超级整合子（super-integron，SI）（至少对于霍乱弧菌而言，在 179 个基因盒中，至少有 216 个未知基因从 VCR 相关的 ORF 集群中被识别出来），以及聚集的基因盒的 *attC* 位点之间的高度同源性。Ⅳ型整合子存在于弧菌科、黄单胞菌、假单胞菌等细菌中。迄今为止，已发现Ⅳ型整合子携带对氯霉素和磷霉素有抗性的基因盒。

此外，可根据整合子是否具有可移动性将整合子分为移动性整合子（mobile integron）和超级整合子。移动性整合子与移动性基因元件结合在一起，可伴随移动性基因元件一起移动，与细菌耐药基因的散播密切相关。超级整合子位于染色体上并成为染色体的一部分而不能自由移动。

整合子与细菌耐药性

整合子位于细菌的 DNA 上，其本身并不能移动，但是它们有时候是作为转座子的一个组成部分而参与转移。转座子位于质粒中，这种潜在移动的质粒为耐药基因盒的转移和传播提供了方法与途径。整合子的存在方式和传播方式的灵活性为细菌耐药性，甚至是多种耐药性的加速传播提供了便利条件。

在没有抗菌药物压力的自然环境中，整合子的发生率仅为 3.6%，并且一半以上的整合子中不携带耐药基因盒。Rosser 和 Young（1999）研究了从水生植物生长环境中筛选出的 85 株带Ⅰ型整合子的革兰氏阴性菌，发现很少有抗菌药耐药基因盒存在于整合子中；在普通革兰氏阴性临床分离株中，仅 13%的菌株携带整合子；在革兰氏阴性菌耐药株中，整合子的阳性率显示出增高的趋势，其出现率为 54%～75%，且常多种整合子共存，同时亦有研究指出，有整合子的菌株比不含有整合子的菌株更倾向于对各种不同的抗生素产生耐药性，从而推测整合子的出现及耐药基因盒的捕获与抗菌药物选择性压力有关。另外，被整合的耐药基因盒不仅在革兰氏阴性菌中有，在革兰氏阳性菌中也有，同一血清型细菌中可同时存在多种整合子。有研究从食源性金黄色葡萄球菌菌株中发现了Ⅰ型整合子。这一新发现对有效控制食源性病原体耐药性的传播提供了重要的指导意义。但包括Ⅰ型整合子和其他类整合子在内，整合子的发生和流行以及这些整合子在食品安全中的抗菌作用，都还有待进一步的研究。

整合子是一种常见的微生物间水平转移的耐药机制，在来自各种环境的多种细菌中普遍存在，它在微生物对抗菌药物的耐药性中起重要作用，有助于细菌间抗菌药物耐药基因的广泛传播和分布，也有助于细菌的进化和适应。目前可用的研究和调查大部分局限于Ⅰ型整合子与革兰氏阴性菌。革兰氏阳性菌中的Ⅰ型整合子以及Ⅱ型、Ⅲ型和Ⅳ型整合子研究得较少，因此，未来需要进一步研究相关微生物整合子的鉴定，某些细菌中不同种类整合子的发生和流行，整合子和盒式阵列的分布和传播，以及这些整合子在传播耐药性方面所起的作用。

主要参考文献

郭抗抗, 李鑫鑫, 张秀萍, 等. 2019. 猪源大肠埃希菌耐药性检测及Ⅰ类整合子和基因盒分析. 济南: 中国畜牧兽医学会兽医食品卫生学分会第十五次学术交流会.

李超, 周铁丽, 刘庆中, 等. 2007. 细菌整合子及其介导的耐药研究进展. 中华检验医学杂志, 30(2): 227-230.

李情操, 吴巧萍, 屠艳烨, 等. 2020. 整合子的临床分布及其与细菌耐药表型相关性分析. 中华医院感染学杂志, 30(13): 1970-1975.

李紫云, 王明钰, 徐海. 2018. 细菌Ⅱ型、Ⅲ型整合子在耐药性传播中的作用. 中国抗生素杂志, 43(2): 156-162.

王欢, 马祉茜, 林淑云, 等. 2019. 肺炎克雷伯菌整合子分布与耐药性关系. 中国实验诊断学, 23(2): 309-312.

王艺凝, 李学瑞, 刘永生. 2019. 大肠杆菌整合子的研究进展. 中国兽医学报, 39(9): 1858-1863.

魏取好, 蒋晓飞, 吕元. 2008. 细菌整合子研究进展. 中国抗生素杂志, 33(1): 1-5, 40.

徐令清, 黄圳婷, 汤英贤, 等. 2019. 铜绿假单胞菌整合子分布差异与耐药性的关系. 重庆医学, 48(16): 2755-2758, 2763.

袁利, 徐羽中, 程明刚, 等. 2018. 耐碳青霉烯类铜绿假单胞菌耐药现状及整合子耐药基因分析. 中国医学装备, 15(4): 80-83.

仉英. 2019. 845 株临床分离肠杆菌科菌株Ⅰ类整合子分布, 基因盒结构及其耐药相关性的流行病学调查. 健康之友, (14): 75.

周倩, 唐梦君, 张小燕, 等. 2019. 鸡源弯曲菌Ⅰ型整合子-耐药基因盒结构分析及接合消除研究. 中国预防兽医学报, 41(3): 239-244.

朱艮苗, 郭富饶, 姚欣, 等. 2018. 铜绿假单胞菌群体感应 QS 系统对Ⅰ类整合子 *intI1* 基因调控作用的初步研究. 中华医院感染学杂志, 28(24): 3700-3704.

Arakawa Y, Murakami M, Suzuki K, et al. 1995. A novel integron-like element carrying the metallo-beta-lactamase gene bla_{IMP}. Antimicrob Agents Chemother, 39(7): 1612-1625.

Cambray G, Guerout A M, Mazel D. 2010. Integrons. Annu Rev Genet, 44: 141-166.

Chen Y P, Lei C W, Kong L H, et al. 2018. Tn*6450*, a novel multidrug resistance transposon characterized in a *Proteus mirabilis* isolate from chicken in China. Antimicrob Agents Chemother, 62(4): e02192-17.

Collis C M, Hall R M. 1995. Expression of antibiotic resistance genes in the integrated cassettes of integrons. Antimicrob Agents Chemother, 39(1): 155-162.

Deng Y, Bao X R, Ji L L, et al. 2015a. Resistance integrons: class 1, 2 and 3 integrons. Ann Clin Microbiol Antimicrob, 14: 45.

Deng Y, Liu J Y, Peters B M, et al. 2015b. Antimicrobial resistance investigation on *Staphylococcus* strains in a local hospital in Guangzhou, China, 2001-2010. Microb Drug Resist, 21(1): 102-104.

Escudero J A, Loot C, Nivina A, et al. 2015. The integron: adaptation on demand. Microbiol Spectr, 3(2): MDNA3-0019-2014.

Hall R M. 2012. Integrons and gene cassettes: hotspots of diversity in bacterial genomes. Ann N Y Acad Sci, 1267(1): 71-78.

Huang S C, Chiu C H, Chiou C S, et al. 2013. Multidrug-resistant *Salmonella enterica* serovar Panama carrying class 1 integrons is invasive in Taiwanese children. J Formos Med Assoc, 112(5): 269-275.

Hussein A I A, Ahmed A M, Sato M, et al. 2009. Characterization of integrons and antimicrobial resistance genes in clinical isolates of Gram-negative bacteria from Palestinian hospitals. Microbiol Immunol, 53(11): 595-602.

Jové T, Da Re S, Tabesse A, et al. 2017. Gene expression in class 2 integrons is SOS-independent and involves two Pc promoters. Front Microbiol, 8: 1499.

Labbate M, Case R J, Stokes H W. 2009. The integron/gene cassette system: an active player in bacterial adaptation. Methods Mol Biol, 532: 103-125.

Mazel D. 2006. Integrons: agents of bacterial evolution. Nat Rev Microbiol, 4(8): 608-620.

Nikokar I, Tishayar A, Flakiyan Z, et al. 2013. Antibiotic resistance and frequency of class 1 integrons among *Pseudomonas aeruginosa*, isolated from burn patients in Guilan, Iran. Iran J Microbiol, 5(1): 36-41.

Ozgumus O B, Sandalli C, Sevim A, et al. 2009. Class 1 and class 2 integrons and plasmid-mediated antibiotic resistance in coliforms isolated from ten rivers in northern Turkey. J Microbiol, 47(1): 19-27.

Papagiannitsis C C, Tzouvelekis L S, Tzelepi E, et al. 2017. *attI1*-located small open reading frames ORF-17 and ORF-11 in a class 1 integron affect expression of a gene cassette possessing a canonical Shine-Dalgarno sequence. Antimicrob Agents Chemother, 61(3): e02070-16.

Partridge S R, Tsafnat G, Coiera E, et al. 2009. Gene cassettes and cassette arrays in mobile resistance integrons. FEMS Microbiol Rev, 33(4): 757-784.

Pérez-Valdespino A, Fernández-Rendón E, Curiel-Quesada E. 2009. Detection and characterization of class 1 integrons in *Aeromonas* spp. isolated from human diarrheic stool in Mexico. J Basic Microbiol, 49(6): 572-578.

Poirel L, Carattoli A, Bernabeu S, et al. 2010. A novel IncQ plasmid type harbouring a class 3 integron from *Escherichia coli*. J Antimicrob Chemother, 65(8): 1594-1598.

Rosser S J, Young H K. 1999. Identification and characterization of class 1 integrons in bacteria from an aquatic environment. J Antimicrob Chemother, 44(1): 11-18.

Rowe-Magnus D A, Mazel D. 2001. Integrons: natural tools for bacterial genome evolution. Curr Opin Microbiol, 4(5): 565-569.

Senda K, Arakawa Y, Ichiyama S, et al. 1996. PCR detection of metallo-beta-lactamase gene (bla_{IMP}) in gram-negative rods resistant to broad-spectrum beta-lactams. J Clin Microbiol, 34(12): 2909-2913.

Shahcheraghi F, Badmasti F, Feizabadi M M. 2010. Molecular characterization of class 1 integrons in MDR *Pseudomonas aeruginosa* isolated from clinical settings in Iran, Tehran. FEMS Immunol Med Microbiol, 58(3): 421-425.

Stokes H W, Hall R M. 1989. A novel family of potentially mobile DNA elements encoding site-specific gene-integration functions: integrons. Mol Microbiol, 3(12): 1669-1683.

Wang L, Li Y, Chu J, et al. 2012. Development and application of a simple loop-mediated isothermal amplification method on rapid detection of *Listeria monocytogenes* strains. Mol Biol Rep, 39(1): 445-449.

Xu H, Broersma K, Miao V, et al. 2011a. Class 1 and class 2 integrons in multidrug-resistant gram-negative bacteria isolated from the Salmon River, British Columbia. Can J Microbiol, 57(6): 460-467.

Xu Z, Li L, Chu J, et al. 2012. Development and application of loop-mediated isothermal amplification assays on rapid detection of various types of staphylococci strains. Food Res Int, 47(2): 166-173.

Xu Z, Li L, Shi L, et al. 2011b. Class 1 integron in staphylococci. Mol Biol Rep, 38(8): 5261-5279.

Xu Z, Li L, Shirtliff M E, et al. 2009. Occurrence and characteristics of class 1 and 2 integrons in *Pseudomonas aeruginosa* isolates from patients in southern China. J Clin Microbiol, 47(1): 230-234.

Xu Z, Li L, Shirtliff M E, et al. 2010. First report of class 2 integron in clinical *Enterococcus faecalis* and

class 1 integron in *Enterococcus faecium* in South China. Diagn Microbiol Infect Dis, 68(3): 315-317.
Xu Z, Li L, Shirtliff M E, et al. 2011c. Resistance class 1 integron in clinical methicillin-resistant *Staphylococcus aureus* strains in southern China, 2001-2006. Clin Microbiol Infect, 17(5): 714-718.
Zhao X H, Li Y M, Wang L, et al. 2010. Development and application of a loop-mediated isothermal amplification method on rapid detection *Escherichia coli* O157 strains from food samples. Mol Biol Rep, 37(5): 2183-2188.
Zhong N J, Gui Z Y, Xu L, et al. 2013. Solvent-free enzymatic synthesis of 1, 3-diacylglycerols by direct esterification of glycerol with saturated fatty acids. Lipids Health Dis, 12: 65.
Zhu J Y, Duan G C, Yang H Y, et al. 2011. Atypical class 1 integron coexists with class 1 and class 2 integrons in multi-drug resistant *Shigella flexneri* isolates from China. Curr Microbiol, 62(3): 802-806.

第二节 插入序列

插入序列（insertion sequence，IS）是细菌中最简单的可移动遗传元件，能够将自身（和相关的抗性基因）随机地移动到单个细胞内相同或不同 DNA 分子中的新位置。插入序列通过不同的转座机制插入到基因编码区导致基因突变、缺失和倒置；或者插入到基因上游，通过自身启动子或与基因形成杂交启动子来影响插入序列下游基因的表达，从而帮助细菌抵抗复杂的环境变化。它们通常在基因组中不同位置形成多个拷贝，促进同源重组（相同或相关区段之间的序列交换）。面对抗菌药物，各种类型的可移动遗传元件之间的相互作用加强了多重耐药性病原菌的快速进化。

插入序列结构

插入序列由两端的反向重复序列和中间的转座酶（transposase）编码序列组成。插入序列广泛存在于细菌的基因组和质粒中，并存在不同数量的拷贝，以相同或不同的转座机制在基因组内或基因组之间进行水平移动，也可作为其他移动遗传因子，如噬菌体和质粒的一部分进行转移。插入序列在转座酶的催化作用下，转座到细菌基因组中诱导基因突变、缺失、倒位以及复杂的基因组重排。典型插入序列包括以下几个特征：①插入序列是细菌最小的转座子，其长度在 700～2500bp。②只含有 1～2 个可读框（ORF），用于编码转座必需的转座酶。③末端含有 10～40bp 的反向重复序列。IR 是转座酶的特异性识别位点，并且转座酶编码序列上游的反向重复序列通常包含插入序列的一部分启动子，这种结构使得转座酶一旦结合识别位点便能自动调节其合成。此外，在反向重复序列内也发现了细菌某些蛋白质的特异性结合位点，而这些蛋白质能调节转座酶表达和在转座过程中发挥作用。④在插入位点两侧，产生正向重复序列（direct repeat，DR）。DR 是修复转座“缺口”的产物，其长度范围在 2～14bp。

一般 IS 是一种仅仅携带一个（有时是两个）转座酶基因（*tnp*）的小移动元件。IS 可以基于 Tnp 中的活性位点被分成不同的组，由活性位点中的关键氨基酸确定，最常见的是 DDE，还有 DEDD 和 HUH；也可基于转座是否保守、剪切和粘贴机制分组，其中 IS 被简单地从供体切除并插入接受者或复制。复制转座可以通过复制和粘贴机制进行（在形成靶部位与转座子连接中间体后进行复制，通过复制使原来位置与新的靶部位各有一个转座子)。传统认为插入序列不携带抗性基因，但 IS 可以作为复合转座子的一部分将抗性基因转移。插入序列在转座酶的介导下，转座插入到基因编码区，产生突变或移码，可能导致基因失活。此外，插入序列还能转座到基因上游，通过自身启动子或与下游基因形成杂交启动子来调节相邻基因的表达。根据钝化或调节的基因功能不同，插入序列对细菌耐药、毒力和代谢等方面均产生影响。插入序列作为最简单的移动元件，通过转座酶进行自主转座扩增。而该转座子是由两个拷贝相同或高度同源，并同时可以作为单个可移动遗传元件的插入序列携带抗药基因组成的复合物。许多插入序列包含驱动捕获基因表达的强启动子，并且染色体基因上游的插入也可以直接影响抗菌药物抗性。

插入序列分类

转座酶是 IS 分类的主要依据，根据转座酶催化活性中心氨基酸序列的差异性可将转座酶分为：DDE 转座酶、DEDD 转座酶、HUH 转座酶和丝氨酸转座酶，这是插入序列分类的主要依据。而某些家族的插入序列还因为反向重复序列、正向重复序列的差异和转座酶的特殊二级结构域进一步细分为不同的亚群。因此，插入序列的分类是多因素的综合结果。

【DDE 转座酶】

DDE 转座酶指含有保守 DDE 催化结构域的转座酶。因为这个结构域的活性中心有 3 个高度保守的酸性氨基酸残基：天冬氨酸（D）、天冬氨酸（D）和谷氨酸（E）残基，故命名为 DDE 结构域。DDE 转座酶的催化特征是仅催化切割单个 DNA 链（转移链），而第二条链（非转移链）的不同处理方式代表着 DDE 转座酶介导的不同转座方式。目前，具有 DDE 转座酶的插入序列是所有 IS 种类中数量最多的。这类插入序列全长 0.7～2.5kb，具有 1 个或 2 个 ORF，转座后产生较短的正向重复序列。DDE 残基间的差异及是否存在特定亚基，是定义这类插入序列家族和亚群的主要依据。

【HUH 转座酶】

HUH 转座酶是含有保守 HUH 催化结构域的转座酶，属于 HUH 内切酶超家族。因为其结构域活性位点两侧有一对保守的组氨酸（H）残基，中间夹着一个强疏水的硒半胱氨酸残基（U），故命名为 HUH 结构域。HUH 转座酶是目前第二大类的转座酶，分为 Y1 HUH 转座酶 IS*200*/IS*605* 家族和 Y2 HUH 转座酶 IS*91* 家族。

【DEDD 转座酶】

DEDD 转座酶结构域的活性中心存在 4 个高度保守的酸性氨基酸残基：天冬氨酸（D）、谷氨酸（E）、天冬氨酸（D）和天冬氨酸（D）残基，故称为 DEDD 结构域。目前,只有 IS*110* 家族的转座酶属于 DEDD 转座酶。除 IS*1111* 亚群携带反向重复序列，其他 IS*110* 家族成员没有典型的反向重复序列，且转座后并不产生正向重复序列。

【丝氨酸转座酶】

丝氨酸转座酶是丝氨酸重组酶家族的一员，以丝氨酸为亲核体攻击插入序列末端来切割DNA链，同时形成5′-磷酸丝氨酸共价中间体和游离的3′-OH基团进行链转移。此外，丝氨酸转座酶的催化活性位点需要精氨酸残基，而不需要二价金属离子。目前结核分枝杆菌和幽门螺杆菌中发现的IS*607*家族是这个转座酶仅有的代表。

与耐药性相关的常见插入序列

【IS*26*及相关元件】

IS*6*家族元件中的IS*26*、IS*257*和IS*1216*在革兰氏阴性菌（IS*26*）（表3-1）和革兰氏阳性菌（IS*257*和IS*1216*）（表3-2）的耐药性传播中发挥了重要作用。这些IS编码单个转座酶，IS*26*和IS*257*的末端IR都含有一个35bp共同序列（TTGCAA），如果偶然定位在靠近一个基因上游的−10区，它可以产生杂合启动子。这些IS的移动最初被证明是通过复制型转座发生的。这导致供体和受体分子在每个连接处的共整合过程中伴随着直接重复，产生“复合转座子”结构，侧翼为特征性的8bp靶位点重复（target site duplication，TSD）序列。这可以解释侧翼为IS*257*的葡萄球菌质粒如何直接定向拷贝掺入大质粒或染色体中[例如，pSK41内的pUB110或葡萄球菌盒式染色体*mec*（SCCmec）]。RecA在两个IS的拷贝之间同源重组，能够分解共整合体，释放供体和一个两端含有TSD修饰的受体。

表3-1　革兰氏阴性菌中插入序列与复合转座子相关的耐药基因

插入序列	转座子	基因	抗菌药物
IS*1*	Tn*9*	*catA1*	氯霉素
IS*10*	Tn*10*	*tet*(B)	四环素
IS*26*	Tn*4352*	*aphA1*	卡那霉素
	Tn*6020*	*aphA1*	卡那霉素
		tet(C)	四环素
		tet(D)	四环素
		catA2	氯霉素
	Tn*2003*	bla_{SHV}	β-内酰胺类
		cfr	氯霉素、林可酰胺、噁唑烷酮、截短侧耳素、链阳菌素A
IS*50*	Tn*5*	*aph(3')-Ⅱa-ble-aph(6)-Ⅰc*	卡那霉素、博来霉素、链霉素
IS*903*	Tn*903*	*aphA1*	卡那霉素
IS*1999*	Tn*1999*	$bla_{OXA\text{-}48}$-*like*	碳青霉烯类
IS*Apl1*	Tn*6330*	*mcr-1*	黏菌素
IS*Ec69*		*mcr-2*	黏菌素
IS*As2*		$bla_{FOX\text{-}5}$	β-内酰胺酶抑制剂
IS*Aba14*	Tn*aphA6*	*aphA6*	卡那霉素
IS*Aba1*	Tn*2006*	$bla_{OXA\text{-}23}$	碳青霉烯类
		$bla_{OXA\text{-}237}$	碳青霉烯类
IS*Aba125*	Tn*125*	bla_{NDM}	碳青霉烯类

表 3-2　革兰氏阳性菌中插入序列与复合转座子相关的耐药基因

插入序列	转座子	基因	抗菌药物
IS*16*	Tn*1547*	*vanB1*	万古霉素
IS*256*		*cfr*	氯霉素、林可酰胺、噁唑烷酮、截短侧耳素、链阳菌素 A
	Tn*1547*	*vanB1*	万古霉素
	Tn*4001*	*aac-aphD*	庆大霉素、卡那霉素、妥布霉素
	Tn*5281*	*aac-aphD*	庆大霉素、卡那霉素、妥布霉素
	Tn*5384*	*aac-aphD*	庆大霉素、卡那霉素、妥布霉素
	Tn*5384*	*erm(B)*	大环内酯类、林可酰胺、链霉素
IS*257*		*aadD*	卡那霉素、新霉素、巴龙霉素、妥布霉素
		aphA-3	卡那霉素、新霉素
		bcrAB	杆菌肽
		ble	博来霉素
		dfrk	甲氧苄氨嘧啶
		erm(C)	大环内酯类、林可酰胺、链霉素
		fosB5	磷霉素
		fusB	梭链孢酸
		ileS2(mupA)	莫匹罗星
		qacC	防腐剂、消毒剂
		sat4	链丝菌素
		tet(K)	四环素
		tet(L)	四环素
		vat(A)	链阳霉素 A
		vga(A)	链阳霉素 A、截短侧耳素、林可酰胺
		vgb(A)	链阳霉素 B
	Tn*924*	*aacA-aphD*	庆大霉素、卡那霉素、妥布霉素
	Tn*4003*	*dfrA*	甲氧苄氨嘧啶
	Tn*6072*	*aacA-aphD*	庆大霉素、卡那霉素、妥布霉素
	Tn*6072*	*spc*	壮观霉素
IS*1182*	Tn*5405*	*aadE*	链霉素
	Tn*5405*	*aphA-3*	庆大霉素、妥布霉素
	Tn*5405*	*sat4*	链霉素
IS*1216*		*cfr*	氯霉素、林可酰胺、噁唑烷酮、截短侧耳素、链阳菌素 A
		str	链霉素
	Tn*5385*	*aacA-aphD*	庆大霉素、卡那霉素、妥布霉素
	Tn*5385*	*aadE*	链霉素
	Tn*5385*	*blaZ*	青霉素
	Tn*5385*	*erm*(B)	大环内酯类、林可酰胺、链霉素
	Tn*5385*	*tet*(M)	四环素、米诺环素
	Tn*5482*	*vanA*	万古霉素
	Tn*5506*	*vanA*	万古霉素

续表

插入序列	转座子	基因	抗菌药物
IS*1272*	Tn*Sha1*	*fabl*	三氯生
	Tn*Sha2*	*fabl*	三氯生
IS*21-558*		*cfr*	氯霉素、林可酰胺、噁唑烷酮、截短侧耳素、链阳菌素 A
		lsa(B)	林可酰胺
IS*Enfa4*		*cfr*	氯霉素、林可酰胺、噁唑烷酮、截短侧耳素、链阳菌素 A
IS*sau10*		*aadD*	卡那霉素、新霉素、巴龙霉素、妥布霉素
		dfrK	甲氧苄氨嘧啶
		erm(C)	大环内酯类、林可酰胺、链霉素
		erm(T)	大环内酯类、林可酰胺、链霉素
		tet(L)	四环素

可移动单元由单拷贝的 IS*26* 和相邻区域（可以到达下一个 IS*26* 连接点）组成，被称为“可转移的单元”（transfer unit，TU）。一个 TU 优先通过（不复制 IS*26*，并且不产生 TSD，但是已经保留了目标 IS*26* 侧翼的所有 TSD）在受体分子的 IS*26* 拷贝旁边插入，产生与复制转座相同的整合结构。重要的是，该过程依赖于 IS*26* 转座酶（Tnp26），并且 RecA 是独立的，该转座已被证明发生频率比非靶向复制转座的频率高 50 倍。这意味着一旦染色体或质粒具有 IS*26* 的拷贝，它倾向于转座到相邻 IS*26* 的 TU。

环状 TU 通常不是由 Tnp26 依赖性机制产生的，但可能由 IS*26* 拷贝之间发生同源重组后形成，或者分子内转座子在某个方向的复制将会释放一个 TU 样结构。这样做，IS*26* 和靶向位置之间的序列将被删除；缺失部分常被 IS*26-like* 元件频繁插入。这是一种通过去除多余或代谢成本高的基因和/或允许通过创建新的杂合启动子来调节剩余基因的表达，进而简化抗性基因簇的方法。

【IS*Ecp1* 及相关元件】

IS*Ecp1*（IS*1380* 家族；编码 DDE 型转座酶）具有约 14bp 的 IR 并且在转座时产生 5bp TSD，首先在大肠杆菌中被鉴定。IS*Ecp1* 转座单元的完整结构为：IRL、tnpA、IRR-1 和 IRR-2。IRR-2 与 IRL 和 IRR-1 的序列同源性略低，IR 的两端通常会有 5bp 正向重复序列。

IS*Ecp1* 可借助 IRL 和 IRR-2 转移其邻近的 DNA 序列，且该 DNA 序列往往包含耐药基因。已经证明在克吕沃尔氏菌属染色体 *bla*$_{\text{CTX-M-2}}$ 基因的上游插入 IS*Ecp1* 序列后，发现 *bla*$_{\text{CTX-M-2}}$ 基因可移动到质粒上，但是尚未确定可用作 IRR 替代序列的确切机制和任何重要特征。IS*Ecp1* 为捕获基因提供至少一个启动子（可能是两个），并且该启动子的分离导致 *bla*$_{\text{CTX-M}}$ 基因的表达降低。IS*Ecp1* 还可以在不同的转座中截取不同长度的片段，因此可以同时移动具有不同来源的相邻 DNA 片段。在许多生物有机体中，IS*Ecp1* 似乎一直负责以这种方式捕获许多不同的抗性基因。

其他 IS*1380* 家族元件，包括 IS*Kpn23* 和 IS*1247*（表 3-3），以类似于 IS*Ecp1* 的方式捕获抗性基因。在革兰氏阳性肠球菌中检测到 IS*Enca1*（与 IS*Ecp1* 91%相同），与

aph(2")-Ie 基因（庆大霉素抗性）相关。

表 3-3　IS*Ecp1* 相关的耐药基因与元件

插入序列	基因	抗菌药物
IS*Ecp1*	$bla_{CTX\text{-}M}$	三代头孢菌素
	bla_{ACC}	三代头孢菌素、β-内酰胺酶抑制剂
	$bla_{CMY\text{-}2}$-*like*	三代头孢菌素、β-内酰胺酶抑制剂
	$bla_{OMA\text{-}181}$-*like*	碳青霉烯类
	$bla_{OXA\text{-}204}$	碳青霉烯类
	qnrB	氟喹诺酮类
	qnrE1	氟喹诺酮类
	rmtC	氨基糖苷类
IS*1247*	*aac(3)- IIf-arr*	氨基糖苷类、利福平
IS*Kpn23*	bla_{BKC}	碳青霉烯类
	aac(3)- IIb	庆大霉素、妥布霉素
IS*Enca1*	*aph(2")- I e*	庆大霉素、卡那霉素、妥布霉素

【IS*Apl1* 与 *mcr-1*】

IS*30* 家族元件 IS*Apl1*（编码 DDE 型转座酶）首先在猪病原体胸膜肺炎放线杆菌中被发现，参与 *mcr-1*（黏菌素抗性）基因的捕获和移动。IS*Apl1* 以 27bp IR 为界，携带单个转座酶基因。与其他 IS*30* 家族成员一样，IS*Apl1* 使用“复制—粘贴”机制，通过来源于供体分子邻接的 IRL 和 IRR 末端之间的中间体，插入富含 AT 的序列并产生 2bp TSD。IS*Apl1* 似乎非常活跃。

研究发现，*mcr-1* 是莫拉菌基因片段的一部分，其中还含有一个通常注释为编码 PAP2（PAP 家族跨膜蛋白）的基因。在第一个被鉴定的质粒中，该片段的上游存在单拷贝的 IS*Apl1*。之后该片段分别在具有两个完整 IS*Apl1* 元件，一个 IRR 末端侧翼被 *mcr-1* 插入的完整 IS*Apl1* 和一个完全缺乏 IS*Apl1* 的质粒中发现。不间断侧翼序列的实例证实了 IS*Apl1-mcr-1-pap2*-IS*Apl1* 两侧有 2bp TSD，表明复合转座子型结构可以移动。已经观察到通过插入 IS*10*（剪切和粘贴机制）沉默 *mcr-1* 的方法是可行并可逆的。类似地，通过插入 IS*1294b* 可以可逆地沉默 *mcr-1*。

【IS*91-like* 与 IS*CR* 元件】

三个相关的 IS（IS*91*、IS*801* 和 IS*1294*）缺乏常规 IR 并且通过滚环复制移动，由它们编码的 Y2（活性位点的两个酪氨酸）HUH 型酶催化。复制从复制起点（origin of replication，ori）到终止子（terminator，ter）（与内部基因的转录方向相反），并且这些元件靶向的 4bp 序列（GAAC）类似于 ter 末端的最后 4bp，且不产生 TSD。IS*91* 和 IS*801* 似乎没有参与已知抗性基因的转移，但 IS*1294* 和其突变体 IS*1294b* 已经在不同的质粒类型之间转移了最初与 IS*Ecp1* 相关的 $bla_{CMY\text{-}2}$ 基因。

当识别相关元件时，首先被鉴定为与某些 I 型整合子中的不同抗性基因相关的“共同区域”元件被重命名为 CR1，并且由于与 IS*91-like* 相似而命名为 IS*CR*。IS*CR* 元件似乎是靠滚环复制移动而捕获相邻序列的，但是这尚未通过实验证实。编码蛋白（所提出的名称 Rcr，用于滚环复制酶）属于 HUH Y1 家族（单一催化酪氨酸）。IS*CR1* 似乎负责捕获和转移一些不同的抗菌药物抗性基因（表 3-4）。IS*CR1* 被发现在“复杂的”Ⅰ型整合子中和 ori 末端相邻，可能是通过重组掺入环状分子的结果。IS*CR2* 与一些不同的抗性基因相关，特别是基因岛 GIsul2 及其衍生物中的 *sul2*。许多其他 IS*CR* 元件属于 IS*CR3* 家族，其可能通过相关元件之间的重组产生杂交体。IS*CR27* 可能负责将 bla_{NDM} 的前体从一种来源不明的生物体移动到鲍曼不动杆菌，但 IS*CR1* 可能有助于后续转移。

表 3-4 IS*CR* 相关的耐药基因

插入序列	基因	抗菌药物
IS*CR1*	*dfrA10*	甲氧苄氨嘧啶
	catA2	氯霉素
	armA	氨基糖苷类
	bla_{DHA}	三代头孢菌素、β-内酰胺酶抑制剂
	$bla_{\mathrm{CMY/MOX}}$	三代头孢菌素、β-内酰胺酶抑制剂
	qnrB	氟喹诺酮
IS*CR2*	*sul2*	磺胺类
	tet(31)	四环素
IS*CR3*	*floR*	氟苯尼考
IS*CR4*	$bla_{\mathrm{SPM\text{-}1}}$	碳青霉烯类
IS*CR5*	$bla_{\mathrm{OXA\text{-}45}}$	三代头孢菌素
IS*CR6*	*ant(4')- IIb*	妥布霉素、阿米卡星
IS*CR14*	*rmtB*、*rmtD*	庆大霉素、妥布霉素、阿米卡星
IS*CR15*	$bla_{\mathrm{AIM\text{-}1}}$	碳青霉烯类
IS*CR27*	bla_{NDM}	碳青霉烯类

插入序列作为最简单的移动元件，利用转座酶自主复制，一方面，插入序列在基因组扩增或减少过程中造成基因的缺失、倒置甚至基因组重排，对细菌的正向选择和进化有重大意义；另一方面，插入序列插入基因内部或基因附近，对细菌的耐药性、毒力和代谢等多种生命过程产生影响。

主要参考文献

曹晓君，李小燕. 2014. 鲍曼不动杆菌耐药基因及插入序列遗传标记的研究. 中国医药科学，4(11): 122-125, 128.

陈银伟，何钻，朱健铭，等. 2014. 肺炎克雷伯菌 β-内酰胺酶基因与插入序列连锁检测分析. 中华医院感染学杂志，24(4): 790-791, 795.

豆清娅，邹明祥，李军，等. 2014. 耐碳青霉烯类鲍氏不动杆菌碳青霉烯酶基因型及插入序列 ISAba1 研究. 中华医院感染学杂志，24(9): 2081-2084.

杜娜，卯建，刘淑敏，等. 2017. 产 NDM-1 弗劳地枸橼酸杆菌整合子和插入序列共同区 1 检测及分型. 中国感染与化疗杂志，17(5): 523-526.

高玉录, 杨悌, 凌峰, 等. 2015. 铜绿假单胞菌的耐药性分析及 I 类整合子和插入序列共同区调查. 国际检验医学杂志, 36(20): 2923-2925.

胡巧娟, 胡志东, 李静, 等. 2011. 耐亚胺培南鲍曼不动杆菌碳青霉烯酶基因型及插入序列 ISAba1 研究. 临床检验杂志, 29(2): 145-147.

黄东标, 李嫦珍, 陈江平, 等. 2011. 耐药大肠埃希菌插入序列与接合性质粒遗传标记研究. 中华医院感染学杂志, 21(15): 3095-3097.

王同慧, 刘男男, 凌保东. 2014. 插入序列 ISAba1 对多重耐药鲍曼不动杆菌碳青霉烯酶基因表达的影响. 中国抗生素杂志, 39(3): 229-233.

王岩岩, 陈向东, 汪辉, 等. 2015. 多重耐药鲍曼不动杆菌的 β-内酰胺酶基因及插入序列 ISAba1 的检测. 药物生物技术, 22(5): 407-411.

许亚丰, 王春新, 陈国千, 等. 2011. 泛耐药鲍氏不动杆菌携带多种转座子与插入序列. 中华医院感染学杂志, 21(13): 2651-2654.

AbuOun M, Stubberfield E J, Duggett N A, et al. 2018. *mcr-1* and *mcr-2* (*mcr-6.1*) variant genes identified in Moraxella species isolated from pigs in Great Britain from 2014 to 2015. J Antimicrob Chemother, 73(10): 2904.

Boyd D A, Tyler S, Christianson S, et al. 2004. Complete nucleotide sequence of a 92-kilobase plasmid harboring the CTX-M-15 extended-spectrum beta-lactamase involved in an outbreak in long-term-care facilities in Toronto. Antimicrob Agents Chemother, 48(10): 3758-3764.

Chandler M, Fayet O, Rousseau P, et al. 2015. Copy-out-Paste-in transposition of IS*911*: a major transposition pathway. Microbiol Spectr, 3(4): 1-17.

Dhanji H, Patel R, Wall R, et al. 2011. Variation in the genetic environments of $bla_{CTX\text{-}M\text{-}15}$ in *Escherichia coli* from the faeces of travellers returning to the United Kingdom. J Antimicrob Chemother, 66(5): 1005-1012.

Foster T J, Lundblad V, Hanley-Way S, et al. 1981. Three Tn*10*-associated excision events: relationship to transposition and role of direct and inverted repeats. Cell, 23(1): 215-227.

Garcillán-Barcia M P, de la CruzF. 2002. Distribution of IS*91* family insertion sequences in bacterial genomes: evolutionary implications. FEMS Microbiol Ecol, 42(2): 303-313.

Hallet B, Sherratt D J. 1997. Transposition and site-specific recombination: adapting DNA cut-and-paste mechanisms to a variety of genetic rearrangements. FEMS Microbiol Rev, 21(2): 157-178.

Harmer C J, Hall R M. 2015. IS*26*-mediated precise excision of the IS*26-aphA1a* translocatable unit. mBio, 6(6): e01866-15.

Harmer C J, Hall R M. 2016. IS*26*-mediated formation of transposons carrying antibiotic resistance genes. mSphere, 1(2): e00038-16.

Harmer C J, Hall R M. 2017. Targeted conservative formation of cointegrates between two DNA molecules containing IS*26* occurs via strand exchange at either IS end. Mol Microbiol, 106(3): 409-418.

Harmer C J, Moran R A, Hall R M. 2014. Movement of IS*26*-associated antibiotic resistance genes occurs via a translocatable unit that includes a single IS*26* and preferentially inserts adjacent to another IS*26*. mBio, 5(5): e01801-14.

He S S, Hickman A B, Varani A M, et al. 2015. Insertion sequence IS*26* reorganizes plasmids in clinically isolated multidrug-resistant bacteria by replicative transposition. mBio, 6(3): e00762-15.

Kurpiel P M, Hanson N D. 2012. Point mutations in the inc antisense RNA gene are associated with increased plasmid copy number, expression of $bla_{CMY\text{-}2}$ and resistance to piperacillin/tazobactam in *Escherichia coli*. J Antimicrob Chemother, 67(2): 339-345.

Leelaporn A, Firth N, Byrne M E, et al. 1994. Possible role of insertion sequence IS*257* in dissemination and expression of high- and low-level trimethoprim resistance in staphylococci. Antimicrob Agents Chemother, 38(10): 2238-2244.

Levings R S, Djordjevic S P, Hall R M. 2008. SGI2, a relative of *Salmonella* genomic island SGI1 with an independent origin. Antimicrob Agents Chemother, 52(7): 2529-2537.

Liu Y Y, Wang Y, Walsh T R, et al. 2016. Emergence of plasmid-mediated colistin resistance mechanism MCR-1 in animals and human beings in China: a microbiological and molecular biological study. Lancet Infect Dis, 16(2): 161-168.

Mollet B, Clerget M, Meyer J, et al. 1985. Organization of the Tn*6*-related kanamycin resistance transposon Tn*2680* carrying two copies of IS*26* and an IS*903* variant, IS*903*. J Bacteriol, 163(1): 55-60.

Needham C, Noble W C, Dyke K G. 1995. The staphylococcal insertion sequence IS*257* is active. Plasmid, 34(3): 198-205.

Nigro S J, Hall R M. 2011. GI*sul2*, a genomic island carrying the *sul2* sulphonamide resistance gene and the small mobile element CR2 found in the *Enterobacter cloacae* subspecies *cloacae* type strain ATCC 13047 from 1890, *Shigella flexneri* ATCC 700930 from 1954 and *Acinetobacter baumannii* ATCC 17978 from 1951. J Antimicrob Chemother, 66(9): 2175-2176.

Partridge S R, Hall R M. 2003. In34, a complex In5 family class 1 integron containing *orf513* and *dfrA10*. Antimicrob Agents Chemother, 47(1): 342-349.

Partridge S R. 2011. Analysis of antibiotic resistance regions in Gram-negative bacteria. FEMS Microbiol Rev, 35(5): 820-855.

Partridge S R. 2016. Mobilization of $bla_{\text{BKC-1}}$ by IS*Kpn23*. Antimicrob Agents Chemother, 60(8): 5102-5104.

Péerez-Roth E, Kwong S M, Alcoba-Florez J, et al. 2010. Complete nucleotide sequence and comparative analysis of pPR9, a 41.7-kilobase conjugative staphylococcal multiresistance plasmid conferring high-level mupirocin resistance. Antimicrob Agents Chemother, 54(5): 2252-2257.

Pham Thanh D, Thanh Tuyen H, Nguyen Thi N T, et al. 2016. Inducible colistin resistance via a disrupted plasmid-borne *mcr-1* gene in a 2008 Vietnamese *Shigella sonnei* isolate. J Antimicrob Chemother, 71(8): 2314-2317.

Poirel L, Kieffer N, Nordmann P. 2017. *In vitro* study of IS*Apl1*-mediated mobilization of the colistin resistance gene *mcr-1*. Antimicrob Agents Chemother, 61(7): e00127-17.

Siguier P, Gourbeyre E, Chandler M. 2017. Known knowns, known unknowns and unknown unknowns in prokaryotic transposition. Curr Opin Microbiol, 38: 171-180.

Snesrud E, He S S, Chandler M, et al. 2016. A model for transposition of the colistin resistance gene *mcr-1* by IS*Apl1*. Antimicrob Agents Chemother, 60(11): 6973-6976.

Snesrud E, Mcgann P, Chandler M. 2018. The birth and demise of the IS*Apl1*-*mcr-1*-IS*Apl1* composite transposon: the vehicle for transferable colistin resistance. mBio, 9(1): e02381-17.

Snesrud E, Ong A C, Corey B, et al. 2017. Analysis of serial isolates of *mcr-1*-positive *Escherichia coli* reveals a highly active IS*Apl1* transposon. Antimicrob Agents Chemother, 61(5): e00056-17.

Stokes H W, Tomaras C, Parsons Y, et al. 1993. The partial 3′-conserved segment duplications in the integrons In6 from pSa and In7 from pDGO100 have a common origin. Plasmid, 30(1): 39-50.

Szabó M, Kiss J, Kótány G, et al. 1999. Importance of illegitimate recombination and transposition in IS*30*-associated excision events. Plasmid, 42(3): 192-209.

Tagg K A, Iredell J R, Partridg S R, et al. 2014. Complete sequencing of IncI1 sequence type 2 plasmid pJIE512b indicates mobilization of $bla_{\text{CMY-2}}$ from an IncA/C plasmid. Antimicrob Agents Chemother, 58(8): 4949-4952.

Tegetmeyer H E, Jones S C P, Langford P R, et al. 2008. IS*Apl1*, a novel insertion element of *Actinobacillus pleuropneumoniae*, prevents ApxIV-based serological detection of serotype 7 strain AP76. Vet Microbiol, 128(3-4): 342-353.

Terveer E M, Nijhuis R H T, Crobach M J T, et al. 2017. Prevalence of colistin resistance gene (*mcr-1*) containing Enterobacteriaceae in feces of patients attending a tertiary care hospital and detection of a *mcr-1* containing, colistin susceptible *E. coli*. PLoS One, 12(6): e0178598.

Toleman M A, Bennett P M, Walsh T R. 2006. IS*CR* elements: novel gene-capturing systems of the 21st century. Microbiol Mol Biol Rev, 70(2): 296-316.

Toleman M A, Walsh T R. 2008. Evolution of the ISCR3 group of ISCR elements. Antimicrob Agents Chemother, 52(10): 3789-3791.

Vandecraen J, Chandler M, Aertsen A, et al. 2017. The impact of insertion sequences on bacterial genome

plasticity and adaptability. Crit Rev Microbiol, 43(6): 709-730.
Wailan A M, Sidjabat H E, Yam W K, et al. 2016. Mechanisms involved in acquisition of *bla*$_{NDM}$ genes by IncA/C$_2$ and IncFII$_Y$ plasmids. Antimicrob Agents Chemother, 60(7): 4082-4088.
Yang Q, Li M, Spiller O B, et al. 2017. Balancing *mcr-1* expression and bacterial survival is a delicate equilibrium between essential cellular defence mechanisms. Nat Commun, 8(1): 2054.
Yassine H, Bientz L, Cros J, et al. 2015. Experimental evidence for IS*1294b*-mediated transposition of the *bla*$_{CMY-2}$ cephalosporinase gene in Enterobacteriaceae. J Antimicrob Chemother, 70(3): 697-700.
Zhou K, Luo Q X, Wang Q, et al. 2018. Silent transmission of an IS*1294b*-deactivated *mcr-1* gene with inducible colistin resistance. Int J Antimicrob Agents, 51(6): 822-828.

第三节　转　座　子

转座子（transposon，Tn）是一种能在同一细胞内的基因组中转移的DNA序列。1950年，麦克林托克在玉米的基因组中发现了跳跃基因（jumping gene），称它们为控制因子（controlling element）；到20世纪60年代后期，夏皮罗在大肠杆菌中发现了一种由插入序列（insertion sequence）所引起的多效突变，随后又在不同实验室发现了一系列与IS结构相似的抗药性转座子，才重新引起人们对转座子的重视；之后越来越多的类似序列被发现，这种可以从基因组的一个位置"跳跃"到另一个位置的序列被称为转座子。细菌转座子属于DNA转座子和Tn家族，它们通常携带抗菌药物抗性基因。转座子可以在质粒之间以及DNA染色体和质粒之间移动，这导致了细菌中抗菌药物抗性基因的传递。细菌感染性疾病是造成世界人类死亡率上升的原因，因为现有的抗菌药物耐药性，细菌感染性疾病的治疗很困难，而转座子是介导耐药性传播的一种重要的可移动遗传元件。

转座子的结构与分类

转座子是一组可移动遗传元件，被定义为DNA序列。转座子由下列元件所组成：反向重复序列、转座酶基因（transposase gene）、阻遏物基因（repressor gene）、调控区（regulatory region）、附加基因（accessory gene）。根据转座子的分子结构，可把细菌转座子分成以下三类。①插入序列（IS）：一般长度小于2kb，只包含与转座有关的基因。只有当它们转座到某一基因，使该基因失活和产生极性效应时才知道它们的存在。有些插入序列也是转座子的反向重复序列，如IS*9*是Tn*9*的反向重复序列，IS*10*是Tn*10*的反向重复序列，说明有些抗药性转座子是由插入序列进化来的。②转座子（Tn）：长度在2.5～20kb，除了带有与转座有类的基因，还带有抗药性基因、毒素基因等附加基因，现在已知的有40余种。③Mu噬菌体（Mu）：这是一种大肠杆菌的温和型噬菌体，溶源化后能像转座子那样在细胞内不同 DNA 间转移，并引起细菌突变，所以称为诱变者（mutator），Mu就是取它的开头两个字母。它包含20余个基因，但只有其中的*AB*基因与转座有关。目前已知的大肠杆菌噬菌体中还有与它十分相似的D108。另外，在霍乱弧菌和假单胞菌中也发现了类似的噬菌体。

转座子可以分为两大类：以DNA-DNA方式转座的转座子（DNA转座子）和反转录转座子（retrotransposon）。反转录转座子经常在真核生物中发现，DNA转座子可以在真核生物和原核生物中发现。DNA 转座子是以 DNA-DNA 方式转座的转座子，可通过 DNA 复制或直接剪切 2 种方式获得可移动片段，重新插入基因组 DNA 中，导致基因的突变或重排，但一般不改变基因的大小。根据转座的自主性，DNA 转座子又分为自主转座子和非自主转座子，前者本身能够通过编码转座酶而进行转座，后者则要在自主转座子存在时才能实现转座。细菌转座子属于 DNA 转座子和 Tn 家族。Tn 的两端分别有一个 DNA 反向重复序列，称为末端反向重复序列，不同转座子系统中反向重复序列长度不同；在转座子重新整合后，转座子一侧会形成一个 DNA 正向重复序列。转座子可以从原位上单独复制或断裂下来，环化后再插入到另一个位点，这个过程称为转座。当转座子转座插入宿主 DNA 时，在插入处产生正向重复序列，其过程是这样的：先是在靶 DNA 插入处产生交错的切口，使靶 DNA 产生两个突出的单链末端，然后转座子同单链连接，将留下的缺口补平，最后就在转座子插入处生成了宿主 DNA 的正向重复序列。在转座的过程中，转座子除了携带与移动相关的基因，还可以携带与耐药有关的基因，因此转座子是介导耐药性传播的一种重要的可移动遗传元件。

与细菌耐药性相关的常见转座子

Tn 家族在细菌耐药中有着不可忽视的作用，复合 Tns 是抗菌药物抗性基因的载体，其侧翼为 ISs；在非复合 Tns 中，其两侧是 IR 而不具有 IS，*tnpA* 和 *tnpR* 用于转座。由于这些 Tns 的转座可引起突变，非复合 Tns 在细菌的基因组进化和抗菌药物耐药性的传播中具有非常重要的作用。目前报道的类型主要包括 Tn*3* 家族转座子、Tn*21* 亚家族转座子、Tn*4401*、Tn*7* 及相关转座子等。

【Tn*3* 家族转座子】

Tn*3* 家族转座子包括 Tn*1*、Tn*2*、Tn*3*、Tn*5393*、Tn*1546* 等。

Tn*1*、Tn*2* 和 Tn*3*：Tn*3* 家族的原型 Tn*3* 与它的近亲 Tn*1* 和 Tn*2* 是革兰氏阴性菌中最早发现的转座子，Tn*2* 是临床分离株中最为常见的类型。在这些转座子中，转座酶 *tnpA* 和解离酶 *tnpR* 以相反的方向转录，并且解离位点（res）位于它们之间。Tn*1*、Tn*2* 和 Tn*3* 在大部分区域上具有 99%的同一性，属于同一个混合元件家族，但其在 res 的任一侧的短区域中仅有 85%的同一性，这表明它们可能来自 res 介导的同源重组。在 Tn*3* 家族转座子介导的转座过程中，转座酶（TnpA）催化转座子两端产生单链切口，它们分别与交错切开的靶位点的突出端连接。在宿主 DNA 聚合酶的作用下，以单链为模板复制，使转座子和靶序列形成双链，供体和受体 DNA 分子融合形成共合体（cointegrate）。在共合体中，两个转座子拷贝作为正向重复序列连接供体和受体 DNA 分子。共合体通过解离酶（TnpR）特异性地作用于两个解离位点（res）而解离。

Tn*5393*：转座子 Tn*5393* 是一种Ⅱ型转座子或称复杂转座子（complex transposon），除了其包含转座决定子 *tnpA*、*tnpR*、res 和两个 81bp 反向重复序列（IR），还携带一对基因 *strA* 和 *strB*，它们赋予细菌对链霉素的抗性。*str* 基因编码链霉素磷酸转移酶，*strA* 编码 APH(3″)-Ⅰb，*strB* 编码 APH(6)-Ⅰd，它们共同作用导致细菌对链霉素的高水平抗性。*strA* 和 *strB* 基因重叠并共转录。第一个报道的 Tn*5393* 序列是在 *tnpR* 和 *strAB* 基因之间携带 IS*1133* 的形式，不携带 IS*1133* 的 Tn*5393* 以前称为 Tn*5393c*，现在两者都称为 Tn*5393*。这种形式的转座子已经在从永久冻土中采集的细菌中被检测到，表明这是一种古老的转座子。在 Tn*5393* 中，*strAB* 基因已被证实可与 *tnpR* 启动子共转录，并利用 *strA* 上游的核糖体结合位点和 *strB* 的翻译偶联表达。携带 IS*1133* 的变体的表达增加，可能是因为 IS 中存在更强的启动子。在 Tn*5393b* 中，*tnpR* 基因中携带 IS*6100*，所表达的 *strAB* 也增加，但在 IS 的一端未发现启动子，这可能是由于 TnpR 的失活，消除了 TnpR 解离酶对其自身启动子的阻遏活性。在许多小型和大型质粒中所见的 *sul2-strAB* 构型中，Tn*5393* 的一部分从 *strA* 的上游延伸到 IR。最近已经推导了这种广泛分布的排列结构，在这种结构中，相邻序列中的启动子必须驱动 *strAB* 的表达。但是在质粒和基因岛中，Tn*5393* 的片段似乎比完整转座子更常见。

Tn*1546*：在革兰氏阳性菌中，最值得注意的 Tn*3* 家族转座子是 Tn*1546*。Tn*1546* 的 *tnpA* 和 *tnpR* 基因与 Tn*3* 的相似，都是以相反的方向转录并被 res 位点分开；它具有 38bp 缺失的 IR，并在插入位点产生 5bp 的靶位点重复（TSD）。Tn*1546* 通过携带 *vanA* 基因簇编码对万古霉素的抗性，其表达受 *vanRS* 基因产物的调节。Tn*1546* 的变体显示出显著的异质性，包括缺失（或插入）骨架结构中的一个或多个 IS。例如，一个缺失了包括 *vanY* 和 *vanZ* 在内的 1835bp 序列的 Tn*1546-like* 转座子位于链球菌染色体上，介导万古霉素耐药。Tn*1546* 一直是世界范围内肠球菌中万古霉素耐药性传播的重要因素，这主要得益于其与接合质粒的结合。在某些情况下，IS 还可以获得额外的耐药基因。在对磷霉素耐药的屎肠球菌中，*fosB3* 和 *tnpA* 基因位于菌株的环状 DNA 上，并反向插入含有 *vanA* 基因的 Tn*1546* 中，*fosB3* 基因编码磷霉素耐药。另外，Tn*1546* 已经多次被发现通过质粒转入耐甲氧西林金黄色葡萄球菌（MRSA）。

【Tn*21* 亚家族转座子】

在 Tn*21* 亚家族的成员中，*tnpR* 和 *tnpA* 基因处于相同的方向，并且 res 位点位于 *tnpR* 的上游。这种排列可以提供更稳定的转座模块，因为 *tnpA* 和 *tnpR* 基因一般不能通过 res 中的异常重组而分离。转座子 Tn*21* 的转座通过转座酶 TnpA 进行。插入位点定位于靶 DNA 的 5bp 重复序列，通常富含 AT，Tn*21* 的复制转座涉及 TnpA 特异性识别和结合 Tn*21* 的末端 IR，然后 TnpA 介导供体和受体复制子的连接。该共整合中间体含有 Tn*21* 的拷贝，并通过 *tnpR* 基因产物的作用解离，*tnpR* 基因产物是一种解离酶，其作用于与 *tnpR* 基因相邻的特定位点。Tn*21* 包含了革兰氏阴性菌中 Tn*3* 家族转座子目前已知的大部分变异类型，是革兰氏阴性菌对抗菌药物多重耐药的主要原因。IS*4321* 和 IS*5075* 元件（IS*110* 家族，编码 DDED 转座酶）靶向 Tn*21* 家族转座子的 38bp IR 中的特定位置，其通过双链环状中间体转座并仅以一个方向插入特定位置，这可能进一步阻止宿主转座子通过转座移动。

Tn*21* 及相关转座子：Tn*21* 和相关的转座子通常携带汞抗性基因（*mer*）的操纵子，由于它们也可携带 I 型整合子，因此其在抗菌药物抗性基因的移动中也很重要。该家族不同成员的 tnp 区域具有 80%的相同性，并且它们携带不同的 *mer* 操纵子（如 Tn*21* 和

Tn*1696*）或其他辅助基因（如 Tn*1403*）。Tn*21* 本身在 *mer* 和 res 位点之间有一个额外的区域，具有不同结构和不同盒式阵列的整合子会插入到这个额外序列中的相同位置，由同一个 TSD 组成。在没有该区域的相关转座子中，可以在 res 位点内的不同位置插入 I 型整合子。

最近一种新型的 *mcr* 基因 *mcr-5* 被鉴定为转座子的一部分，该转座子被命名为 Tn*6452*，其在沙门菌、大肠杆菌和嗜热杆菌中具有相似性。Tn*6452* 的 tnp 区域与 Tn*21* 的 tnp 区域有 80%相同，并且 Tn*6452* 由相同的 38bp IR 限制并产生预期的 5bp TSD。

Tn*1721*：Tn*1721* 由 Tn*1722*（*tnpA*、*tnpR* 和 res）和 *tet*(A)四环素抗性基因组成。整个结构在 38bp IR 的侧面，并含有额外的 IRR 内部拷贝。Tn*1721* 可能是通过含有两个 Tn*1722* 拷贝的祖先复合元件内部删除形成。Tn*1721* 初始复合结构的一个元件因缺失而失活，留下另一个完整且能够自主移位的元件（Tn*1722*）。此外，Tn*1721* 与其他几个 Tn*3* 家族成员一样，介导单端转座，这是一种少见的转座反应，由位于单一重复序列的转座酶催化，产生含有一个转座子末端和相邻的长度可变的 DNA 的重组产物。与 Tn*5393* 的情况一样，在革兰氏阴性菌中含 Tn*1721*、Tn*1722* 片段的质粒和基因岛比完整转座子更常见。

【Tn*4401*】

Tn*4401* 长度为 10kb，由两个 39bp 不完全反向重复序列分隔，除了 $bla_{\mathrm{KPC-2}}$ 基因，它还包含转座酶、解离酶基因以及两个插入序列，即 IS*Kpn6* 和 IS*Kpn7*。最近，Tn*4401* 被证实是一种能够高频率动员 bla_{KPC} 基因的活性转座子。在一些分离出的假单胞菌中，发现在 bla_{KPC} 基因的上游有不同的插入序列，其中包括 Tn*4401* 的下游序列，这表明它们之间存在共有的骨架。携带 bla_{KPC} 变体的 Tn*4401* 也属于广义上的 Tn*3* 家族，但一般认为把 Tn*4401* 归类于 Tn*3* 并不十分准确，因为 Tn*3* 和 Tn*4401* 的 TnpA 蛋白仅有 39%相似、22%相同，且 TnpR 和核苷酸序列是完全不同的。其结构也与 Tn*3* 不同，在 Tn*4401* 的 IRR 和 *tnpA* 基因的末端之间发现 bla_{KPC}、侧翼 IS*Kpn7*（上游）和 IS*Kpn6*（下游）元件。似乎在 bla_{KPC} 上游插入祖先转座子 IS*Kpn6* 破坏了原始 IRR，并迫使在后续转座事件中使用新的下游序列。具有不同缺失序列的 Tn*4401* 被不同的小写字母所区分。其中序列最长的 Tn*4401b* 已经被证实具有两个启动子：P2（IS*Kpn7* IRR 下游的最后 6～24bp）和 P1（bla_{KPC} 起始密码子上游 46～74bp），驱动 bla_{KPC} 表达。Tn*4401d*（缺失 68bp）和 Tn*4401a*（缺失 99bp；通常不正确地指定为 100bp）中缺失 P1 和 P2 之间的区域，这些区域可能形成二级结构，但这两个启动子序列是完整的；Tn*4401h* 中的 188bp 缺失也是如此。Tn*4401c* 和 Tn*4401e* 分别具有 216bp 和 255bp 的缺失，终止于相同位置（bla_{KPC} 起始密码子上游 27bp），这导致 bla_{KPC} 表达水平降低。而 Tn*4401f* 在该区域中没有缺失，Tn*4401g* 有 216bp 缺失，另一个 Tn*4401h* 变体有 255bp 缺失，这些在 bla_{KPC} 上游的区域不匹配完整的 Tn*4401* 序列，被认为是“非 Tn*4401* 元素”（$\mathrm{NTE_{KPC}}$）。

【Tn*7*及相关转座子】

Tn*7*：转座子 Tn*7* 的特征在于它对转座的控制能力及其利用不同种类靶位点的能力。Tn*7* 使用转座子编码的 5 种蛋白质 TnsA、TnsB、TnsC、TnsD 和 TnsE 进行转座，使用“转移—粘贴”转移机制。TnsB 和 TnsA 一起形成异源转座酶，其从原始位点切除 Tn*7*。在 Tn*7* 的每个末端都存在 28bp 的 IR，但在 IRL 末端的 90bp 内还包含 4 个 22bp 的 TnsB 结合位点，并且 IRR 末端的 150bp 内有 3 个插入位点。这些蛋白质促进元件的转移，同时通过使用两种转座途径使宿主基因失活的概率最小化。途径之一是利用 TnsD，其靶向转座到细菌中发现的单个位点（attTn*7*）；第二个是利用 TnsE，其优先指导转座成能够在细菌之间移动的质粒。转座的控制涉及由两种蛋白质 TnsA 和 TnsB 以及调节蛋白 TnsC 组成的异聚转座酶，指导插入到革兰氏阴性菌的保守基因 *glmS* 下游的 attTn*7* 或 TESE 位点。Tn*7* 类似元件可编码 Tn7 中发现的所有蛋白质的同源物，这些元件在多种细菌中是常见的；而新近发现更大的元件家族似乎使用相同的核心 TnsA、TnsB 和 TnsC 蛋白质，通过其他的靶位点选择蛋白质，靶向途径也不同。

Tn*402* 样转座子：Tn*402*（也称为 Tn*5090*）和 Tn*5053* 家族的其他成员可携带 I 型整合子或 *mer* 操纵子。它们以 25bp IR 为界，产生 5bp TSD，并携带 tni_{ABQR} 基因。通过氨基酸相似性预测转座蛋白的编码，*tniA* 的产物（559 个氨基酸）可能是转座酶，与来自 Tn7 的 TnsB 的氨基酸序列具有 25%的同源性。与 Tn*552*、Mu 和 Tn*7* 中的转座酶基因一样，*tniA* 基因后携带一个基因 *tniB*，其可能是 ATP 结合蛋白。Tn*5053* 的转座通过 tni_{ABQ} 基因产物介导的共整合物发生，需要 TniQ（也称为 TniD）和 TniR（也称为 TniC）解离酶作用于相邻 res 位点。这是由 res 区域的 *tniR* 基因的产物催化的，其结合位点位于 *tniR* 的上游。Tn*402*（Tn*5090*）使用相同的转座途径。Tn*5053* 和 Tn*402* 的转座基因是可互换的。这些转座子靶向 Tn*21* 亚家族转座子的 res 位点，但也靶向质粒上的解离位点。在分离自人类粪便的阴沟肠杆菌中发现特殊的 I 型整合子，含有 I 型整合子的福斯质粒的序列分析揭示了一组复杂的转座子，其包括两个 Tn*402* 样转座子：Tn*6007* 和 Tn*6008*。Tn*6007* 包含的 I 型整合子具有两个非抗菌药物抗性基因盒和完整转座模块。与 Tn*402* 相比，该 tni 模块是边界位于 res 位点里的杂合体，表明 Tn*6007* 或 Tn*402* 可能由位点特异性重组事件产生。而 Tn*6008* 既不具有 *mer* 操纵子，也不具有整合子，并且其大部分 tni 模块已被删除。Tn*6007*、Tn*6008* 和它们之间的 2478 个碱基（统称为 Tn*6006*）已作为单个单元转入 Tn*5036*/Tn*3926* 样转座子。

Tn*552*：在金黄色葡萄球菌中，Tn*552* 样元件被认为是葡萄球菌中所有 β-内酰胺酶基因的起源，因此，金黄色葡萄球菌具有很高的耐药性。Tn*552* 本身携带 Tn*7* 中编码 TnsB 和 TnsC 相关蛋白的基因 *orf490* 和 *tnc271*，以及编码丝氨酸重组酶的 *binL*，通过 res 位点与 *blaI*、*blaR1*（编码调节因子）和 *blaZ*（编码 β-内酰胺）分离。它受 116bp IR 的限制，并在转座子上产生 6bp 或 7bp 的 TSD。Tn*552* 样转座子有时在染色体中发现，但通常由多抗性质粒携带，并且像 Tn*5053* 样元件一样，通常插入质粒解离系统的 res 位点内。在许多情况下，这些元件内部或附近频繁发生遗传重排，可能是由转座子和质粒解离系统之间的相互作用以及反复转座事件介导的。

转座子是生物基因组上的重要可移动遗传元件，广泛存在于细菌和各类真核生物中。转座子的存在和在基因组中的转移可以直接或间接地造成基因重排，在基因组中引起变异。研究表明转座子不仅在耐药基因水平传播中发挥重要作用，而且可能与耐药基因的表达调控有关。此外，转座子还可以与其他可移动遗传元件相互作用，促进耐药基因的水平传播。高通量测序技术和分子生物学技术的发展，将进一步揭示转座子在耐药基因水平传播和表达调控中的重要作用。

主要参考文献

林习, 吕世明, 谭艾娟, 等. 2020. 大肠杆菌转座子及整合子携带类型与其多重耐药谱型相关性的研究. 中国畜牧兽医, 47(5): 1547-1559.

沈洪, 许淑珍, 马纪平. 2005. 肠球菌转座子介导的耐药基因转移研究进展. 中华医院感染学杂志, 15(7): 837-840.

沈杨. 2019. 携带 bla_{CTXM} 和 1 型整合子的 IncFⅡ型质粒介导大肠埃希氏菌多重耐药性传播机制研究. 杭州: 浙江工商大学硕士学位论文.

苏兆亮, 糜祖煌, 孙光明, 等. 2010. 多药耐药鲍氏不动杆菌耐药性与转座子及插入序列遗传标记研究. 中华医院感染学杂志, 20(20): 3085-3087.

王丹. 2013. 鸡源性多重耐药沙门氏菌转座子与耐药相关性分析. 哈尔滨: 东北农业大学硕士学位论文.

徐倩. 2015. 不同来源肠球菌新型 Tn*916* 型接合转座子的鉴定和功能分析. 郑州: 河南农业大学硕士学位论文.

赵旺胜, 顾兵, 刘爱民, 等. 2007. 肠球菌耐药性与转座子 Tn916/545 的关系探讨. 江苏医药, 33(11): 1148-1149.

朱健铭, 王建敏, 姜如金, 等. 2009. 鲍曼不动杆菌多重耐药及转座子 Tn*1548* 携带频率的研究. 中国人兽共患病学报, 25(1): 95-96.

Arthur M, Molinas C, Depardieu F, et al. 1993. Characterization of Tn*1546*, a Tn*3*-related transposon conferring glycopeptide resistance by synthesis of depsipeptide peptidoglycan precursors in *Enterococcus faecium* BM4147. J Bacteriol, 175: 117-127.

Babakhani S, Oloomi M. 2018. Transposons: the agents of antibiotic resistance in bacteria. J Basic Microbiol, 58(11): 905-917.

Bailey J K, Pinyon J L, Anantham S, et al. 2011. Distribution of the bla_{TEM} gene and bla_{TEM}-containing transposons in commensal *Escherichia coli*. J Antimicrob Chemother, 66(4): 745-751.

Bainton R J, Kubo K M, Feng J N, et al. 1993. Tn*7* transposition: target DNA recognition is mediated by multiple Tn*7*-encoded proteins in a purified *in vitro* system. Cell, 72(6): 931-943.

Berg T, Firth N, Apisiridej S, et al. 1998. Complete nucleotide sequence of pSK41: evolution of staphylococcal conjugative multiresistance plasmids. J Bacteriol, 180(17): 4350-4359.

Bestor T H. 2005. Transposons reanimated in mice. Cell, 122(3): 322-325.

Borowiak M, Fischer J, Hammerl J A, et al. 2017. Identification of a novel transposon-associated phosphoethanolamine transferase gene, *mcr-5*, conferring colistin resistance in *d*-tartrate fermenting *Salmonella enterica* subsp. *enterica* serovar Paratyphi B. J Antimicrob Chemother, 72(12): 3317-3324.

Bryant K A, Van Schooneveld T C, Thapa I, et al. 2013. KPC-4 Is encoded within a truncated Tn*4401* in an IncL/M plasmid, pNE1280, isolated from *Enterobacter cloacae* and *Serratia marcescens*. Antimicrob Agents Chemother, 57(1): 37-41.

Cain A K, Hall R M. 2011. Transposon Tn*5393*e carrying the *aphA1*-containing transposon Tn*6023* upstream of *strAB* does not confer resistance to streptomycin. Microb Drug Resist, 17(3): 389-394.

Chen C H, Xu X G, Qu T T, et al. 2014. Prevalence of the fosfomycin-resistance determinant, *fosB3*, in *Enterococcus faecium* clinical isolates from China. J Med Microbiol, 63(11): 1484-1489.

Chen L, Mathema B, Chavda K D, et al. 2014. Carbapenemase-producing *Klebsiella pneumoniae*: molecular and genetic decoding. Trends Microbio, 22(12): 686-696.

Cheruvanky A, Stoesser N, Sheppard A E, et al. 2017. Enhanced *Klebsiella pneumoniae* carbapenemase expression from a novel Tn*4401* deletion. Antimicrob Agents Chemother, 61(6): e00025-17.

Chiou C S, Jones A L. 1993. Nucleotide sequence analysis of a transposon (Tn*5393*) carrying streptomycin resistance genes in *Erwinia amylovora* and other Gram-negative bacteria. J Bacteriol, 175(3): 732-740.

Chmelnitsky I, Shklyar M, Leavitt A, et al. 2014. Mix and match of KPC-2 encoding plasmids in Enterobacteriaceae-comparative genomics. Diagn Microbiol Infect Dis, 79(2): 255-260.

Craig N L, Craigie R, Gellert M, et al. 2002. Mobile DNA Ⅱ. Washington D.C.: ASM Press: 424-456.

Cuzon G, Naas T, Nordmann P. 2011. Functional characterization of Tn*4401*, a Tn*3*-based transposon involved in bla_{KPC} gene mobilization. Antimicrob Agents Chemother, 55(11): 5370-5373.

Gregory P D, Lewis R A, Curnock S P, et al. 1997. Studies of the repressor (BlaI) of β-lactamase synthesis in *Staphylococcus aureus*. Mol Microbiol, 24(5): 1025-1037.

Grinsted J, de la Cruz F, Schmitt R. 1990. The Tn*21* subgroup of bacterial transposable elements. Plasmid, 24(3): 163-189.

Hackbarth C J, Chambers H F. 1993. bla_{I} and bla_{R1} regulate beta-lactamase and PBP 2a production in methicillin-resistant *Staphylococcus aureus*. Antimicrob Agents Chemother, 37(5): 1144-1149.

Hammerl J A, Borowiak M, Schmoger S, et al. 2018. *mcr-5* and a novel *mcr-5.2* variant in *Escherichia coli* isolates from food and food-producing animals, Germany, 2010 to 2017. J Antimicrob Chemother, 73(5): 1433-1435.

Ito T, Okuma K, Ma X X, et al. 2003. Insights on antibiotic resistance of *Staphylococcus aureus* from its whole genome: genomic island SCC. Drug Resist Updat, 6(1): 41-52.

Kholodii G Y, Mindlin S Z, Bass I A, et al. 1995. Four genes, two ends, and a res region are involved in transposition of Tn*5053*: a paradigm for a novel family of transposons carrying either a mer operon or an integron. Mol Microbiol, 17(6): 1189-1200.

Labbate M, Roy Chowdhury P, Stokes H W. 2008. A class 1 integron present in a human commensal has a hybrid transposition module compared to Tn*402*: evidence of interaction with mobile DNA from natural environments. J Bacteriol, 190(15): 5318-5327.

Liebert C A, Hall R M, Summers A O. 1999. Transposon Tn*21*, flagship of the floating genome. Microbiol Mol Biol Rev, 63(3): 507-522.

Martinez T, Martinez I, Vazquez G J, et al. 2016. Genetic environment of the KPC gene in *Acinetobacter baumannii* ST2 clone from Puerto Rico and genomic insights into its drug resistance. J Med Microbiol, 65(8): 784-792.

McClintock B. 1950. The origin and behavior of mutable loci in maize. Proc Natl Acad Sci U S A, 36(6): 344-355.

Minakhina S, Kholodii G, Mindlin S, et al. 1999. Tn*5053* family transposons are res site hunters sensing plasmidal res sites occupied by cognate resolvases. Mol Microbiol, 33(5): 1059-1068.

Naas T, Cuzon G, Truong H V, et al. 2012. Role of IS*Kpn7* and deletions in bla_{KPC} gene expression. Antimicrob Agents Chemother, 56(9): 4753-4759.

Naas T, Cuzon G, Villegas M V, et al. 2008. Genetic structures at the origin of acquisition of the β-lactamase bla_{KPC} gene. Antimicrob Agents Chemother, 52(4): 1257-1263.

Nicolas E, Lambin M, Dandoy D, et al. 2015. The Tn*3*-family of replicative transposons. Microbiol Spectr, 3(4): 693-726.

Partridge S R. 2011. Analysis of antibiotic resistance regions in Gram-negative bacteria. FEMS Microbiol Rev, 35(5): 820-855.

Partridge S R, Brown H J, Stokes H W, et al. 2001. Transposons Tn*1696* and Tn*21* and their integrons In4 and In2 have independent origins. Antimicrob Agents Chemother, 45(4): 1263-1270.

Partridge S R, Hall R M. 2003. The IS*1111* family members IS*4321* and IS*5075* have subterminal inverted repeats and target the terminal inverted repeats of Tn*21* family transposons. J Bacteriol, 185(21): 6371-6384.

Partridge S R, Hall R M. 2005. Evolution of transposons containing *bla*$_{TEM}$ genes. Antimicrob Agents Chemother, 49(3): 1267-1268.

Paulsen I T, Gillespie M T, Littlejohn T G, et al. 1994. Characterisation of *sin*, a potential recombinase-encoding gene from *Staphylococcus aureus*. Gene, 141(1): 109-114.

Rådström P, Sköld O, Swedberg G, et al. 1994. Transposon Tn*5090* of plasmid R751, which carries an integron, is related to Tn*7*, Mu, and the retroelements. J Bacteriol, 176(11): 3257-3268.

Romero-Hernández B, Tedim A P, Sánchez-Herrero J F, et al. 2015. *Streptococcus gallolyticus* subsp. *gallolyticus* from human and animal origins: genetic diversity, antimicrobial susceptibility, and characterization of a vancomycin-resistant calf isolate carrying a *vanA*-Tn*1546*-like element. Antimicrob Agents Chemother, 59(4): 2006-2015.

Rose A. 2010. Tn*AbaR1*: a novel Tn*7*-related transposon in *Acinetobacter baumannii* that contributes to the accumulation and dissemination of large repertoires of resistance genes. Bioscience Horizons, 3(1): 40-48.

Rowland S J, Dyke K G. 1990. Tn*552*, a novel transposable element from *Staphylococcus aureus*. Mol Microbiol, 4(6): 961-975.

Rowland S J, Stark W M, Boocock M R. 2002. Sin recombinase from *Staphylococcus aureus*: synaptic complex architecture and transposon targeting. Mol Microbiol, 44(3): 607-619.

Siguier P, Gourbeyre E, Chandler M. 2017. Known knowns, known unknowns and unknown unknowns in prokaryotic transposition. Curr Opin Microbiol, 38: 171-180.

Stokes H W, Elbourne L D H, Hall R M. 2007. Tn*1403*, a multiple-antibiotic resistance transposon made up of three distinct transposons. Antimicrob Agents Chemother, 51(5): 1827-1829.

第四节 质 粒

质粒（plasmid）是一种独立于细菌染色体的小的、可自我复制的环状 DNA 分子。质粒的大小不等，既有大小为 1000 个碱基对左右的质粒，也有大小为几百万个碱基对左右的质粒，但携带多重耐药基因的质粒通常大小在 50kb 以上，含有对不同抗菌药物产生耐药性的多个决定子（determinant）。质粒是细菌染色体外可自我复制的 DNA 分子，可通过自身的基因复制系统保证其长期并稳定地在宿主细胞内遗传。质粒本身可通过接合或转化等功能来实现在不同宿主细胞之间的转移，因此可造成其携带的基因在不同细菌个体之间进行水平传播。

质粒基因组的骨架区域由一些维持质粒基本功能的基因构成，主要涉及质粒的复制起始、拷贝数的维持和稳定、接合与转移等功能；此外，质粒还携带一些“附属”基因，这些基因的表达可帮助其应对外源环境的变化。在携带耐药基因的质粒上，这些附属区域通常含有一个或多个耐药基因，同时也常常存在如插入序列、转座子和整合子等可移动遗传元件。含有相似骨架区域的质粒有可能含有不同的插入序列或者耐药基因，相反，含有不同骨架区域的质粒也有可能携带相同的耐药基因和相关可移动遗传元件。本节针对目前主要参与细菌耐药基因水平传播的质粒类型及其骨架结构进行重点介绍。

质粒的结构及其与耐药性的关系

【质粒的复制和拷贝系统】

质粒的复制起始区是一段特定的区域，其复制是通过复制原点（*ori*）触发 RNA 的转录过程来实现的，而更为常见的则是结合了特定的复制起始相关蛋白（Rep 蛋白）。Rep 蛋白是由一段被称为重复子的近端重复 DNA 序列编码的，该段序列在质粒上也被称为 *rep* 基因。Ori 和启动基因是所有质粒都具有的基本结构，是最小的复制子。因此，质粒是可以自主编码自身的复制起始，但其又常常利用宿主的染色体编码复制机制（解旋酶、引发酶、聚合酶等）合成自身的 DNA 序列。由于质粒的复制也常利用并依赖宿主编码的复制蛋白，因此也在一定程度上限制了质粒的宿主范围。一些类型的质粒仅能稳定存在于一些与其有紧密联系的细菌类群中，因此该类质粒就具有很窄的宿主范围；而有些具有广泛宿主范围的质粒，就常在多种细菌类群中被发现并稳定存在。此外，诸如接合和转移等非复制因素也会对质粒的宿主范围产生影响。质粒的接合转移是一个十分复杂的过程，可以实现基因之间的交换。携带耐药基因的质粒有时会转移到一个不能在其中进行自我复制的宿主菌中，这种情况下借助于插入序列、转座子或整合子等其他可移动遗传元件就可以实现将该耐药基因在细胞内转移到染色体或其他类型的质粒上。因此，即使是宿主范围很窄的质粒，也可以实现耐药基因在不同宿主菌间的水平传播。

复制起始蛋白通常拥有几个古老的保守区域，由此可区分质粒复制系统的类型。环形质粒的复制模型分为三种。滚环（rolling circle，RC）复制模型常见于革兰氏阳性菌中的小型质粒，少数革兰氏阴性菌中的质粒也具有该种复制模型。该种复制模型首先是通过 Rep 蛋白打开亲本 DNA 双链起点（double-stranded origin，*dso*）的某一条链，随即利用出现的游离 3′-OH 可以进行 DNA 前导链的合成，之后持续进行复制来取代缺口处的残余母链。当复制复合体到达重构的起点时，同一个或另一个 Rep 分子在质粒 DNA 上又会打开另一个新的缺口使替换链从单链 DNA（single-stranded DNA，ssDNA）上释放下来。在质粒的滚环复制模式中还存在下一步随后链的合成，这一过程的起始端是另一区域的单链起点（single-stranded origin，sso），因此前导链和随后链的复制是不对称的。这种复制模式极大地限制了质粒的大小，因此 RC 质粒一般情况下最多携带一个抗性基因。

质粒的其他复制模式是通过 RNA 引物在起始端的诱导以引起 DNA 双链的定域解链，从而开始 DNA 的复制过程。θ 型复制模式广泛存在于一些小型和大型质粒中，其过程类似于环形染色体 DNA 的复制过程。其 DNA 的复制过程主要分为连续的前导链的合成，以及在随后链合成中产生的不连续的冈崎片段。IncQ 质粒利用被称为链置换形式的第三种复制模式，其两条 DNA 单链将分别从起始点沿相反的方向连续不断地进行复制。利用这种复制模式的质粒一般较小。IncQ 质粒可以自行合成复制所需的解旋酶和引物酶等蛋白，因此宿主十分广泛。

为了保证质粒可以在宿主中稳定地进行遗传和代谢活动，其自身就必须严格控制宿主内的拷贝数。不同质粒的拷贝数控制系统差异很大，但有两种常见的基本机制。第一种是通过利用反义 RNA 与互补的 *rep* mRNA 相结合以抑制其转录和翻译，从而保证质粒拷贝数的稳定。在一些利用引物 RNA 的质粒中（如 ColE1），相应的反义 RNA 通过与该引物 mRNA 结合就可以达到抑制其成熟的目的。第二种机制主要是由于胞内重复子浓度的改变而影响 Rep 分子相应的活动：当质粒拷贝数较低时，Rep 蛋白与重复子结合并饱和，可以触发复制起始；而随着质粒拷贝数的增加，结合于某一 *ori* 区重复子的 Rep 分子，可以与结合于另一 *ori* 区重复子的 Rep 分子相互作用，由此将两个质粒偶联成“手铐”状的复合物，从而导致两个重复子区之间出现空间位阻而阻断复制的起始。

不论是在革兰氏阴性菌还是在革兰氏阳性菌中，质粒携带多个复制起始区的现象是十分常见的，这也暗示了质粒之间的融合现象是十分普遍的。由此也可推测，一个携带有多种复制子的质粒，其复制是可以被具有较高拷贝数的 *rep* 区所启动的。额外增加的复制子会增加质粒的适应性代价问题，可能会引起相应的突变和删除，但也有可能是有利影响，如携带不同的复制子可以帮助质粒增加其宿主范围。质粒携带多种复制子可帮助一些自身无法驱动复制的复制子发生改变，因此有可能改变其不相容性。

【质粒的维持和稳定系统】

质粒复制后会在发生分裂的子代细胞中分布开来。对于小型质粒来说，如果要维持高拷贝量，需要通过其在子代细胞中的随机分离来实现。相对于不携带质粒的宿主来说，携带质粒的宿主会承担更大的环境压力，因此为了尽可能地减少其宿主的生存压力，较大型的质粒通常是处于一种低拷贝量状态。而较大型的低拷贝质粒通常都携带相应的功能模块以用于质粒的维持，其中包括多聚体解离系统（multimer dissociation system，mds）、分配系统（partitioning system，par）、分离后杀伤系统。

解离系统是发挥解离多聚体质粒功能的，可以将由于发生同源重组形成的多聚体质粒隔离到不同的子代细胞中。该系统通常含有一个编码位点专一重组酶的基因，以及一个重组酶识别的同源 DNA 位点，然而也有一些质粒仅有一个由染色体编码的解离酶的特异性识别位点。分配系统的功能是将质粒拷贝分配到子代细胞中去，通常由两种基因构成。第一种基因是编码 DNA 识别的“适配器”蛋白，其除了与一种“类着丝点”DNA 位点相互作用，还与该系统的第二种基因编码的一种“动力”蛋白相互作用从而发挥功能；根据这种动力蛋白的类型，通常可以将 par 系统分为三大类。分离后杀伤系统又称为成瘾系统，用以杀死未分配到质粒的子代细胞（如复制、解聚及分配失败等）。该系统利用一种毒素-抗毒素（toxin-antitoxin，TA）机制，其编码一种有毒的多肽，以及一种抑制该有毒多肽表达或活性的抗毒素成分。TA 系统根据抗毒素成分（RNA 或蛋白质）及其作用机理可被分为多种类型，但质粒 TA 机制的发挥需要依赖充足的抗毒素成分。与可长期存留的毒素成分（毒素蛋白本身或编码该蛋白的 mRNA）相比，抗毒素成分则更易分解。因此当子代细胞没有获得 TA 质粒时，将会导致抗毒素无法得到补充，对毒素的抑制作用就会被解除，毒素的堆积则会引起细胞的死亡。此外，常在质粒和其他可移动遗传元件中存在的限制-修饰系统也可发挥分离后杀伤系统的效应。

【质粒的接合转移系统】

质粒不仅可以通过细胞分裂这样的垂直传播方式进行扩散，也可以通过水平传播的方式扩散到其他细菌的细胞中去。接合型质粒自身的基因组就携带发挥水平转移作用的复杂的接合系统，因此其骨架区基因较大。接合型质粒的转移区（transfer，tra）基因编码接合对形成（mating pair formation，MPF）系统（可分为8种类型），MPF系统的组成部分包括最少10种保守蛋白质，形成跨膜蛋白质复合物和暴露于表面的性菌毛，这两者都用于与受体细菌建立紧密的接触。为了起到DNA分泌装置的作用，MPF复合物还需要偶联蛋白（coupling protein，CP）。CP与DNA底物相互作用，并将其与MPF系统形成的分泌孔偶联。MPF/CP结合系统属于Ⅳ型分泌系统（type Ⅳ secretion system，T4SS）家族。DNA转移及复制相关蛋白（DNA transfer replication，DTR）可对质粒DNA进行加工和处理。DTR包含一种释放酶，可以使DNA链的转移原点（origin of transfer，*oriT*）产生一个缺口，从而将其导出至受体细胞。在革兰氏阴性菌中，T4SS还负责接合菌毛的组装，以介导与受体细胞的相互作用。在供体菌的细胞中，核蛋白复合体包含DTR和带缺口的*oriT*（被称为松弛小体），与接合对孔隙通过一种耦合的蛋白质（T4CP）相连接，该蛋白是一种FtsK/SpoIIIE超家族的多聚体ATP酶。接合型质粒也常携带表面排斥基因，以阻止宿主细胞接收同样或相似类型的质粒进入。

一些非接合型质粒也可以利用同细胞内的接合型质粒提供的MPF实现水平转移。一些可移动质粒仅携带一种具有DTR功能的模块（通常被称为*mob*），该模块包含*oriT*及编码相应释放酶的基因。然而，有研究证实，不论是在革兰氏阳性菌还是革兰氏阴性菌中，缺乏编码释放酶基因的质粒理论上是不可以发生转移的，但实际上它们确实可以发生移动。

【质粒的命名与种类】

基于同种或亲缘关系较近的质粒不能共存于同一细胞这一现象，最初对质粒的分类都是根据其不相容性（incompatibility，Inc）这一标准来进行的。质粒的不相容性是指利用同一复制系统的不同质粒在复制过程中会“混淆”两个质粒的拷贝数控制系统（会将两种不同的质粒认为是同一种），以致拷贝数减少，且在缺少直接选择的情况下会引起分裂不稳定的现象。因此具有不相容性现象的质粒都是关系紧密的、可被归为同一Inc质粒组的。在革兰氏阴性菌和革兰氏阳性菌中，命名了许多类型的Inc质粒。但在不相容性引起的竞争过程中，同种或亲缘关系相近的质粒会彼此杂交产生新的类型，因此研究者在此基础上设计了一种以PCR为基础的质粒复制子分型（PCR-based plasmid replicon typing，PBRT）方法，并通过测序技术来进一步完善质粒的类别鉴定方法。经典的Inc分类也根据PCR方法进行了完善。此外，研究者根据质粒复制子的类型建立了PlasmidFinder（https://cge.cbs.dtu.dk/services/PlasmidFinder/）在线识别工具。目前革兰氏阳性菌中质粒的复制子分为rep_1～rep_{19}，但没有将已建立的Inc型质粒合并进去。随后也补充了一些*rep*类型，如rep_{7b}、rep_{20}、rep_{21}、rep_{22}、rep_{23}和rep_{24}。此外，根据其接合及移动释放酶等移动相关因素的类型（mobility typing，MOB typing），又可以对质粒识别和分类范围进行扩增。

肠杆菌科细菌中常见的耐药质粒

已知的肠杆菌中的耐药质粒大小通常在200kb以上，且通常为接合型的可移动质粒。

PBRT 是常用的质粒分型方法，有时也会采用 MOB 方法，但这两种方法的分型结果会有所出入。质粒的多位点序列分型（plasmid multi-locus sequence typing，pMLST）技术对 Inc 质粒的管家基因序列根据其发现的时间顺序赋予一个等位基因编号，每一个质粒的等位基因编号按照指定的顺序排列就是它的等位基因谱，即该质粒的序列分型（plasmid sequence typing，pST）。该方法是直接扩增并测定 2～5 个靶位基因的核苷酸序列，比较这几个核苷酸片段的差异性以此来发现质粒变异情况。在进行流行病学调查时，用此种分型方法来鉴别质粒之间的亲缘关系是十分有效的。此外，该方法可以有效识别和分析质粒分型与耐药基因之间的相关性。例如，基于 IncI1 质粒的多位点序列分型技术发现 $bla_{\mathrm{CTX\text{-}M\text{-}1}}$ 和不同的质粒序列分析如 ST3 型和 ST9 型 IncI1 质粒相关，这种快速方便的 IncI1 亚型分型法可以对多个携带相同耐药基因的 IncI1 质粒进行遗传相关性分析，有利于流行病学分析。目前全基因组测序技术被广泛应用，因此 pMLST 技术中对管家基因的单独扩增和测序方式也逐渐地被淘汰。而从全基因组测序数据中识别出 pMLST 的方式依然很常用（https://cge.cbs.dtu.dk/services/pMLST/），但仍需借助全基因组测序（whole genome sequencing，WGS）并根据 pMLST 技术的优缺点来建立和完善更好的分析方法。

虽然现在通常根据质粒基因组序列的同源性给质粒分型，而不常依据其不相容性，但目前已知的具有相似骨架结构的耐药质粒也都同属于相同的不相容群。且具有相似骨架结构的质粒携带着不同类型的耐药基因和可移动遗传元件，因此我们在这里以基因的骨架类型为主要特征来介绍相关质粒（表 3-5）。这些组群里的某些质粒也在铜绿假单胞菌中被发现，因此其也会有相应的 P 码对其命名，其携带耐药基因的情况也会在相应部分提到。有报道也指出肠杆菌科中的耐药质粒，其地理分布和宿主范围都十分广泛，同时携带耐药基因的情况也十分复杂。

表 3-5　肠杆菌科中各类型耐药质粒的特征

Inc[a]	复制子	Rep 区[b]	拷贝数[c]	MOB[d]	宿主范围	接合或菌毛特征
C	C	—	L	MOB_{H12}	广	粗大浓密，灵活
F	FII	FII	L	MOB_{F12}	肠杆菌科	粗大浓密，灵活
	FIA	Rep_3				
	FIB	Rep_3				
G（P-6）	G	—	L	MOB_{P14}	广，γ	移动型
HI1	HI1A	—[e]	L	MOB_{H11}	肠杆菌科	粗大浓密，灵活[g]
	HI1B	—				
	FIA-like	Rep_3				
HI2	HI1A	—[f]	L	MOB_{H11}	肠杆菌科	粗大浓密，灵活[g]
	HI2	—[f]				
I 复合型	I1/Iγ/B/O/K/Z	FII	L	MOB_{P12}	肠杆菌科	刚性，细小，灵活[h]
I2	I2	FII	L	MOB_{P6}	肠杆菌科	刚性，细小，灵活[h]
J（ICE）	J	—		MOB_{H12}		细小，灵活
L/M	L/M	FII	L	MOB_{P13}	广，α，β，γ	刚性
N	N	Rep_3	L	MOB_{F11}	广	刚性

续表

Inc[a]	复制子	Rep 区[b]	拷贝数[c]	MOB[d]	宿主范围	接合或菌毛特征
P（P-1）	P	Rep_3	L	MOB_{P111}	广，α，β，γ	刚性
Q-1	Q-1	RepC	H	MOB_{Q1}	革兰氏阴性菌和阳性菌	移动型
Q-3	Q-3	RepC	H	?	广	移动型
R	R	Rep_3	L			
T	T	—[f]	L	MOB_{H12}		粗大浓密，灵活[g]
U	U	—	L	MOB_{P4}	广，α，β，γ	刚性
W	W	Rep_3	L	MOB_{F11}	广，α，β，γ	刚性
X	X	Rep_3	L	MOB_{P3}	肠杆菌科	细小，灵活
Y	Y	—[f]	L		肠杆菌科	质粒样原噬菌体
ColE1	ColE1	RNA II	H	$MOB_{P5/HEN}$[i]		移动型

a. P 编码是针对假单胞菌属的。

b. 除了 Q 质粒采用的是一种链置换复制机制，其余所有质粒均采用 θ 复制机制；Rep 区是一段保守区（conserved domains，CD），可以通过 BLASTp 进行鉴定；“—”则代表在 BLASTp 中没有收录；ColE1-like 质粒编码的是一个 RNA 引物而不是一个复制起始蛋白。

c. H，high，高拷贝数；L，low，低拷贝数。

d. MOB 型与耐药质粒的复制子关系密切。

e. RepHI1A、HI2、T 和 Y 复制子似乎同属一个蛋白家族。

f. 质粒的接合作用具有稳定敏感性，且在较低的温度下质粒会具有更广泛的宿主范围。

g. 细小型菌毛的 PilV 尖端黏附素由于簇集倒位重组系统的存在而呈现出多样性。

h. Hen 是指 H97、E104 和 N106 氨基酸，但大多数释放酶活跃位点存在 3 个组氨酸

【C 质粒】

IncC 质粒于 20 世纪 60 年代被首次报道，与其相容且相关的 RA1 质粒被归入 IncA 群，但随后两个群被合并为同一类型的质粒组群 A/C。根据 PBRT 中 A/C 质粒 *repA* 的差异性，研究者将 A/C 质粒分成了 A/C_1 和 A/C_2 质粒。A/C_2 质粒等同于 IncC 质粒，根据其骨架区核苷酸的差异可将其分为类型 1（type 1）（此处称为 C_1）和类型 2（type 2）（此处称为 C_2）。最近有研究证实 RA1(A)质粒和某种 C_1 质粒是可以相容的，虽然两者之间还是存在非常强烈的互斥现象。该研究已建议避免称其为 IncA/C，而恢复为最初的 IncA 和 IncC 的名称。

RA1(A)、C_1 和 C_2 具有类似的骨架结构和功能基因。*tra* 基因通过与其他系统的同源性对比被鉴定出来，但尚未对其进行深入研究。*mobI* 位于 *repA* 的上游，是质粒发挥接合转移功能的必需基因，且不同的 C 质粒具有不同的结合频率与该基因相关。主催化剂复合体 AcaCD，也是质粒发挥接合转移功能所必需的；其通过结合相应的 *tra* 和其他基因，对这些基因发挥正向调节作用；此外，AcaCD 本身的产物被 *acr1* 和 *acr2* 编码的抑制剂所调控。沙门菌基因岛（*Salmonella* genomic island，SGI）携带有 A/C 质粒的 *tra* 基因同源片段，因此 C 质粒可使 SGI 发生转移，但同时转移 C 质粒和 SGI 的情况十分少见。

C_1 和 C_2 质粒有两个区域差异较大：①*traA* 和 *dsbC* 之间的 ORF 分别为 *orf1832*（编码 1832 个氨基酸）和 *orf1847*（编码 1847 个氨基酸）；②*rhs* 基因分别为 *rhs1* 和 *rhs2*。

此外，两个小片段 i1 和 i2 仅存在于 C_2 质粒中。C_1 和 C_2 质粒携带一个可能起源于 GI*sul2* 的抗生素耐药岛（antibiotic resistance island，ARI-B）；这个耐药岛位于这些质粒的一个特定位置，应该是一个从外获取的独立的转移单元。在 IS*26* 和 IS*CR2* 的部分重复区域之间，ARI-B 耐药区常携带有 *sul2*、*strAB*、*tet* 和 *floR* 耐药基因。大多数 C_1 质粒还携带一个 ARI-A 区域，该区域是外界插入的一个复杂的多重转座子。ARI-A 常位于 *rhs* 基因上游的同一位置，两侧有相同的 TSD（除了 *rhs* 部分基因缺失的情况），常携带 bla_{NDM} 和 *rmtC* 基因。C_1 质粒也常携带有 IS*Ecp1* 介导的 bla_{CMY-2} 基因，该片段位于 *traC* 的上游，两端为 5bp 的 TSD。C_2 质粒的耐药区在结构和插入位点上与 C_1 质粒有所区别（虽然还是位于 *rhs* 区域），含有多个不同的耐药基因，包括 bla_{KPC}。目前为止，RA1 是唯一被报道的 A 型质粒。

PlasmidFinder（18-05-02 版）含有 A 质粒（被称作 IncA/C）和 C 质粒（IncA/C_2）的靶标信息。早期的 PCR 方法根据当时少量的质粒序列信息，扩增了 12 个 C 质粒的骨架区。研究证实，*repA*、*parA*、*parB* 和 *orf053* 是维护质粒稳定的 4 个重要基因（且具有相似的表达模式），在 pMLST 方法中被用作区别 C_1 和 C_2 质粒的靶标基因。而目前常采用的 PCR 方法，是通过扩增子大小来区别 C_1 和 C_2 质粒（所用的引物是针对 *orf1832*/*orf1847*、连接 *rhs1*/*rhs2* 与其邻近基因的序列和 *i1*、*i2* 的侧翼序列），且 cedARI-B 区域或存在缺失。同时，利用引物也可以区分 A 质粒和 C 质粒。研究者针对 82 个 C_1 质粒中的 28 个保守基因进行了相应的系统发育分析，结果显示可将 C_1 质粒分为 5 个组群。这些基因被上传入一个更全面的 cgpMLST 参考数据库中（https://pubmlst.org/plasmid/）。

【F 质粒】

F（fertility factor，致育因子）质粒是在细菌中发现的首个接合型质粒，此类质粒大多属于 IncF 群，且对特定噬菌体和血清学交叉反应具有共同敏感性，反映出该类质粒具有一个共同的接合系统（MPF_F）。F 型质粒的接合装置可能与不同的复制子有联系，其最初的不相容性试验将其划分为 FⅠ～FⅦ亚群。FⅡA/FIC、FIA 和 FIB 这三种复制子常以共同体的形式出现在多复制子质粒中，包括 F 质粒。FⅡ起始因子 RepA1 的表达需要依赖 RepA6（TAP）前导肽的翻译，且受到抗转录本 CopA（*inc*）RNA 和转录抑制蛋白 CopB（*repA2*）的调节。FIA RepE 起始因子受到一个“手铐状”复合物的调节，该复合物是由两个不同的质粒通过一个二聚体偶联而成的。除了具有多样的复制子，许多 F 质粒还携带有不同的分区和 TA 系统，以及许多完全不同的耐药基因和毒力基因。

原始的 PBRT 方法涉及 FIA、FIB 和 FIC 引物，此外常用的 IncF（F_{repB}）引物也可以作为肠炎沙门菌 pSLT 型毒力相关质粒的引物（$FⅡ_S$）。由于 F 质粒具有多种复制子类型，且具有很多不同的分区构型，因此具有的相同构成元件很少，严重阻碍了其 PBRT 方法的发展。随后开发出根据复制子多样性区段建立的复制子分型方案（replicon typing scheme，RST）方法。该方法主要是用于识别大肠杆菌（FⅡ）、克雷伯菌（$FⅡ_K$）、沙门菌（$FⅡ_S$）以及鼠疫耶尔森菌（$FⅡ_\gamma$）中的 FⅡ复制子。PlasmidFinder 的靶标基因是 F 质粒的 FIA 和 FIC（FⅡ），加上不同的 FIB 和 FⅡ型，通过不同的质粒名称对其加以区分（并非 FAB 的编号）。

40kb 大小的 *tra* 操纵子所编码的蛋白，其功能是参与 F 质粒菌毛的形成。通过分析已知的 F 质粒接合区域可将其分为 5 个群，能看出其来自一个共同的原始系统（MPF_F）。其分组与质粒的宿主菌类别关系紧密，其中 4 组都与肠杆菌科相关。GroupA 中包含通过 RST 方法分型的以及目前已知的大多数 F 质粒（但也有可能是因为测序的偏差性）。该组是唯一携带容易识别的 *finOP* 系统的一组，该系统可调节 *tra* 的表达和接合。GroupB 中的质粒主要来自鼠疫耶尔森菌，该组质粒均属于 RST 方法分型的 $FⅡ_γ$。GroupC 中的质粒相对数量较少，与最初被归为 FⅤ的质粒相似，具有一个特殊的调节系统。GroupD 与 GroupA 中质粒的操纵子结构和调节基因不同，且主要是肠杆菌科细菌中的质粒。

F 质粒是最早被报道与抗菌药物耐药相关的质粒，且是肠杆菌中数量最多的质粒。在经典的 FⅡ质粒 R100（也被称为 NR1 质粒；20 世纪 50 年代在日本分离于弗氏志贺菌中）上的 Tn*21* 中还携带有 1 型 In/Tn（In*2*）；此外该质粒内部还存在一个由 IS*1* 介导且携带 *catA1* 基因（染色体上的耐药基因）的复合转座子，即 Tn*2670*。近期发现的一些 F 质粒，其携带的耐药基因片段似乎都来源于此结构。F 质粒常携带 $bla_{CTX\text{-}M}$ 基因，特别是大肠杆菌 ST311 常携带 $bla_{CTX\text{-}M\text{-}15}$ 基因（目前越来越常见其携带 $bla_{CTX\text{-}M\text{-}27}$ 基因）。在 ST258 和其他类型菌中，$FⅡ_K$ 质粒常携带 bla_{KPC} 基因，而 $IncFⅡ_γ$ 也可携带 bla_{NDM} 基因。也有研究报道证实 F 质粒可携带 *mcr-1* 基因。

【HI 质粒】

HI 质粒编码与血清学相关的菌毛，类似于 F 质粒的性菌毛。此类质粒是本书中介绍的接合型质粒中最大的质粒，它除了携带抗菌药物抗性基因，还可携带重金属、噬菌体和大肠杆菌素抗性基因。通过 DNA 杂交、限制酶切分析和不相容性测试可将其分为 HI1、HI2 和 HI3 这三个组；但仅发现了一个 HI3 质粒（携带重金属抗性基因），且其序列尚不明确。HI1（原始型 R21；1961 年在英国分离于鼠伤寒沙门菌中）和 HI2（原始型 R478；1969 年在美国分离于黏质沙雷菌中）质粒都具有多种复制子，其中大多由 RepHI1A 决定其不相容性。RepHI1B 仅存在于 HI1 质粒中，同时也具有一个类 RepFIA 复制子（两侧具有两个 IS1 拷贝）使其与 F 质粒具有单向的不相容性。RepHI2 仅存在于 HI2 质粒中。

HI1 和 HI2 质粒具有类似的骨架结构，其必需蛋白具有很高的同源性。与接合功能相关的基因主要分布在两个区域：Tra1（或 Trh1，携带 *oriT* 和编码松弛小体以及一些 MPF 组分的相关基因）、Tra2（Trh2，编码大多 MPF 蛋白）。MPF 系统与 F 质粒相关，而松弛小体和菌毛相关基因则与 P 质粒关系更为紧密。最佳的菌毛合成状态在 22～30℃，虽然在 37℃时菌毛更加稳定，但该温度下其交配聚合体的形成将会受到抑制。这种热敏性接合作用有利于质粒在环境中的传播。

HI1 大多存在于沙门菌中，但在大肠杆菌中也被发现过。研究者采用 pMLST 方法利用 6 个位点对已知的 HI 质粒序列进行分析，根据片段的差异性将其分为两种类型：

type1 和 type2。而另一种分型方法的结果则略有不同。研究者针对 HI2 质粒建立了一种利用两个位点可读框（*smr0018* 和 *smr0199*）对其进行分型的方法，其引物也可用于鉴定另外 3 个基因的存在或缺失。HI1 和 HI2 质粒分别被分为 14 种和 12 种 ST 型。

类 HI 型质粒目前也被分为了几个类群。pNDM-MAR 编码类 RepHI1B 和类 RepFIB 样蛋白，而 pNDM-CIT 编码的 RepHI1A 和 RepHI1B 蛋白同源性仅为 92%。基于 *rep* 和 *trh* 区域等核心基因建立的系统发育进化树，可将目前已知序列的 HI 质粒分为 4 大组群，分别是 HI1、HI2、HI3（与先前的 HI3 型不同，还包括 pNDM-MAR）和 HI4（pNDM-CIT）。如果仅分析 *traI* 和 *trhC* 基因，还会有 HI5 型质粒。最初的 PBRT 方法仅包括区分 HI1 和 HI2 型质粒的引物，后来识别 pNDM-MAR 样和 pNDM-CIT 样质粒的引物也被补充进去。PlasmidFinder（18-05-02 版）包含 3 个识别 RepHI1A 的靶标，2 个识别 RepHI1B 的靶标，以及一个识别 RepHI2 的靶标和一个识别发现于 HI1 质粒中的 FIA 样 *rep* 的靶标，之后又针对 pNDM-MAR 补充了 IncFIB（Mar）靶标。

HI 质粒中包含许多种类的耐药基因，如 HI2 型质粒中携带的 bla_{IMP} 和 $bla_{\mathrm{CTX\text{-}M}}$ 基因。HI3～HI5 型的各个群中都至少有一个质粒携带有 $bla_{\mathrm{NDM\text{-}1}}$。最近，不同的 HI1 型质粒中被鉴定出携带有 *mcr-1* 基因，此外在大肠杆菌的 HI2 型质粒中还发现了 *mcr-1* 和 *mcr-3* 基因。

【Ⅰ型复合质粒】

由于具有相似的菌毛形态和血清学特征，Inc 型 I1（Iα）、Iγ、B/O、K 和 Z 质粒都被归为Ⅰ型复合质粒。这类Ⅰ型复合质粒的拷贝数是受到反义 inc RNA（也被称为 *rnaI*）调控的，其可以抑制 *repA* mRNA（也被称为 *repZ*）的翻译，同时编码 RepA 的起始蛋白。RepA 的翻译需要依赖 *repB* 基因（也被称为 *repY*）上游和重叠区部分的翻译。不相容性是由 inc RNA 与一个由 *repAB* mRNA 形成的茎环结构相互作用而导致的。B 型和 Z 型的质粒实际是不相容的，这暗示已形成了稳定的杂合型抑制复合物。

早期的 PBRT 方法中引物设计于 *inc* 基因上或在其上游，用于鉴别 I1 和 Iγ 型复制子（I1 FW/RV 引物）。当 K RV 引物和 B/O RV 搭配时，K/B FW 引物可以用于同时鉴定 K 和 B/O 质粒。B/O 引物可以识别 Z 型质粒，但也会错过一些Ⅰ型复合质粒的鉴定；同时在 Z 群质粒中确定了许多不同的 *inc* 序列。K 质粒可分为能互相兼容的 K1 和 K2 两种类型，因此研究者设计了新的引物来识别和区分这两种质粒。PlasmidFinder（18-05-02 版本）包含一种针对 I1 型的靶标序列和 4 条覆盖 B/O 型、K 型和 Z 型的“B/O/K/Z”靶标序列，I1 质粒的 pMLST 方法运用了 5 个管家基因，涉及 14～47 号等位基因，已有相关近 300 个 pMLST 文件，说明其变异性非常广。$repA_{\mathrm{BKI}}$ 和 $repA_{\mathrm{z}}$ 是两种主要的 *repA* 基因；其中 $repA_{\mathrm{BKI}}$ 主要存在于 B/O 型、I1 型和 K 型（与 Iγ 有 92%同源性）质粒，而 $repA_{\mathrm{z}}$（与 $repA_{\mathrm{BKI}}$ 有 50%左右同源性）主要存在于 Z 型质粒，且每一种都有相应的特异性引物来鉴别。序列比对发现 K2 型质粒的 *repA* 基因更像是 $repA_{\mathrm{z}}$（95%同源性），且可以用 $repA_{\mathrm{z}}$ 的引物对其进行鉴定（反向引物的 3′端有一个错配）。考虑到 *inc* 基因发生的微小变化会带来一些影响，且 SL1 对质粒不相容性的影响尚未阐明，这些问题的存在都需要对Ⅰ型复合质粒的分类情况进行重新考虑，反之亦然。

Ⅰ型复合质粒具有一种粗大型菌毛（*tra* 基因），在 DNA 转移中发挥作用；另外还有一种细小型菌毛（*pil* 基因），帮助其在液体培养基中使交配装置稳定。I1、Iγ 和一些其他的Ⅰ型复合质粒中存在一种簇集倒位型位点特异性重组系统，该系统由 *rci*（编码一种重组酶）基因和其相邻的 19bp 大小的 *sfx* 重复序列分隔片段（包含部分阅读框）组成。该区域的 *pilV* 基因重叠，编码了细小型菌毛尖端的黏附素成分；Rci 介导的重组发生在 *sfx* 重复序列间，使其发生重排或缺失，会使 PilV 变异体具有不同的 C 端。这也是导致细菌接合效率及生物膜黏附性不同的因素之一。

经典质粒 R64（I1）和 R621a（Iγ）的簇集倒位序列则都是由 7 个 *shf* 重复分隔成 4 个片段。4 个片段中的 A、B、C 片段，每个片段包含两个反向的部分阅读框，可形成 *pilV* 基因的 3′端；而 D 片段中仅有一个。K1 型质粒 pCT 被 6 个 *shf* 重复分隔成 3 个片段，而有报道指出存在一种 K2 型质粒被 8 个 *shf* 重复分隔成 4 个片段的情况。通过比较 K 型质粒的簇集倒位区序列可发现，K1 型和 K2 型质粒有一些相似之处：存在一处与 I1 A 片段关联的区域（同源性 85%），且此关联区段与 I1 C 片段也有一定相关性（同源性 80%）；另外还存在一个区域与 I1 B 和 D 区域具有一定的相似性（同源性 74%）。在已知的 B 型质粒中，其邻近 I1 C 相似片段处仅有一个 *shf* 重复，且没有 *rci* 基因，因此只有一个 PilV 变异型。Z 型质粒的簇集倒位区域与 I1 B 和 C 区的部分片段相关，同时两侧存在 3 个 *shf* 重复。

大多 I1 型质粒都存在于大肠杆菌和沙门菌中，且许多都携带有耐药基因，常见的有 bla_{CMY-2} 及其变型、$bla_{CTX-M-15}$ 或 $bla_{CTX-M-1}$（主要为动物源）。耐药基因的插入位点常在质粒的同一区域，位于某未知功能基因和稳定性基因之间。携带 $bla_{CTX-M-14}$ 的 K1 质粒，其耐药基因的插入位点变化较大；而 K2 质粒常见携带 *mcr-1* 基因或 bla_{CMY-2} 及其变型基因。在一些携带耐药基因的菌株中，B/O 质粒复制子通过 PCR 方法被识别，但是无法区分 Z 型和 B 型质粒。Z 型质粒被报道携带一些早期的耐药基因。

【I2 质粒】

I2 质粒（原命名为 Iδ）与Ⅰ型复合质粒有许多相同的特征，如都具有粗大型和细小型菌毛，且都具有簇集倒位区片段，但其具体的结构和序列是不同的。经典的 I2 质粒 R712（INSDC 登录号为 AP002527）有 4 个簇集倒位区片段：A 和 C 片段相当于 I1 质粒的相应片段，而 B、D 这一部分的两个末端分别与 R64 质粒的 B 和 D 片段是同源的。最近鉴定的一些 I2 质粒具有一个额外的片段（如 INSDC 登录号为 KY795978 的质粒，被建议命名为“E”），同时 I2 质粒的簇集倒位区重排情况十分活跃。

在最初的 PBRT 方法中没有鉴别 I2 质粒的引物，可以看出这个质粒在之前一直是一种被忽略的质粒类型，直到最近发现了一种携带有 bla_{CTX-M} 基因的耐药质粒，其中包括 $bla_{CTX-M-1/9/1}$ 杂合型耐药基因。肺炎克雷伯菌 ST258 clade b（也被称为 clade 2 或Ⅱ）中的 I2 质粒可能携带有 bla_{KPC} 耐药基因。最近 I2 质粒因被证实为发现的第一种可携带 *mcr-1* 基因的质粒而受到了广泛的关注，有些 I2 质粒还可同时携带 bla_{CTX-M} 和 *mcr-1*。

至少在两种不同的 I2 质粒类型中发现携带有 *mcr-1* 基因的情况。目前已知序列的 100 多个 I2 质粒的初步序列分析结果显示，携带有 *mcr-1* 基因的质粒主要为两种类型，且 I2 质粒的骨架区可能存在广泛的重组情况。

【L/M 质粒】

已知的携带耐药基因的 L/M 质粒都具有一个保守的骨架结构。其复制区域由 *repA*（起始蛋白基因）、*repB* 和 *repC* 构成，且受到反义 inc RNA 的调控，这点与 I 型复合质粒类似。L/M 质粒的接合基因被一个较大的 *tra* 片段和一个较小的 *trb* 片段间隔开来，这点也与 I 型质粒相似。

研究者最初是将 IncL 和 IncM 质粒分为两个类群，而随后又将其合并为一个类群。最近的研究又根据该类质粒 *inc* 基因、释放酶相应基因（*traX*）以及进入排斥相关基因（*traY* 和 *excA*）之间的差异，将其分为 L、M1 和 M2 三个类群。也有研究者利用目前已知的 20 条序列中的 20 组核心基因对其进行了相似的分组。通过 PBRT 的引物，可对 L 和 M 质粒进行区分。此外，PlasmidFinder（18-05-02 版）有针对该类质粒的 3 个靶标，分别被报道为 IncL/M（pOXA-48，对应于 L 型）、IncL/M（pMU407，对应于 M1 型）以及 IncL/M（对应于 M2 型）。

该类质粒一直被认为具有十分广泛的宿主，但针对 L 和 M 型的复制子的 BLAST 结果显示，几乎所有完全组装的质粒都来自于肠杆菌科。大多已测序的 L 质粒都具有十分紧密的关系，同时携带有不同 Tn*1999* 变体介导的 $bla_{\text{OXA-48}}$-*like* 基因，其插入位点均为转移抑制（transfer inhibition，*tir*）基因处，从而具有更高的转移结合效率。M2 质粒常携带 IS*Ecp1*-$bla_{\text{CTX-M-3}}$，有时也携带一些其他重要的耐药基因，如 Tn*2* 变体介导的 *armA*、bla_{NDM} 或 $bla_{\text{IMP-4}}$。此外，M1 质粒携带 bla_{KPC}、bla_{SHV}（ESBL）或 bla_{FOX}（*ampC*）的情况也时有报道。

【N 质粒】

N 质粒是相对较小的接合型质粒。N 质粒的结合区域分为两个部分，一部分主要负责编码进入排斥相关蛋白和菌毛相关成分，另一部分则是 *oriT* 和一些 *tra* 基因。*fipA* 基因和 *nuc* 基因将这些基因间隔开来。*fipA* 基因可编码一种生育抑制（fertility inhibition）类蛋白，该蛋白与共同留存的 IncP1 质粒的 TraG 相互作用以抑制两个质粒之间的接合；而 *nuc* 基因则是编码一种核酸酶。N 质粒骨架区有一部分是保守的上游重复序列（conserved upstream repeat，CUP）调控的调节子。经典的 IncN 质粒 R46 有 6 个 CUP，包含一个强大的启动子、间隔开来的几个上游重复序列控制基因（CUP-controlled gene，*cgg*）、抗收缩/调控基因（antirestriction/regulatory gene，*ard*）以及一些其他的基因。一些 N 质粒具有相对较少的 CUP 重复，且仅有这些基因的一些子集，这可能是这些重复发生重组而造成的。

已报道的 N 质粒的骨架区似乎都是十分保守的。pMLST 方法中仅有 3 个靶标基因，pMLST 网站上可查询到相关的 20 个 ST 型（2018 年 5 月）。N 质粒通常在 *resP* 基因的上游存在一个 1 型 In/Tn，有时在邻近 *fipA* 基因处也有一些其他的插入，像这类插入都有可能对质粒带来有利影响。N 质粒中携带有 bla_{KPC}、bla_{IMP} 和 $bla_{CTX\text{-}M}$ 耐药基因的情况都已被报道。

原始的 N 型质粒现在被称作 N1 型质粒。N2 型质粒具有与 N1 型质粒相似的骨架结构基因，但其 *rep* 区则不同。已知携带有 bla_{NDM}、$bla_{CTX\text{-}M\text{-}62}$ 或各种 bla_{IMP} 耐药基因的质粒，其插入位点都邻近于 *fipA* 基因。N3 质粒的原型（一个实际是 N1 型的质粒被命名为 N3）具有与 N2 质粒类似的骨架结构；其编码了一个 RepA 起始蛋白，与 N2 RepA 具有 80%的同源性。最近有报道发现了另外两种 N3 质粒，并且因第 4 个 N3 质粒可编码一种特殊的 RepA 起始蛋白，而将其分到另一个单独组群中，称为 IncN3β。PlasmidFinder（18-05-02 版）中各有一个靶标分别用于鉴定 N1 和 N2 质粒，但有一个称为 N3 的靶标实际是用于鉴别某些 N2 型质粒的。

【P/P-1 质粒】

IncP 质粒存在于肠杆菌科中，而 IncP-1 质粒最早是于 20 世纪 60 年代晚期临床上分离的假单胞菌中发现的。Pα（如 RP4/RK2 质粒）和 Pβ（如 R751 质粒）亚群中的一些质粒已经被研究得很清楚。其复制蛋白由 *trfA* 基因编码，而复制机制的调控则是采用与 RepFIA 类似的“手铐状”复合物。P 质粒有两个接合区域：*tra* 和 *trb*。

P 质粒之所以是最具稳定性的质粒之一，是因为中央控制区域对其复制、接合以及维持稳定过程的严格调控。IncC 和 KorB 是分配蛋白，但 KorB 依然可以调控基因的表达，可被 IncC 进行增强作用，且可与 KorA 进行结合。P 质粒具有广泛的宿主，可能是由于具有一个可适应不同宿主复制所需的集合体，因此其 MPF 可以成功地与不同细胞类型产生相互作用，且缺乏限制位点。

最初的 PBRT 方法仅有鉴别 Pα 的引物，但现在 P 质粒至少被分为 8 个类型，如 α、β1、β2、γ、δ、ε、ξ 和 η，另外还有奈瑟菌属中的一个未命名的分支以及最近刚报道的一个新的分支。这些分支中的质粒，其骨架基因的 3/4 都是相同的。此外一些杂合质粒也已被发现，但通常其具有一些来自同一分支的组分。插入点一般在 *ori* 和 *trfA* 基因以及 *tra* 和 *trb* 操纵子之间，且许多 P 质粒都携带有耐药基因。它们一般不携带临床上重要的耐药基因，虽然一个最新分支的质粒被证实携带了 *mcr-1* 基因。PlasmidFinder（18-05-02 版）包含的靶标是针对 Pα、Pβ1 以及携带了 *mcr-1* 基因的被称为 IncP1 的 P 质粒。

【R 质粒】

第一个命名的 IncR 质粒为 pK245，携带有 *qnrS1*，同时针对其 *repB* 基因的鉴别引物也已公布。PlasmidFinder（18-05-02 版）将 PBRT 中的 pK245 *repB* 复制子作为 IncR 质粒的靶标。pK245 有另外的两个 *rep* 基因，称为 *repE* 和 *repA* 基因。仅有 R *repB* 基因的质粒显然不具有接合性，因为其缺少 *tra* 基因和释放酶相关基因。这也许可以解释为什么具有 R *repB* 的完整质粒序列还有另外的复制子，如 FIIK、A/C 或未分型

的 *rep* 基因。最开始有关 pK245 质粒的报道也指出，其 *repB* 基因与 pGSH500 质粒（来自一株分离于 1991 年或之前的肺炎克雷伯菌）的复制子关系密切，此外也携带有一个 FII-like 复制子。由于这些因素，将携带此类复制子的质粒归为哪一分组一直未能确定。具有 R *repB* 基因的质粒大多来自肺炎克雷伯菌，但也有来自阴沟肠杆菌和大肠杆菌的，携带有 bla_{NDM}（有时携带一个 16S rRNA 甲基化酶基因）、bla_{KPC}、bla_{VIM} 和 $bla_{CTX\text{-}M\text{-}15}$ 耐药基因。

【T 质粒】

经典的 IncT 质粒为 Rts1，来自普通变形杆菌。Rts1 的复制基因（*repA*）和分配基因与 Y 质粒的 P1 十分相似，但其复制基因在 42℃时会被抑制。接合相关基因在两个分支中被发现，其编码的蛋白与 F 和 HI1 质粒中表达的蛋白最具有相关性。据报道，其接合作用的最适温度是 25℃而不是 37℃，且随后的研究还发现其接合是发生在液体环境而非固体环境，但也有可能不是所有的 T 质粒都具有此特征。Rts1 可能是一个非典型质粒，它包含两个 50kb 大小的重复片段，两个片段之间具有相同的基因结构但其同源性并不高。

Rts1 *repA* 的引物是原始的 PBRT 引物集中的一部分，而 PlasmidFinder（18-05-02 版）中 IncT 质粒的靶标是 Rts1 的复制子序列。最近有关 T 质粒的报道相对较少，但也有报道称在分离于日本的奇异变形杆菌中通过 PBRT 的方法发现了携带 $bla_{CTX\text{-}M\text{-}2}$ 耐药基因的 T 质粒。此外，还有报道称一个来自雷氏普罗威登斯菌的具有完整序列信息的质粒具有 T *repA* 基因，且携带 $bla_{NDM\text{-}1}$ 耐药基因。一个发现于弗氏柠檬酸杆菌且携带有 $bla_{OXA\text{-}181}$ 耐药基因的 T 型质粒（但仅有部分被截短了的 *tra* 片段）也已被报道出来，但未在 GenBank 及 WGS 数据库中某些我们关注的特殊种群中搜索出 T-like *repA* 基因。

【U 和 G/P-6 质粒】

早在 20 世纪 80 年代，IncG（大肠杆菌中）/IncP-6（铜绿假单胞菌中）和 IncU 的分组就已经被确立。这些组群是可以合并起来的，由于 IncP-6 的重复子克隆具有很高的拷贝数，因此其与 IncU 具有很强的不相容性，此外两个群组质粒的复制子具有相关性，但是 MOB 分型将它们分在了不同的演化支。目前已知的 U 质粒大多来自环境中的分离株，和气单胞菌关系密切。

Rms149 是典型的 G 质粒，其具有一个很小的骨架区域；该骨架区域由许多模块构成，这些模块序列在不同质粒类型的序列中被发现。Rms149 质粒还具有许多插入部分，占据整个序列的 80%。最初的 PBRT 方法中没有鉴定 IncU 的引物，随后的研究补充了针对 *repA* 基因的引物。PlasmidFinder（18-05-02 版）中 IncU 的靶标对应的是 PBRT 中的复制子，其中也包括了一个 IncP-6 靶标。bla_{KPC} 被报道存在于铜绿假单胞菌的 P-6 质粒中，且该质粒比 Rms149 质粒要小；此外，bla_{KPC} 也被报道存在于一种缺少移动相关基因的 U 质粒上。

【W 质粒】

第一个 IncW 质粒 pSa 是在 20 世纪 60 年代晚期的志贺菌中发现的，首次是由 T Watanabe 报道，故称其为 IncW 质粒。W 质粒是肠杆菌科中发现的最小的接合型质粒。分析大多数能获得的序列可以看出，它们具有一个保守的骨架结构，其中包含各种不同的典型的质粒插入模块。W 质粒具有一个与 P 质粒类似的发挥主要监管功能的系统。IncWβ 质粒是最近新被划分的一类组群，它具有一个与其他 W 质粒不同的复制模块。

原始的 PBRT 方法含有鉴定 W 质粒的引物，此外 PlasmidFinder（18-05-02 版）中有一个针对扩增子的 IncW 靶标。之前有三种 W 质粒被报道，但最近报道了一个携带 $bla_{\text{IMP-1}}$ 耐药基因的 W 质粒，其在相同的插入位置有一些被截断了的 1 型 In/Tn。pSa 中的整合子是最早被报道携带 IS*CR1* 的。W 质粒携带有一个盒式排列序列，里面包括 Tn*4401* 介导的 $bla_{\text{VIM-1/4}}$ 或 bla_{KPC} 耐药基因，且检测此类结构的 PCR 方法也已被报道，但具体序列尚未被公布。

【X 质粒】

X 质粒最初被分为 X1（如 R485 质粒）和 X2 两个组群；R6K 是一个典型的 X 质粒，其基因序列最近已被报道且对其进行了深入的研究。X 质粒的 π 复制蛋白（启动复制的相关蛋白）是由 *pir* 基因编码的，且该质粒具有 3 个 ori 区域：γ（最小的复制子的一部分）、α 和 β。π 二聚体与两个 ori 区域耦合成的“手铐状”复合物对复制过程进行调控。组成接合区域的相关基因以及 *taxC/rlxX*（释放酶基因）、*taxB/cplX*（结合蛋白基因）和 *taxA/dtrX1*（辅助性松弛小体蛋白基因）共同参与菌毛的合成与组装。X 质粒骨架中的其他各种类型的基因都是相对保守的，而其 TA 系统目前还在进一步研究中。

最初的 PBRT 方法中包含 X2 复制子的引物，随后又增加了 X1 和 X2 *taxC/rlxX1* 基因的引物，以及新型 X3 和 X4 质粒的相关引物。X5 和 X6 型的最终确立是根据其 *taxC/rlxX1* 基因的差异性，但最初 PlasmidFinder 定义不同的 X5 和 X6 型是根据 *pir* 基因进行的，而这些质粒现在已经被重新定义为 X7 和 X8 型。PlasmidFinder（18-05-02 版）包含许多靶标，用于不同 X 型质粒的鉴定（4 个用于鉴定 X1 型，而 X3～X5 型则各有两个），但所有的都被报道为 IncX1、IncX4 等[除了 IncX3（pEC14）]。目前已报道的 X3/X4 杂合型质粒，显然是由 X3-X4 共合体的合成和分解逐渐形成的杂合类型；此外，X1/X2 杂合型质粒也被报道出来。

目前已报道携带有 *oqxAB* 基因的 X1 型质粒可以编码形成一个外排泵，而 X2 型质粒的相关研究相对较少，但它们可携带 *qnr* 基因。$bla_{\text{OXA-181}}$ 和 $bla_{\text{SHV-12}}$ 基因可单独或者与一个 $bla_{\text{NDM-4}}$*-like* 变体或 bla_{KPC} 基因存在于 X3 型质粒上。陆续有研究报道了不同类型的 $bla_{\text{CTX-M}}$ 基因可存在于与其相关的各种 X4 型质粒上；另外有研究指出 *mcr-1* 或其变体常存在于同种 X4 型质粒上，而另一种不同类型的 X4 型质粒则被报道携带了 *mcr-2* 基因。X3/X4 的杂合型质粒同时携带了 $bla_{\text{NDM-5}}$ 和 *mcr-1* 基因。已知 X5 和 X6 型质粒可携带一个 bla_{KPC} 耐药基因。

【Y 质粒】

Y 质粒对应于与 P1 噬菌体相关的原噬菌体成分，而 P1 噬菌体可感染并使大肠杆菌和其他一些肠杆菌科细菌溶原化。P1 可作为一种低拷贝的质粒稳定存在于细胞中，因为其可以独立地进行复制而不用整合进宿主染色体中；此外，P1 通过编码形成的病毒颗粒形式在细菌细胞之间转移。P1 的复制也受到“手铐状”复合物机制的调节，此外其分配系统、维持系统以及其他各类系统都已被深入研究。

PBRT 中的复制子和 PlasmidFinder 的靶标都是对应的 P1 *repA* 内部的同一片段。已经对一些携带该复制子的 Y 质粒进行了测序，其中一个质粒携带有 F 质粒的片段且同时携带 $bla_{\mathrm{CTX\text{-}M\text{-}15}}$ 基因，另一个质粒携带有 *mcr-1* 基因，还有一个具有多复制子的质粒除了携带 *mcr-1* 外，还携带有许多其他的耐药基因。

【Q 质粒】

Q 质粒是一种较小的可移动性质粒。除了具有 *repC* 基因（起始蛋白基因），Q 质粒还具有自己的 *repA*（解旋酶基因）和 *repB* 基因（引发酶基因；融合至 *mobA* 释放酶基因），因此它们不需要依赖宿主菌提供相应的功能，使得此类质粒具有广泛的宿主。根据 Rep 蛋白的差异性以及结合的转移蛋白谱系的不同，可将 Q 质粒分为 Q1、Q2、Q3 和 Q4 四种类型。Q1 质粒携带的耐药基因主要是针对较早期的抗菌药物，但其中有一种可编码 GES-5（一种碳青霉烯酶）。携带 $bla_{\mathrm{GES\text{-}1}}$（ESBL 基因）和 *qnrS2*（低水平的喹诺酮类耐药基因）的 Q3 质粒已被报道。Q 质粒通常不携带其他 MGE 常携带的一些耐药基因，可能是由于 Q 质粒复制机制的限制，质粒为了使其最小化而丢失了此类耐药基因。

在最初的 PBRT 方法中没有包含 Q 质粒的鉴定，但 PlasmidFinder（18-05-02 版）包含鉴定 IncQ1 和 IncQ2 的靶标。rsf1010 是一个典型的 Q1 质粒，其具有一段包含 *repC* 和部分 *repA* 基因的片段；该片段被称为 Tn*6029*，其两端是 IS*26*，IS*26* 在许多大型质粒的耐药区都存在。据报道，该片段最近被另一包含 *repA* 起始端和其相邻区的片段所替代；有的片段长度超过了之前的全长（796bp），暗示出现了另一新类型的 Q 质粒；而有的片段则是一段被截断的序列（如 Tn*6029* 中的 529bp）。

【ColE1 相关质粒】

ColE1 是一类很小的可编码大肠杆菌素 E1（*cea*）和大肠杆菌素免疫蛋白（colicin immunity，imm）的质粒。其复制需要一个质粒编码的 RNA 引物 RNA Ⅱ，而非一个复制蛋白。复制和拷贝数受到反义 RNA Ⅰ与 RNA Ⅱ结合速率的影响，此过程可以阻止蛋白的正确折叠从而使引物形成。此过程也受到 Rom（一种 RNA 抑制调节器，也称为 Rop，是引物的抑制因子）的调节，是一种维持 RNA Ⅰ-RNA Ⅱ复合体稳定的小型蛋白。ColE1 可通过多种接合型质粒（包括 I1、F、P 和 W 质粒）移动，且该过程需要 *oriT*、*mbeA*（编码释放酶）和 *mbeBCD* 基因的参与，但 *mbeE* 基因是非必需的。ColE1 也携带了一个

cer 位点，该位点可在质粒二聚体转换过程中发挥重要作用：在宿主编码的 XerCD 的催化下，通过位点特异性重组，质粒二聚体可转换为单体。

PlasmidFinder 包含鉴别 ColE1 型质粒的靶标（但与 ColE1 的同源性＜90%），且大多靶标的命名以"Col"开始。在两种类型的 ColE1-like 质粒中发现有 *qnrB19* 基因的存在，但由于 Xer 的存在有时会出现不同情况，当 IS*Ecp1* 介导的片段发生缺失时则可能导致 *qnrB19* 插入片段的缺失。Tn*1331* 最初在肺炎克雷伯菌中的 pJHCMW1 质粒中被发现，该质粒的复制机制类似于 ColE1 质粒，但其缺少一个 *rom* 类似物，且包含活跃的（*mrw*）和残缺的（*dxs*）的 Xer 特异性重组位点。携带有一个大肠杆菌素基因的 ColE1 质粒常在肺炎克雷伯菌发现，包括 ST258 株。此外该质粒也可能会携带一个 Tn*1331* 类似物，有时也会携带有 Tn*4401* 和 bla_{KPC} 耐药基因。

其他具有 ColE1 型复制系统的小型质粒目前被识别出携带有 I1-like *oriT* 和 *nikA*[编码释放酶附属因子（RAF）]，但是它们缺少一个 I1*nikB* 释放酶基因。例如，NTP16 先前被报道可被 I1 型质粒 R64 转移，类似于质粒中仅需 *oriT* 的反向松弛酶运动机制。从 20 世纪 70 年代开始，NTP16-like 质粒就陆续被报道存在于多种菌属（包括大肠杆菌 ST131）中。XerCD 介导的 *cer-likenmr* 重组位点上的重组现象可以解释此类质粒附属区域的差异性。此类质粒有时也会携带有 Tn*2* 或含有一个 bla_{TEM} 基因的变异区段，如一个 ESBL 变异体。

铜绿假单胞菌中常见的耐药质粒

许多在铜绿假单胞菌中发现的耐药基因是出现在各种耐药基因岛上而非质粒上的，因此关于铜绿假单胞菌中的耐药质粒信息是非常少的。不像上述提到的 P/P-1 型和 G/P-6 质粒，来自假单胞菌属的质粒很难转移至大肠杆菌中（宿主范围很窄），且其分类采用单独的不相容分类系统（IncP-1～IncP-13）。这些 Inc 型质粒常在各种假单胞菌中被发现，但是许多都是不携带耐药基因的质粒。有少数在铜绿假单胞菌中发现的耐药质粒已被测序，一个 2015 年的检索报告显示 GenBank 中仅收录了 10 个铜绿假单胞菌的耐药质粒，其中有 6 个被分类为 IncP-1、IncP-2 或 IncP-6。但最近越来越多的耐药质粒在铜绿假单胞菌中被发现，特别是碳青霉烯酶耐药菌株。它们大多都携带有盒式结构的碳青霉烯酶基因，而该结构位于插入 Tn*21* 的 1 型 In/Tn 上，这点不同于肠杆菌科中常发现的耐药质粒。

【IncP-2 质粒】

IncP-2 质粒是铜绿假单胞菌中最常见的可移动质粒。此类质粒通常都是较大型的质粒，且除了具有抗菌药物耐药性，还具有亚碲酸钾抗性。一些铜绿假单胞菌中的 IncP-2 质粒，常携带有 1 型 In/Tn 介导的具有盒式结构的碳青霉烯酶基因（包括 bla_{IMP-9} 基因以及其变体 bla_{IMP-45} 和 bla_{VIM-2}），且具有可识别的复制、维持和接合功能相关基因。

【携带碳青霉烯酶基因的质粒】

最近有两个来自铜绿假单胞菌的携带碳青霉烯酶基因的耐药质粒被测序并报道：一个是携带有罕见 bla_{SIM-2} 基因盒的大型质粒，由 1 型 In/Tn 介导；另一个是携带有 bla_{KPC-2} 基因的小型质粒，但不同于上述提到的携带有 bla_{KPC} 基因的 P-6/U 质粒。另一群质粒携带有盒式结构的 bla_{VIM-1} 或 bla_{VIM-2} 碳青霉烯酶基因，且是由不同结构的 1 型 In/Tn 介导的。此类质粒也与 TNCP23 片段有关，该片段携带有一个两侧为 IS*6100*（IS*6* 家族）的 I 型整合子，而此片段似乎相当于一个质粒插入到了另一个更大的 pKLC102 质粒中去，则其自身相当于一个整合进去的基因岛。此外，还有一些质粒携带有 bla_{VIM-1}（多个重复会使其具有高水平的碳青霉烯酶抗性）、bla_{VIM-2} 或 bla_{VIM-7}。

鲍曼不动杆菌中常见的耐药质粒

针对鲍曼不动杆菌中耐药质粒的研究也是相对较少的，与铜绿假单胞菌中的情况一样，其耐药基因也是常存在于耐药基因岛上。根据已知的质粒序列，一种可鉴别 19 种质粒类型（GR1～19）的 PBRT 方法（基于 PCR 的鲍曼纽斯复制子分型，the A. baumannii PCR-based replicon typing，AB-PBRT）已经被报道。但一直没有相关的网络资源，因此这些质粒还没被包括在 PlasmidFinder 中。最近，另一个新的类型 GR20 也被提出。一项研究通过 AB-PBRT 方法将不同来源的 96 株鲍曼不动杆菌的质粒进行分类，每株菌被鉴定出 1～4 种类型的质粒，而这些质粒主要携带 bla_{OXA} 碳青霉烯酶基因，且大多都不可发生转移。

大多数鲍曼不动杆菌中的小型质粒编码的复制酶蛋白通常属 Rep-3。其 TA 系统已经被鉴定出来，与释放酶基因一样在许多质粒中都存在。pRAY-like 质粒具有 *mobA*（MOB_{HEN}）和 *mobC* 基因，但其 *rep* 基因还未被鉴定出来。此类质粒在一个整合子的外部区域携带有 *aadB* 基因盒（编码庆大霉素和妥布霉素抗性），且该现象较为普遍。也有少数具有接合功能的较大型的质粒在鲍曼不动杆菌中被发现。与 RepAci6 关系紧密的 pAb-G7-2 和 pACICU2 质粒均在 TnaphA6 上携带有 *aphA6*（编码卡那霉素和阿米卡星耐药基因）。另一 RepAci6 质粒在 Tn*2006* 上携带有 bla_{OXA-23}，且插入到 AbaR4 上。pNDM-BJ01-like 质粒常在位于 *aphA6* 和 IS*Aba4* 区域上游的 Tn*125* 上，携带有 bla_{NDM-1}，此类质粒不仅在鲍曼不动杆菌和其他不动杆菌中被发现，而且也在一些产气肠杆菌中被发现。

葡萄球菌中常见的耐药质粒

临床分离的葡萄球菌常携带一个或多个质粒，可传播对多种类型抗菌药物、重金属离子、防腐剂和消毒剂的抗性。葡萄球菌中常见的耐药质粒主要为以下三大类：①采用非对称滚环（rollingcircle，RC）复制机制的小型质粒（＜10kb）；②多重耐药质粒；③接合型的大型多重耐药质粒。

【RC 复制型质粒】

此类采用 RC 复制模式的小型质粒，其大小均在 10kb 以下。此类质粒通常编码一个独立的耐药决定子，且都是多拷贝质粒（一个细胞具有 10～60 个拷贝）。葡萄球菌中的 RC 复制型质粒主要可分为四大家族，如四环素抗性质粒 pT181[*tet*(K)]、氯霉素抗性质粒 pC194（*cat*）、红霉素抗性质粒 pE194[*erm*(C)]以及隐蔽性质粒 pSN2。每种家族的质粒都利用了一个从进化上有明显区别的 Rep 蛋白，且这些蛋白间的保守区域是不同的。

根据这些 RC 复制型质粒携带的复制系统可对其进行分类，其中同类群的质粒具有高度相似的 DNA 片段，且这些片段可携带耐药基因和移动相关基因。因此，RC 质粒被认为是由一些可互换的功能模块组成的镶嵌结构。除了上述提到的抗性，RC 质粒也可传递针对链霉素（*str*）、林可霉素[*linA*，现在称为 *lnu*（A）]、磷霉素（*fosB*）、季胺类化合物（*qacC* 和 *smr*）、氨基糖苷类（*aadD*）、博来霉素（*ble*）的耐药基因。一些 RC 质粒，如 pT181 家族的 pC221 质粒，包含一个 *mobCAB* 操纵子和 *oriT*（被 MobA 释放酶基因切断），可帮助其共存的接合型质粒实现移动。同样地，其他的 RC 质粒，包括 pT191，均有一个 *pre* 基因和一个 RS_A 位点，之前被认为是一个发挥重组功能的特异性位点，而现在则被确认为是一个特别的移动系统，且与链球菌中的 pMV158 质粒的 *mobM* 释放酶/*oriT* 系统同源。

【多重耐药质粒】

葡萄球菌中的多重耐药质粒可利用 θ 复制子，且在每个细胞中可维持存在 5 个左右复制。根据已知的多重耐药质粒的结构和功能特点，可将其分为两大类：β-内酰胺酶/重金属抗性质粒（如 pI258）和一类与 pSK1 标准质粒相关的多重耐药质粒。在这些多重耐药质粒中，耐药基因常由 IS 进行介导（常见的有 IS*257*），有时也会位于一些转座子或转座子样的类似结构内，如 Tn*551*、Tn*552*、Tn*4001* 或 Tn*4003*，可传递针对大环内酯类、林可酰胺类、链阳霉素 B 类、青霉素、氨基糖苷类或甲氧苄氨嘧啶等抗菌药物的抗性。

一项研究根据地理和流行病学的不同选取了 280 株葡萄球菌进行分析，最后将其分为 3 个种群，其各自的代表性质粒为 pIB485、pMW2 和 pUSA300-HOU-MR，包括了目前已发现的葡萄球菌多重耐药质粒的一半以上。pIB485-like 和 pMW2-like 质粒是目前地理范围上分布最广的质粒，而 pUSA300-HOU-MR-like 质粒则仅发现于在美国分离的葡萄球菌中。这三大类质粒常携带有 Tn*552* 介导的 β-内酰胺酶基因以及镉抗性基因；pUSA300-HOU-MR-like 质粒常携带针对大环内酯类、氨基糖苷类和杆菌肽的抗性基因；此外，pIB485-like 质粒携带肠毒素基因已成为此类质粒的共同特征。

大多葡萄球菌中的多重耐药质粒都是利用一个共同进化的由反义 RNA 控制的复制起始系统，可编码一个复制起始蛋白，且该蛋白包含一个保守的 RepA_N 区域。在许多低 G+C 含量的革兰氏阳性菌的质粒中，这一区域是由 *rep* 基因来编码的，且这种现象是普遍存在的。其他的 *rep* 基因在一些多重耐药质粒的序列中有时很明显，而且似乎已经通过一些小型 RC 质粒的共整合功能而合并在一起，但编码区或相应 *ori* 的突变或截断会引起其失活。如果质粒同时具有 *repA_N* 型基因和一个特殊的 *rep* 基因（可编码包含 Rep_3 区域的起始蛋白），则该质粒就不会发生上述情况。另外，在一些少数情况下，如 pMW2 质粒中，*rep_3* 似乎是参与复制过程的，因为仅发现了 *repA_N* 的残余部分。

多重耐药质粒常携带有一个多聚体分辨系统，该系统包含一个编码丝氨酸重组酶的基因（通常被注释为 *sin* 或 *bin3*）。大多质粒都有一个邻近于 *repA_N* 的基因，且其转录会偏移至 *repA_N* 基因处开始，这一现象可能与 pSK1 的 *par* 位点有关。这一结构有助于增加质粒的分离稳定性，因此被认为是一个分配系统，且该系统的独特之处是它仅编码一个 Par 蛋白而不是两个。然而，仅有少数多重耐药质粒具有传统的含两个基因 type Ⅰ和 type Ⅱ的分配系统。而分离后杀伤系统仅在少数多重耐药质粒中被发现。

【接合型多重耐药质粒】

接合型多重耐药质粒是葡萄球菌中发现的最大的质粒（＞30kb），其从供体到受体细胞的转移速率一般较低。它们还可以促进一些小型质粒通过移动作用或传导而产生的接合性扩散过程。接合型质粒也被发现可整合到染色体上。

截至目前，葡萄球菌中仅有一个家族的接合型多重耐药质粒被详细研究，如 pSK41、pGO1 和 pLW1043 质粒。此类型质粒最初发现于具有庆大霉素抗性的菌株中，于 20 世纪 70 年代在北美洲地区首次发现并分离，之后在欧洲和日本也陆续发现其存在。最近，在美国分离的 MRSA 株中也发现此类质粒的存在。

Tn*4001* 的衍生物介导了庆大霉素和其他氨基糖苷类药物的耐药基因区段（*aacA-aphD*），且该区段被 IS*257* 的拷贝截断。此类 IS 常以多拷贝形式出现在 pSK41-like 质粒中，且位于不同耐药基因的两侧位置（类似于 IS*26* 相关序列在一些革兰氏阴性菌中的结构）。这些结构有助于传递针对防腐剂和消毒剂（*qacC*）、莫匹罗星（*mupA/ileS2*）、MLS 抗菌药物[*erm*(C)]、甲氧氨苄嘧啶（*dfrA*）、四环素[*tet*(K)]和利奈唑胺（*cfr*）的抗性基因。在一些情况下，小型质粒的耐药区段可通过 IS*257* 介导的整合性捕获而被整合在一起，如 RC 型质粒中的 pUB110[编码氨基糖苷（*aadD*）和博来霉（*ble*）耐药基因]。一些 pSK41-like 质粒，如 pLW1043，也携带有转座子，包括 Tn*552-like* β-内酰胺类转座子。此外，*vanA* 糖肽耐药转座子 Tn*1546* 被认为是从肠球菌的 Inc18 质粒转移进来的。的确，已有研究证实若金黄色葡萄球菌受体细胞中存在 pSK41-like 质粒，则以肠球菌作为供体的 Inc18 *vanA* 质粒的转移作用将会被增强，但其具体机制尚未被阐明。但 Inc18 *vanA* 质粒很少存在于金黄色葡萄球菌中，这可能是由于其具有较低的复制效率、限制性屏障作用，以及金黄色葡萄球菌携带 *vanA* 基因会引起高代谢成本等。

像大多数葡萄球菌中的多重耐药质粒一样，pSK41-like 质粒利用一个反义 RNA 调控的 *repA_N* 复制起始系统。此类质粒全部携带有一个多聚体分辨系统和一个Ⅱ型分区（*par*）位点，但 Fst-like TA 系统仅存在于某个家族的一些质粒中。此类质粒的 *tra* 基因与链球菌/肠球菌的 Inc18 型 pIP501 质粒以及乳酸菌 pMRC01 质粒都具有相似性和共线性，而它们编码的产物则与革兰氏阴性菌中质粒接合系统编码的 T4SS 成分具有较低的同源性。

葡萄球菌中还有两种其他类型的接合型质粒，不同于 pSK41 家族，这两类质粒都是近年被识别鉴定的，其代表性质粒分别是 pWBG749 和 pWBG4。pWBG749 来自从澳大利亚分离的一株金黄色葡萄球菌中，其并不携带有耐药决定子，但其相关质粒被发现携带对青霉素（*blaZ*）、氨基糖苷类抗菌药物（Tn*4001-like* 上携带的 *aacA-aphD*）以及万古霉素（在一个被截断的 Tn*1546-like* 上携带有 *vanA*）的耐药基因。pWBG4 质粒上具有一个 Tn*554-like* 结构，其中携带有针对 MLS 抗菌药物[*erm*(A)]和壮观霉素（*spc*）的耐药基因；而其相关质粒被报道可介导针对氨基糖苷类、甲氧氨苄嘧啶（*dfrD*）以及利奈唑胺（*cfr* 和 *fexA*）的耐药基因的传播。pWBG749-like 质粒编码一个 RepA_N 型起始蛋白，而 pWBG4 则编码一个具有 PriCT_1 区域的蛋白（类似于肠球菌中的 Inc18 质粒）。

生物信息学结果显示，仅有 20%的金黄色葡萄球菌质粒携带有 *mob* 释放酶基因；当有接合型质粒共存时，该基因的存在可保证质粒具有潜在的移动性。然而最近有报道指出，pWBG749 家族的质粒（如 pBRZ01）可使缺少 *mob* 基因的小型 RC 质粒和较大的多重耐药质粒发生移动，且其利用的是一种未曾报道过的反向松弛酶移动机制。这些质粒上存在一种短的 *oriT*“模拟”序列，此序列与 pWBG749 家族质粒的 *oriT* 序列十分相似，可以作为接合释放酶以及接合成分。类似的 *oriT*“模拟”序列也在其他许多缺少 *mob* 基因的质粒中被发现，但这些质粒的移动性还未被验证。金黄色葡萄球菌中的非接合型质粒大约 56%都被证实至少携带有一种 pWBG749-或 pSK41-like *oriT*“模拟”序列（很多是两种都携带），其中又有 89%是多重耐药质粒。根据目前的研究可以看出，如果存在一个合适的共存接合系统，所有的金黄色葡萄球菌质粒都可以实现移动。

肠球菌中常见的耐药质粒

肠球菌中的多重耐药质粒大多都是利用的 θ 复制子。基于复制起始蛋白的保守区段对质粒进行分类，可将其分为 Rep_3、Inc18 和 RepA_N 家族。但有的质粒可编码多重复起始蛋白，这种镶嵌型结构会使分类情况变得较为复杂。肠球菌中的 RC 质粒编码的 Rep 蛋白主要包括 Rep_trans、Rep_1 或 Rep_2 保守区段，但通常不编码相关耐药性。而 pMV158 质粒是一个例外，其携带的 *tet*(L)决定子可对四环素产生抗性。同样的，具有 θ 复制子的 Rep_3 家族的质粒也很少携带耐药基因，但也是存在一个携带 *tet*(L)决定子的 pAMα1 质粒。

【Inc18 质粒】

最初是根据质粒的不相容性来对质粒进行命名的，如 pAMβ1 和 pIP501 质粒，因此目前 Inc18 家族的各个质粒，其复制起始蛋白的亲缘关系都可能较远，且可能与之前的家族质粒成员是可相容的。此类接合型质粒的大小通常在 25～50kb，且宿主范围十分广泛。它们的复制起始蛋白包含一个 PriCT_1 区段，且结合在 *rep* 基因下游的一个起始区域上，其表达受到一个反义 RNA 和一个转录抑制因子 Cop 的严格调控。此类质粒具有

一个由 *trs* 基因编码的 T4SS-like 接合结构，除此以外，还具有一个多聚体分辨蛋白（Res）和一个Ⅰ型分配系统（ParAB）。

肠球菌中的 Inc18 通常携带有针对 MLS 抗菌药物的抗性基因 *erm*(B)，但是 pRE25 等质粒也携带有其他多种抗性基因。此类质粒也常携带万古霉素抗性基因 *vanA*，且可经 pRE25-like 质粒的接合转移作用通过 Tn*1546-like* 转座子将该耐药基因扩散至 MRSA 菌株。此外，Inc18-like 镶嵌型 pEF-01 质粒是粪肠球菌中发现的首个携带 *cfr* 基因的质粒，其可传递细菌对多种抗菌药物的耐药性，包括氯霉素类、林可酰胺类及噁唑烷酮类抗菌药物。值得注意的是，pMG1-like 质粒与 Inc18 家族质粒具有相关性：pMG1 的复制起始蛋白与 pRE25 的复制起始蛋白具有 32%的氨基酸同源性，且包含一个 PriCT_1 区域。这些接合型质粒可以转移至革兰氏阳性菌的各个种属中去，且极大地促进了庆大霉素耐药基因（*aacA-aphD*）和万古霉素耐药基因（*vanA*）在肠球菌中的传播。

【RepA_N 质粒】

通常情况下，RepA_N 质粒编码的复制起始蛋白（RepA）属于 RepA_N 家族，常被分为信息素应答型质粒、pRUM-like 质粒以及被称为大质粒的一群质粒。此类是在临床上十分重要的质粒类群，关于其复制调节机制的研究却相对较少。

信息素应答型接合质粒是一群宿主范围较窄的肠球菌质粒，如 pAD1 质粒。关于此类质粒的研究相对较广泛，尤其是关于其信息素启动接合程序机制的研究。简单地说，就是潜在的受体细胞会释放出一种性信息素，最终会通过与供体细胞形成一个接合通道而诱导质粒发生转移。此接合结构是由质粒的 *tra* 基因编码形成的，且与 T4SS 的相应结构具有很高的同源性。此外，这些质粒也编码一种Ⅰ型分配系统（*repBC*），还具有一个典型的 RNA 调控的 Fst TA 系统。信息素应答型接合质粒与 *vanA* 的传播具有很大的相关性，除此以外其也可介导其他多种耐药基因的传播，包括链霉素（*aadE*）、卡那霉素/新霉素（*aphA-3*）以及 MLS 类抗菌药物[*erm*(B)]的耐药基因。

pRUM-like 质粒在屎肠球菌中广泛存在，分属医院适应型演化支[相关的克隆复合体 17（CC17）]。此类质粒参与介导针对氯霉素（*cat*）、卡那霉素/新霉素（*aphA-3*）、MLS 类抗菌药物[*erm*(B)]、链霉素（*aadE*）、链丝菌素（*sat4*）和万古霉素（*vanA*）耐药基因的传播。此外，pRUM-like 质粒也可通过 Tn*1546-like* 转座子将耐药基因扩散至 MRSA 株。除了携带有 *repA* 基因，此类质粒还编码一个Ⅰ型的分配系统、一个多聚体分辨系统（*sin*）以及一个蛋白 TA 系统。此外，值得注意的是，pRUM-like 型 pJEG40 质粒的序列分析结果显示，*repA* 基因可能受到一种反义 RNA 的调控。

大质粒的大小一般在 150～375kb，在屎肠球菌中，此类质粒与相关毒力基因和耐药基因传播的关系十分密切。标准的 pGL1 质粒测序结果显示，其携带有针对重金属、MLS 类抗菌药物和糖肽类抗菌药物的抗性基因。这类质粒也编码一个蛋白的 TA 系统、一个Ⅰ型分配系统以及一个与 T4SS 有关的接合结构。

质粒在细菌耐药性形成与传播中的作用

质粒作为最常见的可移动遗传元件，是细菌产生耐药性的最大威胁。质粒也常常携带其他的可移动遗传元件，如 IS、整合子和转座子等，这些可移动遗传元件可以携带邻近的耐药基因并将其转移到其他位置，这就进一步提高了耐药基因的可转移性。许多质粒具有有效的接合系统和广泛的宿主范围，这些都为耐药基因在不同菌株之间的传播提供了可能。虽然一些非接合型质粒的存在以及质粒的不相容性在一定程度上会限制耐药基因的播散，但是也可通过共存质粒的转移实现耐药基因在不同菌种之间的传播及扩散。

由于质粒种类繁多，因此对于一些特殊类型的耐药质粒，其复制、稳定和转移机制还尚未研究清楚。此外，针对各种类型质粒的适应性代价机制的研究也需深入挖掘，以进一步对其传播风险进行评估。这些问题的解决，都有助于为多重耐药菌的形成机制、传播风险及其防控提供新的理论。

主要参考文献

冯伟, 欧阳净, 程林, 等. 2020. 细菌 NDM-1 质粒耐药表型与其表达的相关性研究. 中国抗生素杂志, 45(5): 477-481.

李曼莉, 王利君, 赵亚超, 等. 2019. IncFII-FIA-FIB 型多重耐药质粒 pBTR-CTXM 的结构基因组学分析. 微生物学通报, 46(1): 139-150.

刘小凤, 沈守星, 魏秋姣, 等. 2014. 某地区淋球菌对抗菌药物敏感性及质粒耐药流行状况研究. 检验医学与临床, 11(11): 1530-1531, 1534.

刘艳华. 2019. 质粒介导多黏菌素耐药基因 *mcr* 的研究进展. 实验与检验医学, 37(3): 347-351.

龙永艳, 吴葵, 傅松哲, 等. 2018. 质粒介导的喹诺酮耐药细菌的耐药机制. 热带医学杂志, 18(1): 122-126, 138.

吕承秀. 2019. 肺炎克雷伯菌质粒携带的耐药基因研究进展. 锦州医科大学学报, 40(6): 104-108.

马婧嘉, 施春雷, 李可, 等. 2014. 沙门氏菌耐药谱及质粒耐药基因的筛查. 中国食品学报, 14(4): 184-190.

沈杨. 2019. 携带 bla_{CTXM} 和 1 型整合子的 IncFⅡ型质粒介导大肠埃希氏菌多重耐药性传播机制研究. 杭州: 浙江工商大学硕士学位论文.

许腾. 2010. 大肠杆菌质粒耐药基因分布及其多态性研究. 温州: 温州医学院硕士学位论文.

叶颖. 2013. 淋球菌质粒耐药性的流行状况. 四川医学, 34(3): 463-464.

袁星, 沈继录, 徐元宏, 等. 2011. 鲍曼不动杆菌临床分离株对喹诺酮类耐药表型和质粒耐药基因研究. 临床检验杂志, 29(3): 228-230.

郑世军, 宋清明. 2013. 现代动物传染病学. 北京: 中国农业出版社.

朱健铭, 姜如金, 吴康乐, 等. 2015. 肺炎克雷伯菌泛耐药株的质粒耐药元件研究. 疾病监测, 30(2): 134-139.

Adamczuk M, Zaleski P, Dziewit L, et al. 2015. Diversity and global distribution of IncL/M plasmids enabling horizontal dissemination of β-lactam resistance genes among the Enterobacteriaceae. Biomed Res Int, 2015: 414681.

Ambrose S J, Harmer C J, Hall R M. 2018. Compatibility and entry exclusion of IncA and IncC plasmids revisited: IncA and IncC plasmids are compatible. Plasmid, 96-97: 7-12.

Aoki K, Harada S, Yahara K, et al. 2018. Molecular characterization of IMP-1-producing *Enterobacter cloacae* complex isolates in Tokyo. Antimicrob Agents Chemother, 62(3): e02091-17.

Arutyunov D, Frost L S. 2013. F conjugation: back to the beginning. Plasmid, 70(1): 18-32.

Bai L, Wang J, Hurley D, et al. 2017. A novel disrupted *mcr-1* gene and a lysogenized phage P1-like sequence detected from a large conjugative plasmid, cultured from a human atypical enteropathogenic *Escherichia coli* (aEPEC) recovered in China. J Antimicrob Chemother, 72(5): 1531-1533.

Baxter J C, Funnell B E. 2014. Plasmid partition mechanisms. Microbiol Spectr, 2(6): 1-20.

Bender J, Strommenger B, Steglich M, et al. 2015. Linezolid resistance in clinical isolates of *Staphylococcus* epidermidis from German hospitals and characterization of two *cfr*-carrying plasmids. J Antimicrob Chemother, 70(6): 1630-1638.

Bousquet A, Henquet S, Compain F, et al. 2015. Partition locus-based classification of selected plasmids in *Klebsiella pneumoniae*, *Escherichia coli* and *Salmonella enterica* spp.: an additional tool. J Microbiol Methods, 110: 85-91.

Bradley D E. 1984. Characteristics and function of thick and thin conjugative pili determined by transfer-derepressed plasmids of incompatibility groups I1, I2, I5, B, K and Z. J Gen Microbiol, 130(6): 1489-1502.

Bradley D E, Whelan J. 1985. Conjugation systems of IncT plasmids. J Gen Microbiol, 131(10): 2665-2671.

Brantl S. 2014. Plasmid replication control by antisense RNAs. Microbiol Spectr, 2(4): PLAS-0001-2013.

Bustamante P, Iredell J R. 2017. Carriage of type Ⅱ toxin-antitoxin systems by the growing group of IncX plasmids. Plasmid, 91: 19-27.

Cain A K, Hall R M. 2013. Evolution of IncHI1 plasmids: two distinct lineages. Plasmid, 70(2): 201-208.

Carattoli A. 2013. Plasmids and the spread of resistance. Int J Med Microbiol, 303(6-7): 298-304.

Carattoli A, Seiffert S N, Schwendener S, et al. 2015. Differentiation of IncL and IncM plasmids associated with the spread of clinically relevant antimicrobial resistance. PLoS One, 10(5): e0123063.

Carattoli A, Zankari E, García-Fernández A, et al. 2014. In silico detection and typing of plasmids using PlasmidFinder and plasmid multilocus sequence typing. Antimicrob Agents Chemother, 58(7): 3895-3903.

Carloni E, Andreoni F, Omiccioli E, et al. 2017. Comparative analysis of the standard PCR-Based replicon typing (PBRT) with the commercial PBRT-KIT. Plasmid, 90: 10-14.

Chattoraj D K. 2010. Control of plasmid DNA replication by iterons: no longer paradoxical. Mol Microbiol, 37(3): 467-476.

Compain F, Poisson A, Le Hello S, et al. 2014. Targeting relaxase genes for classification of the predominant plasmids in Enterobacteriaceae. Int J Med Microbiol, 304(3-4): 236-242.

Cottell J L, Webber M A, Coldham N G, et al. 2011. Complete sequence and molecular epidemiology of IncK epidemic plasmid encoding $bla_{\text{CTX-M-14}}$. Emerg Infect Dis, 17(4): 645-652.

Crozat E, Fournes F, Cornet F, et al. 2014. Resolution of multimeric forms of circular plasmids and chromosomes. Microbiol Spectr, 2(5): PLAS-0025-2014.

Dai X T, Zhou D S, Xiong W, et al. 2016. The IncP-6 plasmid p10265-KPC from *Pseudomonas aeruginosa* carries a novel ΔIS*Ec33*-associated $bla_{\text{KPC-2}}$ gene cluster. Front Microbiol, 7: 310.

de Toro M, Garcilláon-Barcia M P, De La Cruz F. 2014. Plasmid diversity and adaptation analyzed by massive sequencing of *Escherichia coli* plasmids. Microbiol Spectr, 2(6): PLAS-0031-2014.

del Solar G, Espinosa M. 2010. Plasmid copy number control: an ever-growing story. Mol Microbiol, 37(3): 492-500.

Dobiasova H, Dolejska M. 2016. Prevalence and diversity of IncX plasmids carrying fluoroquinolone and β-lactam resistance genes in *Escherichia coli* originating from diverse sources and geographical areas. J Antimicrob Chemother, 71(8): 2118-2124.

Ellem J A, Ginn A N, Chen S C A, et al. 2017. Locally acquired *mcr-1* in *Escherichia coli*, Australia, 2011 and 2013. Emerg Infect Dis, 23(7): 1160-1163.

Fernandez-Lopez R, de la Cruz F. 2014. Rebooting the genome: the role of negative feedback in horizontal gene transfer. Mob Genet Elements, 4(6): 1-6.

Fernandez-Lopez R, de Toro M, Moncalian G, et al. 2016. Comparative genomics of the conjugation region of F-like plasmids: five shades of F. Front Mol Biosci, 3: 71.

Fernández-López R, Garcillán-Barcia M P, Revilla C, et al. 2006. Dynamics of the IncW genetic backbone imply general trends in conjugative plasmid evolution. FEMS Microbiol Rev, 30(6): 942-966.

Fernandez-Lopez R, Redondo S, Garcillan-Barcia M P. 2017. Towards a taxonomy of conjugative plasmids. Curr Opin Microbiol, 38: 106-113.

Frost L S, Koraimann G. 2010. Regulation of bacterial conjugation: Balancing opportunity with adversity. Future Microbiol, 5(7): 1057-1071.

García-Fernández A, Villa L, Moodley A, et al. 2011. Multilocus sequence typing of IncN plasmids. J Antimicrob Chemother, 66(9): 1987-1991.

Garcillán-Barcia M P, Francia M V, de la Cruz F. 2009. The diversity of conjugative relaxases and its application in plasmid classification. FEMS Microbiol Rev, 33(3): 657-687.

Gilmour M W, Thomson N R, Sanders M, et al. 2004. The complete nucleotide sequence of the resistance plasmid R478: defining the backbone components of incompatibility group H conjugative plasmids through comparative genomics. Plasmid, 52(3): 182-202.

Gomis-Rüth F X, Solà M, de la Cruz F, et al. 2004. Coupling factors in macromolecular type-IV secretion machineries. Curr Pharm Des, 10(13): 1551-1565.

Guglielmini J, Néron B, Abby S S, et al. 2014. Key components of the eight classes of type IV secretion systems involved in bacterial conjugation or protein secretion. Nucleic Acids Res, 42(9): 5715-5727.

Guo Q L, Spychala C N, Mcelheny C L, et al. 2016. Comparative analysis of an IncR plasmid carrying *armA*, $bla_{\text{DHA-1}}$ and *qnrB4* from *Klebsiella pneumoniae* ST37 isolates. J Antimicrob Chemother, 71(4): 882-886.

Guo Q L, Su J C, Mcelheny C L, et al. 2017. IncX2 and IncX1-X2 hybrid plasmids coexisting in a *FosA6*-producing *Escherichia coli* strain. Antimicrob Agents Chemother, 61(7): e00536-17.

Haines A S, Cheung M, Thomas C M. 2006. Evidence that IncG (IncP-6) and IncU plasmids form a single incompatibility group. Plasmid, 55(3): 210-215.

Haines A S, Jones K, Cheung M, et al. 2005. The IncP-6 plasmid Rms149 consists of a small mobilizable backbone with multiple large insertions. J Bacteriol, 187(14): 4728-4738.

Hancock S J, Phan M D, Peters K M, et al. 2017. Identification of IncA/C plasmid replication and maintenance genes and development of a plasmid multilocus sequence typing scheme. Antimicrob Agents Chemother, 61(2): e01740-16.

Hayes F. 2003. Toxins-antitoxins: plasmid maintenance, programmed cell death, and cell cycle arrest. Science, 301(5639): 1496-1499.

Humphrey B, Thomson N R, Thomas C M, et al. 2012. Fitness of *Escherichia coli* strains carrying expressed and partially silent IncN and IncP1 plasmids. BMC Microbiol, 12(1): 53.

Jensen L B, Garcia-Migura L, Valenzuela A J S, et al. 2010. A classification system for plasmids from enterococci and other Gram-positive bacteria. J Microbiol Methods, 80(1): 25-43.

Jiang X Y, Yin Z, Yin X Y, et al. 2017. Sequencing of bla_{IMP}-carrying IncN2 plasmids, and comparative genomics of IncN2 plasmids harboring class 1 integrons. Front Cell Infect Microbiol, 7: 102.

Johnson T J, Danzeisen J L, Youmans B, et al. 2016. Separate F-type plasmids have shaped the evolution of the H30 subclone of *Escherichia coli* sequence type 131. Msphere, 1(4): e00121-16.

Johnson T J, Shepard S M, Rivet B, et al. 2011. Comparative genomics and phylogeny of the IncI1 plasmids: a common plasmid type among porcine enterotoxigenic *Escherichia coli*. Plasmid, 66(3): 144-151.

Kato K, Matsumura Y, Yamamoto M, et al. 2017. Regional spread of CTX-M-2-producing *Proteus mirabilis* with the identical genetic structure in Japan. Microb Drug Resist, 23(5): 590-595.

Khan S A. 2005. Plasmid rolling-circle replication: highlights of two decades of research. Plasmid, 53(2): 126-136.

Khong W X, Marimuthu K, Teo J, et al. 2016. Tracking inter-institutional spread of NDM and identification of a novel NDM-positive plasmid, pSg1-NDM, using next-generation sequencing approaches. J Antimicrob Chemother, 71: 3081-3089.

Komano T. 1999. Shufflons: multiple inversion systems and integrons. Annu Rev Genet, 33(1): 171-191.

Konieczny I, Bury K, Wawrzycka A, et al. 2014. Iteron plasmids. Microbiol Spectr, 2(6): PLAS-0026-2014.

Kubasova T, Cejkova D, Matiasovicova J, et al. 2016. Antibiotic resistance, core-genome and protein expression in IncHI1 plasmids in *Salmonella* Typhimurium. Genome Biol Evol, 8(6): 1661-1671.

Lacroix B, Citovsky V. 2016. Transfer of DNA from bacteria to eukaryotes. mBio, 7(4): e00863-16.

Li R C, Xie M M, Zhang J F, et al. 2017. Genetic characterization of *mcr-1*-bearing plasmids to depict molecular mechanisms underlying dissemination of the colistin resistance determinant. J Antimicrob Chemother, 72(2): 393-401.

Liang Q H, Yin Z, Zhao Y C, et al. 2017. Sequencing and comparative genomics analysis of the IncHI2 plasmids pT5282-*mphA* and p112298-*catA* and the IncHI5 plasmid pYNKP001-*dfrA*. Int J Antimicrob Agents, 49(6): 709-718.

Lilly J, Camps M. 2015. Mechanisms of theta plasmid replication. Microbiol Spectr, 3(1): PLAS-0029-2014.

Liu J, Yang L, Chen D, et al. 2017. Complete sequence of pBM413, a novel multi-drug-resistance megaplasmid carrying *qnrVC6* and $bla_{\text{IMP-45}}$ from *pseudomonas aeruginosa*. Int J Antimicrob Agents, 51(1): 145-150.

Liu Y, Wang Y, Wu C M, et al. 2012. First report of the multidrug resistance gene *cfr* in *Enterococcus faecalis* of animal origin. Antimicrob Agents Chemother, 56(3): 1650-1654.

Loftie-Eaton W, Rawlings D E. 2012. Diversity, biology and evolution of IncQ-family plasmids. Plasmid, 67(1): 15-34.

Lorenzo-Díaz F, Fernández-López C, Garcillán-Barcia M P, et al. 2014. Bringing them together: plasmid pMV158 rolling circle replication and conjugation under an evolutionary perspective. Plasmid, 74: 15-31.

Marchler-Bauer A, Bo Y, Han L Y, et al. 2017. CDD/SPARCLE: functional classification of proteins via subfamily domain architectures. Nucleic Acids Res, 45(D1): D200-D203.

Mark Glover J N, Chaulk S G, Edwards R A, et al. 2015. The FinO family of bacterial RNA chaperones. Plasmid, 78: 79-87.

Matamoros S, van Hattem J M, Arcilla M S, et al. 2017. Global phylogenetic analysis of *Escherichia coli* and plasmids carrying the *mcr-1* gene indicates bacterial diversity but plasmid restriction. Sci Rep, 7(1): 15364.

Mccarthy A J, Lindsay J A. 2012. The distribution of plasmids that carry virulence and resistance genes in *Staphylococcus aureus* is lineage associated. BMC Microbiol, 12(1): 104.

Mcgann P, Snesrud E, Maybank R, et al. 2016. *Escherichia coli* harboring *mcr-1* and $bla_{\text{CTX-M}}$ on a novel IncF plasmid: First report of *mcr-1* in the United States. Antimicrob Agents Chemother, 60(7): 4420-4421.

Meyer R. 2009. Replication and conjugative mobilization of broad host-range IncQ plasmids. Plasmid, 62(2): 57-70.

Mnif B, Vimont S, Boyd A, et al. 2010. Molecular characterization of addiction systems of plasmids encoding extended-spectrumβ-lactamases in *Escherichia coli*. J Antimicrob Chemother, 65(8): 1599-1603.

Mruk I, Kobayashi I. 2014. To be or not to be: regulation of restriction-modification systems and other toxin-antitoxin systems. Nucleic Acids Res, 42(1): 70-86.

Norberg P, Bergström M, Jethava V, et al. 2011. The IncP-1 plasmid backbone adapts to different host bacterial species and evolves through homologous recombination. Nat Commun, 2: 268.

O'Brien F G, Ramsay J P, Monecke S, et al. 2015. *Staphylococcus aureus* plasmids without mobilization genes are mobilized by a novel conjugative plasmid from community isolates. J Antimicrob Chemother, 70(3): 649-652.

O'Brien F G, Yui Eto K, Murphy R J T, et al. 2015. Origin-of-transfer sequences facilitate mobilisation of non-conjugative antimicrobial-resistance plasmids in *Staphylococcus aureus*. Nucleic Acids Res, 43(16): 7971-7983.

Orlek A, Phan H, Sheppard A E, et al. 2017. Ordering the mob: insights into replicon and MOB typing schemes from analysis of a curated dataset of publicly available plasmids. Plasmid, 91: 42-52.

Orlek A, Stoesser N, Anjum M F, et al. 2017. Plasmid classification in an era of whole-genome sequencing: application in studies of antibiotic resistance epidemiology. Front Microbiol, 8: 182.

Pansegrau W, Lanka E, Barth P T, et al. 1994. Complete nucleotide sequence of Birmingham IncP alpha plasmids. Compilation and comparative analysis. J Mol Biol, 239(5): 623-663.

Partridge S R, Kwong S M, Firth N, et al. 2018. Mobile genetic elements associated with antimicrobial resistance. Clin Microbiol Rev, 31(4): e00088-17.

Phan M D, Kidgell C, Nair S. 2009. Variation in *Salmonella enterica* serovar typhi IncHI1 plasmids during the global spread of resistant typhoid fever. Antimicrob Agents Chemother, 53(2): 716-727.

Phan M D, Wain J. 2008. IncHI plasmids, a dynamic link between resistance and pathogenicity. J Infect Dev Ctries, 2(4): 272-278.

Poirel L, Bonnin R A, Nordmann P. 2011. Analysis of the resistome of a multidrug-resistant NDM-1-producing *Escherichia coli* strain by high-throughput genome sequencing. Antimicrob Agents Chemother, 55(9): 4224-4229.

Pollet R M, Ingle J D, Hymes J P, et al. 2016. Processing of non-conjugative resistance plasmids by conjugation nicking enzyme of *Staphylococci*. J Bacteriol, 198(6): 888-897.

Potron A, Poirel L, Nordmann P. 2014. Derepressed transfer properties leading to the efficient spread of the plasmid encoding carbapenemase OXA-48. Antimicrob Agents Chemother, 58(1): 467-471.

Praszkier J, Pittard A J. 2005. Control of replication in I-complex plasmids. Plasmid, 53(2): 97-112.

Ramirez M S, Traglia G M, Lin D L, et al. 2014. Plasmid-mediated antibiotic resistance and virulence in gram-negatives: the *Klebsiella pneumoniae* Paradigm. Microbiol Spectr, 2(5): 1-15.

Ramsay J P, Firth N. 2017. Diverse mobilization strategies facilitate transfer of non-conjugative mobile genetic elements. Curr Opin Microbiol, 38: 1-9.

Ramsay J P, Kwong S M, Murphy R J T, et al. 2016. An updated view of plasmid conjugation and mobilization in *Staphylococcus*. Mob Genet Elements, 6(4): e1208317.

Rossi F, Diaz L, Wollam A, et al. 2014. Transferable vancomycin resistance in a community-associated MRSA lineage. N Engl J Med, 370(16): 1524-1531.

Rozwandowicz M, Brouwer M S M, Zomer A L, et al. 2017. Plasmids of distinct IncK lineages show compatible phenotypes. Antimicrob Agents Chemother, 61(3): e01954-16.

Rozwandowicz M, Brouwer M S M, Fischer J, et al. 2018. Plasmids carrying antimicrobial resistance genes in Enterobacteriaceae. J Antimicrob Chemother, 73(5): 1121-1137.

Sekizuka T, Kawanishi M, Ohnishi M, et al. 2017. Elucidation of quantitative structural diversity of remarkable rearrangement regions, shufflons, in IncI2 plasmids. Sci Rep, 7(1): 928.

Sen D, Brown C J, Top E M, et al. 2013. Inferring the evolutionary history of IncP-1 plasmids despite incongruence among backbone gene trees. Mol Biol Evol, 30(1): 154-166.

Shintani M, Sanchez Z K, Kimbara K. 2015. Genomics of microbial plasmids: classification and identification based on replication and transfer systems and host taxonomy. Front Microbiol, 6: 242.

Shore A C, Lazaris A, Kinnevey P M, et al. 2016. First report of *cfr*-carrying plasmids in the pandemic sequence type 22 methicillin-resistant *Staphylococcus aureus* staphylococcal cassette chromosome mec chromosome *mec* type IV clone. Antimicrob Agents Chemother, 60(5): 3007-3015.

Smillie C, Garcillán-Barcia M P, Francia M V, et al. 2010. Mobility of plasmids. Microbiol Mol Biol Rev, 74(3): 434-452.

Sum L S, Yeo C C. 2017. Small, enigmatic plasmids of the nosocomial pathogen, *Acinetobacter baumannii*: good, bad, who knows? Front Microbiol, 8: 1547.

Sun F, Zhou D, Wang Q, et al. 2015. The first report of detecting the $bla_{\text{SIM-2}}$ gene and determining the complete sequence of the SIM-encoding plasmid. Clin Microbiol Infect, 22(4): 347-351.

Sun J, Yang R S, Zhang Q J, et al. 2016. Co-transfer of $bla_{\text{NDM-5}}$ and *mcr-1* by an IncX3-X4 hybrid plasmid in *Escherichia coli*. Nat Microbiol, 1: 16176.

Takahashi H, Shao M, Furuya N, et al. 2011. The genome sequence of the incompatibility group Iγ plasmid R621a: evolution of IncI plasmids. Plasmid, 66(2): 112-121.

Thomas C M, Nielsen K M. 2005. Mechanisms of, and barriers to, horizontal gene transfer between bacteria.

Nat Rev Microbiol, 3: 711-721.
Thomas C M, Thomson N R, Cerdeño-Tárraga A M, et al. 2017. Annotation of plasmid genes. Plasmid, 91: 61-67.
van Hal S J, Espedido B A, Coombs G W, et al. 2016. Polyclonal emergence of *vanA* vancomycin-resistant *Enterococcus faecium* in Australia. J Antimicrob Chemother, 72(4): 998-1001.
Villa L, García-Fernández A, Fortini D, et al. 2010. Replicon sequence typing of IncF plasmids carrying virulence and resistance determinants. J Antimicrob Chemother, 65(12): 2518-2529.
Xavier B B, Lammens C, Ruhal R, et al. 2016. Identification of a novel plasmid-mediated colistin-resistance gene, *mcr-2*, in *Escherichia coli*, Belgium, June 2016. Euro Surveill, 21(27): 30280.
Yin W J, Li H, Shen Y B, et al. 2017. Novel plasmid-mediated colistin resistance gene *mcr-3* in *Escherichia coli*. mBio, 8(3): e00543-17.
Zhao F F, Feng Y, Lv X J, et al. 2016. An IncP plasmid carrying the colistin resistance gene *mcr-1* in *Klebsiella pneumoniae* from hospital sewage. Antimicrob Agents Chemother, 61(2): e02229-16.
Zhu W M, Murray P R, Huskins W C, et al. 2010. Dissemination of an *Enterococcus* Inc18-like *vanA* plasmid associated with vancomycin-resistant *Staphylococcus aureus*. Antimicrob Agents Chemother, 54(10): 4314-4320.

第五节　整合性接合元件

整合性接合元件（integrative and conjugative element，ICE）是近年来在细菌中发现的一种可移动的基因元件，可以作为耐药基因的传播载体。它是细菌染色体上18～500kb的DNA片段，常整合在tRNA或mRNA基因的3′端，并形成16～20bp的正向重复序列（DR），可通过接合转移的方式介导细菌间基因的水平转移。研究表明，整合性接合元件也是耐药性传播的重要可移动遗传元件。目前能介导多重耐药的整合性接合元件已在弧菌、普鲁威登菌、施万菌、发光杆菌、变形杆菌等中被发现。整合性接合元件介导的多重耐药性已成为近几年耐药性研究的新热点。整合性接合元件具有多样的生物学功能，如①介导宿主对抗菌药物、消毒剂和重金属耐药；②调控宿主的运动和生物被膜形成；③介导宿主对噬菌体的抵抗力，即限制修饰系统；④驱动基因岛的转移；⑤改变对碳源的利用率等。整合性接合元件能够通过特定位点重组的自编码机制，介导自身的整合、切除和从一个宿主基因组转移到另一个宿主基因组，以及自我循环和共轭转移。整合性接合元件的水平转移极大地加速了耐药基因在同种及不同种属之间的传播，使细菌的耐药以至多重耐药问题日益严重，耐药机制日趋复杂。

整合性接合元件结构

整合性接合元件与染色体基因组相比具有异常的GC含量、二核苷酸的偏向性和密码子使用等，内部具有整合酶、转座酶或重组酶基因等与整合性接合元件移动相关的基因。一般根据其含有的整合酶基因将整合性接合元件分为不同的家族。此外，整合性接合元件还携带与提高宿主细菌适应性相关的基因，具有多种生物学功能。这些整合性接合元件能促进宿主细菌适应复杂多变的环境，在细菌适应性进化中发挥重要作用。

整合性接合元件的形成和传播过程主要经历了以下阶段：现有的整合性接合元件整合到宿主染色体上；被诱导后，从宿主染色体上切下并形成双链DNA（double-stranded

DNA，dsDNA）环状质粒，同时表达相关蛋白；松弛酶切割其中一条链并共价连接到 5′切口的末端，形成了转移 DNA；碰到合适的受体，T-DNA 被转运到受体细胞；松弛酶连接 DNA 末端形成共价闭合的 ssDNA 环；供体和受体中的 ssDNA 环合成互补链形成 dsDNA 环，整合到宿主染色体中。

近年来，整合性接合元件介导的多重耐药性传播已成为国内外研究的新热点。Lei 等（2018）在猪源奇异变形杆菌中发现 *cfr*、$bla_{CTX\text{-}M\text{-}65}$、*fosA3* 和 *aac(6′)-Ⅰb-ctr* 等 20 种不同耐药基因的 SXT/R391 整合性接合元件 ICE*Pmi*ChnBCP11；Seral 等（2000）在肺炎链球菌中发现 *mef*(A)、*erm*(B)、*tet*(M)、*catpC194* 和 *aph3′-Ⅲ*等 5 种不同耐药基因的 Tn*916* 家族整合性接合元件 Tn*1545*；Smyth 和 Robinson（2009）在金黄色葡萄球菌中发现携带青霉素耐药基因 *binL*、*blaI*、*blaR1*、*blaZ* 等 4 种不同耐药基因的 ICE6013 家族整合性接合元件 ICE6013。Michael 等（2012）对典型多杀性巴氏杆菌分离株进行了研究，鉴定了一个 82kb 的 ICE*Pmu*1。该 ICE 含有 11 个抗性基因[*aada25*、*strA*、*strB*、*aadB*、*aphal*、*tet*(R)、*tet*(H)、*floR*、*sul2*、*erm*(42)、*msr*(E)]，赋予其对链霉素、壮观霉素、庆大霉素、四环素、氟苯尼考等 15 种抗菌药物的耐药性，研究充分证实了 ICE 的存在是该菌多重细菌耐药性产生的重要原因。Marin 等（2014）应用全基因组测序技术，从 1 株霍乱弧菌中发现了 1 个新型 ICE——ICE*Vch*Nig1，该 ICE 携带有 *sul2*、*strAB*、*floR* 和 *dfrA1* 等耐药基因，可同时介导对磺胺类、链霉素、氯霉素类和季铵盐类药物的耐药，证实了 ICE 是尼日利亚霍乱弧菌流行和暴发的重要原因。Spagnoletti 等（2014）系统研究了霍乱弧菌中 ICE 的获得和进化情况。结果表明 ICE*Vch*Ind5 和其他 ICE 间的同源重组可产生 ICE*Vch*Moz10、ICE*Vch*Ind6 和 ICE*Vch*Ban11 等新类型。研究证实了同一种属的细菌可包含不同的 ICE，ICE 的同源重组现象突出，具有丰富的遗传多样性。这些研究表明，ICE 作为介导耐药性传播的可移动遗传元件，能够携带许多重要抗菌药物耐药基因并介导其在病原菌中传播扩散，给人医和兽医临床病原菌耐药性的防控带来了严峻挑战。

与细菌耐药性相关的常见整合性接合元件

【SXT/R391 整合性接合元件】

SXT/R391 整合性接合元件（SXT/R391 ICE）是一类 55～117kb 长的整合性接合元件，因具有高度类似的保守骨架结构，以及固定的染色体插入/重组位点，而被划分为同一个家族。其能介导氨基糖苷类、β-内酰胺类、氟喹诺酮类、磷霉素、MLSB-大环内酯、亚麻酰胺、链霉素 B、苯丙醇、利福平、磺胺类、四环素类及甲氧苄啶的耐药，暂时没发现对多黏菌素、夫西地酸、糖肽类、硝基咪唑类和噁唑烷酮类的耐药性。另外，部分 SXT/R391 家族的整合性接合元件不仅介导上述抗菌药物的耐药，还存在毒素系统、限制性修饰系统，以及对锌、钴、铬、汞、铅等重金属的抗性。SXT/R391 整合性接合元件被证实存在于普鲁威登菌、发光杆菌、施万菌、变形杆菌以及弧菌等多个物种中。大多数 SXT/R391 家族整合性接合元件整合在染色体的 *prfC* 基因的 5′端（*attB* 位点）。环化的 SXT/R391 家族整合性接合元件中也存在相同或相似的位点，称为 *attP* 位点。染色体上的 *attB* 位点可与环化的 SXT/R391 家族整合性接合元件上的 *attP* 位点发生位点特异性重组（site-specific recombination），从而使 SXT/R391 家族整合性接合元件整合到染色体上。相似的 *attB* 位点也在大肠杆菌、肺炎克雷伯菌、奇异变形杆菌等中被发现，暗示 SXT/R391 家族整合性接合元件可水平转移到其他肠杆菌科细菌中。

对 SXT/R391 家族的整合性接合元件全长进行测序分析后发现，SXT/R391 家族的整合性接合元件由一个含有 52 个基因的骨架结构、5 个高频插入位点和 4 个可变区域构成。骨架结构根据基因簇介导功能的不同，分为 4 个模块：整合与剪切模块、整合和切除模块、DNA 移动和加工模块以及调节模块。

高频插入位点和可变区域常常携带耐药基因或其他能提高宿主适应性的功能基因，使 ICE 具有多样的生物学功能。每一个 SXT/R391 家族的整合性接合元件的关键区别不在于保守区域，而在于热点区域和可变区域的不同。例如，SXT/R391 家族最典型的两个整合性接合元件为 SXT 和 R391。最初发现 SXT 是在 1992 年，当时一株印度霍乱弧菌对磺胺甲基异噁唑、甲氧苄啶、链霉素、氯霉素耐药就是因为有 SXT 的存在。*tnp-tnpA-tnpB-dfr18-s009-s010-dcd-s013-floR-s015-tnpB-strB-strA-sul2-tnpA-s021* 作为 VR3 插入到 *rumB* 中间；*S027-s028-s029-s030-s031-s032-s028-s028-s033-s034-s035-s036-s037-s038-s039-s040* 作为 HS5 插入到 *s026* 和 *traI* 中间；*s044-s045* 作为 HS1 插入到 *s043* 和 *traL* 中间；*s052-s053* 作为 HS2 插入到 *traA* 和 *s054* 中间；*s060-s061-s062-s063* 作为 HS4 插入到 *traN* 和 *ssb* 中间；*s073-s074* 作为 HS3 插入到 *s072* 和 *traF* 中间。R391 是 1972 年在一株耐卡那霉素和重金属离子 Hg^{2+}的南非雷氏普鲁威登菌中被发现的，和 SXT 高度同源，VRI、HS5、HS1、HS2、HS4、HS3 和 VRIV 均有插入序列。

SXT/R391 家族的整合性接合元件除存在于最初发现的霍乱弧菌和雷氏普鲁威登菌中，也被报道存在于发光杆菌、施万菌、变形杆菌以及弧菌等多个物种中。SXT/R391 家族的整合性接合元件的多样性如此丰富，主要是由各个热点区域和可变区域的插入、转座、缺失以及交换等造成的。这些 SXT/R391 家族的整合性接合元件携带了多样的耐药基因，赋予宿主菌多样的耐药表型。这表明 SXT/R391 家族的整合性接合元件可捕获重要的耐药基因并介导其水平转移，在病原菌多重耐药的传播扩散中发挥着重要作用。

近年来，一些与 SXT/R391 整合性接合元件类似的多重耐药整合性接合元件也相继在多种病原菌中被发现，统称为 SXT/R391 家族的整合性接合元件，其均整合在染色体基因 *prfC* 基因的 5′端，并携带了各种各样的耐药基因。Marrero 和 Waldor（2007）在弧菌中发现了 102.1kb 的 SXT/R391 家族的整合性接合元件，命名为 ICE*Vch*Ban5。ICE*Vch*Ban5 含有 4 个耐药基因以及多个插入序列。Li 等（2016）在奇异变形杆菌中发现了 99.3kb 的 SXT/R391 家族的整合性接合元件，命名为 ICE*Pmi*CHN1586。ICE*Pmi*CHN1586 的骨架区与 SXT/R391 有一定的同源性，其多重耐药区域包含 3 个耐药基因以及多个插入序列。Lei 等（2018）在奇异变形杆菌中发现了 94.6kb 的 SXT/R391 家族的整合性接合元件，命名为 ICE*Pmi*Chn1。ICE*Pmi*Chn1 的骨架区与 SXT/R391 有一定的同源性，其多重耐药区域包含 6 个耐药基因以及多个插入序列。SXT/R391 家族整合性接合元件目前包含大约 155 个成员（数据来源于 ICEberg），发现于普鲁威登菌、发光杆菌、施万菌、变形杆菌以及弧菌属的多个物种中。该家族整合性接合元件在染色体上具有相同的整合位点（*prfC* 基因的 5′端），骨架区具有较高的同源性，推测其具有相同的起源，在遗传进化过程中形成了不同的分支。

SXT/R391 家族整合性接合元件是可移动的遗传元件，能够从染色体上剪切下来并形成染色体外的环化结构，经水平转移整合到新的宿主菌染色体中。SXT/R391 家族整合性接合元件上的整合酶基因 *int* 和剪切酶基因 *xis* 分别调控元件的整合和剪切。SetR 是主要的调节因子，该蛋白可结合在 setR110 上游的操纵子上，从而抑制 *setC* 和 *setD* 的表达，*setC* 和 *setD* 编码 SXT 转移所需的转录激活因子。研究发现 DNA 损伤和 SOS 反应可激发 SetR 自溶，从而激活 *setC* 和 *setD* 基因以启动 *int* 和 *tra* 基因的表达，刺激切离，从而在不同宿主菌间水平横向传播 ICE。除 SXT/R391 整合性接合元件外，SXT/R391 家族的其他一部分成员也被证实具有可移动性，能够水平转移到弧菌、大肠杆菌和沙门菌等重要病原菌中。

SXT/R391 家族整合性接合元件除能介导产生多重耐药表型外，研究显示其还与重金属抗性、毒素系统和限制修饰系统有一定的相关性。

【Tn*916* 家族整合性接合元件】

Tn*916* 是在粪链球菌 DS16 染色体上发现的 18kb 长的整合性接合元件，最初称为接合转座子（conjugative transposon，CTn），可整合到宿主基因组中的多个位点，优先选择富含 AT 的区域。在大多数情况下，Tn*916* 家族的整合性接合元件通过携带 *tet*(M)基因，对四环素/米诺环素固有耐药，具有非常广泛的宿主范围，可以转移到革兰氏阳性菌和革兰氏阴性菌中，已知的 Tn*916* 寄主有链球菌、葡萄球菌、芽孢杆菌、梭菌、乳球菌等许多革兰氏阳性菌，以及大肠杆菌、弗氏柠檬酸杆菌、真养产碱杆菌等革兰氏阴性菌，另外，某些支原体、放线菌等也可以作为 Tn*916* 的寄主。除了介导对四环素/米诺环素的耐药，部分稍长的 Tn*916* 家族的整合性接合元件还在框架结构的基础上插入了额外的 DNA 元件，能编码对其他抗菌药物的抗性，如 Tn*1545* 对 MLS[*erm*(B)]和卡那霉素/新霉素（*aphA-3*）的抗性；Tn*1549* 对肠球菌中万古霉素（*vanB2*）的抗性；Tn*6000* 含有限制性修饰系统、毒力基因座、II 型内含子和酪氨酸整合酶基因，与葡萄球菌致病岛更紧密相关。甚至在许多种类的细菌中，有许多类似 Tn*916* 的元件，它们不会编码任何明显的抗菌药物耐药性，而是含有替代的、神秘的辅助基因。由于该家族的整合性接合元件通常引起耐药性并且它们的宿主广泛，因此这些元件有机会从不同的来源获得新的遗传物质，这是引起细菌病原体耐药的一个重要问题，尤其对于革兰氏阳性菌。

通过对 Tn*916* 全长进行测序分析后发现，Tn*916* 由一个 16kb 的骨架结构和一个 2kb 的耐药基因区构成，是家族中最小的成员，包含 24 个 ORF，据功能可以分为接合转移、重组（切除和插入反应）、转录调控与辅助功能（抗菌药物）4 个模块。在 Tn*916* 的左端，包含两个与切除和整合相关的保守的基因：*int* 和 *xis*。*tet*(M)是四环素耐药基因，为 Tn*916* 固有，*orf18* 编码的蛋白是 *tet*(M)的前导肽。

Tn*916* 家族的整合性接合元件除存在于粪便肠球菌外，也被报道存在于肺炎链球菌、艰难梭菌、肺炎克雷伯菌、链球菌和乳酸乳球菌中。热点区域和可变区域中耐药基因的丢失、获得或同源重组是导致 Tn*916* 家族的整合性接合元件多样性的主要原因。这些 Tn*916* 家族的整合性接合元件携带了多种耐药基因，赋予宿主菌多样的耐药表型。这表明 Tn*916* 家族的整合性接合元件可捕获重要的耐药基因并介导其水平转移，在病原菌多重耐药的传播扩散中发挥着重要作用。

近年来，一些 Tn*916* 家族类似的多重耐药整合性接合元件也相继在多种病原菌中被发现，统称为 Tn*916* 家族的整合性接合元件，其均整合在染色体富含 AT 碱基的位点，并携带了各种各样的耐药基因。Poyart-Salmeron 等（1989）在肺炎链球菌中发现了 Tn*916* 家族的整合性接合元件，命名为 Tn*1545*。Tn*1545* 的骨架区与 Tn*916* 整合性接合元件有一定同源性，其多重耐药区域包含 2 个耐药基因。Warburton 等（2007）在链球菌中发现了 Tn*916* 家族的整合性接合元件，命名为 CTn*6002*。CTn*6002* 的骨架区与 Tn*916* 整合性接合元件有一定的同源性，其多重耐药区域包含 2 个耐药基因。Zhang 等（2015）在猪源红斑丹毒丝菌中发现了 Tn*916* 家族的整合性接合元件，命名为 ICE-Ery1。ICE-Ery1 包含了一个多重耐药基因簇，携带 6 个不同的耐药基因：*aadE*、*spw*、*lsa*(E)、*lnu*(B)、*sat4*、*aphA3*，赋予丹毒丝菌对氨基糖苷类、截短侧耳素类、林可酰胺类、链阳菌素 A 类的耐药性。

同 SXT/R391 家族的整合性接合元件类似，Tn*916* 家族的整合性接合元件也具有接合转移的能力，其过程可以归纳为：Tn*916* 家族的整合性接合元件首先从供体 DNA 切下（这种切除是非常严格的，可以使最初插入的失活基因得到完全恢复，切割下的序列包括元件和与元件相邻的 6 个碱基序列），形成一个共价闭合的末端含有 6 个碱基的异源环状中间体（以超螺旋状态存在，是接合转移的前提），此中间体和宿主靶位点可以通过交错切割插入到质粒或染色体上，也可以通过接合转移到受体细胞中，再插入到染色体或质粒上，另外，此中间体还可能由于其他原因而丢失。同样，接合转移的过程需要元件自身编码的整合酶和剪切酶，切除过程需要两者，插入时只需要整合酶。并且对于不同的受体菌，该过程也是有所不同的，如革兰氏阳性菌中 Tn*916* 的整合不需要整合基因 *int* 的参与。Tn*916* 的切除由 Int 酪氨酸重组酶介导，进一步需要 Xis 切除酶。与 SXT/R391 家族的整合性接合元件的接合转移略有不同的是前者 SXT/R391 家族的整合性接合元件一般整合在 *prfC* 基因上，后者 Tn*916* 家族的整合性接合元件一般整合在富含 AT 的区域；前者 SXT/R391 家族的整合性接合元件目前被报道由于片段较长只能整合在细菌的染色体上，后者 Tn*916* 家族的整合性接合元件由于片段较小既可以整合在染色体上，又可以整合在质粒上；前者 SXT/R391 家族的整合性接合元件由于热点区域和可变区域较多，可以在接合转移的过程中被外界赋予更多的耐药基因类型和数量，后者 Tn*916* 家族的整合性接合元件目前被报道的耐药基因种类较少，主要集中于对四环素的耐药。

【ICE6013 家族整合性接合元件】

ICE6013 最初在人金黄色葡萄球菌 ST239 分离株中被鉴定，19.9kb 长，包括 6.6kb 的 Tn*552* 插入序列，GC 含量为 29.62%，具有相对低的整合位点特异性。ICE6013 的侧翼为 3bp 的直接重复序列（可变）。Tn*552* 插入序列即由 ICE6013 的 *orf1* 和 *orf2* 编码的

IS*30* 型 DDE 转座酶作为 ICE6013 的重组酶，同时通过携带耐药基因，编码对青霉素的抗性。除 Tn*552* 插入序列外，ICE6013 编码 15 个可读框，约占序列长度的 92%。其中 Orf12 是松弛酶。ICE6013 广泛、特异且分散地存在于金黄色葡萄球菌中，使该菌株潜在突变增多，进而多样性增加。

目前报道的 ICE6013 家族的整合性接合元件只存在于金黄色葡萄球菌中。与前面提到的两个家族的整合性接合元件的接合转移不同的是，ICE6013 可以从某些受体菌中精确地被切除下来，但是部分接合实验始终显示阴性，即不能进行接合转移。其原因是：Tn*552* 插入序列破坏了 ICE6013 的整体性，影响了其接合转移。

ICE6013 的切除不受生长、温度、pH 或紫外线暴露的显著影响，并且不依赖于 *recA*。ICE6013 的 IS*30* 样 DDE 转座酶（Tpase；由 *orf1* 和 *orf2* 编码）必须不间断才能进行切除，而破坏该元件上其他三个可读框（ORF）会显著影响切除水平。ICE6013 以接近接合质粒 pGO1 的频率接合转移至不同的金黄色葡萄球菌。在连续传代的接合子中对染色体整合位点的测序揭示了 ICE6013 对 15bp 富含 AT 的回文共有序列的整合位点的显著偏好。IS*30* 样 DDE 转座酶起到了 ICE6013 重组酶的作用，而 ICE6013 代表了多种可移动遗传元件家族，它们介导葡萄球菌的接合。整合接合元件编码整合到细菌染色体和质粒中并从中切除的能力，并介导细菌之间的接合。作为水平基因转移的载体，ICE 可能影响细菌的进化。

ICE6013 家族的整合性接合元件中另外一个重要的元件是 Tn*6012*，133.4kb 长，GC 含量为 30.12%，具有低整合位点特异性，与 Tn*916* 和 Tn*5802* 的整合基因 *int* 不同源，整合时 Tn*916* 不与靶位点重复，Tn*6012* 中不存在切除酶基因，Tn*6012* 中存在 *traG*，还携带 6 个与接合转座子 Tn*916* 和 Tn*5801* 的 ORF 同源的 ORF。Tn*6012* 在 4 种具有测序基因组的金黄色葡萄球菌菌株中被发现，但在其他物种基因组中未被发现，暗示它可能特异性存在于葡萄球菌中。Tn*6012* 在金黄色葡萄球菌菌株中广泛地传播。目前尚缺乏 Tn*6012* 具有与抗菌药物抗性或致病性相关的特异性基因的调查数据。

主要参考文献

别路垚, 徐海. 2015. 细菌中整合性接合元件的研究进展. 微生物学通报, 42(11): 2215-2222.

方玉洁. 2018. 施万菌属的系统分类研究及整合性接合元件分析. 北京: 中国疾病预防控制中心硕士学位论文.

贺羽, 王帅, 李慧, 等. 2019. 整合性接合元件 SXT-R391 分子生物学特性及其转移系统的研究进展. 微生物学通报, 46(12): 3424-3431.

黄金虎, 杜凡姝, 吕茜, 等. 2019. 携带 *optrA*/*vanG* 的耐利奈唑胺/万古霉素猪链球菌的基因元件分析. 兰州: 中国畜牧兽医学会兽医药理毒理学分会第十五次学术讨论会.

孙凤娇, 贺羽, 陈兰明. 2015. 携带 SXT/R391 家族整合接合元件多重耐药菌株的高效筛选与分析. 食品科学, 36(13): 79-83.

张琪, 周静, 周江林, 等. 2019. SXT/R391 元件核心基因的生物信息学分析. 生物技术通讯, 30(5): 597-603.

朱东安, 周凯鑫, 常东, 等. 2019. 无乳链球菌中可接合性转移元件的检测及携带菌株的分子流行特征调查. 中国感染与化疗杂志, 19(2): 154-159.

Balado M, Lemos M L, Osorio C R. 2013. Integrating conjugative elements of the SXT/R391 family from fish-isolated *Vibrios* encode restriction–modification systems that confer resistance to bacteriophages. FEMS Microbiol Ecol, 83(2): 457-467.

Bi D X, Xu Z, Harrison E M, et al. 2012. ICEberg: a web-based resource for integrative and conjugative elements found in bacteria. Nucleic Acids Res, 40(D1): D621-D626.

Bordeleau E, Brouillette E, Robichaud N, et al. 2010. Beyond antibiotic resistance: integrating conjugative elements of the SXT/R391 family that encode novel diguanylate cyclases participate to c-di-GMP signalling in *Vibrio cholerae*. Environ Microbiol, 12(2): 510-523.

Brouwer M S M, Mullany P, Roberts A P. 2010. Characterization of the conjugative transposon Tn*6000* from *Enterococcus casseliflavus* 664.1H1(formerly *Enterococcus faecium* 664.1H1). FEMS Microbiol Lett, 309(1): 71-76.

Burrus V, Marrero J, Waldor M K. 2006. The current ICE age: biology and evolution of SXT-related integrating conjugative elements. Plasmid, 55(3): 173-183.

Burrus V, Pavlovic G, Decaris B, et al. 2002. Conjugative transposons: the tip of the iceberg. Mol Microbiol, 46(3): 601-610.

Carraro N, Burrus V. 2015. The dualistic nature of integrative and conjugative elements. Mob Genet Elements, 5(6): 98-102.

Carraro N, Poulin D, Burrus V. 2015. Replication and active partition of integrative and conjugative elements (ICEs) of the SXT/R391 family: the line between ICEs and conjugative plasmids is getting thinner. PLoS Genet, 11(6): e1005298.

Cartman S T, Heap J T, Kuehne S A, et al. 2010. The emergence of 'hypervirulence' in *Clostridium difficile*. Int J Med Microbiol, 300(6): 387-395.

Cochetti I, Tili E, Mingoia M, et al. 2008. *erm*(B)-carrying elements in tetracycline-resistant pneumococci and correspondence between Tn*1545* and Tn*6003*. Antimicrob Agents Chemother, 52(4): 1285-1290.

Daccord A, Ceccarelli D, Burrus V. 2010. Integrating conjugative elements of the SXT/R391 family trigger the excision and drive the mobilization of a new class of *Vibrio* genomic islands. Mol Microbiol, 78(3): 576-588.

Delavat F, Miyazaki R, Carraro N, et al. 2017. The hidden life of integrative and conjugative elements. FEMS Microbiol Rev, 41(4): 512-537.

Di Pilato V, Pollini S, Rossolini G M. 2015. Tn*6249*, a new Tn*6162* transposon derivative carrying a double-integron platform and involved with acquisition of the $bla_{\text{VIM-1}}$ metallo-β-lactamase gene in *Pseudomonas aeruginosa*. Antimicrob Agents Chemother, 59(3): 1583-1587.

Flannagan S E, Zitzow L A, Su Y A, et al. 1994. Nucleotide sequence of the 18-kb conjugative transposon Tn*916* from *Enterococcus faecalis*. Plasmid, 32(3): 350-354.

Fonseca E L, Marin M A, Encinas F, et al. 2015. Full characterization of the integrative and conjugative element carrying the metallo-β-lactamase $bla_{\text{SPM-1}}$ and bicyclomycin *bcr1* resistance genes found in the pandemic *Pseudomonas aeruginosa* clone SP/ST277. J Antimicrob Chemother, 70(9): 2547-2550.

Franke A E, Clewell D B. 1981. Evidence for a chromosome-borne resistance transposon (Tn*916*) in Streptococcus faecalis that is capable of 'conjugal' transfer in the absence of a conjugative plasmid. J Bacteriol, 145(1): 494-502.

Han X, Ito T, Takeuchi F, et al. 2009. Identification of a novel variant of staphylococcal cassette chromosome mec, type Ⅱ.5, and its truncated form by insertion of putative conjugative transposon Tn*6012*. Antimicrob Agents Chemother, 53(6): 2616-2619.

Holt D C, Holden M T G, Tong S Y C, et al. 2011. A very early-branching *Staphylococcus aureus* lineage lacking the carotenoid pigment staphyloxanthin. Genome Biol Evol, 3: 881-895.

Hong J S, Yoon E J, Lee H, et al. 2016. Clonal dissemination of *Pseudomonas aeruginosa* sequence type 235 isolates carrying $bla_{\text{IMP-6}}$ and emergence of $bla_{\text{GES-24}}$ and $bla_{\text{IMP-10}}$ on novel genomic islands PAGI-15 and -16 in South Korea. Antimicrob Agents Chemother, 60(12): 7216-7223.

Jasni A S, Mullany P, Hussain H, et al. 2010. Demonstration of conjugative transposon (Tn*5397*)-mediated horizontal gene transfer between *Clostridium difficile* and *Enterococcus faecalis*. Antimicrob Agents Ch,

54(11): 4924-4926.

Johnson C M, Grossman A D. 2015. Integrative and conjugative elements (ICEs): what they do and how they work. Annu Rev Genet, 49(1): 577-601.

Klockgether J, Würdemann D, Reva O, et al. 2007. Diversity of the abundant pKLC102/PAGI-2 family of genomic islands in *Pseudomonas aeruginosa*. J Bacteriol, 189(6): 2443-2459.

Kung V L, Ozer E A, Hauser A R. 2010. The accessory genome of *Pseudomonas aeruginosa*. Microbiol Mol Biol Rev, 74(4): 621-641.

Kuroda M, Ohta T, Uchiyama I, et al. 2001. Whole genome sequencing of meticillin-resistant *Staphylococcus aureus*. Lancet, 357(9264): 1225-1240.

Launay A, Ballard S A, Johnson P D, et al. 2006. Transfer of vancomycin resistance transposon Tn*1549* from *Clostridium symbiosum* to *Enterococcus* spp. in the gut of gnotobiotic mice. Antimicrob Agents Chemother, 50(3): 1054-1062.

Lei C W, Chen Y P, Kong L H, et al. 2018. PGI2 is a novel SGI1-relative multidrug-resistant genomic island characterized in *Proteus mirabilis*. Antimicrob Agents Chemother, 62(5): e00019-18.

Li X Y, Du Y, Du P C, et al. 2016. SXT/R391 integrative and conjugative elements in *Proteus* species reveal abundant genetic diversity and multidrug resistance. Sci Rep, 6(1): 37372.

Marin M A, Fonseca E L, Andrade B N, et al. 2014. Worldwide occurrence of integrative conjugative element encoding multidrug resistance determinants in epidemic *Vibrio cholerae* O1. PLoS One, 9(9): e108728.

Marrero J, Waldor M K. 2007. The SXT/R391 family of integrative conjugative elements is composed of two exclusion groups. J Bacteriol, 189(8): 3302-3305.

Martinez E, Marquez C, Ingold A, et al. 2012. Diverse mobilized class 1 integrons are common in the chromosomes of pathogenic *Pseudomonas aeruginosa* clinical isolates. Antimicrob Agents Chemother, 56(4): 2169-2172.

Michael G B, Kadlec K, Sweeney M T, et al. 2012. ICE*Pmu1*, an integrative conjugative element (ICE) of *Pasteurella multocida*: structure and transfer. J Antimicrob Chemother, 67(1): 91-100.

Mullany P, Williams R, Langridge G C, et al. 2012. Behavior and target site selection of conjugative transposon Tn*916* in two different strains of toxigenic *Clostridium difficile*. Appl Environ Microbiol, 78(7): 2147-2153.

Novick R P, Christie G E, Penades J R. 2010. The phage-related chromosomal islands of Gram-positive bacteria. Nat Rev Microbiol, 8(8): 541-551.

Poyart-Salmeron C, Trieu-Cuot P, Carlier C, et al. 1989. Molecular characterization of two proteins involved in the excision of the conjugative transposon Tn*1545*: homologies with other site-specific recombinases. EMBO J, 8(8): 2425-2433.

Roberts A P, Chandler M, Courvalin P, et al. 2008. Revised nomenclature for transposable genetic elements. Plasmid, 60(3): 167-173.

Roberts A P, Johanesen P A, Lyras D, et al. 2001. Comparison of Tn*5397* from *Clostridium difficile*, Tn*916* from *Enterococcus faecalis* and the CW459tet(M) element from *Clostridium perfringens* shows that they have similar conjugation regions but different insertion and excision modules. Microbiology, 147(5): 1243-1251.

Roberts A P, Mullany P. 2009. A modular master on the move: the Tn*916* family of mobile genetic elements. Trends Microbiol, 17(6): 251-258.

Roberts A P, Mullany P. 2011. Tn*916-like* genetic elements: a diverse group of modular mobile elements conferring antibiotic resistance. FEMS Microbiol Rev, 35(5): 856-871.

Roche D, Fléchard M, Lallier N, et al. 2010. ICEEc2, a new integrative and conjugative element belonging to the pKLC102/PAGI-2 family, identified in *Escherichia coli* strain BEN374. J Bacteriol, 192(19): 5026-5036.

Rodríguez-Blanco A, Lemos M L, Osorio C R. 2012. Integrating conjugative elements as vectors of antibiotic, mercury, and quaternary ammonium compound resistance in marine aquaculture environments. Antimicrob Agents Chemother, 56(5): 2619-2626.

Rossolini G M, Mantengoli E, Montagnani F, et al. 2010. Epidemiology and clinical relevance of microbial resistance determinants versus anti-Gram-positive agents. Curr Opin Microbiol, 13(5): 582-588.

Roy Chowdhury P, Merlino J, Labbate M, et al. 2009. Tn*6060*, a transposon from a genomic island in a *Pseudomonas aeruginosa* clinical isolate that includes two class 1 integrons. Antimicrob Agents Chemother, 53(12): 5294-5296.

Roy Chowdhury P, Scott M J, Djordjevic S P. 2017. Genomic islands 1 and 2 carry multiple antibiotic resistance genes in *Pseudomonas aeruginosa* ST235, ST253, ST111 and ST175 and are globally dispersed. J Antimicrob Chemother, 72(2): 620-622.

Roy Chowdhury P, Scott M, Worden P, et al. 2016. Genomic islands 1 and 2 play key roles in the evolution of extensively drug-resistant ST235 isolates of *Pseudomonas aeruginosa*. Open Biol, 6(3): 150175.

Sansevere E A, Luo X, Park J Y, et al. 2017. Transposase-mediated excision, conjugative transfer, and diversity of ICE*6013* elements in *Staphylococcus aureus*. J Bacteriol, 199(8): e00629-16.

Senghas E, Jones J M, Yamamoto M, et al. 1988. Genetic organization of the bacterial conjugative transposon Tn*916*. J Bacteriol, 170(1): 245-249.

Seral C, Castillo F J, García C, et al. 2000. Presence of conjugative transposon Tn*1545* in strains of *Streptococcus pneumoniae* with *mef*(A), *erm*(B), *tet*(M), *catpC194* and *aph3'-III* genes. Enferm Infecc Microbiol Clin,18(10): 506-511.

Silveira M C, Albano R M, Asensi M D, et al. 2016. Description of genomic islands associated to the multidrug-resistant *Pseudomonas aeruginosa* clone ST277. Infect Genet Evol, 42: 60-65.

Smyth D S, Robinson D A. 2009. Integrative and sequence characteristics of a novel genetic element, ICE6013, in *Staphylococcus aureus*. J Bacteriol, 191(19): 5964-5975.

Spagnoletti M, Ceccarelli D, Rieux A, et al. 2014. Acquisition and evolution of SXT-R391 integrative conjugative elements in the seventh-pandemic *Vibrio cholerae* lineage. mBio, 5(4): e01356-14.

Taviani E, Spagnoletti M, Ceccarelli D, et al. 2012. Genomic analysis of ICEVchBan8: an atypical genetic element in *Vibrio cholerae*. FEBS Lett, 586(11): 1617-1621.

Toleman M A, Walsh T R. 2011. Combinatorial events of insertion sequences and ICE in Gram-negative bacteria. FEMS Microbiol Rev, 35(5): 912-935.

Tsubakishita S, Kuwahara-Arai K, Sasaki T, et al. 2010. Origin and molecular evolution of the determinant of methicillin resistance in staphylococci. Antimicrob Agents Chemother, 54(10): 4352-4359.

Tsvetkova K, Marvaud J C, Lambert T. 2010. Analysis of the mobilization functions of the vancomycin resistance transposon Tn*1549*, a member of a new family of conjugative elements. J Bacteriol, 192(3): 702-713.

Warburton P J, Palmer R M, Munson M A, et al. 2007. Demonstration of *in vivo* transfer of doxycycline resistance mediated by a novel transposon. J Antimicrob Chemother, 60(5): 973-980.

Weigel L M, Clewell D B, Gill S R, et al. 2003. Genetic analysis of a high-level vancomycin-resistant isolate of *Staphylococcus aureus*. Science, 302(5650): 1569-1571.

Wozniak R A F, Fouts D E, Spagnoletti M, et al. 2009. Comparative ICE genomics: insights into the evolution of the SXT/R391 family of ICEs. PLoS Genet, 5(12): e100786.

Wozniak R A F, Waldor M K. 2010. Integrative and conjugative elements: mosaic mobile genetic elements enabling dynamic lateral gene flow. Nat Rev Microbiol, 8(8): 552-563.

Wright L D, Grossman A D. 2016. Autonomous replication of the conjugative transposon Tn*916*. J Bacteriol, 198(24): 3355-3366.

Zhang A Y, Xu C W, Wang H N, et al. 2015. Presence and new genetic environment of pleuromutilin-lincosamide-streptogramin A resistance gene *lsa*(E) in *Erysipelothrix rhusiopathiae* of swine origin. Vet Microbiol, 177(1-2): 162-167.

第六节　基　因　岛

基因岛（genomic island，GI）是细菌染色体中通过水平转移获得的基因簇。它们最早是在致病细菌中发现的，由于它们含有许多编码毒素或其他致病因子的基因，因此被命名为致病岛。现在人们认识到，基因岛也存在于许多非致病细菌中，并且可以编码各种各样的性状。研究表明，基因岛也是介导耐药性传播的重要可移动遗传元件。基因岛是细菌染色体上独立的 DNA 片段，具有多样的生物学功能，如致病性、异源物质降解、抗菌药物耐药性、离子摄取和分泌活性等。目前能介导多重耐药的基因岛已在大肠杆菌、沙门菌、金黄色葡萄球菌、鲍曼不动杆菌、铜绿假单胞菌、结肠弯曲菌、嗜麦芽窄食单胞菌、奇异变形杆菌、摩氏摩根菌等中被发现。基因岛介导的多重耐药性已成为近几年耐药性研究的新热点。可移动基因岛能自由地从染色体中环化出来并重新整合回染色体，也可通过转化、转导或接合转移到新的宿主中。相比质粒的易丢失，基因岛整合到染色体中因具有更高的稳定性，在没有抗菌药物压力下仍能稳定遗传，给人医和兽医临床病原菌耐药性的防控带来严峻挑战。

基因岛的结构

基因岛与染色体基因组相比具有异常的 GC 含量、二核苷酸的偏向性和密码子使用等，内部具有整合酶、转座酶或重组酶基因等与基因岛移动相关的基因。此外，基因岛还携带与提高宿主细菌适应性相关的基因，具有多种生物学功能，如改变细菌的致病性、异源物质降解、抗菌药物耐药、离子摄取及分泌活性等。其根据功能分为毒力岛、耐药岛、代谢岛等，这些基因岛能促进宿主细菌适应复杂多变的环境，在细菌适应性进化中发挥着重要作用。

Dobrindt 等（2004）对可移动基因岛的形成和传播过程进行了综述，其主要经历了 5 个阶段：①现有的可移动遗传元件（质粒、噬菌体、转座子等）通过位点特异性重组整合到染色体的特定位点；②通过基因的消减进化形成基因岛；③该基因岛可通过转座子、插入序列等获得额外的基因；④该基因岛可在整合酶的作用下从染色体上剪切下来；⑤该基因岛可水平转移并整合到新的染色体上。这些能水平转移的基因岛被称为可移动的基因岛。在基因岛的转移过程中，整合酶起着关键作用，其能作用于基因岛边界的正向重复序列，使基因岛能从染色体上环化出来以形成独立的环状中间体，并进行水平传播。

与细菌耐药性相关的常见基因岛

近年来，基因岛介导的多重耐药性传播已成为国内外研究的新热点。Qin 等（2012）在鸡源结肠弯曲菌中发现了一个包含 14 个 ORF 的基因岛，其携带了 6 个氨基糖苷类修饰酶耐药基因。He 等（2015）在嗜麦芽寡养食单胞菌中发现了一个 40 226bp 基因岛，其携带了 6 个耐药基因，其中包括氟苯尼考耐药基因新变异体 *floRv*。Lee 等（2015）在鼠伤寒沙门菌中发现了基因岛 GI-VII-6，其携带了头孢菌素酶基因 $bla_{\text{CMY-2}}$。Kuo 等（2018）在鲍曼不动杆菌中发现基因岛 AbGRI1 携带有碳青霉烯类耐药基因 $bla_{\text{OXA-23}}$-*like*。Top 等（2018）在屎肠球菌中发现了携带有万古霉素耐药基因 *vanD* 的新型基因岛。这些研究表明，基因岛作为介导耐药性传播的可移动遗传元件，能够携带许多重要抗菌药物耐药基因（如碳青霉烯酶基因 *bla*$_{VIM-1}$ 和 *bla*$_{OXA-23}$-*like*、万古霉素耐药基因 *vanD* 等），并介导其在病原菌中传播扩散，给人医和兽医临床病原菌耐药性的防控带来严峻挑战，引起了国内外学者的广泛关注。目前研究得比较清楚的与多重耐药密切相关的基因岛主要是沙门菌基因岛 1（SGI1）、葡萄球菌盒式染色体（SCCmec）和鲍曼不动杆菌耐药基因岛（AbaR）。

【沙门菌基因岛 1】

沙门菌基因岛 1（*Salmonella* genomic island 1，SGI1）是一个 42.4kb 的多重耐药基因岛，能介导氨苄西林、氯霉素、氟苯尼考、链霉素、壮观霉素、磺胺类及四环素类耐药。其中，氟苯尼考是畜禽专用的酰胺醇类抗菌药物，SGI1 携带的外排基因 *floR* 可介导氟苯尼考耐药，严重威胁畜禽健康。SGI1 首次发现于鼠伤寒沙门菌 DT104 克隆株中，该克隆株在全世界范围内广泛流行，其重要特征之一是呈现出多重耐药特性。SGI1 除被证实存在于沙门菌中外，还存在于奇异变形杆菌中。SGI1 在染色体上的整合位点距编码 tRNA 修饰酶的 *trmE*（也称为 *thdF*）基因的 3′端 18 个碱基，称为 *attB* 位点。环化的 SGI1 中也存在相同或相似的位点，称为 *attP* 位点。染色体上的 *attB* 位点可与环化的 SGI1 上的 *attP* 位点发生位点特异性重组，从而使 SGI1 整合到染色体上。相似的 *attB* 位点也在大肠杆菌、肺炎克雷伯菌、奇异变形杆菌等中被发现，暗示 SGI1 可水平转移到其他肠杆菌科细菌中。

通过对 SGI1 全长进行测序分析后发现，SGI1 由一个 27.4kb 的骨架结构和一个 15kb 的复杂 I 型整合子多重耐药区构成。整合子（integron）-基因盒（gene cassette）系统的概念于 1989 年被正式提出。整合子是一种基因捕获和表达的遗传单位，是天然的克隆和表达系统，具有整合、切除和表达基因盒的功能。整合子在介导和传播细菌耐药性以及细菌基因组进化方面均发挥着重要作用。SGI1 的 I 型整合子被称为 In104，是 In4 家族中的一员，内部包含了 16 个基因或可读框（ORF）。In104 的两端有 5bp 的正向重复序列 ACTTG，内部存在两个整合子基因盒；其包含了 5 个耐药基因：*aadA2*、*floR*、*tet*(G)、*bla*$_{PSE-1}$、*sul1*，分别介导链霉素、氟苯尼考、四环素类、氨苄西林、磺胺类抗菌药物耐药。SGI1 的骨架结构由 28 个可读框组成（S001～S027 和 S044）。S001/S002 为 *int*/*xis* 整合剪切酶基因，控制着 SGI1 的位点特异性重组。与多重耐药区前端相连的 S027（*res*）基因同样编码一种位点特异性重组酶，属于解离酶家族。此外，还有部分 SGI1 骨架基因编码一些与接合相关的蛋白，如接合稳定蛋白（S011、S012）、解旋酶（S023）、ATP 酶（S026）等。然而，SGI1 骨架上仍有 15 个可读框（S004、S007～S010、S013～S019、S021、S022、S044）的功能尚不清楚，SGI1 骨架基因是否还介导其他的生物学功能，需要进一步阐明。

SGI1 除存在于沙门菌中外，还存在于奇异变形杆菌、摩氏摩根菌中。SGI1 存在大量的亚型，主要由插入、转座以及可变区基因盒缺失或交换等造成。I 型整合子中耐药基因的丢失、获得或同源重组是导致 SGI1 新亚型产生的最主要原因。这些 SGI1 亚型携带了多样的耐药基因，包括超广谱 β-内酰胺酶（ESBL）耐药基因 *bla*$_{VEB-6}$、喹诺酮类耐药基因 *qnrA1* 和 *qnrB2* 等，赋予宿主菌多样的耐药表型。这表明 SGI1 可捕获重要的耐药基因并介导其水平转移，在病原菌多重耐药的传播扩散中发挥着重要作用。

近年来，一些与 SGI1 类似的多重耐药基因岛也相继在多种病原菌中被发现，统称为 SGI1 家族基因岛，其均整合在染色体基因 *trmE* 的 3′端 18bp 处，并携带了各种各样的耐药基因。Siebor 和 Neuwirth（2014）在奇异变形杆菌、海德堡沙门菌中发现了 81.1kb 的基因岛，命名为 PGI1。PGI1 的骨架区与 SGI1 有一定的同源性，其多重耐药区包含 8 个耐药基因以及大量的转座子、插入序列等。随后 Girlich 等（2015）发现了 PGI1 新亚型 PGI1-PmPEL，其携带了碳青霉烯类耐药基因 $bla_{\mathrm{NDM-1}}$ 和 ESBL 耐药基因 $bla_{\mathrm{VEB-6}}$。Hamidian 等（2015a）在鲍曼不动杆菌中发现了 SGI1 家族的新基因岛 AGI1，该基因岛携带了 7 个耐药基因，包括三代头孢菌素耐药基因 bla_{PER}。Lei 等（2018）在动物源奇异变形杆菌中发现了 SGI1 家族基因岛新成员 PGI2，其携带了 14 个不同的耐药基因，介导对氨基糖苷类、β-内酰胺类、氯霉素类、磺胺类、林可酰胺类五大类抗菌药物耐药，并能水平转移到沙门菌、大肠杆菌等革兰氏阴性菌中。目前，SGI1 家族基因岛包含 5 个成员：SGI1、SGI2、PGI1、PGI2、AGI1，存在于沙门菌、奇异变形杆菌、摩氏摩根菌、鲍曼不动杆菌等病原菌中。该家族基因岛在染色体上具有相同的整合位点（*trmE* 的 3′端 18bp 处），骨架区具有较高的同源性，推测其具有相同的起源，在遗传进化过程中形成了不同的分支。

SGI1 是可移动的基因岛，能够从染色体上剪切下来并形成染色体外的环化结构，在 IncA/C 质粒的辅助下水平转移到新的宿主菌中。SGI1 上的整合酶基因 *int*（S001）和剪切酶基因 *xis*（S002）分别调控 SGI1 的整合、剪切。调控 IncA/C 质粒接合系统的激活蛋白 AcaCD 能够作为信号分子结合到 SGI1 剪切酶基因 *xis* 的启动子上，从而激活 SGI1 在染色体上的剪切，确保其水平转移。SGI1 上来源于Ⅳ型分泌系统（T4SS）的 3 个基因（*traN*、*traH*、*traG*）受到激活蛋白 AcaCD 的调控，促进 SGI1 的水平传播。除 SGI1 外，SGI1 家族的其他成员如 SGI2、PGI1、PGI2 也被证实具有可移动性，能在 IncA/C 质粒的辅助下水平转移到大肠杆菌、沙门菌等重要病原菌中。

SGI1 除能介导沙门菌产生多重耐药表型外，研究显示其还可能与沙门菌毒力、生物被膜有一定的相关性。沙门菌毒力相关基因主要分布在毒力岛、菌毛、鞭毛、脂多糖和质粒等上，沙门菌致病力是大量毒力相关基因相互作用的结果。研究通过利用口服、腹腔注射的小鼠比较不同沙门菌分离株的毒力差异，结果显示不同分离株的半致死剂量（LD_{50}）差距可达 100 倍以上，并存在高毒力菌株，表明即使存在相同的毒力基因，沙门菌的毒力还受到其他基因的调控。此外，来自 *Nature* 的研究显示某些物理因素，如环境 pH 变化等，会引发菌体 ATP 水平的增加，ATP 的增加可以激活沙门菌毒力因子的表达。研究者采用原生动物细胞侵染试验发现，携带 SGI1 的鼠伤寒沙门菌 DT104 克隆株可能具有更强的毒力，但其机制尚未可知。SGI1 阳性奇异变形杆菌也具有更强的致病性，暗示着 SGI1 具有潜在的毒力增强作用。在 SGI1 骨架基因中，S026 编码 ATP 酶，其是否可促进沙门菌体内的能量变化进而影响毒力，还需进一步阐明。通过比较 SGI1 阳性沙门菌和阴性沙门菌的生物被膜形成情况，发现 SGI1 阳性菌具有较高的生物被膜形成能力，暗示 SGI1 可能与沙门菌生物被膜形成有一定的相关性。据推测 SGI1 潜在的毒力和生物被膜形成增强作用可能与 SGI1 骨架基因有关，但其相关性并未通过试验证实。动物源细菌中 SGI1 家族基因岛的流行、演化、传播机制及其生物学功能值得深入研究。

【葡萄球菌盒式染色体】

耐甲氧西林金黄色葡萄球菌（MRSA）是医院内感染和社区人群感染的重要病原菌，常呈现多重耐药性，并在医院暴发流行，已成为全世界临床感染治疗的重大难题。MRSA 菌株对甲氧西林耐药主要是因为其获得了甲氧西林耐药决定子 A（*mecA*）。*mecA* 基因编码新型青霉素结合蛋白 PBP2a，其与甲氧西林的亲和力显著低于内源性青霉素结合蛋白 PBP2，能够替代 PBP2 维持金黄色葡萄球菌细胞壁的合成，从而导致细菌对甲氧西林、青霉素等 β-内酰胺类抗菌药物耐药。*mecA* 基因存在于葡萄球菌盒式染色体（staphylococcal cassette chromosome mec，SCCmec）中。SCCmec 是位于金黄色葡萄球菌染色体上的一个典型的耐药岛，全长 21～67kb，由 *mec* 复合体区域、*ccr* 复合体区域以及非 *mec* 非 *ccr* 高变区域 3 部分组成。其整合在 MRSA 菌株基因组基因 *rlmH*（以前被称为 *orfX*）的 3′端，整合位点包含一个 15bp 的核心区域，称为整合位点序列（integration site sequence，ISS）。在 SCCmec 的周围存在 2 个不完全反向重复序列，为 SCCmec 的特异性重复序列位点。

mec 复合体区域包含 *mecA* 或 *mecC* 基因、*mec* 调控基因及相关插入序列。根据调控基因是否被截短、插入序列的类型和方向等将 *mec* 复合体分为 A、B、C1、C2、D、E 六个型（http://www.sccmec.org/）。A 型复合体是复合体的原型，其结构模式为 IS*431*-*mecA*-*mecR1*-*mecI*，包括 *mecA* 基因、位于其上游的调节基因（*mecR1*）和抑制基因（*mecI*）、高变区（hyper-variable region，HVR）和位于其下游的插入序列 IS*431*。B 型复合体的结构模式为 IS*1272*-*ΔmecRI*-*mecA*-IS*431*，包括 *mecA*、残缺的 *mecR1* 基因（由 IS*1272* 插入导致）、高变区和下游的 IS*431* 序列。C 型复合体的结构模式为 IS*431*-*ΔmecRI*-*mecA*-IS*431*，包括 *mecA*、缺失的 *mecR1* 基因（由 IS*431* 插入导致）、高变区和下游的 IS*431* 序列。C 型复合体可分为 C1 和 C2 两个亚型，C1 型复合体中的两个 IS*431* 序列为同向的，而在 C2 中 *mecA* 上游的 IS*431* 是反向的。C1 和 C2 被视为是不同的 *mec* 基因复合体，可能是不同克隆谱进化形成的差异导致的。D 型复合体的结构模式为 *ΔmecRI*-*mecA*-IS*431*，包含 *mecA* 基因和 *ΔmecR1* 基因，但是在 *ΔmecR1* 基因下游不含插入序列。E 型复合体包含一个 *mecA* 的同源基因 $mecA_{LG4251}$，在 2012 年该基因被正式命名为 *mecC*，其在 DNA 水平上与 *mecA* 有 69%的同源性，编码的 PBP2a 蛋白在氨基酸水平上与 mecA 的同源性为 63%。E 型复合体的结构模式为 $blaZ\text{-}mecA_{LGA251}\text{-}mecR1_{LGA251}\text{-}mecI_{LGA251}$，$mecA_{LGA251}$ 上游含有编码 β-内酰胺酶的 *blaZ* 基因。β-内酰胺类抗菌药物存在时，MecRI 催化分裂出具有活性的非金属蛋白酶结构域，去除 MecI 对 *mecA* 的阻遏作用，使 *mecA* 基因能够转录而产生 PBP2a，进而保障细胞壁的合成。在一些情况下，*mecRI* 和 *mecI* 被 IS*257* 或 IS*1272* 打断，使得 *mecA* 基因能够持续性表达。

除 *mec* 复合体区域外，SCCmec 同时包含盒式染色体重组酶（cassette chromosome recombinase，ccr）复合体区域，由 *ccr* 基因和邻近的 ORF 构成。目前已报道存在 3 种不同的 *ccr* 基因：*ccrA*、*ccrB* 和 *ccrC*，其相互间的核苷酸同源性低于 50%。这 3 个 *ccr*

基因还存在不同的亚型。其中，*ccrA* 和 *ccrB* 基因位于同一个基因操纵子中，常以异源二聚体的形式存在。*ccrAB* 可进一步分为多个亚型，各亚型之间碱基的同源性在 50%～85%。每一个 *ccr* 基因编码的重组酶能够介导 SCCmec 元件的位点特异性整合、剪切。根据携带 *ccr* 基因的差异，*ccr* 复合体区域可分为 9 个型（1 型，A1B1；2 型，A2B2；3 型，A3B3；4 型，A4B4；5 型，C1；6 型，A5B3；7 型，A1B6；8 型，A1B3；9 型，C2）。最近，*ccr* 复合体区域的其他基因的功能得到阐明。*ccr* 基因上游的 *cch* 或 *cch2* 被证实编码一个有活性的 DNA 回旋酶。这些基因的存在意味着 SCC 元件能够在剪切后进行复制，多个成环的拷贝可能促进其水平传播。

SCCmec 还含有 3 个 J 区，J1 位于 *ccr* 复合体区域和染色体右端区域之间，J2 位于 *mec* 复合体区域和 *ccr* 复合体区域之间，J3 位于染色体左端区域和 *mec* 复合体区域之间。J 区是 SCCmec 元件的非必需组件，其携带了许多假基因及转座、插入序列，是 SCCmec 元件划分亚型的主要依据。研究发现 J 区能作为转座子、插入序列等可移动遗传元件的插入位点，携带多种抗菌药物耐药基因，可增强菌株的适应性。有研究报道多重耐药基因 *cfr* 能够通过 IS*Enfa4*-*cfr*-IS*256* 结构插入到 J 区，使菌株获得对噁唑烷酮类等抗菌药物的耐药性。

目前，SCCmec 有 12 种不同的型及多个亚型，型的分类根据 *mec* 复合体区域和 *ccr* 复合体区域的类型进行（表 3-6），而亚型的分类主要是根据 3 个 J 区的结构进行。由于 SCCmec 变异体较多，亚型比较复杂，为避免命名的混乱，在 2009 年成立了国际葡萄球菌盒式染色体分类工作组（the International Working Group on the Classification of Staphylococcal Cassette Chromosome Elements），建立了一套统一且唯一的 SCCmec 命名规则，用于指导 SCCmec 元件的命名。其分类依据可在 http://www.sccmec. org/网站上查询。最近，基于 SCCmec 元件的结构多样性，研究者开发了 SCCmec 分型的在线工具 SCCmecFinder，能够对 MRSA 菌株中的 SCCmec 进行快速分型。尽管不同

表 3-6　SCCmec 元件分类表

SCCmec 类型	*ccr* 基因复合体	*mec* 基因复合体	代表菌株
Ⅰ	1（A1B1）	B	NCTC10442，COL
Ⅱ	2（A2B2）	A	N315，Mu50，Mu3，MRSA252，JH1，JH9
Ⅲ	3（A3B3）	A	85/2082
Ⅳ	2（A2B2）	B	CA05，MW2，8/6-3P，81/108，2314，CM11，JCSC4469，M03-68，E-MRSA-15，JCSC6668，JCSC6670
Ⅴ	5（C1）	C2	WIS（WBG8318），TSGH17，PM1
Ⅵ	4（A4B4）	B	HDE288
Ⅶ	5（C1）	C1	JCSC6082
Ⅷ	4（A4B4）	A	C10682，BK20781
Ⅸ	1（A1B1）	C2	JCSC6943
Ⅹ	7（A1B6）	C1	JCSC6945
Ⅺ	8（A1B3）	E	LGA251
Ⅻ	9（C2）	C2like	BA01611

类型的 SCCmec 基因岛在内部构成和片段长度上有较大的差异，但它们都有 4 个共同特征：①SCCmec 基因岛是从金黄色葡萄球菌基因 *rlmH*（以前被称为 *orfX*）的 3′端的 *attB* 位点整合到染色体基因组上的。*rlmH* 基因能编码一种核糖体甲基化酶，但其具体的功能还未阐明。尽管 SCCmec 基因岛整合在 MRSA 菌株基因组中并串联到 *rlmH* 基因 3′端之后，但目前发现的任何插入均不会导致 *rlmH* 基因的提前终止或者移码突变，仅会给 *rlmH* 基因 3′端带来个别的非同义突变。②SCCmec 基因岛包含一个 *mec* 基因复合体区域，携带甲氧西林耐药基因 *mecA* 或 *mecC*，同时部分类型携带有 *mecA*/*mecC* 的调控基因 *mecR1* 或 *mecI*。③SCCmec 基因岛包含一个或多个 *ccr* 基因复合体区域。每个 *ccr* 基因复合体区域携带有 7～8 个基因，重组酶基因 *ccr* 位于基因复合体区域的中间。研究表明，Ccr 重组酶直接介导 SCCmec 基因岛的剪切和整合。④SCCmec 基因岛两端均有 att 位点。att 位点是 Ccr 重组酶的识别和作用位点，通过 att 位点之间的重组实现了 SCCmec 基因岛的剪切和整合。

MRSA 菌株在全世界广泛分布，SCCmec 基因岛类型具有鲜明的地域特征。SCCmec 的分型被用来作为检测耐甲氧西林金黄色葡萄球菌流行病学的依据。Ⅰ型 SCCmec 于 1961 年在英国被发现，目前仅在世界上少部分国家如西班牙、瑞士、美国、巴西、日本、菲律宾等有分布。Ⅱ型 SCCmec 于 1982 年在日本被发现（MRSA N315），主要出现在美国和一些亚洲国家，同时在土耳其、巴西和阿尔及利亚有少量分布。1985 年在新西兰发现Ⅲ型 SCCmec（MRSA 85/2082），这是最为常见的医院获得型 MRSA（HA-MRSA）的 SCCmec 类型，主要分布于巴西、波兰、伊朗、土耳其、马来西亚、泰国、中国。Ⅳ型 SCCmec 在 20 世纪 90 年代被发现，是与社区获得型 MRSA（CA-MRSA）的主要 SCCmec 类型，其分布在世界各地，以欧洲地区为主。Ⅴ型 SCCmec 于 2004 年在澳大利亚被发现，多见于家畜来源 MRSA（LA-MRSA），主要分布于澳大利亚、中国、伊朗、瑞士。其他类型的 SCCmec 均未出现世界范围内的广泛传播。Ⅺ型 SCCmec 是唯一一种含有 *mecC* 基因的类型，仅在欧洲地区有少量分布。Ⅻ型 SCCmec 由我国学者在奶牛源金黄色葡萄球菌中发现，其携带新型 *ccrC* 基因。

SCCmec 元件是可移动的基因岛，可头尾相连形成染色体外的环状结构，游离于菌体内，环化的 SCCmec 元件能在不同种属葡萄球菌之间水平转移，导致其携带的多重耐药性在不同种属菌株中传播扩散。通常情况下，整合到染色体上的 SCCmec 元件不易发生转移，目前研究发现 SCCmec 元件的转移主要由 *ccr* 编码的重组酶介导。*ccr* 编码的重组酶隶属于丝氨酸重组酶家族，其可将 SCCmec 元件从 MRSA 染色体上精确剪切下来并介导环状的 SCCmec 元件以正确的方向整合到受体菌染色体上。其具体过程如下，环状的 SCCmec 元件进入细菌体内，*ccr* 基因启动表达，Ccr 重组酶特异性识别并结合到 *attB* 序列以及 SCCmec 元件上的特异性结合位点 attSCC，并将 *attB* 和 attSCC 序列彼此靠拢并进行连接；接下来重组酶开始剪切，同时 *attB* 和 attSCC 序列断裂并发生 180°旋转，彼此交换一般的 DNA 序列，形成 2 个杂合的新型 att 位点，分别为 *attL* 和 *attR* 位点；最后，重组酶发挥整合活性，催化 SCCmec 元件插入到细菌染色体基因组中，*attL* 和 *attR* 位点成为 SCCmec 元件的上下游位点，金黄色葡萄球菌由此获得 SCCmec 元件编码的新的生物学特征，由 MSSA 转变为 MRSA。反之则为 MRSA 基因组 SCCmec 元件的剪切过程。

一般情况下，SCCmec 元件自发剪切频率极低。研究显示一个 MRSA 培养物中，绝大部分菌株中 *ccrAB* 基因启动子的活性处于抑制状态，仅有 1%～3%的菌株能表达 Ccr。对于那些 *ccrAB* 基因启动子处于激活状态的菌株，在对数生长期时 *ccrAB* 基因启动子的活性显著高于平台期。此外，高温、培养条件、生存环境、细菌遗传背景、丝裂霉素及一些抗菌药物（如苯唑西林、头孢西丁、氨苄青霉素、万古霉素）等因素会影响 *ccrAB* 基因启动子的活性，进而调控 Ccr 的表达。这表明，*ccrAB* 基因启动子的活性受到严格调控，但目前其调控机制尚不清楚。对 Ccr 表达调控机制的深入研究，有助于揭示 MRSA 菌株中 SCCmec 元件的水平转移机制，阐明其介导的多重耐药性的传播扩散过程。

【鲍曼不动杆菌耐药基因岛】

鲍曼不动杆菌是不动杆菌属中常见的一种革兰氏阴性菌，广泛存在于自然环境、医院环境、人体皮肤、呼吸道、消化道和泌尿生殖道中，是人类和动物的正常菌群。该菌也是重要的条件致病菌，其因具有强大的环境生存能力和广泛的耐药性，成为重要的医院内感染病原菌之一。多重耐药鲍曼不动杆菌在全世界广泛流行，其克隆群可分为 GC1（global clone 1）和 GC2（global clone 2）。Fournier 等（2006）采用比较基因组学方法，鉴别出了法国广泛流行的多重耐药鲍曼不动杆菌 AYE 菌株（GC1 克隆群）中携带的所有耐药基因，同时通过与敏感菌株 SDF 进行全基因组比较，发现 AYE 菌株的染色体上存在一个 86.2kb 的耐药岛，将其命名为 AbaR1（*Acinetobacter baumannii* resistance）。

AbaR1 属于一种复杂的转座子，在染色体上的插入位点是 *comM* 基因，该基因编码 ATP 酶。AbaR1 的插入导致了 5bp 的位点特异性重复，其边界还存在 26bp 的不完全重复的反向重复序列。AbaR1 编码 88 个可读框（ORF），其中 82 个有明确的功能。蛋白比对分析发现其 39 个基因来自于假单胞菌、30 个基因来自于沙门菌、15 个基因来自于大肠杆菌。AbaR1 携带有重金属抗性基因和 18 个不同的耐药基因，介导对已知的大部分抗菌药物的耐药性。AbaR1 编码 2 个完整的操纵子，分别与砷和汞抗性有关。此外，还有两个基因编码重金属外排泵、4 个编码季铵盐类消毒剂耐药基因 *qacEdelta1*。AbaR1 有 3 个Ⅰ型整合子，第一个整合子携带 *dfrA1-orfC*；第二个整合子携带 *aacC1*、*aadA1* 基因；第三个整合子携带 $bla_{\text{VEB-1}}$-*aadB-arr2-cmlA5*-$bla_{\text{OXA-10}}$-*aadA1*。除整合子外，AbaR1 耐药岛上的 22 个可读框还编码转座酶和其他移动相关蛋白。AbaR1 是由整合子、转座子、插入序列及抗性基因组成的耐药岛，是典型的嵌合体结构，这种嵌合体结构主要是通过连续从其他宿主菌获取外源片段形成的。AbaR1 被发现后不久，一些与 AbaR1 相关但短很多的基因岛在美国和澳大利亚的医院来源的 GC1 克隆群菌株中被发现，其整合在 *comM* 基因的相同位置。许多 GC1 克隆群的鲍曼不动杆菌在 *comM* 基因位置存在相关的转座子，表明其具有共同的祖先。

目前已知的 AbaR 基因岛具有共同的结构，但在多重耐药区中存在耐药基因的不同组合，导致其形成不同的亚型。目前已发现 31 个 AbaR 家族的基因岛（AbaR0～30），具体信息如表 3-7 所示。

表 3-7　AbaR 基因岛信息

AbaR	长度（bp）	分离株名称	来源	年份	整合子类型	其他耐药基因	GenBank 登录号
AbaR0	63 636	WM98	澳大利亚	1998	*aacC1*-P-P-Q-*aadA1*	*sul1*、*tetA*(A)、*catA1*、bla_{TEM}、*aphA1b*	KF483599
AbaR1	86 244	AYE	法国	2001	*aacC1*-P-P-Q-*aadA1* *dfrA1*-orfC *veb1-aadB-arr2-cmlA5-oxa10-aadA1*	*strA*、*strB*、*cmlA9*、*tet*(G)、*aacA*、*dfrA10*、*tet*(A)、*catA1*、*aphA1b*、*sul1*	CU459141
AbaR2	16 283	ACICU	意大利	2005	*aacA4*-orfO-*oxa20*	*sul1*、*ΔaphA1b*、*aphA1*g	CP000863
AbaR3	62 989	AB0057	美国	2004	*aacC1*-P-Q-*aadA1*	*sul1*、*tet*(A)、*catA1*、bla_{TEM}、*aphA1b*	CP001182.2
AbaR4	16 812	—	—	—	—	—	—
AbaR5	56 311	3208	澳大利亚	1997	*aacC1*-P-Q-*aadA1*	sul1、*tet*(A)、aphA1b	FJ172370
AbaR6	27 392	D2	澳大利亚	2006	*aacC1*-P-P-Q-*aadA1*	*sul1*、*aphA1b*	GQ406245
AbaR7	19 668	A92	澳大利亚	2005	*aacC1*-P-P-Q-*aadA1*	*sul1*、*aphA1b*	GQ406246
AbaR8	45 138	D13	澳大利亚	2009	*aacC1*-P-P-Q-*aadA1*	*sul1*、*aphA1b*	HM590877
AbaR9	39 268	AB056	美国	2004	*aacC1*-P-Q-*aadA1*	*sul1*	wgs.ADGZ.1
AbaR10	31 130	AB058	美国	2003	—	*sul1*	wgs.ADHA.1
AbaR11	19 713 19 713	NIPH470 AB5075-UW	捷克 美国	1997 2008	— —	— —	JF262167 CP008706
AbaR12	38 181	LUH6013	意大利	1997	*aacC1*-P-Q-*aadA1*	*sul1*、*aphA1b*	JF262168
AbaR13	44 866	LUH6015	意大利	1998	*aacC1*-P-Q-*aadA1*	*sul1*、*aphA1b*	JF262169
AbaR14	20 779	LUH5881	西班牙	1998	*aacA4*	*sul1*、*aphA1b*	JF262170
AbaR15	55 471	LUH6125	波兰	1998	*aacC1*-P-P-Q-*aadA1*	*sul1*、*tet*(A)、*catA1*	JF262171
AbaR16	40 964	LUH7140	英国	2000	*aacC1*-P-Q-*aadA1*	*sul1*、*aphA1b*	JF262172
AbaR17	57 552	LUH8592	保加利亚	2001	*aacC1*-P-Q-*aadA1*	*sul1*、*tet*(A)、*catA1*、*aphA1b*	JF262173
AbaR18	52 297	NIPH2713	捷克	2005	*aacC1*-P-Q-*aadA1*	*sul1*、*tet*(A)、*ΔcatA1*、*aphA1b*	JF262174
AbaR19	32 084	NIPH2554	捷克	2005	*aacC1*-P-P-Q-*aadA1*	*sul1*	JF262175
AbaR20	—	NIPH2665	—	—	—	—	JF262178
AbaR21	61 276	A297n	荷兰	1984	*dfrA5*	*sul1*、*tet*(A)、*catA1*、bla_{TEM}、*aphA1b*	KM921776
AbaR22	—	—	—	—	—	—	—
AbaR23	50 816	D81	澳大利亚	2010	*aacC1*-P-Q-*aacC1*	*sul1*、*tet*(A)、*catA1*	JN409449
AbaR24	52 760	A1	英国	1982	*aacC1*-P-P-Q-*aacC1*	*sul1*、*tet*(A)、*catA1*	JN968482
AbaR25	—	—	—	—	—	—	—
AbaR26	18 661	D30	澳大利亚	2008	*aacC1*-P-Q-*aadA1*	*sul1*、*aphA1b*	KC665626
AbaR27	48 346	A424	克罗地亚	—	*aacC1*-P-Q-*aadA1*	*sul1*、*tet*(A)、*ΔcatA1*	JN676148
AbaR28	18 553	MRSN 56	美国	2010	*aacC1*-P-Q-*aadA1*	*sul1*、*aphA1b*	wgs.JPHW.1
AbaR29	55 483	Canada-BC5	加拿大	2007	*aacC1*-P-P-Q-*aadA1*	*sul1*、*tet*(A)、*catA1*	wgs.AMSZ.1
AbaR30	63 177	A388	希腊	2002	*aacA4-aacC1*-P-Q-*aadA1*	*sul1*、*tet*(A)、*catA1*、bla_{TEM}、*aphA1b*	CP024418

AbaR1 是第一个被发现和测序的 AbaR 基因岛，其与目前发现的 AbaR 家族其他基因岛存在较大差异。其多重耐药区（multiple antibiotic resistance region，MARR）比目前发现的 AbaR 家族其他基因岛的 MARR 要更长，携带更多耐药基因。大部分 GC1 克隆群中发现的 AbaR 基因岛结构与 AbaR3 更接近。但在 AbaR3 中 I 型整合子的 5′保守端的 *intI1* 基因存在 108bp 的缺失，其可能来源于 AbaR0。值得注意的是，通过结构比较发现，目前已报道的 AbaR 基因岛均来源于 AbaR0 或 AbaR3。

AbaR 基因岛一般携带一个骨架转座子 Tn*6019*，包含砷抗性基因。其内部包含一个大型的复合转座子，两端为 Tn*6018*，同时携带有抗菌药物耐药基因和汞抗性基因。该复合转座子的中间区域为 MARR，其长度和携带的基因变化多样。Tn*6019* 左端携带了 5 个基因 *tniC*、*tniA*、*tniB*、*tniD*、*tniE*，与 Tn*6019* 的转座密切相关。此外，Tn*6019* 还携带有可能与砷抗性相关的 5 个基因 *arsH*、*arsB*、*arsC1*、*arsR*、*arsC2*，其与质粒 R773 上的砷抗性基因具有较高的同源性，携带有这 5 个基因的 GC1 克隆群表现出对砷的抗性。AbaR 基因岛的 MARR 推测可能来源于 IncM1 质粒 R1215，该质粒分离于 1980 年以前发现的黏质沙雷菌，而 AbaR0 出现的时间约为 20 世纪 70 年代，与质粒 R1215 出现的时间刚好吻合。

目前发现的多重耐药或泛耐药鲍曼不动杆菌 GC1 克隆群大部分携带有 AbaR 基因岛。该基因岛通过基因盒的交换或缺失进行演化，形成了众多变异体。此外，AbaR 基因岛变异体也在极少量的 GC2 克隆群中被发现。因此，AbaR 基因岛的演化、传播需要进一步关注。

基因岛在病原菌多重耐药的形成和传播中发挥着重要作用，但目前发现的与耐药性相关的基因岛还相对较少。随着细菌全基因组测序技术的普及，未来将发现更多与耐药性相关的新基因岛。同时，阐明早期分离菌株中的基因岛结构对于揭示细菌多重耐药的形成和积累，以及基因岛的演化具有重要意义。此外，基因岛的水平传播机制还有待深入研究。

主要参考文献

毕水莲. 2011. 奇异变形杆菌可移动耐药基因岛研究. 广州: 华南理工大学博士学位论文.

卜平凤, 欧阳范献, 黄惠琴, 等. 2011. 海口 6 株 MRSA 携带的新型耐药岛基因位点测序分析. 临床检验杂志, 29(2): 148-150.

程玲. 2016. 携带 $bla_{\mathrm{NDM-1}}$ 耐药基因的泛耐药鲍曼不动杆菌耐药基因岛的研究. 合肥: 安徽医科大学硕士学位论文.

李博洋, 姚天歌, 栾仁栋, 等. 2021. 奇异变形杆菌中基因岛介导的多重耐药传播研究进展. 微生物学通报, 48(3): 916-923.

裴双, 苏建荣. 2015. 耐甲氧西林金黄色葡萄球菌耐药性变迁及 SCCmec 基因分型. 临床和实验医学杂志, 14(6): 462-466.

王芳. 2010. 沙门菌多重耐药基因岛 1(SGI1)研究进展. 中国抗生素杂志, 35(6): 414-420.

应建飞, 俞燕红, 鲁勇, 等. 2018. 医院耐甲氧西林金黄色葡萄球菌的 SCCmec 基因分型及耐药性分析. 中华医院感染学杂志, 28(23): 3576-3579.

于俊媛, 张雯庆, 祁琳, 等. 2015. 甲氧西林耐药金黄色葡萄球菌 SCC*mec* 耐药元件及其菌株间水平转移机制. 中国感染与化疗杂志, 15(2): 180-183.
张阳, 周文渊, 张志刚, 等. 2018. 养殖源耐甲氧西林金黄色葡萄球菌的 SCCmec 耐药元件、毒力危害和流行性分析. 中国人兽共患病学报, 34(2): 109-117.
Ahmed A M, Hussein A I, Shimamoto T. 2007. *Proteus mirabilis* clinical isolate harbouring a new variant of *Salmonella* genomic island 1 containing the multiple antibiotic resistance region. J Antimicrob Chemother, 59(2): 184-190.
Blackwell G A, Hamidian M, Hall R M, et al. 2016. IncM plasmid R1215 is the source of chromosomally located regions containing multiple antibiotic resistance genes in the globally disseminated *Acinetobacter baumannii* GC1 and GC2 Clones. mSphere, 1(3): e00117-16.
Boyd D, Peters G A, Cloeckaert A, et al. 2001. Complete nucleotide sequence of a 43-kilobase genomic island associated with the multidrug resistance region of *Salmonella enterica* serovar Typhimurium DT104 and its identification in phage type DT120 and serovar Agona. J Bacteriol, 183(19): 5725-5732.
Carraro N, Durand R, Rivard N, et al. 2017. *Salmonella* genomic island 1 (SGI1) reshapes the mating apparatus of IncC conjugative plasmids to promote self-propagation. PLoS Genet, 13(3): e1006705.
Clark N M, Zhanel G G, Lynch Ⅲ J P. 2016. Emergence of antimicrobial resistance among *Acinetobacter* species: a global threat. Curr Opin Crit Care, 22(5): 491-499.
de Curraize C, Neuwirth C, Bador J, et al. 2018. Two new *Salmonella* genomic islands 1 from *Proteus mirabilis* and description of $bla_{\text{CTX-M-15}}$ on a variant (SGI1-K7). J Antimicrob Chemother, 73(7): 1804-1807.
Dobrindt U, Hochhut B, Hentschel U, et al. 2004. Genomic islands in pathogenic and environmental microorganisms. Nat Rev Microbiol, 2(5): 414-424.
Doublet B, Boyd D, Mulvey M R, et al. 2005. The *Salmonella* genomic island 1 is an integrative mobilizable element. Mol Microbiol, 55(6): 1911-1924.
Fournier P E, Vallenet D, Barbe V, et al. 2006. Comparative genomics of multidrug resistance in *Acinetobacter baumannii*. PLoS Genet, 2(1): e7.
Girlich D, Dortet L, Poirel L, et al. 2015. Integration of the $bla_{\text{NDM-1}}$ carbapenemase gene into *Proteus* genomic island 1 (PGI1-*Pm*PEL) in a *Proteus mirabilis* clinical isolate. J Antimicrob Chemother, 70(1): 98-102.
Hall R M. 2010. *Salmonella* genomic islands and antibiotic resistance in *Salmonella enterica*. Future Microbiol, 5(10): 1525-1538.
Hamidian M, Hall R M. 2018. The AbaR antibiotic resistance islands found in *Acinetobacter baumannii* global clone 1—Structure, origin and evolution. Drug Resist Updat, 41: 26-39.
Hamidian M, Hall R M. 2011. AbaR4 replaces AbaR3 in a carbapenem-resistant *Acinetobacter baumannii* isolate belonging to global clone 1 from an Australian hospital. J Antimicrob Chemother, 66: 2484-2491.
Hamidian M, Hall R M. 2017. Origin of the AbGRI1 antibiotic resistance island found in the *comM* gene of *Acinetobacter baumannii* GC2 isolates. J Antimicrob Chemother, 72(10): 2944-2947.
Hamidian M, Hawkey J, Holt K E, et al. 2015b. Genome sequence of *Acinetobacter baumannii* strain D36, an antibiotic-resistant isolate from lineage 2 of global clone 1. Genome Announc, 3(6): e01478-15.
Hamidian M, Holt K E, Hall R M. 2015a. Genomic resistance island AGI1 carrying a complex class 1 integron in a multiply antibiotic-resistant ST25 *Acinetobacter baumannii* isolate. J Antimicrob Chemother, 70(9): 2519-2523.
He T, Shen J Z, Schwarz S, et al. 2015. Characterization of a genomic island in *Stenotrophomonas maltophilia* that carries a novel *floR* gene variant. J Antimicrob Chemother, 70(4): 1031-1036.
Holt K, Kenyon J J, Hamidian M, et al. 2016. Five decades of genome evolution in the globally distributed, extensively antibiotic-resistant *Acinetobacter baumannii* global clone 1. Microb Genom, 2(2): e000052.
International Working Group on the Classification of Staphylococcal Cassette Chromosome Elements. 2009. Classification of staphylococcal cassette chromosome mec (SCC*mec*): guidelines for reporting novel SCC*mec* elements. Antimicrob Agents Chemother, 53(12): 4961-4967.
Ito T, Katayama Y, Asada K, et al. 2001. Structural comparison of three types of staphylococcal cassette

chromosome mec integrated in the chromosome in methicillin-resistant *Staphylococcus aureus*. Antimicrob Agents Chemother, 45(5): 1323-1336.

Ito T, Ma X X, Takeuchi F, et al. 2004. Novel type V staphylococcal cassette chromosome *mec* driven by a novel cassette chromosome recombinase, *ccrC*. Antimicrob Agents Chemother, 48(7): 2637-2651.

Juhas M, van der Meer J R, Gaillard M, et al. 2009. Genomic islands: tools of bacterial horizontal gene transfer and evolution. FEMS Microbiol Rev, 33(2): 376-393.

Katayama Y, Ito T, Hiramatsu K. 2000. A new class of genetic element, staphylococcus cassette chromosome *mec*, encodes methicillin resistance in *Staphylococcus aureus*. Antimicrob Agents Chemother, 44(6): 1549-1555.

Katayama Y, Ito T, Hiramatsu K. 2001. Genetic organization of the chromosome region surrounding *mecA* in clinical staphylococcalnstrains: role of IS*431*-mediated *mecI* deletion in expression of resistance in *mecA*-carrying, low-level methicillin-resistant *Staphylococcus haemolyticus*. Antimicrob Agents Chemother, 45(7): 1955-1963.

Kaya H, Hasman H, Larsen J, et al. 2018. SCC*mec* Finder, a web-based tool for typing of staphylococcal cassette chromosome mec in *Staphylococcus aureus* using whole-genome sequence data. mSphere, 3(1): e00612-17.

Kim D H, Choi J Y, Kim H W, et al. 2013. Spread of carbapenem-resistant *Acinetobacter baumannii* global clone 2 in Asia and AbaR-type resistance islands. Antimicrob Agents Chemother, 57(11): 5239-5246.

Kiss J, Papp P P, Szabó M, et al. 2015. The master regulator of IncA/C plasmids is recognized by the *Salmonella* genomic island SGI1 as a signal for excision and conjugal transfer. Nucleic Acids Res, 43(18): 8735-8745.

Krizova L, Dijkshoorn L, Nemec A. 2011. Diversity and evolution of AbaR genomic resistance islands in *Acinetobacter baumannii* strains of European clone I. Antimicrob Agents Chemother, 55(7): 3201-3206.

Krizova L, Nemec A. 2010. A 63 kb genomic resistance island found in a multidrug-resistant *Acinetobacter baumannii* isolate of European clone I from 1977. J Antimicrob Chemother, 65(9): 1915-1918.

Kuo S C, Huang W C, Huang T W, et al. 2018. Molecular epidemiology of emerging *bla*$_{OXA-23}$-like- and *bla*$_{OXA-24}$-like-carrying *Acinetobacter baumannii* in Taiwan. Antimicrob Agents Chemother, 62(3): e01215-17.

Lee K I, Kusumoto M, Sekizuka T, et al. 2015. Extensive amplification of GI-VII-6, a multidrug resistance genomic island of *Salmonella enterica* serovar Typhimurium, increases resistance to extended-spectrum cephalosporins. Front Microbiol, 6: 78.

Lei C W, Chen Y P, Kong L H, et al. 2018. PGI2 is a novel SGI1-relative multidrug-resistant genomic island characterized in *Proteus mirabilis*. Antimicrob Agents Chemother, 62(5): e00019-18.

Lei C W, Zhang A Y, Liu B H, et al. 2015. Two novel *Salmonella* genomic island 1 variants in *Proteus mirabilis* isolates from swine farms in China. Antimicrob Agents Chemother, 59(7): 4336-4338.

Lei C W, Zhang A Y, Liu B H, et al. 2014. Molecular characteristics of *Salmonella* genomic island 1 in *Proteus mirabilis* isolates from poultry farms in China. Antimicrob Agents Chemother, 58(12): 7570-7572.

Levings R S, Djordjevic S P, Hall R M. 2008. SGI2, a relative of *Salmonella* genomic island SGI1 with an independent origin. Antimicrob Agents Chemother, 52(7): 2529-2537.

Ma X X, Ito T, Tiensasitorn C, et al. 2002. Novel type of staphylococcal cassette chromosome *mec* identified in community-acquired methicillin-resistant *Staphylococcus aureus* strains. Antimicrob Agents Chemother, 46(4): 1147-1152.

Mir-Sanchis I, Roman C A, Misiura A, et al. 2016. Staphylococcal SCC*mec* elements encode an active MCM-like helicase and thus may be replicative. Nat Struct Mol Biol, 23(10): 891-898.

Mulvey M R, Boyd D A, Olson A B, et al. 2006. The genetics of *Salmonella* genomic island 1. Microbes Infect, 8(7): 1915-1922.

Post V, Hall R M. 2009. AbaR5, a large multiple antibiotic resistance region found in *Acinetobacter baumannii*. Antimicrob Agents Chemother, 53(6): 2667-2671.

Post V, White P A, Hall R M. 2010. Evolution of AbaR-type genomic resistance islands in multiply

antibiotic-resistant *Acinetobacter baumannii*. J Antimicrob Chemother, 65(6): 1162-1170.
Qin S S, Wang Y W, Zhang Q J, et al. 2012. Identification of a novel genomic island conferring resistance to multiple aminoglycoside antibiotics in *Campylobacter coli*. Antimicrob Agents Chemother, 56(10): 5332-5339.
Ramírez M S, Vilacoba E, Stietz M S, et al. 2013. Spreading of AbaR-type genomic islands in multidrug resistance *Acinetobacter baumannii* strains belonging to different clonal complexes. Curr Microbiol, 67(1): 9-14.
Rodriguez-Valera F, Martin-Cuadrado A B, López-Pérez M. 2016. Flexible genomic islands as drivers of genome evolution. Curr Opin Microbiol, 31: 154-160.
Siebor E, de Curraize C, Neuwirth C. 2018. Genomic context of resistance genes within a French clinical MDR *Proteus mirabilis*: identification of the novel genomic resistance island GI*Pmi*1. J Antimicrob Chemother, 73(7): 1808-1811.
Siebor E, de Curraize C, Neuwirth C. 2019. Identification of AGI1-A, a variant of *Acinetobacter* genomic island 1 (AGI1), in a French clinical isolate belonging to the *Enterobacter cloacae* complex. J Antimicrob Chemother, 74(2): 311-314.
Siebor E, Neuwirth C. 2014. *Proteus* genomic island 1 (PGI1), a new resistance genomic island from two *Proteus mirabilis* French clinical isolates. J Antimicrob Chemother, 69(12): 3216-3220.
Sung J Y, Koo S H, Cho H H, et al. 2012. AbaR7, a genomic resistance island found in multidrug-resistant *Acinetobacter baumannii* isolates in Daejeon, Korea. Ann Lab Med, 32(5): 324-330.
Top J, Sinnige J C, Brouwer E C, et al. 2018. Identification of a novel genomic island associated with *vanD*-type vancomycin resistance in six Dutch vancomycin-resistant *Enterococcus faecium* isolates. Antimicrob Agents Chemother, 62(3): e01793-17.
Wong D, Nielsen T B, Bonomo R A, et al. 2017. Clinical and pathophysiological overview of Acinetobacter infections: a century of challenges. Clin Microbiol Rev, 30(1): 409-447.
Wright M S, Haft D H, Harkins D M, et al. 2014. New insights into dissemination and variation of the health care-associated pathogen *Acinetobacter baumannii* from genomic analysis. mBio, 5(1): e00963-13.
Wu Z W, Li F, Liu D L, et al. 2015. Novel type XII staphylococcal cassette chromosome mec harboring a new cassette chromosome recombinase, CcrC2. Antimicrob Agents Chemother, 59(12): 7597-7601.
Yang Y X, Fu Y, Lan P, et al. 2018. Molecular epidemiology and mechanism of sulbactam resistance in *Acinetobacter baumannii* isolates with diverse genetic backgrounds in China. Antimicrob Agents Chemother, 62(3): e01947-17.
Zarrilli R, Pournaras S, Giannouli M, et al. 2013. Global evolution of multidrug-resistant *Acinetobacter baumannii* clonal lineages. Int J Antimicrob Agents, 41(1): 11-19.
Zhang H Z, Hackbarth C J, Chansky K M, et al. 2001. A proteolytic transmembrane signaling pathway and resistance to β-lactams in staphylococci. Science, 291(5510): 1962-1965.
Zhou H, Zhang T, Yu D L, et al. 2011. Genomic analysis of the multidrug-resistant *Acinetobacter baumannii* strain MDR-ZJ06 widely spread in China. Antimicrob Agents Chemother, 55(10): 4506-4512.

第七节 其他载体

胞外囊泡介导耐药基因传播

传统的基因水平转移方式是指转化、转导和接合，尽管研究人员已经对这三种机制开展了详尽的研究，但是实际上每一种机制都存在一定的局限性，最近已有越来越多的研究关注到细菌胞外囊泡在耐药基因转运中的作用。无论是真核生物还是原核生物都会产生细菌胞外囊泡（bacterial membrane vesicle， BMV），并且这种产生伴随整个生命周期。由革兰氏阴性菌产生的称作外膜囊泡（outer membrane vesicle，OMV），而直到2009年，首次正式通过电镜发现革兰氏阳性菌周围释放出膜囊泡，由于革兰氏阳性菌没有外膜，因此它们产生的BMV通常被叫作膜囊泡（membrane vesicles，MVs）。BMV最初被认为是细菌生长过程产生的杂质而没有受到重视，直到1966年，Knox等通过电镜方式首次可视化了细菌产生囊泡的这一过程，随后DeVoe和Gilchrist（1975）又首次从脑膜炎患者的脊髓液中分离到BMV。至此，细菌的胞外囊泡才逐渐受到重视。BMV是一类被脂质双分子层包围的杯状纳米颗粒，直径通常在20～400nm，包含核酸、蛋白质、酶等物质，由细胞分泌到细胞外环境，从而进行短距离或远距离的运输。具有不同结构和组成的囊泡也因此被进一步细分为几类，分别是外膜囊泡（outer-membrane vesicle，OMV）、外-内膜囊泡（outer-inner membrane vesicle，OIMV）、胞质膜囊泡（cytoplasmic membrane vesicle，CMV）以及管状膜结构（tube-shaped membranous structure，TSMS）。

近几年逐渐有研究发现BMV在促进细菌耐药方面发挥了重要作用。BMV保护细菌免受抗生素灭活主要通过以下几种方式：首先，BMV可以携带多种抗生素水解酶，可以降解细菌周围的抗生素从而降低抗生素作用浓度以保证细菌的存活；其次，BMV中含有更高浓度的药物结合蛋白，可以通过结合细胞外环境中的抗生素来保护细菌免受抗生素的侵害，2021年Marchant等报道敲除了*degS*或*tolR*基因的鼠伤寒沙门菌的BMV提升鼠伤寒沙门菌对多黏菌素的耐药性并且可以对敏感菌产生保护作用，而且在庆大霉素压力下敏感菌似乎更易产生更多的囊泡，相比之下耐药菌的产囊泡量则几乎不会受到影响；最后，BMV可以携带染色体上的DNA或质粒DNA，这些DNA上通常会带有耐药基因，DNA经BMV转移至受体菌后，一旦在受体菌中稳定存在并正常复制、翻译、发挥作用，会促进细菌耐药性的形成，并且BMV介导的基因转移率与含有质粒的囊泡数量成正比，基因转移时间随质粒拷贝数的增加而缩短。在大肠杆菌中，补充BMV或细菌突变为高产囊泡菌株会增加对多黏菌素B和黏菌素的耐药性。在混合菌群中，BMV甚至可以为整个菌群提供抗生素保护，BMV很可能参与并促进了耐药菌株的出现。

目前关于BMV中携带抗生素水解酶的研究，主要集中在携带β-内酰胺水解酶这部分。最初是于2000年由Ciofu等首次提出并证实铜绿假单胞菌分泌的胞外囊泡中带有β-内酰胺水解酶。在2011年，Schaar等发现卡他莫拉菌的囊泡中也存在β-内酰胺水解酶，并且囊泡中的水解酶可以降解阿莫西林。在2014年，Schaar等发现流血嗜血杆菌可以分泌含有β-内酰胺水解酶的囊泡，并保护A群链球菌免受阿莫西林的灭活。在2015年，Liao等发表了鲍曼不动杆菌可以分泌含有OXA-58水解酶的囊泡，并且揭示了OXA-58水解酶是通过Sec依赖的周质转位途径转移到细胞周质，从而进入到囊泡中，该研究首次揭示了囊泡中带有碳青霉烯酶的原因。由于对BMV携带抗生素水解酶的研究还不多，因此关于其他抗生素的水解酶能否被包裹进囊泡，能否发挥类似的作用以及如何被包裹进囊泡等问题还有待进一步研究。

细菌产生耐药性的另一个重要的原因是发生抗生素耐药基因的水平转移。接合、转化和转导是原核生物水平基因转移的三个经典机制，但这三种方式都需要存在相应的必需基因才能实现。但是随着科学家进一步探索，在众多微生物群体中还存在不同的基因水平转移方式，胞外囊泡作为基因水平转移载体介导的抗性基因水平转移的研究，近几年已在多种微生物中被发现和报道：如在 2011～2022 年，在贝氏不动杆菌、大肠杆菌 O104:H4、禽致病性大肠杆菌、天蓝色链霉菌以及肺炎克雷伯菌等病原菌中均报道了 BMs 介导耐药基因进行水平转移的事件。Fulsundar 等（2014）分离不同抗生素处理下贝氏不动杆菌分泌的 BMV 发现，BMV 在大小、蛋白质、核酸含量上都存在差异，并且在 *comA* 或 *comB-comF* 敲除的贝氏不动杆菌中分离到的 BMV 无法介导质粒的转移，表明 BMV 介导的 DNA 的转移受到一定的调控。Dell’Annunziata 等（2021）检测肺炎克雷伯菌的 BMV 的质粒拷贝数并分析 BMV 介导的 DNA 转移效率，认为 BMV 对质粒具有保护作用并且高拷贝的质粒的转移效率比低拷贝的转移效率高，这种转移方式与受体菌的种类无关。2020 年，Bielaszewska 等发表了 BMV 介导 $bla_{\text{CTX-M-15}}$ 的研究，发现大肠杆菌 O104:H4 的 BMV 能介导定位在 90kb 的质粒上的 $bla_{\text{CTX-M-15}}$ 的水平转移，并且环丙沙星能提高这种转移方式的频率。2021 年，Li 等（2022a）首次证实禽致病性大肠杆菌可以通过 BMV 介导 $bla_{\text{CTX-M-55}}$ 基因的水平转移，并且这种转移是通过将耐药菌中携带耐药基因的质粒转移至受体菌实现的。2022 年，有研究表明 BMV 可介导毒力质粒 phvK2115 的种内和种间水平转移，BMV 可同时将两种抗性质粒转移到肺炎克雷伯菌和大肠杆菌受体菌株中，并且毒力质粒 phvK2115 的水平转移可显著增强耐碳青霉烯类肺炎克雷伯菌 CRK3022 的致病性。获得毒力质粒 phvK2115 的 CRK302 会演变成为 CR-hvKp 株。此外，与游离 DNA 相比，在热环境和 DNase 存在下，BMV 介导的转录效率也得到增强。这些发现支持了 BMV 在不利条件下作为基因水平转移载体的作用，也表明细菌产生的 BMV 是一种高效且普遍的介导基因水平转移的途径。

BMV 介导的基因水平转移主要通过包裹核酸进行转移，这种包裹状态有助于保护 BMV 中的核酸免受外部核酸酶的降解，同时还可以达成远距离的直接输送的目的。因此，BMV 很有可能是细菌进化而来的用于细菌间信息传递的一种高效的工具，也有文献称 BMV 为细菌的“零型分泌系统”。但目前关于 BMV 介导耐药基因传播的报道仍很有限，并且各研究的实验菌株也各有不同。BMV 介导抗生素耐药基因的水平转移是否具有普适性尚不明确。目前已有的证据表明 BMV 可以介导质粒的水平转移，但质粒的种类是否对这种转移方式存在影响还不清楚。重要病原菌产生 BMV 的能力及传播耐药基因的机制仍不清楚，并且关于 BMV 介导耐药基因传播的机制仍有待阐明。

噬菌体介导耐药基因传播

噬菌体是感染细菌的病毒的总称，是地球上已知的最为丰富的物种之一，它们广泛分布于各种自然环境。噬菌体的生活周期包括溶源和裂解。在噬菌体感染宿主的过程中，它会将自己的 DNA 整合到细菌染色体中（溶源，lysogen），成为原噬菌体（prophage），并与宿主基因组一起被动复制。病毒 DNA 快速复制和衣壳组装后会导致细胞裂解从而释放具有感染性的子代噬菌体（裂解，lysis）。在噬菌体裂解循环期间也产生转导颗粒，此时细菌 DNA 也可以包装成新的前衣壳。噬菌体的转导过程主要有三种：普遍性转导

(generalized transduction，GT)、特殊性转导（specialized transduction，ST）和横向转导（lateral transduction，LT)。GT 是 pac 型噬菌体可以包装任何细菌 DNA 并将其转移到另一种细菌的过程，而 ST 仅限于特定基因组的转移。横向转导（LT）模式是噬菌体生命周期的自然部分，并且可能经常发生在多种细菌物种中，因此对水平基因转移和细菌进化产生强烈影响。由于噬菌体特殊的生活周期和包装机制，因此它们的转导机制被认为是细菌之间基因水平转移的重要过程。

噬菌体包装任何细菌 DNA（包括染色体和质粒）并将其转移到另一个细菌的过程被称为普遍性转导。第一个被鉴定的噬菌体介导基因转移的普遍性转导机制是在沙门菌噬菌体 P22 中发现的。噬菌体感染宿主菌后，可以产生两种类型的子代病毒颗粒，一种为只包含噬菌体 DNA 的颗粒，一种为错误包装宿主 DNA 片段的颗粒，也叫作转导颗粒(transducing particle)。这些转导颗粒除了衣壳蛋白是来源于噬菌体的，其包装的 DNA 全部来自细菌基因组，因此，其携带的外源 DNA 的容量较大。转导颗粒如果成功感染某些细菌，可以将其中包装的 DNA 片段带入受体菌中，受体菌通过重组机制将外源基因整合到自身的染色体上，此时普遍性转导完成。另有一种情况是被包装的 DNA 片段是质粒，该质粒通过转导进入受体菌中会发生环状化，形成环状的质粒，因此普遍性转导除可以转移基因片段外，还可以水平转移耐药质粒。

经典的普遍性转导包括染色体和移动遗传元件编码的毒力基因的转移，涉及 pac 型噬菌体，但不涉及 cos 型噬菌体。普遍性转导依赖于细菌染色体周围的 pac 位点同源物的存在，这些同源物被噬菌体识别以启动头部包装过程。虽然 cos 位点的同源物也存在于细菌染色体中，但在噬菌体头部可容纳的一段 DNA 的长度下，通常不会间隔两个 cos 位点，因此认为 cos 型噬菌体通常不参与噬菌体的普遍性转导。发生普遍性转导的噬菌体通过满头(headful)包装机制包装基因组，一般这些噬菌体(如 P1、P22、T4)在特异性位点(pac 位点)切割自己的基因组并尽最大能力包裹它们的 DNA 到噬菌体衣壳中。一般细菌基因组中具有多个与 pac 同源的位点，一旦这些 pac 同源位点被噬菌体“错误”识别并切割，就有可能将细菌 DNA 包装在噬菌体衣壳中，形成可转导噬菌体颗粒。外源基因能否在受体菌中稳定存在取决于该 DNA 序列整合到细菌基因组中的能力，即发生重组(同源重组、异常重组和位点特异性重组)的概率，而这些是由前噬菌体中携带的重组酶、整合酶或者外源基因上存在的转座酶或拓扑异构酶等因素共同决定的。普遍性转导还有一种情况，它不仅可以使携带前噬菌体的溶原菌获得竞争者的基因片段，同时可以杀死竞争者，从而有利于自身克隆的增殖，这种机制称为自我转导(auto-transduction)，Evans 等（2010）的研究表明该机制可以增加金黄色葡萄球菌获得耐药基因的概率。

特异性转导又称为局限性转导，这种转导方式只能转移特定的基因片段到受体菌中，目前发现只能由温和性噬菌体介导。特异性转导最初是在大肠杆菌的 λ 噬菌体中发现的。发生特异性转导的噬菌体一般整合到宿主菌的特定位点，在裂解宿主菌的过程中，噬菌体将整合位点附近的宿主 DNA 包装进自己的衣壳颗粒中，这种包装错误的噬菌体感染受体菌并将外源 DNA 整合到受体菌染色体上，此时特异性转导发生。一般来说，那些能够通过“cos”机制切割和包装 DNA，产生单位长度衣壳化 DNA 分子的噬菌体(如

λ 噬菌体，T7 噬菌体)负责特异性转导，在该转导过程中，宿主的基因组 DNA 和噬菌体 DNA 是共价地结合在一起的，与噬菌体 DNA 一起进行复制、包装和导入到受体细菌中。由于细菌基因组上与 cos 位点同源的序列很少，因此，特异性转导只能转移特定的细菌基因组片段到受体菌中，所以该转导方式发生的频率较低。

普遍性转导和特异性转导模式通常被视为噬菌体的错误包装导致的。Pac 位点识别的错误罕见，噬菌体的错误更是罕见，因此普遍性转导和特异性转导介导的耐药基因转移的频率都很低。近几年在金黄色葡萄球菌中发现了转导的第三种机制：横向转导。与普遍性转导和特异性转导不同，横向转导不是噬菌体错误包装的结果，相反，它似乎是噬菌体生命周期的自然组成部分。横向转导的关键是葡萄球菌前噬菌体不遵循经典的切除－复制－包装途径，而是将噬菌体的切除过程往后延迟，在复制和包装过程后进行。这导致了噬菌体转移细菌染色体 DNA 的频率比以前观察到的高 1000 倍以上。

横向转导在原噬菌体激活的早期阶段启动。该机制始于原噬菌体的 ori 位点的双向原位复制，产生原噬菌体和周围染色体的多个拷贝。一些原噬菌体随后从染色体上切除，通过裂解循环产生后代。另外一些整合在染色体上，TerS 识别 pac 位点，在原噬菌体序列内形成复合物。然后被 TerL 切割并转移到可用的噬菌体衣壳内，直到衣壳被装满，DNA 再次被切割。该过程可以将金黄色葡萄球菌基因组中上百 kb 大小的片段以非常高的频率包装在噬菌体的头部，因此被认为是一种最有效的转移耐药基因的方式，该种转导方式目前在已在金黄色葡萄球菌及沙门菌中报道。并且 Humphrey 等（2021）研究表明横向转导转移耐药基因的频率已经超过了经典可移动遗传元件（如质粒、整合子等）。

近年来，噬菌体介导的耐药基因传播已成为国内外研究的新热点。1999 年，Schmieger 和 Schicklmaier 在对沙门菌的普遍性转导频率的研究中发现，其对四环素或氯霉素抗性基因的转导频率在 10^{-8}～10^{-9} 个转导子/pfu。2003 年，Broudy 等的研究表明咽细胞的分泌物可以引起原噬菌体的诱导和内源性化脓性链球菌噬菌体的广义转导，其转导了大环内酯类抗生素的抗性的外排泵。2012 年，Varga 等发现金黄色葡萄球菌中发生了噬菌体 φ80α 和 φJB 介导的耐药基因的转移，其转移青霉素酶和四环素抗性质粒的频率为 10^{-5}～10^{-6} 转导子/pfu。2016 年，Anand 等利用 qPCR 的方法从土壤环境中分离出噬菌体，检测出噬菌体上携带 bla_{TEM}、$bla_{\mathrm{OXA\text{-}2}}$、*intI1*、*intI2*、*intI3*、*tet*(A)和 *tet*(W)等耐药基因。2020 年，Yang 等在从鸡粪中分离到的噬菌体中检测到了 *aac(6')-Ib-cr*、*aph(3')-IIIa*、$bla_{\mathrm{CTX\text{-}M}}$、*erm*(B)、*erm*(F)、*floR*、*mcr-1*、*qnrS*、*sul1*、*sul2*、*vanA*、*tet*(M)基因。2019 年，Wachino 等对鲍曼不动杆菌中原噬菌体介导的染色体 ARG 的转移进行了研究，他们从多重耐药（MDR）鲍曼不动杆菌培养上清液中制备了携带 ARG 的细胞外 DNA（eDNA）成分，将对抗生素敏感的鲍曼不动杆菌 ATCC 17978 菌株暴露于 eDNA 组分中。敏感菌的子代通过同源重组获得来自 MDR 鲍曼不动杆菌染色体的分散基因座的各种 ARG，包括 $bla_{\mathrm{TEM\text{-}1}}$、*tet*(B)和 *gyrA-81L* 基因。以上研究表明噬菌体在环境中普遍存在，是抗生素抗性基因的转移载体，导致了耐药基因的转移，并且在受体菌中表现出功能性。

主要参考文献

顾佶丽，何涛，魏瑞成，等. 2020. 噬菌体在细菌耐药性传播中的作用及分子机制. 畜牧与兽医，52: 139-145.

伍亚云，黄勋. 2021. 噬菌体治疗细菌感染的研究进展. 中国感染控制杂志, 20: 186-190.

祝希辉，薛希娟，李艳兰，等. 2022. 噬菌体介导基因转移的研究进展. 黑龙江畜牧兽医, (6): 27-31.

Aktar S, Okamoto Y, Ueno S, et al. 2021. Incorporation of plasmid DNA into bacterial membrane vesicles by peptidoglycan defects in *Escherichia coli*. Front Microbiol, 12: 747606.

Anand T, Bera B C, Vaid R K, et al. 2016. Abundance of antibiotic resistance genes in environmental bacteriophages. J Gen Virol, 97: 3458-3466.

Bazinet C, King J. 1985. The DNA translocating vertex of dsDNA bacteriophage. Annu Rev Microbiol, 39: 109-129.

Bielaszewska M, Daniel O, Karch H, et al. 2020. Dissemination of the $bla_{\text{CTX-M-15}}$ gene among Enterobacteriaceae via outer membrane vesicles. J Antimicrob Chemother, 75(9): 2442-2451.

Black L W. 1989. DNA packaging in dsDNA bacteriophages. Annu Rev Microbiol, 43: 267-292.

Blesa A, Berenguer J. 2015. Contribution of vesicle-protected extracellular DNA to horizontal gene transfer in *Thermus* spp. Int Microbiol, 18(3): 177-187.

Brito I L. 2021. Examining horizontal gene transfer in microbial communities. Nat Rev Microbiol, 19(7): 442-453.

Broudy T B, Fischetti V A. 2003. *In vivo* lysogenic conversion of Tox^- Streptococcus pyogenes to Tox^+ with lysogenic *Streptococci* or free phage. Infect Immun, 71: 3782-3786.

Brown L, Wolf J M, Prados-Rosales R, et al. 2015. Through the wall: extracellular vesicles in Gram-positive bacteria, mycobacteria and fungi. Nat Rev Microbiol, 13(10): 620-630.

Chan K W, Shone C, Hesp J R. 2017. Antibiotics and iron-limiting conditions and their effect on the production and composition of outer membrane vesicles secreted from clinical isolates of extraintestinal pathogenic *E. coli*. Proteomics Clin Appl, 11(1-2): 1600091.

Chen J, Quiles-Puchalt N, Chiang Y N, et al. 2018. Genome hypermobility by lateral transduction. Science, 362: 207-212.

Chiang Y N, Penadés J R, Chen J. 2019. Genetic transduction by phages and chromosomal islands: the new and noncanonical. PLoS Pathog, 15: e1007878.

Ciofu O, Beveridge T J, Kadurugamuwa J, et al. 2000. Chromosomal beta-lactamase is packaged into membrane vesicles and secreted from Pseudomonas aeruginosa. J Antimicrob Chemother, 45(1): 9-13.

Cuervo A, Carrascosa J L. 2012. Viral connectors for DNA encapsulation. Curr Opin Biotech, 23: 529-536.

Deatherage B L, Cookson B T. 2012. Membrane vesicle release in bacteria, eukaryotes, and archaea: a conserved yet underappreciated aspect of microbial life. Infect Immun, 80(6): 1948-1957.

Dell'Annunziata F, Dell'Aversana C, Doti N, et al. 2021. Outer membrane vesicles derived from *Klebsiella pneumoniae* are a driving force for horizontal gene transfer. Int J Mol Sci, 22(16): 8732.

DeVoe I W, Gilchrist J E. 1975. Pili on meningococci from primary cultures of nasopharyngeal carriers and cerebrospinal fluid of patients with acute disease. J Exp Med, 141(2): 297-305.

Douanne N, Dong G, Amin A, et al. 2022. Leishmania parasites exchange drug-resistance genes through extracellular vesicles. Cell Rep, 40(3): 111121.

Evans, T J, Crow M A, Williamson N R, et al. 2010. Characterization of a broad-host-range flagellum-dependent phage that mediates high-efficiency generalized transduction in, and between, *Serratia* and *Pantoea*. Microbiol, 156: 240-247.

Fillol-Salom A, Bacigalupe R, Humphrey S, et al. 2021. Lateral transduction is inherent to the life cycle of the archetypical *Salmonella* phage P22. Nat Commun, 12: 6510.

Fulsundar S, Harms K, Flaten G E, et al. 2014. Gene transfer potential of outer membrane vesicles of *Acinetobacter baylyi* and effects of stress on vesiculation. Appl Environ Microbiol, 80(11): 3469-3483.

Gonzalez L J, Bahr G, Nakashige T G, et al. 2016. Membrane anchoring stabilizes and favors secretion of New Delhi metallo-beta-lactamase. Nat Chem Biol, 12(7): 516-522.

Guerrero-Mandujano A, Hernandez-Cortez C, Ibarra J A, et al. 2017. The outer membrane vesicles: secretion system type zero. Traffic, 18(7): 425-432.

Humphrey S, Fillol-Salom A, Quiles-Puchalt N, et al. 2021. Bacterial chromosomal mobility via lateral transduction exceeds that of classical mobile genetic elements. Nat Commun, 12: 6509.

Ingmer H, Gerlach D, Wolz C. 2019. Temperate phages of *Staphylococcus aureus*. Microbiol Spectr, 7(5). doi: 10.1128/microbiolspec.GPP3-0058-2018.

Knox K W, Vesk M, Work E. 1966. Relation between excreted lipopolysaccharide complexes and surface structures of a lysine-limited culture of *Escherichia coli*. J Bacteriol, 92(4): 1206-1217.

Lee E Y, Choi D Y, Kim D K, et al. 2009. Gram-positive bacteria produce membrane vesicles: proteomics-based characterization of *Staphylococcus aureus*-derived membrane vesicles. Proteomics, 9(24): 5425-5436.

Letarov A, Kulikov E. 2009. The bacteriophages in human- and animal body-associated microbial communities. J Appl Microbiol, 107: 1-13.

Li C, Wen R, Mu R, et al. 2022a. Outer membrane vesicles of avian pathogenic *Escherichia coli* mediate the horizontal transmission of $bla_{CTX-M-55}$. Pathogens, 11(4): 481.

Li C, Zhu L, Wang D, et al. 2022b. T6SS secretes an LPS-binding effector to recruit OMVs for exploitative competition and horizontal gene transfer. ISME J, 16(2): 500-510.

Liao Y T, Kuo S C, Chiang M H, et al. 2015. *Acinetobacter baumannii* extracellular OXA-58 is primarily and selectively released via outer membrane vesicles after sec-dependent periplasmic translocation. Antimicrob Agents Chemother, 59(12): 7346-7354.

Liebeschuetz J, Ritchie D A. 1986. Phage T1-mediated transduction of a plasmid containing the T1 pac site. J Mol Biol, 192: 681-692.

Lo Piano A, Martínez-Jiménez M I, Zecchi L, et al. 2011. Recombination-dependent concatemeric viral DNA replication. Virus Res, 160: 1-14.

Marchant P, Carreño A, Vivanco E, et al. 2021. "One for All": functional transfer of OMV-mediated polymyxin B resistance from *Salmonella enterica* sv. Typhi Δ*tolR* and Δ*degS* to susceptible bacteria. Front Microbiol, 12: 672467.

Marcilla A, Sanchez-Lopez C M. 2022. Extracellular vesicles as a horizontal gene transfer mechanism in Leishmania. Trends Parasitol, 38(10): 823-825.

Martinez M M B, Bonomo R A, Vila A J, et al. 2021. On the offensive: the role of outer membrane vesicles in the successful dissemination of New Delhi Metallo-beta-lactamase (NDM-1). mBio, 12(5): e0183621.

Morse M L, Lederberg E M, Lederberg J. 1956. Transduction in *Escherichia coli* K-12. Genetics, 41: 142-156.

Mushegian A R. 2020. Are there 10^{31} virus particles on earth, or more, or fewer? J Bacteriol, 202(9): e00052-20.

Novick R P, Edelman I, Lofdahl S. 1986. Small *Staphylococcus aureus* plasmids are transduced as linear multimers that are formed and resolved by replicative processes. J Mol Biol, 192: 209-220.

Oliveira L, Tavares P, Alonso J C. 2013. Headful DNA packaging: bacteriophage SPP1 as a model system. Virus Research, 173: 247-259.

Penadés J R, Chen J, Quiles-Puchalt N, et al. 2015. Bacteriophage-mediated spread of bacterial virulence genes. Curr Opin Microbiol, 23: 171-178.

Rao V B, Feiss M. 2015. Mechanisms of DNA packaging by large double-stranded DNA viruses. Annu Rev Virol, 2: 351-378.

Rumbo C, Fernandez-Moreira E, Merino M, et al. 2011. Horizontal transfer of the OXA-24 carbapenemase gene via outer membrane vesicles: a new mechanism of dissemination of carbapenem resistance genes in *Acinetobacter baumannii*. Antimicrob Agents Chemother, 55(7): 3084-3090.

Schaar V, Nordstrom T, Morgelin M, et al. 2011. Moraxella catarrhalis outer membrane vesicles carry beta-lactamase and promote survival of *Streptococcus pneumoniae* and *Haemophilus influenzae* by inactivating amoxicillin. Antimicrob Agents Chemother, 55(8): 3845-3853.

Schaar V, Uddback I, Nordstrom T, et al. 2014. Group A streptococci are protected from amoxicillin-mediated killing by vesicles containing beta-lactamase derived from *Haemophilus influenzae*. J Antimicrob Chemother, 69(1): 117-120.

Schmieger H, Schicklmaier P. 1999. Transduction of multiple drug resistance of *Salmonella enterica* serovar typhimurium DT104. FEMS Microbiol Lett, 170: 251-256.

Smillie C, Garcillán-Barcia M P, Francia M V, et al. 2010. Mobility of plasmids. Microbiol Mol Biol Rev, 74: 434-452.

Toyofuku M, Nomura N, Eberl L, et al. 2019. Types and origins of bacterial membrane vesicles. Nat Rev Microbiol, 17(1): 13-24.

Tran F, Boedicker J Q. 2019. Plasmid characteristics modulate the propensity of gene exchange in bacterial vesicles. J Bacteriol, 201(7): e00430-18.

Valpuesta J M, Carrascosa J L. 1994. Structure of viral connectors and their function in bacteriophage assembly and DNA packaging. Q Rev Biophys, 27: 107-155.

Varga M, Kuntová L, Pantůček R, et al. 2012. Efficient transfer of antibiotic resistance plasmids by transduction within methicillin-resistant *Staphylococcus aureus* USA300 clone. FEMS Microbiol Lett, 332: 146-152.

Wachino J I, Jin W, Kimura K, et al. 2019. Intercellular transfer of chromosomal antimicrobial resistance genes between *Acinetobacter baumannii* strains mediated by prophages. Antimicrob Agents Chemother, 63(8): e00334-19.

Wang Z, Wen Z, Jiang M, et al. 2022. Dissemination of virulence and resistance genes among *Klebsiella pneumoniae* via outer membrane vesicle: an important plasmid transfer mechanism to promote the emergence of carbapenem-resistant hypervirulent *Klebsiella pneumoniae*. Transbound Emerg Dis, 69(5): e2661-e2676.

Xu J, Mei C, Zhi Y, et al. 2022. Comparative genomics analysis and outer membrane vesicle-mediated horizontal antibiotic-resistance gene transfer in *Avibacterium paragallinarum*. Microbiol Spectr, 10(5): e0137922.

Yang Y, Xie X, Tang M, et al. 2020. Exploring the profile of antimicrobial resistance genes harboring by bacteriophage in chicken feces. Sci Total Environ, 700: 134446.

Zablocki O, Adriaenssens E M, Cowan D. 2015. Diversity and ecology of viruses in hyperarid desert soils. Appl Environ Microbiol, 82(3): 770-777.

Zinder N D, Lederberg J. 1952. Genetic exchange in *Salmonella*. J Bacteriol, 64(5): 679-699.

第四章　细菌对抗菌药物耐药性的研究方法

第一节　细菌对抗菌药物耐药表型的研究方法

细菌对抗菌药物的耐药表型检测在控制细菌耐药性、合理使用抗菌药物方面发挥着重要作用。它能对抗菌药物临床治疗的效果进行预测，监测耐药量，减少治疗错误。目前耐药表型研究方法主要有：K-B 纸片扩散法、稀释法（MIC 测定、MBC 测定、MPC 测定）以及 E-test 法等。

K-B 纸片扩散法

K-B 纸片扩散法是由鲍尔（Bauer）和科比（Kirby）所建立的纸片琼脂扩散法，是各国临床微生物学实验室广泛采用的药敏试验方法。其基本原理是将含有定量抗菌药物的纸片贴在已接种待检菌的琼脂平板上，纸片上所含的药物吸取琼脂中的水分而溶解后会不断地向纸片周围区域扩散，形成递减的浓度梯度，在纸片周围抑菌浓度范围内待检菌的生长会被抑制，从而产生透明的抑菌圈。抑菌圈的大小反映待检菌对测定药物的敏感程度，并与该药对待检菌的最低抑菌浓度（MIC）呈负相关，即抑菌圈越大，MIC 越小。根据美国临床和实验室标准协会（Clinical and Laboratory Standards Institute，CLSI）标准判断为敏感（sensitive，S）、耐药（resistant，R）或中介（intermediary，I）。

K-B 纸片扩散法具有重复性较好、操作简便、试验成本相对较低、结果直观、容易判读、便于基层开展等优点。K-B 纸片扩散法虽然是一种传统、经典的药敏试验方法，但也存在药敏试验假耐药、受人为因素影响较大、试验耗时长的缺点，同时在快速性、准确性方面存在不足，主要用于微生物耐药表型的定性判断。

稀释法

【最低抑菌浓度测定】

稀释法可以用来测定待检菌对抗菌药物的 MIC，包括琼脂稀释法和肉汤稀释法。在琼脂或肉汤中将抗菌药物进行一系列稀释后，定量接种待检菌，35℃孵育 24h 后观察。抑制待检菌肉眼可生长的最低药物浓度，即为该抗菌药物对待检菌的 MIC。如果出现有 2 个以上菌落生长于含药浓度高于终点水平的琼脂平板上，或低浓度药物琼脂平板上不生长而高浓度药物琼脂平板上生长的现象，则应检查培养物纯度或进行重复试验。

稀释法能够准确测定细菌对抗菌药物的 MIC，具有可同时测多株菌的 MIC、操作简便、结果可靠、设备要求简单、便于基层开展的优点，但琼脂稀释法和肉汤稀释法的缺点是对药物的选择缺乏灵活性，在检测一些特殊菌株的耐药性时可靠性欠佳，因此目前在临床工作中尚不能完全取代纸片扩散法，同时琼脂稀释法制备含药琼脂平板费时费力。

【最低杀菌浓度测定】

最低杀菌浓度（minimum bactericidal concentration，MBC）是杀死99.9%（降低3个数量级）的供试微生物所需的最低药物浓度。有些药物的MBC与其MIC非常接近，如氨基糖苷类。有些药物的MBC比MIC大，如β-内酰胺类。如果受试药物对供试微生物的MBC≥32倍的MIC，可判定该微生物对受试药物产生了耐药性。

测定MBC的方法是，将药品有效抑菌浓度药液和对照组对应浓度的药液0.1mL移种至不含药物的营养琼脂平皿上，用灭菌接种环轻推药液，将平皿置于37℃培养箱中培养24h，观察有无细菌生长，以计数少于5个菌落的培养皿药物浓度作为MBC。

MBC是反映抗菌活性的重要指标，能直观反映抗菌药物的杀菌活性，对临床药物判断极具价值。但MBC测定结果受多种因素影响，因此，对于试验所用的接种菌液浓度、培养基的化学组成和性质（固体或液体）、pH、渗透压、离子强度、阳离子和生长因子的浓度、环境条件（如温度、各种气体的分压、湿度等）以及质量控制等应有相应认识，从而判断试验方法是否符合标准要求，是否也可用于临床分离菌的药敏试验。

【防耐药突变浓度测定】

防耐药突变浓度（mutation preventive concentration，MPC）是指防止耐药突变菌株被选择性富集扩增所需的最低抗菌药物浓度。这一概念是由Drlica（2000）提出的，用于评价抗菌药物的抗菌活性，反映药物抑制耐药突变菌株选择的能力。

目前基于MIC的治疗策略，细菌只要发生一次耐药突变，就可能成为优势生长群而富集扩增。病原菌同时发生两次耐药突变的频率约为10^{-14}，这样耐药突变菌株出现的可能性将极小。MPC正是基于这一想法，提高药物浓度，抑制第一次耐药突变的菌株的生长，使细菌必须同时发生两次或更多次耐药突变才能生长，从而解决细菌耐药问题。MIC与MPC之间的浓度范围即定义为耐药突变选择窗（MSW）。当药物浓度大部分时间处于MSW内时，耐药突变菌株被选择性富集扩增，导致耐药突变菌株的选择性扩增并产生耐药性。

MPC最大的优点在于抑制细菌生长的同时，可以减少菌株耐药性的产生。但目前MPC值的测定不能很好地反映人体或动物体内的真实情况。

梅里埃药敏测定法

梅里埃药敏测定（E-test）法结合扩散法和稀释法的原理与特点，操作简便如扩散法，但可以同稀释法一样直接定量测出药物对待检菌的MIC。其试条为商品化塑料试条，长 50mm，宽 5mm，内含干化、稳定、浓度由高至低呈指数梯度分布的各种抗菌药物。当 E-test 试条接触到琼脂表面时，抗菌药物会立刻释放到琼脂里并在试条下形成稳定连续的抗菌药物梯度；纸片中药物的扩散形式是以纸片为中心向四周呈放射性扩散，中间浓度高，越靠外浓度越低；E-test 中抗菌药物的扩散是依照浓度梯度向两边、向下扩散，高浓度向低浓度补充；E-test 试条可以保持四周浓度稳定 18～24h。孵育后围绕着试条可形成一个卵圆形的抑菌圈，抑菌圈与试条的横向相交处的数值，即该抗菌药物对待检菌的 MIC。该法的优点在于结果和接种量无关，不必像微量稀释法那样担心接种量过大或过小；MIC 梯度连续，结果准确，可以发现耐药 MIC 值的变化；操作方便，使用范围广，苛养菌、慢性生长菌和真菌都可以使用 E-test 试条进行测定。E-test 法由于结果准确、稳定，受到广泛认同。

其他特殊耐药表型的检测方法

【超广谱 β-内酰胺酶检测】

超广谱 β-内酰胺酶（ESBL）是由多种酶组成的酶家族。这种酶由大肠杆菌、肺炎克雷伯菌、阴沟肠杆菌等在代谢过程中合成，它能够像胞外酶一样被细胞分泌到膜外，也可以停留在细胞的周质腔中。该酶通过水解作用破坏 β-内酰胺环，进而使大部分 β-内酰胺类抗生素失活，如头孢菌素、青霉素类等。克拉维酸和舒巴坦等是超广谱 β-内酰胺酶的不可逆抑制剂，它们可以和 β-内酰胺酶发生不可逆反应而使酶失活。从表型上鉴定细菌中是否产 ESBL 的方法主要有两种：纸片扩散法和肉汤微量稀释法。这两种方法正是利用了克拉维酸对 β-内酰胺酶具有抑制作用这一特性。

纸片扩散法：制备 MHA 培养基，pH 为 7.2～7.4，高压蒸汽灭菌后倒平板，平板厚度 4mm，直径 90mm；将待测菌的菌悬液稀释到 0.5 麦氏浊度（CLSI 标准），用灭过菌的拭子蘸取菌液，均匀涂布在 MH 平板上；分别用头孢他啶（30μg）和头孢他啶加克拉维酸（30μg/片和 10μg/片）、头孢噻肟（30μg）和头孢噻肟加克拉维酸（30μg/片和 10μg/片）做药敏试验；37℃条件下孵育 16～18h，测抑菌圈直径，2 个药物中有任何一个在加克拉维酸后，抑菌环直径与不加克拉维酸的抑菌环相比增大值≥5mm 时，判定为产 ESBL。质控菌株：大肠杆菌 ATCC 25922（头孢他啶：头孢他啶+克拉维酸≤2mm）、肺炎克雷伯菌 ATCC 700603（头孢他啶：头孢他啶+克拉维酸≥5mm）。

肉汤微量稀释法：是用标准肉汤稀释法测定 MIC 的方法，按 CLSI（2015 年）的标准进行判断。选用头孢噻肟单独稀释（0.25～64mg/L）及头孢噻肟（稀释范围相同）加克拉维酸（每管 4mg/L）；头孢他啶单独稀释（0.25～128mg/L）及头孢他啶加克拉维酸（每管 4mg/L），上述 2 种药物必须同时进行试验，结果加克拉维酸和不加克拉维酸的 MIC 差值如≥8 倍（3 个稀释度），可确认为产 ESBL 菌株。质控菌株：大肠杆菌 ATCC 25922（头孢他啶：头孢他啶+克拉维酸<8 倍）、肺炎克雷伯菌 ATCC 700603（头孢他啶：头孢他啶+克拉维酸≥8 倍）。

【AmpC 酶检测】

AmpC 酶是 AmpC β-内酰胺酶的简称。其是由肠杆菌科细菌和铜绿假单胞菌的染色体或质粒介导产生的一类 β-内酰胺酶，属 β-内酰胺酶 Ambler 分子结构分类法中的 C 类和 Bush-Jacoby-Medeiros 分类(简称 Bush 分类)中的第一群，即作用于头孢菌素且不被克拉维酸所抑制的 β-内酰胺酶。故 AmpC 酶又称作头孢菌素酶。

三维水相试验方法：将标准菌株 ATCC 25922 按常规药敏纸片 K-B 法均匀涂布于 MH 平板上。在 MH 平板中心贴一片头孢西丁（30μg/片）纸片，在距纸片边缘 1cm 处，用无菌手术刀片切 3cm 长的小槽，将待测菌株的 6 个菌落接种于槽内（勿溢出槽外），35℃孵育 18～24h。结果观察：若抑菌圈向内凹陷，即为 AmpC 酶阳性。

质粒型 AmpC 酶三联纸片方法：将标准菌株 ATCC 25922 按常规药敏纸片 K-B 法均匀涂布于 MH 平板上。在 MH 平板中心贴一片头孢西丁（30μg/片）纸片，在纸片边缘贴有待测菌的纸片（纸片上含 20μL，pH 8.0，1mol/L Tris-0.1mol/L EDTA）。另一侧边缘贴有产 AmpC 酶的菌的纸片（同上）。35℃孵育 18～24h。结果观察：如待检菌出现扁平或凹陷的抑菌环，即为 AmpC 酶阳性。

【碳青霉烯酶表型确证】

用肉汤或生理盐水制备 0.5 麦氏浊度的大肠杆菌 ATCC 25922 菌悬液，再用生理盐水或肉汤 1∶10 稀释。根据常规纸片扩散法程序接种 MHA 平板。使平板干燥 3～10min，在琼脂平板表面放置适量厄他培南或美罗培南纸片。使用 10μL 接种环或棉拭子，挑取琼脂平板过夜生长的 3～5 个试验菌落或质控株，从纸片边缘向外划直线。至少有 20～25mm 长，（35±2）℃培养 16～20h。孵育后，检测 MHA、抑菌圈、试验菌株或质控菌株划线交叉处是否出现增强生长现象。出现增强生长则菌株为碳青霉烯酶阳性；无增强生长则菌株为碳青霉烯酶阴性。

主要参考文献

郭春亮, 陈雷, 张美玲, 等. 2014. 现代检验技术诊断学. 广州: 世界图书出版广东有限公司.

郭庆兰. 2000. 超广谱 β-内酰胺酶的研究进展. 国外医学(微生物学分册), (6): 19-21, 24.

黄忠强. 2011. 超广谱 β-内酰胺酶检测方法研究进展. 中国医疗前沿, 6(8): 13-14.

李曦婷, 董俏, 李化生, 等. 2016. 副猪嗜血杆菌检测技术及耐药性研究进展. 动物医学进展, 37(10): 85-89.

谭瑶, 赵清. 2020. K-B 纸片扩散法药敏试验. 检验医学与临床, 7(20): 2290-2291.

张悦, 李蓓蓓, 魏建超, 等. 2015. 上海副猪嗜血杆菌分离鉴定及其耐药性分析. 中国动物传染病学报, 23(4): 25-30.

Clinical and Laboratory Standards Institute(CLSI). 2015. Performance Standards for Antimicrobial Susceptibility Testing; Twenty-Fifth Informational Supplement. CLSI M100-S25. Wayne, PA: Clinical and Laboratory Standards Institute.

Dayao D A E, Kienzle M, Gibson J S, et al. 2014. Use of a proposed antimicrobial susceptibility testing method for *haemophilus parasuis*. Vet Microbiol, 172(3-4): 586-589.

Drlica K. 2000. The future of fluoroquinolones. Ann Med, 32(9): 585-587.

Thomson K S, Sanders C C. 1992. Detection of extended-spectrum beta-lactamases in members of the family Enterobacteriaceae: comparison of the double-disk and three-dimensional tests. Antimicrob Agents Chemother, 36(9): 1877-1882.

第二节　细菌对抗菌药物耐药基因的研究方法

PCR 方法

【单重 PCR】

聚合酶链反应（polymerase chain reaction，PCR）具有特异性强、高效、快速等优点，是耐药基因检测最常用的方法。PCR 反应体系由 DNA 模板、引物、dNTP（dATP、dTTP、dGTP、dCTP）、Taq DNA 聚合酶、Mg^{2+}等组成。在反应体系中加入针对目的耐药基因设计的一对特异性引物，并在 PCR 仪中选择合适的退火温度、延伸时间等反应条件，可快速检测出样本中是否存在特定的耐药基因。

单重 PCR 技术广泛用于动物源细菌耐药基因的检测和分子流行病学调查。Zou 等（2011）利用单重 PCR 技术检测了猪源细菌中不同基因型红霉素耐药基因[*ermA*、*erm*(B)、*ermC*、*msrC*]的分布。Cui 等（2020）利用单重 PCR 技术检测了牦牛粪便中多种肠球菌属细菌：粪肠球菌、屎肠球菌、鸟肠球菌、蒙氏肠球菌等，同时也利用单重 PCR 技术检测了牦牛肠球菌耐药基因的分布，检测到了噁唑烷酮类耐药基因 *cat*、利奈唑胺类耐药基因 *optrA* 和 *poxtA*，为牦牛肠球菌耐药性研究填补了空缺，也为牦牛抗生素的规范使用提供了科学指导。

由于检测样本数量多、空气气溶胶污染等因素，单重 PCR 的检测结果可能出现假阳性，因此需要对单重 PCR 进行质量控制：设置阴性对照和阳性对照；保证目的基因引物的特异性，同时也要减少引物二聚体的形成；扩增产物的大小也很重要，扩增产物太大会影响检测效率，扩增产物太小可能会出现假阳性。此外，实验环境也会对单重 PCR 的检测结果造成一定的影响。

【多重 PCR】

多重聚合酶链反应（multiplex polymerase chain reaction，多重 PCR）是在常规 PCR 的基础上发展而来的，即同一反应体系中加入 2 对或 2 对以上的引物，同时检测多个目的基因。这种方法既具有普通 PCR 的特异性和灵敏性，又具有同时检测多个目的基因快速、便捷等优势。

多重 PCR 由于具有高效、快速等优点，因此具有广泛用途。可利用多重 PCR 检测环境、食品中的致病菌以及细菌耐药基因。杨帆等（2015）利用多重 PCR 技术检测了病死鸡中的沙门菌属细菌：鸡白痢沙门菌和肠炎沙门菌。狄慧等（2012）建立了同时检测志贺菌、沙门菌和变形杆菌的方法。王红宁团队分别建立了氨基糖苷类耐药基因 *aphA3*、*aacC4*、*aadA3* 和 *aacC2*（张安云等，2007），磺胺类耐药基因 *sul1* 和 *sul2*（羊云飞等，2007），氯霉素类耐药基因 *catl*、*flor* 和 *cmlA*（杨鑫等，2009），四环素类耐药

基因 *tet*(A)、*tet*(C)和 *tet*(M)（夏青青等，2013）以及国内较为流行的 3 种 β-内酰胺酶耐药基因 bla_{TEM}、bla_{SHV} 和 $bla_{CTX\text{-}M}$（田国宝等，2013）的多重 PCR 检测方法，能够快速、准确地检测耐药基因，为细菌耐药性研究及疾病防控奠定基础。

由于多重 PCR 体系较为复杂，因此，检测效果易受到其他因素的影响。影响多重 PCR 的因素包括：①目的基因的选择是核心。目的基因要具有高度特异性。②引物特异性是关键。首先，引物不仅要具有特异性，而且引物间要无缠连。其次，要调整好各个引物的浓度。③退火温度是重点。不同的引物，解链温度（Tm）不同，应选择尽可能高的退火温度，以减少引物与模板的非特异性结合。此外，模板浓度、Mg^{2+}浓度以及 Taq DNA 聚合酶的浓度等均可影响多重 PCR 的特异性和灵敏度，需通过优化选择最佳反应体系。

【定量 PCR】

定量 PCR（quantitative PCR，qPCR）是在常规 PCR 体系中加入荧光物质，荧光信号随着 PCR 产物的积累而积累，通过荧光信号强度实时监测 PCR 过程，利用标准曲线对起始模板进行定性及定量分析的方法。qPCR 不仅具有实时性、准确性、无污染的优点，而且实现了从定量到定性的飞跃。qPCR 分为探针法和染料法两大类，TaqMan 和 SYBR Green Ⅰ最常用。TaqMan 探针是含有 5′发光基团和 3′淬灭基团的一条寡核苷酸，完整时不发光，水解后发光。每合成一条 DNA 链，聚合酶就会水解一条探针，产生一个信号，因此，信号强度与合成的 DNA 量成正比。一般基因表达量低时选择 TaqMan 探针法，但是其价格昂贵。SYBR Green Ⅰ是一种能与 dsDNA 结合发光的染料，与 DNA 结合时发光，不结合时不发光。形成的 DNA 双链与染料结合，发出荧光信号，因此，荧光信号强度与 DNA 分子总数成正比。一般基因表达量较高时选择这种方法，其不仅价格便宜，而且可以得到熔解曲线，但是非特异性扩增和引物二聚体也会发光，易造成假阳性。由于 SYBR Green Ⅰ的最大优点是通用性强，适用于所有的荧光定量 PCR 反应，因此，该方法是 qPCR 最常用的方法。

qPCR 具有特异性好、灵敏度高、高通量和检测范围广等优点，广泛应用于分子生物学领域。已建立了检测革兰氏阴性菌超广谱 β-内酰胺酶（ESBL）、碳青霉烯类耐药基因 $bla_{NDM\text{-}1}$、氨基糖苷类耐药基因 *armA*、沙门菌中氯霉素类耐药基因 *floR* 和磺胺类耐药基因 *sul2* 的 qPCR 方法，该方法能够准确、快速、灵敏、高效地检测耐药基因，并且操作简单，具有较好的特异性、灵敏性和重复性，不仅对监测超级耐药菌以及应急检测具有重要意义，而且可以为研究耐药基因 mRNA 转录、表达水平奠定基础。近年来，qPCR 与其他技术联用，大大缩减了检测时间。

LAMP 方法

环介导等温扩增（loop-mediated isothermal amplification，LAMP）技术是在 PCR 的基础上发展而来，由日本学者 Notomi 等（2000）发明的一种全新的核酸扩增方法。该法在保持 PCR 技术优点的基础上，进一步增强了反应的特异性，缩短了检测时间，特别是它不需使用昂贵的热循环仪，在等温条件下就能完成反应，且扩增产物用肉眼便能观察，更便于推广应用。

LAMP 技术的基本原理是使用 4 条特异性引物（两条内引物、两条外引物）分别识别靶基因的 6 个特定区域，其扩增过程中的 DNA 聚合酶采用具有链置换活性的 DNA 聚合酶，整个 DNA 扩增是在 60～65℃恒温条件下进行的快速扩增反应，扩增出 LAMP 特征性梯状条带。通过设计两条环状引物可使反应速度提升 1/3～1/2，可直接对扩增副产物焦磷酸镁沉淀，通过肉眼进行判断或者对其浊度进行检测，也可用结合双链 DNA 的荧光染料 SYBR Green Ⅰ染色，在紫外灯或日光下通过肉眼进行判定，如果含有扩增产物，反应混合物变绿；反之，则保持 SYBR Green Ⅰ的橙色不变。

LAMP 与以往的核酸扩增方法相比具有如下优点。①操作简单：不需要特殊的试剂及仪器，只需要水浴锅即可，产物检测时用肉眼观察或浊度仪检测沉淀浊度即可判断。②快速高效：核酸扩增在 1h 内均可完成，添加环状引物后时间可以节省 1/2，多数情况在 20～30min 均可检测到扩增产物。③高特异性：由于是针对靶序列 6 个区域设计的 4 种特异性引物，因此其特异性高。④高灵敏度：对于病毒扩增模板可达几个拷贝。但该方法也存在一定的缺点：靶序列长度大于 500bp 则较难扩增，故不能进行长链 DNA 的扩增；由于灵敏度高，极易受到污染而产生假阳性结果；在产物的回收鉴定、克隆、单链分离方面均逊色于传统的 PCR 方法。

由于 LAMP 技术具有诸多优点，国内外许多研究针对细菌的耐药性基因建立了这种基于颜色判定的简单、快速的现场检测方法，并结合药敏试验成功指导临床用药。Qi 等（2012b）通过 LAMP 方法对耐药基因 $bla_{\mathrm{NDM\text{-}1}}$ 进行了检测，该方法在 65℃的水浴锅下仅需 40min 即可完成检测，且表现出比常规 PCR 更高的特异性和敏感性。此外，Qi 等（2012a）再次建立了对多重耐药基因 *cfr* 进行检测的 LAMP 方法，该方法在 63℃的水浴锅中仅需 35min 即可完成快速检测，同样表现出比常规 PCR 更高的敏感性。Sekiguchi 等（2007）将 LAMP 运用于检测铜绿假单胞菌中氨基糖苷类耐药基因 *aac(6')-Iae* 以及与喹诺酮类耐药有关的基因 *gyrA* 和 *parC*。Misawa 等（2007）和 Su 等（2014）也相继运用 LAMP 检测耐甲氧西林金黄色葡萄球菌的 *mecA* 基因。程菡等（2014）对同一地区三家规模化蛋鸡场的 813 份样品，分别采用其实验室改进的环介导等温扩增（LAMP）技术、普通 PCR 技术以及美国农业部沙门菌分离培养标准（USDA MLG4.05）进行沙门菌检测，结果表明，改进的 LAMP 方法与 PCR 方法检出率相同，与 USDA MLG4.05 的符合率为 100%。申建维等（2006）利用多重 LAMP 法同时扩增金黄色葡萄球菌耐药基因 *mecA* 和 *femA*，在反应过程中，两种分子信标荧光探针分别与 *mecA* 和 *femA* 基因的扩增产物序列互补结合，最后检测反应管中的两种荧光值。结果显示该方法的检测下限为 10CFU/mL，灵敏度为 99.9%，特异度为 90.9%。李秀梅等（2015）用 PCR 方法扩增新霉素耐药基因 *aph*，将其克隆于 pEASY-T1 载体并测序。通过 GenBank 同源性比较，在 *aph* 基因保守区设计了一套环介导等温扩增（LAMP）特异性引物，通过对 LAMP 反应体系和反应条件的优化，建立了耐新霉素 *aph* 基因的 LAMP 检测方法，此方法可在 60min 左右完成对 *aph* 基因的检测，特异性及敏感性均较好。

耐药基因点突变检测方法

随着分子生物学理论和技术的快速发展及广泛应用，以 PCR 技术为核心的耐药点突变检测方法应运而生，此处将重点介绍 RFLP、SSCP、AFLP、RT-PCR 熔解曲线和 DGGE 等几种耐药基因点突变检测方法。

【RFLP】

限制性片段长度多态性（restriction fragment length polymorphism，RFLP）是发展最早的 DNA 标记技术。RFLP 是指基因型之间限制性片段长度的差异，这种差异是由限制性酶切位点上碱基的插入、缺失、重排或增添所引起的。RFLP 技术主要包括以下基本步骤：DNA 提取→用限制性内切酶酶切 DNA→用凝胶电泳分开 DNA 片段→把 DNA 片段转移到滤膜上→利用放射性标记的探针杂交显示特定的 DNA 片段（Southern 印迹杂交）→结果分析。RFLP 作为一种遗传标记，具有以下特点：①变异丰富。在玉米中无论是自交系、杂交种，还是系内不同个体之间，都存在 RFLP 变异。②变异更稳定。其表现不受环境条件的影响，其他变异均是从表型或基因产物方面来研究遗传和变异的，而 RFLP 则是直接研究基因的构成。③比生化标记更丰富，区分能力更强。④其标记为共显性，能区分纯合显性和杂合显性，而且非等位基因间无相互作用。

根据 RFLP 技术的特点，结合 PCR 技术，即用 PCR 扩增目的 DNA，扩增产物再用特异性内切酶消化切割成不同大小的片段，直接在凝胶电泳上分辨。不同等位基因的限制性酶切位点分布不同，可产生不同长度的 DNA 片段条带。此项技术大大提高了目的 DNA 的含量和相对特异性，而且方法简便、分型时间短。此方法可以用来检测耐药基因的点突变。研究者在临床空肠弯曲菌分离株中借助 PCR-RFLP 技术发现了氟喹诺酮高水平耐药与 *gyrA* 基因 86 位点编码的氨基酸由 Thr 突变为 Ile 相关。幽门螺杆菌对克拉霉素的耐药性也与 23S rRNA 基因 2142 位点 A→C 的点突变有关。通过 PCR 和 RFLP 方法分析肺炎链球菌青霉素耐药菌株和敏感菌株的结果表明，*pbp2b* 基因扩增图谱与青霉素耐药性之间有较好的相关性。

【SSCP】

单链构象多态性（single-strand conformation polymorphism，SSCP），是一种基于 DNA 构象差别来检测点突变的方法。DNA 片段的双链成为单链后，单链 DNA 在中性条件下形成的特定二级结构，是由其一级结构决定的。当基因发生突变时，即使一个碱基的变化都能导致单链 DNA 的二级结构空间构象的改变，也就是产生了单链构象多态性。在非变性聚丙烯酰胺凝胶电泳（PAGE）中，构象不同导致电泳迁移率不同，从而将正常链和突变链区分开。SSCP 技术是 Orita 等（1989）建立的，将待测的 DNA 片段先进行 PCR 扩增后再进行 SSCP 分析，即 PCR-SSCP 分析。SSCP 技术首先是在平板凝胶上进行的，后来将毛细管电泳引入 SSCP 分析中，以替代平板凝胶电泳，得到了广泛应用研究。

PCR-SSCP 技术进一步提高了检测突变方法的简便性和灵敏性，但是也存在一些不足，可能漏检一些突变，因为不同的 DNA 一级序列组成、PAGE 电泳条件及 PCR 产物大小对检测灵敏度都有一定影响。根据经验 SSCP 方法仅适合于 300bp 以内的 PCR 产物，对于大片段 DNA 突变的检出率较低。PCR-SSCP 技术在耐药基因突变分析中应用广泛。Nasr Esfahani 等（2016）利用 PCR-SSCP 技术在非结核性分枝杆菌（non-tuberculosis *Mycobacterium*，NTM）中发现了 *gyrA* 基因的突变。另一个研究在结核分枝杆菌中检测到了与利福平耐药性相关的 7 个密码子位点的 9 种不同突变：513（CAA→CCA）、516（GAC→GTC）、507（GGC→GAC）、526（CAC→GAC、TAC）、531（TCG→TTG、TGG）、522（TCG→TGG）以及 533（GTG→CCG）。在浙江省分离的结核分枝杆菌耐药菌株中发现，密码子位点 526 的突变最为频繁，与利福平耐药性有着更密切的关系，同时结果表明结核分枝杆菌 *rpoB* 基因的突变存在地理差异。

【AFLP】

扩增片段长度多态性（amplified fragment length polymorphism，AFLP），由 Zabeau 和 Vos 于 1993 年发现，随后 Vos 等（1995）将该技术发展起来，使其逐渐成为目前广泛使用的 DNA 指纹技术之一。AFLP 是一种基于 PCR 技术扩增基因组 DNA 限制性片段的方法：基因组 DNA 先用限制性内切酶切割，然后将双链接头连接到 DNA 片段的末端，接头序列和相邻的限制性位点序列作为引物结合位点。限制性片段是用两种酶切割产生的，一种是罕见切割酶，一种是常用切割酶。选用特异引物进行选择性扩增，扩增后的产物经聚丙烯酰胺凝胶电泳将特异的限制性片段分离。由于不同来源的 DNA 的酶切片段存在差异，因此产生了扩增产物的多态性。它结合了 RFLP 和 PCR 技术的特点，具有 RFLP 技术的可靠性和 PCR 技术的高效性。由于 AFLP 扩增可使某一品种出现特定的 DNA 谱带，而在另一品种中可能无此谱带产生，因此，这种通过引物诱导及 DNA 扩增后得到的 DNA 多态性可作为一种分子标记。

AFLP 技术具有 DNA 需要量少、可重复性好、多态性强、样品适用性广、操作简单等特点，在细菌鉴定分型和基因多样性调查研究中应用十分广泛。张伟铮等（2014）对喹诺酮耐药鲍曼不动杆菌进行了 AFLP 分析，并探讨了其耐药基因分型与 AFLP 分型之间的联系，认为 AFLP 法在调查细菌流行病学和监控医院整体感染情况方面更权威。den Reijer 等（2016）利用 AFLP 和实时 PCR 技术对人源多重耐药大肠杆菌进行了分型，并比较了不同遗传标记的分布。Paltansing 等（2013）通过 AFLP 和 MLST 技术调查了在荷兰教学医院分离的肠杆菌科细菌对氟喹诺酮类和头孢菌素类耐药的机制，发现大肠杆菌（*Escherichia coli*）ST131 是最主要的细菌类群；在 *parE* 位点有高突变率，主要为 I529L。

【RT-PCR 熔解曲线】

RT-PCR 熔解曲线方法，可分为荧光染料 PCR 法和荧光探针 PCR 法。荧光探针 PCR 法，用荧光探针替代荧光染料，具有灵敏度高、准确性高、特异性强、快速简便、可根据Tm值差异有效识别突变等特点，被广泛用于基因点突变的检测。常用的荧光探针PCR法有荧光共振能量转移（fluorescence resonance energy transfer，FRET）探针熔解曲线分析法、高分辨熔解曲线分析法（high resolution melting analysis，HRM）、分子信标（molecular beacon）和TaqMan探针熔解曲线分析法等。

目前，一些基于荧光定量PCR平台的探针熔解曲线分析的新方法被建立，用来检测耐药点突变。例如，双重荧光标记探针熔解曲线分析的方法，其原理是在实时PCR反应中加入缺乏5′端到3′端外切酶活性的DNA聚合酶，避免TaqMan探针在扩增过程中被水解。为了增加与探针互补模板链的数量，采用不对称PCR扩增方法。待扩增结束后，进行熔解曲线程序分析，由于荧光探针在游离情况下和杂合情况下设备接受的荧光强度不同，基于存在序列变化的靶基因片段间微弱的Tm值差异，通过双重荧光标记探针与存在序列变化的靶DNA片段的熔解曲线Tm的差异值（ΔTm）进行突变检测。最终，由于不同耐药突变得到不同的Tm熔解峰值，以野生型的菌株为对照，将待测菌株的Tm值和野生型菌株进行比较，若ΔTm＞0.5℃，则发生了点突变。

柳清云等（2013）开展了用荧光定量PCR和探针熔解曲线的方法检测结核分枝杆菌的氟喹诺酮类耐药突变研究。Guillard等（2010）利用PCR技术建立了耐药基因的快速检测方法，可以实现对*qnr*、*qepA*和*aac(6′) Ⅰb-cr*等耐药基因的快速检测。王冰冰等（2015）将荧光PCR熔解曲线法应用于结核分枝杆菌对利福平和异烟肼的耐药情况的临床检测，通过与常规药敏方法的比对，并进一步进行统计学分析，结果发现PCR熔解曲线法与常规药敏方法有很高的一致性，且熔解曲线法特异性强、敏感度较高，具有良好的临床应用价值。

【DGGE】

变性梯度凝胶电泳（denaturing gradient gel electrophoresis，DGGE），是1980年由Fischer和Lerman提出的，根据DNA解链特性分离鉴定DNA片段的技术。它的原理是PCR扩增片段在含线性梯度变性剂的凝胶电泳体系时，一旦进入相当于解链温度（Tm）的变性剂浓度区，将会解链形成分叉的DNA分子，使迁移率显著下降。泳动受阻DNA分子在凝胶中的停留位置不同，使不同DNA分子得以分离。Tm主要取决于DNA序列的碱基组成，序列中发生一个碱基的改变，其Tm改变1.5℃，在变性梯度凝胶上表现出不同的迁移率，从而使突变链被检测出来。可检测的有效DNA长度为50～500bp，理论上DGGE能分辨出一个碱基的改变，但此法对高Tm区的碱基变化无能为力。

上述原理仅适用于检测DNA片段中低温解链区存在的序列差异或突变，而位于高温解链区的差异或突变则无法检出。因为高温解链区解链的变性条件可使整个双链完全解开，单链DNA片段能在变性凝胶中继续迁移，进而导致序列依赖的凝胶迁移特性丧失，这种情况可以通过克隆或在待检目的片段的5′端引入“GC夹子”（富含GC的长30～50个碱基对的DNA片段）的方法解决。在“GC夹子”这段序列处，DNA解链温度很高，可以防止DNA双螺旋完全解链成单链，进而提高DGGE的检测效率。

DGGE技术可同时检测多种微生物，分析多个样品；检测极限低，有助于发现新的微生物；检测速度快，经济实用；而且可与其他多种方法结合使用，如杂交技术、克隆测序技术、RFLP 技术、RAPD 技术、微生物传感器技术等。在耐药基因型检测方面，DGGE 技术用来检测结核分枝杆菌中与吡嗪酰胺耐药性有关的 *pncA* 基因以及与利福平耐药性有关的 *rpoB* 基因的突变，是一种有效可靠的检测方法。例如，McCammon 等（2005）利用 DGGE 技术在对利福平耐药的结核分枝杆菌中发现了 34 种利福平耐药决定区的不同的突变。2011 年，van Hees 等用 DGGE 和 seAFLP(single-enzyme amplified fragment length polymorphism)技术调查了临床分离的大肠杆菌环丙沙星敏感性的进化以及分子流行病学，利用 DGGE 技术发现了 11 种不同的 *gyrA* 基因序列模型。

染色体步移技术

染色体步移（chromosome walking）是指根据生物基因组的已知序列，逐步探明其相邻序列的方法，是获得目的基因两端基因序列，进行基因环境分析的重要手段，对研究基因的水平传播、共传播、共表达等具有重要作用。染色体步移的方法大致有两种，一种是以基因组文库为主要手段的染色体步移技术，尽管可以获得代表某一特定染色体的较长区段的基因序列克隆，但是构建基因组文库步骤烦琐、工作量极大、费时费力；另一种是基于 PCR 技术的染色体步移，这种方法操作简单，在世界范围内被广泛接受，并发展出了多种方法。基于 PCR 技术的染色体步移根据原理不同可以分为三类：反向 PCR、外源接头 PCR 和半随机引物 PCR。

【反向 PCR】

反向 PCR 是通过对已知序列进行分析，选择已知序列中没有酶切位点的限制性内切酶对靶基因组进行酶切，酶切的片段环化自连成环，然后通过已知序列设计反向的 PCR 引物，扩增出相邻的未知片段的一种方法。Lee 等（2011）利用反向 PCR 技术分析了 13 个 *sul3* 相关的突变的整合子、2 个残缺的 I 型整合子和 1 个 *qnrB2* 相关的 *sul1* 类的 I 型整合子序列。反向 PCR 对靶 DNA 质量和数量的要求高，同时靶 DNA 上还要有特定的酶切位点，操作过程易受污染，效率低，价格昂贵，限制了其应用。

【外源接头 PCR】

外源接头 PCR 是通过将已知序列及相邻未知序列限制性酶切的片段连接到外源载体或接头，形成一个“已知-未知-已知”结构的序列，通过已知序列设计 PCR 引物扩增出未知序列。Li 等（2013）将靶质粒进行 *Xba*I 酶切，酶切片段与 pLI50 相连，利用耐药表型筛选出阳性克隆株，获得与目的耐药基因相连的一段长 17.5kb 的序列。外源接头 PCR 的缺点与反向 PCR 相似，都需要酶切过程，故而限制了其应用。

【半随机引物 PCR】

半随机引物 PCR 是通过一批随机引物与已知序列的特异性引物组合扩增，获得已知序列的侧翼序列的方法。该方法无酶切、连接等操作，试验成本和技术难度低，利于广泛应用。其缺点是随机引物的存在导致许多非特异性片段被扩增，干扰了目的片段的获取。在分子生物学研究领域，基因克隆和分子杂交探针制备等操作常需分离与已知DNA序列邻近的未知序列。热不对称交错PCR（TAIL-PCR）最早由刘耀辉等在1995年创建，是一种用来分离与已知序列邻近的未知DNA序列的分子生物学技术。Sessions等（2002）利用TAIL-PCR对拟南芥已知序列插入的T-DNA序列进行了测序。在分子生物学领域中，利用该技术分离出的DNA序列可以用于图位克隆、遗传图谱绘制的探针中，也可以直接用于测序。该技术简单易行、反应高效灵敏、产物特异性高、重复性高，能够在较短时间内获得目的片段，已经成为分子生物学研究中的一种实用技术。其原理是以基因组DNA作为模板，利用依据目标序列旁的已知序列设计的3个退火温度较高的嵌套特异性引物和一个较短且Tm值较低的随机简并引物组合，通过3轮热不对称的温度循环分级反应来进行PCR扩增，获得已知序列的侧翼序列。

TAIL-PCR是一种非常有效的生物学技术，但该技术的成功率需要提高。Liu和Whittier（1995）在TAIL-PCR的基础上通过改进SP序列和最适条件，建立了高效热不对称交错PCR（HiTAIL-PCR）方法。HiTAIL-PCR结合了热不对称交错-循环抑制-PCR（TAIL-cycling and suppression-PCR）的优点，可以限制非目标片段和小片段的扩增，促进目标条带的扩增。作者利用该技术对转基因小鼠染色体插入的T-DNA的侧翼序列进行了分析，反应的成功率超过90%，大多数情况下获得的条带在1～3kb。缪军等（2009）改良了TAIL-PCR并在洋葱中成功应用。然而，HiTAIL-PCR也有局限性，对于在基因组中多拷贝存在的基因序列，其扩增结果容易出现错误连接的情况，得到的序列片段不知是与哪一个拷贝相连，降低了结果的可靠性，需要通过交叉PCR进行验证。但是，在大多数情况下，HiTAIL-PCR技术还是染色体步移技术中一个值得信赖的有用工具。

基因芯片技术

基因芯片（gene chip）又称DNA微阵列（DNA microarray）或DNA芯片（DNA chip），是指采用原位合成或显微印刷技术等微缩技术，将数以万计的DNA探针分子固定于支持物表面，产生的二维DNA探针阵列。其原型是20世纪80年代中期提出的，随着相关技术的进步和发展，目前基因芯片已是生物芯片家族中最完善、应用最广泛的芯片。

基因芯片包含微阵列制作、探针杂交和扫描分析处理三种关键技术，其中探针杂交是基因芯片技术的基础。其原理是利用分子杂交这一特性，先将杂交链中的一条用某种可以检测的方式进行标记，固定在芯片的某个预先设置的区域内，再与另一种核酸（待测样本）进行分子杂交，然后对待测核酸序列进行定性或定量检测，通过检测杂交信号并进行计算机分析，从而检测对应片段是否存在、存在量的多少。通常称被检测的核酸为靶序列（target），用于探测靶DNA的互补序列被称为探针（probe）。基因芯片应用平面微细加工技术和超分子自组装技术，把大量分子检测单元集成在一个微小的固体基片表面，可同时对大量的核酸和蛋白质等生物分子实现高效、快速、低成本的检测与分析，具有高通量、高速度、高灵敏度、低成本和高自动化程度的优势，已显示出良好的应用前景。

基因芯片的种类较多。根据原理可分为元件型阵列芯片、通道型微阵列芯片、生物传感型芯片等新型生物芯片。根据基质材料分类，有尼龙膜芯片、玻璃片芯片、塑料芯片、硅胶晶片芯片、微型磁珠芯片等。根据基因长度，可分为长探针芯片（＞100mer）、短探针芯片（＜25mer）。从制备探针技术的角度分类，可分为原位合成（原位光刻合成、原位喷印合成、分子印章合成）芯片、点样芯片、电子芯片、多维芯片、流过芯片等。按工作原理分类，可分为杂交型芯片、合成型芯片、连接型芯片、亲和识别型芯片。根据用途的不同，可分为表达谱芯片、诊断芯片、检测芯片等。

【基因芯片制备流程】

基因芯片的制作主要包括固相载体活化、芯片设计与制备、靶基因制备及标记、变性和杂交、信号采集和处理等 5 个流程。

固相载体活化：基因芯片所用载体是固体片状或薄膜类物质，可分为无机材料、天然有机聚合物、人工合成的有机高分子聚合物、高分子聚合物制成的各种膜共四大类。载体需经过活化（修饰）后才能用于芯片制作。载体活化是指使用不同活化试剂在载体表面上键合各种活性基团，以便与配基共价结合，固定不同活性的生物分子（蛋白质、核酸等），其目的是使生物分子稳定地固化于载体表面。载体活化要求偶联试剂与配基易偶联，不同载体需用不同活化试剂进行表面活化。

芯片设计与制备：基因芯片设计实际上是指芯片上核酸探针序列的选择以及排布，其设计取决于其应用目的。芯片制备首先需要合成探针，芯片探针包括基因组探针、cDNA 探针及寡核苷酸探针等，前两者一般通过 PCR 扩增目的基因片段获得，寡核苷酸探针一般在芯片上直接原位合成或应用 DNA 合成仪合成后点样。

探针固定是芯片制备的重要步骤，其固定方法主要包括合成点样法和原位合成法两种类型。合成点样法是根据分析目的，从相关基因数据库中选取特异性序列进行 PCR 扩增或直接人工合成寡核苷酸序列，然后使用特殊的自动化微量点样装置或者喷嘴将探针溶液以较高密度逐点涂布于支持物上，通过物理或化学方法固定。该法各环节技术成熟、所需设备廉价、灵活性大，适用于自行制备点阵规模适中的基因芯片。原位合成法是指利用微加工技术在固相载体表面上直接合成寡核苷酸探针序列，目前应用的主要有原位光刻合成法、压电打印合成法、分子印章原位合成法等，其关键技术包括高空间分辨率的模板定位技术和高合成产率的 DNA 化学合成技术。该法合成效率及点阵密度高，但设备昂贵，技术较复杂，适用于高密度基因芯片制备，可实现标准化和规模化生产。

靶基因制备及标记：靶基因制备及标记是基因芯片实验流程的重要环节。通常从组织或细胞等样品中获得的 DNA 或 mRNA 中所含待检目的基因较少，为提高检测的灵敏度，待检样品杂交前必须先通过 PCR 扩增等并加以标记才能使目的基因有足够强的信号以供检测。标记方法因样品来源、芯片类型和研究目的的不同而有所差异，主要有放射性核素标记法和荧光色素标记法。常用的放射性核素标记有 ^{33}P、^{3}H、^{14}C、^{35}S 等，荧光色素有花青素系列荧光染料 Cy3 和 Cy5、FAM、TMR、罗丹明等。标记方法通常是在 PCR 扩增底物中加入放射性核素标记或荧光色素标记的 dNTP，或在合成引物时掺入标记的 dNTP，这样扩增产物即带有标记物。^{33}P dCTP 常是首选的放射性标记物，Cy3、

Cy5 是最常用的单色或双色荧光标记物。

变性和杂交：变性的目的是使双链的探针和样品 DNA 变成单链以便杂交，常用加热或碱变性法。杂交即异源双链的形成，许多因素会影响双链形成，包括靶标和探针的浓度、异源双链的序列组成、盐浓度、杂交温度及时间等。芯片制备时应根据具体检测情况，按照尽可能降低错配率的原则，选择合适杂交条件并进行优化，以获得最能反映生物本质的信号。

信号采集和处理：杂交信号检测方法较多，如是放射性核素标记的靶基因，可使用放射自显影进行信号检测。若用荧光标记，则需要一套荧光扫描及分析系统，对相应探针阵列上的荧光强度进行分析比较，从而得到相应的检测信息。荧光检测器主要有激光共聚焦纤维扫描系统和高性能的冷却电荷耦合器件摄像机（charge-coupled device camera，CCD 相机），两者均有极高的灵敏度和分辨率。杂交芯片经过洗片、干燥等步骤，置入芯片扫描仪，在激光的激发下，靶 DNA 与探针 DNA 形成的复合物由于带有荧光标记而产生荧光信号。扫描仪对这些荧光信号进行检测、生成芯片图像再加以处理，然后对原始数据进一步标准化、精简化、归类，最终得到每个靶基因的丰度信息。

【基因芯片技术在细菌耐药性检测中的应用】

基因芯片作为一种大规模、高通量、自动化程度高的先进检测技术，已广泛应用于疾病诊断、药物筛选、新药开发、环境检测等诸多领域。基因芯片在细菌性疾病临床诊断中应用非常广泛，已有许多商品化的基因芯片应用于病原菌快速鉴定、分型及耐药基因检测。在细菌耐药基因检测及研究方面，国内外研究人员的研究工作主要集中在两个方面：一是通过检测耐药菌株基因组序列亚型或突变位点来分析耐药性；二是通过表达谱芯片检测药物诱导基因表达的改变来开展耐药性分析。

传统病原菌耐药表型的实验室诊断流程所需时间较长，检查也不全面，诊断效率较低。基因芯片检测技术的应用可在短时间内确定病原菌种类、耐药表型，从而可以帮助人们在短时间内掌握大量的诊断信息，这样就能有的放矢地制定科学的治疗方案。近年来，多种具有公共卫生意义的病原菌、食源性细菌的耐药基因检测芯片被开发出来。

基因芯片在耐甲氧西林金黄色葡萄球菌中的检测应用：金黄色葡萄球菌是一种重要病原菌，近年来特别是耐甲氧西林金黄色葡萄球菌（MRSA）越来越多地在世界各地的社区医院中被报道。基因芯片等多种先进诊断技术已应用于金黄色葡萄球菌菌株及其耐药谱的快速鉴定。从 2001 年起，运用基因芯片对具有临床特征的 MRSA 菌株进行大数据分析的研究多有报道，这些研究为 MRSA 菌株的演变、发病机理等提供基础。德国耶拿（Jena）公司开发的一种列管式微矩阵 DNA 芯片（ClonDiag chip）已经广泛用于葡萄球菌耐药基因、毒力基因相关的鉴定及分型。在 MRSA 研究方面，基因芯片技术常作为一种高效的流行病学研究工具，不仅可对 MRSA 分离株特性进行详细鉴定，还能对 MRSA 毒株进行全球水平的比较分析。利用自动血培养快速富集技术，结合常规或实时 PCR 方法，多种基因芯片能对选择血培养基中革兰氏阳性球菌菌落进行 MRSA 菌株的快速鉴定。结合多重 PCR 扩增技术和微球悬浮芯片技术，也有报道直接对阳性血培养瓶中的葡萄球菌进行快速检测和鉴定。2007 年开发的 StaphPlex 系统可在 5h 内同时完成葡萄球菌菌株鉴定、抗生素抗性基因检测、杀白细胞毒素检测及SCC *mec* Ⅰ、SCC *mec* Ⅱ、SCC *mec*Ⅲ、SCC *mec*Ⅳ分型鉴定。Podzorski等（2008）开发了一种类似的MVPlex系统，可用于鼻拭子中MRSA菌株的筛查，该系统可同时检测包括耐万古霉素肠球菌在内的13种不同的分子靶标。这些MRSA基因芯片的临床应用，可有效减少万古霉素等临床经验用药的盲目性，真正做到有的放矢地指导临床用药。

基因芯片在结核分枝杆菌耐药性检测方面的应用：基因芯片用于结核分枝杆菌耐药基因突变检测是该技术在临床微生物学中应用的另一典范。近年来，多重耐药、泛耐药结核分枝杆菌菌株的不断出现，以及传统药敏表型鉴定程序的耗时较长等，极大地促进了基因芯片在耐药性检测方面的应用研究。1999年，高密度DNA寡核苷酸阵列首先应用于结核分枝杆菌菌株平行鉴定及利福平相关耐药突变检测。随后，多项研究报道了基因芯片在利福平、异烟肼、卡那霉素、链霉素、吡嗪酰胺和乙胺丁醇等耐药结核分枝杆菌检测中的应用。多项研究对比发现基因芯片具有优良的准确性。Aragón等（2006）设计了一种低成本、低密度DNA微阵列用来检测异烟肼、利福平耐药性结核分枝杆菌突变株，该法所需检测设备少，PCR扩增后仅需45min即能得到结果。耐氟喹诺酮类药物结核分枝杆菌杂交基因芯片已有报道。2008年开发的QIAplex系统，结合多重PCR扩增和悬浮珠芯片技术，可同时检测结核分枝杆菌中24个与异烟肼、利福平、链霉素和乙胺丁醇耐药相关的基因突变。

国内学者也开展了诸多相关研究，且已有多款商品化检测芯片上市。李建光（2008）研制了结核分枝杆菌异烟肼主要耐药基因*katG*、*inhA*，链霉素主要耐药基因*rpsL*，利福平主要耐药基因*rpoB*，乙胺丁醇主要耐药基因*embB*，氟喹诺酮类药物主要耐药基因*gyrA*的检测芯片。该芯片具有较高的特异性和敏感性，可用于临床结核分枝杆菌耐药性检测。生物芯片北京国家工程研究中心推出了一系列的结核分杆菌耐药基因检测芯片，如检测利福平耐药基因（*rpoB*）、链霉素耐药基因（*rpsL*、*rrs*）、乙胺丁醇耐药基因（*embB*）、喹诺酮耐药基因（*gyrA*）突变的基因芯片等。基因芯片在临床检测中的准确性常常存在一定差异，万逢洁（2004）比对了商品化结核分枝杆菌利福平耐药性检测基因芯片的检测结果，芯片检测的灵敏度仅为91.9%～92.3%。李力韬（2012）设计并制备了用于检测SM、EMB、LVFX、AMK、CPM等5种常用抗结核药物耐药基因突变的DNA微阵列芯片，但准确性仍需提高。因此开发高灵敏度、高特异性的基因芯片将是基因芯片临床应用研究的方向。

基因芯片在其他病原菌耐药性检测方面的应用：多种常见病原菌或食源性病原菌鉴定，以及多种类、高通量耐药性基因芯片检测研究已多有报道。马孟根（2005）以氨基糖苷类、四环素类、磺胺类和氯霉素类等11种药物的耐药基因为靶基因，结合多重扩增标记方法，在国内外首次构建了沙门菌耐药检测基因芯片，结果发现对猪源沙门菌耐药基因的检测结果与扩增检测结果完全一致。路浩（2006）成功研制出了β-内酰胺类主要耐药基因*mecA*、*ampC*、bla_{OXA}、*Anbla2*、*Anbla1*以及四环素类主要耐药基因*tet*(A)、*tet*(B)、*tet*(C)、*tet*(D)、*tet*(H)、*tet*(J)、*tet*(K)的基因检测芯片，最低检测限可达1×10^3个拷贝/μL。研究人员开发了一种基因芯片，该芯片携带90种耐药基因的227个特异性探针、20种重金属抗性基因的99个探针、113个特异性毒力基因探针、31个可移动遗传元件探针；可同时对 43 种病原菌（人和动物）耐药基因、毒力基因、重金属抗性基因等进行快速检测，检测结果具有优良的一致性。傅雅丽（2012）筛选和设计合成了广谱β-内酰胺酶、碳青霉烯酶等 17 大类耐药基因探针 115 个，布鲁菌、沙门菌、霍乱弧菌等 8 类病原菌种类特异基因探针 32 个，白喉毒素、志贺毒素等 7 类毒素基因探针 25 个，制备了能同时检测 17 大类耐药基因的高通量基因芯片，能平行进行菌株鉴定和耐药基因检测，检测结果与经典药敏试验结果完全一致。复旦大学附属华山医院邹颖（2014）建立了一种快速诊断多重耐药肺炎克雷伯菌、铜绿假单胞菌等革兰氏阴性菌常见耐药基因的基因芯片检测方法，可用于检测 bla_{NDM}、bla_{IMP}、bla_{KPC}、bla_{OXA51}、bla_{OXA58} 型碳青霉烯酶耐药基因，其中检测 bla_{KPC} 型、bla_{NDM} 型碳青霉烯酶耐药基因、*armA* 型甲基化酶耐药基因与 PCR 方法的符合率可达 100%，检测时间仅需 6～8h。崔明全（2017）针对沙门菌、肠球菌、大肠杆菌、弯曲菌等 22 种常见食源性致病菌，制备了快速、高通量检测基因芯片，可同时完成对 22 种病原菌的鉴定和包括 β-内酰胺类、氨基糖苷类等 10 大类药物的 98 种耐药基因的检测，多重 PCR、随机引物 PCR 的 DNA 样品使用该芯片检测的特异性分别为 95%、94%，灵敏度分别为 1ng/μL、800ng/μL。这些研究极大地推动了基因芯片技术在主要病原菌耐药性检测方面的实际应用。

基因芯片在细菌抗菌药物压力研究中的应用：表达谱分析是基因芯片应用最广泛的领域，它可从整体上分析细胞各阶段的基因表达状况，为了解与某些生命现象相关的基因表达提供了有力工具。基因芯片技术可对用药前后细菌基因的表达水平进行监测，分析在不同抗菌剂作用下在细菌中出现的差异基因，从而了解药物作用的靶基因、分子机制、基因调控网络和特征转录谱。

表达谱芯片技术已广泛应用于研究许多细菌性病原在抗生素压力下的变化机制。Wilson 等（1999）首先利用基因芯片研究了异烟肼作用于结核分枝杆菌后转录谱的变化，结果发现异烟肼作用于结核分枝杆菌的靶标为 5 个编码脂肪酸合成酶的基因及其他一些与脂肪酸合成有关的基因，从分子水平阐明了异烟肼对结核分枝杆菌的作用机理。Qiu 等（2005）利用基因表达谱芯片研究了链霉素短时间处理鼠疫耶尔森菌的转录谱变化，共鉴定出 345 个差异表达基因，这些基因涉及热休克反应、药物的敏感性、侧链氨基酸的合成、趋化性和迁移率等。Provvedi 等（2009）利用表达谱芯片研究了万古霉素诱导结核分枝杆菌的转录谱，在高于、低于 MIC 浓度下差异表达基因分别为 153 个、141 个，其中在低于 MIC 抗生素下涉及的差异基因包括 *Rv2623*、*Rv0116c*、*PspA* 及与蛋白质相关的毒素-抗毒素系统等基因。陈品（2011）研究了氟苯尼考对副猪嗜血杆菌（HPS SH0165）转录谱的影响，发现亚抑制浓度的氟苯尼考（0.25μg/mL）通过上调副猪嗜血杆菌中与碳源利用、铁离子的吸收和利用相关的产物及毒力因子的表达，来增强细菌对环境的适应性；但作为主要抑制蛋白质合成的抗生素，亚抑制浓度的氟苯尼考对蛋白质合成相关基因的抑制作用却很轻微。刘英玉（2013）进一步研究了亚抑制浓度（0.25μg/mL）和抑制浓度（8μg/mL）替米考星对副猪嗜血杆菌（HPS） SH0165 的转录组学影响，成功筛选到 405 个差异表达基因，这些基因涉及热休克蛋白、核糖体蛋白、蛋白质的生物合成、细胞壁合成和细胞转运相关的过程；发现 HPS 在亚抑制浓度中的生长和生存较多地影响了 PTS 与 ABC 转运体的基因，而在抑制浓度组中因完全抑制 HPS

的生长较多地影响了 RNA 聚合酶和错配修复通路基因的下调表达，初步揭示了 HPS SH0165 主要通过调节蛋白质的合成和胞膜转运来适应替米考星的作用机制。Shaw 等（2003）研究了利福平、卡那霉素、诺氟沙星与氨苄西林分别作用于大肠杆菌的转录谱，证实细菌转录谱的改变与药物作用机制密切相关，利福平引起 *RpoB* 相关基因的改变，卡那霉素引起热休克反应相关基因的改变，诺氟沙星影响 SOS 反应相关基因的表达，氨苄西林影响细菌细胞壁合成相关基因的表达。付华（2008）率先开展了福氏志贺菌在呋喃唑酮作用后的转录谱研究，发现呋喃唑酮可以诱发细菌细胞内活性氧的产生，造成 DNA 和一些代谢酶的氧化损伤，且活性氧还能导致细胞铁代谢紊乱；证实呋喃唑酮代谢产物可能直接损伤 DNA，影响丙酮酸代谢和电子传递等能量代谢过程，提示呋喃唑酮可能通过上述机制对细菌产生抗菌作用。

尽管基因芯片在病原菌鉴定、耐药性检测中体现了其自动化、高通量、并行化等优势，也在各实际领域中有广泛应用，但其在临床耐药性检测应用中仍存在诸多挑战：①许多病原菌耐药分子机制尚待阐明，且在天然和药物选择压力下，新的耐药基因和突变不断出现，这些变异会直接影响已有芯片临床检测的准确性。②靶标与探针杂交过程中存在错配、漏配等情况，准确性和特异性亟待提高，如靶标自身存在的二级或三级结构会阻碍靶标与探针的杂交等。③基因芯片灵敏性极大地依赖靶基因标记方法和精密检测仪器的选择。如何增强芯片杂交信号强度及精密信号检测仪器的研制仍是限制临床转化应用的关键之一。④实验室操作流程有待标准化。各研究机构对于样品制备、信号检测和数据处理尚无统一标准，影响芯片结果的可比性。

这些问题不仅是检测芯片研究的焦点，也是一直以来基因芯片能否从实验室研究推向临床应用的关键问题。尽管面临诸多挑战，但基因芯片技术发展前景依然广阔，特别近年来随着二代、三代测序技术在细菌基因组测序中的快速发展，细菌全基因组数据库也正以前所未有的速度迅速增长，越来越多的耐药基因被发现，耐药机理不断被阐明。相信随着研究的不断深入及技术的逐步完善，不久的将来会有更多高密度化、高自动化、微量化耐药性检测芯片问世，基因芯片技术将会在细菌临床检测、耐药性监测及机理研究等方面发挥重要作用。

核酸分子杂交方法

核酸分子杂交（molecular hybridization）方法也可用于菌株耐药基因型检测分析。核酸分子杂交是通过配对碱基对之间的非共价键（主要是氢键）结合，从而形成稳定的双链区。用核酸分子杂交进行定性或定量分析的方法是将一种已知的核酸单链用放射性元素（如 ^{32}P、异硫氰酸荧光素等）或非放射性物质（如生物素、地高辛等）标记成为探针，如化学发光标记探针、分支链 DNA（branch-DNA，bDNA）探针等，再与另一种待测核酸单链进行分子杂交。杂交的双方是待测核酸序列与探针，待测核酸序列可以是克隆的基因片段，也可以是未克隆化的基因组 DNA 和总 RNA。杂交可在 DNA 与 DNA、RNA 与 RNA 或 RNA 与 DNA 的两条单链之间进行。核酸分子杂交技术类似于酶联免疫吸附试验（enzyme linked immunosorbent assay，ELISA），所不同的是核酸分子杂交中结合的物质是核酸分子而不是抗原和抗体。核酸探针根据其来源和性质可分为 DNA 探针、寡核苷酸探针、RNA 探针等。

DNA 探针是最常用的核酸探针，菌株耐药基因型检测中使用较多的是 DNA 探针。所谓 DNA 探针，实质上是指一段长度在几百个碱基对以上的已知的 DNA 片段，应用这一基因片段即可与待测样品杂交。如果靶基因和探针的核苷酸序列互补，就可按碱基配对原则进行核酸分子杂交，从而达到检查样品基因的目的。杂交分子的形成并不要求两条单链的碱基顺序完全互补，所以不同来源的核酸单链只要彼此之间有一定程度的互补顺序（即某种程度的同源性）就可以形成杂交双链。由于 DNA 一般都以双链形式存在，因此在进行分子杂交时，应先将双链 DNA 分子解聚成为单链，这一过程称为变性，一般通过加热或提高 pH 来实现。核酸分子杂交可按作用环境大致分为固相杂交和液相杂交两种类型。

【固相杂交】

固相杂交是将参加反应的一条核酸链先固定在固体支持物上，另一条反应核酸链游离在溶液中。固体支持物有硝酸纤维素滤膜、尼龙膜、乳胶颗粒、磁珠和微孔板等。由于固相杂交后，未杂交的游离片段可容易地漂洗除去，膜上留下的杂交物容易检测和能防止靶 DNA 自我复性等优点，因此其最为常用。常用的固相杂交类型有：菌落原位杂交、斑点杂交、Southern 印迹杂交、Northern 印迹杂交和组织原位杂交等。

菌落原位杂交：菌落原位杂交（colony *in situ* hybridization）是将细菌从培养平板转移到硝酸纤维素滤膜上，然后将滤膜上的菌落裂解以释出 DNA，再烘干固定 DNA 于膜上，与 ^{32}P 标记的探针杂交，放射自显影检测菌落杂交信号，并与平板上的菌落进行比较。

斑点杂交：斑点杂交（dot blotting）是将被检标本点到膜上，烘烤固定。这种方法耗时短，可做半定量分析，一张膜上可同时检测多个样品。为使点样准确方便，市售的有多种多管吸印仪，如 Minifold Ⅰ 和 Ⅱ、Bio-Dot（Bio-Rad）和 Hybri-Dot，它们有许多孔，样品加到孔中，在负压下就会流到膜上呈斑点状或狭缝状，反复冲洗进样孔，取出膜烤干或用紫外线照射以固定标本，这时的膜就可以进行杂交。

Southern 印迹杂交：Southern 印迹杂交（Southern blotting）是由萨瑟恩（Southern）于 1975 年创建的，又被称为 DNA 印迹技术，是研究 DNA 图谱的基本技术，在遗传诊断 DNA 图谱分析及 PCR 产物分析等方面有重要价值。基本方法是将 DNA 标本用限制性内切酶消化后，经琼脂糖凝胶电泳分离各酶解片段，然后经碱变性，Tris 缓冲液中和，高盐下通过毛细作用将 DNA 从凝胶中转印至硝酸纤维素滤膜（尼龙膜也较常用）上，烘干固定后即可用于杂交。凝胶中 DNA 片段的相对位置在转移到滤膜的过程中继续保持着。附着在滤膜上的 DNA 与 ^{32}P 标记的探针杂交，利用放射自显影术确定与探针互补的每条 DNA 带的位置，从而可以确定在众多酶解产物中含某一特定序列的 DNA 片段的位置和大小。

Northern 印迹杂交：Northern 印迹杂交（Northern blotting）是 RNA 印迹技术，正好与 DNA 印迹技术相对应，故被称为 Northern 印迹杂交。Northern 印迹杂交的 RNA 吸印与 Southern 印迹杂交的 DNA 吸印方法类似，只是在进样前用甲基氢氧化汞、乙二醛或甲醛使 RNA 变性，而不用 NaOH，因为它会水解 RNA 的 2′-羟基基团。RNA 变性后有利于在转印过程中与硝酸纤维素膜结合，它同样可在高盐中进行转印，但在烘烤前与膜结合得并不牢固，所以在转印后不能用低盐缓冲液洗膜，否则 RNA 会被洗脱。在胶中不能加溴化乙锭（ethidium bromide，EB），因为它会影响 RNA 与硝酸纤维素膜的结合。为测定片段大小，可在同一块胶上加标记物一同电泳，之后将标记物胶切下，上色、照相。样品胶则进行 Northern 转印，标记物胶上色的方法是在暗室中将其浸在含 5μg/mL EB 的 0.1mol/L 乙酸铵中 10min，在水中就可脱色，在紫外成像仪中拍照。从琼脂糖凝胶中分离功能完整的 mRNA 时，甲基氢氧化汞是一种强力、可逆变性剂，但是有毒，也有人用甲醛作为变性剂。所有操作均应避免 RNA 酶的污染。

组织原位杂交：组织原位杂交（tissue *in situ* hybridization）简称原位杂交，是指组织或细胞的原位杂交，它与菌落的原位杂交不同，菌落原位杂交需裂解细菌释放出 DNA，然后进行杂交。而原位杂交是经适当处理后，使细胞通透性增加，让探针进入细胞内与 DNA 或 RNA 杂交，因此原位杂交可以确定探针的互补序列在细胞内的空间位置。例如，对致密染色体 DNA 的原位杂交可用于显示特定序列的位置；对分裂期间核 DNA 的杂交可研究特定序列在染色质内的功能排布；与细胞 RNA 的杂交可精确分析任何一种 RNA 在细胞中和组织中的分布。此外，原位杂交还是显示细胞亚群分布、动向及病原微生物存在方式与部位的一种重要技术。用于原位杂交的探针可以是单链或双链 DNA，也可以是 RNA 探针，探针的长度通常以 100～400nt 为宜，过长则杂交效率降低。最近的研究结果表明，寡核苷酸探针（16～30nt）能自由出入细菌和组织细胞壁，杂交效率明显高于长探针。因此，寡核苷酸探针、不对称 PCR 标记的小 DNA 探针、体外转录标记的 RNA 探针是组织原位杂交的优选探针。

【液相杂交】

液相杂交是所参加反应的两条核酸链都游离在溶液中，是一种研究最早且操作复杂的杂交类型。其主要缺点是除去杂交后溶液中过量的未杂交探针较为困难和误差较高。近几年杂交检测技术的不断改进，推动了液相杂交技术的迅速发展。目前运用较多的方法是利用化学发光标记探针的液相杂交技术，液相磁珠捕捉杂交联用化学发光分析技术就是其中的一种。

【核酸分子杂交方法在细菌耐药性研究中的应用】

对耐药基因而言，通常使用 DNA 探针直接检测耐药基因，主要用于获得关于特殊耐药基因传播和进化关系的信息。DNA 探针的一个最大的潜在好处是它们能以一种显而易见的临床优势被直接用于检测样本中细菌的耐药性基因。这样的探针试验允许大量样本的快速自动筛选。对于这种途径的可行性，第一个需要考虑的主要问题是能被 DNA 探针检测到的耐药基因类型。耐药是由特定基因的出现而造成的，常编码特殊的酶，如质粒介导的 β-内酰胺酶、氨基糖苷类钝化酶和二氢叶酸还原酶，其已经能被 DNA 探针很容易地检测到，相对而言，由细菌染色体基因随机自发突变而导致的耐药就没那么容易被检测出来。尽管这些突变常常只涉及 DNA 一个碱基的改变，理论上采用特定的寡核苷酸探针可以检测出来，但实践中，合成能够检测所有可能的自发突变的探针是不可能的。因此以诊断为目的的耐药性 DNA 探针检测分析主要用于已被证实的结构基因相关耐药突变的检测。第二个考虑的是关于“耐药”的含义。耐药是指微生物抵抗抗生素作用的一种能力，微生物通过突变获得耐药基因等一系列手段来反抗能够抑制它生长的抗生素。一种生物如果是耐药的，那么微生物在体内的生长就不能被一定浓度的抗生素所抑制，但它在体外可能被一种比在体内所获得的浓度大得多的抗生素所抑制，因而其体外耐药表型检测试验的结果可能为敏感。与这种有一定局限性的传统定义相反，一个阳性的 DNA 杂交结果提供了直接的证据证明一种生物具有耐药潜力的原因是它携带有一种特殊的耐药基因。它的意思不是说这样的一个耐药基因是必需被表达的。对这种隐藏的耐药基因在临床细菌分离株中出现的频率了解很少，关于它们在治疗期间有选择压力存在时能否成为“开关”的可能性了解得就更少了。这可能会造成菌株感染治疗的失败。

检测特定耐药基因的能力依赖于相应的 DNA 探针的可获得性。多数临床相关的抗生素抗性是由质粒携带的基因所编码的，迄今为止，检测主要耐药类型的很多探针已经被开发，关于这些探针的许多例子在文献中可以被找到，特别是那些在革兰氏阴性菌中发现的。它们通常相对较大（达几千个碱基对），并可能在区分同一家族中密切相关的耐药基因时并不总是有效。在这些情况下，可能需要合成能够识别单个碱基对差异的小的寡核苷酸探针。这些探针通常对于一个特殊的耐药基因是完全特异的，因而它对于流行病学研究是理想的。然而，对于诊断工作，需要检测出一种特殊抗生素所有的耐药基因，一个可能性就是使用“鸡尾”（cock tail）探针，它能够识别一种特殊抗生素所有的耐药基因；或者选用一类特殊抗生素的所有耐药基因中都存在的一个 DNA 序列作为“通用探针”，如 β-内酰胺类耐药检测用 DNA 探针。在任何情况下，探针的构建和标记对于诊断试验来说都不是难题，需要的是在抗生素耐药杂交试验进行前，将 DNA 探针制备成试剂盒形式。

基于流行病学分析，核酸杂交检测耐药基因的方法不断被开发，商业性基因探针诊断盒也不断投入实际应用。液相磁珠捕捉杂交联用化学发光分析技术方法无需扩增就可以快速检测临床葡萄球菌中的甲氧西林耐药基因（*mecA* 基因）。研究者对多株培养后的金黄色葡萄球菌和凝固酶阴性葡萄球菌（coagulase negative *Staphylococcus*，CNS）进行了检测，并对基因探针方法的高度特异性进行了验证，结果与 PCR 方法（扩增 *mecA* 基因）的符合率很好，金黄色葡萄球菌符合率为 100%，CNS 阳性和阴性符合率分别为 99.2% 和 100%，显著高于表型方法检测的符合率。李兴禄等（2003）也评价了 *mecA* 基因探针快速检出耐甲氧西林金黄色葡萄球菌的可靠性和临床实用性，将临床分离的 96 株金黄色葡萄球菌中的 44 株 MRSA 采用 *mecA* 基因探针快速分析，并与 *mecA* 基因的 PCR 结果进行比较，结果显示 *mecA* 基因探针快速分析鉴定 MRSA 的灵敏度为 97.7%，特异性为 100%。表明该方法灵敏度高、特异性强、简单易行、90min 即可完成，是常规实验室检出 MRSA 快速而可靠的分析方法。Skov 等（1999）通过与已有的欧洲和美国推荐的基因型与表型敏感性方法的比较评价了一种用于检测葡萄球菌中 *mecA* 基因的核酸杂交方法，证实了这种新的杂交试验是一种用于检测 *mecA* 基因和金黄色葡萄球菌核酸酶基因的快速准确的方法。Taya 等（2002）专门设计了用于检测耐甲氧西林金黄色葡萄球菌的 *mecA* 基因的寡核苷酸探针杂交方法。一个 ESBL 线性探针检测试剂盒已经被德国艾迪（AID）公司所设计，并在欧洲和北美洲用于检测肠杆菌科中出现的主要流行型 ESBL 基因和 bla_{KPC} 基因。Bloemberg 等（2014）评估了用于快速检测肠杆菌科中超广谱 β-内酰胺酶和 bla_{KPC} 碳青霉烯酶基因的 AID ESBL 线性探针杂交法。研究使用临床拥有 bla_{TEM}、bla_{SHV}、$bla_{\mathrm{CTX\text{-}M}}$ ESBL 基因和 bla_{KPC} 基因的 ESBL 肠杆菌科菌株 PCR 产物以及来自包含野生型 bla_{TEM} 和 bla_{SHV} 的肠杆菌科菌株所产生的突变融合 PCR 产物，对 AID ESBL 线性探针试验中探针的准确性进行了验证，同时通过检测 424 株临床肠杆菌科菌株确定了其敏感性和特异性。结果表明，在线性探针杂交试验中所使用的寡核苷酸探针检测 ESBL 基因具有 100%的准确性。在 424 株临床肠杆菌科菌株试验中，检测和区分类群中 bla_{TEM}、bla_{SHV} 和 $bla_{\mathrm{CTX\text{-}M}}$ ESBL 基因的敏感性与特异性均为 100%。而且，线性探针试验检测 bla_{KPC} 基因也是准确的。因此，AID ESBL 线性探针杂交试验是一种用于检测 ESBL 和 bla_{KPC} 基因的精确而易行的方法，它可以很容易地被诊断实验室所实施。

使用 DNA 探针的一个主要的好处是节省时间，不必分离或培养出感染性生物。更进一步考虑的问题是关于能被直接提取出来的样本类型。理想的样本是不应该包含太多的残骸碎片，并且应该与共生生物群是游离的，这些共生生物群和目标病原体拥有同样的抗生素抗性基因。通常，来自无菌机体部位的样本会因此而得到最好的结果。这些样本可能包括血、脑脊髓液、胸积液和尿液，并且样本中合理的病原性生物数量对于直接成功检测也是必需的。并非所有类型的样本都适合 DNA 探针分析。文献中所描述的用于“常规”DNA 探针基础试验的多数方法倾向于是一种在研究试验中的外推方法，试验中仍需要进行优化，以确定用于常规诊断时的理想条件。

通常的药敏试验和 MIC 试验是对耐药表型的评估，而并非是一种确切地代表一种微生物对一种特殊抗生素的确定反应。Tenovcr（1989）指出，DNA 探针提供了一种新的观察耐药的途径，可以检测到生物表现耐药的遗传潜力。这与耐药表型试验不同，但可能不是那么有效。例如，临界值或药剂的影响不再相关，它们常常使药敏试验和 MIC 试验难以解释。目前，商业化可获得的杂交试验多用于检测特定病原体的出现，已经在许多诊断实验室得到认可，特别是在美国。相比之下，用于抗微生物耐药的 DNA 探针试验期望能进一步发展。但该方法应用的前提是需要进一步获得不同细菌属中耐药基因的流行病学分布信息，被细菌携带而不是表达的耐药基因频率的详细信息，以及这些耐药基因在抗药治疗期间可能成为“开关”的频率信息。

生物传感器技术

生物传感器是利用分子识别探针和待测物特异性结合产生的生物学信号，通过转换元件转化为电、荧光等物理信号输出，从而达到分析检测的目的。近年来，生物传感器由于具有灵敏、快速、准确、特异性高、成本低等优点，而被逐渐运用于病原微生物的快速检测。由于耐药基因具有传播风险及潜在危害，应用生物传感器检测耐药基因的报道日渐增多。

Corrigan 等（2012）开发了一种电化学阻抗传感器，其可用于耐甲氧西林金黄色葡萄球菌分离株耐药基因 *mecA* 的检测，检测限低至 10pmol/L。向阳（2013）将芯片表面锚定滚环扩增（RCA）与表面等离子体共振（SPR）生物传感技术相结合，建立了一种新型的恒温扩增型 SPR 生物传感器阵列，并将其运用于结核分枝杆菌耐药相关基因的 5 种常见突变位点的多重检测，对合成靶序列的检测限为 5×10^{-12}mol/L。Liu 等（2015）报道了一种敏感、无标记 DNA 电容式的传感器，其可用于氨苄青霉素耐药基因（*ampR*）的检测，检测限低至 1pmol/L，检测仅需 2.5min。Huang 等（2015）开发了一种电化学阻抗传感器，其可用于耐碳青霉烯肠杆菌新德里金属 β-内酰胺酶基因（bla_{NDM}）的检测，对合成靶序列的检测限达 100pmol/L。孙艺铭（2015）制备了纳米金/石墨烯碳纳米管复合纳米材料，并将此纳米复合材料用于构建一种新型的纳米电化学生物传感器，并检测多药耐药基因，检测限为 3.2×10^{-16}mol/L。随着生物传感器技术的发展，未来其在细菌耐药性研究中的应用将会日益广泛。

CRISPR 分子检测方法

CRISPR 分子检测方法主要包括基于 CRISPR/Cas13a 的分子检测技术（特异性高灵敏度酶报告解锁，specific high-sensitivity enzymatic reporter unlocking，SHERLOCK）和基于 CRISPR/Cas12a 或 Cas14a 的分子检测技术（DNA 核酸内切酶靶向 CRISPR 反式报告基因，DNA endonuclease targeted CRISPR trans reporter gene，DETECTR）。该检测方法用途广泛，不仅可用于病毒检测，还可区分大肠杆菌等细菌的特定类型和用于抗生素耐药基因检测。Cas13a 能够在切割它的靶 RNA 之后保持活性，而且表现出没有区别的切割活性，同时在一系列被称作“附带切割”的作用下，继续切割其他的非靶标 RNA。而 Cas12a 剪切靶向双链 DNA 的同时，它的 DNA 酶活性会被激活，该酶能非特异性切割单链 DNA（ssDNA）。这种 CRISPR 工具还包括一种 RNA 或 DNA 报告分子。当该报告分子被切割时，它会发出荧光。检测时，一旦 CRISPR 系统发现目的基因，对应的 Cas13a 或 Cas12a 或 Cas14a 就会启动剪切酶活性，剪切相应的荧光报告基因，从而释放出荧光信号，如肺炎克雷伯菌分离菌中耐药基因（bla_{KPC} 和 $bla_{\mathrm{NDM\text{-}1}}$）的检测；结核分枝杆菌中耐药基因（*rpoB*）的检测。CRISPR 分子检测方法实际上是将扩增方法与 Cas 蛋白的检测相结合，在提高灵敏度的同时也提高了特异性，还降低了对仪器的依赖。其中，SHERLOCK 的一种特别强大的优势在于它能够在无需大量复杂、耗时的上游实验工作的情形下开始测试。

主要参考文献

曹堃，王元兰，刘宗梁，等. 2015. 实时荧光定量 PCR 检测沙门菌 *flor* 基因和 *sul2* 基因方法的建立. 中国抗生素杂志, 40(7): 531-537.

陈品. 2011. 副猪嗜血杆菌耐药性分子机制研究. 武汉: 华中农业大学博士学位论文.

程菡，王红宁，张安云，等. 2014. 禽源沙门氏菌不同检测方法的比较及分型研究. 四川大学学报(自然科学版), 51(3): 597-602.
崔明全. 2017. 沙门氏菌 *mcr-1* 基因传播机制与食源性耐药致病菌检测芯片研究. 北京: 中国农业大学博士学位论文.
狄慧, 王羽, 张先舟, 等. 2012. 多重 PCR 检测食品中志贺氏菌、沙门氏菌、变形杆菌方法的研究. 食品工业, 33(11): 180-183.
付华. 2008. 福氏志贺菌转录谱在抗菌药物作用机制研究中的应用. 北京: 中国疾病预防控制中心博士学位论文.
傅雅丽. 2012. 耐药基因及病原体高通量检测芯片的研制及初步应用. 南京: 南京医科大学硕士学位论文.
龚林, 袁敏, 陈霞, 等. 2014. 氨基糖苷类药物耐药基因 *armA* 实时荧光定量聚合酶链反应检测方法的建立. 疾病监测, 29(11): 901-904.
黄中文, 王莹, 辛慧, 等. 2000. RFLP 原理及在作物基因定位和育种中的应用. 河南职技师院学报, 28(4): 24-27.
霍金龙, 苗永旺, 曾养志. 2007. 基因突变的分子检测技术. 生物技术通报, (2): 90-97.
李建光. 2008. 结核杆菌主要耐药基因检测芯片的制备. 长春: 吉林农业大学硕士学位论文.
李力韬. 2012. 耐药脊柱结核个体化治疗的疗效评价及基因芯片检测结核耐药的应用研究. 重庆: 第三军医大学博士学位论文.
李兴禄, 张莉萍, 黄长武, 等. 2003. 耐甲氧西林金黄色葡萄球菌 *mecA* 基因快速检测方法的评价. 中华医院感染学杂志, 13(2): 105-106.
李秀梅, 梁智选, 李颖, 等. 2015. 葡萄球菌耐药基因 *aph* 的 LAMP 检测方法研究. 现代食品科技, 31(7): 326-330.
刘鹏飞, 赵丹, 宋刚, 等. 2013. 变性梯度凝胶电泳技术在微生物多样性研究中的应用. 微生物学杂志, (6): 88-92.
刘蕊, 穆小燕, 刘慧敏, 等. 2009. 实时荧光定量 PCR 检测 ESBLs 基因型方法的研究. 天津医药, 37(10): 839-842.
刘英玉. 2013. 副猪嗜血杆菌耐药性调查和耐药机制研究. 武汉: 华中农业大学博士学位论文.
刘永学, 纪学武, 高沛永. 2000. 基因突变的分子生物学方法检测及其在新药临床前遗传毒性评价中的应用前景. 军事医学科学院院刊, 24(3): 217-220.
柳清云, 罗涛, 李静, 等. 2013. 双通道实时荧光 PCR 熔解曲线法检测结核分枝杆菌药物耐药相关基因突变. 中华检验医学杂志, 36(1): 63-67.
路浩. 2006. 病原细菌耐药性基因芯片检测技术的研究. 长春: 吉林大学硕士学位论文.
马孟根. 2005. 猪源致病性沙门氏菌耐药基因 PCR 和基因芯片检测技术研究. 成都: 四川大学博士学位论文.
缪军, 霍雨猛, 杨妍妍, 等. 2009. 高效 TAIL-PCR 的改良及在洋葱中的应用. 山东农业科学, (10): 1-4.
申建维, 王旭, 范春明, 等. 2006. 多重分子信标环介导等温扩增快速检测耐甲氧西林金黄色葡萄球菌. 中华医院感染学杂志, 16(7): 729-733.
孙艺铭. 2015. 金/碳纳米复合材料生物传感器检测多药耐药基因 *MDR1* 及其表达蛋白 ABCB1 的实验研究. 福州: 福建医科大学硕士学位论文.
唐毕锋, 马立业, 曹广文. 2008. 环介导等温扩增技术的应用和发展. 实用医学杂志, 24(22): 3972-3974.
田国宝, 王红宁, 张安云, 等. 2013. 大肠杆菌 β-内酰胺酶耐药基因 bla_{TEM}, bla_{SHV}, bla_{CTX-M} 三重 PCR 检测方法建立. 中国兽医杂志, 49(1): 3-5.
万逢洁. 2004. 结核杆菌利福平耐药性分析及耐药基因的快速检测. 南宁: 广西医科大学硕士学位论文.
王冰冰, 郭明日, 肖红侠, 等. 2015. 荧光 PCR 熔解曲线法在结核分枝杆菌耐药检测中的临床应用. 国际检验医学杂志, 36(5): 608-609, 612.
吴敏生, 戴景瑞. 1998. 扩增片段长度多态性(AFLP)——一种新的分子标记技术. 植物学报, 15(4):

68-74.
夏青青, 王红宁, 张安云. 2013. 三重 PCR 方法对猪、鸡源细菌中四环素类药物耐药基因的检测. 四川大学学报(自然科学版), 50(1): 171-176.
向阳. 2013. 恒温扩增型表面等离子体共振生物传感器构建与结核杆菌及其多重耐药突变位点检测研究. 重庆: 第三军医大学博士学位论文.
肖奇志, 周玉球, 谢建红, 等. 2012. 基于实时荧光 PCR 的探针熔解曲线分析技术和反向点杂交技术应用于 β-地中海贫血基因诊断与产前诊断的对比研究. 中华检验医学杂志, 35(5): 413-417.
羊云飞, 王红宁, 谭雪梅, 等. 2007. 二重 PCR 检测猪、鸡源致病性大肠杆菌、沙门氏菌磺胺类耐药基因(*Sul1*、*Sul2*、*Sul3*)的研究. 畜牧兽医学报, 38(10): 1088-1092.
杨帆, 王红宁, 张安云, 等. 2015. 多重 PCR 检测病死鸡中沙门氏菌方法的研究. 四川大学学报(自然科学版), 52(1): 163-169.
杨鑫, 王红宁, 张安云, 等. 2009. 大肠杆菌氯霉素类耐药基因三重 PCR 检测试剂盒的研究与应用. 中国兽医杂志, 45(2): 11-13.
张安云, 王红宁, 周万蓉, 等. 2007. 野生动物分离菌耐药基因多重 PCR 检测及序列分析. 畜牧与兽医, 39(3): 1-4.
张伟铮, 刘纹, 蓝锴, 等. 2014. 喹诺酮耐药鲍曼不动杆菌的 AFLP 基因分型研究. 中国热带医学, 14(5): 525-527.
张政, 朱水荣. 2013. TaqMan-MGB 荧光定量 PCR 快速筛检 NDM-1 超级耐药菌方法的建立. 中国卫生检验杂志, 23(8): 2000-2003.
赵广荣, 郭晓静, 元英进, 等. 2005. 核酸单链构象多态性技术研究进展. 化工进展, 24(4): 378-382.
朱胜梅, 吴佳佳, 徐驰, 等. 2008. 环介导等温扩增技术快速检测沙门菌. 现代食品科技, 24(7): 725-730.
朱伟全, 王义权. 2003. AFLP 分子标记技术及其在动物学研究中的应用. 动物学杂志, 38(2): 101-107.
邹颖. 2014. 多重耐药革兰阴性菌基因诊断与医院感染的临床、分子流行病学研究. 上海: 复旦大学硕士学位论文.
Aragón L M, Navarro F, Heiser V, et al. 2006. Rapid detection of specific gene mutations associated with isoniazid or rifampicin resistance in *Mycobacterium tuberculosis* clinical isolates using non-fluorescent low-density DNA microarrays. J Antimicrob Chemother, 57(5): 825-831.
Bloemberg G V, Polsfuss S, Meyer V, et al. 2014. Evaluation of the AID ESBL line probe assay for rapid detection of extended-spectrum β-lactamase (ESBL) and KPC carbapenemase genes in Enterobacteriaceae. J Antimicrob Chemother, 69(1): 85-90.
Card R, Zhang J C, Das P, et al. 2013. Evaluation of an expanded microarray for detecting antibiotic resistance genes in a broad range of gram-negative bacterial pathogens. Antimicrob Agents Chemother, 57(1): 458-465.
Chen J S, Ma E, Harrington L B, et al. 2018. CRISPR-Cas12a target binding unleashes indiscriminate single-stranded DNase activity. Science, 360(6387): 436-439.
Corrigan D K, Schulze H, Henihan G, et al. 2012. Impedimetric detection of single-stranded PCR products derived from methicillin resistant *Staphylococcus aureus* (MRSA) isolates. Biosens Bioelectron, 34(1): 178-184.
Cui P, Feng L, Zhang L, et al. 2020. Antimicrobial resistance, virulence genes, and biofilm formation capacity among *Enterococcus species* from yaks in Aba Tibetan Autonomous Prefecture, China. Front Microbiol, 11: 1250.
den Reijer P M, van Burgh S, Burggraaf A, et al. 2016. The widespread presence of a multidrug-resistant *Escherichia coli* ST131 clade among community-associated and hospitalized patients. PLoS One, 11(3): e0150420.
Ehrenreich A. 2006. DNA microarray technology for the microbiologist: an overview. Appl Microbiol Biotechnol, 73(2): 255-273.
Fischer S G, Lerman L S. 1980. Separation of random fragments of DNA according to properties of their

sequences. Proc Natl Acad Sci U S A, 77(8):4420-4424.

Gootenberg J S, Abudayyeh O O, Lee J W, et al. 2017. Nucleic acid detection with CRISPR-Cas13a/C2c2. Science, 356(6336): 438-442.

Gryadunov D, Mikhailovich V, Lapa S, et al. 2005. Evaluation of hybridisation on oligonucleotide microarrays for analysis of drug-resistant *Mycobacterium tuberculosis*. Clin Microbiol Infect, 11(7): 531-539.

Guillard T, Cavallo J D, Cambau E, et al. 2010. Real-time PCR for fast detection of plasmid-mediated *qnr*genes in extended spectrum beta-lactamase producing Enterobacteriaceae. Pathol Biol, 58(6): 430-433.

Guillard T, Moret H, Brasme L, et al. 2011. Rapid detection of *qnr* and *qepA* plasmid-mediated quinolone resistance genes using real-time PCR. Diagn Microbiol Infect Dis, 70(2): 253-259.

Huang J M Y, Henihan G, Macdonald D, et al. 2015. Rapid electrochemical detection of new delhi metallo-beta-lactamase genes to enable point-of-care testing of carbapenem-resistant Enterobacteriaceae. Anal Chem, 87(15): 7738-7745.

Iwamoto T, Sonobe T, Hayashi K. 2003. Loop-mediated isothermal amplification for direct detection of *Mycobacterium tuberculosis* complex, *M. avium*, and *M. intracellulare* in sputum samples. J Clin Microbiol, 41(6): 2616-2622.

Lee M F, Peng C F, Hsu H J, et al. 2011. Use of inverse PCR for analysis of class 1 integrons carrying an unusual 3′ conserved segment structure. Antimicrob Agents Chemother, 55(2): 943-945.

Li B B, Wendlandt S, Yao J N, et al. 2013. Detection and new genetic environment of the pleuromutilin-lincosamide-streptogramin A resistance gene lsa(E) in methicillin-resistant *Staphylococcus aureus* of swine origin. J Antimicrob Chemother, 68(6): 1251-1255.

Li J, Xin J J, Zhang L Y, et al. 2012. Rapid detection of *rpoB* mutations in rifampin resistant *M. tuberculosis* from sputum samples by denaturing gradient gel electrophoresis. Int J Med Sci, 9(2): 148-156.

Liu Q Y, Luo T, Li J, et al. 2013. Triplex real-time PCR melting curve analysis for detecting *Mycobacterium tuberculosis* mutations associated with resistance to second-line drugs in a single reaction. J Antimicrob Chemother, 68(5): 1097-1103.

Liu Y G, Chen Y L. 2007. High-efficiency thermal asymmetric interlaced PCR for amplification of unknown flanking sequences. Biotechniques, 43(5): 649-656.

Liu Y G, Whittier R F. 1995. Thermal asymmetric interlaced PCR: automatable amplification and sequencing of insert end fragments from P1 and YAC clones for chromosome walking. Genomics, 25(3): 674-681.

Liu Y L, Hedström M, Chen D F, et al. 2015. A capacitive DNA sensor-based test for simple and sensitive analysis of antibiotic resistance in field setting. Biosens Bioelectron, 64: 255-259.

Luo T, Jiang L L, Sun W M, et al. 2011. Multiplex real-time PCR melting curve assay to detect drug-resistant mutations of *Mycobacterium tuberculosis*. J Clin Microbiol, 49(9): 3132-3138.

Maruyama F, Kenzaka T, Yamaguchi N, et al. 2003. Detection of bacteria carrying the *stx2* gene by in situ loop-mediated isothermal amplification. Appl Environ Microbiol, 69(8): 5023-5028.

Mccammon M T, Gillette J S, Thomas D P, et al. 2005. Detection by denaturing gradient gel electrophoresis of pncA mutations associated with pyrazinamide resistance in *Mycobacterium tuberculosis* isolates from the United States-Mexico Border Region. Antimicrob Agents Chemother, 49(6): 2210-2217.

McCammon M T, Gillette J S, Thomas D P, et al. 2005. Detection of*rpoB*mutations associated with rifampin resistance in *Mycobacterium tuberculosis* using denaturing gradient gel electrophoresis. Antimicrob Agents Chemother, 49(6): 2200-2209.

Ménard A, Santos A, Mégraud F, et al. 2002. PCR-restriction fragment length polymorphism can also detect point mutation A2142C in the 23S rRNA gene, associated with *Helicobacter pylori* resistance to clarithromycin. Antimicrob Agents Chemother, 46(4): 1156-1157.

Miller M B, Tang Y W. 2009. Basic concepts of microarrays and potential applications in clinical microbiology. Clin Microbiol Rev, 22(4): 611-633.

Misawa Y, Saito R, Moriya K, et al. 2007. Application of loop-mediated isothermal amplification technique to rapid and direct detection of methicillin-resistant *Staphylococcus aureus* (MRSA) in blood cultures. J

Infect Chemother, 13(3): 134-140.

Monecke S, Berger-Bächi B, Coombs G, et al. 2007. Comparative genomics and DNA array-based genotyping of pandemic *Staphylococcus aureus* strains encoding panton-valentine leukocidin. Clin Microbiol Infect, 13(3): 236-249.

Nasr Esfahani B, Zarkesh Esfahani F S, Bahador N, et al. 2016. Analysis of DNA *gyrA* gene mutation in clinical and environmental ciprofloxacin-resistant isolates of non-tuberculous mycobacteria using molecular methods. Jundishapur J Microbiol, 9(3): e30018.

Negi S S, Singh U, Gupta S, et al. 2009. Characterization of *rpo B* gene for detection of rifampicin drug resistance by SSCP and sequence analysis. Indian J Med Microbiol, 27(3): 226-230.

Notomi T, Okayama H, Masubuchi H, et al. 2000. Loop-mediated isothermal amplification of DNA. Nucleic Acids Res, 28(12): E63.

Ohtsuka K, Yanagawa K, Takatori K, et al. 2005. Detection of *Salmonella enterica* in naturally contaminated liquid eggs by loop-mediated isothermal amplification, and characterization of *Salmonella* isolates. Appl Environ Microbiol, 71(11): 6730-6735.

Oleastro M, Ménard A, Santos A, et al. 2003. Real-time PCR assay for rapid and accurate detection of point mutations conferring resistance to clarithromycin in *Helicobacter pylori*. J Clin Microbiol, 41(1): 397-402.

Orita M, Iwahana H, Kanazawa H, et al. 1989. Detection of polymorphisms of human DNA by gel electrophoresis as single-strand conformation polymorphisms. Proc Natl Acad Sci U S A, 86(8): 2766-2770.

Paltansing S, Kraakman M E M, Ras J M C, et al. 2013. Characterization of fluoroquinolone and cephalosporin resistance mechanisms in Enterobacteriaceae isolated in a Dutch teaching hospital reveals the presence of an *Escherichia coli* ST131 clone with a specific mutation in *parE*. J Antimicrob Chemother, 68(1): 40-45.

Parida M, Sannarangaiah S, Dash P K, et al. 2008. Loop mediated isothermal amplification (LAMP): a new generation of innovative gene amplification technique; perspectives in clinical diagnosis of infectious diseases. Reviews in Medical Virology, 18(6): 407-421.

Podzorski R P, Li H J, Han J, et al. 2008. MVPlex assay for direct detection of methicillin-resistant *Staphylococcus aureus* in naris and other swab specimens. J Clin Microbiol, 46(9): 3107-3109.

Provvedi R, Boldrin F, Falciani F. 2009. Global transcriptional response to vancomycin in *Mycobacterium tuberculosis*. Microbiology, 155(Pt 4): 1093-1102.

Qi J, Du Y J, Zhu R S, et al. 2012a. A loop-mediated isothermal amplification method for rapid detection of the multidrug-resistance gene *cfr*. Gene, 504(1): 140-143.

Qi J, Du Y J, Zhu X L, et al. 2012b. A loop-mediated isothermal amplification method for rapid detection of $bla_{\text{NDM-1}}$ gene. Microb Drug Resist, 18(4): 359-363.

Qiu J F, Zhou D S, Han Y P, et al. 2005. Global gene expression profile of *Yersinia pestis* induced by streptomycin. FEMS Microbiol Lett, 243(2): 489-496.

Sekiguchi J I, Asagi T, Miyoshi-Akiyama T, et al. 2007. Outbreaks of multidrug-resistant *Pseudomonas aeruginosa* in community hospitals in Japan. J Clin Microbiol, 45(3): 979-989.

Sessions A, Burke E, Presting G, et al. 2002. A high-throughput *Arabidopsis* reverse genetics system. Plant Cell, 14(12): 2985-2994.

Shaw K J, Miller N, Liu X J, et al. 2003. Comparison of the changes in global gene expression of *Escherichia coli* induced by four bactericidal agents. J Mol Microbiol Biotechnol, 5(2): 105-122.

Sheng J, Li J, Sheng G, et al. 2008. Characterization of *rpoB* mutations associated with rifampin resistance in *Mycobacterium tuberculosis* from eastern China. J Appl Microbiol, 105(3): 904-911.

Skov R L, Pallesen L V, Poulsen R L, et al. 1999. Evaluation of a new 3-h hybridization method for detecting the *mecA* gene in *Staphylococcus aureus* and comparison with existing genotypic and phenotypic susceptibilty testing methods. J Antimicrob Chemother, 43(4): 467-475.

Song T Y, Toma C, Nakasone N, et al. 2005. Sensitive and rapid detection of *Shigella* and enteroinvasive *Escherichia coli* by a loop-mediated isothermal amplification method. FEMS Microbiol Lett, 243(1):

259-263.

Su J Y, Liu X C, Cui H M, et al. 2014. Rapid and simple detection of methicillin-resistance *Staphylococcus aureus* by *orfX* loop-mediated isothermal amplification assay. BMC Biotechnol, 14(1): 8.

Taya T, Ishiguro T, Saito J. 2002. Oligonucleotides and method for detection of *mecA*gene of methicillin-resistant *Staphylococcus aureus*: United States Patent, 09/865579.

Tenover F C. 1989. DNA probes for antimicrobial susceptibility testing. Clin Lab Med, 9(2): 341-347.

van Dongen J E, Berendsen J T W, Steenbergen R D M, et al. 2020. Point-of-care CRISPR/Cas nucleic acid detection: recent advances, challenges and opportunities. Biosens Bioelectron, 166: 112445.

van Hees B C, Tersmette M, Willems R J L, et al. 2011. Molecular analysis of ciprofloxacin resistance and clonal relatedness of clinical *Escherichia coli* isolates from haematology patients receiving ciprofloxacin prophylaxis. J Antimicrob Chemother, 66(8): 1739-1744.

Vos P, Hogers R, Bleeker M, et al. 1995. AFLP: a new technique for DNA fingerprinting. Nucleic Acids Res, 23(21): 4407-4414.

Wardak S, Szych J, Cieślik A. 2005. PCR-restriction fragment length polymorphism assay (PCR-RFLP) as an useful tool for detection of mutation in *gyrA* gene at 86-THR position associated with fluoroquinolone resistance in *Campylobacter jejuni*. Med Dosw Mikrobiol, 57(3): 295-301.

Wilson M, DeRisi J, Kristensen H H, et al. 1999. Exploring drug-induced alterations in gene expression in *Mycobacterium tuberculosis* by microarray hybridization. Proc Natl Acad Sci U S A, 96(22): 12833-12838.

Yesilkaya H, Meacci F, Niemann S, et al. 2006. Evaluation of molecular-beacon, TaqMan, and fluorescence resonance energy transfer probes for detection of antibiotic resistance-conferring single nucleotide polymorphisms in mixed *Mycobacterium tuberculosis* DNA extracts. J Clin Microbiol, 44(10): 3826-3829.

Yu S J, Hu Y Y, Gao W, et al. 2003. Analysis of antimicrobial resistance of *Streptococcus pneumoniae* with restriction fragment length polymorphism of *pbp2b* gene and pulsed-field gel electrophoresis profiles among children. Zhonghua Er Ke Za Zhi, 41(9): 688-691.

Zabeau M, Vos P. 1993. Selective restriction fragment amplification: a general method for DNA fingerprinting. European Patent Office, publication 0 534 858 Al.

Zhang P, Liu H, Ma S Z, et al. 2016. A label-free ultrasensitive fluorescence detection of viable *Salmonella enteritidis* using enzyme-induced cascade two-stage toehold strand-displacement-driven assembly of G-quadruplex DNA. Biosens Bioelectron, 80: 538-542.

Zou L K, Wang H N, Zeng B, et al. 2011. Erythromycin resistance and virulence genes in *Enterococcus faecalis* from swine in China. New Microbiol, 34(1): 73-80.

第三节　细菌耐药性传播的研究方法

细菌耐药性的传播可分为垂直传播和水平传播。耐药病原菌的垂直传播主要是指耐药菌的跨宿主传播，是引起耐药性流行的重要原因。开展动物源耐药病原菌克隆株的传播与流行研究也可为动物源耐药病原菌对人类健康的风险评估提供重要依据。近年来发现的猪源耐甲氧西林金黄色葡萄球菌（MRSA）ST398 克隆株在动物、患者和社区人群中传播与流行，引起了国际社会的高度关注。中国学者也发现多重耐药大肠杆菌在动物、环境和饲养员之间存在克隆性传播现象。因此，动物源耐药病原菌的垂直传播不仅会危害动物健康，造成严重经济损失，也会威胁公众健康。病原菌的分子分型不仅可以有效甄别不同来源菌株间的遗传差异，同时还可进行菌株间变异规律和遗传相关性分析。因此，通常利用分子分型技术进行耐药病原菌的追踪以及不同宿主耐药病原菌之间的关联性研究。细菌耐药性的水平传播主要是指耐药基因通过借助质粒、转座子等可移动遗传元件实现耐药基因的同种或种间传播，导致耐药性的快速、广泛扩散。

细菌耐药性垂直传播的研究方法

目前，常用的细菌耐药性垂直传播的研究方法主要有脉冲场凝胶电泳（pulsed-field gel electrophoresis，PFGE）、多位点序列分型（MLST）、肠杆菌重复基因间共有 PCR（enterobacterial repetitive intergenic consensus-PCR，ERIC-PCR）以及全基因组测序（whole-genome sequencing）分型等。

【脉冲场凝胶电泳】

出现于 20 世纪 80 年代的 PFGE 分型技术可分辨小到 10kb、大至 10Mb 的 DNA 分子，是近年来国内外学者研究病原菌基因结构功能的关键技术。1996 年，美国 CDC 和公共卫生实验室协会（Association of Public Health Laboratories，APHL）合作建立了标准化的脉冲场凝胶电泳方法，为方便数据比对和共享成立了脉冲网（PulseNet）。PFGE 分型技术是将病原菌菌悬液包裹在 SeaKem 金琼脂糖（Gold Agarose）中，相应限制性内切酶根据酶切位点将 DNA 切割成十几条大小不等的片段，然后将包裹有经过酶切的基因组的胶块置于脉冲场电泳槽中电泳，电泳结束后经染色脱色，在成像仪上显示 PFGE 图谱，经软件分析和 PulseNet DNA 图谱分析比对，能够鉴定菌株间亲缘关系，区分流行株，分析菌株间流通规律。相较于其他分型方法而言，PFGE 分型技术在分辨力、准确度、重复性等方面非常理想。

Xia 等（2009）对不同食物来源的 16 株沙门菌进行了基因型测定，PFGE 指纹图谱显示 16 株沙门菌分离株有 16 种不同的 PFGE 图谱。Chen 等（2010）对从中国台湾零售市场鸡肉中分离的 173 株沙门菌进行了脉冲场凝胶电泳分析，得到 47 个亚型，主要有 X3A2、X1A2 和 X2A1。这些亚型在 2000～2005 年重复出现是由于沙门菌耐药菌株在鸡零售市场的流通。李庆周等（2017）对 36 株产质粒介导的 AmpC 酶的大肠杆菌利用 X-bal-PFGE 进行菌株同源性分析，共得到 32 个独立的谱型。值得注意的是，来源于同一地区祖代鸡场、种鸡场和雏鸡场 3 个规模鸡场的 5 株大肠杆菌分离株属于同一克隆，这在某种程度上说明了质粒介导的 AmpC 酶基因在规模化鸡场之间垂直传播的可能性。

【多位点序列分型】

MLST 是 Maiden 等（1998）在多位点酶切电泳技术的基础上为研究菌群基因结构而设计的一种高分辨率基因分型技术。MLST 的基因分型原理是用 PCR 技术扩增管家基因，将扩增产物测序，然后与 MLST 数据库中已有序列型进行比较，确定菌株的 ST 型，揭示各个菌株之间的亲缘关系。该方法简单易行，只需根据数据库的引物对管家基因进行 PCR，然后对电泳确认大小无误的产物进行测序，上传测序结果与数据库进行比对即可。至今，该方法已被广泛用于各种细菌、真菌以及寄生虫的亲缘关系研究。在已经建立的多种病原菌的 MLST 数据库中，最主要的两个是爱尔兰科克大学（http://mlst.ucc.ie/mlst/）和牛津大学（http://www.pubmlst.org）的 MLST 数据库。

Fearnhead 等（2005）应用 MLST 分型技术对美国野生鸟类、牛等来源的空肠弯曲菌进行分型，发现大量基因重组的证据。Adiri 等（2003）应用 MLST 技术对涉及多种疾病的大肠杆菌 O78 进行分型，结果表明 MLST 具有较高的分辨率，甚至能够检测出极少的核酸替换。Ozawa 等（2010）以相似度 80%为界，将 34 种血清型禽致病性大肠杆菌（avian pathogenic *E. coli*，APEC）分为 11 个 ST 型。优势 ST 型为 ST23，占 54.3%，结果表明结合 PFGE 技术的分型结果较为全面。Liu 等（2010）在上海地区 5 家养鸡场中检出 25 株沙门菌，包括 7 种血清型，MLST 分型得到 6 种基因型，揭示来自不同鸡场的部分沙门菌分离株可能是同一基因型。Achtman 等（2012）通过 MLST 将 554 种血清型沙门菌分为 109 个 ST 型，并且能够根据亲缘关系对沙门菌进行分组。程菡等（2014）对分离自不同养鸡场的 16 株沙门菌进行 MLST 分型，分析不同养鸡场沙门菌的同源性以初步判断是否存在克隆性传播。结合血清型鉴定和 MLST 分型技术，可以初步判断沙门菌分离株是否为克隆株。

【ERIC-PCR】

肠杆菌基因间共有重复（enterobacterial repetitive intergenic consensus，ERIC）序列是 Sharples 和 Lloyd（1990）在大肠杆菌中发现的，其后 Hulton 等（1991）在鼠伤寒沙门菌、肺炎克雷伯菌等菌中也相继发现。ERIC-PCR 是根据肠杆菌科细菌 ERIC 中的核心序列设计反向引物，用于扩增，扩增产物进行琼脂糖凝胶电泳，得到基因组图谱，进行细菌分类和鉴定。由于 ERIC 在不同菌株甚至同一菌株不同血清型或者不同来源的菌株间的拷贝数和定位都不同，基于此原理可将其用于细菌多样性和基因组图谱的研究。ERIC-PCR 以简便快速分型为优势，一般能进行 PCR 的实验室都能独立完成 ERIC-PCR 分型。国内外研究显示，ERIC-PCR 作为一种分子分型手段有着不逊于 RAPD-PCR、RFLP、PFGE、MLST 等其他分型技术的分辨力，可以满足对结肠弯曲菌及其他致病菌进行鉴定分型的要求。目前该方法已广泛用于沙门菌、空肠弯曲菌等的分型研究。

Cao 等（2008）利用 ERIC-PCR 技术对健康和人工感染沙门菌的鸭子进行肠道微生物多样性分析，为肠道微生物变化研究提供了依据。Yuan 等（2010）应用 ERIC-PCR 技术对 4 家猪场的空气中的大肠杆菌进行扩增和分析，结果显示室内空气中的大肠杆菌与猪粪便大肠杆菌的同源性高于上风口和下风口。52.4%的猪粪便大肠杆菌与室内空气中的相同，并且多数相似度大于 90%。Kosek 等（2012）应用 ERIC-PCR 技术对 116 株志贺菌进行分型，结果分为 42 种亚型，分辨率为 96.1%。这揭示 ERIC-PCR 作为分子分型方法可靠、快速、成本低。

【全基因组测序分型】

除以上 3 种研究方法以外，近年来，全基因组测序也广泛应用于耐药病原菌的研究中。高通量测序技术全面加速了基因组测序的发展，可提供快速和廉价的全基因组数据。以高通量测序技术为基础的全基因组测序分型在流行病学研究中被视为终极的分型方法，理论上能够分辨两个几乎完全相同的基因组之间的单个碱基差异。通过对比分析细菌基因组的单核苷酸多态性（single nucleotide polymorphism，SNP），可以确定不同分离株之间的流行病学关联性，并且可以推演细菌在过去几年内乃至几个月内的进化过程。目前，该方法已广泛应用于多重耐药菌株的演化追踪。

Mwangi 等（2007）应用全基因组测序技术追踪了金黄色葡萄球菌中多重耐药的体内演化，结果表明全基因组测序技术将会是阐明病原菌中复杂的体内演化途径的有效工具。Wang 等（2017）采用全基因组测序首次揭示了泛耐药基因 bla_{NDM} 和 *mcr-1* 在家禽产业链及家禽养殖环境中的传播规律，发现大肠杆菌能携带耐药基因 *mcr-1* 从上游种鸡场沿鸡肉生产链条一直传播到超市，说明黏菌素作为抗菌促生长剂在家禽养殖业的大量、广泛使用，可能是导致该耐药基因广泛存在的主要原因。而耐药基因 bla_{NDM} 虽在上游种鸡场为阴性，但在商品鸡场的鸡、鸟、犬、苍蝇甚至饲养员携带的大肠杆菌中阳性率极高，并且能传播至生产链条的下游。此研究探明了这两类泛耐药基因在我国家禽产业链条及其养殖环境的流行传播特征。随着基因组测序成本的进一步降低，未来全基因组测序分型可能会成为细菌耐药性垂直传播研究的常规方法，广泛用于多重耐药优势克隆菌株的演化追踪。

细菌耐药性水平传播的研究方法

常用的细菌耐药性水平传播的研究方法主要有接合（conjugation）、转化（transformation）、转导（transduction）等。

【接合】

接合是指细胞与细胞接触时，质粒或整合性接合元件从供体细胞向受体细胞转移的过程，是自然界中细菌间遗传物质交换的重要途径之一。介导接合作用的质粒称为接合质粒，接合实际上是质粒所编码的一种 DNA 转移方式，即接合质粒将自身的一个拷贝转移到新宿主。控制接合的基因主要包括 *tra* 操纵子和 *oriT* 位点。*tra* 区中很多基因负责编码性菌毛，性菌毛可以介导革兰氏阴性菌之间的接触。革兰氏阳性菌中由于没有性菌毛，细胞之间是依靠受体细胞编码的一种类似于性菌毛的短肽来刺激接合。

以大肠杆菌 F 质粒为例，其接合转移过程如下：供体细胞与受体细胞首先通过性菌毛接触，并逐渐发生部分融合；F 质粒的一条链在切口酶 *Tra*I（由 F 质粒的 *tra* 区编码）作用下产生缺口，并转移到受体细胞；在这条单链转移的过程中，供体细胞中的另一条链通过滚环方式合成新的 DNA 分子来替代发生转移的单链，而转移到受体细胞中的单链也很快在宿主细胞中复制出互补链。最终在接合过程结束后，供体细胞和受体细胞中均有完整的 F 质粒。通常来讲，接合质粒具有较高的转移效率，可在群体细胞之间快速传播。尤其是接合质粒上携带耐药基因时，在抗性选择压力下，整个受体细胞群体会在很短的时间内获得该接合质粒，这也是导致细菌耐药性快速传播扩散的重要原因。

接合试验是研究质粒或整合性接合元件介导的耐药性传播的重要手段，常用的接合试验主要包括液体法接合试验和滤膜法接合试验。液体法接合试验是将携带耐药质粒的供体细胞与敏感的受体细胞按一定比例接种到液体培养基中静置培养，让其自然生长发生接合，之后通过双抗或多抗平板筛选阳性接合子。滤膜法接合试验是先将 0.22μm 的滤膜置于琼脂平板上，再将供体细胞与受体细胞的培养物按一定比例混匀后接种到滤膜上正置培养，之后通过双抗或多抗平板筛选阳性接合子。滤膜法接合试验的优点在于，滤膜可以有效扩大供体细胞与受体细胞的直接接触面积，提高接合转移效率，因此目前被广泛应用。

【转化】

转化是指某个细胞接受来自另一个细胞的 DNA 而使自身基因型或表型发生变化的现象。自然发生的转化普遍存在于各种细菌中，包括肺炎链球菌、大肠杆菌、枯草芽孢杆菌等。一些在自然条件下不能发生转化的细菌，也可通过人工处理后获得从周围介质中摄取 DNA 的能力。

自然转化是指细菌细胞不用经过特殊的物理或化学处理而从环境中吸取外来 DNA 的过程。该过程主要包括感受态的形成、DNA 的吸附与摄入、DNA 的复制或整合三个阶段。感受态是一种细菌生长到某个特定阶段时能吸取周围环境中 DNA 的生理状态。研究表明，能发生自然转化的细菌，其基因组上有多个编码感受态因子的基因，能诱导不处于感受态的细胞成为感受态。DNA 与感受态受体细胞的吸附和进入过程会受到宿主限制系统的影响。革兰氏阴性菌和阳性菌演化出不同的体系以保证外源 DNA 在进入细胞时的完整性。进入到细胞内的外源 DNA 可根据其特性通过两种方式赋予受体细胞以新的基因型或表型。如果供体和受体 DNA 的同源性高，进入受体的 DNA，便可不经复制以单链形式与受体 DNA 的同源区配对以及发生交换，被交换下来的受体单链 DNA 会被胞内核酸酶所分解。但如果外源 DNA 带有能在宿主菌内复制的复制子，则不会同宿主染色体发生交换，而是由单链复制成双链后，以游离质粒的方式存在于宿主菌中。

人工转化是指经人工诱导，包括物理或化学处理，使无自然转化能力的细胞转变为感受态，从而具备从环境中吸取外来 DNA 的能力。常用的人工转化方法包括化学诱导法、电穿孔法等。电穿孔法是利用高压脉冲电流击破细胞膜，方便 DNA 的进入。电穿孔法常用于耐药质粒的转化试验中，尤其是那些无法进行接合的耐药质粒，用电穿孔法可大大提高其成功率。

【转导】

转导是由噬菌体将一个细胞的基因传递给另一个细胞的过程。它是细菌之间传递遗传物质的方式之一。其具体含义是指一个细胞的 DNA 或 RNA 通过病毒载体转移到另一个细胞中。这种基因转移有两种方式：普遍性转导和专一性转导。

在普遍性转导中，宿主基因组的任何 DNA 片段都有可能被转移至受体细胞中。宿主细胞被噬菌体感染时，负责噬菌体 DNA 包装的酶蛋白会偶尔将宿主的 DNA 包装进噬菌体头部，由此便形成普遍性转导噬菌体，也叫作转导颗粒。转导颗粒中可能包含宿主菌 DNA 的任何部分，当其侵染受体细胞后，噬菌体中的供体基因便被注入受体细胞中。如果转导颗粒中包含的是染色体 DNA，则其可能与受体细胞的染色体发生同源重组，而将此片段整合到受体染色体中，形成稳定的转导子；如果转导进去的是质粒 DNA，则可能进行复制而稳定地在受体细胞中保留下来。

专一性转导仅由部分温和型噬菌体引起，能被转导的 DNA 片段只是那些靠近染色体溶源化位点的基因，它们在原噬菌体切除时有可能被错误地装进噬菌体基因组中。相比普遍性转导，专一性转导所引起的宿主 DNA 转移频率非常高。人们根据温和型噬菌体这一特点，利用基因工程的技术构建了一种噬菌体载体，它去除了噬菌体中非外壳蛋白及裂解和溶源所必需的基因，只包含 *att* 区域（吸附位点）、*cos* 位点（用于包装的黏性末端）及基因组的复制起始区。利用这种载体，可在体外包装特定大小的细菌基因组片段。

大多数细菌都有噬菌体，所以转导作用比较普遍。此外，被转运的 DNA 包裹于噬菌体蛋白外壳内，不易被核酸酶所破坏，因此转导过程相当稳定。目前，人们基于转导的原理，将噬菌体包装蛋白分离纯化出来，并将转导所需的 DNA 元件构建到人工载体上，最终应用于基因组文库的制备，平均一个被转导的质粒中可包含约 40kb 的细菌基因组片段。近年来，噬菌体介导的细菌耐药性传播引起了国内外学者的广泛关注，但该方向未来需要开展更多的研究，以阐明噬菌体转导在细菌耐药性水平传播中的重要作用。

主要参考文献

程菡, 王红宁, 张安云, 等. 2014. 禽源沙门氏菌不同检测方法的比较及分型研究. 四川大学学报(自然科学版), 51(3): 597-602.

李庆周, 马素贞, 孔令汉, 等. 2017. 规模化鸡场中产 CMY-2 大肠杆菌耐药基因与毒力基因的调查及共转移研究. 四川大学学报(自然科学版), 54(2): 419-422.

王丽丽, 徐建国. 2006. 脉冲场凝胶电泳技术(PFGE)在分子分型中的应用现状. 疾病监测, 21(5): 276-279.

郑扬云, 吴清平, 吴葵, 等. 2014. 华南四省食品中空肠弯曲菌分离株的毒力相关基因分析和 ERIC-PCR 分型. 微生物学报, 54(1): 14-23.

Aanensen D M, Spratt B G. 2005. The multilocus sequence typing network: mlst.net. Nucleic Acids Res, 33(suppl 2): W728-W733.

Achtman M, Wain J, Weill F X, et al. 2012. Multilocus sequence typing as a replacement for serotyping in *Salmonella enterica*. PLoS Pathogens, 8(6): e1002776.

Adiri R S, Gophna U, Ron E Z. 2003. Multilocus sequence typing (MLST) of *Escherichia coli* O78 strains. FEMS Microbiol Lett, 222(2): 199-203.

Cao S Y, Wang M S, Cheng A C, et al. 2008. Comparative analysis of intestinal microbial community diversity between healthy and orally infected ducklings with *Salmonella enteritidis* by ERIC-PCR. World J Gastroenterol, 14(7): 1120-1125.

Chen M H, Hwang W Z, Wang S W, et al. 2010. Pulsed field gel electrophoresis (PFGE) analysis for multidrug resistant *Salmonella enterica* serovar Schwarzengrund isolates collected in six years (2000-2005) from retail chicken meat in Taiwan. Food Microbiol, 28(3): 399-405.

Deng Y, Zeng Z, Chen S, et al. 2011. Dissemination of IncFII plasmids carrying *rmtB* and *qepA* in *Escherichia coli* from pigs, farm workers and the environment. Clin Microbiol Infect, 17(11): 1740-1745.

Fearnhead P, Smith N G C, Barrigas M, et al. 2005. Analysis of recombination in *Campylobacter jejuni* from MLST population data. J Mol Evol, 61(3): 333-340.

Graveland H, Duim B, van Duijkeren E, et al. 2011. Livestock-associated methicillin-resistant *Staphylococcus aureus*in animals and humans. International J Med Microbiol, 301(8): 630-634.

Hulton C S J, Higgins C F, Sharp P M. 1991. ERIC sequences: a novel family of repetitive elements in the genomes of *Escherichia coli*, *Salmonella typhimurium* and other enterobacteria. Mol Microbiol, 5(4): 825-834.

Kosek M, Yori P P, Gilman R H, et al. 2012. Facilitated molecular typing of *Shigella* isolates using ERIC-PCR. Am J Trop Med Hyg, 86(6): 1018-1025.

Lanzas C, Lu Z, Gröhn Y T. 2011. Mathematical modeling of the transmission and control of foodborne pathogens and antimicrobial resistance at preharvest. Foodborne Pathog Dis, 8(1): 1-10.

Liu W B, Chen J, Huang Y Y, et al. 2010. Serotype, genotype, and antimicrobial susceptibility profiles of *Salmonella* from chicken farms in Shanghai. J Food Prot, 73(3): 562-567.

Maiden M C J, Bygraves J A, Feil E, et al. 1998. Multilocus sequence typing: a portable approach to the identification of clones within populations of pathogenic microorganisms. Proc Natl Acad Sci U S A, 95(6):3140-3145.

Mwangi M M, Wu S W, Zhou Y J, et al. 2007. Tracking the *in vivo* evolution of multidrug resistance in *Staphylococcus aureus* by whole-genome sequencing. Proc Natl Acad Sci U S A, 104(22): 9451-9456.

Ozawa M, Baba K, Asai T. 2010. Molecular typing of avian pathogenic *Escherichia coli* O78 strains in Japan by using multilocus sequence typing and pulsed-field gel electrophoresis. J Vet Med Sci, 72(11): 1517-1520.

Sharples G J, Lloyd R G. 1990. A novel repeated DNA sequence located in the intergenic regions of bacterial chromosomes. Nucleic Acids Res, 18(22): 6503-6508.

Wang Y, Zhang R M, Li J Y, et al. 2017. Comprehensive resistome analysis reveals the prevalence of NDM and MCR-1 in Chinese poultry production. Nat Microbiol, 2: 16260.

Wong V K, Baker S, Pickard D J, et al. 2015. Phylogeographical analysis of the dominant multidrug-resistant H58 clade of *Salmonella* Typhi identifies inter- and intracontinental transmission events. Nat Genet, 47(6): 632-639.

Xia X D, Zhao S H, Smith A, et al. 2009. Characterization of *Salmonella* isolates from retail foods based on serotyping, pulse field gel electrophoresis, antibiotic resistance and other phenotypic properties. Int J Food Microbiol, 129(1): 93-98.

Yuan W, Chai T J, Miao Z M. 2010. ERIC-PCR identification of the spread of airborne *Escherichia coli* in pig houses. Sci Total Environ, 408(6): 1446-1450.

第四节　基因测序及多组学技术用于细菌耐药性研究

二代测序技术

第二代测序技术的核心思想是边合成边测序，即通过捕捉新合成 DNA 末端的标记来确定 DNA 的序列，现有的技术平台主要包括 Roche/454FLX（简称 454FLX）、Illumina/Solexa Genome Analyzer（简称 Solexa）和 Applied Biosystems SOLiD system（简称 SOLiD）。这三个技术平台各有优点，454FLX 的测序片段比较长，高质量的读长能达到 400bp；Solexa 测序的性价比最高，不仅机器的售价比其他两种低，而且运行成本也低，在数据量相同的情况下，成本只有 454FLX 测序的 1/10；SOLiD 测序的准确度高，原始碱基数据的准确度大于 99.94%，而在 15×覆盖率时的准确度可以达到 99.999%，是目前第二代测序技术中准确度最高的。二代测序作为新一代测序技术的出现，必将使得生物学研究新领域不断被挖掘、探索，而此项技术也将会不断被运用、发展，在越来越多的领域中发挥巨大的力量。

【罗氏 454FLX 测序技术】

该技术利用了焦磷酸测序原理，主要包括以下步骤。

1）文库准备：将基因组 DNA 打碎成 300～800bp 长的片段（若是核小 RNA 或 PCR 产物可以直接进入下一步），在单链 DNA 的 3′端和 5′端分别连上不同的接头。带接头的单链 DNA 被连接固定在 DNA 捕获磁珠上。每一个磁珠携带一个单链 DNA 片段。随后扩增试剂将磁珠乳化，形成油包水的混合物，这样就形成了许多只包含一个磁珠和一个独特片段的微反应器。

2）扩增：每个独特的片段在自己的微反应器里进行独立的扩增（乳液 PCR），从而排除了其他序列的竞争。整个 DNA 片段文库的扩增平行进行。对于每一个片段而言，扩增产生几百万个相同的拷贝。乳液 PCR 终止后，扩增的片段仍然结合在磁珠上。

3）测序：携带 DNA 的捕获磁珠被放入 Pico 滴定板（Pico titer plate，PTP）中进行测序。PTP 孔的直径（29μm）只能容纳一个磁珠（20μm）。放置在 4 个单独的试剂瓶里的 4 种碱基，按照 T、A、C、G 的顺序依次循环进入 PTP 板，每次只进入一个碱基。如果发生碱基配对，就会释放一个焦磷酸。这个焦磷酸在 ATP 硫酸化酶和萤光素酶的作用下，释放出光信号，并实时地被仪器配置的高灵敏度 CCD 捕获到。有一个碱基和测序模板进行配对，就会捕获到一分子的光信号；由此一一对应，就可以准确、快速地确定待测模板的碱基序列。

与其他第二代测序平台相比，454FLX 平台测序的突出优势是较长的读长，目前 GSFLX 测序系统的序列读长已超过 400bp。虽然 454FLX 平台的测序成本比其他新一代测序平台要高很多，但对于那些需要长读长的应用，如从头测序，它仍是最理想的选择。

【Solexa 测序技术】

Illumna 公司的新一代测序仪 Genome Analyzer 最早由 Solexa 公司研发，其利用合成测序的原理，实现了自动化样本制备及大规模平行测序。Genome Analyzer 技术的基本原理是将基因组 DNA 打碎成 100～200 个碱基对的小片段，在片段的两个末端加上接头。将 DNA 片段变成单链后，通过接头与芯片表面的引物碱基互补而使一端被固定在芯片上；另外一端随机和附近的另外一个引物互补，也被固定住，形成桥状结构。通过 30 轮扩增反应，每个单分子被扩增大约 1000 倍，成为单克隆的 DNA 簇，随后将 DNA 簇线性化。在下一步合成反应中，加入改造过的 DNA 聚合酶和带有 4 种荧光标记的 dNTP。在 DNA 合成时，每一个核苷酸加到引物末端时都会释放出焦磷酸盐，激发生物发光蛋白发出荧光。用激光扫描反应板表面，在读取每条模板序列第一轮反应所聚合上去的核苷酸种类后，将这些荧光基团化学切割，恢复 3′端黏性，随后添加第二个核苷酸。如此重复直到每条模板序列都完全被聚合为双链。这样，统计每轮收集到的荧光信号结果，就可以得知每个模板 DNA 片段的序列。Genome Analyzer 系统需要的样品量低至 100ng，文库构建过程简单，减少了样品分离和制备的时间，配对末端读长可达到 2×50bp，每次运行后可获得超过 20GB 的高质量过滤数据，且运行成本较低，是性价比较高的新一代测序技术。

【SOLiD 测序技术】

SOLiD 全称为 Supported Oligo Ligation Detection（支持的寡核苷酸连接检测），是应用生物系统（Applied Biosystems，ABI）公司于 2007 年底推出的全新测序技术，目前已发展到 SOLiD 3Plus。与 454FLX 和 Solexa 的合成测序不同，SOLiD 是通过连接反应进行测序的。其基本原理是以四色荧光标记的寡核苷酸进行多次连接合成，取代传统的聚合酶连接反应。具体包括以下步骤。

1）文库准备：SOLiD 系统能支持两种测序模板，即片段文库或配对末端文库。片段文库就是将基因组 DNA 打断，两头加上接头，制成文库。该文库适用于转录组测序、RNA 定量、miRNA 研究、重测序、甲基化分析及 ChIP 测序等。配对末端文库是将基因组 DNA 打断后，与中间接头连接，环化。然后用 EcoP15 酶切，使中间接头两端各有 27bp 的碱基，最后加上两端的接头，形成文库。该文库适用于全基因组测序、SNP 分析、结构重排及拷贝数分析等。

2）扩增：SOLiD 用的是与 454FLX 技术类似的乳液 PCR 对要测序的片段进行扩增。在微反应器中加入测序模板、PCR 反应元件、磁珠和引物，进行乳液 PCR。PCR 反应结束后，磁珠表面就固定有拷贝数目巨大的同一 DNA 模板的扩增产物。

3）微珠与玻片连接：乳液 PCR 完成之后，变性模板，富集带有延伸模板的微珠，微珠上的模板经过 3′修饰，可以与玻片共价结合。SOLiD 系统最大的优点就是每张玻片能容纳更高密度的微珠，在同一系统中轻松实现更高的通量。含有 DNA 模板的磁珠共价结合在 SOLiD 玻片表面，SOLiD 测序反应就在 SOLiD 玻片表面进行。每个磁珠经 SOLiD 测序后得到一条序列。

4）连接测序：SOLiD 连接反应的底物是 8 碱基单链荧光探针混合物。探针的 5′端用 4 种颜色的荧光标记，探针的 3′端第 1、2 位碱基是 ATCG 这 4 种碱基中的任何两种碱基组成的碱基对，共 16 种碱基对，因此每种颜色对应着 4 种碱基对。3～5 位是随机的 3 个碱基，6～8 位是可以和任何碱基配对的特殊碱基。单向 SOLiD 测序包括 5 轮测序反应，每轮测序反应含有多次连接反应，由此得到原始颜色序列。SOLiD 序列分析软件根据“双碱基编码矩阵”把碱基序列转换成颜色编码序列，然后与 SOLiD 原始颜色序列进行比较。由于双碱基编码规则中一种颜色对应 4 种碱基对，前面碱基对的第二个碱基是后面碱基对的第一个碱基，因此一个错误颜色编码就会引起连锁的解码错误，改变错误颜色编码之后的所有碱基。SOLiD 序列分析软件可以对测序错误进行自动校正，最后解码成原始基因序列。因为 SOLiD 系统采用了双碱基编码技术，所以在测序过程中要对每个碱基判读两遍，从而减少原始数据错误，提供内在的校对功能，得到的原始基因序列的准确度大于 99.94%，而在 15×覆盖率时的准确度可以达到 99.999%，是目前新一代基因分析技术中准确度最高的。

三代测序技术

第三代测序技术是一种集高通量、快速度、长读长及低成本等多种优点于一身的新型测序技术。它最大的特点是无需进行 PCR 扩增，可直接读取目标序列，因此假阳性率大大减少，同时避免了碱基替换及偏置等常见 PCR 错误的发生。就精准度来说，第三代测序技术与第二代测序技术相比并不具有优势，错误率通常在 15%左右。但随着测序深度的加大及使用更正软件，其可达到 99.9%的准确率，因此第三代测序技术具有广泛的应用前景。

【SMRT 技术】

单分子实时测序（single molecule real-time sequencing，SMRT）技术是 PacBio 公司开发的新型 DNA 测序技术，其核心在于零模波导（zero-mode waveguide，ZMW）技术。ZMW 实质是一些直径为 100nm、厚度为 70nm 的微小纳米孔，此空间正好可容纳一个 DNA 聚合酶分子，从而使得在此位置可观察到合成 DNA 链的过程。由于成千上万个纳米孔同时作用，因此我们可重复观察到此现象。事实上，此时的 DNA 聚合酶才是整个测序过程的引擎。DNA 聚合酶附着在 ZMW 孔的底部，身上携带有荧光标记的碱基，每个碱基上有不同颜色的荧光染料。DNA 聚合酶以单个 DNA 分子为模板，当 DNA 聚合酶读取模板结合的不同碱基时就会发出不同颜色的荧光信号，此时检测器就可根据颜色来判别碱基种类。当反应完成后，荧光标记被聚合酶裂解而弥散到孔外，由此完成测序工作。长期以来单分子测序技术最大的瓶颈是在测序过程中生物材料会引起相当大的背景噪声，而 SMRT 的零模波导技术首次攻克了这一难题。

【纳米孔单分子测序技术】

牛津纳米孔（Oxford nanopore）测序技术不是采用以往“边合成边测序”的方法，而是采用“边解链边测序”的方法。核酸外切酶与 α-溶血素纳米孔相耦合是此测序平台的核心。纳米孔外包被有脂质双分子层，在其两端各有一对电极。脂质双分子层两侧的盐浓度不同，其主要作用是满足外切酶的活性条件。外切酶被共价结合在纳米孔的入口处，当单链 DNA 模板通过纳米孔时，外切酶会“捕捉”到 DNA 分子并将碱基剪切下来，使其依次单个通过纳米孔。已检测过的碱基被很快清除，因此不会出现重复测序现象。牛津纳米孔技术的关键在于控制碱基穿过纳米孔的速度。纳米孔长度仅为 5nm，因此为保证可监测到每个碱基，要求速度保持在 1nt/ms。研究已证实采用环糊精配接器与 α-溶血素纳米孔共价结合可有效降低其通过速率。因此当单个碱基通过接有环糊精配接器的纳米孔时，电流会受到干扰，从而可以根据不同的电流特征来判断相应的核苷酸种类。

【tSMS 技术】

真单分子测序（true single molecule sequencing，tSMS）技术需先对待测 DNA 样品进行裂解和变性处理以获得多条 DNA 单链，在其 3′端多聚腺苷酸化，使其带有 Poly(A)尾，末端腺苷酸用 Cy5 荧光染料标记。同时要在末端进行阻断，防止其在测序过程中延伸。带有 Poly(T)尾的寡聚核苷酸共价结合在玻璃盖片上，其作用是捕获模板，并作为延伸时的引物。这些玻璃盖片被随机放在流动槽里，当带 Poly(A)尾的 DNA 单链和带

Poly(T)尾的寡聚核苷酸结合后，CCD 相机记录杂交模板所处的位置，建立边合成边测序位点，同时解除 Cy5 荧光标记。随后与 DNA 聚合酶和荧光标记的核苷酸相混合，反应完成后洗脱掉未反应的 dNTP 及 DNA 聚合酶，最后通过 CCD 相机在激光作用下读取杂交模板信息。当标记解除后，加入下一种核苷酸及 DNA 聚合酶，依此反复循环，从而确定碱基序列。

基于全基因组测序的细菌耐药性研究

在无参考序列的情况下，凭借生物信息学分析方法直接对物种序列进行拼接、组装，最终获得该物种的基因组图谱，称为全基因组测序（WGS）或从头测序。全基因组测序有助于我们深入了解物种的基因组成及分子进化。

细菌携带的抗生素耐药基因可以通过多种分子方法来检测。与 PCR 和基因芯片不同，WGS 的优势在于能够筛选细菌基因组中与抗生素相关的多个基因和突变。2018 年，英国的一项研究评估了猪共生大肠杆菌的全基因组测序在抗生素耐药性监测中的应用，证实 WGS 是准确预测抗生素耐药性的强大工具。

Tran-Dien 等（2018）利用全基因组测序技术测定了 1911～1969 年从四大洲 31 个国家收集的 225 株肠血清型伤寒沙门菌分离株序列（这些分离株来自人类、动物、饲料和食物等），以深入了解氨苄青霉素耐药的细菌群体结构和机制。研究结果表明抗生素的使用与耐药性决定因素的选择之间的联系并不像人们通常认为的那么直接，非临床使用的窄谱青霉素（如氨苄青霉素）可能有利于携带 $bla_{\mathrm{TEM\text{-}1}}$ 基因的质粒在鼠伤寒沙门菌中的扩散。

Lim 等（2019）用牛津纳米孔技术 MinION 对来源于牛肺样本的溶血性曼氏杆菌的一株多重耐药菌株和一株泛敏菌株分别进行了 146×和 111×覆盖率测序。从头组装使得敏感菌株拥有完整的基因组，并为耐药菌株产生了几乎完整拼接的基因组。使用 RAST[使用子系统技术（subsystems technology）的快速注释]、CARD（综合抗生素耐药数据库）和 ResFinder 数据库进行功能注释，可鉴定出对不同种类的抗生素耐药的基因，包括 β-内酰胺、四环素、林可酰胺、苯甲酚、氨基糖苷、磺酰胺和大环内酯。溶血性曼氏杆菌的耐药表型通过抗生素的最低抑菌浓度（MIC）确定。用高度便携式的 MinION 装置进行的测序与 MIC 分析相对应，除编码氟喹诺酮类耐药的基因外，大多数抗生素耐药决定簇的识别数均低至 5437 个读长（reads）。由此产生的高质量拼接和抗生素耐药性基因注释突出了超长读长全基因组测序（WGS）的效率，在兽医诊断和生物学研究中是一种有价值的工具。

基于宏基因组学的细菌耐药性研究

近年来基于“应用现代基因组学技术直接研究自然状态下某一有机群落的全部微生物而无需分离单一菌株”的宏基因组学逐步显现出巨大优势，以其革命性的方法克服了大多数微生物的不可培养性。在过去的几年里，这一优势加上 DNA 高通量测序，揭示了以前在土壤、海洋、城市环境和宿主相关微生物群落等各个生态位中未发现的 ARG 的丰富性，并取得了丰硕成果。在一项对动物肠道微生物抗生素抗性的研究中，以奶牛粪便为宏基因组建立 DNA 文库，以期筛选出对抗生素 β-酰胺类、氯霉素类、氨基苷类以及四环素类的抗性基因。Pärnänen 等（2018）通过对母乳以及婴儿和孕妇肠道微生物进行宏基因组测序来研究婴儿肠道 ARG 的潜在来源。结果发现，婴儿的粪便 ARG 和 MGE 很类似于他们自己的母亲，并且母亲会和自己的婴儿共用母乳中的 MGE。婴儿通过基因转移获得了母亲过去使用抗生素产生的 ARG，大多数 ARG 似乎由婴儿肠道中数量有限的菌群携带，但是微生物群的组成仍然会严重影响整体的抗药性。因此影响婴儿肠道整体微生物群组成的活动（如母乳喂养或抗生素）可能会对婴儿期抗性基因负荷具有强烈影响。Wichmann 等（2014）利用 PacBio 测序技术对整个宏基因组进行测序分析，发现了变形菌门、拟杆菌门以及壁厚菌门等中存在多类抗生素抗性基因，且不同菌类中存在一些相同的抗生素抗性基因，表明这些抗生素抗性基因很可能在不同菌类（包括致病菌）间发生了水平化转移。这意味着抗生素抗性基因极有可能从农业生态系统转移到临床、食物系统，进而影响到人类健康。He 等（2020）通过宏基因组测序分析了医院、城市社区和郊区社区之间细颗粒物（particulate matter 2.5，$PM_{2.5}$）和可吸入颗粒物（inhalable particle of 10 μm or less，PM_{10}）携带的 ARG 分布，发现 *sul1*、*bacA* 和 *lnuA* 是空气样品中含量最丰富的 ARG 亚型，多药耐药基因和喹诺酮类耐药基因的丰度随着从医院到城市社区到郊区社区的距离的增加而减少，这表明医院 PM 可能是这些耐药基因的重要来源，并且在医院 PM 中发现了多种碳青霉烯酶耐药基因，说明 PM 中的 ARG 与人类活动存在密切关系，并且有通过空气传播的威胁。与 ARG 相对应，空气中细菌的分布在采样地点之间也显示出不同的模式，部分 ARG 还伴随着明显的季节波动。为了揭示人类污染与空气中 ARG 的关系，该研究应用克拉斯噬菌体（cross-assembly phage，crAssphage）作为人类污染的标志。但只在郊区社区中，crAssphage 丰度与 ARG 丰度之间存在着很强的正相关关系，表明除人为污染（如环境抗菌剂的选择）之外的其他重要因素可能影响 ARG 的出现。研究人员使用宏基因组比较相对原始的环境和受人类活动影响的环境中的抗生素抗性基因（ARG）和可移动遗传元件（MGE），发现 MGE 的多样性与 ARG 的丰度和多样性显著相关，因此，MGE 的多样性可能促进了 ARG 在不同微生物之间的转移。在受人为活动影响较小的冰川土壤中发现氟喹诺酮类抗生素也说明在任何给定的环境中，ARG 的存在并不能最终表明人为的影响。宏基因组学技术将从宏观上阐明不同生态系统中重要病原菌、耐药基因及耐药相关元件的演化、传播。

耐药基因序列的相关网站及数据库

抗生素的大量使用，导致耐药性菌株大规模增加，土壤、水体、人体和动植物等环境中都有大量新的抗药菌株和耐药基因被发现。对这些耐药菌株和基因进行监测，分析耐药基因动态，对于解析耐药基因产生机制、防止抗药菌株泛滥有着重要的意义。其中最核心的内容就是耐药基因数据库，一个完备、精确、更新及时的数据库，是耐药基因筛查工作的核心。

【耐药基因相关网站】

ResFinder 为在线耐药基因相关网站，ResFinder 整合了 ARDB 数据库、CARD 数据库上的众多数据，并实时更新，自网站上线以来得到了众多相关领域工作者的一致好评，现阶段该网站的网址为 https://cge.cbs.dtu.dk/services/ResFinder/。

【耐药基因数据库】

ARDB 数据库：自抗生素使用以来，对这些成分产生耐性的基因也逐渐被发现，为收集整理耐药性强的菌株，科学工作者整理了一系列相关的数据库，其中最先真正将各种微生物中的抗药基因全面整合起来的数据库，就是抗生素耐药基因数据库（Antibiotic Resistance Genes Database，ARDB）。ARDB 数据库整合了来自 NCBI 和 SwissProt 数据库的 13 254 个耐药基因信息，经过数据过滤和去重后，保留了 4554 个完整非冗余的耐药蛋白数据。这些蛋白数据和 GO 数据库、CDD 数据库、COG 数据库、物种信息等数据整合，并根据耐药机制进行归类，构成了 ARDB 数据库的核心架构。

CARD 数据库：抗性基因数据库的构建是一个复杂的系统工程，以 ARDB 为例，其从 2009 年上线以来鲜有更新。然而抗性基因并不是一成不变的，随着菌株的不断进化，以及新抗生素的生产和使用，新的耐药基因也陆续产生。如何让数据库能够与时俱进，适应不断更新的耐药基因信息，成为抗性基因数据库构建的一大难题。CARD 数据库在构建之初就充分考虑到了这一点，搭建了一个基于志愿者贡献的数据共享平台，以抗生素耐药性本体（antibiotic resistance ontology，ARO）为核心对抗性数据进行组织，以达到数据实时更新的效果。

ResFams 数据库：蛋白结构中，真正起到核心功能的是其中最核心的几个结构域。相比通过全序列相似度来进行数据库注释，基于隐马尔可夫模型（hidden Markov model，HMM）的结构域预测，能够更准确地对蛋白功能作出注释。特别是对于宏基因组数据，即便序列结构不完整的基因，只要保留了关键结构域，也能够很好地预测蛋白的核心功能。ResFams 以 CARD 的抗药基因数据为核心，结合已有的多个抗药基因数据库构建了 HMM，以提升抗药基因预测效果。基于土壤和人肠道环境宏基因组的抗药基因预测结果显示，ResFams 数据库预测得到的抗药基因数目优于 ARDB/CARD 的预测结果，与人工优化过的金标准预测结果相比假阳性率极低，显示了很好的预测效果。

细菌耐药性的不断增强已经成为当今社会不能忽视的重大问题，利用测序技术对耐药性菌进行研究有着重要的作用，随着第三代测序技术的出现，有望实现从基因水平及分子结构掌握微生物耐药性产生、传播及控制的机理，这对我们今后的科研工作及健康管理具有一定的指导意义。

基于多组学研究细菌耐药性

【转录组】

抗生素耐药基因作为可表达的基因组的一部分，同样可以利用转录组和蛋白质组的技术手段进行研究。Suzuki 等（2014）利用转录组数据通过基因表达谱预测抗生素抗性，通过分析抗生素压力下的抗性菌中抗生素耐药基因的表达规律，发现通过转录组数据可以用简单的线性模型拟合耐药基因的表达规律，进而预测细菌耐药性和敏感性的变化，并且可以通过少量基因的表达水平预测多药物耐药性表型。另外，通过转录组分析发现，不同突变型的耐药基因表达产生了相同的耐药表型，为后续的耐药基因表达研究提供了依据。随后 Papkou 等（2020）同样通过转录组分析研究了环丙沙星压力下的不同金黄色葡萄球菌分离株的基因表达谱，发现 *norA* 基因编码的 NorA 外排泵蛋白可以通过增加环丙沙星治疗下 DNA 拓扑异构酶的突变，进而提高适应性，*norA* 的扩增为菌株提供了快速进化的机制。

【宏转录组】

Marcelino 等（2019）利用宏转录组学技术，评估了在澳大利亚水禽和南极企鹅中微生物转录的抗生素抗性基因的多样性与丰度。该试验发现家禽携带耐药基因的种类和丰度均比野生条件下禽类携带耐药基因的种类和丰度水平高，另外该试验也探索出了耐药基因与相对应细菌物种的相关性，为耐药基因方面的探索提供了新的方法。但是受限于技术条件，目前宏转录组同转录组分析相比对于单个物种的表达量分析还有劣势，但是同宏基因组相比，宏转录组能提供更多的基因表达信息，为研究耐药基因的出现、传播和表达方面提供了新的手段。

【蛋白质组】

Rostock 等（2018）通过同源性和保守结构分析确定了氨苄西林耐药基因 *albA* 编码的 AlbA 蛋白属于 MerR 转录调节因子家族（激活多药物耐药性），随后利用体外琼脂扩散分析以及圆二色谱、NMR、荧光光谱对 AlbA 蛋白进行表征，结果表明同该家族中其他蛋白的结构相比，该蛋白具有的异常拓扑结构包含两个串联结构域，可将氨苄西林药物分子完全包裹，从而阐释了 AlbA 蛋白对氨苄西林的高亲和力。

Leiros 等（2020）通过对 β-内酰胺酶 OXA-10 和新发现的 OXA-665 的蛋白结构进行比对分析，解释了医院废水中的大肠杆菌表达的 OXA-665 对氧亚氨基取代的 β-内酰胺（如头孢他啶）活性降低的原因。在获得 OXA-10 同美罗培南和厄他培南的结合结构以及 OXA-665 同亚胺培南的结合结构后，分析出 OXA-665 的 L117 同 L155 结构域的范德瓦耳斯力相互作用导致 OXA-655 蛋白的亲水性降低，从而降低了底物亲和性。

基于信号通路预测和序列结构与功能的综合分析同样被用于抗生素耐药性方面的研究，如通过大规模筛选来研究基因功能的功能宏基因组学，可以为研究耐药基因功能以及寻找新型耐药基因提供相对准确的方法。

【功能宏基因组】

Böhm 等（2020）利用功能宏基因组学的方法发现并验证了新型氨基糖苷类耐药基因 *gar*。为了验证未知基因序列的功能，该试验采用了耐药基因序列的同源比对、分子结构比对以及保守编码区同源性比对等方法，确定了 *gar* 属于氨基糖苷类耐药基因，并且在随后同全球数据的比对后发现其已经在全球范围内分布。该试验在功能宏基因组学技术的基础上，综合多种分析思路，为发现新型耐药基因提供了技术手段。

主要参考文献

曹晨霞，韩琬，张和平．2016．第三代测序技术在微生物研究中的应用．微生物学通报，43(10): 2269-2276.

王红宁，夏青青，张安云，等．2006．一种动物源细菌四环素类药物耐药基因多重 PCR 检测技术：中国，200610022076.

解增言，林俊华，谭军，等．2010. DNA 测序技术的发展历史与最新进展．生物技术通报，(8): 64-70.

Anjum M F. 2015. Screening methods for the detection of antimicrobial resistance genes present in bacterial isolates and the microbiota. Future Microbiol, 10(3): 317-320.

Banerjee A, Mikhailova E, Cheley S, et al. 2010. Molecular bases of cyclodextrin adapter interactions with engineered protein nanopores. Proc Natl Acad Sci U S A, 107(18): 8165-8170.

Böhm M E, Razavi M, Marathe N P, et al. 2020. Discovery of a novel integron-borne aminoglycoside resistance gene present in clinical pathogens by screening environmental bacterial communities. Microbiome, 8(1): 41.

Clarke J, Wu H C, Jayasinghe L, et al. 2009. Continuous base identification for single-molecule nanopore DNA sequencing. Nat Nanotechnol, 4(4): 265-270.

Gibson M K, Forsberg K J, Dantas G. 2015. Improved annotation of antibiotic resistance determinants reveals microbial resistomes cluster by ecology. ISME J, 9(1): 207-216.

Harris T D, Buzby P R, Babcock H, et al. 2008. Single-molecule DNA sequencing of a viral genome. Science, 320(5872): 106-109.

He P, Wu Y, Huang W Z, et al. 2020. Characteristics of and variation in airborne ARGs among urban hospitals and adjacent urban and suburban communities: a metagenomic approach. Environ Int, 139: 105625.

Leiros H S, Thomassen A M, Samuelsen Ø, et al. 2020. Structural insights into the enhanced carbapenemase efficiency of OXA-655 compared to OXA-10. FEBS Open Bio, 10(9): 1821-1832.

Lim A, Naidenov B, Bates H, et al. 2019. Nanopore ultra-long read sequencing technology for antimicrobial resistance detection in *Mannheimia haemolytica*. J Microbiol Methods, 159: 138-147.

Liu B, Pop M. 2009. ARDB—Antibiotic Resistance Genes Database. Nucleic Acids Res, 37: D443-D447.

Marcelino V R, Wille M, Hurt A C, et al. 2019. Meta-transcriptomics reveals a diverse antibiotic resistance gene pool in avian microbiomes. BMC Biol, 17(1): 31.

McArthur A G, Waglechner N, Nizam F, et al. 2013. The comprehensive antibiotic resistance database. Antimicrob Agents Chemother, 57(7): 3348-3357.

McArthur A G, Wright G D. 2015. Bioinformatics of antimicrobial resistance in the age of molecular epidemiology. Curr Opin Microbiol, 27: 45-50.

McCarthy A. 2010. Third generation DNA sequencing: pacific biosciences' single molecule real time technology. Chem Biol, 17(7): 675-676.

Papkou A, Hedge J, Kapel N, et al. 2020. Efflux pump activity potentiates the evolution of antibiotic resistance across *S. aureus* isolates. Nat Commun, 11(1): 3970.

Pärnänen K, Karkman A, Hultman J, et al. 2018. Maternal gut and breast milk microbiota affect infant gut antibiotic resistome and mobile genetic elements. Nat Commun, 9(1): 3891.

Rostock L, Driller R, Grätz S, et al. 2018. Molecular insights into antibiotic resistance—How a binding protein traps albicidin. Nat Commun, 9(1): 3095.

Silliker J H, Taylor W I. 1957. The relationship between bacteriophages of *Salmonellae* and their O antigens. J Lab Clin Med, 49(3): 460-464.

Stubberfield E, AbuOun M, Sayers E, et al. 2019. Use of whole genome sequencing of commensal *Escherichia coli* in pigs for antimicrobial resistance surveillance, United Kingdom, 2018. Euro Surveill, 24(50): 1900136.
Suzuki S, Horinouchi T, Furusawa C. 2014. Prediction of antibiotic resistance by gene expression profiles. Nat Commun, 5: 5792.
Tran-Dien A, Le Hello S, Bouchier C, et al. 2018. Early transmissible ampicillin resistance in zoonotic *Salmonella enterica* serotype Typhimurium in the late 1950s: a retrospective, whole-genome sequencing study. Lancet Infect Dis, 18(2): 207-214.
Treffer R, Deckert V. 2010. Recent advances in single-molecule sequencing. Curr Opin Biotechnol, 21(1): 4-11.
Wichmann F, Udikovic-Kolic N, Andrew S, et al. 2014. Diverse antibiotic resistance genes in dairy cow manure. mBio, 5(2): e01017.

第五章　动物源细菌对抗菌药物的耐药性

第一节　埃希菌属及其对抗菌药物的耐药性

病　原　学

【形态培养、生化特征】

埃希菌属（*Escherichia*）是肠杆菌中的一个属，革兰氏阴性、无芽孢、需氧、兼性厌氧。大肠埃希菌（*E. coli*）又称大肠杆菌，是该菌属最重要的代表种，为革兰氏阴性的短杆菌，通常无荚膜，两端钝圆，大小 0.5μm×（1～3）μm。周生鞭毛，能运动，无芽孢。在普通牛肉膏蛋白胨培养基上易于生长，于 37℃下 24h 形成透明浅灰色的湿润菌落；在肉汤培养基中生长旺盛，肉汤高度浑浊，形成浅灰色易摇散的沉淀物，一般不形成菌膜。甲基红试验阳性，VP 试验阴性。能分解乳糖，因而在麦康凯培养基上生长可形成红色的菌落。不利用丙二酸钠，不能利用枸橼酸盐，不液化明胶；不产生尿素酶、苯丙氨酸脱氢酶和硫化氢。

【种类、抗原结构】

埃希菌属包括 6 个种，即大肠埃希菌、蟑螂埃希菌（*E. blattae*）、费格森埃希菌（*E. fergusonii*）、赫曼埃希菌（*E. hermannii*）、伤口埃希菌（*E. vulneris*）和爱博特埃希菌（*E. albertii*），本属菌周生鞭毛，能运动，发酵葡萄糖、分解乳糖。大肠杆菌的抗原主要有 O、K、H 三类，已报道确定的大肠杆菌 O 抗原有 173 种、K 抗原有 80 种、H 抗原有 56 种，有些菌株还有 F 抗原，有 17 种。自然界中存在的大肠杆菌血清型数量众多，但只有少数血清型有致病性。大肠杆菌 O 抗原在细菌菌体细胞壁中，属多糖、磷脂与蛋白质的复合物，大肠杆菌 O 抗原表现耐热特征，抗 O 血清与菌体抗原可表现高滴度凝集。K 抗原存在于菌体表面，为荚脂多糖抗原。有 K 抗原的菌体不能被抗 O 血清凝集，但有抵抗吞噬细胞的能力。H 抗原即鞭毛蛋白，是大肠杆菌分类的重要表面抗原。在 F 抗原即菌毛抗原中，已知有 4 种对小肠黏膜上皮细胞有固着力，不耐热、有血凝性，称为黏附素。引起仔猪黄痢的大肠杆菌的菌毛，以 K88 最为常见。致病性大肠杆菌与肠道内寄居的大量的非致病性大肠杆菌，在染色、形态、培养特性和生化反应等方面无差别，但在抗原组成上有所不同。

【分离与鉴定】

病原菌的分离鉴定是确证该病的关键，为了分离到病原性大肠杆菌，应于感染急性期采集样品，无菌采集病变组织器官（如心、肝、脾、肾、淋巴结等）、血液、分泌物，腹泻幼畜采集各肠段内容物或黏膜刮取物以及相应肠段的淋巴结。分离培养细菌的常用培养基为麦康凯琼脂培养基、伊红-亚甲蓝琼脂培养基，分离到的大肠杆菌需进一步作病原性鉴定，如肠毒素测定、黏附素测定、动物致病性试验等，并进行血清型鉴定。

分子生物学检测：可以用PCR方法检测大肠杆菌肠毒素的不耐热肠毒素（heat-labile enterotoxin，LT）、耐热肠毒素（heat-stable enterotoxin，ST）基因，目前细菌16S rRNA鉴定、细菌基因组二代和三代测序技术已广泛用于细菌的鉴定。

【抵抗力】

该菌无特殊抵抗力，对外界环境的抵抗力不强，在自然界水中可以存活数周至数月。60～70℃加热15～30min可以使大多数菌株灭活，该菌耐冷冻，可在低温条件下长期存活，对一般化学消毒剂都较敏感。

【致病性】

埃希菌属的代表种大肠杆菌是肠道内共生菌，它也是导致畜牧业中细菌性疾病最常见的病原之一，不同动物感染后具有不同的病理变化和临床症状，常常与其他病原并发或混合感染，发病率和死亡率较高，给养殖业带来了严重的经济损失。根据大肠杆菌的毒力因子和发病机理不同可将其分为：产肠毒素大肠杆菌（enterotoxigenic *Escherichia coli*，ETEC）、肠致病性大肠杆菌（enteropathogenic *Escherichia coli*，EPEC）、肠出血性大肠杆菌（enterohemorrhagic *Escherichia coli*，EHEC）、肠侵袭性大肠杆菌（enterinvasive *Escherichia coli*，EIEC）、肠聚集性大肠杆菌（enteroaggregative *Escherichia coli*，EAEC）。ETEC是人和幼畜（初生仔猪、犊牛、羔羊及断奶仔猪）腹泻最常见的致病性大肠杆菌，初生幼畜被ETEC感染后常因剧烈水样腹泻导致脱水而死亡，发病率和死亡率都很高，其致病因子包括黏附素、内毒素、肠毒素（外毒素），3种因子共同作用引起发病。EPEC和EHEC中有部分血清型有产生类似志贺毒素的能力，又称为产志贺毒素大肠杆菌（Shiga toxin-producing *Escherichia coli*，STEC）。EPEC可引起婴幼儿及猪腹泻，排泄物通常为水样，一般不含血液和炎性细胞，其特征组织损伤是被感染的小肠细胞的黏附和脱落。EHEC可引起人出血性肠炎和溶血性尿毒综合征，腹泻通常为出血性腹泻。STEC的某些菌株（O141:K85、O138:K81、O139:K82）是猪水肿病的病原菌，导致猪出现水肿和神经症状。STEC的血清型有160种以上，有2/3是O157:H7，可通过污染食品而引起人类疾病，同时与犊牛出血性结肠炎有密切关系。EIEC可经结膜、口或脐带而感染，EIEC普遍存在由质粒编码的黏附素F17，经口进入后黏附在肠道靶细胞，被上皮细胞摄入后进入淋巴、血液，引发内毒血症，许多有侵袭力的细菌可产生溶血素，引起肝、脾、关节、脑膜的炎症反应，并可以引起心包膜、腹膜和肾上腺皮质出血。O157:H7是大肠杆菌的一个血清型，该种病菌常见于动物的肠内，O157:H7会释放一种强烈的毒素，并可能导致肠管出现带血腹泻的严重症状。EAEC可导致断奶仔猪、犊牛发生腹泻等疾病，其会黏附于小肠上皮细胞，分泌由*agg*基因编码的蛋白（EAST1和Pet），形成一种促进细菌间相互黏附的微生物层“生物膜”。

禽致病性大肠杆菌（avian pathogenic *Escherichia coli*，APEC）对禽的致病性。Lafront等（1984）首次报道大肠杆菌引起了禽的大批死亡，APEC大多数只对禽有致病性，对人和其他动物的致病性较低，但鸡和火鸡对O157:H7也易感，并且O157:H7可通过污染禽产品而引起人感染。新生儿脑膜炎大肠杆菌与某些禽源大肠杆菌相关。APEC主要血清型（O1:K1、O2:K1、O78:K78等）引发的禽大肠杆菌病，主要表现为气囊炎、心包炎、肝周炎、肺炎、腹膜炎和输卵管炎等，有时会出现急性败血症。鸡大肠杆菌病还可引起胚胎死亡等，鹅大肠杆菌病可引起产蛋量下降、腹泻等，丹顶鹤、鸵鸟都出现过大肠杆菌引起的死亡等病症。APEC的毒力因子有黏附素（F1和P菌毛）、溶血素、毒素、铁离子获得系统、血清抵抗蛋白、大肠杆菌V质粒、荚膜和脂多糖复合物等。APEC可能是编码耐药因子和毒力因子的基因与质粒的重要来源，APEC常含有大肠杆菌素和Ⅰ型菌毛，其摄取铁的能力也对其毒力有重要影响，整个禽的肠道都有耐热肠毒素受体。禽大肠杆菌病可导致禽死亡率增加、生长缓慢和胴体加工过程中废弃物增加等负面影响，同时还带来大量的药物、疫苗和人工费等的支出，造成巨大经济损失。相关资料表明，鸡大肠杆菌病居细菌性疾病之首，占细菌性疾病的30%以上。我国每年因大肠杆菌病而死的鸡有3000多万只，经济损失达数亿元，另外鸭、鹅、鸽、鹌鹑患大肠杆菌病也会引起巨大的损失。20世纪80年代以来，禽大肠杆菌不断在我国蔓延和扩散，几乎所有养禽业发达的国家和地区都发现了大肠杆菌所致的不同类型疾病的报道。禽大肠杆菌病的巨大危害已引起了我国研究者的重视，近十余年来取得的成果，为我国禽大肠杆菌病的诊断和防治提供了科学的依据。

猪源性大肠杆菌引起猪大肠杆菌病。猪消化道传染病以腹泻为主，流行面广、发病率高、死亡率较高，严重制约着养猪业的发展。大肠杆菌广泛存在于环境中，当饲养管理不当或卫生条件较差时，环境中的大肠杆菌会更加频繁地通过消化道进入猪只体内。猪大肠杆菌病根据发病日龄、血清型的差异和临床症状不同，可分为仔猪白痢、仔猪黄痢、猪水肿病。仔猪白痢是由大肠杆菌引起的10日龄左右仔猪发生的消化道传染病，临床上以排灰白色粥样稀便为主要特征，发病率高，但致死率低。猪肠道菌群失调带来的大肠杆菌大量繁殖是该病的重要病因，气候变化、饲养管理不当可诱发该病。仔猪黄痢是1～7日龄的仔猪发生的一种急性、高致死性的疾病，临床上以剧烈腹泻、排黄色水样稀便、迅速死亡为特征，剖检常有肠炎和败血症。从病猪分离到的大肠杆菌有溶血性和非溶血性两类，O抗原型因不同地域和不同时期而不同，但在同一地点的同一流行中，常限于1～2个型，多数病原菌株都有黏附素并产生肠毒素，这是大肠杆菌引起仔猪黄痢的两个主要因素。猪水肿病是由溶血性大肠杆菌毒素所引起的以断奶仔猪眼睑或其他部位水肿、神经症状为主要特征的疾病。该病多发于仔猪断奶后1～2周，发病率为30%左右，病死率达90%以上。

大肠杆菌对多种动物的致病性。犊牛大肠杆菌病在临床上分为腹泻型、肠毒血症型以及败血症型三种病型。羔羊大肠杆菌病分为肠型和败血型两种。幼驹大肠杆菌病、骆驼大肠杆菌病、兔大肠杆菌病、麝大肠杆菌病、水貂大肠杆菌病、鹿大肠杆菌病、狐大肠杆菌病以及大熊猫大肠杆菌病均有发病报道。在动物中，大肠杆菌是腹泻的主要原因之一。这些产生肠毒素的大肠杆菌通过吸附性菌毛的表达在肠道表皮驻扎、定植，如菌毛 F4（以前称为 K88）、F5（K99）、F6（987P）、F17 和 F18，它们可以产生各种各样的肠毒素，其中不耐热毒素和肠聚集性热稳定肠毒素 1（enteroaggregative heat-stable enterotoxin 1，EAST1）可导致腹泻。产毒素大肠杆菌可以感染多种动物，大部分是年幼动物，尤其是和食品生产相关的动物，还可以感染伴侣动物，比如犬。

不同类型的大肠杆菌对人的致病性。肠致病性大肠杆菌可引起婴幼儿腹泻，传染性强，5～6 月为发病高峰，典型症状为水样或黏液性腹泻，无发热，腹痛和全身症状不明显，常有脱水和酸中毒。产肠毒素大肠杆菌可引起人的肠炎，不分年龄均可发病，多由水和食物受污染引起，典型症状为分泌性水泻、腹部痉挛、恶心、呕吐、发热、头痛和肌肉乏力，可引起酸中毒和肾衰。肠侵袭性大肠杆菌、肠出血性大肠杆菌感染人，除可引起不同程度的腹泻外，还可导致肠道出血、败血症等。大肠杆菌引起的人的尿道感染可以导致发热、膀胱炎、肾炎等，还可以导致新生儿脑炎，表现为体温升高、神志不清等。大肠杆菌引起的人肺炎表现为发热、咳嗽、呕吐、腹泻等症状。

流行病学与公共卫生意义

【流行病学】

大肠杆菌广泛存在于自然界，人和动物是自然界中大肠杆菌的主要来源，环境中大肠杆菌的数量与人和动物排泄物的污染程度有关，作为正常菌群存在时，大肠杆菌和肠道内其他细菌互相制约、相互协同，对维护人和动物健康有重要意义，大肠杆菌的部分菌株具有致病性和条件致病性，一些非毒力菌株也可以获取毒力基因而转变为具有致病力的菌株。在卫生条件差、饲养管理不良的情况下，大肠杆菌病很容易发生。大肠杆菌对环境的抵抗力很强，它们可附着在粪便、土壤、尘埃、孵化器及蛋壳表面等处，并能长期存活。

发病动物、健康带菌动物是该病的重要传染来源，致病性大肠杆菌通常通过粪口途径传播，禽大肠杆菌的感染途径主要包括经蛋、呼吸道和消化道感染。大肠杆菌致病性与菌株的毒力和数量相关，所有动物对该菌均有不同程度的易感性，不良的饲养管理方式、应激或并发其他病原感染都可成为大肠杆菌病的诱因。

【公共卫生意义】

致病性大肠杆菌也是重要的人畜共患病病原，一旦感染，将造成严重疫情，最具代表性的就是血清型为 O157:H7 的大肠杆菌，它是肠出血性大肠杆菌家族中的一员，美国在 1982 年、1984 年、1993 年曾三次发生 O157:H7 的暴发性流行，日本也曾在 1996 年暴发过 9000 多人的大流行，多数报告病例是大阪府 62 个公立小学的儿童，其中部分患者出现溶血性尿毒综合征。2011 年，在德国暴发一次大肠杆菌感染事件，是由出血性大肠杆菌 O104 引起的食物中毒事件，感染症状类似 O157:H7，但毒力更为猛烈，迅速席卷欧洲以及美国，引起人们的恐慌，最终造成 12 个国家将近 3000 人感染，30 余人死亡。

产肠毒素大肠杆菌（ETEC）和肠致病性大肠杆菌（EPEC）也是发展中国家传染性腹泻的主要原因之一。据估计全球 5 岁以下儿童中，ETEC 引起的腹泻人数每年为 650 万，死亡人数为 38 万。2005 年，在我国太原某大学感染性腹泻暴发，近 3500 名学生中，有 209 例发病，经现场流行病学调查、临床表现和实验室检测证实为一起因水源污染导致的 O125:K70 感染性腹泻暴发性流行。2007 年，我国深圳市暴发了一起因感染 ETEC 引起的群体性腹泻，18 份肛拭子中检出 4 株产肠毒素大肠杆菌，证实其为同一血清型 O78:K80，菌株同源性达到 96.3%。

因大肠杆菌污染而召回产品的公共卫生事件层出不穷。2018 年，在加拿大艾伯塔省，受大肠杆菌污染的猪肉影响，40 人感染大肠杆菌，其中 1 人身亡，12 人住院治疗。随后，生产这些猪肉的公司将其分销的猪肉全面召回，包括生肉、冷冻肉、猪肉末、香肠等。2018 年，疑染大肠杆菌，美国 14 个州和加拿大卫生局紧急召回市场上在售的一部分花椰菜、红叶生菜和绿叶生菜。2019 年，美国农业部表示，肉品加工厂嘉吉肉类解决方案（Cargill Meat Solutions）生产的碎牛肉，怀疑受到大肠杆菌污染，并造成至少 1 人死亡、17 人不适，工厂从全美国召回 13.2 万磅[①]牛肉馅。2019 年，科罗拉多州奥罗拉（Aurora）包装公司在产品抽检中发现过量大肠杆菌，在全美国召回 62 112 磅（约 28 174kg）生牛肉，受污染牛肉种类包括牛小排、牛腩、牛肋眼。2019 年 3 月，法国几个地区有 13 名年幼的小孩因感染 O26 型大肠杆菌，出现溶血性尿毒综合征的症状。在调查患病原因的过程中，发现其中一些小孩在开始出现患病症状之前吃过超市出售的奶酪。

由于大肠杆菌广泛分布于自然界，并不断从人和动物机体排出体外，在公共卫生领域，大肠杆菌一直被作为粪源性污染的细菌卫生学指标和卫生监测指示菌，我国有国家标准和行业标准制定了食品、动物产品中大肠杆菌的检验与监测方法。

对抗菌药物的耐药性

大肠杆菌对抗菌药物易产生耐药性，并可通过菌毛将耐药质粒传递给其他大肠杆菌，给大肠杆菌病的防控带来了较大的挑战。抗菌药物的广泛使用、以亚治疗剂量添加于饲料中作为促生长剂等，加快了大肠杆菌耐药性的发展，使多重耐药现象日益严重。动物源耐药菌株可能会通过动物源食品、环境及与动物接触传播给人类，导致严重的公共卫生安全问题。兽医领域出台了针对细菌耐药性的行动计划，不断建议兽医谨慎使用抗生素，并强调需要考虑所有的其他预防和治疗选择，将抗生素的使用限制在非必要不使用的情况下。农场的整体消毒、卫生程序和疫苗接种也是改善抗生素使用的必要措施。由于抗生素对大肠杆菌所在的肠道菌群有重大影响，多重耐药的大肠杆菌（如 ESBL/AmpC 大肠杆菌等）已成为对动物源细菌或者“One Health”计划的耐药性评估指示剂。

大肠杆菌可以通过不同的途径如直接接触、动物排泄物接触或者是食物链在人和动物之间传播毒力因子与耐药性，同时也可以作为耐药基因的重要储存库，这可能会导致

① 1 磅=1lb=0.453 592kg

人医和兽医领域的抗生素治疗失效。在过去的十年内，大量的耐药基因在动物源大肠杆菌中被检测到，其中大部分都是通过基因水平转移而获得的。在肠杆菌科细菌的基因池中，大肠杆菌既可以作为耐药基因的供体，也可以作为受体，因此它可以从其他的细菌中获得耐药基因，同时还能够将这些耐药基因再传递给别的细菌。总之，在世界范围内，大肠杆菌的耐药性已经成为兽医和人医领域的主要挑战，需要持续关注。

【对β-内酰胺类药物耐药】

产β-内酰胺酶的大肠杆菌。动物源的大肠杆菌中有许多基因可介导对β-内酰胺产生耐药性。例如，$bla_{\mathrm{TEM\text{-}1}}$ 在动物的大肠杆菌中广泛传播，可编码可灭活青霉素和氨基青霉素的窄谱β-内酰胺酶。然而，人类和动物源的大肠杆菌中出现了编码 ESBL/AmpC 的基因，还偶尔在动物源的大肠杆菌中检测到编码碳青霉烯酶的基因。

根据布什（Bush）和雅各比（Jacoby）对β-内酰胺酶的最新功能分类，超广谱β-内酰胺酶（ESBL）主要属于 Ambler 分类的 A 类和 B 类。产生 ESBL 的大肠杆菌菌株在兽医学上具有重要的临床意义，因为它们赋予了细菌对青霉素、氨基青霉素和头孢菌素的耐药性，其中包括第三代头孢菌素头孢噻呋和头孢呋辛以及第四代兽用头孢菌素头孢喹肟。因此，ESBL 可能是细菌感染治疗失败的原因之一，并限制了兽医的治疗药物选择，在越来越多的食品和伴侣动物的大肠杆菌中发现了 ESBL。动物中产生 ESBL 的大肠杆菌不仅能从感染部位分离出来，还能从粪便中分离出来。此外，还在野生动物中检测到产生 ESBL 的大肠杆菌，证实了这些耐药基因的广泛分布。

TEM 和 SHV-ESBL 是 20 世纪 80 年代最早报道的 ESBL，在 2000 年之前一直占主导地位。之后，头孢噻肟高水解活性的超广谱β内酰胺酶（ESBL with high hydrolytic activity of cefotaxime，CTX-M-ESBL）就出现了，并主要在世界各地动物来源的共生和致病性产 ESBL 的大肠杆菌分离株中得到鉴定。尽管进行了许多调查和监测研究，但这种转变的原因仍不清楚。同时，很难比较产 ESBL 的大肠杆菌菌株的流行率数据，因为一些耐药性监测程序记录了动物源性大肠杆菌分离株中头孢菌素的耐药率，但并未确定这种耐药性是否是基于 ESBL，而且在监测项目中对 ESBL 基因的分子鉴定并不系统。尽管如此，欧洲食品安全局指出生产食品的动物对头孢噻肟的耐药性因国家和动物种类而异。此外，ESBL 基因 $bla_{\mathrm{CTX\text{-}M\text{-}1}}$、$bla_{\mathrm{CTX\text{-}M\text{-}14}}$、$bla_{\mathrm{TEM\text{-}52}}$ 和 $bla_{\mathrm{SHV\text{-}12}}$ 与其他 $bla_{\mathrm{CTX\text{-}M}}$、$bla_{\mathrm{TEM}}$ 和 bla_{SHV} 变异基因一起被确定为最常见的 ESBL 基因。

在德国进行的一项大型研究分析了产 ESBL 的大肠杆菌分离株，这些分离株是 2008～2014 年 GERM-Vet 监测项目从患病的食品动物身上收集的。该研究在 69.9%的产 ESBL 菌株中检测到 $bla_{\mathrm{CTX\text{-}M\text{-}1}}$ 基因，其次是 $bla_{\mathrm{CTX\text{-}M\text{-}15}}$ 基因（占 13.6%），$bla_{\mathrm{CTX\text{-}M\text{-}14}}$ 基因占 11.7%，$bla_{\mathrm{TEML\text{-}52}}$ 基因占 1.9%，$bla_{\mathrm{SHV\text{-}12}}$ 基因占 1.4%，$bla_{\mathrm{CTX\text{-}M\text{-}3}}$ 和 $bla_{\mathrm{CTX\text{-}M\text{-}2}}$ 分别占 1.0%和 0.5%。ESBL 基因的分布随动物宿主和分离部位的不同而不同。例如，从牛犊肠炎病例中分离出的产 ESBL 的大肠杆菌要比从牛乳房炎病例中分离出的更为常见。而且地理位置也起着作用，如 Day 等（2016）的研究确定了基因 $bla_{\mathrm{CTX\text{-}M\text{-}1}}$ 是德国产牛 ESBL 的大肠杆菌中最常见的基因，而英国的牛大肠杆菌中 $bla_{\mathrm{CTX\text{-}M\text{-}15}}$ 最为常见。在欧洲伴侣动物中产 ESBL 的大肠杆菌中，最常见的基因是 $bla_{\mathrm{CTX\text{-}M\text{-}1}}$，但也经常发现

bla$_{CTX-M-15}$基因。在美国，*bla*$_{CTX-M-15}$基因在引起伴侣动物尿道感染的产ESBL的大肠杆菌中占主导地位。在欧洲，*bla*$_{CTX-M-14}$基因的频率较低，但其却是亚洲家禽、伴侣动物和人类中最常见的ESBL基因。

ESBL基因在动物大肠杆菌中的传播主要受水平基因转移的驱动。ESBL基因与几个插入序列（IS）相关，如IS*Ecp1*、IS*RC1*、IS*26*和IS*10*。大多数ESBL基因位于质粒上，而关于ESBL基因整合到动物源性大肠杆菌的染色体DNA中的情况则少有报道。从大肠杆菌中携带ESBL的质粒中鉴定出的最普遍的复制子类型是IncF、IncI、IncN、IncHI1和IncHI2，但是其他复制子类型的质粒在ESBL基因的传播中也起作用。Day等（2016）在341个可转移质粒上鉴定了16个ESBL基因，属于19种复制子类型。尽管存在这种复杂性，但某些携带ESBL基因的质粒似乎比其他质粒更成功。在大流行的大肠杆菌克隆株O25:H4-ST131中已检测到携带*bla*$_{CTX-M-15}$的属于IncF家族的质粒。通常在属于IncN或IncI1家族的质粒上鉴定出ESBL基因*bla*$_{CTX-M-1}$，而在IncK质粒上检测到*bla*$_{CTX-M-14}$，在IncL/M质粒上检测到*bla*$_{CTX-M-3}$。IncI1、IncK和IncX质粒带有ESBL基因*bla*$_{SHV-12}$。除携带ESBL基因外，有些质粒还带有其他耐药基因，当使用相应的抗菌剂时，即使没有β-内酰胺的选择压力，也可以促进携带ESBL基因的质粒的共选择。

众多研究试图弄清楚人源的产ESBL大肠杆菌是否源于动物病原菌，这些研究大多找不到明显的联系，动物和人类代表不同克隆谱系的库，它们拥有不同的ESBL决定簇。然而，荷兰的一项研究表明，大量与人或家禽相关的产ESBL大肠杆菌分离株携带相似的ESBL编码质粒，这表明质粒可能是食物链传播的常见载体。确实，许多研究指出，尽管广谱头孢菌素尚未获准用于家禽业，但鸡可能是ESBL的重要储存库，这已成为全世界关注的问题。据报道，产ESBL的大肠杆菌是肉鸡和蛋鸡感染的原因，在很多国家，包括根据兽医临床国家行动计划减少抗菌药物使用的国家，大肠杆菌也会感染活鸡和零售鸡肉。

产获得性AmpC头孢菌素酶的大肠杆菌。尽管A类ESBL酶是大肠杆菌中获得性广谱头孢菌素耐药性的最常见来源，但C类β-内酰胺酶（也称为AmpC型酶）对这些抗菌剂也具有高水平的耐药性。编码质粒的主要AmpC酶是CMY型、DHA型和ACC型β-内酰胺酶，其中CMY型酶在全世界范围内的检出率较高。在动物中，大多数鉴定出的AmpC酶属于CMY型。丹麦进行的一项研究从禽肉、家禽和犬中鉴定出了产CMY-2的大肠杆菌分离株，研究表明，*bla*$_{CMY-2}$的传播主要是由于IncI1-γ和IncK质粒的传播。在瑞典，尽管通常产CMY-2的大肠杆菌对广谱头孢菌素的耐药率较低，但在检查瑞典鸡肉、瑞典家禽和进口鸡肉后，证明了产CMY-2的大肠杆菌的存在。瑞典肉鸡行业中产CMY-2大肠杆菌的出现归因于从英国进口的1天大的雏鸡，可能是由于英国在出口前已对雏鸡进行了预防性广谱头孢菌素的治疗。同时，候鸟也可能会被CMY-2阳性大肠杆菌所定植。在佛罗里达州进行的一项研究中，从海鸥的粪便中分离了不同克隆型的产CMY-2的大肠杆菌。*bla*$_{CMY-2}$基因主要在IncI1质粒上发现，这和人类来源的分离株报道一致。因此，在美国这些分离株的遗传特征与已知的人类分离株的遗传特征之间存在显著相关性。可见，长途迁徙的鸟类可能作为这种多重耐药分离株的来源和储存库。

产获得性碳青霉烯酶的大肠杆菌。碳青霉烯酶很少在动物大肠杆菌中发现，这可能是碳青霉烯类药物的选择性压力非常弱的结果，因为这些抗菌药物在兽药中并未获准使用（或仅在个别情况下，对于非食用的动物而言）。然而，研究人员已经从动物中分离出了含碳青霉烯酶的大肠杆菌，这引起了人们的关注。在动物大肠杆菌分离株中鉴定出的第一个碳青霉烯酶决定簇是 VIM-1，是从德国的一头猪中分离获得的。之后，德国不同养猪场中也发现了其他产生 VIM-1 的大肠杆菌分离株。迄今为止，这种碳青霉烯酶从未在其他地方的动物分离株中发现过。大肠杆菌中鉴定出的其他碳青霉烯酶是 NDM-1 和 NDM-5。NDM-1 已在美国和中国的犬、猫及猪中分离出来。在中国、印度和阿尔及利亚已从牛、家禽、犬、猫和鱼中检出 NDM-5。在澳大利亚从银鸥中回收的大肠杆菌分离株中已鉴定出编码 IMP-4 的基因。有趣的是，在德国、法国、黎巴嫩、阿尔及利亚和美国的犬、猫与鸡的大肠杆菌分离株中发现了 OXA-48 碳青霉烯酶，这是欧洲人类肠道细菌分离株中最普遍的碳青霉烯酶。OXA-181 的基因是在人类中越来越多地报道的 OXA-48 基因的变体，在意大利猪的大肠杆菌分离株中也发现了该基因。尽管 A 类 β-内酰胺酶 KPC 是世界上某些地区（包括北美洲、中国和某些欧洲国家）人类分离株中最常鉴定出的碳青霉烯酶之一，但到目前为止，除了从来自巴西患有尿道感染的一只犬身上获得了带有 $bla_{\mathrm{KPC\text{-}2}}$ 的分离株，尚未在动物大肠杆菌分离株中鉴定出这种碳青霉烯酶。总体而言，在不同国家的动物中鉴定出的不同碳青霉烯酶基因反映了在这些国家的人类分离株中最普遍的碳青霉烯酶的类型。考虑到在动物中未使用碳青霉烯类药物，仍需确定在动物中哪种抗菌药物选择性压力负责选择此类碳青霉烯酶。此外，还有待评估动物是否可以作为这些耐药特征向人类传播的潜在来源，或者这类基因在人类病原菌中是否具有更高的流行率，最终能否通过环境传播给动物。

【对喹诺酮类药物耐药】

喹诺酮类药物是治疗动物各种类型感染的重要抗菌剂。实际上，它们对很多细菌都有杀菌作用。对这些抗菌药物的耐药性通常是由于药物靶标（即 DNA 促旋酶和拓扑异构酶Ⅳ的基因）发生突变，但其他机制（如外膜通透性降低、靶标结构的保护或外排泵表达上调，以及这些年才发现的质粒介导的大肠杆菌对氟喹诺酮类药物的耐药性）也可能发挥作用。

染色体靶位点突变介导的大肠杆菌对喹诺酮类药物的耐药。大肠杆菌中喹诺酮的主要靶标是 DNA 促旋酶，该促旋酶由两个 GyrA 亚基和两个 GyrB 亚基组成。拓扑异构酶Ⅳ构成革兰氏阴性细菌的第二个靶标，该酶由两个 ParC 亚基和两个 ParE 亚基组成。发现的大多数突变都在喹诺酮类耐药决定区域内，该区域位于 GyrA 中的 Ala67 和 Gln107 之间，并且最常见的突变发生在第 83 和 87 号密码子上。*gyrA* 基因中的单个突变可能赋予大肠杆菌对喹诺酮类药物的耐药，但是对于喹诺酮类药物的耐药，需要在 *gyrA* 和 *parC* 内进行进一步的突变。大多数 *parC* 突变发生在第 80 和 84 号密码子上。在伴侣动物的临床大肠杆菌分离株中，在 *gyrA* 的第 83 和 87 号密码子以及 *parC* 的第 80 和 84 号密码子中检测到了不同的突变组合。在患病食物生产动物的大肠杆菌分离株中也描述了 *gyrA* 和 *parC* 内的突变。

质粒介导的大肠杆菌对喹诺酮类药物的耐药性。自从 1997 年鉴定出第一个质粒介导的喹诺酮抗药性（PMQR）决定簇 *qnrA1* 以来，PMQR 基因的全球传播引起了人们的广泛关注。目前已经鉴定了几种质粒编码的耐药机制，包括：保护 DNA 免受喹诺酮结合的 Qnr 样蛋白（QnrA、QnrB、QnrC、QnrD 和 QnrS）；AAC(6′)-Ⅰb-cr 乙酰转移酶修饰某些氟喹诺酮类药物，如环丙沙星和恩诺沙星；主动外排泵（QepA 和 OqxAB）。总体而言，这些耐药性决定因素并未赋予大肠杆菌对喹诺酮类药物高水平的耐药性，但是它们可能通过其他染色体编码的机制协同作用实现较高的耐药性。

在动物分离株中广泛鉴定出喹诺酮抗药性。尤其是在中国，许多研究表明在生产食物的动物中 *qnr*、*aac(6′)-Ⅰb-cr* 和 *qepA* 等基因的流行率很高，并且一些研究表明该类基因流行率有增加趋势。一项欧洲的回顾性研究确定了食品动物（即家禽、牛和猪）大肠杆菌分离株中的 *qnrS1* 和 *qnrB19* 基因。PMQR 家族不仅在食品动物中被发现，在伴侣动物中也被发现。在患病伴侣动物的大肠杆菌分离株中，鉴定了基因 *qnrS1*、*qnrB1*、*qnrB4* 和 *qnrB10*。*qnrB19* 基因在马的大肠杆菌分离株中有发现，通常与携带 PMQR 基因 *qnrS1* 和 *qnrB19* 的质粒相关的复制子类型是 IncN 和 IncX。在属于伴侣动物来源的几个 ST 型的大肠杆菌中，鉴定出了基因 *aac(6′)Ⅰb-cr*，该基因位于 IncF 家族的质粒上，常与 $bla_{CTX\text{-}M}$ ESBL 基因（通常为 $bla_{CTX\text{-}M\text{-}15}$）同时出现。此外，在来自法国牛粪便的大肠杆菌分离株中检测到了 *aac(6′)Ⅰb-cr*，在该分离株中，*aac(6′)Ⅰb-cr* 也与 $bla_{CTX\text{-}M\text{-}15}$ 共同位于 IncF 家族的质粒上。在属于不同 ST 的伴侣动物来源的大肠杆菌中鉴定了基因 *qepA*。外排泵蛋白（OqxAB）的情况很特殊，因为这种抗药性决定因素不仅降低了对喹诺酮类药物的敏感性，也降低了对其他药物如甲氧苄啶和氯霉素的敏感性。

【对氨基糖苷类药物耐药】

产生氨基糖苷类药物靶点修饰的酶。对氨基糖苷的耐药性可能涉及 16S rRNA 和 S5、S12 核糖体蛋白的靶点突变，通过 16S rRNA 位点 A 的残基 G1405 和 A1408 的甲基化来实现，从而表现对阿米卡星、妥布霉素、庆大霉素和奈替米星的高耐药性。16S RNA 甲基化酶是大肠杆菌对抗抗生素的防御工具，包括 ArmA、RmtA/B/C/D/E/F/G/H 和 NmpA。ArmA 的首次检出可追溯到 2003 年，Galimand 等（2003）报道了人肺炎克雷伯菌分离株中的酶以及结合质粒上的各个基因。从那以后，在几种来源的大肠杆菌中都报道了 *armA* 基因。2005 年，在西班牙从猪源大肠杆菌中发现了 *armA* 基因。Chen 等（2007）在中国农场的健康猪中首次报道了产生 RmtB 的大肠杆菌，其检出率为 32%（49/152）。Du 等（2009）报道了在病禽的大肠杆菌中存在 ArmA 和 RmtB，检出率为 10%（12/120）。据 Liu 等（2017）报道，2009～2010 年各种食品动物中均存在大肠杆菌携带 ArmA 和 RmtB 的情况，二者的检出率分别为 1.27%（2/157）和 11.5%（18/157）。Yang 等（2015）报道了 2012～2014 年中国患病鸡中存在产生 RmtD 的大肠杆菌，该基因与 RmtB 共存，检出率为 8.3%（3/36），RmtB 和 ArmA 共存的占 8.3%（3/36），只有 RmtB 的占 72.2%（26/36），只有 ArmA 的占 11.1%（4/36）。在意大利发现散养猪的大肠杆菌分离株中携带有 *armA* 基因，该分离株具有多重耐药性，带有 $bla_{CMY\text{-}2}$、$bla_{OXA\text{-}181}$ 和 *mcr-1* 基因。在法国报道了 *rmtB* 基因与 $bla_{CTX\text{-}M\text{-}55}$ 共同位于 IncF33:A1:B1 质粒上，并且与 *fosA3* 基因共定位。巴西发表了一篇从病马中发现产 RmtD 并带有 $bla_{CTXM\text{-}15}$ 和 *aac(6′)-Ⅰb-cr* 基因的大肠杆菌分离株的报道。2002～2012 年，在中国从患病的食品动物中鉴定出携带 RmtE 的大肠杆菌。有关 RmtA 的报道很少，根据 Zou 等（2018）的报道，在中国大熊猫的 89 株大肠杆菌中 *rmtA* 基因出现的百分比为 10%。目前，RmtF/G/H 酶尚未在大肠杆菌中检出。总的来说，甲基化酶自发现以来并未广泛传播，可能与适应性代价有关。

产生氨基糖苷类药物灭活酶。利用酶对分子进行修饰可导致氨基糖苷的失活，从而使它们无法到达或结合至靶位点。目前已知三种类型的氨基糖苷类修饰酶，并且根据与氨基糖苷连接的修饰基团，它们被分为乙酰基转移酶、核苷酸基转移酶和磷酸基转移酶。在动物来源的大肠杆菌中，AAC(3)-Ⅱ/Ⅳ和 AAC(6)-Ⅰb 是最常遇到的乙酰转移酶。ANT(2″)和 ANT(3″)分别由基因 *aadB* 和 *aadA* 编码，它们都经常位于Ⅰ型整合子的基因盒上。这些基因也已在全球范围内传播，并且已在宠物、野生动物和食品动物的大肠杆菌中发现。

产生氨基糖苷类药物转移酶。在氨基糖苷磷酸转移酶中，分别由 *strA* 和 *strB* 基因编码的 APH(6)-Ⅰa 和 APH(6)-Ⅰd 在大肠杆菌中最常见。它们介导对链霉素的耐药，并且经常与独特的可移动遗传元件相关，有时与介导卡那霉素耐药的 *aph(3″)-Ⅰ/Ⅱ*基因一起共存。在包括野兔、牛、家禽和猪在内的几种宿主中发现了这些耐药机制。

【对磷霉素耐药】

研究报告表明，动物来源的大肠杆菌对磷霉素具有抗药性。一项研究表明，在伴侣动物中发现了带有质粒介导的 *fosA* 基因的分离株；另一项研究表明，在宠物及其主人中存在大量产生 FosA3 的大肠杆菌，强调了耐磷霉素的大肠杆菌在人和动物之间的传播。中国一项研究描述了新鲜猪肉和鸡肉中大肠杆菌的*fosA3* 基因，在该研究中，经常在 78～138kb 大小的质粒上发现*fosA3* 基因和 ESBL 基因（$bla_{CTX\text{-}M\text{-}55}$、$bla_{CTX\text{-}M\text{-}15}$或 $bla_{CTX\text{-}M\text{-}123}$）。在法国的一项最新研究中，在各种动物物种中均报道了带有多种耐药决定簇的质粒的出现，包括 *fosA3*、$bla_{CTX\text{-}M\text{-}55}$、*rmtB* 和 *mcr-1*。一项研究发现，*fosA3* 基因在中国广泛存在，该研究鉴定出 12 892 株大肠杆菌为 *fosA3* 阳性。这些分离株来自猪、鸡、鸭、鹅和鸽子。此外，对来自各种动物物种的 1693 株大肠杆菌分离物的分析鉴定出了来自中国牛、猪、肉鸡、流浪猫、流浪犬和野生啮齿动物的 97 株 *fosA3* 阳性分离株。已经鉴定出几种携带 *fosA3* 的多耐药流行质粒在中国东北的猪、奶牛和鸡的大肠杆菌中传播，这些质粒中的一些已被完全测序，包括来自牛的质粒 pECM13，来自鸡的质粒 pECB11 和 pECF12。在中国台湾省也发现了带有*fosA3* 基因的猪源大肠杆菌分离株。Wang 等（2017）对 2014～2016 年分离的 234 株鸡源产 CTX-M 大肠杆菌的研究发现，有 64 株（27.4%）携带了磷霉素耐药基因 *fosA3*，主要流行的 $bla_{CTX\text{-}M}$ 亚型包括 $bla_{CTX\text{-}M\text{-}55}$、$bla_{CTX\text{-}M\text{-}14}$和 $bla_{CTX\text{-}M\text{-}65}$。

【对氯霉素类药物耐药】

动物源大肠杆菌对氯霉素类药物的耐药主要有三种机制：①*cat* 基因编码的氯霉素乙酰转移酶；②超蛋白家族 *cml* 基因及 *floR* 基因的外排；③多耐药基因 *cfr* 编码的 rRNA 甲基化酶。

在中国的 102 株猪源大肠杆菌中，有 91 株（占 89%）对氯霉素耐药。在氯霉素耐药菌株中 58%含有 *catA1* 基因、49%含有 *catA2* 基因、65%含有盒式基因 *cmlA*。在耐氟苯尼考的菌株中有 57%含有 *floR* 基因，在耐氯霉素的菌株中有 52%含有 *floR* 基因。在一项针对 318 株产肠毒素大肠杆菌（ETEC）、腹泻病例中的非产肠毒素大肠杆菌和加拿大健康猪的常见大肠杆菌分离株的研究中，在氯霉素耐药菌株中检测到了 *catA1*、*cmlA* 和 *floR* 基因。与非产肠毒素大肠杆菌和普通大肠杆菌相比，产肠毒素大肠杆菌中 *catA1* 的检出率更高。在来自腹泻犊牛的 48 株大肠杆菌中检测到了 *floR* 和 *cmlA* 基因。在氟苯尼考最低抑菌浓度≥16mg/L 的 44 株菌株中有 42 株带有 *floR* 基因。12 株大肠杆菌含有 *cmlA* 基因，其相应的氯霉素最低抑菌浓度≥32mg/L。此外，有 8 株分离株含有 *floR* 和 *cmlA* 基因，其氟苯尼考和氯霉素的最低抑菌浓度≥64mg/L。在中国台湾省从尿道感染的犬中分离了 36 株大肠杆菌，它们对氯霉素和氟苯尼考都具有耐药性，36 株均含有 *cmlA* 基因，18 株含有 *floR* 基因。在德国一项对来自牛、猪和家禽的大肠杆菌抗生素耐药性的研究中，来自牛的 7 个菌株和来自猪与家禽的 6 个菌株中都含有 *catA* 基因。此外，在来自牛的 1 个菌株、来自猪的 6 个菌株和来自家禽的 3 个菌株中都检测到了 *cmlA1* 基因，未检测到 *floR* 基因的存在。在来自美国的犬源大肠杆菌中分别鉴定出盒式氯霉素耐药基因 *catB3* 和 *cmlA6* 的存在。*catB3* 基因的定位与耐药基因 *aacA4* 和 *dfrA1* 在一起，*cmlA6* 基因的定位与 *aadB* 和 *aadA1* 基因在一起，位于大小不同的 I 型整合子中。在英国的 102 株氯霉素耐药大肠杆菌中，有 75 株含有 *catA1* 基因，通过 PCR 实验发现其余的 27 个菌株不含有 *catA2*、*catA3* 和 *cmlA* 基因，未检测到 *floR* 和 *cfr* 基因的存在。在一项对伊朗犬的 62 株大肠杆菌的研究中，发现其中有 3 株带有 *cmlA* 基因，6 株含有 *floR* 基因。在分离自伊比利亚粪便样本的两株氯霉素耐药大肠杆菌中也检测到了 *cmlA* 基因。在来自大熊猫的 89 株大肠杆菌中，有 28 株对氯霉素具有耐药性，有 23 株对氟苯尼考具有耐药性；23 株含有 *floR* 基因，9 株含有 *cmlA* 基因，两株同时含有 *floR* 和 *cmlA* 基因，在所有菌株中均未检测到 *cfr* 基因和 *cat* 基因。在越南的贝类中，在两个多重耐药大肠杆菌中检测到了 *catA1* 基因，在一个多重耐药大肠杆菌中检测到了 *cmlA* 基因。

多重耐药基因 *cfr* 最初在动物源的葡萄球菌中发现，在大肠杆菌中也有发现。*cfr* 基因最早是在中国从猪的鼻拭子中发现的，随后，在中国猪的 135 615bp 的 IncA/C 多耐药质粒 pSCEC2 中发现含有 *cfr* 基因，这个质粒同时含有耐药基因 *sul2*、*tet*(A)、*floR*、*strA* 和 *strB*。另一项中国的研究中，在一个猪源的约 30kb 的质粒上检测到 *cfr* 基因。Sun 等（2015）报道了同样来自中国猪源大肠杆菌的 37 672bp 的质粒 pSD11 的完整序列。Zhang 等（2015）报道了 *cfr* 与 ESBL 基因 $bla_{\text{CTX-M-14b}}$ 在猪源大肠杆菌的 41 646bp 质粒 pGXEC3 上共存。Zhang 等（2016）报道了另一种携带 *cfr* 的质粒，即 33 885bp 的接合质粒 pFSEC-01，还鉴定出另外 6 株携带 *cfr* 的大肠杆菌菌株，其中 5 株来自猪，一株来自鸡。在这些研究中，在 36kb 或 67kb 的质粒上，*cfr* 基因是唯一的耐药基因。其中两个质粒已经完全测序：大小为 37 663bp 的 IncX4 质粒 pEC14*cfr* 和大小为 67 077bp 的质粒 pEC29*cfr*。

【对多黏菌素耐药】

2016 年 11 月，第一个质粒中的多黏菌素耐药基因被鉴定出来，该基因被命名为 *mcr-1*，它编码 MCR-1 磷酸乙醇胺转移酶。MCR-1 的产生导致脂多糖中类脂 A 部分被修饰，产生更多的阳离子脂多糖，从而对多黏菌素产生耐药性。大肠杆菌中 MCR-1 的产生导致多黏菌素的 MIC 增加了 4～8 倍。*mcr-1* 基因主要在大肠杆菌分离株中被发现，也在其他肠杆菌科属中被发现，如沙门菌、志贺菌、克雷伯菌和肠杆菌，这种基因已经在世界各地的动物和人类分离株中被发现。*mcr-1* 基因被发现位于不同的质粒类群（IncI2、IncHI2、IncP、IncX4、IncY、IncFI、IncFIB）中。少数报道表明，它可能与编码 ESBL 的基因及其他耐药基因共存，尽管如此，大多数的报道都认为 *mcr-1* 是各个质粒上唯一的耐药基因。这可能表明与多黏菌素相关的选择压力导致了 *mcr-1* 的获得，而相应的质粒没有其他明显的选择优势。在 *mcr-1* 基因的上游，常常发现 IS*Apl1* 插入序列，但它也在 *mcr-1* 基因的下游出现。研究表明，当 *mcr-1* 基因被两个拷贝的 IS*Apl1* 所包围，形成一个复合转座子结构时，*mcr-1* 基因可以通过转座子移动。到目前为止，已鉴定出 11 个 *mcr-1* 基因亚型，分别为 *mcr-1.2*～*mcr-1.12*，在中国的鸡大肠杆菌中发现了 *mcr-1.3*，在文莱的家禽大肠杆菌中发现了 *mcr-1.8*（基因库登记号 KY683842.1），在葡萄牙的猪大肠杆菌中发现 *mcr-1.9*（KY964067.1），在日本的猪大肠杆菌发现 *mcr-1.12*（LC337668.1）。Wang 等（2017）对我国 13 个省份来源的 1136 株鸡源大肠杆菌开展了多黏菌素耐药基因 *mcr-1* 的调查，检测结果表明 58 株（5.11%）携带了 *mcr-1* 基因，并发现了 *mcr-1.3* 新亚型。

质粒介导的黏菌素耐药基因 *mcr-2* 在比利时的仔猪大肠杆菌分离株中被发现。它有 77%的核苷酸序列与 *mcr-1* 一致，并且位于 IncX4 质粒上。到目前为止，*mcr-2* 基因偶尔被发现。此外，更多的 *mcr* 基因如 *mcr-3*～*mcr-10* 及其亚型被发现。其中，*mcr-3* 基因是与来自猪大肠杆菌的大小为 261kb 的 IncHI2 型质粒 pWJ1 上的其他 18 个耐药基因一起被鉴定出来的。*mcr-3* 基因与 *mcr-1* 和 *mcr-2* 的核苷酸序列一致性分别为 45.0%和 47.0%。到目前为止，已经鉴定出 10 个 *mcr-3* 亚型，分别为 *mcr-3.2*～*mcr-3.11*，其中基因 *mcr-3.2* 最初是在西班牙的牛源大肠杆菌中检测到的。法国的一项研究报告称，2011～2016 年，在小牛养殖区发现了含有 *mcr-3* 基因的单一大肠杆菌克隆的传播，*mcr-3* 在特定动物环境中的引入和进一步传播可能是因为国际贸易。从西班牙和比利时的断奶后腹泻的病猪中采集到的大肠杆菌中检测出了 *mcr-4* 基因。在猪的大肠杆菌中发现了 *mcr-5* 基因和名为 *mcr-5.2* 的亚型。Xiang 等（2018）在一株鸡源大肠杆菌中发现同时存在多黏菌素耐药基因 *mcr-1* 和 *mcr-3.11*，二者共存于同一个 IncP 质粒上，具有重要的公共卫生意义。

mcr-1 基因是在人和动物的大肠杆菌分离株中发现的耐药基因。它在动物分离株中的发现率相当高，并已在世界范围内被确认。产生 MCR-1 的大肠杆菌分离株已经在几种食品动物和肉类中被发现，包括鸡、鸡肉、猪、牛和火鸡，这些分离株来自许多亚洲国家（中国、日本、柬埔寨、老挝、马来西亚、越南、印度、巴基斯坦和韩国等）、美洲国家（美国、阿根廷、巴西、加拿大、厄瓜多尔、玻利维亚和委内瑞拉等）、欧洲国

家（比利时、丹麦、法国、德国、葡萄牙、意大利、荷兰、西班牙、瑞典、瑞士和英国等）、澳大利亚与非洲国家（阿尔及利亚、埃及、南非和突尼斯等）。令人担忧的是，在中国进行的一项研究发现了从家禽中获得的一系列产生 MCR-1 的大肠杆菌分离株，其中许多分离株还产生了碳青霉烯酶 NDM-1。此外，从同一农场环境中的苍蝇和犬身上发现了这种多重耐药分离株，可见，这些动物也可能成为传播源。另外，一些研究强调，*mcr-1* 阳性大肠杆菌可能也存在于环境或食物中，如在河流中发现了 *mcr-1* 阳性大肠杆菌，在瑞士的亚洲进口蔬菜中也有发现。对德国猪场周围环境的研究发现，产生 MCR-1 的大肠杆菌和多重耐药的大肠杆菌分离株的存在与环境排放问题密切相关。

中国在 20 世纪 80 年代的一项回顾性研究发现了鸡中的 *mcr-1* 阳性分离株，2005 年在法国的小牛肉中发现了 *mcr-1* 阳性分离株，但追溯 *mcr-1* 阳性大肠杆菌分离株的出现仍然很困难。因此，*mcr* 阳性分离株的出现似乎并不是最近发生的，目前的情况表明，这种传播还在继续，急需引起重视。

Wang 等（2017）在同一家规模化猪场中发现 16 个不同 ST 型的大肠杆菌，它们同时携带碳青霉烯耐药基因 $bla_{\text{NDM-5}}$ 和多黏菌素耐药基因 *mcr-1*，这两个基因分别位于大小为 46kb 的 IncX3 质粒和大小为 32kb 的 IncX4 质粒上，能够共传播。大肠杆菌中的抗生素耐药性是一个极其重要的问题，因为从“同一个健康”角度来看，它既发生在人类中，也发生在动物中。在动物中，大肠杆菌的多重耐药性可能导致难以治疗的感染，但更重要的是，它构成了对包括人类在内的大量动物物种的大多数抗菌药物家族的耐药基因库。尽管耐药大肠杆菌分离株从动物到人类的不同传播途径仍有待阐明，但一些数据已经支持耐药大肠杆菌随食物链传播，其他传播途径可能包括与动物直接接触或通过环境间接传播。由于大肠杆菌是一种广泛传播的细菌，动物中的大肠杆菌抗生素耐药性受到了全世界的关注，需要多部门联合行动，开展基础研究、流行病学研究和新的防控对策研究等。

防 治 措 施

综合性措施：对动物加强饲养管理，搞好圈舍环境卫生，养殖场定期消毒，保证饲料、饮水清洁，加强饲养用具的清洗消毒，防止鼠、苍蝇等生物媒介对细菌的传播。开展细菌溯源基础研究，切断细菌的传染来源和传播途径，实现精准防控和源头防控。

疫苗：目前仔猪大肠杆菌 K88/K99 双价基因工程疫苗在预防猪大肠杆菌方面有比较好的效果，牛、羊、兔、禽都有相关的灭活疫苗，这些疫苗可以起到一定保护作用。大肠杆菌血清型复杂，多数大肠杆菌目前尚无理想的疫苗，需要加强相关研究。

抗生素治疗：发病后主要依靠抗菌药物进行治疗。在动物中土霉素、金霉素、氟苯尼考、氟喹诺酮类药被广泛用于大肠杆菌病的治疗，而抗生素作为抗菌促生长剂添加在饲料中已被禁止。治疗人的肠炎、尿道感染、脑膜炎等时，常将头孢菌素、β-内酰胺、氨基糖苷类联合使用。抗菌药物的不合理使用，使耐药菌株不断增加，需要通过药敏试验筛选敏感药物，有计划地交替使用抗菌药物，以期达到有效的治疗效果。

耐药性的防控：减少已产生耐药性的抗生素的使用，研究耐药性的靶向消除技术，研究开发替代品，以减少抗生素使用。

主要参考文献

柴迎锦, 顾晓晓, 邬琴, 等. 2020. 肠外致病性大肠埃希菌毒力因子研究进展. 动物医学进展, 41(2): 80-84.

冯丽娜, 李从荣, 姜树朋, 等. 2020. 产新德里金属 β-内酰胺酶肠外致病性大肠埃希菌的分子分型. 中华实验和临床感染病杂志, 14(1): 24-30.

顾惠香. 2017. 禽源大肠杆菌耐药现状及对遏制耐药性的深思. 家禽科学, (7): 53-55.

贺丹丹, 黄良宗, 陈孝杰, 等. 2013. 不同动物源大肠杆菌的耐药性调查. 中国畜牧兽医, 40(10): 211-215.

侯雪芹, 梁秀川, 姚新梅, 等. 2005. 一起感染性腹泻暴发. 中国流行病学杂志, 26(1): 126.

蒋立新, 翁幸鑾, 许联红, 等. 2014. 大肠埃希菌耐药基因及可移动遗传元件与噬菌体原遗传标记研究. 中华医院感染学杂志, (20): 4955-4957, 4981.

孔宪刚. 2013. 兽医微生物学. 2 版. 北京: 中国农业出版社.

李承浩, 秦树英, 曾文婷, 等. 2020. 猪肠外致病性大肠埃希菌的分离鉴定及部分生物学特性研究. 广西农学报, 35(2): 15-19.

刘金华, 甘孟侯. 2016. 中国禽病学. 2 版. 北京: 中国农业出版社.

茅国峰, 何秋丽, 王清. 2016. 碳青霉烯类抗生素敏感性下降尿道致病性大肠埃希菌的耐药性和同源性研究. 国际流行病学传染病学杂志, 43(1): 14-17.

梅林, 张国红, 薛苏峰, 等. 2005. 一起水污染致感染性腹泻爆发性流行的调查. 中华流行病学杂志, 26(12): 998.

田克恭. 2013. 人与动物共患病. 北京: 中国农业出版社.

童光志. 2008. 动物传染病学. 北京: 中国农业出版社.

王红宁. 2002. 禽呼吸系统疾病. 北京: 中国农业出版社.

王婧, 刁小龙, 陈晓兰, 等. 2019. 猪源大肠埃希菌喹诺酮类耐药基因的检测及分析. 中国畜牧兽医学会兽医药理毒理学分会第十五次学术讨论会论文集. 兰州: 中国农业科学院兰州畜牧与兽药研究所.

王敬忠, 谢旭, 梅树江, 等. 2011. 2007-2009 年深圳市感染性腹泻流行特征分析. 厦门: 传染病防控基础研究与应用技术论坛.

吴海滨, 杨娟, 黄超, 等. 2017. 蛋源大肠埃希菌的分离鉴定及毒力基因和耐药基因检测. 动物医学进展, 38(2): 17-21.

杨孝祥. 2013. 黑天鹅大肠杆菌病的诊治. 现代农业科技, (13): 290-291.

郑世军, 宋清明. 2013. 现代动物传染病学. 北京: 中国农业出版社.

Antão E M, Glodde S, Li G, et al. 2008. The chicken as a natural model for extraintestinal infections caused by avian pathogenic *Escherichia coli* (APEC). Microb Pathog, 45(5-6): 361-369.

Bouillon J, Snead E, Caswell J, et al. 2018. Pyelonephritis in dogs: retrospective study of 47 histologically diagnosed cases (2005-2015). J Vet Intern Med, 32(1): 249-259.

Chen L, Chen Z L, Liu J H, et al. 2007. Emergence of RmtB methylase-producing *Escherichia coli* and Enterobacter cloacae isolates from pigs in China. J Antimicrob Chemother, 59(5): 880-885.

Day M J, Rodríguez I, van Essen-Zandbergen A, et al. 2016. Diversity of STs, plasmids and ESBL genesamong *Escherichia coli* from humans, animals and food in Germany, the Netherlands and the UK. J Antimicrob Chemother, 71(5): 1178-1182.

Du X D, Wu C M, Liu H B, et al. 2009. Plasmid-mediated ArmA and RmtB 16S rRNA methylases in *Escherichia coli* isolated from chickens. J Antimicrob Chemother, 64(6): 1328-1330.

Freitag C, Michael G B, Kadlec K, et al. 2017. Detectionof plasmid-borne extended-spectrum β-lactamase (ESBL) genes in *Escherichia coli* isolates from bovine mastitis. Vet Microbiol, 200: 151-156.

Galimand M, Sabtcheva S, Courvalin P, et al. 2005. Worldwide disseminated *armA* aminoglycoside resistance methylase gene is borne by composite transposon Tn*1548*. Antimicrob Agents Chemother, 49(7): 2949-2953.

Galimand M, Courvalin P, Lambert T. 2003. Plasmid-mediated high-level resistance to aminoglycosides in Enterobacteriaceae due to 16S rRNA methylation. Antimicrob Agents Chemother, 47(8): 2565-2571.

González-Zorn B, Teshager T, Casas M, et al. 2005. *armA* and aminoglycoside resistance in *Escherichia coli*. Emerg Infect Dis, 11(6): 954-956.

Hopkins K L, Davies R H, Threlfall E J. 2005. Mechanisms of quinolone resistance in *Escherichia coli* and *Salmonella*: recent developments. Int J Antimicrob Agents, 25(5): 358-373.

Hordijk J, Schoormans A, Kwakernaak M, et al. 2013. High prevalence of fecal carriage of extended spectrum β-lactamase/AmpC-producing Enterobacteriaceae in cats and dogs. Front Microbiol, 4: 242-247.

Hou J, Huang X, Deng Y, et al. 2012. Dissemination of the fosfomycin resistance gene *fosA3* with bla_{CTXM} β-lactamase genes and *rmtB* carried on IncFII plasmids among *Escherichia coli* isolates from pets in China. Antimicrob Agents Chemother, 56(4): 2135-2138.

Hutton T A, Innes G K, Harel J, et al. 2018. Phylogroup and virulence gene association with clinical characteristics of *Escherichia coli* urinary tract infections from dogs and cats. J Vet Diagn Invest, 30(1): 64-70.

Izzo M M, Kirkland P D, Mohler V L, et al. 2011. Prevalence of major enteric pathogens in Australian dairy calves with diarrhoea. Aust Vet J, 89(5): 167-173.

Jeffrey J Z, Locke A K, Alejandro R, et al. 2014. 猪病学. 10 版. 赵德明, 张仲秋, 周向梅, 等译. 北京: 中国农业大学出版社.

Jiang W, Men S, Kong L, et al. 2017. Prevalence of plasmid-mediated fosfomycin resistance gene *fosA3* among CTX-M-producing *Escherichia coli* isolates from chickens in China. Foodborne Pathog Dis, 14(4): 210-218.

Johnson J R, Russo T A. 2005. Molecular epidemiology of extraintestinal pathogenic (uropathogenic) *Escherichia coli*. Int J Med Microbiol, 295(6-7): 383-404.

Kaper J B, Nataro J P, Mobley H L. 2004. Pathogenic *Escherichia coli*. Nat Rev Microbiol, 2(2): 123-140.

Köhler C D, Dobrindt U. 2011. What defines extraintestinal pathogenic *Escherichia coli*? Int J Med Microbiol, 301(8): 642-647.

Kolenda R, Burdukiewicz M, Schierack P. 2015. A systematic reviewandmeta-analysis of the epidemiology of pathogenic *Escherichia coli* of calves and the role of calves as reservoirs for human pathogenic *E. coli*. Front Cell Infect Microbiol, 5: 23.

Kong L H, Lei C W, Ma S Z, et al. 2017. Various sequence types of *Escherichia coli* isolates coharboring bla_{NDM-5} and *mcr-1* genes from a commercial swine farm in China. Antimicrob Agents Chemother, 61(3): e02167-16.

Lafront J P, Bree A, Plat M. 1984. Bacterial conjugation in the digestive tracts of gnotoxenic chickens. Appl Environ Microbiol, 47(4): 639-642.

Lalak A, Wasyl D, Zając M, et al. 2016. Mechanisms of cephalosporin resistance in indicator *Escherichia coli* isolated from food animals. Vet Microbiol, 194: 69-73.

Liu B T, Liao X P, Yue L, et al. 2013. Prevalence of β-lactamase and 16S rRNA methylasegenes among clinical *Escherichia coli* isolates carrying plasmid-mediated quinolone resistance genes from animals. Microb Drug Resist, 19(3): 237-245.

Liu Y Y, Wang Y, Walsh T R, et al. 2016. Emergence of plasmid-mediatedcolistin resistance mechanism MCR-1 in animals and human beings in China: a microbiological and molecular biological study. Lancet Infect Dis, 16(2): 161-168.

Liu Z, Wang Y, Walsh T R, et al. 2017. Plasmid-mediated novel bla_{NDM-17} gene encoding a carbapenemase with enhanced activity in a sequence type 48 *Escherichia coli* strain. Antimicrob Agents Chemother, 61(5): e02233-16.

Madec J Y, Haenni M, Nordmann P, et al. 2017. Extended-spectrum β-lactamase/AmpC- and carbapenemase-producing Enterobacteriaceae in animals: a threat for humans? Clin Microbiol Infect, 23(11): 826-833.

Michael G B, Kaspar H, Siqueira A K, et al. 2017. Extended-spectrum β-lactamase (ESBL)-producing *Escherichia coli* isolates collected from diseased food-producing animals in the GERM-Vet monitoring program 2008-2014. Vet Microbiol, 200: 142-150.

Pempek J A, Holder E, Proudfoot K L, et al. 2018. Short communication: investigation of antibiotic alternatives to improve health and growth of veal calves. J Dairy Sci, 101(5): 4473-4478.

Ruegg P L. 2017. A 100-year review: mastitis detection, management, and prevention. J Dairy Sci, 100(12): 10381-10397.

Saif Y M. 2012. 禽病学. 12 版. 苏敬良, 高福, 索勋, 译. 北京: 中国农业出版社.

Shen J, Wang Y, Schwarz S. 2013. Presence and dissemination ofthemultiresistance gene *cfr* in Gram-positive and Gram-negative bacteria. J Antimicrob Chemother, 68(8): 1697-1706.

Su Y, Yu C Y, Tsai Y, et al. 2016. Fluoroquinolone-resistant and extended-spectrum β-lactamase-producing *Escherichia coli* from the milk of cows with clinical mastitis in southern Taiwan. J Microbiol Immunol Infect, 49(6): 892-901.

Sun J, Deng H, Li L, et al. 2015. Complete nucleotide sequence of cfr-carrying IncX4 plasmid pSD11 from *Escherichia coli*. Antimicrob Agents Chemother, 59(1): 738-741.

Taponen S, Liski E, Heikkilä A M, et al. 2017. Factors associated with intramammary infection in dairy cows caused by coagulase-negative staphylococci, *Staphylococcus aureus*, *Streptococcus uberis*, *Streptococcus dysgalactiae*, *Corynebacterium bovis*, or *Escherichia coli*. J Dairy Sci, 100(1): 493-503.

Timofte D, Maciuca I E, Evans N J, et al. 2014. Detection and molecular characterization of *Escherichia coli* CTX-M-15 and *Klebsiella pneumoniae* SHV-12 β-lactamases from bovine mastitis isolates in the United Kingdom. Antimicrob Agents Chemother, 58(2): 789-794.

Wang Y, Zhang R, Li J, et al. 2017. Comprehensive resistome analysis reveals the prevalence of NDM and MCR-1 in Chinese poultry production. Nat Microbiol, 2: 16260.

Xiang R, Liu B H, Zhang A Y, et al. 2018. Colocation of the polymyxin resistance gene *mcr-1* and a variant of *mcr-3* on a plasmid in an *Escherichia coli* isolate from a chicken farm. Antimicrob Agents Chemother, 62(6): e00501-18.

Yang Y Q, Li Y X, Song T, et al. 2017. Colistin resistance gene *mcr-1* and its variant in *Escherichia coli* isolates from chickens in China. Antimicrob Agents Chemother, 61(5): e01204-16.

Yang Y, Zhang A, Lei C, et al. 2015. Characteristics of plasmids coharboring 16S rRNA methylases, CTX-M, and virulence factors in *Escherichia coli* and *Klebsiella pneumoniae* isolates from chickens in China. Foodborne Pathog Dis, 12(11): 873-880.

Yu T, He T, Yao H, et al. 2015. Prevalence of 16S rRNA methylase gene *rmtB* among *Escherichia coli* isolated from bovine mastitis in Ningxia, China. Foodborne Pathog Dis, 12(9): 770-777.

Yu Y S, Zhou H, Yang Q, et al. 2007. Widespread occurrence of aminoglycoside resistance due to ArmA methylase in imipenem-resistant *Acinetobacter baumannii* isolates in China. J Antimicrob Chemother, 60(2): 454-455.

Zhang R, Sun B, Wang Y, et al. 2016. Characterization of a cfr-carrying plasmid from porcine *Escherichia coli* that closely resembles plasmid pEA3 from the plant pathogen *Erwinia amylovora*. Antimicrob Agents Chemother, 60(1): 658-661.

Zhang W J, Wang X M, Dai L, et al. 2015. Novel conjugative plasmid from *Escherichia coli* of swine origin that coharbors the multiresistance gene cfr and the extended-spectrum-β-lactamase gene bla CTX-M-14b. Antimicrob Agents Chemother, 59(2): 1337-1340.

Zou W, Li C, Yang X, et al. 2018. Frequency of antimicrobial resistance and integron gene cassettes in *Escherichia coli* isolated from giant pandas (*Ailuropoda melanoleuca*) in China. Microb Pathog, 116: 173-179.

第二节　沙门菌属及其对抗菌药物的耐药性

病　原　学

【形态培养、生化特征】

沙门菌属（*Salmonella*）是肠杆菌科中重要的病原菌属，为革兰氏阴性菌，大小为（0.7～1.5）μm×（2.0～5.0）μm，不产生芽孢和荚膜。除鸡白痢沙门菌和鸡伤寒沙门菌无鞭毛外，其余血清型均有周生鞭毛，且绝大多数有Ⅰ型菌毛。沙门菌为需氧或兼性厌氧菌，生长温度10～42℃，最适温度37℃，最适pH为6.8～7.8。在液体培养基中，呈浑浊生长；沙门菌在营养琼脂、血琼脂和麦康凯琼脂平板上形成中等大小、表面光滑、边缘整齐的菌落，无色或半透明，在血平板上无溶血环。在沙门菌属-志贺菌属（*Salmonella-Shigella*，SS）琼脂平板上可形成中心黑褐色的菌落，在脱氧胆酸盐硫化氢乳糖琼脂（deoxycholate hydrogen sulfide lactose agar，DHL）上形成无色半透明中心黑色或几乎全黑色的菌落。

沙门菌的生化特性主要表现为发酵葡萄糖、甘露糖、山梨醇、麦芽糖以及阿拉伯糖，不发酵乳糖以及蔗糖；多数菌株具有精氨酸水解酶的活性，能产生硫化氢，能在西蒙斯柠檬酸盐琼脂上生长。除伤寒沙门菌和鸡沙门菌外，均携带有鸟氨酸脱羧酶；除甲型副伤寒沙门菌外，均携带有赖氨酸脱羧酶。

【种类、抗原结构】

沙门菌的血清型现已知有2600多种，分为49个O群，含58种O抗原和63种H抗原。沙门菌含的抗原主要是O抗原和H抗原，此外还有与毒力相关的Vi抗原。

根据生化特征、DNA同源性分类法，沙门菌属分为肠沙门菌（*S. enterica*）和邦戈尔沙门菌（*S. bongori*）。肠沙门菌分为6个亚种：肠炎亚种（*S. enterica* subsp. *enterica*）、萨拉姆亚种（*S. enterica* subsp. *salamae*）、双相亚利桑那亚种（*S. enterica* subsp. *diarizonae*）、亚利桑那亚种（*S. enterica* subsp. *arizonae*）、豪顿亚种（*S. enterica* subsp. *houtenae*）以及印度亚种（*S. enterica* subsp. *indica*）。肠沙门菌肠炎亚种在沙门菌属2600多个血清型中约占60%，是最常见的引发沙门菌病的亚种，常见的血清型包括鼠伤寒血清型、肠炎血清型等。

【分离与鉴定】

败血症病例：采集血液、肝、脾、淋巴结等；腹泻病例：采集直肠粪或新鲜粪样、肠内容物；鸡白痢病例：采集胆汁、公鸡精液、病变卵泡等。无症状感染病例可以采集粪样进行排菌检测，通常先进行增菌培养，再用选择性培养基培养，初步疑为沙门菌后，再进行多价和单价血清凝集试验。家禽及动物食品沙门菌的分离鉴定可参照《食品安全国家标准 食品微生物学检验 沙门氏菌检验》（GB 4789.4—2016）和中华人民共和国农业行业标准《禽沙门氏菌病诊断技术》（NY/T 2838—2015）进行。目前已有多种 PCR 方法、细菌自动鉴定系统、16S rRNA 鉴定、全基因组测序等用于鉴定沙门菌。

【抵抗力】

该菌不具有特殊抵抗力，对光、热、干燥及化学消毒剂敏感，60℃加热 30min 可杀灭，在水、乳及肉类食品中可以存活数月。

【致病性】

沙门菌病是由各种类型沙门菌所引起的对人类、家畜、家禽以及野生禽兽疾病的总称。该病遍布于世界各地，给牲畜的繁殖和幼畜的健康带来严重威胁，是重要的人兽共患病。沙门菌是一种兼性细胞内寄生菌，其宿主范围十分广泛，宿主和血清型不同，可引起从肠道感染到败血症等不同表现，最常侵害幼龄动物，引发败血症、胃肠炎及局部炎症，成年动物多表现为散发和局部炎症。

沙门菌对动物的致病性表现为，不同的沙门菌致病特点不同，常见沙门菌及致病性如下。

猪霍乱沙门菌（*S. choleraesuis*）：主要侵害 2～4 月龄仔猪，引起败血症及肠炎，慢性表现为纤维素性坏死性肠炎，有时见卡他性坏死性肺炎，成年猪多表现为隐性带菌或猪瘟等病毒的继发感染。猪沙门菌病又名仔猪副伤寒，分为：①急性型，体温 41～42℃，呼吸困难，耳根及腹部皮肤出现紫斑，后期下痢，病程 1～2 天，死亡率很高；②亚急性和慢性型，体温 40.5～41.4℃，眼有分泌物，下痢，皮肤出血性湿疹，坏死性肠炎，病程 2～4 周。

鸡伤寒-鸡白痢沙门菌（*S. gallinarum-pullorum*）：引起鸡白痢、禽伤寒、禽副伤寒。鸡白痢：鸡白痢沙门菌多侵害 20 日龄以内的雏鸡，火鸡也可以感染，其他禽类感染较少。以 2～3 周龄鸡发病死亡率最高，引起雏鸡急性败血症，发病率和致死率都很高，以委顿、排出白色浆糊状稀粪为特征，肛周常被粪便黏糊，排粪困难，尖叫，最后呼吸困难，衰竭死亡。而对成年鸡主要引起生殖器官感染，多呈慢性局部性炎症，常导致母鸡产蛋率下降或种蛋孵化率和出雏率降低。禽伤寒：成年鸡突然停食，委顿，排黄绿色稀粪，鸡冠肉髯苍白，体温升高 1～3℃。雏鸡、雏鸭发病与鸡白痢相似。禽副伤寒：雏禽常因急性败血症死亡，在雏鸡中有猝倒病之称，年龄较大的幼禽表现为厌食、怕冷、水样下痢，病程 1～4 天，成年禽一般为隐性感染，不表现症状。

鸭沙门菌（*S. anatis*）：引起鸭特别是雏鸭急性感染和死亡，还可引起多种畜禽发病，以及人的食物中毒。

马流产沙门菌（*S. abortusequi*）：自然感染只侵害马属动物，孕马发生流产、子宫炎，公马发生鬐甲瘘和睾丸炎，常呈地方性流行。该菌人工接种可以感染家兔，该菌对豚鼠、小鼠有致病性。

牛病沙门菌（*S. bovis-morbificans*）：能引起牛、山羊、牦牛发病，部分地区牛群可以呈地方性流行。还可引起人的食物中毒，或婴幼儿腹泻。

鼠伤寒沙门菌（*S. typhimurium*）：宿主范围广泛，能引起多种畜禽发病（犊牛、幼驹、绵羊、火鸡、鸡、鸭、犬、猫等），表现为伤寒、发热、胃肠炎、肺炎、败血症、多发性关节炎等。

肠炎沙门菌（*S. enteritidis*）：宿主范围很广泛，在人和禽中分离率高，可引起犊牛副伤寒、畜禽胃肠炎及人肠炎和食物中毒。

都柏林沙门菌（*S. dublin*）：主要引起牛感染，犊牛感染后下痢、便血，很快死亡。引起绵羊、山羊流产，羔羊痢疾，幼驹发病，以及人的食物中毒。

亚利桑那沙门菌（*S. arizonae*）：1939 年该菌分离自美国亚利桑那州发病的爬行动物，主要引起爬行动物发病死亡，也可引起家禽发病，自然条件下，鸡、火鸡、鸭、鹅、金丝雀可以感染发病，引起急性败血症，雏禽发病死亡率高，也可以感染哺乳动物。

邦戈尔沙门菌（*S. bongori*）：主要分离自爬行动物，可以引起人和动物感染。

沙门菌对人的致病性：引起人类沙门菌病的沙门菌主要属于 A～E 5 个组，除伤寒沙门菌和副伤寒沙门菌外，以鼠伤寒沙门菌、猪霍乱沙门菌、肠炎沙门菌最为常见。沙门菌引起人的伤寒、副伤寒、医院内感染。人类多因食用患病动物的肉、蛋、奶等，或被鼠尿污染的食物而引起发病。胃肠炎型：沙门菌食物中毒，约占人感染沙门菌的 70%，以呕吐、腹泻、发热、寒战、脱水为主要特征，发病严重程度与感染细菌数量、抵抗力有关，有的婴幼儿脱水死亡。伤寒型：呈弛张热、稽留热、腹泻、伤寒表现。败血症型：畏寒、出汗、胃肠炎，不规则发热，有时表现反复发作。局部化脓感染型：引起肺炎、睾丸炎、乳腺脓肿、皮下脓肿等。这几种病型常相互重叠，不易明确区分。

流行病学与公共卫生意义

【流行病学】

沙门菌广泛存在于人和动物中，商品禽是最容易被沙门菌污染的食品动物。沙门菌可以通过宿主粪便和尸体散播，被污染的土壤、饲料、水、动物产品（如骨、肉、蛋、奶和鱼粉）成为传染源，主要传播途径是通过采食、饮水而经消化道感染，家禽还能经蛋垂直传播。饲养管理不当、卫生不良可加重沙门菌感染，隐性感染、康复带菌、间歇排菌成为沙门菌主要的传染源。

鸡白痢、鸡伤寒和鸡副伤寒 3 种鸡沙门菌病，是对养鸡业危害性大且多发的传染性疾病，其流行病学最受关注。患病鸡或带菌者是该病的主要传染源，病原菌随粪便排出，从而污染水源和饲料，经消化道感染健康鸡群。健康家禽的带菌现象较普遍，病原可潜藏于消化道、淋巴组织和胆囊内。当外界不良因素的影响使动物抵抗力降低时，病原可被活化而发生内源感染，通过粪便将病原菌排出体外。

2009～2011 年，王红宁（2012）对来自 17 个蛋、种鸡场的 10 127 份鸡全血样品进行了沙门菌抗体检测，阳性率为 0%～33%；2012 年，通过鸡白痢全血平板凝集试验对我国 10 家蛋、种鸡场的 3387 份全血样品进行了检测，阳性率为 0.5%～24.9%。健康鸡群的标准是：祖代鸡沙门菌抗体阳性率控制在 0.1%以下，父母代鸡沙门菌抗体阳性率控制在 0.3%以下，目前实际上仍有较大差距，有必要重点开展沙门菌净化。

更多类型的沙门菌在鸡群被分离而且有致病性，引起了研究者的重视。

杨保伟等（2011）对 2007～2008 年分离自西安的 260 株沙门菌进行了血清型、药敏和耐药基因鉴定。血清型鉴定结果表明，260 株沙门菌共涵盖 21 个血清型，以肠炎沙门菌、舒卜拉沙门菌（*S. shubra*）、印第安纳沙门菌（*S. indiana*）、鼠伤寒沙门菌、丘古沙门菌（*S. djugu*）、德尔卑沙门菌（*S. derby*）、维尔肖沙门菌（*S. virchow*）和奥兹马森沙门菌（*S. othmarschen*）等比较常见。

2007 年 3 月至 2015 年，王红宁等（2016）从各鸡场样品中分离鉴定出鸡源沙门菌 467 株，血清型鉴定结果表明，肠炎沙门菌、鸡白痢沙门菌（*S. pullorum*）、都柏林沙门菌、卡拉巴尔沙门菌（*S. calabar*）为优势血清型。从国内沙门菌流行情况看，不同地区流行的沙门菌血清型存在差异，需要加强在蛋、种鸡场、屠宰厂以及鸡肉食品在市场流通环节中对沙门菌流行的监测。

邹明等（2013）从北京和陕西地区分离到 110 株鸡源沙门菌，血清型鉴定结果表明，沙门菌流行株为肠炎沙门菌，占 76.58%。在同一年度内，分离季节不同，主要血清型不同。

Ma 等（2017）从 48 家猪鸡养殖场及其下游的屠宰场和市场采集样品 693 份（猪源 358 份、鸡源 335 份），分离出沙门菌 193 株（猪源 105 株、鸡源 88 株），分离率为 27.85%（猪源 29.33%、鸡源 26.27%）。血清学鉴定结果表明，除 3 株无法确定外，其余 190 株沙门菌属于 16 个不同的血清型，66 株（34.20%）为德尔卑沙门菌，鼠伤寒沙门菌和火鸡沙门菌（*S. meleagridis*）各 22 株（11.40%），奥尔巴尼沙门菌（*S. albany*）和姆班达卡沙门菌（*S. mbandaka*）各 19 株（9.84%）。Wang 等（2017）对 1540 个送检样品（病鸡、弱雏或病变组织）进行了沙门菌分离鉴定，血清型鉴定结果表明，肠炎沙门菌、印第安纳沙门菌和加利福尼亚沙门菌（*S. california*）为优势血清型。

猪、鸡被认为是沙门菌的重要储存库。蔡银强（2015）对我国扬州猪屠宰场猪肉样品 392 份和市场猪肉样品 178 份的调查发现，沙门菌的分离率较高，分别为 70.2%（275/392）和 73.0%（130/178）。Yang 等（2016）对我国陕西省零售肉的调查发现，沙门菌在鸡肉和猪肉中的污染率分别为 54%（276/515）和 31%（28/91）。岳秀英等（2015）于 2009～2014 年采集了四川省主要猪养殖场的肛拭子样本 2660 份，通过分离鉴定获得沙门菌 151 株，总分离率为 5.68%，占主导地位的血清型为德尔卑沙门菌（60.26%）。焦连国等（2017）从我国 16 个省份的 84 个猪场的 571 份样品中分离得到 128 株沙门菌，发现最常见的血清型是鼠伤寒沙门菌，其次为德尔卑沙门菌、伦敦沙门菌、婴儿沙门菌、韦太夫雷登沙门菌和阿贡纳沙门菌。不同来源的样品沙门菌流行血清型差异较大，鸡场以肠炎血清型为主，而猪场以鼠伤寒、德尔卑血清型为主。

【公共卫生意义】

沙门菌病在公共卫生学上具有重要意义。沙门菌在自然界中有着广泛的分布，它对人类健康和畜牧业都产生了巨大的危害。沙门菌是引起食物中毒的重要病原菌，具有广泛的动物宿主，是一种重要的人畜共患病病原菌。

食物受沙门菌污染的机会很多，易受污染的食品种类也很多，包括畜、禽、蛋、奶、鱼、虾、贝类制品等。在某些情况下，豆制品、水、糕点以及食品加工设施表面也可检出沙门菌。

兽医对沙门菌高度重视，食品中沙门菌的检验也显得非常重要。沙门菌流行于世界各国，对畜禽危害甚大，成年畜禽多呈慢性或隐形感染，患病与带菌动物是该病的主要传染源。

沙门菌污染事件在世界各国频繁发生，引起了人们对于沙门菌的广泛关注。在世界各地所报道的食物中毒事件中，中国、英国源于沙门菌的居首位，美国源于沙门菌的居第二位。据美国疾病控制与预防中心报道，每年大约有 120 万人感染沙门菌，23 000 人因感染住院，450 人死亡，引起沙门菌中毒的食品种类多为动物源性食品以及即食食品，沙门菌污染源常见于禽畜、鼠类及人类的粪便之中，污染的食物有鸡蛋、鸡肉、猪肉、牛肉、香肠、火腿和熏肉制品等。世界上最大的一起沙门菌食物中毒事件是 1953 年在瑞典因吃猪肉而引起的鼠伤寒沙门菌中毒，7717 人中毒，90 人死亡。美国每年由于感染沙门菌造成的经济损失高达 1 亿多美元。人通过食用鸡蛋感染沙门菌的案例不断出现。1985～1999 年，在美国暴发的食源性副伤寒沙门菌病中 80%的病例与蛋有关，2000 年，美国有 18 万人因食用污染蛋而感染沙门菌。2008 年，美国 43 个州报道了 1442 例因生食西红柿和辣椒引起的食源性圣保罗沙门菌感染确诊病例，导致 286 人住院治疗，2 人死亡。因进食被鼠伤寒沙门菌污染的花生酱，美国 44 个州 642 人被沙门菌感染，其中 9 人死亡。2010 年，因进食沙门菌污染的鸡蛋引发疫情，全美各地确诊 2000 多例沙门菌病例，召回问题鸡蛋 5 亿枚，造成巨大的经济损失。2012 年，因食用被巴雷利沙门菌（*S. bareilly*）和恩昌加沙门菌（*S. nchanga*）污染的金枪鱼导致的食源性感染，波及美国 28 个州，确诊患者 425 例。2017 年，美国因食用被沙门菌污染的 Maradol 木瓜中毒的人中，47 人因此住院，其中纽约市 12 人入院接受治疗，一名患者不幸身亡。2018 年，因沙门菌污染鸡蛋，美国再次启动了近 8 年来规模最大的鸡蛋召回，美国食品生产商玫瑰英亩农场（Rose Acre Farms）召回 2 亿枚疑携带沙门菌的鸡蛋。据美国 CDC 报道，2018 年，来自美国 8 个州的 265 人因为吃了被沙门菌污染的鸡肉沙拉暴发疾病。我国由沙门菌引起的食源性疾病居细菌性食源性疾病的首位。2006～2010 年，我国报告的病因明确的细菌性食源性疾病暴发事件中，80%左右是由沙门菌所致。同样，在欧盟病因明确的食源性暴发事件中，由沙门菌引起的占比较高。肯塔基沙门菌于 2002～2008 年在法国、丹麦、英国（英格兰及威尔士地区）共传播病例近 500 例，法国研究人员针对加拿大感染情况和美国受污染进口食品进行调查后认为，该病菌已传至北美洲。2018 年，德国一家名为 Eifrisch 的鸡蛋企业大量召回受沙门菌污染的鸡蛋。由此来看，由沙门菌污染所引发的相关疾病是一个严重的公共健康问题。

对抗菌药物的耐药性

【鸡源沙门菌对抗菌药物的耐药性】

国内外研究表明，规模化鸡场抗菌药物的大量使用，使得鸡源沙门菌耐药性问题日益突出。Ladely 等（2016）对 2004～2013 年从美国分离的 600 株鸡源沙门菌开展耐药性调查，结果发现其对四环素、链霉素的耐药率逐年上升。美国肉鸡中沙门菌多重耐药率为 15%，而火鸡中高达 47%；在欧盟国家，蛋鸡中沙门菌多重耐药率较低，而肉鸡、火鸡中相对较高。Gong 等（2013）对 1962～2010 年从我国东部五省分离的 337 株鸡白痢沙门菌开展耐药性调查，结果发现 76.6%具有多重耐药表型，多重耐药率呈现显著上升趋势。Kuang 等（2015）于 2010～2011 年从我国中部四省分离的 105 株鸡源沙门菌中 48.6%具有多重耐药表型。Ren 等（2016）在 2013 年从广东省肉鸡生产不同环节中分离到 102 株沙门菌，31.4%为多重耐药菌株。邹明等（2013）对 110 株鸡源沙门菌开展药物敏感性试验，结果显示 110 株沙门菌对多黏菌素 E 的耐药率最高，达 41.82%，其次为磺胺异噁唑、氨苄西林和壮观霉素，耐药率分别为 31.82%、29.09%和 18.18%，对氟苯尼考、恩诺沙星和氧氟沙星的耐药率最低，均为 1.82%。

廖成水等（2011）对河南省鸡源沙门菌进行药物敏感性试验，结果显示菌株对红霉素、青霉素、阿奇霉素和氨苄西林的耐药率在 60%～100%，三重以上耐药的菌株高达 96.94%，七重以上耐药的菌株达 56.12%，可见，沙门菌在地方流行株中存在高耐药的情况。王红宁等（2016）于 2007～2015 年对蛋、种鸡场沙门菌进行耐药表型检测，结果显示其对多西环素、氟苯尼考、复方新诺明、氨苄西林的耐药率较高；对头孢西丁、亚胺培南的耐药率较低，从养殖场内环境分离的沙门菌对抗生素的耐药率为 36.51%～100%，高于养殖场外环境的沙门菌对抗生素的耐药率。同时对分离自蛋、种鸡场的沙门菌分离株进行耐药基因型检测，结果表明，bla_{TEM} 在养殖场内环境中具有较高的检出率，$bla_{\mathrm{CTX\text{-}M}}$ 耐药基因在鸡蛋包装环节具有较高的检出率，$bla_{\mathrm{CMY\text{-}2}}$、$bla_{\mathrm{SHV}}$、*qnrS*、*qacEΔ1* 等耐药基因均有在养殖和生产环节检出。宁家宝等（2014）开展了珠江三角洲地区鸡白痢沙门菌对磺胺类药物的耐药性及相关耐药基因检测，结果显示，75.4%的受试菌株对磺胺异噁唑产生了耐药性；耐药基因 *sul2* 检出率最高（79.7%），其次是耐药基因 *sul1*（33.3%），未能检出耐药基因 *sul3*。

王红宁等（2016）在 53 株鸡源产超广谱 β-内酰胺酶（ESBL）沙门菌中发现 4 株携带 *mcr-1*，首次在鸡源沙门菌中发现多黏菌素耐药基因 *mcr-1* 和超广谱 β-内酰胺酶基因共存于同一质粒上，该质粒属于 IncI2 型质粒，能够接合传播，具有重要的公共卫生意义。对 148 株种鸡场、孵化场以及商品鸡场来源的沙门菌进行全基因组测序分析，结果发现多重耐药肠炎沙门菌可能通过种蛋从种鸡场垂直传播到商品鸡场，沙门菌毒力质粒可以捕获耐药基因形成新型毒力-耐药质粒，导致相同克隆的肠炎沙门菌出现异质性耐药，为种鸡场开展肠炎沙门菌净化提供了科学依据。

【猪源沙门菌对抗菌药物的耐药性】

生猪及猪肉制品是沙门菌较常见的宿主，仅次于蛋鸡。研究表明，规模化猪场沙门菌耐药情况严重。马孟根等（2006）采用平板稀释法对 30 株猪源致病性沙门菌进行了药敏试验，结果发现有 28 株菌至少对一种药物有耐药性，对四环素、多西环素、磺胺甲基异噁唑、复方新诺明、链霉素、卡那霉素、氯霉素耐药率超过 50%；相关耐药基因 *sul1*、*aph(3')- IIa*、*tet*(C)、*catl*、*tet*(A)和 *aadAl* 较为普遍；药敏试验结果与耐药基因检测结果具有较高的一致性。焦连国等（2017）发现从我国 16 个省份、84 个猪场分离到的 128 株沙门菌对复方新诺明的耐药率高达 100%；对氨苄西林、四环素、氯霉素、氟苯尼考的耐药率在 60%以上。岳秀英等（2015）于 2009～2014 年对从四川省主要猪养殖场分离的 151 株沙门菌开展了药敏试验，结果显示沙门菌对氨苄西林、阿莫西林/克拉维酸、壮观霉素、四环素、磺胺异噁唑、复方新诺明和恩诺沙星 7 种药物的耐药率超过 80%；对头孢噻呋和多黏菌素 E 相对敏感；分析发现 2009～2014 年猪源沙门菌对头孢噻呋、多西环素、氟苯尼考和氧氟沙星的耐药率显著上升。曹正花等（2016）对贵州省分离的 130 株沙门菌开展 β-内酰胺类抗菌药物耐药性调查，发现这些菌株对头孢他啶的耐药率为 100%，bla_{TEM}、bla_{OXA}、$bla_{\mathrm{CTX\text{-}M}}$ 3 种基因检出率分别是 85%、75%、46%；沙门菌耐药表型与相关耐药基因的检出率基本呈正相关。

【其他来源沙门菌对抗菌药物的耐药性】

有学者开展了食物源、人源与牛、鸭、火鸡等其他动物源沙门菌的耐药性研究。杨保伟等（2011）发现 390 株食源性沙门菌分离株对四环素的耐药状况最为普遍，达到 58.2%，其次为链霉素（42.8%）、卡那霉素（39%）和氨苄青霉素（38.2%）。Yan 等（2010）对我国北方地区分离的 387 株食源性沙门菌的耐药性检测表明，磺胺甲基异噁唑耐药率最为普遍，为 86.4%；多重耐药率为 29.6%；另外，有一菌株对多达 20 种药物耐药。王晓泉等（2007）分离的 117 株食物源和人源菌株中有 111 株对 2 种或 2 种以上的抗生素有耐药性；其中，鸡白痢通常携带 $bla_{\mathrm{TEM\text{-}1}}$、*tet*(A)、*sul2*、*strA/B* 和 *dfrA12* 基因。内蒙古地区奶牛源致病性沙门菌的耐药特性及 ESBL 基因流行特征的研究表明，这些沙门菌对甲氧苄啶（97.4%）及磺胺甲基异噁唑（94.7%）的耐药率较高，对多数 β-内酰胺类、氨基糖苷类、氯霉素类及四环素类药物的耐药性也较为严重（耐药率为 40%～80%），所有菌株对氟喹诺酮类药物均敏感；菌株的多重耐药率为 94.7%，有 29 株菌（76.3%）同时对 6 类抗菌药物具有耐药性；35 株对 β-内酰胺类药物耐药的菌株中，有 30 株（85.7%）为 ESBL 基因阳性，共检出 6 种 ESBL 基因，其中 $bla_{\mathrm{CTX\text{-}M}}$ 型基因检出率最高（40.0%），未检出 bla_{SHV} 和 bla_{PSE} 型基因；共发现 15 种 ESBL 基因型、9 种 ESBL 基因型组合，有 16 株菌（45.7%）同时携带 2 种或 2 种以上 ESBL 基因。研究表明，内蒙古地区奶牛源致病性沙门菌对兽医临床常用抗菌药物的耐药性较为严重，ESBL 基因的流行较为复杂。钟传德（2006）对我国 16 个地区规模化鸭场 1999～2005 年分离的 175 株鸭源致病性沙门菌对 37 种抗菌药物的敏感性测定的结果表明，175 株沙门菌都是多重耐药菌株（4 耐以上），其中 17 耐以上占 57.2%，耐药率达 50%以上的药物有 17 种，比食品源或鸡源沙门菌的耐药情况更严重。在火鸡沙门菌污染食物引起人中毒事件中，5 例患者粪便中分离出的火鸡沙门菌对氯霉素和庆大霉素均为高度敏感，对四环素、土霉素不敏感。

综上所述，动物源沙门菌耐药性较为严重，多重耐药已成为沙门菌的重要特点，不仅给动物沙门菌病的防治带来严峻挑战，而且这些多重耐药沙门菌可通过鸡蛋、鸡肉、猪肉消费等多个途径传播到人，成为危害公共卫生安全的一个重大隐患。需继续加强对动物源沙门菌耐药性的监测，在防控上少用或不用抗菌药物。

防治措施

猪沙门菌病防治措施：加强饲养和卫生管理，病死猪不能食用，发病猪如需采用抗生素治疗，按照农业农村部公告的食品动物允许使用的抗菌药物清单选用药物，规模化猪场应通过药敏试验选择敏感抗生素。注意疗程、剂量的规范使用，减少耐药性的产生。如有地方性流行，可以使用疫苗进行免疫。目前的疫苗是通过将猪霍乱沙门菌弱毒株接种于适宜培养基培养，收获培养物，加入明胶、蔗糖稳定剂，经冷冻、真空干燥制成，用于 1 月龄以上的哺乳或断乳健康仔猪。口服：临用前按瓶签标明的头份数，用稀释液稀释成每头份 5～10mL，均匀地拌入少量精饲料或切碎的青饲料中，让猪自行采食，或者将每头份疫苗稀释为 1～10mL 后逐头灌服。注射：按瓶签标示的头份数，每头份加入 20%氢氧化铝胶稀释液 1mL，振摇溶解。对足月、健康仔猪，于耳后浅层肌内注射 1mL。对经常发生仔猪副伤寒的场区，为加强免疫力，可于断奶前后各免疫 1 次，间隔为 3～4 周。

牛、羊沙门菌病防治措施：加强圈舍卫生管理，定期消毒灭鼠，对牛通过直肠拭子检测沙门菌，发病严重地区犊牛可以注射疫苗。羊沙门菌也可以通过注射疫苗进行防治。牛、羊发病严重时经药敏试验选用合适的抗生素。

禽沙门菌防治措施：因禽沙门菌主要经蛋传播，通过全血平板凝集试验、PCR 检测淘汰阳性种鸡，开展种鸡场沙门菌净化，加强种蛋消毒和孵化消毒管理是防病基础。王红宁等（2020）研究发现，鸡群投喂抗生素会导致禽源沙门菌产生耐药性，并发现一些可移动遗传元件可介导耐药性的传播。加之产蛋鸡群投喂抗生素会因鸡蛋药物残留超标导致蛋品废弃，加重经济损失。因此认为，投喂抗生素的方式不能有效解决沙门菌的防控问题，“无菌、无抗”成为防控沙门菌的重要需求。禽可以感染的沙门菌种类复杂，也有研究通过灭活疫苗、活疫苗预防沙门菌，因感染菌株复杂，不同类型菌株间缺乏交叉保护，效果差异比较大。王红宁课题组对养鸡场沙门菌的溯源研究表明，鼠、苍蝇、饲料、水、空气、鸡粪是重要传染来源，因此，在我国现代农业产业技术体系（蛋鸡）实验站开展了以防止鼠、苍蝇进入鸡舍，饲料加热和管道喂料，饮水消毒，精准带鸡消毒保障空气无沙门菌的系统防控，精准防控技术的实施能有效防控沙门菌感染，保障鸡肉和蛋品安全。

主要参考文献

蔡银强. 2015. 扬州地区屠宰场、农贸市场以及人源沙门菌分离株表型和基因型相关性研究. 扬州: 扬州大学硕士学位论文.

曹正花, 谭艾娟, 吕世明, 等. 2016. 贵州省猪源沙门氏菌对 β-内酰胺类药耐药性及耐药基因分析. 中国畜牧兽医, 43(7): 1737-1742.

焦连国, 杨贵燕, 苏金辉, 等. 2017. 猪源沙门菌流行病学调查与耐药性分析. 中国兽医杂志, 53(10): 17-19.

孔宪刚. 2013. 兽医微生物学. 2 版. 北京: 中国农业出版社.

廖成水, 程相朝, 张春杰, 等. 2011. 鸡源致病性沙门氏菌新近分离株的耐药性与耐药基因. 中国兽医科学, 41(7): 751-755.
刘金华, 甘孟侯. 2016. 中国禽病学. 2 版. 北京: 中国农业出版社.
马孟根, 王红宁, 余勇, 等. 2006. 猪源致病性沙门氏菌耐药基因的分析. 畜牧兽医学报, 37(1): 65-70.
宁家宝, 陈建红, 张济培, 等. 2014. 鸡白痢沙门菌的耐药性及磺胺类耐药基因的研究. 中国家禽, 36(3): 18-20.
田克恭. 2013. 人与动物共患病. 北京: 中国农业出版社.
童光志. 2008. 动物传染病学. 北京: 中国农业出版社.
王红宁, 雷昌伟, 杨鑫, 等. 2016. 蛋鸡和种鸡沙门菌的净化研究. 中国家禽, 38(21): 1-5.
王红宁, 雷昌伟, 张安云, 等. 2020. 规模化蛋鸡场病原菌溯源与生物安全防控研究. 中国家禽, 42(1): 1-6.
王红宁. 2002. 禽呼吸系统疾病. 北京: 中国农业出版社.
王红宁. 2012. 蛋鸡沙门氏菌病净化研究. 中国家禽, 34(1): 37.
王晓泉, 焦新安, 刘晓文, 等. 2007. 江苏部分地区食源性和人源沙门氏菌的多重耐药性研究. 微生物学报, 47(2): 221-227.
徐桂云, 张伟. 2010. 鸡蛋沙门菌控制及其公共卫生意义. 中国家禽, 32(22): 1-3.
杨保伟, 申进玲, 席美丽, 等. 2011. 2007-2008 年西安地区鸡肉源沙门菌相关特性分析. 食品科学, 32(19): 130-136.
杨盛智, 吴国艳, 龙梅, 等. 2016. 鸡蛋生产链中沙门氏菌对抗生素及消毒剂的耐药性研究. 遗传, 38(10): 948-956.
岳秀英, 葛荣, 汪开毓, 等. 2015. 四川省猪源沙门氏菌及耐药性变迁调查. 四川动物, 34(5): 707-713.
张振军. 2012. 鼠伤寒沙门氏菌对 SPF 鸡的致病性研究. 泰安: 山东农业大学硕士学位论文.
郑世军, 宋清明. 2013. 现代动物传染病学. 北京: 中国农业出版社.
钟传德. 2006. 我国部分省市雏鸭致病性沙门氏菌分离鉴定、耐药谱调查及携带质粒特性的初步研究. 雅安: 四川农业大学硕士学位论文.
邹明, 魏蕊蕊, 张纯萍, 等. 2013. 鸡源沙门菌的血清型、耐药性和耐药机制调查. 农业生物技术学报, 21(7): 855-862.
Chen W, Fang T, Zhou X, et al. 2016. IncHI2 plasmids are predominant in antibiotic-resistant *Salmonella* isolates. Front Microbiol, 7: 1566.
Gong J, Xu M, Zhu C, et al. 2013. Antimicrobial resistance, presence of integrons and biofilm formation of *Salmonella pullorum* isolates from Eastern China (1962-2010). Avian Pathology, 42(3): 290-294.
Grimont P A, Weill F X. 2007. Antigenic Formulae of the *Salmonella* serovars. 9th ed. Paris: WHO Collaborating Centre for Reference and Research on *Salmonella*.
Jeffrey J Z, Locke A K, Alejandro R, et al. 2014. 猪病学. 10 版. 赵德明, 张仲秋, 周向梅, 等译. 北京: 中国农业大学出版社.
Kuang X, Hao H, Dai M, et al. 2015. Serotypes and antimicrobial susceptibility of *Salmonella* spp. isolated from farm animals in China. Front Microbiol, 6: 602.
Ladely S R, Meinersmann R J, Ball T A, et al. 2016. Antimicrobial susceptibility and plasmid replicon typing of *Salmonella enterica* serovar kentucky isolates recovered from broilers. Foodborne Pathog Dis, 13(6): 309-315.
Lei C W, Zhang Y, Kang Z Z, et al. 2020. Vertical transmission of *Salmonella enteritidis* with heterogeneous antimicrobial resistance from breeding chickens to commercial chickens in China. Vet Microbiol, 240: 108538.
Lei C W, Wang H N, Liu B H, et al. 2014. Molecular characteristics of *Salmonella* genomic island 1 in *Proteus mirabilis* isolates from poultry farms in China. Antimicrob Agents Chemother, 58(12): 7570-7572.
Long M, Wang H N, Zou L K, et al. 2016. Disinfectant susceptibility of different *Salmonella* serotypes

isolated from chicken and egg production chains. J Appl Microbiol, 121(3): 672-681.
Ma S Z, Lei C W, Kong L H, et al. 2017. Prevalence, antimicrobial resistance, and relatedness of *Salmonella* isolated from chickens and pigs on farms, abattoirs, and markets in Sichuan Province, China. Foodborne Pathog Dis, 14(11): 667-677.
McDermott P F, Zhao S, Tate H. 2018. Antimicrobial resistance in nontyphoidal *Salmonella*. Microbiol Spectr, 6(4): ARBA-0014-2017.
Michael G B, Schwarz S. 2016. Antimicrobial resistance in zoonotic nontyphoidal *Salmonella*: an alarming trend? Clin Microbiol Infect, 22(12): 968-974.
Ren X, Li M, Xu C, et al. 2016. Prevalence and molecular characterization of *Salmonella enterica* isolates throughout an integrated broiler supply chain in China. Epidemiol Infect, 144(14): 2989-2999.
Saif Y M. 2012. 禽病学. 12 版. 苏敬良, 高福, 索勋, 译. 北京: 中国农业出版社.
Wang X, Biswas S, Paudyal N, et al. 2019. Antibiotic resistance in *Salmonella* Typhimurium isolates recovered from the food chain through national antimicrobial resistance monitoring system between 1996 and 2016. Front Microbiol, 10: 985.
Wang Y X, Zhang A Y, Yang Y Q, et al. 2017. Emergence of, *Salmonella enterica*, serovar Indiana and California isolates with concurrent resistance to cefotaxime, amikacin and ciprofloxacin from chickens in China. Int J Food Microbiol, 262: 23-30.
Wu H, Xia X, Cui Y, et al. 2013. Prevalence of extended-spectrum beta-lactamase-producing *Salmonella* on retail chicken in six provinces and two national cities in the People's Republic of China. J Food Prot, 76(12): 2040-2044.
Yan H, Li L, Alam M J, et al. 2010. Prevalence and antimicrobial resistance of *Salmonella* in retail foods in northern China. Int J Food Microbiol, 143(3): 230-234.
Yang Y Q, Zhang A Y, Ma S Z, et al. 2016. Co-occurrence of mcr-1 and ESBL on a single plasmid in *Salmonella enterica*. J Antimicrob Chemother, 71(8): 2336-2338.

第三节　肠杆菌属及其对抗菌药物的耐药性

病　原　学

【形态培养、生化特征】

肠杆菌属（*Enterobacter*）为革兰氏阴性菌，兼性厌氧，在一般培养基上生长旺盛，从环境中分离的菌株最适温度为 20～30℃，从临床病料中分离培养时最适温度为 37℃。阴沟肠杆菌在德里加尔斯基半乳糖琼脂培养基上菌落呈圆形，微红色，或呈扁平，边缘不规则；在伊红-亚甲蓝琼脂培养基上菌落呈粉红色，中央隆起，黏液状，直径 3～4mm。阪崎肠杆菌在营养琼脂培养基上，25℃条件下形成黄色菌落，在 37℃形成微黄色菌落，直径 1～3mm。产气肠杆菌在普通琼脂培养基上，37℃培养 24h，可见直径 2～3mm、圆形、灰白色、湿润、边缘整齐、半透明的菌落。

发酵葡萄糖产酸产气（CO_2 和 H_2），一般可利用柠檬酸盐和丙二酸盐分别作为唯一的碳源和能源。大多数菌株 VP 试验阳性、甲基红试验阴性。不产生靛基质，不产生硫化氢，缓慢液化明胶，不产生脱氧核糖核酸酶。有些环境菌株 37℃时生化反应不稳定。

【种类、抗原结构】

迄今为止，在肠杆菌属已发现 22 个种，主要包括产气肠杆菌（*E. aerogenes*）、阴沟肠杆菌（*E. cloacae*）、成团肠杆菌（*E. agglomerans*）、日勾维肠杆菌（*E. gergoviae*）和阪崎肠杆菌（*E. sakazakii*）等。其中，阪崎肠杆菌的生化反应特性与阴沟肠杆菌非常类似，1980年由黄色阴沟肠杆菌更名为阪崎肠杆菌。肠杆菌属的细菌有O抗原、H抗原，偶有K抗原。Sakazaki和Namioka（1960）记载阴沟肠杆菌有53个O抗原和56个H抗原，其中以O3、O8和O13三种O抗原最为常见。

【分离与鉴定】

阴沟肠杆菌广泛存在于自然界中，多从动物粪便、污水、乳制品或患病动物组织器官或分泌物中采集样品进行分离培养，选用选择性培养基，根据菌落形态特征及生化反应特性作出鉴定。据报道，长期应用抗生素，特别是第三代头孢菌素，有时可致菌落形态发生变异，表现蔓延性生长，出现大小为5～6mm的光滑、凸起、透明的黏液型菌落，用接种针挑起可呈长丝被拽起。将黏液型菌落接种至100g/L去氧胆酸钠肉汤中培养后，其菌落又可复原。进行生化反应试验和鞭毛染色，可作出鉴定。

【抵抗力】

肠杆菌属中的各种细菌对氨苄青霉素和第一代头孢菌素有天然耐药性，而对第二代、第三代头孢菌素的耐药突变率高。肠杆菌对β-内酰胺类抗生素的耐药机制主要包括细胞外膜微孔蛋白的缺失或减少；细菌产生β-内酰胺酶，以及细菌的青霉素结合蛋白（PBP）改变，导致其对β-内酰胺类抗生素的亲和力下降等。

【致病性】

产气肠杆菌和阴沟肠杆菌都是人与动物胃肠道正常菌群的一部分，属于条件性致病菌，通常对人和动物无致病性，但在某些特定情况下，如免疫功能低下、存在原发病等，可引起感染。

对动物的致病性。动物的阴沟肠杆菌感染，多数发生在饲养条件恶劣、动物体况较差的条件下，病变常见于消化系统和呼吸系统。

对人的致病性。临床表现多种多样，包括皮肤、软组织、呼吸道、泌尿道、中枢神经系统、胃肠道和其他器官的感染。

流行病学与公共卫生意义

【流行病学】

阴沟肠杆菌是一种广泛存在于水、土、植物、人和动物的粪便中的菌种之一。阴沟肠杆菌感染一般散发，全年均可发生。其作为条件致病菌，与其他病原菌混合感染，在医院的临床检出率逐年上升，已成为医院感染越来越重要的病原菌之一。

【公共卫生意义】

临床针对肠杆菌感染常用第三代头孢类如头孢吡肟和氨基糖苷类如庆大霉素治疗。随着这些药物的广泛应用，抗生素耐药性日益严重，已成为全球关注的公共卫生问题。虽然β-内酰胺类抗生素的临床应用使得革兰氏阴性杆菌感染的治疗取得了很大进展，但也导致了耐药性更加突出。部分医院中肠杆菌对包括第三代头孢菌素在内的许多β-内酰胺类抗生素的耐药性已超过肺炎克雷伯菌，尤其是阴沟肠杆菌，导致其引起的感染临床治疗十分棘手。

对抗菌药物的耐药性

在肠杆菌属中，受细菌耐药性影响的主要是阴沟肠杆菌和产气肠杆菌。在产气肠杆菌中，β-内酰胺药物的摄取一般与孔蛋白密切相关，如 Omp35 和 Omp36，它们与非特异性肠杆菌孔蛋白 OmpC 和 OmpF 同源。很多研究表明孔蛋白的修饰能引起耐药性，如孔蛋白表达量的降低，或者孔蛋白结构的改变等。在大多数肠杆菌中，产β-内酰胺酶是导致β-内酰胺耐药的主要机制，如通过产生低水平的 AmpC β-内酰胺酶型头孢菌素酶，对第一代头孢菌素产生耐药性。膜相关的耐药机制包括孔蛋白缺陷和外排水平的增加，通过控制细胞内抗生素含量而引起耐药性。这些“浓度屏障”还可以诱导其他耐药机制的出现，包括目标位点突变。有报道称脂多糖的改变也能引起细菌耐药性。在β-内酰胺酶耐药性中，很少出现靶位点突变，然而如今报道的各种β-内酰胺酶均是原β-内酰胺酶基因中相继出现的一系列突变的结果。在多重耐药肠杆菌分离株中，*ampC* 中可发现多个位点改变，但不在丝氨酸活性位点或β-内酰胺结合位点对应的区域，且与耐药表型无关。引起的耐药性位点突变最典型的是影响喹诺酮类靶点的突变，以及与多黏菌素耐药有关的突变。在肠杆菌中，位于靶向酶（如回旋酶或拓扑异构酶）喹诺酮类耐药决定区（QRDR）的突变能引起高水平耐药。南非的研究表明，*qnr* 基因通常在医院收集的耐药肠杆菌中检测到。有趣的是，有报道称 *qnrE1* 基因可能来自肠杆菌染色体。

抗生素、免疫抑制剂等广泛而不合理的使用，使阴沟肠杆菌的感染率不断增加，而且耐药株不断出现，给临床治疗带来极大困扰，临床常用第三代头孢类如头孢吡肟和氨基糖苷类如庆大霉素治疗。陶佳等（2017）于 2013～2015 年从住院部及门诊患者的送检标本中分离培养了 963 株阴沟肠杆菌。药敏试验结果显示，963 株阴沟肠杆菌主要对碳青霉烯、氨基糖苷类及喹诺酮类抗生素耐药性较高，其中亚胺培南、阿米卡星、左氧氟沙星耐药率分别为 96.5%、97.4%、92.5%。Boutarfi 等（2019）从特莱姆森大学医学中心分离的 77 株肠杆菌属中发现，58.4%的肠杆菌是阴沟肠杆菌，其次 24.7%是霍氏肠杆菌。这些菌株对替卡西林或联合克拉维酸的耐药率最高（70.1%），其次是头孢吡肟（68.8%）、头孢噻肟（63.6%）、头孢他啶（54.5%）和庆大霉素（54.5%）。妥布霉素对 87.0%的分离株有抑制作用。超广谱β-内酰胺酶基因 bla_{TEM} 和 $bla_{\mathrm{CTX\text{-}M}}$ 的检出率分别为 44.2%和 36.4%。其他常见的耐药基因是 *aac(6')-Ⅰb*（57.1%）和 *sul2*（50.6%），多重耐药菌株很常见。田磊等（2016）回顾分析了 2005～2014 年肠杆菌属细菌的耐药性变化趋势，在分离的 20 558 株肠杆菌属细菌中，阴沟肠杆菌占 20.1%，其他肠杆菌属细菌包括阿氏肠杆菌 145 株、日勾维肠杆菌 110 株、河生肠杆菌 99 株、阪崎肠杆菌 72 株、中间肠杆菌 30 株。肠杆菌属细菌对头孢唑啉和头孢西丁的耐药率较高，大于 90%；对头孢吡肟、亚胺培南、哌拉西林-他唑巴坦、头孢哌酮-舒巴坦、美罗培南、庆大霉素、厄他培南、阿米卡星和环丙沙星的耐药率较低，小于 30%。肠杆菌属细菌对头孢噻肟、头孢吡肟、哌拉西林-他唑巴坦、头孢他啶、庆大霉素、环丙沙星、阿米卡星、甲氧苄啶-磺胺甲基异噁唑的耐药率呈下降趋势，但对美罗培南和厄他培南的耐药率呈上升趋势。

防 治 措 施

对动物的防治措施。该菌广泛分布于土壤、水和空气中，当动物处于应激状态时容易发生该菌的感染。因此应减少应激次数，保持圈舍干燥。天气寒冷时要注意保温。当发生感染时，要对动物的圈舍、用具等环境进行彻底消毒，及时清除病死动物，并将患病动物进行严格隔离。鉴于阴沟肠杆菌的耐药情况较为严重，需通过药敏试验结果进行抗生素的选择。

对人的防治措施。因为肠杆菌目前多发于医院内感染，所以一定要做好医院内的消毒，防止致病菌在医院的交叉感染。对于住院的各种病患，在积极治疗基础疾病、保护和改善患者机体免疫状态的同时，要合理使用抗生素和肾上腺皮质激素，防止菌群失调。由于阴沟肠杆菌的耐药情况十分严重，因此在使用抗生素时要先进行药敏试验，避免不合理使用抗生素。

主要参考文献

孔宪刚. 2013. 兽医微生物学. 2 版. 北京: 中国农业出版社.

刘金华, 甘孟侯. 2016. 中国禽病学. 2 版. 北京: 中国农业出版社.

陶佳, 王文, 李莎莎, 等. 2017. 963 株阴沟肠杆菌耐药性分析. 宁夏医科大学学报, 39(8): 940-942.

田克恭. 2013. 人与动物共患病. 北京: 中国农业出版社.

田磊, 陈中举, 孙自镛, 等. 2016. 2005—2014 年 CHINET 肠杆菌属细菌耐药性监测. 中国感染与化疗杂志, 16(3): 275-283.

童光志. 2008. 动物传染病学. 北京: 中国农业出版社.

王红宁. 2002. 禽呼吸系统疾病. 北京: 中国农业出版社.

郑世军, 宋清明. 2013. 现代动物传染病学. 北京: 中国农业出版社.

Boutarfi Z, Rebiahi S A, Morghad T, et al. 2019. Biocide tolerance and antibiotic resistance of *Enterobacter* spp. isolated from an Algerian hospital environment. J Glob Antimicrob Resist, 18: 291-297.

Carter M Q, Pham A, Huynh S, et al. 2017. Complete genome sequence of a Shiga toxin-producing *Enterobacter cloacae* clinical isolate. Genome Announc, 5(37): e00883-17.

Dam S, Pagès J M, Masi M, et al. 2018. Stress responses, outer membrane permeability control and antimicrobial resistance in Enterobacteriaceae. Microbiology, 164(3): 260-267.

Davin-Regli A, Lavigne J P, Pagès J M. 2019. *Enterobacter* spp.: update on taxonomy, clinical aspects, and emerging antimicrobial resistance. Clin Microbiol Rev, 32(4): e00002-19.

Davin-Regli A, Pagès J M. 2015. Enterobacter aerogenes and *Enterobacter cloacae*; versatile bacterial pathogens confronting antibiotic treatment. Front Microbiol, 6: 392.

Jeffrey J Z, Locke A K, Alejandro R, et al. 2014. 猪病学. 10 版. 赵德明, 张仲秋, 周向梅, 等译. 北京: 中国农业大学出版社.
Lei C W, Zhang Y, Wang Y T, et al. 2020. Detection of mobile colistin resistance gene *mcr-10.1* in a conjugative plasmid from enterobacter roggenkampii of chicken origin in China. Antimicrob Agents Chemother, 64(10): e01191-20.
Molitor A, James C E, Fanning S, et al. 2018. Ram locus is a key regulator to trigger multidrug resistance in *Enterobacter aerogenes*. J Med Microbiol, 67(2): 148-159.
Saif Y M. 2012. 禽病学. 12 版. 苏敬良, 高福, 索勋, 译. 北京: 中国农业出版社.
Sakazaki R, Namioka S. 1960. Serological studies on the Cloaca (*Aerobacter*) gruop of enteric bacteria. Jpn J Med Sci Biol, 13(1-2): 1-12.

第四节　巴氏杆菌属及其对抗菌药物的耐药性

病　原　学

【形态培养、生化特征】

巴氏杆菌属（*Pasteurella*）为无芽孢、不运动、需氧或兼性厌氧、菌体两端常染色浓重的革兰氏阴性小杆菌，菌体大小（0.3～0.5）μm×（1.0～1.8）μm。卵圆形或杆状，单个、成对或少数形成短链。该菌在添加血清或血液的培养基上生长良好。最适生长温度为 37℃，最适生长 pH 为 7.2～7.4。在普通琼脂上形成细小透明的露珠状菌落，在普通肉汤中，初均匀浑浊，后形成黏性沉淀和附壁菌膜；在血琼脂上生成水滴样、灰白色、湿润而黏稠的菌落，无溶血现象；明胶穿刺培养，沿穿刺孔呈线状生长。在马丁肉汤及马丁肉汤血琼脂培养 24h，0～8℃保存，每月移植至少两次。巴氏杆菌培养后菌落光滑、圆整，对小白鼠有一定致病力，这种菌型称为光滑型（S 型）；菌落粗糙、不透明，肉汤培养浑浊，对小白鼠致病力不强，称中间型；菌落干燥、粗糙，肉汤培养有颗粒状沉淀物，对小白鼠致病力弱，称粗糙型（R 型）。

多杀性巴氏杆菌（*P. multocida*，Pm）是一种两端钝圆、中央微突的短杆菌或球杆菌，宽 0.25～0.6μm，长 0.6～2.5μm，不形成芽孢，无鞭毛，革兰氏阴性的需氧兼性厌氧菌。瑞氏染色或亚甲蓝染色时，可见典型的两极浓染，纯化培养后两极着色消失。该菌一般为卵圆形或杆状，单个、成对或少数形成短链。感染动物体液或组织制片中的菌体两极浓染更为明显。多杀性巴氏杆菌在普通肉汤中即可生长，能利用葡萄糖等碳水化合物，产生少量酸而不产气，产过氧化氢酶，能还原硝酸盐，不液化明胶。甲基红反应阴性，VP 反应阴性，最适生长温度为 37℃，DNA 中的 G+C 克分子含量为 36.5%～40.05%。

多杀性巴氏杆菌危害畜、禽最严重，从发病动物体液或组织中培养分离到的菌落基本有两种型：一种为在 45°折光下，菌落呈现橘红色，边缘稍带狭窄的黄绿光的 Fo 菌落型，橘红色荧光型，对鸡、鸽毒力强，对羊、牛、猪等毒力较弱。另一种为过 45°折光，在低倍显微镜下，呈现鲜明的蓝绿色且带金光，边缘有狭窄的红黄色带的 Fg 菌落型，蓝色荧光型。对小白鼠、家兔和猪每只注射活菌 10～200 个即可致死，而对鸡、鸭等每只注射 10 个以上即可致死。在中国，一般家禽流行性巴氏杆菌病都是 Fo 型菌所致，牛、猪、驴和马的多杀性巴氏杆菌病绝大多数为 Fg 型菌所致。慢性病例中偶尔发现菌落较小、折光下呈现淡蓝色的菌落。另外还有一种无荧光（Nf）型，但是 Nf 型菌对各种畜禽的毒力都比较弱。急性死亡动物病料中分离出光滑、圆整、半透明的中等大小菌落，折射光线下观察，菌落显示荧光。

【种类、抗原结构】

巴氏杆菌属（*Pasteurella*）因 1880 年巴斯德首先自病鸡中分离到多杀性巴氏杆菌而得名。巴氏杆菌属有 20 多个种，包括产气巴氏杆菌（*P. aerogenes*）、多杀性巴氏杆菌（*P. multocida*）、龟巴氏杆菌（*P. testudinis*）、兰加巴氏杆菌（*P. langaaensis*）、淋巴管炎巴氏杆菌（*P. lymphangitidis*）、马巴氏杆菌（*P. caballi*）、买氏巴氏杆菌（*P. mairii*）、禽源巴氏杆菌（*P. volantium*）、嗜肺巴氏杆菌（*P. pneumotropica*）、鸭巴氏杆菌（*P. anatis*）、鸭疫巴氏杆菌（*P. anatipestifer*）、犬巴氏杆菌（*P. canis*）、咽巴氏杆菌（*P. stomatis*）、咬伤巴氏杆菌（*P. dagmatis*）及未命名的种类等，本属最重要的代表种是多杀性巴氏杆菌。

多杀性巴氏杆菌是本属最重要的畜禽致病菌，是引起多种畜禽巴氏杆菌病的病原体，该病以高热、肺炎为主要特征，使动物发生出血性败血症或传染性肺炎。1994 年起，根据对海藻糖和山梨醇发酵模式的不同分为 3 个亚种，即多杀亚种（*P. multocida* subsp. *multicida*）、败血亚种（*P. multocida* subsp. *septica*）及杀禽亚种（*P. multocida* subsp. *gallicida*）。多杀性巴氏杆菌以其荚膜抗原（K 抗原）和菌体抗原（O 抗原）区分血清型，用特异性荚膜抗原吸附于红细胞上做被动血凝试验，分为 A、B、D、E 和 F 五个血清型。A 型菌株主要引起猪肺疫，也感染禽类；B 型菌株常引起亚洲牛、水牛以及非洲牛的出血性败血症；C 型菌株是猫、犬的正常栖居菌；产毒 D 型菌株主要引起猪进行性萎缩性鼻炎；E 型菌株只在很久前在非洲患出血性败血症的牛上分离到过。利用菌体抗原（O 抗原）做凝集试验，将该菌分为 12 个血清型，琼脂扩散沉淀试验根据多杀性巴氏杆菌不同的耐热抗原（脂多糖）来分型，分为 16 个血清型。菌体抗原以阿拉伯数字表示，荚膜抗原以英文大写字母表示，如 1∶A、2∶A、1∶B 等。已知组成的菌型有 16 个。

在我国，对该菌的血清型鉴定表明，有 A、B、D 三个血清群。如与 O 抗原鉴定结果互相配合，我国分离的禽源多杀性巴氏杆菌以 5∶A 为多，其次是 8∶A；猪的以 5∶A 和 6∶B 为主，其次是 8∶A 和 2∶D；羊的以 6∶B 为多；家兔的以 7∶A 为主，其次是 5∶A。国内用耐热性抗原做琼脂扩散试验，发现感染家禽的主要是 1 型，感染牛、羊的主要为 2、5 型，感染猪的主要为 1、2、5 型。在我国，引起禽和猪巴氏杆菌病的主要病原是荚膜血清 A 型多杀性巴氏杆菌，引起牛巴氏杆菌病的主要病原是荚膜血清 B 型多杀性巴氏杆菌。随着病原菌在不同种属动物间的相互感染，血清型也可能发生改变。我国的马文戈和于力（2008）首次从病牛组织中分离得到荚膜 A 型多杀性巴氏杆菌。

【分离与鉴定】

新鲜组织或血液病料涂片用亚甲蓝染色可以见到两极浓染的杆菌。多杀性巴氏杆菌在全血琼脂平板上生长良好，形成湿润水滴样菌落，不溶血。用改良马丁琼脂进行分离培养，可以根据菌落出现的荧光初步判定菌株的 A、B、D 型。进一步定型可以采取多价和单价血清凝集试验。随着分子生物学技术的进展，目前对巴氏杆菌也开展了 16S rRNA 鉴定、PCR 方法鉴定、细菌自动鉴定系统鉴定和全基因组测序。

【抵抗力】

巴氏杆菌为不产生芽孢的小杆菌，对物理和化学作用抵抗力低。阳光直射 10min 或在干燥空气中 2～3 天可死亡；56℃下 15min 或 60℃下 10min 可杀死；用 3%石炭酸和 0.1%升汞在 1min 内可杀菌，10%石灰乳及常用的甲醛溶液 3～4min 可使之死亡。

【致病性】

巴氏杆菌主要引起畜禽急性、出血性、败血性疾病，又称出血性败血症。该菌对鸡、鸭、猪、牛、羊、兔、马以及许多野生动物等都可致病，急性呈出血性败血症迅速死亡，如牛出血性败血症、猪肺疫、禽霍乱、兔巴氏杆菌病等；慢性则呈萎缩性鼻炎（猪、羊）、关节炎及局部化脓性炎症等。

该菌细胞壁含有明显的内毒素活性，可引起家禽霍乱的暴发性流行，牛的出血性败血症、原发性或继发性肺炎等。该菌寄生于哺乳动物和禽类，当机体抵抗力下降时，可成为急、慢性病或流行性疾病的病原。人偶有感染该菌，可致慢性疾患，如呼吸道感染、心包炎等。

动物急性病例的主要特征是败血症和炎性出血过程，慢性病例常表现皮下结缔组织、关节及各脏器的化脓性病灶。该菌可引起鸡、鸭等发生禽霍乱，引起猪发生猪肺疫，引起各种牛、羊、兔、马以及许多野生动物发生败血症。禽巴氏杆菌病又称禽出血性败血症、禽霍乱，分布广、危害大。牛巴氏杆菌病又称为牛出血性败血症，是由特定血清型多杀性巴氏杆菌引起的。

多杀性巴氏杆菌可以在同种或不同种动物间相互传染，也可感染人。人的巴氏杆菌感染常以高热、肺炎为特征，间或呈现急性肠胃炎以及内脏器官广泛出血。

流行病学与公共卫生意义

【流行病学】

巴氏杆菌病在世界范围内发生，热带地区最为严重。病畜和病禽的排泄物、分泌物及带菌动物均是该病重要的传染源。猪、兔、黄牛、水牛、牦牛均易感。家禽鸡、鸭、鹅也易感，以幼龄为多，病死率较高。该病主要通过消化道和呼吸道，以及吸血昆虫和损伤的皮肤、黏膜而感染。人多经伤口感染，也可经呼吸道感染。发病无明显季节性，但多发于冷热交替期，气候剧变、闷热、潮湿、多雨的时期发生较多，故 9～11 月常见。该病一般呈散发性或地方流行性，猪肺疫、鸭巴氏杆菌病可呈流行性。禽的强毒 Fo 型也可感染猪、牛等家畜，不过这样引起的巴氏杆菌病多是散发性的。

【公共卫生意义】

巴氏杆菌引起多种家畜、家禽、野生动物和人发病，具有重要的公共卫生意义。人类在与动物接触，特别是被犬、猫咬伤、抓伤后容易感染，如有动物接触史，出现发热、寒战和呼吸道症状，应及时进行细菌学检测和抗生素治疗。动物咬伤和抓伤引起的局部化脓、软组织炎症，在冷热交替、高温、气候突变的季节多发，应注意人与动物的接触，加强人的防护意识。

对抗菌药物的耐药性

【动物源多杀性巴氏杆菌的耐药性】

动物源多杀性巴氏杆菌的耐药，尤其是多重耐药问题已经引起了人们的广泛关注。国内外的临床工作者积极地开展了动物源多杀性巴氏杆菌的耐药性检测研究。

国外对多杀性巴氏杆菌的耐药性开展了大量研究。Hirsh 等（1981）分离得到 5 株鸡源多杀性巴氏杆菌，其中有 3 株对链霉素耐药，4 株对磺胺类药物耐药，其耐药株的最低抑菌浓度（MIC）均大于 128μg/mL。Cárdenas 等（2001）从羊中分离到 1 株多杀性巴氏杆菌，其对喹诺酮敏感，用逐渐增加抗生素浓度的方法诱导培养，诱导后的菌株 MIC 增加了 10 倍以上。Kehrenberg 和 Schwarz（2005）分离到牛源多杀性巴氏杆菌，所分离菌株均对氯霉素和氟苯尼考耐药，MIC 分别达到 32μg/mL 和 16μg/mL。Millan 等（2009）从马德里分离到禽源多杀性巴氏杆菌，发现对 β-内酰胺耐药的菌株都表现出对四环素、磺胺类药物类耐药，所分离菌株对阿莫西林和磺胺的 MIC 已达 256μg/mL。Kumar 等（2009）从印度不同地区不同反刍动物中分离到多杀性巴氏杆菌，发现恩诺沙星是最有效的抗生素，94%的分离菌对其敏感，该菌对万古霉素、杆菌肽和磺胺嘧啶的耐药率分别为 84%、75%和 82%。Rigobelo 等（2013）从巴西的鸡和日本的鹌鹑分离到多杀性巴氏杆菌，总体上鸡的分离率明显高于鹌鹑的分离率（$P<0.01$ =；所有分离株均对所选用的 4 种抗菌药物敏感，结果显示所有分离株对测试药物的耐药率很低，对头孢菌素的耐药率最高（5.1%），其次是阿米卡星（3.4%）。Jamali 等（2014）从伊朗奶牛场和肉牛场呼吸道感染病例中分离到 141 株多杀性巴氏杆菌，结果显示有 49%（69/141）耐一种抗生素，14.9%（21/141）耐两种抗生素；其中对青霉素 G 和链霉素耐药率较高，分别为 30.5%（43/141）和 22%（31/141）；所有多杀性巴氏杆菌分离株均对阿米卡星、头孢唑啉、头孢噻呋、头孢喹诺、氯霉素、恩氟沙星、氟苯尼考和卡那霉素敏感。Ferreira 等（2015）从巴西圣保罗州家养及收容所中的 191 只猫口腔中筛选出 41 株多杀性巴氏杆菌，发现大多数对磺胺类药物甲噁唑（60.9%）和磺胺甲基异噁唑-甲氧苄啶（75.6%）耐药，且高达 12.2%（5/41）的菌株对所有检测药物敏感。Sarangi 等（2015）从印度分离出 88 株小反刍兽源多杀性巴氏杆菌，发现有 39.77%（35/88）对所研究的所有抗生素（共 17 种）敏感，大多数分离株（94%）对恩诺沙星和氯霉素敏感。有许多菌株对氨苄西林、阿莫西林和红霉素具有耐药性，

且17%的分离株具有多重耐药性。Furian等（2016）选择了巴西南部临床病例中分离出的96株多杀性巴氏杆菌菌株进行药敏试验，结果发现这些菌株对庆大霉素和阿莫西林敏感性最高，达97%以上，有76.8%的家禽源菌株和85%的猪源菌株对磺胺类药物耐药，禽源菌株和猪源菌株分别有19.6%和36.6%的菌株具有多重耐药性。Cucco等（2017）从意大利几个地区不同健康状态的不同物种中分离出186株多杀性巴氏杆菌，结果发现分离株荚膜类型以capA^{+}为主，且总体呈现出低水平的耐药性，对头孢噻呋和氟苯尼考完全敏感。但是仅约1/3的分离株对泰乐菌素和红霉素敏感，7.5%的分离菌对四环素耐药，4.8%的分离菌对甲氧苄氨嘧啶耐药。

国内也开展了对多杀性巴氏杆菌的耐药性研究。金天明等（2007）从吉林分离的巴氏杆菌菌株，对庆大霉素、复方新诺明、头孢氨苄、头孢唑啉和四环素等20余种抗生素产生了耐药性。Tang等（2009）分离得到猪源多杀性巴氏杆菌，药敏试验结果显示，70%的菌株对阿莫西林、磺胺类药物二嘧啶、林可霉素呈高度耐药，20%的菌株对壮观霉素、新霉素、庆大霉素、卡那霉素、替米考星耐药，对阿莫西林、壮观霉素、替米考星、盐酸环丙沙星的MIC达128μg/mL。吉林农业大学2010年分离得到牛源多杀性巴氏杆菌，耐药性检测结果显示，所有菌株都对复方新诺明和链霉素高度耐药，其MIC均大于256μg/mL，从吉林和湖北分离得到的菌株对喹诺酮类与大环内酯类抗生素产生了耐药性（孔令聪等，2012）。林志敏等（2015）对从福建疑似禽霍乱病例中分离、鉴定并保存的禽源多杀性巴氏杆菌（20株）进行了药物敏感性试验，发现所有分离株均表现多重耐药性，未见对所有菌株敏感的药物，所有菌株对克林霉素均不敏感，且只有携带质粒的菌株对氟苯尼考、多黏菌素B和复方新诺明3种药物耐药。Wang等（2017）从吉林、黑龙江、辽宁等8个省份牛的鼻拭子或肺组织中分离出23株多杀性巴氏杆菌，药敏试验表明，所有分离株均对至少两种氨基糖苷类药物耐药，所有23株多杀性巴氏杆菌均对阿米卡星耐药，23株中有12株（52.2%）对链霉素耐药。对MIC的进一步分析发现，6株菌株对2种氨基糖苷类药物耐药，17株菌株（74%）对至少3种氨基糖苷类药物耐药。陈国娟等（2017）从送检的死亡仔猪肺脏中分离到1株病原菌，经生化试验、动物致死试验对菌株进行了鉴定，同时进行了药敏试验。结果表明该病原菌为多杀性巴氏杆菌，药敏试验显示该菌株对环丙沙星、诺氟沙星和氧氟沙星等药物敏感，对红霉素、多西环素、阿奇霉素等中介，对杆菌肽、氯霉素和多黏菌素E等耐药。王羽等（2018）通过微量稀释法药敏试验对18株不同源多杀性巴氏杆菌进行耐药性分析，结果显示多杀性巴氏杆菌对氯霉素的耐药率为83.3%，对四环素、多西环素与庆大霉素的耐药率为50%～61.1%，对氧氟沙星、恩诺沙星、卡那霉素与氟苯尼考的耐药率为27.8%～38.9%。Li等（2018）对西南地区的45株与禽类临床疾病相关的多杀性巴氏杆菌分离株进行了检测，结果表明，分离的多杀性巴氏杆菌耐药菌株占71.1%。

从不同国家和地区分离的动物源多杀性巴氏杆菌，对抗生素显示出不同程度的耐药性，多杀性巴氏杆菌对兽医临床使用频率较高的抗生素的耐药性较高。动物源多杀性巴氏杆菌的耐药性存在着一定的地域差异性，与不同国家和地区在动物治疗中所使用抗生素的种类、用量不同有关。

【动物源多杀性巴氏杆菌的耐药机制】

质粒介导的动物源多杀性巴氏杆菌（Pm）的耐药。根据目前的研究结果，动物源多杀性巴氏杆菌的耐药主要由质粒介导，其质粒携带的耐药基因在细菌间传播，使其不断产生耐药性。Pm 常通过质粒的共存和扩散来产生多重耐药性。Pm 的质粒大小一般为 1～100kb，大部分质粒大小为 2～6kb。每个 Pm 菌株携带 2 个或 3 个质粒，不同的 Pm 分离株质粒的携带率有很大差异。Schwarz 等（1989）调查得知牛源、猪源多杀性巴氏杆菌质粒的携带率均为 47%。Gunther 等（1991）报道兔源多杀性巴氏杆菌质粒的携带率为 92%。Kehrenberg 和 Schwarz（2005）发现从临床分离的牛源多杀性巴氏杆菌耐药株中有 10.8kb 的耐药质粒（pCCK381），序列分析发现该质粒介导氟苯尼考和氯霉素耐药，与 3.2kb 的大肠杆菌耐药质粒（Pmbsf1）有很高的同源性，该质粒介导的耐药性是由 *floR* 基因所介导的，该基因与先前报道的 *floR* 基因的同源性高达 99.7%。Kehrenberg 等（2008）对从德国分离的耐氟苯尼考的 2 株猪源 Pm 和 1 株牛源 Pm 进行耐药性分析，发现其中 2 株含有耐药质粒（pCCK381），1 株含有携带 *floR* 基因的质粒（pCCK1900），*floR* 基因存在于链霉素耐药基因 *strA* 和 *strB* 的下游，脉冲场凝胶电泳分析发现其所介导的氟苯尼考的耐药表型取决于质粒的水平转移。在多杀性巴氏杆菌的质粒中，有许多是携带不同抗生素耐药基因的 R 质粒，大部分 R 质粒是非接合型的，但也可以转化到其他的 *E. coli* 菌株和 Pm 菌株中。廖景光等（2012）通过质粒接合试验，发现多杀性巴氏杆菌的耐药主要由质粒的基因介导，多杀性巴氏杆菌中 *qnrA* 基因可介导受体菌对喹诺酮的 MIC 值上升 5～30 倍。Hirsh 等（1981）在 153 株禽 Pm 中鉴定到了大的接合型 R 质粒，其能够将不同的抗生素，包括链霉素、磺胺类药物、卡那霉素、四环素的耐药性转移到 *E. coli* 和 Pm 中。有多杀性巴氏杆菌的 R 质粒携带链霉素和磺胺类药物耐药基因，Coté 等（1991）发现了猪源 Pm 的菌株携带有抗链霉素和磺胺类药物的 R 质粒，通过质粒的限制性内切酶酶切图谱和 DNA 杂交，发现质粒与沙门菌来源的质粒高度相似，介导链霉素和磺胺类药物耐药。四环素耐药基因 *tet* 有时与链霉素耐药基因 *stm*、磺胺类耐药基因 *sul* 共同存在于一个 R 质粒上，有时也会单独存在于 R 质粒上。

基因突变导致的动物源多杀性巴氏杆菌的耐药。抗菌药物作用位点的改变或新作用位点的产生可能是细菌对具有相同或相似结构抗菌药物耐药的主要原因。Cárdenas 等（2001）在西班牙分离到对喹诺酮敏感的羊源多杀性巴氏杆菌，用逐渐增加抗生素浓度的方法诱导培养菌株，诱导后的菌株对抗生素的 MIC 增加了 10 倍以上，分析 *gyrA* 基因发现，喹诺酮类耐药决定区（QRDR）第 83 位点氨基酸由丝氨酸突变成了异亮氨酸，这种变化符合 QRDR 区单点突变规律，但其他源多杀性巴氏杆菌对喹诺酮类耐药是否也与 QRDR 区的位点突变有关，需进一步研究。通过克隆和核苷酸序列测定禽源多杀性巴氏杆菌耐药株的磺胺类、链霉素耐药基因 *sul2* 和 *strA*，研究者发现耐药株多杀性巴氏杆菌耐药性与 *strA* 和 *sul2* 基因突变有关，表现为耐药性较高的菌株突变频率较高，在 *sul2* 基因编码的第 159、246、384、584 和 590 等位点氨基酸处存在突变，所有耐药株均在 *strA* 基因编码的第 204 位点氨基酸处发生突变，这些基因突变是导致多杀性巴氏杆菌对链霉素和磺胺类药物产生耐药的原因（金天明等，2007）。

Kehrenberg 和 Schwarz（2007）在 *rpsE* 中发现 3bp 缺失，导致 23 位点 Lys 缺失，引起牛源多杀性巴氏杆菌对壮观霉素的耐药性较高。Olsen 等（2015）发现高水平的大环内酯类耐药可由 23S rRNA 突变引起。研究表明，核糖体蛋白 S5 的 19～33 位氨基酸形成了一个环结构，参与了壮观霉素（spectinomycin，SPT）与核糖体的结合。Wang 等（2017）在分离的 23 株多杀性巴氏杆菌中随机选择 3 株菌株进行高耐 SPT 突变体的体外诱导，将细菌接种在添加了更高浓度的 SPT 的培养基上，得到了抗 SPT 突变体。在这 3 株高水平诱导的 SPT 耐药菌株中，6 个 rRNA 操纵子未检测到突变，但在 *rpsE* 缺失了 9bp，导致 31～33 位点氨基酸 Met、Ser 和 Phe 缺失，而 SPT 敏感菌株在任何 rRNA 操纵子或 *rpsE* 的壮观霉素耐药决定区（spectinomycin resistance determining region，SRDR）均未检测到突变。因此，氨基酸 Met、Ser 和 Phe 的缺失被认为影响了 S5 蛋白与 16S rRNA 的结合，导致细菌对 SPT 的高度耐药。汪最等（2018）采用体外逐步诱导法成功诱导出对链霉素高耐药的菌株，MIC 值达到 1024μg/mL，其生物学特性与野生株表现一致，耐药性稳定。对耐药株 *strR* 耐药相关基因进行 PCR 检测，成功扩增出磷酸转移酶 *strA*、*strB* 基因，核糖体 30S 亚基上的 *rpsE*、*rpsL* 和 *rrs* 基因。与野生株比对发现，*strA*、*strB*、*rpsE* 和 *rrs* 基因均未发生突变，只有 *rpsL* 基因在第 128 个碱基发生了突变（A→C），从而使相应的第 43 位点氨基酸发生了突变（Lys43→Thr），由于在不同敏感程度的诱导株中均发生了此突变，说明该位点突变与 Pm 链霉素耐药相关。

外排泵介导的动物源多杀性巴氏杆菌的耐药。药物外排泵是能将抗菌药物排出菌体外的一组转运蛋白，其过量表达可引起细菌对抗生素耐药。虽然人们对细菌细胞膜上的外排泵介导耐药的研究不断深入，但是药物主动外排机制在动物源多杀性巴氏杆菌中的作用还未得以充分阐明。动物源多杀性巴氏杆菌对四环素的耐药主要是 Tet 蛋白的表达导致细菌药物外排系统的产生，进而使多杀性巴氏杆菌对四环素以及类似药物产生耐药性，四环素耐药决定因子既可位于染色体上，又可位于质粒上。Millan 等（2009）利用 PCR 检测了 13 株多杀性巴氏杆菌（Pm）菌株，发现在 8 株对四环素产生耐药的 Pm 菌株中，6 株携带四环素耐药决定因子 *tet*(H)，1 株携带编码主动外排的基因 *tet*(B)。Kehrenberg 等（2001）对耐四环素的猪源多杀性巴氏杆菌进行了耐药基因检测，结果发现，在 24 株多杀性巴氏杆菌中，有 2 株在染色体 DNA 上检测到 *tet*(H)基因，有 1 株携带两个拷贝的 *tet*(B)基因。Kehrenberg 和 Schwarz（2005）在牛源 Pm 中发现了编码膜外排蛋白 *tet*(L)基因，该基因存在于质粒 pCCK3259 中，与携带 *tet*(B)基因的质粒 pCCK647 极为相似。Hatfaludi 等（2008）在禽源多杀性巴氏杆菌中发现了 pm0527 和 pm1980 两种蛋白，其与细菌的 AcrAB-TolC 主动外排系统的 Tolc 相似，但其是否与 AcrAB-TolC 一样，其高水平的表达是否会导致对抗生素耐药，还需要深入研究。作为常用的外排泵抑制药物羰基氰氯苯腙(CCCP)，CCCP 通过损耗细胞膜的质子动力来阻断外排泵的能量来源，从而影响药物的外排，但 CCCP 是非特异性外排泵抑制剂，能抑制主动外排作用却不能确定外排泵的种类，通过 CCCP 耐药逆转效果，可以看出外排泵过量表达是诱导株对链霉素高度耐药的原因。汪最等（2018）通过逆转性耐药试验，发现外排泵抑制剂 CCCP 对诱导株链霉素耐药产生了显著逆转效果，诱导株 MIC 值由 1024μg/mL 降为 16μg/mL。

整合子介导的动物源多杀性巴氏杆菌的耐药。整合子存在于许多细菌中，定位于染色体和质粒或转座子上，是细菌固有的一种可移动遗传元件，可捕获和整合外源基因，使外源性基因转变为功能性基因单位，它通过转座子或接合性质粒，使耐药基因在细菌中进行水平传播。整合子因能介导耐药基因的高效快速传播而受到高度关注。在革兰氏阴性菌中已经研究的整合子有 4 类，每一类都含有不同的 *int* 基因，Ⅰ型整合子较为普遍，它可以携带多个耐药基因，可编码对氨基糖苷类、喹诺酮类、大环内酯类和磺胺类药物的耐药性。王羽等（2018）通过四环素类耐药基因的扩增对 18 株不同源多杀性巴氏杆菌进行耐药性分析，并采用 PCR 及其产物测序检测上述菌株中Ⅰ型整合子的携带率。结果表明，Ⅰ型整合子携带率为 22.2%，多杀性巴氏杆菌 Pa1、Pa2、Pa6 与 Pa12 有着相似的耐药谱，携带Ⅰ型整合子。孔令聪等（2012）从中国 6 个省份病牛和健康牛的鼻拭子中分离了 23 株多杀性巴氏杆菌（Pm），对其进行了 PFGE 检测，结果显示有 7 种不同的 PFGE 模式，表明在不同省份发现了多杀性巴氏杆菌的克隆性传播，且 23 个分离株均携带Ⅰ型整合子，但Ⅰ型整合子的基因片段较为简单，仅包括 *aac(6)-Ⅰb* 和 *sul1*。且多杀性巴氏杆菌对氨基糖苷类的耐药与磺胺类的耐药关系密切，其耐药整合子的广泛流行为该种病原耐药性的进一步提高增加了风险。Kehrenberg 和 Schwarz（2005）从临床分离的耐壮观霉素和链霉素的牛源多杀性巴氏杆菌中发现，Ⅰ型整合子携带 *aadA14* 基因，该基因存在于质粒 pCCK647 中，将该质粒电转化到 JM109 感受态细胞中，结果使其对壮观霉素和链霉素都产生了耐药性，MIC 值分别为 512μg/mL 和 25μg/mL。Kadlec 等（2011）对临床分离的多重耐药的牛源 Pm 进行完整基因组测序，首次发现了其菌体基因组上存在对大环内酯类产生耐药性的基因，分别是 rRNA 甲基化酶基因 *erm*、大环内酯磷酸转移酶基因 *mph*(E)以及大环内酯转运基因 *msr*(E)。

动物源多杀性巴氏杆菌的耐药机制日益被重视，探讨动物源多杀性巴氏杆菌多重耐药性的产生及其传播机制，可为有效地控制耐药基因的传播、建立快速诊断细菌耐药性的方法以及指导新药的研发提供理论基础。

防治措施

综合措施：加强饲养管理，加强环境卫生消毒，提高动物抵抗力，避免动物拥挤和受寒，减少因应激引起动物抵抗力下降而出现发病。避免猪、牛、禽、兔等不同动物混合饲养，引进新的动物需要隔离观察，确认无病才能混群。人应减少和限制与动物接触。

疫苗免疫：禽巴氏杆菌疫苗包括灭活疫苗、弱毒活疫苗、亚单位疫苗、免疫复合物疫苗、基因疫苗等。目前在我国投入使用的主要是灭活疫苗。牛多杀性巴氏杆菌疫苗包括：灭活疫苗、弱毒疫苗、亚单位疫苗、基因工程疫苗、联合疫苗。猪巴氏杆菌引起的猪肺疫已使用的疫苗包括：猪肺疫活疫苗、猪肺疫灭活疫苗。兔巴氏杆菌疫苗有：兔巴氏杆菌单苗、兔瘟-兔巴氏杆菌二联苗、兔巴氏杆菌-兔波氏杆菌二联苗等。巴氏杆菌所致疾病的病型、宿主特异性、致病性、免疫性等都与感染菌株的血清型有关，人工体外培养的细菌制成的灭活疫苗，对异种血清型不能产生免疫力。通过基因工程技术研究广谱交叉保护疫苗成为重要的研究方向。Peng 等（2019）阐明了决定多杀性巴氏杆菌宿主偏好性的分子基础，相关研究为多杀性巴氏杆菌的疫苗研发和分子生物学的研究奠定了基础。猪肺疫基因工程疫苗已取得进展。

抗生素治疗：动物源多杀性巴氏杆菌不同血清型间的抗原性存在着明显的差异，交互免疫效果较差，使其引发的疾病依赖于抗生素的治疗。磺胺类药物对巴氏杆菌有比较好的疗效，但目前已禁止在食品动物中使用，四环素类、头孢类在人和动物巴氏杆菌病治疗中，需根据药敏试验结果进行选用。大量抗菌药物广泛不合理的应用，特别是将抗菌药物作为抗菌生长促进剂添加到饲料中，使动物源多杀性巴氏杆菌表现为耐药率高、耐药范围广、多重耐药等特点，其不仅给控制和治疗该病带来困难，而且加剧了抗生素在动物体内的残留，严重危害动物食品安全。减少抗生素使用对耐药性防控有重要作用。

主要参考文献

陈国娟, 简莹娜, 张学勇, 等. 2017. 死亡仔猪肺脏中多杀性巴氏杆菌的分离鉴定及药敏试验. 青海畜牧兽医杂志, 47(4): 1-5.

姜志刚, 马文戈, 于力. 2010. 牛源 A 型多杀性巴氏杆菌培养特性和免疫原性的研究. 中国预防兽医学报, 32(3): 183-185.

金天明, 高丰, 佟庆彬, 等. 2007. 巴氏杆菌对链霉素和磺胺耐药机制的研究. 畜牧与兽医, 39(2): 5-7.

孔令聪, 战利, 赵晴, 等. 2012. 动物源多杀性巴氏杆菌耐药性及耐药机制研究进展. 中国兽药杂志, 46(3): 52-55.

孔宪刚. 2013. 兽医微生物学. 2 版. 北京: 中国农业出版社.

廖景光, 李小燕, 李敏妍, 等. 2012. 肺炎克雷伯杆菌对氟喹诺酮耐药的机制研究. 中国微生态学杂志, 24(2): 145-148.

林志敏, 林彬彬, 程龙飞. 2015. 禽源多杀性巴氏杆菌耐药性及其质粒多样性的研究. 福建农业学报, 30(7): 648-651.

刘金华, 甘孟侯. 2016. 中国禽病学. 2 版. 北京: 中国农业出版社.

马文戈, 于力. 2008. 牛源荚膜血清 A 型多杀性巴氏杆菌的分离鉴定. 中国预防兽医学报, 30(10): 747-750, 754.

腾井华, 窦同喜, 吕晓磊, 等. 2010. 羊巴氏杆菌病的诊断与防控. 畜牧与饲料科学, 31(3): 189-190.

田克恭. 2013. 人与动物共患病. 北京: 中国农业出版社.

田苗. 2011. 家畜巴氏杆菌病的病原特点、检疫及鉴别诊断. 养殖技术顾问, (9): 137.

童光志. 2008. 动物传染病学. 北京: 中国农业出版社.

汪最, 孔令严, 邵华斌, 等. 2018. 体外诱导禽巴氏杆菌链霉素耐药株及耐药机制的初步分析. 湖北农业科学, 57(8): 96-100.

王彩丽. 2010. 多杀性巴氏杆菌 PCR 鉴定和质粒性质研究. 兰州: 甘肃农业大学硕士学位论文.

王红宁. 2002. 禽呼吸系统疾病. 北京: 中国农业出版社.

王羽, 董文龙, 王巍, 等. 2018. 18 株不同源多杀性巴氏杆菌耐药性分析. 中国兽医杂志, 54(1): 91-94.

郑世军, 宋清明. 2013. 现代动物传染病学. 北京: 中国农业出版社.

Appelbaum P C. 2006. The emergence of vancomycin-intermediate and vancomycin-resistant *Staphylococcus aureus*. Clin Microbiol Infect, 12(1): 16-23.

Bagel S, Hüllen V, Wiedemann B, et al. 1999. Impact of *gyrA* and *parC* mutations on quinolone resistance, doubling time, and supercoiling degree of *Escherichia coli*. Antimicrob Agents Chemother, 43(4): 868-875.

Cárdenas M, Barbé J, Llagostera M, et al. 2001. Quinolone resistance-determining regions of *gyrA* and *parC* in *Pasteurella multocida* strains with different levels of nalidixic acid resistance. Antimicrob Agents Chemother, 45(3): 990-991.

Coté S, Harel J, Higgins R, et al. 1991. Resistance to antimicrobial agents and prevalence of R plasmids in *Pasteurella multocida* from swine. Am J Vet Res, 52(10): 1653-1657.

Cucco L, Massacci F R, Sebastiani C, et al. 2017. Molecular characterization and antimicrobial susceptibility of *Pasteurella multocida* strains isolated from hosts affected by various diseases in Italy. Vet Ital, 53(1): 21-27.

Davies C, Bussiere D E, Golden B L, et al. 1998. Ribosomal proteins S5 and L6: high-resolution crystal structures and roles in protein synthesis and antibiotic resistance. J Mol Biol, 279(4): 873-888.

Dziva F, Muhairwa A P, Bisgaard M, et al. 2008. Diagnostic and typing options for investigating diseases associated with *Pasteurella multocida*. Vet Microbiol, 128(1-2): 1-22.

Ferreira T S P, Felizardo M R, Gobbi D D S D, et al. 2015. Antimicrobial resistance and virulence gene profiles in *P. multocida* strains isolated from cats. Braz J Microbiol, 46(1): 271-277.

Furian T Q, Borges K A, Laviniki V, et al. 2016. Virulence genes and antimicrobial resistance of *Pasteurella multocida* isolated from poultry and swine. Braz J Microbiol, 47(1): 210-216.

Gunther R, Manning P J, Bouma J E, et al. 1991. Partial characterization of plasmids from rabbit isolates of *Pasteurella multocida*. Lab Anim Sci, 41(5): 423-426.

Hatfaludi T, Al-Hasani K, Dunstone M, et al. 2008. Characterization of TolC efflux pump proteins from *Pasteurella multocida*. Antimicrob Agents Chemother, 52(11): 4166-4171.

Hirsh D C, Martin L D, Rhoades K R. 1981. Conjugal transfer of an R-plasmid in *Pasteurella multocida*. Antimicrob Agents Chemother, 20(3): 415-417.

Jamali H, Rezagholipour M, Fallah S, et al. 2014. Prevalence, characterization and antibiotic resistance of *Pasteurella multocida* isolated from bovine respiratory infection. Vet J, 202(2): 381-383.

Jeffrey J Z, Locke A K, Alejandro R, et al. 2014. 猪病学. 10 版. 赵德明, 张仲秋, 周向梅, 等译. 北京: 中国农业大学出版社.

Kadlec K, Michael G B, Sweeney M T, et al. 2011. Molecular basis of macrolide, triamilide, and lincosamide resistance in *Pasteurella multocida* from bovine respiratory disease. Antimicrob Agents Chemother, 55(5): 2475-2477.

Kehrenberg C, Salmon S A, Watts J L, et al. 2001. Tetracycline resistance genes in isolates of *Pasteurella multocida*, *Mannheimia haemolytica*, *Mannheimia glucosida* and *Mannheimia varigena* from bovinc and swine respiratory disease: intergeneric spread of the tet(H) plasmid pMHT1. J Antimicrob Chemother, 48(5): 631-640.

Kehrenberg C, Schwarz S. 2005. Plasmid-borne florfenicol resistance in *Pasteurella multocida*. J Antimicrob Chemother, 55(5): 773-775.

Kehrenberg C, Schwarz S. 2007. Mutations in 16S rRNA and ribosomal protein S5 associated with high-level spectinomycin resistance in *Pasteurella multocida*. Antimicrob Agents Chemother, 51(6): 2244-2246.

Kehrenberg C, Wallmann J, Schwarz S. 2008. Molecular analysis of florfenicol-resistant *Pasteurella multocida* isolates in Germany. J Antimicrob Chemother, 62(5): 951-955.

Khan A A, Ponce E, Nawaz M S, et al. 2009. Identification and characterization of Class 1 integron resistance gene cassettes among *Salmonella* strains isolated from imported seafood. Appl Environ Microbiol, 75(4): 1192-1196.

Kumar P, Singh V P, Agrawal R K, et al. 2009. Identification of *Pasteurella multocida* isolates of ruminant origin using polymerase chain reaction and their antibiogram study. Trop Anim Health Prod, 41(4): 573-578.

Li Z, Cheng F, Lan S, et al. 2018. Investigation of genetic diversity and epidemiological characteristics of *Pasteurella multocida* isolates from poultry in southwest China by population structure, multi-locus

sequence typing and virulence-associated gene profile analysis. J Vet Med Sci, 80(6): 921-929.
Martin S, Lapierre B, Cornejo L, et al. 2008. Characterization of antibiotic resistance genes linked to class 1 and 2 integrons in strains of *Salmonella* spp. isolated from swine. Can J Microbiol, 54(7): 569-576.
Millan A S, Escudero J A, Gutierrez B, et al. 2009. Multiresistance in *Pasteurella multocida* is mediated by coexistence of small plasmids. Antimicrob Agents Chemother, 53(8): 3399-3404.
Olsen A S, Warrass R, Douthwaite S. 2015. Macrolide resistance conferred by rRNA mutations in field isolates of *Mannheimia haemolytica* and *Pasteurella multocida*. J Antimicrob Chemother, 70(2): 420-423.
Peng Z, Wang X, Zhou R, et al. 2019. *Pasteurella multocida*: genotypes and genomics. Microbiol Mol Biol Rev, 83(4): e00014-19.
Rigobelo E C, Blackall P J, Maluta R P, et al. 2013. Identification and antimicrobial susceptibility patterns of *Pasteurella multocida* isolated from chickens and Japanese quails in Brazil. Braz J Microbiol, 44(1): 161-164.
Saif Y M. 2012. 禽病学. 12 版. 苏敬良, 高福, 索勋, 译. 北京: 中国农业出版社.
Sarangi L N, Thomas P, Gupta S K, et al. 2015. Virulence gene profiling and antibiotic resistance pattern of Indian isolates of *Pasteurella multocida* of small ruminant origin. Comp Immunol Microbiol Infect Dis, 38: 33-39.
Schwarz S, Spies U, Schäfer F, et al. 1989. Isolation and interspecies-transfer of a plasmid from *Pasteurella multocida* encoding for streptomycin resistance. Med Microbiol Immunol, 178(2): 121-125.
Tang X, Zhao Z, Hu J, et al. 2009. Isolation, antimicrobial resistance, and virulence genes of *Pasteurella multocida* strains from swine in China. J Clin Microbiol, 47(4): 951-958.
Wang Z, Kong L C, Jia B Y, et al. 2017. Aminoglycoside susceptibility of *Pasteurella multocida*, isolates from bovine respiratory infections in China and mutations in ribosomal protein S5, associated with high-level induced spectinomycin resistance. J Vet Med Sci, 79(10): 1678-1681.

第五节 克雷伯菌属及其对抗菌药物的耐药性

病 原 学

【形态培养、生化特征】

克雷伯菌属（*Klebsiella*）为革兰氏阴性杆菌。病料直接涂片，菌体呈粗短、卵圆形杆状，大小为（0.3～1.0）μm×（0.6～6.0）μm，单个、成对或呈短链状排列，常见明显的荚膜。培养物中的菌体较长，常呈多形性。大多数菌种有纤毛，无芽孢。该菌无需特殊的生长条件，在普通平板培养基上可形成湿润、乳白色、闪光、丰厚黏稠的大菌落。菌落可以相互融合，以接种环挑之易成长丝。接种斜面培养基，斜面上可见灰白色半流动状黏液性培养物，底部凝集水常呈黏液状。在血琼脂培养基上生长，不溶血。在肉汤培养基中培养数天后，可形成黏稠液体。最适生长温度为37℃，在12～43℃均能生长。

兼性厌氧，分呼吸型代谢和发酵型代谢两种。氧化酶试验阴性，多数菌株利用枸橼酸盐和葡萄糖作为碳源，可利用葡萄糖产酸和产气，但也有不产气菌株。大多数菌株发酵葡萄糖的主要终末产物为2,3-丁醇。甲基红试验阴性，VP试验阳性，不产生硫化氢，不液化明胶，可分解尿素，还原硝酸盐。

【种类、抗原结构】

克雷伯菌属包括肺炎克雷伯菌（*K. pneumoniae*）、产酸克雷伯菌（*K. oxytoca*）、肉芽肿克雷伯菌（*K. granulomatis*）、活动克雷伯菌（*K. mobilis*）和变栖克雷伯菌（*K. variicola*）5 个种，而肺炎克雷伯菌又可以分为肺炎亚种（*K. pneumoniae* subsp. *pneumoniae*）、臭鼻亚种（*K. pneumoniae* subsp. *ozaenae*）和硬鼻结亚种（*K. pneumoniae* subsp. *rhinoscleromatis*）3 个亚种，肺炎克雷伯菌是本属的代表种。

该菌属有 O（菌体）抗原和 K（荚膜）抗原两种抗原，目前已报道有 12 种 O 抗原和 82 种 K 抗原。因 O 抗原远比 K 抗原少，故血清学检查常以 K 抗原作为依据，其中肺炎克雷伯菌多属荚膜抗原 3 型和 12 型。此外，克雷伯菌还具有纤毛抗原，其中有些菌种属于 Ⅰ 型，另一些属 Ⅱ 型纤毛抗原，或同时具有二型抗原。纤毛抗原是具有良好抗原性的蛋白质。克雷伯菌属的 K 抗原与肺炎链球菌、大肠杆菌、乙型副伤寒沙门菌的 K 抗原之间有很大的相关性。O 抗原与大肠杆菌类群的抗血清有很大程度的交叉反应。

【分离与鉴定】

通常可采集痰液、咽拭子、粪便、尿液、血液、脓汁、肺及病变组织、穿刺液和脑脊液等，以及污染的水、土壤等作为材料进行细菌的分离培养。该菌属的分离通常可以采用肠道杆菌鉴别培养基，培养后可见特征性隆起的黏液状菌落。对粪便等污染样品可用麦康凯-肌醇-羧苄青霉素琼脂和甲基紫等选择性培养基，该菌可形成红色菌落，而其他肠道菌则被抑制不能生长；血液标本需增菌培养后再进行分离。根据菌落形态特征及生化特征鉴定，必要时可进行 K 抗原分型。随着分子生物学技术的进展，目前对克雷伯菌也开展了 16S rRNA、PCR 方法、细菌自动鉴定系统和全基因组测序鉴定。

【抵抗力】

该菌无芽孢，一般消毒剂可以将其杀死，在培养基上保存时，可存活数周乃至数月。

【致病性】

克雷伯菌是人和动物正常肠道的栖息菌，其中肺炎克雷伯菌为条件性致病菌。S 型菌株的肉汤培养基对小鼠和豚鼠有较强的致病性，皮下注射或腹腔接种可致小鼠和豚鼠死亡。

肺炎克雷伯菌可使猪发生肺炎、脑膜炎、肝脓肿、腹泻及败血症等。目前国内外并无肺炎克雷伯菌引起的猪场、鸡场大规模感染，并导致大规模死亡的报道。但肺炎克雷伯菌感染猪、鸡的报道不断增多，多以肺炎克雷伯菌与其他病原微生物，包括猪繁殖与呼吸综合征病毒（porcine reproductive and respiratory syndrome virus，PRRSV）、猪瘟病毒（classical swine fever virus，CSFV）和其他细菌（大肠杆菌、猪链球菌）等混合感染。Wilcock（1979）发现肺炎克雷伯菌感染新生仔猪，可导致其腹泻。国内肺炎克雷伯菌感染猪的案例较早报道于 1987 年，王照福（1987）报道肺炎克雷伯菌感染猪，20 日龄哺乳仔猪、50kg 肥猪及成年母猪均可发病，人工感染途径则主要为呼吸道及消化道。陈枝华等（1991）确证了福州地区 1989～1990 年猪呼吸道传染性疾病是血清型为 C 型的肺炎克雷伯菌病。黄昭斌（1994）发现广西某猪群中发生了一种以高热、鼻流清液、呼吸困难、脓性眼结膜炎以及皮肤充血、出血为主要特征的疫病，最终鉴定为由肺炎克雷伯菌感染而导致。邓绍基和骆永泉（1997）报道广西贺州某猪场仔猪感染了肺炎克雷伯菌并因此引起了仔猪死亡。王永康等（1997）报道了一起猪肺炎克雷伯菌病，患病猪只一般在数日内死亡。不死的猪生长迟缓、长期腹泻。病猪呈现后肢瘫痪、不能站立等症状，病程 4～5 天。宋乃瑞等（1998）报道浙江某猪场一群仔猪暴发了以肺炎、神经症状和急性死亡为特征的传染病，经诊断为猪链球菌、肺炎克雷伯菌混合感染。金天明等（2004）报道 2003 年 10 月长春市某养猪场仔猪克雷伯杆菌感染案例。贾艳等（2007）从病死猪肺、肝脏中分离到 4 株革兰氏阴性杆菌，并对分离菌株进行形态学、培养特性、生化特性和分子生物学的鉴定，确定分离的菌株为肺炎克雷伯菌。侯相山和王洪水（2007）从患肺炎死亡的 2 月龄仔猪中分离出革兰氏阴性杆菌，经生化试验及动物实验，鉴定该菌为肺炎克雷伯菌。Bidewell 等（2018）报道，2011～2014 年英国 13 个规模化猪场因肺炎克雷伯菌导致 10～28 日龄哺乳仔猪快速死亡。Founou 等（2018）从 158 份猪源标本中分离到 34 株产 ESBL 肺炎克雷伯菌。

肺炎克雷伯菌感染家禽（鸡、鸭）的报道也不断增多。黄印尧等（1996）在厦门某养鸡专业户发现两起小鸡因腹泻和败血症死亡的传染病案例，经病原学检查，诊断为鸡肺炎克雷伯菌病，这是我国首次关于肺炎克雷伯菌感染禽的报道。彭远义和刘华英（1995）从自然病死鸡中分离到一种可致小鼠死亡、庆大霉素敏感的肺炎克雷伯菌。黄印尧和万沅（1996）将鸡源肺炎克雷伯菌通过口腔接种，以及对种蛋及种蛋蛋壳涂抹该菌进行感染试验，结果表明该菌不产生血凝素和溶血素，但具有肠毒素和致细胞病变因子等。杨红军等（2009）在重庆市某鸡场发现肺炎克雷伯菌感染 120 日龄鸡，死亡率为 2.3%，58 日龄鸡出现食量减少、精神差等病症。何礼洋等（2007）从病死鸡只中分离到 5 株Ⅲ型菌毛的肺炎克雷伯菌。贾纪美等（2018）从肉鸡产业链各环节获得肺炎克雷伯菌 110 株，分离率为 16.6%，这些肺炎克雷伯菌对阿莫西林/克拉维酸、多西环素的耐药率都在 90%以上，对环丙沙星和阿米卡星的耐药率在 34.6%～87.0%。

肺炎克雷伯菌存在于人体上呼吸道和肠道，当机体抵抗力降低时，经呼吸道进入肺内而引起大小叶融合性实变。肺炎克雷伯菌严重威胁公共健康，逐渐成为新的公共卫生问题，如高毒力耐碳青霉烯肺炎克雷伯菌，不仅可导致免疫力低下患者发生感染，也可使健康患者发生社区获得性感染，且易通过血流感染播散导致肺炎、眼内炎及脑膜炎等。

流行病学与公共卫生意义

【流行病学】

本属菌存在于人和动物的肠道、呼吸道、泌尿生殖道等，亦常见于水、土壤等周围环境中。当人和畜、禽等多种动物免疫功能低下或长期使用抗菌药等时，病菌即可经内源性感染或外源性（如经皮肤、黏膜的损伤）侵染而引发疾病，发病率高。

患病和带菌动物是该菌的传染源，空气、水、污染的粪、土壤可以作为传播途径。易感动物：除猪、牛、羊、鸡、兔以外，很多野生动物如猴子、大象、鼠、长臂猿、熊、水貂、大熊猫及蓝狐等均有感染肺炎克雷伯菌的报道。

【公共卫生意义】

克雷伯菌可以引起人畜共患病，典型代表肺炎克雷伯菌是重要的医院感染病原体，阳性率呈现逐年上升趋势，急需给予足够的重视。克雷伯菌呈世界性分布，宿主谱广泛，具有巨大的潜在危害。

对抗菌药物的耐药性

【猪源肺炎克雷伯菌耐药性】

随着抗生素的广泛使用，猪源肺炎克雷伯菌耐药性日益增强。管中斌等（2012）对从西南地区规模化猪场分离鉴定出的69株肺炎克雷伯菌进行MIC值测定，结果显示菌株对阿莫西林、苯唑西林、氨苄西林、头孢氨苄和头孢羟氨苄的耐药率高达100%，仅有阿米卡星、阿莫西林/克拉维酸、氨苄西林/舒巴坦、头孢噻呋和头孢喹肟耐药率相对较低，分别为30.43%、17.2%、17.2%、14.8%和13.04%。69株菌存在严重的多重耐药性，最低为7重耐药，占5.8%，8～10重耐药的菌株占15.94%，11～17重耐药的菌株占53.62%，对18种药物全部耐药的菌株占24.64%。对2008～2010年所分离的肺炎克雷伯菌耐药变化趋势的分析表明，肺炎克雷伯菌对妥布霉素、庆大霉素和阿米卡星以及阿莫西林/克拉维酸、氨苄西林/舒巴坦的耐药率呈持续增高趋势。王羽等（2017）对所分离的猪源肺炎克雷伯菌的药敏测试显示，分离菌对多西环素、壮观霉素及阿米卡星的耐药性较强。Freire-Martin等（2014）从英国某猪场所分离的1株肺炎克雷伯菌对阿莫西林、头孢噻肟、氯霉素和磺胺类药物均严重耐药。Kieffer等（2017）在2个不同的猪场分离鉴定到2株耐多黏菌素的肺炎克雷伯菌，除此之外，其还对阿莫西林、甲氧氨苄嘧啶、磺胺、妥布霉素耐药。刘海林（2015）从82份样品中分离到26株肺炎克雷伯菌，分离的所有肺炎克雷伯菌对第一代头孢、磺胺类药物和四环素耐药性较强。Bidewell等（2018）从英国猪场中分离的ST25肺炎克雷伯菌菌株均对多西环素、四环素和链霉素耐药。Founou等（2018）分离的产ESBL肺炎克雷伯菌对β-内酰胺类、氨基糖苷类、氟喹诺酮类、大环内酯类、磺胺类、林可酰胺类、氯霉素类和四环素类抗生素均耐药。

临床肺炎克雷伯菌耐药监测表明，肺炎克雷伯菌对第三代头孢菌素的耐药率平均为34.5%，不同地区肺炎克雷伯菌对第三代头孢菌素的耐药率为16.7%～58.1%，肺炎克雷伯菌对碳青霉烯类药物的耐药率平均为8.7%，不同地区肺炎克雷伯菌对碳青霉烯类药物的耐药率为0.9%～23.6%（全国细菌耐药监测网 http://www.carss.cn/）。目前，肺炎克雷伯菌在临床细菌感染原因中已经居第二位，已经出现产 bla_{NDM}、bla_{KPC} 等耐碳青霉烯肺炎克雷伯菌，以及如耐替加环素、多黏菌素的耐碳青霉烯肺炎克雷伯菌。多重耐药肺炎克雷伯菌的分离率不断增加。

肺炎克雷伯菌携带多种抗生素耐药基因。Brisse 和 Duijkeren（2005）通过对 *gyrA* 基因的 PCR-RFLP 分析以及 *rpoB* 基因的序列分析，鉴定了 100 株动物源克雷伯菌的耐药基因。Rayamajhi 等（2008）在 1996～2008 年分离到 26 株猪源肺炎克雷伯菌，其携带的 β-内酰胺耐药基因型有 bla_{SHV-28}、bla_{SHV-33}、bla_{SHV-2}、bla_{SHV-1}、*tem-1d*、*dha-1*、*cmy-2*。邹立扣等（2009）对猪源肺炎克雷伯菌耐 β-内酰胺类药物的分子流行病学进行研究，发现了 4 个 bla_{OKP} 基因新亚型，所分离的 58 株肺炎克雷伯菌均携带 bla_{TEM-1}，其中 48 株菌携带 bla_{SHV} 基因，23 株菌携带 bla_{CTX-M} 基因，10 株菌携带 bla_{OKP} 基因。其中 bla_{SHV} 亚型主要有 bla_{SHV-1}、bla_{SHV-11}、bla_{SHV-12} 和 bla_{SHV-27}，并发现 4 个新基因 $bla_{OKP-A-13}$、$bla_{OKP-A-14}$、$bla_{OKP-A-15}$、$bla_{OKP-A-16}$。管中斌等（2012）对 69 株肺炎克雷伯菌进行了 6 种 16S rRNA 甲基化酶基因和 I 型金属 β-内酰胺酶耐药基因 bla_{NDM-1} 的检测，结果表明，5 种 16S rRNA 甲基化酶基因中，只有 *rmtB* 基因检出（占 11.59%），而 *rmtA*、*rmtC*、*rmtD*、*arm*A 均未检出。对检出的 *rmtB* 基因测序比对分析，结果显示其与 GenBank 中已注册的 *rmtB* 序列的同源性在 97.9%～100%，bla_{NDM-1} 基因在 69 株菌中均未检出。Cerdeira 等（2016）通过测定一株猪肺炎克雷伯菌，发现其携带有氨基糖苷类耐药基因[*aadA2*、*aac(3)-* Ⅱ*d*、*strA*、*aph(30)-* Ⅰ*a* 和 *strA/B*]、β-内酰胺类耐药基因（bla_{TEM-1A}、bla_{SHV-11} 和 $bla_{CTX-M-15}$）、磺胺类耐药基因（*sul1*、*sul2*）、四环素耐药基因[*tet*(A)、*tet*(D)]、甲氧氨苄嘧啶耐药基因（*dfrA14*、*drfA12*）、磷霉素耐药基因（*fosA*）、苯丙醇类耐药基因（*floR*）、大环内酯红霉素耐药基因[*mph*(A)]和喹诺酮类耐药基因（*qnrS1*、*oqxB* 和 *oqxA*）。Kieffer 等（2017）在 2 个不同的猪场发现 2 株高耐多黏菌素的肺炎克雷伯菌，其携带有 *mcr-1* 和 bla_{TEM}、*floR* 等耐药基因。Founou 等（2018）从猪中分离到多株产 ESBL 肺炎克雷伯菌，通过全基因组测序发现，该菌携带多个耐药基因，如 *strA*、*strB*、$bla_{TEM-116}$、bla_{SHV-28}、$bla_{CTX-M-15}$、*oqxA*、*oqxB*、*qnrB1*、*fosA*、*sul1*、*sul2*、*tet*(A)、*dfrA15*。

自 2015 年以来，大量研究发现在猪源肺炎克雷伯菌中携带有耐多黏菌素的耐药基因 *mcr-1*。例如，Wang 等（2018）从猪粪里面分离到一株肺炎克雷伯菌，其主要携带有多黏菌素耐药基因（*mcr-1*）、金属 β-内酰胺酶耐药基因（bla_{NDM-1}）、β-内酰胺基因（bla_{SHV-1}、$bla_{CTX-M-14}$）、氨基糖苷类耐药基因[*strA*、*strB*、*armA*、*aph(4)-* Ⅰ*a*]、大环内酯类耐药基因[*mph*(E)和 *msr*(E)]、喹诺酮耐药基因（*oqxA*、*qnrB4*）、磺胺类耐药基因（*sul1*、*sul2* 和 *sul3*）、四环素耐药基因[*tet*(A)、*tet*(B)、*tet*(34)]和甲氧氨苄嘧啶耐药基因（*dfrA12*）。需要密切关注的是，多株猪源肺炎克雷伯菌携带耐多种碳青霉烯的水解基因如 bla_{NDM-1}、bla_{KPC-2}、bla_{IMP}、bla_{VIM} 及多黏菌素耐药基因。猪源肺炎克雷伯菌携带耐药基因在耐药性传播中的重要作用需要进一步研究。

【鸡源肺炎克雷伯菌耐药性】

禽感染肺炎克雷伯菌的报道也逐年增多，其耐药性也呈上升趋势。杨硕（2015）从肉鸡及养殖环境中分离到 75 株肺炎克雷伯菌，其对氨苄西林的耐药率已经达到了 100%，对头孢他啶、卡那霉素、氯霉素、环丙沙星的耐药率在 80%以上。张利锋（2016）在肉鸡产业链养殖、屠宰和销售三个环节分离出肺炎克雷伯菌 110 株，其中对三种以上抗生素耐药的多重耐药菌比例为 90%。杨帆等（2016）从病死鸡中分离到 67 株肺炎克雷伯菌，其对 15 种抗生素的耐药率为 2.99%～61.19%，多重耐药菌株占 40.3%。李淑梅等（2017）从规模化鸡场分离了 53 株肺炎克雷伯菌，所分离菌株均对亚胺培南和加替沙星敏感，而对环丙沙星的耐药率最高，为 71.70%，其次为四环素（66.04%），对克林霉素、新诺明、氯霉素的耐药率较低，分别为 7.55%、9.43%、11.32%。陈霞等（2017）采用微量肉汤稀释法，测定 110 株肺炎克雷伯菌菌株对 8 类 10 种抗菌药物的最低抑菌浓度，发现 78 株携带 IS*CR1* 和 *int1* 基因的肺炎克雷伯菌耐受 0～2 类、3～5 类、6～8 类药物的比例分别为 0%、35.9%、64.1%。张荣民（2017）分离到同时携带 bla_{NDM} 和 *mcr* 耐药基因的肺炎克雷伯菌。

对禽源肺炎克雷伯菌耐药基因型的研究发现，其携带的耐药基因多样性也日益增加。刘保光等（2014）发现分离于鸡的 3 株肺炎克雷伯菌均携带 $bla_{\mathrm{TEM-1}}$ 耐药基因，1 株还携带 $bla_{\mathrm{SHV-11}}$、$bla_{\mathrm{CTX-M-14}}$ 和 $bla_{\mathrm{ACT-1}}$ 耐药基因。杨硕（2015）从肉鸡及养殖环境中分离到 75 株肺炎克雷伯菌，有 72 株携带 β-内酰胺酶耐药基因，其中有 66 株携带 bla_{SHV} 耐药基因，55 株携带 bla_{TEM} 基因，60 株携带 $bla_{\mathrm{CTX-M}}$，测序结果表明以 $bla_{\mathrm{SHV-11}}$、$bla_{\mathrm{SHV-1}}$ 和 $bla_{\mathrm{CTX-M-1}}$ 为主。此外，还检测了细菌质粒介导的喹诺酮类耐药基因，发现有 68 株耐药基因阳性菌株，其中有 4 株 *qnrA* 阳性、56 株 *qnrB* 阳性、23 株 *qnrS* 阳性、2 株 *qepA* 阳性、31 株 *aac（6'）-Ⅰb-cr* 阳性，共有 66 株菌株同时携带 β-内酰胺酶与喹诺酮类耐药基因。另外 70 株菌携带Ⅰ型整合子，9 株携带Ⅱ型整合子。Hamza 等（2016）发现在分离到的 35 株肺炎克雷伯菌中，有 15 株对碳青霉烯类抗生素耐药，均携带 bla_{NDM} 基因，11 株携带 bla_{KPC}、bla_{OXA48} 和 bla_{NDM}。王红宁等于 2016～2018 年先后从鸡中分离到多种肺炎克雷伯菌，其主要携带有多黏菌素耐药基因 *mcr-1*、*mcr-3*、*mcr-7.1*，β-内酰胺类耐药基因 $bla_{\mathrm{CTX-M-65}}$、$bla_{\mathrm{CTX-M-55}}$，以及金属酶耐药基因 $bla_{\mathrm{NDM-5}}$。Chabou 等（2016）使用荧光定量 PCR 检测方法检测从鸡粪中所分离的肺炎克雷伯菌，发现其携带有多黏菌素耐药基因 *mcr-1*。张利锋（2016）发现在肉鸡产业链养殖、屠宰和销售三个环节分离的肺炎克雷伯菌的耐药基因以 $bla_{\mathrm{CTX-M}}$ 基因为主，其携带率为 63.6%，基因分析表明其亚型频率从高到低依次为 $bla_{\mathrm{CTX-M-55}}$、$bla_{\mathrm{CTX-M-15}}$、$bla_{\mathrm{CTX-M-27}}$、$bla_{\mathrm{CTX-M-14}}$、$bla_{\mathrm{CTX-M-65}}$ 和 $bla_{\mathrm{CTX-M-3}}$。Eibach 等（2018）在 200 份样品中分离到 35 株肺炎克雷伯菌，其中 75% 的菌携带 $bla_{\mathrm{CTX-M-15}}$ 耐药基因。Ferreira 等（2018）从健康家禽中分离到 3 株肺炎克雷伯菌，其携带有质粒介导的氟喹诺酮类耐药基因 *qnrB19*。

【其他动物源肺炎克雷伯菌耐药性】

除感染猪、禽外，肺炎克雷伯菌还可以感染多种动物。

徐海圣和舒妙安（2002）从中华鳖中所分离的肺炎克雷伯菌对先锋霉素Ⅵ、复达欣（注射用头孢他啶）等抗生素敏感。谭爱萍等（2013）从水生动物鳗鱼分离的肺炎克雷伯菌 HM2 对亚胺培南、链霉素、阿米卡星 3 种药物敏感，对氨苄西林、阿莫西林/克拉维酸、头孢噻肟、头孢西丁、头孢曲松、磺胺甲基异噁唑/甲氧苄啶、环丙沙星、诺氟沙星、四环素、多西环素和氯霉素等 17 种药物具有耐药性。黄敬斌等（2017）在一头病死牛中分离到一株肺炎克雷伯菌，其也对多种抗生素耐药。韩坤等（2018）从山东省分离到 10 株貂源肺炎克雷伯菌，其对氨基糖苷类、青霉素类、第三代头孢菌素类、喹诺酮类及磺胺类抗生素的耐药性较高，但对阿莫西林/克拉维酸、亚胺培南及多黏菌素等抗生素敏感。谢宇舟等（2018）从羊分离到一株肺炎克雷伯菌，该菌对多西环素、庆大霉素、青霉素 G、氧氟沙星、恩诺沙星、卡那霉素、复方新诺明、诺氟沙星、阿奇霉素、多黏菌素 B、利福平和环丙沙星等 12 种抗菌药物耐药。

克雷伯菌在细菌耐药性传播中的意义值得重视，克雷伯菌为人畜共患的重要的条件致病菌。尤其是在人医临床中，肺炎克雷伯菌的耐药率较高，大量的研究报道肺炎克雷伯菌携带多个质粒和多个耐药基因，质粒可通过接合等方式从人源肺炎克雷伯菌转移到动物源肺炎克雷伯菌，其他多重耐药水平转移元件也可以将耐药基因传播到动物重要的病原菌（沙门菌、大肠杆菌）中，给感染该菌的人和畜禽的诊治造成了困难。耐药克雷伯菌如果在猪肉生产链、鸡肉生产链传播，可造成耐药性的广泛扩散，威胁养殖业的健康发展。

防 治 措 施

克雷伯菌常易入侵抵抗力低下的宿主，致使宿主感染发病。因此，维持正常免疫力、加强饲养管理、保持清洁卫生是关键。必要时可以通过疫苗免疫预防克雷伯菌感染，除传统的灭活疫苗和亚单位疫苗外，还研发了多糖疫苗、蛋白疫苗、微胶囊疫苗等新型疫苗。

人感染克雷伯菌后，常用抗生素治疗。首选氨基糖苷类抗生素，如庆大霉素、卡那霉素、阿米卡星，可肌内注射、静脉滴注用药。重症宜加用头孢菌素，由于抗生素耐药性问题，需要通过药敏试验筛选有效抗生素。

在动物感染克雷伯菌确诊后，应根据药敏试验结果选择敏感抗生素，按疗程、剂量使用，减少耐药性发生。

主要参考文献

陈霞, 车洁, 赵晓菲, 等. 2017. 483 株肉鸡源大肠埃希菌和肺炎克雷伯菌中 IS*CR1* 及 *int1* 基因的流行及耐药情况. 中华预防医学杂志, 51(10): 886-889.

陈永林, 关孚时, 张成林, 等. 1997. 引起大熊猫腹泻的克雷伯氏菌强毒株. 中国兽药杂志, 31(2): 34-37.

陈永林, 张成林, 胥哲. 2002. 大熊猫克雷伯氏菌病的诊断. 中国兽医杂志, 38(8): 48.

陈枝华, 江斌, 郭金森, 等. 1991. 福州地区暴发猪肺炎克雷伯氏杆菌病. 中国兽医科技, (7): 47.

邓绍基, 骆永泉. 1997. 一起仔猪肺炎克雷伯氏菌病诊疗报告. 南方农业学报, (6): 301-302.

管中斌, 王红宁, 曾博, 等. 2012. 规模化猪场猪感染肺炎克雷伯菌的分离鉴定及耐药性调查. 长春: 中国畜牧兽医学会.

韩坤, 白雪, 闫喜军, 等. 2018. 貂源肺炎克雷伯氏菌的分离及毒力和耐药性的分析. 中国兽医科学, 48(8): 1019-1023.

何礼洋, 韩文瑜, 贾艳, 等. 2007. 鸡源肺炎克雷伯菌菌毛的分型. 中国生物制品学杂志, 20(8): 575-577.

侯相山, 王洪水. 2007. 猪肺炎克雷伯氏菌感染的诊断与防治. 中国兽医杂志, 43(7): 74.

胡付品, 朱德妹, 汪复, 等. 2014. 2013 年中国 CHINET 细菌耐药性监测. 中国感染与化疗杂志, 14(5):

365-374.
黄敬斌, 吴翠兰, 李军, 等. 2017. 一例牛肺炎克雷伯氏菌和大肠杆菌混合感染的诊断报告. 广西畜牧兽医, 33(6): 307-308.
黄印尧, 万沅, 陈信忠, 等. 1996. 鸡源肺炎克雷伯氏菌的致病性和生物学特性研究. 福建畜牧兽医, (2): 4-5.
黄印尧, 万沅. 1996. 鸡源肺炎克雷伯氏菌的致病性和生物学特性研究. 福建畜牧兽医, 18(2): 4-5.
黄宇, 何宏勇, 李军, 等. 2018. 一例肺炎克雷伯氏菌引起山羊死亡诊断报告. 中国畜禽种业, 14(1): 120-121.
黄昭斌. 1994. 肺炎克雷伯氏杆菌对动物的致病性试验. 中国兽医科技, 24(12): 25-26.
贾爱卿, 李春玲, 王贵平, 等. 2008. 副猪嗜血杆菌毒力因子的研究现状. 畜牧与兽医, 40(3): 92-94.
贾纪美, 齐静, 刘玉庆, 等. 2018. 肉鸡产业链主要抗药性菌株的分离鉴定与抗药性分析. 山东农业科学, 50(7): 13-19.
贾艳, 雷连成, 何礼洋, 等. 2007. 猪源肺炎克雷伯菌的分离与鉴定. 吉林农业大学学报, 29(2): 196-199, 202.
金天明, 高丰, 梁焕春, 等. 2004. 仔猪克雷伯氏菌病的病原分离鉴定及其疫苗制备. 猪业科学, 21(7): 48-49.
孔宪刚. 2013. 兽医微生物学. 2 版. 北京: 中国农业出版社.
李国军, 王德毅, 周玉龙, 等. 2007. 蓝狐肺炎克雷伯氏菌感染病例. 中国兽医杂志, 43(2): 56-57.
李淑梅, 陈俊杰, 孟志芬, 等. 2017. 鸡源性肺炎克雷伯菌的多位点序列分型和耐药性调查. 中国预防兽医学报, 39(6): 500-503.
林星宇, 王印, 杨泽晓, 等. 2015. 猪源肺炎克雷伯菌的分离鉴定. 中国预防兽医学报, 37(5): 375-378.
刘保光, 吴华, 胡功政. 2014. 鸡源肺炎克雷伯菌产 ESBLs 和 AmpC 酶的基因型鉴定. 中国兽医杂志, 50(4): 10-11, 15.
刘海林. 2015. 猪源肺炎克雷伯氏菌分离菌株耐药性调查及防控技术研究. 南京: 南京农业大学硕士学位论文.
刘金华, 甘孟侯. 2016. 中国禽病学. 2 版. 北京: 中国农业出版社.
彭远义, 刘华英. 1995. 鸡肺炎克雷伯氏菌的分离鉴定. 西南大学学报(自然科学版), 17(2): 165-167.
荣光, 赵军明, 侯冠彧, 等. 2011. 五指山猪肺炎克雷伯菌肺炎亚种的分离及鉴定. 西北农业学报, 20(10): 1-5.
宋乃瑞, 祝天龙, 林辉, 等. 1998. 猪链球菌、肺炎克雷伯氏菌混合感染症的诊断. 浙江畜牧兽医, 23(2): 33-34.
谭爱萍, 邓玉婷, 姜兰, 等. 2013. 一株多重耐药鳗源肺炎克雷伯菌的分离鉴定. 水生生物学报, 37(4): 744-750.
田克恭. 2013. 人与动物共患病. 北京: 中国农业出版社.
童光志. 2008. 动物传染病学. 北京: 中国农业出版社.
王成东, 兰景超, 罗娌, 等. 2006. 大熊猫感染性泌尿生殖道血尿症病原——肺炎克雷伯氏杆菌. 四川动物, 25(1): 83-85.
王红宁. 2002. 禽呼吸系统疾病. 北京: 中国农业出版社.
王永康, 刘桂清, 盛文伟. 1997. 猪肺炎克雷伯氏菌病的诊断. 中国兽医杂志, 23(1): 36.
王羽, 董文龙, 王巍, 等. 2017. 猪源肺炎克雷伯菌的分离鉴定及其耐药性分析. 中国兽医科学, 47(12): 1570-1576.
王照福. 1987. 猪肺炎克雷伯氏杆菌病. 当代畜牧, (1): 50-51.
谢宇舟, 吴翠兰, 李军, 等. 2018. 羊源肺炎克雷伯氏菌的分离与鉴定. 今日畜牧兽医, 34(1): 21-22.
徐海圣, 舒妙安. 2002. 中华鳖肺炎克雷伯氏菌病的病原研究. 浙江大学学报(理学版), 29(6): 702-706.
杨帆, 魏纪东, 李敏, 等. 2016. 动物源肺炎克雷伯菌耐药性及 MLST 分析. 中国预防兽医学报, 38(10):

776-780.
杨红军, 陈海华, 孙凤青, 等. 2009. 鸡肺炎克雷伯菌的分离鉴定. 中国兽医杂志, 45(7): 44-45.
杨硕. 2015. 宰杀肉鸡中肺炎克雷伯菌耐药基因的检测和传播分析. 济南: 山东大学硕士学位论文.
杨艳玲, 陈峙峰, 王成福, 等. 2012. 水貂肺炎克雷伯氏菌的分离鉴定. 特产研究, 34(4): 10-12.
张利锋. 2016. 山东商品鸡养殖、屠宰、销售环节中细菌耐药性传播规律研究. 北京: 中国疾病预防控制中心硕士学位论文.
张荣民. 2017. 肉鸡产业链 NDM 和 MCR-1 阳性大肠杆菌分子流行病学研究. 北京: 中国农业大学博士学位论文.
郑世军, 宋清明. 2013. 现代动物传染病学. 北京: 中国农业出版社.
邹立扣, 王红宁, 曾博, 等. 2009. 用 PCR 及 ERIC-PCR 检测猪肺炎克雷伯氏菌耐药基因. 南宁: 中国畜牧兽医学会动物传染病学分会学术研讨会.
Bidewell C A, Williamson S M, Rogers J, et al. 2018. Emergence of *Klebsiella pneumoniae* subspecies pneumoniae as a cause of septicaemia in pigs in England. PLoS One, 13(2): e0191958.
Brisse S, Duijkeren E. 2005. Identification and antimicrobial susceptibility of 100 *Klebsiella* animal clinical isolates. Vet Microbiol, 105(3-4): 307-312.
Cerdeira L, Silva K C, Fernandes M R, et al. 2016. Draft genome sequence of a CTX-M-15-producing *Klebsiella pneumoniae* sequence type 340 (clonal complex 258) isolate from a food-producing animal. J Glob Antimicrob Resist, 7: 67-68.
Chabou S, Leangapichart T, Okdah L, et al. 2016. Real-time quantitative PCR assay with Taqman® probe for rapid detection of MCR-1 plasmid-mediated colistin resistance. New Microbes New Infect, 13: 71-74.
Du P, Zhang Y, Chen C. 2018. Emergence of carbapenem-resistant hypervirulent *Klebsiella pneumoniae*. Lancet Infect Dis, 18(1): 23-24.
Eibach D, Dekker D, Boahen K G, et al. 2018. Extended-spectrum beta-lactamase-producing *Escherichia coli* and *Klebsiella pneumoniae* in local and imported poultry meat in Ghana. Vet Microbiol, 217: 7-12.
Ferreira J C, Penha Filho R A C, Kuaye A P Y, et al. 2018. Identification and characterization of plasmid-mediated quinolone resistance determinants in Enterobacteriaceae isolated from healthy poultry in Brazil. Infect Genet Evol, 60: 66-70.
Founou L L, Founou R C, Allam M, et al. 2018. Genome sequencing of extended-spectrum beta-lactamase (ESBL)-producing *Klebsiella pneumoniae* isolated from pigs and abattoir workers in Cameroon. Front Microbiol, 9: 188.
Freire-Martin I, AbuOun M, Reichel R, et al. 2014. Sequence analysis of a CTX-M-1 IncI1 plasmid found in *Salmonella* 4,5,12:i:-, *Escherichia coli* and *Klebsiella pneumoniae* on a UK pig farm. J Antimicrob Chemother, 69(8): 2098-2101.
Gu D, Dong N, Zheng Z, et al. 2018. A fatal outbreak of ST11 carbapenem-resistant hypervirulent *Klebsiella pneumoniae* in a Chinese hospital: a molecular epidemiological study. Lancet Infect Dis, 18(1): 37-46.
Hamza E, Dorgham S M, Hamza D A. 2016. Carbapenemase-producing *Klebsiella pneumoniae* in broiler poultry farming in Egypt. J Glob Antimicrob Resist, 7: 8-10.
Holt K E, Wertheim H, Zadoks R N, et al. 2015. Genomic analysis of diversity, population structure, virulence, and antimicrobial resistance in *Klebsiella pneumoniae*, an urgent threat to public health. Proc Natl Acad Sci U S A, 112(27): 3574-3581.
Jeffrey J Z, Locke A K, Alejandro R, et al. 2014. 猪病学. 10 版. 赵德明, 张仲秋, 周向梅, 等译. 北京: 中国农业大学出版社.
Kieffer N, Aires-de-Sousa M, Nordmann P, et al. 2017. High rate of MCR-1-producing *Escherichia coli* and *Klebsiella pneumoniae* among pigs, Portugal. Emerg Infect Dis, 23(12): 2023-2029.
Navon-Venezia S, Kondratyeva K, Carattoli A. 2017. *Klebsiella pneumoniae*: a major worldwide source and shuttle for antibiotic resistance. FEMS Microbiol Rev, 41(3): 252-275.
Niemi R M, Heikkilä M P, Lahti K, et al. 2001. Comparison of methods for determining the numbers and species distribution of coliform bacteria in well water samples. J Appl Microbiol, 90(6): 850-858.

Ohtomo R, Saito M. 2003. A new selective medium for detection of *Klebsiella* from dairy environments. Microbes & Environ, 18(3): 138-144.
Podschun R, Ullmann U. 1998. *Klebsiella* spp. as nosocomial pathogens: epidemiology, taxonomy, typing methods, and pathogenicity factors. Clin Microbiol Rev, 11(4): 589-603.
Rayamajhi N, Kang S G, Lee D Y, et al. 2008. Characterization of tem-, shv- and ampc-type β-lactamases from cephalosporin-resistant enterobacteriaceae isolated from swine. Int J Food Microbiol, 124(2): 183-187.
Saif Y M. 2012. 禽病学. 12 版. 苏敬良, 高福, 索勋, 译. 北京: 中国农业出版社.
Siu L K, Yeh K M, Lin J C, et al. 2012. *Klebsiella pneumoniae* liver abscess: a new invasive syndrome. Lancet Infect Dis, 12(11): 881-887.
Thom B T. 1970. *Klebsiella* in faeces. Lancet, 2(7681): 1033.
Van Kregten E, Westerdaal N A, Willers J M. 1984. New, simple medium for selective recovery of *Klebsiella pneumoniae* and *Klebsiella oxytoca* from human feces. J Clin Microbiol, 20(5): 936-941.
Wang X, Wang Y, Zhou Y, et al. 2018. Emergence of a novel mobile colistin resistance gene, *mcr-8*, in NDM-producing *Klebsiella pneumoniae*. Emerg Microbes Infect, 7(1): 122.
Wilcock B P. 1979. Experimental *Klebsiella* and *Salmonella* infection in neonatal swine. Can J Comp Med, 43(2): 200-206.
Xiang R, Liu B H, Zhang A Y, et al. 2018. Colocation of the polymyxin resistance gene *mcr-1* and a variant of *mcr-3* on a plasmid in an *Escherichia coli* isolate from a chicken farm. Antimicrob Agents Chemother, 62(6): e00501-18.
Xiang R, Zhang A Y, Ye X L, et al. 2018. Various sequence types of Enterobacteriaceae carrying $bla_{\text{NDM-5}}$ gene from commercial chicken farms in China. Antimicrob Agents Chemother, 62(10): e00779-18.
Yang Y Q, Li Y X, Lei C W, et al. 2018. Novel plasmid-mediated colistin resistance gene *mcr-7.1* in *Klebsiella pneumoniae*. J Antimicrob Chemother, 73(7): 1791-1795.
Zhang L, Li Y, Shen W, et al. 2017. Whole-genome sequence of a carbapenem-resistant hypermucoviscous *Klebsiella pneumoniae* isolate SWU01 with capsular serotype K47 belonging to ST11 from a patient in China. J Glob Antimicrob Resist, 11: 87-89.
Zhang Y, Zhao C J, Wang Q, et al. 2016. High prevalence of hypervirulent *Klebsiella pneumoniae* infection in China: geographic distribution, clinical characteristics, and antimicrobial resistance. Antimicrob Agents Chemother, 60(10): 6115-6120.
Zou L K, Wang H N, Zeng B, et al. 2011. Phenotypic and genotypic characterization of beta-lactam resistance in *Klebsiella pneumoniae* isolated from swine. Vet Microbiol, 149(1-2): 139-146.

第六节　嗜血杆菌属及其对抗菌药物的耐药性

病　原　学

【形态培养、生化特征】

嗜血杆菌属（*Haemophilus*）是一群革兰氏阴性、不抗酸、不运动、无芽孢、兼性厌氧的短杆菌和球杆菌，绝大部分存在于人和动物的呼吸道黏膜，是人和动物黏膜上的专性寄生菌。本属细菌为从小到中等大小的球状杆或杆状菌，宽 0.3～0.4μm，长 1～1.5μm；经人工培养后有时呈线状或纤维状，表现出明显的多形性。新分离的菌株有时能见到荚膜。伊红-亚甲蓝染色呈两极浓染。

本属细菌在培养时需要加入存在于血液中的生长因子如 X 因子（原卟啉Ⅸ或血红素）或 V 因子（烟酰胺腺嘌呤二核苷酸，即 NAD；或磷酸烟酰胺腺嘌呤二核苷酸，即

NADP)。只有在复杂成分的培养基中加入血液，经加热，使之成为巧克力色的培养基上，才能良好生长。直接用鲜血培养基反而生长不好，这是因为血液中存在生长抑制因子。加热后，生长抑制因子被灭活，由于红细胞裂解，其中的X因子和V因子被大量释放，因此有利于嗜血杆菌的生长。菌落边缘整齐，圆形、隆起、闪光、半透明。葡萄球菌能合成V因子，如与其同时培养，可在葡萄球菌菌落周围形成较大菌落。本属细菌能还原硝酸盐，不产生硫化氢，不液化明胶，不产生靛基质。但对氧化酶和触酶的试验结果因菌株不同而异。能发酵葡萄糖、麦芽糖、甘露糖、蔗糖，不发酵乳糖等。

【种类、抗原结构】

本属细菌共有17个种，寄生于动物并对动物有致病性的有4个种，它们是：嗜血红蛋白嗜血杆菌（*H. haemoglobinophilus*）、副兔嗜血杆菌（*H. paracuniculus*）、副鸡嗜血杆菌（*H. paragallinarum*）、副猪嗜血杆菌（*H. parasuis*）。

本属细菌抗原较复杂，种类抗原差异也较大。在具有荚膜的细菌中，荚膜抗原是分型的基础，荚膜的成分大都是多糖类物质。除此以外，还具有能使各种间或血清间产生交叉反应的菌体抗原。

【分离与鉴定】

副猪嗜血杆菌可采用绵羊血、马血或牛血琼脂培养基涂布接种分离。该菌可同时与金黄色葡萄球菌划线接种，在后者附近该菌菌落较大，远侧菌落较小或不生长，这种现象亦称为“卫星生长现象”。还可采用加入NAD和马血清的M96支原体培养基或PPLO琼脂培养基对该菌进行分离培养。根据菌落的荧光特点等挑选可疑菌落，做NAD生长依赖试验、尿素酶试验、协同溶血试验等。如果分离物对NAD生长依赖，尿素酶试验阴性，不溶血，协同溶血试验阴性，并且不发酵甘露醇、乳糖、D-木糖，能发酵D-核糖等，可鉴定为副猪嗜血杆菌。如果必要，可用标准分型血清进行分型鉴定。嗜血红蛋白嗜血杆菌的分离培养可用巧克力琼脂或血琼脂培养基，形成的菌落具有特征性，可通过检测试验确定需要何种生长因子。最后通过生化特征试验加以鉴定。在生化特征试验中，嗜血杆菌属中各菌种仅有副猪嗜血杆菌碱性磷酸酶试验为阴性，这也是鉴定的重要依据之一。因此，该菌的鉴定方法并不固定，通过培养特性观察和简单的生化试验即可作出鉴定。

【抵抗力】

本属大多数细菌在培养过程中需要加入X和V两种生长因子才能生长。本属抵抗力弱，对热和干燥敏感，对常用消毒剂敏感。

【致病性】

副猪嗜血杆菌能引起猪的多发性浆膜炎和关节炎；副鸡嗜血杆菌可引起鸡的传染性鼻炎，病变主要在上呼吸道，如鼻道、鼻窦、结膜，还可以扩展到气囊和肺脏；副兔嗜血杆菌可以引起兔黏液性肠炎；嗜血红蛋白嗜血杆菌一般情况下是犬阴茎中的常在菌，致病能力很低，偶尔可引起尿生殖道炎。

流行病学与公共卫生意义

【流行病学】

嗜血杆菌是条件致病菌，能够特定地感染宿主并致病，主要通过直接接触而引起感染。当宿主出现其他感染时，嗜血杆菌更容易引起混合感染。引起动物感染性疾病的嗜血杆菌主要有副猪嗜血杆菌和副鸡嗜血杆菌。

副猪嗜血杆菌病是严重危害养猪业的细菌性传染病，呈世界性分布，并已证实在我国绝大多数猪场存在和流行，该菌是一种新的猪病原菌。副猪嗜血杆菌是一种多形态、非溶血性、不运动、NAD 依赖型革兰氏阴性细小杆菌，无芽孢，兼性厌氧。其可引起猪多发性浆膜炎、关节炎和脑膜脑炎，影响 2～4 月龄的猪，但主要在断奶前后和仔猪阶段发病，死亡率最高可达 50%以上。目前鉴定的副猪嗜血杆菌有 15 个血清型，还有许多尚不能分型的菌株。该菌目前被认为是猪呼吸道的常在菌或条件性致病菌，据文献报道，猪群中副猪嗜血杆菌病呈暴发性流行，而且常与猪繁殖与呼吸综合征病毒（PRRSV）、猪圆环病毒 2 型（PCV2）、猪胸膜肺炎放线杆菌（*Actinobacillus pleuropneumoniae*）、多杀性巴氏杆菌（*Pasteurella multocida*）和支气管败血鲍特菌（*Bordetellabronchiseptica*）等猪的呼吸道病原微生物混合感染或/和继发感染，使得猪的呼吸道传染病更为复杂和严重。此外，该菌可突破鼻黏膜屏障，引起全身性的感染。众多血清型疫苗之间缺乏交叉免疫保护作用，给实际养殖场免疫预防带来了很大的挑战。

副鸡嗜血杆菌病又称鸡传染性鼻炎（infectious coryza），是鸡的一种急性上呼吸道传染病，最明显的症状是鼻道和鼻窦有浆液性或黏液性分泌物流出、面部水肿和结膜炎，此外肉垂出现明显肿胀。该病发生于各种年龄的鸡，主要引起蛋鸡产蛋率的下降，育成鸡和肉鸡的生长不良以及淘汰率的增加，给养鸡业造成较大的经济损失。按照 PAGE 的分型方法，副鸡嗜血杆菌可分为 A、B、C 三个血清型，各型之间疫苗不产生交叉保护作用，其中 B 型的疫苗免疫保护具有一定的型特异性。该菌常常与其他细菌混合感染，并且由于嗜血杆菌通常有多个血清型，不同血清型之间的疫苗缺乏交叉免疫保护作用。

【公共卫生意义】

嗜血杆菌的宿主主要是猪、鸡、兔等重要的经济动物，随着养殖业的迅速发展，嗜血杆菌病成为养殖业流行的重要疾病，不仅直接影响宿主的健康，危害养殖业的发展，还会导致带病动物流入市场，影响消费者健康。该菌可对人和动物致病，其中可引起人感染的菌种主要有流感嗜血杆菌、副流感嗜血杆菌、溶血嗜血杆菌和副溶血嗜血杆菌等。目前已知流感嗜血杆菌的致病性最强，是引起婴幼儿脑膜炎的主要病原菌，除此之外，可引起中耳炎、窦炎、慢性支气管炎以及败血症等。

对抗菌药物的耐药性

【副猪嗜血杆菌的耐药性】

国内外很多学者对副猪嗜血杆菌的耐药情况进行了调查。副猪嗜血杆菌对不同抗菌药物的耐药性呈现了明显的地域性差异。不同国家或同一国家不同区域分离的副猪嗜血杆菌菌株，对同一药物体现了不同的敏感性。丹麦来源的副猪嗜血杆菌分离株均对壮观霉素敏感，英国分离的副猪嗜血杆菌对庆大霉素和壮观霉素的耐药率均达到 10%，而西班牙的分离株对庆大霉素和壮观霉素的耐药率分别为 26.7%和 23.3%，两国分离的副猪嗜血杆菌对于β-内酰胺类药物头孢噻肟和头孢噻呋的敏感率均为 90%以上。副猪嗜血杆菌分离株对庆大霉素产生了耐药性在瑞士也有报道。Aarestrup 等（2004）报道 3.8%的副猪嗜血杆菌丹麦分离株对甲氧苄啶/磺胺甲基异噁唑耐药；de la Fuente 等（2007）的研究结果显示，有 53.3%的副猪嗜血杆菌西班牙分离株对甲氧苄氨嘧啶/磺胺甲基异噁唑耐药；英国分离的副猪嗜血杆菌株中，10%的菌株对甲氧苄氨嘧啶/磺胺甲基异噁唑耐药。

副猪嗜血杆菌对四环素类和大环内酯类药物的耐药性也因地域不同而存在显著差异。西班牙分离株对土霉素的耐药率高达 40%，捷克副猪嗜血杆菌分离株对四环素的耐药率为 21.9%。在大环内酯类药物中，所有英国和丹麦的副猪嗜血杆菌分离菌株均对红霉素和替米考星敏感。然而，只有 60%的西班牙副猪嗜血杆菌分离菌株对红霉素和替米考星耐药，在捷克有 84.4%的菌株能耐受红霉素。

泰妙灵是最新研制的控制猪传染病的抗菌药物，在英国只有 1 株（3.3%）表现出耐药性，但在西班牙的分离菌株中已有 40%的副猪嗜血杆菌能耐受泰妙灵。氟苯尼考对西班牙和英国的副猪嗜血杆菌分离株表现出优异的抑菌活性，由于氟苯尼考的活性较高，其成为副猪嗜血杆菌感染治疗传统药物的优秀替代品。

喹诺酮类药物和β-内酰胺类药物也是临床上常用的抗菌药物。在丹麦、西班牙和英国，所有的分离菌株均对头孢噻肟和头孢噻呋敏感，大多数菌株对氨苄西林和青霉素敏感。Aarestrup 等（2004）报道了 52 株丹麦分离株中有 11.5%的菌株对环丙沙星耐药；de la Fuente 等（2007）的研究结果显示，30 株西班牙分离株中，有 20%的菌株对恩诺沙星耐药。国外大量的研究结果表明，副猪嗜血杆菌的耐药性正在逐渐增强，已经出现多重耐药菌株。西班牙的情形尤其严重，已有 66.7%的菌株能耐受 3 种以上的药物。

在中国，副猪嗜血杆菌对抗菌药耐药的报道不断增多，也同样呈现地域性差异。高鹏程等（2007）对中国西北地区的副猪嗜血杆菌分离株的耐药性研究表明，分离株对氟喹诺酮类、头孢菌素、四环素和庆大霉素药物敏感，但是对红霉素、壮观霉素和林可霉素有抵抗力。周学利（2009）针对 2007～2008 年从临床分离到的 110 株副猪嗜血杆菌对 22 种抗菌药物的敏感性进行试验，结果显示所有菌株对头孢噻肟、头孢噻呋、阿奇霉素、氟苯尼考和替米考星 100%敏感；敏感率比较高的还有泰妙灵、红霉素、四环素、青霉素、氨苄青霉素、左氧氟沙星、庆大霉素和壮观霉素等。中国分离的副猪嗜血杆菌对恩诺沙星和甲氧苄氨嘧啶/磺胺甲基异噁唑的耐药率比较高，耐药性呈现出明显的上升趋势。周斌等（2009）对华东地区的副猪嗜血杆菌分离株的药物敏感性研究发现，所有的菌株对头孢菌素类药物均高度敏感，而对青霉素、链霉素、庆大霉素和阿米卡星均耐药。易顺华等（2009）对广西副猪嗜血杆菌分离株的研究发现，其对万古霉素、四环素、环丙沙星、林可霉素、青霉素、恩诺沙星都耐药，而且耐药率比较高。陆国林和何海健（2010）对浙江副猪嗜血杆菌的药物敏感性进行了研究，发现分离株对头孢类药物、氟喹诺酮类药物及庆大霉素敏感，而对四环素、氨苄青霉素具有耐药性。郭莉莉（2011）对我国华南地区副猪嗜血杆菌的耐药性研究表明，115 株分离菌株中有 16.52%～25.22%对四环素和多西环素耐药，对磺胺甲基异噁唑和 TMP 的耐药率高达 91.30%，对庆大霉素和红霉素耐药率分别为 40.87%和 46.96%，另外还有 19.13%的菌株对氯霉素耐药。我国华南地区副猪嗜血杆菌对左氧氟沙星、环丙沙星、恩诺沙星、诺氟沙星、洛美沙星等喹诺酮类药物的耐药率为 26.09%～70.43%，对青霉素、氨苄西林、阿莫西林、头孢唑啉、头孢克洛、头孢噻肟等 β-内酰胺类药物的耐药率为 6.96%～26.09%。在中国，华南地区的副猪嗜血杆菌多重耐药性最为严重，没有发现 1 株菌对所有抗菌药物均敏感，95 株（84.8%）菌对至少 4 种抗菌药物耐药，有 52 株（46.4%）菌对 7 种以上抗菌药物耐药，甚至有 2 株菌对 16 种抗菌药物同时耐药。

目前，虽然国内外对于副猪嗜血杆菌耐药性的流行病学调查已有诸多报道，但对于其耐药机理的深入研究的报道较少。有关文献报道耐药质粒可能是副猪嗜血杆菌产生耐药性的一个重要原因。Lancashire 等（2005）在对四环素耐药的副猪嗜血杆菌分离株中，筛选到与 *tet*(B)介导的四环素耐药性相关的耐药质粒。细菌生物被膜可使被膜下细菌逃避抗生素和机体免疫系统的杀伤作用。而 Jin 等（2006）的研究结果表明，副猪嗜血杆菌的耐药性可能与细菌生物被膜的形成有关。Millan 等（2007）在西班牙的分离菌株中得到质粒 pB1000，并证实该质粒能够表达 ROB-1 型 β-内酰胺酶，从而导致 β-内酰胺抗生素失去抗菌活性，因此质粒 pB1000 与副猪嗜血杆菌对 β-内酰胺类药物的耐药性密切相关。Chen 等（2010）从国内的副猪嗜血杆菌菌株中分离出携带耐药基因 *lnu*(C)的质粒 pHN61，该基因编码林可酰胺类药物的耐药性，这是首次被报道 *lnu*(C)基因发现在质粒上。Chen 等（2012）报道分离出携带耐药基因 *sul2* 和 *strA* 的质粒 pHPS-A67，这两个基因分别编码了磺胺类药物和链霉素的耐药性。Yang 等（2013）报道分离出耐药质粒 pFS39，其携带编码大环内酯类耐药性的基因 *erm*(T)，这是首次在副猪嗜血杆菌上报道存在 *erm*(T)基因。副猪嗜血杆菌耐药性产生的另一个原因可能与药物作用靶位改变有关。刘英玉（2013）对 92 株临床分离菌的青霉素结合蛋白（PBP）进行基因克隆和测序，发现 A 类 PBP *mrcA* 基因的 3 个突变位点和 *pbp1B* 基因的 5 个突变位点可能改变了该蛋白与 β-内酰胺类抗生素的结合能力，从而降低了 HPS 对 β-内酰胺类抗生素的敏感性，推测 B 类 PBP *ftsI* 和 *ftsI-2* 基因的突变降低了肽基转移酶与 β-内酰胺类抗生素的结合能力；*prc* 基因存在 14 个突变位点，影响了蛋白酶的活性，间接影响了 PBP 的合成，从而对 β-内酰胺类抗生素不敏感。在低分子量青霉素结合蛋白（low-molecular-mass penicillin-binding protein，LMM PBP）中 *dacA* 基因和 *dacB* 基因分别存在 4 个和 2 个突变位点，推测这些突变位点能够降低其与 β-内酰胺类抗生素的结合能力。

副猪嗜血杆菌对喹诺酮类药物的耐药机制也是国内外相对研究比较多的领域，郭莉莉（2011）通过研究国内的副猪嗜血杆菌在喹诺酮类耐药决定区（QRDR）里 DNA 促旋酶（*gyrA* 和 *gyrB*）与拓扑异构酶Ⅳ的突变位点，发现喹诺酮耐药菌株中至少有一个 *gyrA* 突变位点（S83Y、S83F、D87Y、D87N、D87G），90%的菌株有两个 *gyrA* 突变位点；而没有发现 *gyrB* 突变位点。*parC* 突变位点有 Y577C、V648I、E678D、S669F、A464V、A466S，而这些突变位点有的也存在于 15 株敏感菌株中。*parE* 的突变位点有 S283G、A227T 和 G241S，这些突变位点主要存在于 *qnr* 阳性菌株中。QRDR 的研究表明 DNA 促旋酶（*gyrA*）可能与副猪嗜血杆菌的喹诺酮耐药性有密切的关系，而 *parC* 和 *parE* 的突变位点与耐药性的关系有待于进一步研究。Chen 等（2011）报道耐药菌株中不仅 *gyrA* 基因在密码子 83 或 87 位点存在突变，而且 *gyrB* 基因在密码子 73 或 33 位点也存在突变。这些数据表明喹诺酮类药物的耐药机制与 QRDR 决定子的碱基突变有重要的关系。

郭莉莉（2011）调查了华南地区副猪嗜血杆菌分离株的耐药基因和整合子的携带情况。研究结果显示，43.47%（50 株）的菌株携带耐药决定子，携带的耐药基因分别为 *qnrA*（2.61%）、*qnrB*（0.87%）、*aac(6')-Ⅰb-cr*（2.61%）、$bla_{\text{TEM-116}}$（8.70%）、$bla_{\text{TEM-1}}$（4.35%）、$bla_{\text{ROB-1}}$（4.35%）、*tet*(B)（15.65%）、*erm*(B)（6.07%）、*mef*(A)（2.61%）、*sul1*（2.61%）、*sul2*（8.70%）；还有一株菌株携带整合酶基因，其基因盒为 0.9kb 的氨基糖苷类耐药基因 *aadA2*。Li 等（2015）首次发现 3 株氟苯尼考耐药副猪嗜血杆菌，对耐药菌株进行氟苯尼考耐药基因检测，发现 3 株菌均携带外排泵基因 *floR*，通过 PCR 检测和 Southern 印迹杂交试验，确认 *floR* 定位于质粒上，质粒的转化与药敏试验表明，pHPSF1 可以介导氟苯尼考耐药，并且可以通过转化使得质粒转移至其他菌株中，从而引起其他菌株对氟苯尼考的耐药性升高。此外，也发现了一个携带 *floR* 耐药基因的新质粒，该质粒大小为 5279bp，由 3 个可读框组成，包括质粒复制相关基因 *rep*、氟苯尼考耐药基因 *floR* 以及转录调控因子 *lysR*，可以介导副猪嗜血杆菌对氟苯尼考产生耐药性。

【副鸡嗜血杆菌的耐药性】

目前，国内外对副鸡嗜血杆菌的研究还比较少，主要集中于副鸡嗜血杆菌的分离鉴定、检测方法和疫苗的研究，关于副鸡嗜血杆菌耐药表型监测数据及耐药机制的研究很少。多种药物对防治和控制该病具有一定效果，但很难杀死细菌。一般使用二价（A 和 C 血清型）或者三价（A、B 和 C 血清型）灭活疫苗对副鸡嗜血杆菌所引起的鸡传染性鼻炎进行控制。

董运启等（1996）认为存在鼻腔及眶下孔的病原体是引起鸡传染性鼻炎疗效差的原因之一，多种抗生素对减轻该病的症状、缩短病程以及减少病原菌的泌出有较好的效果，但是在药物应用时细菌可产生抗药性，在停止使用时该病可能会复发，使治疗效果受到了一定的限制。刘家贤和邓辉学（1998）发现磺胺类药物为控制该病的有效药物。此外，养殖户实践证明氯霉素与红霉素对控制该病具有较好的协同作用。郭伟干和陈佳（1998）发现中、高剂量复方泰灭净和单方泰灭净具有较好的治疗效果。

杨灵芝等（2003）对副鸡嗜血杆菌分离鉴定后进行药敏试验，结果显示此次试验所分离的鸡副嗜血杆菌菌株，对氯霉素、庆大霉素、红霉素、四环素、环丙沙星敏感，对新霉素中等敏感。苗立中等（2009）针对河南、山东、河北、安徽、北京等省份不同鸡场送检病料分离的 30 株副鸡嗜血杆菌，采用纸片法对 15 种抗菌药物进行了药物敏感性试验，结果显示不同来源的分离株对不同的药物的敏感程度不同，对磺胺甲基异噁唑、氟苯尼考、磷霉素、头孢噻肟钠、硫酸阿米卡星的敏感率为 60%以上；对罗红霉素、氨苄青霉素、庆大霉素、氧氟沙星、氟哌酸 5 种药物有明显的耐药性；用敏感药物对发病鸡群进行治疗，效果显著，但再次发病时用同种药物治疗则效果不佳。林艳等（2010）在四川某鸡场发病藏鸡中分离出副鸡嗜血杆菌，药敏试验发现副鸡嗜血杆菌仅对菌必治（头孢曲松钠）、阿莫西林、庆大霉素、头孢噻肟和阿奇霉素敏感，其余皆呈现耐药性。

此后，李富祥等（2012）对云南和四川 2011～2012 年暴发的副鸡嗜血杆菌疑似病例进行了细菌分离鉴定，并对其中两株菌株进行了药物敏感特性的研究，结果显示，该菌对头孢吡肟、头孢噻吩、氯霉素、卡那霉素、红霉素、庆大霉素、阿莫西林等 10 种抗生素高度敏感。李春等（2016）对云南省从蛋鸡或肉鸡中分离的副鸡嗜血杆菌进行了耐药性检测，结果发现，分离株对头孢氨苄、卡那霉素、庆大霉素、丁胺卡那、环丙沙星、恩诺沙星、氯霉素、利福平、呋喃唑酮高度敏感，对青霉素、阿莫西林、氨苄青霉素、链霉素、红霉素、多西环素和四环素等耐药。

Takagi 等（1991）对来自印度尼西亚茂物市的 3 株副鸡嗜血杆菌分离株进行药敏试验，结果显示 3 株分离株对双氢链霉素耐药；2 株分离株对氨苄西林耐药；1 株分离株对卡那霉素、螺旋霉素、红霉素和多黏菌素 E 耐药。此外 Poernomo 等（1998）报道，在来自印度尼西亚茂物市、万隆市、尖米士、梳邦、苏拉卡尔塔和楠邦地区的 23 株副鸡嗜血杆菌分离株中，药敏试验显示的存在耐药性的副鸡嗜血杆菌分离株数量与种类如下：13 株耐黏菌素分离株、11 株耐链霉素分离株、8 株耐新霉素分离株、7 株耐红霉素分离株、5 株耐土霉素分离株、4 株耐氨苄西林分离株、2 株耐多西环素分离株和 6 株耐磺胺甲基异噁唑分离株。

副鸡嗜血杆菌的耐药机制尚不清晰，但根据国内外学者的研究结果，其耐药机制应与副猪嗜血杆菌的耐药机制相差不大。

防 治 措 施

加强养殖场生物安全管理，注重精准检测、精准消毒是预防嗜血杆菌病的关键措施。对于常发病猪场可以用嗜血杆菌灭活疫苗进行免疫预防。嗜血杆菌病多为群发，一旦发病，需要根据药敏试验结果选择敏感抗生素进行治疗，减少耐药性发生，同时需要严格管理养殖卫生，对发病动物进行隔离，及时遏制病情扩散，对养殖场进行全面消毒。

主要参考文献

楚文瑛. 2011. 临床微生物实验室需重视嗜血杆菌的分离培养. 国际检验医学杂志, 32(18): 2160-2162.
董运启, 苏庆平, 任效宇, 等. 1996. 鸡传染性鼻炎的诊治. 山东家禽, (2): 21.
高晶晶, 邢丽丹, 吴元健, 等. 2015. 多重耐药鲍曼不动杆菌相关耐药基因的分析. 国际检验医学杂志, 36(2): 187-188, 190.
高鹏程, 储岳峰, 赵萍, 等. 2007. 副猪嗜血杆菌病原的分离鉴定与药敏试验. 动物医学进展, 28(12):

27-29.
郭莉莉. 2011. 华南地区副猪嗜血杆菌耐药性调查及分子流行病学研究. 广州: 华南农业大学硕士学位论文.
郭伟干, 陈佳. 1998. 复方泰灭净治疗鸡传染性鼻炎的药效观察. 养禽与禽病防治, (12): 21-22.
黄晓慧. 2012. 副猪嗜血杆菌安徽分离株的耐药性与转铁结合蛋白 A 免疫原性研究. 合肥: 安徽农业大学硕士学位论文.
孔宪刚. 2013. 兽医微生物学. 2 版. 北京: 中国农业出版社.
李春, 赵德宏, 李珂, 等. 2016. 云南地区副鸡嗜血杆菌的分离及药敏试验. 云南畜牧兽医, (5): 1-4.
李富祥, 李华春, 许琳, 等. 2012. 副鸡嗜血杆菌的分离鉴定及 16S rRNA 序列分析. 中国动物传染病学报, 20(4): 32-38.
林艳, 田明星, 李敏, 等. 2010. 藏鸡副鸡嗜血杆菌的分离及 16S rDNA 序列分析. 中国家禽, 32(11): 22-25.
刘家贤, 邓辉学. 1998. 产蛋期肉种鸡传染性鼻炎的防治. 养禽与禽病防治, (11): 29.
刘金华, 甘孟侯. 2016. 中国禽病学. 2 版. 北京: 中国农业出版社.
刘英玉. 2013. 副猪嗜血杆菌耐药性调查和耐药机制研究. 武汉: 华中农业大学博士学位论文.
陆国林, 何海健. 2010. 浙江省副猪嗜血杆菌的分离鉴定与药敏试验. 中国兽医科学, 40(6): 622-625.
马艳平, 刘永生, 张杰. 2009. 副猪嗜血杆菌生物被膜形成与功能的研究进展. 江苏农业科学, (3): 244-246.
苗立中, 吴忆春, 李纪春. 2009. 副鸡嗜血杆菌药物敏感性试验及临床应用. 畜牧兽医科技信息, (3): 88.
汤细彪. 2010. 猪源多杀性巴氏杆菌的分子流行病学与致病性研究. 武汉: 华中农业大学博士学位论文.
田克恭. 2013. 人与动物共患病. 北京: 中国农业出版社.
童光志. 2008. 动物传染病学. 北京: 中国农业出版社.
王红宁. 2002. 禽呼吸系统疾病. 北京: 中国农业出版社.
王睿, 柴栋. 2003. 细菌耐药机制与临床治疗对策. 国外医药(抗生素分册), 24(3): 97-102, 126.
项明洁, 江勇, 徐蓉, 等. 1997. 两种培养基对嗜血杆菌属分离鉴定的比较. 中华医学检验杂志, 20(1): 32-34.
徐成刚, 郭莉莉, 张建民, 等. 2011. 华南地区副猪嗜血杆菌的耐药性特点及四环素耐药基因携带情况. 中国农业科学, 44(22): 4721-4727.
徐丽娜, 冯赛祥, 徐成刚, 等. 2013. 副猪嗜血杆菌 15 个血清型参考菌株 *acrA* 基因序列分析. 动物医学进展, 34(9):1-5.
杨灵芝, 张兴晓, 刘美丽, 等. 2003. 副鸡嗜血杆菌的初步分离与鉴定. 中国家禽, 25(20): 10-11.
易顺华, 陈进喜, 蒋碧桂. 2009. 副猪嗜血杆菌的分离鉴定与药敏试验. 动物医学进展, 30(9): 41-44.
张悦. 2015. 副猪嗜血杆菌耐药性调查及其对氟苯尼考耐药分子机制的研究. 北京: 中国农业科学院硕士学位论文.
周斌, 储岳峰, 李超. 2009. 华东地区副猪嗜血杆菌的分离、血清型鉴定与药敏分析. 畜牧与兽医, 41(11): 84-86.
周学利. 2009. 副猪嗜血杆菌分离株的血清分型及其耐药性研究. 武汉: 华中农业大学硕士学位论文.
Aarestrup F M, Seyfarth A M, Angen Ø. 2004. Antimicrobial susceptibility of *Haemophilus parasuis* and *Histophilus somni* from pigs and cattle in Denmark. Vet Microbiol, 101(2): 143-146.
Bello-Ortí B, Deslandes V, Tremblay Y D, et al. 2014. Biofilm formation by virulent and non-virulent strains of *Haemophilus parasuis*. Vet Res, 45(1): 104.
Chen L P, Cai X W, Wang X R, et al. 2010. Characterization of plasmid-mediated lincosamide resistance in a field isolate of *Haemophilus parasuis*. J Antimicrob Chemother, 65(10): 2256-2258.
Chen P, Liu Y Y, Liu C, et al. 2011. Laboratory detection of *Haemophilus parasuis* with decreased susceptibility to nalidixic acid and enrofloxacin due to *GyrA* and *ParC* mutations. J Clin Microbiol, 10(21): 2870-2873.
Chen P, Liu Y Y, Wang Y, et al. 2012. Plasmid mediated streptomycin and sulfonamide resistance in *Haemophilus parasuis*. J Anim Vet Adv, 11(8): 1106-1109.
Davey M E, O'Toole G A. 2000. Microbial biofilms: from ecology to molecular genetics. Microbiol Mol Biol

Rev, 64(4): 847-867.
de la Fuente A J M, Tucker A W, Navas J, et al. 2007. Antimicrobial susceptibility patterns of *Haemophilus parasuis* from pigs in the United Kingdom and Spain. Vet Microbiol, 120(1-2): 184-191.
Feng S, Xu L, Xu C, et al. 2014. Role of *acrAB* in antibiotic resistance of *Haemophilus parasuis* serovar 4. Vet J, 202(1): 191-194.
Jeffrey J Z, Locke A K, Alejandro R, et al. 2014. 猪病学. 10 版. 赵德明, 张仲秋, 周向梅, 等译. 北京: 中国农业大学出版社.
Jin H, Zhou R, Kang M, et al. 2006. Biofilm formation by field isolates and reference strains of *Haemophilus parasuis*. Vet Microbiol, 118(1-2): 117-123.
Kaplan J B, Izano E A, Gopal P, et al. 2012. Low levels of β-lactam antibiotics induce extracellular DNA release and biofilm formation in *Staphylococcus aureus*. mBio, 3(4):e00198-12.
Lancashire J F, Terry T D, Blackall P J, et al. 2005. Plasmid-encoded *Tet B* tetracycline resistance in *Haemophilus parasuis*. Antimicrob Agents Chemother, 49(5): 1927-1931.
Li B, Zhang Y, Wei J, et al. 2015. Characterization of a novel small plasmid carrying the florfenicol resistance gene floR in *Haemophilus parasuis*. J Antimicrob Chemother, 70(11): 3159-3161.
Matz C, Mcdougald D, Moreno A M, et al. 2005. Biofilm formation and phenotypic variation enhance predation-driven persistence of *Vibrio cholerae*. Proc Natl Acad Sci U S A, 102(46): 16819-16824.
Millan A S, Escudero J A, Catalan A, et al. 2007. β-Lactam resistance in *Haemophilus parasuis* is mediated by plasmid pB1000 bearing *blaROB-1*. Antimicrob Agents Chemother, 51(6): 2260-2264.
Nedbalcova K, Satran P, Jaglic Z, et al. 2006.*Haemophilus parasuis* and Glässer's disease in pigs: a review. Veterinarni Medicina, 51(5): 168-179.
Oliveira S, Pijoan C. 2004. *Haemophilus parasuis*: new trends on diagnosis, epidemiology and control. Vet Microbiol, 99(1): 1-12.
Poernomo S, Sutarma S, Silawatri S A K D. 1998. *Haemophilus paragallinarum* in chickens in Indonesia: III. Antimicrobial drug sensitivity test of *Haemophilus paragallinarum* from chickens suffering of coryza. Jurnal Ilmu Ternak dan Veteriner, 2(4): 267-269.
Saif Y M. 2012. 禽病学. 12 版. 苏敬良, 高福, 索勋, 译. 北京: 中国农业出版社.
Suntharalingam P, Cvitkovitch D G. 2005. Quorum sensing in streptococcal biofilm formation. Trends Microbio, 13(1): 3-6.
Takagi M, Takahashi T, Hirayama N, et al. 1991. Survey of infectious coryza of chickens in Indonesia. J Vet Med Sci, 53(4): 637-642.
Wissing A, Nicolet J, Boerlin P. 2001. The current antimicrobial resistance situation in Swiss veterinary medicine. Schweiz Arch Tierheilkd, 143(10): 503-510.
Yang S S, Sun J, Liao X P, et al. 2013. Co-location of the *erm*(T) gene and *blaROB-1* gene on a small plasmid in *Haemophilus parasusis* of pig origin. J Antimicrob Chemother, 68(8): 1930-1932.
Zhang J, Xu C, Shen H, et al. 2014. Biofilm formation in *Haemophilus parasuis*: relationship with antibiotic resistance, serotype and genetic typing. Res Vet Sci, 97(2): 171-175.
Zhou X, Xu X, Zhao Y, et al. 2010. Distribution of antimicrobial resistance among different serovars of *Haemophilus parasuis* isolates. Vet Microbiol, 141(1-2): 168-173.

第七节 变形杆菌属及其对抗菌药物的耐药性

病 原 学

【形态培养、生化特征】

变形杆菌属（*Proteus*）为革兰氏阴性菌，隶属于肠杆菌科，大小为（0.4～0.8）μm×

（1.0～3.0）μm，多单个存在，也可见成对或呈短链排列；菌体呈明显多形性，以杆状为主，有时可为球状或长丝状；无芽孢和无荚膜；有数目不等的周生鞭毛。

该菌为需氧或兼性厌氧菌，对营养要求不高，在普通琼脂培养基上能迅速生长，生长温度为10～43℃。在湿润的固体培养基平板上呈迁徙性扩散性生长，形成水波状的爬行菌落，可覆盖整个平板，培养物有腐败性臭味。在SS琼脂平板上，菌落呈圆形、半透明、扁平，在血琼脂平板上有溶血现象。在液体培养基中均匀浑浊，液面可见菌膜，管底有沉淀。在培养基中加入0.1%石炭酸、4%乙醇、0.25%苯乙醇、0.4%硼酸、0.01%叠氮化钠或同型H抗血清，或增加琼脂含量达5%～6%，可抑制其迁徙生长现象，有利于分离到单个菌落。在含胆盐培养基上，菌落呈圆形，较扁平，透明或半透明，与沙门菌、志贺菌相似，易混淆。变形杆菌各菌种均可在氰化钾（KCN）培养基中生长。

能使苯丙氨酸、色氨酸氧化脱氨，迅速水解尿素，产生大量硫化氢为本属细菌的重要生化特征。不分解乳糖，VP试验多为阳性，不具赖氨酸脱羧酶和精氨酸脱羧酶。水解多种单糖和双糖产酸。但水解肌醇、直链4-羟基乙醇、5-羟基乙醇和6-羟基乙醇不产酸，水解甘油通常产酸。

【种类、抗原结构】

本属包括奇异变形杆菌（*P. mirabilis*）、普通变形杆菌（*P. vulgaris*）、产黏液变形杆菌（*P. myxofaciens*）、潘尼变形杆菌（*P. penneri*）等。均具有O和H两种抗原，包括49个O抗原和19个H抗原，可分成100多个血清型。其中，奇异变形杆菌最常见的O抗原是O3、O6或O10，最常见的H抗原是H1、H2或H3。此外，在普通变形杆菌和奇异变形杆菌中还证实有荚膜抗原（又称C抗原）的存在。分属于O1、O2和O3的普通变形杆菌的某些菌株（如X19、X2和Xk菌株），其O抗原与某些立克次体抗原相似，能与某些立克次体患者血清抗体发生反应，因此，可用这些抗原与患者血清开展凝集试验，以作为人斑疹伤寒等立克次体病的辅助诊断。

【分离与鉴定】

分离培养标本可用尿液、脓汁、粪便、呕吐物或食物（饲料）、病变组织，以及咽喉、阴道、肛门拭子等，接种于血平板、伊红-亚甲蓝琼脂或SS琼脂平板，37℃培养18～24h。在血平板及伊红-亚甲蓝琼脂上，细菌呈扩散性弥漫性薄膜状生长，在血琼脂平板上生长后平板变黑有臭味，在SS平板上形成与不分解乳糖的肠道杆菌类似的无色菌落。为获得好的分离结果，从样品中分离变形杆菌时，须采用能抑制其迁徙生长的琼脂平板培养基，挑取疑似菌落以作进一步的生化试验鉴定。

【抵抗力】

该菌无特殊抵抗力，对外界环境的抵抗力不强，在低温条件下可长期存活，对一般化学消毒剂都较敏感。

【致病性】

变形杆菌属在一定条件下对人和动物有致病性，属于条件致病菌。可引起多种感染症，在医院内也可引起暴发感染，常见感染有尿道感染、婴儿腹泻、食物中毒、烧伤后感染、褥疮感染及中耳炎等。此外，可以引起犊牛、仔鹿、仔猪、雏禽和其他幼龄动物的腹泻、肺炎、局部感染以及孕畜流产等，亦可引起水禽的关节炎、输卵管炎、气囊炎和败血症等。该菌与鸡的呼吸性疾病有关，而鹌鹑、感染非致病性禽流感病毒的雏鸡和感染免疫抑制性病毒的肉鸡，感染该菌后可发生败血症。

变形杆菌因污染食品而引发的食物中毒事件时有报道，仅次于沙门菌引起的食物中毒，有些地区该菌甚至上升到细菌性食物中毒原因的第一位。变形杆菌易污染肉、蛋、乳及蔬菜等食品，当污染菌的数量超过正常范围时，易引起食物中毒，污染程度与加工工艺、运输和贮存各环节的卫生条件密切相关。对实验动物如小鼠有很强的致病力，腹腔接种后 12h 可致死亡。

流行病学与公共卫生意义

【流行病学】

本属菌为腐败菌，广泛分布于自然界，如水、土壤和腐败的有机物中，亦存在于人及动物肠道内，并可随粪便排出而污染周围环境，是常见的机会性致病菌群。变形杆菌在特定条件下引发人和多种动物的感染，其感染途径可能是内源性（肠源性）的或外源性（经消化道、呼吸道以及皮肤黏膜的损伤）的。侵入体内的病菌在其定居、增殖过程中，产生和释放可能包括溶血素、内毒素和肠毒素等致病因子，干扰和破坏宿主特定组织、器官的代谢和正常生理活动，导致多种不同的临诊表现。

变形杆菌属于条件致病菌，在自然条件下传播包括内源性感染和外源性感染。内源性感染主要是带菌者在机体抵抗力下降时，在机体内大量增殖引起的。外源性感染是该病的主要传播途径，由污染的食物、饮水等造成消化道感染，或吸入菌尘造成呼吸道感染。环境因素如温度变化、疫苗接种、转群等应激均可使机体的抵抗力降低，从而引起或促进该病的发生。各种日龄的动物均可感染该病。以不同日龄鸡群为例，奇异变形杆菌自然感染最早发现于 3 日龄雏鸡，急性感染主要见于 18～28 日龄鸡，130 日龄的产蛋鸡有慢性感染。雏鸡日龄越小，感染发病率和病死率越高，发病率可高达 80%，病死率为 20%～50%。用分离菌的肉汤培养物感染 7 日龄雏鸡，肌肉感染，雏鸡病死率和发病率均达 100%；消化道感染，雏鸡病死率达 60%，发病率为 70%；腹腔、皮下感染，雏鸡病死率达 60%，发病率达 100%；呼吸道感染，雏鸡病死率为 10%，发病率为 60%。

奇异变形杆菌感染鸡、猪的报道较多。Bisgaard 和 Dam（1981）从患有输卵管炎的蛋鸡中分离到了奇异变形杆菌。我国陆续有规模化养殖场暴发了奇异变形杆菌病或与其他病原菌混合感染，发病率和死亡率均较高，给畜禽养殖业带来了巨大的经济损失。孙秋艳等（2006）制备了奇异变形杆菌诊断抗原，检测了来自全国多个省份的规模化鸡场的血清，结果显示，奇异变形杆菌抗体阳性率较高。奇异变形杆菌常感染雏鸡，具有较高的致死率。朱明华等（2011）报道 2009 年山东某鸡场 8 日龄雏鸡暴发奇异变形杆菌病，病鸡在 1～3 天死亡。郭繁霞等（2013）报道奇异变形杆菌和禽波氏杆菌混合感染导致孵化场鸡胚死亡。周芳等（2015）报道四川成都某规模化鸡场 10 日龄雏鸡暴发奇异变形杆菌病，发病率为 30%，病死率达 15%。此外，规模化猪场中也时有奇异变形杆菌感染猪的病例发生，如赵振鹏等（2014）、任梅渗等（2015）、邓红玉等（2015）分别从江苏、四川、福建规模化猪场病死猪样品中分离到奇异变形杆菌。以前兽医界一直把奇异变形杆菌视为污染菌，越来越多的研究已证实奇异变形杆菌对猪、鸡均有致病性，尤其对雏鸡有较高的致死率，威胁养殖业的健康发展。此外，在山羊、狐狸、鸽、貂及一些水产动物等中也有奇异变形杆菌病的发生。因此，需加强对动物源变形杆菌的流行病学监测。

【公共卫生意义】

变形杆菌是人医和兽医临床重要的条件致病菌，广泛分布于自然环境及人和动物的肠道中。奇异变形杆菌已成为我国医院内感染的最主要病原菌之一，是造成尿道感染的重要病原菌，一些肉类食品常常受到奇异变形杆菌污染，人食用后易造成食物中毒，直接威胁人类健康。

对抗菌药物的耐药性

【猪源变形杆菌的耐药性】

猪源变形杆菌耐药表型监测数据较少。雷昌伟（2016）针对 2012～2014 年从我国 7 个省份 35 家规模化猪场分离的 61 株猪源奇异变形杆菌开展了对 16 种抗菌药物的耐药性调查，药敏试验结果表明 61 株猪源奇异变形杆菌对氨苄西林、复方新诺明、萘啶酸、氟苯尼考的耐药率较高，分别为 85.2%、82.0%、75.4%、73.8%；对头孢他啶、头孢西丁、阿米卡星的耐药率相对较低，分别为 16.4%、13.1%、13.1%；对氨曲南和亚胺培南不耐药，仅有 1 株菌为中度敏感；48 株呈现多重耐药特征，多重耐药率为 78.7%；5 重耐药菌株数量最多，为 26 株，占 42.6%。研究表明规模化猪场中猪源奇异变形杆菌对常用抗菌药物的耐药率较高，多重耐药严重。

雷昌伟（2016）对猪源奇异变形杆菌开展了 36 种耐药基因的调查，结果显示磺胺类耐药基因 *sul1*、*sul2*、*sul3* 的检出率分别为 68.9%、29.5%、8.2%；氯霉素耐药基因 *cat*、*floR*、*cmlA* 的检出率分别为 18.0%、60.7%、4.9%；质粒介导的氟喹诺酮类耐药基因 *qnrD*、*aac(6')-Ⅰb-cr* 的检出率分别为 1.6%、26.2%；窄谱 β-内酰胺酶基因 $bla_{\text{TEM-1}}$ 的检出率为 77.0%；超广谱 β-内酰胺酶基因 $bla_{\text{CTX-M-14}}$、$bla_{\text{CTX-M-55}}$、$bla_{\text{CTX-M-65}}$ 的检出率分别为 9.8%、4.9%、3.3%；质粒介导的 AmpC 酶基因 $bla_{\text{CMY-2}}$、$bla_{\text{ACT-1}}$ 的检出率分别为 11.5%、1.6%；16S 甲基化酶基因 *rmtB* 的检出率为 13.1%。此外，43 株猪源奇异变形杆菌检出Ⅰ型整合酶，检出率为 70.5%，其中 42 株检出耐药基因盒，有 6 株菌同时携带 2 个耐药基因

盒；共获得 7 种不同的耐药基因盒，大小介于 910bp 和 2875bp 之间，其中 *aadA2-LnuF* 和 *dfrA17-aadA5* 耐药基因盒检出率较高，分别为 27.9%和 18.0%；此外，还检测到了其他 5 种不同的耐药基因盒：*dfrA1-orfC*、*aadA2*、bla_{PSE-1}、*dfrA12-orfF-aadA2*、*dfrA32-ereA-aadA2*。研究表明猪源奇异变形杆菌中磺胺类耐药基因 *sul1* 和 *sul2*、氯霉素耐药基因 *floR*、质粒介导的氟喹诺酮类耐药基因 *aac(6')-Ⅰb-cr* 以及超广谱 β-内酰胺酶基因 bla_{CTX-M} 的检出率较高，与耐药表型具有高度的相关性。Kong 等（2020）在猪源普通变形杆菌中检出了碳青霉烯耐药基因 bla_{NDM-1}，经全基因组测序分析发现该基因位于一个新型多重耐药 SXT/R391 整合性接合元件上，能够接合转移到大肠杆菌中。

【鸡源变形杆菌的耐药性】

目前，部分研究已针对鸡源奇异变形杆菌的耐药表型开展调查。李德喜（2011）调查了我国 20 株鸡奇异变形杆菌，发现其对 7 种抗菌药物呈现多重耐药。李欣南等（2015）对辽宁分离的 67 株肉鸡源奇异变形杆菌开展耐药性调查，结果显示其对氟苯尼考、恩诺沙星、复方新诺明、氨苄西林、庆大霉素、头孢噻呋的耐药率分别为 100%、89.55%、100%、100%、62.69%、0%，他们认为奇异变形杆菌应成为我国兽医临床需重点监控的耐药病原菌之一，该研究可为兽医临床治疗奇异变形杆菌病时抗菌药物的选择提供科学依据。雷昌伟（2016）针对 2012～2014 年从我国 16 个省份 28 家规模化蛋鸡场分离的 64 株鸡源奇异变形杆菌开展了对 16 种抗菌药物的耐药性调查，结果表明其对复方新诺明、氨苄西林、萘啶酸、诺氟沙星的耐药率相对较高，分别为 95.3%、93.8%、89.1%、75.0%；对头孢他啶、头孢西丁、庆大霉素的耐药率相对较低，分别为 18.8%、18.8%、9.4%；对氨曲南、亚胺培南不耐药，仅有 2 株为中度敏感水平；对阿米卡星完全敏感；50 株呈现多重耐药特征，多重耐药率为 78.1%；5 重耐药菌株最多，为 24 株，占 37.5%。

李德喜（2011）调查的 20 株鸡奇异变形杆菌均携带了氨基糖苷类 16S rRNA 甲基化酶基因 *rmtB*，介导阿米卡星高水平耐药，部分菌株还携带了 ESBL 基因 bla_{CTX-M}。潘玉善（2012）获得了 21 株禽源奇异变形杆菌，发现 10 株产超广谱 β-内酰胺酶（ESBL）基因 bla_{CTX-M} 及 6 株产头孢菌素酶（AmpC 酶）基因 bla_{CMY-2}，能介导细菌对第三代头孢菌素耐药。雷昌伟（2016）对我国 64 株鸡源奇异变形杆菌开展了 36 种耐药基因的调查，结果显示磺胺类耐药基因 *sul1*、*sul2*、*sul3* 的检出率分别为 87.5%、53.1%、21.9%；氯霉素耐药基因 *cat*、*floR*、*cmlA* 的检出率分别为 32.8%、56.3%、1.6%；质粒介导的氟喹诺酮类耐药基因 *qnrB2*、*qnrD*、*aac(6')-Ⅰb-cr* 的检出率分别为 1.6%、3.1%、34.4%；窄谱 β-内酰胺酶基因 bla_{TEM-1} 的检出率为 76.6%；超广谱 β-内酰胺酶基因 $bla_{CTX-M-14}$、$bla_{CTX-M-55}$、$bla_{CTX-M-65}$ 的检出率分别为 18.8%、10.9%、7.8%；质粒介导的 AmpC 酶基因 bla_{CMY-2}、bla_{DHA-1}、bla_{ACT-1} 的检出率分别为 14.1%、12.5%、3.1%；16S 甲基化酶基因 *rmtB* 的检出率为 0%。此外，45 株鸡源奇异变形杆菌检出Ⅰ型整合酶，检出率为 70.3%，其中 44 株检出耐药基因盒，有 4 株菌同时携带 2 个耐药基因盒；测序拼接比对后，共获得 10 种不同的耐药基因盒，大小为 659～2875bp；耐药基因盒 *dfrA17-aadA5*、*aac(3')-Ⅰd-aadA7* 检出率较高，分别为 18.8%、17.2%；此外，还检测到了其他 8 种不同的耐药基因盒：*aadA2-LnuF*、*dfrA1-orfC*、*dfrA32-ereA-aadA2*、*dfrA5*、*aadA2*、bla_{PSE-1}、 *dfrA12-orfF-aadA2*、*dfrA25*。研究表明鸡源奇异变形杆菌中磺胺类耐药基因 *sul1* 和 *sul2*、氯霉素耐药基因 *floR*、质粒介导的氟喹诺酮类耐药基因 *aac(6')-Ⅰb-cr* 以及超广谱 β-内酰胺酶基因 bla_{CTX-M} 的检出率较高，Ⅰ型整合子在鸡源奇异变形杆菌中广泛流行，需进一步加强监测。

【其他动物源变形杆菌的耐药性】

有学者开展了奶牛、羊、水貂、鸽、树鼩、棘胸蛙、大黄鱼等其他动物源变形杆菌的耐药性研究。张庆华等（2005）报道从浙江象山网箱养殖的患体表溃烂症的大黄鱼身上分离的 1 株奇异变形杆菌对氯霉素、妥布霉素、头孢他啶、氟哌酸敏感，对链霉素、复合磺胺、苯唑青霉素、氨苄西林等耐药。这些研究表明不同动物来源的变形杆菌耐药性差异较大。研究主要集中于散在的病例报道，缺乏完整的耐药性调查数据，耐药基因流行情况还需进一步探明。庞卓等（2010）对 2006～2008 年从广东地区野生动物分离的 62 株奇异变形杆菌进行了 23 种抗菌药物的耐药性调查，发现其对头孢类、氨曲南、亚胺培南、阿米卡星和左氧氟沙星的敏感率大于 80%，10 株（16.1%）产 ESBL，6 株（9.7%）产 AmpC 酶，表明产 β-内酰胺酶的奇异变形杆菌在野生食草动物临床中占较大比例。王豪举等（2011）报道从重庆地区某发病羊场病死黑山羊分离的 5 株奇异变形杆菌对阿米卡星、头孢他啶敏感，对左氧氟沙星、新霉素中度敏感，对环丙沙星、恩诺沙星、卡那霉素、庆大霉素、氨苄西林、阿莫西林、先锋霉素 V、氟苯尼考、复方新诺明等耐药。孙化露等（2012）报道从江苏省某鸽场病死鸽脏器中分离的 3 株奇异变形杆菌对头孢菌素类抗生素和氟苯尼考敏感，对青霉素类和磺胺类抗生素等耐药。王瑞君和熊筱娟（2012）报道从患烂皮病的棘胸蛙分离的 1 株奇异变形杆菌对常见抗菌药物均敏感。王旭荣等（2013）在奶牛关节脓液分离到 1 株与奶牛关节肿胀相关的致病性奇异变形杆菌，其对青霉素、阿莫西林、庆大霉素、卡那霉素、氟哌酸、复方新诺明严重耐药，对头孢类、氟苯尼考中度敏感。仝品芬等（2014）报道 6 株致树鼩腹泻的奇异变形杆菌对 8 种常用抗菌药物均敏感。王建科等（2015）报道从辽宁某貂场发病水貂中分离的 1 株奇异变形杆菌对氨基糖苷类、喹诺酮类、第三代头孢菌素等敏感，对其他 β-内酰胺类及磺胺类耐药。

变形杆菌在细菌耐药性传播中的意义：水平转移元件是介导耐药基因在不同病原菌间传播的主要载体。动物源变形杆菌可作为耐药基因或多重耐药水平转移元件的重要贮存库，通过接合转移将耐药基因或多重耐药水平转移元件传播到兽医临床重要的病原菌中，造成耐药性的广泛扩散，威胁养殖业的健康发展。Lei 等（2015，2016，2017）率先对猪鸡源奇异变形杆菌中的三种介导多重耐药的水平转移元件（沙门菌基因岛 1、IncA/C 质粒、SXT/R391 整合性接合元件）进行研究，发现了多个沙门菌基因岛 1 的新亚型（SGI1-W、SGI1-X、SGI1-Y、SGI1-PmBC1123、SGI1-PmSC1111）、变形杆菌基因岛 2 及其新亚型（PGI2、PGI2-C55、PGI2-C74）、奇异变形杆菌耐药岛 1（PmGRI1）以及多个新型 SXT/R391 整合性接合元件（ICEPmiChn1、ICEPmiChnBCP11），大部分能够水平转移，提示其具有较强的向其他肠杆菌科细菌扩散的风险。研究结果表明，动物源变形杆菌是多重耐药水平转移元件的重要贮存库，在耐药性传播中起着重要作用，应对其开展长期监测，以防止动物源变形杆菌中多重耐药水平转移元件的进一步扩散。

防 治 措 施

变形杆菌主要通过受污染的饮水、饲料等传播，因此需加强投入品的监测和消毒，切断细菌传染来源是防治关键。变形杆菌为条件性致病菌，加强饲养管理、提高动物抵抗力可以减少疾病发生。变形杆菌目前无预防用疫苗，因该属菌对四环素类、多黏菌素类抗菌药物固有耐药，对于发病动物需根据药敏试验结果选择有效药物进行治疗。

主要参考文献

邓红玉, 庄育彬, 蔡一龙, 等. 2015. 猪奇异变形杆菌的分离鉴定及分子生物学分析. 中国兽医杂志, 51(3): 20-23.

郭繁霞, 朱瑞良, 刘冠华, 等. 2013. 由禽波氏杆菌和奇异变形杆菌共感染为主所致鸡胚发病死亡的生物学鉴定. 中国兽医学报, 33(11): 1668-1673.

孔宪刚. 2013. 兽医微生物学. 2 版. 北京: 中国农业出版社.

雷昌伟. 2016. 猪鸡源奇异变形杆菌中介导多重耐药的沙门氏菌基因岛 1、质粒及整合性接合元件研究. 成都: 四川大学博士学位论文.

李博洋, 姚天歌, 栾仁栋, 等. 2020. 奇异变形杆菌中基因岛介导的多重耐药传播研究进展. 微生物学通报, 48(3): 916-923.

李德喜. 2011. 鸡奇异变形杆菌和沙门菌 16S rRNA 甲基化酶基因的检测及扩散机制. 郑州: 河南农业大学硕士学位论文.

李欣南, 韩镌竹, 宁宜宝. 2015. 鸡源奇异变形杆菌的分离鉴定及耐药性研究. 黑龙江畜牧兽医, 11(6): 165-167, 289.

刘金华, 甘孟侯. 2016. 中国禽病学. 2 版. 北京: 中国农业出版社.

潘玉善. 2012. 禽源大肠杆菌、奇异变形杆菌多重耐药的分子特征及 CTX-M 基因传播扩散机制. 郑州: 河南农业大学博士学位论文.

庞卓, 夏晓潮, 陈锋, 等. 2010. 野生草食动物源奇异变形杆菌的耐药性分析. 野生动物, 31(5): 249-251, 253.

任梅渗, 王印, 杨泽晓, 等. 2015. 猪源奇异变形杆菌的分离鉴定与生物学分析. 中国人兽共患病学报, 31(12): 1093-1097.

孙化露, 卢艳, 邹晓艳, 等. 2012. 3 株鸽源奇异变形杆菌的分离与鉴定. 畜牧与兽医, 44(1): 68-70.

孙秋艳, 刘红芹, 胡晓娜, 等. 2006. 鸡奇异变形杆菌的分离、鉴定及流行病学调查. 家畜生态学报, 27(6): 115-119.

田克恭. 2013. 人与动物共患病. 北京: 中国农业出版社.

仝品芬, 年朝琴, 彭超, 等. 2014. 致树鼩腹泻的奇异变形杆菌分离鉴定及药敏试验. 实验动物科学, 31(1): 41-44.

童光志. 2008. 动物传染病学. 北京: 中国农业出版社.

王豪举, 倪莉, 杨红军, 等. 2011. 山羊奇异变形杆菌的分离鉴定及 16S rDNA 和 *zapA* 基因的 PCR-RFLP 分析. 中国兽医学报, 31(11): 1594-1598.

王红宁. 2002. 禽呼吸系统疾病. 北京: 中国农业出版社.

王建科, 程悦宁, 易立, 等. 2015. 水貂奇异变形杆菌的分离鉴定及 16S rRNA 基因序列分析. 中国畜牧兽医, 42(4): 852-858.
王瑞君, 熊筱娟. 2012. 棘胸蛙烂皮病奇异变形杆菌的分离、鉴定及对药物敏感性研究. 淡水渔业, 42(4): 31-34.
王旭荣, 常瑞祥, 王国庆, 等. 2013. 一株与奶牛关节脓肿相关的致病性奇异变形杆菌的分离与鉴定. 动物医学进展, 34(9): 118-121.
张庆华, 熊清明, 肖琳琳,等. 2005. 大黄鱼溃烂症的一种致病菌——奇异变形杆菌 ZXS02 菌株. 水产学报, 29(6): 824-830.
赵振鹏, 杨振, 林伟东, 等. 2014. 猪源奇异变形杆菌的分离鉴定及集群运动分析. 中国畜牧兽医, 41(10): 219-224.
周芳, 冉丹丹, 刘飞, 等. 2015. 鸡源奇异变形杆菌的分离鉴定及系统进化分析. 动物医学进展, 36(7): 29-32.
朱明华, 朱瑞良, 马荣德, 等. 2011. 鸡奇异变形杆菌的分离鉴定和 16S rRNA 基因序列测定与系统进化分析. 中国兽医学报, 31(6): 804-808.
朱明华. 2010. 鸡奇异变形杆菌的分离鉴定及生物学特性的研究. 泰安: 山东农业大学硕士学位论文.
Armbruster C E, Mobley H L T. 2012. Merging mythology and morphology: the multifaceted lifestyle of *Proteus mirabilis*. Nat Rev Microbiol, 10(11): 743-754.
Bisgaard M, Dam A. 1981. Salpingitis in poultry. Ⅱ. Prevalence, bacteriology, and possible pathogenesis in egg-laying chickens. Nord Vet Med, 33(2): 81-89.
Jacobsen S M, Stickler D J, Mobley H L T, et al. 2008. Complicated catheter-associated urinary tract infections due to *Escherichia coli* and *Proteus mirabilis*. Clin Microbiol Rev, 21(1): 26-59.
Jeffrey J Z, Locke A K, Alejandro R, et al. 2014. 猪病学. 10 版. 赵德明, 张仲秋, 周向梅, 等译. 北京: 中国农业大学出版社.
Kong L H, Xiang R, Wang Y L, et al. 2020. Integration of the blaNDM-1 carbapenemase gene into a novel SXT/R391 integrative and conjugative element in *Proteus vulgaris*. J Antimicrob Chemother, 75(6): 1439-1442.
Lei C W, Chen Y P, Kang Z Z, et al. 2018a. Characterization of a novel SXT/R391 integrative and conjugative element carrying *cfr*, *bla*$_{\text{CTX-M-65}}$, *fosA3*, and *aac(6')-Ib-cr* in *Proteus mirabilis*. Antimicrob Agents Chemother, 62(9): e00849-18.
Lei C W, Chen Y P, Kong L H, et al. 2018b. PGI2 is a novel SGI1-relative multidrug-resistant genomic island characterized in *Proteus mirabilis*. Antimicrob Agents Chemother, 62(5): e00019-18.
Lei C W, Kong L H, Ma S Z, et al. 2017. A novel type 1/2 hybrid IncC plasmid carrying fifteen antimicrobial resistance genes recovered from *Proteus mirabilis* in China. Plasmid, 93: 1-5.
Lei C W, Yao T G, Yan J, et al. 2020. Identification of *Proteus* genomic island 2 variants in two clonal *Proteus mirabilis* isolates with coexistence of a novel genomic resistance island PmGRI1. J Antimicrob Chemother, 75(9): 2503-2507.
Lei C W, Zhang A Y, Liu B H, et al. 2014. Molecular characteristics of *Salmonella* genomic island 1 in *Proteus mirabilis* isolates from poultry farms in China. Antimicrob Agents Chemother, 58(12): 7570-7572.
Lei C W, Zhang A Y, Liu B H, et al. 2015. Two novel *Salmonella* genomic island 1 variants in *Proteus mirabilis* isolates from swine farms in China. Antimicrob Agents Chemother, 59(7): 4336-4338.
Lei C W, Zhang A Y, Wang H N, et al. 2016. Characterization of SXT/R391 integrative and conjugative elements in *Proteus mirabilis* isolates from food-producing animals in China. Antimicrob Agents Chemother, 60(3): 1935-1938.
Saif Y M. 2012. 禽病学. 12 版. 苏敬良, 高福, 索勋, 译. 北京: 中国农业出版社.
Wang X C, Lei C W, Kang Z Z, et al. 2019. IS*26*-mediated genetic rearrangements in *Salmonella* genomic island 1 of *Proteus mirabilis*. Front Microbiol, 10: 2245.
Wang Y, Zhang S, Yu J, et al. 2010. An outbreak of *Proteus mirabilis* food poisoning associated with eating stewed pork balls in brown sauce, Beijing. Food Control, 21(3): 302-305.

Zhang Y, Lei C W, Wang H N. 2019. Identification of a novel conjugative plasmid carrying the multiresistance gene *cfr* in *Proteus vulgaris* isolated from swine origin in China. Plasmid, 105: 102440.

第八节　耶尔森菌属及其对抗菌药物的耐药性

病 原 学

【形态培养、生化特征】

耶尔森菌属（*Yersinia*）为革兰氏阴性菌，呈球杆状到杆状的多形态，大小为（0.5～0.8）μm×（1～3）μm。菌体形态类似于巴氏杆菌，有不同程度的两极浓染倾向。在37℃条件下培养时，无运动能力，但在22～28℃培养时，除鼠疫耶尔森菌外，均有2～15根周生鞭毛，能运动。不产生芽孢，除鼠疫耶尔森菌外，无明显荚膜，固体培养菌常为卵圆形或短杆状，散在或群集，而肉汤培养菌可见短链状或丝状。

本属菌均为兼性厌氧菌，最适培养温度为28～30℃，但在4～42℃均可生长；最适pH为7.2～7.4，但在4.0～10.0亦可生长。能在普通培养基上生长，加入血清、血液或酵母汁可明显促进其生长。本属菌菌落比其他肠道杆菌细小，25～37℃培养24h，形成直径约1.0mm的菌落，培养48h后逐渐增大，直径可达1.0～1.5mm，呈奶油色，半透明或不透明，表面稍隆起、光滑、边缘整齐，但也有边缘不整齐者。本属菌在培养48h后常形成大小两种菌落，在血琼脂上无溶血现象。在液体培养基中，呈中度生长，48h培养物的浑浊度与肠杆菌科其他细菌18h的培养物相同。除鼠疫耶尔森菌和假结核耶尔森菌外，其余种在麦康凯琼脂培养基上生长良好，菌落呈圆形、扁平、半透明，无色或淡灰色（不发酵乳糖）。在SS琼脂上，鼠疫耶尔森菌生长可受到部分抑制，其余种25℃培养24～30h能形成针尖状菌落；37℃培养时，除小肠结肠炎耶尔森菌生长较差外，其余的均不生长。本属菌对NaCl的耐受力较强，在3%～4% NaCl中仍可生长。

耶尔森菌属具有呼吸和发酵两种代谢。生化反应能力较弱，氧化酶试验阴性，过氧化氢酶（触酶）阳性；除少数生物型外，还原硝酸盐为亚硝酸盐；发酵葡萄糖和其他一些碳水化合物，产酸不产气。本属菌的运动力和一些生理生化表型特征（纤维二糖和鼠李糖发酵、邻硝基酚-β-D-半乳糖苷水解、吲哚产生及VP试验等）有温度依赖性，而有些生化活性在28℃培养时要比37℃时更稳定。除鼠疫耶尔森菌和鲁氏耶尔森菌外，其他各个种的多数菌株都有尿素酶；除鼠疫耶尔森菌和假结核耶尔森菌外，其余各种菌均有鸟氨酸脱羧酶。除鼠疫耶尔森菌和鲁氏耶尔森菌两个种外，其余各种菌的生化反应特性与小肠结肠炎耶尔森菌很相似。

【种类、抗原结构】

本属包括小肠结肠炎耶尔森菌（*Y. enterocolitica*）、鼠疫耶尔森菌（*Y. pestis*）、假结核耶尔森菌（*Y. pseudotuberculosis*）、鲁氏耶尔森菌（*Y. ruckeri*）、罗氏耶尔森菌（*Y. rohdei*）、弗氏耶尔森菌（*Y. frederiksenii*）、克氏耶尔森菌（*Y. kristensenii*）、中间耶尔森菌（*Y. intermedia*）、莫氏耶尔森菌（*Y. mollaretii*），以及伯氏耶尔森菌（*Y. bercovieri*）等。

耶尔森菌属抗原由 O 抗原和 H 抗原组成。耶尔森菌的抗原复杂，不仅具有肠道杆菌的共同抗原，而且在鼠疫耶尔森菌、假结核耶尔森菌和小肠结肠炎耶尔森菌之间存在较多的抗原交叉。由于本属菌各种菌株间以及其与肠道杆菌某些属之间存在复杂的抗原交叉关系，因此临诊上较少对耶尔森菌进行血清学鉴定；如有必要，可用已知的各种菌的抗 O 或抗 H 血清作常规凝集试验进行鉴定。

【分离与鉴定】

从未污染的样品如血液、淋巴结分离培养时，可用血清琼脂培养基或营养琼脂培养基平板直接划线分离，28℃培养 48h 或 37℃培养 24h，然后置于室温 24h，观察结果。从污染的样品分离时，可将样品接种至敏感小动物如豚鼠、小鼠的皮下或腹腔，然后用感染动物的脾、肝、淋巴结进行分离培养，或用去氧胆酸盐琼脂、麦康凯琼脂、SS 琼脂以及 NYM 琼脂等划线分离。从粪便或食品（包括饲料）分离培养时，可用特异性选择性培养基（如麦康凯琼脂、SS 琼脂培养基）划线培养。含菌量少的样品可在平板分离前或同时进行增菌培养以提高分离率。从培养基上选择典型菌落，按常规方法作进一步生化特性试验进行鉴定，必要时可作血清学鉴定和毒力鉴定。据报道，一种新的耶尔森菌选择性鉴别培养基[氯苯酚-新生霉素（chlorophenol-novobiocin，IN）]具有快速诊断的作用。经 28℃培养 18～24h，致病性耶尔森菌形成特征性菌落（大小为 1.5～2.8mm，中心淡红色、周边透明的小露滴状菌落）；在 VYE 培养基上，假结核耶尔森菌形成中心深黑色的小露滴状菌落，而小肠结肠炎耶尔森菌则为中心淡红色的小露滴状菌落。挑出可疑菌落，作进一步生化及血清学鉴定。

常用的血清学试验有间接血凝试验和荧光抗体染色。前者是目前判定鼠疫源和对鼠疫患者追踪诊断的有效的血清学方法，其血凝抗体效价在 1∶20（试管法）或 1∶16（微量法）以上者可判为阳性；后者可用于含鼠疫耶尔森菌、假结核耶尔森菌和小肠结肠炎耶尔森菌的组织切片或临诊标本中的菌体的诊断确认，但因本属菌之间有众多抗原交叉，故一般仅用于快速初步诊断，最后确诊仍有赖于病原菌的分离、鉴定。此外，还有 ELISA 法和胶体金免疫结合试验等可用于鼠疫诊断，具有敏感、特异、简单、快速等优点。

检测毒性菌株的方法有对 HeLa 细胞侵袭力测定、Sereny 试验、自凝试验、V 与 W 抗原测定、钙依赖性和刚果红吸收试验等。

【抵抗力】

耶尔森菌能耐受反复冷冻。由于该菌在 4℃中仍能繁殖，因此保存于 4～5℃冰箱中的食品仍有被污染的风险。该菌要求较高的水活度，最低水活度为 0.95，pH 接近中性，较低的耐盐性；对加热、消毒剂敏感。

【致病性】

耶尔森菌在自然界中广泛存在，一些种具有宿主特异性，其中鼠疫耶尔森菌、小肠结肠炎耶尔森菌和假结核耶尔森菌三种菌在医学与兽医学上具有重要意义。鼠疫耶尔森菌是人和啮齿动物的重要病原菌；假结核耶尔森菌对人、家畜、家禽、啮齿动物和冷血脊椎动物等都有不同程度的致病性；而小肠结肠炎耶尔森菌是灰鼠、野兔、猴子和人类的致病菌，虽然一般对家畜无致病性，但有时亦可引起山羊和猪的腹泻。

耶尔森菌的一个最显著的特性是能在巨噬细胞内存活和繁殖，而不被巨噬细胞所杀伤，但不能在多形核白细胞内生长。病原体所表达的侵袭素在疾病过程的早期十分重要。鼠疫耶尔森菌在进入血液后，其 FI 抗原等毒力因子有助于该菌在体内迅速扩散。本属的克氏耶尔森菌、弗氏耶尔森菌和中间耶尔森菌的大多数菌株均无病原性，因此没有临诊和流行病学上的意义。

流行病学与公共卫生意义

【流行病学】

除鼠疫外，其他两种病的病原菌广泛存在于世界各地的外界环境和动物体中。目前已知至少有 60 种哺乳动物、27 种鸟类携带该菌。病畜、病禽及带菌动物是其传染源。动物通过采食（被该菌污染的饲料及水）经消化道感染，首先在消化道引起病变，并随粪便而排菌。此外，与患病动物直接接触也可以感染发病。人在食用了被污染的蔬菜、饮水后而感染发病。由动物直接感染的可能性也有，但人与人之间不传染。该病的发生无地区性，多发于寒冷的冬季，直到初春，秋季次之，夏季少见。幼龄动物比成年动物易感，不当的饲养、受寄生虫的侵袭等，是促使该病发生的诱因。

【公共卫生意义】

鼠疫耶尔森菌、小肠结肠炎耶尔森菌和假结核耶尔森菌是重要的食源性致病菌，易在低温条件下生长，引发“冰箱病”。小肠结肠炎耶尔森菌是一种人畜共患病原菌，很多国家都已将该菌列为进出口食品的常规检测项目。小肠结肠炎耶尔森菌可导致人和动物患急性腹泻、肠系膜淋巴结炎、关节炎、脑膜炎、心肌炎等临床疾病。该菌广泛分布于自然界，在水、土壤、动物以及食物中均可被检测出，可通过人、动物、食物、水源等介质进行传播，也是少数能在冷藏温度下生长的肠道致病菌之一。小肠结肠炎耶尔森菌具有广泛的宿主，传播范围广、感染频率高，可感染家畜、家禽、啮齿动物及昆虫等。

小肠结肠炎耶尔森菌自 1933 年被发现以来在世界范围内曾数次暴发大流行，20 世纪 80 年代以来引起了国际社会的广泛关注。美国 Mclver 和 Pike（1934）首先对该菌作了描述，美国的 Schleifstein 和 Coleman（1939）首次报道从人体分离到小肠结肠炎耶尔森菌。Nerstrom 等（1964）根据众多学者的研究成果将该菌命名为小肠结肠炎耶尔森菌。迄今全球已有超过 40 个国家报道存在小肠结肠炎耶尔森菌感染。2016 年，该菌在欧洲位列引起人畜共患病发病的第三位。20 世纪 80 年代，该菌在我国甘肃省和辽宁省曾发生过 2 次暴发流行，造成 500 多人感染。全球由小肠结肠炎耶尔森菌引起的食物中毒也时有报道。1981 年，我国开展了全国性调查研究，2005 年，开展了该菌的监测工作，分别从人、动物和环境中分离该病原菌。小肠结肠炎耶尔森菌是一种全球性的人畜共患细菌，病原菌广泛分布于环境、冷鲜食品及各种野生和家养动物的体内，在动物屠宰加工、运输、销售过程中都可能使肉产品受到污染，粪—口传播是其主要传播方式，传染源主要是患病动物和被污染的水源，其食源性风险日渐被关注；但由于小肠结肠炎耶尔森菌分离培养周期较长（需要冷增菌 2 周以上），其在人畜中的感染率可能被低估。

小肠结肠炎耶尔森菌地域分布广泛，遍布五大洲，目前已有关于该菌报道的国家主要包括中国、美国、法国、瑞士、瑞典、波兰、意大利、比利时、马来西亚、印度、立陶宛等。在亚洲，最早分离到此菌的是日本，其次是以色列和伊朗。致病性小肠结肠炎耶尔森菌在我国的分布具有一定的地域性，我国已经有超过 20 个省份分离出了小肠结肠炎耶尔森菌，其中，宁夏、云南、青海等 13 个省份对小肠结肠炎耶尔森菌的报道均来自鼠疫耶尔森菌的疫源地。不同省份分离到的致病性菌株中血清型菌株的比例不同，同一个省份的不同地区同类宿主中该菌的检出率也有一定的差异。在我国北方寒冷地区分离到的小肠结肠炎耶尔森菌株中致病性菌株所占比例较高，而在华东几省份分离菌株中以非致病性菌株居多，安徽和山东两省尚未发现致病性菌株。

小肠结肠炎耶尔森菌作为一种人畜共患病的病原体，有着广泛的动物宿主。目前，超过 30 种动物被报道携带小肠结肠炎耶尔森菌，包括猪、牛、犬、鸡、鸭、大熊猫、驯鹿、羚羊、鲶鱼等，其中牛、猪、鸡等可成为无临床症状携带者。猪是致病性小肠结肠炎耶尔森菌的主要宿主，也是重要的传染源之一，对人类的威胁也最大。曾贵金等（1983）在河南省屠宰场首次分离并鉴定出 6 株猪小肠结肠炎耶尔森菌。于恩庶等（1983）报道了小肠结肠炎耶尔森菌在福建省引起猪腹泻病的流行。吴伟伟（2007）从江苏省生猪屠宰场猪中分离出 27 株小肠结肠炎耶尔森菌。Liang 等（2012）于 2009～2011 年在我国 11 个省份 8773 个猪样品中分离到 1132 株小肠结肠炎耶尔森菌，其中致病性菌株共 850 株，844 株为 3/O:3 生物型，其余 6 株为 2/O:9 和 4/O:3 生物型。

对抗菌药物的耐药性

【猪源耶尔森菌的耐药性】

目前，关于猪源耶尔森菌的耐药表型监测数据尚少。曾敏等（2012）从广东省病猪和猪粪中分离到 63 株小肠结肠炎耶尔森菌，对其中 14 株菌进行了药敏试验。结果表明，14 株实验菌株均对红霉素、克林霉素、氨苄青霉素、头孢唑啉钠、复方新诺明、氨曲南耐药，对氯霉素敏感，对环丙沙星、先锋噻肟、庆大霉素中度敏感。吴艺影等（2015）对浙江省猪肉生产链中分离出的 71 株小肠结肠炎耶尔森菌进行了药敏检测，结果显示，71 株菌对 β-内酰胺类抗生素苯唑西林、氨苄西林、头孢西丁、阿莫西林的耐药率普遍较高，分别为 98.59%、77.46%、33.80%、83.10%；对磺胺类抗生素磺胺甲基异噁唑、复方新诺明、甲氧苄啶耐药率也较高，分别为 46.48%、76.06%、60.56%；对喹诺酮类抗生素环丙沙星、氧氟沙星、吡哌酸、恩诺沙星的耐药率相对较低，分别为 33.80%、19.72%、54.93%、28.17%。这些数据表明小肠结肠炎耶尔森菌具有较严重的多重耐药性。

Fredriksson-Ahomaa 等（2011）对从瑞士野猪和家猪中分离的 92 株小肠结肠炎耶尔森菌进行了耐药性分析，发现所有菌株均对氨苄青霉素和红霉素耐药，耐药率为 100%；16 株对阿莫西林耐药，耐药率为 17.39%；10 株对链霉素耐药，耐药率为 10.87%；1 株对甲氧苄氨嘧啶耐药，耐药率为 1.09%。所有菌株对头孢噻肟、环丙沙星、氯霉素、黏菌素、庆大霉素均敏感。Bonardi 等（2010）对 2005～2008 年从意大利分离得到的 115 株猪源小肠结肠炎耶尔森菌进行耐药性分析，发现 92%的菌株对头孢噻吩耐药，89%的菌株对氨苄青霉素耐药，全部菌株对环丙沙星、头孢他啶、氯霉素、恩诺沙星、卡那霉素和新霉素敏感。Bonardi 等（2013）对从意大利北部分离到的 23 株小肠结肠炎耶尔森菌进行了耐药性分析，发现 22 株 4/O:3 生物型菌株对阿莫西林、环丙沙星、头孢他啶敏感，对氨苄青霉素、头孢噻吩耐药，此外，对磺胺类药物、链霉素、氯霉素的耐药率分别为 91%、64%、55%。其中 20 株 4/O:3 生物型菌株对 3 种及以上抗生素耐药，多重耐药性十分严重。Fois 等（2018）报道在意大利撒丁大区分离的 47 株猪源小肠结肠炎耶尔森菌对氨苄青霉素、头孢噻吩、阿莫西林和链霉素的耐药率分别为 100%、100%、83.0%和 4.3%。Bhaduri 和 Wesley（2012）对从美国猪场分离得到的 106 株小肠结肠炎耶尔森菌进行了耐药性分析，发现所有菌株对氨苄青霉素、先锋霉素、四环素耐药，对检测的其他 13 种抗生素敏感。Novoslavskij 等（2013）在立陶宛从猪中分离得到 64 株小肠结肠炎耶尔森菌，所有检测的 4/O:3 生物型菌株均对氨苄青霉素、红霉素耐药，对环丙沙星敏感，5%的菌株对四环素和链霉素耐药。Thong 等（2018）在马来西亚从猪中分离得到 32 株小肠结肠炎耶尔森菌，大约 90%的菌株对多种抗生素耐药，这些菌株对萘啶酸、氯林肯霉素、氨苄青霉素、羟基噻吩青霉素、阿莫西林耐药。

至今为止，关于猪源小肠结肠炎耶尔森菌耐药基因的报道较少。吴艺影等（2015）对浙江省猪肉生产链中分离出的 71 株小肠结肠炎耶尔森菌进行了耐药基因检测。结果表明，对 β-内酰胺类 bla_{TEM}、氨基糖苷类 *aac(6')-Ⅰb*、四环素类 *tet*(C)、磺胺类 *sul1* 的检出率分别为 23.94%、32.39%、47.89%、21.13%。耐药基因型与耐药表型有着一定的相关性，耐药菌株的耐药基因随着细菌流动而传播。

【鱼源耶尔森菌的耐药性】

王利等（2012）对 12 株鱼源小肠结肠炎耶尔森菌进行了药敏试验，结果表明，12 株分离菌均对林可霉素耐药，耐药率高达 100%；其次，对利福平的耐药较严重，耐药率达 75%，对先锋霉素 V 的耐药性也较高，为 66.7%，5 株菌株对磺胺耐药。此外，分离菌株中存在对链霉素、头孢曲松、复方新诺明耐药的现象，耐药率均为 8.3%。所有菌株对多黏菌素 B 中度耐药，而对庆大霉素、卡那霉素、四环素和恩诺沙星敏感。Shanmugapriya 等（2014）在印度对从鱼中分离出的 18 株小肠结肠炎耶尔森菌进行耐药性检测，结果显示 18 株菌全部对氨苄青霉素、环丙沙星耐药，该菌具有多重耐药性，而对氯霉素敏感。

王利等（2012）用 PCR 扩增检测 12 株鱼源小肠结肠炎耶尔森菌相关耐药基因，对 4 种氨基糖苷类药物耐药基因的检测结果显示，11 株菌携带 *aph(3)-Ⅲ*，阳性率达 91.7%，10 株检出 *ant(3'')-Ⅰ*和 *aac(6')-Ⅰ*，阳性率为 83.3%，分离株均未检测到 *aac(3)-Ⅱ*基因。

11 株菌至少携带 *aph(3)-Ⅲ*、*ant(3")-Ⅰ*、*aac(6')-Ⅰ*、*aac(3)-Ⅱ*基因中的一种，占所有菌株的 91.7%。83.3%（10/12）的鱼源小肠结肠炎耶尔森菌携带 2 种及以上的耐药基因。对 3 种磺胺类药物耐药基因的检测结果表明，12 株小肠结肠炎耶尔森菌均携带 *sul1*，阳性率高达 100%，10 株检测到 *sul2*，阳性率为 83.3%。10 株菌同时携带 2 种磺胺类药物耐药基因（*sul1+sul2*），占菌株总数的 83.3%。所有菌株均未检测到 *sul3* 基因。此外，氯霉素类（*cml*）与 β-内酰胺类（*tem*）耐药基因在各菌株中的检出率分别为 16.7%（2/12）与 75%（9/12），所有菌株中未检测到耐第三代头孢菌素基因 *shv*。

【其他动物源耶尔森菌的耐药性】

目前，小肠结肠炎耶尔森菌已从多种动物的体内或粪便中分离出，包括：大熊猫、牛、鸭、鸡、中华鳖、鼠、犬、猫、绵羊、旱獭等。但是在这些动物中对该菌抗生素耐药性的报道尚少。不同动物所携带的小肠结肠炎耶尔森菌株对不同抗生素的耐药性具有一定差异性。

叶志勇等（1998）从大熊猫粪便中分离的 1 株小肠结肠炎耶尔森菌对氨苄青霉素、头孢霉素、四环素、红霉素、卡那霉素、庆大霉素、氯霉素和羧苄霉素等不敏感。高尚等（2018）报道扬州 1 株水牛源小肠结肠炎耶尔森菌对复方新诺明耐药，对环丙沙星、美洛西林等多种药物敏感。徐雪莉（2017）从荷斯坦牛分离出 14 株小肠结肠炎耶尔森菌，耐药率为 42.67%，其中对美洛西林、呋喃唑酮、环丙氟哌酸、奥复星、复达欣、多黏菌素 B、吡哌酸、卡那霉素、左氧氟沙星的耐药率在 25%～38%，对头孢呋辛、麦迪霉素、头孢克洛、阿米卡星、新霉素、哌拉西林的耐药率在 40%～45%。建议防治该病时选取敏感药物联合给药，并且注意药物之间的配伍禁忌，避免杀菌效应降低。

蔡完其等（1999）从中华鳖分离的 1 株小肠结肠炎耶尔森菌对氯霉素、多西环素、卡那霉素耐药，对氟嗪酸、环丙沙星中度敏感，对庆大霉素和甲氧苄氨嘧啶敏感。付庆等（2000）从鸭中分离出 1 株小肠结肠炎耶尔森菌，该菌株对青霉素、磺胺、土霉素耐药，对恩诺沙星、环丙沙星敏感。Shanmugapriya 等（2014）在印度从鸡中分离到 6 株小肠结肠炎耶尔森菌，药敏试验结果表明，这些菌株均对氨苄青霉素、环丙沙星耐药，对氯霉素敏感。彭子欣等（2018）报道从禽肉中分离的 22 株小肠结肠炎耶尔森菌中，对头孢西丁、氨苄西林/舒巴坦、呋喃妥因和甲氧苄啶/磺胺甲基异噁唑的耐药率分别为 63.6%（14 株）、22.7%（5 株）、4.5%（1 株）和 4.5%（1 株）。其中，5 株分离自新鲜鸡肉的小肠结肠炎耶尔森菌携带有耐药基因 *dfrA1*、*catB2* 和 *ant3ia*。

小肠结肠炎耶尔森菌的不同菌株间所产生的耐药机制复杂，不同药物的压力和自然环境的选择都可能导致该菌产生耐药性。不同区域和不同动物来源的菌株对抗生素的耐药性具有一定的差异，这可能是接触的抗生素的种类和剂量不同，以及长期以来药物的不合理使用等多方面的原因所致。因此，小肠结肠炎耶尔森菌的耐药性及其机制有待深入研究。

耶尔森菌在细菌耐药性传播中具有重要意义。耶尔森菌是一种人畜共患病病原，也是重要的食源性致病菌。该细菌在世界各国广泛分布，存在于动物与外环境中。抗生素长期选择压力等原因，使得耶尔森菌的耐药性日益增强。动物被感染后可以长期携带该菌，并经粪便排出，可通过多种途径导致食品、水源和环境等被污染。因此，耶尔森菌耐药株可从一个地区传到另一个地区，或从一种动物传给另一种动物，造成广泛而长期的食源性隐患，对养殖业及公众健康构成威胁。

小肠结肠炎耶尔森菌对氨苄西林和第一代头孢类抗生素天然耐药，其机制主要是小肠结肠炎耶尔森菌可以产生 BlaA 和 BlaB 两种 β-内酰胺酶。BlaA 可水解多种青霉素类和头孢菌素类抗生素，介导该菌对青霉素和头孢菌素耐药。BlaB 具有很强的头孢菌素酶活性，主要介导头孢菌素耐药。这两种 β-内酰胺酶基因均存在于小肠结肠炎耶尔森菌的染色体中，但不同地域或不同生物型的菌株其表达水平不一，这种染色体介导的耐药基因位于可移动遗传元件上，可以通过基因横向转移迅速地在不同种属细菌间传递。

Prats 等（2000）对 20 世纪 80 年代末和 90 年代末巴塞罗那分离的致病性小肠结肠炎耶尔森菌的耐药性进行了比较，发现 90 年代末的小肠肠炎耶尔森菌对磺胺类药物、复方新诺明和氯霉素的耐药率都提高 40%以上，对链霉素和磺胺类药物的耐药率达到 90%，提示小肠结肠炎耶尔森菌对部分抗菌药物的敏感性随时间变化。Mayrhofer 等（2004）在澳大利亚对分离自肉类的小肠结肠炎耶尔森菌进行抗菌药物敏感性试验，发现所有菌株对链霉素、磺胺类药物、甲氧苄氨嘧啶和氯霉素敏感。Baumgartner 等（2007）报道瑞士仅有少数菌株对链霉素、磺胺类药物、甲氧苄氨嘧啶、氯霉素和复方新诺明耐药。Soltan-Dallal 和 Moezardalan（2004）对分离自伊朗零售鸡肉和牛肉的小肠结肠炎耶尔森菌进行了抗菌药物敏感性试验，结果表明，48 株分离株中有 5 株对 5 种抗菌药物耐药，这说明不同地区的小肠结肠炎耶尔森菌的抗菌药物敏感性存在差异，小肠结肠炎耶尔森菌存在多重耐药性。这些研究结果显示了小肠结肠炎耶尔森菌耐药的多样性，也呈现了这些耐药基因从环境菌株向病原菌株及在病原菌间转移的可能。人和动物肠道微生态是动物机体内最大的微生态系统，宏基因组学研究表明肠道厌氧菌可能是耐药基因的主要储存库，兼性厌氧菌在耐药基因的横向转移中也发挥重要作用，提示小肠结肠炎耶尔森菌可作为耐药基因转移的中转站，在肠道定植期间携带耐药基因和毒力基因的质粒通过接合进行基因水平转移。

小肠结肠炎耶尔森菌作为一种食源性人畜共患致病菌，本身就具有重要的公共卫生意义。该菌的宿主种类及地域分布的广泛性，加之生态环境中选择压力持续存在，促进了耐药基因的传播。由于小肠结肠炎耶尔森菌的高危害性、高耐药性，加强小肠结肠炎耶尔森菌耐药监测，严格管理含有抗生素、消毒剂、耐药基因和耐药菌株的污物废水，对降低环境中耐药菌株的选择压力十分重要。

防治措施

消灭作为该病传染源的啮齿动物，防止耶尔森菌污染饲料、饮水等是防治关键。耶尔森菌还没有良好的预防用疫苗。由于该病是多种动物共患的传染病，又缺乏明显的临床症状，因此对疑似病畜进行间接血凝试验检出抗体后，淘汰发病动物可以防止该病的扩散传播。

主要参考文献

蔡完其, 孙佩芳, 宫兴文. 1999. 中华鳖台湾群体耶尔森氏菌病的研究. 水产学报, 23(2): 174-180.

陈郓锦, 王鹏. 2015. 中国小肠结肠炎耶尔森菌流行现状及其研究进展. 中国人兽共患病学报, 31(4): 380-384.

付庆, 王豪举, 彭元义, 等. 2000. 1株鸭小肠结肠炎耶尔森氏菌的某些生物学特性研究. 西南农业大学学报, 22(4): 345-346, 349.

高尚, 李军朝, 鞠辉明, 等. 2018. 牛源小肠结肠炎耶尔森菌的分离与鉴定. 黑龙江畜牧兽医, (11): 147-149, 255.

苟小兰, 王利. 2013. 小肠结肠炎耶尔森氏菌对黄颡鱼的致病性及毒力基因检测. 水产科学, 32(5): 293-296.

苟小兰, 王利. 2014. 鱼源小肠结肠炎耶尔森菌对氨基糖苷类药物的耐药性分析. 黑龙江畜牧兽医, (9): 135-137.

关乃瑜. 2016. 益生菌分离株 L5 和 B3 抗小肠结肠炎耶尔森氏菌感染的作用与研究机制研究. 哈尔滨: 东北农业大学硕士学位论文.

孔宪刚. 2013. 兽医微生物学. 2 版. 北京: 中国农业出版社.

李娟, 阚飙. 2017. 耐药基因的流动及耐药性的传播. 中华预防医学杂志, 51(10): 873-877.

李珍华. 2015. 小肠结肠炎耶尔森菌非特异性核酸酶的结构分析及定点突变研究. 杭州: 杭州师范大学硕士学位论文.

刘金华, 甘孟侯. 2016. 中国禽病学. 2 版. 北京: 中国农业出版社.

牛蕾. 2011. 小肠结肠炎耶尔森菌(*Yersinia enterocolitica*)快速检测体系的建立及应用. 南京: 南京农业大学硕士学位论文.

彭子欣, 邹明远, 徐进, 等. 2018. 中国四省份禽肉中耶尔森菌的耐药性及其耐药基因研究. 中华预防医学杂志, 52(4): 358-363.

田克恭. 2013. 人与动物共患病. 北京: 中国农业出版社.

童光志. 2008. 动物传染病学. 北京: 中国农业出版社.

王红宁. 2002. 禽呼吸系统疾病. 北京: 中国农业出版社.

王利, 苟小兰, 龙钟明, 等. 2012. 鱼源小肠结肠炎耶尔森氏菌的耐药性研究. 中国畜牧兽医, 39(12): 36-40.

王鑫. 2009. 中国小肠结肠炎耶尔森菌分子流行病学研究. 北京: 中国疾病预防控制中心硕士学位论文.

王增国. 2008. 我国部分地区携带 *ystB* 基因小肠结肠炎耶尔森菌的分子流行病学研究. 镇江: 江苏大学硕士学位论文.

吴伟伟. 2007. 生猪屠宰过程中小肠结肠炎耶尔森氏菌的调查及预测模型的研究. 南京: 南京农业大学硕士学位论文.

吴艺影, 曲道峰, 韩剑众. 2015. 猪肉生产链细菌耐药性及其耐药基因调查研究. 中国畜牧杂志, 51(6): 78-83.

肖玉春, 梁俊荣, 古文鹏, 等. 2012. 不同动物宿主小肠结肠炎耶尔森氏菌分离及结果分析. 中国人兽共患学报, 28(5): 418-420.

徐雪莉. 2017. 青海省引进动物荷斯坦牛源耶尔森氏菌的耐药性检测. 甘肃畜牧兽医, 47(8): 20-21.

杨水云, 裴渭静, 孙飞龙, 等. 2004. 依赖粪便材料的大熊猫肠道耶尔森氏菌的检测. 兽类学报, 24(2): 182-184.

叶志勇, 吕文其, 刘新华, 等. 1998. 大熊猫小肠结肠炎耶尔森氏菌感染及治疗. 中国兽医杂志, 24(8): 11.

于恩庶, 佘家辉, 蔡珠钦, 等. 1983. 猪小肠结肠炎耶氏菌病的暴发流行. 中国兽医杂志, (5): 5-6.

曾贵金, 陈美光, 孙玉清. 1983. 我国猪小肠结肠炎耶尔森氏菌的首次检出及其鉴定. 中国兽医杂志, (11): 12-15.

曾敏, 黄济英, 杨柳, 等. 2012. 广东省 65 株耶氏菌的系统鉴定与鼠疫疫源地性质的探讨. 中国地方病防治杂志, 27(3): 174-177.

Arrausi-Subiza M, Gerrikagoitia X, Alvarez V, et al. 2016. Prevalence of *Yersinia enterocolitica* and *Yersinia pseudotuberculosis* in wild boars in the Basque Country, northern Spain. Acta Vet Scand, 58: 4.

Baumgartner A, Küffer M, Suter D, et al. 2007. Antimicrobial resistance of *Yersinia enterocolitica* strains from human patients, pigs and retail pork in Switzerland. Int J Food Microbiol, 115(1): 110-114.

Bhaduri S, Wesley I V. 2012. Prevalence, serotype, virulence characteristics, clonality, and antibiotic susceptibility of pathogenic *Yersinia enterocolitica* from Swine feces. Adv Exp Med Biol, 954: 111-116.

Bonardi S, Bassi L, Brindani F, et al. 2013. Prevalence, characterization and antimicrobial susceptibility of *Salmonella enterica* and *Yersinia enterocolitica* in pigs at slaughter in Italy. Int J Food Microbiol, 163(2-3): 248-257.

Bonardi S, Paris A, Bassi L, et al. 2010. Detection, semiquantitative enumeration, and antimicrobial susceptibility of *Yersinia enterocolitica* in pork and chicken meats in Italy. J Food Prot, 73(10): 1785-1792.

European Food Safety Authority, European Centre for Disease Prevention and Control. 2016. The European Union summary report on trends and sources of zoonoses, zoonotic agents and food-borne outbreaks in 2016. EFSA Journal, 15(12): 5077.

Fois F, Piras F, Torpdahl M, et al. 2018. Prevalence, bioserotyping and antibiotic resistance of pathogenic *Yersinia enterocolitica* detected in pigs at slaughter in Sardinia. Int J Food Microbiol, 283: 1-6.

Fredriksson-Ahomaa M, Wacheck S, Bonke R, et al. 2011. Different enteropathogenic *Yersinia* strains found in wild boars and domestic pigs. Foodborne Pathog Dis, 8(6): 733-737.

Fredriksson-Ahomaa M, Wacheck S, Koenig M, et al. 2009. Prevalence of pathogenic *Yersinia enterocolitica* and *Yersinia pseudotuberculosis* in wild boars in Switzerland. Int J Food Microbiol, 135(3): 199-202.

Jeffrey J Z, Locke A K, Alejandro R, et al. 2014. 猪病学. 10 版. 赵德明, 张仲秋, 周向梅, 等译. 北京: 中国农业大学出版社.

Joutsen S, Eklund K M, Laukkanen-Ninios R, et al. 2016. Sheep carrying pathogenic *Yersinia enterocolitica* bioserotypes 2/O:9 and 5/O:3 in the feces at slaughter. Vet Microbiol, 197: 78-82.

Liang J R, Wang X, Xiao Y C, et al. 2012. Prevalence of *Yersinia enterocolitica* in pigs slaughtered in Chinese abattoirs. Appl Environ Microbiol, 78(8): 2949-2956.

Mayrhofer S, Paulsen P, Smulders F J M, et al. 2004. Antimicrobial resistance profile of five major food-borne pathogens isolated from beef, pork and poultry. Int J Food Microbiol, 97(1): 23-29.

Mazzette R, Fois F, Consolati S G, et al. 2015. Detection of pathogenic *Yersinia enterocolitica* in slaughtered pigs by cultural methods and real-time polymerase chain reaction. Ital J Food Saf, 4(2): 4579.

Mclver M A, Pike R M. 1934. Chronic glanders-like infection of the face caused by an organism resembling *Flavobacterium pseudomallei* Whitmore. Clin, 1: 16-21.

Nerstrom B, Mansa B, Frederiksen W. 1964. Alteration of the GC patterns in human sera incubated with bacteria. Acta Pathol Microbiol Scand, 61: 474-482.

Novoslavskij A, Kudirkienė E, Marcinkutė A, et al. 2013. Genetic diversity and antimicrobial resistance of *Yersinia enterocolitica* isolated from pigs and humans in Lithuania. J Sci Food Agric, 93(8): 1858-1862.

Prats G, Mirelis B, Llovet T, et al. 2000. Antibiotic resistance trends in enteropathogenic bacteria isolated in 1985-1987 and 1995-1998 in Barcelona. Antimicrob Agents Chemother, 44(5): 1140-1145.

Råsbäck T, Rosendal T, Stampe M, et al. 2018. Prevalence of human pathogenic *Yersinia enterocolitica* in Swedish pig farms. Acta Vet Scand, 60(1): 39.

Rouffaer L O, Baert K, Van den Abeele A M, et al. 2017. Low prevalence of human enteropathogenic *Yersinia* spp. in brown rats (*Rattus norvegicus*) in Flanders. PLoS One, 12(4): e0175648.

Saif Y M. 2012. 禽病学. 12 版. 苏敬良, 高福, 索勋, 译. 北京: 中国农业出版社.

Savin C, Le Guern A S, Lefranc M, et al. 2018. Isolation of a *Yersinia enterocolitica* biotype 1B strain in France, and evaluation of its genetic relatedness to other European and North American biotype 1B strains. Emerg Microbes Infect, 7(1): 121.

Schleifstein J, Coleman M B. 1939. An unidentified microorganism resembling *B. lignieri* and *Pasteurella pseudotuberculosis* and pathogenic for man. NYS J Med, 39: 1749-1753.

Shanmugapriya S, Senthilmurugan T, Thayumanavan T. 2014. Genetic diversity among *Yersinia enterocolitica* isolated from chicken and fish in and around Coimbatore City, India. Iran J Public Health, 43(6): 835-844.

Söderqvist K, Boqvist S, Wauters G, et al. 2012. *Yersinia enterocolitica* in sheep—A high frequency of biotype 1A. Acta Veterinaria Scandinavica, 54(1): 39.

Soltan-Dallal M M, Moezardalan K. 2004. Frequency of *Yersinia* species infection in paediatric acute diarrhoea in Tehran. East Mediterr Health J, 10(1-2): 152-158.

Stamm I, Hailer M, Depner B, et al. 2013. *Yersinia enterocolitica* in diagnostic fecal samples from European dogs and cats: identification by fourier transform infrared spectroscopy and matrix-assisted laser desorption ionization—Time of flight mass spectrometry. J Clin Microbiol, 51(3): 887-893.

Syczyło K, Platt-Samoraj A, Bancerz-Kisiel A, et al. 2018. The prevalence of *Yersinia enterocolitica* in game animals in Poland. PLoS One, 13(3): e0195136.

Thong K L, Tan L K, Ooi P T. 2018. Genetic diversity, virulotyping and antimicrobialresistance susceptibility of *Yersinia enterocolitica* isolated from pigs andporcine products in Malaysia. J Sci Food Agric, 98(1): 87-95.

第九节　弯曲菌属及其对抗菌药物的耐药性

病　原　学

【形态培养、生化特征】

弯曲菌属（*Campylobacter*）为革兰氏阴性、微需氧杆菌，无芽孢和荚膜，一端或两端有鞭毛，能运动，长 0.5～1.5μm、宽 0.2～0.5μm，呈弧形、“S”形或螺旋形。弯曲菌在普通培养基上不生长或者生长非常缓慢，在哥伦比亚血平皿上生长良好，但从样本中初次分离弯曲菌通常需要使用选择性培养基。常用的选择性培养基有加入脱纤维羊血的 Skirrow 培养基和不加血而加入活性炭、头孢哌酮、脱氧胆酸盐的改良 CCDA 培养基等。在 5% O_2、10% CO_2、85% N_2 的环境下，42℃下培养可分离该菌。在血琼脂平板上呈光滑、圆形、隆起、无色、半透明、不溶血、直径约 0.5mm 的细小菌落。生化反应不活泼，不发酵糖类，不分解尿素，靛基质阴性，可还原硝酸盐，氧化酶和过氧化酶阳性，能产生微量或不产生硫化氢，甲基红和 VP 试验阴性，枸橼酸盐培养基中不生长。

【种类、抗原结构】

弯曲菌属是弯曲菌科的一个菌属，目前已发现弯曲菌属至少有 30 个种和亚种，包括：空肠弯曲菌（*C. jejuni*）、结肠弯曲菌（*C. coli*）、胎儿弯曲菌（*C. fetus*）、海鸥弯曲菌（*C. lari*）、简明弯曲菌（*C. concisus*）、屈曲弯曲菌（*C. curvus*）、纤细弯曲菌（*C. gracilis*）、瑞士弯曲菌（*C. helveticus*）、人弯曲菌（*C. hominis*）、猪（豚）弯曲菌（*C. suis*）、黏膜弯曲菌（*C.mucosalis*）、直肠弯曲菌（*C. rectus*）、昭和弯曲菌（*C. showae*）、唾液弯曲菌（*C. sputorum*）、乌普萨拉弯曲菌（*C. upsaliensis*）等。由于新种的不断发现，弯曲菌属处于不断变动的状况。弯曲菌主要抗原包括 O 抗原和 H 抗原，前者是细胞壁的类脂多糖，后者为鞭毛抗原。感染后肠道产生局部免疫，血中也产生抗 O 的 IgG、IgM 和 IgA 抗体，对机体有一定的保护力。目前应用最广的血清分型方法有两类：一类是 Penner 和 Hennessy（1980）提出的以耐热抗原为基础的被动血凝试验，将空肠弯曲菌和结肠弯曲菌分为 60 个血清型。Mills 等（1991）提出的以耐热抗原为基础的简化分型方法，采用玻片凝集试验，分型结果与被动血凝试验相似。另一类是 Lior 等（1981）提出的以不耐热抗原为基础的玻片凝集试验，可将弯曲菌分为 58 个血清型。后续的 20 个常见型血清型，可将 80%的弯曲菌定型。

【分离与鉴定】

分离该菌最好用人的粪便和流产胎儿的胃内容物及胎盘作为分离材料。分离培养基可用含 5%～7%裂解马血、10mg/L 万古霉素、2500IU/L 多黏菌素和 5mg/L 三甲氧苄氨嘧啶的血液基础琼脂培养基，或用 Campy-BAP 培养基，在微嗜氧条件下，42～43℃培养分离效果比 37℃培养好。这样的选择性培养基虽不能排除所有杂菌，但能抑制肠道中的其他杂菌生长。结合培养特性及生化试验结果，作出确切鉴定。

【抵抗力】

弯曲菌对环境抵抗力不强，易被干燥、直射日光及弱消毒剂杀灭，在 56℃下 5min 可被杀死。对红霉素、新霉素、庆大霉素、四环素、氯霉素、卡那霉素等抗生素敏感，但已经发现不少耐药菌株。该菌在水、牛奶中存活较久，在 4℃可存活 3～4 周，在粪便中可存活达 96h。对酸碱有较强的耐受力，故易通过胃肠道传播。

【致病性】

弯曲菌属引起人类疾病的种类主要是空肠弯曲菌和结肠弯曲菌。除此之外，其他菌种如胎儿弯曲菌等也可以引起人类感染。胎儿弯曲菌感染可导致牛、羊等家畜的流产，对人类属于条件致病菌。弯曲菌引起的疾病为弯曲菌病，其主要症状为腹泻性肠炎，是发达国家及发展中国家细菌性肠炎的主要病原菌，每年有 4 亿～5 亿人次的腹泻由弯曲菌引起。2005 年，弯曲菌病超过沙门菌病成为欧盟报道中最常见的人兽共患病，并且病例呈持续增加趋势。

弯曲菌对动物的致病性。弯曲菌宿主来源广泛，在许多动物如家禽、猪、牛及野生鸟类的肠道内作为常在菌存在。20 世纪 80 年代以来，人们利用弯曲菌实验性感染动物，如口服感染犊牛、羔羊、犬、雏鸡、仔猪、猿猴可引起腹泻。雪貂腹腔注射或静脉注射或口服可以引起流产。鸡盲肠一旦被空肠弯曲菌感染，这些细菌可持续存在长达 8 周，且鸡源菌株经传代后毒力增强。胎儿弯曲菌主要引起动物不育、胚胎早期死亡及流产，给畜牧业造成严重的经济损失。感染母牛表现流产、不孕、死胎，公牛一般无明显症状。胎儿弯曲菌主要感染生殖道黏膜，引起子宫内膜炎、子宫颈炎和输卵管炎。因感染而流产的胎儿皮下组织胶样浸润，胸水、腹水增量，流产后胎盘严重瘀血、出血、水肿。

弯曲菌对人的致病性。弯曲菌感染可引起人的腹泻、急性肠炎以及吉兰-巴雷综合征（Guillain-Barré syndrome，GBS）。弯曲菌感染引发的肠炎多为急性、自限性胃肠炎，主要临床表现为腹泻、发热、腹绞痛、头痛、恶心。除急性肠炎外，弯曲菌肠外感染也可引起脑膜炎、心内膜炎、关节炎、败血症和血栓静脉炎等全身性疾病，但比较少见。

流行病学与公共卫生意义

【流行病学】

家禽、家畜是空肠弯曲菌的主要储存宿主，尤其是家禽，在家禽中空肠弯曲菌、结肠弯曲菌的感染一般呈现无症状携带，且空肠弯曲菌的带菌率通常大于结肠弯曲菌，而家畜中如牛、猪中结肠弯曲菌的带菌率较高。被空肠弯曲菌、结肠弯曲菌污染了的食物，如肉类、牛奶、蛋等是人类感染弯曲菌的主要传染源。带菌的动物和患者偶尔也可作为传染源，尤其儿童患者往往因粪便处理不当，污染机会多，传染性大。粪—口是主要的传播途径，也可通过食物、水、昆虫、直接接触等多种途径传播，但以食物和水的传播为主。

人类普遍易感空肠弯曲菌。在发达国家如美国、英国及其他欧洲国家，空肠弯曲菌的感染居于食源性感染的首位，发展中国家的感染率明显高于发达国家，但患者的临床症状却要明显减轻。不同年龄发病率不同，从发病年龄看，发达国家空肠弯曲菌感染的曲线在 0～1 岁有明显发病高峰，另一个发病高峰出现在 15～44 岁。从感染者性别比例看，男性高于女性 1.2～1.5 倍。发展中国家的空肠弯曲菌、结肠弯曲菌感染青壮年的发病率明显增高，儿童感染率高于成年人。从发病的季节看，空肠弯曲菌病、结肠弯曲菌病全年均有发病，在季节分明的发达国家空肠弯曲菌、结肠弯曲菌的暴发多发生在春季和冬季，而散发病例有夏季高峰，发展中国家多有夏秋季高峰。

【公共卫生意义】

弯曲菌属（尤其是空肠弯曲菌和结肠弯曲菌）作为重要的食源性人畜共患病致病菌，能够引起牛和绵羊流产，火鸡的肝炎和蓝冠病，以及雏鸡、犊牛、仔猪的腹泻等多种疾病，因而受到全球人医和兽医临床的高度关注。在很多国家，尤其是欧美一些发达国家，弯曲菌造成的感染数量已超过沙门菌、致病性大肠杆菌 O157:H7 和志贺菌。在美国，每年因弯曲菌引起的腹泻病例高达 200 万人，超过 1 万人就医，因此弯曲菌也被美国列为重要监控的三种肠道病原菌之一。感染弯曲菌的动物通常无明显病症，但可长期向外界排菌，引起人类感染。弯曲菌主要通过食物链进行广泛传播，从而引起人的弯曲菌病；家禽、家畜的肉及肉制品，特别是禽肉是感染人的主要来源。有研究者通过对不同来源的弯曲菌（包括人源、动物源以及环境中分离的）进行比较分析发现，感染人的弯曲菌中，96.6%来源于家畜，野生动物来源为 2.3%，环境来源为 1.1%；并且指出鸡肉是感染人类的主要来源，占 56.5%，其次是牛源占 35%，绵羊占 4.3%，猪肉占 0.8%。鸡肉成为空肠弯曲菌和结肠弯曲菌最重要传播媒介的主要原因是鸡肉以及鸡肉制品在发达国家被大量消费食用。除家禽、家畜的肉及肉制品外，饮用生的或未经消毒的牛奶是另一条导致人发生弯曲菌感染的途径。空肠弯曲菌已经取代胎儿弯曲菌，成为美国导致绵羊流产的重要原因。同时，分子分型表明，这一导致美国绵羊流产的空肠弯曲菌克隆株与从流产孕妇分离得到的空肠弯曲菌有相同的谱型，说明该空肠弯曲菌克隆株在美国普遍流行，引起绵羊和人的流产。

弯曲菌的感染大多以散发性和地方流行性为主，但也可引起弯曲菌病的大规模暴发流行，通常是由饮用水、未消毒的牛奶和食品污染导致。有趣的是，1978～1996 年，美国引起弯曲菌病暴发的原因从饮水和未消毒的牛奶转变为食品污染。然而在欧洲许多国家，饮水和未消毒的牛奶仍是引起弯曲菌病暴发的主要原因。弯曲菌病的暴发流行给人类和社会带来巨大损失，已成为全球公共卫生关注的焦点。由于弯曲菌的分离较困难，因此很难从食物中鉴定出病原菌，但是暴发的传染源容易被确定。弯曲菌的暴发多次是由生奶引起的，第一次暴发是在 1938 年的美国。1978～1980 年，英格兰和威尔士共发生 13 起由未经巴氏消毒的牛奶而引起的弯曲菌感染的暴发，累计约 4500 例感染者。在 1981 年，因饮用未经巴氏消毒的牛奶引起弯曲菌肠炎的暴发，最早的病例是在饮奶后第 2 天发病，最迟的是在第 11 天发病，以第 5 天发病的人数最多。从 148 例有症状者和 57 例无症状者的粪便中都检出了空肠弯曲菌，未有其他肠道致病菌检出。对 347 名饮奶者的分析显示，发病的为 167 人，发病率为 50%左右。疾病发生于所有年龄层，但以 1～10 岁年龄组发病的最多。美国因非巴氏杀菌牛奶造成的暴发由 2007～2009 年的 30 例增加至 2010～2012 年的 51 例，77%的暴发病例都是由空肠弯曲菌引起的，弯曲菌感染暴发的数量也从 2007～2009 年的 22 次上升到 2010～2012 年的 40 次。

对抗菌药物的耐药性

氟喹诺酮类和大环内酯类抗生素通常作为人及禽畜抗弯曲菌感染的首选药物，氨基糖苷类、四环素等也可以作为抗弯曲菌感染的药物。目前弯曲菌对不同种类的抗生素产生了不同程度的耐药性。

【对氟喹诺酮类药物的耐药性】

氟喹诺酮类抗生素的主要作用机制为抑制细菌 DNA 合成，其作用靶点为细菌的两种酶：DNA 促旋酶和拓扑异构酶Ⅳ，该类抗生素通过作用于这两种酶来抑制细菌 DNA 的复制、重组及转录，从而达到抑菌杀菌的功效。目前弯曲菌中已报道了多种不同的氟喹诺酮类耐药相关的 GyrA 蛋白修饰，包括 Thr-86-Ile、Asp-90-Asn、Thr-86-Lys、Thr-86-Ala、Thr-86-Val 和 Asp-90-Tyr。然而，导致弯曲菌对氟喹诺酮类耐药的最主要机制在于其 *gyrA* 基因的 C257T 突变所导致的促旋酶 GyrA 蛋白（Thr-86-Ile）突变，从而使弯曲菌对该类抗生素获得高水平的耐药性。

欧美等发达国家分离菌株对于喹诺酮类抗生素的耐药率显著低于发展中国家。美国 2016 年报道来自腹泻患者的空肠弯曲菌对喹诺酮类抗生素的耐药率达到 19.1%，而对大环内酯类的耐药率为 2.1%。据报道我国腹泻患者来源的弯曲菌对萘啶酸及环丙沙星的耐药率达到 80%以上，家禽、家畜来源的弯曲菌对喹诺酮的耐药率可达到 100%。欧洲国家研究发现，从动物、食品中分离的弯曲菌菌株对于喹诺酮类抗生素的耐药率达到40%以上。德国 2015 年报道来源于火鸡的空肠弯曲菌对萘啶酸及环丙沙星的耐药率均为 44%，而结肠弯曲菌的耐药率分别为 75%和 44%。泰国、日本从儿童腹泻患者分离的弯曲菌对于喹诺酮类的耐药率分别为 67%和 90%，同时研究发现人源弯曲菌耐药性的产生与养殖动物过程中抗生素的使用密切相关。

【对大环内酯类药物的耐药性】

弯曲菌对大环内酯类的耐药机制主要包括靶向修饰和主动外排两种机制，其中靶向修饰包括核糖体靶位点突变、核糖体蛋白变构、核糖体甲基化等。已有结构研究证实，23S rRNA 2058 和 2059 位点（弯曲菌中对应为 2074 和 2075 位点）核苷酸是大环内酯类的关键结合位点，大环内酯类抗生素的结合使得核糖体构象改变以及肽链延伸终止。弯曲菌中 23S rRNA 基因（*rrnB* 操纵子）三个拷贝的 2074 和 2075 位点 A 残基的置换是导致大环内酯类耐药的最普遍的突变。弯曲菌的大环内酯类耐药性也可能是由核糖体蛋白 L4 和 L22 的修饰引起的，已有几种修饰被报道，并且它们可能与大环内酯类的低水平耐药相关，然而关于 L4 和 L22 修饰（突变、插入及缺失）的精确作用尚不明确。编码核糖体 RNA 甲基化酶的 *erm*(B)基因所介导的核糖体甲基化也是大环内酯类耐药的常见机制，2013 年首次在一株多重耐药结肠弯曲菌中发现并报道该核糖体 RNA 甲基化酶基因 *erm*(B)，研究表明该基因可介导弯曲菌对大环内酯类耐药的水平转移机制，同时能够导致弯曲菌对大环内酯类高水平耐药（MIC=512μg/mL），且实验室条件下可通过自然转移在空肠弯曲菌和结肠弯曲菌之间传递。主动外排机制是弯曲菌中另一常见的大环内酯类耐药机制，目前已发现至少 8 种不同的外排系统。已有数据表明，外排系统与 23S rRNA 基因突变相互作用导致一些弯曲菌对大环内酯类高水平耐药。

研究发现我国检出的结肠弯曲菌对大环内酯类抗生素的耐药率相对较高（大于50%），而空肠弯曲菌的耐药率仍维持在较低水平（低于 3%）。临床腹泻患者空肠弯曲菌的感染仍旧占有很大的比例，因此大环内酯类抗生素对于弯曲菌导致的腹泻患者仍是有效的候选抗生素之一。美国一项研究中，来源于腹泻患者的菌株对红霉素和阿奇霉素的耐药率均为 2.1%，对四环素的耐药率最高，达到 61.7%。巴西南部的一项对来源于肉鸡空肠弯曲菌的调查发现，98%的菌株对红霉素敏感，而 90%和 94%的菌株分别对萘啶酸和环丙沙星耐药。日本的研究发现来源于鸡肉的弯曲菌对于喹诺酮类抗生素的耐药率为 63%。最新研究证实由于结肠弯曲菌的多重广泛耐药，家禽、家畜中结肠弯曲菌的定植逐渐增多。

【对氨基糖苷类药物的耐药性】

目前已经报道的弯曲菌对氨基糖苷类耐药的最主要机制是通过酶的修饰降低氨基糖苷类对 rRNA 的亲和力，这些酶根据催化类型可被分为三类：氨基糖苷乙酰转移酶（AAC）、氨基糖苷核苷酸转移酶（ANT）和氨基糖苷磷酸转移酶（APH）。氨基糖苷类抗生素的耐药性首次发现于一株结肠弯曲菌中，由 3′-氨基糖苷磷酸转移酶（由 *aphA-3*

基因编码）介导，该机制也被认为是链球菌和葡萄球菌对卡那霉素耐药的原因。2004年首次在一株临床腹泻患者来源的空肠弯曲菌质粒上发现 *aadE-sat4-aphA-3* 基因簇的存在，目前已陆续在空肠弯曲菌、结肠弯曲菌的质粒及染色体上发现该基因簇的存在。其他介导卡那霉素耐药的基因则是在空肠弯曲菌质粒上发现的，包括 *aphA-1* 和 *aphA-7*。仅有一例报道研究了结肠弯曲菌中核糖体蛋白 S12（由 *rpsL* 编码）突变，但是类似的突变目前尚没有在空肠弯曲菌中发现。

美国 1996 年开始对人源菌株进行耐药监测，2002 年开始对食品来源菌株进行耐药监测，弯曲菌对氨基糖苷类抗生素的耐药从 2000 年出现第一例，到 2010 年耐药率达到 12.5%。美国部分地区零售鸡肝来源的结肠弯曲菌对庆大霉素的耐药率达到 43%。卡塔尔的最新研究发现，人源弯曲菌对于庆大霉素仍旧 100%敏感，坦桑尼亚东部人源菌株弯曲菌对于庆大霉素的耐药率为 44%以上。波兰牛源弯曲菌对链霉素的耐药率为 53%。我国不同宿主来源的结肠弯曲菌对于大环内酯类的耐药率达到 59%～72%，而空肠弯曲菌的耐药率低于 15%。

【对氯霉素类药物的耐药性】

氯霉素类药物包括氯霉素、甲砜霉素和氟苯尼考，为抑菌性广谱抗生素，其抑菌机制为作用于核糖体 50S 亚基，从而抑制细菌蛋白质的合成。氯霉素类的耐药机制主要有两种：一种是由一个携带 *cat* 基因的质粒介导，该基因编码的乙酰转移酶修饰氯霉素，使其不能与核糖体结合；另一种机制与 *cmlA* 基因有关，在该基因的调控下菌体通过外排泵排出药物，减少药物在菌体内的聚集而产生耐药性。Tang 等（2017）从牛源结肠弯曲菌中鉴定出 *cfr*(C)基因，该基因除了介导氯霉素类耐药，还介导林可酰胺类、截短侧耳素、链阳菌素 A 和噁唑烷酮类药物耐药。我国学者陆续从不同畜禽源弯曲菌中分离出携带 *fexA* 和 *optrA* 基因的结肠弯曲菌。

目前发达国家分离的弯曲菌菌株对于氯霉素仍有较高的敏感性，日本、德国等报道的菌株对于氯霉素 100%敏感，美国鸡肝中空肠弯曲菌的氯霉素耐药率为 4%、结肠弯曲菌的氯霉素耐药率为 12%，越南分离菌株的氯霉素耐药率为 12%，坦桑尼亚菌株的氯霉素耐药率为 4.5%。我国人源空肠弯曲菌的氯霉素耐药率为 23%、鸡源的耐药率为 56%，人源结肠弯曲菌的氯霉素耐药率为 22%、鸡源的耐药率为 40%。

【对四环素的耐药性】

弯曲菌对四环素的耐药机制由广泛存在于空肠弯曲菌和结肠弯曲菌的 *tet*(O)基因所介导，*tet*(O)基因位于自主转移质粒上，编码核糖体保护蛋白（ribosomal protection protein，RPP）。RPP 识别细菌核糖体打开的 A 位点并与之结合，诱导其发生构象改变从而导致四环素的释放，并且这种构象改变能够持续一段时间，使得蛋白质的延伸得以持续有效地进行。据已有文献报道，除 *tet*(O)基因外，弯曲菌中没有发现其他的四环素抗性基因。研究发现无论发达国家还是发展中国家，不同宿主来源的弯曲菌对四环素类抗生素已经产生了较高的耐药性。德国 2015 年报道来源于火鸡的空肠弯曲菌对于四环素的耐药率为 49%，而结肠弯曲菌的耐药率为 73%。我国空肠弯曲菌对四环素的耐药率达到 80%，而结肠弯曲菌的耐药率达到 90%以上。马来西亚弯曲菌分离菌株对四环素的耐药率达到 96%，越南弯曲菌分离菌株对四环素的耐药率为 78%。

总之，全球范围内能够有效抑制弯曲菌病的药物出现耐药性的案例逐渐增多，并且弯曲菌针对多类抗生素的多重耐药现象也在增加。面对弯曲菌的耐药性带来的挑战，临床及养殖业要制定合理的用药方案，减少耐药菌株的出现，在最大程度上延长现有抗生素的使用期限，还需要根据耐药机制的研究结果使用纳米技术等高新技术研发针对其耐药机制的新型抗菌药物。

防 治 措 施

空肠弯曲菌病最重要的传染源是动物，因此控制动物的感染，以防止动物排泄物污染水、食物至关重要。做好三管即管水、管粪、管食物乃是防止弯曲菌病传播的有力措施。此外，还需及时诊断和治疗患者，以免传播。

肠炎患者病程自限，可不予治疗。但婴幼儿、年老体弱者、病情重者应予以治疗。发热、腹痛、腹泻重者给予对症治疗，并卧床休息。饮食方面给予好消化的半流食，必要时适当补液。

该菌对庆大霉素、红霉素、氯霉素、链霉素、卡那霉素、新霉素、四环素、林可霉素均敏感，对青霉素和头孢菌素耐药，临床可据病情选用。肠炎可选红霉素，成人每天 0.8～1.2g，儿童每天每千克体重 40～50mg，口服，疗程 2～3 天。喹诺酮类抗菌药如氟哌酸疗效也佳，但其可影响幼儿骨骼发育。细菌性心内膜炎首选庆大霉素。重症感染者疗程应延至 3～4 周，以免复发。

主要参考文献

邓凤如. 2016. 耐药基因岛在我国部分地区动物源和人源弯曲菌中的流行和传播. 北京: 中国农业大学博士学位论文.

杜向党, 阎若潜, 沈建忠. 2004. 氯霉素类药物耐药机制的研究进展. 动物医学进展, 25(2): 27-29.

付琴. 2018. 空肠弯曲菌 *erm*(B)基因携带菌株与对照菌株的组学比较研究. 北京: 中国农业大学博士学位论文.

付燕燕, 顾一心, 宋立, 等. 2018. 空肠弯曲菌喹诺酮类抗生素敏感性检测及其耐药机理分析. 中国人兽共患病学报, 34(2): 105-108, 117.

郭金丽, 周忠新, 程古月, 等. 2020. 弯曲菌对抗菌药和生物消杀剂耐药和适应机制的研究进展. 疾病监测, 35(7): 656-663.

孔宪刚. 2013. 兽医微生物学. 2 版. 北京: 中国农业出版社.

刘德俊, 刘晓, 李星, 等. 2020. 动物源弯曲菌流行及耐药性现状. 疾病监测, 35(1): 39-45.

刘金华, 甘孟侯. 2016. 中国禽病学. 2 版. 北京: 中国农业出版社.

刘志军, 白瑶. 2019. 弯曲菌对氟喹诺酮类抗生素耐药性及耐药机制研究进展. 食品安全质量检测学报, 10(18): 5992-5997.

吕嘉敏, 黄武, 张宗尧, 等. 2015. 不同 MLST 型禽源空肠弯曲菌致病性研究. 动物医学进展, 36(11): 11-15.

孙爱萍. 2014. 我国食品中空肠弯曲菌耐药状况及分子流行变异规律研究. 北京: 中国疾病预防控制中心硕士学位论文.

孙文魁. 2013. 小肠结肠炎耶尔森菌生物学特性和分子分型研究. 济南: 山东大学硕士学位论文.

田克恭. 2013. 人与动物共患病. 北京: 中国农业出版社.

童光志. 2008. 动物传染病学. 北京: 中国农业出版社.

王红宁. 2002. 禽呼吸系统疾病. 北京: 中国农业出版社.

王娟, 黄秀梅, 崔晓娜, 等. 2015. 禽源空肠弯曲杆菌 ERIC-PCR 分型及毒力因子研究. 中国动物检疫, 32(5): 69-72.

翟海华, 王娟, 王君伟, 等. 2013. 空肠弯曲菌的致病性及致病机制研究进展. 动物医学进展, 34(12): 164-169.

郑扬云. 2013. 食品中空肠弯曲菌的污染分布规律及遗传多样性研究. 广州: 广东工业大学硕士学位论文.

Cagliero C, Mouline C, Cloeckaert A, et al. 2006. Synergy between efflux pump CmeABC and modifications in ribosomal proteins L4 and L22 in conferring macrolide resistance in *Campylobacter jejuni* and *Campylobacter coli*. Antimicrob Agents Chemother, 50(11): 3893-3896.

Caldwell D B, Wang Y, Lin J. 2008. Development, stability, and molecular mechanisms of macrolide resistance in *Campylobacter jejuni*. Antimicrob Agents Chemother, 52(11): 3947-3954.

Cha W, Mosci R, Wengert S L, et al. 2016. Antimicrobial susceptibility profiles of human *Campylobacter jejuni* isolates and association with phylogenetic lineages. Front Microbiol, 7: 589.

Connell S R, Tracz D M, Nierhaus K H, et al. 2003. Ribosomal protection proteins andtheir mechanism of tetracycline resistance. Antimicrob Agents Chemother, 47(12): 3675-3681.

Connell S R, Trieber C A, Dinos G P, et al. 2003. Mechanism of *Tet*(O)-mediated tetracycline resistance. The EMBO Journal, 22(4): 945-953.

Corcoran D, Quinn T, Cotter L, et al. 2006. An investigation of the molecularmechanisms contributing to high-level erythromycin resistance in *Campylobacter*. Int J Antimicrob Agents, 27(1): 40-45.

Derbise A, Dyke K G, El Solh N. 1996. Characterization of a *Staphylococcus aureus* transposon, Tn*5405*, located within Tn*5404* and carrying the aminoglycoside resistance genes, *aphA-3* and *aadE*. Plasmid, 35(3): 174-188.

Gibreel A, Sköld O, Taylor D E. 2004. Characterization of plasmid-mediated *aphA*-3kanamycin resistance in *Campylobacter jejuni*. Microb Drug Resist, 10(2): 98-105.

Hooper D C. 1999. Mechanisms of fluoroquinolone resistance. Drug Resist Updat, 2(1): 38-55.

Jeffrey J Z, Locke A K, Alejandro R, et al. 2014. 猪病学. 10 版. 赵德明, 张仲秋, 周向梅, 等译. 北京: 中国农业大学出版社.

Jenssen W D, Thakker-Varia S, Dubin D T, et al. 1987. Prevalence of macrolides-lincosamides-streptogramin B resistance and *erm* gene classes among clinical strains of staphylococci and streptococci. Antimicrob Agents Chemother, 31(6): 883-888.

Jeon B, Muraoka W, Sahin O, et al. 2008. Role of Cj1211 in natural transformation andtransfer of antibiotic resistance determinants in *Campylobacter jejuni*. Antimicrob Agents Chemother, 52(8): 2699-2708.

Kaakoush N O, Castaño-Rodríguez N, Mitchell H M, et al. 2015. Global epidemiology of *Campylobacter* infection. Clin Microbiol Rev, 28(3): 687-720.

Kojima C, Kishimoto M, Ezaki T. 2015. Distribution of antimicrobial resistance in *Campylobacter* strains isolated from poultry at a slaughterhouse and supermarkets in Japan. Biocontrol Sci, 20(3): 179-184.

Lee M D, Sanchez S, Zimmer M, et al. 2002. Class 1 integron-associated tobramycin-gentamicin resistance in *Campylobacter jejuni* isolated from the broiler chicken house environment. Antimicrob Agents Chemother, 46(11): 3660-3664.

Lior H, Woodward D L, Edgar J A, et al. 1981. Serotyping by slide agglutination of *Campylobacter jejuni* and epidemiology. Lancet, 2(8255): 1103-1104.

Liu D, Yang D, Liu X, et al. 2020. Detection of the enterococcal oxazolidinone/phenicol resistance gene *optrA* in *Campylobacter coli*. Vet Microbiol, 246: 108731.

Man S M. 2011. The clinical importance of emerging *Campylobacter* species. Nat Rev Gastroenterol Hepatol, 8(12): 669-685.

Mills S D, Congi R V, Hennessy J N, et al. 1991. Evaluation of a simplified procedure for serotyping *Campylobacter jejuni* and *Campylobacter coli* which is based on the O antigen. J Clin Microbiol, 29(10): 2093-2098.

Olkkola S, Juntunen P, Heiska H, et al. 2010. Mutations in the rpsL gene are involved in streptomycin resistance in *Campylobacter coli*. Microb Drug Resist, 16(2): 105-110.

Ouellette M, Gerbaud G, Lambert T, et al. 1987. Acquisition by a *Campylobacter*-likestrain of *aphA-1*, a kanamycin resistance determinant from members of the family Enterobacteriaceae. Antimicrob Agents Chemother, 31(7): 1021-1026.

Payot S, Bolla J M, Corcoran D, et al. 2006. Mechanisms of fluoroquinolone and macrolide resistance in *Campylobacter* spp. Microbes and Infection, 8(7): 1967-1971.

Penner J L, Hennessy J N. 1980. Passive hemagglutination technique for serotyping *Campylobacter fetus* subsp. *jejuni* on the basis of soluble heat-stable antigens. J Clin Microbiol, 12(6): 732-737.

Pfister P, Jenni S, Poehlsgaard J, et al. 2004. The structural basis of macrolide-ribosome binding assessed using mutagenesis of 23S rRNA positions 2058 and 2059. J Mol Biol, 342(5): 1569-1581.

Piddock L J V, Ricci V, Pumbwe L, et al. 2003. Fluoroquinolone resistance in *Campylobacter* species from man and animals: detection of mutations in topoisomerase genes. J Antimicrob Chemother, 51(1): 19-26.

Qin S, Wang Y, Zhang Q J, et al. 2012. Identification of a novel genomic island conferring resistance to multiple aminoglycoside antibiotics in *Campylobacter coli*. Antimicrob Agents Chemother, 56(10): 5332-5339.

Qin S, Wang Y, Zhang Q, et al. 2013. Report of ribosomal RNA methylase gene *erm*(B) in multidrug-resistant *Campylobacter coli*. J Antimicrob Chemother, 69(4): 964-968.

Ramirez M S, Tolmasky M E. 2010. Aminoglycoside modifying enzymes. Drug Resist Updat, 13(6): 151-171.

Ruiz J, Pons M J, Gomes C. 2012. Transferable mechanisms of quinolone resistance. Int J Antimicrob Agents, 40(3): 196-203.

Saif Y M. 2012. 禽病学. 12 版. 苏敬良, 高福, 索勋, 译. 北京: 中国农业出版社.

Schlunzen F, Zarivach R, Harms J, et al. 2009. Structural basis for the interaction of antibiotics with the peptidyl transferase centre in eubacteria. Nature, 413(6858): 814-821.

Schwarz S, Kehrenberg C, Doublet B, et al. 2004. Molecular basis of bacterial resistance to chloramphenicol and florfenicol. FEMS Microbiol Rev, 28(5): 519-542.

Sierra-Arguello Y M, Perdoncini G, Morgan R B, et al. 2016. Fluoroquinolone and macrolide resistance in *Campylobacter jejuni* isolated from broiler slaughterhouses in southern Brazil. Avian Pathol, 45(1): 66-72.

Tang B, Tang Y, Zhang L, et al. 2020. Emergence of *fexA* in mediating resistance to florfenicols in *Campylobacter*. Antimicrob Agents Chemother, 64(7): e00260-20.

Tang Y, Dai L, Sahin O, et al. 2017. Emergence of a plasmid-borne multidrug resistance gene *cfr*(C) in foodborne pathogen *Campylobacter*. J Antimicrob Chemother, 72(6): 1581-1588.

Tenover F C, Fennell C L, Lee L, et al. 1992. Characterization of two plasmids from *Campylobacter jejuni* isolates that carry the *aphA-7* kanamycin resistance determinant. Antimicrob Agents Chemother, 36(4): 712-716.

Tenover F C, Filpula D, Phillips K L, et al. 1988. Cloning and sequencing of a gene encoding an aminoglycoside 6′-*N*-acetyltransferase from an R factor of *Citrobacter diversus*. J Bacteriol, 170(1): 471-473.

Wang Y, Zhang M J, Deng F R, et al. 2014. Emergence of multidrug-resistant *Campylobacter* with ahorizontally acquired ribosomal RNA methylase. Antimicrob Agents Chemother, 58: 5405-5412.

Wilson D N. 2014. Ribosome-targeting antibiotics and mechanisms of bacterial resistance. Nat Rev Microbiol, 12(1): 35-48.

Zawack K, Li M, Booth J G, et al. 2016. Monitoring antimicrobial resistance in the food supply chain and its implications for FDA policy initiatives. Antimicrob Agents Chemother, 60(9): 5302-5311.
Zhang A, Song L, Liang H, et al. 2016. Molecular subtyping and erythromycin resistance of *Campylobacter* in China. J Appl Microbiol, 121(1): 287-293.
Zhang M, Gu Y, He L, et al. 2010. Molecular typing and antimicrobial susceptibility profiles of *Campylobacter jejuni* isolates from north China. J Med Microbiol, 59(10): 1171-1177.
Zhang M, Liu X, Xu X, et al. 2014. Molecular subtyping and antimicrobial susceptibilities of *Campylobacter coli* isolates from diarrheal patients and food-producing animals in China. Foodborne Pathog Dis, 11(8): 610-619.

第十节　布鲁菌属及其对抗菌药物的耐药性

病　原　学

【形态培养、生化特征】

布鲁菌属（*Brucella*）是革兰氏阴性小球杆菌，兼性胞内寄生，大小为（0.5～0.7）μm×（0.6～1.5）μm，多数以单个细胞存在，无芽孢和鞭毛。布鲁菌为绝对嗜氧菌，最适生长温度为37℃，最适pH为6.6～7.4。在固体培养基上可以形成大小不等的光滑型菌落，也可以形成不太透明的粗糙型菌落。接种于胰蛋白胨大豆肉汤琼脂平板上，置于37℃、5% CO_2的条件下培养，24h后可见针状无色透明小菌落。接种于血平板上，置于37℃、5% CO_2温箱中培养，48h后可见圆形、灰白色隆起的不溶血小菌落。布鲁菌的生化特性主要表现为分解葡萄糖产酸，对触酶、脲酶和氧化酶阳性，能将硝酸盐还原成亚硝酸盐。KCN不抑制其生长，可缓慢分解尿素，产生硫化氢。VP试验、吲哚试验和甲基红试验结果呈阴性。

【种类、抗原结构】

1985年，世界卫生组织（WHO）布鲁菌病专家委员会把布鲁菌属分为6个生物种19个生物型，即马耳他布鲁菌（*B. melitensis*，3个型）、牛种布鲁菌（*B. abortus*，8个型）、猪种布鲁菌（*B. suis*，5个型）、羊种布鲁菌（*B. melitensis*，1个型）、木鼠布鲁菌（*B. neotomae*，1个型）和犬种布鲁菌（*B. canis*，1个型）。还陆续分离到几种新发现的布鲁菌，如鲸型布鲁菌（*B. ceti*，感染鲸鱼以及海豚）、鳍型动物布鲁菌（*B. pinnipedialis*，感染海豹）、田鼠布鲁菌（*B. microti*，感染田鼠和狐狸）和狒狒种布鲁菌（*B. papionis*，分离自非洲狒狒）等。

布鲁菌脂多糖的O抗原部分含有布鲁菌的主要表面抗原表位A表位（流产型）和M表位（马耳他型），在不同的分离株中，两种抗原表位所占的比例也不相同。布鲁菌也可分为光滑型（S型）布鲁菌和粗糙型（R型）布鲁菌。一般情况，光滑型布鲁菌基本具有A表位，而M表位的表达量和A表位相比有所差异，粗糙型布鲁菌则不具备其中任何一种表位，同时缺失O抗原部分或部分表达O抗原。

【分离与鉴定】

几乎从布鲁菌感染动物的各种组织和分泌物中都能分离到布鲁菌，最容易分离的组织是流产材料（如胎盘绒毛叶、羊水、阴道分泌物、胎儿胃内容物及胎儿肺脏和肝脏），其他如淋巴结、骨髓、乳腺、子宫、贮精囊、副性腺、睾丸附睾、乳汁、精液和血液等中也能分离到布鲁菌。未被污染的样品可直接接种于血清葡萄糖琼脂培养基，选择性培养基最好用改良的 Thayermartin 培养基或加入 10%热处理马血清和 VCN-F 抑制物的血清葡萄糖琼脂培养基。初代分离培养均需在 37℃、含有 5%～10% CO_2 的温箱中。如果担心病料中布鲁菌很少，可将病料经肌肉接种于豚鼠增菌，28 天后取脾组织分离培养。马耳他布鲁菌、流产布鲁菌和猪种布鲁菌用豚鼠增菌容易成功，除用豚鼠增菌再分离培养外，也可用液体培养基进行增菌培养。分离的包含犬种布鲁菌的血样或组织可接种于 6～8 日龄鸡胚的卵黄囊，取死胚的卵黄液接种于分离培养基。

为了抑制杂菌生长，也常用加染料的培养基进行分离培养。在甘油肝浸液琼脂中加入 1∶5 万碱性复红或 1∶20 万结晶紫或 1∶2 万维多利亚蓝制成平板，进行划线培养，然后将培养基分作两份，一份置于含有 5%～10% CO_2 的条件下，另一份置于恒温培养箱中培养，同时用加有染料的液体培养基进行增菌培养，经 3～5 天后，可根据观察结果做进一步检查，布鲁菌在培养 3 天后才能看到菌落的形成，一般在第 9 天检查为宜。

【抵抗力】

布鲁菌在自然条件下生活能力较强。由于气温、酸碱度的不同，其生存时间各异。在日光直射和干燥的条件下，抵抗力较弱。对热敏感，50～55℃时 60min 内死亡，60℃时 30min 内死亡，70℃时 10min 死亡。在粪便中可存活 8～25 天，在土壤中可存活 2～25 天，在奶中可存活 3～15 天，在冬季存活期较长，冰冻状态下能存活数月。对消毒剂较敏感，用 23%有效氯的漂白粉溶液、石灰乳（1∶5）、苛性钠溶液等消毒很有效。对杆菌肽、多黏菌素 B、多黏菌素 M 和林可霉素等有较强的抵抗力。

【致病性】

布鲁菌感染引起的布鲁菌病是一种人畜共患性全身传染病，简称“布病”，在《中华人民共和国传染病防治法》中归类为乙类传染病。在我国该疾病的主要传染源为牛、羊、猪三种家畜，其他家养动物如水牛、骆驼、犬、猫以及鹿均可感染。其中以马耳他布鲁菌对人的传播性最强，致病率最高，危害最为严重。布病主要损害人、畜的生殖系统和关节，对畜牧业的发展以及人类健康造成了较大危害。在自然条件下，有的种只侵袭一定的动物群，如马耳他布鲁菌主要感染绵羊、山羊，但也可感染牛、猪、鹿和骆驼；流产布鲁菌主要感染牛、马和犬，有时也可感染水牛、羊和鹿。各种动物在感染本属细菌后，开始多属隐性感染，当增殖到一定程度时引起全身性感染并引发菌血症，然后定植于生殖器官和网状内皮系统。对于怀孕的雌性动物，其经常引起胎盘和胎儿感染，导致流产；对于雄性动物，则导致睾丸炎、附睾炎；也可在乳腺组织定居繁殖，通过乳汁排菌传播疾病。本属细菌为细胞内寄生菌，多寄生于粒细胞和单核细胞。由于其感染定居的部位不同，会产生不同的病变。

布鲁菌对牛的致病性。潜伏期为 2 周至 6 个月。公牛感染后常见的症状包括睾丸炎、附睾炎及关节炎，最常见于膝关节和腕关节患病，滑液囊炎特别是膝滑液囊炎较常见，腱鞘炎比较少见。母牛感染后最显著的症状是流产，流产最常发生在妊娠的第 6～8 个月。妊娠晚期流产者常见胎衣滞留，可发生慢性子宫炎，引起长期不孕，有乳房炎的轻微症状。如流产胎衣不滞留，则病牛迅速康复，又能受孕，但以后可能再度流产，大多数流产牛经 2 个月后可以再次受孕。流产后常继续排出污灰色或棕红色分泌液，有时恶臭，分泌液迟至 1～2 周后消失。怀孕母牛感染后产死胎、弱仔。

布鲁菌对羊的致病性。首先被注意到的症状是流产。流产发生在妊娠后第 3～4 个月，有的山羊流产 2～3 次，有的则不发生流产。流产前，食欲减退、口渴、委顿，阴道流出黄色黏液等。其他症状可能还有乳房炎、支气管炎、关节炎及滑液囊炎引起的跛行。公羊睾丸炎、绵羊附睾炎和乳山羊乳房炎常较早出现。

布鲁菌对猪的致病性。最明显的症状也是流产，多发生在妊娠第 4～12 周。有的在妊娠第 2～3 周即流产，有的接近妊娠期满即早产。早期流产常不易发现，流产的前兆症状常见沉郁、阴唇和乳房肿胀，有时阴道流出黏性或黏脓性分泌液。流产后胎衣滞留情况少见，子宫分泌液一般在 8 天内消失。少数情况因胎衣滞留，引起子宫炎和不孕。公猪常见睾丸炎和附睾炎，睾丸及附睾的不痛肿胀多见，有时全身发热，局部疼痛，不愿配种。偶见皮下脓肿、关节炎、腱鞘炎等。后肢麻痹是椎骨中有病变所致。

布鲁菌对人的致病性。人对布鲁菌易感，致病性以马耳他布鲁菌最强，猪种布鲁菌次之，流产布鲁菌最弱，但与个人体抵抗力有关。布鲁菌病多为轻型，不典型病例较常见。甚至在畜间检出菌相当高的地区，也很少发现急性典型病例，以隐形感染或慢性感染患者居多。患病人体的器官和组织都会发生病理变化。急性期表现为网状内皮系统的弥漫性炎症反应，并发展成传染-反应性网状内皮细胞增殖症。最易发生病变的为结缔组织，其次是淋巴系统、血管系统和神经系统。布病病理学的主要特点：一是所有组织和器官都可发生病理变化，病变复杂，损害广泛；二是不仅间质细胞改变，实质器官的细胞也发生变化。

流行病学与公共卫生意义

【流行病学】

在自然条件下，布鲁菌的易感动物范围很广，其中主要是羊、牛和猪，此外，还有牦牛、野牛、水牛、羚羊、鹿、骆驼、野猪、马、犬、猫、狐、猴、鸡、鸭、一些啮齿动物以及人。病畜从乳汁、粪便和尿液中排出病原菌，污染草场、畜舍、饮水、饲料及排水沟等而使得病原菌扩散。当病母畜流产时，病菌随着流产胎儿、胎衣和子宫分泌物一起大量排出成为传染源。布鲁菌病是人畜共患传染病，通过多途径、多方式传播，主要传播途径是消化道，通过污染的饲料和饮用水而感染，也可以通过皮肤传播。造成该病流行的因素包括自然因素和社会因素。自然因素如暴风雨、雪、洪水或干旱等因素迫使动物迁移或流动，引起病原菌的散播。社会因素包括防疫制度不健全、集市贸易家畜的频繁移动、被污染的毛皮收购和销售等，从而促进布鲁菌的传播。

布鲁菌病的发生通常为地方流行性。该病的流行缺乏显著的季节性。满腾飞等（2010）分析了 1991～2009 年全国（未统计香港、澳门特别行政区和台湾地区）范围内布鲁菌感染状况，结果表明，自 20 世纪 90 年代起，我国布鲁菌发病数逐渐上升，其中在 2000～2009 年呈快速上升状态，2009 年的发病数约为 2000 年发病数的 18.6 倍。2009 年，该菌发病率为 2.70/10 万，发病率居前 6 位的省份依次为：内蒙古（68.57/10 万）、山西（13.97/10 万）、吉林（12.63/10 万）、黑龙江（12.35/10 万）、河北（4.60/10 万）、宁夏（2.59/10 万），6 省报告的发病数总和占全国的 91.77%。束鸿鹏（2014）对云南陆良奶山羊感染布鲁菌进行了流行病学调查，结果显示奶山羊布鲁菌病感染率在 8.5%，奶山羊布鲁菌病感染率随着养殖规模的增大不断上升。相关部门需要加大相关知识的宣传力度，并加强对布鲁菌病的流行病学监测，以降低感染率，减少损失。

【公共卫生意义】

布鲁菌病严重危害人民健康和畜牧业发展。人感染后遭受身心痛苦，劳动能力减弱或丧失，给家庭和社会带来巨大负担，还严重威胁公共卫生安全；动物感染后生产力降低，从而失去价值。布鲁菌病在 20 世纪 50～60 年代末大规模流行，70～90 年代初患病人数出现稳定下降的趋势。2011 年 3～5 月，由于在解剖实验中使用了未经检疫的山羊，某学校 27 名学生和 1 名老师，陆续被确诊感染布鲁菌病。统计资料表明，全球 200 多个国家和地区约有 170 个国家和地区流行此病，全世界现有 500 万～600 万人患布鲁菌病，每年新发患者约有 50 万人。近年来，人、畜的布鲁菌病疫情在世界范围内均出现了回升势头，并呈持续增长态势。

对抗菌药物的耐药性

【羊种布鲁菌的耐药性】

流行病学调查结果显示，在我国十余个省份分离到的近百株布鲁菌中，羊种布鲁菌占多数。薛红梅等（2015）选用 12 种药物对青海地区 3 种羊种布鲁菌采用纸片法进行药敏分析，结果显示羊种布鲁菌对多西环素、米诺环素、环丙沙星、左氧氟沙星、氧氟沙星、链霉素、利福平等抗菌类药物的敏感性较高，未出现耐药现象，而对阿奇霉素、克拉霉素、复方新诺明类药物有耐药性。

姜海等（2011）对 2005～2009 年全国不同地区分离到的 69 株羊种布鲁菌进行了耐药分析，测试其对 12 种抗生素的敏感程度，结果显示全部菌株对阿奇霉素和克拉霉素耐药。Maves 等（2011）对在秘鲁分离的 48 株人源 1 型羊种布鲁菌的耐药性进行分析，结果表明，由于在养殖过程中对抗生素的使用量进行了严格控制，尽量减少了抗生素的使用，因此秘鲁地区的布鲁菌对常规抗生素西环素、庆大霉素、利福平、环丙沙星和复方新诺明均表现较好的敏感性。与之相比较，Sayan 等（2012）

测试了在土耳其地区分离的93株人源3型羊种布鲁菌，结果显示所有菌株对恩诺沙星、土霉素和四环素敏感，值得注意的是，其中2株对利福平产生了耐药性。Jiang等（2010）检测了分离自中国辽宁地区的31株布鲁菌的耐药性，药敏数据显示所有菌株均对阿奇霉素和克拉霉素耐药。

孙丽媛和李凡（2009）对6株喹诺酮类药物敏感羊种布鲁菌菌株，采用人工诱导方式，以左氧氟沙星亚MIC药物浓度进行诱变，成功得到2株左氧氟沙星耐药菌株，其MIC数值分别比野生株增加了128倍、256倍。对这2株左氧氟沙星耐药菌株*gyrA*基因进一步测序比较发现，这2株耐药菌株的QRDR基因，第87位点发生GCU-GUU改变，导致其编码的氨基酸由丙氨酸变为缬氨酸，第91位点发生GAU-GGG、GAU-GUG改变，导致其编码的氨基酸由天冬氨酸分别变为甘氨酸和缬氨酸。人工诱导方式产生的耐药菌株，发生了同一基因2个或者2个以上不同位点的突变，其耐药性远远高于基因的单点突变，而且突变的耐药基因对其他喹诺酮类药物均产生交叉耐药性。

姜海等（2011）对2005～2009年在我国不同地区分离的69株羊种布鲁菌进行了23S rRNA单核苷酸多态性分析，发现所有菌株都具有单核苷酸多态性2632 T/C，而2632 T仅存在于大环内酯类敏感布鲁菌中。值得注意的是，在该研究中，在从辽宁省分离出的18株羊种布鲁菌中发现有12株对利福平的MIC值达到较高值（2μg/mL）。现有的研究报道，*ropB*基因的突变是判断细菌对利福平产生耐药性的证据之一，但从这12株高利福平MIC值的羊种布鲁菌中，并没检测到*ropB*基因的突变，因此，也意味着对于利福平耐药菌株的检测不能局限于有无*ropB*的突变。

【其他动物源布鲁菌的耐药性】

目前，对于动物源布鲁菌的研究主要集中在羊种布鲁菌，鲜有报道牛种布鲁菌、猪种布鲁菌、犬种布鲁菌等的耐药性。Heo等（2012）分析了1998～2006年在韩国收集的85株羊种布鲁菌的药物敏感性，发现羊种布鲁菌对四环素和米诺霉素最敏感，在4种喹诺酮类药物中，该菌对环丙沙星敏感而对诺氟沙星不敏感，对庆大霉素的敏感性高于链霉素、红霉素、利福平和氯霉素。Abdel-Maksoud等（2012）对在埃及分离出的355株布鲁菌进行了耐药性分析，发现所有的菌株均对四环素、多西环素、复方新诺明、链霉素和环丙沙星敏感，64%的菌株对利福平耐药，2%的菌株对头孢曲松耐药。关于犬种布鲁菌耐药的报道较少，鲁翠芳等（1989）选取了17种抗生素对分离自广西的40株犬种布鲁菌进行药敏分析，结果表明所有的菌株均被氯霉素抑制，高敏菌株占总数的97.5%，而多西环素、四环素、卡那霉素、红霉素、链霉素、庆大霉素和羧苄青霉素、头孢霉素、苯唑霉素、多黏菌素B、磺胺异噁唑、青霉素等对犬种布鲁菌的抑菌效果较差，耐药菌株占70%～100%。同时也比较了不同种群布鲁菌与40株犬种布鲁菌的药敏差异，犬种布鲁菌标准株RM6/66与分离自广西的40株临床株的药敏试验结果相似，不同的是RM6/66对先锋霉素和多黏菌素敏感，而临床株表现为耐药，以5K33（木鼠种布鲁菌）对抗生素的耐药性最强，544A和1330S对抗生素较为敏感。除5K33外，其他各种布鲁菌对氯霉素、多西环素、四环素、链霉素、卡那霉素、庆大霉素、红霉素和羧苄青霉素表现敏感。此外，鲁翠芳等（1989）选择4种对布鲁菌抑菌效果较好的抗生素（氯霉素、多西环素、四环素、链霉素）组成 6 种组合，对 6 株犬种布鲁菌进行协同作用药敏试验。6 种组合中，除了多西环素与氯霉素为配伍禁忌，相互拮抗，无协同作用，其他 5 种组合都有不同程度的协同作用，其中以四环素与链霉素和四环素与多西环素的协同作用较好。从 4 种抗生素的常量和倍量（常规试验剂量的 2 倍）抑菌圈直径看，两者无显著差别，说明剂量与抑菌圈直径非线性关系。

布鲁菌属的耐药机制。细胞免疫及体液免疫在抵抗布鲁菌入侵宿主的过程中起着关键作用。如果机体免疫系统能将入侵的布鲁菌清除，则个体可以痊愈；如不能将致病菌彻底清除，黏附、增殖的布鲁菌及其代谢产物和内毒素等将反复刺激机体内 T 淋巴细胞，导致致敏 T 淋巴细胞释放出各种淋巴因子。严重时可导致肉芽肿、纤维组织增生等慢性病变。采用药物治疗时，由于布鲁菌为胞内寄生菌，所用药物只有进入细胞才能发挥作用。目前，临床治疗布鲁菌感染的常用药物为多西环素、利福平和链霉素，由于这些药物对人体毒副作用大，在临床使用时往往达不到治疗的足够剂量和疗程，导致出现药物选择压力；更严重的是，养殖业中兽药的使用缺乏科学指导，超范围和长时间用药使布鲁菌耐药菌株出现频率增加，布鲁菌的耐药性也成为人们日益关注的热点之一。

布鲁菌细胞膜是一种 3 层膜的结构，最内层的膜称为细胞质膜，外层膜称为外周胞质膜，最外层膜称为外膜。外膜含有脂多糖、蛋白质和磷脂层，与肽聚糖层紧密结合组成细胞壁。这种致密结构在很大程度上提高了布鲁菌的耐药性。此外，布鲁菌为胞内寄生菌，感染人体后可持久存在于骨髓、淋巴结、肝、脾等处的单核巨噬细胞系统内，而不被机体的免疫保护机制所清除。即使经过积极抗感染治疗，仍有 5%～15%的布鲁菌病慢性化，以非典型临床表现、慢性疲劳综合征和复发为特征，这种胞内寄生的生存状态也提高了布鲁菌的耐药性。对布鲁菌 *gyrA* 基因进行 PCR 扩增和序列分析，结果表明耐药菌株均在 *gyrA* 基因喹诺酮耐药性决定区发生了典型的基因突变，进行氨基酸序列推导发现，GyrA 的氨基酸改变区域是第 87 位点丙氨酸置换为缬氨酸，第 91 位点天冬氨酸置换为甘氨酸和缬氨酸。这表明 *gyrA* 基因发生点突变是布鲁菌对喹诺酮类药物产生耐药性的主要机制。

与其他种群细菌耐药机制相似，动物源布鲁菌耐药机制由自身固有基因发生突变和外来获得性耐药基因组成。自身固有基因突变主要包括产生抗生素灭活酶，使得抗生素活性丧失或者减弱；药物靶点突变，分为药物结合位点突变或者药物结合位点修饰，使得药物与靶点结合能力下降；药物外排泵能力增强，可减少胞浆有效药物浓度。而外来获得性耐药基因则是指不同菌株或菌种之间通过转移元件进行耐药基因的交换。目前，动物源布鲁菌的耐药机制主要是固有基因突变，如喹诺酮类耐药基因 *gyrA*、*gyrB*、*parC*、*parE* 和 *norMI*；利福平和氟喹诺酮类耐药基因 *ropB*；大环内酯类药物如阿奇霉素和克拉霉素耐药基因 *erm*、*mef* 和 23S rRNA 基因；四环素类（四环素、多西环素和米诺环素）耐药基因 *tet*(M)、*tet*(O)、*tet*(X)和 16S rRNA 基因；头孢菌素耐药基因 *penA* 和 *penB*；多重可传递耐药系统基因 *mtrR*、*mtrC*、*mtrD* 和 *mtrE* 等。

动物源布鲁菌在细菌耐药性传播中的意义。流行病学调查表明，布鲁菌病与结核病通常在某一社区共存。目前，对于人感染布鲁菌病的治疗，利福平仍是首选。需要注意的是，从动物源布鲁菌耐药表型及耐药机制分析来看，不同种群布鲁菌对现有临床常用的抗生素已有不同程度的耐药性，如犬种布鲁菌对头孢噻吩、氨苄西林和庆大霉素容易产生耐药性，羊种布鲁菌对克拉霉素和阿奇霉素耐药，牛种布鲁菌对诺氟沙星、链霉素、红霉素、利福平和氯霉素敏感性降低，在羊种布鲁菌和猪种布鲁菌中出现利福平与氟喹诺酮类耐药的现象，这提示我们在针对不同种群的布鲁菌选择抗生素药物时，要多考虑其耐药背景。现阶段在我国关于布鲁菌耐药机制的研究仍远远不够，已发表文献的内容多以致病机制、临床检测为主，对于耐药分子机制涉及不多。因此，开展对动物源布鲁菌耐药的研究，了解我国不同地区、不同种群分离菌株的耐药情况，剖析其耐药机制和相关耐药基因，对于我国布鲁菌病的防控有着十分重要的意义。

防治措施

对动物布鲁菌病的防治应加强检疫，提倡自繁自养，不从外地购买家畜；定期免疫，对于在布鲁菌病常发地区的家畜，每年都要定期进行预防注射；对病畜污染的畜舍、运动场、饲槽及各种饲养用具等，用 5%来苏尔溶液、10%～20%石灰乳、2%氢氧化钠溶液等进行消毒；病畜以淘汰为宜，确需治疗者可在隔离条件下进行，通过检疫净化培育健康幼畜，是减少该病的主要措施。

对人布鲁菌病的治疗应遵循早期用药、合理选用药物和用药途径、彻底治疗的原则。对于已经确诊的布鲁菌病患者，应立即采取治疗措施，以防疾病由急性期转入慢性期。治疗布鲁菌病应按疗程进行，以药物为主，佐以全身支持疗法，以增强患者抵抗力，提高疗效。急性期以控制感染为主，以支持疗法及对症处理为辅。抗生素是治疗急性期布鲁菌病患者的首选。慢性期活动型或细菌培养阳性的患者也应采取抗生素治疗，慢性期相对稳定型患者不宜采用抗生素治疗，抗生素一般联合使用，单用效果不佳。对慢性期患者的治疗更为困难，因涉及诊断是否确定、容易复发、病程长等问题，用药时要全面考虑，现主要采用包括中药和特异性脱敏疗法的综合疗法。脱敏疗法即用抗原治疗，常用的是菌苗、水解素和溶菌素。

主要参考文献

陈文婧, 崔步云, 张庆华, 等. 2008. 内蒙古自治区布鲁菌病流行 50 年特征分析. 中国地方病防治杂志, 23(1): 56-58.

崔步云. 2007. 中国布鲁菌病疫情监测与控制. 疾病监测, 22(10): 649-651.

崔步云. 2012. 关注中国布鲁杆菌病疫情发展和疫苗研究. 中国地方病学杂志, 31(4): 355-356.

郭英杰, 王季秋. 2008. 抗布鲁菌药物及其作用机制. 中国地方病防治杂志, 23(1): 46-47.

姜海, 崔步云, 赵鸿雁, 等. 2011. 羊种布鲁菌体外药物敏感性分析. 中国人兽共患病学报, 27(4): 325-326, 330.

孔宪刚. 2013. 兽医微生物学. 2 版. 北京: 中国农业出版社.

刘金华, 甘孟侯. 2016. 中国禽病学. 2 版. 北京: 中国农业出版社.

鲁翠芳, 黄志雄, 陈英辉, 等. 1989. 广西 40 株犬种布鲁氏菌与标准株药敏试验的比较. 地方病通报, 4(1): 115-118.

满腾飞, 王大力, 崔步云, 等. 2010. 2009 年全国布鲁氏菌病监测数据分析. 疾病检测, 25(12): 944-946.

牛桓彩, 田国忠. 2015. 中国布鲁氏菌耐药机制与药物敏感性研究现状. 疾病监测, 30(7): 604-608.
裴桂英, 鲁翠芳, 陆家华, 等. 1996. 二十六种抗生素对布鲁菌属标准菌株药物敏感性测定. 疾病监测, 11(5): 187-188.
任洪林, 卢士英, 周玉, 等. 2009. 布鲁菌病的研究与防控进展. 中国畜牧兽医, 36(9): 139-143.
沈月芳, 周明明, 李建平, 等. 2012. 阿奇霉素对儿科临床常见细菌的体外抗菌活性及耐阿奇霉素菌株的 *erm*、*mef*、*mph* 基因的监测与分析. 浙江检验医学, 10(4): 39-42.
史新涛, 古少鹏, 郑明学, 等. 2010. 布鲁氏菌病的流行及防控研究概况. 中国畜牧兽医, 37(3): 204-207.
束鸿鹏. 2014. 布鲁氏菌病血清学检测方法比较和云南陆良奶山羊布鲁氏菌病流行病学调查. 南京: 南京农业大学硕士学位论文.
孙丽媛. 2011. 吉林省布鲁氏菌流行株种属鉴定及其耐药分子机制的研究. 长春: 吉林大学博士学位论文.
孙丽媛, 李凡. 2009. 左氧氟沙星体外诱导马耳他布鲁菌耐药后 *gyrA* 基因的变异. 中国地方病学杂志, 28(5): 61-64.
田克恭. 2013. 人与动物共患病. 北京: 中国农业出版社.
童光志. 2008. 动物传染病学. 北京: 中国农业出版社.
薛红梅, 田国忠, 徐立青, 等. 2015. 三江源地区布鲁氏菌的药物敏感性研究. 医学动物防制, 31(7): 747-749.
王大力, 李铁峰, 江森林, 等. 布鲁菌对新抗生素的药物敏感试验. 中国地方病防治杂志, 16(6): 343-344.
周德权. 2010. 猪布鲁氏杆菌病实验室诊断技术. 畜牧与饲料科学, 31(4): 113, 118.
邹洋, 冯曼玲, 王非, 等. 2012. 布氏杆菌病药物治疗现状分析. 中国全科医学, 15(20): 2332-2335.
Abdel-Maksoud M, House B, Wasfy M, et al. 2012. *In vitro* antibiotic susceptibility testing of Brucella isolates from Egypt between 1999 and 2007 and evidence of probable rifampin resistance. Ann Clin Microbiol Antimicrob, 11: 24.
Atluri V L, Xavier M N, de Jong M F, et al. 2011. Interactions of the human pathogenic *Brucella* species with their hosts. Annu Rev Microbiol, 65: 523-541.
Erdem H, Ulu-Kilic A, Kilic S, et al. 2012. Efficacy and tolerability of antibiotic combinations in neurobrucellosis: results of the Istanbul study. Antimicrob Agents Chemother, 56(3): 1523-1528.
Foster G, Osterman B S, Godfroid J, et al. 2007. *Brucella ceti* sp. nov. and *Brucella pinnipedialis* sp. nov. for *Brucella* strains with cetaceans and seals as their preferred hosts. Int J Syst Evol Microbiol, 57(11): 2688-2693.
Ganesh N V, Sadowska J M, Sarkar S, et al. 2014. Molecular recognition of *Brucella* A and M antigens dissected by synthetic oligosaccharide glycoconjugates leads to a disaccharide diagnostic for brucellosis. J Am Chem Soc, 136(46): 16260-16269.
Heo E J, Kang S I, Kim J W, et al. 2012. *In vitro* activities of antimicrobials against *Brucella abortus* isolates from cattle in Korea during 1998-2006. J Microbiol Biotechnol, 22(4): 567-570.
Jeffrey J Z, Locke A K, Alejandro R, et al. 2014. 猪病学. 10 版. 赵德明, 张仲秋, 周向梅, 等译. 北京: 中国农业大学出版社.
Jiang H, Mao L L, Zhao H Y, et al. 2010. MLVA typing and antibiotic susceptibility of *Brucella* human isolates from Liaoning, China. Trans R Soc Trop Med Hyg, 104(12): 796-800.
Kubler-Kielb J, Vinogradov E. 2013. Reinvestigation of the structure of *Brucella* O-antigens. Carbohydr Res, 378: 144-147.
Li Z J, Cui B Y, Chen H, et al. 2013. Molecular typing of *Brucella suis* collected from 1960s to 2010s in China by MLVA and PFGE. Biomed Environ Sci, 26(6): 504-508.
Marianelli C, Ciuchini F, Tarantino M, et al. 2004. Genetic bases of the rifampin resistance phenotype in *Brucella* spp. J Clin Microbiol, 42(12): 5439-5443.
Maves R C, Castillo R, Guillen A, et al. 2011. Antimicrobial susceptibility of *Brucella melitensis* isolates in

Peru. Antimicrob Agents Chemother, 55(3): 1279-1281.
Ravanel N, Gestin B, Maurin M. 2009. *In vitro* selection of fluoroquinolone resistance in *Brucella melitensis*. Int J Antimicrob Agents, 34(1): 76-81.
Saif Y M. 2012. 禽病学. 12 版. 苏敬良, 高福, 索勋, 译. 北京: 中国农业出版社.
Sayan M, Kilic S, Uyanik M H. 2012. Epidemiological survey of rifampicin resistance in clinic isolates of *Brucella melitensis* obtained from all regions of Turkey. J Infect Chemother, 18(1): 41-46.
Scholz H C, Hubalek Z, Sedláček I, et al. 2008. *Brucella microti* sp. nov., isolated from the common vole *Microtus arvalis*. Int J Syst Evol Microbiol, 58(2): 375-382.
Seleem M N, Boyle S M, Sriranganathan N. 2008. Brucella: a pathogen without classic virulence genes. Vet Microbiol, 129(1-2): 1-14.
Whiley D M, Jacobsson S, Tapsall J W, et al. 2010. Alterations of the *pilQ* gene in *Neisseria gonorrhoeae* are unlikely contributors to decreased susceptibility to ceftriaxone and cefixime in clinical gonococcal strains. J Antimicrob Chemother, 65(12): 2543-2547.

第十一节　葡萄球菌属及其对抗菌药物的耐药性

病　原　学

【形态培养、生化特征】

葡萄球菌属（*Staphylococcus*）为革兰氏阳性球菌，菌落表面光滑，边缘整齐，平板上的菌落厚、有光泽、圆形凸起，直径 1～2mm。葡萄球菌在显微镜下呈现球形或椭圆形，直径 0.8μm 左右，排列成葡萄串状。葡萄球菌无鞭毛，不能运动。无芽孢，除少数菌株外，一般不形成荚膜。易被常用的碱性染料着色。

葡萄球菌对营养要求不高，在普通培养基上生长良好，在含有血液和葡萄糖的培养基中生长更佳，需氧或兼性厌氧，少数专性厌氧。28～38℃均能生长，最适温度为 37℃，生长 pH 为 4.5～9.8，最适 pH 为 7.4。在肉汤培养基中 24h 后呈均匀浑浊生长，在琼脂平板上形成圆形凸起、边缘整齐、表面光滑、湿润、不透明的菌落。不同种的葡萄球菌产生不同的色素，如金黄色、白色、柠檬色色素，其色素为脂溶性。葡萄球菌在血琼脂平板上形成的菌落较大，有的菌株菌落周围可形成明显的完全透明的溶血环（β 溶血），也有不发生溶血者，溶血菌株大多具有致病性。

多数葡萄球菌能分解蔗糖、葡萄糖、乳糖和麦芽糖，产酸不产气。甲基红反应呈阳性，VP 反应呈弱阳性，部分菌株分解精氨酸，水解尿素和还原硝酸盐等。不同菌株之间表现出一定的差异性。其中，金黄色葡萄球菌的触酶、凝固酶、DNA 酶、硝酸盐还原、VP、葡萄糖、果糖、甘露醇、甘露糖、麦芽糖、蔗糖、海藻糖、乳糖、半乳糖反应大多呈阳性反应；其他如淀粉酶、七叶苷水解、木糖、松三糖、肌醇、山梨醇、侧金盏花醇、水杨素、鼠李糖多为阴性反应，或少数菌株呈阳性反应。

【种类、抗原结构】

葡萄球菌传统的分类方法是根据其在固体培养基上产生的色素，分为金黄色葡萄球菌、白色葡萄球菌和柠檬色葡萄球菌三类。1965 年，国际葡萄球菌和微球菌分类委员会将葡萄球菌分为金黄色葡萄球菌（*S. aureus*）与表皮葡萄球菌（*S. epidermidis*）两种。1984 年，《伯杰细菌鉴定手册》（第八版）及国际葡萄球菌和微球菌分类委员会在过去的分类基础上，结合是否产生血浆凝固酶、分解甘露醇能力、有无 A 蛋白、有无 DNA 酶与酯酶，将葡萄球菌分为金黄色葡萄球菌、表皮葡萄球菌及腐生葡萄球菌（*S. saprophyticus*）。并且当时认为金黄色葡萄球菌代表致病性葡萄球菌，表皮葡萄球菌及腐生葡萄球菌则为非致病性或致病性极弱的葡萄球菌。随后，Kloos 和 Schleifer（1975）根据葡萄球菌形态、生理生化特性、对抗生素敏感性及细胞壁成分，发现了凝固酶阴性葡萄球菌的 9 个新种，分别为：康氏葡萄球菌（*S. cohnii*）、瓦氏葡萄球菌（*S. warneri*）、人葡萄球菌（*S. hominis*）、头状葡萄球菌（*S. capitis*）、木糖葡萄球菌（*S. xylosus*）、溶血葡萄球菌（*S. haemolyticus*）、模仿葡萄球菌（*S. simulans*）、松鼠葡萄球菌（*S. sciuri*）及猪葡萄球菌（*S. hyicus*）。后来又陆续报道了海豚葡萄球菌（*S. delphini*）、路邓葡萄球菌（*S. lugdunensis*）、中间葡萄球菌（*S. intermedius*）、施氏葡萄球菌凝集亚种（*S. schleiferi* subsp. *coagulans*）、施氏葡萄球菌施氏亚种（*S. schleiferi* subsp. *schleiferi*）和鲁氏葡萄球菌（*S. lutrae*）等。

葡萄球菌的抗原构造复杂，已发现 30 种以上，了解其化学组成及生物学活性的仅少数几种。葡萄球菌 A 蛋白（staphylococcal protein A，SPA）是存在于细胞壁的一种表面蛋白，位于菌体表面，与细胞壁的黏肽相结合。它与人及多种其他哺乳动物血清中的 IgG 的 Fc 段结合，因而可用含 SPA 的葡萄球菌作为载体，结合特异性抗体，进行协同凝集试验。葡萄球菌 A 蛋白有抗吞噬作用，还有激活补体替代途径等活性。SPA 是一种单链多肽，与细胞壁肽聚糖呈共价结合，是完全抗原，具属特异性。所有来自人类的菌株均有此抗原，动物源菌株则少见。多糖抗原具有群特异性，存在于细胞壁，借此可以分群。A 群多糖抗原化学组成为磷壁酸中的 *N*-乙酰葡胺核糖醇残基，B 群化学组成是磷壁酸中的 *N*-乙酰区糖胺甘油残基。荚膜抗原存在于几乎所有金黄色葡萄球菌菌株的表面，表皮葡萄球菌仅个别菌株有此抗原。

【分离与鉴定】

将 25g（mL）样品加入 225mL 7.5%氯化钠肉汤或 10%氯化钠胰酪胨大豆肉汤中，在 36℃振荡培养 18～24h 后，涂布在 Baird-Parker 平板或血平板，再培养 18～24h。金黄色葡萄球菌在 Baird-Parker 平板上菌落直径为 2～3mm，颜色呈灰色到黑色，周围有一圈浑浊带，外围有一层透明圈，用接种针接触菌落有似奶油至树胶样的硬度，偶然会遇到非脂肪溶解的类似菌落，但无浑浊带及透明圈。长期保存的冷冻或干燥食品中所分离的菌落比典型菌落所产生的黑色淡些，外观可能粗糙并且干燥。在血平板上形成的菌落较大，圆形、光滑、凸起、湿润、金黄色（有时为白色），菌落周围可见完全透明的溶血圈。挑取上述菌落进行革兰氏染色镜检及血浆凝固酶试验。

染色镜检：金黄色葡萄球菌为革兰氏阳性球菌，呈葡萄球状排列，无芽孢，无荚膜，直径为 0.5～1μm。

血浆凝固酶试验：挑取 Baird-Parker 平板或血平板上可疑菌落，接种到 5mL 脑心浸出液（brain heart infusion，BHI）培养基和营养琼脂小斜面，（36±1）℃培养 18～24h。

取新鲜配制的血浆 0.5mL，放入小试管中，再加入 BHI 培养物 0.2～0.3mL，振荡摇匀，置于（36±1）℃温箱或水浴锅中，每半个小时观察一次，观察 6h，如呈现凝固或凝固体积大于原体积的一半，则判定为阳性结果。同时以血浆凝固酶试验阳性和阴性葡萄球菌菌株的肉汤培养物作为对照。

【抵抗力】

葡萄球菌对外界的抵抗力强于其他无芽孢菌。在干燥的脓汁或痰液中可存活 2～3 个月；加热 60℃下 1h 或 80℃下 30min 才能将其杀死；对龙胆紫敏感，1/100 000 的龙胆紫溶液可抑制其生长；在 2%的石炭酸中 15min 或 1%的升汞中 10min 死亡；对青霉素、红霉素、庆大霉素、链霉素均敏感。该菌易产生耐药性，目前金黄色葡萄球菌对青霉素 G 的耐药率高达 90%以上，尤其是耐甲氧西林金黄色葡萄球菌（MRSA）已经成为医院感染最常见的致病菌。

【致病性】

葡萄球菌的致病力取决于其产生毒素和酶的能力。已知致病性菌株能产生血浆凝固酶、肠毒素、皮肤坏死毒素、透明质酸酶、溶血素、杀白细胞素等多种毒素和酶。多数致病性菌株能产生血浆凝固酶，进入机体后，使感染局限化，易于形成血栓、痈和脓肿。或经血液循环引起菌血症，散布至各脏器及骨髓中，引起多发性脓肿。金黄色葡萄球菌还能产生多种肠毒素蛋白，引起急性胃肠炎。

禽葡萄球菌病。一般指鸡葡萄球菌病，该病由金黄色葡萄球菌所致。常见于鸡和火鸡，鸭和鹅也可感染发病。临床表现为急性败血症、关节炎、雏鸡脐炎、皮肤坏死和骨膜炎。各种年龄的鸡、火鸡、鸭和鹅均可感染发病。40～60 日龄的雏禽多呈败血症型，中雏发生皮肤病，成鸡发生关节炎和关节滑膜炎。脐炎多发生于刚孵出不久的幼雏。

牛葡萄球菌乳房炎。主要由金黄色葡萄球菌感染引起。牛乳房炎分为急性、亚急性和慢性。急性乳房炎主要表现为患区呈现炎症反应，含有大量脓性絮片的微黄色至微红色浆液性分泌液及白细胞渗入到间质组织中。受害小叶水肿、增大、有轻微疼痛。重症患区迅速增大、变硬、发热、疼痛，能挤出少量微红色至红棕色含絮片的分泌液，带有恶臭味，并伴有全身症状，有时表现为化脓性症状。慢性乳房炎初期多不表现症状，但产奶量下降。后期可见结缔组织增生硬化、缩小等症状。

猪渗出性皮炎。病初首先在肛门和眼睛周围、耳郭和腹部等无被毛处的皮肤上出现红斑，发生 3～4mm 大小的微黄色水疱。渗出浆液或黏液，与皮屑、皮脂和污垢混合，干燥后形成微棕色鳞片状痂，发痒。痂皮脱落，露出鲜红色创面。通常于 24～48h 蔓延至全身表皮。患病仔猪食欲减退，饮欲增加，并迅速消瘦。一般经 30～40 天可康复，但影响发育。严重病例于发病后 4～6 天死亡。该病也可发生在较大仔猪、育成猪或是母猪乳房上，但病变轻微，无全身症状。

葡萄球菌对人的致病性。金黄色葡萄球菌是人类重要的致病菌，对人类所致疾病主要有侵袭性疾病和毒素性疾病。葡萄球菌可通过多种途径侵入机体，引起局部感染或者全身感染。而毒素性疾病主要是食入被葡萄球菌污染的食物后经 1～6h 潜伏期，出现恶心、呕吐、腹痛、腹泻等急性胃肠炎症状，呕吐最为突出。

流行病学与公共卫生意义

【流行病学】

葡萄球菌是感染性疾病中最常见的病原体之一，能够引起口腔黏膜、皮肤及鼻腔等组织的感染。兽医临床上多表现为皮肤、软组织感染，尤其是脓皮病、渗出性皮炎等。葡萄球菌也可引起牛羊的乳房炎、猪的败血病、鸡的水肿病及犬猫的鼻炎等多种动物的临床病症，若不及时治疗，常引起败血症，导致动物死亡。此外，葡萄球菌还可引起尿道感染、骨髓炎、关节炎、肠炎等，同时也是造成食物中毒的常见致病菌之一。Laupland（2013）发现引起兽医临床上感染的前三位病原菌分别是大肠杆菌、金黄色葡萄球菌和肺炎链球菌。

葡萄球菌的致病性是一个复杂的过程，涉及大量毒力因子的产生，如杀白细胞素（Panton-Valentine leukocidin，PVL）、中毒性休克综合征毒素-1（toxic shock syndrome toxin-1，TSST-1）、葡萄球菌肠毒素（staphylococcal enterotoxin，SE）、表皮剥脱毒素（exfoliatin）、溶血素（hemolysin）、凝固酶（coagulase）、蛋白酶（protease）、耐热核酸酶（thermostable nuclease）以及与逃避宿主防御有关的葡萄球菌 A 蛋白等，一般情况下，严重的葡萄球菌感染常为多种毒力因子共同作用的结果。下面分别针对耐甲氧西林金黄色葡萄球菌和凝固酶阴性葡萄球菌的流行病学进行介绍。

耐甲氧西林金黄色葡萄球菌的流行病学。有学者把对甲氧西林、苯唑西林、头孢拉定耐药或携带 *mec* 基因的金黄色葡萄球菌定义为耐甲氧西林金黄色葡萄球菌（MRSA）。与医院获得型的 MRSA（healthcare-associated MRSA）简称为 HA-MRSA；与社区院获得型的 MRSA（community-associated MRSA）简称为 CA-MRSA；与家畜来源的 MRSA（livestock-associated MRSA）简称为 LA-MRSA。随着抗生素的广泛应用和滥用，出现了大量不同克隆类型的 MRSA 菌株。Grundmann 等（2010）报道 MRSA 正在全世界快速蔓延，成为临床医疗的严重问题，是手术切口感染、创面感染、导管相关感染和长时间住院患者感染的重要病原菌，其引起的感染在全球具有很高的发病率和病死率。美国每年因 MRSA 感染导致死亡的患者数相当于因艾滋病、结核病和病毒性肝炎死亡的患者数的总和。20 世纪 90 年代后，世界各地有关 MRSA 流行研究的报道明显增加，如 1975 年，美国 MRSA 的分离率为 2.4%，到 2002 年已经上升到 50%；20 世纪 90 年代初，英国仅有 2%的金黄色葡萄球菌菌血症是由 MRSA 引起的，现在已经高达 45%，该国也成为感染率最高的欧洲国家之一。另外，CA-MRSA 的感染也呈逐年增多趋势，CA-MRSA 感染多数表现为皮肤软组织感染，少数发生严重侵袭性感染。许多国家和地区都有 CA-MRSA 感染逐渐增多的报道，包括英国、法国、加拿大、芬兰、沙特阿拉伯、新西兰、日本和中国等。而且不同国家和地区 CA-MRSA 的流行病学特征及毒力因子表达谱也发生了明显的变化。Popovich 等（2007）的研究发现，HA-MRSA 的感染保持相对稳定，但 CA-MRSA 的感染百分比却在逐年增加，从 24%增加到 49%。全国细菌耐药监测网资料也显示，CA-MRSA 的感染百分比由 1999 年的 21.8%上升为 37.0%。鉴于 CA-MRSA 流行的加剧，驯养动物特别是与人群亲密接触的宠物也不可避免地暴露于 MRSA 感染的风险中，这给动物和人类的健康都带来了潜在影响。借助分型技术，Rich（2005）发现约有 94%（29/31）的宠物源 MRSA 与人群流行株无法区分。很多研究也证实宠物中分离的 MRSA 菌株均为当地人群的 MRSA 流行株。并且受 MRSA 感染的动物数量在显著增加，这些感染大都与术后伤口感染相关。因此，推测多数宠物 MRSA 的感染来自其主人或兽医，且常与兽医外科手术有关联，普遍认为，兽医的手是动物医院传播 MRSA 的主要途径，动物医院的环境设施也可能是造成 MRSA 感染的重要来源。此外，研究还发现犬的 MRSA 感染率要明显高于猫，虽然不确定犬是否对 MRSA 更易感，但在临床感染病例中 MRSA 已经成为其感染的主要病原。在报道的犬源 MRSA 菌株中，约有 38%是从骨折治愈后取出的骨科植入物中分离得到的。人们首次关注 LA-MRSA 的流行始于荷兰某猪场的意外发现，生猪是 LA-MRSA 最重要的定植宿主，猪源 MRSA 的流行及其对公共卫生的影响已成为近年来的研究热点。2004 年，荷兰发现猪群携带的 MRSA ST398 可通过直接接触传播给饲养人员及其家人，甚至从养殖地区的社区人群和住院患者中也分离到了 MRSA ST398，这件事情引起了人们的高度关注。de Neeling 等（2007）又针对荷兰 50 多家猪场的健康猪群携带的 MRSA 进行调查，发现在被检的总共 540 头猪中 MRSA 的携带率高达 39%，说明 MRSA 在荷兰猪群中广泛流行，并且所有猪源的 MRSA 分离株利用 *Sma*I 限制性内切酶进行 PFGE 分型均无结果。推测这些菌株的 *mecA* 基因可能来自猪正常菌群的凝固酶阴性葡萄球菌，再由凝固酶阴性葡萄球菌将 *mecA* 基因传递给对甲氧西林敏感的金黄色葡萄球菌；或者 MRSA 菌株也可能是从其他传染源传播给猪，或者也可能来源于饲料。目前，荷兰、丹麦、美国、加拿大、马来西亚、韩国等国家都相继报道了猪源 MRSA 的流行情况。在我国，樊润等（2014）针对河南省猪源耐甲氧西林金黄色葡萄球菌的流行现状进行研究，他们从河南省 3 个规模化养猪场和 1 个生猪屠宰场采集了 1107 份猪鼻腔拭子，共检出 358 株金黄色葡萄球菌，分离率为 32.3%，其中 119 株为 MRSA，分离率为 10.7%。PFGE 结果显示，河南省猪群流行的 MRSA 遗传谱系较为复杂。另外，奶牛中 MRSA 的流行情况也广受重视，但根据目前的研究报道，MRSA 在奶牛乳房炎金黄色葡萄球菌中的比率较低。禽类中 MRSA 感染和定植的报道同样不多见。尽管这样，动物性食品中发现的 MRSA 也有可能作为传染源传播给人类。到目前为止，未见关于实验动物中发现 MRSA 的报道，但对于实验大鼠、小鼠，金黄色葡萄球菌感染可引起化脓性睾丸炎和子宫内膜炎，甚至还可通过胎盘垂直传递给子鼠，严重影响鼠群繁育和动物实验结果。国内外无特定病原（specific pathogen free，SPF）级动物标准中均明确规定实验大鼠、小鼠不能携带金黄色葡萄球菌。由于动物中分离的 MRSA 大都是人群流行株，推测动物可能因为与感染人员的接触导致病原在其体内的定植，而反过来 MRSA 菌株在人类的反复感染和重复定植过程中又可能成为新的传染源。

凝固酶阴性葡萄球菌的流行病学。凝固酶阴性葡萄球菌（CNS）是一种条件性人兽共患病原菌，广泛存在于自然界及人、动物的皮肤、黏膜组织中。条件合适时可在动物体内大量生长繁殖，引起机体的局部毛囊炎、表皮炎、肺炎、心包炎、子宫内膜炎等炎症反应。这里特别指出的是，子宫内膜炎是子宫黏膜的卡他性或化脓性炎症，是引起母猪繁殖障碍的主要疫病之一。据统计，在规模化养猪生产中，因发情延期或发情不正常而屡配不孕的母猪中有 50%以上都会患有子宫内膜炎。子宫内膜炎造成的子宫内膜损伤，不仅影响配子受精和胚胎发育着床，严重时还会引起动物幼胎死亡、流产等。猪渗出性皮炎也是由葡萄球菌（金黄色葡萄球菌和表皮葡萄球菌）引起的，是哺乳仔猪或早期断乳仔猪的一种急性接触性传染病。仔猪在断奶后合群并栏到保育舍的过程中，相互咬架，造成头部皮肤损伤，发生浅表毛囊炎，炎症进一步扩展到毛囊上面的皮肤，随后病变从头部开始向颈部、后躯蔓延，全身呈现麦麸样皮肤屑，粗糙，产生异味。此病易被误诊为皮肤病而延误治疗。随着养猪规模的扩大和养殖密度的增加，仔猪渗出性皮炎的发病率不断提高，严重时病死率高达 90%，给养猪业造成较大的经济损失。自 Ogston（1881）检出第一株凝固酶阴性葡萄球菌以来，目前鉴定出的凝固酶阴性葡萄球菌已超过 40 种。健康成人和动物皮肤表面寄居的凝固酶阴性葡萄球菌有 $10\sim10^5$CFU/cm^3，其中表皮葡萄球菌就有 10～24 种不同类型。因此，各种有创操作都极易将正常寄居的细菌带入无菌体腔而引起感染。2013 年，中国 CHINET 细菌耐药性监测结果显示，血液和无菌体液中分离的凝固酶阴性葡萄球菌占葡萄球菌属的 34.9%。此外，还发现在革兰氏阳性球菌中肠球菌属和凝固酶阴性葡萄球菌的检出率较往年增多，金黄色葡萄球菌和链球菌属则相对减少。2012 年，加拿大一项关于导管相关性血流感染的研究发现，凝固酶阴性葡萄球菌在导管相关性感染中所占的比例高达 53%，而耐甲氧西林金黄色葡萄球菌所占的比例从原来的 70%降至 40%以下。在我国，林大川等（2012）研究了从广东省不同地区 230 头猪的淋巴结样品中分离鉴定出的 90 株葡萄球菌，其中金黄色葡萄球菌 19 株，凝固酶阴性葡萄球菌 71 株。同样，刘金凤等（2014）从子宫内膜炎发病猪子宫脓液中分离获得 1 株革兰氏阳性球菌，根据细菌形态、生化特性、动物实验、16S rRNA 序列测定及系统进化树分析，确定该分离菌株为凝固酶阴性葡萄球菌，为条件性致病菌株。以往，凝固酶阴性葡萄球菌很少被报道为奶牛乳房炎致病菌，或被归类为次要致病菌。但有报道称凝固酶阴性葡萄球菌已成为导致奶牛乳房炎的主要致病菌之一。王馨宇等（2014）对江苏部分奶牛场导致隐性乳房炎的病原进行流行病学调查，通过采样并进行细菌分离培养、革兰氏染色镜检、生化鉴定等，共分离到 35 株凝固酶阴性葡萄球菌，分离菌株表现出较强的多重耐药性。说明凝固酶阴性葡萄球菌也已成为具有重要临床意义的感染致病菌。

【公共卫生意义】

葡萄球菌是一种引起人类和动物化脓感染的重要致病菌，也是造成人类食物中毒的常见致病菌之一。其广泛存在于自然界，如空气、土壤、水及其他环境中，人类和动物的皮肤及与外界相通的腔道中也经常有该菌存在。金黄色葡萄球菌是葡萄球菌的典型代表，占所有革兰氏阳性球菌感染率的第一位。正常人群或动物带菌率可达 30%～80%，其中皮肤带菌率为 8%～22%，鼻腔和咽喉部等上呼吸道的带菌率为 40%～45%。金黄色葡萄球菌能够引起化脓性感染、食物中毒、疖病、肺炎、化脓性关节炎、骨髓炎、心内膜炎及脓毒血症等。其致病力强弱主要取决于产生的毒素和侵袭性酶，如血浆凝固酶、脱氧核糖核酸酶、溶血毒素、肠毒素、中毒性休克综合征毒素、杀白细胞素和表皮剥脱毒素等，其中杀白细胞素是近几年临床最关注的毒素之一。

随着抗生素的大量、持续且不合理使用，葡萄球菌对抗生素的耐药性问题日趋严重。特别是耐甲氧西林金黄色葡萄球菌在葡萄球菌感染中所占的比例逐年提高，感染程度越来越严重，成为医院、社区和动物感染的重要病原菌之一。MRSA 的耐药机制复杂，耐药谱广，传播速度快，易引起暴发流行，成为全球性问题。MRSA 不仅在人群中加速传播，在各种畜禽和宠物中感染的比例也在不断增加，有报道称动物源 MRSA 可能来源于人类。人与畜禽及其产品的密切接触，使得 MRSA 的防控成为重要的公共卫生问题。

对抗菌药物的耐药性

【猪源葡萄球菌的耐药性】

有关猪体内金黄色葡萄球菌的研究备受关注，尤其是耐甲氧西林的金黄色葡萄球菌。de Neeling 等（2007）对荷兰猪源的 MRSA 分离株耐药性进行研究，发现所有分离的猪源 MRSA 株对多西环素表现为中等耐药或耐药，对四环素耐药，这一发现证明猪大量使用四环素对细菌产生了选择作用。猪源 MRSA 对红霉素、克林霉素及氨基糖苷类卡那霉素、庆大霉素、妥布霉素和新霉素的耐药性为 30%左右。几乎所有被检分离株对环丙沙星、复方新诺明、利福平、替考拉宁、万古霉素、利奈唑胺、阿米卡星、氯霉素、梭链孢酸和莫匹罗星敏感。并且他们发现来自荷兰 50 多家猪场的健康猪群中 MRSA 呈高流行率。邵士慧等（2010）先后从我国合肥地区 4 个不同猪场的发病仔猪中采集病料进行病原分离鉴定，并对分离获得的金黄色葡萄球菌进行耐药性分析。结果发现 MRSA 菌株对抗菌药物的耐药性明显高于甲氧西林敏感金黄色葡萄球菌菌株。针对测试的 16 种抗菌药物，MRSA 分离株除对万古霉素和替考拉宁敏感外，对其余 14 种抗菌药物均呈现不同程度的耐药，对青霉素、链霉素、四环素、多西环素、环丙沙星和氧氟沙星等 6 种抗菌药物的耐药率达 100%。而甲氧西林敏感金黄色葡萄球菌（methicillin-sensitive *Staphylococcus aureus*，MSSA）菌株除对青霉素和阿米卡星两种抗菌药物耐药外，对其余抗生素均表现出敏感或中度敏感。虽然 MRSA 菌株与 MSSA 菌株对万古霉素和替考拉宁均敏感，但考虑到广泛使用万古霉素后存在出现万古霉素耐药株的危险，认为替考拉宁可作为治疗猪渗出性表皮炎的经验用药。刘洋等（2012）共分离鉴定出 124 株凝固酶阳性金黄色葡萄球菌，其中从牛奶样本分离出 50 株，从猪扁桃体样本分离出 74 株。124 株金黄色葡萄球菌除对万古霉素和复方新诺明 100%敏感外，对其他药物均表现出不同程度的耐药；其中对青霉素和氨苄西林的耐药率最高，达到 86.29%～96.77%，对红霉素的耐药率为 75%，对头孢西丁的耐药率为 27%，对泰妙菌素等其他药物的耐药率为 8%～55%。将猪源和牛源金黄色葡萄球菌的耐药性相比较，结果显示猪源菌株的耐药情况较牛源菌株严重，除牛源菌株对磺胺异噁唑的耐药率稍高于猪源菌株外，猪源菌株对其他抗生素的耐药率均高于牛源菌株。两种来源的菌株对青霉素、氨苄西林和红霉素的耐药率较高，达75%～97%。其中猪源菌株对青霉素和氨苄西林都耐药，猪源菌株对替米考星、泰妙菌素和氧氟沙星的耐药率超过50%。同样，杨瑞梅和单虎（2012）对从我国山东省不同地区分离的217株猪源和牛源的金黄色葡萄球菌进行药敏试验，结果表明：217株菌对头孢唑啉、头孢噻肟、万古霉素高度敏感；对氧氟沙星、呋喃唑酮、阿米卡星、克林霉素较敏感，耐药率为0.5%～6.9%；对红霉素、四环素、环丙沙星、罗美沙星、复方新诺明、卡那霉素呈中度敏感，耐药率为18.9%～37.8%；对青霉素、氨苄西林、诺氟沙星、庆大霉素、链霉素耐药率较高，分别为63.1%、55.8%、82.5%、93.5%、94.5%。他们认为，针对山东省猪源、牛源的金黄色葡萄球菌感染，疾病治疗应将氧氟沙星、呋喃唑酮、阿米卡星、克林霉素等作为首选药物。如果使用中度耐药的药物，应适当考虑增加临床推荐用量，以确保疗效。青霉素、氨苄西林、诺氟沙星、庆大霉素、链霉素等药物不宜用于治疗猪源或牛源金黄色葡萄球菌感染。樊润等（2014）针对河南省猪源分离获得的119株MRSA菌株对19种抗菌药物的敏感性进行研究，数据显示，河南省猪源MRSA除对万古霉素和利奈唑胺敏感外，对青霉素G等其他17种抗菌药物均表现不同程度的耐药，其中，对奎奴普汀/达福普汀和利福平的耐药率较低，分别为1.7%和0.8%；对头孢噻呋、美罗培南、环丙沙星等其他15种抗菌药物的耐药率较高，均大于84%；对青霉素G、氨苄西林、阿莫西林/克拉维酸、苯唑西林、头孢唑啉、头孢西丁、红霉素、克林霉素、庆大霉素、四环素、磺胺甲基异噁唑/甲氧苄啶的耐药率均接近或达到100%。河南省猪源MRSA分离株对19种抗菌药物呈现多重耐药性。河南省猪源MRSA分离株均至少耐受11种抗菌药物，其中耐受15种抗菌药物的分离株最多，占MRSA分离株总数的66.4%。此外，凝固酶阴性葡萄球菌以前被认为致病性不强而被忽视，但近年其引起的感染有增多趋势，凝固酶阴性葡萄球菌还可以作为耐药基因的储存库，将耐药基因转移给致病性强的金黄色葡萄球菌。并且，猪体内分离的凝固酶阴性葡萄球菌有可能感染人类。林大川等（2012）从广东省不同地区230头猪的淋巴结样品中分离鉴定出90株葡萄球菌，其中凝固酶阴性葡萄球菌71株。结果显示葡萄球菌对大环内酯类、林可酰胺类和四环素类抗生素的耐药率较高（＞80%），金黄色葡萄球菌与凝固酶阴性葡萄球菌对多数药物的耐药情况及耐药基因的携带情况差异不显著，但对苯唑西林的耐药率及 *linA*、*erm*(B)基因的携带率差异显著（$P<0.05$），凝固酶阴性葡萄球菌明显高于金黄色葡萄球菌。刘金凤等（2014）分离得到1株猪源凝固酶阴性葡萄球菌，检测发现该菌含有对氨基糖苷类、氯霉素类、磺胺类的3个耐药基因，对阿米卡星、多西环素、青霉素等11种药物高度敏感，对庆大霉素、左氟沙星、万古霉素等6种药物中度敏感，对链霉素等12种药物完全耐药。

MRSA的耐药机制主要是获得了外源性甲氧西林决定子基因 *mecA*，该基因编码青霉素结合蛋白PBP2a，造成对所有β-内酰胺类药物耐药。而携带 *mec* 基因簇的葡萄球菌盒式染色体（staphylococcal cassette chromosome mec，SCCmec）是一种可移动的遗传元件，该元件还携带除 *mecA* 基因外的其他抗生素耐药基因，造成多重耐药。SCCmec Ⅰ、Ⅱ、Ⅲ型主要存在于HA-MRSA中，这几种类型的MRSA中 *mecA* 复合体的下游带有多个质粒及转座子。SCCmecⅣ型和SCCmecⅤ型通常存在于CA-MRSA和非多重耐药MRSA菌株中，其分子较小，除 *mecA* 外几乎不携带其他多重耐药基因，这几种类型易移动并通过质粒或噬菌体传播至不同遗传背景的葡萄球菌中，容易在人群中传播和定植。王雪敏等（2013）首次对上海地区猪源 MRSA 的耐药基因进行分型，结果发现所有猪源 MRSA 的 SCCmec 分型均为Ⅳ b 型，与王新等(2010)报道的陕西地区猪源 MRSA 的 SCCmec 基因型一致，与林兰等（2012）报道的四川地区（SCCmecⅢ型）、河北地区（SCCmecⅢ型）、湖北地区（SCCmecⅢ型）的猪源 MRSA 分型不一致。根据文献报道，我国人源 HA-MRSA 中主要流行 SCCmecⅢ型，并且具有交叉耐药和多重耐药的特点。另一类 CA-MRSA 则主要流行 SCCmecⅣ和 SCCmecⅤ型，为非多重耐药性菌株。上海地区 SCCmecⅣb 型的猪源 MRSA 菌株耐药性较严重，并且不同于非多重耐药性 CA-MRSA 菌株的 SCCmecⅣ型，推测上海地区猪源 MRSA 可能存在着其他的耐药机制，还有待进一步研究。这也警示我们应该谨防猪源 MRSA 通过食物链或环境向社区传播，如果一些非多重耐药性 MRSA 成为耐药性菌株，对公共卫生和人类健康将构成严重威胁。

【牛源葡萄球菌的耐药性】

葡萄球菌也是奶牛乳房炎疾病的主要传染性病原菌之一，该菌引起的急性和慢性乳房炎若不能及时治愈，常引起感染乳区坏死或败血症导致奶牛死亡，给奶业生产带来重大损失，我国奶牛临床乳房炎发病率在 2.36%～16.7%。王登峰等（2011）通过对 2005 年以来我国安徽、内蒙古、上海、四川、山东、吉林、浙江、江苏、新疆、广西、河南、湖北和甘肃 13 个省份相关数据的分析发现，我国分离的牛源金黄色葡萄球菌对氨苄青霉素和复方新诺明有很强的耐药性；对第一代头孢菌素和环丙沙星敏感；山东、浙江、新疆和河南分离株对庆大霉素耐药；大部分省份分离株对红霉素耐药，只有内蒙古、吉林和浙江分离株对该抗生素敏感；内蒙古和河南分离株对四环素敏感，其他省份分离株对该抗生素表现耐药或介于耐药与敏感之间；安徽、四川和江苏分离株对克林霉素耐药，上海和吉林分离株则对该抗生素敏感，其他一些省份未检索到关于该抗生素的药敏试验资料。另外，他们对 2009 年以来分离的 120 株金黄色葡萄球菌进行的临床药敏试验表明，大部分菌株不仅表现出严重的多重耐药性，还有相当比例的头孢西丁耐药菌株。药敏分析发现，新疆分离株的耐药谱与浙江、山东、内蒙古、上海 4 地区菌株的耐药情况有较大差异。新疆不同地区分离的金黄色葡萄球菌 70%以上对红霉素、克林霉素、青霉素、复方新诺明、多西环素、四环素耐药。此外，43%的菌株对氯霉素耐药，64%的对环丙沙星耐药，58%的对庆大霉素耐药。浙江、山东、内蒙古和上海 4 地区分离的金黄色葡萄球菌耐药性则更为严重，除对头孢西丁敏感以外，对红霉素、克林霉素、青霉素、复方新诺明、多西环素、四环素、氯霉素、环丙沙星、庆大霉素 9 种抗生素均耐药。对菌株的多重耐药分析发现，86.1%的新疆分离株对 5 种以上抗生素耐药，17.4%的对 10 种抗生素完全耐药；此外，新疆分离的头孢西丁耐药菌株占 22.1%，其他 4 地区则高达 41.2%。同样，姜慧娇等（2013）从新疆昌吉、伊犁、石河子 3 个地区奶牛养殖场的乳房炎奶样中共分离出 134 株金黄色葡萄球菌。结果表明，新疆 3 个地区分离的牛乳源金黄色葡萄球菌均对青霉素、氨苄西林表现为耐药。此外还发现伊犁地区的所有菌株均对四环素敏感。3 个地区的牛乳源金黄色葡萄球菌分离株对克林霉素、克拉霉素、红霉素的总体耐药率分别为 56.7%、53.3%、50%；23.3%的金黄色葡萄球菌对左氧氟沙星表现为耐药；13.3%的金黄色葡萄球菌对四环素表现为耐药。随后，王登峰等（2013）又对我国 5 省份奶牛乳房炎奶样中分离的金黄色葡萄球菌的临床药敏试验数据进行分析，除山西省的分离株外，其他 4 省份所有的分离菌株几乎同时对 3 种以上抗菌药物耐药，70%以上的菌株同时对 5 种以上抗菌药物耐药。杨峰等（2016）以我国西北地区分离的牛源金黄色葡萄球菌为对象，研究其对红霉素和四环素的耐药性，在 37 株检测的金黄色葡萄球菌分离株中，对红霉素和四环素耐药的菌株分别有 10 株（27%）和 8 株（22%），其中 1 株（3%）对红霉素和四环素同时耐药。常婧琦等（2016）对从北京牛场取得的样品中筛选出的 57 株金黄色葡萄球菌进行药敏试验，发现分离得到的 53 株菌株对多种药物具有不同程度的耐药性，耐药菌株检出率为 93%，对氨苄西林和青霉素 G 耐药的比率分别高达 78.9%和 77.1%，但对克林霉素、红霉素、氯霉素及四环素的耐药性较低。李秀梅等（2012）对山东省牛源金黄色葡萄球菌的耐药性进行调查，选用了 6 种人用 β-内酰胺类常用抗生素进行药敏试验，结果显示牛源金黄色葡萄球菌对 6 种抗生素有一定的耐受性。

也有报道称凝固酶阴性葡萄球菌已变为主要的奶牛乳房炎致病菌之一，并且这些菌株对抗生素的耐药性也有升高的趋势。王馨宇等（2014）对江苏部分奶牛场致隐性乳房炎病原进行流行病学调查，共分离到 35 株凝固酶阴性葡萄球菌（CNS），用常规药敏纸片法对这些 CNS 分离菌株的抗生素耐药情况进行分析，发现 35 株 CNS 菌株对抗生素万古霉素、左氟沙星、克拉霉素、苯唑西林、诺氟沙星、氯霉素、环丙沙星、头孢噻肟、磷霉素和呋喃妥因等高度敏感，高敏率在 60%～80%；而对青霉素 G、复方新诺明和多黏菌素 B 有一定的耐药性，耐药率为 70%～100%。分离菌株表现出较强的多重耐药性，耐 20 种药物的细菌有 3 株，耐 15 种药物的细菌有 1 株，耐 14 种药物的细菌有 1 株，62.9%的分离菌株能耐 5 种以上抗生素，表明导致奶牛隐性乳房炎的 CNS 菌株的耐药情况不容小视。所有这些研究说明牛源葡萄球菌耐药性广泛存在，给葡萄球菌引起的奶牛乳房炎抗菌药物治疗带来了严重挑战。建议奶牛养殖场和养殖小区定期进行葡萄球菌药物敏感性评价，指导兽医临床合理使用抗菌药物，防止或延缓多重耐药菌株的产生和蔓延。

李秀梅等（2012）针对山东省牛源金黄色葡萄球菌进行耐药谱分析及 *mecA* 耐药基因检测分析，发现 26 株 MRSA 中，有 15 株携带耐药基因 *mecA*。两株中介株中有一株携带 *mecA* 基因，MSSA 中未检测出 *mecA* 基因。杨峰等（2016）以中国西北地区分离的牛源金黄色葡萄球菌为研究对象，检测了这些菌株携带红霉素和四环素相关耐药基因以及毒力基因的情况，发现 37 株金黄色葡萄球菌中含有红霉素耐药基因的菌株共 7 株（19%），其中 3 株含有 *erm*(B)、4 株含有 *erm*(C)，未检测到耐药基因 *erm*(A)。红霉素耐药表型菌株中，1 株含有 *erm*(B)、2 株含有 *erm*(C)；而红霉素敏感表型菌株中，有 2 株分别含有 *erm*(B)和 *erm*(C)。在 37 株金黄色葡萄球菌中，含有四环素耐药基因 *tet*(K)的菌株为 10 株（27%），其中 6 株为四环素耐药菌株、4 株为四环素敏感菌株，未检测到耐药基因 *tet*(M)。四环素耐药性与耐药基因 *tet*(K)存在相关性（$P<0.1$），而与耐药基因 *tet*(M)未发现相关性。37 株金黄色葡萄球菌中，含有毒力基因 *luk*ED、*hlb*、*hla*、*hld*、 *edin*、*tst*、*lukPV* 的菌株分别为 33 株（89%）、27 株（73%）、26 株（70%）、26 株（70%）、5 株（14%）、2 株（5%）、1 株（3%）；所有菌株均未检测到毒力基因 *eta*、*etb* 和 *lukM*。在 10 株红霉素耐药表型菌株中，含有毒力基因 *lukED*、*hlb*、*hld*、*hla*、*tst* 和 *lukPV* 的菌株分别占 70%、70%、70%、60%、20%和 10%；27 株红霉素敏感表型菌株中含有毒力基因 *lukED*、*hla*、*hlb*、*hld* 和 *edin* 的菌株分别占 96%、74%、74%、70%和 19%。红霉素耐药性与毒力基因 *tst* 和 *lukED* 之间有较强的相关性（$P<0.1$）；在 8 株四环素耐药表型菌株中，含有毒力基因 *lukED*、*hlb*、*hld* 和 *hla* 的菌株分别占 88%、88%、75%和 75%；29 株四环素敏感表型菌株中，含有毒力基因 *lukED*、*hlb*、*hla*、*hld*、*tst* 和 *lukPV* 的菌株分别占 90%、72%、69%、66%、7%和 3%。未发现四环素耐药性与毒力基因之间存在相关性。

【禽源葡萄球菌的耐药性】

禽类的葡萄球菌病发生于世界各地，葡萄球菌引起的腱鞘炎（关节炎）在肉鸡生产中已成为全球关注的问题。另外，葡萄球菌也是引起鸭和鹅关节炎的病因，雏鸭感染发病后，常呈急性败血症，发病率高，死亡严重。国内对禽类葡萄球菌病的研究仅限于病例报告。刘金华等（2000）从北京郊区鸡场分离到 10 株耐药性金黄色葡萄球菌，试验菌株绝大多数表现为多重耐药性，仅有 1 株菌株只对 1 种抗生素耐药；测试菌株都对青霉素呈抗性。青霉素酶测定结果显示，10 株鸡源金黄色葡萄球菌皆为青霉素酶阳性，说明测试菌株都能产生青霉素酶，通过此酶的作用破坏青霉素结构，从而使之失效。迄今为止，有关源自家禽 MRSA 的信息相对较少。比利时和荷兰开展的研究表明，从家禽中鉴定 MRSA 的频率要远低于猪群中的比例。德国研究者开展了针对 22 株源自患病火鸡和鸡的 MRSA 菌株以及 32 株源自火鸡和鸡肉制品的 MRSA 菌株的调查，共检测出 20 种不同的耐药表型和 25 种不同的耐药基因型，除 2 株 MRSA 菌株外，其他菌株至少对 3 类抗菌剂呈现耐药性。几乎所有源自病禽和禽源食品的 MRSA 菌株都具有多重抗药性。然而，所有测试菌株均对万古霉素和利奈唑胺敏感。尽管如此，源自病禽菌株耐药性的不断扩大给治疗带来了挑战。马驰等（2010）针对我国四川省不同养殖场禽源金黄色葡萄球菌的耐药状况进行调查，测试的 183 株金黄色葡萄球菌中，鸡源 132 株、鸭源 51 株。共分离 MRSA 菌株 42 株，MRSA 菌株的检出率为 22.95%。183 株金黄色葡萄球菌对 24 种抗菌药物均呈现不同程度的耐药性，对常用的青霉素类（青霉素、氨苄西林）、磺胺类药物（磺胺异噁唑、复方新诺明）及甲氧苄啶严重耐药，耐药率高达 81%以上；对先锋唑啉、头孢噻呋、阿米卡星、卡那霉素、氯霉素相对敏感，耐药率在 8%～19%；对其余抗菌药物耐药率在 20%～50%。42 株 MRSA 菌株的耐药情况非常严重，对苯唑西林、磺胺异噁唑和复方新诺明的耐药率高达 100%；对青霉素、氨苄西林、诺氟沙星、二氟沙星以及甲氧苄啶的耐药率达 90%以上；除对氯霉素耐药率较低（29%）外，对其余抗菌药物都表现严重耐药，耐药率在 41%～89%。183 株菌中，95.6%以上的菌株呈现双重及多重耐药，多重耐药菌株主要分布在 3～8 耐，在各种耐药类型中，以 7 耐菌株所占比例最大（15.30%）；而 42 株 MRSA 菌株均呈现多重耐药，耐药谱型集中分布在 10～24 耐，其中以 18 耐和 22 耐菌株所占比例最大（16.67%）。183 株金黄色葡萄球菌对 24 种抗菌药物表现出 119 种耐药谱，无明显的优势耐药谱。由此说明四川地区禽源金黄色葡萄球菌临床菌株对兽医临床常用的抗菌药物表现出严重的耐药性。

【兔源葡萄球菌的耐药性】

金黄色葡萄球菌也可以感染各年龄段的家兔，因病原菌侵袭部位及扩散程度不同而表现出不同的临床症状，常伴有消瘦和腹泻，严重时出现各器官的化脓性炎症和败血症等，具有较高的发病率与死亡率。有关家兔金黄色葡萄球菌耐药性的报道较少。邓钊宾等（2016）对从四川地区部分规模化兔场分离的 41 株金黄色葡萄球菌进行了耐药表型及耐药基因的检测，结果显示，分离的兔源金黄色葡萄球菌对庆大霉素的耐药率最高（85.37%），其次为青霉素（73.17%）、土霉素（65.85%）、四环素（58.54%）、红霉素（36.59%）和环丙氟哌酸（29.27%），对多肽类、喹诺酮类及磺胺类的耐药率较低。其中，29 株分离株具有多重耐药性。并且从 41 株兔源金黄色葡萄球菌中共检测出 31 株 MRSA 菌株，对青霉素、头孢西丁、庆大霉素的耐药率分别为 93.55%、93.55%、83.87%，对红霉素、环丙沙星的耐药率较低，分别为 38.7%和 35.48%，说明四川地区兔源 MRSA 的耐药情况非常严重，并对养殖人员安全具有潜在威胁，应强化生产环节中养殖人员的防护意识与措施，控制其对人类公共卫生的影响。

同时他们对 41 株兔源金黄色葡萄球菌分离株的 6 种耐药基因进行 PCR 检测，结果表明，31 株金黄色葡萄球菌含有 *mecA* 基因，可判定为 MRSA 菌株，检出率为 75.61%（31/41）。四环素类、氨基糖苷类、大环内酯类药物的耐药基因检出率均较高。兔源 41 株金黄色葡萄球菌中，34 株（82.93%）菌株携带至少 3 个耐药基因，29 株（70.73%）菌株对至少 3 种抗生素耐药，具有多重耐药性。31 株 MRSA 菌株中，耐药基因 *aac(6')/aph(2")*、*ant(4',4")*、*aph(3')-III*、*tet* 和 *erm* 的检出率分别为 93.55%、80.65%、61.29%、74.19%和 48.39%。通过对 41 株兔源金黄色葡萄球菌的药物敏感性和耐药基因型的检测结果进行比较，发现 41 株兔源金黄色葡萄球菌对 β-内酰胺类、四环素类、大环内酯类和氨基糖苷类药物的耐药基因型与耐药表型的符合率分别为 86.12%、90.62%、82.60%和 100%。

【犬源葡萄球菌的耐药性】

犬源金黄色葡萄球菌感染可导致脓皮病、外耳炎、角膜炎、关节炎、败血症等，是较为常见的宠物犬临床细菌感染疾病。近年来宠物市场发展迅猛，人们对宠物健康的重视程度非常高，要求门诊医师能够凭借经验和实验室检测及时解决致病性葡萄球菌等细菌感染问题。由于抗生素的过度使用，葡萄球菌耐药性问题始终困扰着宠物的临床用药。葛爱民（2015）对山东潍坊地区犬源致病性金黄色葡萄球菌的耐药性进行了调查，他们从宠物门诊分离得到的 25 株致病性金黄色葡萄球菌对替考拉宁、利福平、万古霉素十分敏感，但大多数菌株对壮观霉素、青霉素 G、羧苄青霉素耐药，对其他 25 种药物也均有很大程度的耐药性。β-内酰胺酶阳性菌株对 β-内酰胺类抗生素的耐药性均非常强，阴性菌株对 β-内酰胺类抗生素的耐药性则弱一些；对利福平、万古霉素、替考拉宁耐药的菌株均产生了β-内酰胺酶。推断β-内酰胺酶的产生是金黄色葡萄球菌对β-内酰胺类抗生素具有耐药性的主要原因。

葡萄球菌在细菌耐药性传播中具有重要意义。抗菌药物使用的选择性压力是细菌耐药性产生的主要动力，耐药基因经过传代、转移、扩散以及不断变异可通过多种机制及其相互作用形成复杂的多重耐药性。了解葡萄球菌属临床不同来源的分离株对常用抗生素的耐药性情况对于指导合理使用抗生素具有十分重要的意义。目前认为葡萄球菌的耐药机制包括质粒介导的耐药、靶位改变、竞争结合位点、核糖体结构改变、DNA 促旋酶与拓扑异构酶的变异以及主动外排系统等几个方面。质粒介导的耐药主要为获得性耐药，是通过产生大量β-内酰胺酶水解β-内酰胺类抗生素使其失去活性。一些葡萄球菌也可以对特定的抗生素产生质粒或转座子介导的修饰酶，破坏抗生素对细菌蛋白质合成的抑制作用而产生耐药性。目前研究得比较详细的是葡萄球菌对β-内酰胺类药物的耐药机制，葡萄球菌产生一种特殊的青霉素结合蛋白（penicillin-binding protein 2a，PBP2a），PBP2a 是青霉素结合蛋白 PBP2 的异构体，具有转肽酶活性。但 PBP2a 与β-内酰胺类抗生素的亲和力比 PBP2 低。当β-内酰胺类抗生素存在时，PBP2 被抑制，不能发挥效能，而 PBP2a 仍可发挥作用，继续完成细菌细胞壁的合成，使细菌得以生存。PBP2a 由染色体上的 *mecA* 基因编码，MRSA 与β-内酰胺类抗生素结合后，使 *mecA* 基因被诱导活化进行转录而产生 PBP2a，临床上表现为耐药。这种不依赖于β-内酰胺酶而存在的对β-内酰胺类抗生素的耐药性称为内在耐药或固有耐药，最常见的就是 MRSA 的耐药机制。耐药性一旦出现，同源的 PBP 染色体基因可部分转移到相关的菌株，并在细菌中快速扩散，从而造成威胁。因此，MRSA 对所有β-内酰胺类抗生素的固有耐药性及其多重耐药性已经严重影响了兽医临床抗感染的治疗，也给公共卫生安全带来了极大的威胁。在其他机制中，有些葡萄球菌是通过产生抗菌药物的拮抗物，与抗菌药物竞争结合位点，使药物的活性降低，如对磺胺耐药的葡萄球菌可产生对氨基苯甲酸，这种物质由于结构与磺胺类药物相似，可与磺胺类药物竞争结合位点。还有些葡萄球菌能够编码葡萄球菌核糖体蛋白的基因突变，导致核糖体结构改变，从而阻止葡萄球菌与抗生素的结合，如葡萄球菌对链霉素的耐药就属于此类。基因突变引起 DNA 促旋酶的改变是葡萄球菌对氟喹诺酮类药物耐药的主要机制。DNA 促旋酶与拓扑异构酶基因的变异，导致密码子的改变或引入终止密码子，从而不能产生完整的酶亚基；或不能形成编码原本氨基酸的密码子，使所编码的酶亚基发生氨基酸的取代，影响药物与靶位的结合，从而影响葡萄球菌对氟喹诺酮类药物的敏感性。葡萄球菌对大环内酯类抗生素的耐药机制，除靶位改变外，还有灭活酶和主动外排系统的参与。

因此，要建立科学的耐药监控体系，研究葡萄球菌的耐药表型和相关基因型，从耐药机制的角度合理使用药物，预防和控制葡萄球菌耐药性。另外，为控制葡萄球菌耐药菌株的扩散，遏制葡萄球菌耐药程度的加深，迫切需要建立兽用抗生素使用分级制度，规范兽用抗生素的使用，延缓抗药性菌株的产生与蔓延，提高抗生素的使用效率。未来的研究工作还需要进一步探明耐药葡萄球菌在人群中以及人与动物间的流行传播规律，综合研究抗生素使用、伴侣动物、动物屠宰及动物食品处理过程等各个环节的流行情况，阐明耐药葡萄球菌对公共安全的影响，建立有效的防控措施。

防 治 措 施

加强饲养管理，饲料中要保证合适的营养物质，特别是要提供充足的维生素和矿物质，保持良好的通风和湿度，合理控制养殖密度，避免拥挤。及时清除圈舍和运动场中的尖锐物，避免外伤造成葡萄球菌感染，同时要注意严格消毒，做好圈舍及饲养环境的清洁、卫生和消毒工作，以减少和消除传染源，降低感染风险。对家禽要加强孵化人员和设备的消毒工作，保证种蛋清洁，减少粪便污染，做好育雏保温工作。对家畜发现外伤应该及时进行外科处理，对孕畜加强产前产后的饲养管理，做好卫生防护，防止乳房感染和发炎。出现病畜时要及时隔离患病动物并进行治疗，对圈舍进行彻底消毒。在使用抗生素进行治疗时，由于葡萄球菌的耐药性比较严重，如能先对分离菌进行药敏试验，选出敏感药物，可提高治愈率。

对葡萄球菌耐药性的防控，首先，合理用药，使用合适的剂量，优化抗菌药物的临床给药方案；其次，加强动物性食品中抗菌药物残留和养殖环节葡萄球菌耐药性的风险评估工作；再次，开发畜禽养殖重要病原菌的动物专用抗菌药物，针对重要耐药病原菌开发耐药逆转剂等；最后，加强抗菌药物合理谨慎使用的宣传普及工作，尤其做好对中、小养殖专业户的宣传与教育。

主要参考文献

常婧琦, 刘璟璇, 梁雅洁. 2016. 牛源金黄色葡萄球菌耐药性与耐药基因图谱的研究. 中国科技教育, (6): 25-27.

从府. 2008. 新疆奶牛乳房炎金黄色葡萄球菌生物学特性及基因分型研究. 乌鲁木齐: 新疆农业大学硕士学位论文.

戴方伟, 柯贤福, 周莎桑, 等. 2010. 耐甲氧西林金黄色葡萄球菌在动物流行病学中的研究进展. 中国比较医学杂志, 20(7): 81-85.

邓钊宾, 余滔, 耿毅, 等. 2016. 兔源金黄色葡萄球菌的耐药性及耐药基因分析. 中国预防兽医学报, 38(1): 45-48.

董泽欣, 夏永祥. 2012. 葡萄球菌耐药性的进展. 检验医学与临床, 9(22): 2874-2876.

樊润, 吴聪明, 李德喜, 等. 2014. 河南省猪源耐甲氧西林金黄色葡萄球菌的耐药性及分子分型研究. 中国兽医科学, 44(12): 1223-1230.

葛爱民. 2015. 犬源金黄色葡萄球菌临床分离株的耐药性. 江苏农业科学, 43(8): 219-221.

姜慧娇, 苏艳, 韦海娜, 等. 2013. 牛乳源耐甲氧西林金黄色葡萄球菌的检测与耐药性分析. 新疆农业大学学报, 36(1): 16-20.

孔宪刚. 2013. 兽医微生物学. 2 版. 北京: 中国农业出版社.

李秀梅, 杨宏军, 肖红, 等. 2012. 山东省牛源金黄色葡萄球菌耐药谱分析及 *mecA* 耐药基因检测. 山东农业科学, 44(3): 13-16.

李雪玲, 冯惠玲, 李锡平, 等. 2013. 金黄色葡萄球菌噬菌体的分离筛选. 食品工业科技, 34(15): 158-161, 165.

林大川, 刘健华, 王晶, 等. 2012. 猪体内金黄色葡萄球菌及凝固酶阴性葡萄球菌耐药性调查及耐药基因分布研究. 华南农业大学学报, 33(4): 550-555.

林兰, 徐潇, 甘辛, 等. 2012. 我国猪源甲氧西林耐药金黄色葡萄球菌的分离与分子分型研究. 药物分析杂志, 32(3): 455-460.

刘金凤, 陈冰, 谢江, 等. 2014. 凝固酶阴性猪葡萄球菌的分离鉴定及耐药性研究. 动物医学进展, 35(9): 29-34.

刘金华, 甘孟侯. 2016. 中国禽病学. 2 版. 北京: 中国农业出版社.

刘金华, 史为民, 刘尚高, 等. 2000. 鸡源金黄色葡萄球菌耐药基因定位的研究. 畜牧兽医学报, 31(1): 94-96.

刘洋, 梁耀峰, 焦新安, 等. 2012. 中国部分地区猪源和牛源金黄色葡萄球菌耐药性及凝固酶分型研究. 中国农业科学, 45(17): 3608-3616.

罗海波. 1984. 葡萄球菌的研究进展. 浙江医科大学学报, 13(3): 144-148.

马驰, 林居纯, 陈雅莉, 等. 2010. 禽源金黄色葡萄球菌耐药性监测. 中国兽医杂志, 46(9): 10-12.

倪语星. 2005. 葡萄球菌研究进展. 中国处方药, 44(11): 18-22.

邱梅, 郝智慧, 张万江, 等. 2011. 动物源金黄色葡萄球菌的分离鉴定及其耐药性分析. 中国农学通报, 27(7): 356-359.

邵士慧, 李槿年, 王评评, 等. 2010. 猪源致病性金黄色葡萄球菌的分离鉴定及其耐药性分析. 中国微生态学杂志, 22(4): 308-311.

苏洋, 陈智华, 邓海平, 等. 2014. 不同宿主来源的耐甲氧西林金黄色葡萄球菌分子流行病学研究进展. 中国预防兽医学报, 36(11): 904-907.

田克恭. 2013. 人与动物共患病. 北京: 中国农业出版社.

童光志. 2008. 动物传染病学. 北京: 中国农业出版社.

王登峰. 2016. 奶牛乳腺炎性金黄色葡萄球菌耐药基因检测、分子分型和耐甲氧西林菌株全基因组测序. 北京: 中国农业大学博士学位论文.

王登峰, 李建军, 段新华, 等. 2011. 我国牛源金黄色葡萄球菌耐药现状及药敏检测方法探讨. 中国动物传染病学报, 19(1): 31-38.

王登峰, 李建军, 高攀, 等. 2013. 我国部分省区牛源金黄色葡萄球菌抗菌药物敏感性调查. 中国奶牛, (3): 47-51.

王红宁. 2002. 禽呼吸系统疾病. 北京: 中国农业出版社.

王新, 黄山, 周婷, 等. 2010. 猪源耐甲氧西林金黄色葡萄球菌的耐药性及其 *SCCmec* 基因分型研究. 中国预防兽医学报, 32(12): 975-977, 987.

王馨宇, 裴琳, 于恩琪, 等. 2014. 奶牛乳房炎凝固酶阴性葡萄球菌耐药性分析. 中国畜牧兽医, 41(6): 207-210.

王雪敏, 姚建楠, 李蓓蓓, 等. 2013. 猪源耐甲氧西林金黄色葡萄球菌的耐药表型及其 SCC*mec* 基因分型研究. 中国人兽共患病学报, 29(9): 841-845.

许文, 杨联云. 2013. 耐甲氧西林金黄色葡萄球菌流行病学和耐药机制研究进展. 检验医学与临床, 10(1): 75-78.

杨峰, 王旭荣, 李新圃, 等. 2016. 牛源金黄色葡萄球菌耐药性与相关耐药基因和菌株毒力基因的相关性研究. 中国兽医科学, 46(2): 247-252.

杨瑞梅, 单虎. 2012. 猪源、牛源金黄色葡萄球菌耐药性监测. 黑龙江畜牧兽医, (6): 126-127.

叶路, 韩景田. 2003. 葡萄球菌感染耐药性研究现状. 医学信息, 16(2): 94-96.

张纯萍, 陈惠娟, 宋立, 等. 2011. 兽医临床凝固酶阴性葡萄球菌分离株的耐药性及耐药基因检测. 中国兽医学报, 31(11): 1635-1639.

张慧芳, 王瑞兰. 2015. 凝固酶阴性葡萄球菌感染的流行病学及耐药机制研究进展. 中国呼吸与危重监护杂志, 14(3): 307-309.

张璟, 胡晓宁, 苏诚玉, 等. 2013. 2007-2011 年甘肃省食品中分离的金黄色葡萄球菌生化特征分析. 疾病预防控制通报, 28(3): 53-55.

Costa F N, Belo N O, Costa E A, et al. 2018. Frequency of enterotoxins, toxic shock syndrome toxin-1, and biofilm formation genes in *Staphylococcus aureus* isolates from cows with mastitis in the Northeast of

Brazil. Trop Anim Health Prod, 50(5): 1089-1097.
de Neeling A J, van den Broek M J, Spalburg E C, et al. 2007. High prevalence of methicillin resistant *Staphylococcus aureus* in pigs. Vet Microbiol, 122(3-4): 366-372.
Grundmann H, Aanensen D M, van den Wijngaard C C, et al. 2010. Geographic distribution of *Staphylococcus aureus* causing invasive infections in Europe: a molecular-epidemiological analysis. PLoS Med, 7(1): e1000215.
Jeffrey J Z, Locke A K, Alejandro R, et al. 2014. 猪病学. 10 版. 赵德明, 张仲秋, 周向梅, 等译. 北京: 中国农业大学出版社.
Kloos W E, Schleifer K H. 1975. Simplified scheme for routine identification of human *Staphylococcus* species. J Clin Microbiol, 1(1): 82-88.
Laupland K B. 2013. Incidence of bloodstream infection: a review of population-based studies. Clin Microbiol Infect, 19(6): 492-500.
Nobrega D B, Naushad S, Naqvi S A, et al. 2018. Prevalence and genetic basis of antimicrobial resistance in non-*aureus* staphylococci isolated from Canadian dairy herds. Front Microbiol, 9: 256.
Ogston A. 1881. Report upon micro-organisms in surgical diseases. Br Med J, 1(1054): 369.
Popovich K, Hota B, Rice T, et al. 2007. Phenotypic prediction rule for community-associated methicillin-resistant *Staphylococcus aureus*. J Clin Microbiol, 45(7): 2293-2295.
Rich M. 2005. *Staphylococci* in animals: prevalence, identification and antimicrobial susceptibility, with an emphasis on methicillin-resistant *Staphylococcus aureus*. Br J Biomed Sci, 62(2): 98-105.
Saif Y M. 2012. 禽病学. 12 版. 苏敬良, 高福, 索勋, 译. 北京: 中国农业出版社.
Schleifer K H, Kloos W E. 1975. A simple test system for the separation of staphylococci from micrococci. J Clin Microbiol, 1(3): 337-338.

第十二节　链球菌属及其对抗菌药物的耐药性

病　原　学

【形态培养、生化特征】

链球菌属（*Streptococcus*）细胞分裂时总是沿一个轴，所以通常细胞排列成对或者呈链状，故被称作“链球菌”，以区别于可以沿多个轴分裂而形成一团细胞的“葡萄球菌”。在光学显微镜下观察，链球菌呈球形或卵圆形，直径 0.6～1.0μm，多数呈链状排列，短者由 4～8 个细胞组成，长者由 20～30 个细胞组成。链的长短与菌种及生长环境有关，在液体培养基中形成的链比在固体培养基中形成的链长。幼龄菌大多可见到透明质酸形成的荚膜，若延长培养时间，荚膜可被细菌自身产生的透明质酸酶分解而消失。无芽孢，无鞭毛，除个别 D 群菌外，均无菌毛，含 M 蛋白，革兰氏染色阳性。

需氧或兼性厌氧。营养要求较高，在普通培养基中需加有血液、血清、葡萄糖等才能生长。最适温度 37℃，最适 pH 为 7.4～7.6，血琼脂平板上形成灰白色、有乳光、表面光滑、边缘整齐、直径 0.5～0.75mm 的细小菌落，不同菌株有不同溶血现象。肺炎链球菌与甲型溶血性链球菌产生 α 溶血环。肺炎链球菌可产生自溶酶，因此平板培养 48h 后，菌体可自溶，菌落中央下陷呈脐状；若是在液体培养基中培养，液体初期呈浑浊状态，继而逐渐变澄清。自溶酶在细菌生长的稳定期可被激活，也可被胆汁或胆盐激活。

能发酵简单的糖类，产酸不产气。一般不分解菊糖，不被胆汁或1%去氧胆酸钠所溶解。不产生过氧化氢酶。

【种类、抗原结构】

根据兰氏（Lancefield）血清学分类法，将链球菌分为19个血清群，对动物有致病性的主要链球菌属于B、C、D、E、L、N、P等群以及甲型溶血性链球菌。C群中的马链球菌兽疫亚种以及E和D群，间或有R、S、T、U等群链球菌可引起猪的疾病。C群中的马链球菌马亚种是马腺疫的致病菌。属于B群的无乳链球菌是牛乳房炎的主要致病菌；C、E、G、L、O、P群中的链球菌也可引起乳房炎，偶致绵羊和山羊疾病。甲型溶血性链球菌和C、D、E、L等群链球菌也常引起猪、牛生殖道感染。从皮肤感染的病灶中常分离到C群和L群链球菌。

链球菌的抗原构造复杂，主要包括核蛋白抗原、多糖抗原和蛋白质抗原。核蛋白抗原无种特异性，各种链球菌均相同，可与葡萄球菌有交叉反应；多糖抗原是细胞壁的多糖成分，有群特异性，是链球菌分群的依据；而蛋白质抗原位于多糖抗原外层，具有型特异性，是化脓性链球菌的一种重要毒力因子，具有抗吞噬作用，并与致病性有关。

【分离与鉴定】

根据链球菌所致疾病不同，采取脓汁、咽拭子、血液等样品进行分离。将脓汁或棉拭子直接划线接种在血琼脂平板上，孵育后观察有无链球菌菌落。根据溶血性不同，链球菌可分为甲型、乙型和丙型链球菌。有β溶血的菌落，应与葡萄球菌加以区分。疑有败血症的血标本，应先在葡萄糖肉汤中增菌后，再在血平板上分离鉴定。

【抵抗力】

链球菌对热和普通消毒剂抵抗力不强，多数链球菌经60℃加热30min，均可被杀死，煮沸可立即死亡。日光直射2h死亡。在干燥尘埃中可生存数月，对一般消毒剂敏感，如2%石炭酸、0.1%新洁尔灭、1%煤酚皂液均可在3～5min将其杀死。乙型溶血性链球菌对青霉素、红霉素、四环素、杆菌肽及磺胺类药物敏感。

【致病性】

化脓性链球菌有较强的侵袭力，除细胞壁成分外，还可产生多种外毒素和胞外酶，包括M蛋白、链球菌溶血素、致热外毒素等。其中M蛋白与心肌、肾小球基底膜有共同抗原，能刺激机体产生相应抗体，引起交叉反应，损害人类心血管等组织；链球菌溶血素由乙型溶血性链球菌产生，包括链球菌溶血素O和链球菌溶血素S；致热外毒素又称为红疹毒素或猩红热毒素，是人类猩红热的主要毒性物质，致热外毒素抗原性强，具有超抗原作用，对兔有致热性和致死性。化脓性链球菌引起的疾病约占人类链球菌感染的90%，感染来源是患者和带菌者。该菌可通过空气飞沫传播，亦可经皮肤伤口感染。无乳链球菌又称为B族链球菌，当机体免疫力低下时，可引起皮肤感染、心内膜炎、产后感染、新生儿败血症和新生儿脑膜炎等。草绿色链球菌又称为甲型溶血性链球菌，是人类口腔和呼吸道的正常菌群，若心脏瓣膜已有缺陷或损伤，该菌可在损伤部位繁殖，引起亚急性心内膜炎。在拔牙或摘除扁桃体时，寄居在口腔、龈缝中的草绿色链球菌可侵入血液引起败血症。

猪链球菌病。猪链球菌病是由多种不同群的链球菌引起的不同临床类型的传染病的总称，常见的有败血性链球菌病和淋巴结脓肿两种类型。特征为：急性病例常为败血症和脑膜炎，由C群链球菌引起时发病率高，病死率也高，危害大；慢性病例则为关节炎、心内膜炎及组织化脓性炎，以E群链球菌引起的淋巴结脓肿最为常见，流行最广。

对其他动物的致病性。在家畜中化脓性链球菌主要引起牛乳房炎，有报道称其还可引起猪的骨髓炎、关节炎，牛的疣状心内膜炎。

对人类的致病性。化脓性链球菌能引起人的多种疾病，包括化脓性感染、中毒性疾病和非化脓性感染。化脓性感染包括咽炎、扁桃体炎、丹毒等；中毒性疾病主要指链球菌中毒性休克综合征和猩红热；非化脓性感染主要指咽炎、急性风湿热和肾小球肾炎。

流行病学与公共卫生意义

【流行病学】

链球菌的易感动物较多，因而在流行病学上的表现不完全一致。猪、马属动物、牛、绵羊、山羊、鸡、兔、水貂以及鱼等均有易感性。但猪则不分年龄、品种和性别均易感。3周龄以内的犊牛易感染牛肺炎链球菌病。4个月至5岁以内的马驹易感染马腺疫，特别是1岁左右的幼驹易感性最强。患病和病死动物是主要传染源，无症状和病愈后的带菌动物也可排出病菌成为传染源。仔猪感染该病，多是由母猪作为传染源而引起的。链球菌主要经呼吸道和受损的皮肤及黏膜感染。而猪和鸡经各种途径均可感染。幼畜在断脐时处理不当可引起脐感染。患马腺疫的幼驹可因吮乳，将该病传染给母马引起乳房炎，进而经血液传播，引起败血病。

猪链球菌是链球菌的主要代表性病原之一，根据其荚膜多糖抗原的不同，过去分为35个血清型（1～34型，1/2型）。但鉴于32型、34型与其他型差异较大，Hill等（2005）提议将二者划为一个新种，命名为鼠口腔链球菌（*S. orisratti*），血清1、2、7和9型是猪的致病菌。自1968年开始，国际上首次出现了猪链球菌血清2型（SS2）感染人的报道，到1989年，国外共有108例患者感染猪链球菌，1999年，出现了人感染SS2死亡的报告。1998～1999年，在江苏省和浙江省部分县（市）暴发了猪急性败血症，共有上万头猪发病，2005年6月下旬，在四川省资阳、内江等地区200多例患者感染SS2急性发病，死亡率达20%。患者表现为中毒性休克等多种临床综合征。目前由于抗菌药物的广泛应用，在药物的选择压力下，猪链球菌对抗菌药物产生了严重的耐药性，其对各类抗生素的抗药性呈逐年增强态势。

【公共卫生意义】

化脓性链球菌是人类链球菌感染最为常见的链球菌类型，在抗生素发现以前，人群感染十分普遍，儿童受累最为严重，在抗生素广泛应用之后，该菌引起的感染基本上得到了控制。但临床一线抗生素的大量使用，以及目前所使用的对革兰氏阴性菌具有强大杀伤力的抗生素的选择压力等，使得革兰氏阳性菌耐药率不断提高，对人畜安全造成很大威胁。

对抗菌药物的耐药性

【猪源链球菌的耐药性】

猪链球菌是一种人畜共感染病原，在世界各国广泛存在，已成为猪的主要细菌性疾病病原。猪链球菌病属于国家规定的二类动物疫病，感染猪链球菌的病猪通常表现为急性出血性败血症、心内膜炎、脑膜炎、关节炎及哺乳仔猪下痢和孕猪流产等。该病的流行无明显季节性，发病率和死亡率都较高。猪链球菌病在世界范围内的发病率越来越高，给养猪业造成的经济损失也越来越大，对猪链球菌耐药性的研究也成为兽医公共卫生科学的热门课题之一。虽然猪链球菌的暴发无地域性差别，但是由于各地域养殖条件、用药习惯等不同，因此猪链球菌具有不同的耐药表型和基因型。

链球菌对氨基糖苷类抗生素的耐药机制主要由 *aphA* 和 *aadE* 编码转移酶介导。对喹诺酮类药物的耐药机制主要是 *gyrA* 和 *parC* 耐药决定区突变。链球菌对四环素类抗生素的耐药涉及多个耐药基因，包括 *tet*(M)、*tet*(W)、*tet*(S)、*tet*(L)和 *tet*(B)等。链球菌对 MLS 类（大环内酯类、林可酰胺类和链阳霉素类抗生素总称）抗生素的耐药机制主要包括对 23S rRNA 的甲基化修饰、主动外排泵对药物的外排及灭活酶对药物的修饰和药物作用靶位的突变等。

针对猪链球菌的耐药表型，我国学者针对国内不同地区的分离株进行了系统研究。研究结果表明，猪链球菌的耐药率逐年上升，并且多数菌株呈现多重耐药，特别是对四环素类存在广泛的耐药性，不同地区的分离株其耐药表型存在差异。

龚团莲（2016）对东北地区 26 株猪链球菌进行了常用抗菌药物的敏感性分析，结果表明，猪链球菌对临床一线主力药物都有不同程度的耐药性，对四环素、庆大霉素、磺胺二甲氧嘧啶表现出较强的耐药性，耐药率分别为 92.3%、69.2%、69.2%；对氯霉素、头孢他啶、克林霉素、磺胺嘧啶钠、复方新诺明的耐药率均为 57.7%；对阿米卡星和盐酸多西环素的耐药率分别为 42.3%和 50.0%。东北地区治疗猪链球菌最好的药物为头孢噻肟及氨苄西林/舒巴坦，73%的猪链球菌对它们敏感。彭少静等（2016）对采集自重庆地区屠宰场、农贸市场的 398 份猪颌下淋巴结样品以及 140 份猪肉样品进行了检测，共检出猪链球菌 132 株，检出率为 24.5%，随机抽取 18 株分离株进行耐药性检测。检测结果表明，重庆地区动物源性食品来源的猪链球菌对氨基糖苷类、四环素类和磺胺类药物耐药严重，对 β-内酰胺类抗生素中的青霉素、氨苄西林、阿莫西林、头孢噻吩、头孢曲松、头孢吡肟和头孢拉定等100%敏感。张维谊等（2016）对上海地区2013～2015年畜禽门诊、养殖场、屠宰场分离到的59株猪链球菌进行药敏试验，结果发现四环素耐药率最高，为95%。何宏魁（2010）在2003～2008年从湖北、湖南、河南、河北、四川、江西、安徽、福建、山东等国内主要养猪大省发病猪场分离的临床菌株中，随机挑选了126株进行药敏试验，其采样部位包括脑、关节、淋巴结、心、肺等。为了进行耐药表型比较，对2008～2009年从山东、湖南、湖北、江西4个省份的健康猪鼻腔采集的样本进行对照药敏试验。实验结果表明，从发病猪分离得到的126株链球菌对于四环素药物的耐药率最高，为97.6%，对大环内酯类中的红霉素、阿奇霉素的耐药率分别为68.3%和69%。但对青霉素类、头孢菌素类、大环内酯类、氯霉素类、林可酰胺等具有高度敏感性，对万古霉素类100%敏感。值得注意的是，从临床发病猪所分离得到的链球菌表现出高度多重耐药特性。126株分离株对18种抗生素呈现出10种耐药谱，其中55.6%分离株表现为四重耐药（耐红霉素+克林霉素+四环素+阿奇霉素）。

何宏魁（2010）的研究结果表明，与发病猪分离样品相比较，健康猪群鼻腔分离样品尽管对美罗培南和万古霉素都敏感，但对于其他种类抗生素表现出更多耐受性，其中对红霉素、四环素和阿奇霉素100%耐药，对林可酰胺类69%耐药，对喹诺酮类的耐药率达到43.5%，对于青霉素类、头孢菌素类、大环内酯类等也有不同程度的耐药性。更为重要的是，健康猪分离的样本对18种抗生素表现出了15种耐药谱，所有测试菌株至少对4种抗生素耐受，甚至有1株菌株最高可以耐受14种药物，提示我们不仅要关注患病猪群的细菌耐药表型，更要重视健康猪群存在的多重耐药性给下次用药带来的潜在危害，在细菌耐药性检测工作中，不仅要提取病样，也要提取健康样本，以全面评估临床用药。

王颖（2017）等研究发现从在天津市的养殖场、养殖农户及散养户抽检的480份样品中分离到的18株菌均为猪链球菌2型。药敏试验结果表明，18株菌对庆大霉素、头孢噻肟、环丙沙星、头孢曲松钠、氧氟沙星、恩诺沙星100%耐药，且均为多重耐药，有7株是9重耐药，11株为8重耐药。该研究结果表明，猪链球菌2型耐药严重。张强（2015）对国外（美国、丹麦、比利时和越南等）猪链球菌的耐药表型数据进行分析表明，猪链球菌在这几个国家对四环素的耐药率均在80%以上，部分地区100%耐药；在美国，对林可霉素和克林霉素的耐药率均在85%以上；对大环内酯类、红霉素和泰乐菌素都有较高的耐药率。多数菌株同时对磺胺类、氯霉素、青霉素、卡那霉素和左氧氟沙星、甲氧苄啶/磺胺甲基异噁唑、头孢菌素和恩诺沙星等表现不同程度的耐药。由此可见，世界范围内随着时间的推移，猪链球菌的耐药率越来越高，有的地区四环素类耐药十分严重，耐药率高达100%。尤其值得注意的是，猪链球菌的多重耐药性也有上升的趋势。

由于猪链球菌基因组中广泛存在与四环素类、氨基糖苷类、大环内酯类等药物耐药相关的基因元件，临床分离猪链球菌大多对这3种药物耐受；同时，这些元件可以通过不同的方式插入并整合到化脓性链球菌、肺炎链球菌和无乳链球菌等细菌中，从而使耐药性得以扩散。因此，目前对于猪链球菌的耐药性研究主要集中于猪链球菌与四环素类、氨基糖苷类、大环内酯类等药物的相互作用。细菌对于四环素类的耐药性主要依赖于核糖体保护、外排泵和四环素灭活酶三种机制。

截至目前，猪源链球菌核糖体保护蛋白已被证实的有 Tet(O)、Tet(M)、Tet(W)等。相对于 Tet(O)和 Tet(M)，Tet(W)发现较晚，2008 年，首次于脑膜炎病例的分离株中检测到其基因，此外，在我国人分离株 GZ1 全基因组中也检测到其基因。猪链球菌四环素外排泵蛋白主要为 Tet(K)、Tet(L)、Tet(B)、Tet(40)等。其中，Tet(B)、Tet(40)目前仅在几例分离株中有报道。至于四环素灭活酶，尚未见相关文献报道。黄文明等（2013）针对广东地区 56 株临床分离株利用 PCR 技术对四环素耐药基因进行了扩增。扩增结果表明，*tet*(M)基因阳性率为 85.71%（48 株），*tet*(O)基因阳性率为 25%（14 株），*tet*(K)基因阳性率为 41%（23 株），*tet*(L)基因阳性率为 51.79%（29 株）。链球菌对大环内酯类的耐药主要是因为核糖体靶位点的改变，使细菌核糖体 23S rRNA 甲基化，从而使得核糖体结构改变后与药物的亲和力降低。通过这种机制，链球菌还可以对大环内酯类、林可霉素类、链阳菌素 B 产生交叉耐药，此种多重耐药称为 MLS_B 耐药。猪源与人源链球菌携带的共同耐药基因有 6 种，分别是大环内酯类耐药基因 *erm*(B)、*mefA/E*，四环素类耐药基因 *tet*(M)、*tet*(O)、*tet*(L)，多黏菌素类耐药基因 *mcr-1*。孙佳楠等（2017）对辽西地区猪源与人源链球菌相关耐药基因进行了同源性分析，发现猪源链球菌 *erm*(A)和 *erm*(B)基因的检出率均在 50%以上，但未检出 *erm*(C)基因；人源链球菌 *erm*(B)基因的检出率高达 100%，而 *erm*(A)和 *erm*(C)未检出；猪源和人源链球菌 *mefA/E* 基因的检出率分别为 5.43%和 62.5%；猪源和人源链球菌 *tet*(L)基因的检出率较高，分别为 92.39%和 100%，而 *tet*(K)、*tet*(M)和 *tet*(O)的检出率相对较低。国内外有研究显示，*erm*(B)基因编码的内在型耐药是猪链球菌对大环内酯类药物耐受的主要作用机制。除此之外，日本学者报道了一例猪链球菌对氯霉素的耐药机制，日本学者 2003 年从猪链球菌发现了一种新的转座子 Tn*Ss1*，含有氯霉素的乙酰基转移酶基因，能够介导猪链球菌对氯霉素药物的耐药性。

【其他动物源链球菌的耐药性】

目前国内外对于动物源链球菌的研究主要集中于猪链球菌，也有零星关于羊、牛、鸭等链球菌的报道，但这些报道多着重于流行病学以及耐药谱研究，较少触及耐药机制。董文龙等（2016）从我国长春地区患病山羊鼻腔内分离到 1 株动物链球菌，该菌对氯霉素、阿米卡星、恩诺沙星、环丙沙星敏感；对阿奇霉素、红霉素、氟苯尼考、庆大霉素、阿莫西林、磺胺间甲氧嘧啶耐药。汤芳等（2016）在流浪猫身上分离到一株猪链球菌，其血清型为 9 型。对分离菌株的耐药性检测表明，其对氨苄西林、环丙沙星、氯霉素和恩诺沙星敏感，对大环内酯类和四环素类耐药。张素辉等（2014）从重庆大耳羊羊场肺炎病例羊组织中分离出一株链球菌，经 16S rRNA 比对，其与绵羊链球菌同源性高达 99%，药敏试验结果表明，该羊源链球菌对呋喃唑酮和利福平等抗生素敏感，对氟苯尼考、甲氧苄啶、四环素、先锋霉素Ⅵ和乙酰螺旋霉素的敏感性较低，对林可霉素、庆大霉素、红霉素等表现一定的抗性。沈艳丽等（2012）从青海病死绵羊淋巴结、心血管、脾脏及肝脏组织中分离出羊链球菌，K-B 纸片法的结果表明，该菌对苯唑青霉素和磺胺耐药，对青霉素、万古霉素、卡那霉素敏感。除羊链球菌外，动物源致病链球菌常见宿主还有牛。从病牛样本分离到的链球菌多数为牛链球菌、无乳链球菌、肺炎链球菌等。

龚团莲（2016）从内蒙古通辽市奶牛乳房炎病例中分离出 14 株细菌，经鉴定，均为无乳链球菌，药敏试验结果表明，这些无乳链球菌对磺胺嘧啶的耐药率为 100%，对链霉素也有较高的耐药率，但对其他氨基糖苷类药物（卡那霉素和庆大霉素）及大环内酯类药物（麦迪霉素）的敏感性较高，特别是对麦迪霉素高度敏感。此外，高玉梅等（2010）对广西南宁 104 头水牛乳房炎阳性样本进行了细菌鉴定及药敏试验。数据显示，共分离鉴定出 240 个菌株，18 种病原菌。分离率最高的为葡萄球菌（45.1%），其次为链球菌（32.9%），包括无乳链球菌、停乳链球菌、牛链球菌、乳房链球菌等；这些分离菌株对奶牛乳房炎治疗应用较多的四环素、链霉素、复达欣等的耐药率几乎为 100%，但对喹诺酮类特别是恩诺沙星类有着较高的敏感性。刘长春（2009）研究发现，河南地区普遍存在鸡链球菌引起的腹泻，特别是在夏天高温多雨、夏秋之交气温变化较大的时期，以及饲养密度大、环境卫生差的情况下更容易发生，各品种不同日龄的鸡均可发生，但死亡率并不高，仅为 1%～8%，这和关于鸡链球菌的相关报道基本吻合。经过药敏试验，刘长春（2009）证实鸡链球菌对青霉素、阿莫西林、头孢唑啉非常敏感，对庆大霉素、罗红霉素、诺氟沙星则都表现出了不同程度的耐药性，这可能是这些药物的长期使用导致鸡链球菌对其产生了耐药性，而不常用的青霉素、阿莫西林、头孢唑啉没有出现类似情况，建议以后河南地区针对鸡链球菌腹泻病放弃使用庆大霉素、罗红霉素、诺氟沙星类药物，选择青霉素、阿莫西林和头孢唑啉等药物。赵瑞宏等（2010）利用鲜血和营养琼脂培养基，从自然发病的鸭体内成功分离出链球菌 19 株，部分鸭链球菌可在普通营养琼脂平板上生长且生长良好，这给鸭链球菌的分离培养带来了便利，并且所分离的细菌对鸭有致病性。药敏试验结果表明，7 株对丁胺卡那中度敏感，5 株对头孢曲松钠低度敏感，5 株对头孢噻肟钠低度敏感，3 株对氧氟沙星低度敏感，1 株对青霉素低度敏感，1 株对链霉素、环丙沙星、复方新诺明等 11 种药物产生耐药性。说明鸭链球菌耐药性在不断增强，给鸭链球菌病的防治带来了一定的困难。目前部分头孢类药物禁止用于动物治疗，给鸭链球菌病的防治造成了一定的困难。

研究表明，链球菌属细菌对头孢菌素类、万古霉素、利奈唑胺、美罗培南高度敏感，对左氧氟沙星的监测结果显示，约 30% B 群 β 溶血性链球菌已产生耐药性，其他链球菌属细菌仍对其高度敏感。链球菌对青霉素的药物敏感性研究表明，人肺炎链球菌对青霉素的耐药性几乎完全是因为青霉素结合蛋白改变了细菌对抗菌药物的亲和力。而魏顺等（2016）发现在罗非鱼无乳链球菌基因组中，9 个 β-内酰胺酶基因在各分离菌株中呈高度多态性分布，其中 *SAG0658* 基因与氨苄青霉素抗性显著相关，无乳链球菌 *SAG0658* 基因在抵抗青霉素类药物作用的过程中发挥重要作用。

此外，耐大环内酯类肺炎链球菌的迅速增加已引起普遍关注，人源链球菌对大环内酯类的耐药主要是由于核糖体靶位点的改变，使细菌核糖体 23S rRNA 甲基化，核糖体结构改变后与药物的亲和力降低。链球菌通过这种机制可以引起对大环内酯类、林可霉素类和链阳菌素 B 的交叉耐药。链球菌也可由于主动外排机制增强，把抗生素泵出细胞外从而产生耐药性，但此种机制只作用于 14、15 元环大环内酯类抗生素，链球菌对 16 元环大环内酯类、林可霉素类和链阳菌素仍敏感。研究表明，对大环内酯类耐药的 A 组链球菌中 96%的菌株为 M 表型。张大帅（2017）对 256 株牛源链球菌进行四环素耐药基因检测，检测结果显示，四环素耐药基因 *tet*(M)检出率最高（39.6%），其他依次为 *tet*(O)（15.63%）和 *tet*(K)（0.78%），未检测到 *tet*(L)基因。日本学者报道，对 29 株红霉素耐药的人源化脓性链球菌的检测表明，22 株表达 *mefA* 基因，5 株表达 *erm*(TR)基因，2 株表达 *erm*(B)基因，表明 *mefA* 基因可在 M 表型化脓性链球菌中发生水平传播。我国红霉素耐药肺炎链球菌以大环内酯-林可酰胺-链阳霉素 B 表型为主，其耐药机制主要与 *erm* 基因有关。

链球菌在细菌耐药性传播中的意义。动物源链球菌是我国人医、兽医最常见的致病菌，其中某些重要的病原如肺炎球菌、化脓性链球菌等可以造成人体严重感染；马链球菌兽疫亚种、马链球菌马亚种以及猪链球菌等均可引起猪链球菌病，其中猪链球菌是世界范围内引起猪链球菌病最主要的病原，其所引起的猪链球菌病在全世界养猪场均有报道，并广泛流行。由于链球菌血清型众多，现有商品化疫苗交叉保护率差。因此，目前对于链球菌的感染仍然以药物防控为主。但抗菌药物的广泛使用，尤其是在畜牧业养殖中，大量的抗菌药被用于治疗感染性疾病来促进动物增长，使得链球菌的耐药性越来越严重，加之许多种属链球菌的基因组存在基因转移元件或整合子，从而使得耐药基因极易扩散，所以也有研究者将链球菌称为耐药基因储存库。因此，加强对链球菌耐药机制的研究，不仅对链球菌的防控有着极为重要的意义，同时对于开展其他种属细菌的耐药性研究也有着十分重要的借鉴意义。

防 治 措 施

禁止屠宰加工和食用患病动物是减少该病的关键。在养殖场加强卫生管理，切断细菌传染来源和传播途径，可以有效减少该病的发生。发病猪场可以使用疫苗预防。

动物对化脓性链球菌易感性较差，感染少见。如发生急性败血症感染，可采用药敏试验选择敏感抗生素进行隔离治疗。对病死动物实行无害化处理。

主要参考文献

董文龙, 王巍, 耿昕颖, 等. 2016. 山羊源多动物链球菌的分离与鉴定. 上海交通大学学报(农业科学版), 34(5): 23-26, 40.

高玉梅, 郑威, 杨宪苓, 等. 2010. 奶水牛乳房炎病原菌的分离鉴定及药敏试验. 广西畜牧兽医, 26(3): 171-173.

龚团莲. 2016. 26 株猪链球菌对抗菌药物的敏感性分析. 畜牧与饲料科学, 37(1): 16-17, 21.

何宏魁. 2010. 猪链球菌的耐药性及猪链球菌在健康猪群中分布特征的研究. 武汉: 华中农业大学硕士学位论文.

黄文明, 欧阳昀, 张民泽, 等. 2013. 广东地区猪链球菌的耐药性特点及四环素耐药基因携带情况. 中国畜牧兽医, 40(5): 54-58.

孔宪刚. 2013. 兽医微生物学. 2 版. 北京: 中国农业出版社.

刘长春. 2009. 河南部分地区鸡腹泻性链球菌病原学鉴定及耐药性研究. 郑州: 河南农业大学硕士学位论文.

刘金华, 甘孟侯. 2016. 中国禽病学. 2 版. 北京: 中国农业出版社.

陆承平, 吴宗福. 2015. 猪链球菌病. 北京: 中国农业出版社.
孟祥朋, 孙建和. 2011. 猪链球菌 2 型生物被膜的生物学特性研究. 畜牧与兽医, 43(9): 1-7.
彭少静, 邓华英, 张媛媛, 等. 2016. 重庆地区猪肉样品中猪链球菌污染、血清型、耐药性及致病性. 食品科学, 37(4): 233-237.
沈艳丽, 蔡金山, 马睿麟, 等. 2012. 青海同仁藏系绵羊链球菌病诊断及防治. 中国兽医杂志, 48(8): 36-37.
孙佳楠, 李欣南, 伊会杰, 等. 2017. 辽西地区猪源与人源链球菌耐药性及相关耐药基因同源性分析. 畜牧与兽医, 49(1): 55-60.
汤芳, 潘子豪, 李德志, 等. 2016. 一株分离自流浪猫的猪链球菌 9 型的分子生物学鉴定. 微生物学报, 56(2): 275-282.
田克恭. 2013. 人与动物共患病. 北京: 中国农业出版社.
童光志. 2008. 动物传染病学. 北京: 中国农业出版社.
王新娟. 2010. 河南省猪源链球菌的分离鉴定及四价灭活苗的初步研制. 郑州: 河南农业大学硕士学位论文.
王颖. 2017. 天津地区猪链球菌 2 型流行情况调查及耐药性检测. 长春: 吉林大学硕士学位论文.
魏顺, 张泽, 李宇辉, 等. 2016. 广东地区吉富罗非鱼无乳链球菌病的流行情况与耐药性. 水产学报, 40(3): 503-511.
张大帅. 2017. 江苏地区奶牛源链球菌分子流行病学调查及四环素耐药基因分析. 扬州: 扬州大学硕士学位论文.
张强. 2015. 副猪嗜血杆菌喹诺酮耐药分子特征及猪链球菌多重耐药机制研究. 武汉: 华中农业大学博士学位论文.
张素辉, 付利芝, 黄勇富, 等. 2014. 简阳大耳羊链球菌的分离鉴定及药敏特性研究. 中国草食动物科学, (S1): 326-328.
张维谊, 王晓旭, 宁昆, 等. 2016. 猪源猪链球菌耐药情况分析. 中国农业信息, (11): 101-103.
赵瑞宏, 张丹俊, 潘孝成, 等. 2010. 鸭链球菌的分离与耐药性监测. 中国畜牧兽医, 37(1): 169-171.
Burmølle M, Webb J S, Rao D, et al. 2006. Enhanced biofilm formation and increased resistance to antimicrobial agents and bacterial invasion are caused by synergistic interactions in multispecies biofilms. Appl Environ Microbiol, 72(6): 3916-3923.
Cherazard R, Epstein M, Doan T L, et al. 2017. Antimicrobial resistant *Streptococcus pneumoniae*: prevalence, mechanisms, and clinical implications. Am J Ther, 24(3): e361-e369.
Grenier D, Grignon L, Gottschalk M. 2009. Characterisation of biofilm formation by a *Streptococcus suis* meningitis isolate. Vet J, 179(2): 292-295.
Guitor A K, Wright G D. 2018. Antimicrobial resistance and respiratory infections. Chest, 3692(18): 1202-1212.
Guo D W, Wang L P, Lu C P. 2012. *In vitro* biofilm forming potential of *Streptococcus suis* isolated from human and swine in China. Braz J Microbiol, 43(3): 993-1004.
Hill J E, Gottschalk M, Brousseau R, et al. 2005. Biochemical analysis, cpn60 and 16S rDNA sequence data indicate that *Streptococcus suis* serotypes 32 and 34, isolated from pigs, are *Streptococcus orisratti*. Vet Microbiol, 107(1-2): 63-69.
Jeffrey J Z, Locke A K, Alejandro R, et al. 2014. 猪病学. 10 版. 赵德明, 张仲秋, 周向梅, 等译. 北京: 中国农业大学出版社.
Kanwar I L, Sah A K, Suresh P K. 2017. Biofilm-mediated antibiotic-resistant oral bacterial infections: mechanism and combat strategies. Curr Pharm Des, 23(14): 2084-2095.
Mah T F, Pitts B, Pellock B, et al. 2003. A genetic basis for *Pseudomonas aeruginosa* biofilm antibiotic resistance. Nature, 426(6964): 306-310.
May K L, Grabowicz M. 2018. The bacterial outer membrane is an evolving antibiotic barrier. Proc Natl Acad Sci U S A, 115(36): 8852-8854.

Niemann L, Müller P, Brauns J, et al. 2018. Antimicrobial susceptibility and genetic relatedness of respiratory tract pathogens in weaner pigs over a 12-month period. Vet Microbiol, 219: 165-170.
Saif Y M. 2012. 禽病学. 12 版. 苏敬良, 高福, 索勋, 译. 北京: 中国农业出版社.
Spížek J. 2018. Fight against antimicrobial resistance. Epidemiol Mikrobiol Imunol, 67(2): 74-80.
Tavares L S, Silva C S, de Souza V C, et al. 2013. Strategies and molecular tools to fight antimicrobial resistance: resistome, transcriptome, and antimicrobial peptides. Front Microbiol, 4: 412.
Tillotson G S, Zinner S H. 2017. Burden of antimicrobial resistance in an era of decreasing susceptibility. Expert Rev Anti Infect Ther, 15(7): 663-676.

第十三节 李斯特菌属及其对抗菌药物的耐药性

病 原 学

【形态培养、生化特征】

李斯特菌属（*Listeria*）为革兰氏阳性菌，两端钝圆、短杆菌，常呈“V”形排列，偶有球状、双球状，大小为 0.5μm×（1.0～2.0）μm，直或稍弯，兼性厌氧，无芽孢，一般不形成荚膜，但在营养丰富的环境中可形成荚膜，该菌有 4 根周毛和 1 根端毛，但周毛易脱落。

李斯特菌最适培养温度为 30～37℃，在 4℃可缓慢增殖。最适 pH（7.0～9.6）为中性至弱碱性、微需氧。该菌可在普通琼脂培养基如营养琼脂、TSA 琼脂等上进行培养。一般菌落较小，边缘整齐，透明，呈露滴状。在血平板上，菌落通常为灰白色，β 溶血。在液体培养基中经 18～24h 培养后，呈轻度浑浊，不形成菌环、菌膜。李斯特菌为触酶阳性，氧化酶阴性。可分解多种糖类，如葡萄糖、果糖、海藻糖、乳糖等，产酸不产气。甲基红试验、VP 试验和精氨酸水解试验呈阳性；吲哚试验、硫化氢试验、尿素酶试验、甘露醇试验、赖氨酸试验、鸟氨酸试验、硝酸盐还原试验呈阴性，不利用枸橼酸盐，不产生靛基质和硫化氢。

【种类、抗原结构】

Murray 等（1926）首次在病死兔中发现李斯特菌，并于 1929 年证实该菌对人体具有致病性。1940 年第三届国际微生物大会上，其被命名为李斯特菌。李斯特菌主要包括以下几种：单核细胞增生李斯特菌（*L. monocytogenes*，LM）、英诺克李斯特菌（*L. innocua*）、绵羊李斯特菌（*L. ivanovii*）、西氏李斯特菌（*L. seeligeri*）、威尔氏李斯特菌（*L. welshimeri*）和格氏李斯特菌（*L. grayi*）。

【分离与鉴定】

该菌的生长温度为 2～42℃，最适培养温度为 35～37℃，在 pH 中性至弱碱性（pH 9.6）、氧分压略低、二氧化碳张力略高的条件下，该菌生长良好。在含 2.5g/L 琼脂、80g/L 明胶和 10g/L 葡萄糖的半固体培养基中，37℃培养 24h，生长物沿穿刺线以不规则云雾状延伸到培养基内，进而扩散到整个培养基，生长达最高量时在培养基表面以下 3～5mm

处形成一丝伞状的界面。羊肝浸出液琼脂上的菌落呈圆形、光滑、奶油状、稍扁平。在血琼脂上生长良好，四周有狭窄的溶血带，因血的种类而有变化。

【抵抗力】

该菌对理化因素抵抗力较强，在土壤、粪便、青贮饲料和干草内能长期存活，对碱和盐抵抗力强，60～70℃经 5～20min 可杀死，70%乙醇 5min 及 2.5%石炭酸、2.5%氢氧化钠、2.5%福尔马林 20min 可杀死此菌。

【致病性】

单核细胞增生李斯特菌的抗原结构与毒力无关，它的致病性与毒力机理包括三个方面。第一，寄生物介导的细胞内增生，使该菌附着并进入肠细胞与巨噬细胞。第二，抗活化的巨噬细胞，单核细胞增生李斯特菌有细菌性过氧化物歧化酶，使它能抵抗活化巨噬细胞内过氧化物（杀菌的毒性游离基团）的分解作用。第三，产生溶血素，即李斯特菌溶血素 O，可以从培养物上清液中获得。

流行病学与公共卫生意义

【流行病学】

李斯特菌广泛存在于自然界中，如土壤、地表水、污水、废水、植物、青贮饲料等，故动物很容易摄入该菌，并通过粪—口途径传播。其主要以肠道作为侵入点，潜伏期从 1 天到数周不等。单核细胞增生李斯特菌简称单增李斯特菌，是李斯特菌属中主要感染人类的重要人畜共患致病菌。感染者多是食用了被李斯特菌污染的食品（如肉类、乳制品、蔬菜和即食食品），这是传染给人类的主要途径。该菌能引起人患脑炎、败血症、心内膜炎及脓肿和局部的脓性损伤，造成孕妇流产、死胎等，发病者死亡率可达 20%～70%。目前在大多数发达国家，人类感染单增李斯特菌的发病率为 2/100 000～15/100 000。Olsen 等（2005）在美国 11 个州检测到 30 株临床李斯特菌，该菌导致 4 人死亡。Dalton 等（1997）报道美国伊利诺伊州 45 例患者因食用了可能被李斯特菌污染的牛奶而导致严重的肠胃炎和发热。

单增李斯特菌能够附着在许多不同种类的材料（如不锈钢、聚苯乙烯和玻璃等）表面形成生物膜，对洗涤剂和消毒剂的抵抗力较强，并且可以在食品加工的各种极端环境如高盐、干燥、冷藏等条件下存活和生长，在食品加工中持久存在，它可能导致食品的反复交叉污染，从而成为食品厂的潜在污染源，对食品安全造成极大的威胁。例如，炊慧霞等（2012）对河南省 2011～2012 年的餐饮食品取样 1478 份，检出单增李斯特菌 43 株，检出率为 2.91%；熟肉制品共取样 754 份，检出单增李斯特菌 20 株，检出率为 2.65%。Allerberger 和 Wagner（2010）报道健康人类粪便中单核细胞增生李斯特菌的携带率为 0.6%～16%，有 70%的人可短期带菌。4%～8%的水产品、5%～10%的奶及其产品、30%以上的肉制品及 15%以上的家禽均被该菌污染，有 85%～90%的人感染病例是由被污染的食品引起的。例如，Véghová 等（2015）从斯洛伐克的 639 份样品中分离到 20 株单增李斯特菌。Hong 等（2007）从人和肉类食品中分别分离出 179 株和 271 株单增李斯特菌。李郁等（2007）检测到市售猪肉单核细胞增生李斯特菌的污染率为 1.17%。蒋兵（2018）从重庆、陕西、云南的部分屠宰场、超市及农贸市场的鸡肉、猪肉及其加工、销售相关环境中采集样品 1445 份，分离出单增李斯特菌 79 株，总检出率为 5.5%，其中鸡肉样品的检出率最高，为 15.7%。屠宰场受单增李斯特菌的污染最严重，在农贸市场各环境中，秤盘、台面受单增李斯特菌的污染较为严重，其检出率分别为 20.0%、14.3%。代长宝（2017）调查了山东省两个肉牛屠宰企业（A 和 B）的单增李斯特菌污染状况，A 厂共取样 236 个，其中 33 个样品为单增李斯特菌阳性，检出率为 13.98%。B 厂共取样 233 个，有 108 个样品为单增李斯特菌阳性，检出率 46.35%。在两个工厂中污染率较高的环节为喷淋后胴体（80%）及分割肉（81.25%）。王文燕（2014）研究发现 273 份猪肉及肉制品中有 52 个（19.05%）样本受单核细胞增生李斯特菌的污染，共检出 78 株单核细胞增生李斯特菌。Jamali 和 Radmehr（2013）在伊朗奶牛场采集牛乳样品 207 份，21 份检测到李斯特菌，其中 17 份检测到单增李斯特菌。

以上研究表明，李斯特菌主要存在于食品加工或者养殖场及屠宰场等环境中，人类主要是通过食用被该菌污染的食品后感染，且感染率不断增高，表明需要重点关注通过外界环境—食品—人的传播。

【公共卫生意义】

单核细胞增生李斯特菌（LM）是唯一能引起人类疾病的李斯特菌，也是一种人畜共患的病原菌，在土壤中常见。污染食物可引起李斯特菌病，感染后主要临床表现为败血症、脑膜炎、胃肠炎及孕妇流产等，已被世界卫生组织（WHO）列为 20 世纪 90 年代食品中四大致病菌之一。2000 年，LM 被 WHO 列为重点监测的食源性致病菌之一。在欧美、日本，由该菌造成的临床疾病和食物污染问题已经超过了沙门菌。美国 CDC 食源性疾病监测网的调查发现，所监测的食源性疾病中，LM 的致死率最高，为住院患者的 20%。人主要通过食入软奶酪、未充分加热的鸡肉、鲜牛奶、冰激凌、生牛排、羊排、蔬菜沙拉等而感染，85%～90%的病例是由被污染的食品引起的。牛乳中李斯特菌的污染主要来自粪便；肉在屠宰过程中易被污染，在销售过程中，食品从业人员的手也可造成污染。由于该菌在 4℃的环境中仍可生长繁殖，因此能在家用冰箱冷藏室条件下较长时间生存繁殖，通常存在于未杀菌的生冷食物中。食品中存在的 LM 给人类的安全带来了危险，加强对 LM 的有效监测迫在眉睫。

食品污染是引起人李斯特菌感染的主要途径。已有不少国家报道了由 LM 污染引起的食物中毒事件。1999 年底，美国发生了历史上因食用带有李斯特菌的食品而引发的最严重的食物中毒事件，美国 CDC 资料显示，在美国密歇根州有 14 人因食用被该菌污染的“热狗”和熟肉而死亡，在另外 22 个州有 97 人患此病，6 名妇女流产。1992～1995 年，在法国出产的奶酪及猪肉中发现李斯特菌，2001 年 11 月以来，我国质检部门多次从美国、加拿大、法国、爱尔兰、比利时、丹麦等的 20 多家肉类加工厂进口的猪腰、猪肚、猪耳、小排等 30 多批近千吨猪副产品中检出单增李斯特菌等致病菌。2009 年 1 月至 2014 年 12 月，汪永禄等（2010）对马鞍山市部分餐饮店、超市及零售市场中的 12 类食品（包括畜肉、禽肉、鱼虾、动物内脏、熟食制品、蔬菜、米面制品、豆制品、禽蛋、果汁、乳制品等）进行随机抽样，从采集的 2372 份样品中检测出 332 份李斯特菌。杨修军等在 2011～2015 年，从吉林省 9 个检测地区采集到 11 大类 5093 份食品样品，共检出 LM 294 株，总检出率为 5.77%。美国 CDC 在 2011 年 9 月 28 日报道，来自 18 个州的 72 人因食用被李斯特菌污染的甜瓜而染病，其中 16 人死亡，这是美国自 1998 年以来致死人数最多的一次食源性疾病疫情。2018 年，因食用被李斯特菌污染的澳洲哈密瓜，导致澳大利亚 7 人死亡，一位妇女因此而流产。美国食品药品监督管理局报道，全美每年有大约 800 例李斯特菌感染病例，大多数是因为食用上述食品，农产品一般不是使人染病的元凶。老年人、孕妇和慢性病患者等免疫力较差人群最易感染李斯特菌。

对抗菌药物的耐药性

李斯特菌在养殖场、肉类食品、环境及临床中的分离率不断增高，抗生素的使用频率和剂量不断增加，加上耐药基因的水平传播，导致出现对部分抗生素耐药的现象，其耐药水平也不断增高。冯晓慧（2011）从山东省三个肉牛屠宰厂共收集 439 份样品，其中 288 份样品中检出李斯特菌，随机抽取 55 株单增李斯特菌分离株，对头孢噻吩、多黏菌素 B、头孢噻肟、依诺沙星的耐药率分别为 1.82%、25.5%、36.4%、38.2%，同时存在不同程度的多重耐药情况。炊慧霞等（2012）对河南省餐饮食品进行了取样，2011 年分离出 32 株食源性单增李斯特菌，有 3 株耐药，耐药率为 9.38%，未出现多重耐药；2012 年分离出 34 株食源性单增李斯特菌，有 8 株耐药，耐药率为 23.53%，未出现多重耐药。尹录等（2009）从哈尔滨市 158 份样品中分离到 23 株李斯特菌，多为多重耐药菌株，其耐药率高达 95.65%。蒋兵（2018）从重庆、陕西、云南的 1445 份样品中分离到单增李斯特菌 79 株，其对苯唑西林、头孢噻肟和多黏菌素 B 的耐药率分别高达 89.9%、40.5%和 21.5%。分离株中耐 3 种及以上抗生素的有 14 株，多重耐药率为 17.7%。Conter 等（2009）从食品和食品加工环境中分离到 120 株单增李斯特菌，所分离细菌主要对克林霉素、利奈唑酮、环丙沙星、氨苄西林、利福平、万古霉素和四环素耐药。Biavasco 等（1996）发现李斯特菌可以通过屎肠球菌获得万古霉素耐药基因 *vanA*，使之表现出耐万古霉素。邵健（2013）从湖北、湖南、河南、浙江、广东和广西各省（自治区）的规模化猪场病死猪中分离到 11 株单增李斯特菌，其对阿米卡星、四环素、氯霉素、多黏菌素 B、卡那霉素、复方新诺明、链霉素、壮观霉素、头孢噻肟、青霉素 G、氨苄西林、阿奇霉素和头孢呋辛等多种抗生素具有不同程度的耐药性。王文燕（2014）从猪肉及肉制品中分离的 8 株单增李斯特菌主要对四环素耐药，对青霉素、庆大霉素、红霉素等抗生素也表现出耐药性，其主要携带 *tet*(M)耐药基因。霍哲等（2017）于 2014～2016 年对生禽畜肉、熟肉制品、水产品、凉拌菜、熟制米面制品、冷冻饮品和西式煎牛排、猪排等共计 7 类食品中检测出的 42 株李斯特菌和临床分离的 8 株李斯特菌进行了耐药基因检测，所分离的 50 株李斯特菌对 14 种抗生素的耐药率为 22%。闫韶飞等（2014）对 635 株单增李斯特菌的耐药特征进行了研究，其中有 66 株耐药菌，平均耐药率为 10.39%。耐四环素菌株最多，为 49 株，其次为耐环丙沙星 20 株、耐红霉素 10 株、耐氯霉素 7 株、耐复方新诺明 3 株、耐氨苄青霉素 1 株、耐庆大霉素 1 株、耐万古霉素 1 株。耐受 2 种抗生素的有 8 株，耐受 3 种及以上抗生素的有 7 株。姚琳等（2017）发现鲜活贝类中的单增李斯特菌对四环素和复方新诺明同时耐药，对复方新诺明和氧氟沙星也耐药。李丽丽等（2015）发现单增李斯特菌对氯霉素、红霉素、链霉素、四环素、复方新诺明耐药，检测发现该菌质粒携带 *cat*、*erm*(B)、*tet*(S) 3 个耐药基因。王天姝等（2013）发现分离的 203 株食源性单增李斯特菌对多黏菌素 B、呋喃妥因、头孢呋辛、克林霉素、四环素、多西环素、环丙沙星、诺氟沙星和氯霉素的耐药率分别为 98.52%、55.66%、50.25%、12.81%、2.46%、1.97%、0.99%、0.99%和 0.49%。Escolar 等（2017）所分离的李斯特菌主要对林可霉素、四环素和环丙沙星耐药，主要携带 *tet*(M)耐药基因。李东迅等（2018）所分离的李斯特菌对青霉素 G、苯唑西林、氨苄西林、头孢克洛、头孢噻肟、克拉霉素等 6 种抗生素耐药，对其他 18 种抗生素敏感或中介。闫军（2018）所分离的李斯特菌主要携带 *tet*(M)、*tet*(S)、*vanB*、*erm*(B)和 *erm*(C)耐药基因，所有菌株均携带 *gyrA*、*gyrB*、*parC* 和 *parE* 等耐药基因。吴立婷等（2018）从肉类食品加工的环境中所分离的 71 株单增李斯特菌携带的耐药基因主要有 *tet*(A)、*tet*(M)、*erm*(A)、*erm*(B)、*erm*(C)和 *aac(6')-Ⅰb*。Haubert 等（2016）在巴西南部食品和食品环境中分离的 50 株单增李斯特菌中有 10%存在多重耐药性，其中 2 株单增李斯特菌携带耐药基因 *tet*(M)和 *erm*(B)。Srinivasan 等（2005）在 4 个农场分离出 38 株单增李斯特菌，所有单增李斯特菌分离株对头孢菌素 C、链霉素和甲氧苄啶具有抗性。大多数单增李斯特菌分离株对氨苄西林、利福平、利福霉素和氟苯尼考耐受，其中一些对四环素、青霉素 G 和氯霉素也具有抗性。所有单增李斯特菌分离株对阿莫西林、红霉素、庆大霉素、卡那霉素和万古霉素敏感，其中 19 株含有一种以上的耐药基因，*floR* 所占比例最高（66%），其次是 *penA*（37%）、*strA*（34%）、*tetA*（32%）和 *sulI*（16%）。Bertsch 等（2014）研究了 524 株不同来源的李斯特菌，其对克林霉素、四环素和甲氧苄啶耐药，携带四环素耐药基因[*tet*(M)]和甲氧苄氨嘧啶耐药基因（*dfrA*、*dfrD* 和 *dfrG*）。Bertsch 等（2014）在一株单增李斯特菌临床分离株 TTH-2007 中发现了一种新型接合转座子 Tn*6198*，其含耐药基因 *tet*(M) 和 *dfrG*，并且可在种内和种间转移。Jahan 和 Holley（2016）发现李斯特菌菌株能够从屎肠球菌获得 *tet*(M)和额外的链霉素耐药性，提出了屎肠球菌可能通过转座子将耐药基因转移到李斯特菌属的猜想。以上研究表明，李斯特菌在养殖场环境、肉类食品加工的各个环节临床分离率不断增高，抗生素的使用频率和剂量不断增加，出现多重耐药李斯特菌，耐药基因多样性也不断增高，且发现可移动遗传元件如 Tn*916* 和质粒携带耐药基因的现象。

李斯特菌在细菌耐药性传播中的意义。李斯特菌与大肠杆菌 O157:H7、沙门菌、金黄色葡萄球菌并列为四大食源性致病菌。李斯特菌可存在于食品（如生肉类、牛奶、海产品、加工制品、奶酪、蔬菜沙拉等）加工处理的各个环节的环境中，且该菌对各种应激（低温、高盐、低 pH、氧化应激等）条件有很强的耐受性，进一步增大了其对人类健康的危害性。李斯特菌分离率不断增高，所分离菌株的耐药性也不断增强，出现携带多种耐药基因的多重耐药菌。此外，研究也发现携带耐药基因的遗传元件 Tn*916*、整合子、质粒等，可使该菌获得其他种属细菌的耐药基因或者将耐药基因转移传播到其他食源性细菌，增加了李斯特菌病的防治难度。

防治措施

切断传染源和传播途径是防治单增李斯特菌的关键。单增李斯特菌在一般热加工处理中能存活，热处理已杀灭了竞争性细菌群，使单增李斯特菌在没有竞争的环境条件下易于存活，所以在食品加工中，中心温度必须达到 70℃并持续 2min 以上。单增李斯特菌在自然界中广泛存在，所以即使产品已经过热加工处理充分灭活了单增李斯特菌，也仍有可能造成产品的二次污染，因此蒸煮后防止二次污染是极为重要的。由于单增李斯特菌在 4℃下仍然能生长繁殖，因此未加热的冰箱食品增加了食物中毒的风险。冰箱食品需加热后再食用，如果是生鱼片之类的海鲜，专业酒店都会存放于−40℃左右的大型冰柜，以防止病菌污染。

主要参考文献

炊慧霞, 李文杰, 张秀丽, 等. 2012. 2012 年河南省食源性单核细胞增生李斯特菌血清分型及耐药性分析. 中国卫生检验杂志, 24(12): 1800-1803.

代长宝. 2017. 肉牛屠宰过程中单增李斯特菌的流行特点调查及溯源分析. 泰安: 山东农业大学硕士学位论文.

冯晓慧. 2011. 在肉牛屠宰过程中的流行特点及其热失活模型的建立. 泰安: 山东农业大学硕士学位论文.

霍哲, 王晨, 徐俊, 等. 2017. 2012-2015 年北京市西城区单核细胞增生李斯特菌多位点序列分型及耐药研究. 中国食品卫生杂志, 29(3): 289-293.

蒋兵. 2018. 单增李斯特菌在猪、鸡肉品加工及销售过程中的污染情况及基因分型研究. 重庆: 西南大学硕士学位论文.

孔宪刚. 2013. 兽医微生物学. 2 版. 北京: 中国农业出版社.

李东迅, 舒高林, 王维钧, 等. 2018. 1 株分离于肿物积液的单增李斯特菌的病原学特点及分子特征. 江苏预防医学, 29(2): 128-130.

李丽丽, 石磊, 何建华, 等. 2015. 核细胞增生李斯特菌的耐药性研究. 现代食品科技, 31(7): 105-110.

李郁, 焦新安, 魏建忠, 等. 2007. 合肥市市售猪肉产单核细胞李斯特菌分离及 *hly* 基因序列分析. 中国人兽共患病学报, 23(6): 611-613.

刘金华, 甘孟侯. 2016. 中国禽病学. 2 版. 北京: 中国农业出版社.

刘彦兰. 2016. 食品加工环境中单核增生李斯特菌生物被膜菌群结构分析. 广州: 广东工业大学硕士学位论文.

邵健. 2013. 四种猪源人兽共患病原菌的分离鉴定与药物敏感性检测. 武汉: 华中农业大学硕士学位论文.

石磊, 王文燕, 闫鹤. 2013. 猪肉中单核细胞增生李斯特菌的分离与耐药性研究. 现代食品科技, 29(12): 2826-2829, 2908.

孙会芳. 2007. 单核细胞增生性李斯特杆菌单克隆抗体的制备. 兰州: 西北民族大学硕士学位论文.

田克恭. 2013. 人与动物共患病. 北京: 中国农业出版社.
童光志. 2008. 动物传染病学. 北京: 中国农业出版社.
汪永禄, 王艳, 郑锦绣, 等. 2010. 马鞍山市食品中单核细胞增生李斯特菌污染调查及分子生物学特征. 中华预防医学杂志, 44(6): 566-568.
王国梁. 2013. 不同来源单核细胞增生性李斯特菌分离株的分子亚分型研究. 扬州: 扬州大学硕士学位论文.
王红宁. 2002. 禽呼吸系统疾病. 北京: 中国农业出版社.
王天姝, 王艳, 贺春月, 等. 2013. 中国部分食品分离单增李斯特菌的抗菌药物敏感性及耐药基因检测. 疾病监测, 28(3): 224-229.
王文燕. 2014. 猪肉中单核细胞增生李斯特菌的分离与耐药性筛查. 广州: 华南理工大学硕士学位论文.
吴立婷, 吴新宇, 庞茂达, 等. 2018. 加工环境中单核细胞增生性李斯特菌耐药特征分析. 食品安全质量检测学报, 9(7): 1496-1500.
吴诗. 2016. 食源性单增李斯特菌数值鉴定系统及其遗传多样性研究. 广州: 华南理工大学博士学位论文.
肖义泽, 任丽娟, 王金玉, 等. 2000. 物源性李斯特菌病暴发的流行病学调查. 中华流行病学杂志, 21(3): 236.
续文彬. 2008. 单增李斯特氏菌液相核酸探针检测方法的建立与初步应用. 长春: 吉林农业大学硕士学位论文.
闫鹤, 陈妙瑞, 石磊. 2010. 食源性单核细胞增生李斯特菌四环素、红霉素耐药基因研究. 现代食品科技, 26(8): 772-775, 849.
闫军. 2018. 北京市售食品中单增李斯特菌致病力及比较基因组学研究. 大庆: 黑龙江八一农垦大学硕士学位论文.
闫韶飞, 裴晓燕, 杨大进, 等. 2014. 2012 年中国食源性单核细胞增生李斯特菌耐药特征及多位点序列分型研究. 中国食品卫生杂志, 26(6): 537-542.
姚琳, 江艳华, 李风铃, 等. 2017. 鲜活贝类中单核细胞增生李斯特菌的分离鉴定及毒力基因与耐药性分析. 中国食品卫生杂志, 29(1): 5-8.
尹录, 杜艳芬, 赫明雷, 等. 2009. 哈尔滨市鲜肉中单核细胞增生性李斯特菌的分离鉴定及耐药性分析. 中国预防兽医学报, 31(12): 929-932.
Allerberger F, Wagner M. 2010. Listeriosis: a resurgent foodborne infection. Clin Microbiol Infect, 16(1): 16-23.
Bertsch D, Muelli M, Weller M, et al. 2014. Antimicrobial susceptibility and antibiotic resistance gene transfer analysis of foodborne, clinical, and environmental *Listeria* spp. isolates including *listeria monocytogenes*. MicrobiologyOpen, 3(1): 118-127.
Bertsch D, Uruty A, Anderegg J, et al. 2013. Tn*6198*, a novel transposon containing the trimethoprim resistance gene dfrg embedded into a Tn*916* element in *listeria monocytogenes*. J Antimicrob Chemother, 68(5): 986-991.
Biavasco F, Giovanetti E, Miele A, et al. 1996. *In vitro* conjugative transfer of VanA vancomycin resistance between *Enterococci* and *Listeriae* of different species. Eur J Clin Microbiol Infect Dis, 15(1): 50-59.
Cao X, Wang Y, Wang Y, et al. 2018. Isolation and characterization of *Listeria monocytogenes* from the black-headed *gull* feces in Kunming, China. J Infect Public Health, 11(1): 59-63.
Charpentier E, Courvalin P. 1997. Emergence of the trimethoprim resistance gene *dfrD* in *Listeria monocytogenes* BM4293. Antimicrob Agents Chemother, 41(5): 1134-1136.
Colagiorgi A, Bruini I, Di Ciccio P A, et al. 2017. *Listeria monocytogenes* biofilms in the wonderland of food industry. Pathogens, 6(3): 41.
Conter M, Paludi D, Zanardi E, et al. 2009. Characterization of antimicrobial resistance of foodborne *Listeria monocytogenes*. Int J Food Microbiol, 128(3): 497-500.
Dalton C B, Austin C C, Sobel J, et al. 1997. An outbreak of gastroenteritis and fever due to *Listeria monocytogenes* in milk. N Engl J Med, 336(2): 100-105.

Escolar C, Gómez D, Rota García M D, et al. 2017. Antimicrobial resistance profiles of *Listeria monocytogenes* and *Listeria innocua* isolated from ready-to-eat products of animal origin in Spain. Foodborne Pathog Dis, 14(6): 357-363.

Farber J M, Peterkin P I. 1991. *Listeria monocytogenes*, a food-borne pathogen. Microbiol Rev, 55(3): 476-511.

Gray M L, Killinger A H. 1966. *Listeria monocytogenes* and listeric infections. Bacteriol Rev, 30(2): 309-382.

Hamon M, Bierne H, Cossart P. 2006. *Listeria monocytogenes*: a multifaceted model. Nat Rev Microbiol, 4(6): 423-434.

Haubert L, Mendonça M, Lopes G V, et al. 2016. *Listeria monocytogenes* isolates from food and food environment harbouring *tet*(M) and *erm*(B) resistance genes. Lett Appl Microbiol, 62(1): 23-29.

Henri C, Félix B, Guillier L, et al. 2011. Population genetic structure of *Listeria monocytogenes* strains as determined by pulsed-field gel electrophoresis and multilocus sequence typing. Appl Environ Microbiol, 82(18): 5720.

Hong E, Doumith M, Duperrier S, et al. 2007. Genetic diversity of *Listeria monocytogenes* recovered from infected persons and pork, seafood and dairy products on retail sale in France during 2000 and 2001. Int J Food Microbiol, 114(2): 187-194.

Jahan M, Holley R A. 2016. Transfer of antibiotic resistance from *Enterococcus faecium* of fermented meat origin to *Listeria monocytogenes* and *Listeria innocua*. Lett Appl Microbiol, 62(4): 304-310.

Jamali H, Radmehr B. 2013. Frequency, virulence genes and antimicrobial resistance of *Listeria* spp. isolated from bovine clinical mastitis. Vet J, 198(2): 541-542.

Jeffrey J Z, Locke A K, Alejandro R, et al. 2014. 猪病学. 10 版. 赵德明, 张仲秋, 周向梅, 等译. 北京: 中国农业大学出版社.

Junttila J R, Niemelä S I, Hirn J. 1988. Minimum growth temperatures of *Listeria monocytogenes* and non-haemolytic listeria. J Appl Bacteriol, 65(4): 321-327.

Lorber B. 2007. Listeriosis. Boston: Springer: 13-32.

Low J C, Donachie W. 1997. A review of *Listeria monocytogenes* and listeriosis. Vet J, 153(1): 9-29.

Mclauchlin J, Mitchell R T, Smerdon W J, et al. 2004. *Listeria monocytogenes* and listeriosis: a review of hazard characterisation for use in microbiological risk assessment of foods. Int J Food Microbiol, 92(1): 15-33.

Murray E G D, Webb R A, Swann M B R. 1926. A disease of rabbits characterised by a large mononuclear leucocytosis, caused by a hitherto undescribed bacillus *Bacterium monocytogenes* (n. sp.). J Pathol Bacteriol, 29(4): 407-439.

Olsen S J, Patrick M, Hunter S B, et al. 2005. Multistate outbreak of *Listeria monocytogenes* infection linked to delicatessen turkey meat. Clin Infect Dis, 40(7): 962-967.

Ortiz S, López V, Villatoro D, et al. 2010. A 3-year surveillance of the genetic diversity and persistence of *Listeria monocytogenes* in an Iberian pig slaughterhouse and processing plant. Foodborne Pathog Dis, 7(10): 1177-1184.

Osman K M, Samir A, Abo-Shama U H, et al. 2016. Determination of virulence and antibiotic resistance pattern of biofilm producing listeria species isolated from retail raw milk. BMC Microbiol, 16(1): 263.

Pamer E G. 2004. Immune responses to *Listeria monocytogenes*. Nat Rev Immunol, 4(10): 812-823.

Radoshevich L, Cossart P. 2018. *Listeria monocytogenes*: towards a complete picture of its physiology and pathogenesis. Nat Rev Microbiol, 16(1): 32-46.

Saif Y M. 2012. 禽病学. 12 版. 苏敬良, 高福, 索勋, 译. 北京: 中国农业出版社.

Srinivasan V, Nam H M, Nguyen L T, et al. 2005. Prevalence of antimicrobial resistance genes in *Listeria monocytogenes* isolated from dairy farms. Foodborne Pathog Dis, 2(3): 201-211.

Véghová A, Koreňová J, Minarovičová J, et al. 2015. Isolation and characterization of *Listeria monocytogenes* from the environment of three ewes' milk processing factories in Slovakia. J Food Nutr Res, 54(3): 252-259.

Weis J, Seeliger H P. 1975. Incidence of *Listeria monocytogenes* in nature. Appl Microbiol, 30(1): 29-32.

第十四节　丹毒丝菌属及其对抗菌药物的耐药性

病　原　学

【形态培养、生化特征】

丹毒丝菌属（*Erysipelothrix*）是革兰氏阳性杆菌，大小为（0.2～0.4）μm×（0.8～2.5）μm，呈长丝状，无鞭毛，无荚膜，无芽孢。丹毒丝菌兼性厌氧，在普通培养基上生长差，加入少量血液或血清，或在肉肝胃酶消化培养基中生长良好。最适生长温度 33～35℃，最适 pH 7.6～7.8。在血琼脂上培养呈甲型溶血，环境中含 5%～10%二氧化碳时可促进其生长。葡萄糖发酵产酸不产气，无过氧化氢酶；糖发酵能力较弱，不分解尿素。

【种类、抗原结构】

丹毒丝菌属的猪丹毒丝菌是引起猪丹毒的病原菌，也能感染其他畜、禽和鱼类，人被感染后发生“类丹毒”。有 22 个血清型，从病猪分离出的以 S、I 二型较多。

【分离与鉴定】

对发病猪场高热期的病猪采取血样，病死猪采取新鲜的疹块、肝、肾、淋巴结作涂片，革兰氏染色、镜检，分离培养。镜检结果为革兰氏染色阳性，菌体平直或稍弯曲的纤细小杆菌，或单个、成堆的不分枝长丝状菌体。鲜血琼脂平板分离培养结果：在平板上形成表面光滑、边缘整齐、灰白色、露珠状的小菌落，菌落周围有淡淡的溶血环，从中挑取 2～3 个菌落革兰氏染色后镜检，结果为革兰氏阳性的纤细小杆菌。根据以上实验室诊断结果并结合该病流行病学、典型临床症状及病猪剖检变化，可以确诊为猪丹毒。

【抵抗力】

对盐腌、火熏、干燥、腐败和日光等环境影响的抵抗力较强。对一般消毒药品的耐受性不高。在一般消毒药如 2%福尔马林、1%漂白粉、1%氢氧化钠或 5%碳酸中很快死亡。对热的抵抗力较弱，肉汤培养物于 50℃经 12～20min 或 70℃下 5min 即可杀死。该菌的耐酸性较强，猪胃内的酸度不能将其杀死，因此其可经胃而进入肠道。

【致病性】

在含有血清的琼脂培养基上，菌落形成光滑（S）、中间（I）与粗糙（R）3 个类型，S 型毒力最强，其次是 I 型，R 型最弱。

流行病学与公共卫生意义

【流行病学】

早在20世纪90年代以前，猪丹毒就与猪瘟、猪肺疫并称为影响我国养猪业的三大传染病，但近20年来，在规模化养猪场中很少见到猪丹毒，许多规模化养猪场也几乎不再接种猪丹毒疫苗。然而，最近几年，我国规模化养猪场中猪丹毒的发病率呈明显上升趋势，猪丹毒“卷土重来”。自2010年以来，猪丹毒在我国部分省份发生了小范围流行。在2011～2012年，其发病率呈上升之势。2013年，在我国多个省份出现了猪丹毒的大范围流行，其中以四川、湖南、湖北、江西、广西等几个省份最严重。农业部（现农业农村部）发布的全国生猪疫情数据显示，2013～2014年底，全国20个省份均发生了猪丹毒疫病的暴发和流行，猪丹毒发病率远高于猪瘟、高致病性猪繁殖与呼吸综合征、猪囊虫病、炭疽、猪肺疫等病，给我国养猪业造成了巨大的经济损失。

其他国家的猪丹毒发病率也显著上升，其中美国、加拿大、巴西、日本最为突出。美国农业部食品安全检查署一直将猪丹毒列为导致猪死亡的十大疾病之一。在美国，从2000年开始无论是免疫猪群还是非免疫猪群，发生的猪丹毒感染事件明显增多，病例数是以往的4倍。日本自20世纪60年代起开始应用活疫苗后，猪丹毒感染得到了有效控制，但自从90年代后该病的发生又开始增多，另外，从巴西、澳大利亚等国家的猪体内分离到该菌的比例也有所提高。

【公共卫生意义】

丹毒丝菌广泛存在于环境当中，而且宿主范围广泛，对人类的健康存在潜在的威胁。已报道超过30种野鸟和50种哺乳动物携带有丹毒丝菌。更为严重的是，人类对丹毒丝菌易感，其会导致人患皮肤病、心内膜炎、败血症，严重的甚至造成死亡。

对抗菌药物的耐药性

动物源丹毒丝菌耐药性问题日趋严重，给兽医临床治疗带来了极大困难。随着丹毒丝菌在世界范围的广泛流行，国内外对丹毒丝菌耐药性的报道日益增多，在世界各地陆续检测出多重耐药（同时耐受三种或三种以上抗生素）丹毒丝菌。相对于耐药表型研究，丹毒丝菌耐药基因研究主要集中于零散的病例报道，缺乏完整的耐药性调查数据，丹毒丝菌耐药基因作用机制尚不明确，亟待系统深入研究。

【猪源丹毒丝菌的耐药性】

国内外对猪源丹毒丝菌耐药表型的报道并不多，但是猪丹毒作为一种对养猪业危害严重的“老病”，多重耐药（同时耐受三种或三种以上抗生素）丹毒丝菌在世界各地陆续被检测出。Yamamoto等（2001）用21种抗菌药物对1988～1998年在日本分离的214株猪源丹毒丝菌进行了耐药性检测，结果表明这些菌株对链霉素、红霉素、克林霉素、林可霉素、土霉素和多西环素等耐药。Opriessnig 等（2004）在美国中西部分离的猪丹毒丝菌对安普霉素、新霉素、磺胺、磺胺嘧啶和磺胺噻唑等表现出耐药性。Ozawa 等（2009a）对日本 1994～2001 年分离的 66 株猪丹毒丝菌进行了药敏试验，结果表明 71.2%的菌株对四环素耐药，6.1%的菌株对泰妙菌素耐药。Coutinho 等（2011）对从巴西野猪分离的丹毒丝菌菌株进行了药敏试验，结果表明猪丹毒丝菌菌株对金霉素、复方新诺明、庆大霉素、新霉素、土霉素和磺胺二甲氧嘧啶等 6 种抗菌药物耐药。Chuma 等（2010）对日本 2 个肉类加工厂分离的 149 株丹毒丝菌进行了药物敏感性试验，结果表明，分离株对土霉素、红霉素、林可霉素、氧氟沙星和恩诺沙星的耐药率分别达到了 37.6%、2.7%、12.1%、14.1%和 12.8%。郭良兴等（2011）选用 16 种常用的抗菌药物对长春某猪场分离的丹毒丝菌进行了药物敏感性试验，发现该病原菌仅对青霉素、红霉素、呋喃唑酮、呋喃妥因 4 种药物敏感，对链霉素、氯霉素、庆大霉素、磺胺嘧啶、头孢他啶等抗生素均严重耐药。康润敏等（2011）对 1 株猪源丹毒丝菌的药物敏感性检测结果显示，分离株对阿米卡星、庆大霉素、新霉素、两性霉素具有耐药性。彭欠欠等（2013）在江苏分离得到的丹毒丝菌对庆大霉素、链霉素、阿米卡星、多黏菌素等大部分药物具有耐药性。徐淮等（2014）从江苏某猪场分离到的丹毒丝菌对庆大霉素、链霉素、左氟沙星、阿米卡星、罗美沙星、卡那霉素、复方新诺明、萘啶酸、氟哌酸和多黏菌素耐药。Zou 等（2015）从我国东部地区的发病猪中分离到 8 株丹毒丝菌，药敏试验表明超过 50%的分离株对四环素、链霉素、林可霉素、卡那霉素和磺胺异噁唑耐药。魏文涛（2016）于 2012～2015 年对安徽地区分离的 42 株猪源丹毒丝菌进行了药敏试验，结果显示分离株对青霉素、喹诺酮类及氯霉素类药物的敏感率在 80%以上，而对氨基糖苷类和林可酰胺类药物的耐药率在 80%以上，100%的菌株可耐受 4 种及以上的药物，耐受 5 种及以上药物的菌株占总数的比例高达 95.2%，其中以耐庆大霉素+卡那霉素+链霉素+克林霉素+林可霉素的多重耐药菌的占比最大，为 76.2%。李敬涛等（2015）用 19 种抗生素对从湖北地区分离的 31 株猪源丹毒丝菌进行了药物敏感性试验，结果显示分离株对卡那霉素、链霉素、阿米卡星、多黏菌素 B、万古霉素和磺胺异噁唑的耐药率为 100%，对庆大霉素、复方新诺明、氧氟沙星、壮观霉素、林可霉素和四环素的耐药率分别为 96.8%、83.9%、32.3%、25.8%、22.6%和 9.67%，对头孢拉定、阿莫西林和阿奇霉素高度敏感。张安云等（2014）对在 2013～2014 年从 29 个不同猪场分离出的 34 株猪丹毒丝菌进行了药敏试验，结果显示，34 株猪丹毒丝菌对青霉素、头孢噻肟、氟苯尼考、替加环素等均敏感（耐药率：0%），对红霉素（5.9%）、诺氟沙星（47%）的耐药率较低，对庆大霉素（82.3%）、克林霉素（82.3%）、多西环素（82.3%）、磺胺甲基异噁唑（100%）、万古霉素（100%）的耐药率高。研究结果表明，世界范围内流行的猪源丹毒丝菌普遍具有耐药性，我国分离的流行株多重耐药性日益严重。

目前对丹毒丝菌耐药表型的报道远多于对丹毒丝菌耐药性基因作用机制的研究报道。Ozawa 等（2009b）调查了丹毒丝菌中四环素耐药基因 *tet*(M)的检出情况，从 49 株对四环素耐药的丹毒丝菌中都检测到了 *tet*(M)基因，其中 38 株的 *tet*(M)基因定位于 Tn*916* 上，少数 *tet*(M)基因在猪丹毒丝菌中的位置未知。

Xu 等（2015）首次从丹毒丝菌中检测到了大环内酯类耐药基因 *erm*(T)，该耐药基因位于一个 3749bp 的小质粒上，能同时显著提高丹毒丝菌对克林霉素（128 倍）、林可霉素（128 倍）、红霉素（128 倍）、阿奇霉素（128 倍）的 MIC 值，可介导高水平的林可酰胺类和大环内酯类抗生素耐药。Zhang 等（2015）首次从 7 株多重耐药丹毒丝菌中检测到 1 个新的多重耐药基因簇，其至少携带 7 个已知的耐药基因[*aadE*、*apt*、*spw*、*lsa*(E)、*lnu*(B)、*sat4*、*aphA3*]，该耐药基因簇可同时介导对 8 种抗生素（链霉素、壮观霉素、泰妙菌素、链阳菌素 A、林可霉素、克林霉素、卡那霉素和新霉素）的耐药，这是在丹毒丝菌中首次报道检出多重耐药基因簇。

研究结果表明，*tet*(M)基因的存在是猪源丹毒丝菌对四环素耐药的原因，多重耐药基因簇的存在是猪源丹毒丝菌具有多重耐药性的原因。猪源丹毒丝菌耐药基因研究主要集中于零散的病例报道，缺乏完整的耐药性调查数据，耐药特征亟待系统深入研究。

【其他动物源丹毒丝菌的耐药性】

国内外关于禽源丹毒丝菌耐药特征的报道很少。Eriksson 等（2009）对 45 株丹毒丝菌（其中鸡源 23 株、猪源 17 株、鸸鹋源 2 株、鸡皮刺螨源 3 株）进行了药物敏感性试验，结果显示 45 株丹毒丝菌对氨基糖苷类的庆大霉素、新霉素和链霉素表现出高耐药表型。Lee 等（2011）对猫源的丹毒丝菌进行了药敏试验，发现该丹毒丝菌对先锋霉素、甲氧苄啶/磺胺甲基异噁唑、万古霉素、多黏菌素、萘啶酸、卡那霉素、链霉素耐药，同时对阿米卡星、头孢唑啉、庆大霉素、氨苄青霉素、氯霉素、红霉素、诺氟沙星、青霉素、四环素、阿莫西林/克拉维酸敏感。

这些研究表明不同动物来源的丹毒丝菌虽然耐药表型差异较大，但均表现出多重耐药性。其他动物源丹毒丝菌仅见耐药表型研究，截至 2022 年 11 月，尚无关于耐药基因型的报道。

丹毒丝菌在细菌耐药性传播中的意义。水平转移元件是介导耐药基因在不同病原菌间传播的主要载体。动物源丹毒丝菌可作为耐药基因的重要储存库，通过质粒接合将耐药基因传播到兽医临床重要的病原菌（金黄色葡萄球菌、链球菌）中，造成耐药性的广泛扩散，威胁养殖业的健康发展。携带 *tet*(M)基因的转座子 Tn*916* 广泛存在于丹毒丝菌中，并能在丹毒丝菌中介导基因的水平传播及与肠球菌的跨种属传播，表明丹毒丝菌是一个重要的四环素耐药基因储存库。张安云等（2014）对丹毒丝菌多重耐药基因进行了研究，发现丹毒丝菌中多重耐药基因簇与其他种属细菌（金黄色葡萄球菌、肠球菌、链球菌等）中多重耐药基因簇之间存在高度同源性，暗示其中多重耐药基因簇可跨种属进行水平传播，且多重耐药基因簇末端与 Tn*5251* 相连接，进一步增大了其水平传播的可能性。研究结果表明，动物源丹毒丝菌是多个耐药基因及水平转移元件的重要储存库，在细菌耐药性传播中具有重要作用，需加强对动物源丹毒丝菌耐药性的长期监测，防止其水平转移元件介导多种耐药基因的进一步传播。

防治措施

加强饲养管理，保持栏舍清洁卫生和通风干燥，避免高温高湿，加强定期消毒。预防免疫：种公、母猪每年春秋两次进行猪丹毒疫苗免疫。育肥猪 60 日龄时进行一次猪丹毒氢氧化铝疫苗或猪三联苗免疫即可。发病猪只应隔离治疗。根据药敏试验结果选择药物，如青霉素类（阿莫西林）、头孢类（头孢噻呋钠），应一次性给予足够药量，以迅速达到有效血药浓度，注射阿莫西林 2g/50kg 体重，每天一次，直至体温和食欲恢复正常后 2 天，药量和疗程一定要足够，不宜停药过早，以防复发或转为慢性。同群猪用 70%水溶性阿莫西林 800g/t 料，拌料治疗，连用 3～5 天。合理使用药物，以减少耐药性发生。

主要参考文献

郭良兴, 陈克研, 赵魁, 等. 2011. 猪丹毒杆菌的分离鉴定及耐药性试验. 中国畜牧兽医, 38(4): 199-202.

康润敏, 陈晓晖, 曾凯, 等. 2011. 应激引起种猪急性死亡的诊断与治疗. 中国兽医杂志, 47(10): 42-44.

孔宪刚. 2013. 兽医微生物学. 2 版. 北京: 中国农业出版社.

李炳林. 2015. 猪丹毒的防治. 畜禽业, (1): 81-82.

李敬涛, 吴超, 王雅, 等. 2015. 湖北部分地区红斑丹毒丝菌分离株耐药性分析. 养殖与饲料, (2): 10-13.

刘金华, 甘孟侯. 2016. 中国禽病学. 2 版. 北京: 中国农业出版社.

罗银珠, 刘树中, 杜宗亮, 等. 2012. 猪丹毒的紧急处理及防控措施. 中国猪业, 7(1): 39-41.

彭欠欠, 张竹君, 岳苗苗, 等. 2013. 一株猪丹毒杆菌的分离与鉴定. 畜禽业, (1): 48-49.

谭侃侃. 2011. 丹毒丝菌的分离鉴定及其 SpaA-N 蛋白和 lipo 蛋白的免疫原性分析. 长沙: 湖南农业大学硕士学位论文.

田克恭. 2013. 人与动物共患病. 北京: 中国农业出版社.

童光志. 2008. 动物传染病学. 北京: 中国农业出版社.

魏文涛. 2016. 猪丹毒杆菌安徽株生物学特性及 Real-Time PCR 检测方法的建立. 合肥: 安徽农业大学硕士学位论文.

徐淮, 许梦怡, 刘慧谋, 等. 2014. 一株猪丹毒杆菌的分离及鉴定. 黑龙江畜牧兽医, (9): 55-56.

张安云, 徐昌文, 王红宁, 等. 2014. 当前规模化猪场猪丹毒病研究进展. 成都: 四川省畜牧兽医学会学术年会.

Chuma T, Kawamoto T, Shahada F, et al. 2010. Antimicrobial susceptibility of *Erysipelothrix rhusiopathiae* isolated from pigs in Southern Japan with a modified agar dilution method. J Vet Med Sci, 72(5): 643-645.

Coutinho T A, Imada Y, Barcellos D E, et al. 2011. Phenotypic and molecular characterization of recent and archived *Erysipelothrix* spp. isolated from Brazilian swine. Diagn Microbiol Infect Dis, 69(2): 123-129.

Eriksson H, Jansson D S, Johansson K E, et al. 2009. Characterization of *Erysipelothrix rhusiopathiae* isolates from poultry, pigs, emus, the poultry red mite and other animals. Vet Microbiol, 137(1-2): 98-104.

Jeffrey J Z, Locke A K, Alejandro R, et al. 2014. 猪病学. 10 版. 赵德明, 张仲秋, 周向梅, 等译. 北京: 中国农业大学出版社.

Kwok A H, Li Y, Jiang J, et al. 2014. Complete genome assembly and characterization of an outbreak strain of the causative agent of swine erysipelas—*Erysipelothrix rhusiopathiae* SY1027. BMC Microbiol, 14: 176.

Lee J J, Kim D H, Lim J J, et al. 2011. Characterization and identification of *Erysipelothrix rhusiopathiae* isolated from an unnatural host, a cat, with a clinical manifestation of depression. J Vet Med Sci, 73(2): 149-154.

Opriessnig T, Hoffman L J, Harris D L, et al. 2004. *Erysipelothrix rhusiopathiae*: genetic characterization of midwest US isolates and live commercial vaccines using pulsed-field gel electrophoresis. J Vet Diagn Invest, 16(2): 101-107.

Ozawa M, Yamamoto K, Kojima A, et al. 2009a. Etiological and biological characteristics of *Erysipelothrix rhusiopathiae* isolated between 1994 and 2001 from pigs with swine erysipelas in Japan. J Vet Med Sci, 71(6): 697-702.

Ozawa M, Yamamoto K, Kojima A, et al. 2009b. Conjugative transposition of Tn*916* and detection of Tn*916*-like transposon in *Erysipelothrix rhusiopathiae*. J Vet Med Sci, 71(11): 1537-1540.

Saif Y M. 2012. 禽病学. 12 版. 苏敬良, 高福, 索勋, 译. 北京: 中国农业出版社.

Shi F, Harada T, Ogawa Y, et al. 2012. Capsular polysaccharide of *Erysipelothrix rhusiopathiae*, the causative agent of swine erysipelas, and its modification with phosphorylcholine. Infect Immun, 80(11): 3993-4003.

Xu C W, Zhang A Y, Yang C M, et al. 2015. First report of macrolide resistance gene *erm*(T) harbored by a novel small plasmid from *Erysipelothrix rhusiopathiae*. Antimicrob Agents Chemother, 59(4): 2462-2465.

Yamamoto K, Sasaki Y, Ogikubo Y, et al. 2001. Identification of the tetracycline resistance gene, *tet*(M), in *Erysipelothrix rhusiopathiae*. J Vet Med B Infect Dis Vet Public Health, 48(4): 293-301.

Zhang A, Xu C, Wang H, et al. 2015. Presence and new genetic environment of pleuromutilin-lincosamide-streptogramin A resistance gene *lsa*(E) in *Erysipelothrix rhusiopathiae* of swine origin. Vet Microbiol, 177(1-2): 162-167.

Zou Y, Zhu X, Muhammad H M, et al. 2015. Characterization of *Erysipelothrix rhusiopathiae* strains isolated from acute swine erysipelas outbreaks in Eastern China. J Vet Med Sci, 77(6): 653-660.

第十五节　分枝杆菌属及其对抗菌药物的耐药性

病　原　学

分枝杆菌属（*Mycobacterium*）在分类学上隶属分枝杆菌科。根据致病特点，分枝杆菌可分为结核分枝杆菌复合群（*Mycobacterium tuberculosis* complex，MTBC）、麻风分枝杆菌（*Mycobacterium leprae*）和非结核性分枝杆菌（non-tuberculosis *Mycobacterium*，NTM）。导致动物结核病的分枝杆菌种类多，可感染多种动物。部分动物分枝杆菌致病性强，具有人兽共患性，其中最重要的是牛分枝杆菌。牛分枝杆菌主要致牛结核病（bovine tuberculosis，bTB），也可感染人和其他动物，该病在我国为二类动物疫病和重大人兽共患病，是当前 16 种优先防控的动物疫病之一。结核分枝杆菌可引起人结核病（tuberculosis，TB），其全球发病数和病死数均位于各类传染病的前列。我国结核病患者的数量和多耐药病例数量分别位于全球第三位和第二位，耐药现象非常严重，受到广泛关注。动物结核病一般不进行治疗，采用“检疫—扑杀”策略进行控制。牛分枝杆菌及其他分枝杆菌对吡嗪酰胺具有先天耐受性，但耐药机制具有差异。许多非结核性分枝杆菌对异烟肼、链霉素等也具有耐药性。由于动物结核病的人兽共患特征，动物分枝杆菌的耐药性具有重要的公共卫生学意义。

【形态培养、生化特征】

结核分枝杆菌复合群成员属于慢生长分枝杆菌，是需氧菌。非结核性分枝杆菌成员中既有慢生长分枝杆菌，也有快生长分枝杆菌。结核分枝杆菌复合群成员体外培养时对营养要求较高，需要在含有血清、卵黄、马铃薯、甘油以及某些无机盐类的特殊培养基上才能生长。目前常用的培养基包括 7H9（液体）、7H10（固体）和罗氏培养基等。牛分枝杆菌在固体培养基中生长需要 4 周左右，最适温度为 36℃±5℃，而初次从组织中分离需要 6～12 周的培养时间；菌落呈颗粒、结节、菜花状，乳白或米黄色，不透明。部分非结核性分枝杆菌在罗氏培养基上形成的菌落与结核分枝杆菌复合群成员相似，也有的差异较大。细菌在液体培养基中培养 3～5 天可初见浑浊，生长过程中易成团，呈盘旋状或绳索状。分枝杆菌为革兰氏染色阳性菌，但由于其细胞壁含有大量肽聚糖及特殊的糖脂成分，革兰氏染色一般不易着色。通常采用 Ziehl-Neelsen 抗酸染色法，可将菌体染成红色。牛分枝杆菌抗酸染色后可见其形态为细长条状，或微弯，繁殖时有分枝现象，大小为（1～4）μm×（0.4～0.6）μm。相比之下结核分枝杆菌较粗短，呈细长直线或微卷曲杆状，大小为（1～4）μm×（0.3～0.6）μm。

【种类、抗原结构】

结核分枝杆菌复合群是引起人类或动物结核病的主要病原体，主要包括结核分枝杆菌（*M. tuberculosis*）、牛分枝杆菌（*M. bovis*）、山羊分枝杆菌（*M. caprae*）、非洲分枝杆菌（*M. africanum*）、田鼠分枝杆菌（*M. microti*）、鳍足分枝杆菌（也叫海豹分枝杆菌）（*M. pinnipedii*）、卡介苗（Bacillus Calmette-Guérin，BCG）等。

非结核性分枝杆菌是指除结核分枝杆菌复合群和麻风分枝杆菌以外的分枝杆菌，原称为非典型分枝杆菌（atypical mycobacteria）。该群内种类繁多，迄今为止共发现非结核性分枝杆菌有 154 种和 13 个亚种，且不断有新的种被发现，但大部分为环境腐物寄生菌，仅少数对人与动物致病。

Runyon 分类根据菌落色素与生长速度将非结核性分枝杆菌分为 4 群。第Ⅰ群：光产色菌（photochromogen），在暗处为奶油色，曝光 1h 后再培养即变成橘黄色。生长缓慢，菌落光滑。其中对人致病的有堪萨斯分枝杆菌（*M. kansasii*）（引起人类肺结核样病变）和海分枝杆菌（*M. marinum*）（在水中可通过皮肤擦伤处侵入，引起皮肤丘疹、结节与溃疡）。第Ⅱ群：暗产色菌（scotochromogen），在暗处培养时菌落呈橘红色，而在 37℃下生长缓慢，菌落光滑。其中对人致病的有瘰疬分枝杆菌（*M. scrofulaceum*），引起儿童淋巴结炎。第Ⅲ群：不产色菌（nonphotochromogen），通常不产生色素，40～42℃下生长慢，菌落光滑。其包括鸟分枝杆菌复合群（*Mycobacterium* avium complex，MAC），可引起结核样病变。鸟分枝杆菌（*M. avium*）对禽致病，而胞内分枝杆菌（*M. intracellulare*）对兔致病，由于细菌学上的相似性而归为一类。Thorel 等（1990）又根据表型和核酸序列将鸟分枝杆菌分为 4 个亚种：鸟分枝杆菌鸟亚种、鸟分枝杆菌副结核亚种、鸟分枝杆菌森林亚种和鸟分枝杆菌土壤亚种。第Ⅳ群：迅速生长菌（rapid grower），在 25～45℃生长。生长快，培养 5～7 天即可见到菌落，菌落粗糙，有的能产色素。对人致病的有偶发分枝杆菌（*M. fortuitum*）、龟分枝杆菌（*M. chelonei*）、溃疡分枝杆菌（*M. ulcerans*）、耻垢分枝杆菌（*M. smegmatis*）等。由于麻风分枝杆菌少见，因此，分枝杆菌鉴定时主要区分结核分枝杆菌复合群和非结核性分枝杆菌。

【分离与鉴定】

分枝杆菌属专性需氧。最适温度为 37℃，低于 30℃不生长。结核分枝杆菌细胞壁的脂质含量较高，影响营养物质的吸收，故生长缓慢。在一般培养基中每分裂 1 代需 18～24h，营养丰富时只需 5h。初次分离需要营养丰富的培养基。常用的有罗氏（Lowenstein-Jensen）固体培养基，内含蛋黄、甘油、马铃薯、无机盐和孔雀绿等。孔雀绿可抑制杂菌生长，以便于细菌分离和长期培养。蛋黄含脂质生长因子，能刺激细菌生长。根据接种量的多少，一般 2～4 周可见菌落生长。菌落呈颗粒、结节或菜花状，乳白色或米黄色，不透明。在液体培养基中可能由于接触营养面大，细菌生长较为迅速，一般 1～2 周可见菌落生长。临床标本检查中液体培养比固体培养的阳性率高数倍。

【抵抗力】

由于菌体外脂质层富含类脂和蜡脂，因此，结核分枝杆菌复合群成员对强酸（如硫酸）、强碱（如氢氧化钠）、自然环境和干燥有较强的抵抗力；然而，对湿热、乙醇和紫外线非常敏感，60℃下 30min 可将其灭活。漂白粉等常用有机氯消毒剂也有较好的消毒效果。

【致病性】

结核分枝杆菌对动物的致病性：牛群最常见慢性结核病例，在临床上，病牛以贫血、消瘦、体虚乏力、精神萎靡不振和生产力下降为特征。

结核分枝杆菌对人的致病性：结核分枝杆菌可通过呼吸道、消化道或皮肤损伤侵入易感机体，引起多种组织器官的结核病，其中以通过呼吸道引起肺结核为最多。结核分枝杆菌不产生内、外毒素。其致病性可能与细菌在组织细胞内大量繁殖引起的炎症，菌体成分和代谢物质的毒性，以及机体对菌体成分产生的免疫损伤有关。

流行病学与公共卫生意义

【流行病学】

分枝杆菌感染动物可导致动物结核病，形成以结节性肉芽肿和干酪样坏死病灶为主要特征的结核病病理学变化。一般说来，分枝杆菌种类多，动物宿主谱广。各种分枝杆菌均具有一定的宿主嗜性，但严格程度差异较大。结核分枝杆菌主要导致人结核病，偶尔感染牛和其他动物；牛分枝杆菌虽然主要导致牛结核病，但除牛外，人、其他家畜以及梅花鹿、獾等广泛的温血野生动物均可感染。

牛分枝杆菌是重要的人兽共患性病原菌，健康人可因饮用结核病牛的带菌牛奶而经消化道感染，或因吸入带菌飞沫而经呼吸道感染。据报道，在欧洲，山羊分枝杆菌常感染牛，并导致牛结核病症状。鸟分枝杆菌感染禽类导致禽结核病，禽结核病主要经呼吸道和消化道传染。尽管目前圈养家禽的禽结核病发病率很低，但在捕获的野禽中，该病仍然严重。禽分枝杆菌及其他环境分枝杆菌感染牛后，可导致牛结核菌素皮内变态反应阳性，从而对牛结核病检疫产生干扰作用。

海分枝杆菌的天然宿主是鱼类和两栖类，可导致宿主体内产生肉芽肿，与结核患者的肺部结核结节类似，最终导致宿主死亡。海分枝杆菌对人是一种条件致病菌，经过破损的皮肤感染，导致传染性皮肤病，使患者出现皮肤肉芽肿。偶发分枝杆菌、龟分枝杆菌和溃疡分枝杆菌可感染人并致人皮肤病。也有报道显示，耻垢分枝杆菌可以感染人，主要引起慢性皮肤疾病，以及损伤或手术后的软组织感染。

【公共卫生意义】

结核分枝杆菌是引起结核病的病原菌，也是一种重要的人兽共患病原菌。其可侵犯全身各器官，但以肺结核最为多见，结核病至今仍为重要的传染病。据 WHO 报道，每年约有 800 万新生病例，至少有 300 万人死于该病。全球近 1/3 人口体内存在结核分枝杆菌感染，约 5%的感染者可发展为活动期结核病患者，而大部分感染处于无症状的潜伏感染状态，并且感染者终身不患病，大约 10%的潜伏感染最后可发展成为活动期结核病，尤其是在免疫缺陷条件下，如患艾滋病，这一过程发生的风险将提高 30 倍以上。千百年来，由于动物与人类关系密切，动物也成为结核分枝杆菌的重要宿主，且感染结核分枝杆菌的动物还能成为传染源，将其传播至人类和其他动物。结核分枝杆菌已在众多动物中被检测出，但不同动物对其易感性不一样。猴、小类人猿、大象、豚鼠对结核分枝杆菌高度易感；猫科动物、马类家族、兔、鸟、爬行类动物低度易感。多数动物染病是因为与人类紧密接触，圈养的野生动物患结核病的概率明显要高于野外生存的野生动物。结核分枝杆菌不产生内、外毒素。其致病性可能与细菌在组织细胞内大量繁殖引起的炎症、菌体成分和代谢物质的毒性以及机体对菌体成分产生的免疫损伤有关。

结核病是全球严重的公共卫生问题之一。在所有传染病中，结核病致死人数仅次于艾滋病。据 WHO 统计，全球约有 20 亿人感染结核分枝杆菌，每年约有 160 万人死于结核病，其中约有 35 万人死于艾滋病并发结核病。我国是世界上 22 个结核病高负担国家之一，2011 年新增结核病例数达 90 万～110 万，仅次于印度，居世界第二位，结核感染导致的死亡人数是其他传染性疾病总死亡人数的 2 倍以上。据估计，在 2016 年的 1040 万结核病新发病例中，有 190 万人是营养不良者，有 100 万人是人类免疫缺陷病毒感染者，吸烟者和糖尿病患者各 80 万人。由于动物与人的亲密接触，动物结核病疫情呈加重趋势。大象是结核分枝杆菌的易感者，大象患结核病很常见。在 1994～1996 年，来自美国伊利诺伊州的三头大象均死于结核分枝杆菌感染，农场的 22 个饲养员中有 11 个人为结核分枝杆菌阳性。2001 年，在美国一个大象饲养场，有 8 头大象死于结核病，随后处理这些大象的人也发生了结核分枝杆菌感染。在亚洲，尤其在泰国，大象因被圈养而与人类经常亲密接触，其结核病发病率比非洲象更高。大象的结核分枝杆菌不仅可以传播给人类，同时也可以传播给其他动物。2006 年，澳大利亚的一家动物园购买了 5 头来自泰国的大象，其中一头检出结核分枝杆菌感染。随后，该动物园的一只猩猩表现出体重下降、无精打采、多处淋巴结肿大的症状，经检测呈结核分枝杆菌阳性。除了大象，猴也是结核分枝杆菌的易感动物。

对抗菌药物的耐药性

【人源结核分枝杆菌的耐药性】

在医学上，如果结核患者感染的结核分枝杆菌经体外证实对一种或一种以上的抗结核药物产生耐药性，即定义为耐药结核病。根据患者是否接受过抗结核药物治疗可分为：原发性耐药、初始耐药、获得性耐药。原发性耐药（primary drug resistance），指没有接受过抗结核药物治疗而发生的耐药；初始耐药（initial drug resistance），指经临床评估后，不能充分肯定以往没有接受过抗结核药物治疗或治疗小于 1 个月而发生的耐药；获得性耐药（acquired drug resistance），指接受抗结核药物治疗时间大于 1 个月而发生的耐药。按照抗结核药物的多少，可将结核分枝杆菌的耐药性分为 4 种，即单耐药（mono-drug resistance），体外被证实结核病患者感染的结核分枝杆菌对一种一线抗结核药物耐药；多耐药（polyresistance），体外被证实结核病患者感染的结核分枝杆菌对一种以上的一线抗结核药物耐药，但不同时对异烟肼、利福平耐药；耐多药（multidrug resistance，MDR），体外被证实结核病患者感染的结核杆菌至少同时对异烟肼、利福平耐药；广泛耐多药（extensive drug resistance，XDR），体外被证实结核病患者感染的结核杆菌除至少对两种主要一线抗结核药物异烟肼、利福平耐药外，还对任何氟喹诺酮类抗生素（如氧氟沙星）耐药，以及对三种二线抗结核注射药物（如卡那霉素、阿米卡星等）中的至少一种耐药。

人结核杆菌病的耐药性非常严重。据世界卫生组织（WHO）统计，2016 年全球估计有 1040 万新发结核病例，新发病例的 4.1%和复治病例的 19%为耐多药/耐利福平病例。2016 年，我国结核病患者数位于全球第三位，只在印度和马来西亚之后，3 个国家的新发病例占总数的 46%；我国新发结核病例数为 89.5 万，其中新发病例的 7.1%和复治病例的 24%为耐多药/耐利福平病例，大大高于世界平均水平。

2016 年，全球有 60 万耐多药/耐利福平新发病例，其中 49 万（82%）为耐多药病例。我国耐多药新发病例数位居全球第二位，仅次于印度；印度、中国和俄罗斯 3 个国家的耐多药/耐利福平新发病例数占全球总数的 47%；我国新增 7.1 万耐多药/耐利福平病例，占全球新增耐多药/耐利福平病例总数的 11.8%（7.1/60）。

邹夏芸（2014）对广东 318 例结核患者的耐药性进行临床分析，结果显示，161 例患者的结核分枝杆菌耐药，总耐药率为 50.6%，单药耐药率为 28.6%，多药耐药率为 17.3%，耐多药率为 4.7%。其中 180 例初治患者，单药耐药率为 33.3%，多药耐药率为 7.8%，耐多药率为 2.7%；138 例复治患者，单药耐药率为 22.5%，多药耐药率为 29.7%，耐多药率为 7.2%。提示复治患者的多药耐药率和耐多药率与初治患者相比均明显增高（$P<0.01$）。王海英（2014）于 2007～2009 年在山东分离得到 1787 株结核杆菌，发现其对一线抗结核药物的总耐药率为 18.5%，初始耐药率为 17.6%，获得性耐药率为 28.8%。同时对山东省胸科医院 2006～2011 年的结核病患者进行回顾性分析，3442 株结核杆菌的药敏试验结果显示，对一线抗结核药物的总耐药率为 23.7%，耐多药率为 8.5%；对二线抗结核药物的总耐药率为 19.6%，广泛耐多药率为 1.2%。

针对由基因改变而引起的结核分枝杆菌耐药性的抗结核药物主要包括异烟肼（isonicotinic acid hydrazide，INH）、利福平（rifampin，RFP）、链霉素（streptomycin，SM）、乙胺丁醇（ethambutol，EMB）和吡嗪酰胺（pyrazinamide，PZA）等。

异烟肼耐药性：结核分枝杆菌对异烟肼的耐药性涉及多个基因的变化：*katG*、*inhA*、*kasA*、*ndh* 及 *oxyR-ahpC* 基因连接区。

katG 基因编码过氧化氢酶-过氧化物酶（catalase-peroxidase）。异烟肼需被结核分枝杆菌内的过氧化氢酶-过氧化物酶激活后才能发挥抗菌活性，其活性产物异烟肼作用于enoyl-ACP 还原酶，抑制分枝杆菌酸和细胞壁的生物合成。*katG* 基因的上游相隔 44 个碱基与 *furA* 基因相连，下游相隔 2794 个碱基与 *embC* 基因相连。引起异烟肼耐药性的主要原因是 *katG* 基因的点突变、缺失、插入。*katG* 基因常见的点突变是 315 位点 AGC 的点突变和 463 位点 CGG 的点突变。此外，还可见 *katG* 基因 104、108、138、148、295 等位点的碱基突变。

inhA 基因编码还原型烟酰胺腺嘌呤二核苷酸（reduced nicotinamide adenine dinucleotide，NADH）依赖的 enoyl-ACP 还原酶。活化的异烟肼（INH）与 enoyl-ACP 还原酶活性部位的辅酶因子 NAD 结合，生成的共价化合物削弱了 enoyl-ACP 还原酶和 NADH 的亲和力，干扰了脂肪酸的合成而发挥抗菌作用。*inhA* 基因在启动子–15 位点发生点突变，导致 InhA 蛋白过度表达，导致异烟肼的耐药性。

oxyR 基因编码蛋白既是氧分压的感应器，又是基因转录的活化剂，参与调节 *katG* 和 *ahpC* 基因（编码烷基过氧化氢还原酶）的表达。结核分枝杆菌的 *oxyR* 基因发生大量移码突变和缺失，没有活性；*ahpC* 突变常是 *katG* 基因变异的标志。*ahpC* 启动子存在于 *oxyR-ahpC* 区，其突变可增强 *ahpC* 表达，可补偿 *katG* 基因突变导致的过氧化氢酶-过氧化物酶缺乏，从而抵抗宿主巨噬细胞对结核分枝杆菌的氧化。

kasA 基因编码 β-酮酰基载体蛋白合成酶，参与分枝菌酸生物合成，是异烟肼耐药的另一个相关基因，最常见的突变是第 312 位点突变。*ndh* 基因编码 NADH 脱氢酶，该基因突变使 NADH 脱氢酶活性受到抑制，使 NADH/NAD 值升高，既可抑制异烟肼过氧化，也可阻止 NADH 与 InhA 酶的结合，从而使细菌产生耐药性。

利福平耐药性：利福平的抗结核作用取决于结核分枝杆菌 DNA 依赖的 RNA 聚合酶亚基 p 亚单位，由 *rpoB* 基因编码。*rpoB* 基因突变是利福平耐药的标志，基因中 507～533 位点对应的 27 个氨基酸（81bp）区域，是利福平耐药决定区（rifampin resistance determing region，RRDR）。该区发生突变（点突变或短的插入、缺失突变等）时，酶结构改变，利福平则不能与该酶结合而表现为耐药，以 531 位点 Ser→Leu 和 526 位点 His→Tyr、Asp 和 Pro 的突变最为常见。其他 2 个短区域 567～574 位点和 687 位点的突变也与利福平耐药相关。

链霉素耐药性：链霉素主要作用于结核分枝杆菌的核糖体 30S 亚单位，通过抑制蛋白质合成而达到抗结核作用，包括编码核糖体 16S rRNA 的 *rrs* 基因与编码核糖体蛋白 S12 的 *rpsL* 基因。两基因发生突变后，药物结合到核糖体上的能力降低，从而导致链霉素耐药。*rpsL* 基因突变是链霉素耐药的主要机制，*rpsL* 43 AAG→AGG 是最常见的突变，其他突变还包括 *rpsL* 88 AAG→AGG 等；*rrs* 基因突变主要集中于 530 环区和 915 区，均为 16S rRNA 与 S12 蛋白结合并相互作用的场所，其他位点的突变也有报道，如 *rrs* 513 A、*rrs* 514 A、*rrs* 516 C 的突变。

乙胺丁醇耐药性：乙胺丁醇作用于阿拉伯糖基转移酶，抑制阿拉伯糖基与阿拉伯半乳聚糖聚合，从而影响细胞壁中分枝菌酸-阿拉伯半乳聚糖-肽聚糖复合物的形成。阿拉伯糖基转移酶由 *emb* 基因编码，*emb* 基因操纵子由 *embA*、*embB* 和 *embC* 三个基因组成，*embB* 基因突变将导致糖基转移酶结构改变，从而影响乙胺丁醇和糖基转移酶的结合而产生耐药性，其第 306 位密码子 ATG 的错义突变（如 ATG→ACG、ATA 或 GTG 等）最普遍，可将其作为快速测定耐乙胺丁醇菌株的标准。此外，耐药株中还检测到 *embC* 基因的第 394 位密码子和第 738 位密码子突变、*embA* 第 462 位密码子和第 913 位密码子的突变，以及位于 *embC-embA* 区域内的第 1、12 和 16 位密码子的突变。

吡嗪酰胺耐药性：吡嗪酰胺耐药性主要与吡嗪酰胺酶基因 *pncA* 发生突变有关，主要突变形式为密码子的碱基点突变引起氨基酸错义突变，也有小片段插入或缺失突变。吡嗪酰胺的抗结核作用是通过吡嗪酰胺酸实现的，吡嗪酰胺在细胞内酸性环境（pH＜5.5）中被吡嗪酰胺酶转变成吡嗪酰胺酸，吡嗪酰胺酸能杀灭细胞内酸性环境中半休眠状态的结核分枝杆菌；同时也能杀灭急性炎症时细胞外酸性环境中的结核分枝杆菌。吡嗪酰胺酶基因 *pncA* 突变导致吡嗪酰胺酶活性改变，抑制吡嗪酰胺酸的形成，从而导致结核分枝杆菌出现耐药性。*pncA* 基因的突变分布广，可分布在启动子区域和结构基因的各个位置，现已发现 20 多个位点突变，其中发生频率较高的是 47 位点 Thr→Ala、85 位点 Leu→Pro 置换和 70 位点 G 缺失。已报道的耐药结核分枝杆菌的 *pncA* 基因突变有：第 54 位点、118 位点、368 位点、501 位点突变，–11 上游区 A 与 G 点突变，88 位点 Ser→终止密码子，382 位点有 8bp 丢失等。

【牛分枝杆菌的耐药性】

从畜牧经济发展和人兽共患病防控等角度考虑，牛分枝杆菌被认为是动物分枝杆菌中最重要的一种。养牛业是重要的畜牧产业，养殖和牛病防控从业人员与广大消费者通过消化道（如喝牛奶）和呼吸道感染牛结核的风险大。但由于养牛业中采取的牛结核控制策略是“检疫—扑杀”，不免疫不治疗，因此牛结核的耐药性资料相对较少。其他动物分枝杆菌的耐药性资料更少。

在分枝杆菌中，只有结核分枝杆菌对吡嗪酰胺天然敏感，且耐药性主要与 *pncA* 基因突变相关。牛分枝杆菌对吡嗪酰胺药物具有先天耐受性，其耐药机制与 *pncA* 基因的 169 位点碱基突变（C→G）有关，该突变导致第 57 位点氨基酸突变（组氨酸→天冬氨酸），使编码的吡嗪酰胺酶活性降低，引起耐药。非结核性分枝杆菌对吡嗪酰胺也表现出天然耐受性，但耐受机制与牛分枝杆菌不同。耻垢分枝杆菌具有 2 个高活性的吡嗪酰胺酶（PZase）：PzaA 和 PncA，虽然二者均可将吡嗪酰胺转化为吡嗪酰胺酸，但即使在酸性条件下吡嗪酰胺酸也不能在细胞内积累。因为细胞流出通道抑制剂（如利福平）可阻止该效果，说明耻垢分枝杆菌的耐药性与吡嗪酰胺酸高效流出泵机制、细胞内不能积累至有效杀菌浓度有关。鸟分枝杆菌的吡嗪酰胺耐药性也与流出泵活性高有关。堪萨斯分枝杆菌的吡嗪酰胺耐药性与其表达的吡嗪酰胺酶活性低有关。

除吡嗪酰胺外，从结核患者分离的牛分枝杆菌，其部分菌株被发现对异烟肼或乙硫异烟胺等抗结核一线药物耐药。Guerrero 等（1997）在西班牙马德里地区的一项结核病耐药性调查中发现，在 1993～1995 年的当地结核患者中，牛分枝杆菌感染病例有 20 例，占总病例数的 4.6%；其间共鉴定了 20 例耐多药病例，其中 95%（19/20）为牛分枝杆菌感染病例，19 例患者为牛分枝杆菌与人类免疫缺陷病毒-1（human immunodeficiency virus-1，HIV-1）共感染，经过 44 天治疗后全部病死。从这 19 例患者体内分离的牛分枝杆菌菌株表现出非常严重的多重耐药，对 11 种抗结核药物（异烟肼、利福平、乙胺丁醇、吡嗪酰胺、链霉素、对氨基水杨酸、克拉霉素、乙硫异烟胺、氧氟沙星、卷曲霉素和阿米卡星）均表现出耐受性。分子流行病学证据表明，这 19 例牛分枝杆菌感染导致的结核病例中，有 16 例为医院内传播、3 例为医院间传播。Bobadilla-del Valle 等（2015）在墨西哥进行了一个时间跨度为 15 年（2000～2014 年），基于实验室连续监测结核患者结核分枝杆菌复合群临床分离株药物敏感性的回顾性调查，结果显示，1165 株菌中，26.2%为牛分枝杆菌，73.7%为结核分枝杆菌，16.6%的肺结核由牛分枝杆菌感染所致；而且，结核患者的牛分枝杆菌分离比例呈上升趋势，从 2000 年的 7.8%上升至 2014 年的 28.4%。耐药性监测结果表明，牛分枝杆菌对链霉素的原发性耐药率为 10.9%，显著高于结核分枝杆菌（3.4%）（P＜0.001）；而对链霉素的获得性耐药率无显著差异，牛分枝杆菌与结核分枝杆菌临床分离株的耐药率分别为 38.5%和 34.4%。

Silaigwana 等（2012）利用 PCR 技术在南非东开普省地区进行了奶牛结核病的耐药性调查，结果发现，从某奶牛场 200 份牛奶样本中，检测到 11 份结核分枝杆菌复合群阳性样本。进一步进行耐药性检测发现，绝大多数（10/11）阳性样本同时对利福平和异烟肼耐药，为多耐药菌株感染；同时菌株的利福平耐药主要（9/10）与 *rpoB* 基因 526 位点碱基突变（H→Y）有关，少部分（2/10）耐药与 *rpoB* 基因 516 位点碱基突变（D→V）有关；而异烟肼耐药样本中只检测到了 *inhA* 基因突变，未检测到 *katG* 基因突变。

在我国，牛源牛分枝杆菌的耐药形势也很严峻。赵莉等（2011）对我国西北地区的 30 株牛分枝杆菌进行了药敏分析，结果显示西北地区牛分枝杆菌临床分离株的利福平耐药率为 13.3%（4/30），异烟肼耐药率为 30.0%（9/30）。此外，还从 30 株菌中发现 2 株牛分枝杆菌同时耐利福平和异烟肼，为耐多药菌株。牛分枝杆菌对利福平的耐药性也被证实与 *rpoB* 基因突变有关，而对异烟肼的耐药性与 *katG*、*inhA* 和 *ahpC* 等基因突变相关。此外，英国、美国、日本等发达国家的牛源牛分枝杆菌也被发现具有链霉素耐药性。

【卡介苗的耐药性】

卡介苗（BCG）是将牛分枝杆菌毒力株在含胆汁、甘油、马铃薯的培养基中经过 230 次移种，历时 13 年培养而获得的减毒活疫苗，是目前医学上用于人结核免疫预防的唯一疫苗。整体说来，BCG 对健康人是安全的，但对艾滋病患者可能具有致病性。Ritz 等（2009）检测了 5 个 BCG 菌株[BCG-Bulgaria（SL222 Sofia）、BCG-Connaught、BCG-Denmark（SS11331）、BCG-Japan（Tokyo 172）、BCG-Medac（RIVM from 1173-P2）]对 4 种一线药和 7 种二线药的敏感性，结果首先证实了 5 株 BCG 对吡嗪酰胺都具有耐药性，这是牛分枝杆菌的特征；其次，其中有 3 株 BCG（BCG-Bulgaria、BCG-Japan、BCG-Medac）对吡嗪酰胺以外的所有抗结核药均敏感；但另外 2 株 BCG（BCG-Connaught、BCG-Denmark）对异烟肼和乙硫异烟胺耐药。之前世界卫生组织全球疫苗安全顾问委员会曾报道 5 例患者因接种 BCG-Denmark 后患有耐异烟肼 BCG 淋巴腺炎，但仍决定：因为 BCG 表现的是一种低水平异烟肼耐药性，所以不影响实施 BCG 免疫政策。之前未报道过 BCG 对乙硫异烟胺的耐药性。牛分枝杆菌和 BCG 耐药株的存在，给人结核病的治疗和控制带来了巨大挑战。

防治措施

对受威胁的犊牛可以进行卡介苗接种，一般在出生后 30 天时，在牛胸皮下注射 50～100mL，以后每年接种一次。对牛结核病，每年要检疫 2 次，确诊为阳性牛时，则要将其淘汰；对于结核阳性的牛群，则要在第一次检疫 30～45 天后进行第二次检疫，之后每隔 30～45 天检疫一次。一旦发现有牛发病，应进行隔离治疗，以防疫病扩散。牛舍设计应符合环境卫生学要求，定期进行消毒。对种牛坚持人工授精进行繁殖，选用良种冷冻精液繁殖牛群。购买牛时，要严格检疫，先隔离养殖一段时间，等确认无结核病后，才可进群养殖。对牛结核病的治疗原则是早期、联合、规则、全程用药。治疗药物主要有利福平、丙硫异烟胺等，目前多采用 2～3 种药物联合治疗，以防止耐药性产生。

主要参考文献

车洋, 杨天池, 平国华, 等. 2016. 宁波地区耐多药结核分枝杆菌链霉素耐药相关基因 *rpsL* 和 *rrs* 突变研究. 中国预防医学杂志, 17(10): 744-749.

金嘉琳, 翁心华. 2004. 分枝杆菌对吡嗪酰胺耐药机制的研究进展. 国外医学(微生物学分册), 27(3): 31-33.

孔宪刚. 2013. 兽医微生物学. 2 版. 北京: 中国农业出版社.

刘金华, 甘孟侯. 2016. 中国禽病学. 2 版. 北京: 中国农业出版社.

刘巧, 邵燕, 宋红焕, 等. 2013.江苏省结核分枝杆菌耐药相关基因突变特征研究. 中华疾病控制杂志, 17(2): 141-144.

罗丹, 蓝如束, 林玫. 2017. 耐药结核病发生机制研究进展. 应用预防医学, 23(5): 436-438.

田克恭. 2013. 人与动物共患病. 北京: 中国农业出版社.

童光志. 2008. 动物传染病学. 北京: 中国农业出版社.

王海英. 2014. 山东省耐药结核病的流行及特征. 上海: 复旦大学博士学位论文.

王红宁. 2002. 禽呼吸系统疾病. 北京: 中国农业出版社.

夏爱鸿, 李昕, 徐正中, 等. 2017. 结核分枝杆菌在动物中的流行与传播. 微生物与感染, 12(4): 243-247.

俞学锋, 钟利. 2010. 结核分枝杆菌耐药机制研究进展. 西南军医, 12(1): 125-127.

赵莉, 纳玮, 周学章, 等. 2011. 奶牛结核分枝杆菌 *rpoB* 和 *katG* 基因突变与多重耐药的相关性. 中国畜牧兽医, 38(1): 47-50.

朱艳伶, 万康林, 沈国顺. 2007. 鸟分枝杆菌病. 中国人兽共患病学报, 23(5): 507-511.

邹夏芸. 2014. 318 例肺结核患者耐药性临床分析. 内科, 9(3): 310-311, 362.

Bobadilla-del Valle M, Torres-González P, Cervera-Hernández M E, et al. 2015. Trends of *Mycobacterium bovis* isolation and first-line anti-tuberculosis drug susceptibility profile: a fifteen-year laboratory-based surveillance. PLoS Negl Trop Dis, 9(9): e0004124.

Chen Y, Chao Y, Deng Q, et al. 2009. Potential challenges to the Stop TB Plan for humans in China; cattle maintain *M. bovis* and *M. tuberculosis*. Tuberculosis (Edinb), 89(1): 95-100.

Gonzalo-Asensio J, Malaga W, Pawlik A, et al. 2014. Evolutionary history of tuberculosis shaped by conserved mutations in the PhoPR virulence regulator. Proc Natl Acad Sci U S A, 111(31): 11491-11496.

Guerrero A, Cobo J, Fortún J, et al. 1997. Nosocomial transmission of *Mycobacterium bovis* resistant to 11 drugs in people with advanced HIV-1 infection. Lancet, 350(9093): 1738-1742.

Jeffrey J Z, Locke A K, Alejandro R, et al. 2014. 猪病学. 10 版. 赵德明, 张仲秋, 周向梅, 等译. 北京: 中国农业大学出版社.

Ritz N, Tebruegge M, Connell T G, et al. 2009. Susceptibility of *Mycobacterium bovis* BCG vaccine strains to antituberculous antibiotics. Antimicrob Agents Chemother, 53(1): 316-318.

Saif Y M. 2012. 禽病学. 12 版. 苏敬良, 高福, 索勋, 译. 北京: 中国农业出版社.

Silaigwana B, Green E, Ndip R N. 2012. Molecular detection and drug resistance of *Mycobacterium tuberculosis* complex from cattle at a dairy farm in the Nkonkobe region of South Africa: a pilot study. Int J Environ Res Public Health, 9(6): 2045-2056.

Thorel M F, Krichevsky M, Lévy-Frébault V V. 1990. Numerical taxonomy of mycobactin-dependent mycobacteria, emended description of *Mycobacterium avium*, and description of *Mycobacterium avium* subsp. *avium* subsp. nov., *Mycobacterium avium* subsp. *paratuberculosis* subsp. nov., and *Mycobacterium avium* subsp. *silvaticum* subsp. nov. Int J Syst Bacteriol, 40(3): 254-260.

第十六节　肠球菌属及其对抗菌药物的耐药性

病　原　学

肠球菌属（*Enterococcus*）为革兰氏阳性菌。1906 年，安德鲁斯（Andrews）和霍德（Horder）从人类粪便中分离到革兰氏阳性球菌并对其进行形态描述，命名为粪链球菌。由于拥有 Lancefield D 群抗原，其被划分为 Lancefield D 群，归类于链球菌属（*Streptococcus*）。1984 年，施莱费尔（Shleifer）和克里珀（Kilpper）用新技术对 DNA 同源性进行分析，明确提出肠球菌不同于链球菌的结论，并建议将肠球菌从链球菌属中分出，形成新的种属——肠球菌属。肠球菌广泛分布于自然环境及人和动物消化道内。20 世纪 80 年代以来，肠球菌严重感染的发生率和病死率明显升高，并且肠球菌的固有耐药和获得性耐药使许多常用抗菌药物在治疗肠球菌感染时失败。因此，从分子水平对肠球菌致病因子、肠球菌引起的感染机制与治疗的研究显得尤为重要。

【形态培养、生化特征】

肠球菌大小为 0.5～1.0μm，无鞭毛，不产生芽孢。少数有荚膜，需氧或兼性厌氧。显微镜下，细胞为卵圆形，单个、成对或呈短链排列，在液体培养基中成对或呈短链状。在麦康凯琼脂上形成较小、干燥、粉红色菌落。在血平板上培养生成圆形、灰白色、湿润的菌落，大多数菌株不溶血，部分菌株可用含 5%的兔血或绵羊血胰蛋白胨大豆琼脂板检测其溶血性，35℃培养 24h，呈现 α 或者 β 溶血，但各种血液对肠球菌溶血的敏感性差异较大。在有氧情况下，肠球菌在 5～50℃生长良好。此外，大多数肠球菌不产生色素，少数产黄色色素，如铅黄肠球菌（*E. casseliflavus*）、硫磺肠球菌（*E. sulfureus*）等；不同肠球菌的运动性也存在差异，如铅黄肠球菌和鸡肠球菌（*E. gallinarum*）具有运动性，驴肠球菌（*E. asini*）和木戴胜鸟肠球菌（*E. phoeniculicola*）则不具备运动性。

肠球菌生化特性主要表现为氧化酶和触酶试验阴性，分解甘露糖，不分解阿拉伯糖，在含有 6.5%氯化钠的肉汤中可生长，胆汁七叶苷试验阳性。在 10℃或 45℃、pH 9.6 和 40%胆汁环境下生长良好。

【种类、抗原结构】

在细菌分类学上，肠球菌属早期并不存在，现今的一些菌种本归属于链球菌属，1989 年，依据法克拉姆（Facklam）和科林斯（Collins）的分类，肠球菌属内包括 12 个种及一个变异株，它们是：粪肠球菌、屎肠球菌、鸟肠球菌、酪黄肠球菌、坚忍肠球菌、鸡肠球菌、芒地肠球菌、恶臭肠球菌、希拉肠球菌、孤立肠球菌、棉子糖肠球菌、假鸟肠球菌及粪肠球菌变异株。在 Lancefield 血清系统属 D 群，其特异性抗原决定簇是位于细胞壁中的甘油磷壁酸，本质上是多糖类，含有 *N*-乙酰己糖胺。

【分离与鉴定】

一般采集尿液、脓汁、胆汁、分泌物或血液等，以直接涂片进行初步检查。直接涂片染色、镜检可见呈短链排列、卵圆形的革兰氏阳性球菌。

分离培养后，挑取可疑菌落，进行涂片、染色、镜检、触酶试验、胆汁七叶苷试验和 6.5% NaCl 耐受试验，可鉴定到属。接种于含血平板，若含革兰氏阴性菌可选用选择鉴别培养基，常用叠氮胆汁七叶苷琼脂以抑制革兰氏阴性菌生长，而肠球菌分解七叶苷形成黑色菌落；35～37℃孵育 24h 后，形成灰白不透明、表面光滑、直径 0.5～1mm 的圆形菌落，血平板上为 α 溶血或不溶血。

【抵抗力】

肠球菌对环境耐受性强，在一般环境可存活数周，可在 10～45℃生长，多数菌株可耐受 60℃ 30min。肠球菌耐酸、碱、叠氮化钠和浓缩胆盐，故可以用此方法筛选出肠球菌。

【致病性】

肠球菌对动物的致病性。动物致病性肠球菌的感染主要是粪肠球菌，也有屎肠球菌和坚强肠球菌。目前已经从发病的猪、羊、驴、鸡、鸭、鹌鹑和家蚕等动物体内分离出致病性肠球菌。

肠球菌对人的致病性。肠球菌是人类和动物肠道正常菌群的一部分，既往认为肠球菌是对人类无害的共栖菌，但近年研究证实肠球菌是重要的医院内感染致病菌，其中以屎肠球菌（*E. faecium*）和粪肠球菌（*E. faecalis*）为主。据报道，引起医院内心内膜炎肠球菌感染的肠球菌中，有93%为粪肠球菌，引起败血症的肠球菌中87%为粪肠球菌。肠球菌不仅可引起尿道感染、皮肤软组织感染，还可引起危及生命的腹腔感染、败血症、心内膜炎和脑膜炎等。腹腔、盆腔感染在肠球菌感染中居第2位，腹腔、盆腔感染中肠球菌的检出率为7.6%，低于大肠杆菌（19.7%）和拟杆菌（10.7%），居第3位。败血症在肠球菌感染中居第3位。医院内感染败血症中肠球菌所致者占8%，其中大部分为屎肠球菌，其次为粪肠球菌。

流行病学与公共卫生意义

【流行病学】

肠球菌作为动物消化道和生殖道的正常菌群，在兽医临床中对其引起疾病的研究还比较少。肠球菌作为条件致病菌，近年来在不同动物中发现其感染导致疾病的报道。肠球菌可定植到黏膜上，侵入细胞内部或者感染黏膜表面，也可经损伤的皮肤和黏膜伤口感染。

肠球菌对鸡、鸭、火鸡、鸽、鹅、猪、羊、水貂、鸟类、猫、犬和鼠均有易感性，其中以鸡最敏感。肠球菌对各日龄的家禽均有致病性，但多侵害幼禽和胚胎，形成死胚或者弱雏。该病发生无明显的季节性，一般为散发或地方流行，发病率不一，死亡率为0.5%～50%。

引起感染的肠球菌种类包括粪肠球菌、屎肠球菌、耐久肠球菌（*E. durans*）、铅黄肠球菌和绒毛肠球菌（*E. villorum*）等。不同种类的肠球菌引起的症状不同，严重程度也存在明显差异。例如，耐久肠球菌和絮体肠球菌等可造成仔猪、小牛、仔鸡等新生动物腹泻。含致病基因的肠球菌感染小鼠易出现呼吸减弱、腹泻和四肢抽搐等症状，并造成小鼠死亡。铅黄肠球菌对雏鸡的致病性较强，剖检可见雏鸡肝、脾和肾肿大等，有腹膜炎、关节炎和心包膜炎症状。肠球菌还可以造成家兔腹泻等症状。

从已报道的文献看，粪肠球菌感染禽、猪的报道较多，临床表现也呈现多样性。1996年，四川某鸭场肉鸭暴发粪肠球菌感染，发病率80%以上，死亡率高，头部弯曲，病鸭趾、跗关节肿大，剖检可见败血症状；韩梅红（2006）报道用病死鸭分离株人工感染正常鸭可导致其出现临床症状并有明显病理变化。王亚宾等（2011）从河南省三门峡某猪场死亡猪分离到粪肠球菌，证实粪肠球菌可以感染猪并引起仔猪关节炎。肠球菌也可以引起公猪睾丸炎。国外动物医学领域也有许多关于肠球菌感染动物及耐药的相关报道。粪肠球菌也感染其他动物。单松华等（1998）从鸵鸟肺部及胸腔化脓灶分离到致病性粪肠球菌；齐亚银等（2005）从北疆多个羊场分离到粪肠球菌，病羊临床症状以神经症状为主，其病死率高达20%，剖检可见病羊脑部表面及切面存在出血点，肺充血、出血；杨跃飞等（2009）报道粪肠球菌引起鹧鸪眼炎，可从眶下窦内分离到病原。1998年暴发屎肠球菌对猪的感染，造成江苏数千头猪感染，并相继死于出血性休克。同时，与病猪密切接触的40人感染疾病，并造成12人死亡。此外，还有肠球菌感染水貂，导致败血症病例的报道。因此，需加强动物源肠球菌的流行病学监测。

【公共卫生意义】

有研究表明，肠球菌可在人与动物之间发生水平传播，导致疾病的发生。很多报道显示肠球菌医院内感染的发生率仍在不断升高。美国的一项研究表明在1975～1984年肠球菌尿道感染增多3倍，另一项研究显示1970～1983年肠球菌败血症增多3倍。除感染人以外，肠球菌还可以感染多种动物。有研究表明，粪肠球菌可通过菌体表面蛋白所表达的黏附素，吸附至小肠绒毛上皮细胞、尿道上皮细胞及心脏心肌细胞的表面；粪肠球菌还能产生一种被称作"聚集物质"（aggregation substance，AS）的毒素，增强细菌的吸附；此外，一种由质粒编码的"溶血素"（cytolysin）是引起败血症的重要原因。

由于肠球菌能够产生细菌素、分解蛋白和脂肪、利用柠檬酸盐以及产生挥发性风味物质，在许多传统发酵食品中，肠球菌都起着重要作用。一方面，肠球菌被作为益生菌用于食品和医疗领域；另一方面，肠球菌可引起抵抗力低下宿主的多种机会感染，现已经成为医院感染的重要致病菌。由于该菌耐热，因此一旦食品受到肠球菌污染后，在某些加工过程不能将其彻底杀灭，那些营养丰富的食品即可成为该菌生长的良好培养基。任锦玉等（2000）从食品生产企业直接送检的不同食品中检出肠球菌89份，检出率为24.32%。1988年发生一起食用扒鸡引起的中毒事件，经调查和实验室诊断为肠球菌所致，食用扒鸡的15人相继发病。苏翠华等（1989）对120份乳品进行了肠球菌检验，结果在生鲜牛乳中肠球菌检出率为50%，而消毒牛乳在装瓶前没有检出，装瓶后检出率为36%，在检出的肠球菌中粪肠球菌占54.4%。2007～2009年，段志刚等（2009）从郑州市5个农贸市场鲜猪肉销售摊点采集了52份猪肉样品，分离得到了30株肠球菌，其中粪肠球菌占53.3%。田卓等（2013）对大连地区水产企业生产加工用水进行肠球菌检测，结果在41份检测样品中，肠球菌的检出率为14.6%。

对抗菌药物的耐药性

肠球菌是革兰氏阳性球菌，是人和动物肠道内的正常菌群。肠球菌属归类于链球菌科，但种系分类法证实肠球菌不同于链球菌属的细菌，故将其命名为肠球菌属。肠球菌作为公认的益生菌，可以抑制动物肠道病原菌，调节肠道微生态平衡，维护机体肠道健康，同时能促进动物生长以及提高宿主的免疫力。此外，部分种属肠球菌可产生肠球菌素，这是一种天然的防腐剂，被广泛用于食品生产。

但近年来，继葡萄球菌后，肠球菌成为尿道感染、腹腔感染和败血症等医院内感染的第二重要病原菌。然而，在兽医临床感染中，肠球菌感染动物引起大规模暴发疾病的报道较少，近年来有致病性肠球菌感染畜禽的报道，如公猪睾丸炎、鹑鸡败血症、死胚、弱雏、鸵鸟肺部和胸腔化脓、家兔腹泻和羔羊脑炎等。

令人担忧的是，一方面，肠球菌对头孢菌素类、复方磺胺、克林霉素天然耐药，对氨基糖苷类药物呈天然低水平耐药，因此用于治疗肠球菌感染的可选药物种类有限。另一方面，肠球菌可通过多种途径获得外源耐药基因，进一步加剧了耐药肠球菌的危害。

随着规模化养殖场中抗菌药物的大量使用，肠球菌耐药情况日益突出，给临床治疗带来严重问题。多重耐药增加了糖肽类、酰胺醇类、林可酰胺类、四环素类、噁唑烷酮类和大环内酯类抗菌药物对肠球菌的治疗难度。一旦携带多药耐药基因的肠球菌通过养殖链、动物性食品传播到人，增加食物链中携带耐药基因肠球菌扩散传播的风险，可能威胁人类健康，并可能给临床治疗带来严峻挑战。

【猪源肠球菌的耐药性】

猪源肠球菌的耐药性日益引起国内外学者的重视，他们开展了大量相关的调查研究工作。卓鸿璘（2007）对福建动物源肠球菌进行了 6 种抗生素的敏感性调查，结果显示 365 株猪源肠球菌对土霉素、氯霉素、万古霉素、氨苄西林、环丙沙星、红霉素的耐药率分别为 99.5%、69.9%、3.3%、6.8%、47.8%、98.1%。郑远鹏（2009）针对福建三个地区猪养殖场肠球菌中庆大霉素高水平耐药（high-level gentamicin resistance，HLGR）菌株的流行情况进行调查，在 307 株肠球菌中，仅 163 株肠球菌对庆大霉素高水平耐药，耐药率为 53.1%。163 株猪源庆大霉素高水平耐药肠球菌对土霉素、氯霉素、万古霉素、氨苄西林、环丙沙星、红霉素的耐药率分别为 99.4%、79.1%、0%、1.2%、59.6%、100.0%，其中对土霉素和红霉素的耐药率较高。尹兵（2009）系统性调查了动物源（宠物医院、鸡场、猪场）、水源（闽江、小区池塘、学校鱼塘、污水沟、下水道）耐万古霉素肠球菌的分离率，在所有调查猪场共分离出 30 株万古霉素耐药或者敏感性下降的肠球菌菌株，包括屎肠球菌 13 株、粪肠球菌 5 株、鸡肠球菌 7 株以及铅黄肠球菌 5 株。在水源肠球菌中，17 株细菌对万古霉素敏感性下降，包括 3 株粪肠球菌、9 株鸡肠球菌、5 株铅黄肠球菌，未分离到屎肠球菌。动物源细菌对土霉素、氯霉素、万古霉素、氨苄西林、环丙沙星和红霉素的耐药率分别为 93.3%、53.3%、16.7%、20.0%、70.0%和 90.0%。林福（2015）对从福建 2 个地区养殖场水中分离的 88 株肠球菌开展了 6 种抗菌药物的耐药性调查，88 株肠球菌对氨苄西林、土霉素、红霉素、氯霉素、环丙沙星、万古霉素的耐药率分别为 78.4%、52.3%、9.1%、18.2%、35.2%、76.1%。研究人员从我国北京通州、怀柔、昌平和密云 4 个散养猪场分离了 118 株猪源肠球菌，并进行 12 种抗菌药物的耐药性检测，118 株猪源肠球菌对青霉素、氨苄西林、氯霉素、氟苯尼考、红霉素、阿米卡星、四环素、恩诺沙星、利福平、万古霉素、链霉素和庆大霉素的耐药率分别为 16.1%、10.2%、51.7%、50.0%、73.7%、77.1%、96.6%、26.3%、61.9%、0%、77.1%和 50.8%。其中，其对四环素的耐药率最高，为 96.6%，这些养殖场均未发现万古霉素耐药菌株。118 株猪源分离菌中，108 株呈现多重耐药特征，多重耐药率为 91.5%。散养猪场中猪源肠球菌对常用抗菌药物的耐药率较高，多重耐药情况严重。刘佳等（2014）从河南采集 220 份人源及动物源粪便样本并分离肠球菌，对分离肠球菌进行药物敏感性检测。肠球菌总分离率为 70.91%（156/220），猪源肠球菌分离率最高（86.00%），人源肠球菌分离率最低（62.63%），且人源与猪源肠球菌分离率差异显著（$P<0.018$）；人源粪便样本中分离率最高的为屎肠球菌（31.36%），鸡源、猪源肠球菌中粪肠球菌分离率最高，分别为 28.17%和 32.00%。抗菌药物敏感性结果显示，肠球菌对多种药物的耐药率在人源、鸡源、猪源 3 种来源间差异显著（$P<0.05$），且 3 种来源肠球菌的多药耐药率差异有统

计学意义（$P<0.05$）。人源肠球菌对红霉素（69.35%）、环丙沙星（37.10%）、氨苄西林（19.35%）等抗菌药物的耐药率较其他来源的肠球菌要高；鸡源肠球菌对四环素（88.24%）、氟苯尼考（11.76%）、氯霉素（21.57%）等抗菌药物的耐药率较其他来源的肠球菌要高；猪源肠球菌对抗菌药物的耐药率总体较低，且其多药耐药率（7.84%）也低于人源（35.48%）及鸡源肠球菌（20.19%）。

李鹏（2015）对2012年在西藏采集的232份猪源样品进行了分离鉴定，并对84株分离菌株进行了13种抗菌药物的耐药性调查，分离菌对阿莫西林/克拉维酸钾、苯唑西林、氨苄西林、青霉素、氟苯尼考、红霉素、林可霉素、四环素、环丙沙星、左氧氟沙星、万古霉素、高水平链霉素和高水平庆大霉素的耐药率分别为0%、92.8%、1.2%、6.0%、17.9%、48.8%、82.1%、64.3%、3.6%、1.2%、0%、1.2%和1.2%。其中，大多数菌株对氨苄西林、庆大霉素和氟苯尼考敏感率高，没有菌株对万古霉素耐药。王熙楚等（2012）对新疆不同动物来源的肠球菌进行了分离和耐药性分析，发现不同来源的肠球菌对青霉素G等8种药物的敏感性存在差异。猪源肠球菌对青霉素G、头孢喹啉、环丙沙星、利福平、链霉素和庆大霉素的耐药率分别为63.6%、59.1%、27.3%、36.4%、31.8%和36.4%。猪源肠球菌对青霉素G的耐药率最高，为63.6%，其次为头孢喹啉，耐药率为59.1%。牟迪（2014）对从广东采集的1800份猪源粪便和鼻腔拭子样品进行氟苯尼考低敏感肠球菌的分离，共获得79株氟苯尼考低敏感菌株。在79株肠球菌中，共检测到*cfr*阳性菌株28株，包括粪肠球菌8株、屎肠球菌4株、铅黄肠球菌6株和鸡肠球菌10株。作者根据PFGE谱型结果，对8株*cfr*阳性代表菌株进行药敏试验，结果表明所有菌株对氟苯尼考、阿米卡星、庆大霉素和红霉素耐药，菌株对氨苄西林、环丙沙星、四环素、万古霉素的耐药率分别为12.5%、75.0%、87.5%、25.0%。Wang等（2015a）对149株猪源肠球菌进行了携带*optrA*基因的调查。149株肠球菌包括2012年西藏76株、广东27株、河南32株和2013年上海14株。37株*optrA*阳性菌株包括广东11株、西藏8株、河南17株和上海1株。37株携带*optrA*菌株对氟苯尼考、氯霉素、利奈唑胺、泰地唑利、庆大霉素、万古霉素、达托霉素和氨苄西林的耐药率分别为100.0%、97.3%、21.6%、62.2%、0%、0%、0%和0%。王送林等（2015）从病死猪中分离到42株肠球菌，并对分离细菌进行11种药物的敏感性检测。这些细菌对青霉素G、苯唑青霉素、四环素、氯霉素、红霉素、环丙沙星、左氧氟沙星、高浓度庆大霉素、高浓度链霉素、米诺霉素和万古霉素的耐药率分别为11.9%、88.1%、100.0%、92.9%、82.3%、45.2%、57.1%、52.4%、47.6%、81.0%和31.0%。其中，肠球菌对四环素的耐药率最高，对氯霉素和红霉素的耐药率较高，对青霉素G相对敏感。需要注意的是，该地区VRE耐药率较高，达到31.0%，迫切需要密切加强检测和监测。董栋等（2015）对2013年3月至2014年5月从上海6个县区10个规模化养猪场分离的133株粪肠球菌进行了10种药物的敏感性检测。这些菌株对林可霉素、红霉素、泰乐菌素、四环素、氯霉素、链霉素、庆大霉素、利福平、环丙沙星和万古霉素的耐药率为100.0%、99.3%、98.5%、97.0%、77.4%、51.1%、48.1%、51.1%、50.4%和3.0%。除万古霉素敏感性率高于95%外，这些菌株突出的特点是多重耐药，其中对林可霉素、红霉素、泰乐菌素和四环素的耐药率高于97%。初胜波等（2014）采用肉汤稀释法测定了7株*lsa*(E)基因阳性菌株对10种药物的敏感性。

药敏试验结果表明，7 株菌除对红霉素、四环素、庆大霉素和环丙沙星 100%耐药外，对利奈唑胺、氟苯尼考、利福平和左氧氟沙星也具有较高的耐药性，其耐药率分别为 57.1%、85.7%、71.4%和 85.7%。未发现耐万古霉素肠球菌。携带 *lsa*(E)的所有菌株都为多重耐药。程亮等（2011）采用 K-B 法对 29 株猪源肠球菌进行了 10 种药物的敏感性检测。结果发现 29 株菌对青霉素 G、万古霉素、红霉素、四环素、利福平、氯霉素、高浓度庆大霉素、环丙沙星、呋喃妥因和磷霉素的耐药率分别为 13.8%、10.3%、62.1%、96.6%、58.6%、27.6%、27.6%、17.2%、62.1%和 27.6%，其中四环素的耐药率最高，为 96.6%。

总体来说，所有省份养猪场的猪源肠球菌对四环素和红霉素的耐药率普遍较高，但是对其他的抗生素耐药性存在差异，如万古霉素、庆大霉素、氟苯尼考等，这可能跟养殖场的用药习惯有关。需要注意的是，福建和湖南等地区一些菌株对万古霉素的敏感性下降，甚至耐药。一些临床菌株携带多重耐药的基因，如 *cfr*、*optrA* 和 *lsa*(E)，多重耐药的比例会更高，甚至达到 100.0%，迫切需要加强对上述这些现象和这些耐药基因的检测与监测。

王送林等（2015）采用 PCR 方法检测了四环素、红霉素和万古霉素等耐药基因。在 42 株耐四环素粪肠球菌中，38 株检出 *tet*(M)基因，阳性率为 90.5%。在 35 株红霉素耐药菌株中，29 株检测到基因 *erm(B)*，阳性率为 82.9%。在 13 株 VRE 中，2 株同时检出 *vanA*、*vanB* 和 *vanC* 基因；对万古霉素中介菌株检出 *vanB*。高浓度链霉素耐药和 HLGR 粪肠球菌中，全部检出氨基糖苷类双功能酶基因 *aacA/aphD*；还同时检出 *aph(3)'-III*和 *ant(6)'-Ⅰ*。由于作者仅检测有限的耐药基因，存在耐药表型和基因型不一致的情况。董栋等（2015）基于耐药表型采用 PCR 方法选择 9 种耐药基因进行检测，包括万古霉素耐药基因 *vanA*、*vanB*，四环素耐药基因 *tet*(M)，β-内酰胺类抗生素耐药基因 *tem*，红霉素耐药基因 *erm*(B)、*mef*，氨基糖苷类耐药基因 *aacA/aphD*、*aph(3')-III*和 *ant(6)-Ⅰ*。检测结果如下：4 株 VRE 菌株都检测到 *vanA*，*aacA/aphD*、*ant(6)-Ⅰ*、*tet*(M)和 *erm*(B)检出率分别为 87.5%、89.7%、93.8%和 96.2%。*vanB*、*mef* 和 *aph(3')-III*均未检测到阳性菌株。俞道进等（2011a）对万古霉素耐药表型菌株进行了检测。从 3 个猪场的粪便分离 VRE 并进行基因型检测，共获得 VRE 和万古霉素敏感性下降菌株 30 株。30 株细菌对土霉素、氯霉素、万古霉素、氨苄西林、环丙沙星、红霉素的耐药率分别为 93.3%、53.3%、16.7%、20.0%、70.0%、90.0%。对土霉素的耐药率最高，为 93.3%；其次为红霉素，耐药率为 90.0%；对氨苄西林的耐药率为 20.0%。PCR 检测结果为 2 株 *vanA* 阳性，12 株 *vanB* 阳性，7 株 *vanC1* 阳性，5 株 *vanC2/3* 阳性。牟迪（2014）对广东分离的 8 株 PFGE 不同型的 *cfr* 阳性肠球菌菌株进行了 11 种耐药基因调查，结果显示红霉素耐药基因 *erm*(A)、*erm*(B)的检出率分别为 50.0%、50.0%。在 8 株红霉素耐药菌株中，5 株检测到 *erm*(A)、*erm*(B)，其中 1 株仅存在 *erm*(A)，1 株仅存在 *erm*(B)，3 株同时存在 *erm*(A)和 *erm*(B)。8 株细菌均对庆大霉素耐药，均检测到庆大霉素耐药基因 *aacA-aphD*。6 株对环丙沙星耐药的菌株中，均存在拓扑异构酶 *gyrA* 氨基酸突变，突变发生在 Ser84Ile。Liu 等（2012）利用含 10μg/mL 氟苯尼考的脑心浸液琼脂平板筛选到 78 株氟苯尼考低敏感肠球菌。78 株氟苯尼考低敏感菌株中检测到 *fexA* 基因的有 39 株，检出率为 50%，3 株

fexA 基因和 *cfr* 基因共存。在未检测到任何已知氟苯尼考耐药基因的 39 株肠球菌中，发现 *fexB* 基因。并对 78 株氟苯尼考低敏感的肠球菌进行 *fexB* 基因检测，结果显示 19 株携带 *fexB* 基因，检出率为 24.4%。测定了 19 株 *fexB* 阳性肠球菌对氯霉素、氟苯尼考、庆大霉素、环丙沙星、红霉素、四环素、克林霉素等 7 种药物的敏感性，结果显示这些菌株对氟苯尼考、氯霉素、克林霉素、红霉素的耐药率达 100%，而对庆大霉素和四环素的耐药率也高达 94.7%，对环丙沙星的耐药率最低，为 78.9%。刘凌（2015）对河南不同来源的肠球菌进行了 10 种药物的敏感性检测，结果显示猪病变部位分离细菌和猪粪源肠球菌对庆大霉素、四环素、红霉素、奎奴普丁/达福普汀和氟苯尼考的耐药性比较一致，对万古霉素、氯霉素和环丙沙星有明显差异。随后对 11 株氟苯尼考耐药菌株进行耐药基因 *cfr*、*fexA* 和 *fexB* 的检测，结果显示氟苯尼考耐药肠球菌 *cfr*、*fexA* 和 *fexB* 检出率分别为 0%、90.9%和 72.3%。*fexB* 基因侧翼区上下游均含有插入序列 ISEfa14，这两个插入序列方向相反，该类型转座子为首次报道。初胜波等（2014）发现 7 株 *lsa*(E) 基因阳性肠球菌全部对红霉素耐药，*erm*(B)的检出率为 100%，而 *mefA* 基因未检出；7 株庆大霉素耐药菌中，*aac(6')- Ⅰe-aph(2")- Ⅰa* 和 *aph(3")-Ⅲa* 的检出率分别为 85.7%和 72.4%；7 株喹诺酮类耐药菌中，氟喹诺酮类耐药决定区 *gyrA* 基因氨基酸在 84 位点发生突变（Ser84Ile）；5 株利奈唑胺耐药菌中未检测到 *cfr* 基因，在 23S rRNA V 区域发生 G2576T 点突变；未在四环素耐药菌中检测到 *tet*(M)基因。董伟超（2013）对 40 株河南猪源肠球菌进行了杆菌肽锌耐药基因 *bcrB* 的检测及其传播规律的研究。结果显示 1 株细菌携带 *bcrB*，且可以以 6.0×10^{-5} 的接合频率将供体菌耐药基因转移到受体菌。供体菌和接合子的药敏试验结果证实，获得了两种形式的接合子，一种仅含有 *bcrB*，另一种同时含有四环素耐药基因。杆菌肽锌耐药基因簇 *bcrABDR* 位于一个两端同向重复的插入序列 ISEnfa1 内。同时在国内对肠球菌中猪源 *lsa*(E)的流行情况进行检测，阳性率为 53.6%（37/69），选取部分阳性菌株进行接合试验，获得庆大霉素、链霉素、林可霉素、泰妙菌素和沃尼妙林的多药耐药接合菌株，该菌株携带红霉素耐药基因 *erm(B)*、林可霉素耐药基因 *lnu*(B)、链霉素耐药基因 *aadE*、壮观霉素耐药基因 *spw* 和林可酰胺类-截短侧耳素类-链阳菌素类耐药基因 *lsa*(E)。*bcrB* 基因与多药耐药基因簇 *erm*(B)-*aadE*-*spw*-*lsa*(E)-*lnu*(B)和 *aadE-sat4-aphA3* 共同位于一个多药耐药质粒上，必将影响治疗效果，加重用药负担，并有利于加速耐药性的传播。部分 *lsa*(E)耐药基因可以发生接合转移，接合效率为 $5.5\times10^{-7}\sim2.9\times10^{-6}$。*lsa*(E)基因及其耐药基因簇可通过接合或转座的方式发生水平转移，包含 *lsa*(E)的耐药基因簇编码对大环内酯类、氨基糖苷类、林可酰胺类、截短侧耳素类以及链阳菌素 A 类的耐药，从而加速多重耐药菌在临床的出现。Wang 等（2015a）对 37 株 *optrA* 阳性菌株进行了相关耐药基因的检测，13 株细菌同时携带外排泵基因 *fexA*，检出率为 35.1%，6 株携带 *fexB*，检出率为 16.2%，1 株菌株同时携带 *fexA* 和 *fexB*，检出率为 2.7%。常科峰（2013）对河南 71 株不同来源的肠球菌进行了氟喹诺酮类和大环内酯类药物的敏感性检测，猪源肠球菌对环丙沙星和红霉素的耐药率分别为 52.4%（11/21）和 100.0%（21/21）。氟喹诺酮类耐药决定区 GyrA 氨基酸的 83 位点、87 位点发生突变，ParC 氨基酸的 80 位点分别发生单个突变或多个突变，即 Ser83→Ile、Arg 或 Tyr，Glu87→Gly 和 Ser80→Ile。肠球菌大环内酯类耐药基因[*erm*(A)、*erm*(B)、*erm*(C)、 *mefA/E* 和 *msr*(C)]的 PCR 检测结果显示，所有红霉素耐药菌株都是 *erm*(B)基因阳性，其中有 1 株同时检测到 *mefA/E* 基因。徐倩（2015）针对 413 株肠球菌进行了 *tet*(M)检测，3 株肠球菌检测到四环素耐药基因 *tet*(M)-*tet*(L)和四环素氯霉素耐药基因簇 *tet*(M)-*tet*(L)-*cat*。新命名的转座子 Tn*6258* 和 Tn*6259* 在禽源、猪源、人源肠球菌中的检出率分别为 11.5%、7.3%、7.2%和 2%、6.4%、0.09%。接合试验证实 Tn*6258* 和 Tn*6259* 均能够通过接合方式将耐药基因转移到受体菌。王玲飞等（2015）对 14 株肠球菌进行头孢噻呋、四环素、多西环素、红霉素、环丙沙星 5 种药物的敏感性检测。结果显示这些菌株除对头孢噻呋耐药率较低外，对其他四种药物均耐药，呈现多重耐药。14 株四环素耐药菌株中，13 株检测到 *tet*(M)和 *tet*(L)，检出率为 92.9%。

研究表明，动物源肠球菌可作为多重耐药基因水平转移的重要贮存库，可以通过接合转移等方式向其他肠球菌或革兰氏阳性菌扩散。国内外学者已开展了动物源肠球菌耐药性监测工作，为动物源肠球菌的防控提供了科学依据。

不同地区猪源肠球菌中携带多种耐药基因，包括 *cfr*、*optrA*、*fexB*、*tet*(L)、*tet*(M)和 *lsa*(E)，并且这些耐药基因型与耐药表型具有高度的相关性。一些临床菌株携带多重耐药的基因，如 *cfr*、*lsa*(E)，多重耐药的比例可以达到 100%，迫切需要加强对肠球菌中这些耐药基因的流行情况的检测。

【禽源肠球菌的耐药性】

禽源肠球菌耐药表型监测数据较少。针对文献报道的禽源肠球菌情况，可以了解其耐药情况。

Liu 等（2014）于 2009 年从北京和山东分离 335 株鸡源肠球菌并进行 12 种抗菌药物的敏感性检测。335 株细菌对青霉素、氨苄西林、氯霉素、氟苯尼考、红霉素、阿米卡星、四环素、恩诺沙星、利福平、万古霉素、高水平链霉素和高水平庆大霉素的耐药率分别 5.1%、2.1%、26.9%、72.5%、77.1%、93.7%、91.0%、30.7%、56.7%、0%、40.9%和 19.4%。其中，对四环素和阿米卡星的耐药率较高，分别为 91.0%和 93.7%。鸡源肠球菌未发现 VRE，仅有 4 株肠球菌对万古霉素的 MIC 值为 8μg/mL。不管是山东还是北京分离的肠球菌，对四环素、阿米卡星和红霉素的耐药率都较高。不同地区耐药情况也存在差异，山东分离的肠球菌对 β-内酰胺类药物敏感，未发现耐药菌株，北京分离菌株对 β-内酰胺类药物敏感性高。根据抗菌药物的分类，将调查的 12 种抗菌药物归为 10 类统计多重耐药情况。在 335 株分离菌中，305 株呈现多重耐药特征，多重耐药率为 91.0%。研究表明，不管是北京的散养户，还是山东规模化鸡场，肠球菌对常用抗菌药物的耐药率都比较高，多重耐药性比较严重。卓鸿璘（2007）从福建养鸡场分离 93 株粪肠球菌，并对分离菌进行 6 种抗菌药物的药敏试验。93 株细菌对土霉素、氯霉素、万古霉素、氨苄西林、环丙沙星和红霉素的耐药率分别为 96.8%、63.4%、3.2%、5.4%、52.7%和 91.4%，其中对土霉素、红霉素的耐药率较高，均超过 90%，对万古霉素和氨苄西林的敏感率高，均超过 90%。

目前，庆大霉素高水平耐药（HLGR）的肠球菌在世界范围内广泛流行。郑远鹏（2009）

在调查猪源 HLGR 肠球菌的同时，也对福建鸡源 HLGR 肠球菌的流行情况进行调查，在 179 株鸡源肠球菌中发现 78 株 HLGR 肠球菌，耐药率为 43.6%。78 株 HLGR 肠球菌对土霉素、氯霉素、万古霉素、氨苄西林、环丙沙星和红霉素的耐药率分别为 100.0%、69.2%、3.8%、7.7%、84.6%和 100.0%。其中对土霉素和红霉素的耐药率最高，全部耐药；对万古霉素和氨苄西林的敏感率高，都高于 90.0%。

结果表明，在我国鸡源 HLGR 肠球菌的耐药率较高。国外一些国家也进行了 HLGR 肠球菌的流行情况调查。Han 等（2011）在韩国 2007～2008 年从肉牛、鸡、鸭和猪中分别分离到 47 株、49 株、50 株和 63 株肠球菌，其中 HLGR 菌株分别为 14 株（29.8%）、29 株（59.2%）、26 株（52.0%）和 34 株（54.0%）。

王熙楚等（2012）对新疆鸡源肠球菌进行了耐药性分析。鸡源肠球菌对青霉素 G、头孢唑啉、环丙沙星、氟苯尼考、红霉素、利福平、链霉素和庆大霉素的耐药率分别为 80.0%、40.0%、74.3%、100.0%、91.4%、42.9%、62.9%和 68.6%。其中，对氟苯尼考的耐药率最高，耐药率为 100.0%。Wang 等（2015b）对 290 株不同动物来源的肠球菌进行了耐药基因 *optrA* 检测，其中包括 141 株鸡源肠球菌。141 株细菌包括 2009 年山东 110 株和 2013 年河南 31 株鸡源肠球菌。从 9 株鸡源肠球菌中检测到耐药基因 *optrA*，包括山东 7 株和河南 2 株。对 9 株 *optrA* 检测菌株进行 8 种药物的敏感性检测，发现其对氟苯尼考、氯霉素、利奈唑胺、泰地唑利、庆大霉素、万古霉素、达托霉素和氨苄西林的耐药率分别为 100.0%、88.9%、22.2%、100.0%、0%、0%、0%和 0%。9 株 *optrA* 的阳性菌株中，*fexA* 和 *fexB* 的携带率分别为 22.2%和 0%。程亮等（2011）采用 K-B 法对 30 株鸡源肠球菌进行了 10 种药物的敏感性检测。30 株菌对青霉素 G、万古霉素、红霉素、四环素、利福平、氯霉素、高浓度庆大霉素、环丙沙星、呋喃妥因和磷霉素的耐药率分别为 10.0%、3.3%、80.0%、100.0%、23.3%、46.7%、10.0%、70.0%、36.7%和 40.0%。其中四环素的耐药率最高，为 100.0%。和猪源 VRE 或万古霉素敏感性下降肠球菌的 10.3%相比，鸡源菌株万古霉素耐药率低（仅为 3.3%）。

万古霉素作为糖肽类抗生素的代表药物，是治疗耐甲氧西林金黄色葡萄球菌和其他耐药革兰氏阳性菌引起的感染的重要药物，被誉为“人类对抗革兰氏阳性菌顽固性耐药菌株的最后一道防线”。Bates 等（1993）发现英国感染肠球菌患者无用药历史，推测其所携带菌株可能来源于鸡或猪。欧洲国家允许阿伏帕星作为生长促进剂广泛用于食品动物鸡、猪。该药物与万古霉素同属于糖肽类抗生素，从而导致动物肠道内存在大量 VRE。一旦通过食物链直接或间接污染食物，可能增加耐药菌扩散到人的风险。1997 年颁布法律禁止使用该药以后，动物源 VRE 的分离率明显下降。我国农业部（现农业农村部）没有批准阿伏帕星作为饲料添加剂，所以我国一直未检测到 VRE。Tanimoto 等（2005）从 2001 年中国进口到日本的食品中发现 *vanA* 阳性肠球菌，这是在我国首次发现动物源 VRE。

俞道进课题组近年来在福建地区的猪场、鸡场、宠物等均分离到 VRE。卓鸿璘（2007）和郑远鹏（2009）发现鸡源 VRE 的耐药率分别为 3.2%和 3.8%。Tzavaras 等（2012）对不同来源的 VRE 进行研究，在 2005～2008 年从农场和禽屠宰场收集样品，采用多重 PCR 方法鉴定 VRE。药敏试验结果显示，鸡源 VRE 一直维持对四环素耐药，而临床菌株对氨苄西林耐药。令人担忧的是，在法律禁止阿伏帕星超过十几年之后，动物源 VRE 仍然存在 14.4%的流行率。

国外学者也进行了鸡源肠球菌的检测及耐药性报道。Tremblay 等（2011）对 387 株加拿大禽源粪肠球菌和屎肠球菌进行了多种药物的敏感性检测。粪肠球菌和屎肠球菌对杆菌肽、氯霉素、环丙沙星、红霉素、黄霉素、高水平耐庆大霉素、高水平耐卡那霉素、林可霉素、利奈唑胺、呋喃妥因、青霉素、达福普汀、高水平耐链霉素、四环素、泰乐菌素、万古霉素的耐药率分别为 88.1%，94.0%；0%，0.9%；0.7%，14.5%；72.6%，80.3%；3.7%，41.0%；9.6%，4.3%；25.2%，17.1%；100.0%，94.0%；0%，0%；2.6%，20.5%；3.0%，27.4%；98.5%，89.7%；46.7%，38.5%；95.6%，89.7%；73.0%，75.2%；0%，0%。在这些菌株中，占主要多药耐药表型的是耐红霉素-林可霉素-达福普汀-四环素-泰乐菌素。

由于肠球菌是动物及人体内的正常菌群，有的国外专家推测当今所有细菌出现的耐药基因均由肠球菌产生并水平传递扩散，提出了肠球菌是“耐药基因库”的猜想。一旦肠球菌产生耐药性，就可能通过水平转移传递给体内其他致病菌或条件致病菌，并存在随食物链传播而影响人类健康的风险。

基于这些菌株的耐药表型，加拿大学者 Tremblay 等（2011）进行了相关耐药基因型的 PCR 扩增检测，包括 *vatD*、*vatE*、*bcrR*、*bcrA*、*bcrB*、*bcrD*、*erm*(B)、*msr*(C)、*linB*、*tet*(M)和 *tet*(O)。结果表明，*erm*(B)、*tet*(M)、*bcrB* 是最主要的耐药基因。一株粪肠球菌菌株中存在 *erm*(B)和 *tet*(M)共存于同一质粒的现象。

【其他动物源肠球菌的耐药性】

近年来，有学者开展了宠物、野生动物、牛、羊和大熊猫等动物源细菌的耐药性研究。Liu 等（2013）在牛源肠球菌发现了一株 *cfr* 阳性菌株，该菌株呈现多重耐药。携带 *cfr* 的质粒定位于约 32kb 大小的非接合转移型质粒上，其侧翼为两个正向重复插入序列 IS1216，并证实可形成环状中间体，这有利于基因的传播扩散。卓鸿璘（2007）从宠物医院采集的样本分离到了粪肠球菌，96 株细菌对土霉素、红霉素、氯霉素、环丙沙星的耐药率分别为 86.5%、72.9%、27.1%、22.9%，对万古霉素、氨苄西林敏感，耐药率分别为 2.1%和 5.2%。王熙楚等（2012）对新疆牛源和羊源肠球菌进行了分离鉴定与耐药性分析。不同来源的肠球菌对青霉素 G 等 8 种药物的敏感性存在差异。牛源肠球菌对青霉素 G、头孢唑啉、环丙沙星、氟苯尼考、红霉素、利福平、链霉素和庆大霉素的耐药率分别为 46.4%、53.6%、20.2%、82.1%、25.0%、45.2%、20.2%和 42.9%。牛源肠球菌对氟苯尼考的耐药率最高，耐药率为 82.1%。羊源肠球菌对青霉素 G、头孢唑啉、环丙沙星、氟苯尼考、红霉素、利福平、链霉素和庆大霉素的耐药率分别为 55.6%、66.7%、2.8%、61.1%、13.9%、41.7%、0%和 16.7%；其中羊源肠球菌对链霉素的耐药率为 0%。和牛源肠球菌相比，羊源肠球菌对环丙沙星的敏感性也高于 95%。程亮等（2011）采用 K-B 法对 29 株犬源肠球菌和 30 株牛源肠球菌进行 10 种药物的敏感性检测。犬源细菌对青霉素 G、万古霉素、红霉素、四环素、利福平、氯霉素、高浓度庆大霉素、环丙沙星、呋喃妥因和磷霉素的耐药率分别为 0%、0%、41.4%、96.6%、62.1%、27.6%、6.9%、

0%、3.4%和 48.3%。牛源细菌对青霉素 G、万古霉素、红霉素、四环素、利福平、氯霉素、高浓度庆大霉素、环丙沙星、呋喃妥因和磷霉素的耐药率分别为 3.3%、3.3%、20.0%、86.7%、76.7%、6.7%、13.3%、23.3%、30.0%和 23.3%。和猪源肠球菌一样，犬源肠球菌对四环素的耐药率最高，为 96.6%，牛源细菌对四环素的耐药率也最高，为 86.7%。犬源和牛源细菌对青霉素的耐药率都很低，不同的是，犬源肠球菌对环丙沙星和呋喃妥因耐药率同样很低。

罗小青（2010）连续调查福建圈养野生动物的以及人源 HLGR 肠球菌、VRE 的耐药性，共筛选出 165 株 HLGR 肠球菌、39 株万古霉素中介肠球菌和 38 株高水平链霉素耐药肠球菌，不同来源的分离率不同。总体来说，HLGR 粪肠球菌和屎肠球菌对部分药物的敏感性存在差异，如它们对土霉素和红霉素的耐药率都超过 97%；屎肠球菌对环丙沙星的敏感性相对较高，粪肠球菌对环丙沙星的耐药率是 80%，但对氨苄西林和万古霉素的敏感性高，高于 90%。郝中香等（2015）对我国四川大熊猫源肠球菌（381 株）对 14 种药物的耐药性进行了分析，这些菌株对青霉素、氨苄西林、阿莫西林、链霉素、庆大霉素、阿米卡星、氟苯尼考、利福平、多西环素、红霉素、四环素、恩诺沙星和复方新诺明的耐药率分别是 13.9%、2.9%、1.3%、10.2%、0%、3.7%、0.3%、3.7%、3.4%、5.0%、1.3%、0%和 0%。总体来说，细菌耐药率较低。多种药物可以作为治疗疾病的药物，如庆大霉素、氟苯尼考、四环素、恩诺沙星和复方新诺明。

这些研究表明不同地区不同动物来源的肠球菌耐药性差异明显。多数研究主要集中于局部地区的报道，耐药数据总体不能够代表全国情况，多药耐药菌株主要集中于散在的报道，缺乏完整的多药耐药性调查数据，耐药基因流行情况还需进一步探明。

肠球菌在细菌耐药性传播中的意义。耐药基因的水平转移促进其在不同病原菌间传播。动物源肠球菌可作为耐药基因或多重耐药水平转移元件的重要贮存库，通过接合转移将耐药基因或多重耐药元件广泛扩散到兽医临床重要的病原菌（如葡萄球菌、链球菌）中，这些耐药菌一旦通过食物链扩散转移到人，必将威胁人类健康。Liu 等（2012）率先对牛源、猪源肠球菌进行质粒介导多重耐药 *cfr* 基因的水平转移元件的研究。*cfr* 基因侧翼可形成环状中间体，可由 IS*1216* 复合转座子和 IS*Enfa4* 简单转座子携带传播，暗示可能具有较高的向本种属和其他细菌传播扩散的风险。牟迪（2014）在广州分离的细菌也获得了类似的试验结果，IS*Enfa4*、IS*Enfa5* 参与 *cfr* 基因的扩散传播。Liu 等（2012）首次对外排泵编码基因 *fexB* 的转移情况进行了分析。15 株质粒分为 6 型，且同类型质粒可以在粪肠球菌和屎肠球菌等不同肠球菌间进行水平转移。Li 等（2014）在河南猪源肠球菌中发现 *lsa*(E)耐药基因簇。携带 *lsa*(E)耐药基因簇的菌株可以通过接合试验获得接合子，呈现对大环内酯类、林可酰胺类、链阳菌素类、截短侧耳素类、链霉素、壮观霉素、卡那霉素和新霉素耐药，这些基因的侧翼区含有插入序列 IS*1216*。Si 等（2015）在利奈唑胺耐药的猪源肠球菌中发现 *lsa*(E)耐药基因簇，该耐药基因簇为新的非接合性质粒。该质粒携带耐药基因，包括 *lnu*(B)、*lsa*(E)、*spw*、*aadE*、*aphA3* 和 *erm*(B)，菌株呈现对大环内酯类、林可酰胺类、链阳菌素类、截短侧耳素类、链霉素、壮观霉素、卡那霉素和新霉素耐药。分析完整质粒测序发现，插入序列 IS 可能在重组整合中发挥作用。He 等（2016）对 *optrA* 定位于质粒的菌株进行分析，发现部分菌株 *optrA* 的上下游也是有 IS*1216E* 参与，并且可以形成环状中间体。

上述这些现象都表明，很多耐药基因的扩散和转移，都离不开质粒、转座子插入序列或者 ICE 等，其对于耐药基因的扩散发挥重要作用。动物源肠球菌含有多重耐药基因，是耐药基因的重要贮存库，在质粒等移动元件作用下，在同一种属或者不同种属之间进行耐药基因转移，应对其开展长期监测，以防止动物源肠球菌中多重耐药水平转移元件的进一步扩散。

防 治 措 施

肠球菌是动物消化道、生殖道常在菌。肠球菌与其他临床上重要的革兰氏阳性菌相比，具有更强的天然耐药性，存在对头孢菌素类、部分氟喹诺酮类、氨基糖苷类等多种抗菌药物的天然耐药。对肠球菌具有抗菌活性可供选择的抗菌药物有青霉素、氨苄西林、哌拉西林、链霉素、庆大霉素、万古霉素、替考拉宁、红霉素、氯霉素、新生霉素、利福平、多西环素、米诺环素等。可以通过检测细菌对抗菌药物的敏感性，确定使用何种药物治疗。同时可将抗菌机理不同的抗菌药物联合使用，增加药物的敏感性。

主要参考文献

常科峰. 2013. 人、猪和食品源肠球菌对氟喹诺酮类和大环内酯类药物的耐药机制. 郑州: 河南农业大学硕士学位论文.

陈一资, 蒋文灿, 胡滨. 2003. 对鸭场暴发罕见的粪链球菌病的研究. 中国兽医学报, 23(4): 324-325.

程亮, 曹宾霞, 王耀兵, 等. 2011. 不同物种源的 150 株肠球菌抗生素抗性分析. 沈阳师范大学学报(自然科学版), 29(1): 100-103.

初胜波, 王秀梅, 张万江, 等. 2014. 猪源肠球菌林克酰胺、截短侧耳素及链阳菌素 A 类耐药基因 *lsa*(E)的检测及传播方式. 中国预防兽医学报, 36(10): 766-770.

狄婷婷, 高原. 2012. 粪肠球菌研究进展. 中国公共卫生, 28(11): 1530-1532.

董栋, 商军, 钱晓璐, 等. 2015. 猪源粪肠球菌的基因型及耐药性分析. 中国兽药杂志, 49(2): 13-17.

董伟超. 2013. 肠球菌耐药外排泵基因 *bcrB* 和 *lsa(E)*的检测、接合及遗传环境分析. 郑州: 河南农业大学硕士学位论文.

段志刚, 王亚宾, 胡惠, 等. 2009. 零售鲜猪肉中肠球菌的鉴定与毒力基因检测. 中国农学通报, 25(24): 20-23.

葛俊伟, 夏爽, 赵丽丽, 等. 2015. 一株水貂源致病性粪肠球菌分离与鉴定. 东北农业大学学报, 46(11): 28-35.

韩梅红. 2006. 鸭源肠球菌的致病性和致病机制的研究. 武汉: 华中农业大学硕士学位论文.

郝中香, 廖红, 刘丹, 等. 2015. 不同生境大熊猫源肠球菌耐药性分析. 四川动物, 34(5): 641-649.

华文久, 耿民新, 邱国璜, 等. 1999. 接触病猪引起屎肠球菌感染暴发流行 40 例临床报告. 南通医学院学报, 19(4): 493.

黄怡. 2012. 屎肠球菌 EF1 对仔猪小肠黏膜屏障功能的影响. 杭州: 浙江大学博士学位论文.

孔宪刚. 2013. 兽医微生物学. 2 版. 北京: 中国农业出版社.

李鹏. 2015. 藏猪源大肠杆菌和肠球菌耐药性调查及其耐药机制的研究. 北京: 中国农业大学博士学位论文.

林福. 2015. 猪场饮用水肠球菌的分离鉴定及其耐药性分析. 福州: 福建农林大学硕士学位论文.

刘佳, 陈霞, 赵爱兰, 等. 2014. 河南省某地区健康人源及动物源肠球菌种属分布及耐药性差异研究. 中国畜牧兽医, 41(12): 172-177.
刘金华, 甘孟侯. 2016. 中国禽病学. 2 版. 北京: 中国农业出版社.
刘凌. 2015. 不同来源肠球菌的耐药性调查及对氟苯尼考耐药机制的研究. 郑州: 河南农业大学硕士学位论文.
罗小青. 2010. 圈养野生动物肠球菌耐药分子流行病学研究. 福州: 福建农林大学硕士学位论文.
牟迪. 2014. 猪源肠球菌 *cfr* 基因流行特点及传播机理. 哈尔滨: 东北农业大学硕士学位论文.
齐景文, 于长泳, 闫明媚, 等. 2006. 铅黄肠球菌引起雏鸡发病死亡的诊治报告. 中国家禽, 28(19): 88.
齐亚银, 剡根强, 王静梅, 等. 2005. 致羔羊脑炎型粪肠球菌的分离及鉴定. 石河子大学学报, 23(2): 200-202.
任锦玉, 汪炜, 程苏云, 等. 2000. 食品中肠球菌的检测分析. 中国卫生检验杂志, 10(4): 446-447.
任晓燕. 2006. 粪肠球菌试验性感染小鼠的研究. 石河子: 石河子大学硕士学位论文.
单松华, 谢爱织, 王云云, 等. 1998. 进口鸵鸟的粪肠球菌的分离与鉴定. 上海农业学报, 14(1): 87-89.
史同瑞, 王铭杰, 许腊梅, 等. 1998. 兔源肠球菌的分离. 当代畜牧, (5): 22.
苏翠华, 王维黎, 李立桢, 等. 1989. 乳品中肠球菌污染状况及其检验方法的探讨. 中国食品卫生杂志, (4): 20-21.
田克恭. 2013. 人与动物共患病. 北京: 中国农业出版社.
田卓, 麻丽丹, 陈晓东, 等. 2013. 大连地区水产企业加工用水肠球菌检测和分析. 中国食品卫生杂志, 25(5): 461-464.
童光志. 2008. 动物传染病学. 北京: 中国农业出版社.
王红宁. 2002. 禽呼吸系统疾病. 北京: 中国农业出版社.
王玲飞, 马彩珲, 苑丽, 等. 2015. 猪源屎肠球菌 *tet*M 基因的检测. 江西农业学报, 27(1): 93-96.
王送林, 李芸芳, 秋菊, 等. 2015. 湖南省猪源粪肠球菌耐药性分析. 中国动物传染病学报, 23(2): 41-46.
王熙楚, 王世旗, 王波臻, 等. 2012. 不同动物来源肠球菌的分离、鉴定及耐药性研究. 安徽农业科学, 40(23): 11688-11690.
王翔宇. 2016. 猪源肠球菌 *lsa*(E)耐药基因的传播机制. 郑州: 河南农业大学硕士学位论文.
王晓明. 2015. 肠球菌新型转座子的鉴定及功能分析. 郑州: 河南农业大学硕士学位论文.
王亚宾, 张祥, 胡清林, 等. 2011. 仔猪关节炎粪肠球菌生物学特性研究. 河南农业大学学报, 45(2): 183-187.
文静, 孙建安, 周绪霞, 等. 2011. 屎肠球菌对仔猪生长性能、免疫和抗氧化功能的影响. 浙江农业学报, 23(1): 70-73.
徐倩. 2015. 不同来源肠球菌新型 Tn*916* 型接合转座子的鉴定和功能分析. 郑州: 河南农业大学硕士学位论文.
杨跃飞, 周守长, 刘文博, 等. 2009. 鹧鸪源性粪肠球菌的分离与鉴定. 中国兽医杂志, 45(2): 40-41.
尹兵. 2009. 动物源和水源肠球菌万古霉素耐药表型、基因型检测及同源性研究. 福州: 福建农林大学硕士学位论文.
尹崇, 乌尼. 1999. 鸡源肠球菌的分离与鉴定. 湖南畜牧兽医, (2): 6-7.
俞道进, 尹兵, 易秀丽, 等. 2011a. 猪源万古霉素耐药肠球菌分离及表型和基因型检测. 畜牧兽医学报, 42(2): 236-242.
俞道进, 卓鸿璘, 易秀丽, 等. 2011b. 宠物犬粪肠球菌耐药性流行病学调查. 福建农林大学学报(自然科学版), 40(6): 628-631.
张文东, 王永贤, 张应国. 1998. 公猪睾丸炎肠球菌的分离与鉴定. 云南畜牧兽医, (3): 18.
郑远鹏. 2009. 动物源性高水平庆大霉素耐药肠球菌流行病学研究. 福州: 福建农林大学硕士学位论文.
周霞. 2007. 肠球菌性羔羊脑炎的发现及其病原特性和诊断方法研究. 成都: 四川农业大学博士学位论文.

卓鸿璘. 2007. 动物源粪肠球菌耐药性流行病学研究. 福州: 福建农林大学硕士学位论文.

卓鸿璘. 2017. 猪场粪肠球菌耐药性流行病学调查与分析. 中国畜牧兽医文摘, 33(11): 61-63.

Aarestrup F M. 1995. Occurrence of glycopeptides resistance among *Enterococcus faecium* isolates from conventional and ecological poultry farms. Microb Drug Resist, 1(3): 255-257.

Andrewes F W, HorderT J. 1906. The study of the streptococci pathogenic in man. Lancet, 168(4345): 1621-1622.

Bates J. 1997. Epidemiology of vancomycin-resistant enterococci in the community and the relevance of farm animals to human infection. J Hosp Infect, 37(2): 89-101.

Bates J, Jordens Z, Selkon J B. 1993. Evidence for an animal origin of vancomycin-resistant enterococci. Lancet, 342(8869): 490-491.

Cheon D S, Chae C. 1996. Outbreak of diarrhea associated with *Enterococcus durans* in piglets. J Vet Diagn Invest, 8(1): 123-124.

Collins G E, Bergeland M E, Lindeman C J, et al. 1988. *Enterococcus* (*Streptococcus*) *durans* adherence in the small intestine of a diarrheic pup. Vet Pathol, 25(5): 396-398.

Collins M D, Farrow J A E, Jones D. 1986. *Enterococcus mundtii* sp. nov. Int J Syst Bacteriol, 36(1): 8-12.

de Vaux A, Laguerre G, Diviès C, et al. 1998. *Enterococcus asini* sp. nov. isolated from the caecum of donkeys (*Equus asinus*). Int J Syst Evol Microbiol, 48(2): 383-387.

Devriese L A, Hommez J, Wijfels R, et al. 1991. Composition of the enterococcal and streptococcal intestinal flora of chickens. J Appl Microbiol, 71(1): 46-50.

Devriese L A, Ieven M, Goossens H, et al. 1996. Presence of vancomycin-resistant enterocoeci in farm and pet animals. Antimicrob Agents Chemother, 40(10): 2285-2287.

Etheridge M E, Vonderfecht S L. 1992. Diarrhea caused by a slow growing *Enterococcus* like agent in neonatal rats. Lab Anim Sci, 42(6): 548-550.

Han D, Unno T, Jang J, et al. 2011. The occurrence of virulence traits among high-level aminoglycosides resistant *Enterococcus* isolates obtained from feces of humans, animals, and birds in South Korea. Int J Food Microbiol, 144(3): 387-392.

He T, Shen Y, Schwarz S, et al. 2016. Genetic environment of the transferable oxazolidinone/phenicol resistance gene *optrA* in *Enterococcus faecalis* isolates of human and animal origin. J Antimicrob Chemother, 71(6): 1466-1473.

Jansen L B, Hammerum A M, Poulsen R L, et al. 1999. Vancomycin-resistant *Enterococcus faecium* strains with highly similar pulsed-field gel electrophoresis patterns containing similar Tn*1546*-like elements isolated from a hospitalized patient and pigs in Denmark. Antimicrob Agents Chemother, 43(3): 724-725.

Jeffrey J Z, Locke A K, Alejandro R, et al. 2014. 猪病学. 10 版. 赵德明, 张仲秋, 周向梅, 等译. 北京: 中国农业大学出版社.

Klare I, Heier H, Claus H, et al. 1995. *Enterococcus faecium* strains with *vanA* mediated high-level glycopeptide resistance isolated from animal food stuffs and fecal samples of humans in the community. Microb Drug Resist, 1(3): 265-272.

Klare I, Heier H, Claus H, et al. 1995. *vanA* mediated high-level glycopeptides resistance in *Enterococcus faecium* from animal husbandry. FEMS Microbiol Lett, 125(2-3): 165-172.

Lapointe J M, Higgins R, Barrette N, et al. 2000. *Enterococcus hirae* enteropathy with ascending cholangitis and pancreatitis in a kitten. Vet Pathol, 37(3): 282-284.

Law-Brown J, Meyers P R. 2003. *Enterococcus phoeniculicola* sp. nov., a novel member of the enterococci isolated from the uropygial gland of the Red-billed Woodhoopoe, *Phoeniculus purpureus*. Int J Syst Evol Microbiol, 53(3): 683-685.

Li X S, Dong W C, Wang X M, et al. 2014. Presence and genetic environment of pleuromutilin-lincosamide-streptogramin A resistance gene *lsa*(E) in enterococci of human and swine origin. J Antimicrob Chemother, 69(5): 1424-1426.

Liu H, Wang Y, Wu C, et al. 2012. A novel phenicol exporter gene, *fexB*, found in enterococci of animal

origin. J Antimicrob Chemother, 67(2): 322-325.
Liu Y, Wang Y, Dai L, et al. 2014. First report of multiresistance gene *cfr* in *Enterococcus* species casseliflavus and gallinarum of swine origin. Vet Microbiol, 170(3-4): 352-357.
Liu Y, Wang Y, Schwarz S, et al. 2013. Transferable multiresistance plasmids carrying *cfr* in *Enterococcus* spp. from swine and farm environment. Antimicrob Agents Chemother, 57(1): 42-48.
Lu H Z, Weng X H, Li H J, et al. 2002. *Enterococcus faecium*-related outbreak with molecular evidence of transmission from pigs to humans. J Clin Microbiol, 40(3): 913-917.
Martinez-Murcia A J, Collins M D. 1991. *Enterococcus sulfureus*, a new yellow-pigmented *Enterococcus* species. FEMS Microbiol Lett, 80(1): 69-73.
Rogers D G, Zeman D H, Erickson E D, et al. 1992. Diarrhea associated with *Enterococcus durans* in calves. J Vet Diagn Invest, 4(4): 471-472.
Saif Y M. 2012. 禽病学. 12 版. 苏敬良, 高福, 索勋, 译. 北京: 中国农业出版社.
Si H, Zhang W J, Chu S, et al. 2015. Novel plasmid-borne multidrug resistance gene cluster including *lsa*(E) from a linezolid-resistant *Enterococcus faecium* isolate of swine origin. Antimicrob Agents Chemother, 59(11): 7113-7116.
Tanimoto K, Nomura T, Hamatani H. 2005. A Vancomycin-dependent *VanA*-type *Enterococcus faecalis* strain isolated in Japan from chicken imported from China. Lett Appl Microbiol, 41(2): 157-162.
Tremblay C L, Letellier A, Quessy S, et al. 2011. Multiple-antibiotic resistance of *Enterococcus faecalis* and *Enterococcus faecium* from cecal contents in broiler chicken and turkey flocks slaughtered in Canada and plasmid colocalization of *tetO* and *erm(B)* genes. J Food Prot, 74(10): 1639-1648.
Tyrrell G J, Turnbull L, Teixeira L M, et al. 2002. *Enterococcus gilvus* sp. nov. and *Enterococcus pallens* sp. nov. isolated from human clinical specimens. J Clin Microbiol, 40(4): 1140-1145.
Tzavaras I, Siarkou V I, Zdragas A, et al. 2012. Diversity of *vanA*-type vancomycin-resistant *Enterococcus faecium* isolated from broilers, poultry slaughterers and hospitalized humans in Greece. J Antimicrob Chemother, 67: 1811-1818.
Tzipori S, Hayes J, Sims L, et al. 1984. Streptococcus durans: an unexpected enteropathogen of foals. J Infect Dis, 150(4): 589-593.
Van den Bogaard A E, Jansen L B, Stobberingh E E. 1997. Vancomycin-resistant enterococci in turkeys and farmers. N Engl J Med, 337(21): 1558-1559.
Wang X M, Li X S, Wang Y B, et al. 2015b. Characterization of a multidrug resistance plasmid from *Enterococcus faecium* that harbours a mobilized *bcrABDR* locus. J Antimicrob Chemother, 70(2): 609-611.
Wang Y, Lv Y, Cai J C, et al. 2015a. A novel gene, *optrA*, that confers transferable resistance to oxazolidinones and phenicols and its presence in *Enterococcus faecalis* and *Enterococcus faecium* of human and animal origin. J Antimicrob Chemother, 70(8): 2182-2190.

第六章　细菌对抗菌药物耐药性的防控

第一节　细菌对抗菌药物耐药性的防控原则

抗菌药物在动物源细菌病防控中起到了至关重要的作用，通常分为杀菌剂和抑菌剂两类。抗菌药物的合理使用是遏制细菌耐药性产生和传播的重要手段，包含药物品种、剂量、用药时间、途径、疗程等核心内容，目的是既要有效控制感染，同时又要减少或减缓细菌耐药性的产生，达到科学合理地使用抗菌药物目的。

【抗菌药物使用的基本原则】

抗菌药物合理使用的基本原则主要包括以下几个方面：①制定抗菌药物使用和管理制度，从制度上规范抗菌药物的合理应用；②严格控制抗菌药物的使用范围，只有出现明确的细菌、真菌、支原体、衣原体等感染时，才能使用抗菌药物，原则上非上述感染不使用抗菌药物；③使用抗菌药物治疗前，应送检发病动物或病死动物标本，进行病原体鉴定与药物敏感性试验，应按 CLSI 标准进行，紧急情况进行经验治疗，一旦获得药敏试验结果，则应参考药敏试验结果调整用药方案；④药敏试验结果候选敏感药物有多类时，同等情况下一般应首先选择窄谱抗菌药物应用；⑤严格掌握联合用药的指征和原则，以期达到协同抗菌效果和减少耐药菌产生；⑥应根据当地和本单位病原菌变化趋势，以及耐药表型与抗菌药物品种应用情况，进行抗菌药物应用品种的选择。

【准确诊断和药物敏感性试验是合理用药的前提与基础】

准确诊断是合理用药的关键。当畜禽发生疾病时，应进行病原学检验、分离和鉴定病原菌，有条件的必须进行药物敏感性试验。根据药敏试验结果针对性地选择抗菌药物，避免盲目用药。选用药物时应综合考虑药物的抗菌谱、药效学、不良反应、价值与效益等因素。无条件自行进行药敏试验的，应定期委托第三方进行药敏试验检测。建立起本单位或本地区耐药谱系本底数据库，为用药提供依据。

“超级耐药菌”的报道引起了全世界对细菌耐药性问题的广泛关注。畜禽养殖过程中抗生素的不规范使用，导致耐药菌不断出现。因此，科学合理地使用抗生素显得尤为重要。快速准确地检测耐药性是指导合理使用抗生素的关键。常规的药敏试验耗费时间长，而且部分生长慢或不容易培养的细菌不能通过药敏试验进行耐药性检测。近年来，聚合酶链反应（PCR）、飞行时间质谱、基因芯片、微流体芯片、全基因组测序等技术在快速检测细菌耐药性方面迅速发展，为快速检测细菌耐药性提供了新的技术手段。

抗菌药物选择已成为临床兽医最重要的用药决策，用药错误不仅会导致药费增加、治疗失败，而且会导致细菌耐药性的产生。拟订抗感染治疗方案的时候，须谨慎判定是否需要进行抗感染治疗，用哪类抗菌药物及用药剂量等。成功的经验性用药通常是在病原流行病学调查、耐药性监测及既往的成功治疗的基础上建立起来的用药方案。准确诊断和各种感染性疾病诊断与治疗“指南”，对提高抗感染治疗的成功率、减少或延缓细菌耐药性产生具有重要意义。

我国动物源细菌耐药性监测工作取得了较大进步，除不同单位的日常细菌检测和耐药性监测工作外，已建立了较多跨地区的省级乃至全国性的耐药监测网。药敏试验的实验室检测方法也取得了很大进步，除纸片扩散法以外，也有很多研究采用准确性更高的 E-test 法和琼脂稀释法测定 MIC。这些检测结果的积累，为充实我国的细菌耐药资料，分析动物源细菌耐药现状和发展趋势，制定抗菌药物应用指南和相关政策，提供了宝贵的实验数据。

【抗菌药物的用药规范】

抗菌药物的长期不规范使用和滥用，致使耐药性细菌不断增加，甚至一些条件致病细菌在抗菌药物抗性筛选下，演化出多重耐药性，也对畜禽构成了新的威胁。同时，群体药物预防和治疗是畜禽防疫工作中的重要环节，尤其是在细菌性疾病和病毒性疾病混合或继发感染中被广泛采用，这无疑增加了耐药细菌产生的风险。因此合理使用抗菌药物具有重要的意义。

贯彻“预防为主，防重于治”的原则：实际生产过程中，需根据当地近期疫情发生与流行情况，科学选用细菌疫苗预防接种，谨慎使用抗菌药物进行预防，而感染发病时要根据病原种类和药敏试验结果选用抗菌药物进行治疗。

注重联合用药和药物配伍：“有效、经济、安全”是选药、用药的原则。联合用药是增强药物有效性，提升经济性和安全性的重要手段。其目的在于增强药物的疗效，减少、消除不良反应和并发症，同时防止细菌产生耐药性。配伍使用不同的药物获得协同或相加作用，从而可以提高疗效、减少药物用量，同时降低或避免毒性反应，有效防止或延缓耐药菌株的产生。但配伍不当会产生配伍禁忌，影响其疗效，甚至带来不良后果。所以，当多种药物合用时，要考虑不同药物是否有配伍禁忌，再决定是否能联合使用，尤其是注射液之间的配伍更值得注意。

强调综合性治疗的重要性：在应用抗菌药物治疗细菌性感染的过程中，一方面需要重视抗菌药物的选择及用法、用量，但同时也不能过分依赖抗菌药物的功效而忽视机体内在因素。忽视动物机体本身的免疫力是抗菌药物治疗失败的重要原因，因此要充分认识到机体免疫力对于动物康复的重要性。在应用抗菌药物的同时，各种综合措施如纠正电解质和酸碱平衡等需要重点考虑。同时应加强饲养管理、增强畜禽的机体抵抗力、进行必要的对症治疗、开展严格的消毒卫生工作，以便提高药物的治疗效果。

准确的用药剂量：用药前要根据抗菌药物在畜禽体内的药代和药动学数据，确定用药剂量和疗程。抗菌药物的剂量需要适当，不宜太大或过小。药物剂量过小，药物达不到有效的治疗浓度，则起不到治疗作用，而且容易导致细菌产生耐药性，也易导致耐药性菌株的产生；药物剂量太大，既会造成浪费，使用药成本增高，更会引起毒副反应和药物残留，同样造成耐药菌的产生。

按疗程用药：合适的用药疗程是减少细菌耐药性产生的重要手段，一般传染病和感染症需要连续用药 3～5 天，直至症状消失后再用药 2 天，以巩固疗效。对于一些慢性感染则需要适当延长疗程。用药时间过短，起不到彻底杀灭病原菌的作用，易导致耐药细菌的产生，给再次治疗带来困难；用药时间过长，同样会造成药物浪费、药物残留，导致动物中毒和细菌耐药性产生。

恰当的给药途径：同一种抗菌药物给药途径不同，会产生不同的效果。因此，给药途径应根据药物本身的特性、剂型，同时结合动物病情如病畜禽的食欲和饮水状况而定。对于易溶于水而且水溶液稳定的药物，可采用饮水给药。对于难溶于或不溶于水的药物则采用拌料给药，拌料给药时要充分混合均匀。对于一些全身性疾病如败血症、菌血症等的治疗，则宜选用可注射给药的药物。

轮换用药，防止耐药性的产生：为了防止病原微生物产生耐药性，要避免长期单一使用某一种抗菌药。根据药敏试验和用药背景，选择几种有效药物交替使用，这样能延缓病原细菌耐药性的产生，从而充分发挥药物的作用。对于反复发生的疾病要基于药敏试验，更换长期未用过的药物或新品种，从而更有利于控制疾病发展。

防止影响免疫反应，造成免疫失败：在畜禽免疫接种期间，尤其是细菌性疫苗接种期间，应尽量不用如庆大霉素、金霉素等具有免疫抑制作用的抗菌药。此外，抗菌药对如仔猪副伤寒弱毒菌苗、猪丹毒弱毒疫苗、禽霍乱弱毒苗等活菌苗有抑制或杀灭作用，会影响免疫效果。因此在进行活菌苗免疫接种前后数天内，需要尽量避免使用抗菌药物。

足够的休药期：动物产品兽药残留超标事件时有发生，不仅会危害人类身体健康和阻碍外贸出口的需要，也会造成持续的抗性压力，导致耐药性的产生和传播加快。因此，要严格控制兽药在畜禽体内的残留。临床用药时，根据药物在动物体内的残留特性，尽量选择残留期短的药物。在屠宰前要有足够的时间停药，以免兽药残留污染动物性食品。

第二节　基于 PK/PD 同步模型指导合理给药减少耐药性产生

药代动力学（pharmacokinetics，PK）简称药动学，应用动力学原理和数学处理方法，研究药物在体内吸收、分布、生物转化和排泄等过程的动态变化规律。

药效动力学（pharmacodynamics，PD）简称药效学，研究药物对机体的作用、作用规律及作用机制。药动学和药效学是现代药学研究两个重要的分支。在现代药学研究的过程中，药动学和药效学是独立发展的。随着药动学和药效学研究的深入，许多学者发现单独研究药动学或药效学，而忽视两者间的关系不能满足临床需要。因此，药动/药效同步模型（简称 PK/PD 模型）应运而生。

药动/药效同步模型是通过测定药物浓度、时间和效应数据，拟合药物浓度及其效应的经时过程曲线，从而将药动学和药效学的数据结合起来。PK/PD 模型的研究能更加真实和全面地描述药物、宿主、病原微生物之间的动态相互变化关系。近年来许多学者认为，PK/PD 模型是提高抗菌药物的药效、降低毒副作用和耐药性的重要手段，是合理用药的基础。

随着药动学与药效学的发展，PK/PD 同步模型越来越多地应用在现代药物的研究当中，尤其是在抗菌药研究方面。PK/PD 模型的应用主要涉及药理学和毒理学研究、药物安全性评价，以及药物的作用机制、给药方案、药效评估等多个方面。在兽药方面，PK/PD 模型的应用主要涉及给药方案设计、药物制剂、药效评价与新药研发等，研究药物主要集中在抗菌药物方面。对 PK/PD 同步模型的深入研究，不仅可加快新药的研发速度，为用药的安全性和有效性提供更加科学的理论依据，而且对预测最佳治疗剂量和用药间隔具有重要的指导意义。

不同种类的抗菌药物，其 PK/PD 特性可能差异很大。抗菌药物依据其抗菌作用与血药浓度或暴露时间的相关性，可分为两大类，包括浓度依赖性药物和时间依赖性药物。这种分类可以为根据不同药物的特性设计合理的给药方案提供科学的依据。

浓度依赖性药物的抗菌活性在一定范围内随药物浓度的增加而增加，药物浓度与抗菌活性呈正相关。当最大血药浓度（C_{max}）大于最低抑菌浓度（MIC）的 8～10 倍时，抗菌活性最强，具有较强的抗菌后效应（postantibiotic effect，PAE），当血药浓度低于 MIC 时对致病菌仍有一定的抑菌作用。这一类型的药物能够通过增加药物剂量达到更快、更有效的杀菌效果。浓度依赖性药物对病原体的抗菌作用主要取决于 C_{max} 与用药时曲线下面积（area under the curve，AUC），与作用时间关系不密切。用于评价浓度依赖性药物杀菌活性的主要 PK/PD 参数有 $AUC_{0\sim24h}$/MIC、C_{max}/MIC。此类药物有氨基糖苷类、氟喹诺酮类、甲硝唑、两性霉素 B 等。$AUC_{0\sim24h}$/MIC 和 C_{max}/MIC 可用于描述或预测浓度依赖性药物的治疗效果，为制定合理用药方案提供数据支持。例如，Bergen 等（2010）采用体外动态模型研究黏菌素的 PK/PD 分类，设置了 6 种给药间隔（3h、4h、6h、8h、12h、24h），分别观察其对铜绿假单胞菌的抗菌效果，然后拟合不同给药方案的 3 个 PK/PD 指数与抗菌之间的关系。结果显示，$AUC_{0\sim24h}$/MIC 与抗菌效应的相关性最好（R^2=0.931），C_{max}/MIC 相关性较差（R^2=0.868），而药物浓度高于细菌最低抑菌浓度的时间（$T_{>MIC}$）的相关性最差（R^2=0.785）。这表明，黏菌素属于浓度依赖性药物。使铜绿假单胞菌 ATCC 27853、PAO1、19056muc 的数量下降 1 lgCFU/mL 和 2 lgCFU/mL 所需的 $AUC_{0\sim24h}$/MIC 值分别为 22.6 和 30.4、27.1 和 35.7、5.04 和 6.81。这些 PK/PD 参数有助于设计合理的给药方案。

当药物的杀菌作用随细菌与药物接触时间的延长而增强，其则属于时间依赖性药物。时间依赖性药物的药物浓度在一定范围内亦与抗菌活性相关，通常在药物浓度达到 MIC 的 4～5 倍时，抗菌活性达到饱和状态，当药物浓度继续增高，药物的杀菌速度及强度将不再增加。时间依赖性药物对病原体的抗菌作用主要取决于 $T_{>MIC}$，与峰浓度关系不密切。

时间依赖性药物可分为短 PAE 的时间依赖性药物和长 PAE 的时间依赖性药物。时间依赖性且 PAE 较短的抗菌药物的抗菌活性与细菌作用时间密切相关，用于评价此类药物杀菌活性的主要 PK/PD 参数有 $T_{>MIC}$。这类药物主要包括 β-内酰胺类、大环内酯类、克林霉素类、碳青霉烯类。例如，β-内酰胺类抗菌药物的药物浓度在 4 倍 MIC 时可达到最佳杀菌作用，Craig 和 Andes（2008）认为 $T_{>MIC}$ 是评价此类药物杀菌活性的主要 PK/PD

参数。

对于时间依赖性且抗菌后效应较长的抗菌药物而言，虽然较高的药物浓度不能增加这类药物的抗菌活性，但是能够抑制细菌的再次生长，因此优化这类药物的给药方案主要在于优化给药剂量。用于评价此类药物杀菌活性的主要 PK/PD 参数有 $AUC_{0\sim24h}/MIC$。这类药物主要包括阿奇霉素、万古霉素、四环素、氟康唑、糖肽类等。

【体外 PK/PD 同步模型】

体外动态模型是通过仪器实现体外模拟抗菌药物在体内的吸收、分布、代谢和排泄的过程，使病原菌暴露在药物浓度处于动态变化的环境中，通过分析、拟合药物的时间-杀菌曲线，实时监控动态变化的药物浓度和细菌浓度，从而研究抗菌药物在不同的暴露浓度下对某一特定病原菌的 PK/PD 关系。这个模型不仅能够用于确定主要的药动学参数，如 AUC、C_{max}、$T_{>MIC}$，为抗菌药物治疗临床感染、确定合理的给药方案提供科学依据，还可以用于研究细菌耐药性，确定时间-杀菌曲线和细菌折点，预防细菌耐药性的产生。

体外动态模型现多采用单室模型进行研究。模型装置包括一个无菌容器，内有适量培养基，外接三个通道，每个通道密封，保证整个操作在无菌条件下进行。细菌在培养基中生长繁殖，通过调节泵的流速，模拟药物浓度在动物机体内的变化规律。在不同时间点从模型内取出液体，测定药物浓度和细菌数量。

近 20 年来，在人医临床上已进行了很多抗菌药物在体外动态模型中的研究，如阿奇霉素、罗红霉素、恩诺沙星、泰妙菌素等。兽医临床上也进行了部分抗菌药物体外动态模型研究，用于评价兽用抗菌药物的抗菌活性。Olofsson 等（2006）运用体外动态模型，系统研究了环丙沙星的不同药物浓度与细菌耐药性突变的关系，提出基于防耐药突变浓度（MPC）的 PK/PD 模型比基于 MIC 的 PK/PD 模型在选择合适的给药方案和预防细菌耐药性产生等方面更具有优势。Xiao 等（2015）应用体外单室模型法研究头孢喹肟对副猪嗜血杆菌的抗菌活性，结果显示，使细菌数量下降 3lgCFU/mL 和下降 4lgCFU/mL 所需的 $T_{>MIC}$ 值分别是 61 和 71。通过计算，得到头孢喹肟治疗副猪嗜血杆菌病的给药剂量为 4mg/(kg·12h)。体外动态模型具有灵活、适应性强、可重复性高、低成本等特点，避免了人与动物或动物间的种属差异问题，并且由于接种物的浓度比在动物体内的要高，方便用于细菌耐药性的研究。与体外静态模型相比，体外动态模型能够模拟药物在动物机体的变化规律，这克服了过去测定杀菌曲线时药物浓度始终恒定的缺点。但是，体外模型不能完全模拟机体内环境，没有考虑到机体免疫与病原体之间的作用关系，药效学参数不能直接反映出动物体内的情况，并且体内的生长环境不同于体外环境，导致细菌在体内和体外生长时表型有差异。

【半体内 PK/PD 同步模型】

半体内模型多在动物皮下埋植组织笼收集组织渗出液和病理组织渗出液，动物给药后定时抽取组织笼内样品和采集血清，测定组织液和血清中的药物浓度，并在体外进行含药血清或组织液对致病菌的药效评价。然后将体内药动学参数和体外药效学参数相结合，通过 PK/PD 模型分析确定 PK/PD 参数临界点的值，计算给药剂量。

半体内模型的抗菌效应可以通过测量超过 24h 的抑菌曲线下面积（area under the inhibitory curve，AUIC）来进行评价，抑菌作用的分类有：抑菌作用（没有细菌数目的变化）；杀菌作用（99.9%的细菌减少）；杀灭全部细菌。这种模型一般通过“S”形 Emax 模型（sigmoid Emax model）定量描述抗菌药物的杀菌速率和规律，预测细菌再生长的规律。此外，药动/药效学数据多使用 Winnonlin 软件进行分析。

目前，半体内模型在牛、羊、猪、鸡、犬和骆驼中已成功建立，涉及的药物有麻保沙星、达氟沙星、沃尼妙林、头孢喹肟和阿莫西林等。近年来，国内外已经在不同动物体内建立了麻保沙星的半体内模型，通过肌内注射 2mg/kg 体重单剂量给药，定时采集血清，研究麻保沙星对多杀性巴氏杆菌或溶血性曼氏杆菌的抗菌活性。一般认为，要消除这种差异，应该通过大量的敏感性变化较大的样品的试验数据才能很好地建立比较合理的模型。半体内模型中的药物浓度变化是通过动物机体的吸收、分布、代谢和排泄来实现的，这比体外动态模型所获得的药动学参数更加客观。但是，由于半体内模型是在体外进行药效学评价，这并没有考虑宿主的防御机制，使得药效学结果缺乏一定的客观性。

【体内 PK/PD 同步模型】

体内模型是首先建立动物感染模型，然后用不同的药物剂量或给药间隔进行给药，定时抽取样品液（如组织液、炎性渗出液），对其药物浓度和细菌数量进行测定，最后对药动学、药效学参数进行处理，分析抗菌药物的抗菌效应与 PK/PD 参数的相关性。使用体内模型来研究 PK/PD 同步关系，不仅可以模拟动物感染后治疗的过程，使细菌暴露在药物浓度不断变化的动物体内，而且将动物机体的免疫功能考虑到试验结果中，这比从体外动态模型和半体内模型中所获得的药动学参数更加客观。但是体内模型存在个体差异的问题，需要有大量的动物实验验证结果，并且体内模型的研究结果大部分都不能准确获得抗菌药物在感染部位的浓度变化和细菌的生长曲线。根据 Greko 等（2003）的研究报道，采用组织笼模型进行体内模型研究是解决以上问题的最佳方法，在动物皮下安置组织笼，将药物直接注入组织笼中可以克服其他给药途径下组织笼内药物浓度变化缓慢的缺点。这样的组织笼也可以直接注射病原菌，用于研究组织笼内病原菌数量的变化，这是目前研究抗菌药物体内模型较为理想的方法。目前，国内外已经报道的动物体内模型主要有小鼠中性粒细胞减少大腿及肺部感染模型、组织笼感染模型、乳房炎模型等，其中应用最多的是小鼠中性粒细胞减少大腿及肺部感染模型和组织笼感染模型。在人医临床上已成功建立了金黄色葡萄球菌、肺炎链球菌、大肠杆菌、铜绿假单胞菌模拟的脑膜炎模型，金黄色葡萄球菌和纤维蛋白凝块模拟的心内膜炎或肺部感染等体内模型。在兽医临床上也逐渐开始了这方面的研究，采用金黄色葡萄球菌引起的大腿感染模型来研究头孢喹肟对小鼠体内金黄色葡萄球菌的抗菌活性。小鼠腹腔注射环磷酰胺建立小鼠中性粒细胞减少模型，然后在小鼠大腿肌内注射菌液建立小鼠大腿感染模型。该研究采用 25 种给药方案对感染小鼠进行治疗，在不同时间点检测血浆中头孢喹肟的浓度和大腿肌肉匀浆后的菌落计数。最后，采用非线性回归分析法拟合头孢喹肟在感染小鼠体内的抗菌效应与PK/PD指数的相关性，从而得出抗菌效应与PK/PD指数的最佳相关指数。研究者采用“S”形Emax模型对体内抗菌活性数据进行动物医学进展拟合。结果表明，$T_{>MIC}$与头孢喹肟抗菌效应的相关性最强（R^2为0.86），而与其他PK/PD指数的相关性较差（C_{max}/MIC的R^2为0.57；$AUC_{0\sim24h}$/MIC的R^2为0.17）。这表明，头孢喹肟为时间依赖性药物。头孢喹肟（4h间隔给药）对多株金黄色葡萄球菌达到静态效应、下降0.5$\log_{10}$CFU/mL和下降1$\log_{10}$CFU/mL杀菌效应所需的PK/PD指数（$T_{>MIC}$）范围分别为30.28～36.84、34.38～46.70和43.50～54.02。Dudhani等（2010）采用小鼠无中性粒细胞减少大腿及肺部感染模型研究黏菌素对铜绿假单胞菌的PK/PD模型的影响。此外，近年来出现了一些新的PK/PD参数的研究方法，如微透析法、群体PK/PD整合模型、蒙特卡罗模拟等方法，这些方法推动了PK/PD模型的发展，使PK/PD模型更能真实地反映生物机体的情况。

【PK/PD同步模型应用】

PK/PD模型能提高临床用药的有效性和安全性，实现科学合理用药。近年来，随着药理学研究的不断深入，PK/PD模型理论得到逐步完善。在国外，PK/PD模型已经被广泛应用于研究抗菌药物作用机制、临床疗效评价和药物研发等方面。在众多学者研究工作的基础上，多种抗菌药物的药动学、药效学数据得到不断完善，并且以PK/PD参数为基础，对多种抗菌药物的给药方案进行了调整。目前，我国在PK/PD模型研究方面有了许多新的进展，研究的方向主要集中在新兽药方面，如头孢喹肟、喹赛多和沃尼妙林，为新兽药在临床的合理使用提供了保障。

优化给药方案：病原菌、宿主和抗菌药物之间的相互作用关系十分复杂，临床抗感染治疗过程中如何发挥抗菌药物的最佳疗效，并最大程度上避免或减少不良反应的产生，降低细菌耐药性是非常重要的科学问题。然而，依赖体外静态模型所测得的参数，如最低抑菌浓度（MIC）和最低杀菌浓度（MBC）还不足以作为准确用药的依据。因为，体外测定的MIC仅仅是病原菌对药物敏感性的一个指标，而忽视了抗菌药物在体内的动态变化规律以及机体对药物的反应。因此，只根据MIC设计用药方案并不是最理想的方法。PK/PD同步模型能更加真实地模拟抗菌药物在动物体内的动态变化过程，所获得的数据能更加真实可靠地反映药物的药效，从而更好地指导临床合理用药。

Mitchell等（2013）利用体外动态模型评价了土霉素、达氟沙星和泰拉霉素对丝状支原体丝状亚种（*Mycoplasma mycoides* subsp. *mycoides*）的抗菌活性。体外动态模型研究表明，3种抗生素都有抗支原体的作用，但是超过12h后，达氟沙星和泰拉霉素就没有抗支原体的作用。并且，达氟沙星对牛肺炎支原体的时间杀菌曲线显示，达氟沙星的药物浓度越高，杀菌作用越强。这证明了达氟沙星是浓度依赖性药物，可考虑单次大剂量给药。

迄今，国内外学者利用PK/PD模型对抗菌药物的给药剂量和给药间隔方面已经进行了深入的探索，但在兽医药学方面才进行了氟喹诺酮类和部分兽用抗菌药物的研究，人们对PK/PD的概念和应用了解不深。PK/PD模型具有优化给药方案的特点，因此，将

PK/PD 模型应用到兽用抗菌药物的研究中，对指导合理用药和减少耐药性有重要意义。

第三节　建立动物源细菌耐药性监测网络

细菌耐药性是一个全球性的问题，被世界卫生组织认为是 21 世纪最大的公共卫生安全问题之一。为应对细菌耐药性问题，一些国家纷纷建立了抗菌药耐药性监测系统。近年来，我国政府和相关机构开始重视抗菌药物的耐药性问题，投资建设了国家动物耐药菌监测体系。但由于我国开展动物源细菌耐药性监测工作起步相对较晚，与一些国家的监测体系相比还存在差距。因此，有必要学习国际先进的关于建立和实施动物源细菌耐药性监测系统的做法与经验，以便更好地开展我国的动物源细菌耐药性监测工作。

【完善动物源细菌耐药性监测方法】

近年来，快速发展的动物源细菌的分离鉴定方法和耐药性检测方法，为我国开展动物源细菌耐药性监测提供了技术保障：建立了统一的动物源大肠杆菌、肠球菌、沙门菌、葡萄球菌、弯曲菌的分离鉴定方法和耐药性检测方法，农业部于 2018 年 2 月发布了《动物源细菌耐药性监测计划》，各监测单位采用同样的方法开展监测工作。

建立了动物源细菌耐药性菌种资源库，并统一供应耐药性监测质控菌株和检测板等，为我国开展动物源细菌耐药性监测提供了物质保障：分离鉴定了从 20 世纪 60 年代至今的动物源大肠杆菌、金黄色葡萄球菌、沙门菌、肠球菌和弯曲菌 30 000 多株，并完成了细菌的血清型鉴定和耐药性检测。鉴定出一批新血清型菌株，填补了我国兽医菌种库的空白。以这些菌种为基础，建立了我国动物源细菌耐药性菌种资源库。

我国从美国菌种保藏中心等单位引入了 6 种质控菌株（大肠杆菌 ATCC 25922、大肠杆菌 ATCC 35218、金黄色葡萄球菌 ATCC 29213、肠球菌 ATCC 29212、肺炎链球菌 ATCC 49619 和空肠弯曲菌 ATCC 33560），并统一供应细菌耐药性检测板，以保证耐药性监测工作的标准化和规范化。

动物源细菌耐药性监测方法将随着研究的进步而不断完善。

【组建动物源细菌耐药性监测网络】

2008 年，我国开始组建动物源细菌耐药性监测网络。该监测网由 6 个耐药性监测实验室单位组成，分别是中国兽医药品监察所、中国动物卫生与流行病学中心、辽宁省兽药饲料畜产品质量安全检测中心、上海市兽药饲料检测所、广东省兽药饲料质量检验所、四川省兽药饲料监察所。2013～2015 年新增 4 个耐药性监测实验室单位：中国动物疾病预防控制中心、河南省兽药饲料监察所、湖南省兽药饲料监察所和陕西省兽药监察所。目前，10 个耐药性监测实验室单位组成了我国的动物源细菌耐药性监测网络，负责全国动物源细菌的耐药性监测和农业农村部《动物源细菌耐药性监测计划》的实施。

根据《动物源细菌耐药性监测计划》，农业农村部负责全国动物源细菌耐药性监测的组织实施工作，各耐药性监测实验室负责进行食品动物（鸡、猪、牛等）中大肠杆菌、沙门菌、金黄色葡萄球菌、弯曲菌和肠球菌的耐药性监测。在实施耐药性监测过程中，动物源细菌耐药性监测单位须采用规范的采样方法，分别从养殖场和屠宰场采集动物的泄殖腔拭子、盲肠、牛奶等样品，将定点采样和随机采样相结合，确保采样样品的真实性和代表性；然后，采用同样的细菌分离鉴定方法和耐药性检测方法，使用统一供应的质控菌株和耐药性检测板进行耐药性检测；最后，运用动物源细菌耐药性数据库系统进行数据的上报、分析和汇总，确保耐药性监测结果的准确性和可比性。

动物源细菌耐药性监测数据库部署于中国兽药信息网（www.ivdc.org.cn），包括数据库设置、数据中心和数据分析三个模块。数据库设置模块负责系统条件、试验方法、判断标准等的设置和管理，是数据库的中枢，由中国兽医药品监察所负责管理；数据中心模块主要负责耐药性监测过程中各种实验数据资料的录入，包括采样动物种类、养殖场抗菌药物使用情况、分离菌株情况（种属、数量、血清型等）以及 MIC 测定结果等；数据分析模块可根据用户的要求，对录入的数据进行分析比较并生成结果（包括不同地区、不同时间、不同养殖场、不同动物、不同细菌的分离率、耐药率、多重耐药率、耐药谱、MIC 分布、细菌血清型比较分析以及数据溯源等）。获得授权后，动物源细菌耐药性监测实验室可登录数据库进行数据录入和数据分析操作，极大地提高了数据分析的准确性和结果报告的规范性。

动物源细菌耐药性监测数据库于 2009 年上线运行，通过不断更新，在科学性、实用性等方面已逐渐完善，实现了我国动物源细菌耐药性监测数据的即时上报、网络共享以及数据统计分析的同步化、系统化和标准化，不仅极大提高了工作效率，而且有助于及时准确地把握我国动物源细菌耐药性的变化趋势，为主管部门制定合理的抗菌药物使用政策提供基础数据支持。

运用已建立的耐药性监测网络，研究人员对与公共卫生密切相关的 5 种人畜共患病原菌和耐药指示菌（大肠杆菌、沙门菌、肠球菌、葡萄球菌与弯曲菌）进行了耐药情况和流行情况的系统调查，在动物源细菌耐药性监测数据库中产生了 30 000 余株细菌的耐药性数据，建立了我国的动物源细菌耐药性大数据。对这些大数据的准确运用，可以及时了解我国动物源细菌的耐药性状况、血清型分布以及对常用药物的耐药性的发生发展和演变趋势，为疾病防控和政策制定提供有价值的参考数据。全面总结分析我国动物源细菌的耐药状况、特点及其对动物疾病防治和公共卫生带来的危害，可以提出应对措施。随着调查研究的不断增多和深入，我国耐药性检测平台和大数据网络将不断完善。

第四节　抗生素替代品研究与开发

随着全球对饲料中抗菌药物作为促生长制剂的禁令的逐步实施，开发出高效安全的抗生素替代品成为研究热点。畜禽养殖生产中迫切需要创新、完善抗病促生长的抗生素替代品途径。抗生素替代品按其作用方式有几种类型。提高免疫功能：疫苗、免疫制剂、多聚糖、植物提取物等。调节肠道菌群：脂肪酸、益生菌、益生元（多糖等）、植物提取物等。直接杀菌：噬菌体、酸化剂、抗菌肽、植物提取物等，随着研究和开发的进步，新产品不断出现。

细菌疫苗及免疫制剂

动物细菌疫苗对动物细菌病的预防起到了重要作用。使用最多的细菌性疫苗：如猪的胸膜肺炎放线杆菌疫苗，羊的不同种类的梭菌疫苗，禽的鸭疫里默氏杆菌疫苗，兔的多杀性巴氏杆菌疫苗。目前，猪大肠杆菌、链球菌、副猪嗜血杆菌的全菌和亚单位疫苗、猪传染性胸膜肺炎放线杆菌疫苗、猪肺炎支原体疫苗和胞内劳森氏菌疫苗已有上市；禽用副鸡嗜血杆菌疫苗、肠炎沙门菌疫苗已有上市；针对牛羊布鲁氏杆菌病的布鲁氏菌病活疫苗（Ⅰ）和布鲁氏菌病活疫苗（Ⅱ）已上市，其中由中国农业科学院哈尔滨兽医研究所联合中国农业科学院兰州兽医研究所等单位共同研制的布鲁氏菌基因缺失标记活疫苗产品于2022年在国内首发上市；山东绿都生物科技有限公司已成功研发猪链球菌、副鸡嗜血杆菌、猪支原体活疫苗RM48株、仔猪副伤寒疫苗菌株、禽多杀性巴氏杆菌、兔多杀性巴氏杆菌、牛多杀性巴氏杆菌、鸡毒支原体、鸭疫里默氏杆菌、羊三联四防灭活疫苗等。以减毒细菌为载体的疫苗也是新的发展方向。近几年，细菌活载体疫苗对猪链球菌2型（SS2）获得了较好的预防效果。而用于疫苗的细菌活载体有多种，包括沙门菌、大肠杆菌、乳酸杆菌等，利用这些细菌构建的多种载体疫苗已进入临床试验阶段。

免疫制剂的开发也受到重视。对于细菌感染性疾病的免疫治疗，抗毒素疗效确定，应用最广，如破伤风抗毒素、肉毒抗毒素等。抗毒素是一类富含特异性抗体的免疫血清制品，通过中和细菌产生的外毒素而发挥作用。抗毒素是免疫动物后的血清制品，对人体而言是一种异型蛋白，易产生超敏反应，而高效价的人免疫球蛋白系同种性蛋白，可避免此不良反应。抗破伤风免疫球蛋白、抗狂犬病免疫球蛋白等，不仅可中和病原体产生的毒素，对细菌本身也具有一定的破坏作用。然而，由于其来源稀少和制备困难，对于大多数病原体感染的疾病，没有现存的特异性抗体可供使用。

针对细菌的单克隆抗体近年来也取得了较大的进展。Eculizumab对出血性大肠杆菌引起的溶血性尿毒综合征有效，治疗铜绿假单胞菌感染的KB001（Humaneered^{TM}）已经进入Ⅱ期临床试验阶段，治疗艰难梭菌感染的单克隆抗体也在临床试验阶段。在人医临床单克隆抗体将是一种抗菌治疗手段，其研发和实用化还需要一定的时间。针对动物源的单克隆抗体也应关注和开展研究。

饲料的营养成分

最近，欧美一些学者的研究证实，如果往断奶仔猪的保育饲料里添加各种新营养原料，断奶仔猪体内就可以产生大量免疫球蛋白和抗体。例如，将蛋黄、猪的血浆和猪肠的水解产物等配合添加到断奶仔猪饲料里，就能极大地增强其免疫力。

研究表明，硫酸铜、氧化锌等类中的微量元素可以促进家畜生长。但是，由于这些微量元素在家畜的排泄物中残留量较大，对于周边环境有不良影响，因此它们的使用受到了限制。当按高于微量矿物质预混料提供的剂量使用时，硫酸铜和氧化锌被认为能促进生长，尤其在仔猪日粮中值得推荐。研究表明，将铜按125～250mg/kg水平添加进仔猪日粮中时，可以促进生长，改善饲料效率，并降低死亡率。然而高铜添加的不利方面是可能导致猪（禽）肝铜积累和高铜排泄污染问题。目前国外学者有报道认为三碱基氯化铜将是一种替代传统硫酸铜的高效铜源。高水平的氧化锌已经被证明在仔猪日粮中有促生长功效。与同时使用氧化锌和硫酸铜相比，单独使用氧化锌的功效更好。

研究认为，采用合成的谷氨酰胺有助于增强断奶仔猪的胃肠道功能。有些完整的短链多肽可刺激猪的食欲，并且有抗菌功能或抗病毒功能。此外，有研究表明，在猪、鸡日粮中添加少量肽类，猪、鸡的生产性能及饲料利用率得到改善。在确定抗生素替代物的第一线上，营养学家在免疫方面也正发挥着作用。

益生素、化学益生素和合生元

【益生素】

益生素，又称益生菌、活菌制剂、利生剂或微生态制剂等，是指由许多有益微生物及其代谢物构成，可以直接饲喂动物的活菌制剂。它不但具有抗病促生长等多种功能，而且能够克服抗生素的缺点。

益生菌是活的微生物类饲料添加剂，可以改善宿主肠道的微生物群落状态。其可能的作用机制有：同肠道的致病性微生物竞争肠道黏膜的结合位点；提供营养；通过产生有机酸以及抗生素样复合物抑制致病微生物的生长。益生菌在回肠的尾部、盲肠以及结肠较为活跃。益生菌通过增强和提高益生菌的酶作用与食物的消化率来影响消化过程，同时也可以刺激免疫系统，促进肠黏膜再生。益生菌还能够提高免疫球蛋白产量，刺激巨噬细胞和 NK 细胞的产生，同时可以对抗炎症和促炎症细胞因子的产生进行调节。益生菌的效果取决于所选菌种的组成、剂量、同某些药物的作用、饲料组成、储存条件以及饲喂的技术方法等。益生菌在预防由产肠毒素大肠杆菌毒株引起的断奶仔猪腹泻时能够起到较好的作用。已有多项研究证实了益生菌在改善肠道环境方面的作用。益生菌可以通过降低小肠内的 pH，产生有机酸以及抗菌类物质，抑制致病性微生物，改善肠道菌群，增强免疫功能。通过调节微生物平衡，可以提高微生物消化酶的活性，提高饲料消化率以及营养元素利用率。因此，其可以使动物的发病率和死亡率降低，生产性能提高。

饲料中可以添加的常见益生菌种类有乳杆菌、双歧杆菌、肠球菌等，可以添加 1 种或多种。益生素的作用机理与抗生素正相反，抗生素的作用是抑制消化道内微生物的生长，或将其杀死，而益生素是向消化道导入对动物有益的活菌，帮助动物建立有利于宿主的肠道微生物群系，达到防病促生长的目的。目前已确认的适宜作益生素的菌种主要有乳酸杆菌、链球菌、芽孢杆菌、双歧杆菌以及酵母菌等。动物生产上使用的益生素多为复合菌种（复合制剂），通常混合菌制剂对动物的促生长作用优于单株菌制剂。

综合研究益生素的最佳作用条件，从环境温度湿度、配合饲料组成、畜禽生长阶段、健康状况等方面来综合研究，提出益生素的最佳作用条件，生产专用的益生素制剂。在此基础上制定统一的标准，使益生素产品规范化、标准化。运用基因工程技术，通过对一些优良菌种的遗传改造，导入有用基因如必需氨基酸合成酶基因、疫苗基因等。益生素的作用机制以及益生素与其他添加剂的效应有待进一步研究。

【化学益生素】

化学益生素是一种短链的碳水化合物（低聚糖、寡糖），其并不能够被消化，但可以被肠道菌群利用。益生素添加到饲料中可影响肠道内挥发性脂肪酸、乳酸及氨基酸的浓度。短链脂肪酸浓度的增加可以促进双歧杆菌以及乳杆菌的增殖。肠上皮细胞的能量源——丁酸的产生量也会增加。常见的可用作益生素的低聚糖有甘露寡糖、低聚半乳糖、低聚果糖、大豆寡糖及菊糖等。许多动物的体内以及体外试验证实了低聚半乳糖、低聚果糖以及大豆寡糖的双歧化作用，其可以选择性作用于肠道菌群的生态系统。但这几类低聚糖在促进效果的有无以及高低方面，不同研究人员得出的结论也是不尽相同。

菊糖（菊粉，inulin）在许多蔬菜水果如洋葱、大蒜、芦笋、香蕉、莴苣等中广泛存在，这也是饲粮中菊糖最多的来源。饲粮中添加菊糖对短链脂肪酸（short-chain fatty acid，SCFA）的产生具有积极影响，同时可以改善肠道菌群。

20 世纪 80 年代中后期，日本首先把低聚糖开发成饲料添加剂产品。90 年代中期，日本生产的低聚糖类产品 1/3 用于饲料工业，日本在 40%的猪饲料中都添加低聚糖。目前欧洲和世界上其他很多地区已将低聚糖广泛用于仔猪饲料中。从实际应用效果来看，低聚糖能明显提高动物的抗病能力，并提高日增重，有显著的促生长作用。低聚糖由于耐高温、耐胃酸等，因此在饲料工业的粉料、颗粒料、膨化料生产中均可使用。但因其为糖类物质，易吸湿，而且又属非消化性寡糖类物质，因此在生产中不可直接加入大料中混合（否则会吸湿结块），也不可添加过量（否则会引起腹泻）。一般来说，各种动物饲料最大添加量不能高于 5%，而仔猪料不能高于 1%。具体到不同的低聚糖，其适宜添加比例是不同的。例如，低聚果糖在仔鸡日粮中的适宜添加量为 0.25%～0.5%，而乳糖的适宜添加量则为 4.0%左右。

低聚糖本身的生产成本较高，虽然异麦芽低聚糖是寡糖中生产成本较低的品种，但在实际饲料生产中较大的添加量还是难以承担的。为此，如何降低低聚糖用量，特别是提高其有效性，还亟待研究。例如，研究降低低聚糖生产成本的新工艺和新方法；提高低聚糖利用率的措施，开发符合动物营养保健特点的低聚糖，即使在较低浓度下也可获得较理想的效果；低聚糖与其他添加剂加性效应的研究等。研究表明，低聚木糖由 2～7 个木糖分子以 β-1,4 糖苷键连接而成，以木二糖、木三糖和木四糖为主要成分。研究发现，在全价饲料中按照 100～150g/t 添加低聚木糖，可有效预防生长猪腹泻。

寡聚糖是由几个糖基组成的低聚物，它不能被动物体直接消化，但可被肠道内有益微生物利用。在仔猪饲料中添加甘露寡糖后，仔猪体内的 IgA 和 IgG 水平、淋巴细胞转化率、T 淋巴细胞总数和白细胞的吞噬能力均升高。新生仔猪补喂半乳糖后，仔猪回肠食糜的 pH 下降，肠道中大肠杆菌的数量减少。石宝明等（2000）在仔猪日粮中添加 25mg/kg 寡聚糖后，0～8 周龄仔猪的腹泻率都明显下降。大量试验结果表明，在早期断奶仔猪的日粮中添加 0.25%或 0.5%果寡糖（FOS），防治下痢的效果较好。

【合生元】

益生菌及益生素组合起来被称为合生元，二者一起使用有利于益生菌通过小肠上部的通道和在小肠局部的定植。已有研究证实，合生元有明显的促生长协同作用，还可减少死亡率，以及增加肠道有益菌的数量。当然不同种类的益生菌和益生素的组合往往会有不同的保护效果。麦芽糊精同副干酪乳杆菌或屎肠球菌组合使用可以增强仔猪的消化水平，抑制致病性大肠杆菌生长。乳果糖或乳糖酸同发酵乳杆菌、短乳杆菌、唾液乳杆菌或屎肠球菌组合使用亦可以增强消化水平，促进生长。低聚果糖同副干酪乳杆菌组合使用可以促进肠道正常菌群的生长，减少致病菌数量，改善肠绒毛形态。已有实验报道在仔猪断乳前使用合生元的效果更好。此外，将益生素同不饱和脂肪酸混在一起使用也有较好的促生长效果。

复合生物制剂

在仔猪日粮中添加一定种类的酸制剂、低聚糖和植酸酶，有抗菌促生长的饲养效果，可以达到提高日增重、降低死亡率、提高饲料转化率的目的。苏军和汪莉（1999）研究了益生素（芽孢杆菌制剂）与有机酸（柠檬酸）结合对肉鸡生产性能的影响。结果表明，饲粮中添加益生素和柠檬酸，能极显著地促进肉鸡对蛋白质的利用，使肉鸡生产性能最佳的适宜添加水平为：益生素 0.41%～0.63%，有机酸 0.43%～0.64%。石传林等（1998）研究了加酶益生素对产蛋鸡生产性能的影响。试验结果表明，在产蛋鸡日粮中添加加酶益生素，能够显著提高产蛋性能，提高饲料利用率，并能增强产蛋鸡抗病能力，降低死淘率。

噬 菌 体

广义的噬菌体（bacteriophage）是指能够感染细菌、支原体、螺旋体、放线菌和蓝细菌等微生物的一类病毒，又被称为细菌病毒。噬菌体在自然界中分布广泛，且远远多于宿主的种类和数量。噬菌体通过尾丝蛋白及其他吸附相关蛋白与宿主菌特异性结合，然后将遗传物质注入宿主菌内部。首先阻断并控制宿主菌的所有代谢活动，并利用宿主菌的原料合成自身的基因组和结构蛋白，在噬菌体颗粒组装完成之后会合成穿孔素（holin）和裂解酶（lysin）。穿孔素负责在细胞膜打孔，从而使裂解酶能够到达细胞壁，并将其水解，最终细菌在渗透压的作用下发生崩解，释放出子代的噬菌体颗粒，开始下一轮的感染周期。依据噬菌体的生活周期，这种裂解可以在感染后短期内发生（烈性噬菌体的裂解周期），也可能经过较长的一段时间，在其他因素（紫外线、丝裂霉素等）刺激的情况下发生（温和噬菌体的溶源周期），能够用于噬菌体疗法的通常为前一种。

噬菌体疗法与传统的抗生素及其他疗法不同，多数抗生素是通过抑制细菌的某一种或者一类代谢途径从而抑制细菌的生长，高浓度时也可以杀死细菌，而噬菌体主要是通过感染细菌将其杀死。这种感染模式的杀菌机制赋予了噬菌体疗法许多独特的优势。

特异性强：与广谱抗生素不同，噬菌体疗法具有特异性。噬菌体的特异性源于其相对较窄的宿主范围，通常仅限于一种细菌的部分个体。被特定噬菌体感染的细菌数量取决于其所识别的表面受体的类型以及宿主的抗噬菌体防御机制。噬菌体感染细菌的特异性确保了噬菌体疗法不会对机体及其正常微生物群产生不利影响。

作用机制独特：确保治疗有效性的最重要因素是噬菌体对细菌的感染和自我复制能力，也是它们与传统抗生素的主要区别。通常噬菌体疗法只需一次性给药，只要有敏感的病原菌存在，噬菌体即可将其杀死，并在感染过程中得到增殖。而当特定病原细菌被清除之后，噬菌体也会随之被机体清除。噬菌体与抗生素的作用机制不同，因此噬菌体对于多重耐药的病原菌同样具有感染和杀灭能力。

研发速度较快：地球上的噬菌体数量非常庞大，预测大约有 10^{32} 个，而且噬菌体分布广泛，很容易在自然界中筛选到针对特定病原菌的裂解性噬菌体。因此，可以建立常规病原细菌的噬菌体库，遇到引起特定感染的病原菌，在噬菌体库中筛选敏感噬菌体，然后进行扩增和纯化，即可以用于细菌感染的治疗和防控。

对细菌生物被膜具有清除作用：慢性感染中抗生素治疗失败的最常见原因是细菌能形成生物被膜。由于生物被膜基质的不可渗透性和该结构内细菌细胞的克隆多样性，标准抗生素的应用通常效果很有限。而有些噬菌体具有解聚酶，不仅能预防生物被膜的形成，而且能降解生物被膜基质，对生物被膜内休眠的细菌同样有效。

无严重的副反应：噬菌体在自然界环境中广泛存在，有细菌的地方就有相应的噬菌体，因此在正常动物机体内也存在大量的噬菌体。噬菌体的特异性决定了其对动物机体没有伤害，且目前为止，未发现噬菌体对机体有严重副反应的报道。

用途广泛：只要涉及病原细菌的领域，都可以利用噬菌体来控制、清除或者检测相应的病原细菌。目前，在包括人医临床的各种耐药性病原菌局部感染和全身性感染的治疗、畜禽养殖过程中，以及宠物相关的常见细菌性疾病的防控、水产养殖中细菌性疾病的防控、环境的消毒处理、食品的防腐、蔬菜和水果的细菌性疾病防控等方面都有研究人员或者公司进行噬菌体试剂的研究与开发，而且有些领域已经存在商品化的噬菌体制剂产品。另外，噬菌体疗法不但能进行治疗性应用，还可以进行预防性应用。

噬菌体用于大肠杆菌的防控：大肠杆菌能够引起牛、猪和羊等动物的腹泻，许多研究人员为利用噬菌体防控动物的大肠杆菌感染做了大量的研究。Smith 和 Huggins（1983）的研究表明通过口服和在圈舍喷洒噬菌体，可以控制由感染产肠毒素大肠杆菌引起的牛犊、仔猪和羔羊腹泻，显著降低死亡率。随后 Smith 等（1987）还证实噬菌体 R 可以有效地控制由感染大肠杆菌引起的牛犊败血症，降低死亡率。Soothill（1992）的实验发现噬菌体可预防和治疗铜绿假单胞菌与不动杆菌引起的动物感染，证实使用噬菌体的确能够成功预防和治愈动物的细菌性感染，也能促使西方的许多研究人员开始重新研究噬菌体疗法。尽管菌毛疫苗得到了推广和应用，但是断奶仔猪的 ETEC 感染仍然是猪养殖业的一个主要问题。O149 型大肠杆菌是世界范围流行的猪 ETEC 菌株，Jamalludeen 等（2007）分离到了针对 O149 型 ETEC 的多株噬菌体，并且证实了利用噬菌体可以有效地预防和治疗由 O149:H10 型 ETEC 引起的断奶仔猪感染，缓解了仔猪因感染 ETEC 造成的体重下降问题。

虽然绵羊和牛通常不会遭受大肠杆菌 O157:H7 的感染，但这些动物被认为是该病原体的传染源，因此降低这些动物大肠杆菌 O157:H7 的载量能够阻断该病原的传播。Sheng 等（2006）应用噬菌体 SH1 和 KH1 对小鼠、绵羊与牛进行了净化处理，使大肠杆菌 O157:H7 的载量得到了明显的降低，这为环境中病原菌的净化应用提供了思路。

Huff 等（2005）的研究表明喷洒噬菌体可以有效地预防鸡大肠杆菌病，而肌内注射取得了良好的治疗效果。他们还发现如果将噬菌体配合低剂量的恩诺沙星联合应用，可以显著提高对大肠杆菌引起的鸡感染的治疗效果，为噬菌体与抗生素配伍使用提供了证据。

噬菌体用于金黄色葡萄球菌的防控：有研究表明在小鼠模型中，噬菌体疗法可以有效地治疗由金黄色葡萄球菌引起的乳腺感染。在乳汁中分离到的金黄色葡萄球菌对噬菌体仍然敏感，表明治疗效果不理想的原因不是产生了噬菌体抗性菌株。之后的研究证明生牛乳和乳清能够抑制噬菌体 K 对宿主菌的感染，导致其无法有效杀灭金黄色葡萄球菌。该结果提示应该筛选在乳汁中同样能够杀灭金黄色葡萄球菌的噬菌体。

噬菌体用于沙门菌的防控：沙门菌不但可以引起鸡的感染，且在鸡体内携带还能污染环境。多重耐药沙门菌的出现，严重地影响了家禽、其他食品动物和人类的健康。Silliker 和 Taylor（1957）利用宽谱的沙门菌噬菌体和血清型特异性噬菌体对被鸡白痢沙门菌和鼠伤寒沙门菌污染的孵化蛋进行了处理，使孵化率从＜45%提高到了＞70%。Atterbury 等（2007）的研究表明，在屠宰前使用高剂量的噬菌体可以有效降低肠炎沙门菌和鼠伤寒沙门菌的载量。虽然使用高剂量噬菌体会使抗性菌株产生的概率进一步加大，但可以应用噬菌体“鸡尾酒”来予以改善。

噬菌体用于铜绿假单胞菌的防控：铜绿假单胞菌可以引起水貂的出血性肺炎，由于严重的耐药性，抗生素治疗的效果太差，往往引起水貂的大量死亡，给水貂养殖业造成巨大的损失。研究人员利用噬菌体对铜绿假单胞菌感染的小鼠出血性肺炎进行了治疗性研究，显示了良好的治疗效果。进一步利用噬菌体对铜绿假单胞菌的水貂出血性肺炎模型进行了治疗性评价，结果表明通过滴鼻方式应用噬菌体可以有效地降低水貂肺脏、血液和其他脏器铜绿假单胞菌的载量，显著缓解感染造成的肺脏病理损伤，治疗率达到100%。防重于治，因此下一步将会进一步研究噬菌体对铜绿假单胞菌引起水貂出血性肺炎的预防效果，以及评价噬菌体降低养殖环境中细菌载量的效果。

噬菌体用于空肠弯曲菌的防控：空肠弯曲菌病主要由空肠弯曲菌引起，其是在发展中国家普遍存在的食源性细菌，对公共卫生造成了严重的威胁。Wagenaar 等（2005）首次应用噬菌体预防和治疗肉鸡空肠弯曲菌病，发现提前应用噬菌体可以延缓空肠弯曲菌的定植，但是不能完全阻止；而治疗性应用噬菌体可以使鸡体内的空肠弯曲菌数量很快降低至千分之一。提示在屠宰前几天应用大剂量噬菌体来净化空肠弯曲菌是可行的，可以降低人群患空肠弯曲菌病的风险。为了降低抗性菌株产生的风险，可以利用不同的噬菌体轮流对屠宰前的家禽进行净化处理。

综上，从噬菌体的发现到现在已经过去了一个多世纪，可以说噬菌体疗法是一种“新兴”又“古老”的治疗策略。作为细菌的天然“杀手”、一个地球上已知的数量最庞大的微生物群落，噬菌体就是一个巨大的抗菌药物库，是人类在抗击细菌感染的过程中值得应用的取之不尽的天然资源。随着技术的发展和研究的逐步深入，人们对噬菌体的认识会越来越全面。在不远的将来，噬菌体疗法会在动物源细菌性疾病的防控方面起到重要作用。相信在科学界、政府监管部门以及药企的共同推动下，噬菌体疗法将进一步进入实际应用。

中草药植物提取物

中草药中含有生物碱、苷类、多糖、挥发油、鞣质、有机酸等，它们能够调节动物的新陈代谢、杀灭或抑制细菌以及增进动物健康。中草药还能提高细胞免疫功能、刺激单核巨噬细胞的活性、增强网状内皮系统的吞噬功能、提高仔猪抗热应激的能力。韩剑众等（2002）的试验发现，中草药添加剂明显提高了仔猪血液中 AMP 的含量和 cAMP/cGMP 的值，并增加了仔猪血液中 IgG 和嗜酸性粒细胞的浓度。

研究表明，将中草药加入日粮之中可以改善日粮适口性，增强动物体内的代谢和免疫功能，从而发挥抗病促生长作用。中草药添加剂对猪流行性腹泻等病有明显的治疗效果，饲料中添加中草药可防治仔猪断奶应激综合征。将中草药添加到仔猪饲料中，能够有效预防仔猪腹泻。中草药注射液对仔猪黄痢、白痢的疗效显著地优于抗菌药物。黄沧海等（2001）通过口服中药汤剂来治疗早期断奶仔猪腹泻，有效率达到 94%，明显好于抗生素。老鹳草可防治仔猪白痢，地锦草可防治猪胃肠炎，乌桕根皮能治疗仔猪水肿病，夜交藤能治疗仔猪贫血。大蒜素作为一种重要的中草药提取物，可以抑制或杀灭大肠杆菌、葡萄球菌、痢疾杆菌、伤寒沙门菌、霍乱弧菌等有害菌，并阻断大肠杆菌还原硝酸盐的作用，将大蒜与其他中草药按比例配合使用，可防治仔猪副伤寒。

其他抗生素替代品

【异黄酮类化合物】

异黄酮类化合物是存在于豆科植物中的一种生物活性物质。初步研究发现，异黄酮类物质在动物体中具有明显的生物活性，能显著地促进动物生长，减少腹脂沉积，改善繁殖性能，提高免疫力，从而有希望成为安全有效的畜禽促生长剂新品种。王国杰和韩正康（1994）的研究表明，异黄酮类化合物可促进公仔鸡增重，降低腹脂率，提高饲料利用率；张荣庆等（1995）报道大豆黄酮（异黄酮中的一种）对妊娠母猪及仔猪的免疫功能有明显的增强效果；刘燕强和韩正康（1998）报道异黄酮类化合物对产蛋鸡生产性能的促进作用表现为提高蛋重和饲料利用率。由于异黄酮类物质在植物中的含量极低，用提取的方法很难形成大规模生产且成本高，因此，选用低廉的原料用化学合成的方法制备这类物质具有重要意义。

【壳聚糖】

壳聚糖是甲壳素脱乙酰后的产物，是自然界中唯一存在的碱性多糖，除具有提高动物机体免疫力和抗氧化能力的功效外，还具有较强的抗菌作用，可发挥类抗生素的作用。孙先明（2005）的研究结果表明，壳聚糖能有效抑制奶牛乳房炎的主要致病菌（如金黄色葡萄球菌、大肠杆菌、沙门菌、链球菌等），并能提高奶牛机体的非特异性免疫功能及体液免疫功能，从而有效降低其发病率，且对临床型乳房炎的治愈率可达 80%左右；商常发等（2005）的研究结果也表明，壳聚糖可有效预防奶牛隐性乳房炎，提高其产奶量；此外，任海军（2008）研究发现，壳聚糖还具有抗氧化功能，可调节奶牛机体自由基水平，改善其机体健康状况，并促进奶牛乳房炎症的康复。由此可见，壳聚糖在防治奶牛乳房炎方面具有广阔的开发前景。

【糖萜素】

糖萜素是从山茶科植物籽实加工后的饼粕中提取的三萜皂苷类和糖类，为黄色或棕色粉末，味微苦而辣，能刺激鼻黏膜引起打喷嚏。糖萜素作为饲料添加剂具有增强机体免疫功能、清除自由基、抗脂质氧化、抗应激、促进蛋白质合成、提高畜禽生产性能和改善畜产品品质的作用。目前糖萜素饲料添加剂已产业化，其产品在国内用于饲养肉鸡。其应用结果表明，糖萜素不仅提高了畜禽成活率、日增重、肉料比和蛋料比，而且替代了抗生素，改善了畜禽产品品质。

【腐植酸】

腐植酸类物质是一系列从土壤、褐煤、湖泊和植物等的天然有机物中分解的复合物，资源广、成本低、使用方便、无药物残留，属于生态型制剂，对动物有很多益生特性，具有抗菌、抗病毒和抗炎作用，能提高机体免疫力、促进生长、增加饲料转化率和减少氮的损失等。刘才福等（2008）的试验结果表明，奶牛日粮中添加腐植酸钠可明显降低隐性乳房炎的发病率，且具有提高产奶量的趋势；杨晓松等（2010）的研究也发现，黄腐酸对奶牛乳房炎和隐性乳房炎的有效预防率达 100%，治愈率达 80%。由此可见，腐植酸类物质作为一种添加剂，可代替饲料中的抗生素，在奶牛乳腺健康中发挥积极作用。但腐植酸类物质多种多样，来源也不同，这就使得其在奶牛生产上的实际应用效果很难进行对比，同时不同品种的有效使用量也无法进行明确规定，因此，在生产实践中通过明确其有效使用量来进一步提高奶牛乳腺的健康状况和经济效益还有待于进一步深入研究。

【蒙脱石】

蒙脱石，是膨润土的主要矿物成分，含量为 85%～90%，可呈各种颜色，如黄绿、黄白、灰、白色等，可呈致密块状，也可为松散的土状，用手指搓磨时有滑感，小块体加水后体积胀大至 20～30 倍，在水中呈悬浮状，水少时呈糊状。蒙脱石是一种含水的层状铝硅酸盐矿物，分为钙蒙脱石和钠蒙脱石。蒙脱石的主要成分为双八面体蒙脱石，是由 2 个硅氧四面体层夹一个铝氧八面体层组成的多层结构，结构层间产生永久性负电荷。它依靠在层间吸附阳离子以达到电荷平衡，具有强离子交换能力，天然蒙脱石的比表面积为 50～80m^2/g，其粉末粒度可达 1～3mm。该物质具有极高的定位能力，口服本品后，药物可均匀地覆盖在整个肠腔表面，并维持 6h 之久，可吸附多种病原体，将其固定在肠腔表面，而后随肠蠕动排出体外，从而避免肠细胞被病原体损伤，对大肠杆菌毒素、金黄色葡萄球菌毒素和霍乱毒素也有固定作用，同时可减少肠细胞运动失调，恢复肠蠕动的正常节律，维护肠道的输送和吸收功能。蒙脱石还能减轻空肠弯曲菌所致的黏膜组织病变，修复损坏的细胞间桥，使细胞紧密连接，防止病原菌进入血循环，并抑制其繁殖。蒙脱石通过和肠黏液分子间的相互作用，增加黏液凝胶的内聚力、黏膜弹性和存在时间，从而增强黏液屏障，保护肠细胞顶端和细胞间桥免受损坏。据对富镁蒙脱石与口服补液盐治疗断奶仔猪腹泻的疗效观察：富镁蒙脱石治疗断奶仔猪腹泻综合征的总有效率为 94.74%，治愈率为 42.11%。氟哌酸治疗总有效率为 66.67%，治愈率为 27.7%。蒙脱石辅以口服补液盐治疗的总有效率和治愈率分别提高至 95.23%和 76.19%。氟哌酸与口服补液盐配合使用时，总有效率为 85.0%，治愈率为 50.0%。氟哌酸治疗的有效率显著低于蒙脱石治疗组（$P<0.05$）。试验表明，蒙脱石是一种理想的治疗断奶仔猪腹泻的药物，口服补液盐辅助治疗可显著提高治愈率。蒙脱石的药理基础，主要是它的消化道黏膜覆盖保护作用和对病毒、病菌及毒素的吸附作用，与此类似的还有沸石、麦饭石等矿物，主要用作一些活性成分如微生态制剂、药物、添加剂等预混剂的载体，并加强其作用效果。

【金属及金属螯合剂】

许多金属离子是细菌合成生物膜、蛋白质、核酸等物质的重要组成成分。例如，铁离子是细菌许多代谢过程中的重要辅助因子，所以铁螯合剂或铁的竞争抑制剂可对细菌代谢过程产生影响。Thompson 等（2012）评估了常见铁螯合剂去铁胺、去铁酮、Apo6619、VK-28 和 2,2′-联吡啶对铜绿假单胞菌、金黄色葡萄球菌、鲍曼不动杆菌、肺炎克雷伯菌、大肠杆菌的抗菌活性。在阳离子调节 M-H 肉汤（cation-adjusted Mueller-Hinton broth，CAMHB）培养基中，去铁胺对所测细菌均无抑制作用，而所测铁螯合剂均对鲍曼不动杆菌有一定的抑制作用，2,2′-联吡啶与 VK-28 对金黄色葡萄球菌有抑菌作用，2,2′-联吡啶、去铁酮对肺炎克雷伯菌及某些铜绿假单胞菌菌株有抑菌作用，2,2-联吡啶、去铁酮及 Apo6619 对大肠杆菌有抑制作用；而在洛斯维・帕克纪念研究所（Roswell Park Memorial Institute，RPMI）1640 组织培养基中，VK-28、去铁酮和 Apo6619 的抗菌活性更强。由此可见，不同铁螯合剂对不同菌株的抗菌活性强弱不同。

某些金属离子本身的抑菌作用早已被大家认同，如富含某些金属离子的材料在制作植入性器械或者抑菌涂层方面起到了预防感染的作用。其中，铜盐涂层在医疗植入器械和高危病房的器械、环境涂料方面可能具有广阔的应用前景。

镓（Ga）是一种与铁原子半径、化合价类似的过渡金属，能竞争抑制三价铁离子与含铁酶（iron-requiring enzyme）、蛋白质、微生物的铁载体结合，从而达到抗菌目的。

硝酸镓对鲍曼不动杆菌有抑制作用，并可以降低经鼻感染鲍曼不动杆菌的肺部细菌负荷。研究表明，低浓度的镓能够抑制鲍曼不动杆菌在人类血清中的生长，并且能够降低大蜡螟感染模型中的死亡率。此外，在乳牛小腿感染鸟分枝杆菌模型中也验证了硝酸镓的抗菌作用。近年，我国学者在体外试验中发现，硝酸镓对细菌生物膜也具有抑制作用。然而，这些金属化学物质具有一定的不良反应，如硝酸镓可能造成骨髓抑制、消化道反应、肾功能损害等，是否能在食品动物中使用还需要进行安全评价。

【酵母细胞壁】

酵母细胞壁是一种全新的天然绿色添加剂，其产品为淡黄色粉末，无苦味。它是生产啤酒酵母过程中从可溶性物质中提取的一种特殊副产品，主要由β-葡聚糖、甘露寡糖、糖蛋白和几丁质组成，占细胞壁干重的85%左右。酵母细胞壁的主要生理功能是激发、增强免疫功能，维护微生态平衡，控制疾病，因此有人称其为“免疫促进剂”。此外，酵母细胞壁还可通过其功能成分——葡聚糖、甘露寡糖和糖蛋白在动物体内分别发挥各自的作用。

在美国、巴西和中国已普遍使用酵母细胞壁。酵母细胞壁是一种有效的免疫促进剂，它能通过增强动物的免疫力、改善动物健康来提高其生产性能，能充分发挥幼龄动物的生长潜力，是一种有前景的新型添加剂。

主要参考文献

曹振辉, 金礼吉, 徐永平, 等. 2013. 噬菌体控制主要食源性致病菌的研究进展. 食品科学, 34(5): 274-278.

陈才勇, 王恬. 2002. 非抗生素类添加剂对仔猪保健作用的研究进展. 当代畜禽养殖业, (8): 53-55.

陈俭清. 2010. 恩诺沙星对嗜水气单胞菌体外药效及体外药动/药效同步模型的研究. 哈尔滨: 东北农业大学硕士学位论文.

程齐俭. 2012. 关注多重耐药菌感染的高危因素指导经验性抗菌治疗. 中华结核和呼吸杂志, 35(4): 313-316.

褚玲娜. 2006. 糖萜素对肉鸡生长、肉质和特异性免疫影响及作用机理. 杭州: 浙江大学硕士学位论文.

董尚云. 2004. 无抗肉鸡饲养模式探讨. 北京: 中国农业大学硕士学位论文.

杜冬华, 周静, 王爱华, 等. 2012. 自拟中药方对奶牛隐性乳房炎的疗效试验. 动物医学进展, 33(10): 132-134.

范婷, 赵志刚. 2018. 抗菌药物透过血脑屏障的研究进展. 中国现代医药杂志, 20(5): 98-101.

冯定远, 于旭华. 2001. 生物技术与饲料业. 中国家禽, 23(20): 31-37.

高春生. 2011. 控释制剂、靶向制剂的药代动力学. 北京: 2011 药物代谢及药代动力学研讨会.

耿魁魁, 段贤春, 夏伦祝. 2010. 液质联用技术在中药药代动力学中的应用. 安徽医药, (5): 505-508.

顾敬敏. 2014. 金黄色葡萄球菌噬菌体 GH15 及其裂解酶三维结构与分子作用机制研究. 长春: 吉林大学博士学位论文.

顾欣, 金凌艳, 蔡金华, 等. 2008. 开展我国动物源细菌耐药性监测工作相关问题的探讨. 天津: 首届中国兽药大会暨中国畜牧兽医学会动物药品学分会 2008 年学术年会.

顾欣, 金凌艳, 蔡金华, 等. 2009. 国家动物源细菌耐药性监测工作的探讨和建议. 中国兽药杂志, 43(7): 45-50, 53.

韩剑众, 葛长荣, 高士争, 等. 2002. 中草药添加剂对仔猪 cAMP/cGMP 及免疫功能的影响. 云南农业大学学报, 17(1): 72-74.
何若钢, 王士长, 徐菊芬. 1996. 益生素防治仔猪下痢及对增重的影响. 广西农业科学, (4): 198-200.
何涛. 2015. 动物源大肠杆菌对乙酰甲喹和氟苯尼考的敏感性折点及分子耐药机制研究. 北京: 中国农业大学博士学位论文.
花继兰. 2012. 江苏省动物源大肠杆菌耐药性的监测及动物源细菌耐药性监测的探讨. 南京: 南京农业大学硕士学位论文.
黄沧海, 李国平, 雷瑶. 2001. 早期断奶仔猪腹泻的中药治疗. 福建畜牧兽医, 23(2): 53-54.
孔宪刚. 2013. 兽医微生物学. 2 版. 北京: 中国农业出版社.
李梅, 赵桂英, 赵国聪, 等. 2000. 异麦芽寡糖对仔猪细胞免疫功能的影响研究. 饲料研究, (11): 7-9.
李守杰, 成梦玲. 2012. 中药复方对奶山羊临床型乳房炎体内治疗的评价. 生物灾害科学, 35(3): 300-302.
李树杰, 毕宏生, 崔彦. 2007. 靶向给药系统及其在眼科的应用. 山东大学耳鼻喉眼学报, 21(3): 255-259.
李素梅. 2013. 新型三嗪类抗球虫药物 AC3 的代谢研究. 北京: 中国农业科学院硕士学位论文.
李有业. 2003. 代替促进仔猪生长的非抗生素类添加剂及其他措施. 当代畜禽养殖业, (1): 40-42.
连慧香, 章平, 王俊锋. 2015. 非抗生素类添加剂在奶牛乳腺健康中的应用研究. 畜牧与饲料科学, 36(8): 54-56.
梁蓓蓓, 王睿. 2004. β-内酰胺类抗生素的药动学/药效学研究进展. 中国新药杂志, 13(4): 310-313.
零汉益. 1999. 无抗生素的仔猪断奶料研究. 饲料工业, 20(11): 14-16.
刘才福, 吐日根白乙拉, 刘俊杰, 等. 2008. 腐植酸钠对奶牛产奶量和隐性乳房炎的影响. 当代畜禽养殖业, (4): 10-11.
刘涤洁, 冯淇辉, 陈杖榴. 2000. 抗微生物药物药动与药效同步模型. 中国兽药杂志, 34(6): 43-46.
刘建中, 张振斌, 吴世林, 等. 1999. 饲料添加剂异黄酮类化合物简介及其合成研究. 饲料工业, 20(9): 27-28.
刘金华, 甘孟侯. 2016. 中国禽病学. 2 版. 北京: 中国农业出版社.
刘艳楠. 2017. 裂解性噬菌体对耐药鲍曼不动杆菌生物被膜的作用研究. 张家口: 河北北方学院硕士学位论文.
刘燕强, 韩正康. 1998. 异黄酮植物雌激素——大豆黄酮对产蛋鸡生产性能及其血液中几种激素水平的影响. 中国畜牧杂志, 34(3): 9-10.
刘宗秀, 李犹平. 2011. 酵母多糖在防控畜禽疾病上的研究进展. 北方牧业, 13(5): 27.
龙智. 2015. 非抗生素物质抗菌治疗的研究现状. 临床儿科杂志, 33(6): 592-596.
罗彬. 2009. 微生态制剂在生长猪中应用效果研究. 长沙: 湖南农业大学硕士学位论文.
马秀清, 陈良安. 2015. 细菌耐药性检测方法的研究进展. 解放军医学院学报, 36(4): 404-407.
潘洁, 王远光, 韩晓翌, 等. 2007. 中药新剂型——靶向制剂的应用. 时珍国医国药, 18(8): 2023-2024.
任海军. 2008. 壳聚糖对奶牛产奶性能和免疫功能影响的研究. 呼和浩特: 内蒙古农业大学硕士学位论文.
商常发, 刘世清, 唐义国, 等. 2005. 壳聚糖对奶牛隐性乳房炎的预防效果. 中国奶牛, (4): 42-43.
石宝明, 单安山, 佟建明. 2000. 寡聚糖对仔猪肠道菌群及生长性能影响的研究. 东北农业大学学报, 31(3): 261-269.
石传林, 彭恒财, 于立滨, 等. 1998. 饲喂加酶益生素对产蛋鸡生产性能的影响. 兽药与饲料添加剂, 3(2): 4-5.
史为民, 刘金华. 1999. 畜禽场抗菌药物的合理使用. 中国兽医杂志, 25(4): 56.
苏军, 汪莉. 1999. 益生素与有机酸对肉鸡生产性能的综合效应. 中国饲料, (8): 17-18, 20.
孙萍, 葛蕴萍. 2009. 抗菌药物的合理应用. 中外医疗, 28(20): 110.

孙先明. 2005. 水溶性壳聚糖对奶牛乳房炎防治效果的研究. 泰安: 山东农业大学硕士学位论文.
谭元燕. 2013. 喹赛多对鸡沙门氏菌的PK-PD同步模型研究. 武汉: 华中农业大学硕士学位论文.
田克恭. 2013. 人与动物共患病. 北京: 中国农业出版社.
田允波, 葛长荣, 韩剑众, 等. 1999. 绿色饲料添加剂的研制与开发. 饲料工业, 20(4): 43-46.
童光志. 2008. 动物传染病学. 北京: 中国农业出版社.
王国杰, 韩正康. 1994. 红三叶草总异黄酮对小公鸡生长及血清睾酮水平的影响. 动物学研究, 15(3): 65-69.
王红宁. 2002. 禽呼吸系统疾病. 北京: 中国农业出版社.
王士长, 何若钢. 1998. 益生素综合防治哺乳仔猪下痢. 中国饲料, (20): 27.
王永和, 刘学贤, 龚建森. 2006. 酸化剂在家禽饲料中的应用. 中国禽业导刊, 23(5): 42.
翁善钢. 2012. 非抗生素类生长促进剂预防断乳仔猪腹泻的研究综述. 猪业科学, 29(3): 38-39.
席磊, 郑鸣, 王永芬, 等. 2014. 复方中药-益生菌生物控制剂的研制及其对断奶仔猪的影响. 中国兽医杂志, 50(3): 47-49, 52.
肖永红. 2011. 我国临床抗菌药物合理应用现状与思考. 中国执业药师, 8(4): 4-9.
许景峰. 2003. 北京军区抗菌药物合理应用指导原则. 解放军药学学报, 19(1): 71-73.
严永武. 2015. 中草药蒲公英柴胡预防奶牛乳房炎试验. 中兽医学杂志, (1): 12-13.
严元宠. 2002. 非抗生素类物质在动物抗感染上的作用. 饲料广角, (6): 34-36.
杨晓松, 李良臣, 高丽娟, 等. 2010. 生化黄腐酸对奶牛乳房炎和生产性能的影响. 畜牧与饲料科学, 31(6-7): 230-232.
杨雨辉, 俞观泉, 吴昊. 2012. 在猪组织笼内恩诺沙星对大肠杆菌的药效研究. 东北农业大学学报, 43(12): 86-91.
张春梅, 王成章, 胡喜峰, 等. 2004. 益生素在水产养殖业中的应用研究进展. 河南畜牧兽医, 25(5): 9-10.
张荣庆, 韩正康, 陈杰, 等. 1995. 大豆黄酮对母猪免疫功能和血清及初乳中GH、PRL、SS水平的影响. 动物学报, 41(2): 201-206.
张涛. 2014. 新疆地区2012年细菌耐药监测分析及耐药监测网建设. 乌鲁木齐: 新疆医科大学硕士学位论文.
张旭. 2005. 氟苯尼考抗菌后效应及在鸡体内药物动力学研究. 武汉: 华中农业大学硕士学位论文.
张智舟. 2011. 叶酸介导西紫杉醇牛血清白蛋白肿瘤靶向纳米粒制备、表征及体外释放性能评价. 哈尔滨: 东北林业大学硕士学位论文.
章礼刚. 2000a. 非抗生素促生长的生物技术途径. 粮食与饲料工业, (6): 29-31.
章礼刚. 2000b. 非抗生素促生长的生物技术途径(二). 粮食与饲料工业, (7): 27-29.
赵景辉, 郦丽. 2009. 使用抗菌药防治畜禽疾病的原则. 养殖技术顾问, (1): 104.
郑世军, 宋清明. 2013. 现代动物传染病学. 北京: 中国农业出版社.
周巧仪, 张桂君, 方炳虎. 2016. 药动/药效同步模型在兽用抗菌药物研究的应用概况. 动物医学进展, 37(4): 104-110.
周中凯. 1999. 新型饲料添加剂——功能性低聚糖. 广东饲料, (1): 29-32.
朱丹丹, 刘宇, 徐铭, 等. 2013. 微生态制剂防制奶牛乳房炎的研究进展. 中国畜牧兽医, 40(9): 218-221.
邹亮, 徐贤娟, 陈绍国, 等. 1993. ZL8901酶制剂和活菌液剂促进仔猪生长及与胃蛋白酶体外消化的研究. 养猪, (1): 10-12.
Atterbury R J, Van Bergen M A, Ortiz F, et al. 2007. Bacteriophage therapy to reduce salmonella colonization of broiler chickens. Appl Environ Microbiol, 73(14): 4543-4549.
Barrow P, Lovell M, Berchieri Jr A. 1998. Use of lytic bacteriophage for control of experimental *Escherichia coli* septicemia and meningitis in chickens and calves. Clin Diagn Lab Immunol, 5(3): 294-298.
Bergen P J, Bulitta J B, Forrest A, et al. 2010. Pharmacokinetic/pharmacodynamic investigation of colistin

against *Pseudomonas aeruginosa* using an *in vitro* model. Antimicrob Agents Chemother, 54(9): 3783-3789.

Burrowes B, Harper D R, Anderson J, et al. 2011. Bacteriophage therapy: potential uses in the control of antibiotic-resistant pathogens. Expert Rev Anti Infect Ther, 9(9): 775-785.

Chan B K, Abedon S T, Loc-Carrillo C. 2013. Phage cocktails and the future of phage therapy. Future Microbiol, 8(6): 769-783.

Cisek A A, Dąbrowska I, Gregorczyk K P, et al. 2017. Phage therapy in bacterial infections treatment: one hundred years after the discovery of bacteriophages. Curr Microbiol, 74(2): 277-283.

Craig W A, Andes D R. 2008. *In vivo* pharmacodynamics of ceftobiprole against multiple bacterial pathogens in murine thigh and lung infection models. Antimicrob Agents Chemother, 52(10): 3492-3496.

Dudhani R V, Turnidge J D, Coulthard K, et al. 2010. Elucidation of the pharmacokinetic/pharmacodynamic determinant of colistin activity against *Pseudomonas aeruginosa* in murine thigh and lung infection models. Antimicrob Agents Chemother, 54(3): 1117-1124.

Greko C, Finn M, Franklin A, et al. 2003. Pharmacokinetic/pharmacodynamic relationship of danofloxacin against *Mannheimia haemolytica* in a tissue-cage model in calves. J Antimicrob Chemother, 52(2): 253-257.

Haritova A, Urumova V, Lutckanov M, et al. 2011. Pharmacokinetic-pharmacodynamic indices of enrofloxacin in *Escherichia coli* O78/H12 infected chickens. Food Chem Toxicol, 49(7): 1530-1536.

Huff W E, Huff G R, Rath N C, et al. 2005. Alternatives to antibiotics: utilization of bacteriophage to treat colibacillosis and prevent foodborne pathogens. Poult Sci, 84(4): 655-659.

Jadamus A, Vahjen W, Schafer K, et al. 2002. Influence of the probiotic strain *Bacillus cereus* var. *toyoi* on the development of enterobacterial growth and on selected parameters of bacterial metabolism in digesta samples of piglets. J Anim Physiol Anim Nutr (Berl), 86(1-2): 42-54.

Jamalludeen N, Johnson R P, Friendship R, et al. 2007. Isolation and characterization of nine bacteriophages that lyse O149 enterotoxigenic *Escherichia coli*. Vet Microbiol, 124(1-2): 47-57.

Kutter E M, Kuhl S J, Abedon S T. 2015. Re-establishing a place for phage therapy in western medicine. Future Microbiol, 10(5): 685-688.

Lin D M, Koskella B, Lin H C. 2017. Phage therapy: an alternative to antibiotics in the age of multi-drug resistance. World J Gastrointest Pharmacol Ther, 8(3): 162-173.

Maciejewska B, Olszak T, Drulis-Kawa Z. 2018. Applications of bacteriophages versus phage enzymes to combat and cure bacterial infections: an ambitious and also a realistic application? Appl Microbiol Biotechnol, 102(6): 2563-2581.

Merril C R, Scholl D, Adhya S L. 2003. The prospect for bacteriophage therapy in Western medicine. Nat Rev Drug Discov, 2(6): 489-497.

Mitchell J D, McKellar Q A, McKeever D J. 2013. Evaluation of antimicrobial activity against *Mycoplasma mycoides* subsp. *mycoides* small colony using an *in vitro* dynamic dilution pharmacokinetic/pharmacodynamic model. J Med Microbiol, 62(Pt 1): 56-61.

Olofsson S K, Marcusson L L, Lindgren P K, et al. 2006. Selection of ciprofloxacin resistance in *Escherichia coli* in an *in vitro* kinetic model: relation between drug exposure and mutant prevention concentration. J Antimicrob Chemother, 57(6): 1116-1121.

Shan Q, Yang F, Wang J, et al. 2014. Pharmacokinetic/pharmacodynamic relationship of cefquinome against *Pasteurella multocida* in a tissue-cage model in yellow cattle. J Vet Pharmacol Ther, 37(2): 178-185.

Sharon N, Lis H. 2001. The structural basis for carbohydrate recognition by lectins. Adv Exp Med Biol, 491: 1-16.

Sheng H Q, Knecht H J, Kudva I T, et al. 2006. Application of bacteriophages to control intestinal *Escherichia coli* O157: H7 levels in ruminants. Appl Environ Microbiol, 72(8): 5359-5366.

Silliker J H, Taylor W I. 1957. The relationship between bacteriophages of *Salmonellae* and their O antigens. J Lab Clin Med, 49(3): 460-464.

Smith H W, Huggins M B. 1983. Effectiveness of phages in treating experimental *Escherichia coli* diarrhoea in calves, piglets and lambs. J Gen Microbiol, 129(8): 2659-2675.

Smith H W, Huggins M B, Shaw K M. 1987. The control of experimental *Escherichia coli* diarrhoea in calves by means of bacteriophages. J Gen Microbiol, 133(5): 1111-1126.

Soothill J S. 1992. Treatment of experimental infections of mice with bacteriophages. J Med Microbiol, 37(4): 258-261.

Thompson M G, Corey B W, Si Y Z, et al. 2012. Antibacterial activities of iron chelators against common nosocomial pathogens. Antimicrob Agents Chemother, 56(10): 5419-5421.

Viertel T M, Ritter K, Horz H P. 2014. Viruses versus bacteria-novel approaches to phage therapy as a tool against multidrug-resistant pathogens. J Antimicrob Chemother, 69(9): 2326-2336.

Wagenaar J A, Van Bergen M A P, Mueller M A, et al. 2005. Phage therapy reduces *Campylobacter jejuni* colonization in broilers. Vet Microbiol, 109(3-4): 275-283.

Wang J, Shan Q, Ding H Z, et al. 2014. Pharmacodynamics of cefquinome in a neutropenic mouse thigh model of *Staphylococcus aureus* infection. Antimicrob Agents Chemother, 58(6): 3008-3012.

Wittebole X, De Roock S, Opal S M. 2014. A historical overview of bacteriophage therapy as an alternative to antibiotics for the treatment of bacterial pathogens. Virulence, 5(1): 226-235.

Wu L T, Chang S Y, Yen M R, et al. 2007. Characterization of extended-host-range pseudo-T-even bacteriophage Kpp95 isolated on *Klebsiella pneumoniae*. Appl Environ Microbiol, 73(8): 2532-2540.

XiaoX, Sun J, Chen Y, et al. 2015. *In vitro* dynamic pharmacokinetic/pharmacodynamic (PK/PD) modeling and PK/PD cutoff of cefquinome against *Haemophilus parasuis*. BMC Vet Res, 11: 33.

Zhang B, Gu X, Li X, et al. 2014. Pharmacokinetics and *ex-vivo* pharmacodynamics of cefquinome against *Klebsiella pneumonia* in healthy dogs. J Vet Pharmacol Ther, 37(4): 367-373.